小动物临床
急重症诊疗技术

第4版

Small Animal Emergency and Critical
Care for Veterinary Technicians, Fourth Edition

主编　[美]安德烈亚·M. 巴塔利亚（Andrea M. Battaglia）
　　　[加]安德烈亚·M. 斯蒂尔（Andrea M. Steele）

主译　李格宾　陆梓杰　王依荻

長江出版傳媒
湖北科学技术出版社

著作权合同登记图字：17-2021-207 号

图书在版编目（CIP）数据

小动物临床急重症诊疗技术：第 4 版 /（美）安德烈亚·M. 巴塔利亚（Andrea M. Battaglia），（加）安德烈亚·M. 斯蒂尔（Andrea M. Steele）主编；李格宾，陆梓杰，王依茯主译 . —武汉：湖北科学技术出版社，2025.1

书名原文：Small Animal Emergency and Critical Care for Veterinary Technicians, Fourth Edition

ISBN 978-7-5706-2360-0

Ⅰ. ①小… Ⅱ. ①安… ②安… ③李… ④陆… ⑤王… Ⅲ. ①动物疾病 – 急性病 – 诊疗 ②动物疾病 – 险症 – 诊疗 Ⅳ. ① S85

中国版本图书馆 CIP 数据核字（2022）第 253519 号

小动物临床急重症诊疗技术（第 4 版）

XIAODONGWU LINCHUANG JIZHONGZHENG ZHENLIAO JISHU（DI 4 BAN）

责任编辑：林　潇

责任校对：陈横宇　　　　封面设计：喻　杨　北农阳光

出版发行：湖北科学技术出版社

地　　址：武汉市雄楚大街 268 号（湖北出版文化城 B 座 13—14 层）

电　　话：027-87679468　　　　邮　　编：430070

印　　刷：河北尚文雅屹印刷有限公司　　　　邮　　编：072759

889 × 1194　　1/16　　33.5 印张　　901 千字

2025 年 1 月第 1 版　　2025 年 1 月第 1 次印刷

定　　价：380.00 元

ELSEVIER

Elsevier (Singapore) Pte Ltd.
3 Killiney Road, #08-01 Winsland house I, Singapore 239519
Tel: (65) 6349-0200; Fax: (65) 6733-1817

Small Animal Emergency and Critical Care for Veterinary Technicians, Fourth Edition

Previous editions copyrighted 2016, 2007 and 2001.
ISBN: 9780323673129

This translation of Small Animal Emergency and Critical Care for Veterinary Technicians, Fourth Edition by Andrea M. Battaglia, Andrea M. Steele was undertaken by Hubei Science and Technology Press Co., Ltd and is published by arrangement with Elsevier (Singapore) Pte Ltd.
Small Animal Emergency and Critical Care for Veterinary Technicians, Fourth Edition by Andrea M. Battaglia, Andrea M. Steele 由湖北科学技术出版社有限公司进行翻译，并根据湖北科学技术出版社有限公司与爱思唯尔（新加坡）私人有限公司的协议约定出版。

小动物临床急重症诊疗技术（第 4 版）（李格宾、陆梓杰、王依荻主译）
ISBN: 978-7-5706-2360-0

声 明

本书献给投身于小动物急重症医疗行业、

致力于为患病动物提供最佳医疗护理的兽医技师。

各擅胜场，救死扶伤，妙手回春，尽其所长。

译 委 会

主　译　李格宾　陆梓杰　王依荻

参　译（按姓氏笔画排序）

于　飞　于利芳　马裔寒　王　佳　王依荻

王　昱　王　璐　毛艺融　毛双兰　田一男

史凌宇　丛心宇　成安慰　吕　迪　吕晓倩

朱　军　向雅頔　刘小萍　刘　玥　刘　玥（2人重名）

刘　洋　刘嘉怡　关　珊　孙晓双　孙　悦

李金鑫　李祎宇　李　娜　李格宾　杨文娟

肖　园　吴厚娴　吴　璇　何思婧　张天广

张　琼　陆梓杰　陆智颖　陈诗佳音　林如莹

季玲西　屈　阳　赵相洋　胡那娜　胡青松

胡瑭琦　胡燕丽　娄银莹　高一丁　唐玉洁

彭雨佳　蒋玉洁　缴　莹

主译简介

李格宾

兽医博士、副教授、博士生导师。

2014年起在中国农业大学动物医学院从事教学、科研和小动物临床工作。主讲《兽医临床诊断学》《小动物肿瘤学》《兽医内科进阶训练》等课程。主编/主译《犬猫诊断细胞学和血液学》《兽医临床活检指南》《临床兽医助理指南》《兽医内科学》等书籍。主持北京市自然科学基金、抗肿瘤新药开发和临床GCP项目10余项，作为第一作者/通讯作者在国内外行业核心期刊上发表40余篇科研论文。

现任中国农业大学动物医学院党委委员、中国农业大学教学动物医院副院长、中国兽医协会兽医肿瘤（小动物）专科主任委员、中国兽医协会宠物诊疗分会副秘书长、北京小动物诊疗行业协会肿瘤科分会会长、北京小动物诊疗行业协会常务理事、北京畜牧兽医学会理事、北京畜牧兽医学会小动物医学分会理事。

目前研究方向为犬猫肿瘤疾病的诊断与治疗，主要包括肿瘤诊断标志物和新型抗恶性肿瘤药物的开发和应用，特别是肿瘤分子靶向药物和PD-1免疫治疗。

陆梓杰

兽医硕士、兽医师（北京市中级职称）、GPCert（SAM）内科认证医师。

主要研究方向为犬猫心脏病学、内科学。在住院部和门诊工作期间处理过大量急危重症病例，积累了丰富的急危重症病例管理经验。现任中国农业大学动物医院住院部主任、中国农业大学动物医院内科及心脏科医师、中国农业大学动物医学院专业硕士研究生第二导师、中国兽医协会兽医心脏（小动物）专科委员会副主任委员、北京小动物诊疗行业协会心脏科分会副会长，以及北京宠物医师大会、ONE HEALTH世界青年兽医大会、第49届WSAVA大会等学术会议讲师。参与中农大－欧兽“界石”急重症培训项目课程训练。

参与多部兽医临床外文图书的翻译校对工作。其中，主译《犬猫心电图指南》《临床兽医助理指南》《小动物心脏急诊手册》《BSAVA犬猫急危重症手册》，参译《小动物内科学（第5版）》《犬猫营养学（第3版）》。

王依荻

兽医硕士、兽医师（北京市中级职称）、中国兽医协会兽医临床营养（小动物）专科医师。

主要研究方向为小动物临床营养学、内科学、小动物诊疗住院管理，在住院动物急重症管理方面积累了丰富的经验。现任中国农业大学动物医院内科及临床营养科医师、中国农业大学动物医学院专业硕士研究生兼职导师、中国兽医协会兽医临床营养（小动物）专科委员会副主任委员、北京小动物诊疗行业协会临床营养分会秘书长，以及中国兽医协会小动物医师大会、北京宠物医师大会、东西部小动物临床兽医师大会、ONE HEALTH 世界青年兽医大会等学术会议讲师。国际教学动物医院院长论坛同声传译、中农大－欧兽“界石”急重症培训项目课程现场翻译及助教，欧兽 2016 年急重症课程现场翻译。

参与多部兽医临床外文图书的翻译校对工作。其中，主译《临床兽医助理指南》，参译《动物医院团队建设与经营管理》《小动物临床急诊与重症护理技术》《犬猫营养学》《住院小动物营养管理》《小动物肿瘤学》，参编《兽医（犬猫）临床病例分析》。

译者序

刚接触《小动物临床急重症诊疗技术（第4版）》时，我感觉市面上已经有同类书籍了，翻译的价值不大，但仔细翻看了目录和内容后发现这是本“宝藏好书”，因此下定决心把它译成中文，介绍给国内的同行，当初本书打动我的原因有以下三个：

（1）教学欠缺，临床急需：国内兽医本科教学的课程设置中缺少急重症的内容，但毕业后到临床工作才发现，有很大一部分病例是急诊和重症，并且在处理这类病例时常会因经验欠缺而更容易引发医疗纠纷，使得医生职业道路受阻，甚至导致临床人才流失。

（2）简单易行，贴合实际：本书从兽医和护士的第一视角描述了很多场景化的知识，让人有种身临其境之感，大多数作者也都是在一线工作的专科兽医和护士，实战经验丰富，给出了很多行之有效的解决方案，适合初入临床的兽医、有志于成为急重症专科的兽医和护士，以及在校的兽医学生学习。

（3）重点突出，内容全面：本书基本涵盖了在临床工作时所需要的急重症知识，特别是被很多大部头急重症图书所忽略的非医疗相关内容，包括“批判性思维”“急诊病例客户沟通”“排班计划的艺术”“急诊药物库存管理”“急重症医护人员的福利健康”等，而这些正是目前临床医生和管理者所急需的。

在此感谢我的导师，陈武教授、新井教授和盆子原教授对我的悉心教导；感谢我的领导夏兆飞教授对我的支持和帮助；感谢睢小璐和孙艳争二位院长在工作上的相扶相伴；感谢王依荻、陆梓杰和肖园三位医生对本书的贡献和付出；感谢和我一起并肩作战的中国农业大学动物医学院和教学动物医院的各位同事！该书的译者全部来自中国农业大学教学动物医院分属不同专科方向且具有丰富临床经验的医生和护士，因此能更精准地理解和表达原文的思想，在此表达感谢！

正如本书第1章中所提到的，“护理是一种能带来结果的行为，绝不是轻率的、微不足道的行为”，作为一名临床兽医和动物医院管理者，我深以为然，希望本书能对各位兽医临床工作者有所帮助。

李格宾

2024年10月31日于北京

前　言

《小动物临床急重症诊疗技术（第 4 版）》一书面向对小动物急重症领域感兴趣的人士，是优秀资源之一。本书的特点如下：

- 医疗挑战和情景练习贯穿全书，结合 Evolve 线上内容，帮助读者将书中知识学以致用。
- 技师笔记强调重点信息，以展示笔者在实践最佳医疗护理过程中所获的关键信息。
- 针对有效沟通专设一章进行阐述，有效的沟通对建立一个有凝聚力的团队，给予客户积极的体验，都是至关重要的。
- 新编著者的加入，带来了私人诊所、专科医院、急诊机构、科研学界等诸多领域的大量经验，从而使本书的内容得到进一步更新。

本书为兽医技师和对该领域感兴趣的学生提供了宝贵的资源。在临床医疗中，兽医技师通常比值班兽医更早地介入挽救患病动物生命的操作流程中，因此，掌握这些操作流程相关知识是至关重要的。

本书分为三个部分。第 1 部分重点介绍对危重症动物进行动态支持的治疗方法和手段。本书新增了一个章节，介绍如何使用复健疗法来优化护理并改善预后。

第 2 部分主要介绍收治急诊、休克、心肺复苏和创伤等医疗情况。每个章节都详细描述了在急诊现场会遇到的具体情况，对急症类型进行了定义，并介绍了多个挽救生命的操作规程。

从事急诊和重症监护医学的兽医技师通常需要轮班工作，面对许多困难的情况，进行富有挑战性的客户互动。第 3 部分聚焦于如何成为一名“健康”的轮班工作者、将健全自我的观念融入生活，以及讨论如何提高沟通能力。

本书为急重症病例提供了最佳医疗护理操作参考，是十分有用的资源。急重症医学是一个持续动态发展的学科，兽医技师应当充分利用出版物、技术研讨等总结的理论知识，结合临床实践经验，在日常工作中持续进行专科的继续教育。

向所有致力于为小动物病患提供最佳医疗护理而付出和奉献的医护人员，致以最真挚的感谢。

编著者

Donna Averill, LVT, VTS (Ophthalmology)
Veterinary Technician
Ophthalmology
Michigan State University
East Lansing, Michigan

Daniel L. Chan, DVM, DACVECC, DECVECC, DACVN
Professor in Emergency and Critical Care
Clinical Sciences and Service
The Royal Veterinary College
North Mymms, Hertfordshire, United Kingdom

Jim Clark, DVM, MBA
Instructor
Dean's Office
U.C. Davis School of Veterinary Medicine
Davis, California

Lis Conarton, BS, LVT, VTS (Physical Rehabilitation), CCRP, CVPP
Licensed Veterinary Technician
Physical Rehabilitation
CARE Pet Therapy at Veterinary Medical Center of CNY
East Syracuse, New York
Treasurer/Chief Finance Officer
Organization Committee
Academy of Physical Rehabilitation Veterinary Technicians

Harold Davis, BA, RVT, VTS (ECC) (Anesthesia/Analgesia)
Clinical Educational Consultant
West Sacramento, California
Former Manager
Small Animal Emergency & Critical Care Service
William R. Pritchard, Veterinary Medical Teaching Hospital
University of California, Davis
Davis, California

Jennifer J. Devey, DVM
Locum Specialist
ECC
Saanichton British Columbia, Canada

Charlotte Donohoe, BA, RVT, VTS (ECC)
Emergency Referral Coordinator
Emergency and Critical Care
Ontario Veterinary College
Guelph, Ontario, Canada

Julie Hirsch, CVT, VTS (ECC), Associate of Science
Education Coordinator and Medical Liaison
Administrative
North Penn Animal Hospital
King of Prussia, Pennsylvania

Marie K. Holowaychuk, DVM, DACVECC
Veterinary Wellbeing Advocate and Small Animal Emergency and Critical Care Specialist
Calgary, Alberta, Canada

Fiona M.K. James, DVM, MSc, DVSc, DACVIM (Neurology)
Associate Professor
Clinical Studies
Ontario Veterinary College
University of Guelph
Guelph, Ontario, Canada

Deborah Ann Kingston, ACA, AHT, RVT
Specialty Technician
Department of Cardiology
Ontario Veterinary College
University of Guelph
Guelph, Ontario, Canada

Pam Kirby, AAS
Veterinary Ophthalmology Nurse
VTH
Purdue University
West Lafayette, Indiana

Amy Newfield, CVT, VTS (ECC)
Program Manager, Trainer
Support
BluePearl
Waltham, Massachusetts

Jody Nugent-Deal, RVT, VTS (Anesthesia/Analgesia and CP-Exotics)
Supervisor
Anesthesia Department
University of California, Davis, Veterinary Medical Teaching Hospital
Davis, California

Louise O'Dwyer, MBA, BS (Hons), VTS (Anaesthesia/Analgesia & ECC), DipAVN (Medical & Surgical), RVN (Deceased)
Clinical Support Manager
Veterinary
VetsNow
Manchester, Greater Manchester, United Kingdom

Lisa Penny, BS (Pharmacy)
Clinical Pharmacist Specialist
Drug Diversion and Compliance Specialist
Spectrum Health
Grand Rapids, Michigan
Drug Diversion Consultant
Titan DEA Compliance Group
New York, New York
Former Director of Pharmacy
Cornell University Hospital for Animals
Cornell University
Ithaca, New York

Gretchen Lee Schoeffler, DVM
Chief, Section of Emergency and Critical Care
Department of Clinical Sciences
Cornell University College of Veterinary Medicine
Ithaca, New York

DeeDee Schumacher, CVT, VTS (ECC), MEd
Professor
Veterinary Technology
Des Moines Area Community College
Ankeny, Iowa

Nancy S. Shaffran, CVT, VTS (ECC)
Director
Public Charity
eagleYcondor
Erwinna, Pennsylvania

Angela Thorp, AAS, CVT, VTS (ECC, SAIM)
Training Director
Leadership
1st Pet Veterinary Centers
Chandler, Arizona

Kenichiro Yagi, MS, RVT, VTS (ECC) (SAIM)
Manager
Veterinary Education Simulation Laboratory
Cornell University College of Veterinary Medicine
Ithaca, New York

致　谢

对每一位投身于此的才华横溢的编著者，以及爱思唯尔团队致以感谢，感谢你们致力于创造一个新的可以帮助更多人的资源，从而为患病动物提供更佳的医疗护理。感谢每一位兽医从业人员和梦想成为兽医的人愿意持续学习，并继续在这个令人兴奋且有价值的行业中作出贡献。请永远保持好奇心，我们学到的很多东西，是在书本上找不到的。

安德烈亚·M. 巴塔利亚（Andrea M. Battaglia）

作为第 3 版和第 4 版的联合编著者，我必须首先感谢安德烈亚·M. 巴塔利亚（Andrea M. Battaglia）邀请我全程参与这本令人赞叹的优秀图书的编写。其次，致全体编著者，感谢你们提供了精彩的章节内容，并且保证了这些章节随着每一版的出版而持续优化更新。然后，致我的导师们，感谢你们指引了我未来的方向，并帮助我取得了如此多的成就。最后，致我的家人们，感谢你们一直以来给予我鼓励和支持。

安德烈亚·M. 斯蒂尔（Andrea M. Steele）

目　录

第 1 部分

小动物危重症

本部分介绍了护理危重症小动物所需的众多技能，并包括护理麻醉状态下危重症动物所需的常用支持性疗法和操作。

第1章

批判性思维：观察与解读

Andrea M. Battaglia

“没有任何问题能经受住持续思考的冲击。”

—— Voltaire

学习目标

1. 定义批判性思维。
2. 了解如何形成和应用批判性思维。
3. 保持学习热情，避免倦怠。

章目录

关键词

沟通
同情疲劳
批判性思维
道德困境
共享心理模式

兽医急重症医学的持续发展使兽医医疗服务水平不断提高。目前，已经有多个提供 24 h 急重症医疗服务的机构建立了，还有一些正在计划建立。兽医只有正确地解读其所见，才能为危重症或受伤动物提供及时和适当的护理。想要做到这一点需要掌握一些必备的专业技能（图 1.1 ~ 图 1.4）。例如，发现神经学反射减弱，可能表明需要更改治疗计划以改善患病动物的预后；姿势的改变可能意味着需要实施疼痛管理。为了提供最佳的动物医疗护理，可选择多种监测和诊断设备，但这些工具不能取代兽医技师。在这个技术时代，绝不能忘记观察、解读和监测等“动手”技能对于优质完善的动物医疗护理的重要作用。

定义批判性思维

批判性思维（critical thinking）是一个常用于描述在人医医疗领域取得成功所必需的技能的术语，该技能在过去 50 多年都非常受重视。目前已有不少对于批判性思维的定义。

批判性思维是指经调查、分析和评估得出数据，并在充分研究这些数据的基础上，理性地对患者做出决策的能力。美国哲学协会（American Philosophical Association，APA）将批判性思维定义为有目的性、自我调节的判断，它使用认知工具，如解释、分析、评价、推理，对基于证据、概念、方法、标准、情境所做出的决策进行说明。将批判性思维应用到日常临床实践中，对于优质的动物医疗护理而言是必不可少的（图 1.4）。

了解批判性思维如何影响决策

以下 8 个思维要素被列为批判性思维的基本组成部分：信息收集、聚焦、记忆、组织、分析、

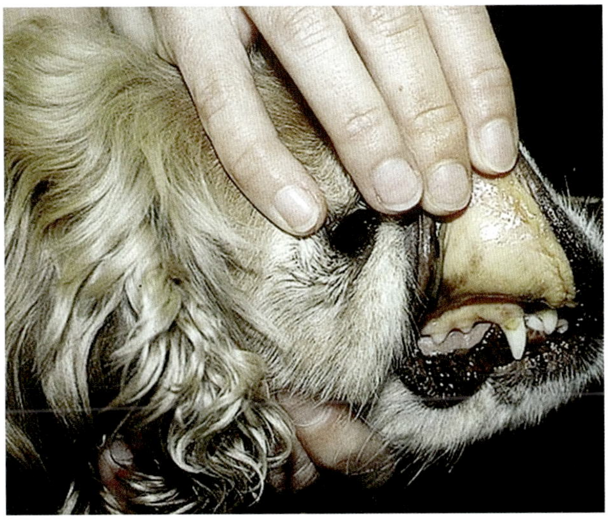

图 1.1　患有肝病的可卡犬黏膜出现黄疸

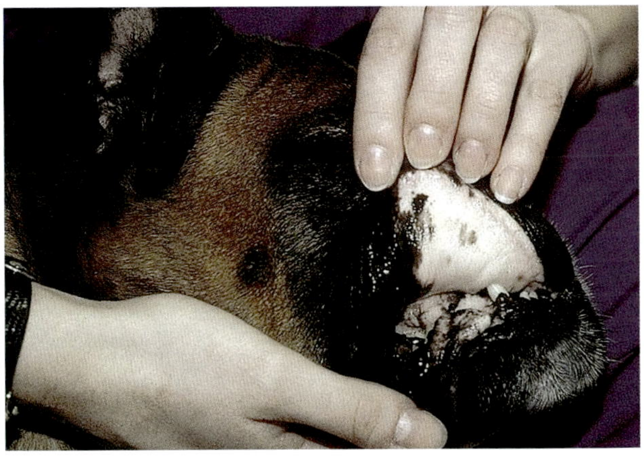

图 1.2　红细胞压积为 13% 的拳师犬，其黏膜苍白

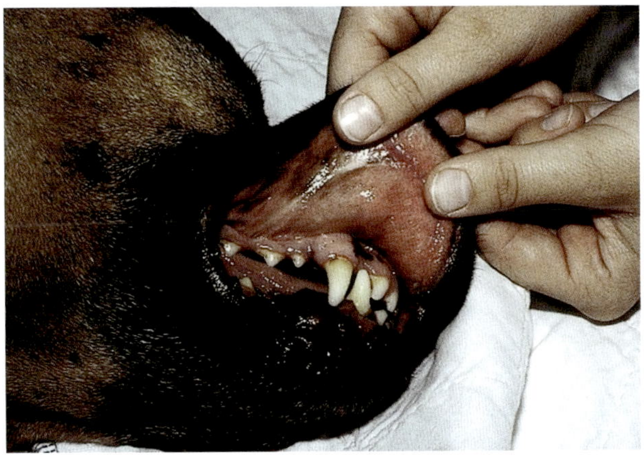

图 1.3　败血性休克的混种犬，其黏膜呈砖红色

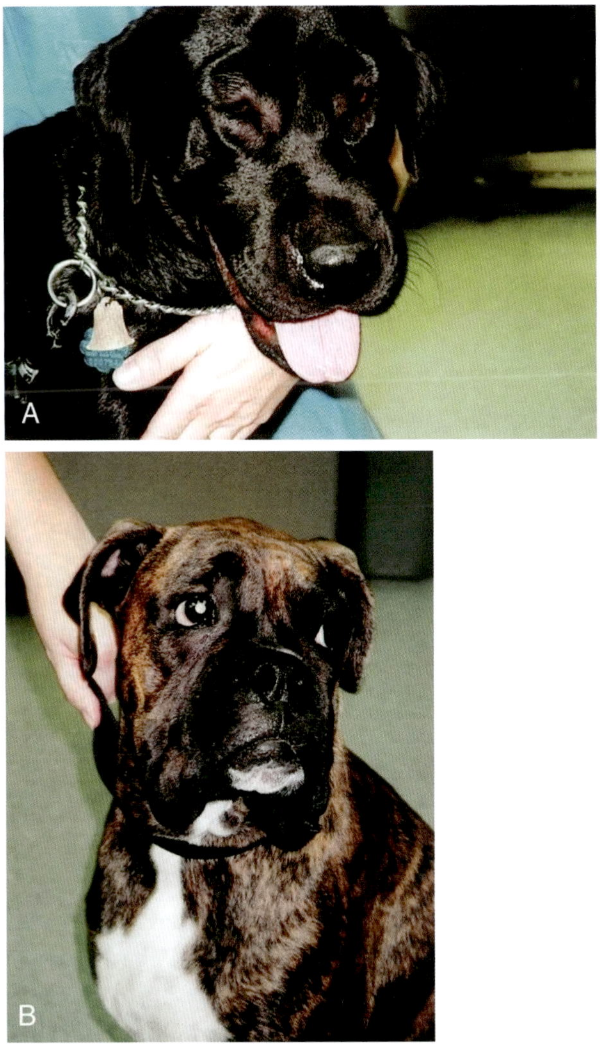

图 1.4　拉布拉多幼犬（A）和拳师犬（B）发生过敏反应

随着病情的发展，二者的面部都严重水肿，并表现出呼吸困难。由于品种结构差异，拳师犬比拉布拉多幼犬更难评估，但基于近期接种疫苗史及在其他部位观察到的荨麻疹，可以做出诊断并开始治疗。

生成、整合和评估。人只有具备了知识、经验、解决问题的能力和决策的能力，才能独立、成功地形成批判性思维。

护理是一种能带来结果的行为，绝不是轻率的、微不足道的行为。兽医技师必须采用多维度的方式来做出正确决策，尽可能提供最佳护理并防止医疗失误。

治疗单是患病动物全天的护理计划，应与整个医疗护理团队共享。重要的是要始终以治疗患病动物为要务，要考虑单据之外的事情，不能仅仅只完成一张治疗单或要求。患病动物的护理需求在住院期间可能不断变化。例如虚弱、无法活动的大型动物，如果没有辅助翻身或提供足够的垫料，可能会出现褥疮。又如呼吸模式的轻微变化可能提示需要吸氧。

形成批判性思维

医院需要尊重所有团队成员，并将成员视作动物医疗保健中不可或缺的组成部分，以此来培养成员的批判性思维。要想成功，共享心理模式（shared mental model）必须成为医院文化的一部分。该模式通过有效沟通（communication）、协作、适当的人员配置和授权、认可及领导来完成。

为新团队成员制订培训和指导计划也是必不可少的。我们在多代人的工作环境中工作，必须考虑开发适合不同学习风格的培训项目。将定期反馈和实操互动结合起来，将有助于新团队成员在新环境中取得成功。

安全文化也很重要。在这种文化中，团队成员知道自己的失误将在尊重的前提下得到解决，而不是一味地被责备，从而可以安心履行自己的职责。保障患病动物的安全，并创建更好的系统以防止错误的发生是我们的主要目标。

当患病动物的状态变化或刚进入医院时，新入行的兽医技师可以练习如何调查收集信息，以此继续形成他（她）的批判性思维。而在医疗团队决定最佳方案后，可参与治疗计划的实施，这有助于其形成对系统性方案的理解。

适当数量的工作人员对于提供优质护理至关重要。交接患病动物的信息需要时间，因此轮班时间的部分重叠对护理任务的成功交接是必需的。

当他人交接患病动物给你时，应询问以下问题：

1. 患病动物为什么住院？

2. 患病动物目前状态如何？

3. 是否存在其他慢性疾病（如癫痫、糖尿病）？

4. 是否应该安排其他操作或诊断测试？

5. 治疗方案是什么？包括处方药物的种类和选择特定药物的原因（检查是否有给药相关的问题，包括作用方式、剂量和给药途径）。

6. 患病动物对于治疗反应如何？

7. 应使用哪些疼痛管理技术，为什么选择这些技术？

8. 是否使用了恰当的处理技术？（如果操作是侵入性的，则须确保采取适当措施以限制对员工和患病动物的伤害）。

9. 患病动物接受治疗时的反应如何？

10. 患病动物的营养需求是否得到满足？

评估以下观察结果：

1. 考虑品种易感性（例如，杜宾犬的血管性血友病或短头犬的呼吸道疾病）。

2. 患病动物当前体位（例如，患病动物是否舒适？）。

3. 呼吸模式和（或）频率。

4. 接近时患病动物的反应。

5. 正确使用留置管，包括静脉导管、导尿管、饲管及腹部或胸部引流管，并评估插入部位。

6. 是否存在其他应实施的特定护理？

7. 可以为患病动物提供额外益处的特殊护理。

概念映射是另一种用以辅助培养批判性思维技能的工具。它包括使用重要概念并确定它们之间的关系。这能锻炼右脑，也就是众所周知的创造性半球。概念映射对创造性思维的产生和分析阶段非常重要。

Tanner 的临床判断模型基于 4 个概念：注意、解释、反应和反思。

- 注意是开始这个过程的第一步。这涉及识别与正常情况不同的现象或信息。
- 只有理解了什么是正常的，什么是预期的，解释才算成功。一旦对观察结果进行解释并产生了适当的反应，就应开始对接收到的数据进行优先排序，并制订计划。
- 恰当的反应涉及许多软技能，包括展现自信、领导能力，以及有清晰有效的沟通能力。应考虑到患病动物的需要和对治疗的反应，反应者必须有优秀的技能。
- 反思的思路需要清晰。对所做的决策、计划的实施和总体技能展现进行评估，回顾患病动物的反应也包括在内。目的是不断提升护理水平（图 1.5）。

信息传递与接收

通过观察、口头请求或书面指示来交流信息

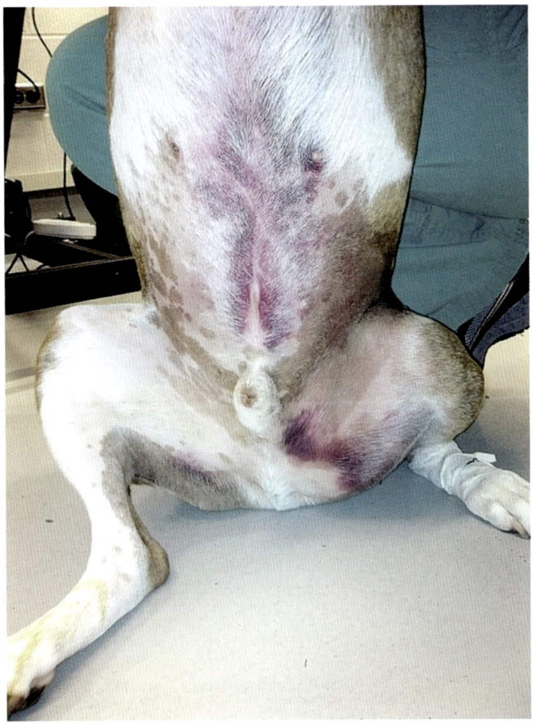

图 1.5　一只 2 岁混种猎犬出现呕吐、嗜睡和厌食

根据主诉，犬食入过儿童玩具和垃圾，故认为异物是主要原因。对患犬进行详细评估后，发现了腹部挫伤。进一步的检查对正确诊断和治疗患病动物是必要的。

是护理的重要组成部分。联合委员会（The Joint Commission，TJC）的前哨事件分析显示，最常见的问题是沟通失败。《美国内科医学会杂志》的一项研究透露，在对某位患者的诊断和治疗过程中，曾出现过 200 个错误，而这都是医患沟通不畅造成的。Team STEPPS® 作为一个开源项目，由国防部的患者安全项目组，以及医疗保健研究与质量局合作开发。该项目的目标是提供策略和工具，以提高效率和保证患者安全。项目的一部分涉及系统实施，以避免沟通失败；创建缩略词，并将其介绍给医疗保健团队的所有成员（译者注：STEPPS 来自“Strategies and Tools to Enhance Performance and Patient Safety.”），以便医疗保健团队的所有成员都清楚地了解应该如何传递信息。

SBAR（S: situation，情况；B: background，背景；A: assessment，评估；R: recommendation，推荐）是一种快速而简洁的方法，可用来保持患病动物信息的一致性（专栏 1.1）。

专栏 1.1　SBAR 举例

场景

Smith 医生在刷手池旁为手术做准备，其中一只住院动物的行为令人担忧，负责护理的兽医技师需要将信息更新给兽医。

重症监护技师（critical care technician，CCT）使用了 SBAR 法。

情况（S: Situation）

“Smith 医生，Jerry Klein 是 9 号笼内的猎犬，它昨晚因胃扩张和扭转做了手术，现在变得越来越焦虑，开始吠叫，并啃咬笼子上的铁条。”

背景（B: Background）

我们带它去外遛，主人说它有分离焦虑症。

评估（A: Assessment）

它没有表现出疼痛（舒适地躺下，体温、脉搏、呼吸在正常范围内），对芬太尼恒速输注（continuous rate infusion，CRI）反应良好。

推荐（R: Recommendation）

我想给它注射曲唑酮以缓解焦虑。

一旦危重症或受伤动物住院，则需要全天对其情况进行评估。班次之间的交接很重要，如果对患病动物的治疗顺序、更新和状态沟通不清楚，就容易引起错误。

I-PASS（Introduction，介绍；Patient summary，患病动物总结；Action list，行动清单；Situation awareness/contingency planning，情况认知 / 应急计划；Synthesis by receiver，接班人进行总结）是一种已被证明的、能改善信息传递与接收的方法（专栏 1.2）。

医院实施的“缩略词”方案也可以与主人共享。这有助于在包括主人在内的整个医疗保健团队中建立共享心理模式。

兽医技师需要在整个轮班期间沟通患病动物的护理需求、诊断结果及许多其他的细节。同样重要的是要跟进书面沟通，这将作为法律医疗记录的一部分。治疗单要强调已经发生的重要变化，同时也要包含临床医师的要求、观察到的现象、已经执行的程序，这有助于准确传递信息。

专栏 1.2 I-PASS 举例

场景

白班技师正在向晚班技师交接第一个患病动物。

I——Felix 是一只 5 岁雄性去势猫，在上午 9 点出现尿路梗阻。

P——膀胱大而坚实，血检正常。导尿管在轻度阻力下通过，无尿路梗阻史。无麻醉并发症。

A——我们将继续静脉输液治疗，监测排尿量，使用抗生素并整夜进行疼痛管理。

S——操作时要小心。苏醒后猫变得易怒。主人提醒我们它身体好的时候攻击性很强。我们将在早上拔下导尿管，观察它白天是否能排尿，希望它明天晚上能回家。

S——夜班技师：好的，我们将监测夜间尿量，持续进行静脉输液治疗、疼痛管理和抗生素治疗。操作时要小心，目标是明天晚上能出院回家。那我们什么时候开始给 Felix 喂食？

持续开发和应用批判性思维

同情疲劳（compassion fatigue）和道德困境（moral distress）这两个术语常用于描述导致糟糕表现和倦怠的情况。在许多医疗保健行业内都存在上述情况，并且会导致护理成本的增加。

同情疲劳被定义为身体、情感和精神深层次的疲惫。它的产生来源于长时间反复接触患者的痛苦和死亡，并且持续经历了强烈的情感波动。

当一个人意识到应该采取适当的道德行为却无法完成或被迫采取与个人和职业价值观相反的行为时，就会产生道德困境。

作为照顾危重症或受伤动物的兽医医疗保健团队的成员，我们将会面临无助和沮丧。建立一个鼓励团队所有成员定期休息的环境，并将对护理人员的照顾纳入其中，是很重要的。

同情疲劳的预警信号如下：

- 逃避的行为。
- 情感麻木。
- 焦虑 / 压力。
- 失去幽默感。
- 睡眠障碍。
- 饮食不规律。
- 易怒。
- 反应过度。
- 缺勤较多。
- 失去对自身技能的自信。
- 服用药物和摄入酒精。

技师笔记

关注这些迹象并开始治疗是很重要的。

第一步是感知，结合以下几点会有所帮助：

- 要接受照顾患病动物会对你产生负面影响的事实。
- 寻找盟友。
- 优先考虑自我照顾，练习放松技巧。

负责照顾危重症和受伤动物的兽医技师需要优先照顾自己。健康是成功的要素之一。没有幸福的状态，将很难在日常生活中应用批判性思维。当我们筋疲力尽且感到沮丧时，我们倾向于用有限的精力去完成最低限度的要求，只是按照书面指令去做，而不去思考为什么要使用特定的方法，以及是否可以在工作过程中改进护理。这将导致工作缺乏满足感，并最终倦怠。

正如 Jack Kornfield 所说："如果你的慈悲不包括你自己，那它就是不完整的。"

兽医技师可以通过不断改进他们观察、评估、护理的方式，助力创建一个最佳的急重症护理中心。为了实现这一目标，他们必须自我教育、学习新技能，并与全体员工分享经验和他们通过继续教育获得的新知识。为危重症或受伤动物提供最佳医疗和护理是主要目标，而保持良好的沟通技能（口头和书面）可为此建立一个坚实的基础。

推荐阅读

[1] The 4As to rise above moral distress, American Association of Critical Care Nurses. Available at www.aacn.org. 2008.

[2] Alfaro-LeFevre R: Critical thinking, clinical reasoning and clinical judgment: a practical approach , (5th ed.), St Louis, Elsevier.

[3] American College of Graduate Medical Education (CBME). Available at www.acgme.org/portals/o/milestonesguidebook.pdf.

[4] Benner, P., hughes, R. G., & Sutphen, M. Clinical

reasoning, decision making and action: thinking critically and clinically. In R. G. Hughes (Ed.), Patient safety and quality. An evidence based handbook for nurses (pp 87–109). Agency for healthcare Research and Quality.

[5] Brown, M. N., & Keeley, S. M. Asking the right questions: a guide to critical thinking (10th ed.). Saddle River, NJ: Pearson Education.

[6] Condon B.B. Thinking unleashed. Nursing Science Quarterly. 2012; 25(3):225–230.

[7] Desy J.R., Reed D.A., Wolansky A.P. Milestones & millennials: a perfect pairing-competency-based medical ed & learning preferences of generation Y. Mayo Clinic Proceedings. 2017; 92(2):243–250.

[8] Figley, C. R., & Roop, R. G. (2006). Compassion fatigue in the animal care community. Washington, DC: humane Society Press.

[9] Gerdman J.L., Lux K., Jacko J. Using concept mapping to build clinical judgment skills. Nursing Education Practice. 2013; 13:11–17.

[10]Moorman D.W. Communication, teams and medical mistakes. Annals of Surgery. 2007; 245(2):173–175.

[11] Scheffer B.K., Rubenfeld M.G. A consensus statement on critical thinking in nursing. The Journal of Nursing Education. 2000; 39(8):352–359.

[12] Team STEPPS program. Available at www.teamstepps.ahrq.gov.

场景

目的：为兽医技师提供一个确定最有效的沟通方式的机会。

背景：三级急重症监护机构，通宵班。

场景

病例 1：在晚上 11 点，一只 7 岁德国牧羊犬出现异常表现。其于晚上 9 点左右到达，因血腹而情况危急。初步进行了 X 线检查，可见脾脏肿物。胸部 X 线片未见明显转移，主人决定继续治疗。紧急联系当值的外科医师来进行手术，手术顺利摘除脾脏。苏醒平稳，犬接受了输血，目前正接受液体治疗、镇痛和抗生素治疗。患犬不适，表现不安和无法放松。心率 156 次 /min，脉搏正常，体温 37.8℃（100℉），呼吸急促，黏膜淡粉色。住院医师正处理其他病例，无法分心，让你联系术者。

问题

- 在联系术者之前，你会考虑获取其他信息吗？
- 在做出适当的反应前，还需要关注其他的吗？
- 你会如何传递信息？

场景

病例 2：凌晨 1 点，一只 18 周龄的罗威纳幼犬被带来就诊，主诉为昏睡、呕吐。该犬在 12 h 前被转诊兽医送回家，因为液体治疗和止吐药物改善了它的状况。当时兽医认为这只幼犬食入了某些东西，导致了轻微的胃炎。在转诊医院进行的血液检查、X 线检查、超声检查均未发现异常。主人在初次就诊时提供了完整的疫苗接种史。测量完体温后，你注意到体温计上有少量黑色粪便，体温 39.2℃（102.5℉），心率 130 次 /min，呼吸频率 30 次 /min，黏膜粉红色、发黏。犬对外界有反应但很安静。

问题

- 你是否会向主人索取更多信息？
- 制订治疗计划还需要哪些诊断？
- 如何将信息传递给主治医师？

讨论

病例 1

- 在联系术者之前，你会考虑获取其他信息吗？

是的，快速检测红细胞压积（PCV）、总固体（TS）、血糖（BG）、血尿素氮和肌酐（AZO）等项目。

- 在做出适当的反应前，还需要关注其他的吗？

是的。回顾治疗单，注意患犬术后是否有排尿。该病例在术后没有排尿，但在外出遛弯时大量排尿。之后患犬舒服地休息了一整晚。

- 你会如何传递信息？

如果外出遛弯不能解决焦虑和不适，则使用 SBAR 方式和术者沟通。

病例 2

- 你是否会向主人索取更多信息？

是的。询问疫苗接种史和旅行史。当问及具体情况时，发现疫苗是由繁育者接种的，最后一针是在 14 周龄接种。犬曾经参加过服从性和敏捷性训练课程。

- 制订治疗计划还需要哪些诊断？

会考虑进行细小病毒检测。

- 如何将信息传递给主治医师？

以 SBAR 方式传递这些发现，并说明为什么想在动物离开检查室前进行细小病毒检测。

第2章

危重症动物的监护

Dee DeeSchumacher

学习目标

1. 描述在急诊和重症护理中使用的三种主要监护类型。
2. 说明完整而正确的医疗记录的重要性。
3. 理解完整的体格检查及体格检查结果正确解读的重要性。
4. 理解恰当的样本采集的重要性。
5. 常用临床病理学检查的描述、操作和判读。
6. 理解设备监护的优点和局限性。
7. 解读设备监护的结果。
8. 将设备监护和其他监护技术相结合以提高护理水平。

章目录

关键词

听诊	黄疸	肾前性少尿
氮质血症	肠梗阻	初级凝血
二氧化碳描记图	乳酸	脉搏血氧仪
中心静脉压	脂血	肾性少尿
球结膜水肿	平均红细胞体积	次级凝血
凝血	示波法	全身炎症反应综合征
胶体渗透压	触诊	第三腔丢失
瘀斑	叩诊	总固体
心电图	瘀点	
呼气末二氧化碳溶血	多尿	
医源性	肾后性少尿	

准确和持续的监测对于护理危重症和受伤动物至关重要。监测主要分为三类，包括体格检查、临床病理学监测和设备监测。通过使用所有类型的监测，获得的每条信息都将为确定患病动物对治疗的反应提供必要的信息。

所有诊断结果和检查结果的文档也是完整的患病动物护理的一个重要组成部分。如果没有标准化、详细的医疗记录保存，监测对患病动物的护理将没有用处，并且可能导致错误的结论。危重症动物的记录可以采用表格、流程图或散点图的形式（图 2.1）。表格中应包括以下内容：记录监测完成的时间、监测值，以及完成监测人员的姓名或首字母缩写。理想的表格还应该包括一个可以供技师备注的区域。这些备注包括团队执行的任何操作或患病动物发生的任何事情，以便在交接期间保持沟通的一致性。在表格上书写时仅使用专业医学术语，因为此表格被视为法律文件和病历的一部分。

技师笔记

班次之间的一致性也可以通过上一班次的人员与即将到来的值班人员交接每只患病动物来保持。重要的是牢记在监测患病动物时获得的个性化的结果，以及呈现一目了然的监测结果的变化趋势。

体格检查

全面体格检查的重要性怎么强调都不为过。技师是整个医疗团队中不可或缺的一部分。技师的观察和体格检查结果对于取得良好预后至关重要。人工监测可提供有关患病动物的必要信息，并且不能被高科技设备取代。体格检查包括视诊、触诊、听诊、叩诊、嗅诊和体温测量。

重要的观察结果包括但不限于患病动物的呼吸频率、深度、费力程度和模式，疼痛程度，精神状态，入量（摄入量，如液体疗法或饮水量）和出量（排出量，如粪便、尿液、呕吐物或流涎量），黏膜颜色，毛细血管再充盈时间，活力和整体状态（图 2.2 和图 2.3）。

技师笔记

急性疼痛表已经制定出来并在网上广泛流传，它可以减少评估患病动物疼痛程度的主观性，有助于在不同班次之间保持疼痛管理的一致性（见第 9 章）。

触诊（palpation）是用手评估患病动物的过程。应触诊身体的多个部位，包括但不限于淋巴结、颈部、躯干和四肢。对于大多数患病动物来说，腹部是一个特别重要的触诊区域。重要的是要记住，太过轻柔的触诊会导致漏诊，太暴力的触诊可能会让患病动物感到不舒服甚至对其造成伤害。可通过经验积累提升触诊的熟练度。了解触诊时的正常感觉可及时识别异常情况。通常，腹部分为 6 个部分：头背侧、头腹侧、中背侧、中腹侧、尾背侧和尾腹侧。从头腹侧移动到尾腹侧，应评

IVRC IOWA VETERINARY REFERRAL CENTER

24 h记录

日期____________ 天数 #____________

护理人员 ______ 白班医生 ______ 晚班医生 ______

周一 二 三 四 五 六 日

问题	

☐ 办理出院：技师 ____________ 时间 ________ 页码 # ________

体重	
今天	kg
昨天	kg

第一班 护理技师			第二、三班 护理技师		
1	2	3	1	2	3

#	药物	频率	6	7	8	9	10	11	N	1	2	3	4	5	6	7	8	9	10	11	M	1	2	3	4	5
M1																										
M2																										
M3																										
M4																										
M5																										
M6																										
M7																										
M8																										
M9																										
M10																										
M11																										
M12																										
M13																										
M14																										
#	运动/食物/饮水	频率	6	7	8	9	10	11	N	1	2	3	4	5	6	7	8	9	10	11	M	1	2	3	4	5
E1	外出　自主行走/辅助行走/抱进抱出																									
E2	饮水																									
E3	食物/种类：　　数量：																									
E4	进食量																									
E5	特殊说明																									
E6																										
#	实验室/放射学检查	频率	6	7	8	9	10	11	N	1	2	3	4	5	6	7	8	9	10	11	M	1	2	3	4	5
L1																										
L2																										
L3																										
L4																										
L5																										
#	液体及添加药物	频率	6	7	8	9	10	11	N	1	2	3	4	5	6	7	8	9	10	11	M	1	2	3	4	5
F1																										
F2																										
F3																										
F4																										
F5																										
F6																										
F7																										
F8																										

图 2.1　一份急重症动物的医疗记录

（由爱荷华兽医转诊中心提供。）

#	实验室/放射学检查	频率	6	7	8	9	10	11	N	1	2	3	4	5	6	7	8	9	10	11	M	1	2	3	4	5
L1																										
L2																										
L3																										
L4																										
L5																										

#	生命体征与医疗记录	频率	6	7	8	9	10	11	N	1	2	3	4	5	6	7	8	9	10	11	M	1	2	3	4	5
V1	体温/脉搏/呼吸频率																									
V2	黏膜/毛细血管再充盈时间/意识水平																									
V3	脉搏强度（0~3）																									
V4	血压																									
V5	疼痛评分（0~5）																									
V6	记录呕吐/腹泻/排尿																									
V7	体重																									
V8																										
V9																										
V10																										
V11																										
V12																										
V13																										
V14																										
V15																										
V16																										
V17																										
V18																										
V19																										
V20																										
V21																										
V22																										
V23																										
V24																										
V25																										
V26																										
V27																										
V28																										
V29																										
V30																										
V31																										
V32																										
V33																										
V34																										
V35																										
V36																										
V37																										
V38																										
V39																										
V40																										

图 2.1 （续）

留置针/导管	位置	放置日期	天数#

默认医嘱：每2 h测量一次体温；每6 h记录一次输液情况；监测毛细血管再充盈时间，脉搏，意识水平，记录呕吐、腹泻、排尿、排便、进食、饮水；每12 h冲洗一次留置针；每24 h监测一次体温、脉搏频率、呼吸频率，体重预警信号；呼吸频率<18次/min或>40次/min，心率<72次/min或>150次/min（犬），180次/min（猫），血压<80 mmHg或>150 mmHg，体温<37.2℃或>40℃；脉搏强度：0=不可感，1=弱，2=正常，3=强。

液体治疗记录表

液体：														
时间	数量	总计	数量	总计	数量	总计	数量	总计	数量	总计	数量	总计	数量	总计
24 h总计														

生命体征记录表

时间	体温	脉搏频率	呼吸频率	黏膜	毛细血管再充盈时间	意识水平	排尿/排便	呕吐/腹泻	脉搏	疼痛	红细胞压积	总蛋白	血压	血糖	乳酸

技师与助理	轮班	技师与助理	轮班

时间	治疗与患病动物表现

图 2.1 （续）

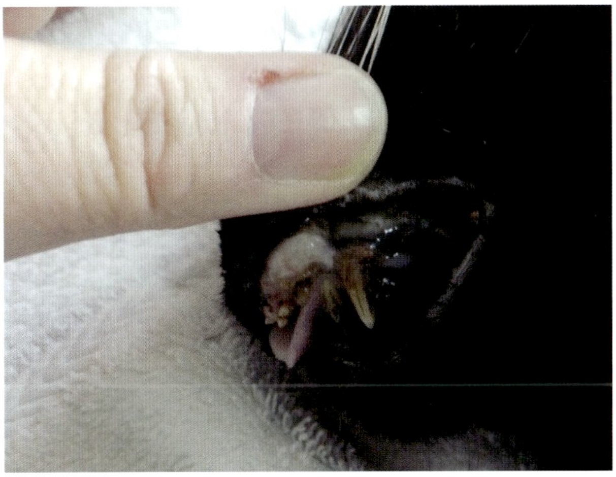

图 2.2　黏膜苍白

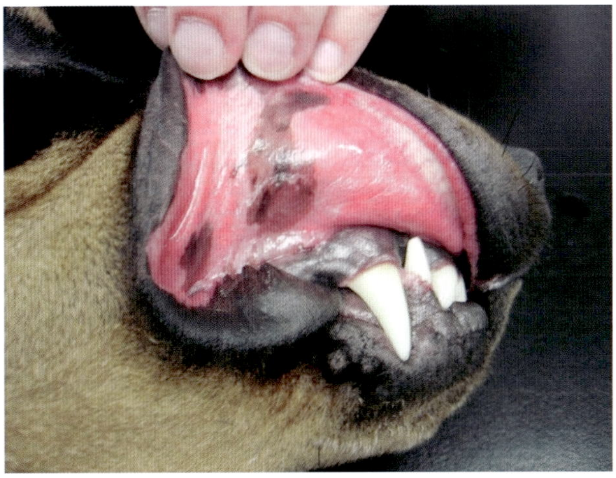

图 2.3　黏膜砖红色

估以下器官。除非肝脏增大或存在肿物，否则肝脏不应触及。脾脏通常是可触及的。犬的肾脏通常无法触及，除非它是一只非常瘦的犬。但是，猫的肾脏应该是可触及的。犬和猫的肠道很容易触及。膀胱只要没有完全排空也很容易触及。

触诊也可用于脉搏的评估，这也是一种重要的技能。在越瘦的患病动物身上脉搏越容易被触及，但在超重的患病动物身上就难以触及了。股动脉是可触及的脉搏中最强的，其次是足背侧动脉（位于跖骨近端的偏内侧）。脉压是在触诊动脉时感受到的压力。脉压代表收缩压减去舒张压。可触及的股动脉搏动表明患病动物的收缩压至少为 60 mmHg。可触及的足背侧脉搏表明收缩压至少为 90 mmHg。每次听诊心脏时都应触诊脉搏。每次心搏都应该对应一次脉搏。如果脉率低于心率，则患病动物存在脉搏短绌。当心脏无法将足够多的血液泵入全身时，就会出现脉搏短绌。脉搏短绌的常见原因包括扩张型心肌病（dilated cardiomyopathy，DCM）、心房颤动或早搏性心律失常。左右股动脉搏动强度不等的猫可能存在鞍状血栓。还应评估脉搏的质量。健康的动物应该有强的、可触及的脉搏。洪脉可能提示早期休克（代偿性休克）。弱脉或细脉通常是由于心输出量低、低血容量、心动过速或心律失常。

技师笔记

健康动物的脾脏、肾脏（猫）、膀胱和肠道都是很容易触及的。

听诊（auscultation）是使用听诊器听身体器官的过程。大多数听诊器都有一个钟面和一个膜面。电子听诊器不仅可提供高质量的听诊，还可放大声音并降低环境噪声。一些电子听诊器甚至具有蓝牙连接功能，可用于可视化和远程医疗。

技师笔记

听诊器的钟面需轻触使用，可以听到低频的声音，而膜面需紧密贴合使用，更易听到高频声音。

听诊应包括患病动物身体两侧的多个区域。胸部和腹部是大多数患病动物应该听诊的身体区域。对于技师来说，熟悉听诊器的使用并尽可能多地听诊患病动物以至精通听诊是很重要的。提高熟练度能够更容易地识别异常声音。将患病动物一侧听到的声音与另一侧听到的声音进行比较有助于了解患病动物的正常情况。除了心肺音的听诊，呼吸模式异常和在没有听诊器的情况下听到异常的声音和咳嗽是进行喉部和气管听诊的指征。如果肠胃功能异常，肠鸣音缺失提示可能存在肠梗阻（ileus）。对于麻醉患病动物或长期使用呼吸机的患病动物，食道听诊器是一种有用的工具（图 2.4）。用它可以清晰地听诊肺和心脏，并可以及早发现异常，如肺部啰音（crackles）或心杂音。

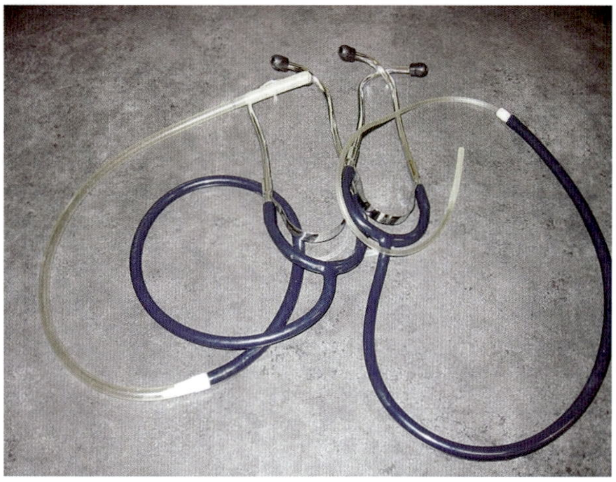

图 2.4 食道听诊器

叩诊（percussion）是通过敲击身体表面发出的声音来评估组织一致性的过程。可以根据所产生声音的响度、音调和持续时间来评估组织的密度。轻轻敲击时，充满空气的区域会发出共鸣或空洞的声音，充满液体的结构会发出沉闷或平坦的声音。胸部和腹部是进行叩诊的重点区域。胃扩张和扭转患病动物或腹水患病动物为练习叩诊技巧提供了良好机会。

体温升高可能提示感染、高热或炎症。低体温可能提示环境低温、灌注不良或继发于药物（如阿片类药物）或疾病（如低血糖、甲状腺功能减退）的代谢率降低。代谢率与温度有关，因此，密切监测患病动物的体温非常重要。这对于休克状态或麻醉中的患病动物尤其重要，在这些患病动物中，心脏功能和凝血等重要器官系统可能会受到体温过低的不利影响。应使用食道或直肠体温探头对麻醉患病动物进行核心温度的持续监测。也可以通过测量耳部、腋下或直肠温度来获取一系列体温数据。对于非麻醉患病动物，直肠温度监测仍然是护理的金标准，并可提供最接近核心体温的测量值。然而，直肠温度可能无法反映灌注不良动物或结肠中有粪便的动物的核心体温。研究还表明，尽管耳温比腋下温度更准确和精确，但只要这些测量方法不交替使用，仍然可以用于监测趋势。还需要注意的是，耳部感染、耳道过长和环境温度会降低耳温的准确性。

技师笔记

应始终在监护表上注明体温测量的方式，这样才能确保患病动物始终以相同的测量方式获得体温的变化趋势。

临床病理学监测

正确采集样本才能获得可靠的检测结果。在采集样本前，应先咨询实验室的参考数据，以确保使用恰当的采样容器和样本处理技术。重症监护患病动物经常需要连续抽取血样。每周抽血量不应超过患病动物总血量的 5% ~ 7%，这一点非常重要（尤其是在小体型、新生儿或贫血患病动物中）（Casal and Bentz，2018）。

技师笔记

监测新生儿和小体型动物每日和每周抽取的血量非常重要。建立一个表格，记录每次采样抽取的血量，可方便监测一段时间内抽取的总血量（专栏 3.1）。

放置在中心静脉（例如，颈静脉、内侧或外侧隐静脉）中的长、大口径导管可以为技师提供可靠的采样口。根据导管类型不同，可留置很多天或无限期留置。从中心静脉导管获取血液样本通常对患病动物来说压力较小且更舒适，并且避免了与多次静脉穿刺相关的潜在并发症。尽可能使用最大的针头并正确抽吸注射器有助于减少溶血。使用真空采血针头和真空采血蝶形针采集系统还有助于最大限度地减少溶血及过早激活凝血（图 2.5）。从中心静脉导管取样涉及 3 个注射器技术（2 个装有生理盐水冲洗液的注射器和 1 个采样注射器）。使用的冲管液量不应过多，尤其是在体型较小的患病动物中，并始终如前所述监测采血量。

具体的检测项目对样本的采集管和处理有确切的要求，必须遵守这些要求。例如，如果没有正确使用真空采集管，且与抗凝剂混合的血液偏少，那么血液样本将被稀释，实验室检测将出现误差。同样，如果将过多的血液加入含有抗凝剂的样本管中，比例将会失调且导致凝血。将样本

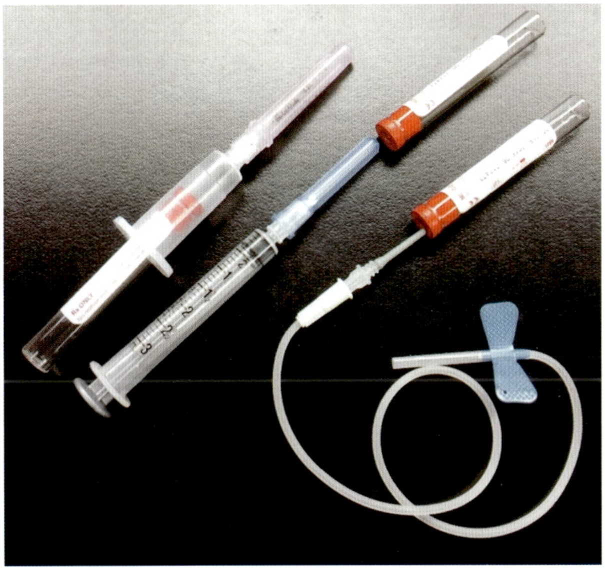

图 2.5　血液采集系统

（上）真空采血管，（中）注射器和针头，（下）带针头连接器的蝶形针。

放入试管后，应轻柔地上下颠倒 10 次以与抗凝剂混合。不能低估将样本与抗凝剂彻底混合的重要性。样本与抗凝剂的不完全混合会导致肉眼无法察觉的微凝块，导致结果错误。

离心样本时，始终保持离心机平衡，以防止电机不均匀磨损和过度振动。应根据正在处理的样本选择正确的离心速度。离心后必须立即将血清和血浆与红细胞分离。如果血清或血浆与红细胞长时间接触，许多实验室结果可能会受到影响。例如，如果血浆仍与红细胞接触，则细胞会继续以每小时 5% ~ 10% 的速度代谢葡萄糖，这将导致错误的葡萄糖测量值（Stockham and Dolce，2004）。应及时处理血样，以避免采集血样后检测数值的变化导致不准确的结果。

应始终评估血清或血浆的颜色和清亮程度，并将结果记录在病历中。这些信息可以提供有关患病动物疾病进程的重要线索。正常血清是清亮无色的（图 2.6）。血清颜色和清亮程度的常见变化如下：

- 脂血（lipemia）（白色，混浊）——脂血血清表明血液中的脂肪含量很高，如果动物最近吃过东西也会出现这种情况。它还可能与各种疾病有关，如急性胰腺炎、糖尿病、甲状腺功能减退和原发性脂质紊乱。技师可能需要在患病动物禁食 12 h（如果可以）后重复检测。

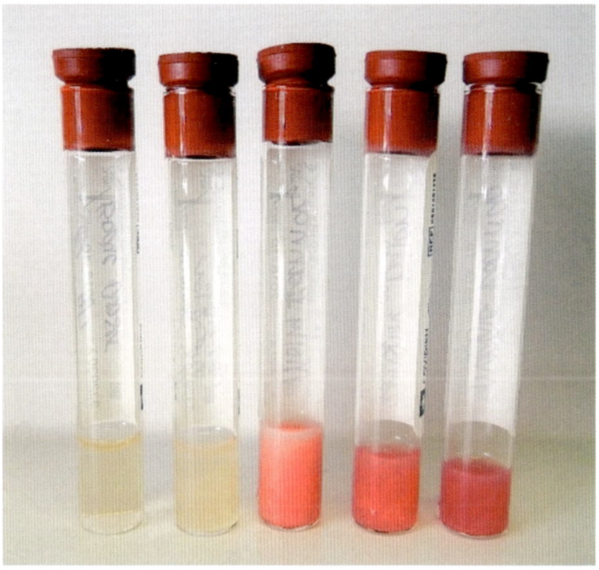

图 2.6　血清中不同程度的溶血和脂血

（左）正常血清至（右）严重溶血和脂血血清。

技师笔记

脂血样本也可以被冷藏和高速离心，这通常会导致在样本的顶部形成一层脂肪层，可以从试管中吸出样本并使用。注意：即使使用适当的样本采集技术，在脂血样本中也经常出现轻微的溶血。

- 黄疸（icterus）（黄色）——黄疸血清最常出现在患有肝脏疾病或溶血性贫血的动物中。
- 溶血（hemolysis）（红色）——溶血血清通常与采样技术和处理不当相关，但也可能提示由溶血性贫血导致的血管内溶血。

红细胞压积和总固体的测量

红细胞压积（packed cell volume，PCV）和血浆总固体（Total solid，TS）测量是急重症动物的重要监测工具。它们执行起来既快速又简单，且提供了大量信息。这两项测试应始终一起进行，以便更准确地判读患病动物的状态。

红细胞压积这一术语有时被不恰当地与血细胞比容（hematocrit，HCT）混用。PCV 和 HCT 值通常非常相似且都表示红细胞质量，但它们并不相同。PCV 是测量值，HCT 是自动分析仪的计算值。手动计算 HCT 的公式是平均红细胞体积（MCV）× 红细胞（red blood cell，RBC）计数 ÷10 或 HCT =（MCV × RBC 计数）÷ 10。平均红细胞体积（mean corpuscular volume）表示红细胞的“平均”体积。任何错误的 MCV 值（如凝集）或 RBC 值（如溶血）变化也会产生错误的 HCT 值。血浆蛋白在体内发挥着许多重要作用，包括物质运输、凝血、抵御外来异物和维持渗透压。总蛋白质值是根据 TS 值估计的。由于许多其他血清成分（例如，葡萄糖、胆固醇和尿素）会影响折射仪读数，因此用折射仪测量的血浆蛋白实际上是对总固体的测量，而不仅仅是蛋白质。因此，TS 是良好的蛋白质浓度预测指标。

适应证

所有住院病例，尤其是可能存在以下情况的动物：

- 脱水。
- 贫血。
- 创伤。
- 休克。
- 高蛋白血症。
- 严重炎症。

仪器设备

- 微型 HCT 离心机。
- 含或不含抗凝剂的毛细管，取决于样本类型。
- 黏土托盘，用于密封毛细管。
- 用于测量 PCV 的卡式或滑动式托盘读取器。
- 测量 TSs 的折射仪。

技术

可以直接将全血吸入含抗凝剂的毛细管或从装有适量 EDTA（乙二胺四乙酸）的采血管中吸出，或通过肝素化的注射器装入毛细管使用。在放入样本后和放入离心机之前，毛细管必须密封，密封端应朝外。至少应填充 2 ~ 3 个毛细管，以防毛细管在离心机内碎裂。

样本离心后，将明显分为三层。红细胞层或浓缩红细胞最接近密封端。血沉淡黄层是浓缩红细胞上方的白色或混浊层，由白细胞和血小板组成。第三层是血浆蛋白层。

评估血浆后，使用微型 HCT 管读取器（一种通过测量总血量百分比来估计 PCV 体积的计算尺）读取 PCV。最简单的类型是带有标记的卡片，这些标记与红细胞柱对齐以确定 PCV。此外，还提供轮式微型 HCT 读取器，其中毛细管插入凹槽，在样本下方旋转标记的轮子以获取 PCV 值。两种类型的读取器上都有说明。还应读取和记录血沉淡黄层百分比。

折射仪是用于确定 TSs 的设备。在血沉淡黄层上方断开毛细管，将血浆滴落到折射仪的表面上。技师通过查看仪器标有 g/dL（克每分升）的一列数字来读取折射仪。阴影区域与光亮区域相交的线就是 TSs 对应的数值。应使用比重为 1.0 的蒸馏水定期校准折射仪。

每次可将读数的毛细管粘在一张白纸上，并标注患病动物信息及采样日期和时间。这提供了血浆蛋白颜色和清晰度随时间变化的视觉记录，这可能为患病动物的临床过程提供有价值的信息。可以拍摄照片并将其放在病历中以供不时之需。

误差排除

如果血液凝固，则可能会产生错误的读数。高脂血症和溶血会使 TS 测量值假性升高。使用合成胶体液后，折射仪会给出错误的结果，因此应使用胶体渗透压计来估计患病动物的胶体渗透压而不是 TS 测量值。（参见后面的胶体渗透压部分。）

机器计算的血细胞比容（来自血液分析仪）可能比从离心后的微型 HCT 管测得的 PCV 高 1 ~ 3 个点，这是由于血浆滞留在红细胞间隙中。使用适当的离心速度并离心毛细管至少 3 min 将有助于最大限度地减少这种误差。

判读

健康成年犬的 PCV 为 37% ~ 55%，幼犬的正常值会偏低，而灵猩等猎犬的正常值则会偏高。健康成年猫的 PCV 为 30% ~ 45%，同样，幼猫的正常值会偏低。犬的正常 TS 范围为 5.4 ~ 7.5 g/dL，而猫的范围为 5.7 ~ 7.6 g/dL。同样，这些数值也与年龄相关（Sirois，2020）。

贫血的定义是 PCV 测量值低于参考范围。PCV 应始终与 TS 结合判读，因为脱水和脾收缩（尤其是犬）会影响 PCV。TS 可以提供有关脱水或脾收缩是否影响 PCV 测量的重要线索。脱水会导致 PCV 假性升高，因为它是以血容量的百分比来衡量的。脱水后，血液中的水分减少，PCV 的相对百分比将增加，而红细胞数量没有实际增加。在这种情况下，TS 值也会增加，因为在血浆中蛋白质相对增多而水分减少。相反，PCV 和 TS 值是衡量静脉（intravenous，IV）液体和补液效果的好工具，因为它们在被 IV 液体稀释时会下降。

在犬和猫中，脾脏是红细胞的储存库，可以扩张和收缩。它会因运动或失血而收缩，并在镇静和麻醉的影响下扩张，从而分别导致 PCV 值增加和减少，但不会改变 TS 测量值。

判读血细胞比容和血浆总固体的一般指南

- PCV 升高伴以下情况：
  - TS 值正常意味着脾收缩或品种相关。
  - TS 值低意味着蛋白质丢失或红细胞生成减少，同时伴随脾收缩和脱水（常见于出血性胃肠炎）。
  - TS 值高意味着脱水。
- PCV 降低伴以下情况：
  - TS 值正常意味着红细胞破坏或生成减少引起的贫血。
  - TS 值低意味着失血或静脉输液的稀释作用。
  - TS 值高意味着蛋白质生成过多伴骨髓疾病造成的贫血或其他慢性疾病，如猫传染性腹膜炎。
- PCV 正常伴以下情况：
  - TS 值低意味着蛋白质产生减少或从胃肠道或泌尿道丢失增加（图 2.7）。
  - TS 值高意味着脱水伴贫血，或球蛋白生成增多，如猫传染性腹膜炎或其他感染性疾病。

注意：这些指南仅提到了最基本和最常见的判读情况。

技师笔记

如果怀疑患病动物有腹部或胸部出血，可以用外周血样本的 PCV 测量值与胸腔穿刺液或腹腔穿刺液的 PCV 测量值进行比较。如果穿刺样本的 PCV 值与外周血样本的 PCV 值相当，则表明存在活动性出血。如果外周血样本 PCV 值显著高于穿刺样本 PCV 值，则表明之前发生过出血事件。

血液学分析

血液分析仪提供全血细胞计数，通常至少包括 RBC、白细胞（white blood cell，WBC）和血小板计数，以及 WBC 分类计数和 RBC 指数（它们是与 RBC 再生相关的 RBC 大小和颜色的指标）。有多种自动兽医专用血液细胞计数仪可供选择。

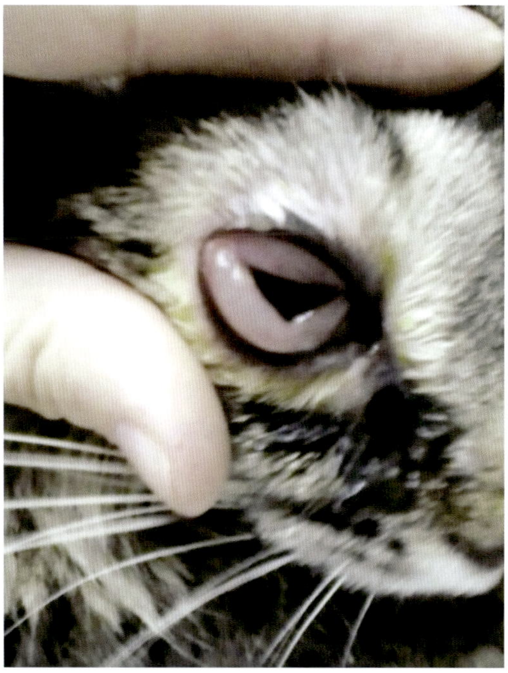

图 2.7　由于低蛋白导致的严重球结膜水肿（chemosis）（照片由 Kelsy Brue 提供。）

技师笔记

重要的是要记住没有机器可以取代血涂片的人工读片。血涂片是一种非常有效、价格低廉且快速获得大量危重症动物信息的方法。

适应证

大多数危重症动物可能存在导致全血细胞计数异常的问题。尤其是以下类型的患病动物：

- 可能存在出血或贫血的患病动物。
- 伴有感染或炎症的患病动物，如发热和败血症。
- 出现瘀点（petechiae）或瘀斑的患病动物，提示血小板异常（图 2.8）。

仪器设备

多家公司提供血液学的即时（point-of-care，POC）测试，有时还与化学分析仪功能相结合。除图形结果外，大多数分析仪还提供数字结果。购买前应仔细研究设备，因为每台机器提供的数据有些许不同。推荐使用兽用分析仪而非人用分析仪，因为如果未针对该物种进行校准，细胞大小的变化可导致机器数值的明显变化。

血涂片检查所需的物品包括一滴新鲜全血、显微镜载玻片、标准 Diff-Quik 染液、镜油和显微镜。

血涂片技术

血涂片检查从涂片的低倍镜扫查开始，以评估血小板和红细胞团块，并确定 WBC 是否不成比例地聚集在羽状缘（图 2.9）。如果存在凝集，则应使用新鲜全血或来自 EDTA 管的血液在载玻片上用盐水按 1∶10 稀释后进行载玻片凝集试验。这将有助于技师区分缗钱样红细胞和自体凝集，自体凝集表明抗体附着在红细胞膜上（免疫介导性溶血性贫血的特征）（图 2.10 和图 2.11）。

应在 40 倍镜下，在细胞不相互接触的单层区域进行血涂片检查。技师应通过将一个视野中的细胞数乘以 1600 来估算 WBC 数量。技师应该对多个视野进行计数以确保样本具有代表性。如果

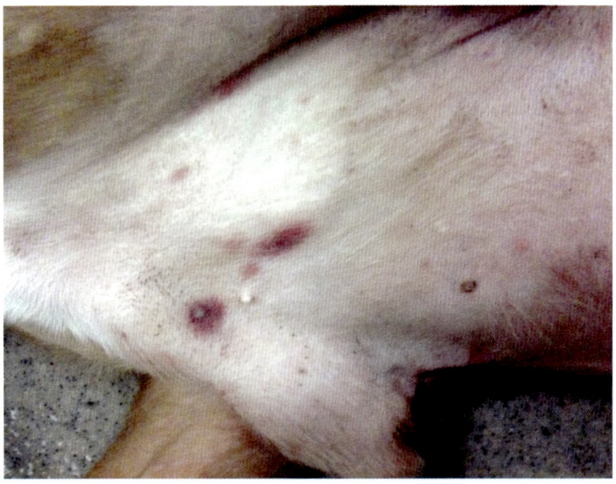

图 2.8 位于犬腹部的瘀点和瘀斑（ecchymosis）

（照片由 David Liss 提供。）

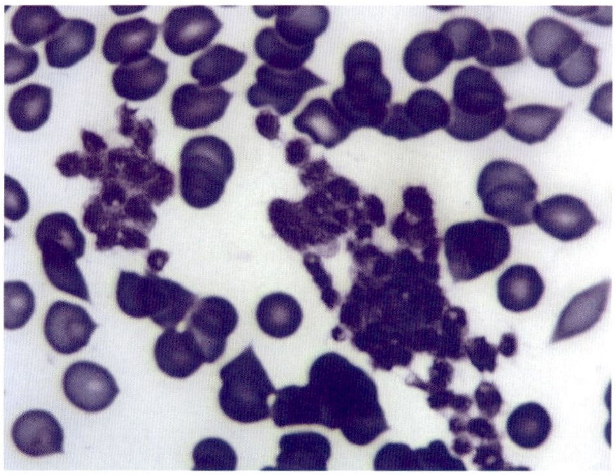

图 2.9 血涂片中严重的血小板凝集

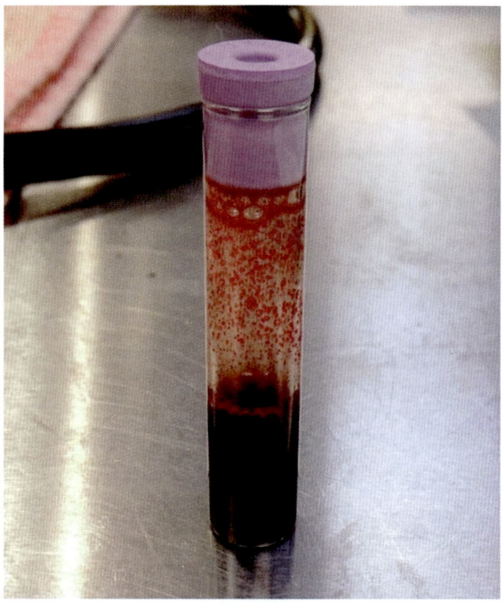

图 2.10 在紫头管内发生自体凝集

（照片由 Jamie holms 提供。）

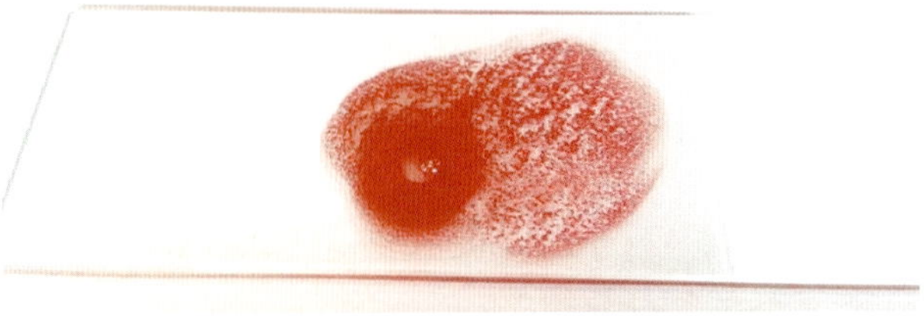

图 2.11　载玻片凝集试验阳性

（照片由 Kenichiro Yagi 提供。）

白细胞聚集在羽状缘，则该估计值会偏低。

在 100 倍镜下，血小板计数可以通过将视野中的血小板数量乘以 15 000 来估算（Cornell，2013—2020）。应在该区域对红细胞和白细胞形态进行评估。应注意是否存在球形红细胞或包涵体。

对于自动血液分析仪，技师应参考有关样本采集、样本处理和程序的具体说明。大多数分析仪使用 EDTA 管（紫头管）中的血液，血样体积应适当，以确保血液被抗凝剂适当稀释。

误差排除

不恰当的涂片和染色会影响血涂片中细胞计数和形态异常的判读。血液必须制备成单层，待其完全干燥，并在涂片后 2 h 内染色。

> **技师笔记**
>
> 用贫血动物的血液制作血涂片时，应增加推片的角度。当用非常黏稠的血液制作血涂片时，应减小推片的角度。

染料可能被水稀释，被污染，或因暴露于福尔马林蒸气而受影响。染料应按照制造商或参考实验室的建议定期丢弃和更换。此外，细胞聚集，或在涂片较厚区域的计数会导致细胞计数错误。如果使用 EDTA 抗凝全血，会因样本量不足导致血液稀释，并引起错误的细胞计数。

> **技师笔记**
>
> EDTA 是细胞形态学评估和血小板计数的首选抗凝剂。不推荐使用肝素化的样本，因为它会改变细胞形态并导致血小板聚集。

判读

技师应参考危重症动物典型的细胞形态变化的血液学图谱（例如，球形红细胞）。

- 成年犬的正常 WBC 计数为每微升血液 6000 ~ 17 000 个细胞。
- 成年猫的正常 WBC 计数为每微升血液 5500 ~ 19 000 个细胞。
- 成年犬的正常血小板计数为每微升血液 160 000 ~ 430 000 个细胞。
- 成年猫的正常血小板计数为每微升血液 300 000 ~ 800 000 个细胞（Sirois，2020）。

技师应参考医院使用的参考实验室或自动血液分析仪制造商的特定参考范围。

电解质和生化分析

电解质和生化分析现在可通过 POC 仪器获得，以便在重症监护中及时获得结果。快速对电解质水平和血液生化进行评估为指导即刻治疗提供了重要信息。每项检查应使用对应机器的参考值，因为每种机器的差异很大，并且每种机器的参考值是单独建立的。在大多数制造商的网站上都可以轻松获取参考值。

适应证

许多危重症动物将受益于 POC 检查的电解质和血液生化分析。

可能导致电解质紊乱的常见紧急情况如下：

- 呕吐、腹泻或两者兼有。
- 糖尿病。
- 泌尿道疾病。
- 摄入毒素。
- 子痫。

患有任何潜在严重疾病或创伤的动物都可以通过血液生化分析检查来评估器官功能。

仪器设备

POC 测试在兽医临床中已经越来越实惠且普及。厂家已经为兽医临床开发了各种便携式或小型台式仪器。许多分析电解质的仪器和一些血液生化分析仪也可进行血气分析。许多分析仪允许用户在执行单独检查和完整检查之间进行选择。执行完整的检查对于做出初步诊断很有用，而进行单独的检查对于复查指标以确定患病动物对治疗的反应非常有用。

任何重症监护实验室的电解质和生化分析仪的主要功能是以合理的成本提供快速准确的结果。买家在购买之前必须考虑到所有情况。不仅要研究设备本身，还要研究其相关成本，如试剂、标准品、电极、年度维护、清洁溶液和调节溶液。某些类型的分析仪需要更多的劳动密集型维护，并且可能更容易出现技术问题。在决策过程中咨询正在使用相同设备的用户可能会有所帮助。兽医信息网络等网站上的互联网留言板讨论了各种 POC 设备（图 2.12）。

在最终决定分析仪的类型后，应获取并仔细阅读技术手册，制订维护协议和清洁计划。工作人员应在设备附近保留一个技术支持号码，以便不熟悉设备的用户清楚地看到。必须保留所有设备的维护记录，以及针对出现问题的技术支持的详细说明，以便下次出现问题时可以更快地解决。购买分析仪时，应考虑购买年度维护服务，以确保在发生重大故障时能够快速修复分析仪。这样购买将增加初始成本，但可防止机器出现问题且无法自行维修产生的损失。或考虑使用第二台更便宜的床旁分析仪作为备用。

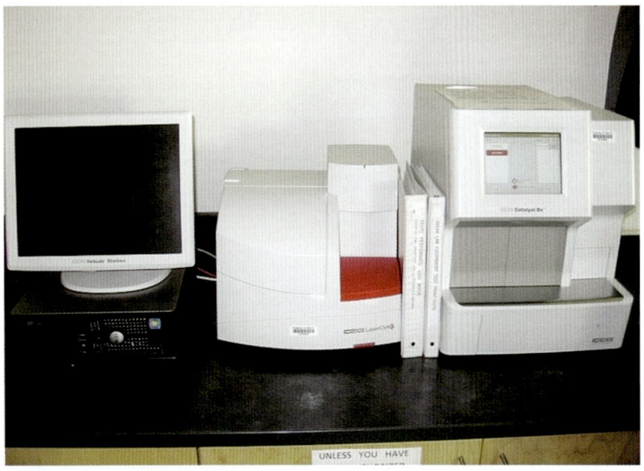

图 2.12　爱德士（IDEXX）实验室室内血液学和血液生化分析仪

影响分析仪选择的其他因素包括预期的检查数量、对单个化学试剂或完整检查的需求、试剂保质期和总成本。

技术

大多数分析仪所需的样本因机器而异。然而，常见样本为全血、血清或血浆。一些分析仪允许检测血液以外的体液，这在急诊或重症监护中很有用。良好的样本处理技术对于避免误差或损坏分析仪至关重要。

误差排除

与所有分析仪一样，最好对所有技师进行设备使用的培训。应由 1 ~ 2 名训练有素的技师负责机器的日常维护和一般维护。POC 测试设备（或任何实验室设备）的质量控制（quality control，QC）决定了获得准确结果或具有危险误导性的错误结果。应根据时间表定期进行 QC 或在运行样本之前进行 QC，以确保结果的准确性。对于意料之外的结果、与过去数据显著不同的结果或人为误差，应对患病动物病情的潜在变化进行批判性分析。每台设备都有各自可能干扰结果准确性的样本因素列表，所有工作人员都必须熟悉此列表。例如，重度脂血的样本会导致部分分析仪产生错误的结果。

判读

这些血液检查的目的通常是评估某个可能受疾病或损伤影响的器官或系统，并监测患病动物对治疗的反应。生化可显示肝肾功能、酸碱状态和蛋白质水平。请注意，许多血液生化分析仪需要血清样本（由于凝固过程而缺乏纤维蛋白原）而不是血浆样本。因此，折光仪的 TS 测量值（蛋白质估计值）通常高于生化的测量值。在生化检查中同时检测电解质水平，可以更全面地了解患病动物的状况。技师应熟悉需要立即处理的危及生命的电解质异常。其中包括以下情况：

- 高钾血症，常见于尿路梗阻、急性肾功能衰竭或肾上腺皮质功能减退（阿狄森病）。
- 低钙血症，常见于子痫或肾上腺皮质功能减退。

• 严重高钠血症，常见于非酮症高渗性糖尿病危象。

技师应该了解血液生化中显示的危及生命的异常。其中包括如下情况：

• 低血糖症，常见于新生动物、玩具犬和患有败血症或糖尿病危象的动物。
• 严重氮质血症（azotemia）（血尿素氮和肌酐值升高，表明肾功能衰竭）。

正如一项检查会显示某个指标当下的测量值，多次的检查结果可提示临床医生治疗计划的效果。

技师笔记

与所有重症监护一样，连续监测可提供最多的信息。电解质和生化分析检查的频率取决于患病动物的病情发展。许多基于计算机的患病动物图表系统可自动绘制连续检测结果的图表，从而对患病动物指标的变化进行非常直观的评估。

尿量和尿比重

尿量和尿比重的测量是监测急诊和重症监护患病动物的重要工具。这些测试提供有关肾脏灌注（肾功能）的信息，并且可用于评估危重症动物液体复苏的情况。这些测试应尽可能同时进行，以便更准确地判断患病动物的状态。

适应证

任何住院患病动物，尤其是那些可能存在以下情况的动物：

• 脱水。
• 贫血。
• 创伤。
• 休克。
• 怀疑存在肾脏疾病。
• 电解质紊乱。
• 激素紊乱。
• 渗透压异常（如糖尿病）。

仪器设备

• 秤［对患病动物和（或）垫料进行称重］。
• 折射仪（测量尿比重）。
• 尿液收集系统（可以打开或关闭）（图 2.13）。

技术

密闭收集系统是测量尿量的理想选择。测量尿量的其他方法包括收集自然排尿的尿液或称量笼子底部的尿液。毛巾或其他吸收性垫料在放入笼子之前进行称重。当被尿液弄脏时，可以重新称重并估算尿量。

技师笔记

1 mL 尿液相当于大约 1 g 尿液。每天一次甚至每天多次称量住院患病动物的体重也可以帮助估计液体的进出量。可以估算为，体重增加或减少 1 kg 相当于患病动物增加或减少 1 L 液体。重要的是要记住，如果患病动物有第三腔丢失（third-space losses），则患病动物的体重不会减少。当由于某些特定疾病过程导致大量体液积聚在胸腔、腹腔或组织间隙等体腔中时，就会发生第三腔丢失。技师应监测因肺水肿、腹水、蛋白质丢失、心力衰竭、肾功能不全或容量过载而导致的第三腔丢失的症状。

图 2.13　密闭的尿液收集系统。注意严重的血性尿液（照片由艾奥瓦州兽医转诊中心提供。）

判读

理想情况下，犬猫的尿量应为每小时 1 ~ 2 mL/kg（取决于肾脏浓缩尿液的能力）（Mathews，2017）。犬猫的尿比重应分别约为 1.030 g/dL 和 1.035 g/dL（Wamsley and Alleman，2004）。如果尿量减少（少尿），可能的原因包括肾前性少尿（prerenal oliguria；肾脏灌注不足）、肾性（renal）少尿或肾后性少尿（postrenal oliguria；尿道阻塞）或输液量不足。在这些情况下，预期的尿比重会增加。否则，则应怀疑肾功能不全（肾性少尿）。多尿（polyuria）的可能原因包括液体容量过载、激素紊乱、电解质异常、渗透压异常或使用糖皮质激素（犬）或利尿剂。多尿患病动物的尿比重预计会降低。然而，这并不能排除肾功能不全。如前所述，尿量和尿比重应和其他监测参数一起评估，以更全面地了解患病动物的状态。

血气分析

血气分析可提供有关酸碱状态、氧合及通气状态的信息（图 2.14 和图 2.15）。酸碱和氧合障碍在危重症动物中经常发生。血液（和全身）通常保持在一个很窄的 pH 范围内。大多数细胞系统都依赖于这种内环境稳态，且在超出正常 pH 值范围时无法正常工作。同样重要的是要注意，许多药物在这个 pH 范围内会更有效地发挥作用，而 pH 的改变会导致身体对各种药物的反应方式发生变化。

静脉或动脉血可用于血气分析，但只有动脉血样本才能提供有关氧合的信息。在正常的肺中，动脉血通过肺并被氧合。如果肺中的气体交换存在问题，那么这将反映在与红细胞结合的氧气量上。动脉血氧分压（PaO_2）将反映患病动物的氧合状态。静脉样本可用于提供有关酸碱状态和通气的信息。

血气分析仪可以是“床旁”或台式设备。大部分常用的血气分析仪还可以测量电解质水平，提供一些其他血清生化信息，如血糖或肌酐值。该信息在对不稳定的患病动物进行即时评估时非常有用。

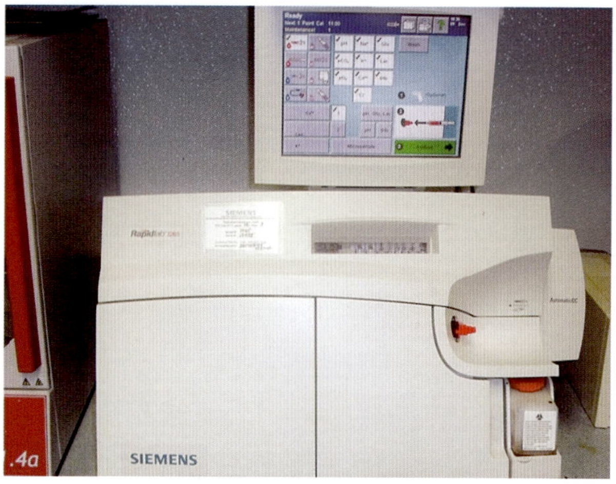

图 2.14　西门子 RAPIDlab 血气分析仪

（照片由 David Liss 提供。）

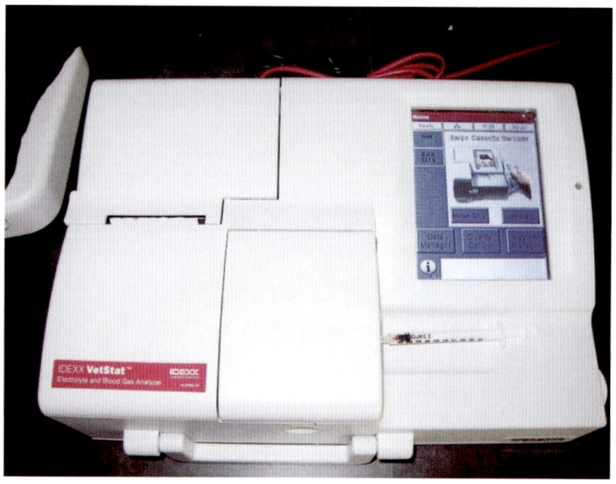

图 2.15　IDEXX 实验室 VetStat 血气和电解质分析仪

适应证

任何危重症动物都可能受益于血气分析。血气分析对以下患病动物特别有用。

呼吸系统急症，包括以下情况：

- 肺栓塞。
- 肺炎。
- 充血性心力衰竭。

代谢急症，包括以下情况：

- 尿路梗阻。
- 糖尿病酮症酸中毒或非酮症高渗危象。
- 子痫。
- 肾上腺皮质功能减退（阿狄森病）。
- 乙二醇中毒。
- 任何形式的休克。

仪器设备

在选择血气分析设备时，可靠性和易用性是第一要务。不同的机器功能不同，可能有些机器只分析血气，有些可分析血气和电解质，有些可通过一份血样同时测量血气、电解质和化学成分。考虑是否需要特殊的采样设备，如动脉血气注射器，或者是否可以在不使用抗凝剂的情况下采集血液。许多机器需使用卡夹，而一些机器在其内部具有单独的试剂。根据自己的诊所需要进行血气检查的次数选择，其中一种类型可能比另一种更经济。

所有用户都应了解机器的样本采集和放置样本的程序。使用卡夹的系统的优点是体积小，并且不需要额外的试剂。但是，如果卡夹装得太满或装得太少，由此造成的卡夹浪费可能会增加成本。大型台式装置检测快速且非常易于使用。但是，由于需要定期更换试剂和膜，因此初始成本和维护成本可能很高。大多数此类机器上的 QC 和校准都已设定好。如果配置了大型机器，则应指定专人负责血气设备的维护。阅读技术手册并与机器的技术支持部门建立密切关系将有助于技师学习仪器维护工作。大多数公司会在客户购买时提供全面的培训课程，以确保“超级用户”熟悉设备的各个方面。应严格遵守所有维护说明，如果需要校准，则必须每天进行。

技术

应根据制造商的说明采集用于血气分析的血液。大多数机器使用肝素锂或肝素钠作为首选抗凝剂。市售的血气注射器和动脉采样器具有最低样本量要求，以确保血液与抗凝剂保持正确的比例。虽然特定的采样容器可能需要抽取更多血液，但机器可能只需要 0.125 ~ 0.3 mL 血液。如果使用肝素化的注射器，必须在手中轻轻地晃动样本，以确保肝素与血液混合。在进行电解质测量时，使用肝素钠会导致钠测量不准确。

静脉样本可以从任何外周静脉或中心静脉抽取。采血区域的组织状态会影响结果。例如，从受伤肢体的静脉中采集的样本与从血流更正常的静脉中采集的样本会产生不同的结果。同样，患有主动脉血栓栓塞的猫从后肢采集的血液结果与从同一患病动物颈静脉采集的血液结果明显不同。

动脉血应通过动脉穿刺或使用 25 G 或 26 G 针头的动脉导管采集。通常从股动脉和足背侧动脉采集动脉血样本（图 2.16）。要穿刺动脉，技师应首先触诊脉搏是否良好。采样位点是用一根或两根手指放在脉搏上定位的。如果使用单指法，技师应感受脉搏，观察手指下的动脉，并将针头以 45° 角对准脉搏（图 2.17）。针头应进入动脉，血液将进入自动填充注射器或毛细管。如果使用双指法，则两根手指应相距约 2.54 cm（1 in）并评估脉搏。针头应从两根手指中以 90° 角刺入。进入动脉后，血液应沿注射器筒向上流动。抽取样本后，应排出所有气泡，将注射器盖紧，然后旋转注射器。如果使用动脉毛细管取样器，应让血液完全充满取样器内部的毛细管，然后取出针头并盖紧。理想情况下，样本应立即进行分析，如果在室温下储存，则应在 15 min 内进行分析。如果无法立即分析样本，技师应将盖紧的注射器放入冰浴中，并在 1 h 内进行分析。大多数分析仪都需要额外的信息，包括患病动物的病历号、患病动物的体温

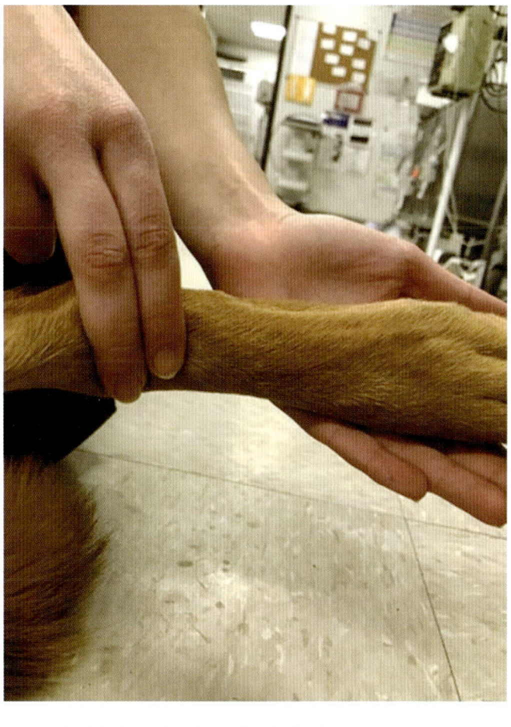

图 2.16　触诊犬足背侧动脉的脉搏

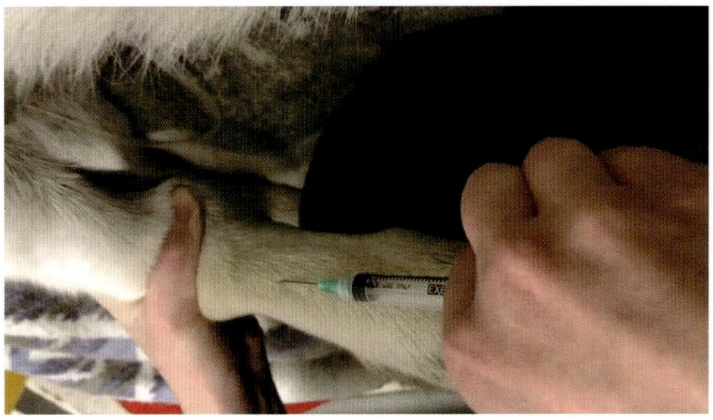

图 2.17 从足背侧动脉采集动脉血样

及采样时动物呼吸的吸入氧分压（FiO_2）。海平面水平的室内空气中的氧气含量为 21%。为获得最佳结果，应在抽血前 5 min 内测量核心体温。应在抽取样本之前获取并记录所有上述信息。

可以使用无菌技术将动脉导管放置在足背侧动脉中。可以将鲁尔锁注射帽放置在末端，通过该帽可以使用针头获取样本。如果导管也用于直接动脉血压测量，连接到导管和压力管上的三通阀将便于取样和通过第二个端口进行冲洗，该端口应始终加盖。这些导管应标记为动脉导管，并且必须经常监测。动脉导管也必须用肝素生理盐水冲洗（1 U/mL 肝素，溶于 0.9% 氯化钠），并且在理想情况下用肝素（10 U/mL 肝素生理盐水）封管。

误差排除

采集血气样本相当简单。采集静脉血气样本与采集其他血液检查的静脉血液样本使用的技术相同。获取动脉血气样本需要更多技巧，但注射器或毛细管中血液的脉动流动有助于指示动脉穿刺的准确性。在解剖学上，静脉紧邻动脉，有很大概率穿刺到静脉。查看患病动物的数值和临床情况是辨别已抽取样本的最佳方法。如果患病动物看起来临床体征稳定并且技师对采样有信心，那么可以评估血氧分压（PO_2）和二氧化碳分压（PCO_2）以帮助作出决定。如果患病动物处于呼吸窘迫状态，并且 PO_2 和 PCO_2 值在静脉血范围内，则很有可能血液样本采集操作正确。然而，如果患病动物看起来临床稳定并且血液检查表明更偏向于静脉样本，那么采集已知的静脉样本可能有利于比较测量结果。如果两个样本的 PO_2 和 PCO_2 值相似，那么很可能两个样本都采集自静脉。

动脉导管是保持一致性的最佳方式，但如果导管装置脱落，则存在大量出血的风险。动脉导管的放置比静脉导管的放置需要更多的技巧，但技师可以通过练习精通这项技术。

技师笔记

在多次尝试穿刺动脉但失败后，动脉可能会开始痉挛并暂时无法使用。

判读

本部分讨论的重点是患病动物血气分析中酸碱和呼吸状态的部分（表 2.1）。电解质在本章中的其他部分进行了详细介绍。

定义

应注意以下定义：

- PaO_2 是动脉血氧分压。该值表明血液的氧合程度。该值还表明肺和肺血液循环的功能。
- pH 是血液酸碱度。通常，pH 测量血液中氢

表 2.1 正常血气值*

样本	pH	PCO_2（mmHg）	HCO_3^-（mmHg）	PO_2（mmHg）
犬静脉血	7.35 ~ 7.45	40 ~ 50	20 ~ 24	30 ~ 42
犬动脉血	7.35 ~ 7.45	35 ~ 45	20 ~ 24	90 ~ 100
猫静脉血	7.3 ~ 7.38	41.8 ~ 50.8	19.4 ~ 23.4	38.6 ~ 49.6
猫动脉血	7.34 ~ 7.44	33.6 ~ 40.6	17.5 ~ 20.5	102.9 ~ 117.9

摘自 Waddell, L. S. (2012). Blood gas analysis management tree. NAVC Clin Brief, 10 (1): 18–19.

* 如果机器没有公布的参考范围，则应建立院内正常参考范围。

离子的量。pH 的正常范围很窄。如果偏离正常值，则会触发缓冲系统以帮助代偿异常值。该值受代谢和呼吸因素的影响。

- $PaCO_2$ 是循环动脉血二氧化碳（CO_2）分压，是通气的指标。因为 CO_2 起酸的作用，过量的 CO_2 可能会导致酸中毒，或者身体可能会发生通气不足来提高 CO_2 水平以代偿碱中毒。$PaCO_2$ 被认为是血气的呼吸指标。
- HCO_3^-（或碳酸氢根离子）是体内的主要缓冲剂。碳酸氢根离子的水平决定了血气的“代谢指标”。
- BE 是碱剩余（高于或低于正常缓冲水平的碱量）。碱缺乏是指患病动物从零到负数的距离，并描述需要多少单位的碱才能使患病动物恢复到中性状态。碱剩余描述了患病动物从零到正数的距离。碱剩余或缺乏提示患病动物血液生化中的代谢紊乱或代偿。

简单血气分析

应注意以下信息：

- 简单型酸碱紊乱是一种原发性紊乱伴有适当的代偿。
- 混合型酸碱紊乱是至少有 2 个独立的紊乱同时发生。
- 首先，技师应比较患病动物 pH 与正常范围确定是否存在酸碱紊乱。如果 pH 正常，通常不会出现酸碱紊乱。在某些情况下，pH 可能正常，但 HCO_3^-、$PaCO_2$ 或碱剩余（或这些因素的组合）值可能异常，提示存在代偿性酸碱紊乱。如果 pH 低于正常值，则血液呈酸性；如果 pH 高于正常范围，则血液呈碱性。
- 其次，技师应检查碱剩余和碳酸氢根离子水平。如果它们高于正常值，则存在原发性或代偿性代谢性碱中毒。代谢性酸中毒是一种常见的疾病，可由糖尿病酮症酸中毒或肾功能衰竭等疾病引起。如果碱剩余和碳酸氢根离子水平低，则存在原发性或代偿性代谢性酸中毒。代谢性碱中毒在小动物中不太常见，但可见于呕吐时。
- 最后，技师应将 $PaCO_2$ 测量值与正常范围进行比较。如果高于正常值，则存在原发性或代偿性呼吸性酸中毒。如果低于正常值，则存在原发性或代偿性呼吸性碱中毒。高 $PaCO_2$ 值意味着通气不足，通常发生在因任何原因（包括麻醉）而导致呼吸抑制的患病动物身上。呼吸性碱中毒可因通气过度而发生，偶尔由肺部疾病引起，更常见的是作为代谢性酸中毒的代偿引起的。
- 当患病动物呼吸室内空气（FiO_2）时，正常肺的 PaO_2 值应在 90 ~ 100 mmHg。患病动物的预期 PaO_2 值应约为 $5 \times FiO_2$。例如，呼吸 100% 氧气的麻醉患病动物的 PaO_2 应约为 500 mmHg。低于这个值提示低氧血症，吸氧治疗的指征通常为 PaO_2 低于 60 ~ 80 mmHg（轻度至重度低氧血症）。

胶体渗透压

胶体渗透压（colloid osmotic pressure，COP）的定义是溶液中的胶体颗粒对半透膜施加的压力。要理解这个概念，我们应该想象一桶液体中间被半透膜隔开，这种膜可以让较小的颗粒和水轻松穿过至另一侧，但较大的颗粒被迫留在原来的空间中。晶体是较小的颗粒，胶体（或蛋白质）是较大的颗粒。如果一侧的胶体颗粒比另一侧多，液体和晶体颗粒将从胶体颗粒数量较少（即浓度较低）的一侧移动到胶体颗粒数量较多（即浓度较高）的一侧以平衡膜上的压力。COP 是胶体颗粒施加在半透膜上的压力的测量值。

技师笔记

重要的是，决定 COP 的是颗粒的数量（而不是颗粒的大小）。然而，颗粒的大小决定了它在血管内的保留时间。

天然胶体是指血浆中的蛋白质。它们由白蛋白、球蛋白和纤维蛋白原组成。合成胶体是一种水基溶液，含有几种不同尺寸的颗粒，如右旋糖酐 70®、羟乙基淀粉®、五聚淀粉®、万汶®/Vetstarch®和血红蛋白（Hb）溶液（血红蛋白类氧载体）。

适应证

血液 COP 对于帮助确定血管系统是否允许血浆蛋白渗入间质或血管外的腔体内很重要。如果液体泄漏到血管系统外，则会出现水肿或肿胀。血管炎和全身炎症反应综合征（systemic inflammatory response syndrome，SIRS）均会导致血管渗漏和低蛋白血症的疾病过程。在出现低血容量的情况下，如失血和休克，COP 值低可能表明需要快速扩张血管内容量。胶体液会将水和电解质吸入血管系统，以帮助扩张循环系统。

COP 有助于确定血液中血浆蛋白的浓度。低血浆蛋白浓度提示临床医生可以使用血浆或合成胶体等胶体液恢复流体压力平衡（Waddell，2015）。大胶体颗粒有助于将液体吸回血管。将血液蛋白质保持在稳定水平有助于维持适当的体液平衡，使机体能正常运作。另一方面，如果 COP 正常，提示血浆蛋白充足，但出现其他临床因素，如总蛋白测量值高，则提示临床兽医师可能需要给予晶体液以恢复体液平衡。

仪器设备

胶体渗透压计可用于测量血液、血浆或血清的 COP（图 2.18）。该机器使用半透膜将血浆入口与无蛋白质溶液分开。为了临床使用方便，建议使用肝素化全血样本，但也可以使用血浆。必须对机器进行良好维护以确保结果准确。必须每天使用已知 COP 的溶液对其进行校准，且必须每天用生理盐水冲洗，并在每次使用前后用生理盐水进行归零。

技术

技师应将全血样本抽取到肝素化的注射器中或用肝素锂处理过的真空采血管中。技师应小心地上下颠倒采血管来检查有无血凝块，然后从注射器中排出少量血液（或将一根细木棒插入

图 2.18　Wescore 公司的胶体渗透压计

管中并沿侧面拖动）。若无血凝的证据，再继续处理样本。

误差排除

一旦使用合成胶体时，TS 测量值就与 COP 不相关了。固体物质的测量值可能不包含合成胶体中添加的颗粒量。因此，COP 测量值可提供更准确的信息。

判读

COP 正常值因物种和参考实验室或机器而异。

犬全血 COP 正常范围为（19.95 ± 2.1）mmHg，猫全血 COP 正常范围为（24.7 ± 3.7）mmHg。

犬血浆 COP 正常范围为 14 ～ 27 mmHg，猫血浆 COP 正常范围为 21 ～ 34 mmHg（Rudloff and Rivera，2012）。

乳酸浓度

乳酸（lactate）是葡萄糖在无氧条件下（当组织供氧不足时）分解的副产物。血液循环中有一些乳酸是正常的。肝脏通过将乳酸转化为葡萄糖或将乳酸氧化为二氧化碳和水来清除体内的乳酸。乳酸浓度升高可以作为多种严重潜在疾病的标志。

适应证

技师笔记

乳酸浓度通常被认为是组织灌注不足的准确指标。因此，任何有灌注不良风险的患病动物都应监测乳酸水平。包括患有以下疾病的动物：

- 处于休克状态的动物或任何疑似处于休克状态的患病动物。
- 有循环障碍的动物，如心衰、血栓或胃扩张和扭转。
- 有创伤的动物，尤其是挤压伤。

仪器设备

手持式和台式机器均可用于测量乳酸水平。随着乳酸监测在兽医领域越来越普遍，市场上的机器数量增加，且价格大幅提升。每台机器使用特定的样本类型，因此，向制造商确认样本类型非常重要。理想情况下，应进行文献检索以确保该机器已被验证可用于患病动物。许多乳酸测定仪是用于监测运动员的无氧代谢，而不是用于监测生病的住院动物（图 2.19）。

技术

乳酸水平可以使用静脉或动脉血样来测量。样本必须在 30 min 内进行分析。分析方法因机器类型而异。

图 2.19　爱科来（arkray）的乳酸测定仪

误差排除

与其他设备一样，乳酸测定仪需要进行一定程度的维护。较小的手持式机器维护更简单。虽然技师需要处理校准和代码问题，但是除此之外的设置和使用很简便。如前所述，较大的台式机器需要更多的维护，应由 1 ~ 2 个人进行监控和维护。

在准备任何用于检测的血液时，将血液放入机器之前，应检查血液是否有血凝块。取样前还应混匀样本以确保均一。

判读

乳酸水平：

- 正常：小于 2.5 mmol/L（犬），小于 1.5 mmol/L（猫）。
- 轻度升高：3 ~ 5 mmol/L。
- 中度升高：5 ~ 10 mmol/L。
- 严重升高：大于 10 mmol/L（Mathews，2017）。

乳酸水平升高分为两种类型的乳酸酸中毒：A 型和 B 型。

A 型乳酸酸中毒是组织缺氧、组织灌注不良和休克的结果。胃扩张和扭转和由肠穿孔引起的败血性腹膜炎是乳酸水平升高的两个因素。

B 型乳酸酸中毒可分为 4 类：①全身性疾病（舒张期杂音、风湿热、感染、白血病）；②药物及毒素（乙醇、水杨酸盐类、甲醇）；③遗传性和先天性代谢异常（葡萄糖 6- 磷酸酶缺乏症）；④其他疾病。

乳酸分析需要考虑的最重要的方面是，一个样本只反映了患病动物病情的一个时间点。连续的乳酸水平反映了一个更准确的疾病过程。为了纠正这种异常，必须治疗乳酸酸中毒的根本病因。例如，组织灌注不良和休克需要输注晶体液或胶体液，或两者均需输注。氧气支持可能是逆转缺氧所必需的。血浆乳酸浓度无法降低可能是存活的不良预后指标。

快速有效地治疗乳酸酸中毒将增加患病动物的生存机会。通常需要通过积极的液体治疗加氧气治疗来改善组织灌注和氧合，有时不需要供氧，仅自主呼吸就足够保证氧合。

凝血试验

凝血（coagulation）异常在危重症动物中很常见。凝血功能障碍可能与创伤和败血症，以及自身免疫性、先天性或特发性疾病有关。

技师笔记

确定患病动物的凝血状态对于评估与诊断程序和手术相关的风险至关重要。对于有严重出血风险的患病动物，应在进行常规程序（如膀胱穿刺术）前确定凝血状态。

可在动物医院现场进行的患病动物凝血状态的检测包括凝血酶原时间（prothrombin time，PT）、活化部分凝血活酶时间（activated partial thromboplastin time，aPTT）、活化凝血酶原时间（activated clotting time，ACT）、颊黏膜出血时间（buccal mucosal bleeding time，BMBT）和血小板计数。必须正确采样以进行准确的凝血试验。这些测试确定了凝血级联的不同部分是否存在缺陷。通过识别凝血系统的异常部分，可以针对具体问题量身定制包括血液成分治疗在内的特定治疗。

适应证

重症监护环境中的许多患病动物应在就诊时或治疗期间评估凝血功能。具有以下任何一种诊断或鉴别诊断的患病动物，特别容易发生凝血功能障碍。

- 杀鼠剂中毒。
- 血小板减少症。
- 免疫介导性溶血性贫血。
- 败血症。
- 弥散性血管内凝血。
- 蛋白丢失性肾病。
- 肝脏疾病。
- 药物治疗导致的免疫抑制。
- 大量输血。

仪器设备

患病动物可即时检测凝血功能。这些分析仪使用新鲜全血或枸橼酸抗凝的血液，最常用于分析 PT 和 aPTT；然而，它们也可以测量活化凝血酶原时间（ACT）（图 2.20）。

ACT 测试也可以使用填充硅藻土和（或）磨砂玻璃颗粒的特殊真空管进行。唯一需要的其他设备是加热块或技师的腋窝和计时器。也有专门精确计时 ACT 的机器。

测量 BMBT 需要一个弹簧式装置来切割 2 个均匀的切口。进行检测还需要纱布或滤纸和计时器。

血小板人工计数可以通过血涂片进行，或者可以使用针对兽医物种校准的自动血液分析仪进行自动计数。

技术

对于可能患有凝血功能障碍的动物，应从外周静脉而不是中心静脉采集血样，以降低静脉穿刺导致过度出血的风险。

用于 PT/aPTT 测试的血液通过直接真空采样管收集系统或带有真空采样蝶形头皮针的真空采样管收集在枸橼酸钠（蓝色）管中。理想情况下，首先会弃掉一点样本，以防在静脉穿刺过程中出现任何凝血因子的激活。其次在枸橼酸钠管中注入适量的血液（在管上有注明）以避免稀释。通

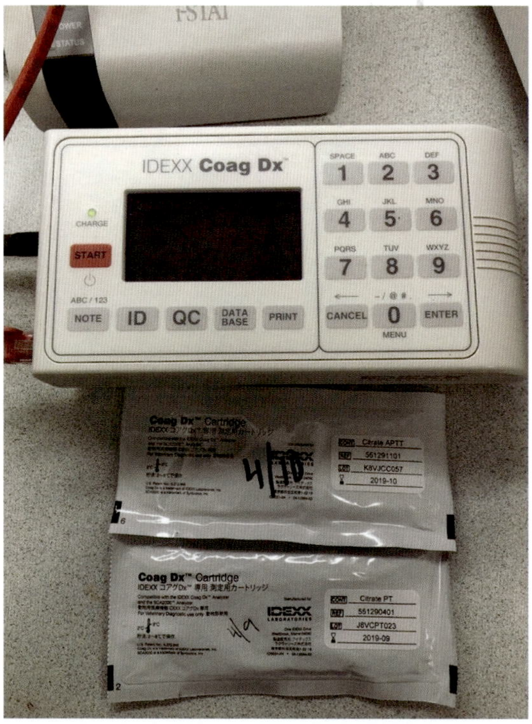

图 2.20　IDEXX 实验室 Coag Dx 分析仪和墨盒

过插入小木棍并将其沿着管壁上提来检查管内是否有血凝块。如果不存在血凝块，则样本可以进行分析。技师应按照特定 POC 分析仪的指示完成该过程。如果要使用新鲜的全血，则必须在静脉穿刺后立即将血液放入预热后的加样孔。

手动 ACT 检测需使用 0.5 ~ 2 mL 新鲜全血，具体取决于所使用的采样管。静脉穿刺必须保证采样部位干净，血液流入注射器内必须是顺畅的。使用针头和注射器或真空采样管收集系统进行静脉穿刺，样本注入预热的 ACT 管。可以先采集多一点的样本，在加样前弃掉一点；但是，如果技师担心医源性（iatrogenic）失血，则可以不进行此项操作。将试管旋转 5 次以确保样本充分混合。然后将管置于 37℃的加热块中或放在技师的腋窝下，并记录血凝块形成的时间。第一次读数是在 60 s 时进行的。技师通过旋转管子和目测来检查血凝块是否形成。如果不存在血凝块，则将管放回加热块中并每 5 ~ 15 s 检查一次，直到发现血凝块。

BMBT 使用弹簧式装置进行，用于切割 2 个标准化切口大小。使用的部位是唇黏膜，通过掀开上唇暴露。在口鼻周围轻轻地绑一块纱布条可以使嘴唇保持翻开的状态并增加静脉静水压。将装置以轻柔的压力放置在该部位上方，然后释放触发器。测试时间从此时开始。将滤纸或纱布靠近切口部位吸收血液，不应接触切口部位，因为这会影响测试结果。一旦血流停止且出现血凝块，就停止计时。该值（以秒为单位）为 BMBT。

技师通过在 100 倍油镜放大倍数下计算 5 ~ 10 个显微镜视野中血小板的平均数量，并将该数量乘以 15 000 来计算人工血小板估计值（Cornell，2013—2020）。这估计了每微升血液中的血小板数量。应检查血涂片是否凝集，并在薄而均匀的区域进行检查。

有关自动血小板计数分析仪的信息，读者应参阅“血液学分析”部分。

误差排除

每次抽取血样时都需要考虑患病动物的疾病过程。为防止医源性失血，贫血患病动物只抽取足以避免在真空采样管内出现稀释作用的最低采血量。应将静脉穿刺区域剃毛并用浸有酒精的棉球擦拭以减少样本的人为误差。

最一致准确的样本是仅静脉穿刺一次采集的样本。这将有助于防止过度出血、血肿和血凝块形成，并提供最能代表循环血液的样本。

应压迫静脉穿刺部位至少 5 min，以尽量减少出血。若已确定患病动物存在凝血功能障碍，那么可能需压迫该部位更长时间。需要密切监测该部位和周围组织是否出现额外的肿胀。设置一个计时器或者在流程图中添加一个治疗项目有助于提醒自己拆除压迫包扎。

如果未使用真空采样管采集样本或采集后未立即分析样本，则可能会发生血小板聚集。如果发生这种情况，血小板计数可能会假性偏低。为了获得最佳结果，血液样本应在 EDTA 管中轻柔地混合均匀。

判读

PT 和 aPTT 测试评估凝血级联的外在（外源性）、内在（内源性）和共同通路。凝血级联由许多凝血因子组成，这些因子相互作用，并与维生素 K 一起维持身体的凝血能力。PT 和 PTT 值的正常范围因分析仪而异。需要为单个机器建立正常范围。延长的结果表明凝血级联异常。如果 PT 或 PTT 数值中一个正常而另一个延长，则可以排除几种凝血因子的异常。当需要对血浆制品进行选择时，这一点很重要。

技师笔记

BMBT 测试和血小板计数是确定由初级凝血（primary hemostasis）引起的出血性疾病的两种诊断测试。初级凝血异常与血小板或血管疾病有关。这些疾病包括血管性血友病、血小板减少症、血小板病和血管病变。BMBT 是一种检测血管炎或血小板减少症（低血小板）很好的方法。血小板计数与血凝块形成功能直接相关。如果动物的血小板含量低，它形成血凝块的能力就会减弱。凝血过程是血小板启动的，如果血小板不存在或不能正常工作，则无法形成血凝块。如果无法形成血凝块，则会持续出血，除非对受伤部位施加压力。无法形成血凝块的动物即使受到轻微的创伤也容易出血。

ACT 是一种简单的筛查测试，用于检测凝血级联的内源性通路和共同通路中是否存在严重异常。它可检测管中的纤维蛋白凝块被玻璃颗粒、高岭土或硅藻土活化后形成的时间。PT、PTT 和 ACT 是用于确定是否存在次级凝血（secondary hemostasis）异常或是否具有形成次级血凝块能力的诊断方法。与次级凝血异常相关的出血性疾病与凝血级联异常相关。这些情况包括摄入灭鼠药、药物中毒和肝脏疾病。

- 正常的 ACT 时间，犬为 60 ~ 110 s，猫为 50 ~ 75 s。
- 正常的 BMBT 范围，犬为 1.7 ~ 4.2 min，猫为 1.4 ~ 2.4 min。
- 正常血小板计数，犬为（150 ~ 500）$\times 10^3$ 个细胞 /μL，猫为（200 ~ 600）$\times 10^3$ 个细胞 /μL（Hackner and Goggs，2018）。

设备监护

在过去的许多年里，更先进的设备监护仪已经变得更便宜，并普遍用于兽医。最后一类监测有助于技师更清楚地了解患病动物对治疗的反应。重要的是要记住，虽然第三类监测更复杂，但它并不比体格检查或临床病理学监测重要。

可以获得新的或使用过的监护设备。由于所涉及的费用，以及医疗护理的程度取决于监护结果，因此应仔细审查保修和服务合同。提供机器的公司或服务合同提供商应提供易于获取的 24 h 技术服务。

应指定 1 ~ 2 个人来维护这些机器；但是，所有工作人员都应备有手册，以防设备出现故障。由于每台设备都不同，员工培训应包括如何操作和维护所有监护设备的说明。培训通常可以纳入采购协议，并由设备经销商的技术人员提供。

没有什么可以代替兽医技师进行患病动物监护。工具和机器可能会提供体格检查或实验室参数无法提供的信息，但评估信息、确定其有效性并根据结果制订诊断或治疗计划的是人而不是机器。机器并非万无一失，可能会出现错误读数。在调整治疗之前，应确认所有异常情况。确认结果可能就像获得另一个读数一样简单，但确认也可能涉及是否进行第二次测试。例如，如果脉搏血氧仪读数为 75%，但患病动物的黏膜呈粉红色且呼吸正常，则应在将患病动物评估为严重缺氧之前检查探头位置。

脉搏血氧仪

脉搏血氧仪（pulse oximetry）采用分光光度法无创地检测血红蛋白的氧饱和度。这提供了有关动脉氧含量及组织供氧的信息。动脉血中血红蛋白的饱和度通常被称为 SaO_2；然而，当通过脉搏血氧仪而不是动脉血气测定时，血红蛋白饱和度被称为 SpO_2，并以百分比表示。成年动物的血红蛋白分子可以以 4 种形式存在：①氧合血红蛋白（氧与血红蛋白结合）；②脱氧血红蛋白；③碳氧血红蛋白（一氧化碳与血红蛋白结合）；④高铁血红蛋白（血红蛋白的形状发生不可逆变化，使其不能携带氧分子）。脉搏血氧仪测量脱氧血红蛋白和氧合血红蛋白的含量，并计算氧饱和的血红蛋白的占比。

这项技术背后的基本原理是脱氧血红蛋白吸收红光但不吸收红外光，而氧合血红蛋白吸收红外光但不吸收红光。探头被放置在皮肤或黏膜处，穿过动脉床，发出红光和红外光。在血液吸收了每个波长的一部分后，探头检测到的每个波长的相对量可以计算出氧和血红蛋白的比例。探头将仅读取脉动血流，因此 SpO_2 取决于动脉血。

脉搏血氧仪以条形图或彩色发光二极管（light-emitting diode，LED）的形式显示脉搏信号的强度。该信号必须保持较强水平，因为当未检测到脉动血流或接触不良时，血氧仪的准确性会降低。大多数血氧仪会连续显示脉率。这应与可触及的脉率或听诊的心率相符，以确保准确性。

适应证

- 有低氧血症风险的动物，如下：
  - 呼吸急促或呼吸困难的患病动物。
  - 被麻醉的患病动物。

- ○ 危重症动物。
- ○ 病情迅速恶化的患病动物。
- 监测接受吸氧疗法或机械通气的动物。

仪器设备

脉搏血氧仪可为手持便携式监护仪或台式监护仪（图 2.21）。它们通常是监护仪的一个组成部分。台式监护仪显示波形和数字读数，以帮助确认动脉信号和准确读数。

探头可以是透射型（探头有两个部分；夹子的一侧包含一个 LED，该 LED 发光可以穿过组织照射到用作光电探测器的另一侧）或反射型（LED 和光电探测器都包含在一个探头中；光被硬组织反射回探头）（图 2.22）。两种类型的探头都可使用，但夹式透射型探头在兽医临床中最常见。

技术

将探头放置在皮肤上，必须在原位保持 20 ~ 30 s 才能获得准确的读数。

探头放置位置选择如下：

- 舌头。
- 嘴唇。

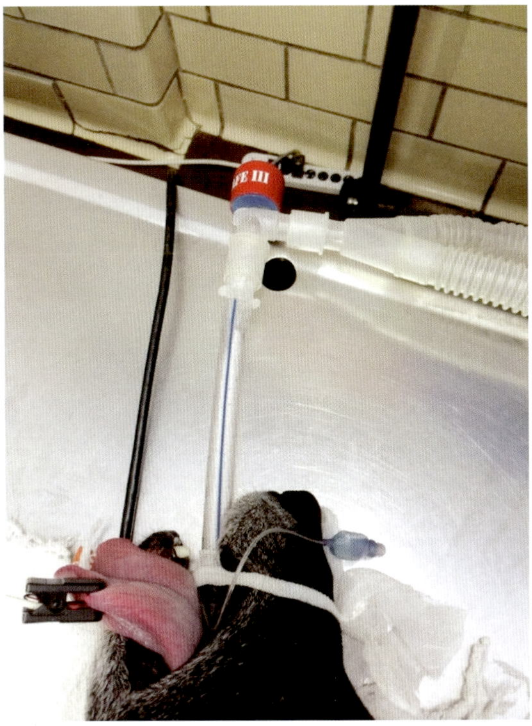

图 2.21　犬舌上夹着血氧探头

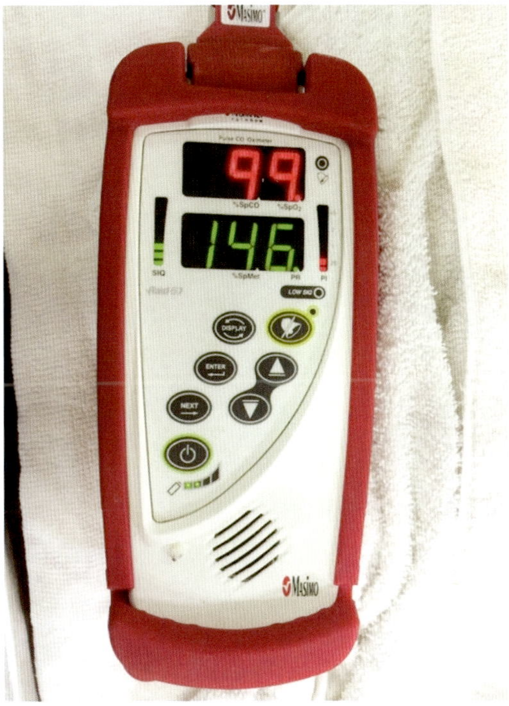

图 2.22　Masimo 脉搏血氧仪

- 耳廓。
- 包皮和外阴。
- 趾部和趾间皮肤。
- 掌骨。
- 尾部腹侧。
- 腋窝或腹股沟皮褶。
- 腓肠肌肌腱。

色素沉着区域可能读数不准确。被毛较多区域可能需要剃毛和清洁以便读数。干燥的黏膜可能导致读数不准确，用水将其润湿有助于读数，但是仅仅移动探头就可能产生比润湿黏膜更大的影响。

误差排除

获取脉搏血氧仪读数或保证准确性的潜在困难如下：

- 患病动物运动。
  - ○ 颤抖或震颤。
  - ○ 癫痫发作。
- 灌注状态不佳。
  - ○ 低体温。
  - ○ 低血容量。
  - ○ 其他原因引起的血管收缩。

- 严重贫血。
- 环境光干扰。
- 皮肤的色素沉着，包括先天性和获得性。
  - 用于诊断程序的静脉染色剂。
- 血红蛋白水平异常。
  - 高铁血红蛋白血症。
  - 碳氧血红蛋白或一氧化碳中毒。

为了获得准确的读数，可能需要剃毛和清洁（如果合适）或加热该区域。如果环境光造成干扰，则遮盖探头。如果探头已放置超过 30 s 且未获得强信号，则可以重新调整位置。

如果探头放置在麻醉或昏迷患病动物的舌上，则应每 5 ~ 10 min 更换一次位置，因为夹子会阻塞流向该区域的血流。当读数偏低且与患病动物的临床状态不匹配时，应评估动脉血气。

判读

呼吸室内空气（或 100% 氧气）的肺功能正常的患病动物的 SpO_2 读数应大于 95%。脉搏血氧仪不能代替使用动脉血气直接测量 PaO_2，因为 SpO_2 与 PaO_2 不呈线性关系。在大约 92% 时，SpO_2 对应 60 mmHg 的 PaO_2。低于该 SpO_2 值，PaO_2 迅速下降至危及生命的水平（Farry，2019）。SpO_2 水平低于 94% 的患病动物应开始吸氧。

一旦 SpO_2 值在正常范围内，除非发生显著的变化，否则脉搏血氧仪无法检测到动脉血氧合的变化。患病动物吸入高浓度的氧气可能是一个严重的限制。例如，在全身麻醉期间，当患病动物呼吸 100% 氧气时，PaO_2 应为 450 ~ 500 mmHg。直到 PaO_2 降至约 100 mmHg 以下时，血氧仪读数才会下降，此时动脉血氧下降程度已经非常显著了。因此，在全身麻醉或机械通气期间不能仅用脉搏血氧仪监测呼吸功能。尽管有这些限制，但它仍是监测麻醉下人类患者的最低标准，是一种非常有用的非侵入性技术。

血压

动脉血压（blood pressure，BP）的测量提供了有关组织灌注和整体心血管功能的重要信息。动脉血压由 3 个值组成：①收缩压；②舒张压；③平均动脉压。收缩压是心室收缩产生的对抗动脉阻力的压力，舒张压是两次收缩之间维持的最小压力。平均动脉压是心动周期内的平均压力。脉压等于收缩压减舒张压，在股动脉、足背侧动脉、舌动脉或其他动脉处触诊。血压测量和脉搏质量是重症监护病房（intensive care unit，ICU）的重要监测手段，因为当血压高于或低于临界值时，可能发生器官功能下降和细胞死亡（Acerino，2018）。因此，血压的变化提示应对患病动物进行多种治疗性干预。

适应证

- 任何可能导致患病动物心血管异常的原因，包括以下情况：
  - 休克。
  - 心脏病。
  - 全身炎症反应综合征或多器官功能障碍综合征。
- 临床状态迅速变化的患病动物。
- 接受麻醉的患病动物。
- 接受机械通气的患病动物。
- 患有与高血压相关的原发性疾病的动物，如下：
  - 慢性肾功能衰竭。
  - 甲状腺功能亢进。
  - 肾上腺皮质功能亢进（库欣综合征）。

仪器设备

可以通过直接或间接技术监测血压。技师可通过动脉导管直接测量血压，最常见的是电子压力传感器，这与可用于测量中心静脉压（central venous pressure，CVP）的设备相同，但是该系统需使用用于动脉的特殊管路，并通过一个充液的压力球与患病动物连接。此外，该系统需使用单向冲洗装置连续注入加压肝素生理盐水，以保持管路通畅。电子压力传感器制造商会提供有关这种专用设备的详细信息。显示器会显示收缩压、舒张压和平均动脉压的值，且最好生成连续的压力波。

通过自动示波或超声（多普勒）技术，间接或非侵入性测量患病动物的血压，该技术通过阻断袖带下的动脉压来工作。在示波设备中，机器将袖带充气至高于收缩压水平的压力，然后袖带压力自动逐渐降低，微处理器检测到收缩压、舒张压和平均压所产生的震动变化，这些值会显示在显示屏上。整个过程是自动化的。型号专为兽医使用而制造。

在超声波技术中，将手动充气的袖带连接到无液血压计上，以便获得读数。当袖带压力降低到足以让血流返回动脉时，直接置于动脉上方的小型超声探头会传递出脉冲的音频信号。根据型号不同，袖带可以与超声晶片分离，也可相互连接。如果使用单独的袖带，则通常使用不同尺寸的人类儿科血压袖带，但目前也有兽用的单肢袖带。人类儿科袖带必须经过改良以便与多普勒系统一起使用，方法是将袖带管路的两个分支之一打结（另一个与血压计相连）。探头连接到由可充电电池供电的接收器 - 放大器 - 扬声器单元上。如果背景噪声很大或探头的噪声干扰患病动物，则可以将耳机连接到接收器上。探头中的压电晶体很脆弱，很容易损坏。不使用时，应将其擦拭干净并用制造商提供的盖子或一块干净的纱布或泡沫（粘在设备上）覆盖。酒精会导致晶体变质，切勿将酒精直接接触探头。将晶体连接到接收器的电线也可能因大量使用而磨损，从而导致噪声干扰或性能下降。为了延长其使用寿命，电线不应弯曲或扭结。制造商建议探头保持插入状态，因为连接器也可能是磨损的来源。

技术

直接动脉血压监测

直接动脉血压监测是测量血压的金标准。由于留置和维护动脉导管的技术难度，以及设备的缺乏，该技术尚未得到充分应用。通过练习，动脉导管留置术可以成为一项常规操作。可重复使用的监测设备和传感器大大降低了成本，使任何治疗危重症或受伤动物的医院都能负担得起。

动脉导管可以放置在任何动脉中；然而，最常用的是足背侧动脉和股动脉。股动脉导管可能更难维护，因为该位置包扎和固定存在困难。如果存在出血风险，那么使用外周动脉更容易进行止血操作。

可以使用特殊的动脉导管，但也可以使用常用的静脉留置针（尤其是短期使用）。该区域应在操作前 15 ~ 30 min 用局部麻醉剂进行麻醉，如利多卡因 / 丙胺卡因或 4% 脂质体利多卡因。如果紧急留置，可以使用利多卡因喷剂。可以经皮或切开来留置导管。短［2.54 ~ 3.81 cm（1 ~ 1.5 in）］的套管针往往难以长时间留置，因为它们容易扭结。较长的导管（动脉导管、穿针导管或经股动脉穿刺技术放置的导管）可能会留置更长时间。留置导管后，必须将其固定好，以防止意外移位和扭结。在留置和维护动脉导管期间应注意无菌操作。

动脉导管容易导致血栓形成，可以每 1 ~ 2 h 用肝素生理盐水冲管或者将导管连接到由输液泵或加压袋低速恒速输注的肝素生理盐水上。电子压力传感器系统与直接连接到系统的一次性加压单向冲洗装置相连。如果找不到可用的传感器系统，则可以使用与测量 CVP 相同的压力计方法直接测量 BP。

间接血压监测

使用示波法或多普勒法对血压进行间接测量。与直接血压监测相比，间接技术的准确性较低，但具有无创性，且所需技能也较为简单。两种间接血压监测技术各有利弊。

两种方法都需要在四肢或尾部的动脉上放置压力袖带。合适的袖带尺寸对于读数的准确性很重要。袖带宽度应约为四肢或尾巴周长的 40%。许多袖带上都有标记来表明放置袖带的位置是否合适。有些袖带上有标记提示动脉与袖带接触的位置。袖带太大会导致人为测量值偏低，袖带太小会导致人为测量值偏高。可以将一条胶带松散地贴在袖带上，以防止充气时袖带断开，但不能阻碍袖带的完全充气。

技师笔记

始终记录动物测量血压的位置和使用袖带的大小。使得后续的测量可使用相同的技术和设备，由此获得的测量值的变化和趋势才是有意义的。

示波设备 技师应在肘部远端、跖骨中部或尾根周围放置一个大小合适的袖带。侧卧位或俯卧位可以提供更准确的测量值，因为袖带接近心脏水平。设备可编程为单次测量或在设定的时间间隔内重复测量。在意识清醒的患病动物中，最准确的读数是在最少的保定和运动下获得的。应获得 5 个测量值，去掉明显不同的数字并取平均值。来自血流不畅、小动脉、摇晃和运动的微弱脉搏信号会干扰示波法（oscillometric）的准确性。由于这些限制，使用这种方法可能难以在体型非常小的犬猫、清醒的动物或休克的动物中获得测量值。示波法对于麻醉患病动物非常有用。大多数示波血压设备仅测量平均动脉压（mean arterial pressure，MAP），然后使用专有算法由 MAP 计算收缩压和舒张压。因为 MAP 是唯一的测量值，所以可以认为其是三个读数中最准确的。示波设备除了测量 BP 外，还可以测量脉率。应手动测量心率或脉率来确认血压读数的准确性。如果手动测量的心率 / 脉率与设备的脉率相匹配，则可以假定血压读数也是准确的。

目前有一种新型示波血压监测仪可用于兽医病患。这种新设备不再只测量 MAP 并计算收缩压和舒张压，而是测量所有三个读数。迄今为止，这种称为高清示波法（high-definition oscillometry，HDO）的新技术已显示出可喜的优越性。据说 HDO 更敏感，即使在心律失常的情况下也能获得准确的读数。在兽医学普遍接受这种技术之前，需要通过已被批准使用的验证标准进行更多的研究。

多普勒超声血流检测器 多普勒超声血流检测器包括放置在动脉上方的超声探头和放置在探头近端的密封袖带（图 2.23）。对动脉上方的区域剃毛（通常是掌骨垫、足底跖垫或尾基部腹侧面近端）。在探头上涂抹超声耦合剂（或涂在动脉相对应的皮肤上），并将其置于血管上并进行调整，

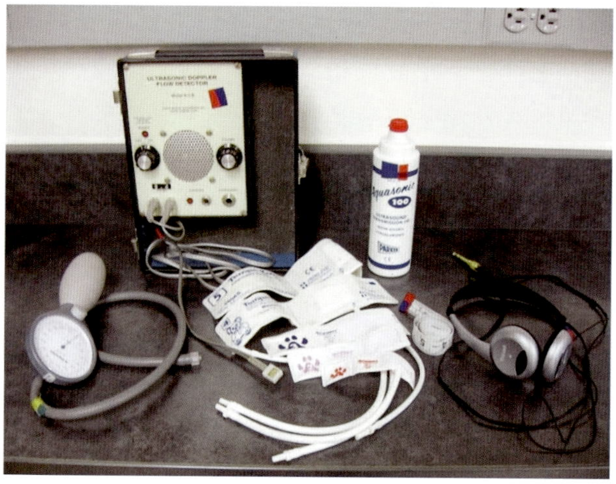

图 2.23 Parks 医用超声多普勒及配件

直到听到脉搏。然后可用胶带将探头固定在适当的位置。如果患病动物的足弓处有很深的凹陷，那么可以在探头顶部放置一块纱布或棉球，然后用胶带固定，这样可以更好地固定探头。如果胶带绑得太松，信号可能会很弱。对于小体型患病动物，信号的缺失可能表明胶带绑得太紧。

BP 袖带放置在超声探头的近端，并使用血压计充气。袖带应保持在心脏的同一水平；然后让袖带慢慢放气。最先听到血流声音时的测量值对应的是收缩压。声音变化时的测量值对应的是舒张压。使用这种方法有时听不到舒张压。

灌注不足或脉搏质量非常差、体温过低、严重的血管收缩和探头接触不良会导致信号缺失或非常微弱。在麻醉期间同时使用其他电子设备，尤其是电子外科设备，会干扰血流信号。多普勒方法测血压比示波法测血压需要更多的技巧。

与示波设备相比，多普勒超声血流检测器的显著优势之一是可将动脉血流转换为声音信号。这让我们可将多普勒超声探头用于除 BP 测量以外的应用。听到的脉搏质量和强度可用于监测血流。这可用于持续监测麻醉或昏迷的患病动物，从而随时对心输出量或心律的变化进行主观评估。当技师担心存在循环障碍时，多普勒超声血流检测器可用于确定远端肢体中是否存在血流。可应用于肢体严重创伤或潜在的血栓栓塞性疾病导致血流阻塞的患病动物。例如，可将多普勒探头放置在疑似患有鞍状血栓的猫的股动脉上，以此来确

认是否存在血流。这是比手指触诊更敏感的方法。

多普勒血流探头可以放置在角膜表面（涂抹超声凝胶后），以监测是否存在流向头部的血流。该技术还可用于监测心肺复苏期间复苏的成功与否。

误差排除

读者应回顾各种技术，了解误差排除的细节。对于间接法，局部血流不畅、患病动物运动、袖带大小不合适，以及测量技术缺乏一致性都会导致测量值不准确或无法获得。对于多普勒法和直接动脉血压测量，操作者的技能将显著影响所选方法的成功率，但这两种方法都可以通过练习掌握。

判读

低血压定义为血压低于 80 mmHg（收缩压）或 60 mmHg（平均压），始终需要对潜在原因进行治疗并持续监测。血压低于此水平，预计会出现休克（组织灌注和氧气输送不足导致细胞死亡和器官损伤）。关于多高的血压需要积极治疗的争论仍在继续，而且治疗的决定通常基于高血压伴发的临床症状。一般来说，收缩压等于或大于 180 mmHg 的患病动物存在终末器官损伤的风险（Dixon-Jimenez et al.，2011）。

在麻醉和危重症动物中，血压趋势对于评估患病动物状态通常比单个读数更重要。与本章讨论的其他监测方法一样，了解患病动物的血压趋势是重症监护治疗决策必不可少的一部分。

心电图监护

心电图（electrocardiogram，ECG）是用于监测心律的心肌电活动的记录。心脏大小或结构的变化也会反映在心电图中，因为这些变化会影响电脉冲穿过心脏的方向和速度。

适应证

心电图可用于诊断和监护。许多到达急诊科或在 ICU 接受治疗的患病动物都应该在评估或治疗期间的某个时间点进行心电图描记，因为心脏功能可能会受到除原发性心脏病以外的许多疾病的影响。在听诊怀疑存在心律失常时，心电图通常可用于确诊。许多心律失常非常轻微，听诊时听不到或者是间歇性的，所以听诊正常并不能否定心电图监护的重要性。在危重症动物中，连续或多次进行间歇性心电图监测可提供有关心血管功能趋势的重要信息（图 2.24）。

ECG 监护的具体适应证如下：

- 创伤（尤其是严重出血或疑似存在胸腔创伤）。
- 休克（心源性、低血容量性和分布性）。
- 可能的全身炎症反应综合征或多器官功能障碍综合征。
- 晕厥或虚脱。
- 麻醉患病动物。
- 中毒。
- 心肺复苏过程中。
- 心脏疾病或肺部疾病。
- 任何听诊发现的心律失常时。
- 快速静脉给予可导致心律失常的药物时（如葡萄糖酸钙、碳酸氢钠）。

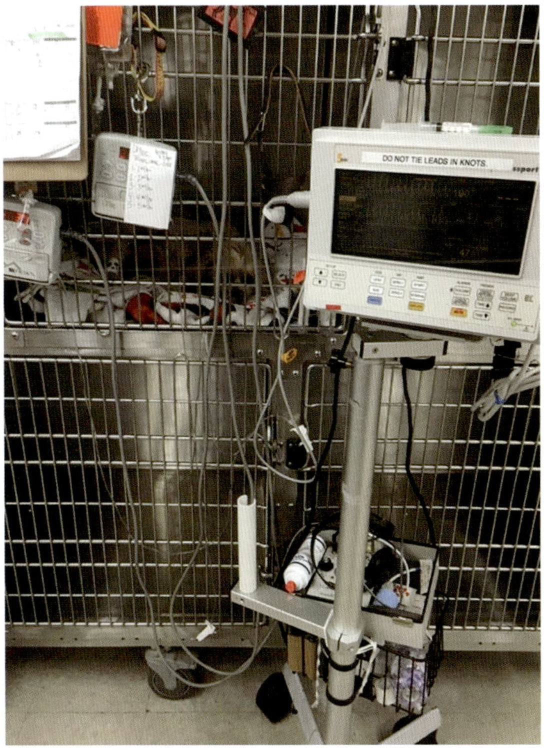

图 2.24　住院患病动物进行连续心电图监护

仪器设备

心电图机可以使用连续显示屏、打印输出或两者同时提供结果。由于技师只能通过测量波形和距离来收集准确的测量结果，因此打印功能对于全面评估是必不可少的。连续显示对于监测危重症动物很重要，因为它们的心律可随时间改变。

ECG 监护仪与患病动物的连接方式也各不相同。传统的机器上，导线与患病动物连接，限制了患病动物的活动（图 2.25）。遥测装置将导线与电池组一起连接到患病动物身上，电池组通常挂在患病动物颈部或绑在身体上，将心电图信号无线传输到放置在便捷位置的监护仪中。许多技师缝制了各种尺寸的定制背心，可以将遥测模块固定在活动的患病动物身上。还有无线的手持式显示器、智能手机式显示器和手机应用程序可供使用。这些小型装置只要紧贴患病动物胸部就可以进行描记。大多数型号都有存储描记信息的内存功能，还有一些型号有打印输出功能。虽然这些描记的质量往往不如标准 ECG 导联，但这些设备的质量正在逐步提高，主要优点在于可以在检查室或患病动物笼中快速获得一段节律。食管 ECG 设备可用于麻醉患病动物。与外部设备一样，这些设备往往不受其他电子监控设备的影响。它们不能与电刀同时使用。

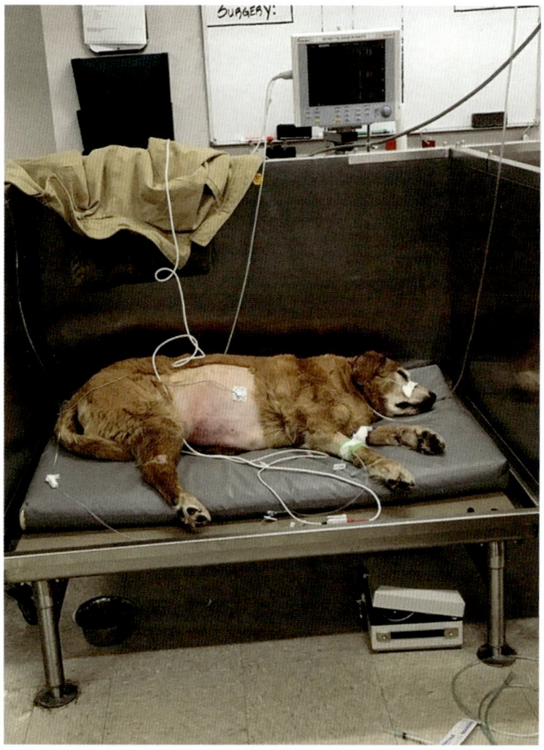

图 2.25　对戴着鼻氧管的危重症动物进行连续心电图、脉搏血氧监测

技术

技师应将患病动物置于右侧位，放在地板上或铺有纸或非导电材料的桌子上（应避免使用金属桌子）。呼吸困难或暴躁的动物可以在任何体位记录心电图。这些描记无法与标准化测量进行比较，但仍可能有助于提供节律信息。

电极可以通过鳄鱼夹、金属丝或贴片贴在皮肤上。如果将鳄鱼夹的齿磨平，弹簧松动或者用纱布或纸巾保护夹子内侧的皮肤，鳄鱼夹的创伤可能会小一些。若放置夹子或金属丝，则技师应使用酒精或 ECG 导电膏浸透该区域以提供良好的导电性。对于创伤性鳄鱼夹的长期连接，可以预先放置钢丝缝线，并将夹子连接在钢丝上。进行该操作时，将一根 20 G 或 22 G 的注射器针头穿过放置位置的皮肤，并将缝线穿过针头。取下针头，将缝线留在原位。对缝线的两端打结，以防意外移位。为安全起见，建议在缝线末端缠上胶带，并作为缝线已放置的提醒。然后将 ECG 夹连接到缝线上。

如果在心肺复苏（cardiopulmonary resuscitation，CPR）且可能进行除颤的过程中连接了导线，则不应使用酒精，这样做有火灾风险。

另外，也可使用心电图贴片贴在皮肤或脚垫上。为了提高附着力，在贴片之前，皮肤应该彻底剃毛，用酒精清洁并干燥。卧位患病动物可将贴片贴在掌骨和跖骨垫上，必要时用胶带固定。

标准Ⅱ导联或六导联心电图是使用连接到患病动物身上的 3 个或 4 个电极记录的。可使用三导联或五导联心电图导线，电极根据人体解剖结构进行颜色编码和标记：右前肢（RA），白色导联；左前肢（LA），黑色导联；右后肢（RL），绿色导联；左后肢（LL），红色导联；V 导联（C），它是探索导联，呈棕色。三导联心电图没有棕色或绿色（RL）电极。在大多数紧急情况下，三导联心电图更可取，因为它可以快速连接，但如果使用五导联心电图，则连接四肢导联而不连接 V（棕色）导联。

ECG 应在Ⅱ导联上监测至少 1 min，注意任何异常情况。理想情况下，分别以 50 mm/s 和 25 mm/s 的速度打印一段或多段 10 s 的心电图，以进行直接测量和进一步解读。尝试捕捉图纸上的任何间歇性异常非常重要。如果机器不能自动标注患病动物信息、检查日期和时间，则应当手动标注。

大多数心脏病学诊疗中使用更专业、更详细的心电图，称为九导联心电图。除了标准肢体导联Ⅰ、Ⅱ和Ⅲ之外，九导联还提供 aV_l、aV_r 和 aV_f 加压肢体导联，以及 V_1、V_2 和 V_3 胸导联。这些类型的心电图通常不在紧急治疗期间使用，而是用作诊断过程的一部分。

误差排除

技师笔记

电干扰、患病动物运动和呼吸运动是导致无法获得清晰心电图描记的常见因素。

检查导线，通过正确放置电极、充分涂抹酒精或导电膏，使电极与皮肤实现良好接触。呼吸运动通常表现为随着胸部的升降而有规律的基线波动。只要呼吸运动规律，就不会显著干扰心电图的解读。相反，颤抖或来自连接着患病动物或患病动物周围的其他电子设备的 60 Hz 周期干扰可能导致 ECG 描记无法判读。这种类型的干扰的基线粗糙或模糊，或整个描记在纸上不规则地上下移动。如果发生这种情况，那么技师应该移除或移开其他电子设备，尝试将电极移动到身体更外周的位置，或者进行上述两种操作以减少干扰。

判读

正常描记显示 P 波、QRS 波群和 T 波，对应于心房去极化（P 波）、心室去极化（QRS 波群）和心室复极化（T 波）。在判读 ECG 时，基本原则是计算心率，寻找心律的整体规律性，确保每个 QRS 波群都有 P 波，并评估形状异常的波群，如室性早搏。

在紧急情况或心搏骤停情况下，确认电活动（即心电图波形）与心搏和脉搏的相关性是很重要的。电活动并不一定意味着心脏在跳动。此外，波群和听诊到心音并不等于心脏有足够的功能来产生脉压。这被称为脉搏短绌，常见于紧急情况，如室性心动过速。脉搏短绌是一种必须解决的严重问题。

每个波都有正常的持续时间（ms）和高度（mV），以及波与波之间的正常间隔。这些测量值有助于确定电传导系统的状况。异常与传导障碍有关，也可能与心肌或心包间隙的变化有关。

呼气末二氧化碳分压监测

二氧化碳监测术（capnometry）使用分光光度法测量气体中的二氧化碳含量。使用这项技术记录一次呼吸的呼气末（终末）二氧化碳浓度被称为二氧化碳描记图（capnography）。二氧化碳描记图是一种评估体内二氧化碳水平的无创方法。二氧化碳是组织代谢的主要副产物，为机体二氧化碳水平的评估提供了有关灌注、代谢和通气的重要信息。呼气末二氧化碳分压（end-tidal carbon dioxide，$ETCO_2$）监测可替代使用动脉血气分析测量 $PaCO_2$。所有全身麻醉剂和许多镇痛药如致幻类止疼药均可引起呼吸抑制。这会导致二氧化碳积聚或呼吸性酸中毒，因此，在麻醉患病动物中或存在呼吸抑制或通气不足的问题时，总是需要进行 $ETCO_2$ 监测。

适应证

- 监测具有自主呼吸的麻醉动物，或昏迷的插管动物的通气情况。
- 确认气管内导管和饲管的放置位置。
- 监测心肺和脑部复苏情况。
- 监测接受机械通气的患病动物。

仪器设备和技术

手持式监护仪或台式监护仪均可进行二氧化

碳描记图监测，二氧化碳描记图通常被包含在多参数监护仪中。传感器或采样管连接在呼吸回路与气管插管之间，如果不与回路连接，则连接在气管插管的开口端。$ETCO_2$ 水平可以通过紧密贴合在面罩末端的传感器来测量，尽管这种技术不如在插管患病动物中使用时准确。也可以购买特殊的鼻导管，通过一个分支补充氧气，并在另一个分支上监测 $ETCO_2$。

在旁流式监护仪中，气体样本被引导到一个位于气管插管末端附近的小口径管中（图 2.26）。样本在远离管端的地方测量。在主流类型的监护仪中，测量在管的末端进行（关于这两种类型之间的区别的更多信息，参考以下“误差排除”部分）。

这两种类型的监护仪都显示数值，大多数监护仪还显示波形。波形或二氧化碳描记图是 $ETCO_2$ 随时间变化的图形显示。二氧化碳描记图的形状提供了有关呼吸模式、技术问题（如气管插管阻塞或过度复吸）及患病动物灌注的重要信息。大多数手持式监护仪不提供二氧化碳描记图，一些监护仪会提供二氧化碳描记图的打印输出。大多数多参数监护仪可配备二氧化碳分析仪（有关多参数监护仪的更多信息，读者应参阅本章末尾）。

误差排除

旁流和主流监护仪都存在可能影响其准确性和易用性的问题。对于旁流采样，小尺寸的采样管会因分泌物导致堵塞。旁流二氧化碳分析仪会抽走一部分气流，可能需要增加氧气流速（尤其是在使用低流量闭路系统的小体型患病动物中）。主流二氧化碳分析仪具有加热传感器，以防止呼出气体中的水分凝结。长期使用时，吸入的气体可能过热，导致对呼吸道黏膜造成灼伤。此外，尽管有儿科和新生儿适配器可用，但安装在主流采样器呼吸回路上的更大的装置增加了导管的无效腔和重量。呼吸回路中（来自旁流采样管）或主流传感器水平的任何部分泄漏都可能会错误地引起读数偏低。主流监护仪需要更长的预热时间和更频繁的校准，这可能使其不适合在紧急情况或心脏骤停的情况下使用。

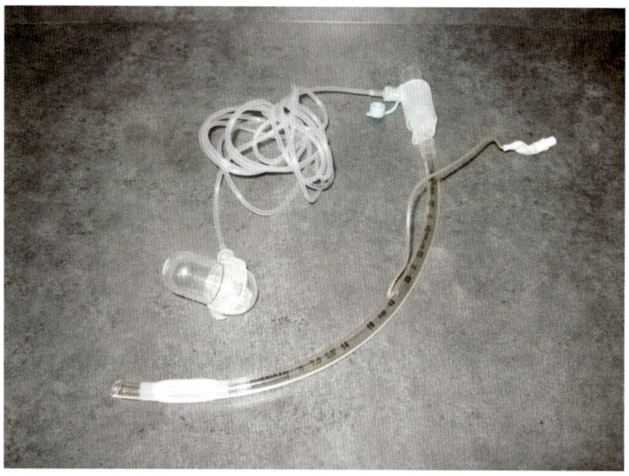

图 2.26　附在气管（ET）插管上的旁流二氧化碳分析仪管。注意来自连接到气管插管的适配器一侧的管子和将样本运输到机器进行分析的长样本管

水蒸气会干扰两种监护仪的读数。因此，传感器应位于患病动物水平面上方，以使气管插管中的水分不会积聚在传感器或管路中。应定期检查采样管和传感器设备是否有呼吸道分泌物或冷凝液的蓄积，尤其是在读数与基于其他监测值的患病动物状态不相符时。如果患病动物足够稳定，可以断开设备，并向传感器呼气，可很容易地排除二氧化碳分析仪的机械故障。

判读

灌注和肺功能正常的麻醉患病动物的正常动脉 CO_2 浓度值为 35 ~ 45 mmHg。$ETCO_2$ 比动脉值低约 5 mmHg（Brainard and Denton-Schmiedt，2012）。呼出的 CO_2 产生的波形或二氧化碳描记图具有独特的形状。

技师笔记

波形形状的变化提供了有关呼吸和麻醉技术问题的信息。

二氧化碳描记图的基本分析应包括以下内容：

- 有无波形。
  - 无波形可能表明心脏或呼吸停止、呼吸暂停、呼吸回路断开、食道插管或插管被拔出、气管插管完全阻塞或监护仪故障。

- 注意实际 $ETCO_2$ 值并将其与正常参考范围进行比较。
  - CO_2 水平升高可能是由于 CO_2 产生增加（通常是由于代谢增加，如发热或癫痫发作）或消耗减少（即通气不足）。
  - 低 CO_2 水平可能表明新陈代谢减少（如低温）或消耗增加（如过度通气）。
- 波形形状检查。
  - 如果基线高于零，则通常表明从耗尽的碱石灰中重新吸入呼出气体，或新鲜气流不足。
  - $ETCO_2$ 读数逐渐升高而没有正常平台期可能表明气道阻塞或气管插管扭结。
  - 呼吸急促或回路泄漏可能会导致尖峰波。
  - 波突然下降到非常低或为零可能表明管路断开或大量泄漏、气道阻塞、拔管或呼吸停止。

中心静脉压

中心静脉压（central venous pressure，CVP）检测通过测量前腔静脉或后腔静脉中的压力来估计右心房内的血压。

> **技师笔记**
>
> 右心房压力是一个很好的血管容量指标，因此 CVP 可用于监测低血容量患病动物或有容量过载风险的患病动物的液体治疗。

适应证

测量 CVP 的适应证包括监测低血容量患病动物的液体治疗，如以下情况：

- 经历过创伤的患病动物。
- 胃扩张和扭转患病动物。
- 血腹症患病动物。

CVP 测量也可用于监测有容量过载风险的患病动物，如以下情况：

- 需要静脉输液治疗的既往心脏病患病动物。
- 右心室充血性心力衰竭患病动物。
- 需要大量静脉液体利尿的患病动物。

仪器设备

测量 CVP 时，中心静脉导管必须放置在颈静脉、股静脉或隐静脉中。留置颈静脉导管时，尖端必须位于右心房的入口处。对于股静脉或隐静脉导管，尖端必须位于胸内后腔静脉内，尽可能靠近心脏。如果导管尖端位于颈静脉、股静脉或隐静脉的稍近心端，则测量结果不能准确反映右心房中的压力。

CVP 测量值可以使用水压计或电子压力传感器获得。水压计作为一次性套件出售，通常由一个以厘米为单位的透明塑料柱组成。或者，可以将一根塑料管粘在笼子的壁上，旁边放一把公制尺，作为自制的水压计。压力计通过延长管和三通阀与中心静脉导管相连。该装置由连接到三通阀的注射器或液体袋中的肝素生理盐水填充。可以将复合维生素 B 添加到液体中，以便更好地显示液柱。使用水压计进行单次测量。电子压力传感器通常是多参数监护仪的一部分，但也可以是独立的监护仪。这些监护仪通过特殊的延长管和传感器连接到患病动物的导管上。显示屏显示压力波形及 CVP 的连续读数。

技术

对于所有技术，双向通畅的导管至关重要。每次读数时，患病动物必须处于相同的位置，以便技师比较读数并记录每次测量时的患病动物位置。侧卧是首选，因为零点永远不会改变，但也可以使用俯卧位。必须通过两种方法之一建立参考点或零点。在最广泛使用的方法中，三通阀和压力计的底部位于右心房的水平以建立零点。该水平在侧位患病动物中处于胸骨柄的高度，或者在患病动物俯卧位时处于肩关节处。压力计可以用胶带固定在笼壁上，以使参考点保持不变。或者，对于侧位患病动物，压力计和旋塞阀可以固定在靠近肩关节下部的稳定表面上，对于俯卧位患病动物，可以固定在肘部（图 2.27）。绘制从右心房水平到压力计的假想线，将其对应的以厘米为单位的值设置为零点，并记录下来以供后续测量使用。从最终测量值中减去该值，得到绝对 CVP 测

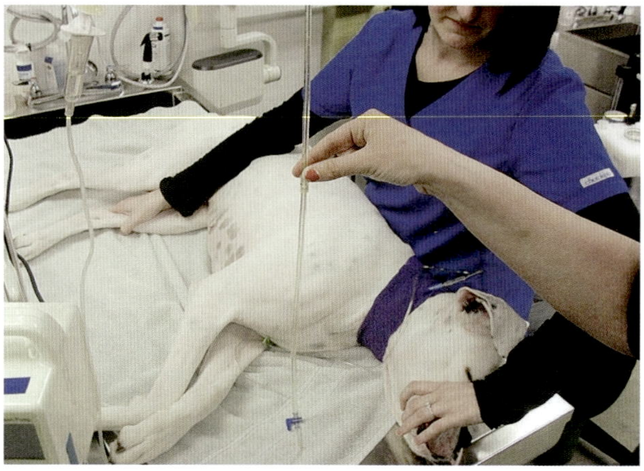

图 2.27 犬侧卧位进行中心静脉压测量

量值。

为了使用水压计获得测量值，需要关闭患病动物侧的旋塞，并将水压计充满盐水。然后关闭液体袋或注射器的旋塞阀，使液面与患病动物平齐。弯月面的水平就是 CVP。这个水平会随着呼吸而波动，因为呼吸会改变胸膜腔内压。

使用电子压力传感器时，还可以通过将传感器放置在设定位置来建立参考点。这可能因使用的系统而异。设置到位后，它可以与患病动物保持连接以进行连续读数。系统和导管应每 4 ~ 6 h 或按照制造商的指示用肝素生理盐水冲洗一次。

误差排除

如果发生以下情况，将获得不准确的读数：

- 扭结或血栓堵塞导管。
- 导管尖端未正确放置。
- 在读数期间，将导管移入或移出血管。
- 在读数期间，参考点未保持不变。
- 在读数期间，患病动物体位发生变化。

判读

正常的 CVP 范围为 0 ~ 10 cmH_2O（Reems and Aumann，2012）。小于此值提示低血容量，大于 10 cmH_2O 提示容量过载。与单个数值相比，连续测量更有助于衡量动物对治疗的反应，以及血管容量的变化趋势。测量频率取决于患病动物的稳定性和快速恶化的可能性。例如，患有少尿性肾功能衰竭且正在接受静脉输液的动物可能需要每小时读取 CVP 读数以发现容量过载的早期迹象。连续 CVP 测量通常有助于指导不稳定患病动物的治疗决策。例如，可以根据创伤性低血容量性休克患病动物的 CVP 变化调整静脉输液量。

多参数监护设备

这种监护仪具备前文讨论过的大多数功能。包括为人类医疗应用而设计并为兽医使用而改造的，或是专门为兽医市场设计的。

可以购买基本配置［通常为 ECG、SpO_2 和无创血压（noninvasive blood pressure，NIBP）］的监护仪，也可以购买可选功能的监护仪，包括上述测量值，以及 2 个有创血压（invasive blood pressure，IBP）端口、体温、二氧化碳描记图和气体吸入浓度。这些监护仪通常用作麻醉监护仪，但也适用于其他情况下的急诊和危重症动物（图 2.28）。

组合监护仪可以在一个屏幕上一目了然地显示机体多系统的相关信息，比单独的监护仪占用更少的空间，并且常包含单独监护仪可能无法提供的功能（例如，连续核心体温读数）。缺点包括成本高，而且某些指标可能不适合患病动物。例如，一些监护仪上的脉搏血氧测量传感器的尺寸可能不适合患病动物。此外，提供无创血压监测的组合监护仪使用的示波技术可能不适用于体型非常小的患病动物。

在考虑购买组合监护仪时，重要的是要确定

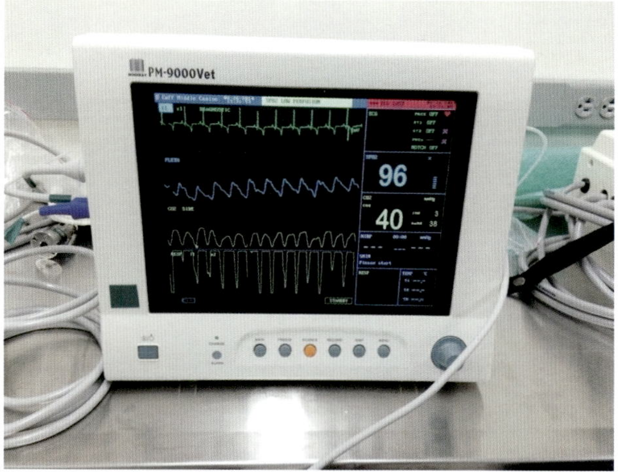

图 2.28 迈瑞（TM）多参数监护仪

临床诊疗所需要的技术和功能。建议选择已经在动物医学而不是人医上验证过的装置。保修和服务合同也是重要的变量。除了前文提到的设备问题外，预热时间和校准需求可能会影响监护仪在紧急情况下的可用性，使其更适合相对可控的情况，如麻醉患病动物。

组合监护仪可以安装在杆上以方便携带，也可以放置在架子上以便于监控。使用和误差排除技术与本章各监测小节中描述的类似。

在正文中列出的设备的制造商

血气、生化、血液学 POC 分析仪

Vet Lab Station, Vet Stat, Catalyst, Lasercyte, Idexx Laboratories, Westbrook, ME

乳酸 POC 分析仪

Lactate Scout, EFK Diagnostics, San Antonio, TX

Lacate Pro, faCT Canada Consulting, Quesnel, Canada

渗透压计

Wescor 4400 Colloid Osmometer, Wescor Inc., Logan, UT

凝血检测设备

Coag Dx, Idexx Laboratories, Westbrook, ME

Surgicutt, International Technidyne Corp., Edison, NJ

血压监测设备

Dinamap Veterinary Blood Pressure Monitor, Critikon Incorp., Tampa, FL

Doppler Ultrasound, Parks Medical Electronics, Aloha, OR

多功能监护仪

Midray Medical, Mahwah, NJ

Cardell Monitors, Sharn Veterinary Incorp., Tampa, FL

Advisor Vital Signs Mutiparameter Monitor, Surgivet, Waukesha, WI

参考文献

[1] Acerino, M. J., Brown, S., Coleman, A. E., et al. (2018). ACVIM consensus statement: Guidelines for the identification, evaluation, and management of systemic hyper tension in dogsand cats. Journal of Veterinary Internal Medicine, 32, 1815.

[2]Brainard, B. M., & Denton-Schmiedt, J. (2012). Monitoring the anesthetized patient. In J. M. Burkitt Creedon (Ed.), Advanced monitoring and procedures for small animal emergency and critical care. Ames, IA: Wiley-Blackwell.

[3] Casal, M. L., & Bentz, A. I. (2018). Neonatal care of the puppy, kitten and foal. In J. M. Bassert & J. A. Thomas (Eds.), McCurnin's clinical textbook for veterinary technicians (9th ed., p. 751). St. Louis, MO: Elsevier.

[4] Cornell College of Veterinary Medicine. Hematology Atlas. (2013–2020). Availalbe at http://eclinpath.com/hematology/tests/platelet-count/. Accessed December 2018.

[5] Dixon-Jimenez, A., Rapoport, G., et al. (September/October 2011). Systemic hypertension in dogs and cats. Today's Veterinary Practice, 1.2, 23.

[6] Farry, T. (2019). Monitoring the critical patient. In C. L. Norkus (Ed.), Veterinary technician's manual for small animal emergency and critical care (pp. 45–63). Ames, IA: Wiley-Blackwell.

[7] Hackner, S., & Goggs, R. (2018). Hematological emergencies. In L. King & A. Boag (Eds.), Manual of canine and feline emergency and critical care (3rd ed., pp. 210–235). Gloucester: British Small Animal Veterinary Association.

[8] Mathews, K. A. (2017). Veterinary emergency and critical care manual (3rd ed., p. 745). Guelph, ON: LifeLearn.

[9] Reems, M. M., Aumann, M. (2012). Central venous pressure: principles, measurement and interpreatation. Compendium: Continuing Educatin for Veternarians (p. E5). 34.1. Rpt in https://www.vetfolio.com/learn/article/central-venous-pressure-principles-measurement-and-interpretation.

[10] Rudloff, E., & Rivera, A. (2012). Osmolality and colloid osmotic pressure. In J. M. Burkitt Creedon (Ed.), Advanced monitoring and procedures for small animal and critical care. Ames, IA: Wiley-Blackwell.

[11] Sirois, M. (2020). Laboratory procedures for veterinary technicians (7th ed., pp. 384–385). St. Louis, MO: Elsevier Publishing.

[12] Waddell, L. S. (2015). Colloid osmotic pressure and osmolality monitoring. In D. C. Silverstein & K. Hopper (Eds.), Small animal critical care medicine (pp. 878–882). St. Louis, MO: Elsevier Mosby.

[13] Stockham, S. L., & Dolce, K. S. (2004). Glucose. In R. L. Cowell (Ed.), Veterinary clinical pathology secrets (p. 191). St. Louis, MO: Elsevier Mosby.

[14] Wamsley, H. L., & Alleman, A. R. (2004). Physical and chemical aspects of urinalysis. In R. L. Cowell (Ed.), Veterinary clinical pathology secrets (p. 148). St. Louis, MO: Elsevier Mosby.

附加读物

[1] Burkitt, J., & Davis, H. (Eds.), Advanced monitoring procedures for small animal emergency and critical care (pp. 107–158, 274–285, 240–349). Ames, IA: Wiley-Blackwell Publishing.

[2] Cornell College of Veterinary Medicine. e-Clin Path On-line textbook. Available at https://www.eclinpath.com/. Accessed December 2018.

[3] Ford, R. B., & Mazzaferro, E. M. Kirk and Bistner's handbook of veterinary procedures and emergency treatment (9th ed.). St. Louis: Elsevier.

[4] Jack, C. M., Watson, P. M., & Donovan, M. S. (Eds.). Veterinary technician's daily reference guide: canine and feline (3rd ed., pp. 160–163). Ames, IA: Blackwell Publishing.

[5] Mathers, K. A. (2017). Veterinary emergency and critical care manual (3rd ed., pp. 537–538). Guelph, ON: LifeLearn.

[6] Norkus, C. L. Veterinary technician's manual for small animal emergency and critical care (2nd ed.). Ames, IA: Wiley.

[7] Silverstein, D. C., & Hopper, K. Small animal critical care medicine. St. Louis, MO: Elsevier.

[8] Wingfield, W. E., & Raffe, M. R. The veterinary ICU book. Jackson, WY: Teton NewMedia.

场景

目的：为兽医技师提供机会，建立或加强其对患病动物监测参数如何显示患病动物对治疗的反应的理解。

背景：繁忙的急诊和转诊诊所，配备 1 名急诊临床医生、2 名兽医技师、1 名兽医助理和 1 名前台接待员。

场景

周二晚上 6:30。

患病动物：一只 6 岁雌性绝育杜宾犬被车撞后送至诊所。主人用牵引绳牵着犬走进诊所。初步评估显示该犬黏膜呈亮粉色，CRT<1 s；有轻微的心动过速，腹部有擦伤。主人在意花费，只同意做绝对必要的事情来挽救犬的生命。PCV/TP 分别为 45% 和 6.8 g/dL。给犬留置头静脉留置针，以 2 倍维持速率静脉输注 LRS，并根据需要住院观察和控制疼痛。1 h 后，犬的黏膜颜色变为淡粉红色，CRT>2 s，其前腹部腹围增大伴疼痛。

演示

写下您最初对该患病动物的首要关注点，以及您将如何监护该患病动物。包括患病动物对治疗的反应，您预计会出现的监测参数、频率和趋势的变化。

写下应在就诊后 1 h 检查的其他监测参数，并解释为什么确定这只犬对治疗的反应很重要。

讨论

- 与您的同伴比较并讨论您的答案。如果存在分歧，向您的同伴陈述您的理由，并制订一个双方都认为合适的监护计划。
- 可以向参与者提供额外的监测细节，以便他们可以根据病情的发展来评估患病动物对治疗的反应。
- 应继续讨论提供的其他信息。

教学要点

- 此练习为兽医技师提供了在非威胁和非紧急情况下考虑紧急情况的机会。
- 兽医技师可以评估自身对于评估患病动物对治疗的反应的能力，并根据其发现提出其他建议。

医学计算练习

您有一只体重为 14.5 kg（32 lb）的患病动物。您希望它在接下来的 24 h 内产生多少尿液？（您的答案应该是一个范围。）

第3章

患病动物的生命通道：静脉导管

Andrea M.Battaglia; Julie Hirsch

学习目标

1. 介绍多种类型的静脉导管。
2. 讨论不同的放置技术在兽医中的应用。
3. 理解静脉通路的局限性和所有接入点。
4. 预防静脉导管感染。

章目录

关键词

中心静脉导管
骨髓内
颈静脉
多腔导管
静脉通路

对于病危或受伤的患病动物，必须正确放置和固定静脉（intravenous，IV）导管，使其能够正常工作。静脉导管可用于输注药物、血液制品和营养液体等液体治疗，也可用来获取患病动物的多种血液样本。这样既可以避免频繁的静脉穿刺，减轻动物的压力，也可以在不需要其他人帮助的情况下提供随时可用的采血端口，节省了兽医技师的时间。

急诊或重症监护室的患病动物需求各不相同。可供操作的血管、动物体型、物种和临床表现各不相同。兽医技师必须熟悉现有静脉导管的各种类型和尺寸、动物身上常用的静脉通路（venous access）及放置静脉导管的各种程序。

静脉导管的类型

可供选择的静脉导管的类型很多。穿针静脉导管（through-the-needle catheter units）和套管静脉导管（over-the-needle catheters）是兽医临床最常用的两种。需要长期液体治疗、药物治疗或两者兼有的动物可以使用经外周放置的中心静脉导管（peripherally inserted central catheters，PICCs）或多腔导管（multilumen catheters）。

穿针静脉导管通常放置在颈静脉，也可以放置在猫的内侧隐静脉和犬的内侧和外侧隐静脉（图3.1）。这种类型的导管长度通常为20.32 cm（8 in）和30.48 cm（12 in），针头为18 G或20 G。

套管静脉导管通常放置在外周血管，也可以放

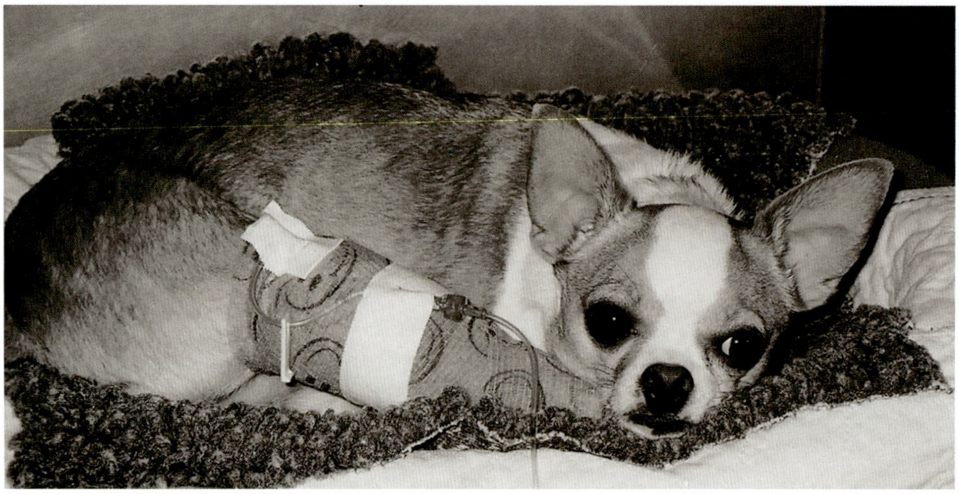

图 3.1　犬外侧隐静脉的输液管

置在小型患病动物及新生动物的颈静脉（jugular）血管。可选择的规格和长度较多，直径为 10 ~ 24 G，长度为 1.91 ~ 13.97 cm（0.75 ~ 5.5 in）不等。

多腔导管套件的结构

多腔导管可用于提供治疗所需的多种液体或药物。不相容的溶液可以通过这种导管同时给药。管腔有单独的入口和出口，可以防止药物混合。了解药物的药代动力学很重要，这可以确定哪些药物通过远端接口注入。有些药物会改变环境的 pH，使其他药物在体内的作用失活或改变。

多腔导管有双通、三通或四通三种类型，可以选择的长度和尺寸有很多。这些导管使用可剥离或分离的导丝或导引器进行放置。箭牌国际公司（Arrow International®）制造了一种双通导管。它是一种双腔导管，采用套管针设计，在外周血管中使用效果很好。

浸有抗菌药物的中心静脉导管常用于人医。这些导管涂有米诺环素和利福平或氯己定和磺胺嘧啶银涂层。显著减少了长期留置导管可能导致的微生物定植和血液感染的问题。必须考虑到该导管的成本效益，在人医临床上通常只用于少数患者。浸有抗菌药物的中心静脉导管有单腔和多腔两种，可选择的长度和规格较多。应使用可剥离或分离的导丝或保护套进行放置。

多腔导管在一根管内有 2 ~ 4 个腔，可选择多种长度，以满足中心静脉通路的需要。横截面示意图（图 3.2）展示了管腔的内部构造，以便有选择地输送不可混合的液体。管腔有不同的规格，大小取决于管腔的数量。许多公司设计了这种导管，重要的是确定哪种能够满足患病动物的需求。建议多选择几种规格，以便为患病动物提供正确的规格。

每个管腔都有特定的预充容量，会在包装袋上注明。注意预充容量很重要，可以避免浓缩的药物在接口处淤积。导管上某些延长管的估计容积为每厘米导管 0.02 mL 液体。

多腔导管上的接口标有颜色，可以指示导管远端接口的位置。不同的颜色也可以帮助区分加入每个端口的液体或药物的种类。导管上还标有黑线或黑点，用以指示进入患病动物体内的长度。

导丝的主要目的是提供一条进入血管系统的

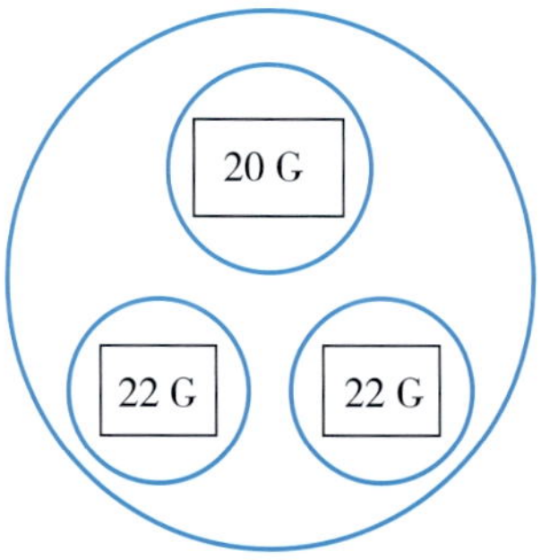

图 3.2　多腔导管的横截面示意图

通道，使其他导管得以进入血管。大多数导丝都有一层防摩擦涂层，并标有黑线，可以辅助确定前进的长度。一端是直的软尖端，另一端是“J”形尖端。在人的右锁骨下静脉导管插入术中，“J”形尖端有助于将中心静脉导管正确插入右心房。对于体型小或低血容量的患病动物，可能需要使用导丝的直端，因为此时“J”形尖端很难插入。导丝为编织线，因此不可以剪断，剪断将会散开。

组织扩张器通常由硬质聚四氟乙烯制成。这种扩张器是用来打开血管以便于导管通过的。扩张器也可以被推入导管中，如果患病动物需要立即补液或给药，可以拔出导丝。一旦患病动物稳定下来，就可以重新穿入导丝，移除长期放置的多腔导管。

血管通路接口在 20 世纪 80 年代被引入美国，最常用于实验动物和接受化疗的人。高校和兽医转诊中心发现，它们对长期接受癌症化疗的患病动物和需要长期液体治疗的慢性肾功能衰竭患病动物非常有益。

接口通过外科手术放置在皮下。导管通过外科手术放置在插入接口的颈静脉中。最常见的导管材料是聚氨酯或硅树脂；接口由金属或塑料制成。接口具有用来注射的内径（隔膜）。通过触诊隔膜可以很容易地找到这个接口，可以在该区域消毒后用无菌针刺入。为避免损坏接口，技师仅可使用制造商推荐的针头。

血管接口有多种尺寸，包括单腔和双腔接口（图 3.3）。

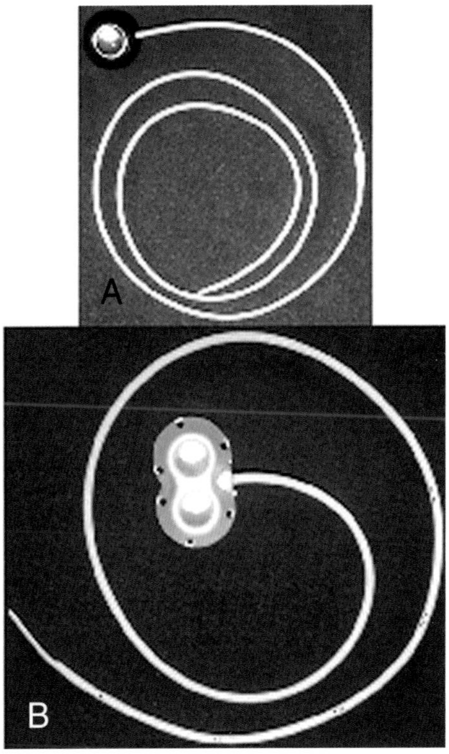

图 3.3　**血管通路接口**

A，单腔血管通路接口。B，双腔血管通路接口。

选择合适的导管

材料

危重症动物一般需要长期静脉置管。要了解动物的治疗方案，选择最合适的导管类型。

用于制作导管的化合物有很多。最常见的有聚氯乙烯、聚乙烯、聚丙烯、聚氨酯、硅酮弹性体（硅橡胶）、四氟乙烯（TFE，特氟龙）、聚全氟乙丙烯（FEP，特氟龙）、弹性水凝胶及这些材料的混合物（例如，Vialon，一种聚氨酯混合物）。有些化合物比其他化合物的反应性更强（取决于化合物的类型和硬度）。研究人员认为，增塑剂和稳定剂的渗漏可能会导致一些动物对导管产生不良反应。

由硅胶和聚氨酯制成的导管比由其他材料制成的导管更不容易形成血栓。由聚氯乙烯、聚丙烯和聚乙烯制成的导管反应性最强。

规格

患病动物使用的导管的首选型号和长度取决于静脉导管的用途和患病动物的体型。危重症动物通常需要补充大量液体。因此，兽医技师需要使用可放置范围内最大型号的导管。

导管长度对于需要监测中心静脉压的动物非常重要，中心静脉压监测是一种用于监测液体治疗的程序。可以先进行测量来估计需要的长度。要包括的点是导管（颈中静脉）到第二肋骨间隙的起始点。导管的远端放置在右心房的头侧（图 3.4）。对于猫或小型犬，技师可以通过在内侧隐静脉中放置导管来进入后腔静脉。使用导管进行中

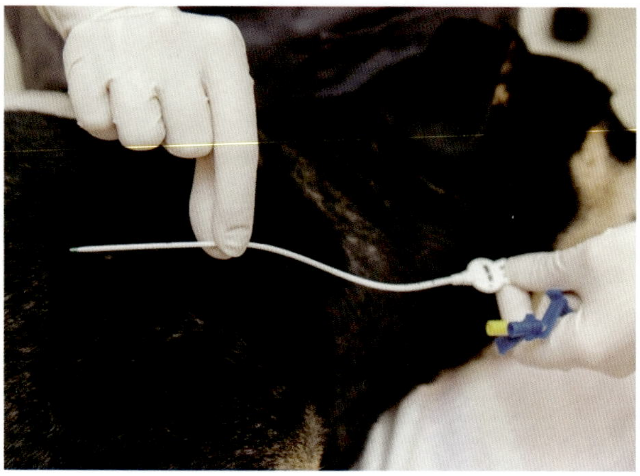

图 3.4 测量正确的导管长度

心静脉压监测时，应通过 X 线片确认导管已正确放置。

血管接入点

患病动物的最佳血管接入点取决于许多因素，可以重点关注治疗方案、可行性和基础疾病。

例如，患有严重凝血功能障碍的动物应尽量避免在颈静脉中放置导管，因为插入部位的周围有可能出现无法控制的出血。由骨折、开放性伤口或手术伤口造成的四肢创伤会有疼痛感，通常需要更换绷带。放置静脉导管时应该避开这些位置。

不应在患有血栓的猫的骨盆及四肢放置导管。

导管放置的位置，以及如何维护也很重要。对于呕吐动物，最好将导管置于外侧或内侧隐静脉或颈静脉，对于腹泻或尿失禁动物，应将导管置于头静脉或颈静脉。

最常见的接入点是头静脉、外侧隐静脉、内侧隐静脉和颈静脉。

如果患病动物需要长时间的液体治疗或必须多次采血，颈静脉是最好的放置部位。对于将来可能需要放置食道造口管（E 管）的患病动物，尽可能考虑使用右颈静脉，因为 E 管通常放置在左侧。

PICCs 适用于那些需要放置中心静脉导管（central line），但不能使用颈静脉的情况。由于存在血管内凝血的风险，可能有高凝血症的动物应避免使用长导管。

放置

正确放置静脉导管套组需要了解导管的结构。要准备好所有材料，包括导管套组、肝素生理盐水、覆盖插入部位的无菌绷带及稳定装置所需的材料。一些研究表明，肝素生理盐水对于维持放置在外周血管中的短导管是没有必要的，在某些情况下甚至是不允许的。重要的是，每个医院都要自己决定采用什么样的标准。

市面上可买到的局部麻醉剂，如利多卡因 / 普鲁卡因、4% 脂质体利多卡因乳膏和丁卡因凝胶，已被证实可以在导管放置过程中缓解疼痛。这无法用于紧急情况，因为使用局部麻醉剂后，需要 1 h 才能完全见效，15 min 才能部分起效。将药膏涂在剃过毛的皮肤上，放置前用生物封闭敷料覆盖该区域。也可以使用皮下利多卡因阻滞，这在采用导丝技术时最常用。

建议医院采用“两次即出局”的规则，避免一个人多次尝试静脉穿刺。这为放置导管较困难的动物提供了一种新方法。

彻底剃毛后，使用含有氯己定的液体清洁剃毛处以确保绝对无菌。有些动物可能对清洁剂敏感，因此，需要确认清洁剂的成分对所有物种都是惰性且安全的（图 3.5）。

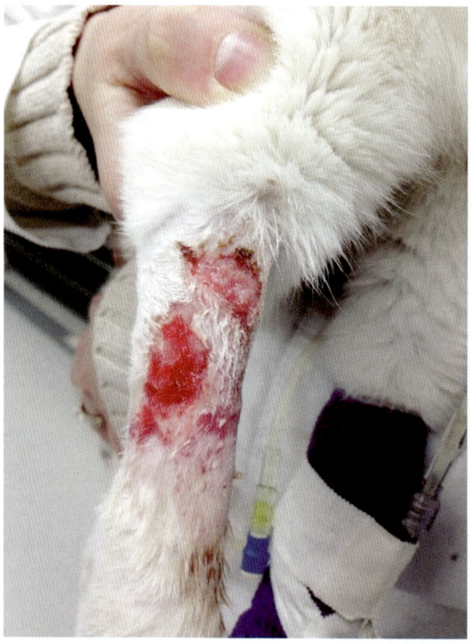

图 3.5 清洁猫腿后的反应

在放置部位剃毛和消毒后，放置静脉导管套组需要 4 个步骤。如果导管放置的位置是四肢，那么需要创建一个无菌的工作区。可以将无菌绷带（如打开的正方形纱布）包裹在导管远端部位。最好放在尽可能远端的位置，时刻记着患病动物的身体结构。先将套管针刺入血管中，发现有血液回流后，将整个套管慢慢推入静脉，确保套管针完全放入静脉。然后将导管从套管针上推入静脉。如果导管没有进入血管，也不应将导管重新放回套管上。因为这一动作可能会导致导管尖端被套管针截断。应将整个套管从血管中取出，使用新的导管。如果导管毫无阻力地进入血管，则拔除套管针，盖上导管盖并用生理盐水冲洗（除非立即通过该导管开始静脉输液治疗或采血）。

技师笔记

套管针一旦从导管中取出就不能重新插入，因为这种操作可能会导致导管截断。

将导管置入颈静脉需要团队合作。需要保定动物的人与放置导管的人一起操作。可能需要镇静，必须进行镇痛（局部或全身）！放置导管时，通常将动物置于侧卧位，颈部伸展。在颈部下放置一卷毛巾可以提供更合适的角度且更容易看清血管。有时可能需要尝试改变头部和颈部的角度，才能看到或触诊到血管。当猫的颈部伸展、头部向外旋转时，可以很容易地摸到并且看到血管。

让肥胖的动物或者脖子比较粗的动物处于坐姿，头部稍微抬高，向静脉穿刺点的对侧偏转，以便放置颈静脉导管。

专栏 3.1 列出了使用套管针的六步法。

专栏 3.2 列出了导丝技术（guide-wire technique，也叫塞尔丁格技术）的六步法。需使用引导器（皮下输液针）、针头、扩张器和导管。

专栏 3.3 列出了在无菌覆盖物中放置导管装置（穿针静脉导管）的六步法。

专栏 3.4 介绍了一种使用饲管和套管针的技术。

留置期间并发症的预防和处理

留置导管的部位必须彻底无菌准备，以防止与导管相关的感染。需要从该部位剪去大量被毛，务必使用干净、锋利的推子，以免灼伤或割伤。需要剃掉长毛品种四肢的被毛，以防污染。要向主人说明这一点，使他们理解剃毛背后的原因。

如果您的医院认为合适，也强烈建议您尽可能采取最大限度的无菌屏障预防措施。应制定统一标准。研究表明，在导丝技术中使用无菌手套、口罩、帽子和无菌手术衣大大降低了人类导管的感染率（图 3.6）。

专栏3.1　技术诀窍：套管针技术

所需物品如下：

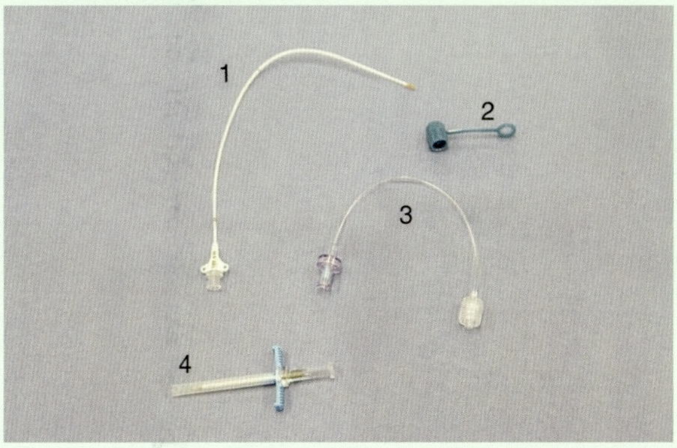

- 用于准备的物品、创巾及无菌外科手套。
- 11 号手术刀片。
- 带导管的套管针。
  1. 聚氨酯静脉留置导管。
  2. 注射帽。
  3. 延长管。
  4. 可剥离保护套。
- 肝素生理盐水。
- 带延长线的注射帽。
- 用于固定的材料。

专栏3.1 续

1. 剃毛，对该部位进行手术准备。铺上创巾。必须戴无菌外科手套。用手术刀片切开一个小的皮肤切口。
2. 将套管针头穿过皮肤上的小切口插入血管。

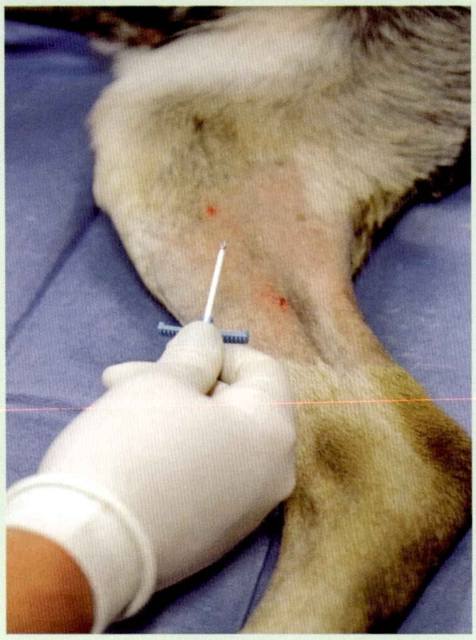

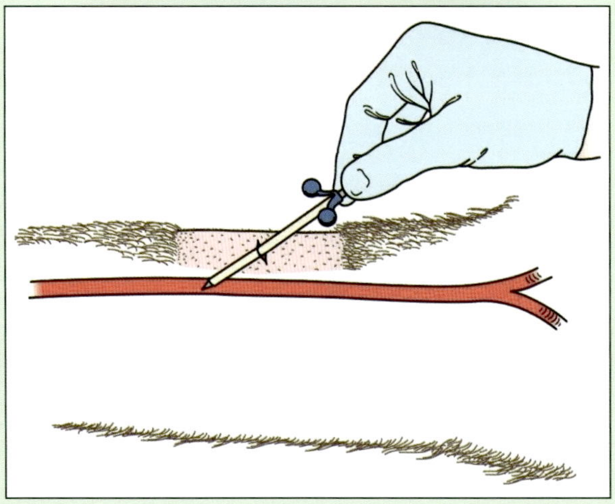

3. 轻轻推进套管，确保套管和针都在血管中。
4. 固定针头，轻轻来回旋转使套管推进血管。

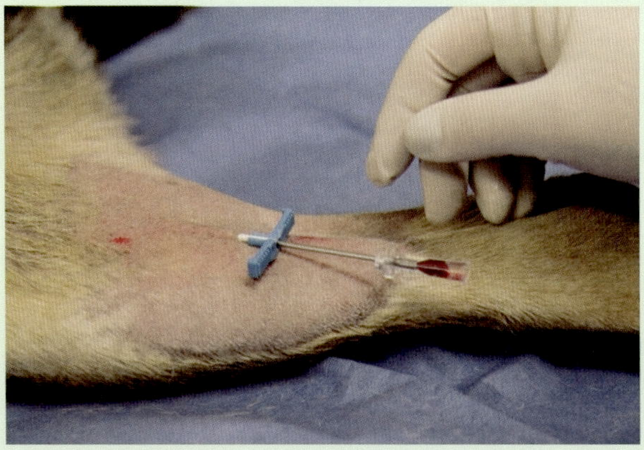

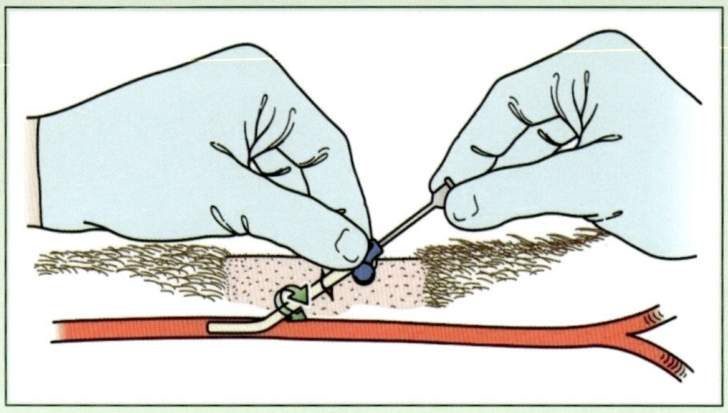

5. 取出针头，并将手指放在开口上，以防止过度出血或空气栓塞。

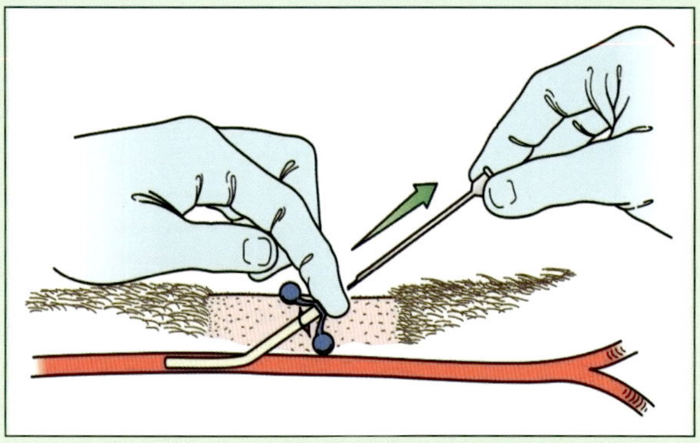

6. 将导管插入套管内。

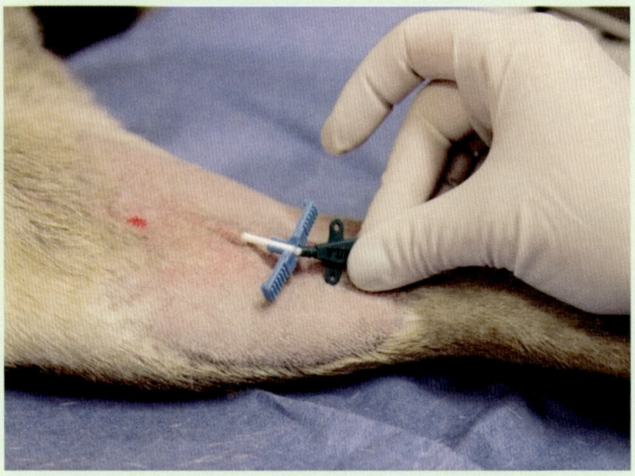

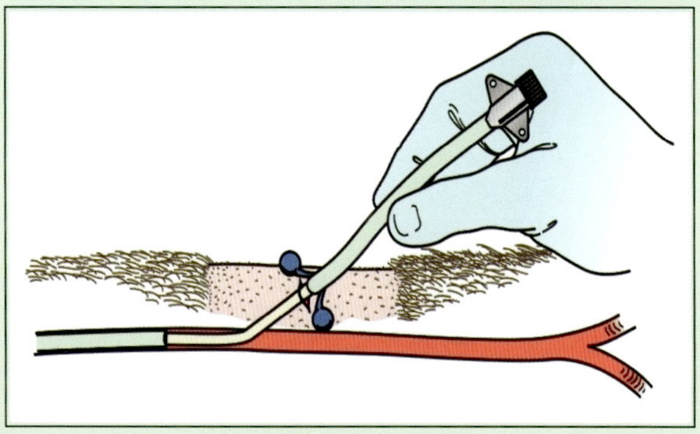

专栏3.1　续

7. 盖上盖子并吸出空气，直到血液充满端口。

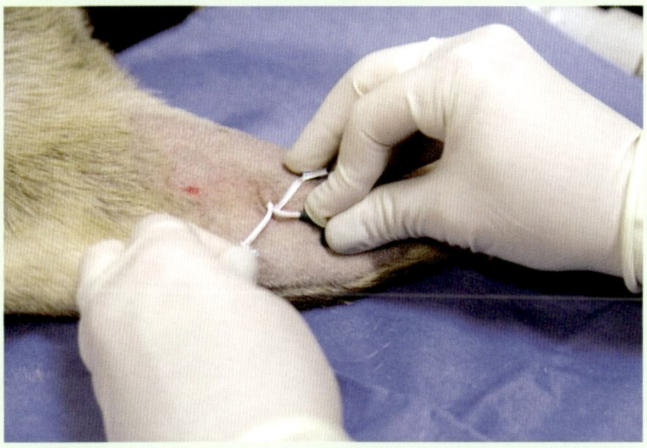

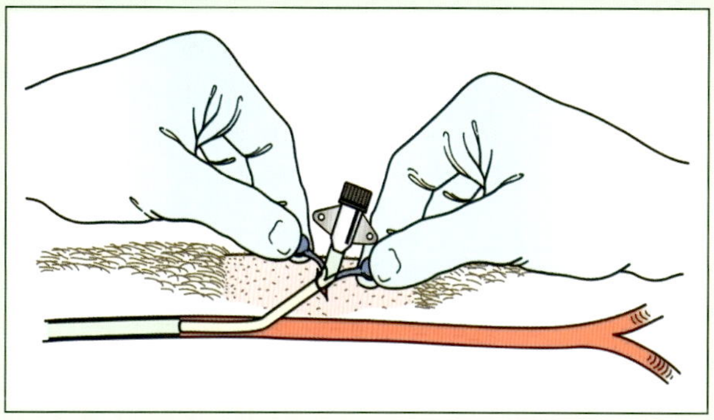

8. 用肝素生理盐水冲洗导管。将导管的卡舌向上拉出。穿刺部位的周围会出现轻微出血。

插图中省略了手套和创巾，以便显示手和导管的位置。操作时必须戴手套并提供无菌环境。

专栏3.2　技术诀窍：导丝（塞尔丁格）技术

所需物品如下：

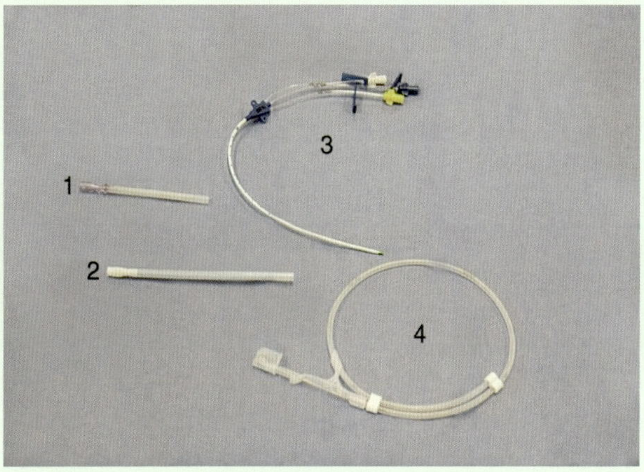

- 用于准备的物品、创巾及无菌外科手套。
- 导入器（针或导管）。
- 扩张器。
- 聚氨酯静脉导管。
- 导丝。
- 肝素生理盐水。
- 带延长线的注射帽。
- 用于固定的材料，包括无菌纱布。

剃毛，做好术前准备。在术部周围盖上创巾。可使用自粘式一次性创巾，也可使用外科创巾。必须戴上无菌外科手套，并建议戴外科口罩、穿手术衣。用发带固定长发，或者戴手术帽。在整个过程中保持无菌状态。

1. 用手术刀片做一个小切口。

2. 将静脉导管插入血管。

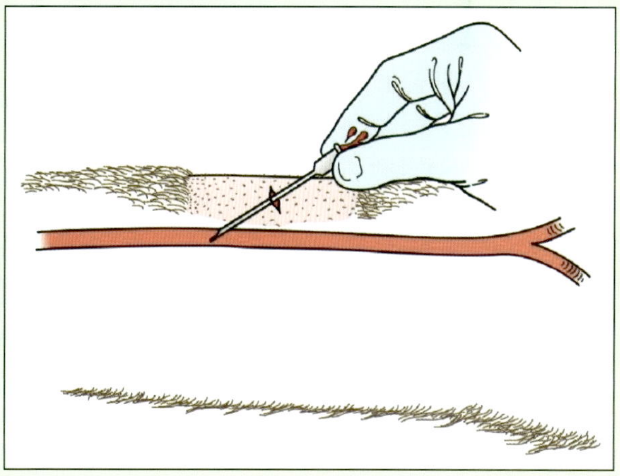

3. 将导丝通过导管（或用针作为引导器）插入血管。对于较小的动物、猫和脱水的动物，首先插入直端。

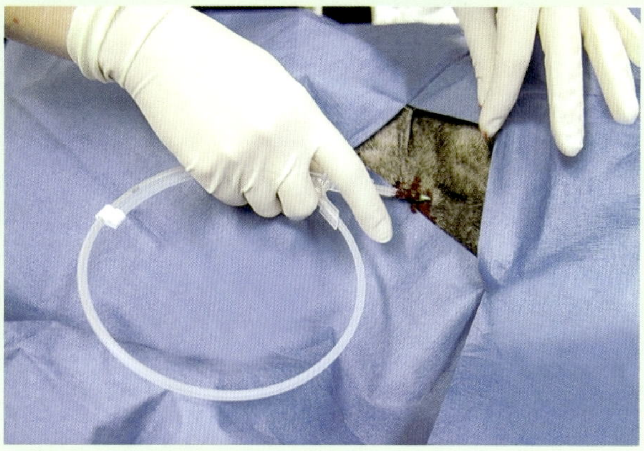

专栏3.2 续

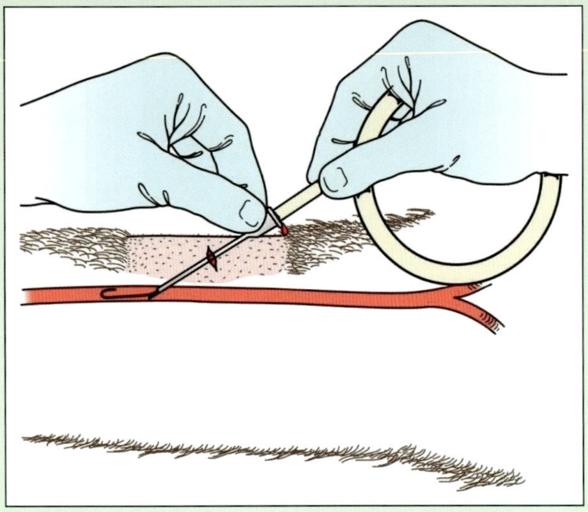

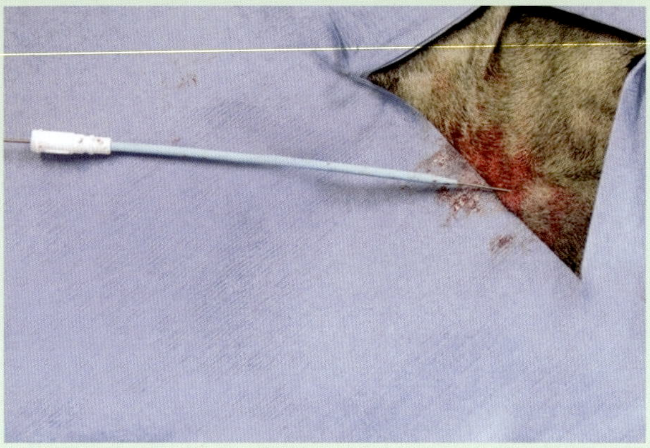

4. 将导管从血管中取出并与导丝分离。

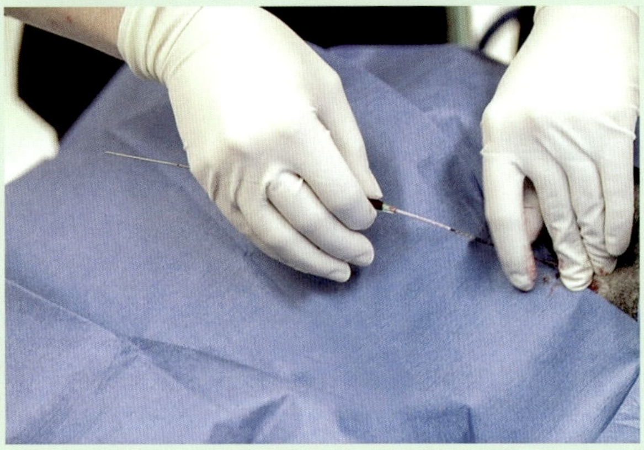

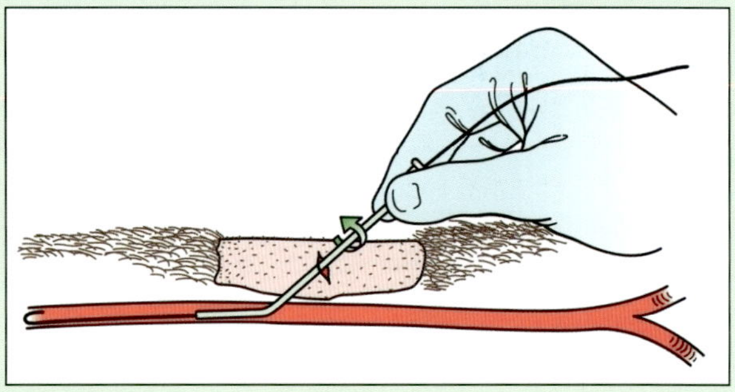

6. 将静脉导管穿进导丝并置入血管。

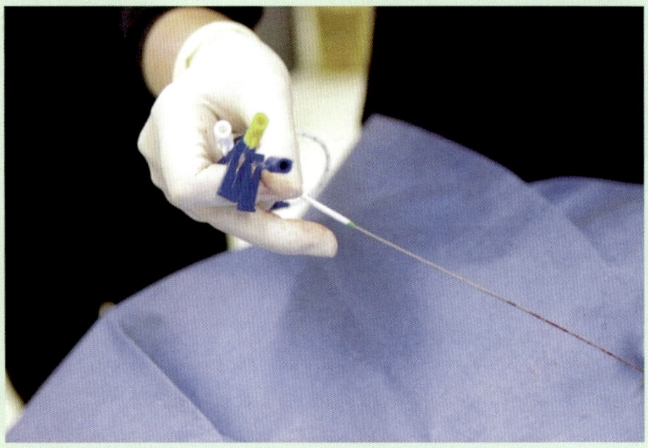

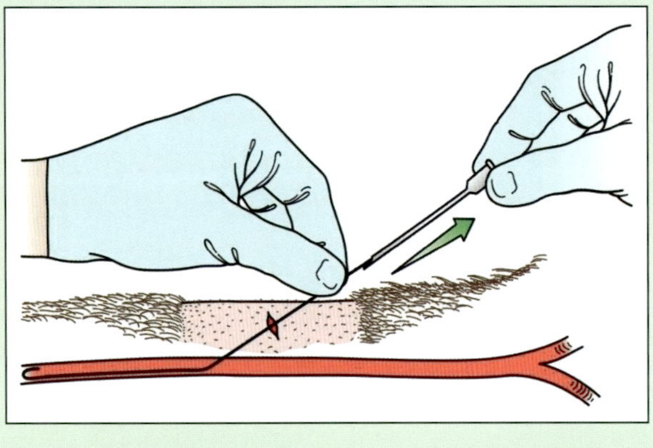

5. 在导丝上放置一个扩张器，并插入初始插入点。来回旋转以便于插入。插入约 50% 的扩张器，然后将其取出。如果患病动物病情突然恶化，可以一直插着扩张器，然后取出导丝，开始补液。在动物稳定后，可以重新插入导丝，取出扩张器，并长期放置导管。

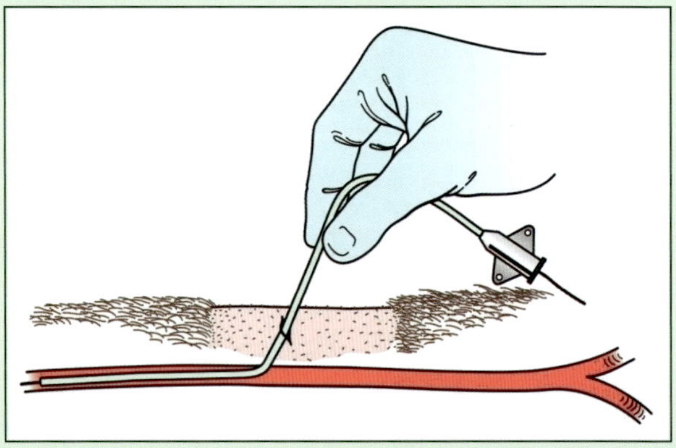

专栏3.2　续

7. 移除导丝，在完全移除导丝之前夹紧延长部分，以防空气栓塞，然后盖住端口。使用无菌针头和注射器抽出空气。清除空气后血液会充满端口，用肝素生理盐水冲洗。

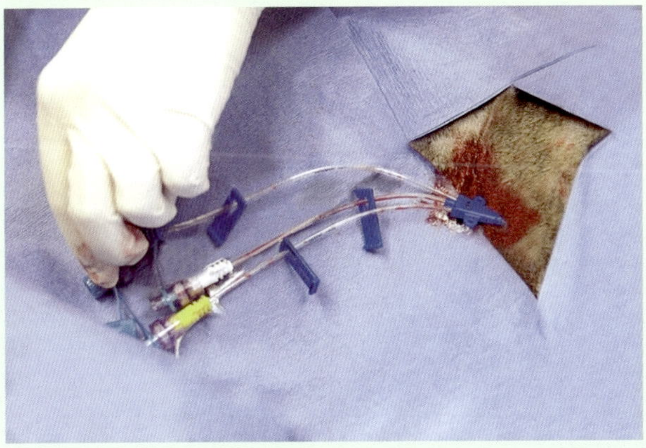

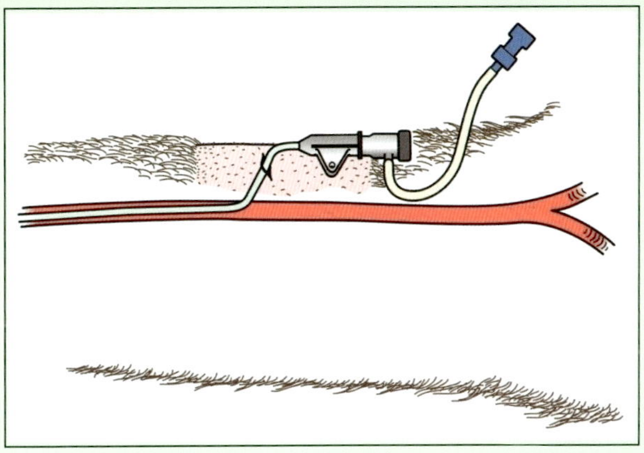

插图中省略了手套和创巾，以便显示手和导管的位置。操作时必须戴手套并提供无菌环境。

专栏3.3　技术诀窍：穿针静脉导管装置

所需物品如下：

- 穿针静脉导管装置。
- 带延长管的注射帽。
- 肝素生理盐水。
- 固定用材料。

1. 将针穿过皮肤刺入血管。

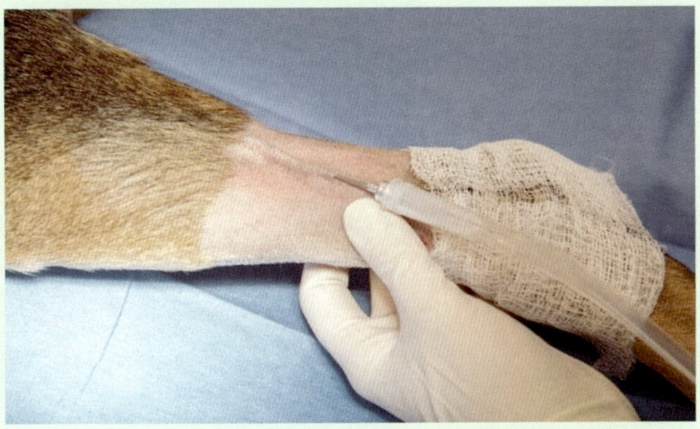

2. 将导管推进血管，并将其固定在针头接口中。

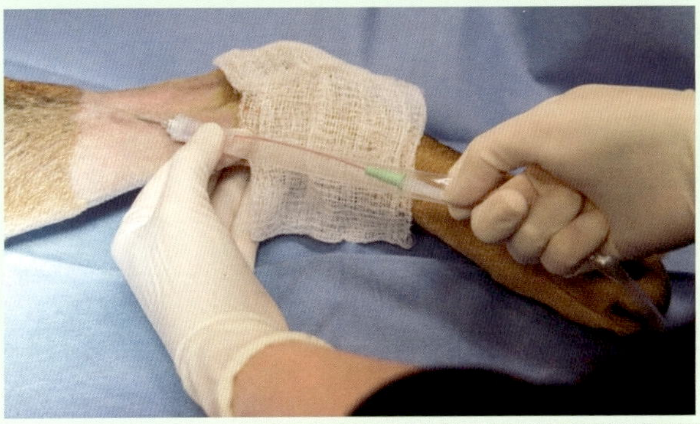

3. 拔出针头。

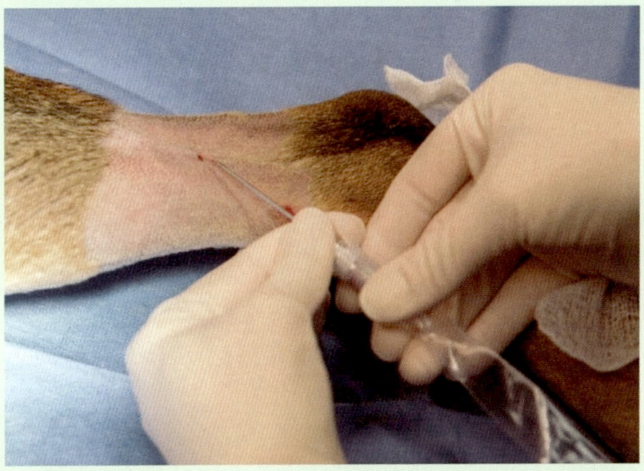

4. 将针罩放在针上。

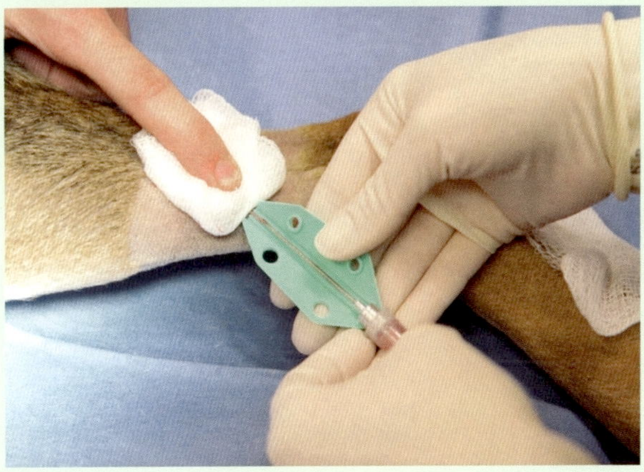

专栏3.3 续

5. 向插入部位施压，然后取下针头。

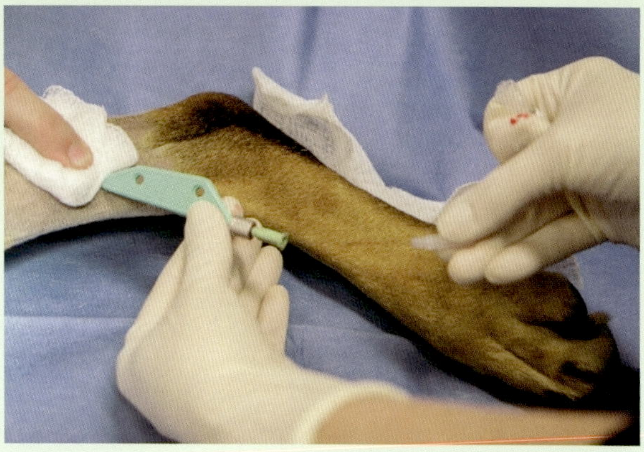

6. 吸出导管中的空气，直到吸出血液。
7. 盖上导管并冲洗。

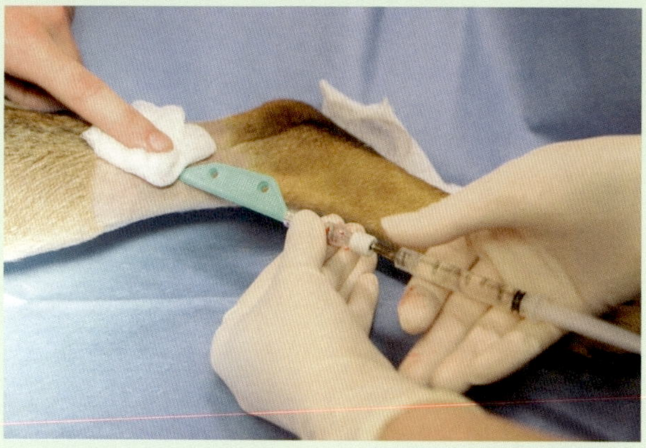

专栏3.4 技术诀窍：使用静脉导管套组和饲管放置颈静脉导管

所需物品如下：

- 14 G套管针和5 Fr饲管或16 G套管针和3.5 Fr饲管*。
- 含肝素生理盐水的注射帽。
- 用于固定的材料。

在使用此方法前，请确认材料是否匹配。一些导管的远端呈不同的锥形，饲管无法通过。

1. 剃毛，做好术前准备。
2. 将一根 14 G 套管针穿过皮肤，刺入血管。
3. 将导管从导管针推入血管。
4. 通过导管将 5 Fr 饲管引入血管。在导管接头处滴 50% 的葡萄糖可以促进饲管的引入。
5. 盖帽并用肝素生理盐水冲洗导管。从血管中取出套管针直至初始插入点。缠绕导管并将其固定在患病动物身上。

* 对于较小的患病动物，可以使用 16 G 套管针和 3.5 Fr 饲管。

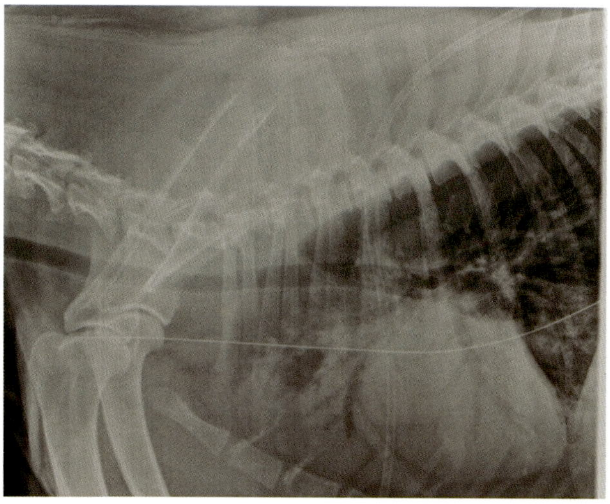

图 3.6 意外松开的导丝

据报道，人医使用导丝技术或剥离鞘作为导引器放置中心静脉导管的过程中，会发生空气栓塞。这可能发生在中心静脉压为负压且通过开放、未密封的导管进入中心循环时。在完成第 7 步（专栏 3.2）时，建议在移除导丝时，在导丝离开端口几厘米后，取出整根导丝之前夹紧延长管。移除导丝后立即盖上端口，松开夹子，并使用连接到注射器的针头抽吸空气，直到血液充满端口。移除充满空气的注射器并用肝素生理盐水冲洗端口。尽管空气栓塞尚未在患病动物中报道，但技师应采取措施避免这种可能的并发症。

如果使用剥离鞘作为导引器，非常重要的是，执行该技术的人应将其手指立即放在开放的鞘上，直到其能够将导管插入血管。这样能够防止鞘暴露在空气中，减少失血。

在实施导丝技术时，实施该技术的人需要始终握住导丝的近端，直到远端尖端完全脱离血管。这样能够降低将导丝拉入血管系统的风险。如果出现了这种并发症，介入性放射技术是检查和取出导丝的首选方法。

如果在将导管置入颈静脉时发生无法控制的出血，有必要进行手术结扎血管。

固定

导管放置好后，需要对其进行适当的固定。使用包裹物固定导管，增加患病动物的舒适度，并保护插入部位。经静脉接受化疗的肿瘤患病动物应避免多层包扎。插入部位上方的区域应该保持裸露，以便在整个治疗期间可以经常检查。

多层包扎的另一个缺点是它们会保留水分，而且限制性太强，易导致爪子肿胀。透明的半透性敷料是最理想的，但很多时候支撑力不足。

作者成功地使用了以下方法，但重要的是医院需要制定一种标准的可行方法。遵循既定的指导方针有助于减少并发症。

外周静脉导管

使用两条 1.27 cm（0.5 in）宽的胶带进行初步稳定，胶带的长度足以环绕腿部。第一条应放在关节的基部。在关节两侧留出一段胶带，将胶带牢牢固定在腿上。将第二条放置在导管下方，两侧胶带等长，交叉缠绕在导管周围然后缠绕在腿上。组织胶可用于进一步固定导管。在导管的两侧滴一滴就足够了。一些动物可能对组织胶的成分有严重的组织反应，因此应谨慎使用。这种方法对于活跃的患病动物（尤其是暴躁的猫）或者需要快速固定的情况非常有用。

将无菌纱布垫或无菌胶带放置在导管插入部位上。医用垫料放置在导管近端部分下方，垫在腿和导管之间。包裹在腿部，提供额外的支撑。

使用纱布卷提供额外的支撑，并固定延长的注射口。然后可以使用黏性绷带（Vetwrap® 或 Elastikon® 效果较好）覆盖。注射口应始终保持无覆盖状态，以便将药物快速推入静脉。有时需要将包裹物延伸到脚趾以帮助循环。猫通常会使用这种延长的方式。

颈静脉导管

对于穿针颈静脉导管，需要三条足够绕住患病动物颈部的胶带才能初步固定。第一条胶带从中间向下分开 5.08 cm（2 in），将小胶带条放在导管的两侧。将胶带缠绕在颈部，与小胶带条进行连接。其他两条胶带放在导管两侧，然后缠绕颈部。为了增加稳定性，在导管或护针器的底部放置一块带有小胶条的胶带，并在蝶形翼上滴一滴组织胶（或使用缝线），使其黏附在颈部。这是在放置胶带之前完成的。在胶带上放置医用垫料加固。在医用垫料上放置纱布卷。用胶带将整个绷带固定在患病动物的颈部。在每层绷带放置完毕后，需要仔细检查颈部绷带的松紧度。如果患病动物出现任何不适或呼吸困难的迹象，则应立即移除绷带，减少绷带量，并以更松的力度重新缠绕。应将牵引绳套在肩部，也可以使用胸背带（图 3.7 和图 3.8）。

多腔导管带有一个缝合孔，用于穿过缝合材料。一旦导管接头缝合到位，插入部位应使用无菌敷料覆盖，如透明的生物封闭敷料（如 Tegaderm™）或无菌自粘绷带，然后按照上述程序，轻柔包裹。

犬外侧隐静脉中的穿针导管可以使用以下方式固定。将导管拔出 1.27 cm（0.5 in），护针器朝

图 3.7　应将牵引绳放在肩部周围，以防对颈静脉导管部位造成额外的压力

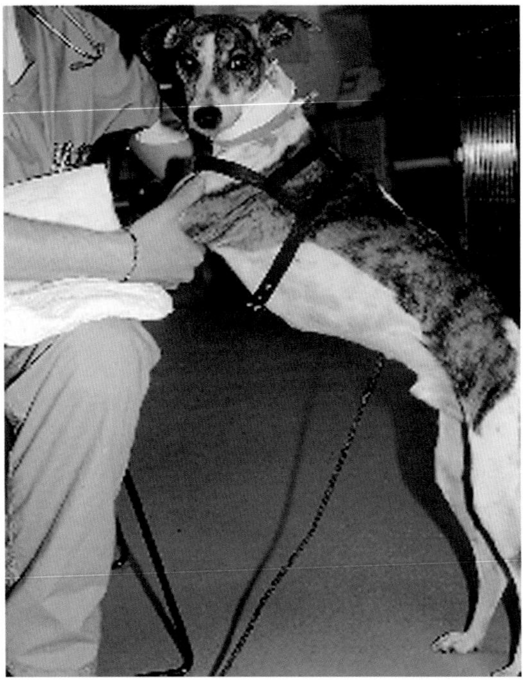

图 3.8 可以使用胸背带

上放置。在导管环上放一小块胶带，将撕开的胶带条贴在两侧，用组织胶固定在腿上。这样可以防止导管脱落。用胶带将针的护针器固定在腿上。护针器和腿之间放置医用垫料以提供缓冲作用。再次在插入部位放置无菌胶粘绷带或生物封闭敷料，包裹整个护针器和导管部位。使用纱布卷使其更稳定。然后用胶布缠住整个绷带。

在猫或小体型犬的内侧隐静脉中放置的穿针导管可以用以下方法固定（该步骤中患病动物保持侧卧位）。将导管拔出到足以环绕膝关节的位置。通常 5.08 cm（2 in）就足够了。（拔出导管后可能会出血。）在导管周围放一条胶带（两侧都有小胶带条），使用组织胶进一步固定。在插入部位放置无菌敷料，用胶带固定，或使用无菌黏合绷带或生物封闭敷料。小心地翻转患病动物。将护针器沿患病动物大腿外侧放置，使用胶带固定。使用前文提到的方法和材料固定导管。

放置在腿部内侧的导管也可以包好，不用环绕导管，并将护针器留在腿部内侧。这种方法的优点是对患病动物的操作较少，并且降低了拔出导管的风险。缺点是增加了包裹的不适感（尤其是对猫）。因为它延伸到脚趾，且需要夹板，使患病动物行走困难。还须在白天经常更换，因为它很容易被弄脏。

骨髓内插管

骨髓内导管（intraosseous）在兽医中一般用于新生动物。它们也可以用在成年动物身上；然而，成年动物的骨密度明显更高，可能需要更专业的设备。对于新生动物，通常可以使用 20 G 或 22 G 的针，而在成年动物中通常需要使用骨髓针。导管通常放置在股骨或肱骨近端，用于静脉置管失败时给药、输液或输血。

最近，一种最初用于人类高级应急反应的产品进入了兽医市场。由 MILA 经销的 EZ-IO™ 骨内输液系统，由钻头和专门的不锈钢切割导管组成。使用该系统，只需几秒钟即可获得骨髓内通路，可快速给药、输液或输血，直到获得静脉通路为止。该系统适用于急性心血管衰竭和其他紧急情况，以及心肺复苏（cardiopulmonary resuscitation，CPR）期间。

EZ-IO 可以放置在许多部位，包括胫骨粗隆、肱骨大结节、转子窝和髂骨翼，但兽医中最推荐使用的是胫骨粗隆和肱骨大结节。

对所选部位进行触诊、剃毛和无菌准备。如果时间允许，输注 2% 利多卡因将使患病动物更舒适，在皮肤上先做一个切口有助于导管穿过皮肤。在紧急情况下，如 CPR 时，这两个步骤可以跳过。在按下钻孔机上的扳机之前，将导管牢牢固定在骨骼的骨膜上。皮肤和骨骼应该由限制器牢牢固定，操作人员将用力推压骨骼，以防止导管滑动。按下钻孔机的扳机，同时继续推动骨骼。一旦到达髓质，停止向前移动导管，释放钻孔机的扳机（仅一两秒钟）。取出并回收导管芯，且抽吸导管。通常情况下，抽出骨髓证明位置正确。不管有没有抽出骨髓，都应该用生理盐水冲洗导管。如果放置正确，导管应该冲洗顺畅。液体或血液由鲁尔锁适配器连接到导管上。给药剂量与静脉给药相同。一旦休克得到纠正，应再次选择静脉通路，以便进行长期液体治疗。

EZ-IO 导管很贵，经销商建议可以反复消毒并最多重复使用 10 次，或者直到尖端出现损坏为止。制造商提醒，导管和导管芯在配对后会被切割，因此必须一起使用；其他导管的导管芯会不匹配，导致无法顺利钻穿骨骼。

难点

特定品种

在巴吉度猎犬和腊肠犬体内放置导管非常具有挑战性，因为它们的肢体结构和松弛的皮肤会导致放置和固定静脉导管变得困难。其他皮肤松弛的品种也可能是一个挑战。

可以使用耳静脉，但在将导管固定在耳廓时要小心。太紧的胶带会限制血液流向耳廓远端。可能会发生脱落。

当保定人员向上拉伸并旋转皮肤时，放置导管的人会更容易看到并触诊到血管。操作者应非常注意旋转的角度。应确保皮肤皱褶被释放时，导管端口易于进入。

提前做一个小切口有助于将导管装置顺利引入血管。导管应由聚四氟乙烯等硬质材料制成，这样，导管在推进过程中不太可能会发生扭结，如果固定得当，导管也不会从血管中移出。

在皮肤皱褶松散的动物上，Elation® 稳定导管的效果很好。在大多数情况下，它的强度足以支撑起皮肤层。

新生动物

为了成功地在这些动物上进行静脉穿刺，保定非常重要。颈静脉是最容易进行置管的静脉。

用手掌托住新生动物，用它的手臂支撑身体。然后将动物仰卧，头部朝向技师的手指。对于较大的幼犬，让保定人员坐在椅子上，将双腿合并作为一个槽可能有助于放置导管。动物前肢必须牢牢地固定在胸前。（用毛巾包裹患病动物有时会有效，但会限制技师在此过程中监测动物的能力。）放置导管的人将动物头部向后推并轻轻旋转，直到可以看到血管。另一只手将套管针引入颈静脉。固定导管时，动物应保持直立（图 3.9 和图 3.10）。

脾气暴躁的犬猫

保定工具和保定人员是为有攻击性的动物成功放置静脉导管的关键。对于有任何攻击倾向的动物，不应冒险，应始终使用可用的保护用品。保定工具包括嘴套、猫包、毛巾和镇静剂。考虑给激烈应激、攻击性强的患病动物使用镇静剂。采取这些预防措施可防止动物和工作人员受伤。

使用一个多用途的、留置时间较长的导管是很重要的。以下装置在脾气暴躁的动物身上效果很好：在犬的外侧隐静脉和猫的内侧隐静脉放置一根 18 G、30.48 cm（12 in）的穿针导管或一根长的

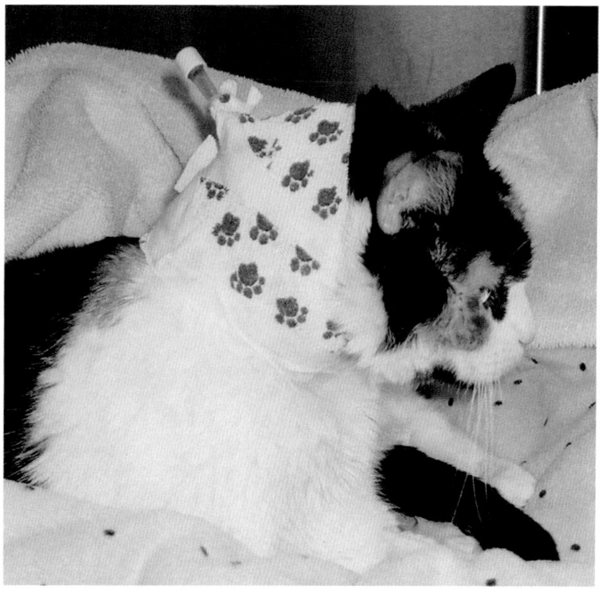

图 3.9　糖尿病患猫的颈静脉导管

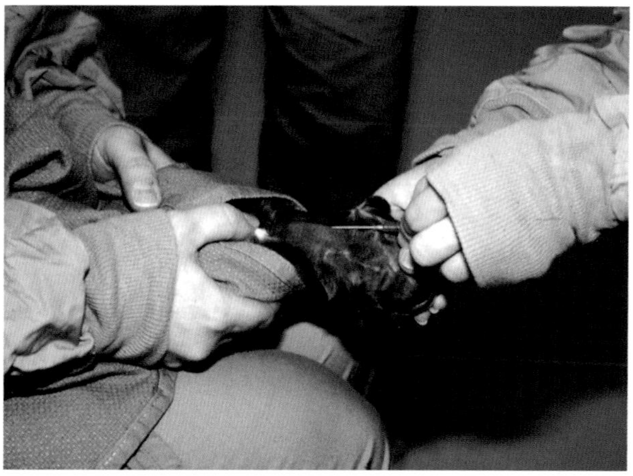

图 3.10　新生动物保定

聚氨酯导管。导管上连接有一套低流量延长套件。这种装置可与血管保持一定距离。[俄亥俄州希利亚德市的 Medex 公司制造了一种 1.52 m（60 in）长，容量为 1 mL 的小容积延长管。] 然后，技师可以通过延长套件自由抽血或进行药物和液体治疗（图 3.11）。

给动物戴上伊丽莎白圈来挡住它的视线，让动物更难咬到人。脖子上留一条牵引绳，末端放在笼子外面。

充盈不良的血管系统和其他难点

如果在紧急情况下无法快速放置静脉导管，应先在皮肤上做一个小切口。使用皮下注射针代替刀片。技师应像握铅笔一样握住 20 G 皮下注射针，利用斜面的刃在皮肤上做一个切口，水平穿过腿部切开，露出血管（切口应从远端开始）。如果导管放置不成功，则可沿腿部血管向上做平行切口，直至导管放置成功。

在紧急情况下，也可以使用骨内针进行骨髓内插管。可使用髓内针。最常见的部位包括股骨或肱骨的髓管。先对要插管的区域进行局部麻醉，之后将针插入肱骨大结节或股骨大转子窝。骨髓抽吸可以判断位置是否正确，也可拍摄 X 线片确认。

危重症动物常见外周水肿。包裹整个肢体 10 min 可能有助于消除浮肿及建立静脉通路。这种情况可能发生在患有严重过敏、蜘蛛咬伤或蜜蜂蜇伤、心脏病、肾损伤、低白蛋白血症、自身免疫性疾病或外伤的动物身上。

图 3.11 连接了低流量延长装置的新生动物颈静脉导管

维护

正确的放置技术、导管的选择和留置部位的维护都是决定静脉导管留置时间的重要因素。医院的传染病预防方案中可以包括静脉导管的放置和维护指南。应在治疗期间评估静脉导管部位，如果动物正在接受液体治疗，则每 2 h 评估一次。全天都应对导管上方区域进行目视检查和触诊。绷带应每 24 h 更换一次，如果绷带湿了或弄脏了应及时更换。如果不进行连续静脉滴注，则每 6 ~ 8 h 用肝素生理盐水冲洗静脉导管。注射前用酒精棉球消毒端口对预防感染来说也非常重要。

拆除绷带后需要对伤口进行评估，看是否有红肿迹象。感染可分为局部感染和全身感染。当导管部位出现炎症或脓性分泌物时，需要注意局部感染。冲洗或触诊导管时，动物可能会表现出不适。该部位可能发热、肿胀，患病动物可能体温升高。这种现象通常是静脉炎或血管炎症。

当血液培养呈阳性，且强烈怀疑导管是感染源时，即定义为全身性或细菌性导管相关感染。对导管末端进行培养，可在导管末端发现与血液培养中相同的细菌。临床上，患病动物可能有发热、白细胞增多和其他与败血症有关的体征。

如果怀疑感染，必须移除导管，每 4 h 对腿部进行一次热敷，直到肿胀消退。培养导管尖端将有助于确定感染的原因和类型。

应冲洗导管以检查导管尖端周围是否有渗漏，并应触诊导管上方的皮肤，检查是否存在皮下积液。如果观察到液体已经渗漏到皮下，要留意所使用的液体和药物，以及它们是否可能对周围组织造成损害。可能需要输注其他药物或液体以防止组织坏死。

美国疾病控制和预防中心（The Centers for Disease Control and Prevention，CDC）不建议在静脉导管插入部位常规使用抗菌软膏，因为这可能会促进真菌感染和抗生素耐药性。可以使用氯己定贴片来代替。该帖片会缓慢释放氯己定，这是在人医研究中已知的唯一一种在体液存在的情况下保持 7 d 杀菌效果的溶液。

如果必须更换导管，应将旧导管留在原处（如果仍然可以使用），直到新导管放置成功后再将旧导管移除。对于危重症小动物来说，始终保持静脉通路很重要。更换静脉导管时，所有输液装置和输液袋都要更换。

在许多情况下，静脉导管就是患病动物的生命线。兽医团队成员必须共同努力，正确放置和维护静脉导管。要在病历上注明放置相关的信息，包括放置导管的日期、位置、类型和尺寸。放置前该部位的外观，以及放置导管的人。

全体员工必须了解静脉导管的放置、固定及维护程序，以提供最佳的患病动物护理。

推荐阅读

[1] Frasca D., Dahyot-Fizelier C., Mimoz O. Prevention of central-venous catheter related infection in the intensive care unit. Crit Care. 2010; 14:212.

[2] Gabriel J. infusion therapy part two: prevention and management of complications. Nurs Standard. 2008; 22(32): 41–48.

[3] Guidelines for the prevention of intravascular catheter-related infections. Available at www.cdc.gov/hicpac/bsi/bsi-guidelines-2011. html. Accessed 17.11.13.

[4] Hanson, B. (2000) Technical aspects of fluid therapy. in S. P. DiBartola (Ed.), Fluid therapy in the small animal practice. Philadelphia: Saunders.

[5] Mathews K., Brooks M., Valliant A. A prospective study of intravenous catheter contamination. Journal of Veterinary Emergency Critical Care,. 1996; 6(1):33.

[6] Publication of the infusion Nurses Society: infusion Nursing Standards of Practice. Journal of infusion Nursing, 34 (1S), 2011. Chapter 16: Prevention of intravascular catheter-associated infections. Available at www.ahrq.gov/legacy/clinci/ptsafety/chap16a.html. Accessed 31.10.13.

[7] Ueda Y., Odunayo A., Mann F.A. Comparison of heparinized saline and 0.9% sodium chloride for maintaining peripheral intravenous catheter patency in dog. Journal of Veterinary Emergency and Critical Care. 2013; 23:517–522.

[8] Wysoki M.G., Covey A., Pollak J., et al. Evaluation of various maneuvers for prevention of air embolism during central venous catheter placement. Journal of Vascular and interventional Radiology. 2001; 12:764–766.

场景

目的：为兽医技师提供机会，让其决定如何处理需要放置静脉导管的患病动物的这类常见情况。

背景：I 级紧急重症监护。繁忙的周三上午晚些时候。

场景

一只 40 kg 的 2 岁未去势雄性拉布拉多猎犬在被车撞后来院。表现警觉、有反应能力。心率 140 bpm，CRT 为 1 ~ 2 s，MMs 粉红色，气喘。体格检查显示右前肢桡尺骨开放性骨折伴轻度出血，左前肢肱骨闭合性骨折，胸部腹侧有少量撕裂伤和擦伤，符合路疹表现。患病动物被收治，需要 CRI 进行适当的疼痛管理，以及给予晶体液和胶体液。住院期间需要多次采血进行实验室检查。

问题

- 确定静脉导管放置的理想位置。
- 哪种类型的静脉导管最合适？
- 选择什么尺寸？包括规格和长度。
- 如果有疼痛管理方法，应采用哪种方法？
- 你会避免将导管放在哪个位置？
- 你会避免使用哪种类型的导管？

教学要点

- 为兽医技师提供机会，让他们认识到需要针对不同情况采取不同方法。
- 鼓励研究可用的其他类型的静脉导管。
- 为兽医技师提供机会，考虑不同的静脉通路。

讨论

- 位置：颈静脉或内侧 / 外侧隐静脉。
- 原因：由于骨折，必须避开头静脉。
- 类型 / 尺寸：选项 1——外周套管针（18 G）+ 采样长线（PICC 或 16 ~ 18 G 穿针）。
- 原因：大口径导管是液体输送最理想的选择。长线可允许获取血液样本进行多种检测。
- 类型 / 尺寸：选项 2——多腔导管（7 Fr，20 ~ 30 cm）。
- 原因：多个端口可用于多种液体和药物治疗；此外，长度取决于位置。如果选择颈静脉，则长度将通过记录标志来确定，然后在放置后通过 X 线片确认。如果选择内侧或外侧隐静脉，30 cm 就足够了。
- 疼痛管理：始终考虑对急诊骨折患病动物进行一般疼痛管理。如果放置多腔导管，可能需要更高剂量的镇静剂。

第4章

液体治疗

Charlotte Donohoe

学习目标

1. 计算患病动物大概的脱水比例。
2. 确定纠正患病动物脱水所需的液体量。
3. 区分不同体液成分间的差别，并了解体液的分布。
4. 了解等渗、低渗和高渗晶体液之间的区别，并知道何时使用它们。
5. 理解渗透压的概念，并说明渗透压是如何影响体液组成的。
6. 了解液体治疗的并发症并理解早期发现的重要性。
7. 了解接受液体治疗的患病动物的生命体征和监测工具，并熟知这些指标变化的意义。

章目录

关键词

胶体液
晶体液
脱水
高渗
低渗
低血容量
等渗
渗透压
容量过载

对于在急重症医疗条件下的患病动物，静脉（intravenous，IV）输液治疗在支持护理和治疗中起着关键作用。绝大多数患病动物需要液体来补充在手术过程中、严重疾病过程中或创伤中发生的体液丢失。在危重症和受伤住院动物的护理和治疗中，液体治疗是重要的一部分。在非紧急病例中，麻醉是择期手术的常规操作，此时液体治疗也作为护理过程中的常规操作，以提升全身麻醉的安全性。

在治疗过程中，会因各种原因而选择静脉补液。以下是使用液体治疗的目标：补充容量缺失、维持适当的水合、提供营养、在麻醉过程中提供心血管支持或便于静脉给药。技师的知识、经验和技术对于安全地进行静脉补液至关重要。重要的是，知识要与时俱进，包括对与液体输注有关的原则和实践的理解。

体液

体液占动物体重的60%。水存在于身体的各个部位，并按严格的比例保存着。其中细胞内的空间所含的水分占比最大，约占体重的40%。细胞外的空间所含的水分较少，约占体重的20%。细胞外的空间由细胞间质和血管内空间组成，分别占体重的 15% 和 5%。关节腔液、胸膜腔液、房水、脑脊液（cerebral spinal fluid，CSF）等跨细胞液，也被认为是细胞外液的一部分。图 4.1 展示了体液的组成。

考虑年轻或年老动物的身体组分差异是很重要的，在幼龄动物中，体液含量接近体重的 70% ~ 80%，在老年动物中接近 55% ~ 60%。

健康动物通过饮水和消化食物来维持体液。正常情况下，体液通过呼吸、排尿及排泄等途径丢失。一只健康的动物每天大约丢失 50 mL/kg 的液体。在患病时，可能无法摄入合适的液体量，另外也可能通过呕吐、腹泻或排尿增加的方式丢失额外的体液。在无法通过饮食补充每日液体丢失的动物中，液体治疗可以恢复或维持动物的体液量。可以通过多种不同的方式给予液体。决定使用何种补液方式需要考虑患病动物的特殊需求。

液体治疗的护理需考虑以下几点：

- 患病动物的病史和临床症状。
- 患病动物的心血管状态。
- 患病动物的输液速度。
- 需要给予多少液体？
- 患病动物会因病住院吗？

思考了这些问题之后，便可以决定适合患病动物的液体治疗途径。可以通过口服（PO）或皮下注射（SC）的途径缓慢给予液体。口服补液时可能需要饲管以便于操作。留置食道饲管或胃饲管可以让宠主在家护理动物时，给予动物预先设定好的液体量。皮下补液可由护理人员在住院时进行，也可在门诊就诊的短时间内进行。使用这

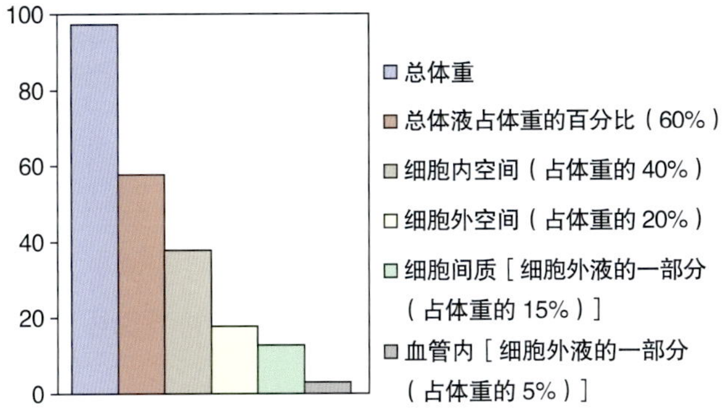

图 4.1　体液的分布

两种途径时，液体吸收相对缓慢，不建议用于血流动力学不稳定的动物。各种补液途径的优缺点及禁忌证见表 4.1。

在体况不佳的患病动物中，通过外周静脉导管或中心静脉导管进行经血管补液。当难以建立静脉通路时可以使用骨髓导管，使用这两种方法可在较快的输液速度下给予较大量的液体。但液体的流速最终取决于导管腔的尺寸和导管长度。这些方法适用于患有中度至严重疾病的动物，并且需要住院治疗及治疗期间密切监测（表 4.1）。

患病动物评估

一旦确定了补液的途径，技师可以协助医师确定患病动物所需的液体量。评估患病动物的生命体征、进行体格检查和初步的血液检查以帮助确定缺失的液体量和（或）脱水程度。

脱水（dehydration）是从血管外的空间丢失体液。低血容量（hypovolemia）指从血管内丢失循环血液。若不进行治疗，严重的脱水会导致低血容量。低血容量可发生于水合良好的动物，如经历创伤的动物。伴有出血的创伤可导致血管内液体丢失，而其他空间并没有明显的液体丢失，此种动物会被评估为水合良好，但存在由血液丢失造成的低血容量。

病史和体格检查

全面的体格检查提供的信息可用于评估患病动物的水合状态。完整的病史调查可以通过提供病程或液体丢失频率（如呕吐、腹泻、排尿或厌食）等信息来补充体格检查结果。

眼球位置、皮肤弹性和黏膜湿润程度可用于评估患病动物的脱水程度（图 4.2）。

眼球位置

- 中度至重度脱水的动物眼球会陷入眼眶内。

皮肤弹性

- 轻柔地提起皮肤，形成褶皱后松开手，皮肤应快速地恢复到原来位置。复位缓慢或无法复位提示皮肤弹性下降和脱水。

表 4.1 补液途径

途径	适应证	禁忌证	所需设备	技术要点
口服	轻度脱水 短期疾病 小型患病动物 留置饲管的动物	低血容量 休克 呕吐或反流的动物 意识减弱的患病动物 吞咽反射减弱或缺失	鼻饲管、食道饲管、经皮胃饲管、注射器、奶瓶（新生动物）	在给液前确认饲管留置在适当位置 给液前抽吸饲管，检查管内残余液体
皮下注射	轻度脱水 非住院动物	低血容量 休克 低体温 皮肤感染 皮肤创伤	无菌的注射用静脉输液器 针头（18 ~ 20 G） 等渗晶体液	每个注射位点最多给予 10 mL/kg 液体 不要在给予液体时施加压力，否则会损伤组织或引起疼痛 为每只患病动物更换新的无菌针头
静脉注射（IV）	脱水 低血容量 连续数日厌食、呕吐、腹泻 需要进行手术 经静脉给药	在家中使用药物即可治疗的动物并不是使用静脉液体治疗的理想目标	无菌的注射用静脉输液器 静脉导管和其他用品 数字容量输液器 / 滴管或输液泵 技师	在选择留置静脉导管位点时考虑动物的疾病类型 尽可能避开可能受到污染的部位
骨髓注射（IO）	心血管衰竭 无法建立静脉通路 新生动物 禽类动物 在建立静脉通路前短期使用	注射部位的皮肤损伤 骨折 骨髓炎	皮下注射针头（新生动物） 脊髓穿刺针 骨髓导管（不同种类） 输液器 技师	熟知解剖标志点很重要 可安全地用于静脉的液体也可安全地用于骨髓

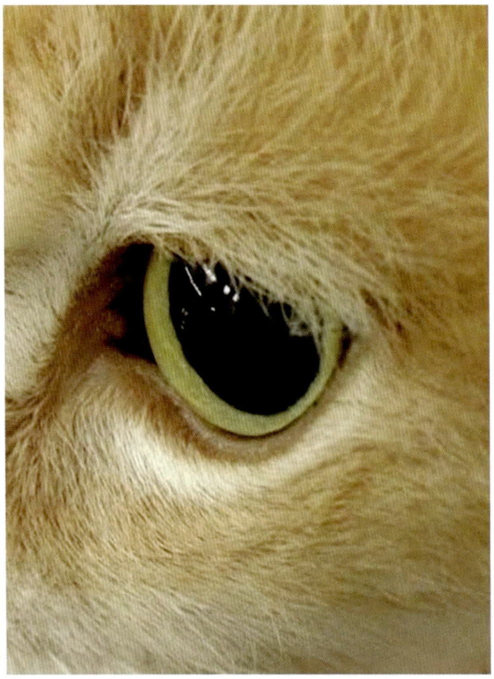

图 4.2 观察动物的眼球位置以评估水合状态

- 老年动物的皮肤复位缓慢。
- 青年动物即使脱水，皮肤复位速度也可能正常（由于皮肤弹性）。

黏膜湿润程度

- 黏膜应该湿润且有光泽。
- 脱水动物的黏膜黏滞或干燥。
- 黏膜不湿润时可能有黯淡的表现。
- 喘息的动物可能因持续张口呼吸而黏膜干燥。
- 恶心的动物可能因唾液过度分泌而黏膜湿润。

动物的体格检查中应包括生命体征的监测。评估以下指标可以让技师评估动物血管内容量的状态。

脉率和脉搏质量

- 心率通常随着血管内容量的降低而增加。

- 股动脉质量可能会因血容量降低而发生改变。
  - 脉搏可能变弱、变细。
- 足背侧动脉的脉搏可能消失。
  - 通常情况下，当血压下降，平均动脉压（mean arterial pressure，MAP）小于等于 60 mmHg 时，足背侧动脉会无法感知。
- 在低血容量性休克的晚期（失代偿期），心率会下降。

黏膜颜色和毛细血管再充盈时间

- 在低血容量时，黏膜可能仍呈粉色，并表现为黯淡。
  - 如果低血容量是因出血引起，黏膜颜色可能变为淡粉色或灰白色。
- 当灌注减弱时黏膜颜色可能变暗。
- 在低血容量的患病动物中，毛细血管再充盈时间（capillary refill time，CRT）会延长（3 s 以上）。

体温

- 低血容量的患病动物，体温可能会因潜在原因升高或降低。
  - 严重的脱水、灌注不良和显著的低血容量通常会导致体温降低。

表 4.2　评估脱水百分比

< 5%	亚临床——体格检查时无法察觉水合变化 有短暂的液体丢失病史 黏膜正常，生命体征无明显变化
5%	黏膜黏滞或干燥 有液体丢失病史
7%	黏膜干燥 皮肤回弹时间延长 心率增加 脉搏质量及血压正常 有较长时间的液体丢失病史
10%	有较长时间的液体丢失病史 黏膜干燥 皮肤回弹时间延长 心率增加 脉搏变弱、变细 低血压
12%	有大量的液体丢失病史 黏膜干燥 皮肤回弹时间延长 心率增加或减少（休克失代偿期） 低血压 脉搏变弱或无法感知 体温下降，肢端温度可能降低 意识减弱或异常 眼球凹陷

液体补充

在通过表观估算患病动物脱水的百分比后（表 4.2），便可以制订液体治疗的方案。下列公式可用于计算补充脱水所需的液体量。

$$补液量（mL）= 脱水程度（百分比）\times 体重（kg）\times 1000$$

或

$$补液量（mL）= 脱水程度（百分比）\times 体重（lb）\times 500$$

例如：一只 25 kg 的犬因呕吐 2 d，以及沉郁而就诊。它表现出黏膜干燥，皮肤回弹时间延长，以及心动过速。可评估其有 7% 的脱水。

补液量（mL）$=25\times 0.07\times 1000$

需要输注 1750 mL 液体以补充脱水。

在该患病动物的液体治疗方案中，这些液体通常在前 24 h 给予。在某些情况下，可能需要在更短的时间内补充脱水（12 ~ 18 h）。为了确保患病动物可耐受这种液体负荷，建议在监测患病动物时更加小心。不建议对患有呼吸疾病或心脏病且脱水的动物激进补液。

除了脱水，还必须处理每天持续的液体丢失。维持量的液体需求可估算为 40 ~ 60 mL/（kg · d），在决定每只患病动物的输液速度时，应在脱水量的基础上加上维持量。维持量的液体补充了可感的液体丢失（可测量的丢失，如尿液）和不可感的液体丢失（不可测量的丢失，如粪便中的水分和呼吸带走的水分）。

对于上文 25 kg 犬的例子，维持量如下：

- =25 kg × 50 mL/（kg · d）。
- =1250 mL/d。

- 应将维持量添加到液体缺失量中，来计算适宜的补液量。
- 计算该犬的输液速度。
- 在 24 h 内补充 1750 mL 的脱水量 =73 mL/h。
- 在 24 h 内补充 1250 mL 的持续丢失量 =52 mL/h。
- 应将两个液体量相加，因为脱水的补充和维持量的输注应同时进行。

理想情况下，假设动物的心血管功能稳定，该患病动物应在液体治疗的前 24 h 使用 125 mL/h 的输液速度。应频繁评估患病动物是否出现无法耐受该输液速度的症状。对于那些持续丢失超过正常预期的患病动物，必须要做额外的考量。例如，一只大量呕吐和（或）腹泻的动物将需要更多的维持液来补充持续丢失。

急症入院

通过侵入性最小的操作收集基础数据，以进一步评估急症患病动物的水合和容量状态。在留置静脉导管时可以采集血样，可以在开始液体治疗之前评估患病动物状态。另外通过新放置的静脉导管（在使用肝素生理盐水冲洗管路之前）抽取血液，可以让技师避免额外穿刺动物。

大多数拥有急诊设备的医院，可以立即对该样本进行多种检测。最小数据库应包含红细胞压积（packed cell volume，PCV）、总固体（total solids，TSs）、血尿素氮（blood urea nitrogen，BUN）和尿比重（urine specific gravity，USG）（图 4.3）。

PCV

- 脱水会造成 PCV 和 TS 测量值同时升高。
- 出血造成的容量降低可能伴有 PCV 和 TS 降低。
  - 脱水会使贫血动物的 PCV 假性升高。
  - 出血导致的 PCV、TS 降低不会立刻表现出来。

BUN 试纸

- 在存在脱水但是肾功能正常的动物中，体液丢失会引起循环血液中尿素浓度升高。动物就诊时 BUN 浓度可能升高。

USG

- 肾功能正常且脱水的患病动物，USG 可能升高。

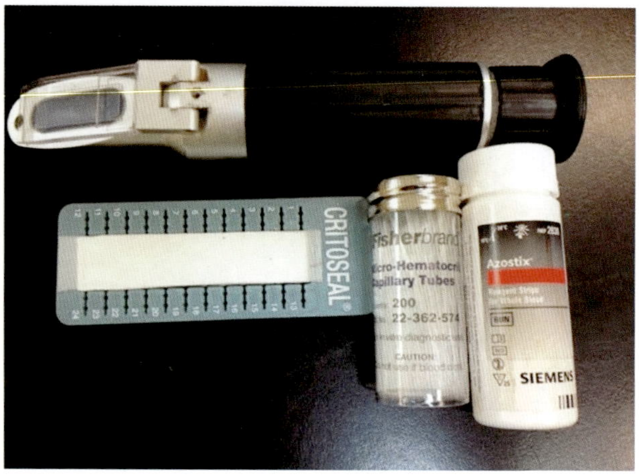

图 4.3 红细胞压积（PCV）/ 总固体量（TSs）、血尿素氮（BUN）和尿比重（USG）检测应在刚就诊时进行，这有助于评估动物的水合和容量状态

- 机体会保存水分，并通过少量的水分排泄废物，因此 USG 会升高。

液体治疗患病动物的住院监测

一旦开始进行液体治疗，就必须对患病动物进行仔细的监测。技师必须记录体重、尿量、血压、中心静脉压、精神状态和体格检查结果并分析变化趋势。

尿量

- 进行液体治疗的患病动物除了尿比重还应监测尿量。
- 肾功能正常的患病动物，在进行液体治疗时，应至少生成 1 ~ 2 mL/（kg · h）尿液。
- 留置导尿管和封闭的尿液收集系统便于监测尿量和尿比重。
  - 这一点在无法活动的动物和患有急慢性肾病的动物中尤为重要。
- 应每 2 ~ 4 h 监测一次尿量。
  - 急性肾损伤或无尿性肾功能衰竭的患病动物，需要更频繁地检测尿量（每小时一次）。

血压

低血容量的动物在就诊时常伴有低血压。恢复循环血容量及改善灌注是进行液体治疗的目标之一。液体治疗应恢复循环血容量，并最终将血压恢复到接近正常的数值。

- 血压测量必须与其他重要指标评估相结合，以评估患病动物的容量和灌注状态（图 4.4）。
- 在液体治疗的复苏阶段，连续测量是很重要的。

体重

由于相当大比例的体重由体液组成，而我们通过液体治疗来补充水分缺失，因此监测患病动物的体重是有帮助的。

- 进行液体治疗的动物至少应每天称量一次体重。
- 短时间内体重的增加或减少表明体液的增加或减少。
- 1 kg 体重相当于 1 L 体液的增加或减少。
- 按照预期，当患病动物体液缺失得到纠正时，体重会增加。

技师笔记

除了连续称量体重外，还应该评估患病动物第三腔丢失的情况。这类丢失发生于液体由血管内转移到胸腔、腹膜腔或间质等体腔内。由于液体仍存留于动物体内，因此这种血管内的体液丢失不会出现明显的体重变化。然而，液体是从血管内流失的，可导致血压降低和外周灌注不良。

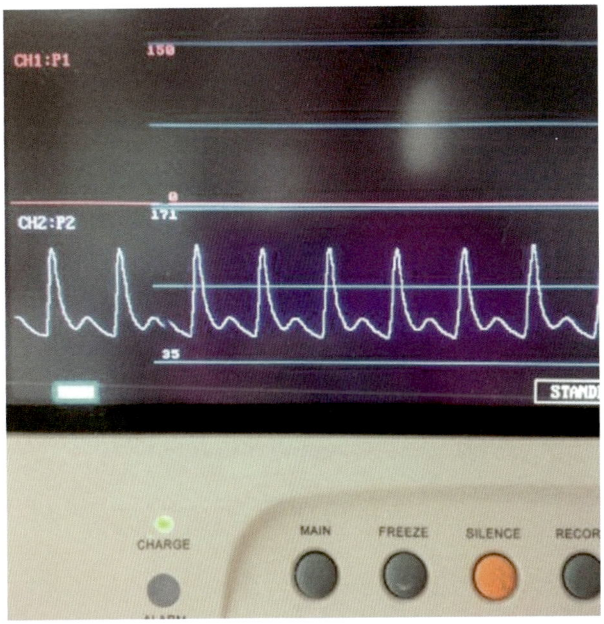

图 4.4　直接动脉血压测量是液体治疗患病动物高级监护中的有效工具

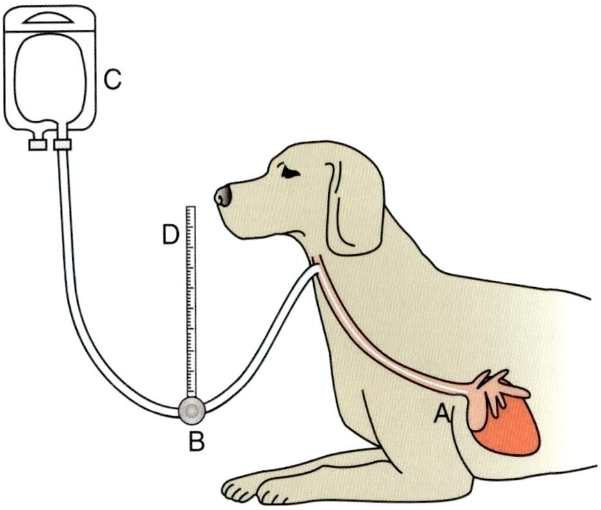

图 4.5　中心静脉压（CVP）测量。动物呈俯卧位时，一根颈静脉导管进入右心房（A）并且与旋塞阀（B）相连。旋塞阀与静脉输液系统（C）和压力计（D）相连

中心静脉压

中心静脉压（central venous pressure，CVP）是一种高级监测工具，可用于确定液体容量是否已经充分恢复，并确定心脏能否承受液体输注。需放置一根中心静脉导管，其末端到达前腔静脉或后腔静脉的胸腔位置。放置于此可以评估右心房压力或前负荷。导管与输液管相连，输液管与压力计或电子传感器和监测设备相连。传感器和压力计的零点位置与右心房在同一水平面。血管容量的波动通过输液管传递，并通过压力计 / 传感器和计算机解读读数。

容量不足的患病动物，其 CVP 低于容量正常的动物（图 4.5）。当容量恢复时，CVP 会上升，但也可能表明心脏的前向血流受到损害。若要充分确认液体治疗成功与否，需要对患病动物整体进行仔细评估并测量 CVP。例如，如果体格检查结果和生命体征提示血管容量和灌注改善，并且 CVP 接近正常，说明已经达到了液体治疗的目的。相反，如果患病动物出现持续低血容量和灌注不良，但 CVP 正常或升高，则说明前向血流不足，右心房压力升高只是继发现象，而非提示容量恢复。

- 不同患病动物之间 CVP 差异较小。

- 正常 CVP 通常为 0 ~ 10 cmH_2O 或 0 ~ 7.5 mmHg。
- CVP 的变化趋势比单一测量值更有意义。
- 应在表上记录测量 CVP 时患病动物的体位，因为 CVP 可能会随体位改变而稍有波动。
- 传感器或压力计上的零点位置必须与右心房在同一水平面。
  - 动物俯卧时，以肩关节为标记。
  - 动物侧卧时，以胸骨柄为标记。
- CVP 显著上升（超过 2 ~ 4 cmH_2O）或 CVP 大于 10 cmH_2O 可能表明容量过载。

精神状态和体格检查结果

技师必须了解正在进行液体治疗的患病动物的状态变化。随着液体缺失得到补充，患病动物的精神状态可能会改善。

技师对患病动物的常规评估应包括胸部和心脏听诊，建议定期对患病动物的肢体进行触诊，以评估留置导管的肢体和导管留置位点。

技师笔记

- 观察患病动物的跗关节是否有任何细节丢失或水肿的表现。
  - 这通常和容量过载相关。
- 在液体治疗期间肺音听诊可能出现啰音。
  - 患病动物可能无法耐受液体输注。
- 心音听诊可能出现异常节律，如奔马律。
- 患病动物无法耐受液体输注。

渗透压

摩尔是科学研究中对大量微小粒子进行量化时使用的计量单位。渗透压也是一种计量单位，但更常在讨论液体治疗时使用。渗透压表示提供渗透压力的物质的摩尔数，即阻止溶剂通过渗透膜进入溶液所需要的压力。

渗透压（osmolality）衡量 1 kg 溶剂可提供的渗透摩尔的大小。摩尔渗透压是一种相似的测量方法，但考虑更多的是 1 L 溶液中产生渗透压的分子数量。当讨论血浆或液体治疗时，这些术语可以相互替代，因为它们之间只有可忽略的细微差别。渗透压是讨论液体治疗时的一个重要概念，因为它与体液的运动密切相关。在大部分兽医诊所中，维护并使用渗透压计测量血浆渗透压是不切实际的。一般认为猫的血清渗透压为 310 mOsm/kg，犬为 300 mOsm/kg。测量的渗透压计算了具有渗透活性的颗粒（提供渗透压但是不跨膜），以及不具有渗透活性的颗粒（可自由地跨膜运动，施加的渗透压可以忽略不计）。相比之下，计算的渗透压只考虑对溶液渗透压有显著影响的颗粒。可以根据血液中特定溶质的浓度，使用不同的公式来计算血清渗透压。一般而言，溶质浓度越高，血清渗透压就越大（因为存在的颗粒数量越多），也越有可能将其归入计算渗透压的公式中。体内渗透性最强的溶质之一是钠。它在细胞外液中占主导地位，并且不能自由地在所有生物膜之间流动。钠和葡萄糖一样，经常被列入渗透压的计算中。钾和尿素的影响比钠小，因为它们可以自由地穿过细胞膜。它们对渗透压的贡献不大，被认为是无效的渗透压。然而，它们也被包括在渗透压的计算中，特别是当它们的浓度超过正常值时。以下公式可用于计算渗透压：

$$\text{细胞外液渗透压} = 2(\text{钠}+\text{钾})+(\text{葡萄糖}/18)+(\text{血尿素氮}/2.8)$$

注意：这个公式假定葡萄糖和血尿素氮是以 mg/dL 为单位测量的。如果它们是以 mmol/L 为单位测量的，则可省略除以 18 和 2.8 的步骤。

$$\text{渗透压} = 2(\text{钠}+\text{钾})+\text{葡萄糖}(\text{mmol/L})+\text{血尿素氮}(\text{mmol/L})$$

当动物脱水时，渗透压会增加，因为水的流失会使钠的浓度增加。在容量过载的患病动物中，渗透压会降低。当血清渗透压增加时，渗透压感受器发出信号，释放抗利尿激素（antidiuretic hormone，ADH），使水分保存下来。相反，血清渗透压的降低会抑制 ADH 的释放，减少水的重吸收，导致钠浓度升高。

渗透压的测量和（或）计算可以帮助指导危重症动物的液体治疗。渗透压快速改变会带来脑水肿的风险。在脱水的患病动物中，随着液体输注，渗透压降低，应监测渗透压以确保不会变化过快。高血糖高渗透压的糖尿病患病动物也能从渗透压的变化中受益，因为它们的渗透压显著地受血清中葡萄糖的影响。

液体类型

晶体液

在兽医中，液体治疗几乎完全依赖晶体液来补充和维持体液。晶体液是水、糖和盐的混合物，并且可以在不同的体液组分中自由移动。当被输注到血管内时，晶体液会快速地进入间质，因此，只有大约 1/4 的输注液体量会留在血管内。

有几种不同的晶体液被用于患病动物（图 4.6）。它们的电解质含量、pH、糖含量、是否存在缓冲对及缓冲对类型略有不同。替代液是等渗的（isotonic），这意味着它们的钠和氯含量与细胞外液相似。等渗溶液产生的渗透压与被比较的液体相同。静脉注射等渗晶体液不会显著改变血管内的渗透压，也不会引起身体部位之间液体的显著转移。替代液被用于脱水动物或低血容量动物，进行初始的液体复苏（表 4.3），0.9% 氯化钠（NaCl）溶液是替代液的一种。乳酸林格液（Lactated Ringer's Solution，LRS）、Normosol-R 和 Plasma-Lyte 也是替代液。但与 NaCl 相比，这些溶液中含有钾和缓冲对，成分更接近于血浆。

维持晶体液是低渗（hypotonic）溶液，不适用于初始的容量复苏。它们的钠和氯含量低于血管内的液体。这些溶液也会快速地离开血管内的空间，可以更有效地补充血管外的空间，更具体地说，补充细胞内的液体。

由于其快速流出静脉空间的倾向，低渗晶体液不适用于治疗危重症动物的低血容量（表 4.4）。

治疗严重低血容量时，高渗（hypertonic）晶

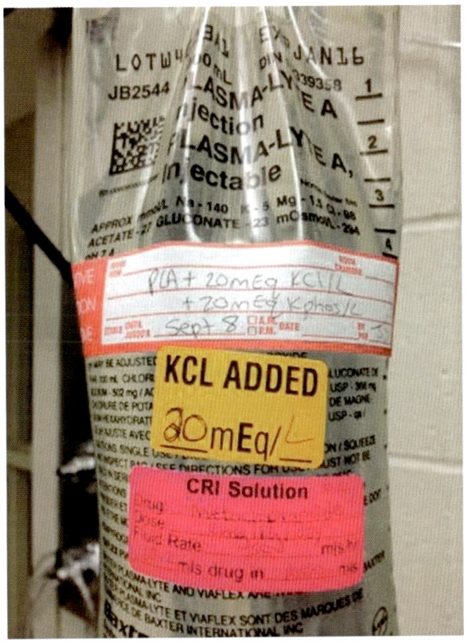

图 4.6　一袋晶体液可能含有数种用于持续输注的药物。任何时候，输液袋上都要贴好标签

表 4.3　等渗替代液

溶液	渗透压（mOsm/L）	钠（mEq/L）	钾（mEq/L）	氯（mEq/L）	钙（mEq/L）	缓冲对	渗透性	适应证
乳酸林格液	273	130	4	109	3	乳酸	等渗	脱水、低血容量性休克、呕吐、腹泻、急性肾损伤、代谢性酸中毒
Plasma-Lyte A	294	140	5	98	0	醋酸盐、葡萄糖酸盐	等渗	脱水、低血容量性休克、呕吐、腹泻、急性肾损伤、代谢性酸中毒
0.9% 氯化钠溶液	310	154		154			等渗	脱水、低血容量性休克、呕吐、腹泻、高钾血症、代谢性酸中毒
Normosol-R	296	140	5	98			等渗	脱水、低血容量性休克、呕吐、腹泻、高钾血症、代谢性酸中毒

表 4.4 低渗晶体液

溶液	渗透压（mOsm/L）	钠（mEq/L）	钾（mEq/L）	氯（mEq/L）	钙（mEq/L）	缓冲对	渗透性	适应证
Plasma-Lyte M	363	40	13	40			低渗	补充或维持血管外的容量
0.45% 氯化钠溶液	155	77		77			低渗	维持血管外的容量
5% 右旋葡萄糖溶液（D_5W）	253						低渗	补充血管外的容量、充血性心力衰竭、高钠血症

体液通常作为备用方案，可与等渗液联合使用。与被比较的溶液相比，高渗溶液的溶质含量更高。就高渗晶体液而言，钠含量高于血管中血浆的钠含量。更高的钠含量增加了空间内的渗透压，使得液体转移进静脉，增加了血管内容量（表 4.5）。

技师笔记

高渗盐水（hypertonic saline，HTS）可以有效地扩充容量，但必须谨慎使用。

由于渗透压的增加会使液体从间质和细胞内的空间转移出来，HTS 应避免用于脱水患病动物。与使用 HTS 相关的副作用包括高钠血症、高氯血症、高渗透压和代谢性酸中毒。HTS 不适用于心功能不全或高钠血症的患病动物。快速输注可能导致支气管收缩，从而引起浅快呼吸。

HTS 是一种有效的血管容量扩张剂，但也用于头部创伤动物，其作用是降低颅内压，对治疗脑损伤是有益的（表 4.6 和表 4.7）。

表 4.5 高渗晶体液

溶液	渗透压（mOsm/L）	钠（mEq/L）	钾（mEq/L）	氯（mEq/L）	钙（mEq/L）	缓冲对	渗透性	适应证
3% 氯化钠溶液	1026	513		513			高渗	低血容量性休克、扩充血管内容量
7.5% 氯化钠溶液	2464	1232		1232			高渗	低血容量性休克、扩充血管内容量
Normosol-M+5% 右旋葡萄糖溶液	363					醋酸盐	高渗	扩充血管内容量

表 4.6 静脉输液量参考*

溶液	适应证	禁忌证	速率（仅供参考）
等渗晶体液	低血容量性休克	容量过载、充血性心力衰竭	10 ~ 20 mL/kg，在 15 ~ 20 min 内负荷；若有需要，重新评估并再次输注
高渗晶体液	低血容量性休克、头部创伤	高钠血症、严重脱水	4 mL/kg
合成胶体液	低血容量性休克、创伤	凝血功能障碍、肾脏疾病	10 ~ 20 mL/（kg · d）（犬） 10 ~ 15 mL/（kg · d）（猫）
等渗晶体液	持续性疾病、维持	充血性心力衰竭、容量过载	50 ~ 60 mL/（kg · d）

* 重点是每只患病动物都必须单独评估，以上液体速率仅供参考，可能不适用于某些患病动物。

表 4.7 特定疾病的液体选择

疾病	血清					液体选择
	Na^+	Cl^-	K^+	HCO_3^-	容量	
腹泻	D	D	D	D	D	Plasma-Lyte A+ 氯化钾溶液 乳酸林格液 + 氯化钾溶液 Normosol-R
幽门梗阻	D	D	D	I	D	0.9% 氯化钠溶液
脱水	I	I	N	N/D	D	Plasma-Lyte A+ 氯化钾溶液 乳酸林格液 0.9% 氯化钠溶液 Normosol-R
充血性心力衰竭	N/D	N/D	N	N	I	0.45% 氯化钠溶液 +2.5% 右旋葡萄糖溶液 5% 右旋葡萄糖溶液
终末期肝病	N/I	N/I	D	D	I	Plasma-Lyte A+ 氯化钾溶液 0.45% 氯化钠溶液 +2.5% 右旋葡萄糖溶液 + 氯化钾溶液
急性肾功能衰竭						Plasma-Lyte A Normosol-R 乳酸林格液 0.9% 氯化钠溶液
少尿	I	I	I	D	I	0.9% 氯化钠溶液
多尿	D	D	N/D	D	D	Plasma-Lyte A 乳酸林格液 + 氯化钾溶液 Normosol-R
慢性肾功能衰竭	N/D	N/D	N	D	N/D	乳酸林格液 Plasma-Lyte A 0.9% 氯化钠溶液
肾上腺皮质功能减退	D	D	I	N/D	D	0.9% 氯化钠溶液
糖尿病酮症酸中毒	D	D	N/D	D	D	0.9% 氯化钠溶液（± 氯化钾溶液）

D，减少；I，增加；N，正常。

胶体液

胶体液（colloid）是另一种常用于急重症护理中的重要液体。这些溶液含有大的、高分子量的颗粒，这些颗粒无法在体液各部分间自由移动。这些分子太大，无法穿过健康的毛细血管壁，当通过静脉输注时，它们会停留在血管内。这些大颗粒的存在增加了这一空间的胶体渗透压，导致体液进入血管。液体向血管空间内转移增加了血管内的容量，使得血压和灌注得到改善。

胶体液对于扩充血管容量非常有效，因此，少量的胶体液可以起到和大量晶体液（crystalloid）类似的效果，对于不能耐受大量液体的患病动物来说这是一个额外的益处。此外，在低血容量的大型犬中，联合使用胶体液和晶体液可以显著减少扩充血容量所需的晶体液量。

当输注胶体液时，液体从体液的其他空间流出，并进入血管内。在患病时，这些空间可能已经经历了某种程度的容量丢失。同时使用晶体液和胶体液可以减少从血管外“借用”的液体量。这也避免了进一步损害间质和细胞内的容量状态。晶体液和胶体液一起输注时，可在静脉中停留较长时间。综上所述，合理地同时给予晶体液和胶体液可以有效地扩充血管内容量。提供补充血管外空间的液体（晶体液），减少胶体液对血管外空间的影响。

胶体液分为天然胶体液和合成胶体液，天然胶体液包括全血、血浆、冻干犬白蛋白、人血清白蛋白和以血红蛋白为基础的氧载体。合成胶体液包括明胶、羟乙基淀粉和右旋糖酐。

右旋糖酐

- 右旋糖酐是一种葡萄糖聚合物。
- 常用分子量为 40 kDa 或 70 kDa。
- 40 kDa 或 70 kDa 的右旋糖酐可分别在血管内停留 3 h 或 5 h。
- 增加剂量对凝血有负面影响。
- 可用商品包括葡聚糖 40 和葡聚糖 70。

明胶

- 从牛胶原蛋白中提取而得。
- 常用分子量为 30 ～ 35 kDa。
- 在血管内可停留 1 ～ 2 h。
- 可能造成超敏反应。
- 无每日使用量上限。
- 常用的明胶商品如下：
  - 脲联明胶（聚明胶肽）。
  - 改良液体明胶（琥珀酰明胶）。
  - 氧化多聚明胶（Gelifundol）。

羟乙基淀粉（图 4.7）

- 为葡萄糖高聚物颗粒。
- 分子量为 70 ～ 670 kDa。
- 根据每单位葡萄糖被取代的羟乙基数目来分类。
- 根据使用的羟乙基淀粉（hydroxyethyl starch，HES）不同，每日使用量上限为 20 ～ 50 mL/kg。
- 引起凝血时间延长。
- 分子量小于 200 kDa 的溶液可能造成毛细血管通透性降低。
- 常用的羟乙基淀粉如下：
  - 羟乙基淀粉 450/0.7（Hespan）。
  - 羟乙基淀粉 200/0.5（Pentaspan）。
  - 羟乙基淀粉 130/0.4（Voluven/Vetstarch）。

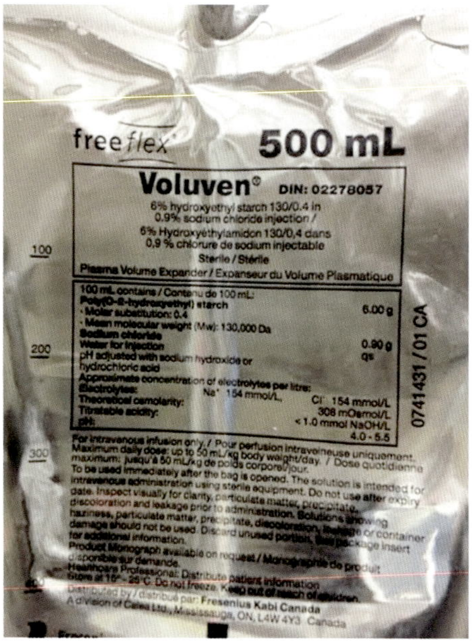

图 4.7 **合成胶体液是有效的容量扩充剂，在对低血容量患病动物进行容量复苏时，可与晶体液联用**

禁忌证

有报道称胶体液会导致凝血时间延长、猫的组胺释放，并在某些患病动物中引起过敏反应。目前，使用胶体液的益处超过其风险，并且胶体液在急重症护理中，已经是一个常用的选择，尤其是在低血容量患病动物的容量复苏中。最近，研究表明，在败血症患病动物中使用低分子量羟乙基淀粉不如先前认为的安全。接受羟乙基淀粉治疗的危重症和败血症人类患者死亡率更高，更可能需要肾替代治疗（renal replacement threapy，RRT），需要输血和发生急性肾损伤（acute kidney injury，AKI）。截至 2013 年 11 月，美国食品和药物管理局（Food and Drug Administration，FDA）已经建议在该类患者中避免使用羟乙基淀粉，并发布了患者和临床医生使用指南。6% Hespan 氯化钠溶液、Hetastarch、Hextend 和 Voluven/Vetstarch 是目前 FDA 批准的用于治疗和预防低血容量血症的羟乙基淀粉溶液。目前，患病动物仍有使用羟乙基淀粉的适应证。

输液装置

许多动物医院使用输液泵对住院动物进行液体和药物治疗（图 4.8）。并非所有医院都有此设备，所以可能需要使用其他输液和测量方法。通过重力输送液体仍然是一种常见的方法，技师必须了解如何使用这种方法保持液体流速。

在重力输注系统中，液体被保持在患病动物上方一个较高的位置，重力驱使液体进入体内。通过输液管路上的调节器手动调节滴速。应在输液管路上附加一个计时装置，以便于定期评估输液的精确度。当使用重力输注系统时，输液速度可能有波动。管路的位置和患病动物的体位会影响液速。因此，密切监测是很重要的。将流量调节器连接到输液管，可以根据需要调节流速。

图 4.8　输液泵可用于患病动物，以确保液体治疗的安全

在小体型患病动物上使用重力输注系统具有难度，因为液体流速可以根据患病动物的体位而波动，如果动物活动留置静脉导管的肢体，原先适合的液速可能会突然增加。容量过载是这种液体输注方式导致的一个严重并发症。滴定管增加了小体型患病动物使用时的安全范围。滴定管可以容纳最多 1 ～ 2 h 的液体量，避免意外的容量过载。

有数种液体输注系统可用于兽医临床。液体输注系统有助于调节液体的流速和输注给患病动物的总液量。弹性装置通常用于人类的家庭液体治疗，但也同样适用于兽医。弹性装置是球形的塑料容器，通过改变输液管的直径来控制液体流速。该装置可绑定在患病动物身上，允许患病动物自由移动而不受输液管路的限制。缺点是调整流速的能力和尺寸大小有限。可使用的输液泵有两种基本类型：①容积泵；②微量注射泵（专栏 4.1）。

容积泵可以通过设定，在特定时间内输注任

专栏 4.1　技术诀窍：调节液速

下面的公式可用来计算滴注速度，以便准确给药，也可以通过计算速度来检查液速监测器和输液泵是否正常工作。

选择可准确输注的输液套件

液速小于等于 60 mL/h 的动物需要滴管和微型滴注套件（60 滴 /mL）。

液速大于 60 mL/h 的动物需要常规滴注套件（10 滴 /mL）。

可选用的套件类型

微型滴注套件（60 滴 /mL）*

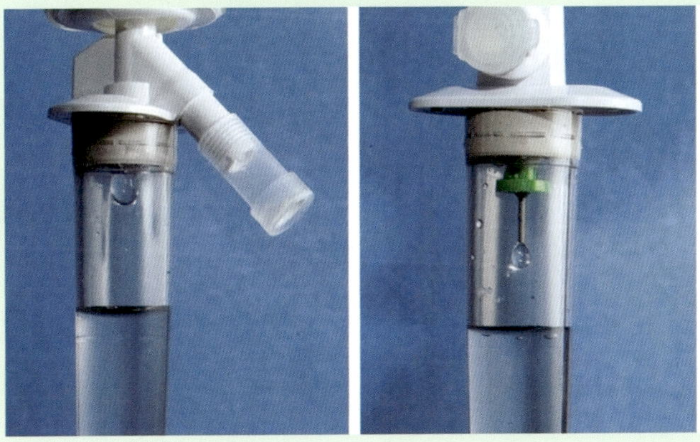

常规滴注套件（10 滴 /mL）*

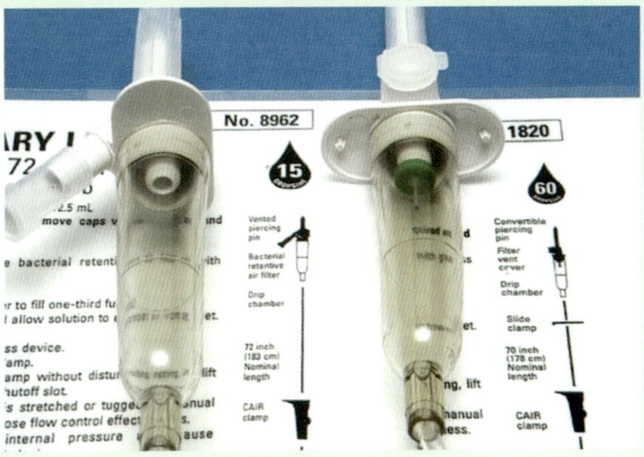

摘自 Thomas, J. A., Lerche, P. (2011). Anesthesia and analgesia for veterinary technicians (4th ed.). St. Louis, MO: Mosby.

专栏 4.1　续

计算特定时间内输注特定容量所需要的速度

速度（滴 /min）= 滴数 /mL（校准过的*）÷60（min/h）× 输注总液量 ÷ 输注总时间

s/ 滴 =60÷ 速度

示例：需要在 6 h 输注 400 mL 液体

（10÷60）×（400÷6）=11 滴 /min

60÷11=5 s/ 滴

按 mL/h 计算输液速度

速度（滴 /min）=mL/h× 滴数 /mL（校准过的*）÷60（min/h）

s/ 滴 =60÷ 速度

示例：需要按照 40 mL/h 输注液体

40×60÷60=40 滴 /min

60÷40=1.5 s/ 滴

* 每一个单独的套件都进行了滴数每毫升的校准。这一信息标注于液体输注套件的包装上。

何容量的液体。这些设备通过计算输液套件的容积（直径）工作，容量泵独立于滴注套件工作。其他泵使用光电监控来计数输注的液滴。这些泵是根据每分钟的液滴进行调整的。传感器放置在滴壶上，必须进行计算以确定合适的滴注速度，从而得知一段时间内的液体量。

注射泵是一种可手持的机械设备，使用带刻度的注射器储存液体。它们最常用于给小体型动物用药，给予需要在一段时间内输完的药物，或用于输注血液制品。注射泵通常与许多不同尺寸的一次性注射器兼容。这些设备能长时间保持对小容量液体的精确管理（图 4.9）。注射泵可以在预设的时间内输注某一剂量的液体，或以恒定的速率输注液体。液速可使用多种速度单位来设定，也可根据液体或药物的类型来选择。

动物医院使用的许多输液泵都是翻新自人用产品（图 4.10）。有些是电子元件或电池驱动的。液体输注是准确的，但如果泵安装不正确或输液速度和容量设置不正确，则可能由于操作人员的失误而引起并发症。由于泵可能发生故障，因此

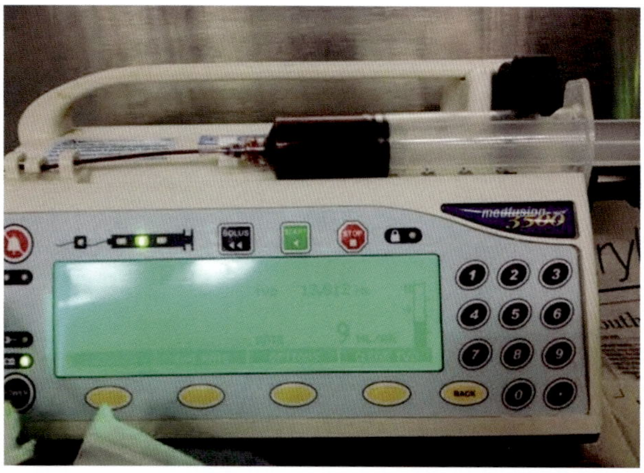

图 4.9　微量注射泵用于给予少量液体、药物或血液制品

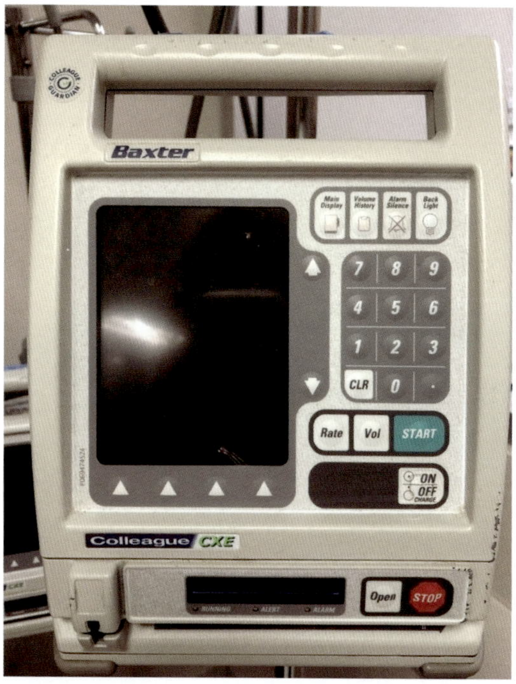

图 4.10　在动物医院中有很多翻新过的输液泵

强烈建议每隔 2 h 就在液体袋和滴定管上做标记以监测输液，可以通过在输液袋 / 滴管上的数字旁边粘贴胶带进行标记。当检查完成时，将进行检查的时间记录在标记该液面的胶带上（图 4.11）。

输液泵可以与同一厂家的输液管路配套（图 4.12）。当购买翻新设备时，必须检查说明书，以确保与使用的输液管品牌兼容。兽医技师必须阅读并遵守所有操作说明。

图 4.11　滴定管有助于避免向小体型动物意外输注大量液体。在液体治疗中附加的标签十分重要，所有液体都必须始终做好标记以保证患病动物安全

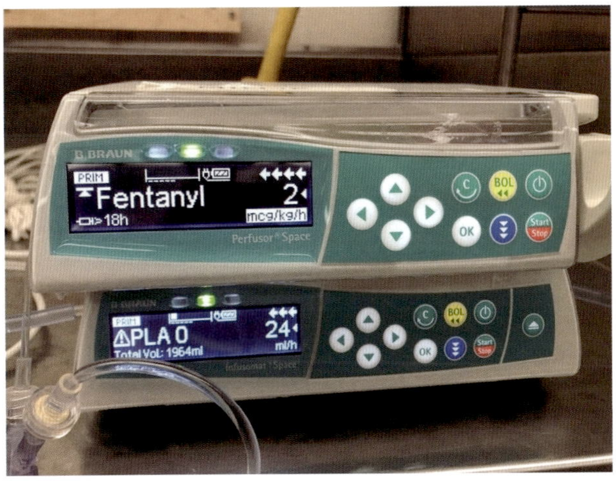

图 4.12　确保适当的设备与特定的泵一起使用是很重要的，许多输液泵需要使用特定的输液管

液体治疗的并发症

技师在监测液体治疗的患病动物时负有重要责任。在静脉输液过程中，需要每小时对患病动物进行一次评估。治疗时，技师应确保动物接受了处方开具的液体类型和添加药物，并确保泵 / 刻度盘和流量 / 滴注装置上的输液速度与液体治疗计划相符。处方未开具的液体量或液体类型的改变会使患病动物面临一系列并发症风险。

如果持续出现容量不足的临床症状，则表明目前的液体治疗计划未达到治疗目标。容量不足的临床症状见表 4.8。

容量过载

这是任何接受液体治疗的患病动物的潜在并发症。病因可包括亚临床心脏病或医源性用药过度。容量过载（volume overload）有以下临床症状：

- 外周水肿——跗关节部位的细微变化最明显。
- 咳嗽——如果患病动物无咳嗽病史，则技师应考虑新出现的咳嗽是否与液体治疗有关。
- 呼吸频率增加——需进行胸部听诊以进一步评估是否有肺水泡音、啰音、喘鸣音。
- 浆液性鼻液——在某些犬中，少量的鼻分泌

表 4.8　细胞外液容量不足和过载的临床症状

容量不足	容量过载
口腔黏膜黏滞、苍白	浆液性鼻液
皮肤弹性差	皮下水肿
尿量减少	肾功能正常的状态下尿量增加
胸部 X 线片上心影减小	腹水
眼球凹陷	球结膜水肿
肢端温度降低	眼球突出
毛细血管再充盈时间延长	坐立不安、咳嗽
脉搏微弱短促	呼吸急促
体温升高	呕吐

物可能是正常的，但新出现的鼻液或鼻液量增加可能与目前的液体治疗有关。

- 坐立不安——坐立不安的原因很难确定，但应考虑容量过载。
- 呕吐或腹泻。
- 肺水肿或胸腔积液——容量过载若不及时治疗，可能导致严重的呼吸系统问题，使动物出现呼吸急促、呼吸急促加重或呼吸费力，建议对这些动物进行胸腔听诊（图 4.13）。
- X 线检查——需要拍摄 X 线片以确认呼吸急促的原因。

管理液体治疗的技师必须了解液体治疗的基本原理，熟悉所使用的液体的特性，并了解每只患病动物进行液体治疗的目标。密切监测患病动物使技师能够有效地纠正错误，安全地进行静脉输液，并对患病动物的康复做出重要贡献。

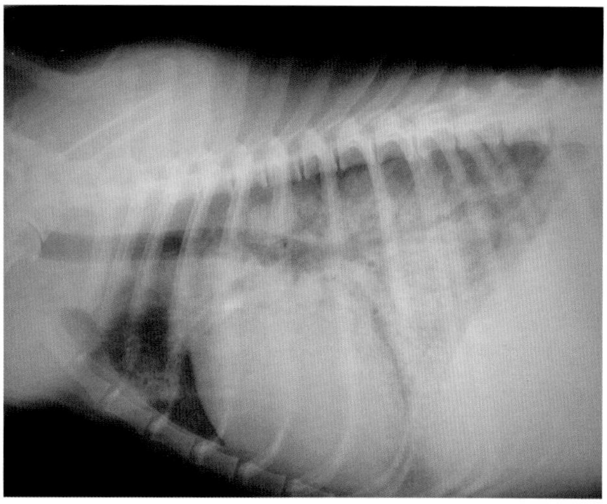

图 4.13　一只猫因液体容量过载继发肺水肿

推荐阅读

[1] Byers C.G. Fluid therapy options and rational selection. The Veterinary Clinics of North America. Small Animal Practice. 2017; 47:359–371.

[2] DiBartola, S., Bateman, S. (2005). introduction to fluid therapy. in S. DiBartola (Ed.), Fluid, electrolyte, and acid-base disorders (3rd ed., pp 325–344). St. Louis, MO: Saunders.

[3] Donohoe, C. (2012). Patient monitoring. in Fluid therapy for veterinary technicians and nurses, pp 107-134. West Sussex: Wiley Blackwell.

[4] Mazzaferro E., Powell L. Fluid therapy for the emergent small animal patient. The Veterinary Clinics of North America. Small Animal Practice. 2013; 43:721–734.

[5] Mensack S. Fluid therapy: options and rational administration. The Veterinary Clinics of North America. Small Animal Practice. 2008; 38:575–586.

[6] Morrison C., Carrick M., Norman M., et al. hypotensive resuscitation strategy reduces transfusion requirements and severe postoperative coagulopathy in trauma patients with hemorrhagic shock: preliminary results of a randomized controlled trial. The Journal of Trauma. 2011; 70(3):652–663.

[7] Novak L., Shackford S.R., Bourguignon P., et al. Comparison of standard and alternative prehospital resuscitation in uncontrolled hemorrhagic shock and head injury. The Journal of Trauma. 1999; 47:834–844.

[8] Silverstein D., Aldrich J., haskins S. Assessment of changes in blood volume in response to resuscitative fluid administration in dogs. The Journal of Veterinary Emergency and Critical Care. 2005; 15(3):185–192.

[9] Tobin J., Dutton R., Pittet J., et al. Hypotensive resuscitation in a head-injured multi-trauma patient, Journal of Critical Care, 29 (2):313.e1–5. http:// doi.org/10.1016/j.jcrc.2013.11.017. 2014.

[10] Wellman, M., DiBartola, S., Kohn, C. Applied physiology of body fluids in dogs and cats. in Fluid, electrolyte, and acid-base disorders in small animal practice. ed.3, chapter 1, pp 3-26. St. Louis: Saunders.

场景

目的：熟悉液体治疗和安全用药的相关计算。

场景

一只 3.5 岁的雄性未去势波斯猫来医院就诊，主人说，这只猫在过去 3 d 一直呕吐，她觉得这段时间它可能没有吃东西。之前粪便很正常，但昨晚出现了大量水样腹泻。初步评估显示以下生命体征：

- 体温 37.0℃（98.6 ℉）。
- 心率 240 次 /min。
- 呼吸频率 40 次 /min。
- 黏膜颜色粉红色，黏滞；CRT 2 ~ 3 s。
- 可触及股动脉。
- 皮肤回弹时间延长。

问题

- 这只猫的水合状态如何?
- 你要通过什么途径补液?
- 在液体复苏的前 24 h 你会给予多少液体?

讨论

- 这只猫的脱水程度评估为 7%，因为它心动过速，黏膜黏滞，皮肤回弹时间延长。
- 静脉输液最适合这只猫，因为它的症状无法快速地纠正，且其他途径不实用或不安全。
- 根据以下计算，在最初的 24 h 内，应给予猫 552 mL 液体：

  液体缺失（mL）=4.6×0.07×1000=322 mL（容量缺失）

  维持量（mL）=4.6×50 mL/（kg·d）=230 mL

  维持量 + 缺失量 = 前 24 h 输液量 =552 mL

医学计算练习

一只体重 35 kg 的德国牧羊犬被诊断为出血性胃肠炎（hemorrhagic gastroenteritis，HGE），需要在 20 min 内输注 20 mL/kg 的 Plasma-Lyte 溶液，然后开始按维持液速的 1.5 倍进行输液，即 60 mL/（kg·d）。

a. 你要注射多少毫升 Plasma-Lyte ?

b. 你要按照什么液速输注?

c. 维持液速是多少?

d. 每小时的输液速度是多少?

第5章

输血疗法

Kenichiro Yagi

学习目标

1. 了解输血疗法的概念并获得有关血液制品管理的知识。
2. 了解血库基础，包括供血者选择、血液采集、处理和储存。
3. 学习血液相容性检测方法，了解输血并发症相关的知识。
4. 熟悉其他输血替代疗法和制品。

章目录

关键词

输液
血库
成分输血治疗
输血并发症
输血疗法

首次有记录的动物间输血发生在17世纪，属于人医输血治疗应用于临床前的试验研究。借此人类积累了很多输血知识，同时由于兽医专业化程度提升，对血液制品的需求急剧增加，这些兽医专业（如急诊医学、重症监护、内科、肿瘤学）开始对输血疗法（transfusion medicine）和专业技能产生了需求，对兽医、兽医技师、护士及学生进行输血教育愈发重要，教育是保证血库（blood banking）和输血服务各方面整体质量的重要环节。

安全和充足的成分血供应非常宝贵。美国血库协会已经为人类血液及成分血建立了收集、处理、储存、分配和管理标准。每个血库和输血服务机构都严格遵循这些标准，并符合地方、州和联邦政府（最重要的是美国食品和药物管理局）的相关法律要求，严格遵守这些标准反映了为接受输血治疗的患病动物提供优质产品和适当护理的承诺。尽管政府组织在确保兽医学的质量方面发挥的作用较小，但兽医行业正在努力遵守类似的标准。为此，兽医行业持续增加对循证研究的重视，始终遵循兽医血液学及输血医学协会和美国兽医内科学会在过去和以后制定、更新的标准。

全血和组成成分

血液由两部分组成：①细胞成分；②血浆，血浆是运输细胞、蛋白质、气体、营养物质、维生素及代谢废物的载体。随着变速温控离心机和用于采集、处理、给药的带有输液管的塑料储存袋的出现，使用特定血液成分进行治疗成为可能。全血（whole blood，WB）可以被直接储存或加工成以下一种或多种成分：红细胞（red blood cells，RBCs）、血小板和血浆。血浆可以加工成血浆蛋白浓缩物，称为冷沉淀（cryoprecipitate，CYRO）和冷上清血浆。血清白蛋白和免疫球蛋白是治疗用浓缩物，已有商业化产品。对特定疾病使用特定成分血进行替代治疗，能够减少因接触异物而引起输血反应，并可减少输血量和输血时间。此外，适当使用成分血治疗能够增加从有限血液资源中获益的患病动物数量。

采用成分输血治疗（component therapy）（或仅在患病动物需要时有针对性、有目的地输注血液成分）将最大限度地规避输血风险。血液的每一种成分在体内都有特定的作用或功能，某些疾病状态下需要输某一种成分或几种成分的组合，能否采用成分输血治疗取决于当前可用的医疗资源。

全血

最初采集的新鲜全血（fresh whole blood，FWB）定义为采集后在室温下储存不超过 8 h 的血液。FWB 提供血液的全部成分，包括红细胞、白细胞、功能性血小板、血浆蛋白和凝血因子。血液中的某些成分比其他成分更脆弱，随着时间和环境温度的变化，其作用会减弱。为了实现所有有用成分效益的最大化，采集 FWB 后应尽快处理。

尽管成分输血可能更安全，但输全血仍然适用于需要多种成分的患病动物。在一些诊所，如果没有储存的血液成分或没有条件进行成分分离，FWB 可能是唯一选择。FWB 适用于活动性出血、血小板减少性贫血（需要红细胞和血小板）、凝血因子缺乏性贫血（需要红细胞和止血蛋白）和大出血（所有成分迅速丢失）的动物。大出血且无法控制的患病动物可能需要大量输血，大量输血的传统定义为在 24 h 内输注接近或超过总血容量的血液，更现代的定义为在 4 h 内输注超过一半总血容量的血液。在严重出血的情况下，与仅输注红细胞相比，输注血浆和血小板，患病动物存活率会更高。

采血后，全血可以分离出成分血或在 1 ~ 6℃冷藏条件下储存。全血储存 24 h 后，血小板功能丧失，不稳定的凝血因子（凝血因子Ⅴ和凝血因子Ⅷ）浓度降低。此时的血样被称为储存全血，能够提供红细胞、较稳定的凝血因子和其他血浆蛋白（即白蛋白和球蛋白）。在冷藏条件下，1 U 全血的储存时间取决于采集血液时使用的抗凝型保存溶液（anticoagulant–preservative solution，APS），21 ~ 28 d 不等。随着人医和动物医学对血液成分研究的深入，以及有了商业血库后血液制品的可用性提高，储存全血不再作为治疗的选择。对于需要携氧支持、凝血因子或需要血管内扩容的患病动物，在仔细考虑输注不必要抗原的风险后，才考虑使用储存全血。

对于严重的慢性贫血患病动物，不建议使用全血，无论是新鲜全血还是储存全血。慢性贫血患病动物的红细胞数量可能减少，但随着时间的推移，已经通过增加血浆容量来补偿，从而改善心输出量和氧输送。给予全血可能使这些患病动物面临容量过载的风险，从而导致输血相关的循环过载，尤其是对于患有心脏病或肾病的动物。

浓缩红细胞

浓缩红细胞（packed red blood cells，PRBCs）可以在 4℃下从全血中离心后分离获得，需要在 1 ~ 6℃条件下储存，储存时间取决于采集血液时使用的抗凝型保存溶液（APS）。人们曾尝试使用甘油和羟乙基淀粉（hydroxyethylstarch，HES）来评估犬猫红细胞在低温下保存的效果，但未取得成功（Hon et al.，2019）。浓缩红细胞主要用于为因循环红细胞数量不足而出现缺氧体征的患病动物提供携氧能力。红细胞数量减少可能由失血增加（出血、凝血相关疾病或寄生虫病）、红细胞破坏增加（免疫介导性、毒性反应、氧化损伤或机械损伤）或红细胞生成减少（促红细胞生成素生成或反应减少、缺乏营养或骨髓功能障碍）引起。贫血在第 17 章进行更详细的讨论。

有人提出“输血指征”或“输血阈值”的概念，即患病动物是否需要输注红细胞要通过评估贫血相关的实验室指标［红细胞压积（PCV）、血细胞比容（hematocrit，HCT）和血红蛋白（hemoglobin，Hb）］来决定。

技师笔记

不建议仅根据 PCV、HCT 或 Hb 的实验室指标水平来决定是否需要输血，对患病动物进行临床综合评估避免不必要的输血很重要。

虚弱、精神迟钝或昏厥等临床体征，以及一些代偿体征，如心动过速、呼吸频率增加、除贫血外无其他可疑原因的虚弱，可以作为输注红细胞的指征。也就是说，PCV 低于 20%（或 Hb 水平 <7 g/dL）时可能导致贫血的临床症状，伴随红细胞的快速丢失，缺氧症状更有可能在较高的 PCV 值下出现，因为患病动物适应贫血状态的时间更短。如果灌注未受损，血清乳酸水平升高是反映由于携氧能力不足导致组织缺氧的良好指标。人类研究证实，限制性输血阈值（Hb 水平低于 7 ~ 8 g/dL）与自由性阈值（在 Hb 水平 >10 g/dL 时进行的输血）相比，输血相关并发症的发生率、死亡率、心脏病发病率和住院时间均减少。根据患病动物的临床体征同时辅以实验室指标来综合评估患病动物是否需要输注红细胞，以最大限度地降低不必要的风险是非常重要的。

技师笔记

“治疗患病动物，而不是仅关注检测指标。”

贫血犬的临床评分（Anemic Dog Clinical Assessment Score，ADCAS）是一种能客观评估输注红细胞需求的方法，它是一个数值评分系统，根据黏膜颜色、脉搏质量、心率、呼吸频率、精神状态和运动耐力等物理参数，将贫血的严重程度分为 0（正常）、1（轻度）、2（中度）和 3（严重）。在一项研究中，犬在输注浓缩红细胞后，ADCAS、HCT、Hb、血氧饱和度和乳酸值均有显著改善（Kisielewicz et al., 2014）。诸如此类的评分系统可以帮助确定输血需求。

虽然用全血代替失血量是合乎逻辑的，但对于大多数急性出血患病动物来说，使用晶体液或合成胶体液代替血容量，并在携氧能力出现问题时使用浓缩红细胞是足够的治疗方法。对于贫血后代偿良好的患病动物（如慢性肾功能衰竭患病动物），不建议输注浓缩红细胞。

输注红细胞除了提供携氧能力外，还有其他好处。有证据表明 HCT 更高的患病动物止血的能力更好，与血小板计数无关。这种现象背后的机制目前还在研究中，但可能与红细胞刺激血小板产生血栓素、红细胞释放二磷酸腺苷（adenosine diphosphate，ADP）作为血小板的激动剂、红细胞将血小板向内皮细胞转移促进血小板黏附，以及通过结合血红蛋白减少游离一氧化氮（血小板黏附和聚集的抑制剂）有关。输注红细胞还可为缺铁性贫血提供有效铁，通过提供携氧能力和构建新的血红蛋白，输注红细胞成为治疗缺铁性贫血的一种极好选择。

血浆组成成分

除水和电解质外，血浆还含有止血蛋白、白蛋白、免疫球蛋白和其他一些蛋白质。血浆中的凝血因子（因子Ⅱ、因子Ⅶ、因子Ⅸ、因子Ⅹ、因子Ⅺ和因子Ⅻ）、凝血辅助因子（因子Ⅴ和因子Ⅷ）和血管性血友病因子（von willebrand factor，WF）在凝血中起着重要作用。血浆中还含有抗凝蛋白，如抗凝血酶、蛋白 C 和蛋白 S。还存在着纤溶 / 抗纤溶蛋白，如纤溶酶原、抗纤溶酶和纤溶酶原激活物抑制剂 -1。白蛋白是一种天然胶体，可帮助维持胶体渗透压，并具有许多其他功能。免疫球蛋白在免疫抑制方面有一定的应用前景。另一种值得关注的蛋白是 α- 巨球蛋白，在严重胰腺炎患病动物中观察到该蛋白被消耗，但输注该蛋白的益处仍有待证实。

新鲜冷冻血浆

血浆的主要应用价值在于它含有的凝血因子，血浆不含功能性血小板。除因子Ⅴ和因子Ⅷ外，大多数凝血蛋白在 1 ~ 6℃条件下保持稳定。为了保证所有因子有足够活性，需要在采血后 8 ~ 24 h 内从全血中分离血浆，并在 -18℃或更低温度下冷冻保存（Walton et al., 2014）。这种方法制备的产品随后将被标记为新鲜冷冻血浆（fresh frozen plasma，FFP），在适当的温度下保存其凝血因子的功效可维持 12 个月。FFP 可用于治疗大多数凝血因子缺乏症（如弥散性血管内凝血、肝病、抗凝血杀鼠剂中毒、遗传性凝血病）和潜在的其他疾病（如急性胰腺炎）。不建议将 FFP 用于低蛋白血症动物的血容量扩充或蛋白质替换。

冷冻和液态血浆

可以随时（直至截止日期）从储存的全血中分离出血浆，分离的血浆要在 -18℃或更低温度下冷冻保存，这种方法制备的产品被称为冷冻血浆（frozen plasma，FP），保质期长达 5 年（从全血采集日起）。如果 FFP 在 12 个月内没有使用，那么它可以被重新标记为 FP，并再储存 4 年。没有冷冻保存的血浆被称为液态血浆（liquid plasma，LP），其有效期较短，从分离血浆的日期起不超过 5 d。

FP 和 LP 具有不同水平的更稳定的凝血因子和白蛋白，但不含有功能性血小板和不稳定的凝血因子Ⅴ和因子Ⅷ。FP 和 LP 可用于治疗稳定凝血因子缺乏症和某些急性低蛋白血症（如细小病毒性肠炎）。对于有严重或长期蛋白质减少的动物，需要大量的血浆才能控制低蛋白血症的急性效应（如肺水肿、胸腔积液）。低蛋白血症急性效应的主要原因是低白蛋白血症，或低血清白蛋白水平。低白蛋白血症可能由蛋白丢失性肠病或肾病、败血性腹膜炎、外伤、烧伤或任何其他导致蛋白质丢失的疾病引起。这种情况下所需血浆剂量为 20 ~ 25 mL/kg，以使血浆白蛋白水平增加 0.5 g/dL。例如，一只 25 kg 患病动物的白蛋白水平为 1.0 g/dL，需要输注 1000 ~ 1250 mL 血浆才能恢复至 2.0 g/dL 的低于正常的血浆白蛋白水平。此外，这种计算方法未考虑患病动物病理状态下蛋白质的持续丢失，考虑这部分丢失会增加所需的血浆量。这种血浆使用方式可能带来较高的输血相关并发症风险，是一种低效的血浆利用，同时对宠主来说成本较高。血清白蛋白浓缩物是一种更好的白蛋白来源。还应考虑使用合成胶体液，其容易获得且在增加胶体渗透压方面更有效。与 FFP 一样，不建议将 FP 和 LP 用于扩充血容量。

冷沉淀和冷上清血浆

冷沉淀（CYRO）是 FFP 在 1 ~ 6℃条件下（即冰箱）缓慢解冻后沉淀的不溶性血浆部分。通过离心分离沉淀物，沉淀物中含有浓缩的 vWF、因子Ⅷ、纤维蛋白原和纤维结合蛋白（因子Ⅷ）。CYRO 制备后，需要在 -18℃或更低温度下冷冻保存，从全血采集的日期起，保质期为 1 年。CYRO 可用于疑似或已确诊的血管性血友病、A 型血友病或纤维蛋白原缺乏症的患病动物。与 FFP 相比，它的优势是通过小容量输血就足以提供治疗水平的因子，降低血管内容量过载的风险。每个单位 CYRO 含有 25 ~ 50 mL 血浆。

分离出冷沉淀后剩余的血浆被称为冷上清血浆，含有剩余的因子和蛋白质（因子Ⅱ、因子Ⅴ、因子Ⅶ、因子Ⅸ、因子Ⅹ、因子Ⅺ、因子Ⅻ、白蛋白和免疫球蛋白），可用于治疗特定因子缺乏症，如 B 型血友病（因子Ⅸ缺乏症）、维生素 K 拮抗症（因子Ⅱ缺乏症、因子Ⅶ缺乏症、因子Ⅸ缺乏症和因子Ⅹ缺乏症）和抗凝血灭鼠剂中毒。冷上清血浆也可用于补充白蛋白，但与使用血浆补充白蛋白存在相同的问题。一项回顾性研究发现，恒定速率输注冷上清血浆可有效增加犬的血浆白蛋白浓度，且未报道副作用（Culler et al., 2019）。冷上清血浆可以冷冻保存 1 年。

白蛋白

白蛋白在脉管系统中提供胶体渗透压（约占血清渗透压的 80%），起到保持血容量的作用。低白蛋白血症的临床表现包括由于胶体渗透压降低引起液体渗出导致的肺水肿或其他类型的水肿，以及由血管内容量降低引起的灌注受损。此外，白蛋白通过调节血栓素 A_2（一种促凝血酶原）水平在凝血调节中发挥作用。患低白蛋白血症时血栓素 A_2 水平升高，导致血液处于高凝状态。白蛋白还是化学物、药物和激素的载体，以及毒素和自由基的清除剂。

白蛋白可用于蛋白丢失性肠病、蛋白丢失性肾病、肝功能障碍、腹膜炎、多发性创伤、胰腺炎、烧伤、致热疾病和任何其他引起低蛋白血症的疾病。当低白蛋白血症（白蛋白 <2.0 g/dL）被认为是导致水肿、低血压或灌注受损的原因，且其他方法（晶体液、合成胶体液、血管升压药和潜在病因的治疗）无法提供适当的胶体渗透压或灌注时，则考虑输注白蛋白。

人血清白蛋白（human serum albumin，HSA）已应用于治疗犬低白蛋白血症。然而，其很有可能发生免疫反应，因为人白蛋白与犬白蛋白的氨基酸序列相差 20%。当需要再次输注人血清白蛋白时，可能产生的急性超敏反应尤其值得注意。也有报道称，使用 HSA 后出现Ⅲ型超敏反应，导致血管炎（Powell et al., 2013）。

犬特异性白蛋白最近被生产为一种商业产品，观察到它可以提高受体的血清白蛋白水平，且出现免疫并发症的概率较低。最近发表的研究表明，给败血性腹膜炎患犬输注白蛋白后改善了白蛋白水平、多普勒血压值和胶体渗透压测量值，并对白蛋白输注与存活之间的关联进行了讨论（Craft and Powell, 2012）。然而这些研究确实有一些局限性，血清白蛋白水平的改善与患病动物最终存活率之间的联系仍是一个正在研究的课题。此外，犬特异性白蛋白的商业供应也不一致。

免疫球蛋白

人静脉注射免疫球蛋白（intravenous immunoglobulin，IVIG）是一种免疫抑制剂，用于治疗难治性免疫介导性疾病，在兽医领域获得了一些关注。对该产品进行研究的最初目的是确定其治疗免疫缺陷的疗效，但发现使用 IVIG 后会产生免疫抑制作用。在免疫介导性溶血性贫血（immune-mediated hemolytic anemia，IMHA）、免疫介导性血小板减少症（immune-mediated thrombocytopenia，IMT）、落叶型天疱疮或其他免疫性皮肤病、犬急性多神经源性神经炎（Hischvogel et al., 2012）和突发性获得性视网膜变性综合征的一些情况下使用 IVIG，但疗效有限（Spurlock and Prittie, 2011；Whelan et al., 2009）。血浆中免疫球蛋白（immunoglobulin，Ig）含量远低于免疫抑制剂量，因此需要从数千份供血中分离浓缩。浓缩物主要由具有生物活性的 IgG 组成，但也含有其他类型 Ig。免疫抑制的机制包括抑制单核淋巴细胞的吞噬活性，抑制细胞毒性 T 细胞功能（Sibley et al., 2013），以及减轻补体激活和促炎细胞因子引起的损伤。使用 Ig 的不良反应包括过敏、迟发型超敏反应、肾功能衰竭、低血压和无菌性脑膜炎等，尤其是反复给予时（Spurlock and Prittie, 2011）。已知在人类使用中发生的血栓形成在犬中也有报道，尽管尚不确定与输注 IVIG（相对于潜在疾病）的相关性。

血小板

浓缩血小板

富血小板血浆（platelet-rich plasma，PRP）是从 FWB 中分离出来，从采集 FWB 时起不到 8 h 且未冷却至 20℃以下。冷藏的血小板不能像室温下保存的血小板那样保持功能和活性。PRP 可在离心后使用，也可通过更多次离心和去除大部分上清血浆进一步浓缩血小板，这被称为浓缩血小板（platelet concentrate，PC）。从 450 mL FWB 中可分离出 1 U 血小板（通常包含 1.0×10^{11} 个血小板 /100 mL 袋装 PC 或 200 mL 装 PRP）（Guillaumin et al., 2008），建议每 10 kg 体重取 1 U 血小板，血小板计数预期增加 40 000/μL（Abrams-Ogg et al., 2003）。与 FWB 相比，使用 PRP 或 PC 输注血小板的优势在于降低需要高浓度血小板时的输液量，降低了液体超负荷的风险，同时由于减少了抗原物质，免疫并发症风险降至最低。缺点包括加工过程需要专业设备和人员培训，以及来自 FWB 的血小板产量减少（80%），减少了患病动物可用的血小板总数。新鲜 PRP 和 PC 的保质期很短，只有 5 d。一项研究发现，添加 Composo 和 SSP + 可能将储存时间延长至 9 d，且不会增加凋亡标记物，但需要对血小板的活力进行更多研究（Hlavac et al., 2017）。经观察，用 6% 二甲基亚砜（dimethyl sulfoxide，DMSO）冷藏保存的血小板可提供有效的止血作用，但会降低体内恢复率（59%）并缩短循环中的存活时间（Guillaumin et al., 2008）。

输注血小板的主要适应证是对于血小板数量减少（血小板减少症）、功能异常（血栓性疾病）或二者兼有的患病动物，控制严重的、无法控制的或危及生命的出血。给血小板生成减少引起血小板减少症的患病动物输注血小板，血小板存活时间最长，也最有效。弥散性血管内凝血患病动物的血小板存活时间因为被消耗而缩短。如果血小板被破坏，如特发性血小板减少性紫癜，输注血小板仅存活几分钟而不是几天。然而，如果患病动物重要组织（如脑、心肌、肺）发生急性出血，仍有必要输注血小板。出现大出血的患病动物也可能需要输注血小板，补偿止血过程中的过度消耗和扩充血容量造成的血小板稀释。血小板减少症或血栓性疾病患病动物如需要进行挽救生命的手术，预计会发生出血，可以考虑预先输注血小板，但由于获得血小板产品的途径有限，难度较大。血小板的“输注指征”也尚不确定，但一般认为血小板计数大于 10 000/μL 足以预防自发性出血，建议小于该范围时再输注血小板。

在兽医领域，血小板制备比较困难，因为大型犬需提高血小板数量时输注量要求较大。此外，在一些患病动物中，输注血小板后出血停止，但血小板数量无明显增加。由于产生显著效果所需的血小板体积是不切实际的、血小板储存要求特定的储存条件、保质期短，兽医通常采用 FWB 疗法治疗血小板减少症和血栓性疾病（具有活动性出血）患病动物，通过这种疗法，患病动物将获得血小板和携氧支持（表 5.1）。通过 FWB 疗法补充血小板无须昂贵的处理和储存设备，但如果患病动物需要 1 U 以上的血小板才能有效止血时，则容量过载的风险和可能发生的免疫反应成为更重要的考虑因素。

表 5.1　输血疗法

名称	成分	适应证	有效期	制备	备注
新鲜全血（FWB）	红细胞（RBCs）、血浆蛋白、全部凝血因子、白细胞（WBCs）、血小板［血细胞比容（HCT）约为 40%］	急性活动性出血、低血容量性休克、血小板减少症或伴有活动性出血的血栓性疾病	< 初次采集后 8 h	采集后立即使用（温度低于 20℃时血小板存活率降低）	恢复血容量和携氧能力，帮助控制血小板减少症 / 血栓性疾病患病动物的一些微血管出血，是大量输血的理想产品
储存全血（WB）	红细胞、血浆蛋白［血细胞比容（HCT）约为 40%］	伴有低蛋白血症的贫血，低血容量性休克	> 8 h 至 30 d［取决于所用的抗凝型保存溶液（APS）］，1 ~ 6℃冷藏	仅用于存在体温过低风险时复温（温度超过 37℃将导致溶血和细菌繁殖）	恢复血容量和携氧能力，白细胞和血小板不能存活，因子Ⅴ和因子Ⅷ减少，不推荐用于慢性贫血
浓缩红细胞（PRBCs）	红细胞（HCT 约为 80%），无血浆	需要增加红细胞数量的贫血	20 ~ 35 d，取决于所用的 APS，1 ~ 6℃冷藏	仅用于存在体温过低风险时复温（温度超过 37℃将导致溶血和细菌繁殖）；可以在给药前用 0.9% 氯化钠复溶	提供与 WB 同样的携氧能力，输液量更少
有添加剂的 PRBCs	红细胞（HCT 约为 60%），无血浆，100 mL 添加剂	需要增加红细胞数量的贫血	20 ~ 35 d，取决于所用的 APS，1 ~ 6℃冷藏	仅用于存在体温过低风险时复温（温度超过 37℃将导致溶血和细菌繁殖）；可以在给药前用 0.9% 氯化钠复溶	添加剂通过改善储存环境延长了保质期；降低输液黏度

续表

名称	成分	适应证	有效期	制备	备注
富血小板血浆（PRP）/ 浓缩血小板（PC）	血小板、少量红细胞和白细胞、少量血浆	由血小板减少症或血栓病引起的危及生命的出血	20 ~ 24℃保存 5 d；需要持续、轻缓地搅拌	应在采集和制备后立即使用	不能冷藏
新鲜冷冻血浆（FFP）	血浆、白蛋白、所有凝血因子	用于治疗凝血功能障碍 / 凝血因子缺乏症、肝脏疾病、弥散性血管内凝血、抗凝血灭鼠剂中毒	在 –18 ℃或更低温度下冷冻保存 12 个月	在 37℃温水中解冻（温度超过 37℃将导致蛋白质变性和细菌繁殖）	采集后 8 h 内冷冻；没有血小板；1 年后可以被重新标记为冷冻血浆（FP），并再储存 4 年；必须在解冻后 4 h 内使用或 1 h 内重新冷冻
冷冻血浆（FP）	血浆、白蛋白、稳定凝血因子	治疗稳定凝血因子缺乏	在 –18 ℃或更低温度下冷冻保存 5 年	在 37℃温水中解冻（温度超过 37℃将导致蛋白质变性和细菌繁殖）	采集后 8 h 内冷冻；没有血小板；可以用来治疗某些急性低蛋白血症（20 ~ 25 mL/kg）；必须在解冻后 4 h 内使用
冷沉淀（CYRO）	因子Ⅷ、因子 vWF、纤维蛋白原和纤维结合蛋白	血管性血友病、A 型血友病或纤维蛋白原缺乏症	在 –18 ℃或更低温度下冷冻保存 12 个月	在 37℃温水中解冻（温度超过 37℃将导致蛋白质变性和细菌繁殖）	必须在解冻后 4 h 内使用
冷上清血浆	因子Ⅱ、因子Ⅶ、因子Ⅸ和因子Ⅹ、白蛋白	维生素 K 拮抗症	在 –18 ℃或更低温度下冷冻保存 12 个月	在 37℃温水中解冻（温度超过 37℃将导致蛋白质变性和细菌繁殖）	可以用来治疗某些急性低蛋白血症（20 ~ 25 mL/kg）；必须在解冻后 4 h 内使用

血源

历史上，兽医一直依赖于在医院内饲养的或医院工作人员喂养的犬猫作为供血动物。采集血液后立即使用，很少强调质量控制。然而，内部捐赠难以满足日益增长的输血需求。目前，已有多家商业动物血库和社区献血动物计划在运作，以帮助满足输血需求。这些机构提供安全优质的血液产品，并根据美国血库协会规定的标准进行加工。兽医血液学及输血医学协会也为对输血医学和血库感兴趣的人提供一个交流信息的论坛。血库工作人员还通过实时通讯和个人病例咨询请求分享专业知识。从这些血库购买产品并在医院内维护库存可能比维护内部献血者更省时、更经济，并且可能提供更特定的产品来治疗特定疾病。

大型血库从封闭的献血群体或志愿献血项目中获取血液供应。每种方法都各有优点和缺点。从终末期情况下获救的动物（即退役的赛犬、转送给防止虐待动物协会或由防止虐待动物协会领养的犬）可以维持封闭的献血群体。这些动物被给予第二次生命机会，并在血库机构生活至预定停留时间后被收养回家。病史不明是从这类动物获取血液的最大缺点。使用特定无病原体供血动物的血库不会遇到病史不明的问题，尽管这种做法较为罕见。

其他血库已选择建立志愿献血计划，以满足该行业的血液需求。通过员工的私人宠物、客户拥有的健康动物、饲养员和有组织的犬俱乐部来招募供血动物。关于血液制品的可用性、重要性和献血者需求的客户教育有助于建立献血者库。知情且受过良好教育的宠主是此类计划的宝贵资源。大多数人一旦了解到对患病动物血液制品的需求和献血过程的要素，都愿意让自己的宠物接受定期献血（即一年 3 ~ 4 次）。与那些自愿帮助人类献血项目的人相比，这些宠主的动机是利他主义。不过，潜在献血者可能携带疾病，这可能会影响献血过程中供血动物的安全，以及血液制品的安全和质量，从而进一步危害患病动物。

技师笔记

通过全面的病史调查、体格检查和适当的实验室检查（均在捐献当天进行）来核实捐献者的健康状况非常重要。

供血犬必须满足特定要求，才能被纳入计划（专栏 5.1）。供血犬年龄必须至少 1 岁，体重至少 25 kg，以便采集完整单位（即 450 mL ± 10%）的血液。采集 19 mL/kg（25 kg 犬采血量为 475 mL）血液不会引起临床上显著的血压下降（Couto and Iazbik，2005）。尽管通过认真监测营养补充需求，可以每 3 ~ 4 周献血一次，但目前建议的献血间隔为至少 8 ~ 12 周（如果不能更长的话），以防止影响许多志愿献血犬积极生活方式的风险和宠主不满。对每 8 周捐献一次的供血犬的铁状态的评估研究发现，血清铁浓度保持在参考范围内，在捐献持续时间延长（约 14 次连续捐献）的情况下，铁储存标记物减少（Ferreira et al., 2014; Zaldivar-Lopez et al., 2014）。供血犬必须健康，应完成犬瘟热、肝炎、副流感病毒、细小病毒和狂犬病疫苗的接种，并且在供血期间不使用药物（不包括心丝虫和体外寄生虫预防性用药）。因为每只供血犬都应争取在不使用镇静剂的条件下献血，所以良好的性情是成功献血的必要条件。

专栏 5.1 供血犬的要求

符合以下标准的供血犬每 6 ~ 8 周可安全献血 19mL/kg：

- 1 ~ 8 岁。
- 体重 >25 kg。
- 身体健康。
- 当前已接种有效疫苗。
- 心丝虫和体外寄生虫预防性给药。
- 除上述药物外，未使用其他任何药物。
- 经筛查无血源性病原体。
- 从未接受过输血。
- 颈静脉为可耐受多次静脉穿刺的血管。
- 性情良好，供血时能够保持安静。
- 符合血库要求的血型。
- 宠主同意。

技师笔记

通过正向激励和最大限度地减少应激给供血犬积极的供血体验至关重要。每年都应进行全血细胞计数、血清生化检查和根据地理位置排查感染性疾病（如犬埃立克体、犬巴贝斯虫）（表 5.2），可按美国兽医内科学会的共识声明进行传染病筛查。每次供血前，检查供血犬的 HCT（≥ 40% 或 Hb ≥ 13 g/dL）水平。由于潜在的致敏作用和同种抗体的产生，既往接受过外源血液的犬不能作为供血犬，因此先前接受过输血是一个排除标准。

过去，理论上认为妊娠时由于母体和胎儿间血液暴露形成同种抗体，从而导致过敏。一项研究表明妊娠诱导同种抗体的缺乏，认为有妊娠史的犬可以提供安全的血液。而正在怀孕的供血犬应在新生儿出生并断奶后再进行供血。虽然应该单独评估每只供血犬，但大多数犬在 8 岁时就不参与供血计划。

血型是由红细胞表面抗原决定的，这些抗原由遗传基因编码，对每个物种来说是特定的。由两个或多个等位基因组成血型系统。在犬中已知有 12 种以上血型系统，其中 6 种通过犬红细胞抗原（dog erythrocyte antigen，DEA）来命名，即将每个系统列为 DEA，后缀一个数字（DEA 1、DEA 3、DEA 4、DEA 5、DEA 6、DEA 7、DEA 8）。每种 DEA 抗原有一个独立的遗传位点，可在红细胞表面共存。每个位点由阳性或阴性表型组成（例如，DEA 1 阳性、DEA 3 阴性、DEA 4 阳性、DEA 5 阴性）。

技师笔记

DEA 1 系统过去被认为有三种亚型：DEA 1、DEA 1.2 和 DEA 1.3，不过最近的证据表明这些亚型对相同抗原的表达水平不同（即 DEA 1 强、正常、弱和非常弱）。根据这一证据，本章的其余部分将把传统意义上的 DEA 1.1 称为 DEA 1。犬的 DEA 类型由具有阳性表达的 DEA 抗原表示（例如，仅在 DEA 1、DEA 4 和 DEA 7 中犬的 DEA 1，DEA 4，DEA 7 为阳性）。其他已经被鉴定出的血型抗原包括 Dal（首次在一些斑点犬中发现表达缺乏）和 Kai，其不匹配也会导致溶血性输血反应。

表 5.2 犬传染病筛查

病原体	最佳标准	最低标准
嗜吞噬细胞无形体 嗜血小板无形体	PCR 阴性和血清学阴性	PCR 阴性或血清学阴性
犬伏氏巴贝斯虫 吉氏巴贝斯虫	PCR 阴性和血清学阴性	PCR 阴性
其他巴贝斯虫属	PCR 阴性	无筛查
汉塞巴尔通体 文氏巴尔通体伯格霍夫亚种	血清学阴性和 BAPGM 培养 –PCR 阴性	PCR 阴性
其他巴尔通体属	BAPGM 培养 –PCR 阴性	无筛查
犬埃立克体	PCR 阴性和血清学阴性	PCR 阴性或血清学阴性
查非埃立克体 尤因埃立克体	PCR 阴性和血清学阴性	高风险地区 PCR 阴性；低风险地区无筛查
犬型肝簇虫 美洲型肝簇虫	PCR 阴性	无筛查
杜氏利什曼原虫	PCR 阴性和血清学阴性	高风险地区 PCR 阴性和血清学阴性；低风险地区无筛查
犬型嗜血支原体	PCR 阴性	PCR 阴性
暂定种微嗜血支原体 里氏新立克次体 猫立克次体	PCR 阴性	无筛查
克氏锥虫 犬布氏杆菌	血清学阴性	无筛查
伯氏疏螺旋体 蠕虫样新立克次体 东方立克次体 西尼罗病毒	无筛查	无筛查

摘自 Wardrop, K. J., Birkenheuer, A., Blais, M. C., et al. (2016). Update on canine and feline blood donor screening for blood-borne pathogens. Journal of Veterinary internal Medicine, 30, 15-35.

BAPGM，巴尔通体 α 变形菌属生长培养基；PCR，聚合酶链式反应。

文献中描述了另外五种抗原（表 5.3），对犬血型的研究非常有限。某些血型较为罕见（如 DEA 3），而其他血型则较为常见（DEA 4）。对红细胞抗原的深入讨论不在本书的范畴，有兴趣的读者可以继续深入阅读血液学方面的文献（Day and Cohn, 2012; Weiss and Wardrop, 2010; Yagi and holowaychuk, 2016）。

临床上观察到的最严重的抗原抗体反应是 DEA 1 抗原。在犬中未发现明显的天然抗体，因此初次输血时不太可能发生抗原抗体反应。然而，DEA 1 阴性的犬可通过不匹配的首次输血产生 DEA 1 抗体。这些抗 DEA 1 抗体可在初次输血后 4 d 内产生，并可能破坏输入血中的红细胞，进而降低输血效果。先前致敏的 DEA 1 阴性犬在输注 DEA 1 阳性血液后可能发生急性溶血性输血反应，并且在以前输过血（现在已致敏）的犬接受除 DEA 1 以外的任何红细胞抗原不匹配的血液后，也可能发生输血反应。在致敏后 4 d，第二次输血时就可能发生这些反应。例如，一只先前致敏的 DEA 4 阴性犬在接受 DEA 4 阳性血液时发生急性

表 5.3　犬血型类型

血型	字母命名法	表型	流行率	天然抗体
DEA1	A	强、弱、无	62%、2%、0.1%	< 2%
DEA3	B	3、无	5%	8% ~ 15%
DEA4	C	4、无	98%	罕见
DEA5	D	5、无	15%	10%
DEA6	E	6，无	96%	未知
DEA7	F	7、7[1]、无	40% ~ 55%	10% ~ 40%
DEA8	Tr	8、无	20% ~ 40%	未知
Dal	N/A	Dal、无	99%	罕见

摘自 Hale, A. (2012), Canine blood groups and blood typing. in M. J. Day & B. Kohn (Eds.), BSAVA manual of canine and feline haematology and transfusion medicine (2nd ed., pp. 280–283.). Gloucester: BSAVA.

溶血性输血反应。尽管临床实践中已识别和未识别的血型多种多样，且相容性检测的可用性有限，但输血反应的报告很少（输血并发症将在本章后面进一步讨论）。

由于 DEA 1 的强抗原性，强烈建议至少对 DEA 1 的供血犬进行分型。市面上可通过简单实用的血液分型试剂盒将犬分类为 DEA 1 阴性或阳性，市面上可用的试剂盒有卡片凝集、免疫层析试剂盒和凝胶柱血液分型试剂盒，每种试剂盒在测定 DEA 1 状态时的准确度都足够精确（> 90%）（Seth et al., 2012）。

技师笔记

推荐使用免疫层析试剂盒检测（图 5.1），因为它能够通过自动凝集分型，易于解释并且广泛可用。来自 DEA 1 阴性供血犬的血液可提供给 DEA 1 阴性和 DEA 1 阳性患病动物。DEA 1 抗原阳性的犬也可作为供血者，用于给 DEA 1 阳性患病动物输血（表 5.3）。

理想情况下，商业实验室应对供血犬进行更广泛的其他 DEA 类型检测，以便使用具有最低抗原性血液的供血犬（所有可检测的 DEA 均为阴性，除 DEA 4 以外，因其具有 98% 的流行率）。在撰写本文时，通过实验室进行的大量分型测试只能提供少量信息，因为除了 DEA 1、DEA 4 和 DEA 7 之外，无法获得用于其他分型的抗血清。这些实验室还可提供对现有同种抗体的检测，表明之

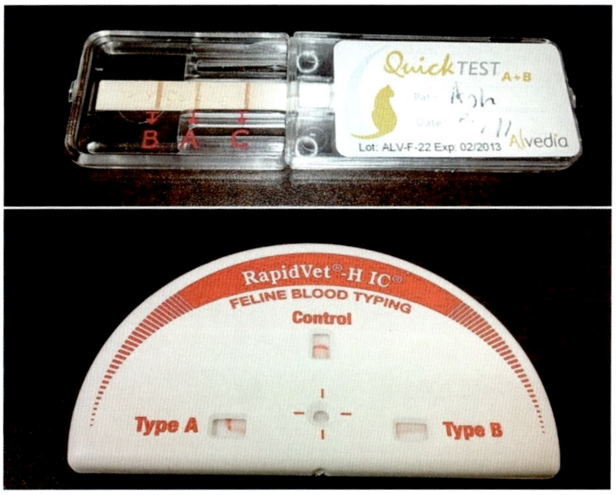

图 5.1　上图：Alvedia 公司生产的免疫层析试剂盒，显示一种罕见的 AB 型猫。犬血型鉴定试剂盒与其相似。下图：DMS 实验室生产的免疫层析试剂盒

前接触过红细胞抗原。由于检测费用高并且可能缺乏检测多种 DEA 的能力，血库可能仅检测 DEA 1 抗原，即便如此，血库仍应尽量提供血型 DEA 4 阳性（红细胞仅对 DEA 4 呈阳性）或 DEA 1、DEA 4 阳性（红细胞对 DEA 1 和 DEA 4 呈阳性）且无血清同种抗体的供血犬，以最大限度地减少并发症的发生。

选择供血猫的方法比供血犬复杂得多。目前，商业猫血库数量较少，并且猫献血项目也有许多风险。犬可以在自然状态下献血，但大多数猫必须注射镇静剂才能献血。由于镇静会带来风险，因此在猫供血之前，主人需了解并签署一份同意书。此外，猫比犬更容易藏匿传染源，因此只能

选择 100% 在室内生活的猫。

对供血猫的要求与犬类似（专栏 5.2）。供血猫应为 1 ～ 8 岁的年轻、性情温和的成年猫，体型应大且瘦而健康，体重至少 5 kg，以便采集 50 mL 的血液。研究发现，在吸入麻醉或镇静下采集 4 ～ 8 kg 猫 50 mL 的血液对血压有不同的影响，平均动脉压（MAP）在某些情况下降至 60 mmHg 以下（Iazbik et al., 2007; Morrison et al., 2007），因此建议采血量小于 11 mL/kg。应通过病史、体格检查和常规实验室检查证实供血猫健康状况良好，并应有效接种疱疹病毒、杯状病毒、泛白细胞减少症和狂犬病毒疫苗。年度实验室筛查包括全血细胞计数、血清生化检查和筛查传染性病原体，如猫白血病病毒、猫免疫缺陷病毒、猫嗜血支原体和暂定种微嗜血支原体（表 5.4）。每次供血前，检查供血猫 HCT（≥ 35%）或 Hb（≥ 11 g/dL）水平。

专栏 5.2　供血猫的要求

符合以下标准的供血猫每 6 ～ 8 周可安全献血 11 mL/kg：

- 1 ～ 8 岁。
- 体重 >5 kg 。
- 身体健康。
- 接种有效疫苗。
- 有效使用体外寄生虫的预防药。
- 除上述药物外，未服用其他任何药物。
- 从未接受过输血。
- 经筛查无血源性病原体。
- 颈静脉脉管系统适合多次静脉穿刺。
- 性情良好，供血过程中不会有太大的应激。
- 饲养在室内，无室外猫接触史。
- 宠主同意。

目前被广泛认可的猫血型系统是 AB 系统，包含三种血型：① A 型；② B 型；③相当罕见的 AB 型（也称为 C 型）。多数家养短毛猫和家养长毛猫常见 A 型血，很多纯种猫（和一些家养短毛猫）是 B 型血，A 型和 B 型的比例不仅在不同品种之间有所不同，而且在地域分布上也有所不同。罕见的 AB 型血液在红细胞表面同时具有 A 和 B 抗原。此外，通过对导致急性溶血性输血反应的 AB 系统匹配输血的观察研究，又发现了一种与 AB 系统不同的 Mik 抗原系统（Weinstein et al., 2007）。一项回顾性研究显示，未接受过输血的猫与 AB 型匹配血的交叉配血率为 14.9%，表明非 AB 抗原在猫输血中具有重要作用（McClosky et al., 2018）。

表 5.4　猫传染病筛查

病原体	最佳标准	最低标准
嗜吞噬细胞无形体	PCR 阴性和血清学阴性	PCR 阴性或血清学阴性
嗜血小板无形体	PCR 阴性	未筛查
汉塞巴尔通体	血清学和 PCR 或培养阴性	PCR 阴性
其他巴尔通体属	PCR 阴性	未筛查
猫胞簇虫	PCR 阴性	未筛查
犬埃立克体和类犬埃立克体	PCR 阴性	未筛查
猫嗜血支原体	PCR 阴性	未筛查
暂定种微嗜血支原体 暂定种苏黎世嗜血支原体	PCR 阴性	未筛查
猫白血病病毒	抗体阴性和病毒 DNA PCR 阴性	抗原阴性
猫免疫缺陷病毒	抗体阴性	抗体阴性
猫冠状病毒 猫立克次体 弓形虫	未筛查	未筛查

摘自 Wardrop, K. J., Birkenheuer, A., Blais, M. C., et al. (2016). Update on canine and feline blood donor screening for blood-borne pathogens. Journal of Veterinary internal Medicine, 30, 15-35.

PCR，聚合酶链式反应。

猫与犬的不同之处在于，猫针对其他血型的天然同种抗体水平更高。B 型血猫具有较高滴度的天然抗 A 同种抗体，而 A 型血猫的抗 B 同种抗体滴度较低。这些同种抗体会导致以下两个严重的问题：

输血反应——罕见 B 型血猫输注 A 型血可能会发生潜在致命反应，如溶血和过敏反应。A 型血猫输注 B 型血可能不会表现出与急性不良反应相关的临床体征，但是 B 型红细胞的半衰期很短，输血效果有限。

新生儿溶血性贫血——如果 B 型血的母猫与 A 型血的公猫交配生出 A 型血的小猫，那么小猫会被动获得母猫初乳中的抗体，并会破坏 A 型红细胞，导致贫血和黄疸。

A 型血猫输注 B 型血时可能不会出现明显的临床反应，但是输注的红细胞只有大约 2 d 的半衰期，不会给患病动物带来益处。B 型血猫接受 A 型血时，红细胞存活时间可能为数分钟至数小时，并伴有严重的临床（有时是致命的）症状。即使只输入低至 1 mL 的 AB 不相容血液，也会出现危及生命的急性溶血性输血反应。可以通过交叉配血试验避免这种输血反应。目前市面上有猫 AB 型血型鉴定试剂盒，与犬血液鉴定试剂盒相似（图 5.1）。

由于存在天然同种抗体，因此猫中不存在通用血型。所有供血猫和受血猫必须进行血型鉴定，并且只能输注特定血型的血液。同时还应进行交叉配血（blood crossmatch，BCM）以确保血液相容性。极其罕见的 AB 型血猫缺乏抗 A 和抗 B 同种抗体，如果没有 AB 型血，可以安全地输注 A 型或 B 型血。但是，A 型和 B 型血液血浆中的同种抗体可能由于存在抗 A 或抗 B 抗体而导致溶血性反应。因此，A 型 PRBCs 更加适用于 AB 型血猫，这是因为 A 型血中抗 B 抗体的滴度较低，并且使用 PRBCs 可最大限度地减少输注含抗 B 抗体的血浆量。由于存在 Mik 等非 AB 型抗原和其他未描述的抗原，因此每次输血时都建议猫进行 BCM。

血液采集

确保采血质量是所有血液制品的采集、加工、储存和管理的首要目标。在采血的每个环节，避免或延迟血液成分的不良变化并最大限度地减少细菌污染和增殖至关重要。

抗凝型保存溶液

有多种抗凝剂、抗凝型保存溶液（APS）和添加剂溶液（additive solutions，ASs）可用于输血采血。保存溶液的主要目标是在储存过程中保持红细胞活力，延长输血后红细胞的存活时间。根据美国血库协会的标准，输注的红细胞必须有 75% 在输注后存活 24 h，输血才被认为有效。细胞储存的时间越长，其存活率下降的程度就越大。预定的储存时间是基于红细胞储存期间发生的不良生化变化进行研究的结果。这些变化被称为储存损伤，包括 pH 和 2, 3- 二磷酸甘油酸水平降低（2, 3- 二磷酸甘油酸损失仅发生在犬中）、溶血百分比增加，以及血液制品中氨水平和其他生化副产物增加（储存损伤将在后文进行更详细的讨论）。所有这些变化最终都会导致红细胞功能丧失和输血后生存能力下降，并可能对受血动物造成伤害。每种 APS 均由柠檬酸盐（抗凝剂）、葡萄糖、腺嘌呤或甘露醇等营养素的不同组合制成。加工 PRBCs 时，通常以 ASs 的形式添加营养素，从而进一步延长保质期。基于柠檬酸盐的 APS 与血液的比例为 1.4 ∶ 10（1 mL APS 与 7.14 mL 血液）被认为是抗凝的最佳比例。红细胞保存期会因使用的 APS 和 AS 而异（表 5.5）。

表 5.5　犬红细胞产品的保存期

抗凝型保存溶液（APS）	添加剂溶液（AS）	保存期（d）
柠檬酸葡萄糖酸（ACD）	无	21*
柠檬酸磷酸葡萄糖腺嘌呤 1（CPDA-1）	无	20†
柠檬酸磷酸葡萄糖（CPD）	无	21*
CPD	AS-1（Adsol）	37†
CPD	AS-5（Optisol）	35†
柠檬酸磷酸 2 葡萄糖（CP2D）	无	21*
CP2D	AS-3（Nutricel）	35†

* 根据人类数据推断。

† 根据兽医文献和关于浓缩红细胞的证据。

血液采集系统

全血通常被收集到塑料采血袋中（Fenwal inc., Lake Zurich, IL; Terumo Medical Corp., Somerset, NJ）。这些无菌袋被称为封闭的采集系统，因为它们可以在不暴露于环境的情况下采集、处理和储存血液和血液成分，从而降低了细菌污染产品的风险。这些系统有多种配置可供选择，这些配置将决定血液成分的制备和储存。这些系统均符合人类血库标准，并已在兽医领域成功测试。

当以全血形式输注时，使用单个采血袋采集全血。该系统由一个包含 APS 的主收集袋和一根连接 16 G 针头的整体输血管组成。不建议使用单个采血袋进行成分制备，因为采集成分时必须考虑采血袋的封闭性，存在环境暴露和潜在细菌污染的风险。如果血液进入采血袋，系统被认为处于开放状态，必须在 24 h 内使用本产品。接管器可用于在不打开封闭系统的情况下连接额外的采血袋，但成本很高。其他收集系统包括 1 个包含 APS 的主收集袋和 1 个、2 个或 3 个用于成分制备的附属袋（图 5.2A）。其中一个附属袋可容纳 100 ~ 110 mL 用于血浆去除后的红细胞重建。添加溶液（如盐水、葡萄糖、腺嘌呤）可延长 PRBC 储存时间。

犬可以使用人血采集袋采集血液，但是这些系统的大小使得其无法在猫上使用。目前，市场上还没有较小的封闭式采集系统，并且由于要处理的血液量很少，血液成分制备也很困难。一些血库已经使用了用于人和犬的 450 mL 血液采集系统，通过集成管将主采集袋中的大部分 APS 排入附属袋中。采集管中剩余的 APS 可能适用于 1 U 全血（例如，40 ~ 50 mL），但对于血库使用的自制袋（1 mL APS/7.14 mL 血液）应进行确认。使用这种方法采集血液可维持一个封闭的系统。由于采血袋和采血管及其所附针（16 G）的尺寸，可能很难证明该方法的合理性。

由于市面上缺乏用于猫的封闭式血液采集系统，在无污染风险的条件下采集用于分离和处理的猫血十分困难。通过改良现有的采血系统，宾夕法尼亚州动物血库采用市售采血产品开发了一种适用于小容量血液（20 ~ 50 mL）的封闭式采集系统，通过接管器建立所有连接并保持无菌状态。许多医疗机构都难以承担接管器的费用，因此血库界仍然缺乏针对猫的封闭式采集系统的方案。

研究人员开发了用于猫血液采集的半封闭式系统，主要包括一个 19 G 蝶形导管、三通阀、60 mL 注射器，以及单个或多个 100 mL 采血袋，该采血袋的注射端口经过消毒，可在采集前添加 APS（7.5 mLAPS 可采集 52.5 mL 血液，总计 60 mL）（图 5.3A）。该系统在技术上是一个开放系统，因为连接不是无缝的，通过注射端口添加 APS 可能会影响无菌性。根据所采用的技术和提取必要部分的频率，APS 存量可能含有污染物。在确保采集过

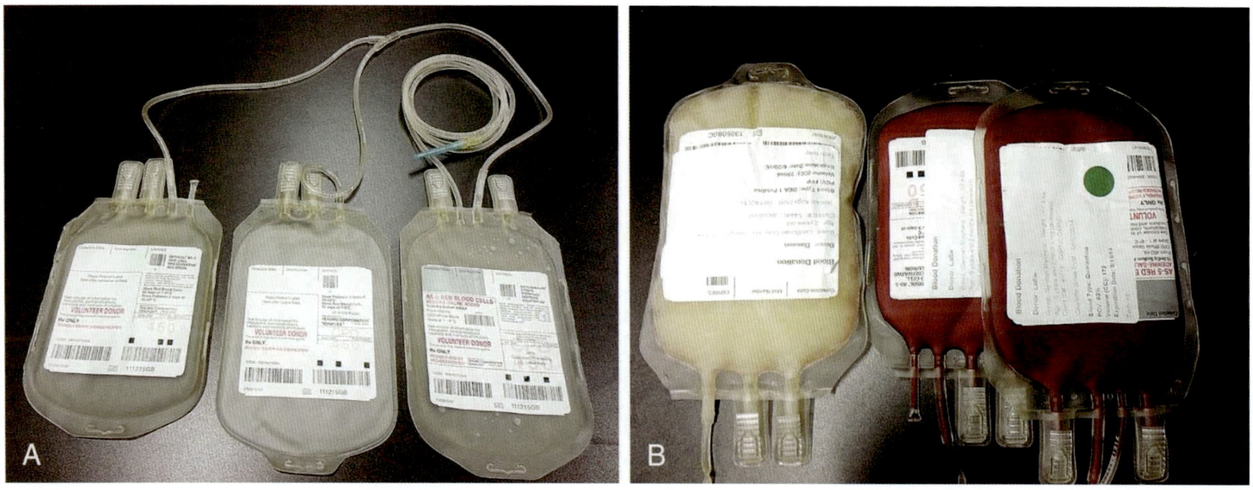

图 5.2　A，带多个附属袋的采血袋。B，成品。将单次捐献的血液分离为血浆和两个包装的浓缩红细胞袋

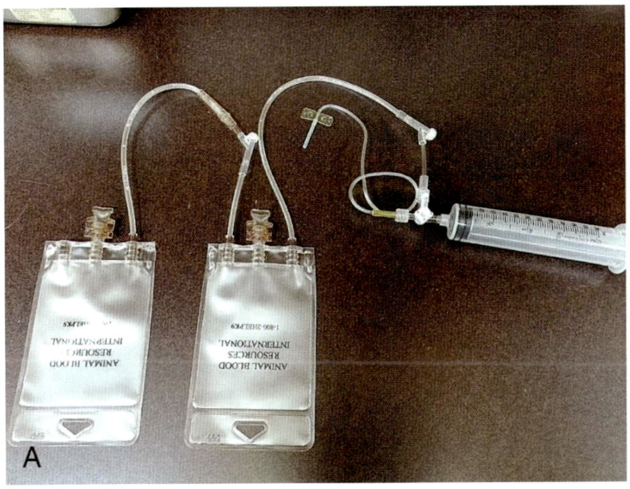

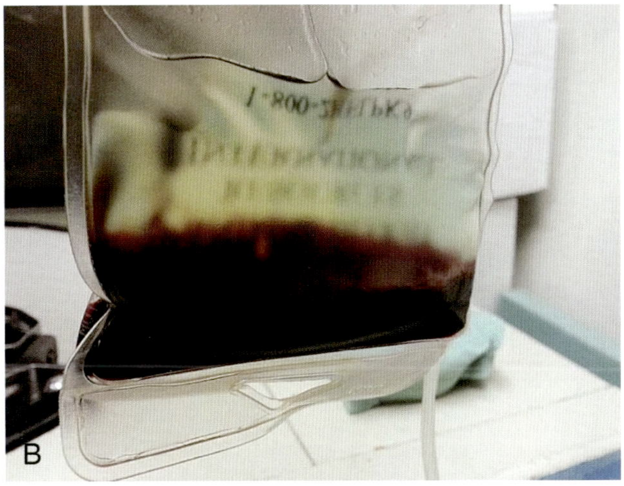

图 5.3　A，半封闭式猫血液采集系统。B，离心后的猫全血。血浆和细胞成分之间有明显的分离

程中保持无菌状态时必须格外注意，建议通过定期培养采集血液的方式进行质量控制，特别是在血液储存和处理的情况下。

采血技术

犬血液采集

“献血”一词意味着自愿献血。在实际情况中，供血犬在最初通常是由宠主自愿献血并且通常需要保定。很多供血犬能够在没有镇静的情况下完成采血，并且可以通过温和操作和适当的训练使供血犬适应采血。采血将成为一种积极而常规的体验。在采血过程中，应当使用一个僻静的房间作为常规采血室，并配备适当的用品（专栏 5.3）。如果需要使用镇静剂，可以联合使用布托啡诺、苯二氮䓬类和（或）右美托咪定的组合。

> **技师笔记**
>
> 工作人员应该努力让供血犬习惯采血室并给予足够的表扬和零食，以使采血过程更加顺利。采血过程通常需要 2 ~ 3 个人（一人进行保定，一人进行静脉穿刺，一人整理采血用品）。由于宠主在场可能起到安慰作用也可能会放大焦虑，因此应当根据实际情况进行评估。

一种采血方法是将塑料采血袋放置在真空箱中，通过建立负压来促进血液抽取（图 5.4）。首先需要把采血袋挂在箱盖的挂钩上，将带有针头的采血管穿过针筒和盖子之间的凹口，并将止血器夹在采血管远离针头处，然后将真空源通过导管连接到真空箱的入口，再将真空箱放在调整好刻度的采血秤上，并将抽吸力度设定为小于 50 mmHg，接下来将针头插入颈静脉并取出止血器，血液通过采血管流入采血袋，通过采血秤测量采集的血液克数（每毫升全血重约 1.06 g）。然后开启抽吸机向采血袋提供负压，同时将采血袋拉开促进血液流动。当收集到所需量时（即 405 ~ 495 mL 或 429 ~ 525 g），将止血器夹在采血管上，移除针头并在采血部位按压止血。另一种采集方法需要将供血犬放置在高于采血系统的桌子上，通过建立压力梯度利用重力辅助采集。这种方法需要将采血袋放在地上的采血秤上并将刻度归零，其余采

> **专栏 5.3　犬采血用品和设备**
>
> 采血开始前，应提前在采血室内准备用于采血的所有设备和用品。以下为所需材料清单：
>
> - 450 mL 的血液采集袋（带有所需血液制品的标尺线）。
> - 采血秤。
> - 刷手服。
> - 无创血管钳（或静脉止血器）。
> - 血管剥离器。
> - 热封机（或铝制密封圈）。
> - 零食。
> - 真空箱*。
> - 吸尘器。
>
> *很多血库使用带有真空箱的采血装置，以方便采血。该项为可选项。

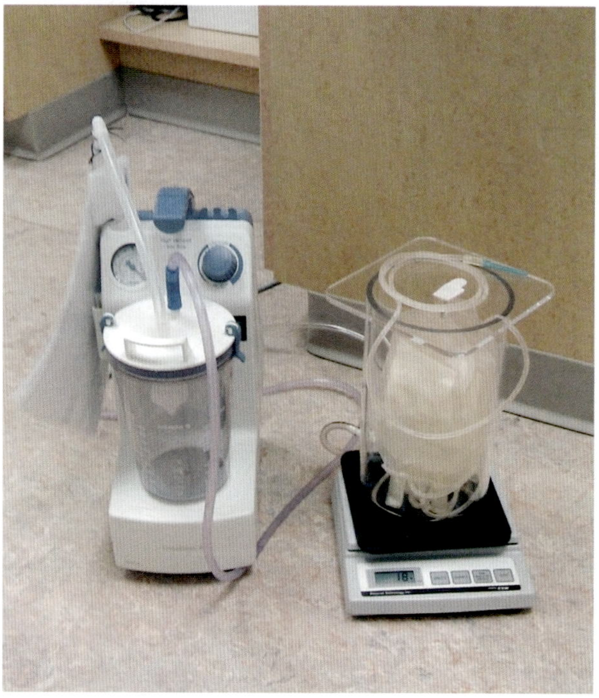

图 5.4 真空采血系统

集过程与真空辅助采集相同。

真空辅助采血方法的优势在于采血时间更短，并且在采血过程中供血犬能够端坐在地上，从而减少被保定在桌子上的压力。缺点在于吸入式机器可能会使供血犬紧张（尽管许多供血犬能够很快适应），并且采血成本更高。相比之下，重力辅助采血方法需要将动物保定在较高的桌子上，可能延长采血时间，但仍能在几分钟内完成，并且成本更低。这两种方法在采血后发生血肿的概率在实际观测中没有差异。对采血方式的选择应当考虑使动物压力最小化，并且使用工作人员更熟悉的方式，以增加采血成功的概率（Conversy et al., 2013）。采血能否成功取决于许多因素，包括动物保定、静脉穿刺技术、真空压力等。在采血完成后，采集的全血可以立即使用或储存，或者加工成组分并根据血库要求储存。

在采血后，需要监测静脉穿刺部位直到止血，在此期间动物通常可以起身并在采血室走动。采血后动物可能出现低血压、擦伤或外渗，以及修剪和准备区域疼痛等并发症，应该提供食物和水。至少在 24 h 内限制供血犬运动，避免用颈链对颈静脉造成压力。

猫血液采集

猫通常需要在镇静状态下使用前文所述的半封闭式系统采血。镇静方案应考虑对供血猫的潜在伤害，将低血压的可能性降至最低，为静脉穿刺提供镇痛效果，并能够平稳快速地恢复。可使用的镇静方案包括阿片类药物、苯二氮䓬类药物、α_2-激动剂和分离麻醉药。过去曾使用丙泊酚或吸入剂等麻醉药的方案，目前不建议使用，因为它们会导致动物低血压。一项肌肉注射阿法沙龙和布托啡诺联合用药与右美托咪定和布托啡诺联合用药的比较研究发现，两者在体位、行为、侧卧时间、静脉穿刺次数、抽血时间和恢复方面没有差异。但是右美托咪定和布托啡诺组合在肌肉松弛方面效果更好（Reader et al., 2019）。在一些机构中，也使用非镇静方法对猫采血，但是需要动物压力较小并且积极配合。

尽管采取了所有预防措施，但动物仍可能出现低血压，这种情况在供血猫中比较常见，因此对供血猫进行监测十分重要。许多机构在采血后立即常规静脉或皮下补充等渗晶体溶液，剂量为供血猫采血量的 2 ~ 3 倍，也有一些机构仅在出现低血压症状时才对供血猫进行治疗。为了避免低血压，供血猫在采血时应当具备足够的水合状态，采血量不应超过推荐量（犬为 19 mL/kg，猫为 11 mL/kg）。在采血期间补充氧气有助于改善采血期间的氧合情况。

理想情况下，应留出一个僻静的房间，并长期用作采血室（专栏 5.4）。应在出现突发麻醉事件时快速提供可获取的应急物资和设备。采血过程至少需要 2 个人（一人根据需要进行监测和定位，一人进行静脉穿刺）。在采集过程中，应轻轻倒置注射器，以便混合血液和抗凝剂，防止血凝块形成（图 5.5）。采集后，可通过三通阀将血液从注射器转移至随附的无菌袋中，并立即使用，或全血储存，或加工制成质量良好的血液组成成分制品。

采血后，应持续监测供血猫直至其完全恢复，供血猫可能出现低血压、擦伤或外渗，以及修剪和准备区域疼痛等并发症。应监测心率（heart

专栏 5.4 猫采血用品和设备

采血开始前，应提前在采血室内准备用于采血的所有设备和用品。以下为所需材料清单：

- 猫采血袋系统。
- 定制封闭式采集系统。
- 预组装和灭菌的“半封闭”套装。
- 60 mL 注射器、三通阀、19 G 蝶形阀、猫供血袋。
- 刷手服。
- 血液分离器。
- 热封机（或铝制密封圈）。
- 血压监测仪。
- 输氧管和面罩*。
- 气管插管和喉镜。

*在实际镇静方案中，提供氧气支持并为采血期间的突发事件做好准备非常重要。

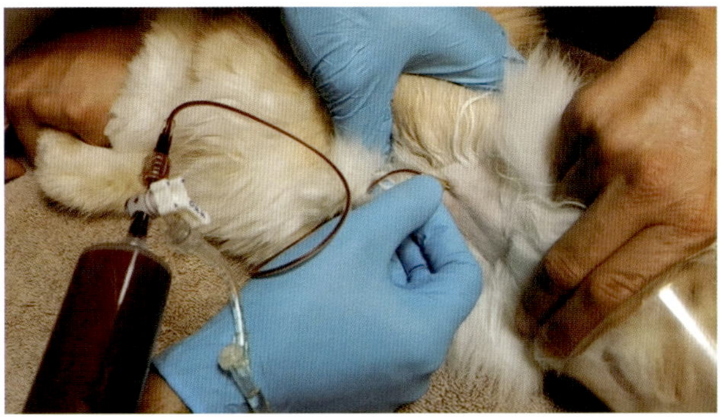

图 5.5 使用 60 mL 带三通阀的注射器对猫采血

rate，HR）、黏膜/毛细血管再充盈时间（mucous membranes/capillary refill time，MMs/CRT）和脉搏质量等灌注参数。如果在此之前未提供补液，则建议在镇静作用消退之前皮下补液。一旦供血猫从镇静状态中恢复，应立即提供食物和水。建议 2 次采血之间有 8 ~ 12 周的等待期。如果供血猫频繁采血，则应考虑补充铁等营养物质。

处理和存储

离心机转子尺寸、速度和旋转持续时间是通过离心制备血液组成成分的关键变量。每个单独的离心机必须针对每个成分的最佳转速和特定离心时间进行校准，因此公布的参数可能会略有不同。血库人员可通过以下方式从新鲜全血或储存全血中采集 PRBCs：在 4℃下以（4000 ~ 5000）×g 的相对离心力（relative centrifugal force，RCF）对犬血液离心 5 ~ 10 min，在 4℃下以（3000 ~ 4000）×g 的相对离心力对猫血液离心 5 ~ 10 min。如果没有低温离心机，则可通过一段时间的冷藏和沉淀从全血中分离 RBC。但是自然沉淀过程会减少可去除的血浆量，并增加红细胞最终样本污染的可能。分离后，需要用血浆提取器尽可能多地去除血浆。在储存前，应使用营养添加剂重建前面制备的 PRBC，以便细胞保存在更良好的环境中。使用添加剂可提高产量并延长储存时间。此外，细胞重建后的 PRBC 的 HCT 为 60% ~ 70%，即降低了 PRBCs 的黏度。如果不使用添加剂，则应保留适量的血浆，以维持不超过 80% 的 HCT。移除更多血浆将导致溶液中的营养物质不足以支持储存。如果加工时未使用添加剂溶液，则可在输注前用约 100 mL 0.9% 氯化钠重新配制 PRBCs 以降低黏度。应仅使用等渗盐水稀释血液成分，因为非等渗液体可能导致红细胞损伤（例如，5% 葡萄糖溶液），而含钙液体可能引发凝血（例如，乳酸林格液）。PRBCs 可在 1 ~ 6℃温度下冷藏，储存时间取决于采集和加工过程中使用的抗凝型保存溶液和添加剂溶液。如果在开放系统中分离红细胞，则必须在 24 h 内使用制备出的产品。

新鲜血浆将提供血浆蛋白和凝血因子，它不含活性血小板。如果新鲜血浆自采集之时算起 8 h 内，在 -18℃或更低温度下冷冻，可再保存 1 年。因此，如果在采集后 8 h 以上从全血中采集血浆，则通常将该产品标记为 FP。然而，最近一项研究观察到，在储存 24 h 后分离的血浆中凝血因子水平仍然充足，表明处理制备 FFP 的时间要求比以前认为的更灵活（Walton et al., 2014）。血浆也可通过血浆置换进行采集，在这一过程中，血浆从供血动物中提取出来，而红细胞通过专门的闭路机器返回。研究中观察到，通过血浆置换纠正的血浆止血蛋白活性在 -18℃下储存 1 年后仍有活力（Donahue and Fernandez, 2019）。犬和猫 FFP 都可以在解冻后 1 h 内被重新冷冻为 FFP，而止血作用没有显著变化（Yaxley et al., 2010）。然而，不建议反复解冻和冷冻 FFP 以提取小部分用于治疗的做法，因为这可能会导致其污染，并且重复解冻—

冷冻循环对止血作用的影响是不确定的。

CRYO 是从 1 U FFP 中获取的，允许 FFP 在 1 ~ 6℃下缓慢解冻 12 ~ 18 h。将黏稠血浆在 4℃下以 5000×g 离心 5 ~ 7 min。使用血浆提取器将上清液倒入血袋中，标记为低温冷血浆，并在 -18℃下重新冷冻，有效期为 1 年。在 10 ~ 15 mL LP 中留下的白色泡沫状沉淀（大部分黏附在袋子上）将被标记为 CRYO，并在 -18℃以下保存，保质期为 12 个月。在专门为制备冷沉淀而采集血液的情况下，在动物献血前 30 ~ 60 min 给予用 15 mL 生理盐水稀释的 0.6 ug/kg 去氨加压素，可增加 vWF 的表达，从而提高冷沉淀的质量（Johnstone, 1999）。

PRP 是从 FWB 中提取的，以 1000×g 离心 4 min，或在 20 ~ 24℃下以（2000 ~ 2500）×g 离心 2.5 ~ 3 min。较慢的速度（称为“轻旋”）和较高的温度可使活性血小板在血沉淡黄层上方聚集。在提取出 PRP 之前，全血不应冷却至 20℃以下，且分离必须在采血后 8 h 内进行。血浆应只抽取至红细胞边界上方约 1 cm 处，以防止红细胞和白细胞污染 PRP。可在 20 ~ 24℃下以 2000×g 离心 PRP 10 min 以进一步浓缩血小板。离心后，缺乏血小板的血浆被压入随附的血袋中，剩余的 PC 静置约 1 h，以便血小板解聚。可能需要手动搅动血小板颗粒，以确保血小板均匀再悬浮。观察到以此方式制备的血小板产率为 74%，平均值为 8×10^{10} 个血小板（Abrams-Ogg, 1993）。PRP 和 PC 在室温下持续搅拌可在血小板功能显著降低之前储存 5 d（Allyson et al., 1997）。虽然冷冻保存的 PC 输血后血小板功能和存活时间有所下降，但仍然可用。

血液成分的保存期由以下因素决定，包括：采血系统的类型，使用的 APS，收集、处理和存储之间的时间，储存产品的温度和条件。保持适当的温度对于确保红细胞和血浆产品的质量至关重要。应当使用专门的冰箱和冰柜储存血液成分，并应每天对其温度进行监测。商用血液冰箱和冰柜可持续监测和记录温度，并配有声音报警器，能够在温度影响血液制品前报警。

去白细胞

去白细胞是指利用过滤器从采集的血液中去除白细胞的操作，能够减少储存期间细胞因子累积和潜在的免疫原性（图 5.6）。研究发现去白细胞过滤器可有效去除白细胞，同时维持犬血液中 RBCs 的体内活力（Brownlee et al., 2000）。采集的血液冷却至 4℃后过滤并进行预存（离心前过滤全血）时，去白细胞最有效，能够降低输血后对犬的炎性影响（McMichael et al., 2010）。但是由于费用高昂（尽管过滤器的价格比前几年更为合理），目前在兽医临床中去白细胞的情况仍然较少。对于猫来说，由于过滤器会保留大量血液，从而大幅减少总血量，因此去白细胞目前不可行。

储存损伤

目前血库储存血液会使用 APS 和营养添加剂，并表明可储存 42 d。

技师笔记

过去十年收集的最新证据表明，储存的红细胞存活力受损，携氧能力降低，影响治疗效果，甚至对受血动物产生不良影响，增加死亡率和发病率。这些变化在储存后的 7 ~ 14 d 就可以看到，涉及红细胞和储存液的生化、生物力学和氧化，统称为“储存损伤”。

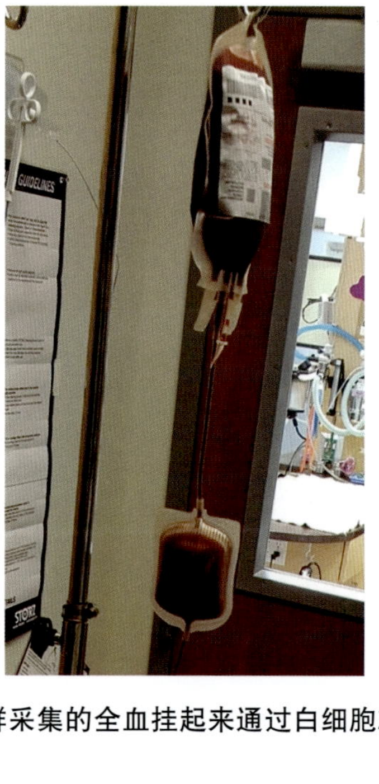

图 5.6　新鲜采集的全血挂起来通过白细胞减少过滤器过滤

成熟红细胞缺乏线粒体，并依赖糖酵解产生三磷酸腺苷（adenosine trisphosphate，ATP），导致悬浮液的 pH 降低。酸性环境减少了 ATP 的产生，再加上损耗作用，导致红细胞膜完整性降低。pH 降低也会影响 2, 3- 二磷酸甘油酸（2, 3-DPG）的水平，使血红蛋白携氧能力降低，这种影响可逆，并且在猫上不明显。储存时间较长的红细胞产品中的血红蛋白含有游离血红蛋白和微粒，可在输血时清除一氧化氮（NO），并引起血管收缩，影响血液流动，刺激凝血，诱导氧化损伤，并引起促炎作用。微粒是一种从细胞成分中脱离而出的囊泡，具有诱导促炎和促凝作用。储存红细胞表现出棘形红细胞和球形红细胞的形态学变化，导致变形能力丧失，并且通过毛细血管的正常血流也会受到影响。氧化损伤导致溶血和高铁血红蛋白形成增加，使存活红细胞计数减少且携氧能力下降。

在红细胞储存过程中存在着许多复杂机制。综上所述，储存损伤可导致红细胞寿命减短，降低红细胞携氧能力，并引起心律失常、血栓形成、全身炎症、输血相关急性肺损伤（transfusion-related acute lung injury，TRALI）、急性呼吸窘迫综合征（acute respiratory distress syndrome，ARDS）、低血压、多器官功能衰竭等不良反应。这些变化在储存后 7 ~ 14 d 时就发生了，因此为患病动物提供安全的输血产品是一个很现实的挑战。血库努力平衡供应新鲜血液和减少血液浪费的同时，储存损伤及其临床影响是一个需要持续研究的问题。

输血

血液相容性

为确保输血的最佳效果，输血前测试是必要的。相容性测试包括对供血动物的测试，根据患病动物的血型及 BCM 选择合适的供体。虽然输血前检测有助于确定供体红细胞和受体免疫系统之间的不相容性，但并不能保证输入的血细胞在患病动物血液循环中正常存活。BCMs 也仅仅能检测凝集或溶血引起的溶血性输血反应。在输注任何供体血液制品之前，从患病动物处应采集完所有用于初步检测的血液样本。

血型

理想情况下，所有供血犬和受血犬都应在输血前进行 DEA 1 分型。红细胞抗原 DEA 1 具有很强的抗原性，是大多数犬血液不相容的原因。市面上的免疫层析法血型鉴定试剂盒可用于检测犬 DEA 1 阳性或阴性血型。该检测方法基于免疫层析法，在两个位置使用包被抗体的多孔条带。在最前面的样本区域，带有目标抗原的红细胞与抗体形成免疫复合物，再通过层析物质如胶体金或硒对抗体进行标记。然后红细胞通过检测区域，这些区域固定了抗体，抗体通过附着红细胞阻止其迁移。如果血型呈阳性，就会有一个彩色条带作为血型的指示，如果血型呈阴性，则没有条带。免疫层析测试的优点是它们可以过滤凝集细胞，即使在存在自体凝集的情况下也可以确定血型。

另一种检测方法是基于红细胞胞膜表面的 DEA 1 抗原和抗 DEA 1 的小鼠单克隆抗体间的凝集反应。DEA 1 阴性血液可以安全输注给 DEA 1 阴性和 DEA 1 阳性的患病动物。DEA 1 阳性血液只能输给 DEA 1 阳性的患病动物，才不会造成 DEA 1 不相容的结果。在紧急情况下，或在特定医疗条件下无法进行分型（例如，使用凝集卡试验时免疫介导溶血性贫血患病动物本身存在自体凝集），应使用 DEA 4 阳性（所有可检测 DEA 分型为阴性，包括 DEA 1）或 DEA 1 阴性血液，以避免对 DEA 1 抗原致敏。目前还没有其他商品化的犬红细胞抗原快速检测试剂盒。

猫也可以使用类似于犬的血型检测方法。A 型血应该输给 A 型血受体猫，因为输给 B 型血猫会导致轻微的急性溶血反应和延迟溶血反应。B 型血应输给 B 型血受体猫，因为输给 A 型血猫会导致严重的急性溶血性输血反应和过敏反应。

当进行卡片凝集试验时，需要评估样本的自体凝集情况。如果存在肉眼可见的自体凝集，则可以通过清洗红细胞（见后文的 BCM 程序）来消除这个问题，否则无法进行血型鉴定。

交叉配血

BCM 通过识别供体或受体血浆中针对受体或供体红细胞的抗体来检测血清学不相容性。BCM 分为两部分：①主侧交叉配血将受体的血浆与供体的红细胞混合；②副侧交叉配血将供体的血浆与受体的红细胞混合。在这两种试验中，主侧 BCM 在决定输入红细胞的存活方面更为重要。

犬的首次输血中，由于犬缺乏 DEA1 抗体，而且不可能存在明显的不相配反应，交叉配血的必要性通常存在争议。然而，在输血史不确定的犬或 4 d 以前接受过红细胞输血的犬中，有可能对红细胞抗原致敏并发生严重反应。此外，一项研究发现，即使在未接受输血的患病动物中，交叉配血阳性的发生率也为 17%，这支持了对犬首次输血进行 BCM 的价值（Odunayo et al., 2017）。患病动物每次输血前都建议进行交叉配血。

因为猫自然存在针对上述抗原的同种抗体（AB 系统和 Mik 系统），并且在第一次输血时可能会经历严重的输血反应，所以在每次输血前，除了进行血型匹配外，还应该进行 BCM 试验。因非 AB 系统抗原（如 Mik 系统）的存在，即使通过 AB 系统血型的匹配，也可能出现交叉配血阳性结果。据报道，首次输血不相配的概率为 14.9%，既往接受过输血的患病动物为 27%（McClosky et al., 2018）。与犬一样，4 ~ 7 d 前接受过红细胞输血的患猫在接受任何额外的红细胞输血前必须进行交叉配血（专栏 5.5）。

需要进行包括受血动物红细胞和血浆混合的对照试验，因为一些受血动物可能有自体凝集干扰 BCM。如果患病动物对照组呈阳性（即存在自体凝集），那么就不能得出关于患病动物和供血动物之间血液相配的结论。任何主侧或副侧 BCM（非对照）的溶血、凝集或两者都不相配时，需要选择一个新的供血动物。理想情况下，副侧也能相配，但这并不太重要，因为犬的供体血浆不应该包含显著抗体。患猫必须给予特异性血型的血浆产品，因为存在天然的同种抗体。

由于在紧急情况下，传统的试管交叉配血法可能需要比预期更长的时间，因此可以采用玻片法

专栏 5.5　交叉配血试验

试管法交叉配血（40 min 至 1 h）

1. 从受体和供体采集血液到 EDTA 管中（或从血袋上的小样中获得抗凝血）。
2. 离心（1000 × g，5 min），分离红细胞和血浆，用吸管去除血浆，并将血浆转移到清洁的、标记的玻璃或塑料管中。注意有无溶血情况。
3. 用生理盐水清洗红细胞 3 次。
   a. 加入 4 ~ 5 mL 生理盐水。
   b. 混合均匀。
   c. 离心 1 ~ 2 min。
   d. 弃去生理盐水，在试管的底部留下红细胞。
4. 用生理盐水重悬红细胞，制成 3% ~ 5% 的红细胞悬浮液（在玻璃管或塑料管中加入 0.2 mL 红细胞和 4.8 mL 生理盐水）。
5. 为每个供体准备 4 个对照管，分别标记供体对照、主侧、副侧和受体对照。在每个试管中加入 2 滴（50 μL）血浆和 1 滴（25 μL）红细胞悬浮液，添加方法如下：
   a. 供体对照：供体血浆 + 供体红细胞。
   b. 主侧：受体血浆 + 供体红细胞。
   c. 副侧：供体血浆 + 受体红细胞。
   d. 受体对照：受体血浆 + 受体红细胞。
6. 轻轻混合，在 37℃温水浴孵育 15 ~ 20 min。
7. 在 1000 × g 下离心 15 s。
8. 检查上清液中是否有溶血情况。
9. 轻柔地重悬红细胞（通过敲击试管），检查是否存在肉眼可见凝集，并分为 1+（细微）、2+（小）、3+（大）或 4+（一个大凝块）。
10. 如果肉眼未见凝集，用显微镜在载玻片上观察凝集情况。
11. 如果在受体对照上有凝集，则存在自体凝集，不能进行可靠的交叉配血。如果供体对照有凝集，不应使用该血液，如果为新鲜采集血液，应对供体进行评估。

玻片法（20 ~ 30 min）

1. 从受体和供体采集血液到 EDTA 管中（或从血袋上的小样中获得抗凝血）。
2. 离心（1000 × g，5 min），分离红细胞和血浆，用吸管去除血浆，并将血浆转移到清洁的、标记的玻璃或塑料管中。注意有无溶血情况。
3. 为每个供体准备 4 个载玻片，分别标记供体对照、主侧、副侧和受体对照。在每个载玻片上加入 2 滴血浆和 1 滴红细胞，并混合在一起。
   a. 供体对照：供体血浆 + 供体红细胞。
   b. 主侧：受体血浆 + 供体红细胞。
   c. 副侧：供体血浆 + 受体红细胞。
   d. 受体对照：受体血浆 + 受体红细胞。
4. 轻轻混合，肉眼观察凝集 2 min。如未见凝集，则进行显微镜下检查。

来获得敏感度较低但更快的结果（专栏 5.5）。一种犬的免疫层析法交叉配血试剂盒已上市（Alvedia LabTEST XM®, Limonest, France），减少了判读的主观性。也可使用凝胶柱法交叉配血试剂盒（DMS Laboratories Rapid Vet-H, Flemington, NJ）。尽管一项研究发现免疫层析试纸条试验检测 DEA7 的不相容性最不可靠，但通常认为每种交叉配血方法都可以接受（Spada et al., 2018）。BCM 相配不能防止致敏或迟发型输血反应，它只是表明目前没有检测到针对红细胞的抗体。

成分制备

以标准的输血速度（即超过 2 ~ 4 h）给予低温血液不会增加低体温的概率；然而，快速给予大量低温血液会导致低体温，进而发生心律失常和凝血功能障碍。不建议常规加热红细胞制品，因为这可能会增加红细胞脆性，促进微生物的生长。新生儿、体温过低的患病动物和接受大量输血的患病动物例外。

市面上有几种类型的血液加热器。在输血前积极加热血袋或让它在室温下静置都没有效果（Chiang et al., 2011）。如果采用主动升温，温度不应超过 37 ~ 42℃。根据美国血库协会的标准，室温下的红细胞制品应在 24 h 内使用。

技师笔记

如果要在输血过程中加热，则应在输液管靠近动物的位置使用加热夹（<2.5 cm），以防止血液到达患病动物之前恢复到室温。

冷冻血浆制品也应在 37℃温水浴或商品化血浆解冻器中解冻。一项比较温水浴、流动水浴和干式血浆解冻器的研究发现，流动水浴的解冻时间最短，而干式血浆解冻器能更好地保持止血蛋白的稳定性（Torkildsen et al., 2018）。使冷冻的血浆在室温下放置几分钟，然后放入温水浴，有助于防止储血袋破裂。将血浆装入塑料袋，然后置于温水浴，这样就很容易检测到有无泄漏。任何血浆制品都不应暴露在 45℃以上，以避免蛋白质变性和功能丧失（Isaacs et al., 2004）。解冻 1 h 内可以再次冷冻，止血功能不会出现明显损失。不建议在微波炉中加热红细胞制品或解冻血浆制品。

输血量

给贫血患病动物输血的目的不是使血细胞比容恢复至正常值，而是为了满足需氧量和纠正临床体征。输血量取决于贫血程度、患病动物的临床状态及患病动物的体重。在文献中发现了多种红细胞给药的方法，最近建立的一种方法可以准确预测犬输注红细胞产品时 PCV 的增加（专栏 5.6）。对于更紧急的输血需求，可给予平均剂量为 10 mL/kg 的 PRBCs 或 20 mL/kg 的 WB，然后重新评估临床体征。而在猫中进行的一项类似研究认为，没有公式能够高度准确地预测输血后的 PCV，普遍认为输注 2 mL/kg 的 WB 或 1 mL/kg 的 PRBCs 可使 PCV 升高 1%，这是最容易的估算方法（Reed et al., 2014）。通常给贫血猫输注 1 U WB 或 PRBCs，然后重新评估临床体征。

用于治疗凝血因子缺乏相关凝血功能障碍的血浆产品（FFP、FP、冷上清血浆）通常以 10 ~ 12 mL/kg 的剂量输注，然后对患病动物进行重新评估。低白蛋白血症可采用血浆输注，但不建议。因为需要非常高的剂量（血清白蛋白每增加 0.5 g/dL 需要输注的量为 20 ~ 25 mL/kg），这会增加发生免疫反应和容量过载的风险。输血后对患病动物的临床评估将决定是否需要进一步的血液制品治疗。

输血途径

血液和血液成分可通过静脉或骨内途径给药。静脉注射是最有效的途径，因为输注的红细胞或血浆产物可立即进入全身循环。在四肢使用导管更适合凝血功能障碍的患病动物，颈静脉和中心静脉允许使用更大的导管，以适应更快的输血速度。理论上当通过中心静脉快速输注冰冷或储存时间过长的高钾的红细胞时，会引起心律失常，这是值得关注的问题，因此应该进行适当的监测。

专栏 5.6 RBC 剂量公式

犬

1. VT=90 mL× 体重（kg）×（期望 PCV- 患病动物 PCV）/ 输入血液制品 PCV。
2. VT=2 mL× 期望 PCV 上升量 × 体重（kg）。
3. VT=1.5 mL× 期望 PCV 上升量 × 体重（kg）。
4. VT=1 mL× 期望 PCV 上升量 × 体重（kg）。

VT 是要输血的体积。

公式 1：适用于所有 RBC 产品，但需了解 RBC 产品的 PCV。

公式 2：最适合 PCV 为 80% 的 PRBCs（无添加剂）的公式。

公式 3：最适合 PCV 为 60% 的 PRBCs（有添加剂）的公式。

公式 4：最适合 WB，PCV 通常约为 45%。

摘自 Short, J. L., Diehl, S., Seshadri, R., et al. (2012). Accuracy of formulas used to predict post-transfusion packed cell volume rise in anemic dogs. Journal of Veterinary internal Medicine, 22:428-434.

对于新生儿和小型患病动物，当血管通路放置导管比较困难或不能成功放置时，可使用骨内途径。骨内输注血液制品时，输注的细胞和蛋白质可在数分钟内进入全身循环。

输血速度

输血速度是多变的。建议在最初 10 ~ 15 min 内缓慢输注血液成分［如 0.25 ~ 1 mL/（kg·h）］，同时技师应密切观察动物是否有急性输血反应的表现。然后在耐受的情况下尽快输注血液制品，输注时间不应超过 4 h，以尽量减少红细胞功能障碍和细菌增殖的可能性。大出血患病动物将需要更快的输注速度，以帮助补充血管内液体量和红细胞损失，而慢性贫血患病动物一般血容量正常或低血容量，较慢的输注能够降低液体超负荷风险。患心脏病的动物不能耐受快输注速度。

输血前应监测基础意识水平、直肠温度、脉率及质量、呼吸频率及模式、黏膜颜色、毛细血管再充盈时间、HCT、血浆总蛋白、血浆及尿液颜色。在输血过程中，应每 30 min 监测一次上述的大部分参数，并在输血后进行常规评估，以确保达到预期的效果。

血液过滤器和输血疗法

所有血液制品都应进行过滤以帮助防止血栓栓塞并发症。标准血液输液器配有内置过滤器，孔径为 170 ~ 260 μm，这种尺寸的过滤器会捕获细胞、细胞碎片和凝固蛋白。捕获的碎片加上处于室温条件下，可能会促进细菌增殖；因此，血液输注套组可用于几个单位的血液制品，最长应用 4 h。小容量输血（即 <50 mL WB，<25 mL PRBCs 或血浆）可使用孔径为 18 ~ 40 μm 的微粒体过滤系统。犬使用微粒过滤器输血仍然存在一些担忧，当与注射泵一起使用时，可能导致红细胞存活时间小于 1 d（McDevitt et al., 2011）。因此，给犬进行输血时要更加小心，尽量避免使用微粒过滤器。在猫输血过程中使用这些过滤器似乎并不影响红细胞的存活时间（Heikes and Ruaux, 2013）。

使用机械泵进行 RBC 输注会引起一定程度的溶血，溶血程度取决于储存时间、流速和黏度，并会缩短输注后 RBC 的存活时间（McDevi et al., 2011）。针对静脉输液设计的输液泵的使用和对兽用血液制品的影响尚未进行全面评估，建议咨询制造商。有限的数据表明，使用容积式液体泵可导致 RBC 存活时间不同程度的缩短，而采用重力流式输注可使 RBC 存活时间最大化。如果出现携氧能力下降危及生命时，需要立即进行快速输血，可以加压血袋，因为患病动物立即获得红细胞和血红蛋白所带来的益处远远超过了潜在的部分红细胞溶血和存活时间缩短的风险（注意压力超过 300 mmHg 有可能使血袋破裂）。

输血反应

应仔细监测动物在输血过程中和输血后几周内是否有任何不良反应。输血并发症（transfusion complication）的发生率变化较大，并发症可能是由于免疫介导，也可能与非免疫介导相关。

过敏反应被认为是Ⅰ型超敏反应。在这些反应中，结合了免疫球蛋白 E 抗体的肥大细胞被引入的抗原激活，导致其脱颗粒，释放炎性介质（如组胺和白三烯），并引发局部或全身性炎症，导致

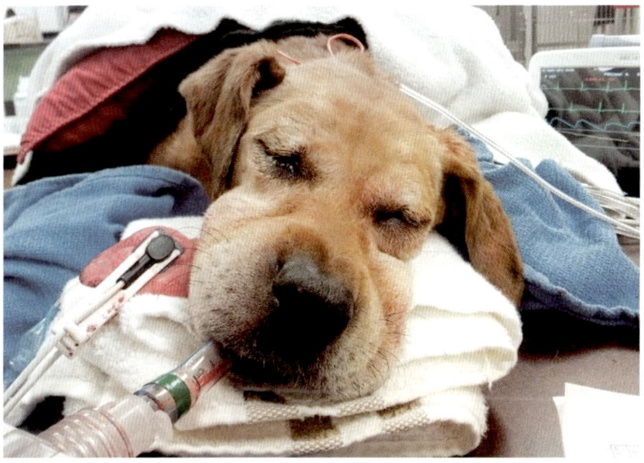

图 5.7　抗凝血灭鼠剂中毒所致肺出血患病动物，输注血浆引起的Ⅰ型超敏反应和面部肿胀

轻微症状，如呕吐、腹泻、发热、荨麻疹、瘙痒或面部肿胀（图 5.7）。轻微的症状可以通过停止输血以防止进一步输入抗原、给予抗组胺药物及液体疗法来缓解。在严重的情况下，过敏反应是由于大量释放炎性介质，引起血流动力学衰竭和休克。过敏反应的治疗方法是停止输血并给予糖皮质激素以发挥其抗炎作用，开始静脉输液复苏，可能会使用血管加压药或肾上腺素。任何血液成分都可能引发Ⅰ型超敏反应，这只是输血并发症的一种情况。

和过敏反应一样，溶血性输血反应（hemolytic transfusion reaction，HTR）是另一种免疫反应，可以急性或延迟发作。针对（与对应血型）不匹配的红细胞抗原的 IgG 和 IgM 抗体会引起Ⅱ型超敏反应，导致输入的红细胞发生血管内或血管外溶血。

当患病动物在输血前已经有显著水平的抗体时，就会发生急性溶血性输血反应（acute hemolytic transfusion reactions，AHTR），如接受了 A 型血的 B 型血猫或者以前接受了不匹配血型的受血犬。先前的暴露和免疫系统的致敏将导致获得性抗体在暴露后大约 4 d 以后达到显著水平。这些抗体在第二次暴露时会导致严重的 AHTR，如 DEA 1 型血重复错配输血的情况。AHTR 可伴有严重的Ⅰ型超敏反应相关的血流动力学衰竭，进一步影响氧气输送。AHTR 导致发热、流涎、呕吐、腹泻、弥散性血管内凝血，以及血红蛋白释放导致严重血红蛋白血症和血管内溶血合并血红蛋白尿的后果。AHTR 的治疗包括根据需要使用液体疗法和血管升压药提供心血管支持，使用糖皮质激素抑制炎症，以及提供支持性护理。

延迟溶血性输血反应（delayed hemolytic transfusion reactions，DHTR）可能无症状，或表现为 PCV 急剧下降，临床症状为输血后几天到几周内贫血，当清除机制超负荷时，还会伴有高胆红素血症和胆红素尿。输血前进行适当的血型匹配和交叉配血在很大程度上可以避免溶血性输血反应。

发热性非溶血性输血反应（febrile nonhemolytic transfusion reactions，FNHTR）被认为是对储存期间积累的白细胞抗原和细胞因子的免疫反应，可导致发热、恶心和呕吐。去白细胞，即从血液制品中过滤白细胞，似乎可以降低 FNHTR 的发病率。考虑到去白细胞过滤器的成本，兽医领域通常不进行去白细胞操作。

一些其他免疫并发症，如输血相关急性肺损伤（transfusion-related acute lung injury，TRALI）的特征是急性发作的呼吸困难和低氧血症，伴有弥漫性肺浸润，无循环超负荷迹象。TRALI 的病理生理机制尚不完全清楚，但似乎与炎症疾病和输血有关。输血相关急性肺损伤的治疗方法是通过补充氧气和机械通气（如需要）来支持呼吸功能。

输血相关免疫调节（Transfusion-related immunomodulation，TRIM）的特点是血液成分输注后的免疫抑制，导致医院获得性感染率增加。血清病或Ⅲ型超敏反应发生在输血后数周，由免疫复合物沉积在淋巴结、关节、肾脏、血管壁及血细胞引起。可能导致发热、红斑、水肿、荨麻疹、中性粒细胞减少、淋巴结肿大、关节肿胀和蛋白尿，每种情况都需要适当治疗。

传统意义上，输血前用药旨在预防免疫性输血并发症，但一项研究报告称，输血前用药对输血反应的总体发生率没有显著影响，并呼吁进一步研究使用苯海拉明预防急性过敏反应的价值（Bruce et al., 2015）。

非免疫性并发症通常由血液成分含量和传染

源的生理后果引起。最常见也是最重要的非免疫性并发症是输血相关性循环超负荷（transfusion-associated circulatory overload，TACO）。任何成分的输血都会增加患病动物的血容量，增加施加在血管壁上的静水压。尤其是对患有心血管疾病或体液正平衡的动物进行大量输血时，会导致水肿，而水肿最常见于肺部。临床症状包括呼吸窘迫、咳嗽、高血压、颈静脉扩张和发绀。通过停止输血、实施利尿剂治疗和补充氧气（如果低氧血症由肺水肿引起）来管理与输血相关的循环超负荷。在确定所需的量和输注频率之前，应持续评估患病动物的心血管状况和液体平衡，以最大限度地降低 TACO 的风险。

任何类型的红细胞创伤都可能引起溶血：①红细胞产品过热（也会引起蛋白质变性，输液过程中可能会增加细菌生长）；②冷冻红细胞产品；③将红细胞产品与非等渗溶液混合，造成细胞损伤；④加热然后再冷却血液产品；⑤通过输液泵、小针头或导管采集或输注血液。

细菌性致热原和败血症可能是血液采集和储存不当的并发症。储存血液中的深棕色至黑色上清血浆可能是细菌生长时消化的血红蛋白，上清液变色的血液应立即丢弃。输注被细菌污染的成分可能会导致败血症和其他血液感染症状。出现这种并发症的患病动物通常会在输注开始后 15 ~ 20 min 出现发热反应。

当柠檬酸盐 / 血容量不成比例或患病动物大量输血，尤其是肝功能不全的患病动物，可能会发生柠檬酸盐中毒。常见的临床症状包括不自主肌肉震颤、心律失常和心输出量减少。这种情况可通过检测离子钙水平来确认。如果存在柠檬酸盐毒性，则应停止输血（blood administration），并给予葡萄糖酸钙。储存的血液制品中积累的氨可导致肝衰竭患病动物出现高氨血症，并导致共济失调、低头、转圈和癫痫等神经症状。当输注大量冷血液制品时，可能会出现体温过低现象，并产生各种后果（尽管不建议对血液制品进行常规加热）。

技师笔记

技师在早期发现并发症迹象方面起着重要作用。在最初的 30 ~ 60 min 内，应频繁监测心率、呼吸频率和深度、黏膜颜色、毛细血管再充盈时间、血压、精神状态及恶心、呕吐和水肿的迹象（每 5 ~ 15 min），并且在接下来的输血过程中减少监测频率（每 30 ~ 60 min）。使用输血监测表格的专业技师应客观地填写参数，并在输血前、输血中和输血后拟出重要检查清单。

尽管许多输血并发症表现为发热、呕吐和腹泻等非特异性症状，但心率、呼吸状态、血压和精神状态等参数的细微变化提醒技师停止输血，并根据这些患病动物的症状咨询兽医进行进一步治疗。通过对输血相关并发症的全面了解，技师将能够迅速采取行动，预测患病动物的需求，并为患病动物提供最佳治疗。

输血替代产品和方法

以血红蛋白为基础的携氧溶液

以血红蛋白为基础的携氧（hemoglobin-based oxygen carrier，HBOC）溶液，如 Oxyglobin®（血红蛋白谷氨酸 200，OPK 生物）是一种不含细胞的牛源性聚合血红蛋白溶液，旨在提供携氧能力。HBOC 溶液的无细胞特性优于红细胞产品，无须进行基于红细胞抗原的相容性测试。与天然血红蛋白相比，HBOC 有助于更好地输送氧气，并且具有较长的保质期（氧合血红蛋白为 3 年）。该溶液的胶体渗透压较高，这对低血容量或低血压患病动物可能有益，但对血容量正常的患病动物或患有心脏病的动物造成液体过载的风险更高。在找到合适的红细胞配型或根本原因得到治疗（半衰期为 15 ~ 20 h）前，HBOCs 可用作“氧桥”来提高携氧能力，并可用作免疫并发症高风险患病动物（免疫介导性溶血性贫血、反复输血的高度同种异体免疫患病动物）的非免疫原性氧载体。有必要按照常规输血监测方案监测，因为免疫介导性并发症和容量过载都可能会发生。多年来，HBOC 溶液的供应一直不稳定，兽医界正在等待这种可稳定供应的 RBC 替代品问世。

异种输血

维持大量 B 型（或 AB 型，尽管需求很少）供血猫一直是许多血库面临的挑战。异种输血也可以用于没有合适血液的B型血猫，提高其携氧能力。异种输血是将血液从一个物种输到不同物种体内。犬血偶尔被用于为患猫提供携氧能力。猫没有天然产生的抗犬红细胞抗原的抗体，第一次接触导致致敏，4 ~ 7 d 后会出现延迟溶血性输血反应，暴露后超过 4 ~ 6 d 的再次输血会导致过敏反应。出于同样的原因，不鼓励在没有血型匹配的情况下给犬输血，不鼓励将异种输血作为一种选择。

保证犬红细胞的持续库存也是一个挑战，特别是在战斗医学领域，给犬输人类血液的可能性一直很吸引人。一项对人类血液和犬血体外相容性的初步研究表明，所有被测样本的交叉配型结果都呈阳性，因此不应该给犬输注人类血液（Edwards et al., 2019）。

技师笔记

如果患病动物不输血就会死亡或遭受不可逆的缺血性损伤，且没有其他选择，如相配的血源或红细胞替代品，才可以考虑犬对猫的异种输血。兽医专业人士必须告知主人与这种疗法相关的风险，且只能将其用作最后的手段。

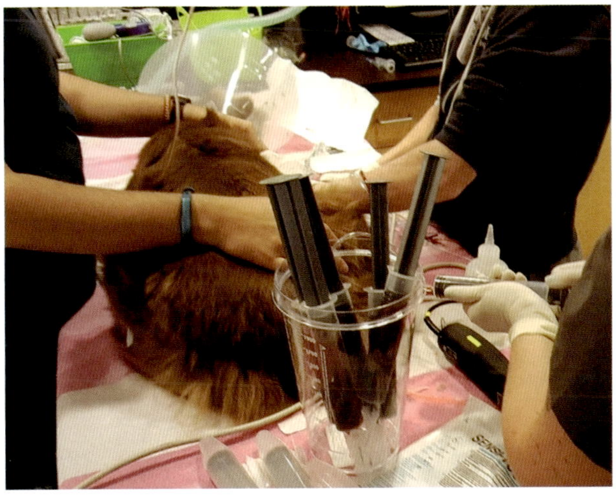

图 5.8　通过胸腔穿刺术采集回收血液，保存在注射器中用于自体输血

自体输血

自体输血是从患病动物体内取出血液并将其重新注入患病动物血液循环的过程。在急诊医学中，血液是从发生出血的体腔中采集。

技师笔记

自体输血消除了血型不匹配的顾虑，在血液制品供应不足的情况下可以提高携氧能力，挽救生命。

回收的血液可以用注射器或液体袋收集，使用输血过滤器（图 5.8）。不需要添加抗凝剂，因为在体腔中积聚的血液通常会消耗凝血因子并进行纤维蛋白溶解。自体输血的风险在于血液中可能存在污染物，如细菌、恶性细胞和血栓，以及可能诱发凝血病和全身炎症。一项关于腹腔积血猫术后 PCV 增加、并发症发生率、出院存活率和 2 个月存活率的研究发现，PCV 显著增加，无临床相关不良反应，8 只猫中有 6 只存活出院，2 个月存活率为 60%。作者得出结论，自体输血是一种提供红细胞的安全有效的方法（Cole and Humm, 2019）。良好的病例选择和现成的自体输血试剂盒将有助于缓解对血库的需求。

参考文献和推荐阅读

[1] Abrams-Ogg A.C. Triggers for prophylactic use of platelet transfusions and optimal platelet dosing in thrombocytopenic dogs and cats. The Veterinary Clinics of North America. Small Animal Practice. 1993; 33:1401–1418.

[2] Abrams-Ogg A.C., Kruth S.A., Carter R.F., et al. Preparation and transfusion of canine platelet concentrates. American Journal of Veterinary Research. 2003; 54:635–642.

[3] Abrams-Ogg A.C., Schneider A. Principles of canine and feline blood collection, processing, and storage. in: Weiss D.J., Wardrop K.J., eds. Schalm's veterinary hematology. 6th ed. Ames, IA: Wiley-Blackwell; 2010.

[4] Acierno M.M., Raj K., Giger U. DEA 1 expression on dog erythrocytes analyzed by immunochromatographic and flow cytometric techniques. Journal of Veterinary internal Medicine. 2014; 28:592–598.

[5] Allyson K., Abrams-Ogg A.C., Johnstone I.B. Room temperature storage and cryopreservation of canine platelet concentrates. American Journal of Veterinary Research.

1997; 58:1338–1347.

[6] Blais M.C., Rozanski E.A., hale A.S., et al. Lack of evidence of pregnancy-induced alloantibodies in dogs. Journal of Veterinary internal Medicine. 2009; 23:462–465.

[7] Brownlee L., Wardrop K.J., Sellon R.K., et al. Use of a prestorage leukoreduction filter effectively removes leukocytes from canine whole blood while preserving red blood cell viability. Journal of Veterinary internal Medicine. 2000; 14:412–417.

[8] Bruce J.A., Kriese-Anderson L., Bruce A.M., et al. Effect of premedication and other factors on the occurrence of acute transfusion reactions in dogs. Journal of Veterinary Emergency and Critical Care. 2015; 25:620–630.

[9] Chiang V., hopper K., Mellma M.S. in vitro evaluation of the efficacy of a veterinary dry heat fluid warmer. Journal of Veterinary Emergency and Critical Care. 2011; 21:639–647.

[10] Cole L.P., humm K. Twelve autologous blood transfusions in eight cats with haemoperitoneum. Journal of Feline Medicine and Surgery. 2019; 21:481–487.

[11] Conversy B., Blais M.C., Carioto L., et al. Comparison of gravity collection versus suction collection for transfusion purposes in dogs. Journal of the American Animal hospital Association. 2013; 49:301– 308.

[12] Couto C.G., Iazbik M.C. Effects of blood donation on arterial blood pressure in retired racing Greyhounds. Journal of Veterinary internal Medicine. 2005; 19:845–848.

[13] Craft E.M., Powell L.L. The use of canine-specific albumin in dogs with septic peritonitis. Journal of Veterinary Emergency and Critical Care. 2012; 22:631–639.

[14] Culler C.A., Balakrishnan A., Yaxley P.E., et al. Clinical use of cryopoor plasma continuous rate infusion in critically ill, hypoalbuminemic dogs. Journal of Veterinary Emergency and Critical Care. 2019; 29:314–320.

[15] Day M.J., Kohn B. BSAVA manual of canine and feline haematology and transfusion medicine. (2nd ed.) Gloucester: British Small Animal Veterinary Association; 2012.

[16] Delaney M., Stark P.C., Suh M., et al. Massive transfusion in cardiac surgery: The impact of blood component ratios on clinical outcomes and survival. Anesthesia and Analgesia. 2017; 124:1777–1782.

[17] Donahue M.E., Fernandez A.L. Effects of storage over a 36-month period on coagulation factors in a canine plasma product obtained by use of plasmapheresis. American Journal of Veterinary Research. 2019; 80:578–585.

[18] Edwards T.H., Wienandt N.A., Baxter R.L., et al. in vitro compatibility of canine and human blood: A pilot study. Journal of Special Operations Medicine. 2019; 19:95–99.

[19] Euler CC, Lee JH, Kim K, et al. (2016): Survey of two new (Kai 1 and Kai 2) and other blood groups in dogs of North America. Journal of Veterinary internal Medicine. 30, 1642-1647.

[20] Ferreira B.R.E., Gopegui R.R., Araujo M.M.R.C., et al. Effects of repeated blood donations on iron status and hematologic variables of canine blood donors. Journal of the American Veterinary Medical Association. 2014; 244:1298–1303.

[21] Guillaumin J., Jandrey K.E., Norris J.W., et al. Assessment of a dimethyl sulfoxide-stabilized frozen canine platelet concentrate. American Journal of Veterinary Research. 2008; 69:1580–1586.

[22] Heikes B.W., Ruaux C.G. Effect of syringe and aggregate filter administration on survival of transfused autologous fresh feline red blood cells. Journal of Veterinary Emergency and Critical Care. 2013; 24:162–167.

[23] Hlavac N., Lasta C.S., Dalmolin M.L., et al. in vitro properties of concentrated canine platelets stored in two additive solutions: A comparative study. BMC Veterinary Research. 2017; 13:334.

[24] Hischvogel K., Jurina K., Steinberg T.A., et al. Clinical course of acute canine polyradiculoneuritis following treatment with human Ⅳ immunoglobulin. Journal of the American Animal hospital Association. 2012; 48:299–309.

[25] Hon M., Thomovsky E.J., Brooks A.C., et al. Cryopreservation of feline red blood cells in liquid nitrogen using glycerol and hydroxyethyl starch. Journal of Feline Medicine and Surgery. 2019; 22:366–375.

[26] Iazbik M.C., Gomez Ochoa P., Westendorf N., et al. Effects of blood collection for transfusion on arterial blood pressure, heart rate, and PCV in cats. Journal of Veterinary internal Medicine. 2007; 21:1181– 1184.

[27] Isaacs M.S., Scheuermaier K.D., Levy B.L., et al. in vitro effects of thawing fresh-frozen plasma at various temperatures. Clinical and Applied Thrombosis/ Hemostasis. 2004; 10:143–146.

[28] Johnstone I.B. Desmopressin enhances the binding of plasma von Willebrand factor to collagen in plasmas from normal dogs and dogs with type I von Willebrand's disease. The Canadian Veterinary Journal. 1999; 40:645–648.

[29] Kehl A., Mueller E., Giger U. CMAH genotyping survey for blood types A, B and C (AB) in purpose-bred cats. Animal Genetics. 2019; 50:303–306.

[30] Kisielewicz C., Self I., Bell R. Assessment of clinical and laboratory variables as a guide to packed red blood cell transfusion of euvolemic anemic dogs. Journal of Veterinary internal Medicine. 2014; 28:576– 582.

[31] Lee J.H., Giger U., Kim h.Y. Kai 1 and Kai 2: Characterization of these dog erythrocyte antigens by

monoclonal antibodies. PLoS ONE. 2017; 12:e0179932.
[32] Lee R.A., Millard h.A., Weil A.B., et al. in vitro evaluation of three intravenous fluid line warmers. Journal of the American Veterinary Medical Association. 2014; 244:1423–1428.
[33] McClosky M.E., Cimino Brown D., Weinstein N.M., et al. Prevalence of naturally occurring non-AB blood type incompatibilities in cats and influence of crossmatch on transfusion outcomes. Journal of Veterinary internal Medicine. 2018; 32:1934–1942.
[34] McDeviĵ R.I., Ruaux C.G., Balĵ er W.I. influence of transfusion technique on survival of autologous red blood cells in the dog. Journal of Veterinary Emergency and Critical Care. 2011; 21:209–216.
[35] McMichael M.A., Smith S.A., Galligan A., et al. Effect of leukoreduction on transfusion-induced inflammation in dogs. Journal of Veterinary internal Medicine. 2010; 24:1131–1137.
[36] Morrison J.A., Lauer S.K., Baldwin C.J., et al. Evaluation of the use of subcutaneous implantable vascular access ports in feline blood donors. Journal of the American Veterinary Medical Association. 2007; 230:855–861.
[37] Odunayo A., Garraway K., Rohrbach B.W., et al. incidence of incompatible crossmatch results in dogs admiĵ ed to a veterinary teaching hospital with no history of prior rd blood cell transfusion. Journal of the American Veterinary Medical Association. 2017; 250:303–308.
[38] Powell C., Thompson L., Murtaugh R.J. Type III hypersens-itivity reaction with immune complex deposition in 2 critically ill dogs administered human serum albumin. Journal of Veterinary Emergency and Critical Care. 2013; 23:598–604.
[39] Reader R.C., Barton B.A., Abelson A.L. Comparison of two intramuscular sedation protocols on sedation, recovery and ease of venipuncture for cats undergoing blood donation. Journal of Feline Medicine and Surgery. 2019; 21:95–102.
[40] Reed N., Espadas I., Lalor S.M., et al. Assessment of five formulae to predict post-transfusion packed cell volume in cats. Journal of Feline Medicine and Surgery. 2014;16:651–656.
[41] Seth M., Jackson K.V., Winzelberg S., et al. Comparison of gel column, card, and cartridge techniques for dog erythrocyte antigen 1.1 blood typing. American Journal of Veterinary Research. 2012; 73:213–219.
[42] Sibley T.A., Miller M.M., Fogle J.E. human intravenous immunoglobulin (h IV IG) inhibits anti-CD32 antibody binding to canine DH82 cells and canine monocytes in vitro. Veterinary Immunology and Immunopathology. 2013; 151:229–234.
[43] Spada E., Perego R., Viñals Flórez L.M., et al. Comparison of crossmatching method for detection of DEA 7 blood incompatibility. Journal of Veterinary Diagnostic investigation. 2018; 30:911–916.
[44] Spurlock N.K., Priĵ ie J.E. A review of current indications, adverse effects, and administration recommendations for intravenous immunoglobulin. Journal of Veterinary Emergency and Critical Care. 2011; 21:471–483.
[45] Torkildsen L., Bishop M.A., Barr J.W., et al. Comparison of multiple thawing techniques on thaw time and stability of hemostatic proteins in canine plasma products. The Journal of Small Animal Practice. 2018; 59:641–645.
[46] Walton J.E., hale A.S., Brooks M.B., et al. Coagulation factor and hemostatic protein content of canine plasma after storage of whole blood at ambient temperature. Journal of Veterinary internal Medicine. 2014; 28:571–575.
[47] Wardrop K.J., Birkenheuer A., Blais M.C., et al. Update on canine and feline blood donor screening for blood-borne pathogens. Journal of Veterinary internal Medicine. 2016; 30:15–35.
[48] Wardrop K.J., Owen T.J., Meyers K.M. Evaluation of an additive solution for preservation of canine red blood cells. Journal of Veterinary internal Medicine. 1994;8:253–257.
[49] Wardrop K.J., Tucker R.L., Mugnai K. Evaluation of canine red blood cells stored in a saline, adenine, and glucose solution for 35 days. Journal of Veterinary internal Medicine. 1997; 11:5–8.
[50] Weinstein N.M., Blais M.C., harris K., et al. A newly recognized blood group in domestic shorthair cats: The Mik red cell antigen. Journal of Veterinary internal Medicine. 2007; 21:287–292.
[51] Weiss D.J., Wardrop K.J. Schalm's veterinary hematology. 6th ed. Ames, IA: Wiley-Blackwell; 2010.
[52] Whelan M.E., O'Toole T.E., Chan D.L., et al. Use of human immunoglobulin in addition to glucocorticoids for the initial treatment of dogs with immune-mediated hemolytic anemia. Journal of Veterinary Emergency and Critical Care. 2009; 19:158–164.
[53] Yagi K., holowaychuk M.K. Manual of veterinary transfusion medicine and blood banking. Ames, IA: Wiley-Blackwell; 2016.
[54] Yaxley P.E., Beal M.W., Jutkowiĵ L.A., et al. Comparative stability of canine and feline hemostatic proteins in freeze-thaw-cycled fresh frozen plasma. Journal of Veterinary Emergency and Critical Care. 2010; 20:472–478.
[55] Zaldivar-Lopez S., Iazbik M.C., Marin L.M., et al. Iron status in blood donor dogs. Journal of Veterinary internal Medicine. 2014; 28:211–214.

场景

目的：为兽医技师提供建立或加强血液成分输血知识库和执行兽医用药医嘱的机会。

背景：急诊诊所被视为二级医疗机构，有一个内部血库，储存从商业血库购买的血液制品。你可以使用 PRBCs、FFP、冷沉淀、合成胶体液和等渗液。如果需要 FWB，可以打电话联系医院批准的捐献者。

场景

考虑以下患病动物：

病例 1：一只体重为 27.1 kg 的 3 岁雌性维兹拉犬，因呼吸困难、咳血入院，腹部有瘀青。检查时发现患病动物有心动过速（HR 140 次 /min）和呼吸急促（呼吸频率 56 次 /min），呼吸费力，听诊肺部声音异常，存在爆裂声，黏膜粉红色，CRT 小于 1 s，脉搏数正常。初步血液检查显示 PCV 为 40%，血小板计数为 248 000/L，PT/PTT 延长。胸部 X 线片显示肺水肿征象。患病动物因需要呼吸支持治疗而住院，主人稍后打电话告知邻居在他们的院子里放了一些老鼠诱饵。

病例 2：一只体重为 3.1 kg 的 14 岁雌性家养短毛猫，因嗜睡就诊。检查时发现患病动物心动过速（HR 200/min）和轻微呼吸急促（呼吸频率 40 次 /min），呼吸费力，肺部听诊音非常清晰。它的黏膜苍白，略带粉红色，CRT 为 1 ~ 2 s，脉搏感觉正常。初步血液检查显示 PCV 为 11%，TP 为 5.8 g/dL。该猫有慢性肾病，一直在家接受皮下补液治疗。

病例 3：一只体重为 8.8 kg 的 5 岁雄性查理士王小猎犬，因腹泻和便血 2 d 后就诊，并已住院接受了 24 h 的静脉输液治疗。今早重新评估时，它的心率为 160 次 /min，呼吸频率 32 次 /min，黏膜颜色浅粉红色，CRT 为 2 s。皮肤肿胀迅速，呈凝胶状。今天的血液检查显示 PCV 为 32%，TP 为 3.6 g/dL，血清白蛋白为 1.3 g/dL。

病例 4：一只 4 岁雄性混种犬，被邻居反复刺伤胸部和腹部后被紧急送至医院，据称是出于自卫。这只犬估计有 35 kg，腹部伤口有明显流血，几乎没有意识。在包扎开放性伤口并试图减少出血的同时，快速放置了 2 根外周静脉导管。

演示

- 向员工介绍所有的病例。
- 初步讨论：留出 10 ~ 20 min，让大家查看病例，并对需要使用的血液制品提出建议。
- 让大家解释他们的理由。
- 后续讨论：提供给药医嘱［通常采用“在前 15 min 以 Y mL/h 的速度给予 X mL（所选产品），然后以 Z 速度给予剩余药物”］。

问题

- 初步讨论：
  a. 患病动物的问题是什么，其可能的原因是什么？
  b. 讨论适合的血液制品。解释为什么使用它们。
  c. 讨论任何可能使用的替代血液产品，并解释为什么替代产品不是最优的（如适用）。
- 后续讨论：
  a. 应进行哪些兼容性测试（如果有）？
  b. 需要哪些物品？
  c. 如何为输血准备血液制品？
  d. 初始输血速度和目标输血速度是多少？
- 输血期间应监测哪些指标？是否有任何应特别注意的指标？

教学要点

- 为兽医技师提供了讨论血液成分适应证的机会。
- 如果血液制品供应有限，则提供了考虑替代方案和了解输血风险的机会。
- 兽医技师可以根据所在医院的输血方案，制订一个切实可行的计划。

参考资料

- 本章中表 5.1 列举了血液制品的类型、成分、适应证和准备情况。

医学计算练习

一只供体动物正在接受去氨加压素，为献血用于制备冷沉淀做准备。供体医嘱说明：给予 6 μg/kg 去氨加压素，用生理盐水稀释至总计 15 mL，去氨加压素的浓度为 0.1 mg/mL。供体动物体重为 30 kg。

1. 你需要多少微升去氨加压素？
2. 你需要多少毫升去氨加压素？

第6章

危重症动物营养支持

Daniel L. Chan

学习目标

1. 理解营养在小动物诸多疾病恢复阶段的重要地位。
2. 列举并描述营养不良和过度饲喂所引发的后果。
3. 列举可用于小动物临床营养支持的多种方式及其优缺点。
4. 理解如何根据患病动物需求制订并执行营养计划，以及如何对接受营养支持疗法的患病动物进行监测。

章目录

关键词

肠内营养
饲管
营养不良
营养评估
肠外营养

有诸多原因可能使危重症动物面临营养不良的风险。此外，危重症动物的代谢状态会发生改变，导致其风险进一步增加。当处于营养缺乏的状态时，健康动物会优先使用储存的脂肪提供能量。然而，患病或创伤的动物无法获得足够能量时，会分解瘦体组织（肌肉）而非脂肪。瘦体组织的流失使动物的体力下降，免疫功能和伤口愈合能力受损；虽然没有例证，但确实会对患病动物的整体生存期产生不利影响。在需要医疗护理的动物中，厌食经常作为主要临床症状之一出现，因此危重症动物出现营养不良（malnutrition）的风险相对较高。在许多疾病的进程中，动物都可能表现出食欲废绝、无法进食、饲喂不耐受、持续呕吐或腹泻等症状。由于这些动物可能会迅速发展至营养不良状态，因此识别营养不良的风险因素，并在早期尽快给予营养支持，就显得尤为重要。营养支持的第一步，是确认最适合的营养供给途径——若无法耐受经口进食，可选择肠内（通过胃肠道）或肠外（静脉，IV）营养途径。营养支持的目标是在患病动物存在营养不良风险时进行预防控制，在营养不良出现时进行治疗，二者同样重要。肠内营养是目前最安全、最方便且最符合动物生理的营养支持方式，因此是首选的营养供给途径。然而，当患病动物无法耐受肠内饲喂或无法利用肠内营养时，除了使用药物治疗手段外（如镇吐药），应将肠外营养（parenteral nutrition，PN）纳入考虑范围。为确保给危重症动物提供所需的营养管理，应当正确识别患病动物状态、进行准确的营养评估、实施可行的营养计划。

营养评估

任何医疗干预，都可能存在并发症的风险。将风险降到最低，取决于对患病动物的识别及评估。

制订营养策略的第一步是对患病动物进行系统评估，即营养评估（nutritional assessment）。营养评估可识别出哪些患病动物处于营养不良状态需立即进行营养支持，哪些患病动物存在发展为营养不良的风险需进行营养支持避免其发生。近日，世界小动物兽医师协会（World Small Animal Veterinary Association's，WSAVA's）全球营养委员会（www.wsava.org/nutrition-toolkit）发布了营养工具箱；营养评估的流程被总结归纳为营养评估清单（图 6.1），列入其中。

显著营养不良的指征包括近期体重下降超过原体重 10%、被毛质量较差、肌肉组织流失及伤口愈合不良。然而，这些异常并非营养不良特有，且不会在早期出现。此外，危重症动物的液体治疗也可能会掩盖体重下降的表现。患病动物存在营养不良倾向的因素包括超过 3 d 的厌食，严重的潜在疾病（包括创伤、败血症、腹膜炎、胰腺炎、胃肠道手术），大量蛋白质丢失（如长期呕吐、腹泻、伤口存在渗出）。营养评估也可识别出影响营养计划的指征，如心血管系统不稳定、电解质异常、高血糖、高甘油三酯血症，也包括同时存在的其他问题，如肾脏或肝脏疾病（如需要减少蛋白质含量或磷含量）。所有患病动物均应进行适宜的实验室分析（如血清生化）以评估这些指标。在执行任何营养计划前，患病动物应处于心血管系统稳定，主要电解质、液体及酸碱异常均已纠正的状态。

体况评分（body condition score，BCS）是营养评估中一个非常重要的组成部分。人们提出了多种多样的评估操作方法，对动物的状态进行定性评估：消瘦、瘦、理想体况、超重或肥胖。这些方法结合了操作者对动物身体进行视觉和触觉两方面的检查操作，主要关注动物的腹部、肋部、头部、尾部和骨盆骨骼凸起。常用五分制或九分制系统，二者没有优劣之分，关键在于同一诊所的兽医团队应选择并统一使用其中一种。对于所有就诊动物，无论健康或患病，医护人员均应对其进行 BCS。持续使用 BCS，兽医可以有效判断动物体况在发病和恢复过程中的进展。WSAVA 营养工具箱也包含非商业化的 BCS 表格，可用于员工培训和客户教育。为了准确无误地体现正在使用何种 BCS 系统，BCS 的记录应该反映正在使用的评分规则。例如，一只处于理想体况的犬，应该被记录为 3/5 还是 5/9，取决于使用的分制系统，从而避免误解。

营养支持的目标

即便在严重营养不良的患病动物中，治疗的直接目的还是应当专注于复苏、稳定体况、识别原发病程。在采取措施解决主要问题的同时，营养计划的制订应尽力避免（或纠正）明显的营养缺失和失衡。通过提供充足的能量基质、蛋白质、必需脂肪酸和微量元素，医护人员可确保动物的机体有能力支持伤口愈合、免疫功能和组织修复。营养支持的主要目的之一是尽量减少代谢紊乱和瘦体组织分解代谢。住院治疗期间，恢复健康时体重并不是最首要的目标，动物只有从重病状态康复后体重才会回升。住院期间营养支持的目标是避免瘦体组织进一步丢失、提供恢复所需的能量及营养素。牢记这些原则，谨慎地以保守和渐进的方式提供营养支持，并定期重新评估。

营养计划

营养支持成功的关键在于正确诊断并治疗基础疾病。在营养评估的基础上，制订计划以满足患病动物的能量和其他营养需求，与此同时，解决同期存在或需要计划调整的问题。营养支持的预期持续时间很大程度上取决于临床医生对特定疾病过程的熟悉程度和合理的临床识别，这些均应进行评估并纳入计划。每只患病动物应先确定最好的营养供给途径：肠内营养（enteral nutrition）还是肠外营养（parenteral nutrition）。这个决定应该基于潜在疾病及患病动物的临床症状。如果有可能，应首选肠内途径。如果不能耐受肠内饲喂或必须避开胃肠道，则应考虑肠外营养。营养支持应逐步引入，并在 48 ~ 72 h 内达到目标水平。

营养评估表

由宠主填写。请回答下列关于您爱宠的问题：

宠物姓名：＿＿＿＿＿＿＿＿＿＿ 种类 / 品种：＿＿＿＿＿＿＿＿＿＿ 年龄：＿＿＿＿＿＿＿＿＿＿

主人姓名：＿＿＿＿＿＿＿＿＿＿ 填表日期：＿＿＿＿＿＿＿＿＿＿

①爱宠活动性如何？　非常活跃□　中等活跃□　不太活跃□

②请您描述爱宠体重？　超重□　理想体重□　偏瘦□

③爱宠多数时间在　室内□　室外□　室内 & 室外□

请在下面列出品牌和产品名称（如果可以），以及所有食物、零食、洁牙食品、生食及任何其他您的爱宠常吃的食物，包括用来喂药的食物。

食物	类型	分量 *	数量	何时起饲喂
例如：Purina Cat chow	干	1/2 杯	2x/d	2010 年 1 月
90% 瘦肉汉堡	煎	3 oz（85 g）	1x/ 周	2011 年 5 月
中号奶棒	干	2	3/d	2012 年 8 月
Greenies Salmon Dental	零食	2	每天	2013 年 1 月

* 如果按体积喂，您一般使用什么量器？＿＿＿＿＿＿＿＿
* 如果饲喂罐装食物，是什么型号的罐头？＿＿＿＿＿＿＿＿

④您是否给爱宠使用营养补充剂（如维生素、氨基葡萄糖、脂肪酸或其他）？　是□　否□

如果是，请写明品牌及量＿＿＿＿＿＿＿＿＿＿

由医护团队填写

是否回顾了饮食史？否□　若否，请回顾饮食史　是□　若是，请继续

目前体重＿＿＿＿＿＿＿＿＿＿ 理想体重＿＿＿＿＿＿＿＿＿＿

目前体况评分 *＿＿/9　或＿＿/5　* 参考体况评分表

肌肉评分：正常□　轻度流失□　中度流失□　重度流失□

查看评估表

健康且不存在风险因素的宠物无须进行额外评估

营养监测风险因素（扩展评估可选）	若存在填√
活动水平过高或过低	□
多宠家庭	□
妊娠	□
哺乳	□
生长期	□
年龄 > 7 岁	□
营养监测风险因素（必要评估）	
胃肠道功能改变病史（如呕吐、腹泻、恶心、胀气、便秘）	□
先前 / 正在经历疾病	□
正在接受治疗和（或）营养支持	□
非常规饮食（如生食、自制食物、素食、陌生食物）	□
零食、餐桌食物超过总能量摄取的 10%	□
饲养空间不足或不当	□
体检	
体况评分小于 4 或大于 5（9 分制）	□
肌肉评分：轻度、中度或重度肌肉流失	□
无法解释的体重变化	□
牙齿异常或疾病	□
被毛质量较差	□
新医疗情况 / 疾病	□

此页上没有勾选的项目？营养评估已完成

此页上已勾选的项目？继续下一页

图 6.1　WSAVA 营养评估清单用于评估患病动物发生营养不良的风险，以及是否需要营养支持。此表为 WSAVA 全球营养委员会发布的营养工具箱的一部分

（来自世界小动物兽医师协会全球营养委员会。参考 www.wsava.org/nutrition-toolkit）

扩展评估表

饮食或行为上的变化

a. 进食量： 增加□ 减少□
b. 咀嚼： 正常□ 不正常□
c. 吞咽： 正常□ 不正常□
d. 恶心： 是□ 否□
e. 呕吐： 是□ 否□
f. 反流： 是□ 否□

体表状况

a. 被毛可轻易拔下： 是□ 否□
b. 皮肤变薄： 是□ 否□
c. 皮肤干燥或鳞片状： 是□ 否□

血清生化检查异常

a. 葡萄糖： 低□ 正常□ 高□
b. 白蛋白： 低□ 正常□ 高□
c. 总蛋白： 低□ 正常□ 高□
d. 电解质：
低 ______________
高 ______________
e. 尿素： 低□ 正常□ 高□
f. 肌酐： 低□ 正常□ 高□
g. 总 T4： 低□ 正常□ 高□

全血细胞计数异常

a. 贫血： 是□ 否□
b. 淋巴细胞减少： 是□ 否□

其他 ______________________________
____
____

粪便漂浮 / 抹片 / 培养异常： ______________________________
____

尿检异常： ______________________________
____

其他检查异常： ______________________________
____

提供下列建议

建议改变摄入能量？是□ 否□ 若是，计算：
当前的卡路里摄入量 ** ____________kcal 或 kJ/d
** 参考从饮食史表格中获得的信息。
推荐的卡路里摄入量 *** ____________ kcal 或 kJ/d
*** 请参阅热量需求表。
建议改变饮食吗？是□ 否□ 若是，请描述：
新饮食建议 ______________________________
建议改变饲喂管理吗？是□ 否□ 若是，请描述：
每次饲喂量 ____________ 杯 ____________ 罐 ____________g
每天饲喂次数 ______________________________
零食（如果可以）：总量及每日数量 ______________________________
一定要与主人详细讨论餐桌食物、营养补充剂和药物给予。
建议改变环境因素？（如多只宠物的问题、其他食物提供者及来源、环境丰容、宠物的活力、环境应激源）
是□
否□ 若是，请描述：______________________________
给客户的监测建议？（如 BW、BCS、MCS、食物摄取、食欲、胃肠道症状、活力、总体表现）
是□
否□ 若是，请描述：______________________________
客户是否购买推荐食物？是□ 否□
是否使用教育信息或工具？是□ 否□

图 6.1（续）

计算营养需求

静息能量需求（resting energy requirement，RER）是指动物处于安静休息状态下维持体内稳态所需的热量。计算 RER 的常用公式如下：

$$RER=70\times 体重/kg^{0.75}$$

对于体重为 2 ~ 30 kg 的动物，也可用下面的线性公式计算能量需求：

$$RER=(30\times 体重/kg)+70$$

通常会用 RER 乘以疾病因素系数（1.0 ~ 1.5），以应对不同疾病和损伤相关的代谢增加。近来，人们对这些主观疾病因素的关注度逐步降低，目前的建议是使用更保守的能量估计（即弃用疾病因素），以避免过度饲喂。过度饲喂可导致代谢和胃肠道相关并发症、肝功能障碍、二氧化碳生成增加及呼吸肌衰弱。在代谢并发症中，最常见于患病动物的是高血糖。

目前，RER 用于对危重症动物能量需求的初始预估。应按照上述基本计算作为初始值，并密切监测接受营养支持的动物，观察其对营养干预措施是否耐受。若出现体重或体况持续下降等情况，提醒临床兽医重新评估，或视需修改营养计划（如增加 25% 的能量供应）。

兽医技师的角色

兽医技师在提供营养支持方面是至关重要的。因为兽医技师与患病动物接触的时间最多，也最擅于识别哪些患病动物需要接受营养支持、实施营养计划、放置饲管或肠外营养导管，并监测患病动物的并发症。在大多数诊疗机构中，兽医技师具备一定的授权，从而协助临床医生为患病动物制订营养计划，并辅助评估治疗反应。接下来的几节将专门讨论技师在提供不同类型营养支持过程中的作用。

肠内营养

如前所述，我们通常更倾向于采取肠内营养支持途径。肠内营养比肠外营养更安全、更便宜，并有助于维持肠道结构和功能。肠内营养包括各种形式的经口饲喂（如手喂、注射器饲喂）和管饲［如鼻食道饲管（NE 管）、食道饲管（E 管）、胃饲管（G 管）、空肠饲管（J 管）］。在使用饲管（feeding tubes）的状态下，执行力良好的宠主也可将患病动物接回家护理。大多数饲管并发症包括管路阻塞和饲管皮肤出口处的局部刺激；更严重的并发症包括出管部位感染，以及较少见的胃饲管 / 空肠饲管完全脱出、腹膜炎等情况。医护人员可以通过使用合适的饲管与食物、预先做好准备、密切跟进宠主（鼓励宠主遵循家庭护理指南，注意可能出现的问题）等措施来避免饲管并发症带来的不利情况。

辅助饲喂（手喂或注射器喂）通常不能提供所需能量。然而，这项技术依旧具有一定意义，主要基于如下两个原因。首先，辅助饲喂可以协助评估患病动物的胃肠道是否可以耐受饲喂。如果在辅助饲喂后出现呕吐，应考虑进行肠内营养治疗。其次，辅助饲喂可以帮助确定患病动物的食欲何时改善。对于食欲废绝的患病动物而言，赛庚啶或米氮平这类食欲促进剂通常不是很有效；一旦动物开始自主进食，且无法自主吃到足够量时，它们可以刺激动物让其食欲更稳定。

需要注意的是，注射器喂食不应该成为一个应激事件。如果动物抗拒注射器喂食，则应考虑放置饲管。如果患病动物开始将进食与应激状态联系起来，动物可能会对食物产生厌恶，从而使营养支持变得更加复杂（对于猫而言更是如此）。另一个需要注意的是，对于呼吸困难或失去气道保护能力的患病动物（如喉麻痹或咽反射消失），因存在极大的误吸风险，应禁止使用注射器喂食。

如果决定使用饲管进行营养支持，下一步就要选择使用的饲管类型（表 6.1）。犬猫常用的饲管有鼻食道饲管、食道饲管和胃饲管。虽然上文提及过空肠饲管，但目前其使用并不普遍。饲管的放置，通常需要由 2 个或以上人员参与操作；兽医技师在其中可以承担大量工作。在放置流程前期协助完成布置、饲管及患病动物的准备工作，在放置完毕后，拍摄 X 线片以确定饲管是否放置到恰当的位置。

表 6.1　饲管选择

饲管	可用时限	优点	缺点
鼻食道饲管（NE 管）	短期（< 5 d）	便宜 易于放置 无须麻醉	需使用流食 部分动物留置 NE 管时不会经口进食
食道饲管（E 管）	长期	便宜 易于放置 可饲喂高能量密度食物	需麻醉 若早期移除，可能产生蜂窝织炎
胃饲管（G 管）* 经皮内镜下胃造口饲管 （PEG）外科放置	长期 长期	易于放置 可饲喂高能量密度食物 可饲喂高能量密度食物	需麻醉 需内镜 需麻醉及开腹术
空肠饲管（J 管）	长期	绕过胃及胰腺 可用于胰腺炎患病动物	需麻醉及开腹术 需住院护理 需恒速输注 需使用流食 若早期移除可能出现腹膜炎

* 对于所有胃饲管而言，如果饲管泄漏或早期移除，均可能出现腹膜炎。

鼻食道饲管的放置相对简单，仅需轻度镇静。在鼻黏膜上使用局麻药物并适当润滑饲管，可提高动物对饲管放置的耐受程度。然而，鼻食道饲管也有缺点。首先，只能使用流食，这些食物通常只有 1 kcal/mL；因此，较难为患病动物提供充足的能量供应。其次，这种饲管通常需要同时佩戴伊丽莎白圈，防止因动物抓挠而脱落；因此动物对其耐受度一般。鼻食道饲管的使用，应限制在极短期使用需求的病例范围内，或极其不稳定无法耐受麻醉的动物中。对于一些动物而言，使用鼻食道饲管单次给予流食会出现恶心和呕吐的表现。这种情况可以参考下列解决方案：尝试用注射器或输液泵经鼻食道饲管缓慢连续推注。兽医技师应使用 1 ~ 2 mL/h 的速度推注，随后逐渐加量至能量需求目标值。

食道饲管使用场景更多，可用于高效的营养支持。放置需要短时间的麻醉，此技术易于掌握，且饲管可以长时间用于饲喂。在专栏 6.1 中详细介绍了放置的技术细节和操作步骤。患病动物对于管饲及经口饲喂均可良好耐受，大多数宠主也可以接受这种饲喂方法。每次使用食道饲管后，都要用水充分冲净饲管，防止堵塞。口服液体药物也可以通过食道饲管给药；碾碎和溶解的药物不建议使用食道饲管，很可能会堵塞。当饲管堵塞时，可以使用温水加压、注射器抽吸，以解除堵塞；还可以使用其他方法，包括注入碳酸饮料或胰酶、碳酸氢钠溶液。饲喂的食物应当适度加热至温热，并在 10 ~ 15 min 推注完毕。

手术放置的胃饲管（G 管）和经皮内镜下胃造口饲管（percutaneous endoscopically-guided gastrostomy，PEG），需进行麻醉和使用特殊设备进行更复杂的手术。这些类型的饲管更适合长期营养支持。需要使用胃饲管或胃造口饲管的病例包括严重的食道功能障碍（如巨食道、严重的食道炎、食道狭窄、食道或咽部肿瘤）或长期衰弱性疾病（如慢性肾功能衰竭终末期）。上述饲管有商品化销售的特殊套件（图 6.2）。这些管径更大的饲管可以饲喂鼻食道饲管或食道饲管无法饲喂的“混合”饮食。应经常评估胃饲管或胃造口饲管的出口位置（是否有感染迹象）并进行适当处理。通过胃饲管或胃造口饲管喂食，不应引起患病动物不适。若出现不适，应立即评估饲管是否正确放置。如果胃饲管或胃造口饲管的使用时间超过几个月，这些饲管可使用更美观（通常也较为昂

专栏 6.1　食道饲管的放置

1. 食道饲管（E 管）的正确放置，需要将饲管远端置于食道远端或胃内。需要在放置前先测量饲管长度。应在饲管远端侧面用一个小刀片开口作为出口，而不是直接在饲管远端切割出边缘锋利的断端。

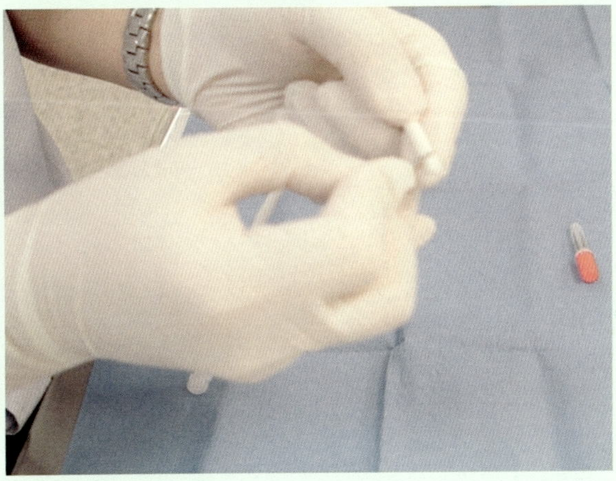

2. 患病动物应接受麻醉，建议插管。

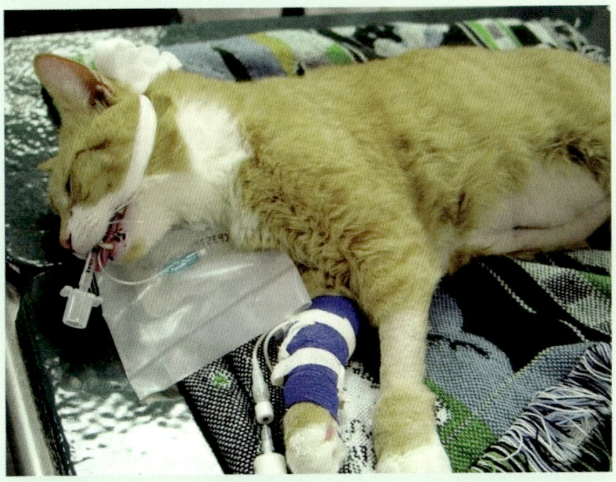

3. 患病动物右侧卧保定，左侧颈部剃毛，进行手术备皮。

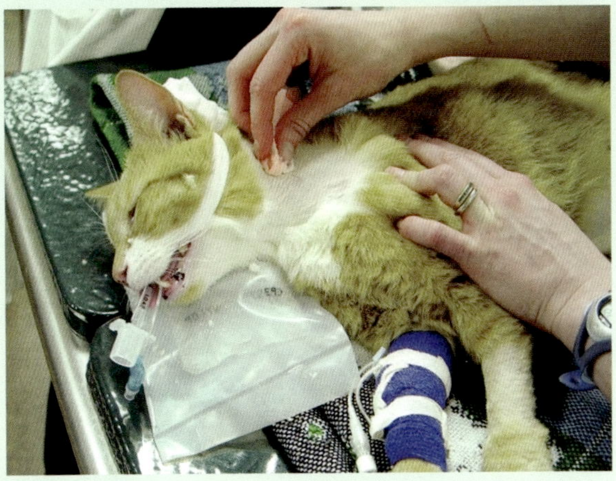

4. 将弯止血钳（罗－卡氏弯止血钳，Rochester Carmalt forceps）放入口腔，沿食道向下至颈椎中段。注意识别并避开颈静脉。

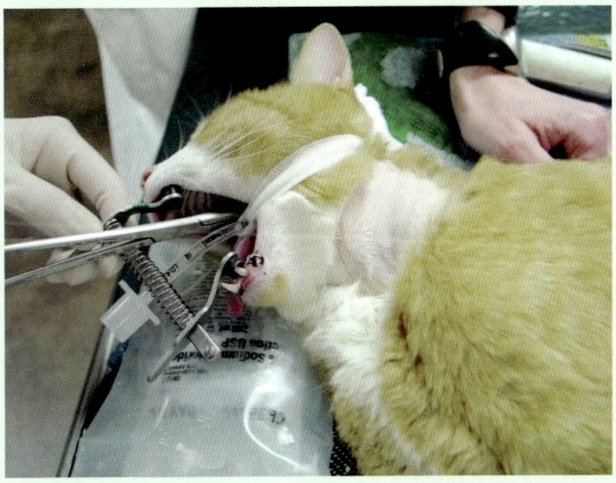

5. 将弯止血钳的尖端向背侧推，将食道推向皮肤。

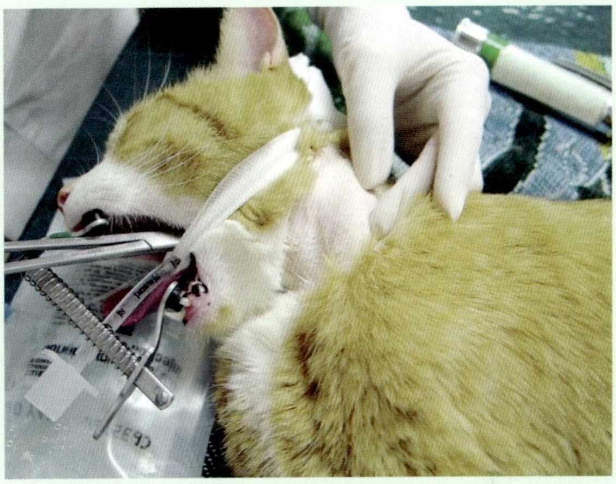

6. 在皮肤表面，触诊弯止血钳的尖端，以确定位置，随后经皮肤做切口进入食道。食道黏膜比皮肤相对更难切开。

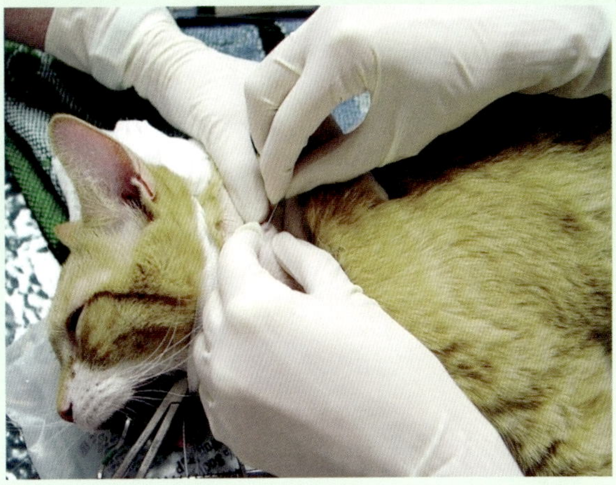

专栏 6.1　续

7. 将止血钳的尖端施力穿过切口。

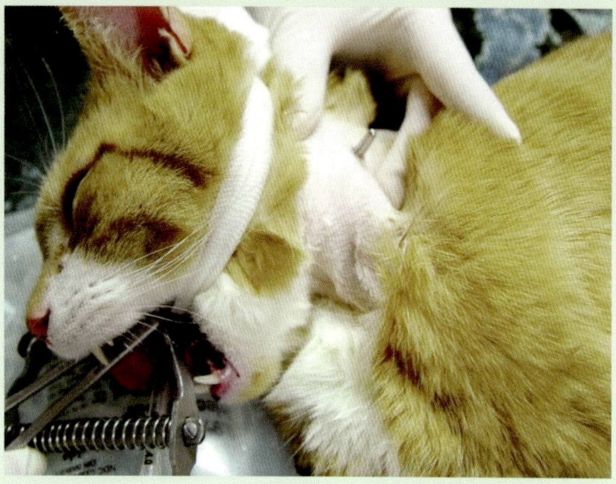

8. 用手术刀稍微扩大切口，以便张开弯止血钳，夹持住食道饲管。

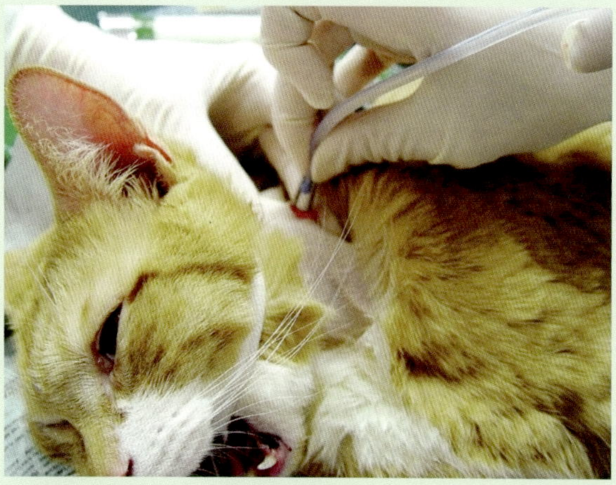

9. 将弯止血钳夹紧，经口腔取出。

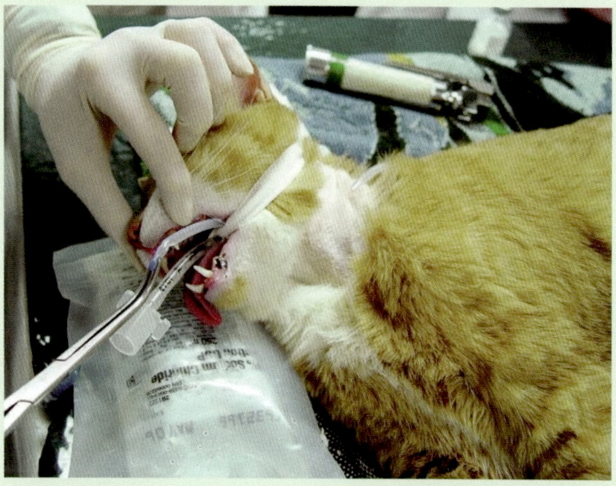

10. 松开弯止血钳的尖端，食道饲管的末端弯曲回口腔并将其送入食道。

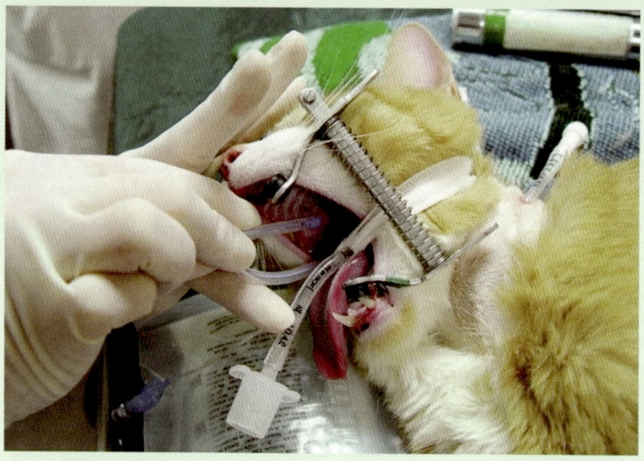

11. 弯曲的饲管末端被推入食道，同时轻轻牵拉饲管近端。这将使饲管在食道内重新改变方向，出现一个微妙的“翻转”。饲管应当可以轻松前后滑动几毫米，确认饲管已被拉直。

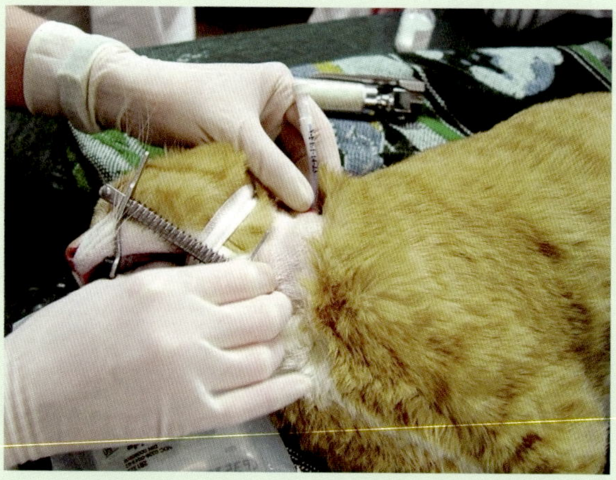

12. 医师应视诊检查口咽部，确认饲管已不在口咽部内。

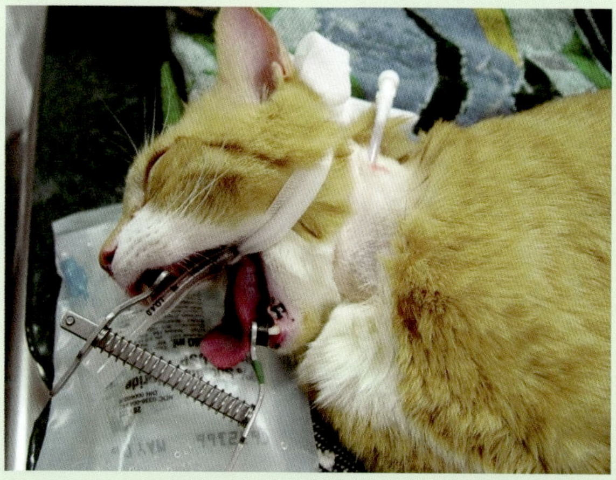

13. 快速对切口部位进行术部准备，随后使用荷包缝合以固定饲管。

专栏 6.1　续

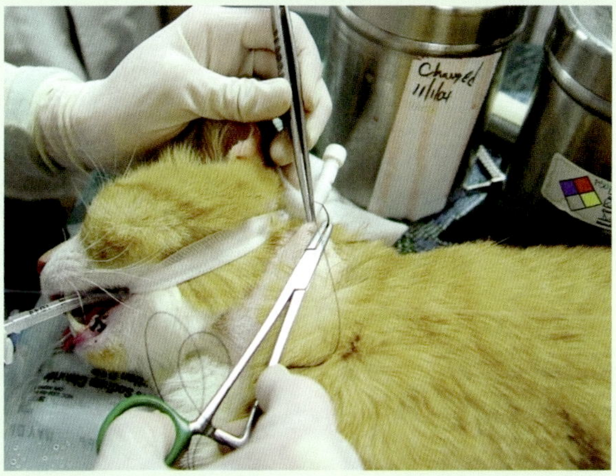

14. 在饲管周围用“中国结（指套）”缝合进一步固定。

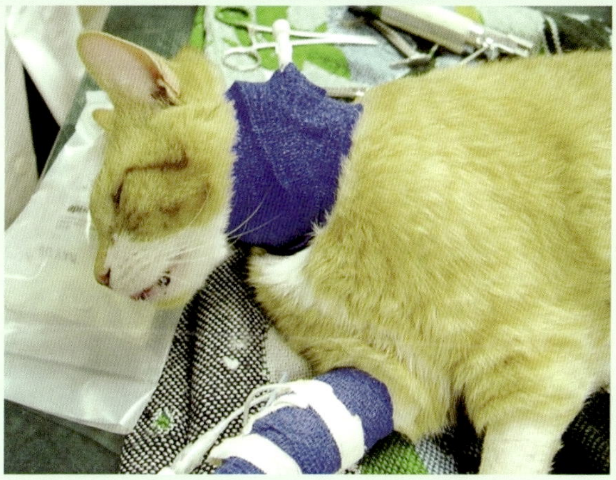

16 拍摄 X 线片或进行透视，确认放置位置正确。

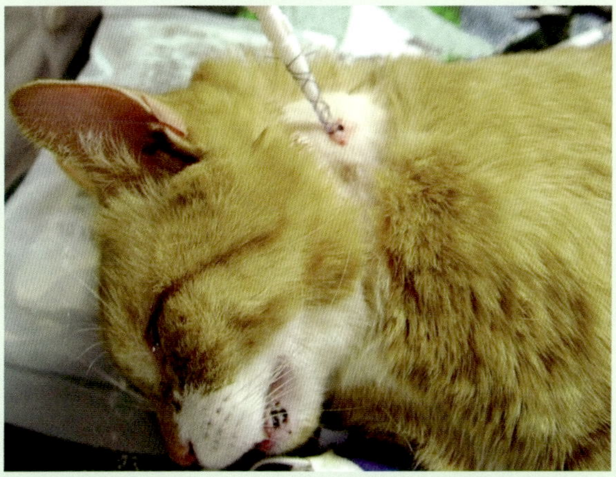

15. 颈部进行简单包扎。

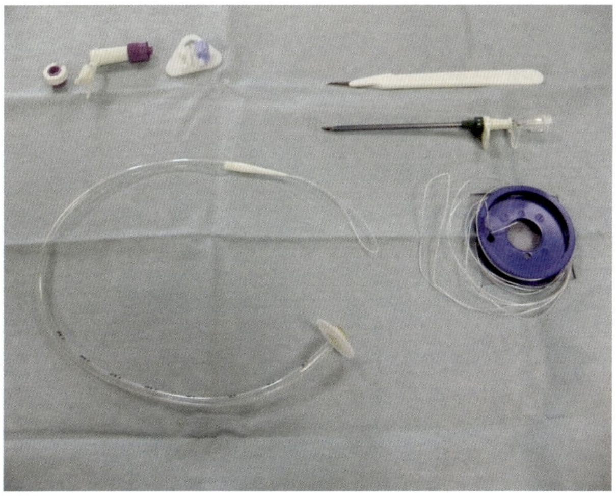

图 6.2　包含胃造口饲管、套管针导入器、缝合器、手术刀刀片、锚定器和适配器在内的全工具包，会使放置经皮内镜下胃造口（PEG）饲管的操作变得更容易

贵）的“隐形”饲管代替。这些饲管的主要优点是看上去不明显，且可能更不易脱落。

在患病动物接受腹部手术且营养通路需要绕过上消化道的情况下（如严重的坏死性胰腺炎、胰腺脓肿或肿物、十二指肠切除术），可以放置空肠饲管（J 管）。在等待上消化道愈合期间，可进行空肠饲喂。此前通常建议使用人用肠内营养产品，事实上，对于兽医用流食，动物通常也可很好地耐受。由于泄漏或移位通常会导致腹膜炎。留置空肠饲管的患病动物，应当勤加监测。危重症动物通常同时存在其他静脉通路和导尿管，可能与空肠饲管混淆，从而导致严重后果；因此应小心谨慎对 J 管进行正确标记。通过空肠饲管饲喂，应使用注射泵连续输注，而不是一次性推注饲喂

（可能会引起恶心或疼痛）。

应根据所选饲管类型和治疗的疾病进程，选择合适的饮食。饮食选择还取决于动物的临床指标和实验室结果（专栏 6.2）。然后计算食物量，并制订具体的饲喂计划。通常，鼻食道饲管、食道饲管、胃饲管每 4 ~ 6 h 进行饲喂一次，每次饲喂后，应用 5 ~ 10 mL 水冲洗饲管，以尽量减少饲管堵塞。到出院时，应将喂食频率降低至每天三四次，以便宠主操作。

对于食道饲管和胃饲管，通常单次饲喂 5 ~ 10 mL/kg 的容量是可耐受的（不同患病动物存在个体差异）。对于基本健康但不能经口饮食（如颌骨骨折）的患病动物，每次喂食可耐受较大量的食物（15 ~ 20 mL/kg）。由于肠内食物主要成分是水（大多数罐头食品的水含量 >75%），因此应相应调整肠外输液量以避免容量过载。可使用伊丽莎白圈并结实包扎饲管来防止饲管过早脱落。应注意避免将饲管包扎缠绕得太紧（这样可能导致患病动物不适，并可能影响通气）。

肠外营养

肠外营养比肠内营养的成本更高，目前仅适用于住院动物。肠外营养的适应证包括呕吐、严重吸收不良和严重肠梗阻。曾用来描述使用肠外营养的患病动物的医疗定义发生了变化，因此对肠外营养的使用范围值得重新进行考量。以前，全肠外营养（total parenteral nutrition，TPN）被定义为能静脉提供患病动物所需的所有蛋白质、热量和微量营养素，而部分肠外营养（partial parenteral nutrition，PPN）被定义为只提供部分所需（通常为能量需求的 40% ~ 70%）。因为在动物中仍有诸多内容有待研究，近期的更新变化不再用“满足能量和营养需求”来描述肠外营养，因此建议根据肠外营养的输注方式对其进行分类；如将通过中心静脉输注的肠外营养称为“中央肠外营养”，而将通过外周静脉输注的肠外营养称为“外周肠外营养”。在本章中，“肠外营养 /PPN”指外周肠外营养。

由于外周肠外营养只为患病动物提供了部分 RER，因此只适用于具有平均营养需求的非虚弱

专栏 6.2 计算肠内营养的工作表*

1. 静息能量需求（RER）：
   RER=70×（当前体重 /kg）$^{0.75}$
   或对于体重为 2 ~ 35 kg 的动物，可使用以下公式：
   RER=（30× 当前体重 /kg）+70= ____kcal/d
2. 食物产品选择 __________
   包含 __________ kcal/mL
3. 每日所需总量：
   每日所需 kcal= _____ mL/d
   食物 kcal/mL
4. 饲喂时间计划：
   首日给总量一半 = _____ mL/d
   第 2 日给总量全量 = _____ mL/d
5. 每日饲喂：
   将每日总量分为 4 ~ 6 次饲喂（取决于厌食时长、患病动物耐受程度）= _____ 饲喂次数 /d
6. 计算每次饲喂量
   每日总量
   饲喂次数 /d= _____ mL/ 饲喂量（第 1 天）
   _____ mL/ 饲喂量（第 2 天）

食物选择

食道饲管（E 管）和胃饲管（G 管）

希尔斯 a/d（罐头）

- 罐头可提供能量 1.3 kcal/mL，但管饲需稀释。
- 1 罐 +50 mL 水 =1.0 kcal/mL。
- 1 罐 +25 mL 水 =1.1 kcal/mL（用于大管径饲管）。

皇家犬低脂罐头

- 需要肠内饲喂低脂食物时。
- 1 罐加 360 mL 水搅匀后过滤 =0.8 kcal/mL。

鼻食道饲管（NE 管）和空肠饲管（J 管）

兽用流食

- CliniCare 犬 / 猫流食（1.0 kcal/mL）。
- CliniCare RF 猫流食（低蛋白配方；1.0 kcal/mL）。
- 皇家犬恢复流食（1.0 kcal/mL）。
- 人医肠内营养产品。

* 一定要相应地调整动物的静脉输液。

注意：大多数人医流食能量密度为 1.0 kcal/mL，但不能满足犬猫的营养需求（必须额外补充）。

动物的短期使用。无论肠外营养的具体形式如何，静脉输注营养需要使用无菌技术放置专用导管。一旦开始使用肠外营养，该导管不可再用于给予静脉药物或采血（即仅用于肠外营养）。肠外营养通路的材质建议选择硅胶、聚氨酯或聚四氟乙烯成分的长导管，以降低血栓性静脉炎的风险。通常建议使用多腔导管；与正常颈静脉导管相比，它们可以在一个部位留置更久，并提供其他端口进行血液采样、液体和静脉药物的补充。大多数肠外营养溶液由碳水化合物来源（葡萄糖或甘油）、蛋白质来源（氨基酸）和脂肪来源（脂质）组成。还可以添加维生素和微量金属。

考虑到溶液的渗透压和 pH，部分肠外营养溶液需要通过中心静脉给予。外周肠外营养溶液的渗透压较低（通常为 < 1000 mOsm/L），可通过外周静脉给予。肠外营养溶液的配比需要专门的设备和培训；因此，最好从当地人医医院或药品保健公司获取。通常为患病动物一次性订购 3 ~ 5 d 肠外营养的量，应存放在冰箱中。每袋肠外营养产品即 1 d 的所需量，通过静脉恒速输液 24 h 给予动物。不提倡使用周期性肠外营养（即在日间某些时候提供肠外营养，而在夜间停止），这会增加导管污染风险。如果诊所不能提供 24 h 护理，那么应考虑将病例转诊。

在使用肠外营养 24 h 后，必须更换全新的肠外营养溶液（首先复温至室温）及相应装置和耗材。液体袋、输液管路和导管应始终进行无菌操作。一旦患病动物开始使用肠外营养，应保持管路系统封闭（即任何药物都不能注射到输液袋或输液管中，输液管在行走或诊疗过程中不应断开）。兽医技师需要将输液管从输液泵上取下，将点滴流量调节器调整为缓慢滴注，携带输液袋和输液管与患病动物一同移动。这样做可以防止导管堵塞，避免血液回流到管路中。如果管路或输液袋有所损坏（例如，输液管被咬、导管脱位、意外断开等），整套装置（包括输液袋）应该丢弃，更换新的装置及输液袋。

市面上有现成的葡萄糖及氨基酸制剂，可作为外周肠外营养的替代品。然而当以维持液速给药时，这些配方提供的能量比实际所需能量少约 50%，它们只应短期使用或与肠内营养结合使用。其中一种产品是 ProcalAmine®（McGraw），其配方为 3% 氨基酸溶液加 3% 甘油（碳水化合物来源）。该产品（图 6.3）含有约 25 mEq/L 氯化钾，通过中心静脉导管或外周静脉导管，以正常维持液速（由于液体中包含维持浓度的钾而存在限制）输注，可提供 245 kcal/L 的能量。专栏 6.3 中提供了如何使用这种溶液的操作流程。与肠内营养一样，肠外营养应在 48 ~ 72 h 内逐渐建立。对于接受肠外营养的动物，应每天检查导管和输液管路，这些操作必须无菌避免污染。重要的是要根据输液量相应地调整其他静脉输液，以避免液体容量过载。

监测和重新评估

在提供肠内营养或肠外营养时，应每天监测体重。医疗团队在评估体重变化时应考虑液体变化；同时，进行 BCS 也很重要。使用 RER 作为患病动物的能量需求仅仅是一个起点。为了满足患病动物不断变化的需求，提供的能量可能需要增加（如果耐受良好，一般增加 25%）。对于不能耐受处方计划量的患病动物，临床医生应考虑减少肠内饲喂量，并使用 PPN 补充营养计划。

使用肠内营养可能存在的并发症包括机械性并发症（如饲管堵塞或饲管早期脱落）、代谢性并发症（包括电解质紊乱、高血糖、容量过载）、胃肠

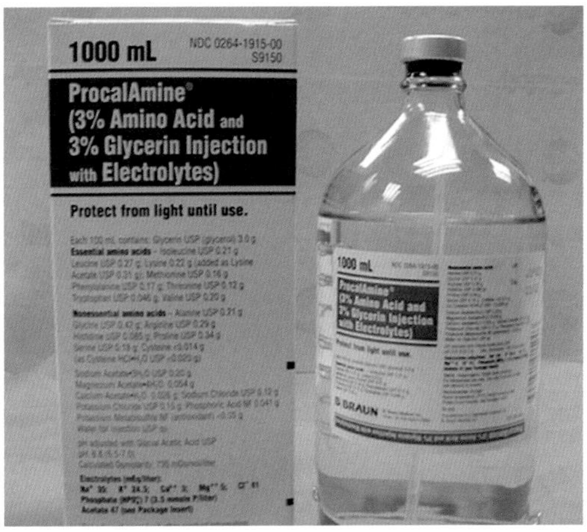

图 6.3　在无法自行配置肠外营养的医疗机构，含氨基酸和葡萄糖的现成组合产品是一种方便实用的选择，可为不能接受肠内营养的患病动物提供营养支持

专栏 6.3 使用 ProcalAmine®（3% 甘油、3% 氨基酸溶液）建立外周肠外营养的计算

1. 计算静息能量需求（RER）：

RER=70×（当前体重 /kg）$^{0.75}$

或对于体重为 2 ~ 30 kg 的动物，可使用以下公式：

RER=（30× 当前体重 /kg）+70=___ kcal/d

RER=___ kcal/d

2. 选择目标蛋白质水平并计算蛋白质需求：

蛋白质水平	犬（g/100 kcal）	猫（g/100 kcal）
标准	4	6
减量	2 ~ 3	3 ~ 4
加量（蛋白质额外丢失）	6	7 ~ 8

（RER÷100）×___ g/100 kcal 蛋白质水平 =___ g 蛋白质需求 /d

3. 计算 ProcalAmine 所需液速：

ProcalAmineisa 3% 氨基酸溶液，含 0.03 g/mL 蛋白质

PPN 所需液速 =______ g 蛋白质 /d÷0.03 g 蛋白质 /mL ÷ 24 h=____ mL/h 或 PPN

确认患病动物能否接受此液速。

4. 计算该液速提供的 RER 的比例：

ProcalAmine 所含能量 0.25 kcal/mL

PPN 提供的能量 =0.25 kcal/mL×___ mL/h PPN×24 h= ___kcal/d

PPN 所能提供的能量份额 =___ PPN 能量 ÷___ RER×100=___ %

5. 以计算的 PPN 液速计算葡萄糖输注速度：

ProcalAmine 含 3% 甘油（葡萄糖值）（如 30 mg/mL）

葡萄糖输注速度 =___ mL/h PPN÷60 min×30 mg/mL÷体重 /kg= ___ mg/（kg · min）葡萄糖

葡萄糖输注速度不宜超过 4 mg/（kg · min），否则可能引起高血糖。可能需要降低输液速度并重新计算。

道症状（如呕吐、腹泻、痉挛、腹胀）。对于接受肠内营养支持的危重症动物而言，医疗团队还必须注意避免吸入性肺炎。接受肠内营养的患病动物的监测参数包括体重、血清电解质浓度、饲管畅通程度、饲管出口部位外观、胃肠道症状（如呕吐、反流、腹泻）、容量过载或吸入性肺炎相关表现。

使用肠外营养可能存在的并发症包括败血症、导管和管路的机械性并发症、血栓性静脉炎和代谢紊乱，如高血糖、电解质变化、高氨血症和高甘油三酯血症等。为了避免出现肠外营养相关并发症及其严重后果，需要尽早发现问题并及时采取行动：定时监测生命体征、检查导管出口部位、定期进行生化检测、提醒工作人员检查是否存在问题。若患病动物存在导管感染可能性，则应停止肠外营养、停用导管，并将导管取出培养。在营养支持过程中，若患病动物出现持续高血糖表现，则可能需要调整营养方案（如降低肠外营养溶液中的葡萄糖含量）或定期使用胰岛素，同时需要更密切的监测。

通过持续重新评估，医疗团队可确定何时将患病动物从辅助饲喂过渡至自主进食。在患病动物不需太多诱导即可自主进食接近每日 RER 时，才可考虑停止营养支持。对于接受中央肠外营养的患病动物，取决于其对肠内营养的耐受度，应至少使用 12 ~ 24 h 后逐渐过渡到肠内营养。

总结

虽然通常认为危重症动物并非迫切需要营养支持（考虑到它们有更紧迫的问题），但其伤病的严重程度、变动的代谢状况及禁食频率的必要性，使得这些患病动物在住院期间极有可能出现营养不良的状况。对这些患病动物进行正确识别、制订营养计划并执行，是其成功恢复的关键。因此，将兽医技师纳入危重症动物营养支持团队，对制定和管理营养方案是十分有必要的。

产品清单

[1] NE tube: Feeding tube, Professional Medical Product inc., Greenwood, SC.

[2] E tube: Esophagostomy tube, Smiths Medical PM, inc., Veterinary, WI.

[3] Low-profile G tube: Corflo-Cubby low-profile gastrostomy device, VIASYS Healthcare Medsystems, Wheeling, IL.

[4] J tube: Enteral feeding tube, VIASYS healthcare Medsystems, Wheeling, IL.

[5] ProcalAmine, McGraw inc., Irvine, CA.

推荐阅读

[1] Buffington T., Holloway C., Abood A. Clinical dietetics. In: Buffington T., Holloway C., Abood S., eds. Manual of veterinary dietetics. St. Louis: Saunders; 2014:49-141.

[2] Chan D.L. Nutrition in critical care. In: Bonagura J.D., Twedt D.C., eds. Kirk's current veterinary therapy. (15th ed. St. Louis: Saunders; 2014:38-43.

[3] Chan D.L. Nutritional requirements of the critically ill patient. Clinical Techniques in Small Animal Practice. 2004; 19:1-5.

[4] Chan D.L., Freeman L.M., Labato M.A., Rush J.E. Retrospective evaluation of partial parenteral nutrition in dogs and cats. Journal of Veterinary Internal Medicine. 2002; 16:440-445.

[5] Freeman L.M., Chan D.L. Parenteral and enteral nutrition. Compendium Stand Care Emergency Critical Care. 2001; 3:1-7.

[6] Gajanayake I., Wylie C.E., Chan D.L. Clinical experience using a lipid free, ready-made parenteral nutrition solution in dogs: 70 cases (2006-2012). Journal of Veterinary Emergency and Critical Care. 2013; 23:305-313.

[7] Jensen K., Chan D.L. Nutritional management of acute pancreatitis in dogs and cats. Journal of Veterinary Emergency and Critical Care. 2014; 24:5-240.

[8] Marks S.L. Nasoesophageal, esophagostomy, and gastrostomy tube placement techniques. In: Ett inger S., Feldman E., eds. Textbook of veterinary internal medicine. 6th ed. St. Louis: Elsevier; 2014:329-335.

[9] Michel K.E. Interventional nutrition for the critical care patient: optimal diets. Clinical Techniques in Small Animal Practice. 1998; 13:204-210.

[10] Reuter J.D., Marks S.L., Rogers Q.R., Farver T.B. Use of total parenteral nutrition in dogs: 209 cases (1988–1995). Journal of Veterinary Emergency and Critical Care. 1998; 8:201-213.

[11] Zsombor-Murray E., Freeman L.M. Peripheral parenteral nutrition. Compendium: Continuing Education for Practice Veterinarians. 1999;21:512–523.

场景

制订营养计划

目的：当动物需要营养支持时，为兽医技师提供医疗操作工作指导建议。

背景：此动物医院是一个中等水平的医疗机构，每周工作 7 d，每天 24 h，每个班次至少有 2 名兽医技师。

场景

周一早上，繁忙的周末过后，很多患病动物入院。

病例 1：一只 3 岁雌性可卡犬出现呕吐、嗜睡和食欲不振 2 d。该犬流涎过多，在检查时呕吐绿色液体。触诊腹部感觉明显不适。体重为 13 kg，体况评分 6/9。采血进行血清生化和犬胰腺特异性脂肪酶（SNAP cPL）试验。血脂很高，SNAP cPL 结果“异常”，此犬暂时诊断为急性胰腺炎。

病例 2：一只 10 岁雌性 DSH 猫，近 5 d 呕吐、嗜睡。据述此猫 10 d 前即食欲废绝。上次检查至今，此猫体重下降了 12%，现在是 3.5 kg，体况评分为 3/9。猫黄疸、脱水、虚弱、精神沉郁，有恶心表现。实验室检查结果包括胆红素浓度升高，碱性磷酸酶及 ALT 活性升高。超声显示肝脏肿大，高回声，边缘钝圆。此猫初步诊断为脂肪肝。

病例 3：一只 7 岁雄性拉布拉多猎犬出现严重的慢性呕吐（> 5 次 /d，持续 2 周）。在过去的一个月里，这只犬的体重下降了 10%。犬体重为 23 kg，体况评分 4/9。超声检查未发现肠异物，但显示弥漫性肠增厚和肠系膜淋巴结肿大。肠系膜淋巴结的细针抽吸证实肠淋巴瘤。治疗计划为使用积极化疗方案。

要求

- 将病例观点写在其他纸上。
- 成员复查病例细节，并有 3 ～ 5 min 的时间复查每例病例。
- 回答病例评估之后的问题。
- 应继续讨论，而不是以寻找正确答案为目标。

问题

- 对每只患病动物进行营养评估，并说明该动物是否需要营养支持。
- 对于需要营养支持的患病动物，选择最佳的营养支持途径或形式，并描述解决营养需求的最佳方案。
- 对于每只患病动物，在开始营养支持前需完成哪些工作?
- 为每只患病动物选择的营养支持形式可能会产生哪些并发症?

教学要点

- 为兽医技师提供评估患病动物营养状况的机会，并确定最需要营养支持的患病动物。
- 为兽医技师提供在不同情况下讨论最合适的营养支持方案的机会。
- 允许讨论医院提供的营养支持模式。

场景（续）

- 允许兽医技师参与制订患病动物的营养支持计划，并预测与不同营养支持模式相关的可能并发症。

讨论

病例 1：该患病动物没有明显的营养不良表现，但有中度风险会发展为营养不良。由于急性胰腺炎可以通过支持治疗解决，患病动物可以在 3 d 内恢复进食，该犬可能不需要特别的营养支持。然而，急性胰腺炎不再被认为是肠内营养的禁忌证。如果犬的恶心和腹痛得到控制，可以提供肠内营养。饮食宜为低脂易消化。一旦恶心和疼痛得到控制，就可以开始进食。如果犬不愿主动进食，应考虑使用饲管。由于胰腺炎可能在几天内恢复，鼻食道饲管可能就足够了。在某些情况下可能需要使用食道饲管。肠内营养可能的并发症包括呕吐、吸入性肺炎、食道造口处的炎症 / 感染。

病例 2：此猫已出现营养不良的表现，长期的饥饿状态使得营养支持成为当务之急。营养支持开始之前需要先调查和稳定猫的体况。应在提供营养支持前先解决猫的液体、电解质和酸碱紊乱。患有脂肪肝的猫可能有肝性脑病，在制订营养计划前必须对此进行检查。如果能控制住呕吐和恶心，首选肠内饲喂。脂肪肝患猫最常用食道饲管。食道饲管留置为外科操作，在放置饲管前，应该检查并控制猫的凝血时间。如果确实存在肝性脑病，可以减少饮食中的蛋白质含量，并开始对肝性脑病进行药物治疗。脂肪肝患猫饲喂的可能并发症包括呕吐、肝性脑病恶化和饲管出口发炎或感染。

病例 3：该患病动物确实存在明显营养不良表现，并且有很高风险会出现长时间胃肠道功能紊乱。相当一部分肠道受到影响，恢复正常功能可能需要数周至数月的时间。由于该犬在短期内不太可能耐受任何形式的肠内营养，且已出现营养不良，因此需要制订计划来支持该犬的肠外营养。在制订肠外营养计划之前，需要进行完整的生化检查来评估肝肾功能及电解质平衡。应放置专门的导管，最好选择中心静脉，用于输送肠外营养。与肠外营养相关的并发症包括机械性、感染性和代谢性并发症；因此，接受肠外营养的患病动物需要频繁密切地监测。

医学计算练习

一只体重为 4 kg 的猫在住院期间每天只吃半袋食物。每袋食物含 120 kcal。

1. 猫的静息能量需求目前能满足多少？
2. 这只猫应该吃多少袋食物才能达到 100% 的 RER？

第7章

氧气疗法

Andrea M. steele

学习目标

1. 了解供氧的各种方法。
2. 了解评估氧合和供氧的方法。

章目录

关键词

去氧血红蛋白
低氧血症
氧合血红蛋白
脉搏血氧仪

在动物医院，是否能供氧至关重要。在麻醉过程中需要氧气来辅助患病动物的呼吸并携带吸入性麻醉药物。可在术前诱导前使用，以减少诱导药物的负面影响。高危患病动物［如短头患病动物、高乙酰水杨酸（acetylsalicylic acid，ASA）状态患病动物和老年患病动物］术后经常需要在恢复期提供支持。

在急诊情况下，氧气疗法可用于稳定呼吸系统和非呼吸系统急症患病动物的状态。重症监护病房可能需要长达数小时、数天甚至数周的氧气治疗。

出于上述原因，所有动物医院都需要氧气，必须经常评估氧气瓶中的氧气量，以确保医院能够维持足够的氧气供应。与其他药物和用品一样，这必须成为标准库存评估的一部分。

在全身麻醉期间，必须为插管或戴面罩的患病动物提供氧气。在急诊或重症监护环境中，应根据患病动物的需要提供氧气。兽医技师工作的一个重要方面是了解患病动物的临床体征，并能够解读监护仪和血气结果，以确定动物对氧气的需求。虽然兽医负责开具吸氧的“处方”，但在兽医提供的参数范围内工作时，评估增加或可能减少氧气支持的需求往往是技师的责任。

技师笔记

麻醉动物和住院动物的供氧方式不同，了解两者之间的差异非常重要！

定义 / 缩略词

低氧血症（hypoxemia）是指动脉血中氧分压（PaO_2）小于 80 mmHg，严重低氧血症指氧分压小于 60 mmHg。

SpO_2 是含氧饱和血红蛋白的百分比。

PaO_2 是动脉血中氧分压。

PvO_2 是静脉血中氧分压。

FiO_2是吸入氧分数（如室内空气为21%或0.21）。

P/F 比值为 PaO_2/FiO_2 比值（如，100/0.21 ≈ 500）。

如何评估对氧气的需求

供氧需求可以通过许多行为、临床症状、诊断或创伤、生命体征，以及监护仪示数和实验室检查指标评估。第 18 章对呼吸评估进行了更深入的讨论。重要的是要记住，就氧合而言，评估行为和姿势的变化与生命体征一样重要。舒服地蜷缩成一团，呼吸频率相对较低的动物可能不会出现低氧血症，不进行干预或许比让动物苏醒进行全面评估更有效。另一方面，如患有呼吸系统疾病的动物烦躁不安、无法躺下或气喘吁吁，就有必要进行干预，且需要全面评估。最后，如果动物突然侧卧，呼吸频率和呼吸力度增加，表示呼吸系统严重受损并可能出现呼吸停止。技师应立即通知兽医这种情况，并准备紧急干预措施，包括心肺复苏。

如何评估氧气水平

脉搏血氧仪（pulse oximeter）是一个非常有用的工具，可以测量血红蛋白含氧饱和度的百分比。许多诊所无法进行血气分析，但有脉搏血氧仪。虽然脉搏血氧仪并非绝对可靠，但结合动物临床症状的评估，兽医团队可以评估动物呼吸系统受损的程度。如果动物呼吸正常，心率正常，生命体征正常，行为正常，但脉搏血氧仪读数为 90%，则可能不是低氧血症，应检验脉搏血氧仪读数是否准确。只有几个原因可以导致读数假性升高；但是，导致读数假性降低的情况却很常见。重新放置探头或湿润黏膜将确保良好的信号。如果该百分比与在其他位置一致，或在供氧时增加，则该值可能是准确的。此外，所有脉搏血氧仪都有一种指示信号强度的方法，可以显示为：①波形（体积描记法）；②随着信号强度的变化而改变颜色的红 / 黄 / 绿 LED 灯；③随着信号强度的增加或减少而改变音调的音频信号。值得注意的是，脉搏血氧仪只提供氧合信息，而不提供任何通气信息。更多关于脉搏血氧仪的理论和解释，即氧合血红蛋白（oxyhemoglobin）解离曲线的信息，请参见专栏 7.1。

技师笔记

通过确保脉搏血氧仪良好的信号、准确的心率和与患病动物临床症状相符的数值，确保脉搏血氧仪的读数是正确的。

动脉血气（arterial blood gas，ABG）是测量血液中氧含量的金标准。虽然动脉血气在技术上比脉搏血氧仪要求更高、更具侵入性、更昂贵，但它提供了更多的信息，包括氧合、通气（$PaCO_2$）和代谢状态。动脉血气可与脉搏血氧仪结合使用，以校准患病动物可接受的动脉血氧饱和度范围。这可以将动脉血气测量的次数减少到一天几次，从而减少用时，并且在没有动脉通路的情况下，减少患病动物的不适。静脉血气（venous blood gas，VBGs）可用于监测静脉血中的 CO_2 水平（$PvCO_2$），其值通常比动脉血二氧化碳分压高 5 mmHg。因为静脉血气更容易获得，所以它们是一种完全可以接受的监测通气的方法；然而，它们不能评估氧合情况。

如何供氧

兽医诊所的氧气通常由压力罐提供，压力为 2000 PSI。罐体上安装调节器，可以将输送压力降低到 50 PSI，以便连接麻醉机和其他医疗设备。在许多情况下，单个或多个氧气罐与管道相连，管道将氧气输送至手术室的麻醉机和治疗区域。在某些情况下，可能在整个医院都有墙壁插座或下拉式装置，可以连接带 / 不带加湿器的流量计。在没有流量计的情况下，可能需要在笼侧设置一个氧气罐和调节器，为危重症动物提供氧气。对于压缩气体的储存、移动和使用，必须遵守当地工作场所安全指南。

许多诊所现在都选择氧气冷凝器或浓缩器来提供氧气。这些机器吸收室内空气，并提取氮气，产生超过 90% 的纯氧。这些装置非常有用，尽管它们所能提供的压力和流速有限。大多数型号提

专栏 7.1　氧合血红蛋白解离曲线

脉搏血氧仪使用不同波长的 LED 灯来区分血液中氧合血红蛋白和去氧血红蛋白（deoxyhemoglobin）的比例。氧合血红蛋白和去氧血红蛋白吸收不同频率的光，传感器中的光电探测器测量通过组织传输的光量。脉搏血氧饱和度测定需要脉动（动脉）血流。

脉搏血氧仪的局限性包括移动性、灌注不良、杂散光、存在功能异常的血红蛋白（如碳氧血红蛋白、高铁血红蛋白）和皮肤 / 黏膜色素沉着。

了解 SpO_2（通过脉搏血氧仪测量）和 PaO_2（通过血气测量）之间的关系能够让技师通过脉搏血氧仪调整氧气浓度以满足需求。如图 7.1 所示，用氧合血红蛋白解离曲线来表明这种关系。这是一条“S”形曲线，说明 SpO_2 与 PaO_2 之间的关系是非线性的。值得注意的是，尽管当 PaO_2 值接近 80 mmHg 时曲线开始变平，但当 PaO_2 为 100 mmHg 和 SpO_2 值为 100% 时，曲线也会变得水平。将 PaO_2 值为 80 mmHg 时的 SpO_2 值推算到曲线上（红线），此时 SpO_2 值约为 94%。这表明，若认定动物血氧正常，则该动物的 SpO_2 值必须大于 94%。低于这个数值，动物可能存在低氧血症。这不是一门精确的科学，因为这条曲线易受温度、二氧化碳水平、pH 和代谢率变化的影响。一旦曲线变平，我们就很难判断 PaO_2 的实际数值。

PaO_2/FiO_2 比值（P/F 比值）对于理解供氧来说非常重要。正常的 P/F 比值约为 500，这意味着肺功能完全正常。在室内空气中，这相当于约 100 mmHg 的 PaO_2 除以 21% 的 FiO_2（100/0.21），即 476 mmHg。另一种方法是将 FiO_2（%）乘以 5，得到正常动物的预期 PaO_2（mmHg）。因此，吸入 100% 氧气的患病动物预计 PaO_2 为 500 mmHg。

在麻醉状态下，吸入 100% 氧气的患病动物，脉搏血氧仪读数应为 100%，相当于 PaO_2 读数大于 300 mmHg。如前所述，完全正常的患病动物在吸入纯氧时，动脉血气的 PaO_2 值为 500 mmHg。基于氧合血红蛋白解离曲线的特性，当脉搏血氧仪读数达到 100% 时，我们不知道 PaO_2 是 300 mmHg 还是 500 mmHg。所以当脉搏血氧仪读数下降到 98% 时，大多数麻醉师会开始关注，因为这意味着患病动物的 PaO_2 下降到 100 ~ 300 mmHg。这可能表明肺存在功能性问题，如严重肺不张，或更意外的情况，如气胸、肺血栓栓塞或肺水肿。虽然 98% 的患病动物没有低氧血症，但吸入氧气的相对“回报”很低，表明仍有问题需要解决。

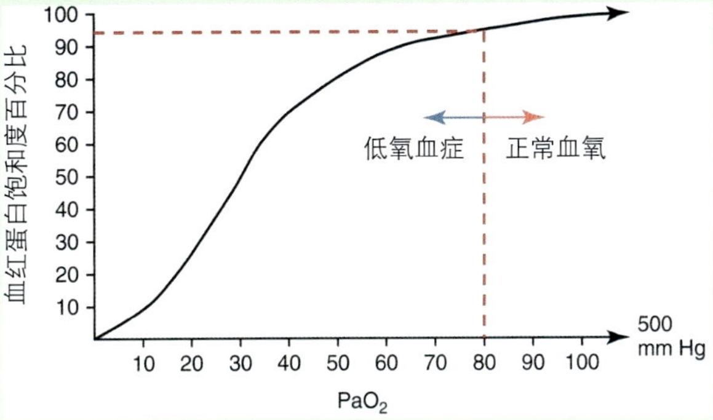

图 7.1　氧合血红蛋白解离曲线

对在 ICU 吸入室内空气的患病动物进行监测，$SpO_2 > 93\%$ 表示患病动物应适当供氧。这代表了曲线上对应于 PaO_2 约 80 mmHg 的点（低于该点表明存在低氧血症）。有几个因素会导致曲线向左或向右移动。对于大多数患病动物来说，93% 的血氧是可以接受的，因为解离曲线可能会发生潜在的偏移，所以增加一个小的缓冲是很重要的。大多数危重症学家都同意，为了维持足够的 PaO_2，脉搏血氧仪读数应该为 94% ~ 95%，以确保患病动物没有低氧血症。除了血氧读数，还应评估患病动物的临床状态（心率、呼吸频率、呼吸做功 / 模式、黏膜颜色和行为）来确定患病动物是否需要供氧。

当患病动物吸氧时，目标不是使 SpO_2 达到 100%。与上述麻醉示例一样，脉搏血氧仪读数达到 100% 表示患病动物的 PaO_2 为 300 ~ 500 mmHg。这有必要吗？事实并非如此。当 PaO_2 约为 80 mmHg 时，低氧血症的临床症状应得到逆转。患病动物实际上并不需要比这更高的动脉血氧分压。这相当于脉搏血氧仪读数为 93%。根据供氧指南，使患病动物的血氧饱和度维持在 94% ~ 95%，从而确保动物的 PaO_2 为 80 ~ 100 mmHg。这使得使用脉搏血氧仪成为“滴定”氧气的一种有用但稍不精确的方法。

供的氧气压力只有 5 ~ 10 PSI，这不足以与呼吸机一起使用，部分麻醉机可能会在如此低的流入压力下发出警报。根据所选型号，流速通常最高仅达到 5 L/min 或 10 L/min。如果计划选择这些机器，这些都是重要的考虑因素。如果冷凝器发生故障，必须保证有氧气罐作为备用。

供氧对患病动物来说是一个挑战，为每只患病动物选择最佳方法非常重要。一些患病动物可能会对某些供氧方式表现得十分应激，这可能会影响它们对治疗的反应。供氧可以采取多种形式，探索各种方式为医院和患病动物提供最佳选择是非常重要的。表 7.1 列出了供氧所需的不同类型设备。

以下部分列出了患病动物最常用的供氧方法。

表 7.1 各种供氧方法所需的设备

方法	设备
所有方法通用	氧气源（储罐或氧气转换器） 流速最高可达 15 L/min 的流量计
直流式供氧	供氧管或麻醉回路 推荐：无菌加湿器系统（可重复使用或一次性使用）
氧气面罩	供氧管或麻醉回路 氧气面罩，带或不带隔膜
氧气罩	供氧管或麻醉回路 氧气罩 推荐：可测定 FiO_2 的氧气分析仪 推荐：无菌加湿器系统（可重复使用或一次性使用）
伊丽莎白圈氧气面罩	供氧管 伊丽莎白圈（大尺寸，适合患病动物舒适地伸过鼻子） 食品保鲜膜 推荐：可测定 FiO_2 的氧气分析仪 推荐：无菌加湿器系统（可重复使用或一次性使用）
氧舱	氧气供应源 氧舱（改装或独立）
鼻氧管	无菌加湿器系统（可重复使用或一次性使用） 如果需要额外的长度，可使用 1.83 ~ 7.62 m（6 ~ 25 ft）的氧气供应管［直径为 0.635 cm（1/4 in）］ 合适尺寸的鼻氧管 白胶带 可选：局部麻醉药滴剂（丙胺卡因）
鼻氧导管	无菌加湿器系统（可重复使用或一次性使用） 1.83 ~ 7.62 m（6 ~ 25 ft）的氧气供应管［直径为 0.635 cm（1/4 in）］ 6 Fr、8 Fr 或 10 Fr 鼻氧管（人）或同等尺寸的 PVC 管或红色橡胶饲管 局部麻醉药滴剂（丙美卡因）和 2% 利多卡因凝胶作为润滑剂 连接氧气供应线的适配器（MacGyver 警报！）

直流式供氧

直流式供氧是最简单的供氧方法，其效果令人惊讶，患病动物的耐受性也很好（图 7.2）。据估计，要达到大约 40% 的 FiO_2，流速需要为每分钟 100 ~ 150 mL/kg。许多患病动物会对这些高流速的氧气喷到脸上感到不适。对于静卧的患病动物，这种方法效果很好。对于持续躲避气流的患病动物而言这种方法不是最好的选择。

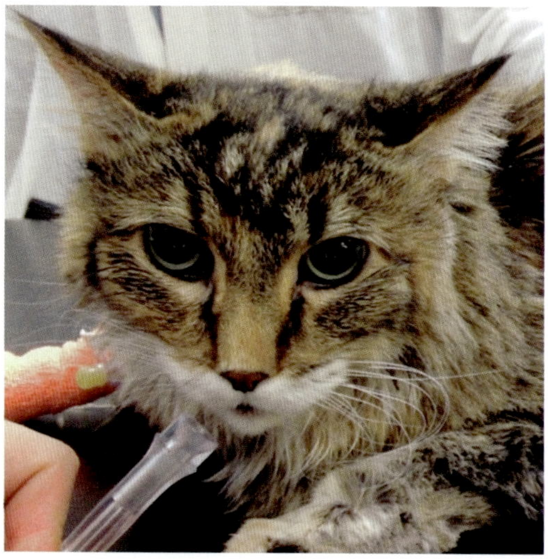

图 7.2 配有氧气管路的直流式供氧

面罩吸氧

面罩有两种使用方式：第一种是带隔膜，将面罩放在脸上。这种方法适用于躺卧、反应最轻微的患病动物，但请记住，面罩必须连接到一个环路或贝恩回路，以便排出二氧化碳。当从墙壁流量计或通过麻醉机的新鲜气体出口直接输送氧气时，不要使用这种方法。面罩吸氧最常用于麻醉诱导前的预吸氧。对于呼吸困难的患病动物来说，一个紧绷的面罩可能会带来很大的压力，因此可能不是最好的选择。第二种方法使用去除隔膜的面罩。这可以很好地将氧气“漏斗式”输送到患病动物的鼻子，并通过将气流扩散到更大的区域来减少氧气对面部的“冲击”。如果面罩不是强制戴在患病动物头上，而是用于将氧气输送到面部，这种情况通常是可以接受的。由于这个系统不是密封的，可以直接从墙上的氧气出口输送氧气，无需连接环路或贝恩回路，因为 CO_2 会从面罩与面部的缝隙处流出。对于任何将氧气输送向患病动物眼睛的方法，定期使用眼部润滑剂十分重要。

氧气罩 / 氧舱

这是一种将患病动物整个身体，或仅头颈部置于富氧环境的方法。氧舱的另一个好处是温度和湿度可以控制，许多型号的氧舱还可以吸收二氧化碳（通常使用碱石灰）。目标 FiO_2 值通常可以预设，氧气需求阀可以精确控制 FiO_2 值，就像恒温器一样。氧舱可以是独立的、完全集成的装置（图 7.3A），也可以是安装在现有笼位上的改装装置（图 7.3B）。这些机器的弊端在于部分型号可能比较昂贵，且噪声相对较大。许多诊所从人类新生儿重症监护病房（neonatal intensive care unit，NICU）购买翻新或淘汰的氧舱。这些也能很好地调节温度、湿度和 FiO_2。使用这些设备唯一的注意事项是，确保设备内部对患病动物是安全的。或许有必要调整氧舱的底部，以确保患病动物在活动时不会被卡在床（通常是附加的）和氧舱壁之间。通常在恒温箱中，婴儿因为太小而不会乱动，而患病动物可能是非常灵活的。氧舱有几个缺点：①满足所需的 FiO_2 需要的高氧流速可能十分昂贵；②打开氧舱 / 恒温箱会导致 FiO_2 迅速下降；③氧舱的性质要求看护者尽量减少操作。

氧气罩的技术含量很低，依靠高流量氧气将二氧化碳从侧面的通风口中排出（图 7.4）。就设备成本而言，这是非常划算的，但它们在高流速时确实需要大量氧气；因此，运行花费可能很昂贵。然而，利大于弊，因为它们往往具有良好的耐受性，并且允许在患病动物的头部处于氧气中的同时进行治疗、体格检查和其他操作。

这些装置可以定制或在当地的有机玻璃商店

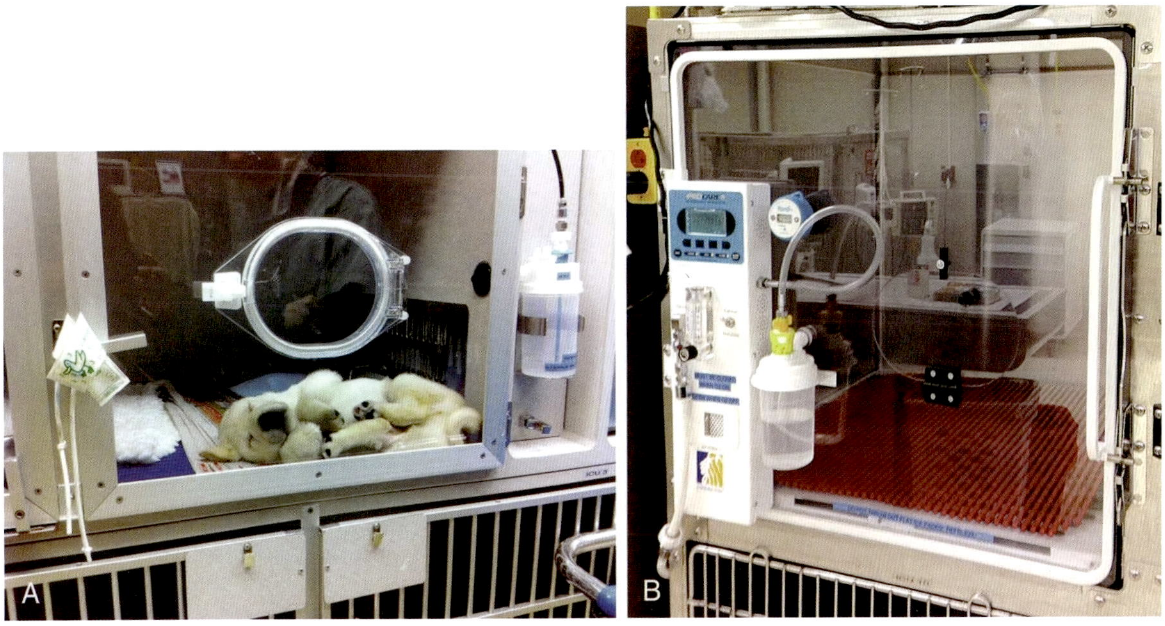

图 7.3 A，完全集成的独立氧舱，具有加热、冷却、加湿和除湿功能。B，一个改造式氧舱的例子，可以定制，以适应现有的笼子

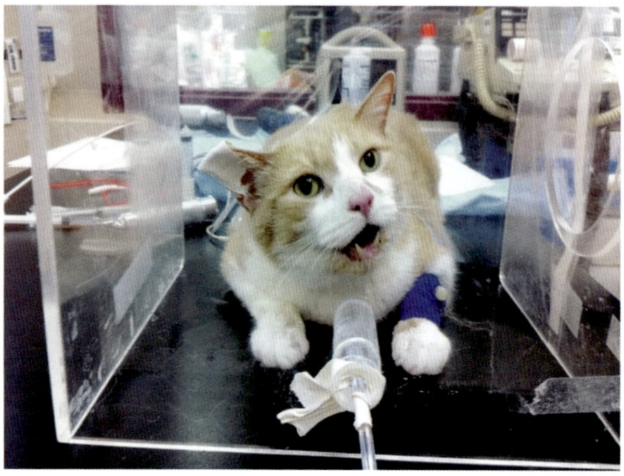

图 7.4　给严重呼吸困难的猫使用氧气罩

制造。可以使用伊丽莎白圈制作一个简单的氧气罩，前面覆盖透明保鲜膜。顶部的 1/4 留空，以便二氧化碳逸出。在项圈后面插入一根氧气管，流速为 5 ~ 10 L/min。所有的氧气罩都有二氧化碳蓄积和过热的风险。保证足够的通风，以确保 CO_2 能够逸出；以及足够高速的氧流，确保 CO_2 和热量的分散尤为重要。气喘的犬通常不适合戴氧气罩，因为其不利于散热。在氧气罩内放置一个温度计可以确保密切监测温度。氧气或二氧化碳分析仪也可用于密切监测罩内的 FiO_2 和 CO_2 水平。

猫尤其喜欢氧气罩，因为氧气罩可以给它们提供藏身之处。对于体况稳定、需要持续吸氧的患猫，为了增加隐私，可以覆盖部分氧气罩。猫经常睡在氧气罩里，出来进食，使用猫砂盆，然后再回到氧气罩里。但犬认为氧气罩会限制它们的活动，很少选择进入其中。

当患病动物需要补充氧气，但无法通过直流式供氧、面罩或更具侵入性的方法供氧时，氧气罩和氧舱在紧急情况下特别有用。当使用镇静剂时，会减少患病动物的应激，使供氧更有效；因此，给动物注射镇静剂，然后将患病动物置于氧气罩或氧舱中，可以使动物放松镇静的同时享受增加氧气流量的益处。这种技术通常使具有呼吸问题的患病动物更容易稳定下来。

技师笔记

提供氧气时记得使用眼部润滑剂。

鼻导管

鼻导管通常被称为鼻插管，鼻导管在短头犬上效果很好，因其鼻孔间距相对较宽，不过它们对大多数类型的犬和猫也有效。有成人、儿童和新生儿的尺寸可供选择。必须为患病动物选择合适的尺寸，因为鼻导管之间的距离必须与鼻孔之间的距离相匹配，以便舒适且易于维持。有时，剪掉部分导管长度可以让动物更容易接受。用一条白色胶带将鼻导管的连接管路调整为更狭窄的曲线，这样可以让鼻导管更自然地贴在患病动物面部（图 7.5）。患病动物通常不喜欢通过鼻导管的高速氧流，因为冲击黏膜的氧流可能会刺激并导致患病动物打喷嚏或试图移开导管。使用局部麻醉药滴剂（0.5% 丙美卡因）可能会使鼻导管更容易耐受。在紧急情况下，鼻导管是完美的，可以快速供氧，并且可以空出助手的手。

鼻导管的另一个好处是，它们可以用于侧流式 $ETCO_2$ 分析仪，具有监测呼气末二氧化碳的功能。其一端可以为其中一个鼻导管提供氧气，而另一端则连接着 $ETCO_2$ 监护仪。这允许在供氧的同时监测动物通气情况。

鼻氧管

这是一根插入鼻腔、鼻咽，甚至是患病动物气管的管子。这是最具侵入性的供氧手段，但对于需要长期供氧或经常需要使用氧气的患病动物效果良好，并且这是很重要的设施（如没有氧气分管系统并且需要经常更换氧气罐的诊所）。鼻氧管是一种非常有效的供氧方法，通常能以相对较

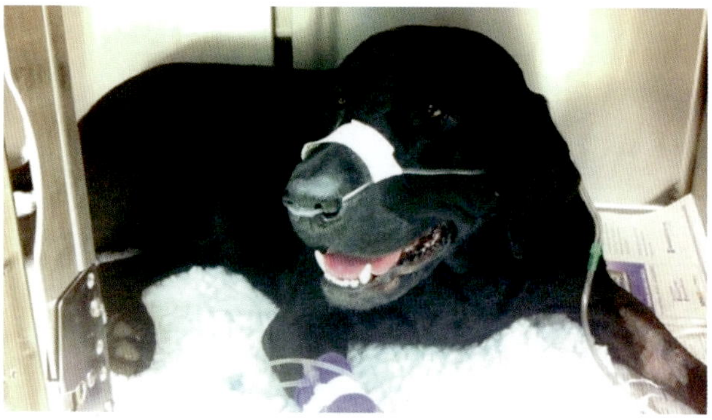

图 7.5　一只黑色实验犬使用鼻导管吸氧

低的流速提供 40% ~ 60% 的高 FiO_2。一般情况下，流量为 50 ~ 100 mL/（kg · min）时动物耐受性良好。可放置双侧导管，两根导管之间的流速可达 200 mL/（kg · min）。理想情况下，氧气最好用无菌水加湿，以保护鼻黏膜。

与鼻氧管相关的并发症包括胃胀气（通常发生在高流速时）和鼻出血。

鼻氧管禁用于已知有凝血功能障碍的患病动物，因为在放置过程中，由于鼻黏膜血管丰富，出血的风险很高。如果发生严重的鼻出血，滴注几滴 1 ∶ 100 000 或 0.01 mg/mL 稀释的肾上腺素溶液，并在鼻子顶部冰敷，可能有助于减缓出血，这需要与兽医讨论治疗方案。

最常见的是将导管置入鼻腔内；然而，对倾向于用嘴呼吸的犬（如短头品种），将导管置入鼻咽更深处可能收效最佳，这被称为鼻咽氧管。有时，患病动物可通过直接将氧气输送到气管中受益，在这种情况下，导管甚至可以进一步进入气管。这被称为鼻气管氧管，需要更多的专业知识才能放置。在兽医中很少使用，因为这些导管通常耐受性差，并且可能导致吸入性肺炎的风险增加。

人用鼻氧管是专用的聚氯乙烯（polyvinyl chloride，PVC）管，末端有多个孔洞，用于分散主要的氧气流，减少对鼻腔的刺激。真正的鼻氧管尺寸为 6 ~ 16 Fr 不等。小型犬和猫通常可以用 6 Fr 管；中等体型的犬可以用 8 Fr 管；大型犬可以用 10 Fr 或 12 Fr 管。通常，兽医使用饲管（PVC 管或红色橡胶管）代替人用导管。因为没有多余的孔洞会导致氧气以高流量强力吹到鼻黏膜上（图 7.6），因此在使用时，要注意尽量降低流速。通常，5 Fr 或 6 Fr 管可容纳 1 ~ 2 L/min 流量的氧气，而 10 Fr 管可增加至 5 L/min 的流量。诸如管径、长度、患病动物体型大小、放置部位和流速等因素都决定了可达到的最大 FiO_2。如果使用过高的氧流量，不仅会使患病动物感到不适，而且在输送系统中会发出尖锐噪声，并会出现因压力增加而增加加湿器破裂的风险。鼻氧管放置得越深，其可容纳的流量就越高，因此可实现的 FiO_2 也就越高。专栏 7.2 讨论了鼻氧管的放置。

图 7.6　人用鼻氧管与兽医经常使用的红色橡胶导管的比较。虽然两者都有效，但值得注意的是，与红色橡胶导管的单一开口相比，人用鼻氧管有许多孔和开口端。鼻氧管如此设计的作用是将氧气的气流分散到更大的区域，从而降低刺激黏膜的风险

经气管氧气导管

经气管氧气导管用于将氧气直接输送到急症患病动物的气管中。用于鼻腔氧气输送的导管类型同样可用于经气管供氧，不过硅胶导管是最佳选择，因为硅胶更柔软，刺激性更小，对气管黏膜的损伤更小。在高流速下，导管可能对气管黏膜造成“鞭状损伤”；因此，更柔韧的导管可以减少损伤。这些装置需要通过手术刀或大口径针头进行外科放置。定位在第四和第五软骨环之间的区域并做好局部麻醉，在该区域做一个略大于导管的穿刺。导管进入气管，使其尖端直接位于隆突上方。导管的近端连接氧源管，并且流量调节至约 3 L/min。流量由动物的分钟通气量来决定。如果动物的呼吸深而快，则可能需要更高的流速。重要的是要认识到这种方法不能代替上呼吸道梗阻的气管切开术。虽然它可以提供氧气，但患病动物将无法通过管道呼气，因此，在完全阻塞时，肺部将无法通气。经气管氧气导管可能对患病动物有刺激性，导致咳嗽，影响疗效。

任何长时间的供氧都应该使用加湿的氧气。氧气加湿器是一个与流量计连接的无菌水气泡腔。

专栏 7.2　放置鼻氧管

设备

适合患病动物的导管尺寸和类型。

永久性标记。

丙美卡因滴剂。

利多卡因凝胶（2%）用作润滑剂（非无菌）。

缝线（不可吸收）± 防水白胶带 ± 即粘胶。

传统的鼻氧管是通过测量从鼻子到眼睛内眦或外眦的距离来放置的，在导管上用永久性记号笔做一个标记。对于鼻咽导管，应测量下颌骨垂直支。应使患病动物的鼻子朝向天花板保定，并将局部麻醉药滴剂（如丙美卡因滴眼液）滴入鼻腔。一只手固定口鼻，向腹内方向将导管插入所选的鼻孔。导管轻柔快速地推进，应该几乎没有阻力。将导管向前推进到标记处，然后再向前推进 1 cm 或 2 cm，以确保导管不在背侧鼻道内。如果导管可以很容易地继续前进，则可以确定进入了鼻腔，然后可以将导管拉回测量的标记处。如果导管没有超出标记处，则怀疑它位于背侧鼻道，在这种情况下，需要将其拉出并重新定向。背侧鼻道出血的风险增加，患病动物接受的 FiO_2 也不会很高。正确的放置如图 7.7 所示。导管可采用氰基丙烯酸酯胶（即粘胶）、指套式缝合或胶带翼式缝合固定。如果使用胶水，请确保只使用最少量的胶水，以尽量减少面部脱毛。导管应缝合或粘在鼻子和皮肤的交界处，然后可以沿着面部的一侧在眼睛下方固定，或向上弯曲并固定在眼睛之间。可能需要戴伊丽莎白圈，以确保导管不会被患病动物扒掉。

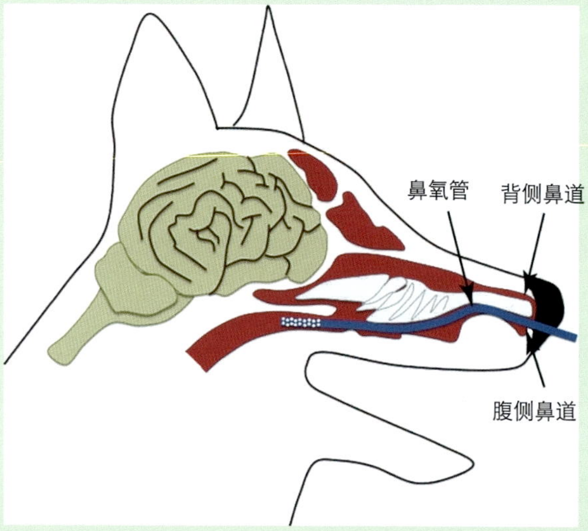

图 7.7　犬的鼻道示意图，以及鼻氧管在犬腹侧鼻道的正确放置

氧气通过水，在输送前增加其湿度。长时间使用未加湿的氧气会导致黏膜干燥和刺激，如果在氧气罩或氧舱中，可能会导致眼睛和结膜干燥。加湿器可以是一次性使用的装置，也可以重复使用，需要经常清空、消毒和补充（图 7.8）。

关于供氧方法最后一点需要注意的是，如直流式供氧、面罩（在一定程度上）、鼻氧管和鼻导管供氧，患病动物也在呼吸周围环境的空气。来自氧气源的氧气浓度为 100%；然而，由于它不能为患病动物提供 100% 潮气量的氧气流量，到达动物气管的实际 FiO_2 水平被患病动物周围的室内空气（21% 的氧气）稀释了。实际的 FiO_2 水平将取决于患病动物的潮气量、呼吸频率和每分钟的氧气流量。

技师笔记

当选择供氧方法时，要考虑应激程度和效果的关系，并为患病动物选择最合适的方法。

高流量鼻氧

高流量鼻氧（high-flow nasal oxygen，HFNO）是动物医疗中一种相对较新的选择，尽管它在人类医学中已经使用了十多年。它以高流量（25 ~ 60 L/min，取决于患病动物体型大小和回路类型）提供加热、加湿的氧气，并提供持续的气道正压（continuous positive airway pressure，

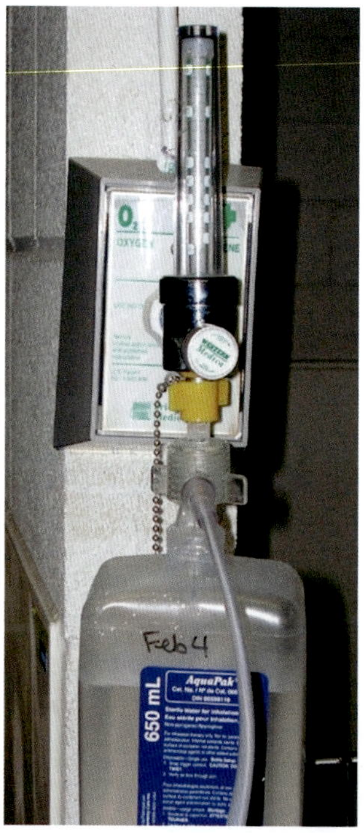

图 7.8　内含无菌水的一次性商用氧气加湿器

CPAP）。流量计与氧气和医用空气连接到氧气混合器上，可将 FiO_2 调节至21%～100%。一些重症监护呼吸机也有高流量鼻氧模式。

高流量鼻氧是通过专门的鼻导管输送的，其大小可以填充约50%的鼻孔。当氧气混合物被加热并加湿时，高流量也可很好地耐受。

高流量鼻氧最具挑战性的部分是将导管固定在患病动物身上。这通常需要一些创造力，有人提出用造模黏土、氰基丙烯酸酯胶水和缝线（Jagodich et al., 2019）。

高流量鼻氧为低氧血症患病动物提供了一种侵入性较小的机械通气替代方案，并且似乎非常有效。这种设备比重症监护呼吸机便宜得多，而且患病动物不需要麻醉。然而，在临床上需要密切监测氧气，因为高流量可能意味着H/K罐在60 L/min的流速下只能持续大约100 min，而氧气压缩器无法提供这样的流速。这种方式最适合有大容量氧气罐的医院。

氧中毒

氧气是一种药物，与任何药物一样，过量使用或使用不当都会产生负面影响。氧中毒是氧气"过量"的真正并发症。在急救阶段，任何能从氧气中受益的患病动物都应该根据需要供氧。这个阶段平均持续不到2 h，在这个阶段监测氧气量并不重要。全身麻醉下的患病动物在整个手术过程中将通过气管插管呼吸100%氧气。相比在麻醉诱导期间，在重症监护病房（ICU）环境中接受氧气疗法的患病动物的氧中毒更受关注。

一旦发现患病动物需要长期氧气治疗，就必须仔细监测或"滴定"给氧量，仅仅因为患病动物"看起来状况良好"，就简单地保持其不变的氧气水平是不合适的。我们最终的目标是将患病动物送回家，在大多数情况下，如果不结束氧气疗法是无法实现的。

供氧大约6 h后，氧气就可能开始造成损害，尽管这些迹象通常要再晚一些才能被观察到。第一阶段称为起始阶段，发生在吸入100%氧最初的24～72 h内。该阶段与直接损伤肺上皮的活性氧（reactive oxygen species，ROS）有关。活性氧是在电子传递链中正常氧还原过程中产生的，并产生三磷酸腺苷（adenosine triphosphate，ATP）。提供的氧气越多，产生的活性氧越多，最终破坏身体的抗氧化系统。第二阶段是炎症阶段，组织通透性增加，出现肺水肿，并且随着损伤的持续，可能会发生纤维化。

目前的建议是，除非绝对必要，否则应避免超过24～72 h的 FiO_2 值大于60%。

技师笔记

一定要确保供氧量符合患病动物的需求，而不是简单地遵循患病动物医嘱表上的静态数字。技师需要参与进来并提出建议，以获得最佳的成功机会！

结论

供氧是一个经常被误解或低估的由技师参与的"治疗"。不仅有各种供氧方法，而且还有许多不同的方法来监测给患病动物的氧气输送。对于技师来说，重要的是询问兽医开出的氧气参数，滴定氧气以达到效果，并避免过量。

推荐阅读

[1] Hackett, T.B., & Mazzaferro, E.M. Oxygen supplementation and respiratory sampling techniques. in: Veterinary emergency and critical care procedures (pp.133-170). Ames, IA: Wiley-Blackwell.

[2] Jagodich T.A., Bersenas A.M.E, Bateman S.W., et al. Comparison of high flow nasal cannula oxygen to traditional nasal cannula oxygen therapy in healthy dogs. Journal of Veterinary Emergency and Critical Care.2019; 29:246-255.

[3] Manning A.M. Oxygen therapy and toxicity. Veterinary Clinics of North America. 2002; 32(6): 1005-1020.

[4] Mendelson Y. Pulse oximetry, theory and applications for non-invasive monitoring. Clinical Chemistry. 1992; 1601-1607 38/39.

[5] Zimmerman M.E., hodgson D.S., Bello N.M. Effects of oxygen insufflation rate, respiratory rate, and tidal volume on fraction of inspired oxygen in cadaveric canine heads attached to a lung model. American Journal of Veterinary Research. 2013; 74:1247-1251.

场景

目的：为兽医技师提供机会，以建立或加强快速评估一个典型的急诊诊所所面临的情况的能力。

背景：这个急诊诊所为中等水平，始终有至少 4 名工作人员，包括 1 名急诊临床医生，2 名兽医技师和 1 名接待员，在必要时也可以协助动物保定。有一名候补临床医生随时待命，以协助进行手术。

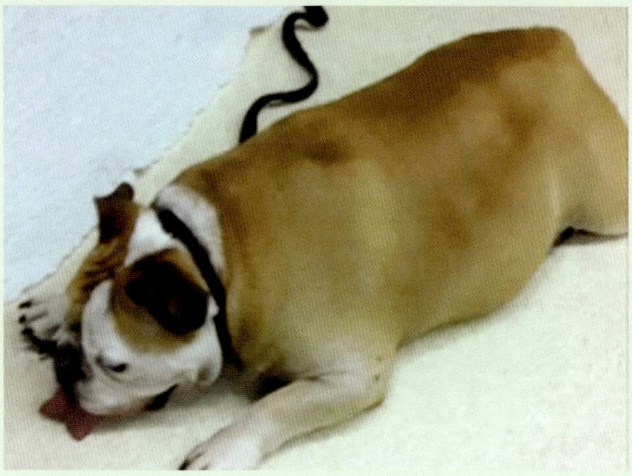

场景

炎热潮湿的周日下午，一只 6 岁英国斗牛犬出现在诊所里。它和主人走了很长一段路，然后主人注意到犬的呼吸声听起来比平时更大，并且它的舌头也变得更紫。当他们继续往前走，斗牛犬不愿再动，倒在草地上，喘着粗气。主人叫他的妻子来接他们，并把犬送到了急诊室。

目前，这只犬正在沉重地喘气，并且伴有严重的鼾声和喘鸣。黏膜及舌头呈紫色 / 蓝色。正在使用腹部肌肉进行非常夸张的吸气运动，然后重重地摔倒在瓷砖地板上。

演示

- 询问技师该患病动物的“第一步”：分诊、入院、初始干预。
- 让他们在一张白色卡片上写下以下内容：
  - a. 分诊分级。
  - b. 是否需要治疗室或检查室。
  - c. 初始干预。

问题

- 他们选择的分诊分级的原因？
- 他们看到的最重要的参数 / 临床体征是什么？
- 讨论患病动物是否足够稳定，以进入检查室与治疗室。
  - a. 如果他们决定患病动物可以在检查室等待，让他们证明自己的答案。
  - b. 如果他们决定患病动物应该去治疗室，让他们证明他们的答案（如氧气源和应急用品）。
- 讨论紧急干预措施。初始应该做何干预？
  - a. 供氧。
  - b. 放置静脉导管。
  - c. 镇静。
  - d. 温度 / 积极降温。
  - e. 以上皆有。
- 讨论供氧。
  - a. 什么方法可能是最好的？
  - b. 斗牛犬是否需要长期供氧？
  - c. 考虑诊所现有设备；讨论是否需要订购其他供氧设备。

教学要点

- 为兽医技师提供一个回顾医院程序的机会，并提供一份如何处理紧急情况的指南。
- 在压力较小的情况下，提供一个团队讨论的机会，其他人将如何处理相同的情况。
- 所有的讨论都应该是非评判性和建设性的，并确保所有问题都得到解决。例如，认为患病动物的病情已经稳定，可以和主人一起去检查室的技师，可能会觉得把患病动物从主人身边带走的应激会导致机体快速失代偿。有技师认为最好由兽医先对患病动物进行评估。这是一个合理的观点；然而，在这种情况下，氧气设备、紧急插管、降温用品和使用紧急药物可能更可取。可以立即请兽医对患病动物进行评估。
- 一些诊所的政策允许宠主留在治疗区域陪在宠物身边。这是一个很好的机会，可以通过后勤部门提醒所有技师您的医院对客户的政策，或者讨论在某些情况下是否需要更改政策。

医学计算练习

患病动物在氧舱中呼吸 50% 的氧气，动脉血气测量显示 PaO_2 为 72 mmHg。它的 P/F 比值是多少？

a. 72　　b. 144

c. 36　　d. 50

## 第 8 章

机械通气

Andrea M. Steele

学习目标

1. 了解麻醉通气与重症监护通气的区别。
2. 了解通气的标准，并识别即将发生的呼吸衰竭。
3. 了解危重症通气患病动物的护理要求。

章目录

关键词

FiO_2
频率
分钟通气量
吸气峰压
呼气末正压
压力支持
呼吸衰竭
潮气量
通气
脱机

在兽医学中，呼吸机主要应用于麻醉和重症监护学两个领域。麻醉呼吸机在兽医临床中的使用越来越普遍，而重症监护呼吸机通常在专科转诊医院中使用。

机械通气（ventilation）是指使用手动或者机械装置通过正压帮助或完全控制患病动物呼吸的行为。因为大多都是通过压力将空气/氧气压入肺，所以大多数被称为“正压呼吸机”，负压呼吸机也是存在的，它通过在患病动物周围产生负压来辅助呼吸，使胸内压力降低进而吸气，这种机器被称为“铁肺”，在小儿麻痹症流行时期很常见。虽然今天仍然存在，但通常不在兽医学中使用。

麻醉患病动物需要进行机械通气的原因很多。通常每隔 5 ~ 10 min 叹息呼吸一次，这是一种正压通气，尽管是间歇性而不是连续的。这通常使用麻醉机的呼吸气囊进行，提供比正常情况下更长更深的呼吸来减少肺不张。“手动气囊通气”类似于叹息通气，但在短时间内更连续。这可以在由于各种原因没有机械呼吸机的情况下进行，例如患病动物麻醉太深（和关闭吸入麻醉剂）或麻醉太浅（和打开吸入麻醉剂）或患病动物出现呼吸暂停。气囊通常用于危重症动物转移到重症监护设施时的通气，也用于心肺复苏（cardiopulmonary resuscitation，CPR）。复苏气囊，通常称为“Ambu bag 急救气囊™”（图 8.1），当患病动物使用单独的氧气袋时，可以代替麻醉机呼吸气囊。

许多兽医诊所现在都有机械呼吸机，这些呼吸机可以连接或集成到麻醉机上。这些呼吸机由新鲜气流驱动，可能有或没有电子连接和控制。大多数现代呼吸机都有一个风箱或活塞系统来进行每一次呼吸。呼吸机的每个循环都可以将新鲜的气体和吸入麻醉剂压入患病动物的肺部，直到

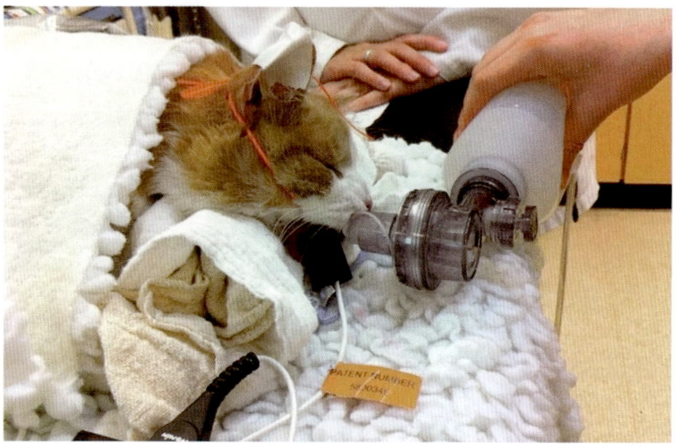

图 8.1 一只由于严重的呼吸窘迫而迅速插管的猫，使用 Mambu 气囊

达到设定的最大压力。一般来说，这些呼吸机是受到容量控制和压力限制的。无论从麻醉开始还是在麻醉期间，如果麻醉师注意到通气不足或其他通气问题，都可以快速轻松地进行设置。大多数设备的一个主要缺点是无法降低氧浓度，除非安装 blender 混合阀。麻醉患病动物通常不需要考虑该问题，除非患病动物需要长期通气。这种安装混合阀的呼吸机经常用于长期通气，其中最成功的是用于由于神经肌肉疾病或损伤而无法通气的患病动物，而不是肺部受伤的患病动物。

危重症动物的通气与大多数麻醉患病动物的通气有很大不同，这也是本章的重点。一般来说，危重症动物需要几小时到几天甚至几周的长时间的通气支持。患病动物由于许多原因需要通气支持，但主要原因是无法进行有效气体交换（将二氧化碳排出肺）或者不能充分地利用氧气，即使吸氧也无法改善。重症监护呼吸机是一种能够处理肺部病变或维持正常肺而不损伤肺的机器，并且可以持续工作很长时间。

重症监护呼吸机通常由芯片控制，通过使用医用空气或内置空气压缩机具有混合氧气的能力，因此可以精确控制进入设备的 FiO_2（吸入氧气浓度分数）。这些呼吸机也有能力选择呼气末正压峰值（peak end-expiratory pressure，PEEP）、吸气峰压和吸呼比（inspiration-to-expiration ratio，I ∶ E），以及其他更高级的设置。这些设置以后会有进一步解释。重症监护呼吸机也有能力提供固定容量（设备控制压入固定容量）或固定压力（控制最大压力以提供可变潮气量）。这些呼吸机提供了几种不同的模式，可以完全或部分控制呼吸，或者简单地辅助呼吸，在自主呼吸时给予一点压力支持。选择合适的模式涉及许多因素，这取决于临床医生和患病动物。

重要术语

潮气量（tidal volume，TV）是指每次呼吸进入的气体体积。根据通气方式（压力控制与容量控制），潮气量可以是设备设置的一个数字，也可能与压力设置有关。例如，在压力控制模式下，压力设置可能是 20 cmH_2O，由此产生的潮气量就变成了呼吸机输送到这个压力的气体量。潮气量的可变性与肺的顺应性（弹性）、麻醉水平，以及胸腔积液或积气的存在有关。

频率（frequency，F）是每分钟呼吸的次数。在机械通气中，这是每分钟强制呼吸的次数。在同步间歇指令通气（synchronized intermittent mandatory ventilation，SIMV）或辅助控制通气等模式设置中，患病动物可以在这些强制呼吸的“顶部”呼吸，因此可能同时显示自主呼吸频率和强制呼吸频率。这是由患病动物触发或由强制呼吸之间的呼吸引起的呼吸次数。

分钟通气量（minute volume，MV）是指 1 min 内通气的体积，频率乘以潮气量（F × TV），通常以 L/min 表示。

FiO_2 是吸入氧气浓度分数。一般来说，在重症监护病房，这个数字可以在机器上设置。将医用空气（或压缩机）和氧气“混合”到精确的 FiO_2 值。

吸气峰压（peak inspiratory pressure，PIP）：患有肺部疾病的动物的肺通常比健康犬猫更脆弱，因此可耐受的潮气量和压力远低于正常肺。麻醉呼吸机的常规设置为 10 ~ 20 mL/kg 的潮气量，压力高达 30 cmH_2O，（这在正常动物中很少需要）。患有基础肺脏疾病的动物充分气体交换需要 6 ~ 10 mL/kg 的潮气量和更高的频率，最大压力为 30 cmH_2O（区别在于由于肺顺应性降低和阻力增加，患病动物可能需要 30 cmH_2O 来达到所需的潮气量）。即使潮气量比正常肺的标准潮气量小得多，也需要更高的频率保证足够的分钟通气量。重症监护呼吸机上的压力设置通常被称为吸气峰压（PIP）或峰压。

呼气末正压（positive end-expiratory pressure，PEEP）在对患有肺脏疾病，如急性呼吸窘迫综合征（acute respiratory distress syndrome，ARDS）、肺水肿和肺炎的动物进行通气时尤为重要。

呼气末正压的加入可以显著降低所需的 FiO_2，降低氧气中毒风险，减少肺不张，提高整体通气效率。呼气末正压可导致心输出量减少，对于低血容量或无反应性低血压患病动物应避免或尽量减少使用。呼气末正压是指在呼气时存在的气道压力，可以减慢呼气相，这也会导致从肺部排出二氧化碳的能力降低。呼气末正压的绝对禁忌证是张力性气胸（但这可以治疗）和气压伤。呼气末正压也会增加中心静脉压。因此，这对于颅内压升高的患病动物（如患有严重肺挫伤和头部创伤的犬）可能是禁忌的。必须密切监护患病动物，优先处理更严重的问题。

机械通气的指征

多种原因会导致危重症动物存在呼吸衰竭的风险。有两种类型的呼吸衰竭（respiratory failure），这取决于肺部气体交换的生理功能改变。这两种类型是低氧血症型呼吸衰竭和高碳酸血症型呼吸衰竭。表 8.1 对此进行了总结。

表 8.1　呼吸衰竭的类型

急性低氧血症型呼吸衰竭	急性高碳酸血症型呼吸衰竭
低 PaO_2，正常或偏低的 $PaCO_2$（早期）	低 PaO_2，$PaCO_2$ 升高
相关因素： • ARDS • 肺炎 • 肺水肿 • 肺栓塞	相关因素： • 中枢神经系统紊乱 • 神经肌肉疾病 • 气道疾病 • 骨骼肌疾病
“肺脏异常”	“肺脏正常”
FiO_2 的增加影响很小	FiO_2 的增加可以逆转低氧血症

通常，低氧血症型呼吸衰竭与严重的肺实质和（或）间质性疾病，或影响肺血流的疾病有关。在这些类型疾病的轻症病例中补充氧气通常足以支持 PaO_2；然而在严重的情况下，增加 FiO_2 不能阻止低氧血症的发生。在末期，呼吸做功出现疲劳，并且由于通气有效性的降低，通常还伴随 $PaCO_2$ 的增加。

高碳酸血症型呼吸衰竭与影响通气的疾病有关，如神经系统紊乱和气道疾病［如哮喘和慢性阻塞性肺病（chronic obstructive pulmonary disorder，COPD）］，患病动物无法充分地在肺部进行气体交换）；虽然肺泡的肺组织基本正常，但由于二氧化碳无法从肺部排出，因此 $PaCO_2$ 值增加。在患有神经肌肉疾病的情况下，呼吸肌无力，患病动物将使用辅助肌肉（主要是腹部）进行代偿通气，从而增加呼吸做功。呼吸成为一个主动的过程，消耗过多的能量，需氧量增加并导致疲劳。由于大量肌肉组织的活动，患病动物将难以调节体温，二氧化碳因代谢活动的增加而增加，进一步促成高碳酸血症。最终动物会失代偿并开始疲劳，如果不治疗，呼吸衰竭和死亡将接踵而至。

基于这两种类型的呼吸衰竭，建立了机械通气的标准，如下所示：

- 无法去除血液中的二氧化碳。
  - 由于患病动物的呼吸做功，$PaCO_2$ 继续升高或保持在高于预期的水平。
- 组织氧合不足。
  - PaO_2 不足且不能通过补充氧气而升高。
  - 尽管 FiO_2 升高，但 PaO_2 仍在继续下降。
- 即将发生呼吸衰竭。
  - 患病动物可能表现出呼吸衰竭的迹象，如呼吸模式改变或呼吸暂停。
- 呼吸做功增加。
  - 呼吸做功会导致患病动物疲劳，如体温过高或心动过速。

根据疾病类型制定机械通气策略

患有任何形式肺部疾病的动物的机械通气与

其他类型疾病的通气有很大区别，如神经肌肉疾病或中枢神经系统（central nervous system，CNS）疾病。在患有神经肌肉疾病或中枢神经系统疾病时，肺功能正常，气体交换没有障碍。相反，参与呼吸的神经或肌肉失去功能，则会导致通气障碍。

技师笔记

对呼吸麻痹患病动物进行通气不同于原发性肺病的患病动物，因为前者通常不需要高氧浓度，并且可以通过规律的频率和容积进行通气。

这些患病动物可能需要几天甚至几周的通气支持才能完全恢复自主呼吸。基本上这类病例的基础目标是在不造成损伤的情况下进行通气，并通过物理治疗和营养支持来维持体况。

机械通气是一种侵入性操作，可能会使患病动物面临发生医源性感染的风险，如肺炎，或可能引起肺部创伤、肺不张等问题。

在需要通气的严重肺病患病动物中，肺顺应性、肺阻力、气压伤、氧气中毒和分泌物等问题结合在一起，使通气更加困难和令人沮丧。出现这种混合情况的原因可能是患病动物存在全身性疾病，需要使用血管加压药和（或）正性肌力药维持血压。这些患病动物通常需要重度镇静到全身麻醉，从而提高维持患病动物生命所必需的护理水平。营养需求必须通过肠内或肠外途径进行满足和评估。患病动物会使用呼吸机数天或更长时间，并且情况经常经历快速变化，需要不断调整呼吸机设置。专栏 8.1 总结了需要机械通气的常见情况。

专栏 8.1　需要机械通气的常见情况

原发性肺病

- 肺炎（细菌性 / 真菌性）。
- 肺挫伤。
- 吸入烟雾。
- 肺水肿（非心源性或心源性）。

非肺脏疾病

- 全身炎症反应综合征［SIRS；引发急性呼吸窘迫综合征（ARDS）］。
- 败血症。
- 呼吸麻痹。

将患病动物连接呼吸机

使用呼吸机是患病动物住院期间最关键的时期之一。当确定下一步必须使用呼吸机时，兽医团队必须准备并将注意力放在这只患病动物身上。通常这是一个循序渐进的过程，首先患病动物由于呼吸窘迫而迅速插管，然后连接手动气囊，随后在与宠主讨论通气问题后制订计划。在此期间，团队必须准备必需品、注射麻醉剂和监护设备。

技师笔记

在大多数情况下患病动物最初会进行气管内插管，应该尽可能无菌操作，使用无菌手套、消毒后的喉镜、无菌润滑剂和无菌气管插管（ET 管）。

在某些情况下（如气道外伤），患病动物可能已经放置了气管造口管，可以直接连接到呼吸机。一些临床医生可能倾向于在患病动物稳定后将长期使用呼吸机的患病动物转换为气管造口管，因为这样可以减轻对患病动物的麻醉。在某些情况下，患病动物甚至可以在通气时进食进水（图 8.2）。这在神经肌肉疾病中最常见。

技师笔记

在过渡到呼吸机期间，必须指定一名技师来监护患病动物为成功提供最佳机会。许多患病动物在这个过渡期间会出现心肺骤停，越早发现患病动物的变化，CPR 越可能成功。由于这些患病动物在使用呼吸机之前通常仪器监护不全，因此在此期间技师必须不断触诊脉搏，并留意脉搏频率或脉搏质量出现的任何变化。

患病动物使用呼吸机后的第一小时也很关键。这是临床医生尝试确定适当的呼吸机设置和（或）模式的时间，并且在这段时间内 $PaCO_2$ 很高和 PaO_2 读数很低并不罕见。因此，开始时可能需要每 5 ~ 10 min 进行一次血气分析，尽快留置动脉导管非常重要。此外，在最初的几分钟内需尝试给患病动物连接各种监护仪器。

理想情况下，使用呼吸机的患病动物的体内将会留置多腔中心静脉导管，因为需要给予多种注射药物，其中许多药物在导管内不相容。导管不需要立即放置，通常可以等到患病动物情况稳定后再放置。可以考虑在短期内埋置外周静脉导管来协助给药。

正在进行通气的患病动物所在区域的规划尤为重要，应当规划良好并且方便进入。拆除笼门或使用可以降下侧围栏的婴儿床将可以快速靠近患病动物（图 8.3）。许多机构会将患病动物放在担架上进行通气。

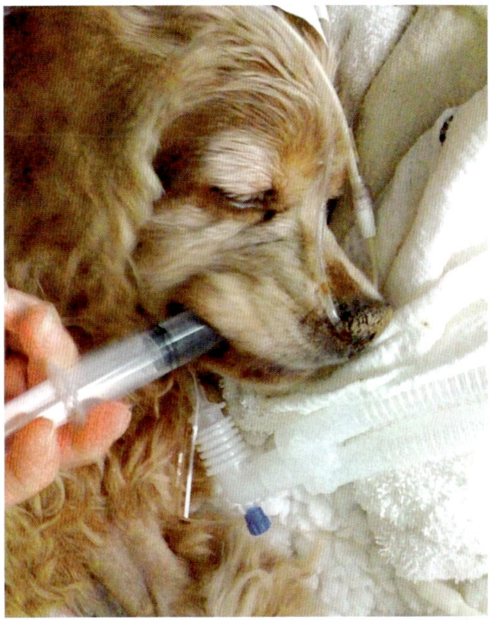

图 8.2　一只犬使用连接气管造口管的呼吸机，通过注射器饮水

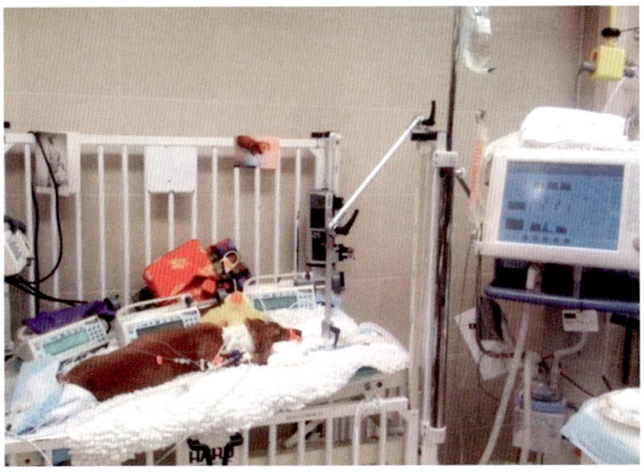

图 8.3　在婴儿床或担架上进行通气，保持通气区域的清洁且易于接近

长期使用呼吸机的患病动物的护理建议

维护呼吸机患病动物并避免并发症需要掌握许多技能并完成任务，这些可以分为监护和护理两类。

对使用呼吸机的患病动物的监护

大多数使用呼吸机的患病动物需使用注射麻醉剂进行深度镇静或完全麻醉。不同医院的方案会有所不同，但通常是 2 ~ 3 种药物的组合，如丙泊酚、地西泮或咪达唑仑、右美托咪定、氯胺酮、芬太尼或其他药物。根据个体和患病动物的疾病状态选择每种药物，并尽量减少每种药物的副作用。每种药物的给药方式应该是可以快速调整的，最好是通过注射泵或分量输液器。请注意标准的“鸡尾酒”给药方式可能适用于典型的麻醉患病动物，但可能不适用于使用呼吸机的患病动物。一般来说，这些患病动物不会受到手术刺激，但是它们可能会对繁忙的重病监护室环境中的噪声有所反应，如关笼门和犬狂吠的声音。它们需要足够的麻醉来维持插管，但不需要非常深的麻醉。

技师笔记

请记住，使用耳塞或用毛巾覆盖眼睛等细微操作可以帮助减少麻醉剂用量。

与所有麻醉患病动物一样，监护对于确保存活是非常重要的。麻醉患病动物的体况可能随时改变并需进行干预。除非使用适当的监护装置并进行额外的实际监护，否则进行通气的患病动物很有可能已在不知不觉中死亡。出于该原因使用呼吸机的患病动物需要一对一监护，在通气期间技师需要在床旁监护。

技师笔记

每当有使用呼吸机的患病动物时，应增加人员配备确保手头有足够的协助。

使用呼吸机的患病动物的常规监护包括连续心电图（electrocardiography，ECG）、有创动脉血压、呼气末二氧化碳、脉搏血氧仪和动脉血气。实际监护包括评估眼睑反射和下颌张力，以及进行脉搏的触诊计数。由于缺乏刺激，使用呼吸机的患病动物通常麻醉深度过深，这种持续的监护可以让技师迅速做出反应。另外，如果患病动物处于较轻的麻醉深度，它会突然对巨大的噪声或疼痛刺激做出反应而拔掉插管。仔细滴定注射麻醉药是至关重要的，避免患病动物麻醉过深或过浅。请记住准备一支小剂量的注射麻醉药，如丙泊酚或氯胺酮，有助于避免患病动物苏醒。

技师笔记

确保在任何时候笼旁的注射器中都有诱导剂量的注射麻醉药，以防患病动物突然苏醒。

对使用呼吸机的患病动物的其他监护包括检查通气参数。通常每小时记录一次，其中包括通气模式、FiO_2、PIP、PEEP、I ∶ E 比、频率、TV 和 MV 等参数，并记录所有变化（参数调节或患病动物运动）。这些参数可以在笼旁的流程表中完成记录，甚至可以直接在电脑或平板电脑的电子表格中记录，这有助于显示患病动物通气趋势的好转或恶化，使临床医生能够做出正确决定。

对使用呼吸机的患病动物的护理

有许多操作技术可以使患病动物感到舒适，并确保不会发生机械通气相关性肺炎或其他并发症。

一些最简单的技术包括患病动物的体位，以及确保患病动物有足够的衬垫来保持皮肤完整性。患病动物在任何时候都应该保持清洁和干燥，垫料用品每天都要更换，或者弄脏时更换。对于技师来说，经常查看患病动物的皮肤是非常重要的，以便在早期阶段发现褥疮的症状。

当移动使用呼吸机的患病动物时，尤其是那些患有系统性疾病且非常危重的动物，应注意避免突然改变体位。

技师笔记

将患病动物从一侧翻到另一侧的大动作可能会导致肺部血流动力学状态和通气 / 灌注的突然改变，导致突然失代偿，甚至可能死亡。

在这些患病动物中，缓慢地改变体位是最佳的。因此，如果患病动物处于侧位，最好是缓慢地将患病动物移向仰卧位，可能需要额外的衬垫或泡沫楔支撑患病动物直到达到仰卧位。根据患病动物的情况，这可能将花费几分钟，或者对于极端患病动物，可能需要半小时或更长时间。密切关注心率（heart rate，HR）和测量血压，以及 SpO_2 和 $ETCO_2$，这些数值将有助于指导完成这个过程。理想情况下，只有在必要且有足够的工作人员和临床医生的时候，才可以进行大的移动。

许多患病动物在斜靠俯卧位时通气效果良好，因此轻轻翻动臀部和活动前肢有助于保持患病动物舒适。使用泡沫楔、凹槽或其他保定辅助工具可以使患病动物保持在所需位置。

技师笔记

通常患病动物会在感到不舒服时做出指示，它们可能会加快自主呼吸或轻微地移动四肢，或者心率可能增加。当这种情况发生时，改变体位可能会让它们更容易再次入睡。

正压通气是一种高侵入性的操作，确保处理患病动物的人员和患病动物的清洁是至关重要的。处理患病动物的所有人必须确保充分洗手，理想情况下，在接触口腔或气管插管时，工作人员除了洗手外，还应佩戴检查手套。

口腔护理是使用呼吸机的患病动物护理的一个重要组成部分，至少每 8 h 进行一次。方案是多种多样的，其范围从仅使用无菌生理盐水，到使用含有氯己定的口腔清洗剂。不管在你的医院使用什么护理方案，目标是清洁口腔和咽部区域，尽量减少分泌物和细菌。呼吸机相关性肺炎（ventilator-associated pneumonia，VAP）与口腔细菌和气管插管外的胃肠道（gastrointestinal，GI）细菌定植有关。口腔护理应用无菌溶液、无菌海绵钳、无菌方形纱布；应擦拭干净所有口腔表面，包括舌头和面颊、上颚，以及咽部更深处的所有表面，并留意可能积聚的黏液（图 8.4）。使用已消毒的喉镜可以更方便地观察喉部，并有助于在彻底清洁该区域时避免创伤。在口腔护理后使用甘油基的口干溶液可以帮助保持口腔湿润。

有些患病动物（如肺炎患病动物），呼吸道分泌物的量很多，导致黏液在气道和气管插管中聚集，从而阻碍正常通气。水肿液也会引起问题。有时这些患病动物需要进行气道抽吸，抽吸应该使用安装在呼吸机回路中的封闭抽吸装置进行。在进行抽吸之前预吸氧是重要的，因为通气在抽吸时将减少。大多数现代呼吸机都有一个自动设置，在抽吸前 3 min 和抽吸后几分钟增加 FiO_2。重要的是要始终保持吸痰管的移动，而不是不断地抽吸，使用间歇抽吸技术将有助于防止气道损伤。

只有在必要的时候，如抽吸未能完全使插管通畅，才应该更换气管插管。每次更换插管时，细菌都有可能进入气道。每次重新插管都应无菌操作，类似于抽吸，应首先进行预吸氧。如果有时间准备重新插管，那么对口腔和气管插管周围全部抽吸是一个好主意。在换管期间，他人帮助是很重要的，因为这是一个关键时期。

气道湿度同样值得关注，因为我们正在绕过鼻腔通气，而鼻腔可以加湿动物呼吸过程中的气体。大多数现代呼吸机内嵌加湿器，可以将温水蒸气直接添加到回路中。回路通常也会被加热，以避免水汽凝结，因为这会影响通气。这也有助于保持患病动物的体温。在没有加湿器的情况下，热量和水分交换器（heat and moisture exchanger，HME）应该由一个三角连接头连接在动物 ET 管和回路之间。HME 吸收呼出的热量和水分，并在吸入空气时加热和加湿空气。重要的是要注意 HME 需要每隔 12 ~ 24 h 更换一次。

其他护理包括频繁的眼部润滑（至少每 4 h 一次）和四肢的物理治疗以保持灵活性。应放置导尿管以保持清洁并计算尿量。静脉注射和导尿管护理应按照医院方案常规进行。

警报排查

机械通气是一种高阶的通气方式，需要敏锐地观察并了解警报信息可能的提示。最重要的是，报警设置是为患病动物个性化定制的，所以可以

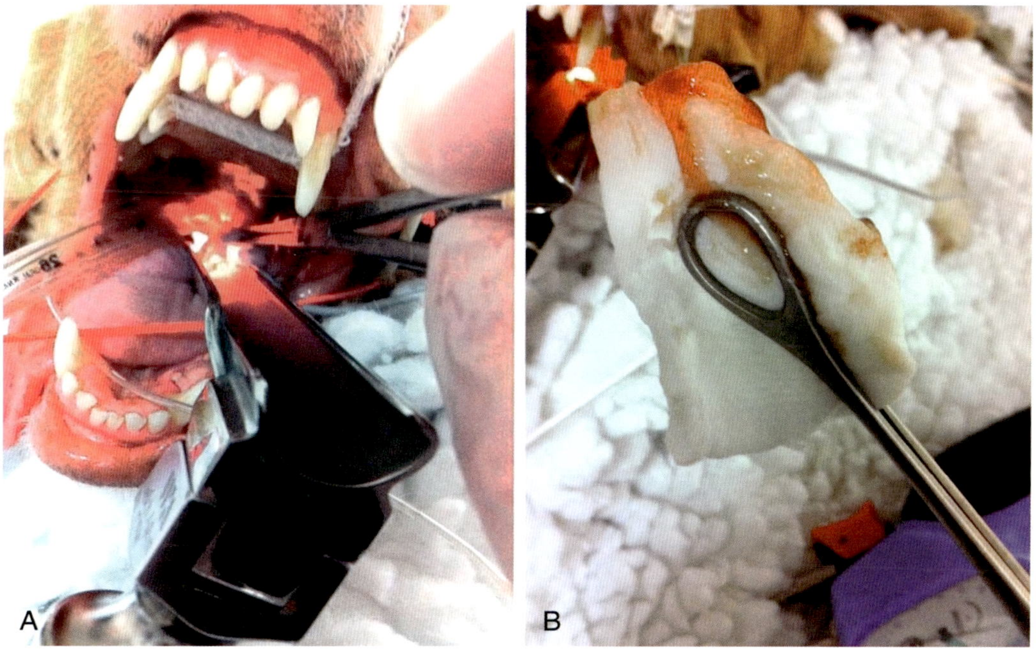

图 8.4　A，对通气患病动物进行口腔护理的示例。重要的是要到达咽部后方，以清除来自鼻咽部的黏液。B，用于清洁咽部区域的纱布

尽早告知技师和临床医生可能出现的相关问题。必须在通气开始时就设置警报参数，如 TV 低或高、MV 低或高、气体泄漏、PIP 低或高和呼吸暂停，通常设置为当前参数的 ±10% 以内。

如果不对患病动物和设备进行彻底检查，不能反复暂停和忽略警报，或调整警报降低频次。问题可能产生且会持续发展，在回顾病程后可能才注意到患病动物的通气状态产生过变化。时刻思考这个警报可能意味着什么，如果无法理解警报的意义，应及时请求帮助。

黏液可以在气管插管内壁覆盖并干燥，然后慢慢阻塞管腔。这可能会导致 PIP 或呼吸机阻力的缓慢变化，如果不迅速解决，可能会导致完全阻塞。必要时经常抽吸或更换气管插管将有助于缓解这种问题。和之前一样，最好在一切都正常时更换插管，尽管效率较低，但不应在插管阻塞造成的紧急情况下才做出反应。

插管断开、气道泄漏和气胸（PIP 高）是常见的必须纠正的警报。

呼吸机脱机

随着使用呼吸机的患病动物的好转，在某一个时机临床医生会决定将患病动物与呼吸机脱机。这不是一个突然的决定，患病动物将会进入“脱机”（weaning）阶段，这可能持续 24 h 或更长时间。通气持续的时间通常提示了其完全脱机的时间长度。呼吸肌的作用几乎在机械通气后就开始减弱，需要时间来复健至力量恢复。在人类医学中已经建立了评估准备脱机的标准。如下：

1. 导致患病动物需要进行通气的原发疾病已经得到充分治疗。

2. 可测量的参数（如 PaO_2、PaO_2/FiO_2 比值、血流动力学稳定性和 PEEP 降低）得到改善和稳定。

3. 患病动物可以自主呼吸。

如上所述，脱机是一个循序渐进的过程，在某种程度上，其实在患病动物刚开始使用呼吸机时就开始了。事实上，通气期间的目标是持续提供必要的最小通气量，因此总是随着 PaO_2 的改善而降低 FiO_2（通常是 5% 的增量），随着 TV 的改善而降低压力峰值等。临床医生通常会根据当前的血气值和其他参数来调整呼吸机设置。

当患病动物表现出好转的迹象时，临床医生将对患病动物进行自主呼吸测试。这并不意味着让患病动物进入一个完全自主呼吸的模式，而是将患病动物转换为压力支持通气，患病动物能够主导呼吸的频率，但是会增加压力以帮助患病动物完成每次呼吸。由于呼吸肌无力或出现疲劳，患病动物往往难以长时间维持足够的 MV。压力支持（pressure support）可以协助每次呼吸，并且随着患病动物的恢复，通气支持的频率可以减少。压力支持可能持续几小时甚至几天，这又取决于通气持续时间。观察患病动物的呼吸情况并注意患病动物是否过度使用辅助肌肉进行呼吸是很重要的。应密切监测体温和 PCO_2。

一旦压力支持减少到约 5 mmHg，则压力支持的唯一好处是帮助患病动物克服呼吸机回路本身的阻力。如果所有参数都保持稳定，很可能是时候移除呼吸机了。呼吸机脱机常在保持深度镇静和保留气管插管下完成，以便必要时快速重连。如果患病动物放置了气管造口管，则可在保持气管造口管时唤醒患病动物。

通常，脱机后可能会成功维持一段时间，但随后患病动物开始出现呼吸肌疲劳。在这些情况下，患病动物可能需要重连呼吸机并用压力支持模式使用呼吸机一段时间，然后试图再次脱机。患病动物在有气管造口管的情况下完成该操作比每次诱导和重新给患病动物插管容易得多。

总结

使用呼吸机的病例对任何兽医技师来说都具有挑战性。了解通气策略和通气目标都很重要，但最重要的是熟悉呼吸机的操作。这些患病动物的护理非常密集，但在成功后却是非常值得的。这些病例不适合胆小的人，而是许多有好奇心和渴望学习的技师的最爱！

推荐阅读

[1] Burkitt-Creedon, J. M., & Davis, H. Advanced monitoring and procedures for small animal emergency and critical care.Hoboken,2012.NJ: Wiley-Blackwell.

[2] Cairo, J. M. Pilbeam's mechanical ventilation (6th ed.) 2016. Elsevier.

[3] L.King(Ed.), Textbook ofrespiratory disease of the dog and cat. 2003. St. Louis: Elsevier.

[4] Silverstein, D. C.,& Hopper, K. Small animal critical care medicine.2015. St.Louis: Elsevier.

[5] West, J. B. Respiratory physiology (9th ed.). 2011. Baltimore: Lippincott Williams & Wilkins.

[6] Wingfield, W.M., & Raffe, M. The veterinary ICU book.2002.Jackson, WY: Teton New Media.

场景

目的：为兽医技师提供机会，以建立或加强快速评估典型急诊诊所所面临情况的能力。

背景：急诊诊所是一个中等水平的机构（水平目前由 VECCS 确定，可能有公开发布的具体信息），需要至少 4 名工作人员，包括 1 名急诊临床医生，2 名兽医技师和 1 名可以在必要时协助处理动物的接待员。还需要 1 名预备的临床医生来协助手术。

场景

周六晚上一只 20 kg、5 月龄的伯恩山犬因啃咬延长线而触电来到急诊诊所。主人注意到断路器很快就跳闸了，但幼犬确实受到了很大的电击。他们快速检查后发现它的嘴和左前爪垫均有烧伤。在去急诊诊所的路上，他们注意到幼犬变得安静，开始呼吸沉重。

就诊时，幼犬侧卧，呼吸窘迫明显。初步体检呼吸频率增加，呼吸费力，心动过速，黏膜苍白略微发绀，精神状态迟钝。分诊技师判断其需要立即进行治疗干预，她问主人是否可以把它带到治疗区域，并立即把兽医叫到后面。

立即通过直流氧气吸氧，并埋置静脉导管。进行二次体检，发现 HR 为 190 bpm，呼吸频率为 72 rpm，脉搏较弱且细；听诊发现双侧肺野背侧有湿啰音，无心杂音。SpO_2 为 91%。吸氧时，SpO_2 升高至 96%，HR 和呼吸频率略有下降。

X 线片显示肺野背侧有弥漫性肺水肿，心影大小正常，横膈膜完整。兽医诊断为继发于触电的非心源性肺水肿（noncardiogenic pulmonary edema，NCPE）。NCPE 通常可以在 24 ~ 48 h 内通过支持性护理解决。这只患病动物入院接受了氧气治疗和监护。

在右侧鼻孔放置鼻氧管，使用脉搏血氧仪监测氧合（诊所没有动脉血气检测能力）。兽医要求每小时监测 SpO_2，并根据需要调整氧流量，使该犬的 SpO_2 保持在 95% ~ 96%。

监护犬的技师注意到犬呼吸更加费力，它一直接受着 3 L/min 的氧气吸氧，最后一次检测 SpO_2 为 95%。她决定再次检查一下，并惊讶地发现，SpO_2 已经下降到 92%。她将氧流量提高到 5 L，并提醒自己要在 10 min 后再检查一遍。在 10 min 内，她发现它呼吸没有变得轻松，并且事实上它看起来更糟了。犬侧卧，头颈部伸直，腹部起伏明显，而且看起来是在“喘息”。HR 升至 200 bpm，呼吸频率 100 rpm，出现了明显的发绀。她立即打电话联系了兽医。

兽医到达后立即意识到技师是正确的，患病动物已经进一步失代偿。他下令进行丙泊酚诱导、插管和气囊通气（诊所没有呼吸机）。

演示

要求团队详细讨论该患病动物的诱导、插管和气囊通气情况。

讨论

- 需要的丙泊酚剂量。
- 如何在诱导后让幼犬保持睡眠状态。
- 插管问题，如插管尺寸、喉镜。
- 使用急救气囊与麻醉气囊。
- 通气频率。
- 如果肺水肿液体充满气道，考虑抽吸。没有吸痰器时，考虑“倾倒”患病动物，抬高尾侧，降低头侧促进液体流出。
- 犬已经插管，技师正在气囊通气。接下来应该怎么做?
- 决定转院后如何实施?
  a. 所需用品。
  b. 转院时的技师或兽医（气囊通气需要持续进行）。
  c. 宠物转院服务也是一个选择?

医学计算练习

一只患病动物正在以 300 mL 的 TV，32 次 /min 的呼吸频率，PIP 10 cmH_2O 的条件进行机械通气。分钟通气量是多少?

a. 10 L/min　　b. 3 L/min
c. 300 mL/min　　d. 3.2 L/min

第9章

疼痛评估和治疗

Nancy S. Shaffran

学习目标

1. 定义疼痛。
2. 介绍疼痛管理的不同方案。
3. 提供关于确定患病动物存在疼痛的信息。
4. 确定恒速输注速度，并讨论如何计算和实施恒速输注。

章目录

关键词

激动剂
镇痛药
拮抗剂
抗炎药
阿片类
疼痛
药代动力学

哲学家和科学家们长期以来一直在争论动物疼痛（pain）的问题。直到最近，对患病动物的疼痛管理还没有得到充分的临床应用。这种疏忽可能是由于以下错误的理念：

- 动物不会经历疼痛。
- 动物可能会经历疼痛，但这不会影响动物的生活质量或者没有必要治疗。
- 对疼痛的评估过于主观。
- 疼痛是件好事，因为它可以限制活动。
- 镇痛药（analgesia）是有害的，因为它存在副作用，或者影响对动物疾病情况的准确评估。

兽医界广泛认同动物是会经历疼痛的，并且为了获得最佳的健康状态，应对所有疼痛进行管理。新兴的兽医危重症管理专科对于疼痛管理也给予了极大的关注。虽然危重症动物相较于稳定动物可能有更高的镇痛需求，但对于危重症动物的疼痛识别和治疗方案选择确实存在特殊的挑战。选择正确的镇痛方案需要有对广泛药物药代动力学（pharmacokinetics）的理解，以及在不同情况下对疼痛类型和水平的理解。对危重症动物镇痛不足会减少其康复机会，并可能会导致休克甚至死亡。

危重症或受伤动物，除了承受与疾病或体况相关的疼痛，还需要接受许多会造成疼痛的治疗和诊断程序。对危重症动物的治疗必须包括整个住院期间和出院之后的疼痛管理。

危重症动物可能会存在需要治疗的疼痛。然而，由于它们更加虚弱，可能比一般健康的动物更难以表现出对疼痛管理的需求。有人认为，相比于"有个性"的健康动物，这些危重症动物表现出更少的情绪，与护理人员更疏离，这可能会减少对它们疼痛的关注度。但也有人认为，危重症动物的虚弱表现也会引起护理人员更多的同情心。无论如何，危重症动物需要更"直观"的疼痛评估方式，因为对疼痛评估表中很多行为方面的评分可能都会受到限制。

疼痛管理的不确定性很大程度上取决于疼痛评估的主观性质。由于没有语言能力，兽医对于患病动物的疼痛评估仅仅依靠对动物微妙的体征变化和症状的识别能力。对没有语言能力的患病动物（如人类新生儿、婴儿、动物）的研究在近期才开始。尽管令人难以置信，但人类第一次对学龄前儿童疼痛表现的研究是在 1986 年。这项研究表明，健康足月的新生儿在应对组织损伤时会表现出痛苦，处于痛苦的新生儿患者表现为哭泣、肢体动作、回避行为和面部表情。尽管有这些证据存在,但在近 10 年里新生儿没有常规接受疼痛治疗。无法将疼痛与其他压力区分开来，评估的极端主观性，以及关于新生儿疼痛持续存在的争论，混淆了临床医生的努力。即使是现在，对人类新生儿疼痛的评估和管理仍是一个研究、成长和伦理辩论的领域。

对兽医来说，诸多因素使疼痛管理更加复杂化。首先，不同的物种、品种和个体之间对疼痛的体验和表现存在许多本质的差异。我们希望兽医工作者能识别猫、犬及其他伴侣动物的疼痛。一只蜷缩在笼子后方并拒绝移动或触碰的猫和一只呻吟不安的犬之间，似乎没有什么相似之处；然而，这两种动物可能都表现出了疼痛征象。即使同一个物种内，品种差异性也很大。对于表现坚强和软弱的动物，我们常会有不同的看法。不表现出明显疼痛的犬，我们会称赞它的勇敢。表现出夸张的疼痛征象的犬，我们会指责它的软弱。例如，牧羊犬和猎狼犬被认为很脆弱，没有在严重疾病中生存下来的强大意志。相反，拉布拉多猎犬和比特犬似乎无视疼痛，能够在其他犬无法生存的情况下生存。

技师笔记

尽管这些特异性仍存在争议，但大多数兽医专业人员仍会对不同猫品种处理疼痛、压力和疾病的能力有先入为主的想法。确实存在疼痛阈值和对疼痛反应的品种特异性；但是，不进行个体化的评估，而是对患病动物的疼痛做出普遍性假设是危险的。

其次，兽医技师经常会假设哪种操作是最疼痛的。例如，大多数人认为开胸术是疼痛的手术，而卵巢子宫切除术则只是轻度到中度疼痛。我们需要研究这些结论是如何得到的。除了假设所有侵入性或非侵入性的操作都会引发不同程度的疼痛外，没有正当理由对这些疼痛情况进行统一概括。每只患病动物都必须进行评估。最后，对疼痛的管理方案经常是随意的，这基于患病动物的有限信息、主观评估和个人习惯。通过研究疼痛的生理学，疼痛在非语言患者中的表现，以及何时、如何治疗疼痛，来达到科学和人道的疼痛评估和治疗。

疼痛的生理学

疼痛有一个生理学上的解释。神经系统中的疼痛感受器，被称为痛觉感受器，可以接收有害事件的刺激。刺激可能是化学刺激、机械刺激或热刺激。例如，化学性损伤通常是由炎症反应中产生的前列腺素和组胺等物质引起的。一旦疼痛刺激到达痛觉感受器细胞，信息就通过脊髓传递到大脑，疼痛反应就开始了。疼痛反应包括内源性阿片类内啡肽的释放，它具有天然镇痛作用。通常，无论是慢性还是急性疼痛，疼痛的程度都超过了身体缓解疼痛的能力。急性疼痛是严重、突然发作、超过内源性镇痛的疼痛，也是危重症动物需要关注的主要问题。

慢性疼痛是长时间持续存在的；身体会慢慢习惯于神经系统的反应，不再提供足够的内源性镇痛。无论疼痛是急性还是慢性的，未经治疗的疼痛都可能导致神经系统的长期变化，从而导致持续性无应答的神经性疼痛状态。

评估和识别

疼痛的表现

1992 年，为了就动物疼痛的表现形成初步共识，对来自 4 个主要兽医机构的几百名兽医人员进行了调查。该调查要求参与者以简单的表格形式列出他或她用来确定患病动物是否正在经历疼痛的所有标准。之后将调查结果制成表格，按出现频率进行分类，同时按专业组（即兽医技师、临床医生）进行亚分类。从出现频率来看，最主要的表现依次是嚎叫、心率增加、呼吸频率增加、烦躁不安、体温升高、血压（blood pressure，BP）升高、姿势异常、食欲不振、攻击性、不愿移动、姿势频繁变化、面部表情、颤抖、沉郁和失眠。其他被提及的频率较低的表现如焦虑、恶心、瞳孔增大、舔舐、啃咬或凝视疼痛部位、黏膜颜色差、流涎、二氧化碳浓度降低及抵头。

超过 50% 的参与者认为“已知的疼痛状态或操作”是治疗疼痛的一个原因。除身体表现外，列出的标准是存在上述一种或多种表现，没有其他相关原因、直觉和对镇痛药物的反应性。

这些发现与在人类新生儿和婴儿中的发现相似，尽管人们会对他们的面部表情给予更多的关注并测量激素反应。心率和呼吸频率增加、哭喊和身体运动增加被列为人类和兽医病例的主要疼痛表现之一。从这项研究中，一些发现变得更加清楚。各种类型的兽医从业人员对评估动物的疼痛有相似的标准。这意味着关于疼痛的表现存在一致性，尽管它不一定是科学的结论。同样明显的是，表现形式多样，有时是矛盾的（例如，不愿移动和频繁的体位变化）。在没有任何其他合理解释的情况下，以下的体征和症状是怀疑动物感到疼痛并考虑治疗的理由。读者应该注意到，虽然以下是最常见的描述症状，但它们绝不是患病动物疼痛的唯一指标：

- 心率增加。
- 呼吸频率增加。
- 血压升高。
- 体温升高。
- 嚎叫。
- 无法休息或睡眠。
- 颤抖。
- 食欲不振。
- 正常姿势或运动改变。
- 啃咬或舔舐疼痛部位。

有趣的是，尽管所有这些症状仍然被认为是疼痛的潜在表现，但目前小动物表现出行为和身体姿势 / 体位的变化时更容易被识别出疼痛，尤其是在猫身上。在休息时采取非典型姿势通常是猫疼痛的证据。

> **技师笔记**
>
> 可以假设，任何与其他已知原因无关的行为改变，都可能是患病动物过去或现在的组织损伤引发的疼痛表现。

疼痛何时干预以及如何治疗？

对于人来说，科学数据支持疼痛的有益方面：它限制过度活动，使参与体内稳态调节的激素释放，并促使患者寻求医疗治疗。在小动物中，这些益处的相关性要小得多，而在大多数情况下，疼痛被认为是有害的。也有研究表明，严重的急性疼痛可产生以下有害的生理影响：

- 神经内分泌反应（如垂体、肾上腺和胰腺激素的过度释放），可能导致营养、生长、发育和愈合障碍，以及免疫抑制。
- 心血管损害（动脉血压、心率、颅内压升高和灌注降低）。
- 呼吸频率升高，伴动脉氧分压降低或呼吸困难。
- 凝血异常（如血栓、血小板反应性增加、弥散性血管内凝血）。
- 因为疼痛或沉郁引起的长期卧位相关的并发症。
- 营养摄入不足和低蛋白血症导致愈合缓慢。

疼痛都应被治疗以抑制其有害影响，尽管许多镇痛药不是无害的，存在一些潜在并发症的风险。对镇痛药副作用的担忧使其无法在很多病例上应用。拒绝镇痛最常见的论点如下：
- 镇痛药可能导致虚弱患病动物心血管损害。
- 镇静可能抑制运动，导致呼吸系统并发症。
- 麻醉药和镇痛药可能掩盖病程发展或消退的迹象，使患病动物状态的评估复杂化。心血管监测可能会受镇静影响。
- 疼痛是自我保护的方式（也就是说，动物限制自己的活动以减少疼痛，消除疼痛会对动物造成进一步的伤害）。
- 疼痛控制措施可能导致住院时间延长和花费增加。

减轻疼痛始终符合患病动物的最佳利益；因此，上述问题必须在不停止镇痛的情况下得到解决。必须了解使用镇痛药时心率、呼吸、血压和心理状态的预期变化，并在开始治疗前进行基线评估。治疗后，应定期进行随访评估（图 9.1）。对于正在接受严重疼痛治疗的患病动物，可能需要更频繁的心血管监测。疼痛治疗可能导致活动减少并延迟正常机体功能的恢复（例如，吃、喝、走路），但与持续疼痛造成的恢复延迟相比，这些影响都不算什么问题。

疼痛缓解

非药物干预

在使用镇痛药之前，需要尝试所有让动物更舒适的非药物管理手段。评估的第一步是区别生理疼痛和其他形式的应激。对无聊、口渴、焦虑和需要排尿、排便的应激反应与疼痛征象类似。在确定患病动物是否需要药物治疗之前，必须解决所有应激源。在某些情况下，解决这些问题后，可能就不需要进一步的治疗；即使使用了药物镇痛治疗，也必须持续满足这些需求。

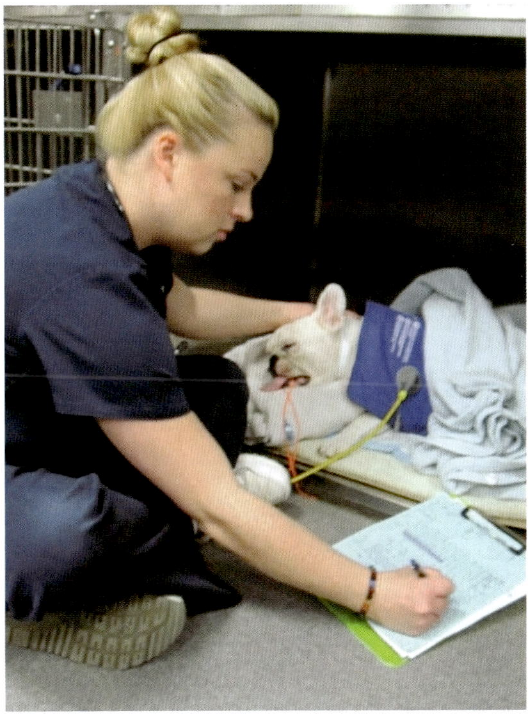

图 9.1　在恢复阶段，需要持续地评估和记录疼痛状态

舒适性包括物理环境和心理需求。不应该假定患病动物会主动选择舒适的体位。

> **技师笔记**
>
> 可能需要将患病动物安置在对疼痛区域压力小，满足通气需求并促进睡眠的位置。床上用品、衬垫和枕头可以用来提供额外的支持。减少光线和声音也可以帮助其休息或睡眠。

评估患病动物的情感需求可能更困难，因为个体对疼痛和应激的反应有很大差异。重症监护人员必须熟练地识别每只患病动物的独特需求。温柔的抚摸和轻柔的声音可能是缓解压力的有效手段。当分散注意力更有效时，可以将动物安置在一个有许多视觉和听觉刺激的区域。在某些情况下，主人的来访对安抚患病动物非常有效。但在另一些情况下，患病动物因主人的到来而变得过于激动，或者主人探视带来的好处会被主人离开的不良影响所抵消（图 9.2）。患病动物的舒适度也可以通过减少疼痛事件来改善。由于许多护理操作会带来疼痛（例如，注射、静脉穿刺、导管放置、缝合），提高技术水平有助于预防疼痛。

技师笔记

有效地组织治疗以减少操作动物的次数是另一种非医疗性的疼痛管理措施。

一旦患病动物的身体和情感需求得到解决，就需要重新评估它的舒适度。应提出以下问题：

- 患病动物的舒适程度可以接受吗？
- 其临床症状是否可能是疼痛的表现？
- 有给予镇痛药的禁忌证吗？
- 镇痛药带来的任何不良反应是否能够给予支持治疗？
- 合适的（安全有效的）药物是什么？
- 可以考虑哪些非药物性疼痛管理，如冷敷治疗（图 9.3）？

在人医和兽医学中，护士或技师通常会评估疼痛状态，并通过不断地回顾这些问题进行合理规划的镇痛（图 9.4）。

镇痛药

随着人们对疼痛的了解越来越多，镇痛方式的选择也越来越多。选择正确的镇痛方式基于了解多种药物的药代动力学，以及各种情况下的疼痛水平或类型（专栏 9.1）。

人类对药物的反应存在巨大的个体差异。换句话说，同一种药物可以在不同的患者身上产生截然不同的结果。这些差异部分是个体遗传差异的结果，同时也是任何影响疼痛状态的非生理因素的结果，这些因素包括：焦虑、恐惧、控制感、民族文化背景和疼痛状态对患者的意义。这种情况似乎同样适用于动物。个体的性格、繁殖特性，以及恐惧和焦虑的心理状态，似乎都在动物对疼痛的感知和治疗效果中发挥了作用。这也是动物

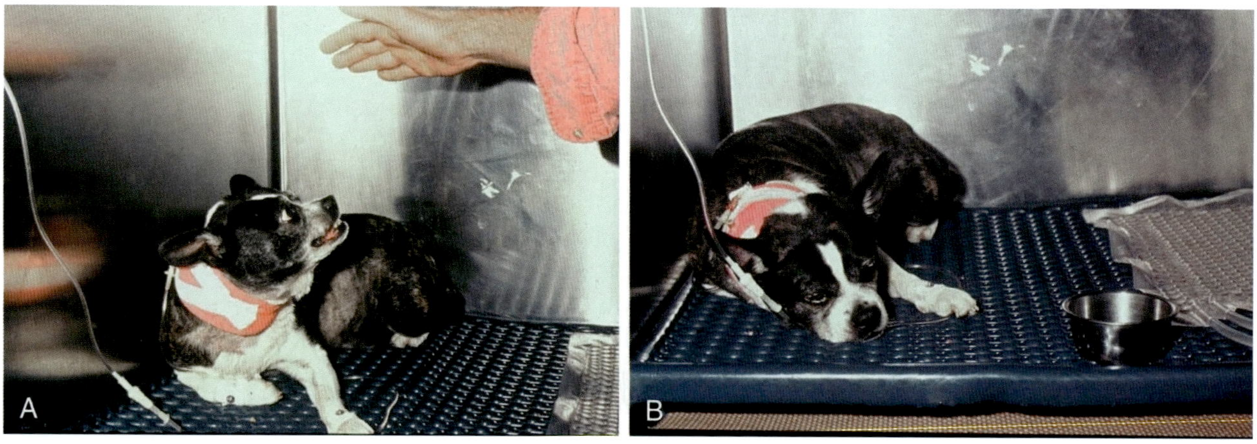

图 9.2 A，异物取出术后疼痛：波士顿㹴在使用氢吗啡酮治疗前表现出笼内攻击性。B，犬接受氢吗啡酮治疗后，睡得很舒服

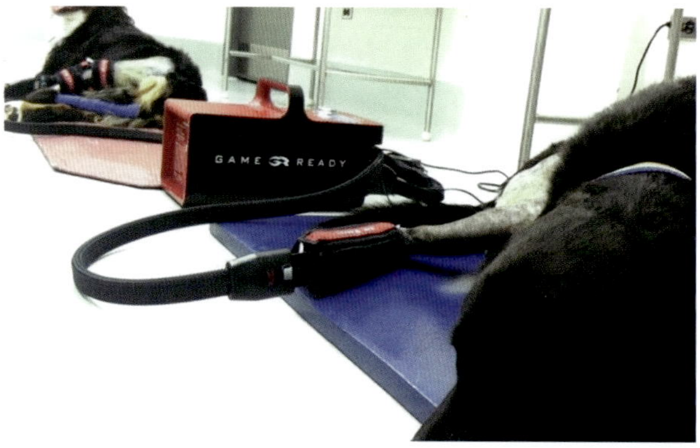

图 9.3 Game-Ready 公司具有各种大小的冰水循环降温袖子或垫子，这些袖子可以包裹患病动物的肢体，垫子可以冷敷更大区域

（由 Dr. Kristian Ash 提供。）

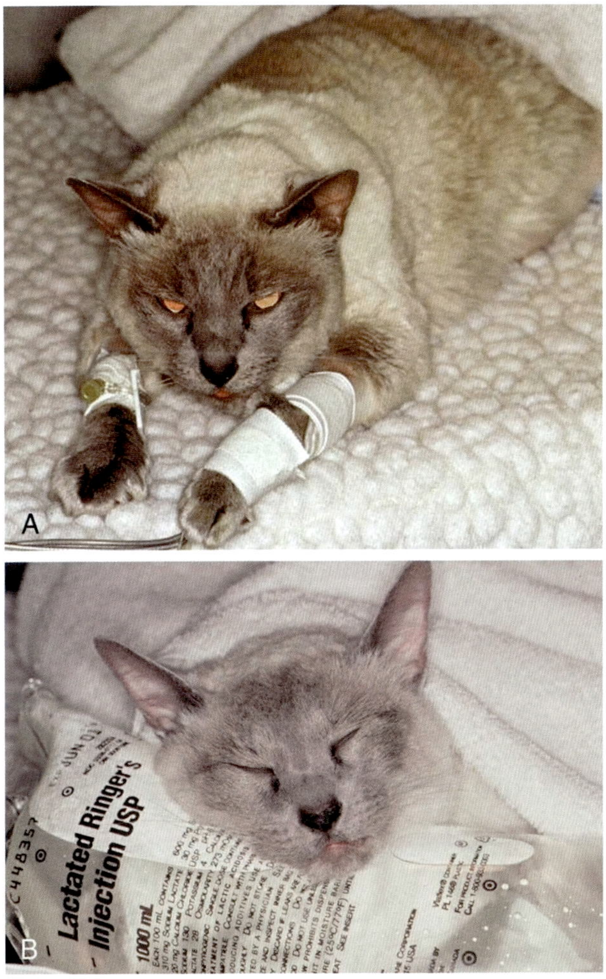

图 9.4　A，处于疼痛的子宫蓄脓患病动物：这只暹罗猫还没有使用丁丙诺啡。B，处于疼痛的子宫蓄脓患病动物：给予图 A 暹罗猫丁丙诺啡之后

的疼痛管理方案一直难以制定的原因之一。终归，疼痛缓解是治疗成功的唯一真正的衡量标准。以下信息是形成初步治疗计划的指南。

药物选择

非甾体抗炎药

非甾体抗炎药（nonsteroidal antiinflammatory drugs，NSAIDs）仍最广泛用于治疗慢性炎症性疼痛。然而，NSAIDs 在处理急性疼痛方面也非常有效，特别是在提前使用时（即在组织损伤之前）。大多数手术患病动物可能需要 NSAIDs 联合其他镇痛药来控制围手术期疼痛，但随着疼痛的减轻，许多患病动物通过单独使用 NSAIDs 即可控制疼痛。NSAIDs 使用方便，价格低廉，并能提供持久的镇痛。

专栏 9.1　怎样计算恒速输注速度

计算恒速输注速度

在开始前，你需要知道以下信息：

- 给药剂量［如 3 μg /（kg·min）或 0.18 mg/（kg·h）］。
- 患病动物体重（kg）。
- 输液速度（mL/h）。
- 输液瓶 / 袋容积。
- 药物浓度。

计算给药剂量［mg/（kg·h）］

第一步：根据剂量列出方程，mg/（kg·h）= 需要添加的药物量（mg）。

第二步：将斜线替换成乘号，mg × kg × h= 加入液体袋的药物总量（mg）。

第三步：填入已知的剂量和体重信息。

第四步：计算时间，输液瓶 / 袋容积 ÷ 输液速度 = 输液时间。

第五步：解方程，mg × kg × h= 需要加入的药物总量（mg）。

第六步：计算需加入袋中的药物容积，需要的药物总量（mg）÷ 药物浓度（mg/mL）= 容积（mL）*。

计算给药剂量［μg/（kg·min）］+

第一步：基于剂量列出方程，μg/（kg·min）= 每单位需要的药物总量（μg）。

第二步：将斜线替换成乘号，μg × kg × min= 加入输液瓶 / 袋中的药物总量（μg）。

第三步：填入已知的剂量和体重信息。

第四步：计算时间，输液瓶 / 袋容积 ÷ 输液速度 = 输液时间。

第五步：计算分钟，上述时间 ×60 min/h。

第六步：解方程，μg × kg × min= 需要加入的药物总量（μg）。

第七步：将 μg 转换为 mg，将上一步的结果 ÷1000。

第八步：计算需加入袋中的药物容积，需要的药物总量（mg）÷ 药物浓度（mg/mL）= 容积（mL）。

* 由于必须精确地控制给药速度，因此需要一个可以控制速度的输液泵。可以是注射泵、盒式泵或旋转泵。

+ 这种标志表示计算中需要两个额外步骤，为文中加粗部分。

在过去，非甾体抗炎药被称为抗前列腺素类药物。实际上，非甾体抗炎药并不直接抑制前列腺素，而是抑制合成前列腺素的环氧合酶（cyclooxygenase，COX）。COX 有两种类型：1 型（COX-1）和 2 型（COX-2）。非甾体抗炎药对这两种 COX 都有影响。COX-2 合成的前列腺素介导与疼痛相关的炎症反应，因此，抑制 COX-2 可以减少炎症反应，这是 NSAIDs 的预期治疗效果。然而，COX-1 合成的前列腺素用于维持血小板功能和胃肠道黏膜完整性，因此，延长 NSAID 给药时间的主要缺点是会抑制 COX-1，导致黏膜脱落、胃肠道（gastrointestinal，GI）溃疡和出血。过去常用的非 COX 选择特异性的 NSAIDs 包括阿司匹林、保泰松和氟尼辛葡甲胺，这些药缓解疼痛的同时，会出现预期的不良反应。理想情况下，NSAID 治疗应选择性地抑制 COX-2，同时保留 COX-1 的功能，从而在减少炎症的同时，避免许多副作用。较新的 NSAIDs 具有 COX-2 选择性，但对 COX-2 和 COX-1 的选择性抑制比例各不相同。最近，已证明出现溃疡和低血压时，COX-2 在恢复胃肠道和肾脏健康方面具有非常重要的作用。这一新发现让人们对 COX-1 与 COX-2 抑制的最佳比例提出了质疑。COX-2 在低血压状态下能维持肾小球滤过率的作用，导致许多人术前不再使用非甾体抗炎药。在手术中管理低血压（监测血压并根据需要进行静脉输液）至关重要，这样做很可能使非甾体抗炎药的使用更加安全有效。迄今为止，实测数据是评估这类重要药物安全性最可靠的预测指标。

最近，一类新型的非甾体抗炎药，格拉普兰特（Galliprant®，Elanco），已进入兽医市场。该药为非 COX 抑制性 NSAID，特异性针对炎症通路中的 EP4 受体，用于治疗与慢性骨关节炎相关的疼痛。

阿片类

阿片类（opioids）因其疗效好、起效迅速且安全，成为住院危重症和受伤动物最常用的镇痛药。不同阿片类药物的疗效是由它们在大脑和脊髓发挥作用的特定受体所决定的。阿片类相关受体分为 μ 受体、κ 受体和 Σ 受体。μ 受体主要负责镇痛；κ 受体主要负责镇静。两者都能引起一定程度的呼吸抑制。Σ 受体与临床相关性较低，可能是导致阿片类药物不良反应的原因（例如，烦躁、兴奋、不安、焦虑）。阿片类药物分为激动剂（agonists，意味着它们刺激阿片类受体）或拮抗剂（antagonists，意味着它们阻滞特定的阿片类受体）。部分激动剂刺激特定的受体，但其程度低于纯激动剂。此外，激动和拮抗混合型阿片类药物则刺激某些受体，阻滞其他受体。一般来说，纯激动剂是最有效的阿片类药物，但副作用也最严重。副作用包括呕吐、便秘、兴奋、心动过缓和呼吸急促。在人医中，最严重的副作用是呼吸抑制，但这种副作用很少在兽医中观察到。纯拮抗剂可以逆转激动剂的麻醉镇痛特性。阿片类拮抗剂可以使阿片类药物的作用迅速消除，使其更加安全。阿片类受体激动拮抗混合剂，以及部分激动剂可以提供相当良好的镇痛效果，且没有纯激动剂的副作用。阿片类药物由肝脏代谢，通过肾脏排出，肾脏或肝脏疾病患病动物应谨慎使用。最后，使用哪种阿片类药物是根据需要的镇痛程度和患病动物的特定需求或限制来决定的。

纯（完全）激动剂

北美最常用的纯激动剂是吗啡、羟吗啡酮、氢吗啡酮和芬太尼。

硫酸吗啡

吗啡是纯阿片类激动剂的金标准。本类药物中的其他药物都在效力、疗效、作用时间和成本方面与吗啡进行了比较。吗啡常用于提供最大限度的镇痛和镇静。其相对较低的成本和近似的疗效，使其在某些情况下优于其他阿片类药物。然而，它的一些副作用（特别是系统性低血压、组胺释放和呕吐）限制了它的使用。猫对吗啡特别敏感，因此，猫使用的剂量较低。此外，已证明吗啡会引起猫体温过高。犬常用剂量为 0.5 ~ 2.2 mg/kg，皮下注射（SQ）或肌内注射（IM），以及 0.1 ~ 0.5 mg/kg，缓慢静脉推注。猫常用剂量为 0.1 ~ 0.5 mg/kg，SQ 或 IM。

氢吗啡酮

氢吗啡酮与羟吗啡酮具有相似的特点，在兽医中有更广泛的应用。氢吗啡酮成本高于吗啡，但低于羟吗啡酮。常用剂量为犬 0.1 ~ 0.2 mg/kg，SQ 或 IM，猫 0.05 ~ 0.1 mg/kg，SQ 或 IM。已证明与吗啡一样，氢吗啡酮会导致大多数猫的体温过高。如果氢吗啡酮用于超前镇痛（例如，择期手术前），在服用氢吗啡酮后短时间内出现呕吐的情况并不罕见。

枸橼酸芬太尼

芬太尼是一种非常有效的合成阿片类药物，IV 或 IM 起效迅速，但持续时间很短，因此最好通过恒速输注（constant rate infusion，CRI）用药。芬太尼是治疗严重手术疼痛的最佳选择，特别是对心血管受损的患病动物，因为与其他纯激动类药物相比，它的副作用很小。

有不同浓度的芬太尼透皮贴剂供使用，可提供 12.5 μg/h、25 μg/h、75 μg/h 或 100 μg/h 的长时间（3 d）镇痛，但很难通过这种给药途径提供稳定的芬太尼血药浓度水平。

芬太尼透皮贴剂的起效时间为 12 ~ 24 h，因此建议在治疗初期给予额外镇痛。另外，激动拮抗混合型阿片类药物会逆转芬太尼贴片的作用，应避免使用。

激动拮抗混合型阿片类药物

激动拮抗混合剂作用于某些阿片类受体提供镇痛作用，同时抑制或减少对 μ 受体的刺激。使镇痛作用和副作用同时减少。这些药物通过阻滞 μ 受体的作用来部分逆转纯激动剂。

酒石酸布托啡诺

布托啡诺是一种 κ 受体激动剂和 μ 受体拮抗剂。布托啡诺作为镇痛药的整体效果值得怀疑，因为它作用温和且作用持续时间短。虽然其镇痛效果只持续 45 min 至 1 h，但布托啡诺可能提供约 2 h 良好的镇静作用。与吗啡相比，它价格昂贵，但其呕吐和焦虑的相关发生率明显较低。布托啡诺可用于轻度到中度疼痛的患病动物。它有口服和注射剂型。犬的常用剂量为 0.2 ~ 0.8 mg/kg，SQ 或 IM 或者 0.1 ~ 0.4 mg/kg，IV；猫为 0.1 ~ 0.4 mg/kg，SQ 或 IM 或者 0.05 ~ 0.2 mg/kg，IV。

丁丙诺啡

丁丙诺啡是部分 μ 受体激动剂，其效力是吗啡的 30 倍，由于与受体分离缓慢，持效时间较长。它适用于中度疼痛的犬和中度到重度疼痛的猫。丁丙诺啡很容易通过猫的黏膜吸收，在猫中可经黏膜给药。犬或猫的常用剂量为 0.01 ~ 0.03 mg/kg，SQ、IM 或 IV。猫可以通过颊黏膜给予相同的剂量。持续时间与剂量直接相关。可能需要更高的单次剂量来提供 8 h 的镇痛。

Simbadol®（Zoetis）是一种猫用可注射的丁丙诺啡，用于术后急性疼痛管理，每天一次，连用 3 d。

拮抗剂

阿片类激动剂的镇痛、镇静和副作用可以用盐酸纳洛酮等拮抗剂迅速逆转。拮抗剂通过阻滞阿片类药物在 μ 受体的作用而发挥作用。静脉给药起效时间为 1 ~ 2 min 内，可持续 1 ~ 4 h。当拮抗作用时间较长的阿片类药物时，可以重复给予拮抗剂。已成功使用 2 μg/kg 的低剂量来减轻纯阿片类激动剂的不良反应，而不完全逆转其镇痛作用。可能需要重复使用或以更高的剂量来实现对长效阿片类药物的完全逆转。更温和的拮抗方式可以通过缓慢静脉推注稀释的纳洛酮来实现。将 0.1 ~ 0.5 mL 纳洛酮用 10 mL 生理盐水稀释，每隔几分钟给予 1 mL，可以只消除不良反应（焦虑），而不拮抗其镇痛作用。注意，在紧急情况下永远不要这样做，在这种情况下应直接给予全剂量。

局部和区域麻醉

在神经末梢被刺激前直接进行疼痛管理，可以提供超前镇痛，同时减少或消除对全身药物的需求量。局部麻醉药的作用是阻滞作用部位轴突的神经信息传递。阻滞神经元的活动也会导致感觉丧失，有时还会影响运动功能。这种对运动功能的影响不会在全身使用镇痛药时出现。对于有自我损伤风险的患病动物，如接受过骨科手术的患病动物，需要谨慎使用局部麻醉。

利多卡因是最常用的局部麻醉药，起效时间

为 3 ～ 5 min，持续时间为 60 ～ 90 min。由于肾上腺素的局部血管收缩作用，与 0.02 mg/mL 的肾上腺素稀释液联合使用可以延长利多卡因的持续时间。当不希望出现血管收缩时，千万不要使用肾上腺素。丁哌卡因的起效时间较长（15 ～ 20 min），但其麻醉和镇痛作用可持续 3 ～ 6 h。丁哌卡因作为局部镇痛药效果不佳，但它是局部浸润的理想选择。Nocita®（Aratana）是缓慢释放丁哌卡因的新型长效局麻药，提供长达 72 h 的术后疼痛的持续缓解。Nocita 可在术中使用，且在使用前需要进行特殊训练。

利多卡因、丁哌卡因和其他这类药物在正确使用时是相对安全的。大多数出现毒性反应的患病动物是由于意外过量或静脉给药造成的。中毒的症状包括癫痫发作、昏迷、神经毒性和心血管衰竭。局麻药可直接损伤组织，引起过敏反应或高铁血红蛋白血症。

局部镇痛

对皮肤表面或黏膜局部镇痛可以减轻伤口缝合、静脉穿刺、动脉穿刺或经鼻留置导管等小手术引起的疼痛。利多卡因、丁哌卡因、丁卡因和肾上腺素的溶液可单独使用，或以各种组合达到局部镇痛的作用。浸泡过药物的纱布垫可直接敷于作用部位。另外，有几种市售的表面麻醉药膏和凝胶商品可以使用。无论采用何种方法，都需要 20 ～ 30 min 的直接接触时间，以确保发挥有效的镇痛效果。

局部浸润

向局部组织注射利多卡因或丁哌卡因，可以减少与各种疼痛反应相关操作的不适。该技术适用于动脉导管放置、胸腔穿刺、腹腔穿刺和骨髓取样。在操作通路上使用少量麻醉剂浸润。注射后 5 ～ 10 min 疼痛就会减轻。

齿神经阻滞

可以通过眶下孔和下颌孔的局部阻滞来达到口吻部的麻醉效果。这种相对简单的技术对于拔牙、口腔肿物切除、骨折修复、下颌骨截除术、上颌骨截除术和鼻活检都非常有效。

关节腔浸润

通过在骨科手术前和手术中直接往关节腔内注射局部麻醉药，可获得有效的镇痛效果。关节内注射吗啡也可以减轻关节疼痛。有人建议注射后，在关节上方使用止血带 10 min 可以显著提高药物疗效。

腹膜腔浸润

腹部手术或急性胰腺炎的腹痛患病动物，可能受益于局部麻醉。需要以相当大体积的生理盐水稀释药物，以提供最大的腹腔接触面积。必须权衡腹压增加的风险与镇痛的益处。

胸膜腔浸润

开胸术后在胸膜间注射丁哌卡因可能有一定的镇痛作用。将丁哌卡因（1.5 ～ 2 mg/kg）通过留置的胸导管注入胸腔。通过直接阻滞肋间神经产生镇痛。为了最大限度地浸润疼痛部位，注射后应将患侧朝下侧卧 10 min，利用重力将镇痛药作用于疼痛部位。需考虑药物具有通过胸膜吸收到全身的可能性。

α_2 受体激动剂

α_2 受体激动剂可抑制兴奋性神经递质去甲肾上腺素的释放，从而产生镇痛作用和镇静作用。α_2 受体激动剂是一种短效镇痛药，可用 α_2 受体拮抗剂迅速逆转。这一特点使这些药物适合于需要短时间制动和镇痛的手术，以及麻醉前用药。α_2 受体激动剂可能与阿片类药物作用于相同的受体，并产生协同作用。如果与 α_2 受体激动剂联用，阿片类药物的作用持续时间会显著延长。α_2 受体激动剂对心血管和神经系统影响较大，使用低剂量可以尽可能减少这些影响。心动过缓和呕吐是 α_2 受体激动剂最常见的副作用。使用 α_2 受体激动剂时应确保患病动物心脏健康。

赛拉嗪、美托咪定（Domitor）和最近使用的右美托咪定（Dexdomitor）是广泛应用于兽医的 α_2 受体激动剂。除了标签内适应证外，还可以在多种情况下使用这类药物：作为麻醉前用药，苏醒不平稳的管理，以及住院期间疼痛和焦虑的持续管理。右美托咪定联合治疗对猫的各种手术和非手术操作也非常有效。

右美托咪定标签用法可单独使用，帮助临床检查、临床手术和小型外科手术。一系列需要镇静的小型操作可能包括拍摄 X 线片、更换绷带、清洁不会产生剧烈疼痛的耳朵、缝合较小的撕裂伤，或从鼻子或耳朵内取出异物。它同样用于猫的镇静。右美托咪定的标签用法也包括单独作为麻醉前用药，但临床上通常与阿片类药物联合使用。右美托咪定作为麻醉前用药的一大优点是可显著减少（50% ~ 70%）诱导麻醉药和吸入麻醉药的使用。右美托咪定的另一种常见用途是作为一种动物苏醒后不适的"救援"药物。无论是由疼痛、压力还是麻醉的残余效应引起，术后焦虑都会引起巨大的生理应激及有害影响，包括心动过速、高血压、心律失常、通气异常（如潮气量减少）、皮质醇释放（损害正常愈合）、胃肠道溃疡和肠梗阻。这些压力会导致心血管或呼吸系统患病动物出现严重问题。因此，无论什么原因，术后应激均应进行管理。右美托咪定以 1 ~ 2 μg/kg 的低剂量静脉注射对犬和猫都非常有效，可提供大约 30 min 的镇静、轻微的疼痛缓解作用，并增强阿片类药物的效果。

需要多次给予右美托咪定的苏醒后不适的患病动物可使用低剂量［1 ~ 4 μg/（kg·h）］CRI 进行持续镇静和镇痛。此外，右美托咪定的 CRI 常用于人类患者，包括在医院内激动的儿童、呼吸机抵抗或停用麻醉药时。也有类似成功用于重症监护患病动物的报告，特别是用于易焦虑的品种。

α_2 受体拮抗剂

α_2 受体激动剂的好处之一是它们可以被 α_2 受体拮抗剂逆转。Antisedan®（阿替美唑）是最常用的右美托咪定的拮抗剂。阿替美唑是所有拮抗剂中最安全的，因为它几乎完全通过将右美托咪定从 α_2 受体中置换出来发挥作用，从而使神经功能恢复正常。阿替美唑本身几乎没有真正的药物作用，而较传统的拮抗剂，如育亨宾和妥拉唑林，在拮抗药物的同时会造成中枢神经系统刺激，从而导致不必要的副作用。此外，阿替美唑的作用时间较长（比右美托咪定长），动物不会像过去作用时间较短的 α_2 受体拮抗剂那样被"重新镇静"。使用阿替美唑后，动物会在 5 ~ 10 min 内苏醒，并在 10 min 内可以站立或行走。阿替美唑可在 15 min 内快速拮抗右美托咪定所有药物作用至基线的 80% 的程度。

恒速输注（CRI）

恒速输注指持续低剂量给予各种镇痛药。最佳的 CRI 是在组织损伤前（即术前）开始，并在术后至少持续 6 ~ 12 h。CRI 镇痛在治疗已存在或持续性存在疼痛的住院患病动物中也相当有效。当使用这种方法时，镇痛药的总剂量通常会降低。许多药物可以通过 CRI 使用，但最常用的药物是局部麻醉药（利多卡因）、阿片类药物（吗啡、氢吗啡酮或芬太尼）、N- 甲基 -d- 天冬氨酸拮抗剂（N-methyl-d-aspartate antagonists，NMDA）（氯胺酮）和 α_2 受体激动剂（右美托咪定）。无论使用何种药物，通常需在开始CRI前立即给予负荷剂量。这些药物可以单独使用，也可以联合使用。

技师笔记

技师通过持续监测患病动物的临床情况调整镇痛药的用量是很重要的。理想情况下需要获得该动物 CRI 的剂量范围，这样技师就可以根据在患病动物身上观察到的情况，在剂量范围内进行调整。在使用长效药物，如氢吗啡酮时，经常会在数小时后引起动物焦虑，不得不调整剂量的情况并不罕见。由于氢吗啡酮可以持续 4 ~ 6 h，长期使用后常会造成体内蓄积。需要频繁调整剂量从而保持良好的镇痛水平。

吗啡

阿片类药物 CRI 的主要优点是避免了每次用药后出现血药峰值和低谷问题。CRI 使用的吗啡总剂量较低，这可以减少吗啡的副作用，如焦虑或呼吸急促。吗啡 CRI 可用于治疗任何严重的疼痛，并且可以安全地与氯胺酮、利多卡因联合使用。

吗啡 CRI 的剂量如下：

犬：0.2 ~ 0.5 mg/kg 负荷剂量缓慢静脉推注，之后 0.1 ~ 0.3 mg/（kg・h），CRI。

猫：0.05 ~ 0.1 mg/kg 负荷剂量缓慢静脉推注，之后 0.025 ~ 0.2 mg/（kg・h），CRI。

氢吗啡酮

氢吗啡酮具有与吗啡相似的特性。

CRI 的剂量如下：

犬和猫：0.01 ~ 0.05 mg/（kg・h）。

芬太尼

芬太尼是一种纯阿片类激动剂，具有与吗啡类似的镇痛特性，但副作用明显更少。芬太尼的其他优点包括起效快、半衰期短且对心血管不稳定患病动物来说安全性好。它最主要的缺点是昂贵。有关芬太尼 CRI 的研究表明，芬太尼作为 CRI 使用时，它的半衰期延长。

芬太尼 CRI 的剂量如下：

犬：2 ~ 5 μg/kg 负荷剂量静脉推注，之后用于术中 5 ~ 20 μg/（kg・h），CRI。

用于 ICU 疼痛管理：2 ~ 6 μg/（kg・h），CRI。

猫：1 ~ 2 μg/kg 负荷剂量静脉推注，之后用于术中 5 ~ 20 μg/（kg・h），CRI。

用于 ICU 疼痛管理：2 ~ 6 μg/（kg・h），CRI。

利多卡因

利多卡因作为局部麻醉药，在静脉注射时可提供良好的全身镇痛效果。利多卡因可以安全用于患胃肠道疾病的动物，因此是胃扩张和扭转或其他类似疾病镇痛的良好选择。利多卡因对神经创伤严重的手术似乎也有益处，如复杂的背部手术或截肢。静脉注射利多卡因作用时间极短，停用后立即消除几乎没有残留。如果动物出现中毒迹象，包括肌肉震颤、癫痫发作、恶心或呕吐，则应停用利多卡因 CRI。

利多卡因 CRI 的剂量如下：

犬：2 mg/kg，IV，之后 20 ~ 50 μg/（kg・min）。

确实有关于猫使用利多卡因 CRI 的报道，但一般不推荐用于猫，因为它对猫有潜在的严重心脏毒性。

氯胺酮

氯胺酮是一种分离麻醉剂和 NMDA 拮抗剂。脊髓中 NMDA 受体受到刺激会导致传递疼痛信号的神经元放电。强烈的手术疼痛或长期的慢性疼痛会导致对这些受体长期刺激，造成信号的放大和脊髓神经元的兴奋性增加（痛觉过敏）。之后可能出现痛觉超敏（脊神经元将非疼痛刺激感知为疼痛刺激），这种现象统称为上扬效应（windup），在术后刚恢复意识的动物中或在存在严重疼痛的患病动物中最明显。NMDA 受体拮抗剂氯胺酮作为术中 CRI 与这些中枢神经系统受体结合防止出现上扬效应。由于其作用机制，氯胺酮最好用于管理神经性的疼痛，特别是当疼痛长期存在且对其他镇痛药反应不佳时。氯胺酮应始终与阿片类药物联合使用，两者可以通过同一输液管输注。

氯胺酮 CRI 的剂量如下：

犬和猫：0.5 mg/kg，IV 负荷剂量静脉推注，之后用于术中 10 μg/（kg・min），CRI，用于术后 24 h 2 μg/（kg・min）[或 0.1 ~ 1 mg/（kg・h）]，CRI。

右美托咪定

右美托咪定也可用于焦虑、疼痛或表现出不安行为的犬猫。它可以单独使用，或与任何其他镇痛药联合使用。

右美托咪定 CRI 的剂量如下：

犬和猫：1 ~ 4 μg/（kg・h）。

表 9.1 和表 9.2 提供了兽医疼痛管理常用药物的 CRI 剂量。

佐剂和辅助镇痛药

除了经典的镇痛药外，有其他适应证的药物也可以用来帮助控制疼痛。这些药物被称为辅助

表 9.1　猫恒速输注（CRIs）药物剂量

药物	负荷剂量	CRI 剂量	快速计算 +	备注
吗啡（M）*	0.1 mg/kg，IM	0.03 mg/（kg·h） ［0.5 μg/（kg·min）］	将 15 mg 药物加入 500 mL 液体中，输注速度为 1 mL/（kg·h）	猫可能需要轻度镇静；可与 K 和（或）L 联用
氢吗啡酮（H）	0.025 mg/kg，IV	0.01 mg/（kg·h）	将 5 mg 药物加入 500 mL 液体中，输注速度为 1 mL/（kg·h）	可能会导致高体温，可与 K 和（或）L 联用
芬太尼（F）	0.001 ~ 0.003 mg/kg，IM 或 IV （1 ~ 3 μg/kg，IV）	术后：2 ~ 5 μg/（kg·h） ［0.03 ~ 0.08 μg/(kg·min)］ 术中：5 ~ 20 μg/（kg·h） ［0.08 ~ 0.3 μg/(kg·min)］	将 2.5 mg 药物加入 500 mL 液体中，输注速度为 1 mL/（kg·h）时，剂量为 5 μg/（kg·h）	2.5 mg=50 mL F；在加入 F 之前先移除 50 mL 的 LRS；可与 K 和（或）L 联用
美沙酮	0.1 ~ 0.2 mg/kg，IV	0.12 mg/（kg·h）	将 60 mg 药物加入 500 mL 液体中，输注速度为 1 mL/（kg·h）	可能会导致镇静，可与 K 和（或）L 联用
布托啡诺	0.1 mg/kg，IV	0.1 ~ 0.2 mg/（kg·h）	将 50 mg 药物加入 500 mL 液体中，输注速度为 1 mL/（kg·h）时，剂量为 0.1 mg/（kg·h）	只有一般的镇痛效果并存在天花板效应：用于多模式镇痛的一部分
氯胺酮（K）*	0.25 mg/kg，IV	0.12 ~ 0.6 mg/（kg·h） ［2 ~ 10 μg/（kg·min）］	将 60 mg 药物加入 500 mL 液体中，输注速度为 1 mL/（kg·h）时，剂量为 0.12 mg/（kg·h）	通常与阿片类药物联用，可能引起烦躁
利多卡因（L）	0.25 mg/kg，IV	1.5 mg/（kg·h） ［25 μg/（kg·min）］ 有些人建议猫用量不超过 10 μg/（kg·min）	将 750 mg 药物加入 500 mL 液体中，输注速度为 1 mL/（kg·h） 使用 10 μg/（kg·min）剂量时，将 300 mg 药物加入 500 mL 液体中，输注速度为 1 mL/（kg·h）	750 mg=37.5 mL；在加入 L 前先移除 37.5 mL 的 LRS；可以和阿片类和（或）K 联用。由于其心脏毒性，利多卡因在猫中的使用存在争议
美托咪定（Med）或右美托咪定（D）	Med: 1 ~ 5 μg/kg D: 1 ~ 2 μg/kg IV 或 IM 可能不必要	Med：0.001 ~ 0.004 mg/（kg·h）［1 ~ 4 μg/(kg·h)］ D：0.0005 ~ 0.002 mg/（kg·h）	将 500 μg Med 或 250 μg D（两者都是 0.5 mL）加入 500 mL 液体中，输注速度为 1 ~ 4 mL/（kg·h）	提供镇痛和轻度镇静。与阿片类 CRI 联用效果好，也可以单独使用
吗啡 */ 氯胺酮 *	M: 0.1 mg/kg，IM K: 0.25 mg/kg，IV	M：0.03 mg/（kg·h） K：0.12 mg/（kg·h）	将 15 mg M 和 60 mg K 加入 500 mL 液体中，输注速度为 1 mL/（kg·h）	输注速度可以提升至 3 mL/（kg·h），单用可能会出现烦躁。可以用 F 或美沙酮代替 M
吗啡 / 氯胺酮 / 利多卡因（MLK）	M: 0.1 mg/kg，IM K: 0.25 mg/kg，IV L: 0.25 mg/kg，IV	M：0.03 mg/（kg·h） K：0.12 mg/（kg·h） L：1.5 mg/（kg·h）	将 15 mg M、60 mg K 和 750 mg（或 300 mg）L 加入 500 mL 液体中，输注速度为 1 mL/（kg·h）	可以用 H、F 或美沙酮代替 M

* 提供者：Dr.Tammy Grubb。

+ 必要时可以减少输液瓶 / 袋中药物的浓度以提高输液速度。例如，对于吗啡、氯胺酮和吗啡 / 氯胺酮，如果需要输注更多液体，则可以用 7.5 mg 吗啡和 30 mg 氯胺酮配药，以 2 mL/（kg·h）的速度 CRI。

表 9.2 犬恒速输注（CRIs）药物剂量

药物	负荷剂量	CRI 剂量 +	快速计算	备注
吗啡（M）*	0.5 mg/kg，IM（或 0.25 mg/kg 缓慢静脉推注）	0.12 ~ 0.3 mg/（kg · h）[2 ~ 3.3 μg/（kg · min）]	将 60 mg 药物加入 500 mL 液体中，输注速度为 1 mL/（kg·h）时，剂量为 0.12 mg/（kg · h）	可能会引起镇静，可与 K 和（或）L 联用
氢吗啡酮（H）	0.05 ~ 0.1 mg/kg，IV	0.01 ~ 0.05 mg/（kg · h）	将 5 ~ 24 mg 药物加入 500 mL 液体中，输注速度为 1 mL/（kg·h）	可能会引起镇静，可与 K 和（或）L 联用
芬太尼（F）	0.001 ~ 0.003 mg/kg，IM 或 IV（1 ~ 3 μg/kg，IV）	术后 :2 ~ 10 μg/（kg · h）[0.03 ~ 0.2 μg/（kg ·min）] 术中：3 ~ 40 μg/（kg · h）[0.05 ~ 0.7 μg/（kg ·min）]	将 2.5 mg 药物加入 500 mL 液体中，输注速度为 1 mL/（kg·h）时，剂量为 5 μg/（kg · h）	2.5 mg=50 mL F；在加入 F 之前先移除 50 mL 的 LRS；可与 K 和（或）L 联用；术中剂量可提升至 20 ~ 40 μg/（kg · h）
美沙酮	0.1 ~ 0.2 mg/kg，IV	0.12 mg/（kg · h）	将 60 mg 药物加入 500 mL 液体中，输注速度为 1 mL/（kg·h）	可能会导致镇静，可与 K 和（或）L 联用
布托啡诺	0.1 mg/kg，IV	0.1 ~ 0.2 mg/（kg · h）	将 50 mg 药物加入 500 mL 液体中，输注速度为 1 mL/（kg·h）时，剂量为 0.1 mg/（kg · h）	只有一般的镇痛效果并存在天花板效应：用于多模式镇痛的一部分
氯胺酮（K）*	0.25 mg/kg，IV	0.12 ~ 0.6 mg/（kg · h）[2 ~ 10 μg/（kg · min）]	将 60 mg 药物加入 500 mL 液体中，输注速度为 1 mL/（kg·h）时，剂量为 0.12 mg/（kg · h）	通常与阿片类药物联用，可能引起烦躁
利多卡因（L）	0.5 ~ 1 mg/kg，IV	1.5 ~ 3 mg/（kg · h）[25 ~ 50 μg/（kg · min）] 有些人建议猫用量不超过 10 μg/（kg · min）	将 750 mg 药物加入 500 mL 液体中，输注速度为 1 mL/（kg·h）时，剂量为 25 μg/（kg · min）	750 mg=37.5 mL；在加入 L 前先移除 37.5 mL 的 LRS；可以和阿片类和（或）K 联用。由于其心脏毒性，利多卡因在猫中的使用存在争议
美托咪啶（Med）或右美托咪定（D）	Med: 1 ~ 5 μg/kg D: 1 ~ 2 μg/kg IV 或 IM 可能不必要	Med：0.001 ~ 0.004 mg/（kg · h）[1 ~ 4 μg/（kg · h）] D：0.0005 ~ 0.002 mg/（kg · h）	将 500 μg Med 或 250 μg D（两者都是 0.5 mL）加入 500 mL 液体中，输注速度为 1 ~ 4 mL/（kg · h）	提供镇痛和轻度镇静。与阿片类 CRI 联用效果好，也可以单独使用
吗啡 */ 氯胺酮 *	M: 0.5 mg/kg，IM K: 0.25 mg/kg，IV	M：0.12 mg/（kg · h）K：0.12 mg/（kg · h）	将 60 mg M 和 60 mg K 加入 500 mL 液体中，输注速度为 1 mL/（kg · h）	输注速度可以提升至 3 mL/（kg · h），单用可能会出现烦躁。可以用 F 或美沙酮代替 M
吗啡 / 氯胺酮 / 利多卡因（MLK）	M: 0.5 mg/kg，IM K: 0.25 mg/kg，IV L: 0.5 mg/kg，IV	M：0.12 mg/（kg · h）K：0.12 mg/（kg · h）L：1.5 mg/（kg · h）	将 60 mg M、60 mg K 和 750 mg（或 300 mg）L 加入 500 mL 液体中，输注速度为 1 mL/（kg·h）	可以用 H、F 或美沙酮代替 M

* 提供者：Dr.Tammy Grubb。

+ 必要时可以减少输液瓶 / 袋中药物的浓度以提高输液速度。例如，对于吗啡、氯胺酮和吗啡 / 氯胺酮，如果需要输注更多液体，则可以用 30 mg 吗啡和 30 mg 氯胺酮配药，以 2 mL/（kg · h）的速度 CRI。

镇痛药，有许多不同类别。辅助镇痛药是指在联合给药时可以增强镇痛药的药效，但单独给药时很少或没有镇痛特性的药物。以下是佐剂和辅助镇痛药的例子：

- 镇静剂（吩噻嗪类药物、苯二氮草类药物）可以改善动物对疼痛的反应，并能提供肌松。这些药物还能减少焦虑和恐惧，而焦虑和恐惧都会加剧疼痛。
- NMDA 受体拮抗剂（氯胺酮、金刚烷胺）可以通过阻滞脊髓神经元的敏化来辅助镇痛，对于治疗慢性或急性神经性疼痛或"上扬"效应尤其有用。
- 糖皮质激素（泼尼松龙）具有强大的抗炎和免疫抑制作用，可以"抑制"急性炎症的"烈火"。
- 抗惊厥药物（加巴喷丁、普瑞巴林）在减轻严重疼痛患病动物的神经性疼痛和中枢敏化方面发挥着极其重要的作用。加巴喷丁在人医和兽医中越来越受欢迎，是对常规治疗无反应的患病动物的首选药物，特别是怀疑涉及神经性疼痛的患病动物。

加巴喷丁常用起始剂量为 5 ~ 10 mg/kg，口服，每天 2 ~ 3 次。应经常重新评估患病动物的反应，通常每 5 ~ 7 d 调整一次剂量。在使用较高剂量加巴喷丁时常出现嗜睡。注意，Neurontin® 药中含有木糖醇，可能可以用于猫，但不适用于犬。

硬膜外麻醉与镇痛

腰椎间硬膜外腔注射局麻药和镇痛药是犬猫局部麻醉或镇痛的方式。这是一种简单、安全、有效的缓解疼痛的方法，特别是对于肋骨尾侧的手术，应考虑将硬膜外麻醉作为一种辅助或替代其他药物的方法（图 9.5）。

监测药物效果

也许疼痛管理中最令人困惑的方面是评估治疗后的疼痛和疼痛缓解情况。与疼痛相关的临床症状减轻或消失是治疗成功的最佳指标。为了实现良好的疼痛管理，避免不良反应，仔细监测心血管状态和精神状态是至关重要的。对疼痛有效管理的同时可能出现心血管或呼吸抑制、活动减少、不能进食或饮水、排便排尿失禁和体温过低。支持性护理是疼痛管理中不可或缺的一部分。需要监测并积极纠正并发症和不良反应。应经常监测体温、心率、脉搏、呼吸频率和用力程度、黏膜颜色和毛细血管再充盈时间。治疗可能包括液体治疗、营养补充、导尿管留置、保温，甚至氧气支持。兽医重症护理专业人员必须尽可能消除疼痛和应激，并在需要时治疗镇痛药的不良反应。

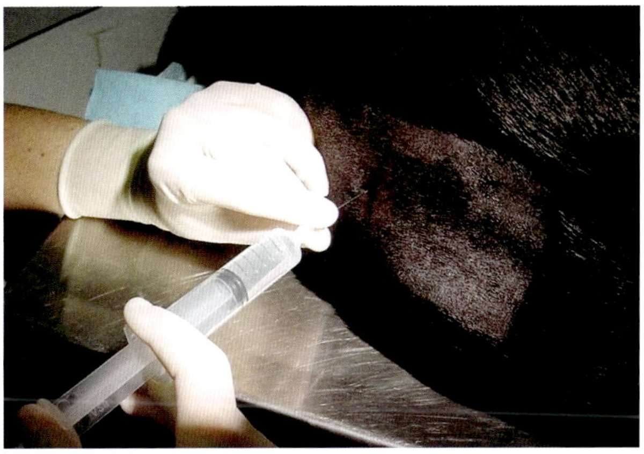

图 9.5　正在给一只侧卧位的犬进行单次硬膜外注射

图 9.6 是一个广泛使用的疼痛评估表，由科罗拉多州立大学开发。

CSU 急性疼痛评估表用法说明

CSU 急性疼痛评估表开发出来主要是用于教学，指导对临床患病动物疼痛的观察。这个评分并没有经过验证，因此不应该作为最终的疼痛评估。使用这个评估表分为观察阶段和评估阶段。一般来说，评估的开始阶段先在一定距离外，安静地观察笼内动物的情况。之后，对动物整体（患处和身体其他部位）进行检查，观察它对轻柔抚摸的反应，肌肉张力和温度情况，对互动的反应等。

1. 该表使用 0 ~ 4 的通用评分，每个模块又分成 4 个项目，用彩色的基线在视觉上表示这 5 分的进程。

2. 图示可以提供更多关于不同疼痛情况下动物表现的视觉信息。其他标记也可以记录关于疼痛、发热和肌肉张力的信息。通过这些方式，在病例中记录需要特殊关注的区域。这些图示的优

患病动物姓名　日期 ______________

时间 ______________

犬急性疼痛评分表

在清醒时重新评估	■ 动物处于昏睡，但可以被唤醒，不进行疼痛评估 ■ 动物不能被唤醒，检查重要生命体征，评估治疗

疼痛评分	示例	精神状态及行为表现	对触诊的反应	躯体紧张程度
0		□ 休息时表现舒适 □ 快乐，满足 □ 不受创伤或手术部位困扰 □ 对外界感兴趣和好奇	□ 对伤口、手术部位或身体其他位置进行触诊，均无疼痛表现	极小
1		□ 轻度不安或好动 □ 容易被环境影响而分心	□ 对伤口、手术部位或其他部位触诊有反应（四顾、畏缩或呜咽）	轻度
2		□ 休息时表现不舒适 □ 可能会呜咽或喊叫，在无人看管时，可能会舔舐和摩擦伤口或手术部位 □ 耳朵下垂、表情焦虑（皱起眉毛、目光飘忽） □ 召唤时不愿回应 □ 不渴望与人或环境互动，但会环顾四周	□ 喊叫、退缩、对触诊有抵抗反应	轻度至中度 重新评估镇痛方案
3		□ 不安、喊叫、呻吟，无人看管时不停地啃咬伤口 □ 通过改变重量分布（如跛行、改变身体姿势）来保护伤口或手术部位 □ 可能不愿意移动部分或整个身体	□ 如果犬太痛导致不愿意移动，或者其忍痛能力很强，那么犬会出现轻微的变化，例如眼球快速移动或者呼吸频率增加 □ 表现出夸张的行为，例如刺耳尖叫、咆哮、撕咬或者试图撕咬、躲开	中度 重新评估镇痛方案
4	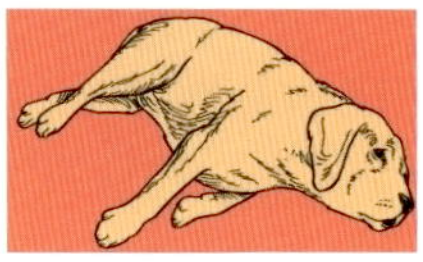	□ 无人看管时不停地呻吟或尖叫 □ 可能啃咬伤口，但不愿意移动 □ 可能对周围环境无任何反应 □ 很难从疼痛中抽离	□ 即使是无痛触诊，犬也会嚎叫 □ 触诊时可能有攻击性	中度至重度 可能会因避免移动造成疼痛而表现僵硬 重新评估镇痛方案

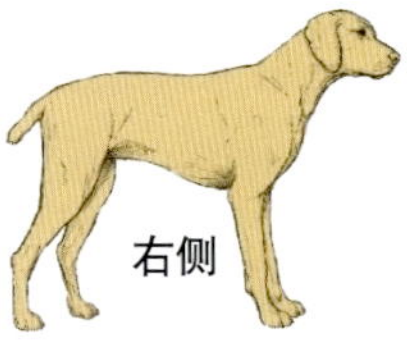

□ 触诊疼痛

□ 警觉

■ 紧张

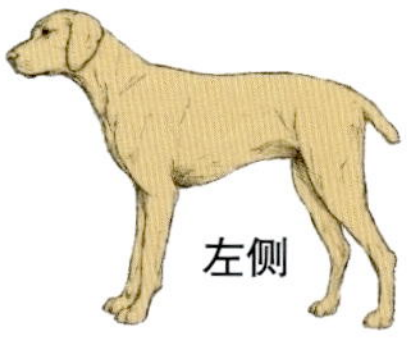

A

备注 ____

图 9.6　用于评估犬（A）和猫（B）急性疼痛的疼痛评估表

（引自 Colorado State University, 2006; accessed at: www.csuanimalcancercenter.org/assets/files/csu_acute_pain_scale_feline.pdf.）

患病动物姓名　　日期 ____________　时间 ____________

猫急性疼痛评分表

在清醒时重新评估	■ 动物处于昏睡，但可以被唤醒，不进行疼痛评估 ■ 动物不能被唤醒，检查重要生命体征，评估治疗

疼痛评分	示例	精神状态及行为表现	对触诊的反应	躯体紧张程度
0		□ 无人看管时满足且安静 □ 休息时表现舒适 □ 对外界感兴趣和好奇	□ 触诊伤口、手术部位或身体其他部位均无疼痛表现	极小
1		□ 症状轻微，在医院时往往不易察觉；宠主在家中更易察觉 □ 在家中的早期症状可能是对周围环境的兴趣丧失，或日常生活发生变化 □ 在医院时，可能表现出满足或轻度不安 □ 对周围环境的兴趣减少，但仍会环顾四周，看看周围发生了什么事情	□ 触诊伤口或手术部位，可能会有或没有反应	轻度
2		□ 反应能力下降，寻求独处 □ 安静，眼睛黯淡无神 □ 身体蜷缩或团坐（四肢收于身下、耸肩、头比肩膀稍低、尾巴紧贴身体），眼睛部分或大部分闭着 □ 被毛显得粗糙或蓬松 □ 可能会频繁舔舐感到疼痛或有刺激感的部位 □ 食欲下降，对食物不感兴趣	□ 当触诊或靠近疼痛部位时，可能有攻击性或试图逃跑 □ 只要避开疼痛部位，能容许关注，被抚摸时甚至能振作精神，表现出亢奋	轻度至中度 重新评估镇痛方案
3		□ 无人看管时，不断地嚎叫、咆哮或发出嘶嘶声 □ 可能会啃咬伤口，但独处时则不太移动	□ 触诊非疼痛部位时会咆哮或嘶叫（疼痛会使触痛、上扬效应或害怕加剧） □ 触诊时可能有攻击性，坚决抽离以避免任何接触	中度 重新评估镇痛方案
4	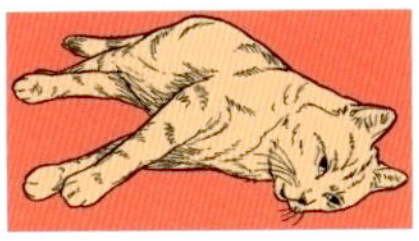	□ 俯卧 □ 可能对周围环境没有反应或没有意识，难以从疼痛中转移注意力 □ 接受照顾和护理（即使是脾气差的家猫或野猫对接触也更能容忍）	□ 对触诊可能没有反应 □ 可能会避免移动造成疼痛而表现出身体僵硬	中度至重度 可能会避免移动造成疼痛而表现出身体僵硬 重新评估镇痛方案

B

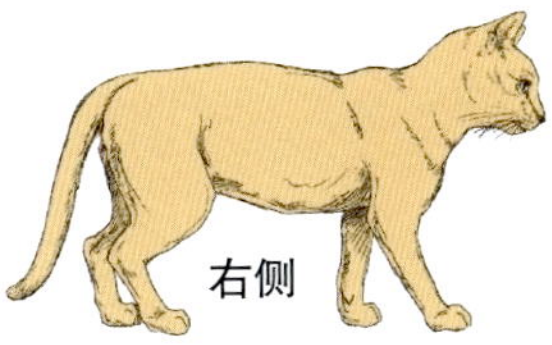

○ 触诊疼痛
☒ 警觉
■ 紧张

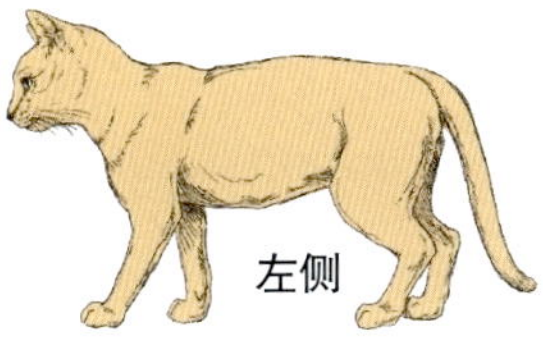

备注 ____

图 9.6（续）

点还在于能鼓励观察者评估患病动物的整体疼痛而不是只关注主要的损伤部位。

3. 评分包括心理行为的表现，也包括对触诊的反应。另外，该评估表使用身体紧张度作为评估工具，这个参数没有在其他疼痛评估表中使用。

4. 该表提示不对处于休息或睡眠状态下的动物进行评估。在作者所知的所有疼痛评估表中，这是唯一一份强调对睡眠动物延迟评估的表，它提示评估者需要意识到一些药物或者严重的疾病可能会导致动物不合时宜的精神沉郁。

5. 该表的优点是仅需要很少的操作就能进行评估。对每个行为都有特定的描述以减少不同观察者之间的差异性。另外，犬猫都有各自的评估表。

6. 该表的缺点是相对于其他表缺乏临床研究。另外，该表仅用于急性疼痛。

疼痛管理检查表

兽医技师在疼痛管理中起着至关重要的作用。兽医技师最有可能首先发现疼痛的症状，并寻求疼痛管理。重症护理技师可以通过以下方式改善疼痛管理：

- 将减轻疼痛作为一种护理标准。
- 识别疼痛症状。
- 尊重主人对宠物疼痛的观察和评估。
- 了解并克服评估和治疗的障碍。
- 了解已知的疼痛操作和手术，并鼓励超前镇痛和术后立即镇痛。
- 通过有效的联合治疗减少手术疼痛的发生率。
- 使用疼痛更小的技术（例如，用心电图贴代替鳄鱼夹；使用留置导管获取血液样本）。
- 通过提高技术和帮助开发疼痛更小的新技术来减少与重症护理相关的疼痛。
- 将疼痛与其他痛苦区分开来，如禁闭、无聊、与主人分离、失眠、恐惧，以及需要排尿或排便。
- 了解治疗方案，并鼓励采用适当的治疗方式。
- 以同样的方式持续监测各种药物的药效，评估治疗效果。
- 指导其他动物护理者有关疼痛管理的内容。

推荐阅读

[1] Broome M.E., Tanzillo H. Differentiating between pain and agitation in premature neonates. Journal of Perinatal & Neonatal Nursing. 1990; 4(1):53.

[2] Craig K.D., Whitfield M.F., Grunau R.V., et al. Pain in the preterm neonate: behavioral and physiological indices. Pain. 1993; 52:287.

[3] Hellyer P.W. Management of acute and surgical pain. Semin Vet Surg Small Anim. 1997; 12(2):106–114.

[4] Hellyer, P. W., Robertson, S. A., & Fails, A. D. Pain and its management. In W. J. Tranquilli, J. C. Thurmon, & K. A. Grimm (Eds.), Lumb and Jones' veterinary anesthesia and analgesia (4th ed., pp. 31–60). Ames, IA: Blackwell.

[5] Lamont, L. A., & Mathews, K. A. (2007). Opioids, Nonsteroidal Antiinflammatories, and Analgesic Adjuvants. In W. J. Tranquilli, J. C. Thurmon, & K. A. Grimm (Eds.), Lumb and Jones' veterinary anesthesia and analgesia, (4th ed., pp. 241–271). Ames, IA: Elsevier Publishing.

[6] Lamont L.A., Tranquilli W.J., Grimm K.A. Physiology of pain. Veterinary Clinics of North America. 2000; 30(4):703–723.

[7] Mathews, K. A. (2019). Pain Assessment and Management. In Veterinary Emergency and Critical Care Manual. Lifelearn, Guelph, Ontario, Canada. 385–410.

[8] Muir, W. W. (2009). Physiology and pathophysiology of pain. In J. S. Gaynor & W. W. Muir (Eds.), Handbook of veterinary pain management (2nd ed., pp. 13–41) St. Louis: Elsevier.

[9] Papich M.G. Principles of analgesic drug therapy. Seminars in Veterinary Medicine and Surgery (Small Animal). 1997; 12(2).

[10] Pascoe P.J. Local and regional anesthesia and analgesia. Semin Vet Med Surg (Small Anim). 1997; 12(2).

[11] Rollin, B. E. The unheeded cry. New York: Oxford University Press.

[12] Skarda, R. (2007). Local and regional anesthetic and analgesic techniques: Dogs. In J. Thurmon, W. Tranquilli, & G. Benson (Eds.), Lumb & Jones' veterinary anesthesia (4th ed., pp. 561–574). Baltimore: Williams & Wilkins.

[13] Stein R. Available at www.VASG.org. 2013.

[14] Stevens B.J., Johnson C.C., Grunau R.V. Issues of assessment of pain and discomfort in neonates. Journal of Obstetric, Gynecologic, & Neonatal Nursing. 1995; 24(9):849–855.

[15] Tranquilli, W. J., Grimm K. A., & Lamont L. A. (2004). Pain management for the small animal practitioner (2nd ed.). Jackson, WY. Teton NewMedia.

[16] Websites of Interest: International Academy of Veterinary Pain Management, www.ivapm.org.

场景

目标： 兽医技师需要有机会展开关于疼痛管理方面的批判性思维。以下场景将鼓励读者在其方法中发挥创造性。

背景： 一家每周提供一天骨科择期手术的急救和重症护理二级转诊医院。每个笼位都配备有输液泵，但仅有 4 台注射泵。

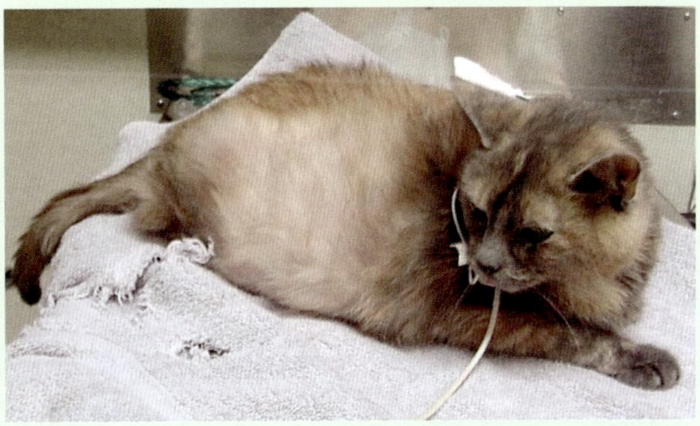

场景

一只患有胰腺炎的 14 岁老年猫正在接受检查，T，37.6℃（99.7℉）；HR，220 bpm；呼吸频率，42 次 /min。它的笼子位于房间中央位置的上层，在它下方的笼子中，是一只刚经历胫骨平台水平截骨术（tibial plateau leveling osteotomy，TPLO）的犬。当犬试图挪动时，会发出惨叫，偶尔也会躲在笼子的侧面。

问题

- 哪种姿势可能提示疼痛？
- 引起疼痛的原因是什么？
- 你会考虑哪些药物方案来缓解不适？
- 剂量是多少？输注速度是多少？
- 你将如何给药？
- 此时你会避免什么？
- 除了医疗管理外，还可以做些什么来缓解不适？

讨论

这只猫可能由于胰腺炎正在经历严重的腹部疼痛。与住院相关的恐惧和焦虑，加上犬的笼子在它的下方，会增加它的痛苦。它应该被转移至一个更安静的地方，并使用一个带衬垫的开放式箱子以提供安全环境。疼痛管理应包括阿片类药物，如丁丙诺啡，最低剂量为 0.03 mg/kg。如果它的疼痛 / 痛苦持续，可以通过增加 CRI 氯胺酮和（或）右美托咪定来缓解。最近的研究表明，非标签使用 Cerenia®（硕腾动物保健）可以额外缓解胰腺炎患猫的疼痛。

演示

- 完成对医院可用于满足疼痛管理要求的药物和设备的审查。
- 考虑使用疼痛评估表。
- 询问患病动物的生命体征和当前状态的照片。
- 工作人员回顾照片和病史 3 ~ 5 min。
- 询问以下案例场景的问题。
- 讨论包括为每只患病动物制订计划、使用医疗管理和其他治疗模式、患病动物姿势、衬垫、物理治疗、加热或冰敷设备。还应考虑针灸、按摩和被动关节运动（passive range of motion，PROM）等替代疗法。

教学要点

- 为兽医技师提供使用观察技能的机会。
- 挑战兽医技师使用批判性思维技能解决不同类型的疼痛。
- 帮助确定如何继续提供额外的疼痛管理技术和治疗。
- 挑战兽医技师在医疗管理之外如何提供疼痛管理方面的创造性。

其他资源

科罗拉多州立大学开发的疼痛评估表：www.csuanimalcancercenter.org/assets/files/csu_acute_pain_scale_feline.pdf. www.csuanimalcancercenter.org/assets/files/csu_acute_pain_scale_canine. pdf.

医学计算练习

一只 20 kg 的混血牧羊犬需进行前肢截肢手术，犬将通过输注利多卡因 30 μg/（kg · min）来预防手术期间和手术后的严重神经性疼痛。输注速度为 40 mL/h。你将在 1 L 的液体中加入多少毫升 2% 利多卡因？

第 10 章

危重症动物物理康复支持疗法

Lis Conarton

学习目标

1. 了解康复团队如何为危重症或受伤动物进行治疗。
2. 为患病动物选择特定的治疗方式和用具，以改善功能和减少与危重症或受伤动物相关的并发症的风险。
3. 进行基本的和支持性的技术，如按摩、被动的活动范围、辅助站立、过渡、行走和姿势平衡练习。
4. 选择合适的仪器和方式，如光生物调节、肌肉刺激、治疗性超声波和热疗法。
5. 了解水疗法在重伤患病动物中的使用方法及禁忌证。
6. 了解心脏病患病动物的并存病、并发症和风险。
7. 了解呼吸系统患病动物的护理，包括定位、体位引流、呼吸和气道治疗。
8. 能够回答有关康复的问题并提供帮助。

章目录

关键词

拍背
早期活动
轻抚法
肌肉电刺激
筋膜
持握静置
水疗
重症监护病房（ICU）
激光治疗
肌肉质量
肌筋膜触发点
叩击
雾化
神经肌肉电刺激
被动关节运动
光生物调节
物理康复
物理治疗
体位
体位引流
脉冲电磁射频治疗
生活质量
恢复功能
治疗技术
超声疗法
温热治疗
水下跑步机

在重症护理体系中，兽医初始治疗计划中通常不包括物理康复（physical rehabilitation）。可能的原因包括患病动物全身系统不稳定、缺乏训练有素的工作人员和辅助设备、客户的经济负担过大、不是紧急护理方案的一部分。技能熟练且理论知识丰富的康复团队对于危重症或受伤小动物的身体康复而言非常重要。例如，无法运动的危重症动物虽然能够从简单的康复练习中受益，但危及生命的问题可能会导致诸多不确定性问题，令最温和的技术也无法应用。有经验或擅长物理康复的兽医应该能够辨别合适的患病动物，并应用正确的康复技术。有几项人医研究表明，重症监护病房（intensive care unit，ICU）的早期康复可以提高患者的生活质量，可减少重症监护后综合征（postintensive care syndrome，PICS）的并发症（Parker，2013）。随着兽医学物理康复领域的不断发展，对早期康复措施优势的认识，将有助于增加兽医重症护理领域中康复专家的数量，并将康复工作人员整合为 ICU 团队的一部分。

物理康复团队介绍

兽医学物理康复一词的含义通常为：为骨科和神经系统病例术后提供的治疗，有助于加速恢复和改善预后。兽医康复学之所以获得主流的关注，是因为它能够提高患病动物的活动能力、进一步缓解疼痛，并改善它们的生活质量（quality of life）。物理康复通常是由宠主完成的，众所周知，它可以维系人与动物之间的关系，而且是宠主直接参与其宠物护理的一种方式。对这一学科的认识有助于创建兽医学物理康复的认证。一些大学和学院已经增加了兽医康复课程，这在 10 年前兽医专业课程并不包括这一部分。虽然康复治疗能够成为动物医院的一种优势，但必须被正确实施，以保障患病动物的健康和生命。2017 年，物理康复兽医技师学院（Academy of Physical Rehabilitation Veterinary Technicians，APRVT）被美国国家兽医技师协会（National Association of Veterinary Technicians in America，NAVTA）暂时认可为第 15 个兽医技师专业（Veterinary Technician Specialty，VTS）。该组织帮助制订了一个合适的标准，以对兽医技师进行道德规范，其中具有资格的兽医技师在负责监督的兽医和康复团队人员的监督下工作。在治疗因受伤、严重全身性疾病或涉及多个身体系统的并发症而长期住院的患病动物时，选择适当的康复方法非常重要。

技师笔记

兽医康复学正在获得主流的关注，因为它能够提高患病动物的活动能力、进一步缓解疼痛，并改善它们的生活质量。

物理治疗和物理康复治疗

理疗师的工作是为患病动物制定和实施治疗方案，以便减轻因疾病、外伤或术后恢复而造成的机体损伤和活动限制。理疗师将使用以下治疗方法，包括运动疗法、热疗、电刺激治疗、徒手治疗、伤口管理、气道清除，以及矫形器和假体设备的干预（Millisetal.，2014）。理疗师通常有 7 年的学校教育经历，现在被要求参加 3 年的理疗师课程（APTA.org，2018）。物理治疗或理疗师是受保护的术语和头衔，只能由有执照的理疗师进行操作（APTA.org，2018）。

兽医领域的物理康复定义不明确，各州对患病动物的康复方法的使用和实施有所不同。康复评估和方案制定应该在非兽医人员开始操作之前，由监督的临床医生（兽医）授权和审查，通常是由有康复理疗资质的兽医进行的。康复计划应在回顾患病动物的全部病史后制订，由康复人员进行独立的体格检查，并制定问题清单和目标清单。每天都应重新评估，以帮助修改康复方案和发现其他问题（Dunning et al.，2005）。康复团队可由一名已完成认证课程（对兽医和有资质的兽医技师开放）、经认证的康复技术人员组成［理疗师或理疗师助理；以及兽医领域的专家，包括获得美国兽医运动医学和康复学院（Diplomates of the American College of Veterinary Sports Medicine and

Rehabilitation，DACVSMR）文凭和物理康复方面的兽医技术专家］。

患病动物选择

长期的身体功能障碍和神经肌肉无力可能会导致危重症。人类重症监护病房（ICU）进行的一项研究发现，这种情况可能在出院后持续数月至数年（Herridge et al.，2003）。在兽医学中，由于监测设备、医疗设备、静脉注射管、导尿管、氧气、饲管和引流系统等设备有限，危重症动物的移动和行走面临挑战。需要多名工作人员才能安全移动带有设备的患病动物；因此，可以在患病动物计划移动、断开连接和进行评估期间安排康复治疗。在人类医学中，质量改进项目增加了物理治疗项目的可行性，使得康复课程和资源增加，以教育团队成员并缩小所有 ICU 工作人员之间的差距（Zanni et al., 2010）。同样，早期康复方案制定能力也得到了培养和研究，被证实能够缩短住院时间，改善出院时和出院后的预后（Needham，2008，2010；Morris，2011；Drolet，2013）。在制定早期康复干预方案时，仔细选择危及生命和不稳定的患病动物是很重要的。专栏 10.1 列出了患病动物进入ICU或重症监护室的条件（非独家的）。

技师笔记

在制定早期康复干预方案时，对有生命危险和不稳定的患病动物进行仔细选择是很重要的。

当向患病动物提供物理康复干预时，必须密切监测如下生命体征：

- 心率和节律。
- 呼吸频率和呼吸质量。
- 筋膜（fascial）反应，特别是瘫痪动物。
- 退缩或其他表现有疼痛反应的行为 。
- 应激征象。
- 失代偿迹象。

重症监护中的伴侣动物承受着动态的、全身性的变化和多种变化并存的可能性；因此，在进行康复理疗的同时，对患病动物进行持续监测是很重要的。不同的方法具有不同的适应证，康复团队必须灵活地调整治疗方案，以防止日常治疗中断。特别是中断重症监护动物的静脉输液或药物治疗，可能会影响患病动物的治疗。这可能需要给患病动物使用设备，以便在实施康复方案的同时继续进行护理和治疗。

专栏 10.1　重症监护病房患病动物的情况

急性或慢性呼吸系统疾病

- 肺炎。
- 吸入烟雾。
- 呼吸困难。

创伤性

- 车祸引起的多发性创伤。
- 多发性骨折。

神经系统疾病

- 癫痫发作。
- 创伤性脑损伤（traumatic brain injury，TBI）。
- 脑病。
- 升降性脊髓软化症。
- 纤维软骨栓塞（fibrocartilaginous embolism，FCE）。
- 多发性神经根神经炎。

系统性疾病和多系统疾病

- 败血症。
- 充血性心力衰竭。
- 癌症。
- 重症胰腺炎。
- 糖尿病酮症酸中毒。

免疫介导 / 缺陷性疾病

- 阿狄森病危象。
- 非再生性免疫介导性贫血。

大型手术 / 术后

- 出血。
- 开胸术。

技师笔记

康复团队必须灵活调整治疗方案，以防止日常治疗中断。

图 10.1 显示一只瘫痪动物在花生形瑜伽球上休息，这样它就可以呈站立姿势，同时继续进行液体治疗和保持导尿管的位置。这段时间内可以进行康复治疗。被动关节运动（passive range of motion）、按摩和激光治疗（laser therapy）是常见的方法，可以应用于这种类型的患病动物（见下一节的“治疗技术”）。如果制订的计划包括监测设备，那么心脏病患病动物可以在治疗性运动中保持心电图的使用，就像兽医技师为了进行更合适的引流，而对患病动物姿势及其引流管位置进行调整一样。

治疗技术

在开始对患病动物使用任何治疗技术（therapeutic techniques）之前，疼痛评估和疼痛评分是康复成功的关键。具体来说，对于危重症动物，因病情和疾病过程的不同，疼痛管理可能具有挑战性（见第 9 章）。理想情况下，在进行不稳定患病动物的康复治疗操作之前，应进行风险评估并了解风险 / 效果概况。

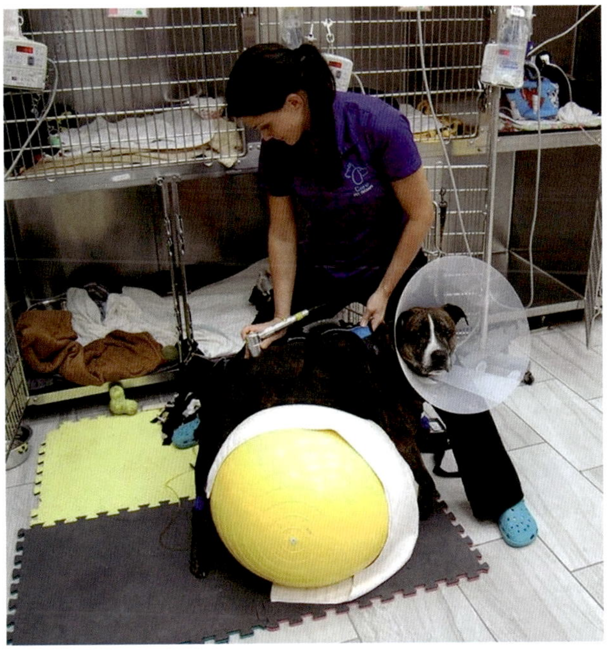

图 10.1　在花生形瑜伽球上休息的颈椎纤维软骨栓塞患病动物。注意康复师有一套完整的安全带，以帮助牵拉和保定。患病动物正在接受激光治疗，同时需要在花生形瑜伽球的辅助下“站立”

按摩疗法

按摩疗法是一种减轻应激反应的方法。在 ICU 患病动物中进行按摩疗法的研究结果相似：按摩对患病动物的临床状况改善有积极影响，可能会改善危重症动物的预后（Jamaati，2015；Jagan，2019）。ICU 对患病动物来说是一个充满应激因素的环境，可以进一步导致失代偿。例如，患病动物远离熟悉的环境和宠主，这可能会给本身就很痛苦且患病的动物增加额外的焦虑情绪。照明设备往往十分明亮，这可能使患病动物们嚎叫和创造额外的噪声，以及护理团队成员需要持续监护患病动物。这可能会导致睡眠中断和不适（如抽血、为骨折受伤动物调整姿势）。已知按摩对减少肌肉痉挛和治疗神经和筋膜疾病有积极的作用，还对交感神经张力过高有调节作用，这些都是 ICU 患病动物的常见问题。由于压力而受到刺激的交感神经张力可能会对非适应性疼痛产生持久的影响。简单地说，慢性疼痛状态的持续会对治疗产生反作用（Silverstein，2015）。按摩可能是护理人员为 ICU 患病动物提供的最简单和最有益的治疗技术之一。有几种技术可以通过少量的培训掌握，而一部分技术需要技能更熟练的人进行。

按摩被定义为“为达到放松或治疗的目的，用手或器械对组织进行操作（如揉、捏或叩）”（Meriam Webster Dictionary，2019）。患病动物通常最好为侧卧位，以便在治疗期间充分放松。

经常向宠主展示的按摩技巧如下：

- 持握静置（hold and place）：用轻柔的力按压患病动物身体，持续 30 s。
- 轻抚法（effleurage）：在施加更深的压力之前，轻轻按摩皮肤和肌肉，达到一定的温度。手指可以并拢，利用手掌的宽度，施加 2 ~ 4 lb（1 lb=0.45 kg）的压力，另一只手连续轻拍患病动物的身体。通常是从肢体的远端到近端，向身体和心脏倾斜。
- 揉捏法提供更大的按压力量，包括对组织的揉捏、皮肤滚动或敲击，以增加血流量，减少筋膜粘连，缓解紧张。有一种类似于揉捏比萨或面包面团的技术，是收集和提拉皮肤及其下面的组织，然后松手使其自行沿着体壁恢复。对于肌肉质量（muscle mass）和四肢力量减弱的老年患病动物，或者对于较小或皮肤较薄的患病动物，在骨骼突起部分揉捏可能会稍微困难一些，所以可以使用皮肤滚动法。抓住拇指之间的患病动物皮肤，捏起的范围为手指的第一到第二个指节的高度，并向前或向后滚动，这将帮助神经系统患病动物恢复，如图 10.2 所示。

- 弹拨术应由熟练从事按摩治疗的兽医技师完成。它由皮肤及其下方组织的交叉纤维运动组成，通过手指按压以放松骨突处。它用于减少粘连和分解瘢痕组织，对危重症动物来说可能过于刺激并具有侵略性。
- 叩击（percussion）包括拔火罐、手拍、侧掌叩击和拍背，通常用于清除气道和肌肉张力下降的组织（见“呼吸支持”部分）。

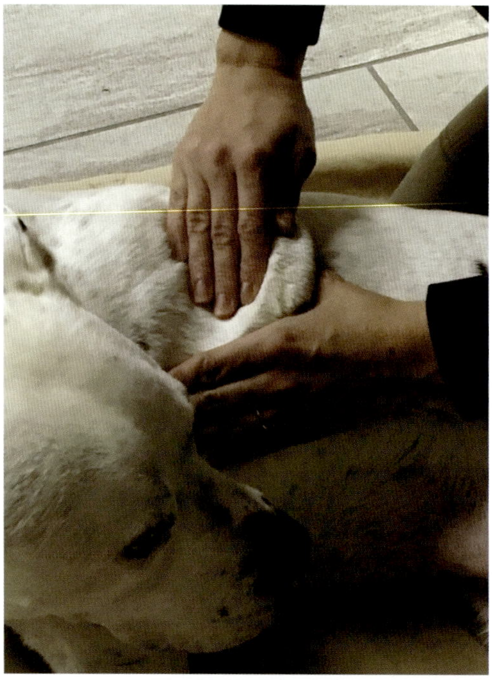

图 10.2 揉捏法：对更深层施加压力的技术，包括揉捏、皮肤滚动或敲击，以增加血流量，减少筋膜粘连，并缓解紧张。注意，不要固定患病动物头部，这样能够让医生知道是否施加太大的压力，或者它是否在特定区域感到不舒服

专栏 10.2 ICU 患病动物的按摩禁忌证

- 活动性感染。
- 急性炎症。
- 不稳定骨折。
- 深静脉血栓。
- 凝血疾病。
- 发热。
- 休克。
- 皮肤问题。
- 某些类型的癌症。

- 按摩存在禁忌证，因为有一些患病动物可能无法忍受这些治疗操作，从而造成额外的应激（专栏 10.2）。

肌筋膜触发点

一种用于减少肌筋膜触发点（myofascial trigger point，MTrP）的技术被称为缺血性压迫法。这项技术用于缓解局部疼痛。肌筋膜触发点是指肌肉内引起疼痛的易感点或结点（Goldberg 2015）。在找到紧绷的筋膜带上的“结”后，用食指和中指对该部位施压 30 s、60 s 或 90 s，消除触发点。Travell 和 Simons（1999）描述了大量关于人类 MTrP 和 MTrP 疗法的文章。触发点会导致患病动物活动范围减少，使得其他肌肉代偿增加，并在危重症动物中造成更多的失衡。通常，这种类型的治疗是由受过肌筋膜失衡培训的医生进行的，可能不是 ICU 最初的按摩治疗计划的一部分。一旦患病动物病情稳定，疼痛得到很好的控制，这项技术可以改善功能和运动，减少代偿性失衡。

被动关节运动及牵拉

被动关节运动（passive range of motion，PROM）是指在无痛的前提下对一个或多个关节屈伸到最大范围来进行的。如果适用的话，应先稳定上下关节，伸展肢体，然后再减小关节的角度（图 10.3 和图 10.4）。如果关节或肌肉挛缩，可以重复 10 ~ 15 次，每天 2 ~ 3 次或更多。重复进行的次数取决于患病动物的反馈，以及它是否可以耐受。它应该是无痛的或引起最低限度的不适。如果肌

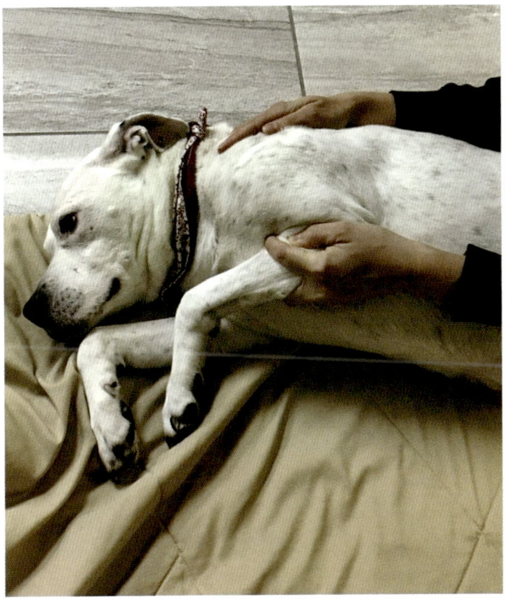

图 10.3　肩关节屈曲——缩肢，关节角度减小

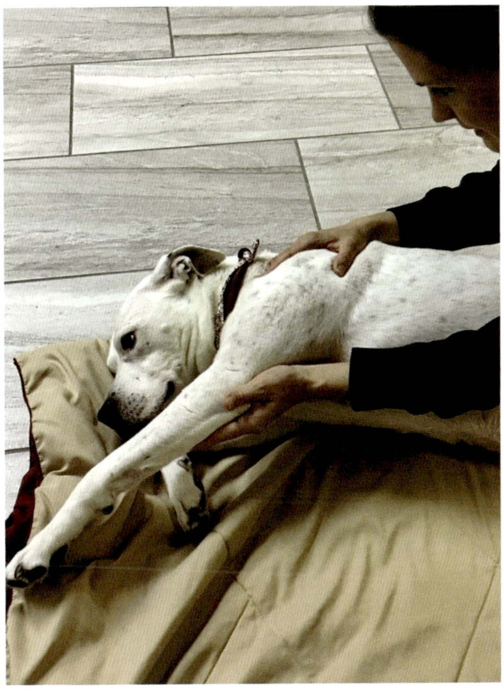

图 10.4　肩关节伸展——肢体延长，关节角度增大

肉已经发热，可以在最后一次重复中进行静态拉伸，即拉伸 15 ~ 20 s。这对缓解关节或肌肉挛缩特别有用。在不活动的患病动物中很快见到效果。PROM 有助于维持关节和周围的支持结构的完整性，但不能改善肌肉质量或防止萎缩（Dunning，2005）。由于全身性疾病或不稳定骨折等原因，造成关节疼痛的患病动物并不适用。

ICU 患病动物的早期干预与早期活动

在关于危重症患者早期活动（early mobilization）的人类研究中，可以发现其 ICU 团队的所有成员都是多学科的，这对于成功实施早期康复非常重要（Morris，2011）。这些类型的治疗方法适用于病情稳定的患病动物，并应被视为制订康复计划的优先选择。运动疗法有助于危重症动物的康复，并可用于维持肌肉力量，防止进一步的萎缩和失代偿。

辅助站立、行走及过渡

站立时，肌肉骨骼和神经系统之间互相协调。如果患病动物太虚弱、有神经功能缺损或多个创伤区域，使用悬吊带、理疗球或花生形瑜伽球，或卷起的毛巾 / 毯子辅助站立可以提供额外的支持。这将允许医护人员在患病动物保持“站立”的同时继续进行治疗（专栏 10.3，图 10.1）。

一旦患病动物能够站立并保持稳定，适度增加运动是很重要的。使用带轮车、前后安全带，以及根据患病动物的体型大小，在几名工作人员帮助下运动，对不能行走的患病动物有益。牵引面放置瑜伽垫或泡沫垫，可以帮助缺乏信心或无法在光滑表面行走的患病动物。根据患病动物的状态，可以从行走 30 s 开始，随着生命体征保持稳定，延长时间。在积极治疗过程中进行 1 min 到数分钟的步行休息。这可能会减少疲劳，提高患病动物在康复过程中的行走能力（专栏 10.3）。

随着患病动物逐渐恢复力量，过渡练习可能会加入项目中。让患病动物从右侧卧到俯卧位再到左侧卧。总体目标是辅助过渡练习，以促进适当的肌肉激活，最终，患病动物就可以自己重新站立。如果患病动物配合治疗，这个练习可以按照以下步骤进行：

- 趴下到坐下：对于瘫痪动物或虚弱 / 疼痛或缠绕绷带的患病动物来说，可能是困难的，可以将前肢移动到合适的姿势，同时将后肢缩在臀部下方。带有手柄的辅助带可以帮助患病动物和康复师 /ICU 工作人员进行这种运动（图 10.5）。

专栏 10.3 辅助负重运动

辅助站立	辅助行走 / 行走
• 最初进行短暂站立，30 ~ 60 s。 • 监测重要参数和疲劳程度。 • 将爪子置于背屈 / 适当位置。 • 从一侧到另一侧或从前到后进行轻柔的摇摆运动，以锻炼核心肌群和胸部、骨盆及肢体的肌肉。 • 如果可能，每天进行 4 ~ 6 次。 • 一旦患病动物身体耐受程度提高，减少时间间隔 / 延长单次持续时间。	• 确保脚下稳定，患病动物行走区域表面粗糙。 • 每次分几个步骤开始，根据患病动物的耐受程度延长时间，30 ~ 90 s。 • 如果患病动物四肢活动困难，可以在"站立"期间休息，根据需要协助本体感受 / 放置爪子。 • 如果可能的话，每天行走 4 ~ 6 次。

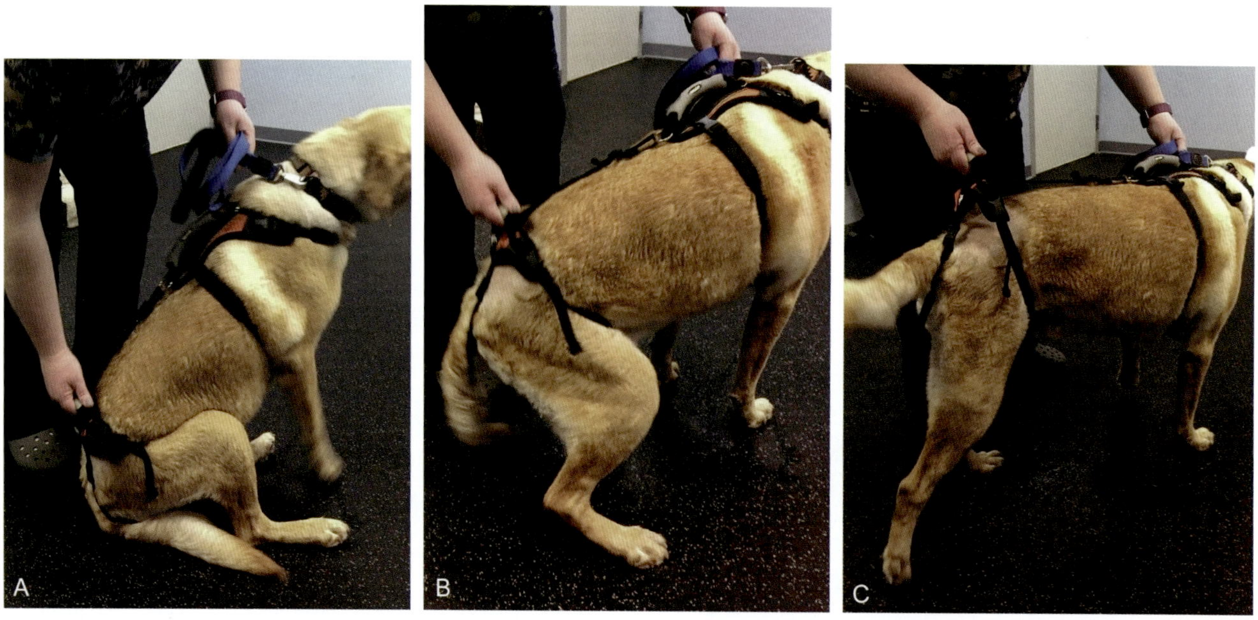

图 10.5 A，准备从站立转换为坐姿。B，引导患病动物站立。注意左后肢的异常（远离地面）。C，辅助保持站立姿势。注意医护人员将骨盆和后肢提起，引导进行站立

- 坐下到站立：工作人员可以让患病动物以坐着的姿势，引诱它们向前进行站立，或者积极地鼓励 / 呼喊患病动物，然后提升它们的后躯力量。
- 站立到趴下：这对缺乏核心力量的患病动物来说可能很困难；使用辅助带施加轻微的阻力使动物缓慢向下趴下，从而避免患病动物撞击地面。

辅助治疗方式和工具

特定的疗法可用于某些适应证，如激光治疗，新命名为光生物调节（photobiomodulation）疗法，肌肉电刺激（electrical muscular stimulation），超声疗法（therapeutic ultrasound），电磁疗法，以及温度疗法（thermotherapies）（如热敷和冷敷 / 冷冻疗法）。如果可用，这些治疗方案可以帮助减轻疼痛和炎症，从而加速恢复功能（return to function）。

光生物调节疗法

光生物调节疗法（photobiomodulation therapy，PBMT），以前被称为激光治疗，在兽医领域内有两种类型。治疗通过Ⅲ b 类激光器（激光输出功率 500 mW，波长从 300 nm 到远红外）和Ⅳ类激光器（输出功率 >500 mW）进行，市场上有许多不同产品可用。能量以焦耳（J）或焦耳每平方厘

米（J/cm^2）计算。在适当的剂量下，PBMT 会引起一系列生理和生化级联事件，包括两个重要的治疗效果：调节炎症和缓解疼痛（Riegel，2017）。这可能是对不愈合的伤口和脱套伤的早期干预，但在癌症、局部注射药物和出血的情况下应该谨慎使用。

虽然实验和临床研究很少发现 PBMT 的不良反应，但成功治疗患病动物的案例依赖于技术熟练和知识渊博的兽医技师和护士。经过适当培训的兽医技师或护士可以帮助确保激光应用的一致性和适当性，执行个性化方案，并就 PBMT 的益处对兽医团队成员和客户进行教育。（Riegel，2017）（图 10.6）。

神经肌肉电刺激 / 肌肉电刺激器

神经肌肉电刺激（neuromuscular electrostimulation，NMES）和肌肉电刺激器（electrical muscle stimulators，EMSs）能够预防肌肉萎缩、增强关节运动和帮助肌肉再训练（Millis et al.，2014）。虽然尚未在犬猫中进行广泛的研究，但 NMES 可以帮助减少关节挛缩，减少神经损伤导致的肌肉萎缩和术后萎缩，以及减少疼痛、痉挛和水肿。NMES 的作用是先恢复Ⅱ型肌纤维，然后再恢复Ⅰ型肌纤维。Ⅱ型肌纤维是能够快速收缩的，不需要氧气来产生能量，但Ⅰ型肌纤维是缓慢收缩的，需要氧气来产生能量。Ⅰ型肌纤维作用是维持体位，是在限制运动时第一个受影响的肌纤维（试想卧床一周的患病动物站起来和保持平衡是多么困难）。

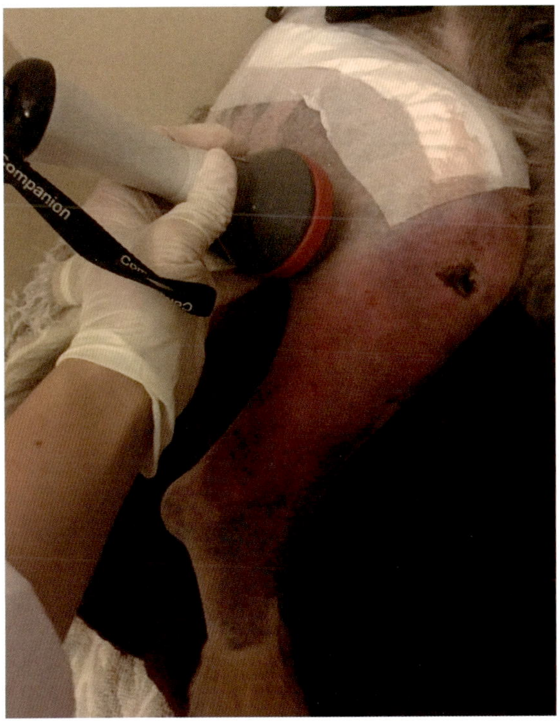

图 10.6　并发水肿和疼痛的多发性创伤动物的激光应用

NMES 的作用如下：

- 对长期无法运动的四肢和肌肉有效，有助于肌肉再训练。
- 对肌肉群衰弱的瘫痪动物进行人工收缩。
- 减轻疼痛和关节挛缩。

NMES 单位放置在肌肉群和运动点上，其脉冲振幅、占空比和速率可以根据患病动物的舒适度进行调整。NMES 治疗通常必须每天进行几次才能成功。这种治疗可能需要兽医技师和患病动物在一起，确保电极不会脱落，并随时对参数进行调整。

超声波治疗

超声波治疗（Ther U/S）是热疗的一种，可以通过组织产生和传播声音进行表层和深层的刺激。处理区域使用耦合介质（如超声凝胶），超声探头接触皮肤（剃毛可以保证超声波最佳传导）以发射声波，产生热量。超声波治疗的一个优点是，它治疗时间较短，能够局部加热深层组织。然而，剂量取决于理疗师，可能难以监测。可用于患有肌肉或关节挛缩、肌筋膜触发点或肌肉痉挛的 ICU 患病动物。

脉冲电磁射频治疗

脉冲电磁射频治疗（pulsed electromagnetic frequency therapy，PEMF）是一种生物物理形式的刺激。根据最近的研究，它在兽医领域的应用已扩展到多种场景。它可以减轻炎症，促进伤口愈合，并在缺血性病变中促进血管生成。关于 PEMF 的更多研究正在进行中，而且在兽医学方面似乎很有前景。有几家公司已经在患病动物身上对其产品进行了研究，需要适当的频率，并在特定物种中产生共振来进行电磁治疗。一项关于 PEMF

对糖尿病大鼠急性后肢缺血的微循环和血管生成影响的研究表明，PEMF 可能有价值。结果表明，PEMF 组增强了急性后肢缺血模型的再灌注和血管生成（Pan et al.，2013）。这种治疗在危重症动物和住院动物中很容易进行，因为它可以在患病动物的治疗期间使用，并重复一整天。宠主也可以根据兽医处方购买设备，在家里使用。目前还没有已知的禁忌证，也没有报道过使用这种疗法的副作用。

冷冻疗法

冷冻疗法，或冷疗法，可以减轻炎症和损伤组织引起的疼痛，包括水肿和痉挛。冷却浅表组织需要 5 min，冷却深层组织需要 25 min。这种治疗可以每 4 h 进行一次。对于危重症和受伤动物，冷疗通常在损伤的急性期，在前 24 ~ 48 h 进行。应使用一条薄毛巾来作为屏障保护裸露的皮肤，对于感觉减弱或麻醉患病动物应谨慎使用。

温热疗法

温热疗法，或热疗，用于亚急性期（48 ~ 72 h）的损伤或慢性疾病。这种疗法通常与物理康复结合使用，包括在按摩前或按摩期间使用，以减少痉挛，在伸展之前减少关节或肌肉挛缩，或帮助解决血肿和减轻亚急性或慢性炎症的疼痛。典型的热处理时间为 10 ~ 15 min，每天可以进行 4 ~ 6 次。它可以作为一种联合治疗，与其他治疗同时应用。禁忌证是肿瘤或体温调节较差的患病动物或麻醉区域 / 患病动物。

水疗法

水疗是 ICU 患病动物康复过程中很好的辅助方式。对任何患病动物使用水疗（hydrotherapy）都需要了解水的特性，以及它在特定条件下可能会导致身体系统产生的变化。水温可以升高或降低血压。例如，热水会降低血压，然而，心率 / 脉搏率会增加，以抵消低血压的作用。因此，在使用水疗作为一种治疗方式之前和使用期间，评估患病动物的生命体征是极其重要的。

温水［27.8 ~ 31.1℃（82 ~ 88℉）］对 ICU 患病动物有益，只要它们没有开放性的伤口或皮肤问题，应激或失禁，或严重的心脏病。最初，患病动物短期内使用救生衣或浮力装置站立，可以在水到胸部或肩部水平时帮助姿势平衡。逐渐地，可以进行负重，以使患病动物动用肌群来防止自己摔倒。水的浮力、静水压力和阻力特性有助于减少关节的震荡力，提供反馈，帮助改善运动和本体感受，并增加肌肉质量。水疗可能包括深浴缸 / 水池、漩涡浴缸、游泳池或水下跑步机（underwater treadmills，UWTMs）。在按摩的同时使用水疗可以帮助消除淋巴水肿和肿胀，同时促进放松。在 UWTM 治疗期间，对肢体施加阻力，可以提高肢体的灵活性和关节的活动范围（Dunning，2005）。

对于适合康复的 ICU 患病动物，UWTM 应只用于 30 s 的短时间步行，在休息之间进行按摩和被动关节运动。这会使患病动物的整体功能得到改善，并促进耐力训练以维持心血管和肌肉骨骼功能。

可以在水中增加过渡练习，包括坐下到站立、横向或侧弯（从左肩到右肩治疗后），以及肌肉和神经的再训练 / 重塑。最初，患病动物可以在跑步机上停留 5 min，而只走 1 min 或 2 min（例如，步行 20 ~ 30 s，休息 1 ~ 2 min，然后步行 20 ~ 30 s），之前列出的练习都是在休息期间进行的。

ICU 患病动物的一般护理

危重症或受伤动物通常需要专门的兽医技师，因为患病动物的病情可能会突然改变或迅速失代偿。参与重症护理的兽医技师应该对患病动物的身体系统和疾病过程有良好的了解并了解它们目前的状态。与其他住院患病动物相比，无法自主活动的患病动物可能需要额外的关注。可以用毛巾和毯子对患病动物进行支撑，以便对呼吸系统患病动物进行适当的体位引流，频繁更换弄脏的用品有助于减少尿液灼伤和应激。每 2 ~ 4 h 改变患病动物姿势，骨骼突起处下的软支撑有助于减少肺不张和褥疮。对于兽医技师和护理团队来说，了解疼痛评分是很重要的，以便对药物和康复技术进行调整（见第 9 章）。康复中心和 ICU 团队应记录所提供的每一种治疗方法和所获得的反应或结果，以便于团队之间的反馈和协调，进行适当的干预措施。团队和专家之间的沟通和记录可能有助于危重症或受伤动物的康复，因为这些沟通记录是非口头的，对患病动物病情的理解因人而异。

技师笔记

技术员每 2 ~ 4 h 为患病动物更换姿势，骨骼突起处下的软支撑有助于减少肺不张和褥疮。

姿势和体位

ICU 患病动物的体位（positioning）是一般护理的一部分，肺容积增加（置于俯卧位）可以帮助改善通气和灌注。姿势变化也可以减少肺不张的发生概率，减少呼吸系统负荷（Dunning，2005）。一项研究的结论表明，患有低氧血症的侧卧位患病动物可能受益于俯卧位，因为可以改善氧合（McMillan et al.，2009）。在患病动物无法保持俯卧位的情况下，可以用泡沫楔子、毛巾和枕头帮助保持这个姿势。物理康复可以在俯卧时进行，通过卷起来的毛巾或毯子、理疗球或花生形瑜伽球支撑患病动物（图 10.7）。这可能对肥胖患病动物有帮助，因为它们发生缺氧和肺不张的风险更高，特别是在瘫痪时（Reinius et al.，2009）。根据患病动物的情况，每 2 ~ 4 h 在治疗单 / 护理表上列出左右侧卧位的情况。常规改变体位可以帮助减少呼吸系统问题，如黏液纤毛清除和防止分泌物分泌至重力侧肺。如前所述，这也可能有助于减少褥疮和改善皮肤血流灌注，并可以防止重力侧肢体水肿（Dunning，2005；silverstein，2015）。

技师笔记

常规改变体位可以帮助减少呼吸系统问题，如黏液纤毛清除和防止分泌物分泌至重力侧肺。

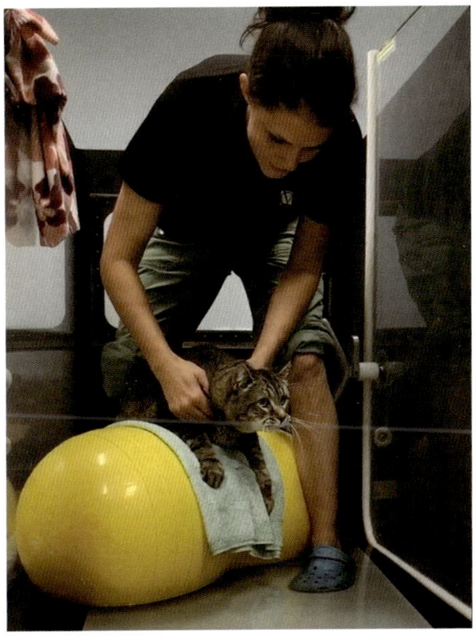

图 10.7　瘫痪的猫在水下跑步机的花生形瑜伽球上

对于肺部疾病的患病动物，通过了解体位引流（postural drainage），利用重力来帮助清除气管和支气管内的分泌物是很重要的。肺部病变导致分泌物增多。有人认为，改变体位可以将分泌物引流到更大的气道，这可以帮助患病动物在咳嗽时更容易地排出分泌物（Silverstein，2015）。当患病动物不能行走或参与治疗（重新定位技术、使用理疗球，以辅助姿势）时，使用这种类型的治疗方式是很重要的。一般来说，患病动物最好在辅助下或自行移动，以实现体位引流。引流技术有禁忌证，因为不是每只患病动物都适合这些方法（专栏 10.4）。

专栏 10.4　姿势和体位引流禁忌证

头颈损伤（直到稳定前）。

最近进行或急性脊柱手术（骨折 / 椎间盘疾病）。

活动性出血与血流动力学不稳定。

肺栓塞。

肺水肿及心力衰竭。

颅内压（intracranial pressure，ICP）增加（姿势改变会改变 ICP 值）。

腹胀。

未经治疗的张力性气胸。

有误吸风险的患病动物。

急性心力衰竭。

无法控制的高血压。

治疗方法如下：

体位引流

- 治疗前雾化（nebulization）。
- 使患病动物处于部分支气管垂直于病变肺的位置。
- 每个治疗区域保持姿势 5 ~ 10 min，每天至少 4 次。
- 在喉部或近端气管上施加轻微的压力使患病动物咳嗽。

注意：一些患病动物可能需要更长的时间（30 ~ 60 min）来调动分泌物。

拍背（coupage）或拍打胸部

- 使患病动物处于俯卧或站立位置。
- 握拳轻拍患处 / 受累肺叶在整个呼吸周期中节律平稳——呼气和吸气。
- 每分钟进行 100 ~ 400 次，持续 2 ~ 4 min。
- 随着拍背的频率，松动脱落的分泌物向更大的气道移动。

振动

- 在呼气阶段进行。
- 在整个治疗期间，双手伸平，并保持在病变 / 受累肺叶同侧胸部。
- 全手掌接触患病动物的胸部来振动或摇晃胸壁。
- 每组振荡后进行 4 ~ 6 次连续呼吸。

拍背、叩击和振动技术有助于疏松支气管分泌物，护理人员在开始治疗前了解预防措施和禁忌证是很重要的（专栏 10.5）。叩击治疗对胸部创伤或心律失常患病动物有风险，因为这种类型的引流技术可能加重或加剧心律失常，使病情恶化。根据 Millis 等人（2014）报道，患有胸部创伤性损伤的患病动物有继发于创伤性心肌炎的心律失常的风险。

专栏 10.5 危重症动物拍背和振动的注意事项及禁忌证

慢性阻塞性肺部疾病。

咳嗽时有少量或无分泌物的患病动物。

咳血。

凝血功能障碍。

血小板计数低于 30 000 个血小板 /μL。

肌肉骨骼骨折。

肋骨骨折。

退行性骨病变。

连枷胸。

无法控制的疼痛。

心律失常。

创伤性心肌炎。

心脏状况不稳定。

注意：如果存在肺挫伤或缺氧，在开始治疗之前和治疗期间给予氧气。

心脏病患病动物

对于 ICU 中有心脏损伤的患病动物还需要额外考虑其他因素。监测生命体征，尽管对所有 ICU 患病动物都很重要，但在心脏病患病动物开始积极康复训练时却是必要的。推荐将人类医学的生命体征作为兽医康复计划的指导，包括以下内容：

- 监测休息时和功能恢复正常时的心电图（ECG）。
- 血压。
- 心率：在活动之前、期间和之后。
- 评估氧饱和度（SpO_2 监测仪）。
- 帮助患病动物恢复身体功能和独立能力。

总结

在实施运动康复计划之前，评估确认 ICU 患病动物体况稳定、已进行疼痛管理或控制良好是极为重要的。然而，对最危重的动物进行热疗、按摩、关节活动和定位技术是有帮助的，只要监测生命体征，无过度的应激反应，则不存在禁忌证。在人医中发表的研究文章显示，在 ICU 中早期康复有助于缩短住院时间，这可能转化应用于兽医中。对 ICU 团队的所有成员进行适当的康复技术培训是很重要的。患病动物病历中的正式记录应包括患病动物的反应；客观和主观的测量方法，如负重、疼痛评分、跛行评分 / 评估、测角术和肌肉质量测量；以及对治疗目标、运动技巧和运动的持续时间/频率的调整。在ICU小组中增加接受过物理康复培训的兽医技师，可以在住院期间为危重症或受伤动物提供康复治疗，从而创造更多成功案例。

参考文献

[1] American Physical Therapy Association: Physical therapist education overview. Available at http://www.apta.org/For_Prospective_Students/PT_Education/Physical_Ther apist_(PT)_Education_Overview.aspx , 2018. accessed April 2019.

[2] American Physical Therapy Association: Term and title protection. Available at http://www.apta.org/termprotection/, 2018. accessed April 2019.

[3] Drolet A., DeJuilio P., Harkless S., et al. Move to improve: the feasibility of using an early mobility protocol to increase ambulation in the intensive and intermediate care settings. Physical Therapy. 2013;93(2):197–207.

[4] Dunning D., Halling K., Ehrhart N. Rehabilitation of medical and acute care patients. The Veterinary Clinics of North America. Small Animal Practice. 2005;35:1411–1425.

[5] Goldberg M.E., Shaffran N. The veterinary technician in alternative therapies in pain management for veterinary technicians and nurses. In: Ames, IA. Blackwell and Wiley; 2015:317–322.

[6] Herridge M.S., Cheung A.M., Tansey C.M., et al. One-year outcomes in survivors of the acute respiratory distress syndrome. The New England Journal of Medicine. 2003;348(8):683–693.

[7] Jagan S., Park T., Papathanassoglou E. Effects of massage on outcomes of adult intensive care unit patients: a systematic review. Nursing in Critical Care , (24), 414–429. Accessed on Mar. 2019;4:doi:10.1111/nicc.12417.

[8] Jamaati H., Vahedian-Azimi A., Ebadi A. Therapeutic effect of massage on the patients in intensive care unit. Archives of Critical Care Medicine. 2015;1(1):doi:10.5812/accm.519 e519.

[9] McMillan M., Whitaker K., Hughes D., et al. Effect of body position on the arterial partial pressures of oxygen and carbon dioxide in spontaneously breathing, conscious dogs in an intensive care unit. Journal of Veterinary Emergency and Critical Care. 2009;19(6):564–570.

[10] Merriam Webster Dictionary: Massage. Available at https://www.merriamwebster. com/dictionary/massage. accessed April 2019.

[11] Millis D., Levine D. Conceptual overview of physical therapy, veterinary medicine and canine physical rehabilitation. In: Canine rehabilitation and physical therapy. (2 ed). Philadelphia, PA: Elsevier; 2014:16–20.

[12] Millis D., Levine D. Electrical stimulation. In: Canine rehabilitation and physical therapy. (2 ed). Philadelphia, PA: Elsevier; 2014:342–358.

[13] Millis D., Levine D. Physical rehabilitation for the critically injured veterinary patient. In: Canine rehabilitation and physical therapy. (2 ed). Philadelphia, PA: Elsevier; 2014:652–658.

[14] Morris P.E., Griffin L., Berry M., et al. Receiving early mobility during an intensive care unit admission is a predictor of improved outcomes in acute respiratory failure. The American Journal of the Medical Sciences. 2011; 341:373–377.

[15] Needham D.M. Mobilizing patients in the intensive care unit: improving neuromuscular weakness and physical function. JAMA. 2008;300(14):1685–1690.

[16] Needham D., Korupolu R., Zanni J. Early physical medicine and rehabilitation for patients with acute respiratory failure: a quality improvement project. Archives of Physical Medicine and Rehabilitation. 2010;91(4):536–542.

[17] Pan Y., Dong Y., Hou W., et al. Effects of PEMF on microcir-culation and angiogenesis in a model of acute hind limb ischemia in diabetic rats. Bioelctromagnetics. 2013; 34(3):180–188. doi:10.1002/bem21755.

[18] Parker A., Sricharoenchai T., Needham D.M. Early rehabilitation in the intensive care unit: preventing physical and mental health impairments. Current Physical Medicine and Rehabilitation Reports. 2013;1(4):307–314.

[19] Reinius H., Jonsson L., Gustafsson S., et al. Prevention of atelectasis in morbidly obese patients during general anesthesia and paralysis: a computerized tomography study. Anesthesiology. 2009;111(5):979–987.

[20] Riegel R., Godbold J. Basic principles of photobiomodulation and its effects at the cellular tissue and system levels. In: Laser therapy in veterinary medicine photobiomodulation. Ames, IA: Blackwell and Wiley; 2017:36–51.

[21] Riegel, R., & Godbold, J. (2017) The Role of Veterinary Technicians and Nurses in Laser Therapy. In Laser therapy in veterinary medicine photobiomodulation. (pp 461–469). Ames, IA: Blackwell and Wiley.

[22] Silverstein D., Hopper K. Rehabilitation therapy in the critical care patient. In: Small animal critical care medicine. St. Louis, MO: Elsevier/Saunders; 2015:773–783.

[23] Simons D.G., Travell J.G., Simons L.S., et al. Travell & Simons' myofascial pain and dysfunction: the trigger point manual. Baltimore, MD: Williams & Wilkins; 1999.

[24] Zanni J.M., Korupolu R., Fan E., et al. Rehabilitation therapy and outcomes in acute respiratory failure: an observational pilot project. Journal of Critical Care. 2010; 25(2):254–262.

场景

目的：让兽医熟悉如何根据患病动物的反应和患病动物状态来调整康复方案。

背景：24 h重症监护医院的重症监护室，有多名专家。

现在是下班后，康复团队已经离开了1 d。您的患病动物是一只肥胖的11岁去势雄性腊肠犬（BCS 8/9），进行了T11–T12左侧半椎板切除术。已知它患有心脏病，它的手术和康复都很顺利。目前是术后第4天，将于次日上午出院。康复团队已经制定了一项每晚进行的康复训练方案，包括对半椎板切除部位和双后肢进行10 min的热疗，后肢所有关节重复20次的被动屈伸范围活动，根据患病动物的耐受性，用卷起的毛巾托住患病动物保持站立姿势2～5 min。患病动物的半椎板切除术部位突然出现明显的肿胀，现在呼吸急促，瞳孔扩张，它向前凝视，避免眼神接触，似乎脱离了周围的环境。

问题

- 你会联系兽医吗？如果会，你会联系谁？外科医生？危重症医生？康复专家？急诊医生？
- 在联系团队中的任何一名兽医之前，你会进行什么类型的评估？
- 现在你会为这只患病动物进行什么康复治疗，为什么？

讨论

初步评估收集和整合到的信息可能会帮助辨别出谁可能帮助您改善患病动物的状态。根据您的评估结果，急诊医生应该能够帮助辨别是否应该进一步与专家联系。通过评估患病动物您得到如下信息（症状）：

半椎板切除术部位肿胀：该区域触摸起来热吗？这是疼痛吗？切口有渗出物吗？如果有，请注意渗出物：清洁吗？有血液吗？有化脓吗？

呼吸急促：患病动物很肥胖，如果长期处于一个姿势，可能会发生肺不张。患病动物多久翻身一次，它处于什么样的姿势？疼痛也会增加呼吸频率——最后一次给予止痛药是什么时候？疼痛评分有什么变化吗？

瞳孔扩张：检查瞳孔反射，急性疼痛和镇痛药都可影响自主瞳孔反应。患病动物的神经系统状况如何？患病动物是否有白内障、青光眼或瞳孔扩张病史？

从周围环境中退缩：这是心理状态中的一个重要发现——退缩的动物可能代表疼痛或焦虑。它也可能代表具有危及生命的问题，如休克。

评估：需要评估心率、血压、SpO_2、瞳孔对光反射、神经状态的变化，以及对可能出现疼痛的区域（包括半椎板切除术部位和非疼痛区域——前肢、后肢、颈部和胸部区域）的触诊。这些应该报告给急诊医生。

结论

在查阅病历后，发现该患病动物的止痛药剂量不足。您可以进行一些康复治疗包括将患病动物姿势更换为俯卧，使胸带/胸区位置稍高，以防出现肺不张（用毯子、枕头等支撑）。如果伤口没有发热或异常分泌物，可以对其进行热敷。一旦患病动物的疼痛得到控制，就可以进行被动关节运动。您也可以让它保持支持性站立姿势。

教学要点

- 正确地记录患病动物的所有治疗过程是很重要的。
- 在开始康复治疗前，了解用于评估疼痛的生命体征的参数。
- 兽医可以使用所有可用的工具来分辨患病动物可能经历的情况，并分辨非紧急事件和紧急事件。
- 应根据患病动物状态调整康复方案，康复人员应能够辨别哪些康复方式是合适的，何时进行以及为什么进行。

第11章

危重症或受伤动物的麻醉

Jennifer J. Devey

学习目标

1. 学习制定危重症动物安全麻醉方案所需的信息。
2. 学习不同麻醉药物的优点和缺点。
3. 学习如何为困难气道的动物插管。
4. 学习如何优化对麻醉危重症动物的监测。
5. 学习如何尽量减少苏醒期并发症。

章目录

关键词

麻醉
平衡麻醉
二氧化碳波形图
血氧饱和度
正压通气
脉搏血氧饱和度变异指数

麻醉的定义是感觉或意识（特别是与疼痛相关的部分）的丧失。患病动物可能是有意识的或无意识的。全身麻醉的目的是用不损害患病动物整体健康的方式提供一种可逆转的无意识状态，并有足够的镇痛和肌松，同时允许进行必要的操作。为危重症或受伤小动物提供安全的麻醉是兽医技师最重要的任务之一，也往往是最具挑战性和压力的任务之一。在许多紧急情况下，技师必须同时是手术室的麻醉师和巡回护士。虽然技师经常需要扮演这种双重角色，但并不建议这样做，因为危重症或不稳定的动物需要麻醉师的全神贯注。

“没有安全的麻醉，只有安全的麻醉师”这句老话对危重症或受伤动物来说尤其适用。最理想的是在麻醉前能够稳定所有患病动物的病情，然而有些患病动物需要将手术作为稳定病情的一部分。如因膈疝而无法呼吸的患病动物、有枪伤和严重血腹并持续出血的患病动物，以及患有化脓性腹膜炎的动物，尽管它们体况不稳定且风险很高，但这些都是需要手术治疗的例子。技师不仅要熟悉麻醉药物，还要熟悉监测危重症动物的侵入性和非侵入性手段。这些患病动物可能储备不足，麻醉师不仅要了解呼吸和心血管系统的生理学，还要了解疾病过程的病理生理学。只有这样才能以尽可能安全的方式提供麻醉。

有些患病动物可能在到达急诊科时就需要麻醉；有些患病动物可能在到达后的几分钟或几小时内就需要手术。本章尝试为这部分更加危重或重伤的动物提供一个麻醉概述，当然这些原则也同样适用于所有受伤或生病的动物。本章重点关注平衡麻醉，这涉及给患病动物使用多种药物且每种药物都有特定的目的。本章假定读者对麻醉设备、麻醉药物和基本监测有基本了解。关于这些具体内容，请读者参阅常规麻醉学参考资料（Bednarski et al.，2011；Gropper et al.，2019；Miller et al.，2009；Muir，2012；Robertson et al.，2018）。

成功的目标

维持气道、呼吸和循环，对麻醉动物和清醒的患病动物同样重要。几乎所有麻醉药都是呼吸和心血管抑制剂。

> **技师笔记**
>
> 目标应该是确保在给药的情况下，患病动物的呼吸和心血管参数仍然尽可能地接近正常。

健康的动物通常有足够的储备来承受全身麻醉的副作用，但危重症或受伤动物可能无法承受。与灌注不良和通气不足有关的酸中毒尤其有害，可导致酶系统功能、心血管功能和凝血功能的明显异常。低温也会产生类似的不利影响，应尽一切努力防止这种情况发生。

通气不足常常继发于潜在疾病过程、麻醉药物和患病动物摆位。辅助通气是必要的，最好使用机械呼吸机。

前负荷（每次心搏返回心脏的血液量）、血压（blood pressure，BP）和心脏节律应尽可能保持接近正常。心输出量（或向外周组织输送氧气的血流量）取决于前负荷和心脏收缩力。前负荷降低可由循环血量不足、血管扩张或两者结合引起。应避免心动过速，因为它缩短了舒张期时间，可能导致心室充盈不足、心肌耗氧量增加，同时缩短了冠状血管向心肌输送氧气的时间。不规则的心律可能表明心肌收缩时协调性差，这也会对心输出量产生负面影响。

急性贫血动物的血红蛋白水平不应降至 7 ~ 9 g/dL（红细胞压积为 21% ~ 27%）以下，以确保可以向组织提供足够的氧气（Prittie，2003）。还应避免血液浓缩，因为这可能导致微血管灌注不良。

电解质，特别是钠和钾（K），应尽可能保持在正常范围，以确保良好的肌肉功能。对于钾低于 3.0 mEq/L 的动物，在麻醉期间可能需要输注含钾液，以帮助维持动物的稳定。由于快速补钾有危险性，应单独输注钾，并标明“不要推注”。患病动物应该有足够的渗透压（白蛋白）以帮助确保足够的循环血量。

麻醉前评估

所有患病动物在进行诱导麻醉前都必须进行体格检查。对于不稳定的动物，应该在麻醉前 30 min 内进行，并在麻醉后 5 ~ 10 min 内重新检查生命体征。对于比较稳定的动物，应该在麻醉前 2 ~ 4 h 内进行检查。兽医技师和兽医需要获取体格检查参数作为基线。只有这样才能注意到动物在麻醉状态下的早期变化。体格检查的重点将根据动物的发病原因而有所不同，兽医和兽医技师之间必须就潜在的疾病或创伤，以及麻醉问题进行密切沟通。

技师笔记

麻醉前检查应始终包括完整的体格检查，具体包括 5 个生命体征（体温、脉搏、呼吸频率、血压和疼痛）（Lynch，2001）。

麻醉前血压的测量对于衡量动物在施用麻醉药物后的储备极为有益。如果诱导后血压变化很小，那么动物对吸入式麻醉的耐受性比诱导后血压明显下降的动物更强。

注意患病动物的呼吸频率和力度，应听诊气管和双侧肺部。气管听诊常常能发现喘鸣音，提示气管塌陷或其他气管疾病，而且通常比经胸听诊更清楚地显示下气道异常。出现呼吸困难、喘鸣音（表明气道直径至少减少 75%）或非常大的气道杂音、喘息音、湿啰音、浊音区域和提示有通气损伤的皮下气肿，在麻醉状态下可能会恶化。

听诊心音并触诊中央和外周脉搏，以确定其强度和是否有缺失。

技师笔记

按压颈静脉并评估其扩张情况。颈静脉扁平且在胸腔入口处指压不扩张，则与低血容量相符。患病动物站立或坐立时颈静脉怒张，可能提示气胸、心包积液、右心室心力衰竭或容量过载。

注意有无腹围增大。腹壁浅静脉扩张（图 11.1）提示腹内压升高。当该动物处于仰卧位时，腔静脉可能受到额外的压力，从而影响静脉回流至心脏，并可能导致心血管衰竭。

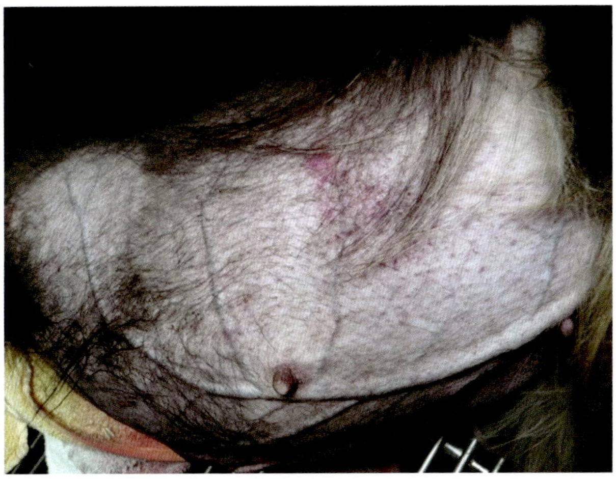

图 11.1　**腹壁浅静脉扩张**

评估黏膜的颜色、毛细血管再充盈时间和有无瘀斑。应尽可能记录准确的体重，以确保准确的用药剂量。然而，在某些患病动物中，当将其移至磅秤上可能会进一步影响体况时，可能只能记录近似的体重。如果使用估计出的体重，应该使用较低的药物剂量范围。

根据动物的年龄和损伤或疾病的性质，以及所有的共病，需要的额外的麻醉前检查可能包括实验室检查、心电图（electrocardiogram，ECG）、X 线片、超声心动图和腹部超声。最理想的是拥有尽可能完整的数据库，但在某些情况下可能不能保证或者在经济上不可行。实验室检查最好至少包括 PCV 和总固体（total solids，TSs）、葡萄糖、血尿素氮、肌酐和电解质。如果患病动物有严重的创伤或疾病，一定要测量白蛋白，因为 TSs/ 蛋白质和白蛋白的浓度在这些动物中并不具有一致的相关性。白蛋白是判断渗透压的一个指标，白蛋白的急性丢失往往伴随着凝血因子的急性丢失。如果白蛋白浓度低应进行凝血试验。全血细胞计数、生化检查和尿液分析最好在所有患病、受伤和老年动物中进行，而且对任何患病动物都不存在禁忌证。

静脉血气有助于确定动物的代谢状态，并提供关于组织灌注和通气状态的信息。有明显灌注异常的动物的 PCO_2 值可能反映了灌注不足的程度而不是肺功能。在这种情况下，需要动脉血气来评估通气状态。

强烈建议在危重症病例中评估凝血功能参数，如凝血酶原时间（prothrombin time，PT）、活化部分凝血活酶时间（activated partial thromboplastin time，aPTT）和血小板。如果该品种易患血管性血友病或怀疑血小板功能有问题，则应检查口腔黏膜出血时间。

对于有创伤史、患有心肺疾病，以及因可能的肿瘤而计划进行手术的动物，应进行胸部 X 线检查。

技师笔记

危重症动物在仰卧位时可能会出现失代偿，如果涉及此情况则不应拍摄腹背位 X 线片。

所有危重症动物在麻醉前最好都要评估Ⅱ导联心电图，尤其是在提示有任何心脏或脾脏疾病时。出现高 T 波（高过 R 波振幅的 1/4），提示心肌缺氧（图 11.2）。这通常与急诊动物的低血容量和贫血有关，但也可能反映潜在的心脏病。如果不加以治疗，可能会发展为室性早搏（ventricular premature contractions，VPC）。室性早搏可能与原发性心脏病有关，但大多数与脾脏疾病有关。

在需要快速输液的情况下，每只麻醉动物至少应放置一根大直径的外周导管。危重症动物应放置两根大直径外周导管。对于静脉不畅、四肢短小或其他解剖异常的动物，如软骨营养不良的品种，应考虑放置第二根导管，以防主导管在麻醉时无法使用。

中央导管（central line）在术中可用于抽血和输注高渗液体。这些导管更常用于术后阶段，在这种情况下，可以在术后动物清醒之前留置。

留置动脉导管直接监测血压和动脉血气是危重症病例的理想选择。

麻醉前的稳定

应尽力在麻醉前稳定患病动物，但是在某些情况下，可能需对患病动物进行麻醉才可以起到稳定的作用。

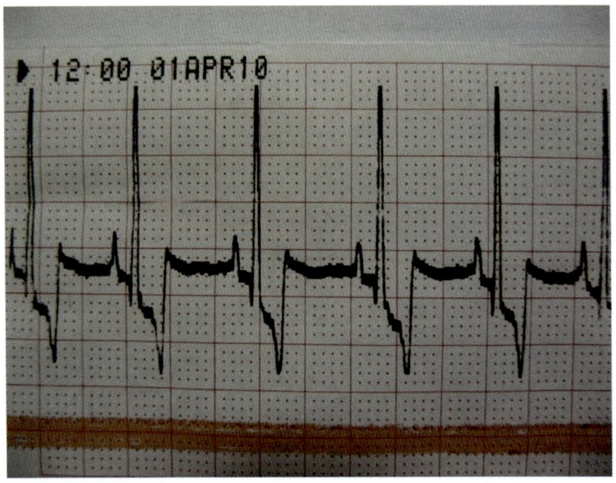

图 11.2 高 T 波

必要时为动物提供氧气治疗。有肺水肿的动物可能需要利尿剂。对于胸膜腔内有气体或液体的动物，往往需要进行双侧胸腔穿刺。在不进行开胸术的情况下，所有气胸动物都应留置胸导管，因为正压通气可能会加重气胸。如果可能的话，血压和静脉血量应维持正常（除非正在进行低血压复苏）。应在麻醉诱导前治疗有可能危及生命或影响灌注的心律失常。如果体温异常，则应积极采取措施使其尽可能维持正常体温。

技师笔记

如果给予过量晶体液和合成胶体液，会稀释血红蛋白和凝血因子。应该通过使用低容量复苏和正确使用新鲜冷冻血浆或新鲜全血来避免该情况发生。

所有可能危及生命的实验室异常都应该得到纠正或正在纠正的过程中。例如，有凝血功能障碍迹象的患病动物应该输注新鲜冷冻血浆。如果动物的病情不够稳定，无法等待输血结束后再手术，则可以在术中继续输血。

麻醉前的准备

每只动物都必须有一套麻醉方案（专栏 11.1）。这个方案有助于技师预测和预防可能的并发症。麻醉中可能需要的所有物品都应事先准备和检查好。强烈建议制定一份检查清单。如果使用氧气罐，应检查氧气罐以确保在预期的麻醉时间内有足够的氧气供应。麻醉挥发罐应该包含足够的吸入剂，二氧化碳吸收剂应该有足够的储备来完成整个麻醉过程（最后一次更换是什么时候？），安装合适尺寸的呼吸回路和气囊，并检测机器是否泄漏。所有管路应处于良好的工作状态。如果使用的是机械呼吸机，应连接呼吸机，并使用测试肺为患病动物设置参数。如果正在使用呼吸机，应随时准备好适当大小的气囊，以备呼吸机需要断开。

专栏 11.1　技术提示：准备麻醉

准备好麻醉机

确保在麻醉期间有足够的氧气，并有 2 ~ 4 h 的额外时间。

确保挥发罐中加满吸入剂。

确保二氧化碳吸收颗粒不需要更换。

检查所有软管的清洁度和裂缝。

确保有两种尺寸的气囊。

检查机器是否漏气。

确保为麻醉动物设置麻醉呼吸机（如果有的话）。

诱导

完成麻醉方案。

准备好干净、带套囊的气管插管和绑嘴绳、气管插管充气注射器。

准备好喉镜和适当大小的米勒压舌板。

计算出麻醉前药物的剂量和体积。

计算诱导方案的剂量和体积。

计算急救药物的剂量和体积。

确定静脉输液的类型和速度。

知晓患病动物的摆位。

监护设备

食道听诊器。

带有合适尺寸的袖带的间接血压计（多普勒、示波法血压计）。

二氧化碳检测器。

具有打印或记录功能的心电图机。

脉搏血氧仪。

温度计。

其他用品

保温毯。

液体和注射泵。

额外的输液器、延长管、注射帽。

各种尺寸的针头和注射器。

需要准备一个带有强光的喉镜和合适尺寸的米勒压舌板，以及三种尺寸的透明气管插管。透明的气管插管是首选，因为这样可以观察到任何可能导致气道阻塞的分泌物（如血液、黏液和呕吐物）。此外，透明导管不容易开裂，更容易清洗，而且更灵活。同时透明导管的气囊是低压高容量的，而其他类型的导管，特别是红色导管并不总是如此。无论动物的体型大小，都应该放置带套囊的导管，因为如果没有良好的密封，就不能有效地提供通气。应检查导管上的套囊以确保没有泄漏。在每只动物中都应先测量导管的长度，以确保导管头位于胸腔入口的水平。如果存在气道损伤，无论是有口咽部的液体还是下呼吸道的液体，或者可能来自胃部的反流，都应该随时进行抽吸。

技师笔记

透明导管可能会很长。如果导管插得太远可能会导致支气管不慎阻塞。它还可能导致麻醉回路中出现无效腔。如果有必要，可以将这些导管剪成更合适的长度。应注意确保不损坏套囊充气装置。

所有的监护仪应连接好保证正常工作，并应根据动物的具体情况安装适当的配件、适配器和袖带。基本设备应包括食道听诊器、血压计、连续读数的心电图、脉搏血氧仪、二氧化碳检测器和温度计。如果动物放置胸导管，则应准备一个大的用于抽吸的注射器。应该有毛巾或毯子，以及给动物保温的工具。

方案中也要考虑动物的摆位。例如，头部外伤的动物不宜将头部放置在低于心脏的位置，膈疝动物应将胸部放置在高于腹部的位置。尽可能避免患病动物仰卧位时肩部完全伸展，因为这会影响通气。

所有患病动物都应使用麻醉记录表，记录所有基线参数，包括生命体征、体重和相关的实验室检查结果。应准备紧急情况下给予的标准药物的剂量及体积，以毫克为单位。在紧急情况下，没有时间进行计算。剂量应打印或记录在麻醉记录表的背面，同时记录诱导药物和镇痛药的额外剂量，以备需要调整动物麻醉的平台期。准备好所有的麻醉前用药和诱导药。如果动物需要恒速输注（如去甲肾上腺素、芬太尼、羟乙基淀粉），那么应提前准备好液体。应考虑到术中需要输液的类型，配制好液体并准备好与动物连接。因为许多动物需要以精确的速度输液，所以应该准备好输液泵，并以适当的速度提前设置。准备好注射器、针头和所有药物（专栏 11.1）。

技师笔记

检查清单在每次麻醉中都是非常有用的，可以确保所有的设备都准备好了，患病动物已经得到了充分的评估，而且整个团队都知道任何异常情况。

技师笔记

麻醉时间必须尽量缩短。应尽可能在麻醉诱导前立即进行剃毛。

药物

危重症或受伤动物对镇痛药、镇静药和麻醉药的反应与健康动物不同，原因很多（如分布容积减少、血浆蛋白水平下降、酸中毒导致药物活性形态浓度升高、继发于肝功能下降和低体温的代谢下降）。由于这些原因，对于不稳定或可能不稳定的动物，大多数抗焦虑药、镇痛药和麻醉药的剂量应减少到正常值的 25% ~ 50%，并逐步增加剂量至达到药效。

技师笔记

理想情况下，所有药物都应通过 IV 途径给药，因为口服和皮下途径的吸收是不可预知的。IM 在血流灌注改变的动物中也会有不同程度的吸收，应该在轴上肌（背外侧胸腰椎区域的肌肉）注射，因为即使在低血流状态下这些肌肉的血流也更持久。骨内给药途径对体型非常小的患病动物、鸟类和异宠都有效。

平衡麻醉

平衡麻醉（balanced anesthesia）包括提供特定的药物来实现镇痛、镇静、意识丧失和肌肉松弛。由于危重症或受伤动物常常需要在呼吸系统或心血管系统不稳定的情况下进行手术，因此使用平衡麻醉技术变得至关重要。为了提供平衡麻醉，技师必须熟悉许多不同的药物，以及它们对代谢或器官功能改变的动物的影响。危重症动物可能只有极少的剩余储备，所以这些动物必须只接受足够达到完成手术所需的镇痛和麻醉效果的药物。

麻醉的目标

麻醉的两个主要目标是消除疼痛和确保意识丧失。所有动物都应在管理时牢记这两个目标。第三个目标是保定。专栏 11.2 中概述了确保麻醉尽可能安全的其他一般原则。

有许多药物和药物方案可用于麻醉动物。当面对一只危重症动物时，最重要的是要熟悉药物。当患病动物不稳定或可能不稳定时，使用在健康动物上尝试的新方案或者使用麻醉师不熟悉其副作用的药物都是不合适的。

镇痛药、局麻药和麻醉前用药

镇痛

麻醉的主要目的之一是消除疼痛。疼痛对心肺功能、代谢、内分泌和免疫功能均有不利影响。它会导致严重的生理影响（如室性早搏、缺氧、肌肉无力、组织愈合延迟），影响动物福利，甚至导致死亡（Anand et al.，1992）。

每一台外科手术都会引起疼痛，因此接受外科手术的每只动物都需要镇痛。所有动物都应该适时接受镇痛治疗，甚至包括那些被定义为危重或重伤的动物。术前应给予镇痛药以防止上扬效

专栏 11.2 安全全身麻醉的原则

准备好设备、氧气、麻醉药物、急救药物、知识、技能和支持。

应根据动物的年龄、病情和所需的手术来选择药物和剂量。

在可能的情况下，应预先使用镇静和镇痛药，以防止上扬效应（wind up）并减少诱导药物的剂量。

给药应始终以达到效果为标准。

快速诱导总是适用的。

适当使用局部或区域麻醉。

对有气道或呼吸障碍的动物进行预吸氧。

全身麻醉下的动物都会通气不足，需要通气支持。

监测对于预防并发症至关重要（观察、记录、报告、行动）。

麻醉并不随手术结束而结束。术中支持必须持续到术后。

所有患病动物都需要生理支持，以防止身体各系统（包括肺部、心血管系统、肾脏和胃肠系统）的继发性失代偿。

应，术中和术后也应继续使用。除了按麻醉方案给药外，还应始终“按需”给药。

镇痛通常需要在术中进行。如果动物对手术刺激有反应，并被认为是感受到了疼痛，那么就应该提供镇痛。增加吸入剂的剂量或注射额外的丙泊酚对疼痛没有任何缓解作用，只是掩盖了疼痛，这可能导致更多的上扬效应。此外，这些药物可能会使通气不足、心输出量和低血压恶化。

阿片类药物有可能会引起呼吸抑制。对于低剂量使用和稳定的患病动物，很少出现这样的问题，然而对于不稳定的患病动物，以及阿片类药物与吸入麻醉剂一起使用时，这种影响可能是显著的（Amengual et al.，2017）。应使用二氧化碳监测仪密切监护接受纯 μ 受体激动剂治疗的危重症动物。使用羟吗啡酮和芬太尼造成的呼吸抑制可以用布托啡诺拮抗（McCrackin et al.，1994），且不会降低镇痛效果。理想情况下，所有全身麻醉的危重症动物都应接受辅助通气。

阿片类药物和吸入麻醉药也可以导致心率和血压显著下降（Keating et al.，2013），应调整这两种药物的剂量以尽量减少这种影响。如果低血压与明显的心动过缓有关，那么就需要使用抗胆碱能药物。

根据可获得性和对该药物的熟悉程度选择阿片类药物。丁丙诺啡很少用于急诊麻醉，因为它的起效时间较长，镇痛性能有限，而且对 μ 受体的亲和力较高，如果丁丙诺啡的剂量不足，则很难控制较严重的疼痛。布托啡诺是临床上治疗轻度软组织疼痛最有效的短效镇痛药。它的镇静和呼吸抑制作用很小。由于这些特点，它对非常危重的动物或心血管尚未完全复苏的动物非常有用。它也可以在术中有效地进行滴定，对心肺功能的影响较小。但是，它的作用时间很短（有时短至 20 min），在临床上不如其他阿片类药物有效，所以它在治疗明显的软组织疼痛和肌肉骨骼疼痛方面作用不大。中效阿片类药物如氢吗啡酮、羟吗啡酮和美沙酮对中度疼痛的患病动物有用。美沙酮也是一种对犬和猫非常有效的中效阿片类药物（Warne et al.，2013）。对于有明显疼痛的患病动物，理想状态是利用芬太尼进行 CRI。这种药物不仅能提供良好的镇痛效果，而且 CRI 还可以在术中及术后进行滴定。芬太尼可以通过间歇性静脉推注给药，但由于其作用时间短，往往需要每 10 ~ 20 min 重新给一次药。

低剂量氯胺酮的 CRI 与利多卡因和阿片类药物联合给药，为疼痛患病动物的镇痛提供了另一种选择，由于氯胺酮和利多卡因的其他麻醉特性，可以帮助减少吸入麻醉药的剂量。效果可以一直持续到术后。

非甾体抗炎药，甚至是环氧合酶 -2（COX-2）特异性药物，一般来说对于低血压或组织灌注降低的患病动物、有胃肠道或肾脏疾病或功能障碍的患病动物，以及血小板减少或血小板功能障碍的患病动物是使用禁忌。这使得它们不能用于大多数危重症病例。

局部或区域麻醉

使用局部麻醉药对神经末梢进行浸润是一种非常有效的镇痛方法。因为用于局部或区域麻醉的药物对全身的影响是很小的，因此它对于受伤的患病动物相对安全。局部或区域麻醉药可与镇静药、全身镇痛药、抗焦虑（即缓解焦虑）药物联合使用。

在重度衰弱的患病动物中，局部麻醉药与全身镇痛药和镇静药相结合，可能足以进行必要的手术。利多卡因和丁哌卡因通常用于局部、区域或硬膜外麻醉。利多卡因可以直接用在伤口表面和皮肤边缘，以帮助减轻与清创、冲洗和缝合有关的疼痛。用丁哌卡因或利多卡因浸润手术切口作为线性阻滞（术前或术后），有助于减轻与切口有关的疼痛。这些药物也可以用于区域阻滞、关节内注射或胸膜腔内。超声引导下注射技术可以显著提高用于区域阻滞的注射的准确性。已证明丁哌卡因脂质注射用混悬液（Nocita®，Elanco Animal Health，Greenfield，IN）是安全的，单次注射后可提供长达 72 h 的有效镇痛。

利多卡因可以在低剂量 CRI 下静脉给予，以提供额外的镇痛（Ortega et al.，2011）。这可以减少其他诱导药的剂量，这对已有室性早搏的患病动物或可能存在颅内压升高的动物特别有用。24 h CRI 的利多卡因也被证明可以减少心律失常和急性肾损伤的发生率，并可缩短伴有胃扩张和肠扭转的患犬的住院时间（Bruchim et al.，2012）。静脉注射利多卡因可能会引起低血压，虽然这在低剂量时很少见。

局部麻醉药是酸性很强的药物，局部注射时会引起刺激。将溶液加热到体温（Mader et al.，1994）或在注射器中加入碳酸氢钠（按体积计算为 10% 的碳酸氢钠），可以减轻这种影响。丁哌卡因对碱化的耐受性较差，建议在发生沉淀之前只按体积添加 0.005% 的碳酸氢钠（20 mL 丁哌卡因中加入 0.1 mL 碳酸氢钠）。局部麻醉药的碱化应在注射前立即进行，因为储存时可能会发生沉淀。如果需要大量的局部麻醉药，可以用酸性或中性 pH 的液体将局部麻醉药稀释 50%，药物仍然会非常有效。通过联合使用利多卡因和丁哌卡因，动物会从利多卡因的快速起效和丁哌卡因的较长作用时间中受益。

硬膜外镇痛和麻醉

进入硬膜外腔的药物可以提供有效的镇痛和麻醉（Garcia-Pereira，2018）。如果在术前进行硬膜外镇痛，则术后所需的镇痛药剂量会显著减少。硬膜外麻醉可以显著降低吸入麻醉药的需求，对于病情不稳定的动物甚至可以消除吸入麻醉的必要性。局部麻醉药如利多卡因和丁哌卡因与吗啡、羟吗啡酮或氢吗啡酮联合使用，通常用于提供硬膜外麻醉（表 11.1），虽然也可以使用许多其他药物。应尽可能使用不含防腐剂的药物。药物起效时间为 30 ~ 60 min，持续时间为 6 ~ 24 h，这些取决于所使用的药物和潜在疾病。

放置硬膜外导管可以在术中和术后对胸部、腹部或后肢进行补充剂量的麻醉和镇痛。如果导管的尖端靠近要阻滞的脊髓部分，药物似乎是最有效的。

硬膜外麻醉的潜在并发症包括交感神经阻滞引起的低血压、呼吸抑制、运动麻痹、低体温、尿潴留和感染。硬膜外麻醉的位置越高，出现呼吸抑制的可能性就越大。当导管尖端接近 T13 时，应极为谨慎地使用麻醉药物。罕见严重的并发症（Swalander et al.，2000）。

麻醉前用药

麻醉前用药包括给予一些镇定药、镇静药、催眠药、镇痛药的组合，有时还有抗胆碱能药物。它减少了麻醉诱导和维持所需的剂量，并有助于确保更平稳地苏醒。

抗胆碱能药物包括阿托品和格隆溴铵（表 11.1）。这些药物可以有效地逆转继发于迷走神经张力增加的心动过缓、减少气道分泌物并引起气道扩张。但是，由此引起的心率增加会增加心肌的耗氧量。心肌耗氧量的增加可能会引起心肌缺氧和恶性心律失常。抗胆碱能药物很少作为常规的麻醉前用药。例外情况包括静息时迷走神经张力高的患病动物当预计手术操作会导致迷走神经张力恶化时，以及预先存在明显的心动过缓、明显的气道液体分泌物或流涎增加的患病动物（猫比犬更容易产生这种副作用）。

吩噻嗪类药物，如乙酰丙嗪，由于其血管扩张作用和随后的低血压，一般禁用于危重症或受伤动物。这些副作用即使低剂量使用也会造成严重的问题，而且可能非常难以拮抗。

诱导

对所有患病动物都应进行快速诱导以获得对气道的控制，除非动物非常暴躁，快速诱导方案不可行（表 11.1）。

> **技师笔记**
>
> 危重症病例应尽量避免面罩或麻醉箱诱导，因为挣扎会给动物带来痛苦，患病动物可能会进一步伤害自己，还会增加代谢需氧量，诱导过程中的缺氧和高碳酸会引起严重的并发症。

应使用喉镜以确保准确插管，并避免对喉部的刺激，因为这可能会增加迷走神经的传入。应检查导管的深度，应大约到胸腔入口处。导管插

表 11.1　麻醉药物

药物	推注剂量*	恒速输注（CRI）
抗胆碱能药物		
阿托品	0.02 ~ 0.04 mg/kg	
格隆溴铵	0.01 ~ 0.02 mg/kg	
镇痛药		
丁丙诺啡	0.01 ~ 0.03 mg/kg	
布托啡诺	0.1 ~ 0.4 mg/kg	0.1 ~ 0.2 mg/（kg · h）
芬太尼	2 ~ 6 μg/kg	2 ~ 10 μg /（kg · h）
氢吗啡酮	0.05 ~ 0.1 mg/kg	0.03 mg/（kg · h）
美沙酮	0.1 ~ 0.4 mg/kg	
吗啡	0.1 ~ 1 mg/kg	0.05 ~ 0.1 mg/（kg · h）
羟吗啡酮	0.05 ~ 0.2 mg/kg	
苯二氮䓬类药物		
地西泮	0.1 ~ 0.5 mg/kg	
咪达唑仑	0.1 ~ 0.5 mg/kg	
诱导药		
阿法沙龙	2 mg/kg	
依托米酯	0.5 ~ 2 mg/kg	
氯胺酮	5 ~ 10 mg/kg	
丙泊酚	3 ~ 6 mg/kg	
局部麻醉药		
硬膜外	如果脊髓液或脑脊液多，减少 50% 的剂量；1 mL/10 kg，最大剂量为 6 mL	
氢吗啡酮	0.1 mg/kg	
吗啡	0.1 mg/kg	
氧吗啡酮	0.1 mg/kg	
丁哌卡因†	0.5% 溶液 2 mg/kg（1 mL/4.5 kg）	
利多卡因†	2% 溶液 2 ~ 4 mg/kg（1 mL/4.5 kg）	
肋间		
丁哌卡因†	0.5% 溶液 2 mg/kg，每肋间神经 0.5 mL	
胸膜腔内		
丁哌卡因†	1.5 ~ 2 mg/kg 稀释至 1 mL/kg，q6 h	
局部		
利多卡因†	0.5 ~ 2 mg/kg，最高 6 mg/kg，每 10 mL 利多卡因中加 1 mL 碳酸氢盐	

* 对于非常危重的动物，剂量可能需要降低到标准剂量的 25% ~ 50%。

† 猫的剂量应该是犬剂量的 1/4。

得太深可能会堵塞主支气管。只要无法获得足够的麻醉水平，并且患病动物出现呼吸急促或呼吸机对抗的情况，就应该怀疑这个问题。这对于体型较小的患病动物尤其是一个问题。一旦患病动物插管，就应始终对双侧肺部进行听诊，以确保所有区域都能听到良好的呼吸音。

神经安定镇痛是指由阿片类药物和镇静药（通常是苯二氮䓬类药物）协同作用产生的平静、游离、镇痛状态。这两种药物的结合使每种药物的剂量更低。神经安定镇痛可以为严重衰弱的动物提供麻醉。对于衰弱较轻程度的患病动物，吸入剂的剂量可以显著减少。清醒状态下插管，或在患病动物非昏迷时插入气管插管是有可能的。

兽医中使用的两种主要的苯二氮䓬类药物是地西泮和咪达唑仑。咪达唑仑是一种水溶性苯二氮䓬类药物，其作用与地西泮相似，但镇静程度更稳定，半衰期更长。主观上看，使用咪达唑仑比使用地西泮产生更少的狂躁影响。这类药物在大多数动物中使用是非常安全的，有明显肝功能不全的患病动物慎用。

阿法沙龙

阿法沙龙是一种黄体酮类似物，是一种合成的神经活性类固醇，已经以不同的形式在市场上销售超过 45 年。它是一种全身麻醉药，能提供良好的肌肉松弛作用。它具有与丙泊酚类似的特性，在危重症动物中应同样谨慎使用（Psatha et al.，2011）。它提供快速诱导，可用于维持全身麻醉，并与快速、平稳的苏醒有关。有报道称苏醒期会有兴奋表现，特别是在猫身上，这种副作用在使用麻醉前药物的患病动物中似乎不太常见。与丙泊酚一样，它也有剂量依赖性的呼吸抑制作用，诱导后可能出现呼吸暂停，特别是快速注射时。它也有剂量依赖性的心血管副作用，包括心动过速，但该药物似乎比丙泊酚有更大的安全系数（Rodriguez et al.，2012）。阿法沙龙似乎没有任何镇痛特性。重复给猫注射丙泊酚时可以观察到海因茨小体，而重复使用阿法沙龙时没有发现这种情况。肌内注射时对组织无刺激性，但是由于需要大剂量用药，这种途径不推荐常规使用。

右美托咪定

α_2 受体激动剂，如赛拉嗪、美托咪定和右美托咪定通常在危重症动物中禁用（Murrell et al.，2005）。它们会引起外周血管收缩，从而导致难以监测血压。此外经常出现黏膜发绀，心率下降至基线的 50% 也并不罕见。这些药物可引起房室传导阻滞和室性早搏。当阿片类药物不足时，低剂量的右美托咪定对经历烦躁或疼痛的苏醒期动物非常有用。然而即使是非常小的剂量，对心血管的影响也可能是显著的（Keating et al.，2013）。

依托咪酯

依托咪酯是一种咪唑衍生物，被列为非巴比妥类、非麻醉类的镇静催眠药。它的镇痛性较差，如果使用依托咪酯，应使用阿片类药物或其他镇痛方法。它会引起轻度的呼吸抑制，但即使在低血容量的患犬中，其心肺功能变化也很小（Sams et al.，2008）。它确实有轻微的负性肌力作用，但并不明显，这使得它在心血管系统严重不稳定的患病动物中成为一种非常有用的药物。诱导时可能出现呕吐、兴奋、震颤和呼吸暂停。这些神经系统体征被认为是皮质下神经活动解除抑制的结果，而不是癫痫发作。依托咪酯降低脑血流量和代谢性氧气需求，与巴比妥类药物相似，可用于颅内疾病患病动物。依托咪酯在单次注射后可引起皮质醇抑制长达 6 h，其临床意义不明。尽管依托咪酯在肝脏代谢，但肝脏疾病似乎并不影响其代谢。

氯胺酮和苯二氮䓬类药物

氯胺酮和苯二氮䓬类药物如地西泮或咪达唑仑联合使用，是对危重症动物进行麻醉诱导和维持的最佳组合。氯胺酮是一种分离麻醉药，具有良好的肌肉骨骼镇痛特性，较弱的内脏镇痛特性和较差的肌肉松弛特性。对心肌产生正性肌力作用，并增加心输出量、血压、肺动脉压力和中心静脉压。由于这些原因，它在左心房压力升高或肺动脉高压的动物中可能是禁忌的，在患有肥厚型心肌病的猫中应避免使用。由于它增加了心肌对氧气的需求，在有明显心肌功能障碍的患病动物中应谨慎使用。可以通过同时使用苯二氮䓬类镇静药来防止或减弱对心血管的影响。眼球震颤在氯胺酮中很常见，因此对于需要进行眼部手术的患病动物来说，它不是一个很好的选择。特别是对猫来说氯胺酮会增加气道分泌物，因此可能需要使用抗胆碱能药物。

技师笔记

氯胺酮可能导致脑代谢率增加、颅内压升高、脑灌注压降低，因此对于有颅内疾病或头部创伤的患病动物，应谨慎使用氯胺酮。据报道，氯胺酮会引起犬癫痫发作，但它也被用来治疗癫痫，所以不应该把癫痫病史视为使用氯胺酮的禁忌证。

经鼻使用氯胺酮和咪达唑仑对猫的麻醉诱导效果与肌内注射相同（Marjani et al.，2015）。

丙泊酚

丙泊酚是一种烷基酚，属于非巴比妥类、非麻醉类、镇静催眠类药物，镇痛效果差。它的优点在于快速诱导和苏醒，即使在多次用药后也没有累积效应。缺点是呼吸暂停率高（诱导时可见）和系统性低血压（Ilkiw et al.，1992）。低血压继发于心肌收缩力下降，以及血管扩张和静脉扩张。这种影响在低血容量的患病动物中更为重要，因此在血流动力学不稳定的患病动物中应谨慎使用丙泊酚，而且剂量要小。常见 VPC、低体温。可能出现的震颤和角弓反张被认为是神经活动解除抑制的结果，并不是癫痫发作。只要颅内疾病患病动物没有低血压，丙泊酚就是一个很好的选择，因为它减少了脑代谢的氧气需求。这种药物在肝脏中广泛代谢，但对于有明显肝功能不全的患病动物，其作用时间似乎不会延长。在丙泊酚之前立即使用苯二氮䓬类药物，可明显减少诱导所需的丙泊酚剂量，从而将副作用风险降至最低。在 1 ~ 2 min 内缓慢输注丙泊酚也会减少副作用。

吸入麻醉药

最常使用的吸入麻醉药包括异氟烷和七氟烷。这两种吸入麻醉药都会导致血压和心输出量明显的剂量依赖性下降，这对危重症动物来说可能会有生命危险（Abed et al.，2014）。这与负性肌力作用和继发于钙通道阻滞作用的血管扩张特性有关。如果动物不能耐受吸入麻醉药的降血压作用，可能需要进行全凭静脉麻醉（total intravenous anesthesia，TIVA）。尽管七氟烷对心血管的影响与异氟烷相似，但七氟烷使心肌对儿茶酚胺的致心律失常作用的敏感度降低，且苏醒更快。与七氟烷不同，异氟烷是一种气道刺激物，有可能导致气道痉挛。两种吸入麻醉药都会引起与剂量有关的呼吸抑制——在中枢上，以及由于对横膈膜的直接影响导致。两种吸入麻醉药都没有任何镇痛作用，但它们确实能提供一些肌肉松弛作用。

插管

所有危重症动物在诱导前都应进行 3 min 的预吸氧，方法是将面罩戴在动物脸上，或者干脆将氧气源的管路放在动物脸前（即 flow-by）。如果患病动物有倒抽气或气喘，则应将管路放入患病动物口中。

所有患病动物都应该用最大的气管插管，以使其在气管内适配。麻醉师应在舒适的状态下为患病动物进行侧卧位、仰卧位和俯卧位插管。侧卧位和仰卧位的插管可以在没有帮助的情况下轻松完成。由于仰卧位插管可以更清楚地看到气道，因此可以插入比动物俯卧位时大 0.5 ~ 1 mm 的导管。为避免误吸，存在胃扩张时不应在仰卧位插管。

所有动物都应放置带套囊的气管插管，因为没有良好的密封性就无法有效地提供通气。套囊应充气至 15 ~ 20 cmH_2O 处并有密封性，最高不超过 30 cmH_2O，以防止损伤气管。如果担心有气管疾病，则应将袖带充气至 10 ~ 12 cmH_2O 时提供密封。袖带过度充气可能会导致黏膜损伤和局部缺血，对猫来说，可能会因气管背肌撕裂而导致气管破裂（Hardie et al.，1999）。每当患病动物翻身时，应将气管插管与麻醉机断开，避免对导管施加扭矩，以免对气管造成创伤。

所有患病动物都应使用喉镜，如果诱导时不希望出现喉痉挛、干呕或咳嗽，则应在杓状软骨上局部使用利多卡因（每 5 kg 体重 0.2 mL 2% 利多卡因）。如果使用局部利多卡因，那么麻醉师在插管前应至少等待 10 ~ 30 s。非创伤插管对低氧血症患病动物极为重要，因为对喉部的刺激会引起迷走神经介导的心动过缓，有可能导致迷走神经性停搏。对于严重低血压的患病动物，在插管过程中不应抬起头部，因为这可能会减少脑血流量，从而导致心肺骤停。在这种情况下，患病动物应以仰卧或侧卧的方式插管。如果使用导丝，应注意确保导丝不超过气管插管的末端，否则可能会造成组织创伤。一旦患病动物插管并固定好，应始终对双侧肺部进行听诊。这样做可以让麻醉师确认导管插入气管而不是插入食道，而且导管的尖端没有堵塞支气管。

对可能出现气管破裂的动物进行插管

对可能出现气管破裂的动物进行插管，比常规插管更复杂。颈部咬伤和悬吊式创伤可能会造成颈部气管撕裂。由于气管插管套囊过度膨胀而造成气管背肌撕裂的猫，其撕裂处可能始于颈椎中部或颈椎远端，止于支气管分叉处。在这些患病动物中，导管应比正常情况下插得更远（一般到支气管分叉的水平）。在找到撕裂的位置并确认插管超过损伤部位之前，应避免对该患病动物进行人工通气。如果患病动物必须通气，那么应该密切监测是否有张力性纵隔气肿的迹象。临床症状包括多普勒血流声消失、低血压、通气难度增加、皮下气肿恶化。

对有上呼吸道肿胀或梗阻的动物进行插管

患病动物可能出现继发于创伤、肿瘤、抗凝血杀鼠剂中毒和异物等的上气道阻塞。应使用能够产生 300 mmHg 压力的手持式（MityVac 手持真空 / 加压泵，圣路易斯，密苏里州）或电动抽吸器来清除气道中的分泌物、呕吐物或血块。应备有 Velsellum 镊子或大毛巾钳，用于清除光滑的口咽部异物。放在海绵钳或其他长柄钳的钳口中的纱布海绵应可用于拭去口咽部的液体。

如果存在相当严重的水肿，如可能存在喉麻痹的斗牛犬，那么单次的水溶性速效皮质类固醇可能有助于缓解一些肿胀。

技师笔记

如果担心气道无法进行气管内插管，那么应该考虑颈部腹侧备毛，以备进行气管切开术。

患病动物全身麻醉的维持麻醉

危重症动物通常需要维持 100% 的 O_2 并控制通气。健康动物代谢时需要的氧气量大约为 5 mL/（kg · min），但是由于麻醉回路可能出现泄露，以及危重症动物对氧气需求量更高，因此在实施低流量麻醉时氧流量不应低于 200 ~ 500 mL/min。低流量麻醉由于氧流量很低，可以使气道水分、热量丢失更少，是危重症动物的理想选择。

如果给予与健康动物吸入麻醉药同等剂量的药物，危重症动物更容易出现低血压，因此通常需要在术中给予注射药物来维持动物的稳定。当患病动物对手术刺激有反应时，可能感受到疼痛应该给予镇痛，这样做可以显著减少其他麻醉药物的使用量。阿片类药物、苯二氮草类药物和氯胺酮通常需要每 15 ~ 20 min 重新给药一次。在多数情况下，低体温和酸中毒会延长它们的药效，因此所有上述药物在后续给药过程中应延长给药间隔和降低给药剂量（通常为起始剂量的 1/4）。若给予全剂量的药物，通常会加重低血压。

控制通气

通气支持对于危重症动物的麻醉来说是非常重要的内容，理想情况下应对每一只患病动物都提供通气支持。只要使用一台呼吸机（图 11.3）就可以非常容易地做到，如果没有呼吸机也可以通过“手动挤压气囊”来完成这项操作。通常设置潮气量为 10 ~ 12 mL/kg（瘦体重）和呼吸频率为 10 ~ 15 次 /min 作为起始设置。吸气峰压（peak inspiratory pressure，PIP）应尽可能保持低于 15 cmH_2O，以避免可能发生的气压伤。也有可能会使用高达 20 mL/kg 的潮气量和 25 cmH_2O 的 PIP。潮气量的设置可以通过观察通气时的胸廓运动、肺音听诊、呼气末二氧化碳分压监测，如果

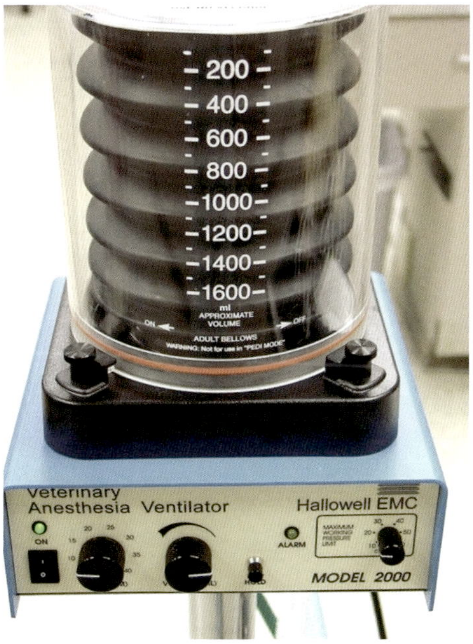

图 11.3　Hallowell 2000 呼吸机

可以还可通过血气分析及血压监测进行调整。为避免并发症，应该使用患病动物能够耐受的最小潮气量和吸气峰压。

必须根据患病动物的病情来调整呼吸机的参数。例如，肺顺应性较差或膈肌运动受限（如胃扩张和扭转、肥胖、肿物）的患病动物可能比胸壁顺应性好的患病动物需要更高的潮气量和 PIP。仰卧位保定并且保持前肢伸展的患病动物，因胸壁运动受限也可能需要增加 PIP，所以应尽可能避免仰卧位，必要情况下可以保持单肘或双肘稍微屈曲。此外，连接麻醉机与患病动物的呼吸回路可能会吸收掉一部分呼吸机的压力。如果呼吸回路过长或者弯曲（随时间和使用出现），可能需要比预期更高的潮气量和压力，这对于更小体型动物来说可能是个问题。过度通气会导致前负荷降低，并继发引起心输出量和血压的降低。

需要将动物从准备间转移到手术操作间或放射科室时，转移全程应使用含 100% 氧气浓度的急救气囊来确保肺脏的通气。

监护

密切监护对降低发病率至关重要。正在接受手术的危重症或受伤动物可能会出现严重并发症，如气道损伤、呼吸抑制、高碳酸血症、低氧血症、心律失常、凝血功能障碍、代谢性酸中毒，甚至心脏骤停。指标数值非常重要，而且其变化趋势同样可以提示患病动物是否已经开始出现失代偿。

> **技师笔记**
>
> 虽然有很多设备可以帮助监护麻醉的患病动物，但任何设备都替代不了人工。

患病动物的体征参数应每 5 ~ 15 min 监测一次（专栏 11.3）。所有的参数都应做记录，作为患病动物病历中的一部分永久保存。

麻醉师、外科医生和外科助理应作为一个团队共同治疗危重症或受伤动物。团队成员之间必须不断沟通。例如，如果麻醉师感觉到舌部脉搏不是很强，那么应要求外科医生检查内部血压（即主动脉搏动）。如果外科医生觉得组织开始变苍白，那么应要求麻醉师检查生命体征，可能还包括 PCV。

即使同时在使用机器监测，体格检查的参数也能提供关于患病动物状态的重要信息。呼吸频

专栏 11.3　危重症动物麻醉监护列表推荐

- 使用设备连续监测（数值和波形）：
  - 心电图、二氧化碳波形图、脉搏血氧饱和度。
  - 多普勒血流（通过产生的声音进行质量评估）。
- 每 5 min 监测和记录一次：
  - 呼吸频率、心率、血压、血氧饱和度、$ETCO_2$。
  - 脉搏质量、黏膜颜色、眼球位置、上下颌肌肉张力。
- 每 15 min 监测和记录一次：
  - 体温。
  - 输注液体（类型、速度和每种液体的输注总量）、评估失血量（基于吸引泵中的血液量和纱布吸收量）。
  - 如果留置导尿管，应称量尿量。
  - 听诊肺音和心音。
  - 手术阶段、操作完成人员。
- 监测并记录需特殊关注的体况指标或者手术时间大于 2 ~ 3 h：
  - 红细胞压积、总固体、静脉血气、动脉血气、血糖、电解质、白蛋白和凝血参数。

率、胸部运动、肺脏听诊和黏膜颜色可以用来评估患病动物的呼吸和通气状态。一些患病动物可以直接在胸壁上进行肺脏听诊，但食道听诊器在监测异常肺脏和心脏声音方面更为敏感，可以作为首要选择。脉搏血氧饱和度和二氧化碳波形图也能提供有价值的信息。如果对间接测量的参数有任何疑问，可以通过动脉血气进一步评估。应使用心率、舌部脉搏强度、毛细血管再充盈时间和颈静脉扩张程度来评估患病动物的心血管状态。舌部脉搏最有效的触诊位置在舌系带吻侧的尾缘。通过眼球位置来评估麻醉深度的作用不是很大，除非眼球表现出严重的腹侧下沉，可提示麻醉深度过深。上下颌张力也是粗略评估患病动物麻醉深度的方法，理论上麻醉动物应该存在一定程度的上下颌张力。可以使用 BP 和 ECG 来帮助评估心血管状态，建议使用多普勒监测，通过多普勒麻醉师和外科医生可以轻易地追踪到血流声音和心率，两者的变化可以显示动物状态的瞬时改变。同时建议使用示波法血压计，以便定时监测血压。如果留置了导尿管，尿量应至少为 0.5 ~ 1 mL/（kg·h）。如果没有放置导尿管并且正在进行腹腔手术，应要求外科医生监测膀胱充盈程度来判断尿液生成情况，这有助于确认肾脏的灌注情况。同样，在腹腔手术中可对肠道进行主观评估。肠道应该是粉红色和湿润的，并且很容易观察到其上面的血管，以及血管搏动。体温应该大约每 15 min 监测一次，输液速度和输液量则至少每 15 min 记录一次。任何不良事件发生的时间，以及提供任何其他药物或治疗的时间都应在麻醉记录表中记录。

血压

理想情况下血压是直接测量的，但在大多数医院使用的是间接测量方法。直接测量是血压监测的金标准，但对许多手术动物来说存在技术上的难度。血压的正常范围是收缩压 120 ~ 140 mmHg，舒张压 75 ~ 95 mmHg。收缩压应保持在 100 mmHg 以上，平均动脉压应保持在 65 mmHg 以上，以确保肾脏和脾脏有良好的灌注。脉搏触诊可作为血压的粗略评估方法，但可能极其不准确。在小型动物、发抖或颤抖动物、有明显血管收缩或肥胖动物上可能很难触诊到脉搏。当触诊到动脉时，监测的是脉搏压力，即为收缩压和舒张压的压差。因此，血压 100 mmHg/60 mmHg 与 150 mmHg/110 mmHg 的触诊结果可能相同。但是，针对不同血压动物的处理方式差异很大。

可以使用多普勒血压计或示波法血压计来间接测量血压。多普勒血压计可以评估血流和心律失常，以及血压。因为局部的血流实际上可能比血压更重要，所以多普勒血压计比示波法血压计有优势。使用多普勒血压计时，要将超声波探头放在前肢的掌动脉或后肢的足背侧动脉上，也可以在尾根的腹侧上测量。为确保良好的信号，应该剔除测量区域的被毛，并涂上适量的超声凝胶，然后将探头牢固地固定在测量部位。

> **技师笔记**
>
> 袖带应放置在探头上方的肢端，其宽度应接近测量部位周长的 40%。袖带过大导致读数假性降低，而袖带过小会导致读数假性升高。如果袖带上的尼龙魔术贴不牢固或者袖带表面被磨损将导致血压测量不准，应更换袖带。如果需要用胶带固定袖带，那么胶带绝对不能绕肢端一圈。

袖带最好放在跗关节和腕关节以上，以避免读数假性升高（次声噪声）。经过训练的测量人员，知道如何识别正确的多普勒音，可以用多普勒血压计比较准确地评估收缩压和舒张压。获得舒张压对于计算平均动脉压很重要（2/3 的舒张压加上 1/3 的收缩压）。舒张压比收缩压更重要，其大小可以确保良好的组织灌注。

示波法血压计可以监测压力袖带下的动脉血流的搏动，并提供收缩压、舒张压、平均动脉压和心率的读数。但它无法评估血流，小体型、颤抖或震颤，以及低体温患病动物的读数常常不准确，应谨慎解读。对于小体型动物，应将袖带放在近端（肱骨周围）或尾根部周围，可以提高血压读数的准确性。无论何时使用示波法血压计，操作者都应确保机器测的心率与患病动物的实际心率一致。如果不一致，血压读数可能是错误的。血压计连接线过长也会因减弱脉搏波而导致错误的读数。

技师笔记

在使用多普勒血压计时，常用三通阀连接血压袖带和压力表。我们强烈反对这种做法，因为通过 90° 的三通阀传输信号会导致严重错误的测量读数。必须购买合适的袖带或小的直筒公母适配器与压力表连接一起使用。

心电图

心电图监测只记录心脏的电活动，正常心电图波形并不一定表示心脏功能正常。通过心电图可以监测任何心律失常的发生频率和严重程度，以及对心律失常治疗的反应。波形的改变也有相应的意义，如 T 波振幅升高幅度大于 R 波振幅的 1/4，表明心肌缺氧 / 缺血。导致 T 波升高的主要原因是低血容量和贫血。在患病动物吸入 100% 氧气浓度的麻醉状态下，纠正这些问题将显著降低术后发病率。如果不加以治疗，往往会发展为 VPC。另外，心电图通常可以发现心肌疾病传导系统异常和心包积液。

脉搏血氧仪

脉搏血氧仪测量血红蛋白的饱和度，它与血液中的氧气含量相关。血氧舌夹提供最准确的读数。但血氧舌夹通常会对舌头施加一定的压力，影响局部血液循环导致读数不准确。这可以通过间歇性移动舌头上血氧夹的位置，并确保舌头湿润来纠正。脉搏血流少、光发射器和接收器之间的组织过厚、移动、色素沉着和强烈的灯光照明都会导致读数不准确。血氧饱和度在动脉氧分压（PaO_2）约为 95 mmHg 时达到 100%。PaO_2 应该是吸入氧气浓度（FiO_2）的 4.5 ~ 5 倍。因此，如果 FiO_2 为 1（麻醉期间通常给予 100% 氧气浓度），PaO_2 应该是 450 ~ 500 mmHg。PaO_2 为 95 ~ 500 mmHg 时，SaO_2 的读数为 100%。这使得 SpO_2 在监测接受 100% 氧气的患病动物的氧合情况时非常不准确，但对于吸入一氧化二氮或呼吸室内空气的患病动物来说是非常有用的监测手段。

脉搏血氧饱和度变异指数

容积描记法可以确定血容量的变化，适用于监测麻醉患病动物的血容量变化。正在进行机械通气的患病动物可使用脉搏血氧仪进行测量（图 11.4）。在呼吸过程中，由于胸腔内压力差导致前负荷变化，脉搏波形随之改变，若脉搏血氧仪测定的脉搏波形在一段时间内存在显著变化，表明该低血压患病动物可能对液体治疗反应良好（Forget et al., 2010）。如果脉搏血氧饱和度变异指数（pleth variability index，PVI）达到 12% 或更高，那么液体疗法对于管理低血压可能会有帮助（Endo et al., 2017）。在机械通气期间，没有发生脉搏波形变异的低血压患病动物对液体疗法可能没有反应，如果无法降低麻醉药剂量，则需要使用升压药进行干预。当动物正在进行机械通气时，PVI 是最准确的监测参数。

二氧化碳描记法

二氧化碳描记法是评估动脉二氧化碳张力（$PaCO_2$）的无创手段，也是评估通气的唯一无创方法。通过在气管导管和麻醉回路之间放置适配器，再将其连接到二氧化碳检测仪上进行测量。有两种类型的二氧化碳检测仪：旁流式和主流式。主流式检测仪有一个红外检测器，安装在气管导管的接口上（图 11.5）。主流适配器可加热，以避免水汽凝结。如果水分积聚或适配器被打湿，那么读数会假性升高。旁流式检测仪有一段空心采样管，一端连接到气管导管的转接头，另一

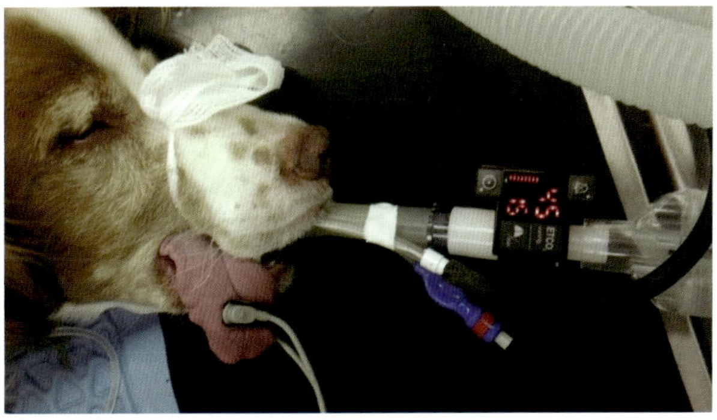

图 11.4　Radical-7® 脉搏血氧仪

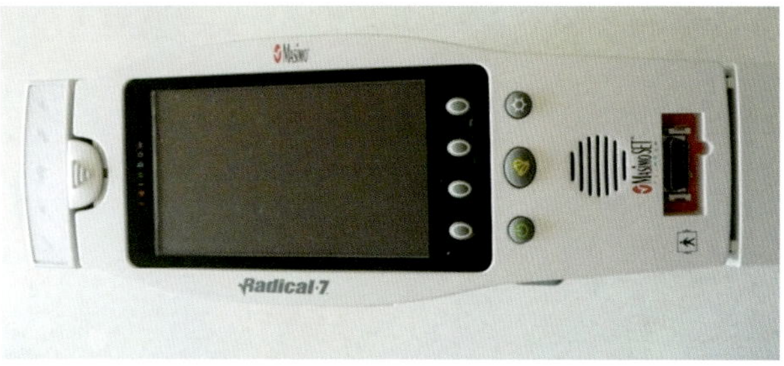

图 11.5 EMMA® 二氧化碳检测仪

端连接到二氧化碳检测仪。通常以 50 mL/min 或 100 mL/min 的速度采集气体样本通过采样管进入机器，并进行分析。积水杯是这些设备的一个重要部分。采样管应始终以垂直方向放置，以避免过多的水分积聚，并且需要定期评估采样管的水分积聚情况，避免导致读数假性升高。二氧化碳检测仪分析采样管内气体中的二氧化碳水平以数字形式显示，但波形显示是首选，因为它可以在早期发现通气的变化，包括气道阻塞（部分和完全阻塞）、管路系统的泄漏、肺部疾病和新鲜气体供应的问题（即二氧化碳吸收剂失效）。

假设肺脏的灌注正常，也没有气道阻塞，呼气末二氧化碳分压（$ETCO_2$）与 $PaCO_2$ 密切相关。因为存在无效腔通气，$ETCO_2$ 水平一般会比 $PaCO_2$ 低 3 ~ 5 mmHg。如果肺脏血流量不足，$ETCO_2$ 的水平将大幅降低（< 15 ~ 18 mmHg）。危重症动物的 $ETCO_2$ 一般应保持在 30 ~ 35 mmHg，但是需要根据血气结果、潜在疾病或损伤进行调整。

如果患病动物有明显低血压或肺不张，由于通气 / 灌注不匹配，$ETCO_2$ 水平将不能反映 $PaCO_2$ 的水平。在这些情况下，$PaCO_2$ 显著高于 $ETCO_2$。通过减少动物的通气来尝试增加 $ETCO_2$ 的做法不可取，并可能导致严重后果。因此，如果 $ETCO_2$ 低于预期水平和（或）患病动物正在过度通气，应评估血气（静脉血气，最好评估动脉血气）。

麻醉期间需要采取的支持措施

保温和预防低体温

低体温是麻醉中一个非常常见的问题。因为低体温会导致心律失常、低血压、凝血问题和血流迟缓，所以应积极维持正常体温。低体温可引起外周血管收缩，使得外周组织因无氧代谢导致组织酸中毒加重。

可以使用保鲜膜、气泡膜（装水后在微波炉内加热）、袋装防冻液、温热灌洗液、加热输液液体、温水循环毯和热风循环毯来纠正低体温。如果使用输液液体加热装置，应放置在尽可能靠近患病动物的地方。不应将患病动物放置在冰冷的台面上，应使用温水进行术前刷洗，这有助于减少热量丢失，但也应注意避免打湿动物被毛。低流量麻醉可以减缓低体温的发展，在麻醉呼吸回路中使用加热管路是非常好的选择，不仅可以减少麻醉中热量的丢失（图 11.6），还可以积极为患病动物保暖。应始终保持小心谨慎，确保保温设备不会引起灼伤，避免所有保温水系统或电热毯与患病动物直接接触，用于体腔或大创口的灌洗液体也应加热至体温。

液体支持

与健康动物相比，液体治疗对于麻醉的危重症或受伤动物更为重要，但治疗目标都相同。液体治疗的目标是维持足够的循环血容量、组织灌注、血红蛋白水平和凝血因子。晶体液可以迅速

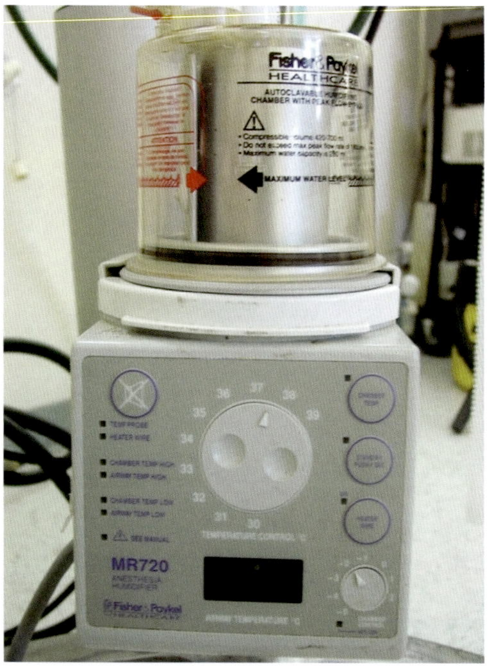

图 11.6 Fisher & Paykel MR270 麻醉加湿器

重新分布进入间质。如果需要增加血管内容量，则可能需要晶体液联合人工合成或生物制品类胶体液治疗。

基于正常的液体需求和麻醉下的体液蒸发损失，推荐使用 5 mL/（kg·h）的平衡电解质溶液（Davis，2013），输液速度可能需要根据并存疾病和术中失血量进行调整。

如果患病动物出现低血糖，应在液体中补充葡萄糖。在麻醉期间有出现低血糖风险的患病动物也应考虑补充葡萄糖，包括晚期肝脏疾病、败血症和幼龄患病动物。

如果患病动物存在明显低钾血症，则应补充 K^+ 以帮助维持肌肉张力和心肌收缩功能，并避免延长神经肌肉阻滞剂类药物的作用。如果补充了 K^+，则术中需要监测血清 K^+ 水平。

麻醉紧急情况和并发症

任何健康动物在全身麻醉期间可能出现的并发症在危重症动物中都有可能发生（表 11.2），最好的计划是预防并发症出现。下一节重点关注危重症动物在围手术期和术中特定的并发症，其中通气不足和严重低血压可能最为重要，如果不解决将会导致呼吸和心脏骤停。即使是持续较短时间的中度低血压，也会造成术后并发症的发生率较高。

麻醉药物、中枢神经系统疾病、气道阻塞、胸内占位性肿物、气胸、严重腹围增大（如胃扩

表 11.2　麻醉并发症

病因	诊断方法	治疗
	血管周围注射	
血管周围给药	临床症状（血管周围肿胀）	用 5 ~ 10 mL 盐水（± 碳酸氢钠）进行稀释
	反流 / 呕吐	
食道下括约肌张力减弱 药物诱导	临床症状	抽吸 ± 鼻腔冲洗 ± 食道灌洗 ± 鼻胃饲管放置 气管导管拔除时套囊部分放气
	发绀	
缺乏氧气供应	检查氧气管和氧流量计	提供 100% 氧气浓度
气道阻塞	检查气管导管 听诊肺音 *	根据提示检查气管导管是否弯折，抽吸或重新放置气管导管
肺功能衰竭	听诊肺音 * 动脉血气	增加 PIP、呼吸频率、呼气末正压
低血压、气胸或心包填塞引起的肺循环不足	听诊肺音 * 检查血压（BP） 检查颈静脉扩张程度 检查呼气末二氧化碳分压（$ETCO_2$）	纠正潜在病因
	胸廓无法扩张	
通气不足	见以下通气不足的病因	纠正潜在病因
气压伤和气胸	听诊肺音 检查颈静脉扩张程度 进行胸腔穿刺术	进行胸腔穿刺术

续表

病因	诊断方法	治疗
	通气不足	
麻醉药物	检查药物剂量	减少药物剂量 暂时断开吸入麻醉药 给予正压通气
气道阻塞	检查气管导管和呼吸回路	根据提示检查气管导管是否弯折，抽吸或重新放置气管导管
气胸	听诊肺音 检查颈静脉扩张程度 进行胸腔穿刺术	进行胸腔穿刺术
体位		放松肢体保定 如果可以，改变体位
呼吸机问题（设置不合理、漏气或没有氧气）	检查呼吸机参数设置 检查套囊、呼吸回路是否漏气	纠正潜在病因
	需要增加 PIP	
气道阻塞	检查气管导管和呼吸回路	根据提示检查气管导管是否弯折，抽吸或重新放置气管导管
潜在肺脏疾病（占位性团块、肺纤维化）	监测动脉血气	考虑增加 PIP 或呼吸频率，或者属于允许性高碳酸血症的情况
气压伤和气胸	听诊肺音 检查颈静脉扩张程度 进行胸腔穿刺术	进行胸腔穿刺术
	脉搏血氧仪监测的血氧饱和度（SpO_2）下降	
氧气不足	检查氧气供应和氧流量计	提供 100% 氧气浓度
食道或支气管阻塞	视诊、听诊肺音 检查 $ETCO_2$	重新放置气管导管
气管导管阻塞	检查气管导管	更换气管导管
灌注不良	检查 BP	纠正低血压
传感器故障	检查舌部探头夹 监测动脉血气	重新夹住、湿润舌部 更换传感器
支气管痉挛	呼吸急促 听诊 监测对治疗的反应	使用支气管扩张剂治疗
吸入性肺炎	检查口腔、咽部和气管导管	气道抽吸
重度贫血	检查黏膜颜色和红细胞压积	输血治疗
	$ETCO_2$ 降低	
通气过度	检查呼吸机 听诊肺音 检查胸壁扩张程度 评估疼痛	纠正潜在病因
食道或支气管内插管	视诊、听诊	重新放置气管导管

续表

病因	诊断方法	治疗
气管导管阻塞	检查气管导管	更换导管
肺循环不良	评估肺脏是否过度膨胀 检查血压	减少通气 纠正低血压
肺脏或胸膜腔疾病 通气 / 灌注失衡	监测动脉血气	根据血气进行通气 治疗潜在病因
	$ETCO_2$ 升高	
通气不足	检查通气情况 听诊肺音 评估胸壁扩张情况	纠正潜在病因
二氧化碳吸收剂无效	检查二氧化碳吸收剂	更换吸收剂
无效腔增加	呼吸急促 检查吸入 CO_2 水平 检查麻醉回路	增加或开始通气 纠正潜在病因
肺脏疾病	病史 听诊肺音 血气	改变通气参数 治疗潜在病因
传感器过于湿润	检查传感器和气管导管	替换传感器
	高血压	
潜在疾病 药物诱导	收缩压 > 180 mmHg 舒张压 > 120 mmHg	增加吸入麻醉药浓度 考虑使用呼吸机
	低血压	
低血容量	检查 BP 检查舌部脉搏	给予晶体液和胶体液
麻醉平台过深	检查挥发罐设置	调整设置
后腔静脉压迫导致前负荷不足	检查潜在病因	增加输液量 纠正潜在病因
心动过缓	检查心率	增加输液量 纠正潜在病因 给予抗胆碱能药物
心脏收缩力不足	检查心脏节律	输注多巴酚丁胺 给予抗心律失常药物
顽固性血管扩张	排除其他病因	给予去甲肾上腺素
外周血管收缩、低体温	检查体温	给动物保暖
	严重低血压（即将发生停搏）	
严重低血容量 心脏功能衰竭 麻醉深度极深	检查 BP 检查心率和 ECG 检查 $ETCO_2$	停止给予麻醉药物 液体复苏 如果开腹，外科医生向头侧腹主动脉施压 给予正性肌力药物和升压药
	心动过缓	
麻醉平台过深	检查麻醉深度	降低给药剂量或停止给药 给予抗胆碱能药物

续表

病因	诊断方法	治疗
阿片类药物		给予抗胆碱能药物
严重低血压	检查 BP 检查心率和 ECG 检查 $ETCO_2$	降低给药剂量或停止给药 液体复苏 如果开腹，外科医生向头侧腹主动脉施压 给予正性肌力药物和升压药
手术碰到迷走神经或迷走神经支配的脏器	与外科医生确认	减少外科刺激
心动过速		
疼痛	检查麻醉 / 镇痛深度	给予镇痛
低氧血症	检查气道是否阻塞	根据提示检查气管导管是否弯折，抽吸或重新放置气管导管
	检查是否有气压伤引起的张力性气胸或气纵隔	进行胸腔穿刺术
室上性心动过速		
先天性心脏病 肺脏疾病 疼痛	检查 ECG	治疗潜在病因 给予地尔硫䓬 避免使用 β 阻滞剂
多形性室性早搏波群、室性心动过速		
心肌缺氧（创伤性心肌炎）	检查 ECG 评估 BP 检查电解质 评估 PCV	确保氧气供应 确保合理镇痛 确保血容量充足 给予利多卡因 2 mg/kg，然后按 25 ～ 75 μg/（kg·min），CRI 如果无反应，考虑给予硫酸镁 1 mEq/kg，30 min 以上
脾脏疾病	检查 ECG 评估 BP 检查电解质	见前文
酸中毒	检查 $ETCO_2$ 检查血气 评估 BP 评估 PCV 检查电解质	改善灌注 给予抗心律失常药物
窦性停搏、严重或 Ⅱ 型房室传导阻滞		
心脏病	检查 ECG	给予阿托品
颈静脉扩张		
容量过载		利尿 减少或停止输液
气胸、纵隔积气	听诊肺音 检查颈静脉扩张情况 进行胸腔穿刺术	进行胸腔穿刺术 穿刺纵隔腔

续表

病因	诊断方法	治疗
	黏膜苍白	
贫血	检查 PCV	输血治疗
低血压	检查 BP	输血治疗
低体温和血管收缩	检查体温 检查 ECG	给动物保暖 纠正心律不齐

* 使用食道听诊器。

张和扭转、严重腹水）、肌肉骨骼疾病、肥胖和体位都是可能导致通气不足的因素。如果使用了呼吸机，引发通气不足的原因可能是呼吸机设置不当、回路系统漏气（气管导管套囊、麻醉呼吸回路）、氧气罐没有氧气、气道阻塞或肺扩张产生抵抗。

观察到自主呼吸频率或通气做功增加并不总是意味着患病动物越来越清醒，也可能是呼吸机通气频率设置过大导致。在没有进行控制通气，以及低血压的患病动物中，高碳酸血症是出现前述呼吸状态最常见的原因，其次是疼痛。其他常见的原因包括低氧血症和通过储气囊施加的压力过大，必须逐一排查上述原因。

气胸可继发于人工通气引起的容压伤或气压伤。临床表现包括低血压、心动过缓、心动过速、通气阻力增加、发绀、呼气时胸壁不扩张、听诊时没有肺音、皮下气肿、颈静脉扩张和多普勒血流音减弱。当怀疑为气胸时，应立即进行胸腔穿刺术。如果施行开腹术，可以很容易地通过横膈膜进行胸腔穿刺。

低血压通常由低血容量或麻醉药物引起。低血容量可能是绝对血容量不足，如发生严重的失血，也可能是相对低血容量的结果，如患病动物仰卧位时腹腔大肿物或妊娠子宫，可以压迫后腔静脉导致部分血管阻塞。小部分患病动物低血压的原因可能是心律失常。低血压的主要症状包括心率增加（假设压力感受器的反射仍存在）、血管收缩导致脉搏减弱、$ETCO_2$ 降低和出现麻醉加深表现。

麻醉药物、低氧血症、低血压、低体温、酸中毒、贫血、感染、脾脏疾病和心脏创伤都可导致患病动物在麻醉状态下出现心律失常，必须迅速识别出心律失常，并进行针对性治疗。

患病动物苏醒

在诱导期和苏醒期都可能出现严重问题，甚至危及生命。在确定动物真正稳定并准备拔除气管导管或转移到苏醒区之前，不应断开监护仪器。

技师笔记

应持续每 5 min 在麻醉记录表上记录生命体征（至少包括心率、呼吸频率、血压，理想情况下应包括 $ETCO_2$），直到拔除患病动物的气管插管。

在可以拔除患病动物的气管插管前，不应将气管导管套囊放气，因为在苏醒过程中常发生无征兆的反流。如果患病动物在苏醒期仍放置气管导管，则保持患病动物头颈部抬高约 30°，一旦发生无征兆的反流时可以避免误吸。拔除气管导管前应检查口咽部，如果有反流的迹象应仔细抽吸和清洗（如果有大量液体，则连同食道一起抽吸和清洗）。只有在患病动物有强烈的吞咽反射时才能拔除气管导管，不能仅在刺激时发生吞咽反射的情况下拔管。

在将患病动物转移到苏醒区之前，确保通气可以满足机体需求。在完全停止辅助通气之前，应确保患病动物能维持 $ETCO_2$ 最高在 40 ~ 45 mmHg，二氧化碳图为正常波形图。如果患病动物在使用呼吸机，应保证患病动物在未开启呼吸机的情况下可以自主呼吸，在停止辅助通气前应评估患病动物的潮气量是否足够。

对停止供氧但未拔出气管导管的动物，只要动物能耐受舌部血氧夹，应持续用脉搏血氧仪进行监测。在呼吸室内空气情况下血氧饱和度低于 97% 时，应对患病动物重新供氧，并确认低读数是否为探头误报。如果重新供氧后血氧饱和度迅速增加到 99%，说明低读数不是因为探头误报。一旦出现这种情况，患病动物仍然需要供氧。可以将动物继续连接到麻醉机上，也可以将无菌的窄孔氧管插入气管导管内，直到患病动物拔除气管导管。这也可能是患病动物俯卧前需要供氧的一个指征。血氧饱和度降低通常发生在短头品种和任何呼吸功能障碍的动物。

镇痛在术后是至关重要的，患病动物的给药应根据需要而不仅仅按设置好的时间用药。通常需要恒速静脉输注给药，而且根据需要减少剂量。建议使用注射泵进行恒速输注给药。可在术后根据需要重复进行区域麻醉或硬膜外镇痛。

在麻醉期间患病动物经常接受大量的液体治疗，可能需要通过导尿管排空膀胱（优于挤压膀胱）。如果预期患病动物在术后活动受限，则需要留置导尿管。潜在疾病通常会引起明显的代谢异常。术后应立即进行实验室检查，至少包括 PCV、总固体、葡萄糖、白蛋白和电解质的监测。在已经镇静的患病动物中，血气可能难以判读，一旦患病动物更清醒一些，就可能需要考虑血气监测。应按照提示的异常结果进行纠正。

参考文献

[1] Abed J.M., Pike F.S., Clare M.C., et al. The cardiovascular effects of sevoflurane and isoflurane after premedication of healthy dogs undergoing elective surgery. J Am Anim Hosp Assoc. 2014; 50:27–35.

[2] Amengual M., Leigh H., Rioja E. Postoperative respiratory effects of intravenous fentanyl compared to intravenous methadone in dogs following spinal surgery. Vet Anaesth Anal. 2017; 44:1042–1048.

[3] Anand K.J.S., Phil D., Hickey P.R. Halothane-morphine compared with high dose sufentanil for anesthesia and postoperative analgesia in neonatal cardiac surgery. New Engl J Med. 1992; 326:1–9.

[4] Bednarski R., Grimm K., Harvey R., et al. AAHA anesthesia guidelines for dogs and cats. J Am Anim Hosp Assoc. 2011; 47:377–385.

[5] Bruchim Y., Itay S., Shira B.-H., et al. Valuation of lidocaine treatment on frequency of cardiac arrhythmias, acute kidney injury, and hospitalization time in dogs with gastric dilatation volvulus. J Vet Emerg Crit Care. 2012; 22:419–427.

[6] Davis H., Jensen T., Johnson A., et al. 2013 AAHA/AAFP fluid therapy guidelines for dogs and cats. J Am Anim Hosp Assoc. 2013; 49:149–159.

[7] Endo Y., Kawase K., Miyasho T., et al. Plethysmography variability index for prediction of fluid responsiveness during graded haemorrhage and transfusion in sevoflurane-anaesthetized mechanically ventilated dogs. Vet Anaesth Analg. 2017; 44:1303–1312.

[8] Forget P., de Kock L.F. Goal-directed fluid management based on the pulse oximeter-derived pleth variability index reduces lactate levels and improves fluid management. Anesth Analg. 2010; 111:910–914.

[9] Garcia-Pereira F. Epidural anesthesia and analgesia in small animal practice: an update. Vet J. 2018; 242:24–32.

[10] Grimm K.A., Lamont L.A., Tranquilli W.J., et al., eds. Veterinary anesthesia and analgesia. ed 5 Ames, IA: Blackwell; 2015.

[11] Gropper M., Eriksson L., Fleisher L., et al., eds. Miller's anesthesia. ed 9 Philadelphia, PA: Elsevier; 2019.

[12] Hardie E.M., Spodnick G.J., Gilson S.D., et al. Tracheal rupture in cats: 16 cases (1983-1998). J Am Vet Med Assoc. 1999; 214:508–512.

[13] Ilkiw J.E., Pascoe P.J., Haskins S.C., et al. Cardiovascular and respiratory effects of propofol administration in hypovolemic dogs. Am J Vet Res. 1992; 53:2323–2327.

[14] Keating S.C.J., Kerr C.L., Valverde A., et al. Cardiopulmonary effects of intravenous fentanyl infusion in dogs during isoflurane anesthesia and with concurrent acepromazine or dexmedetomidine administration during anesthetic recovery. Am J Vet Res. 2013; 74:672–682.

[15] Lynch M. Pain as the fifth vital sign. J Infus Nurs. 2001; 2:85–94.

[16] Mader T.J., Playe S.J., Garb J.L. Reducing the pain of local anesthetic infiltration: warming and buffering have a synergistic effect. Ann Emerg Med. 1994; 23:550–554.

[17] Marjani M., Akbarenejad V., Bagheri M. Comparison of intranasal and intramuscular ketamine-midazolam combination in cats. Vet Anesth Analg. 2015; 42:178–181.

[18] McCrackin M.A., Harvey R.C., Sackman J.E., et al.

Butorphanol tartrate for partial reversal of oxymorphone-induced postoperative respiratory depression in the dog. Vet Surg. 1994; 23:67–74.

[19] Muir W.W., Hubbell J.A.E., eds. Handbook of veterinary anesthesia. ed 5 Philadelphia, PA: Elsevier; 2012.

[20] Murrell J.C., Hellebrekers L.J. Medetomidine and dexmedetomidine: a review of cardiovascular effects and antinociceptive properties in dogs. Vet Anesth Analg. 2005; 32:117–127.

[21] Ortega M., Cruz I. Evaluation of a constant rate infusion of lidocaine for balanced anesthesia in dogs undergoing surgery. Can Vet J. 2011; 52:856–860.

[22] Prittie J. Triggers for use, optimal dosing, and problems associated with red cell transfusions. Vet Clin Sm Anim. 2003; 33:1261–1275.

[23] Psatha E., Alibhai H.I., Jimenez-Lozano A., et al. Clinical efficacy and cardiorespiratory effects of alfaxalone, or diazepam/fentanyl for induction of anaesthesia in dogs that are a poor anaesthetic risk. Vet Anaesth Analg. 2011; 38:24–36.

[24] Robertson S.A., Golgoski S.M., Pascoe P.J., et al. AAFP feline anesthesia guidelines. J Fel Med Surg. 2018; 20:602–634.

[25] Rodriguez J.M., Munez-Rascon P., Navarrette-Clavo R., et al. Comparison of cardiopulmonary parameters after induction of anaesthesia with alphaxalone or etomidate in dogs. Vet Anaesth Analg. 2012; 39:357–365.

[26] Sams L., Braun C., Allman D., et al. A comparison of the effects of propofol and etomidate on the induction of anesthesia and on cardiopulmonary parameters in dogs. Vet Anesth Analg. 2008; 35:488–494.

[27] Swalander D.B., Crowe D.T., Hittenmiller D.H., et al. Complications associated with the use of indwelling epidural catheters in dogs: 81 cases (1996-1999). J Am Vet Med Assoc. 2000; 216:368–370.

[28] Warne L.N., Beths T., Holm M., et al. Comparison of perioperative analgesic efficacy between methadone and butorphanol in cats. J Am Vet Med Assoc. 2013; 243:844–850.

场景

一只超重的斗牛犬（体况评分为 7/9）经麻醉进行异物取出术，目前使用 Hallowell 呼吸机维持患犬呼吸。

问题

- 在苏醒期，关闭呼吸机后，可以评估哪 3 个参数来确定患病动物是否充分通气，以便将其转移到康复病房？
- 在苏醒期断开氧气，脉搏血氧计显示饱和度为 95%。下一步应该采取什么措施?
- 如果动物在插管状态下仍需要氧气支持，如何给予?

讨论

- 根据通风机波纹管的运动估算动物是否有适当的潮气量。根据呼吸频率和呼吸机波纹管的运动估算动物是否有适当每分通气量。是否有可接受的 $ETCO_2$。
- 应该给患病动物重新供氧。如果脉搏血氧仪读数改善，应保持供氧并考虑再次辅助通气，此后大约每 5 min 进行一次脱氧试验。如果脉搏血氧仪读数无改善，应尝试改变脉搏血氧仪探头的位置。
- 如果患病动物充分通气（可接受的 $ETCO_2$）但没有充分氧合，应继续使用插入气管插管的无菌窄孔氧气管补充氧气。也可采用其他的供氧方法。因为在氧舱内无法对未拔管的动物进行密切监测，故氧舱供氧不是理想选择。

医学计算练习

患病动物医嘱：给予 20 mg /kg 头孢唑林，动物体重 32 kg，头孢唑林的浓度为 100 mg /mL。

a. 应该给予多少毫克？

b. 应该给予多少毫升？

第12章

临床诊疗场所隔离技术

Louise O´Dwyer; Andrea M. Battaylia

学习目标

1. 理解生物安全在兽医诊疗场所中的重要性。
2. 熟悉在隔离场所使用的适当的个人防护装备。
3. 理解清洁和消毒的重要性。
4. 理解在感染控制过程中手部卫生的重要性。
5. 了解如何实施感染控制程序。
6. 了解如何设置和运行隔离病房。

章目录

关键词

抗菌药物
疾病传播
手部卫生
医院内感染
病原体
人兽共患病

预防感染对于每只危重症动物而言都十分重要。在可能存在人兽共患病（zoonotic disease）（如钩端螺旋体病）的情况下，应更加重视兽医感染控制措施的实施。传染性动物疾病也应引起人们对感染控制措施的认识，并有效地实施感染控制措施。危重症动物出现医院内感染（nosocomial infection）的风险更高，即使这些病原原本不具有高度传染性（Kirby，2009）。

在没有预知到风险时，人类往往不会遵循有效的感染控制措施。由于在世界范围内出现了耐甲氧西林金黄色葡萄球菌（MRSA）、耐甲氧西林假中间葡萄球菌（MRSP），以及其他几种在人类和小动物重症监护中出现的多重耐药微生物，人医和兽医的感染控制措施开始受到高度重视（Weese，2012）。研究结果一致表明，有效实施措施依赖于以下几点：医护团队必须掌握常识和基本原则知识；措施必须符合当地的环境条件和相应问题；医护人员必须了解这些原则；医护团队必须获得支持并做出改变［国家医疗保健卓越研究所（NICE），2012］。只是简单地制订一个政策并期待它被执行，并不能取得重大的改变。感染控制可以分为以下几个重要部分：手部卫生（hand hygiene），设施和设备的清洁和消毒，恰当使用隔离设施，以及抗生素的使用管理［加拿大抗生素耐药性委员会（CCAR-CCRAI），2008］。

兽医诊所的感染风险

理想情况下，所有到兽医诊所就诊的患病动物都应进行感染性疾病风险的评估。这应由负责病例的初诊医师负责，如果已制订具体标准也可以委派给兽医技师。如遇到疑似传染病的门诊患病动物，应将其病例信息、病史、体格检查及实验室检查结果告知医院所有工作人员。医疗小组需确保使用适当方法处理患病动物，并实施正确的环境清洁和消毒程序。

在患病动物离开检查室或治疗区之前，理想情况下，应根据病例信息、病史、体格检查结果和（或）实验室诊断，确定来院患病动物（日间、过夜或长期）的生物安全状态。这将决定患病动物的住院地点和护理顺序。应将对应的生物安全状态记录于笼位卡上（见后文）。负责该病例的兽医有责任确定当前动物的生物安全状态。兽医也有责任遵循已制订的生物安全标准操作程序（SOP）。这一责任可委派给其他合格的工作人员（例如，高级兽医技师）。不赞成故意偏离操作流程，但在符合患病动物或人员安全的最佳利益的情况下是允许的。该原因应在患病动物的病历中简要注明，并由负责该病例的兽医签字。

感染控制方案

所有完备的感染控制方案通常包括以下 3 个目的：①降低患病动物暴露于感染性病原体的可能性；②最大限度地让人员参与感染控制工作；③优化感染控制程序和策略。

强烈建议医院为医疗团队成员设置感染控制专员（ICP）的职位。这既可作为一个晋升的机会，也可加强感染控制措施。该职位的职责包括教育团队正确使用个人防护装备（PPE），建立适当的动线以避免不同区域交叉污染，制订与感染控制相关的政策和指南，并确保清洁和消毒程序是正确且有效的。

对一种病原有效的感染控制措施通常也对其他病原有效，特别是当它们具有共同的传播途径或在患病动物中具有共同的风险因素，但是，在制订感染控制计划时，对每一种潜在传染病进行评估是一个很好的做法。感染控制方案的制订注重于对已知问题的实际控制计划，但不能忽视新出现和复发的疾病。传染病在国际上相继出现，其中许多都与兽医有关。感染控制方案中使用的总体策略应足够严格，至少在基本层面上防止大多数新问题出现。然而，感染控制方案也应该是灵活的，以便可以随时修改解决新问题，并且还应定期重新评估（例如，每年）。使用的消毒剂通常需要重新评估，这可能需要对已有的方案进行修订。重要的是确保消毒剂是临床适用的，并且使用了正确的消毒浓度。消毒剂的供应和类型需定期更换。更环保的消毒剂产品已经通过测试，它们对医院环境中存在的多种病原同样有效。

疾病传播（disease transmission）是感染控制策略或程序中的一环，所有患病动物均应考虑相关内容。疾病传播需要 3 个要素：①传染源；②宿主易感性；③传播途径。动物传染源可能包括对人类致病的内源性微生物。环境传染源可能包括被污染的墙壁、地板、台面、笼子、垫褥、设备、用品、饲料、土壤和水。宿主对传染病的易感性在普通群体中可能有很大差异，如未接种疫苗动物、幼龄和老龄动物、免疫抑制动物、妊娠动物或外伤动物，这些情况会破坏正常的防御机制，导致易感性增加。在制订感染控制程序时，也应将这些患病动物考虑在内，因为这些患病动物极易受到感染。在人医中，隔离技术指南的目标是预防 5 种不同的传播途径：接触传播、飞沫传播、空气传播、常见媒介传播和虫媒传播（Garner，1996）。

接触传播是最常见的传播途径，可由工作人员传染给患病动物或直接在患病动物之间传播。如将 MRSA 从携带者传染给他饲养的动物。细小病毒通过人员或摄入、针刺或咬伤等穿透伤在犬之间传播。

飞沫传播通过咳嗽、鼻息或吠叫产生相对较大的液滴来传播感染因子。这些大的飞沫不会在空气中停留很长时间，也不会传播很远的距离，因此不需要对空气特殊处理。例如，一只咳嗽的犬将细菌性病原体传播给另一只距离较近的犬。

空气传播是通过空气有效传播小颗粒（5 μm 或更小）病原体，这些小颗粒可以悬浮在空气中，并传播更远的距离。需要特殊的空气处理来控制这种传播途径。猫流感可通过空气传播的途径延长传播距离，继而散播至整个病房。

常见媒介传播是接触被污染的物品（如食碗、导线、听诊器、温度计和其他医疗设备）而引起感染。

虫媒传播包括蚊子、苍蝇和啮齿动物等媒介。这一传播途径在一些报告虫媒传播疾病的地区备受关注。当收治患病动物和确定生物安全状态时，需要考虑这些疾病传播途径。

生物安全

以下是感染控制策略（生物安全）的建议：

- 1 级（T–1）：因免疫状态不佳而具有感染风险的患病动物。1 级患病动物包括危重、免疫功能低下、未接种疫苗（非感染性、幼龄动物）、新生儿或需要长期在重症监护病房（ICU）中治疗的患病动物。根据所需的监测水平、患病动物风险、个人操作设施和工作人员，1 级患病动物可能安排在普通病房或 ICU。尽管通常被归类为 4 级患病动物（见后文），但由于免疫功能不全，未接种疫苗的细小病毒患病动物可能被安置在 ICU，必须进行有效的隔离护理，并且必须考虑到病房内的其他患病动物。随着病情的改善，1 级患病动物的风险状态可能会转为 2 级。
- 2 级（T–2）：根据病史、体格检查或实验室检查结果，证明没有相关传染性疾病的患病动物。如轻微创伤、经历外科手术或其他非感染性疾病的患病动物。这些患病动物需在 1 级患病动物后处理，以降低亚临床感染患病动物传播疾病的可能性。
- 3 级（T–3）：患有感染性疾病，并对其他患病动物或医务人员具有轻度或中度传染性的患病动物。如存在或疑似存在多重耐药菌感染（如 MRSA）或具有开放性引流伤口、癣菌病、钩端螺旋体病、贾第鞭毛虫、猫白血病病毒（FELV）或猫免疫缺陷病毒（FIV）的患病动物。3 级患病动物在普通病房住院时，护理人员需穿戴适当的个人防护装备。如果需要重症监护，可以入住 ICU。在 ICU 中，如果存在被尿液或粪便污染的可能性，应在 3 级患病动物附近的地板上标记清楚边界（如钩端螺旋体病，或使用犬舍内置犬舍技术，如在步入式犬笼内放置一个更小的犬笼）。将 3 级患病动物安置在 ICU 时，应考虑到是否会对病房内其他患病动物造成影响，特别是对 1 级患病动物构成的风险。建议隔离感染 MRSA 的患病动物。
- 4 级（T–4）：已知或疑似患有高度传染性疾病的患病动物。如病毒性肠炎（细小病毒、冠状病毒）、细菌性肠炎（沙门氏菌）、传染性肝炎、系统性犬瘟热、犬流感、鲍特菌病和急性（活动性）猫上呼吸道疾病（衣原体、疱疹病毒、杯状病毒、呼肠孤病毒）。应将患病动物直接置于小动物隔离区，最好不要进入医院的其他区域（如医院内的病房）。如果患病动物不能被搬运，应使用轮床转移。被污染的检查室应标记清楚，并通知兽医和前台，以便采取适当的清洁和消毒措施。4 级患病动物必须隔离治疗，直到出院。

其他的考虑因素是每个房间的环境因素，包括家具类型、设备或地面等。设计如何对物品和表面进行清洁和消毒的相关程序，为特定的兽医诊所及所有房间量身定制（例如，咨询室、实验室、病房、手术麻醉准备区域）。具体包括如何清洁和消毒墙壁、地板、门、把手、开关、窗户、百叶窗、计算机和家具，家具应包括台面、桌子、手推车和仪器（CCAR–CCRA，2008）。

手部卫生

手部卫生是医院环境中感染控制的重点之一，也是最难执行的环节之一。当被询问时，大多数人表示自己的手部卫生习惯是符合标准的，且定期执行。事实上，在任何情况下都遵守医院手部卫生规定的比例远比预期低（Nakamura et al., 2012）。不执行手部卫生的原因有很多，包括规则太复杂难以遵守、工作人员太忙、缺乏关于手部卫生重要性的教育、旧习惯难以改变，以及手部卫生可能导致干燥和皮炎（Nakamura et al., 2012）。在制订和贯彻准则时，手部卫生执行计划必须考虑到所有可能影响实施的因素。

可以通过多种方法来改善手部卫生的执行。在产品选择中应重视员工的使用意愿。个人偏好和对不同产品的反应可能有助于提高手部卫生的依从性，如香味、黏稠度或经常使用对皮肤的影响。因此，理想情况下，应该提供一系列不同的抗菌洗手液。医护人员必须了解手部卫生的重要性、不良做法的后果，以及应该遵循的正确技术。明确的定义和经常报告客观结果也有助于激励和提醒兽医工作人员，提高手部卫生的依从性（CCAR-CCRA, 2008）。

作为“一般”准则，应提醒工作人员，所有团队成员在处理患病动物之后、使用卫生间前后，以及进食饮水或使用护手霜、润唇膏等个人卫生用品之前，都应洗手。在离开诊所之前或休息时，也应洗手。

手套

手套是所有隔离程序的重要组成部分，也是个人防护装备的重要组成部分。然而，重要的是教育医院工作人员，手套并不能取代严格的手部卫生习惯。手套可能有小的不明显的缺陷，如破洞。脱下手套后应立即丢弃，并立即执行手部卫生。在接触钢笔、听诊器、温度计、病历、电话或门把手等物品前，应小心摘掉手套。接触每只患病动物前都要更换手套。

服装

在工作场所，员工应穿工作服（如刷手服）。应贯彻穿工作服这一措施，以防止微生物从工作场所内向外传播。医院工作人员在离开前应更换外套，相关物品不应带出医院。将防护外套带回家，会增加将病原体（pathogen）从医院传播到家庭，以及从家中动物传播到住院动物的风险。理想情况下，工作场所的服装应该留在“原地”，这意味着工作服应该尽可能在工作场所清洗。如果不允许，应将工作服放入密封的塑料袋中携带进出工作场所。

工作人员的服装应始终保持清洁。如果衣服被弄脏或被可能有感染风险的体液污染，则应更换衣服。被污染的衣服应尽快清洗。此外，外套应该经常更换（至少每天更换），因为并不是只有严重污染才会引发病原体污染。

《感染控制与医院流行病学》（*Infection Control and Hospital Epidemiology*）杂志在医院服装方面提出了以下建议：

1. 胳膊的肘部以下（BBE）应该裸露。避免佩戴手表、珠宝和领带。

2. 医护人员应该有 2 件白大褂，并能方便地取用清洁用品。

3. 在接触患病动物之前，应脱掉白大褂。

> **技师笔记**
>
> *在处理动物或执行临床任务时，应尽可能避免佩戴听诊器、挂绳、识别标签和挂在脖子上的导线，因为它们也可能成为传播传染病的媒介。*

除防护服外，携带的工具包或口袋也必须始终保持清洁。在医院的主要区域和手术区域必须使用单独的工具包。这些物品必须每周清洗一次，或一旦被弄脏或污染就必须立即清洗。

衣物清洗

一次性物品最好单次使用。由于成本的增加，这对一些诊所来说可能不实际。垫料可能是微生物的潜在来源，但通过适当的清洗和干燥可以降低这些风险。正如前面提到的，理想情况下，所有的工作服都应该在工作场所清洗，并且用于清洗工作服和动物垫料的洗衣机和烘干机应分开使用。动物的垫料也应采用相同的清洗方法（例如，高温洗涤，然后高温滚筒烘干）。通过稀释、洗涤和漂洗，可显著减少附着在织物（如毯子、毛巾）

上的微生物。一般来说，垫料应该使用合适的洗涤剂一起洗涤（工作服除外，工作服应与垫料分开洗涤和干燥）。如果需要，在适当情况下，可以将消毒剂（如漂白剂）和洗涤剂加入洗涤程序中。理想的洗涤温度最好大于 70℃，然后用滚筒式烘干机烘干，以杀灭微生物。处理传染性病原（如细小病毒）污染的用品时，如果对洗涤和干燥设备的效果有任何疑问，应做相应处理或不再继续使用。洗衣袋不仅可在隔离病房使用，还可在其他病房均可使用。洗衣袋是水溶性的，接触温水便会溶解。所有污染的垫料都可以直接放入这些袋子中，然后将袋子系好直接放入洗衣机，从而减少污染的织物或衣物对环境的污染（图 12.1）。

个人防护装备

所有进入收治潜在感染动物的隔离区的人员，无论是否需要与动物直接接触，都必须穿戴适当的个人防护装备。至少应包括一件干净的实验服或仅在隔离区穿的外套，以及一次性检查手套。根据相关诊断和疾病的传播方式，在隔离病房处理动物时可能需要鞋套、口罩和护目镜，但理想情况下应穿带有长袖的长袍（图 12.2）。所有个人防护装备应在使用一次后丢弃。在隔离病房重复穿戴的长袍和实验服应在每次使用后清洗。储存 / 悬挂和重复使用被污染的长袍或实验服可能导致手部、衣服和环境的污染。因此，脱下它们后，应立即将其放在隔离病房的垃圾袋或洗衣袋中，并且在接触每一只患病动物时应更换手套。摘下手套后必须立即洗手。如果没有明显的污渍，且可以保持脱下时不污染眼镜 / 面罩内部或周围环境的话，眼口鼻的防护装备可以在处理同一动物时重复使用。鼻罩和口罩只能由同一个人重复使用。

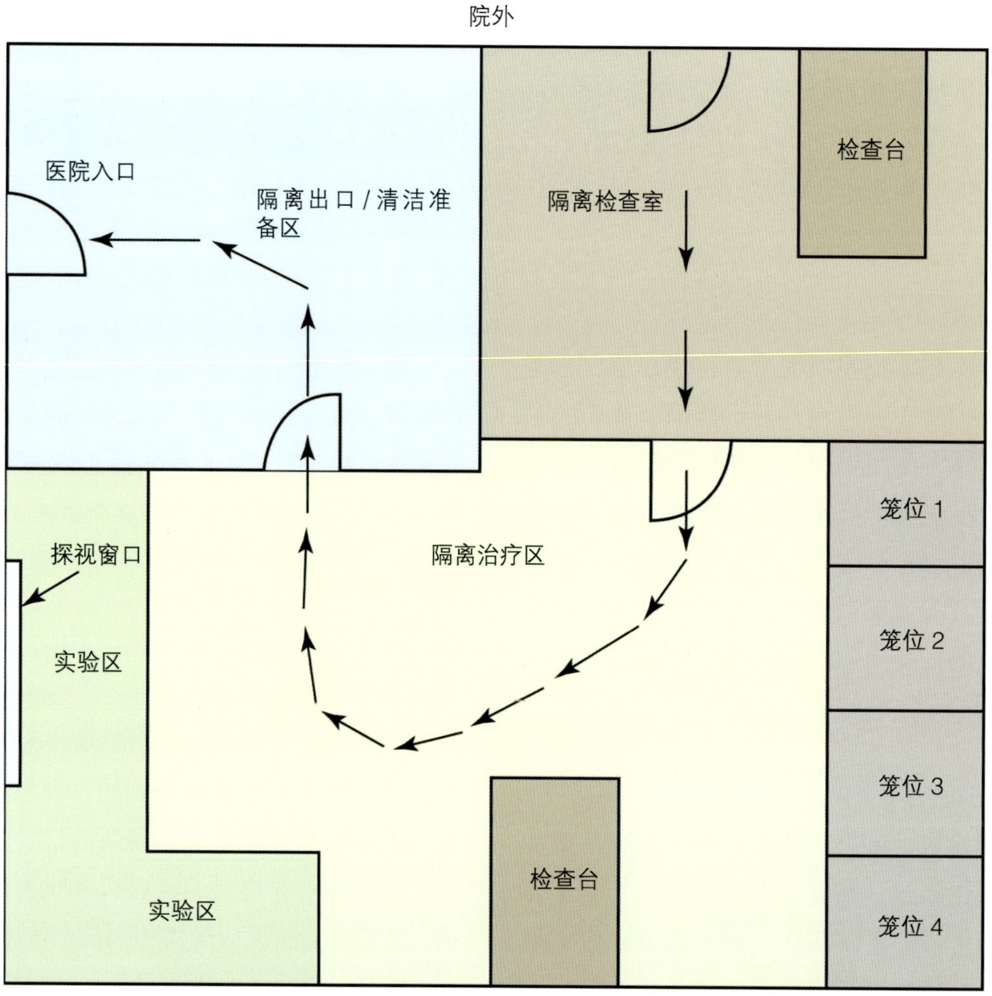

图 12.1　使用水溶性洗衣袋，将被污染的垫料对环境和洗衣机的污染降至最低

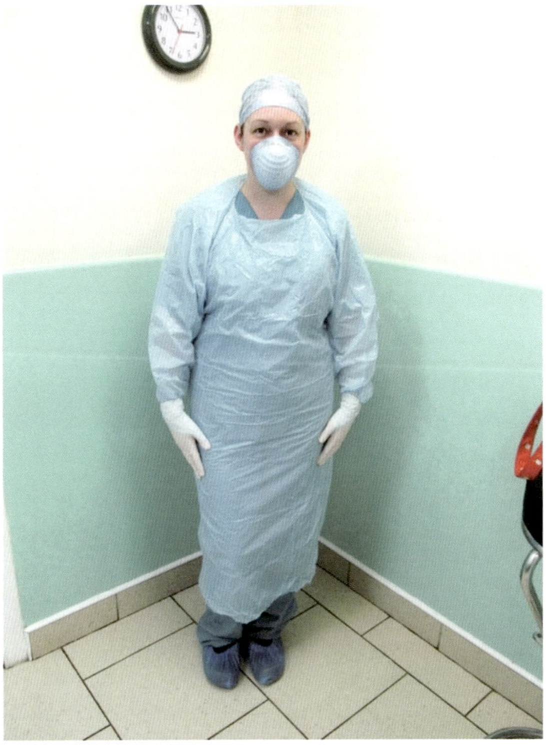

图 12.2 个人防护装备应至少包括一件长袖长袍、手套和鞋套

技师笔记

正确穿脱 PPE 在感染控制中十分重要。以下是美国疾病控制和预防中心（CDC）提供的建议：

穿戴

- 穿长袍、戴面罩或护目镜、戴口罩和手套。口罩和长袍上的系带应系在后面，手套袖口应位于长袍袖子上方。

脱卸

- 离开病房前在门口脱去工作服。必须有手部卫生设备。
- 衣服外侧正面被认为是被污染的。
- 里面、外侧背面，以及口罩和长袍上的系带都被认为是干净的。
- 取下手套时要抓住内侧袖口，向前拉，注意不要碰到手套的外层。
- 抓住后面的系带就可以取下口罩。
- 抓住后面的系带就可以把长袍脱下来。在脱去的过程中，长袍是由内而外折叠的，以免接触外部表面。
- 所有物品都需按医院规定处理。
- 在脱下个人防护装备后应立即进行手部卫生。

如果护目镜或口罩被尿液或粪便等体液污染，应更换为干净的防护用品。所有指定的个人防护装备必须留在隔离病房。

工作鞋

工作鞋应完全覆盖脚趾，并且能够完全浸入消毒剂中。这能降低因掉落器械（如手术刀、针头）或动物抓挠而受伤的风险，并保护工作人员避免与潜在的传染性物质接触。应穿戴指定的鞋具（如靴子或一次性鞋套），因为传染性物质可能污染地板，使用合适的工作鞋可以防止污染物扩散到诊所的其他区域（图 12.3）。污染区域被清理后，应立即去除鞋套，并立刻处理（如果是一次性的）或留在污染区域入口处的“污染”一侧。

清洁和消毒

感染控制的第二个重点是清洁和消毒。随着 MRSA 和 MRSP 在兽医医院的出现，清洁和消毒也变得越来越重要。与许多传染病一样，金黄色葡萄球菌在环境中是一种非常顽强的病原体，且对干燥环境有抵抗力。据文献报道，在被感染几个月甚至几年之后，仍可以从环境中分离出该菌（Dancer，2008）。肮脏的环境或具有生物膜的环境可以保护微生物，并促进感染的传播（Dancer，2008）。详细的常规清洁和消毒程序必须包含可接触表面，如门把手、电灯开关、电脑键盘或鼠标、桌子下面和其他经常接触但不常打扫的区域。这

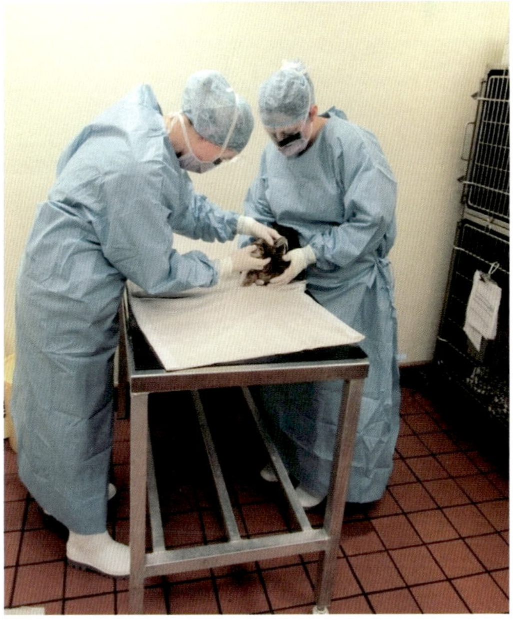

图 12.3 工作人员穿戴完整的 PPE，在隔离区处置患病动物

些经常接触但不常清洁的表面是类似 MRSA 这样的人畜共患微生物在患病动物和人类之间传播的主要来源，必须在面临任何传染风险时有效地进行处理（CCAR–CCRA，2008）。

有效的清洁和消毒程序应对尽可能多种的微生物起效。一个完整的程序必须考虑到产品的兼容性和协同作用，同时最大限度地减少不兼容的风险或对患病动物的毒性作用。最重要的是，必须仔细考虑当地的“问题性”微生物，并选择有效的处理产品（CCAR–CCRA，2008）。

清洁

清洁的定义是清除所有可见的碎屑，可以说是对动物生活环境消毒的最重要步骤。当存在灰尘和有机碎屑时，如粪便和垫料，即使是使用最好的消毒剂，其消毒效果也是微乎其微。有机物（如灰尘、碎屑、粪便）会成为消毒剂和微生物之间的物理屏障，并为微生物提供营养来源。这导致许多化学物质失去活性，从而降低消毒效果。清洁不仅为所需的生化反应提供最佳条件增强消毒效果，而且可以去除大部分微生物，减少消毒剂需杀灭微生物的数量。因此，为了获得理想的消毒效果，需要尽可能地去除有机碎屑。这包括物理清洁（包括去除所有垫料和粪便）和擦洗表面，使用热水和洗涤剂去除黏附的碎屑和生物膜。应使用洗涤剂分解有机碎屑、乳化脂肪，并减少生物膜的形成。在选择洗涤剂时，必须考虑之后将使用的消毒剂，因为洗涤剂和消毒剂中的化学物质之间可能存在相互作用。随后冲洗物体表面，洗去残留的洗涤剂，因为许多消毒剂会因残留的洗涤剂而被中和。

技师笔记

水池中的积水会稀释随后使用的消毒剂。此外，还可作为微生物复制和生存的储存库（CCAR–CCRA，2008）。因此，在使用消毒剂之前，应先将水池中的积水排空。

消毒

即使进行了正确的清洁和消毒，也可能出现消毒不当。重要的是，不是所有的消毒剂都有同样的效果。与抗菌药物相似，消毒剂也有其活性范围，不同消毒剂的活性差异很大。选择最合适的消毒剂的过程是复杂的，这涉及多种考虑因素，包括活性范围、存在有机碎屑时的相对效果、对动物和人类的毒性、对某些表面的潜在破坏作用、成本和对环境的潜在影响（表 12.1）。不存在所谓

表 12.1　常用消毒剂及其消毒效果

消毒剂	对无机物的活性	活性范围	注释
次氯酸盐（漂白剂）	活性范围包括无包膜病毒、分枝杆菌、细菌芽孢，浓度 > 1000 ppm（1 ∶ 50 稀释），对隐孢子虫无效	广谱，包括无包膜病毒和细菌芽孢	用于环境表面的清洁消毒 杀灭孢子活性尤为有效 氨和氮存在时，随着 pH 增加和温度降低，消毒效果下降 可使用不同浓度，1 ∶ 64 是标准商业化漂白剂常用稀释倍数 可使用浓度较高的 1 ∶ 5 稀释的漂白剂（10 000 ppm 用于血液污渍），但应用于特殊的紧急情况（如隔离病房） 浓度较低时，可被阳离子皂 / 洗涤剂、光照和有机物灭活 与其他化学物质（酸，如厕所除垢剂）混合可以产生氯气 具有刺激性和腐蚀性

续表

消毒剂	对无机物的活性	活性范围	注释
季铵化合物	活性不定 对革兰氏阴性菌和有包膜病毒有效 对革兰氏阳性菌效果不定 对有包膜病毒活性有限 对细菌芽孢无活性	活性不定 一般情况下，对革兰氏阴性菌和有包膜病毒有效，对革兰氏阳性菌效果不定，对有包膜病毒活性有限，对细菌芽孢无效	不同类型的季铵化合物是有差异的 季铵化合物主要常用于环境消毒，但其消毒范围不一定是最优的 毒性较小，可被阴离子洗涤剂灭活 干燥后有残留活性 在低温和低 pH 条件下几乎不起作用 储藏稳定 具有天然的去污能力
酚类	相对广谱，对无包膜病毒活性有限，对细菌芽孢无活性	相对广谱，对无包膜病毒活性有限，对细菌芽孢无效	主要优点是对有机碎片有更高活性 对皮肤和黏膜有刺激性 据报道，对猫有毒性 干燥后有残留活性 无腐蚀性 有强烈刺激性
过氧化物 / 过氧化氢	活性谱广，包括细菌芽孢和无包膜病毒，对分枝杆菌活性有限	活性谱广，包括细菌芽孢和无包膜病毒	是常规环境消毒、消毒池和环境雾化的极佳选择 反应迅速，是消毒池的良好选择 对有机物无效 低毒性（高浓度除外） 环保 可腐蚀碳素钢、铁、铜、黄铜、青铜、塑胶、橡胶、混凝土 比其他消毒剂更贵 对皮肤和黏膜有刺激性
酒精	活性中等，对无包膜病毒和细菌芽孢无活性	中等 对无包膜病毒和细菌芽孢无效	不适合用于环境消毒 可用于消毒某些医疗和患病动物护理用品，但可用更好的消毒剂 毒性小 起效快
葡萄糖酸氯己定	活性中等，对有包膜病毒活性有限 对无包膜病毒、细菌芽孢活性降低	中等 对有包膜病毒活性有限 对无包膜病毒、细菌芽孢无效	不适用于环境消毒 适当稀释的溶液适用于组织或接触皮肤和黏膜的材料 低毒性 相较于其他化合物（包括碘伏）对皮肤的杀菌作用的起效更快 残留作用抑制皮肤再生
聚维酮碘	中等活性 对有包膜病毒活性有限 对无包膜病毒、细菌芽孢无效	中等 对有包膜病毒活性有限 对无包膜病毒、细菌芽孢无效	不适用于环境消毒 适当稀释的溶液适用于组织或接触皮肤和黏膜的材料 低毒性，但有些人皮肤接触致敏 适当稀释对于最大限度地提高活性很重要

的对所有情况都适用的标准消毒剂。当使用活性范围较窄的消毒剂作为主要消毒剂使用时，应将活性水平较高的替代产品纳入消毒规程中（如在隔离病房中使用）。在选择针对特定情况的洗涤剂和消毒剂时，需要考虑很多问题，最好涵盖这些产品的评价（Hall，2010）。

对消毒剂的抗性基因的研究也同样需要重视。与抗生素耐药性相似，许多细菌可以对特定的消毒剂产生耐药性。在暴发传染病时，之前有效的清洁和消毒方案失败可能是导致暴发的原因之一（Wortinger，2011b）。

重要的是，消毒剂应在正确的浓度和正确的时间内使用，以最大限度地发挥其效力。在许多情况下，消毒剂溶液应留在表面晾干，以获得足够的消杀时间或效果（Wortinger，2011b）。同样重要的是，微生物对消毒剂的反应并不一致。微生物对清洁和消毒的耐受能力差异很大。大多数有包膜病毒容易消灭，而原生动物的卵囊、无包膜病毒和细菌芽孢很难清除或无法消灭。

技师笔记

为了使消毒有效，必须考虑几个关键因素：是否存在有机碎屑、消毒剂的浓度、温度和接触时间。有机物会在不同程度上降低消毒剂的效力，所以在消毒之前去除有机物是很重要的。

大多数消毒剂是浓缩的，需要在使用前稀释。稀释消毒剂是一个重要的过程，必须经过准确计量而不能估计。消毒剂稀释过度可能使其消毒效果降低或消失，而稀释不足除了浪费资源，还可能会造成危险。使用壁挂式或软管安装的计量分配装置，确保消毒剂被适当稀释。对于某些消毒剂，不同的浓度用于不同的情况。当储备溶液准备长时间使用时尤其重要。有些消毒剂稀释后有效期很短，因此所有装有消毒剂的容器都应该清楚地标明有效期。清洁人员必须被告知消毒剂稀释的重要性，并接受正确的培训。接触时间至关重要，特别是对某些消毒剂有抗性和难以杀灭的微生物。如果使用消毒剂后立即冲洗，则几乎没有消毒效果。大多数消毒剂需要 10 ~ 30 min 的接触时间。低温会降低化学反应产生的消毒效力，在确定消毒的接触时间时应考虑这一点。消毒剂不应混合使用，因为可能出现失活并产生有毒气体。如果使用消毒剂喷雾瓶，在用完后注入新的消毒剂前，应该对瓶子进行消毒。

技师笔记

如果不进行消毒，这些瓶子的喷嘴或管口可能藏有耐药微生物，并成为污染源（图 12.4）。

在进行清洁和消毒过程时需要考虑以下几点：

- 确保消毒期间所有区域通风良好。
- 处理消毒剂时应始终佩戴手套，需要记住的是，有些消毒剂会分解乳胶手套。对于小型消毒作业，应使用一次性丁腈手套。对于大型消毒作业，可以使用较厚的橡胶手套（如普通洗碗手套），但这种可重复使用的手套也必须在每次操作结束时进行消毒。
- 在使用消毒剂时，因为有液体飞溅的危险，建议佩戴护目镜。
- 按产品标签使用选定的消毒剂，特别注意以下事项。
  - 适当稀释。
  - 接触时间。
- 如果患病动物或人员可能与表面有直接的皮肤接触，或者使用的消毒剂可能会损伤特定的表面，那么消毒剂可能需要经过适当的作用时间后用清水清洁干净。
- 消毒后，使所有表面完全干燥。

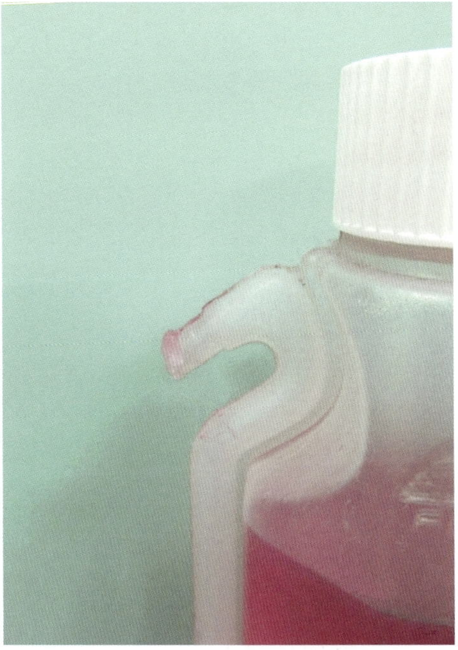

图 12.4 这些瓶子的喷嘴或管口可能藏有耐药微生物

隔离程序

该程序在隔离情况下使用，确保工作人员始终如一地执行所有规程是该程序的重要一环。

> **技师笔记**
>
> 隔离程序需要考虑各种问题，包括隔离标准、清洁和消毒、有关人员流动和屏障预防措施、患病动物接触和转移、废物处理和物资供应。

明确需隔离动物的识别方法和制订处理这些动物的具体标准是至关重要的，这些方法必须正确地传达给所有与患病动物护理或设备维护相关的人员。制订快速识别患有传染性疾病动物的方案对任何生物安全程序的成功实施至关重要。隔离病房再好，如果空置着也是无效的。应制订哪些具体的疾病或综合征需要隔离的标准，以便及时隔离适当的患病动物。在任何可能的情况下，隔离动物应始终与医院的其他群体保持物理隔离。这意味着动物几乎不能离开隔离病房，除非需要进行紧急手术。隔离病房应包括医疗物资、检查区域和体重秤。理想情况下，应尽量减少人员与隔离动物及其周围环境的接触。可使用观察窗或通过远程电子设备（如网络摄像头、闭路电视）监测隔离患病动物，有助于向患病动物提供优质的护理服务，同时最大限度地减少直接接触的风险。必须按照特定的预案严格管理隔离病房，以可靠地控制传播风险。隔离程序应是全面和清晰的书面材料。对所有工作人员，特别是可能没有传染性疾病和感染控制知识背景的非专业工作人员进行适当培训至关重要。

隔离设施

患病动物的隔离是感染控制的重点，这对人类和其他患病动物来说是重要的风险因素。多数情况下，兽医医院的隔离设施设计较差，往往是在建设过程中才考虑（CCAR-CCRA，2008）。隔离程序和隔离设施的设计应考虑到两个主要目标：防止病原体从受感染的动物传播给其他动物、人或医院环境，以及防止高风险群体（如免疫抑制患病动物）出现院内感染。确定患病动物的隔离状态至关重要。使用适当的标识告知所有人员该动物可能具有传染性，并必须采用额外的程序。

隔离设施必须可实现个体之间的隔离。需要设置一个更衣区，进入隔离病房的人员可以穿戴和脱卸适当有效的个人防护装备或设备，保护自己防止感染。这些装备，如长款工作服，医护人员会认为这些工作服并不方便，因此应重视对医护人员的教育和监督（Wortinger, 2011a）。医护工作者还应接受教育或得到指导，根据已知或可疑病原的情况明确哪些 PPE 是必要的（CCAR-CCRA，2008）。

隔离病房

隔离病房的设计应使患病动物无须离开病房。如果可以，应提供足够的笼位、检查区域和体重秤。隔离病房的设计应尽可能减少医院人员和物品的流动。理想情况下，病房内应该设置一个更衣区，工作人员可以在此处穿戴和脱卸个人防护装备，而不会污染医院的其他区域。理想情况下，隔离病房应与医院主要区域分开。

应尽量减少人员与感染动物和隔离病房的接触，与患病动物的接触应限制在指定人员。密闭窗可作为观察窗，医护人员无须进入病房即可大致了解患病动物的情况。闭路电视作为一种有用的设备，甚至可以采取数字视频婴儿监视器的形式，无须进入病房便可频繁远程监测和评估患病动物。

房间应通风良好，理想情况下以适当的交换频率保持负压。在病房与走廊之间应设有坚固的防水墙壁。强烈建议使用带有排水装置和易于消毒的笼子。

病房内应有医疗设备，理想情况下包括供氧设备和雾化器等。隔离病房应避免使用无法清洁和消毒的材料。

在可能的情况下，某些物品（如碗、器皿、听诊器、笔和温度计等）应仅在隔离病房使用。消毒用品与废物容器应随时备好。此外，还应为每只患病动物提供专用的输液架和输液泵，以避免交叉感染。隔离病房还应准备一系列的医疗消耗品，如针头、静脉导管、注射器、敷料、绷带、静脉输液、常规使用的药物、废物袋和清洁消毒用品。为了防止隔离病房中多只患病动物的医疗用品被污染，可以制订一个规程。可以使用自封袋或指定的一次性封闭容器作为每只患病动物单独的医疗包。所需的医疗用品都放在密封的容器中，当患病动物出院时，密封的容器及物品应丢弃。垫褥和设备应用颜色标记，表明仅供隔离病房使用。应小心将被污染的垫料转移至洗衣房。篮子/笼子、导线、背带和嘴套应仅限一只患病动物使用，并在重复使用前进行清洗或彻底清洁和消毒。

理想情况下，隔离单元内应设置负压气流系统，通过该系统将空气引入隔离病房，防止空气从隔离病房流向医院的其他区域（即室外通风）。如果无法实现，可在隔离病房安装高效微粒吸收（HEPA）空气过滤系统。

消毒池 / 消毒垫

消毒池或消毒垫可用来减少（但不能消除）鞋上携带的微生物。消毒池是盛有消毒液的浅容器。消毒垫是一种海绵状的商业脚垫，上面覆盖着耐用、易于清洁的材料，可以用消毒剂浸湿。在多数隔离病房的内侧门口，会放置一个杀菌消毒池。所有医护人员在离开隔离区域前，必须将鞋底浸渍，并踩在一次性吸水垫上。由于使用方便，消毒垫可提高人员的依从性，但与消毒池相比，消毒垫更昂贵且更难维护。关于小动物兽医医院对消毒池和消毒垫的需求和功效的相关数据非常有限。研究表明，在大型动物诊所中，消毒池可以减少鞋子引起的细菌污染问题。虽然其他污染源已被证明在感染传播中更重要，但在小动物诊所的感染控制程序中，由于患病动物经常与地面直接接触，所以不能忽视鞋子和地面的污染。

使用消毒池或消毒垫也要考虑可能出现的问题。很多医院使用防水鞋套，也被认为是一种替代方案。消毒池或消毒垫的使用总是造成消毒液溢出，在光滑的地板上很容易造成滑倒摔伤的危险，这在小动物诊所是常见问题。地面和鞋子与某些消毒剂长时间接触也会造成损坏。当工作人员在污染更严重的区域行走，并且这种污染的传播可能对患病动物或工作人员构成风险时，应考虑使用消毒池或消毒垫。消毒池或消毒垫适用于动物居住区域（如犬的牵遛区域）的出口，那里可能有感染病例，诊所人员出入此处有污染的风险。对于动物被关在笼子里的隔离病房，需要考虑是否需要常规使用消毒垫或消毒池。如果使用消毒池或消毒垫，选择合适的消毒剂很重要。消毒剂应对特定病原体有效，在溶液中较稳定，并在较短的接触时间内有效。氧化剂（如快速稳定的过氧化氢和过氧消毒剂）是理想的。消毒液应每天更换，或在污染严重时尽快更换。

隔离患病动物护理

隔离患病动物不应进入公共区域，也不允许在公共区域或其他动物使用的排泄地点排泄。规模较小的诊所很难做到这一点，因为隔离区内没有额外的空间可供使用。但是，有时候隔离患病动物必须被带到诊所的其他地方进行必要的检查和治疗，如拍摄 X 线片或手术，如果可能的话，应在当天诊疗工作结束后，或在其他动物和人员流动最少的时候进行。最好使用轮床转移患病动物，这可将地面和诊所环境污染的风险降到最低。在处理患病动物时，应始终穿戴个人防护装备。应该注意的是，在手术过程中，其他动物应远离该区域，避免与隔离患病动物直接接触。手术或检查结束后，应立即对该区域进行彻底的清洁和消毒。例如，如果拍摄 X 线片，负责拍摄胶片的人应将放射照相盒放在医疗废物袋内，以尽可能地保护物品不受污染。

理想情况下，应该每天委派一名诊所医护人员护理传染性疾病患病动物。这名工作人员将负责隔离病房的清洁、患病动物治疗、客户沟通，以及在其他过程中提供协助。应告知负责的兽医技师确认该患病动物的隔离状态。如果存在其他风险因素，诊所医护人员可以告知负责人，并停止这项工作。应考虑如怀孕、既往经历或免疫抑制等健康风险因素。

废物处理

所有可能具有传染性的废物均应装入塑料垃圾袋（隔离病房废物应装入双层垃圾袋），然后再转移到指定地点以存放生物医疗废物。可将产生异味的物品放入双层生物医疗废物袋内并将其冷冻，直至生物医疗废物被收集处理。具有传染性疾病或人兽共患病的患病动物体液或组织或可能与它们接触的所有物品都被认为是具有潜在传染性的废物。在隔离病房使用的其他物品也被当作生物 / 医疗废物处理。

临时隔离（住院隔离）

在某些情况下，由于患病动物护理问题或隔离病房的限制，不可能将具有潜在传染性的动物置于隔离病房中。在这种情况下，需要考虑在整个医院环境中对高风险患病动物的管理。这种情况意味着，使用隔离程序以提高保护级别至关重要。应制订具体标准，以确定执行程序的时机。在笼位周围用胶带粘贴在地面可以表明隔离区。胶带内部的区域被认为是污染的。应制订有关处理动物、笼位和笼位周围区域的规程。在医院隔离的动物不应离开隔离区，除非需要接受必要的治疗而转移到医院的其他地方。如果需要转移患病动物，可以使用轮床来减少对环境造成的污染。涉及转移过程的区域应及时清洁和消毒。在与患病动物或其所处环境接触时，应穿戴防护装备，如全身防水工作服或全身防水长袍、手套和专用鞋套或靴套。笼位周围的区域应该被认为是潜在的污染区，并应定期消毒（每天至少 3 ~ 4 次）。在污染区门口使用消毒池或消毒垫，可减少工作鞋的细菌污染（见消毒池 / 消毒垫部分）。患病动物不应与邻近的动物接触，理想情况下，其他患病动物不应被安置在与隔离患病动物接近的地方。应制订清洁住院隔离笼位的具体方案，包括使用指定的、特定的设备和具体的清洁时间。

抗菌药物的管理

对兽医来说，抗菌药物（antimicrobial drug）的使用管理已经变得越来越重要。不仅需要对食品生产情况进行抗菌药物使用评估，还需对伴侣动物的使用情况进行评估。文献表明，某些微生物具备共享耐药基因的能力，这使抗生素的使用受到密切监督（Fishman, 2006）。抗生素耐药性的机制很多。

有效的感染控制策略的制订需要考虑多种因素，应考虑到诊所的具体情况。员工培训是另一个因素。新员工需要了解诊所程序，现有员工应对出现的新情况进行更新。

参考文献

[1] Canadian Committee on Antibiotic Resistance (CCAR-CCRA). Infection prevention and control best practices for small animal veterinary clinics. Vancouver: BC; 2008 CCAR-CCRA.

[2] Dancer S.J. Importance of the environment in methicillin-resistant Staphylococcus aureus acquisition: the case for hospital cleaning. The Lancet Infectious Diseases. 2008; 8(2):101–113.

[3] Fishman N. Antimicrobial stewardship. The American Journal of Medicine. 2006; 119(6 Suppl 1): S53–S61.

[4] Garner J.S. Hospital Infection Control Practices Advisory Committee: guideline for isolation precautions in hospitals. Infection Control and Hospital Epidemiology. 1996; 17:53–80.

[5] Hall M. In: The technician's role in the prevention and control of disease in the small animal hospital. Anaheim, CA: American College of Veterinary Medicine Conference Proceedings; 2010.

[6] Kirby R. In: Antibiotic use in the intensive care unit: challenging cases. Las Vegas, NV: Western Veterinary Conference Proceedings; 2009.

[7] Nakamura R.K., Tompkins E., Braasch E.E.L., et al. Hand hygiene practices of veterinary support staff in small animal private practice. The Journal of Small Animal Practice. 2012; 53:155–160.

[8] National Institute for Healthcare Excellence (NICE). Infection prevention and control of healthcare-associated infections in primary and community care, NICE Clinical Guideline 139 (March 2012). Available at guidance.nice.org.uk/cg139www.nice.org.uk/nicemedia/live/13684/58656/58656.pdf. 2012.

[9] Weese J.S. Staphylococcal control in the veterinary hospital. Veterinary Dermatology. 2012; 23(4):292–298.

[10] Wortinger A. In: Disinfection and disease: what we need

to know. Las Vegas, NV: Western Veterinary Conference Proceedings; 2011a.

[11] Wortinger A. In: Zoonosis: what is all the fuss about?. Las Vegas, NV: Western Veterinary Conference Proceedings; 2011b.

推荐阅读

[1] Stull J.W., Bjorvik E., Bub J., et al. AAHA infection control, prevention and biosecurity guidelines. JAAHA. 2018; 54:1–30.

[2] Sykes J.E., Hartmann K., Lunn K.F., et al. 2010 ACVIM small animal consensus statement on leptospirosis: Diagnosis, epidemiology, treatment, and prevention. Journal of Veterinary Internal Medicine. 2011; 25:1–13.

场景

目的：向员工介绍正确的洗手技巧，并让他们评估自己的手部卫生效果。这个练习可以在任何场所进行，建议将其纳入新员工培训中。

必要的物品或产品如下：

作为评估手部卫生效果的培训练习，可以使用紫外线（UV）荧光洗手液。这些乳液被涂在手上，然后让员工使用标准洗手技术清洗双手。然后在紫外光下检查，手上残留洗液会发出荧光，从而让员工明确手部卫生过程遗漏的部位。这将突出手部卫生在感染控制过程中的重要性。

第 2 部分

小动物急诊

本部分讨论了急诊科内设置有序的工作空间的重要性，以及小动物急诊中的各类情况。兽医技师在稳定患病动物的工作中发挥重要作用。

第13章

急诊病例收治

Andrea M. Battaglia

急诊的准备（preparedness）是一项团队运动。

——Eric Whitaker

学习目标

1. 自己、团队及机构对接诊急诊病例应做何准备。
2. 定义急诊分诊，并描述如何进行分诊。
3. 明确接收急诊患病动物的系统方法。
4. 高效沟通，保障患病动物安全。
5. 识别创伤应激症状，讨论治疗和预防措施。

章目录

关键词

灵敏度
沟通
悲伤
严重程度
准备
团队
创伤应激
健康

接待处于紧急状态的患病动物需要团队合作，并建立明确的角色分工。参与急救的兽医技师可能需要同时扮演双重角色——对宠物提供医疗支持和对主人提供情感支持。两者都有各自的挑战，但技能是可以培养的。

医院的环境需要在观念上达成一致，并致力于对每只患病动物做出快速反应，缓解其紧急状态。只有当所有员工都觉得自己是团队（team）中不可或缺的一员时，这一点才能实现。医院必须致力于协作、相互负责、开放沟通（communication）渠道、对专业认可和尊重，才能取得成功。

急诊护士协会（ENA）强烈建议在急诊中使用特定流程。他们在立场声明中提到：需要使用针对特定疾病制订的医院指南，通过允许护士在医生评估之前开始特定的诊断测试或操作来加快护理，这包括疼痛管理。

兽医技师可以与团队的所有成员合作建立流程，合作成员包括兽医、客户服务代表（前台人员）和兽医助理。

技师笔记

以下是可以用来创建流程的步骤：

- 列出常见的急诊情况和疾病。
- 根据特定的即时检测（POC）数据，列出患病动物所需接受的药物和（或）液体治疗，以及在获得宠主同意后要开始的初步处理。
- 确定后续治疗并与客户沟通。还可以针对具体的情况，为宠主制订后期护理手册。

准备情况评估

测量自己的脉搏。在进入急诊情境之前，先用一点时间整理自己，这一点很重要。许多客户是第一次来急诊，对急诊的工作人员或操作不熟悉。医院有责任在 5 min 或更短的时间内为客户提供良好的第一印象，这将缩短赢得客户信任所需的时间。

医院通过雇佣不同技能的人来创建一个团队，兽医们要依靠辅助人员的协助对患病动物进行护理。客户服务代表（CCR）、兽医助理（VA），以及持证、注册或认证的兽医技师（LVT、RVT、CVT）是一些用来定义特定角色的常用术语。所有人员都应佩戴胸牌，明确表明他们的身份和职位。兽医技师必须始终表明自己是兽医技师，因为宠主常常认为他们就是兽医。

在整个班次中与团队成员进行口头和书面的信息交接，有利于患病动物护理和客户服务。

可以在治疗室放置白板，并定期更新有关来院患病动物的信息。列出的信息可包括以下内容：患病动物姓名、患病动物状态和预计到达时间（ETA）。另外，还可以增加一栏，用于状态的更新，供所有人快速查看。“虚拟白板”的使用正变得越来越普遍，医院管理系统可以提供这些信息，并可在电视屏幕或显示器上进行展示。无论哪种方法，都可以快速获取信息，有助于沟通和保持对情况的了解。

可以在 1 d 中定时进行小组会议，让团队的所有成员参与进来，并保持对情况的了解。召开会议是为了向小组中的所有成员更新入院、住院状态，以及更新与患病动物护理和客户沟通有关的任何其他信息。分配职责、确认库存物资和提出关注重点也是在这个时候进行。团队中的任何人都可以召开小组会议，我们鼓励他们在必要时这样去做。

小组会议示例

客户服务代表：凯西进入治疗区。克拉克医生和梅丽莎技师正准备对一只与豪猪碰撞的浣熊猎犬进行麻醉。助理希拉和另一位技师戴夫正在为一只咳嗽的猫采血。

凯西：我们能不能做个快速交接？我有一些新的信息。大家能听到吗？

所有人回答：是的

凯西：我刚刚接到当地犬收容所的电话，他们要带 2 只犬过来进行遗弃和虐待的评估。其中一只犬听起来可能病得很重，我担心可能是传染病，因为收容所里有其他犬在发生呕吐和腹泻后死亡。他们将在 15 min 内赶到。还有一只 9 岁的拉布拉多猎犬正在路上，患有呼吸困难。主人说犬在散步后出现了呼吸困难。他们将在 30 min 内到达。需要我联系值班兽医吗？

梅丽莎：我大概 10 min 内能完成剃毛。

希拉：我准备协助戴夫在隔离室里对收容所犬进行初步检查。

克拉克医生：我准备接收这只拉布拉多猎犬，所以我认为我们现在不需要呼叫后援支持。但是，如果你在接下来的 1 h 内再接到电话，说我们可能会收治另一只重病或受伤的动物，那么请联系麦卡锡医生。

凯西：好的。如果我们在接下来的 1 h 内再收治任何危重症或受伤动物，我会联系麦卡锡医生。

大多数诊所除了接诊患病动物外，还需要照顾住院的患病动物。职责轮换一直是提高工作满意度的成功方法。兽医技师的职责可能包括实验室、治疗、手术、电话分诊和入院。在轮班开始时分配职责将有助于创建高效的工作流程。

机构设施

兽医急重症护理协会（VECCS）针对医院建立了 3 个级别的认证。通过为人员、设备、医疗记录、通讯和库存物品（包括治疗所需的液体和药品、血液制品和导管）制订指导方针，协助改善机构设施建设。访问 www.veccs.org 可获得认证所需的所有细节。

入口

客户和他们的宠物进入的地方需标识清楚。轮床必须可快速获取，才能安全地将患病动物送入医院。建议放置垃圾桶和标明供犬散步的区域。设立一个处理粪便的站点也有助于传染病的控制。

候诊室

最理想的候诊室是开放的，前台人员可以看到客户和宠物的活动情况。建议设置标识，提醒主人急诊室不是宠物社交的场所。候诊室可放置阅读材料，如解释医院运作、了解各种工作人员角色的小册子，使用可供儿童阅读的材料更优。宠物丢失热线或其他的本地医疗机构信息也应根据需求提供。许多医院还配备电视、咖啡机、零食机，以让客户感到舒适。

建议设置一个用于丢弃垃圾和清洁宠物的地方。在这里可以配备 3 种尺寸的检查手套。

鼓励使用安保系统，包括外部区域的视频监控。团队还应接受如何应对难缠或危险性客户的培训。突发事件不是计划好的事件，都应有不同的应对机制。就诊的客户可能受到毒品或酒精的影响，可能有精神不稳定和沟通障碍，和（或）可能缺乏经济来源。这些会增加客户的压力，并可能导致暴力行为。当地警察部门是极好的资源，而可直接接入警局的“紧急按钮”是一个不错的选择。

由当地执法机构提供的主动射击训练正在成为全国各地雇员的常见继续教育课程。访问 www.FEMA.gov 可以获得更多关于个人可以做什么准备的信息。

团队还应该建立一个工作流程，当前台问诊区的客户表现出威胁的情况下，可以迅速与医院里的其他人沟通。可以用一个既定的暗语来提醒其他人。例如，如果一个客户变得愤怒，客户服务代表可以联系其他区域的团队成员，说：“格林医生需要你到前面来”。这就提醒了整个团队，前台需要更多的帮助。团队应该意识到他们需要扮演的个人角色，包括缓和客户的情绪，将其他客户转移到安全区域，解决宠物的需求，并在认为必要时联系警察增援。

治疗区

为了避免必需品的耗尽，创建一个库存系统是最理想的。许多系统都可用于管理库存，包括基于网络的电子库存管理。一个简单、便宜的方法是使用标签。标签系统包括以下内容：需要订购某物品时，将写有物品名字的彩色标签贴在该物品的存放处，例如，贴在倒数第二盒的口服抗生素上。拿到有标签的物品的人可以将标签放入库存箱中。然后，负责订购的人将以此建立订购清单。

物品的组织放置对于高效的工作流程极为重要。创建急诊包可以节省一定时间，创建的工具包可包括输液包、胸部包扎包（chest tape kit）和猫尿闭包（图 13.1）。所有这些工具包都放在一个易于打开的拉链袋或托盘中。创建工具包可以省去收集物品的时间，从而更有效地稳定急诊患病动物的病情。重要的是要贴上标签，并注意所有

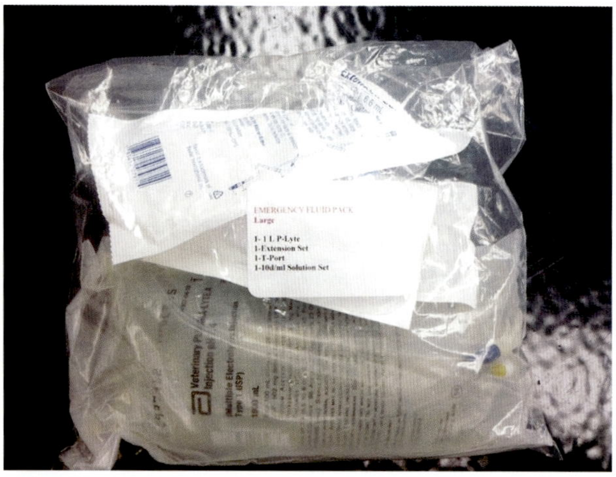

图 13.1　液体包

物品的到期日。此外，还应准备好每个工具包中所包含的物品清单，保证工具包内的物品是一致的，还应建立系统来替换使用过的工具包。

稳定患病动物所需的基本物品应位于相应区域。初步稳定所需物品可以使用器械盘或手推车收纳，包括止血钳、擦洗材料、静脉（IV）导管（22 G、20 G 和 18 G）[骨内（IO）针头（24 G、16 G 和 14 G）也应接近这些型号]，用于固定静脉导管的胶带和包装材料，用于血液即时检测的注射器，以及用于静脉导管的冲洗液。应准备静脉输液管，并准备好随时输液（图 13.2）。

接待急诊患病动物的区域（图 13.3）需要考虑的其他要点如下：

- 用于心肺复苏（CPR）的推车需要装有必要药物、带针头的注射器、气管内插管、按压式球囊。可使用医疗推车或简单的工具箱将所有药物和其他物品井井有条地存放。所需物品清单列于第 14 章（图 13.4）。
- 清楚地标明抽屉和柜子，列出位于这些区域的具体物品。
- 额外的毛巾和绷带材料。
- 注射器、针头、即时检测所需的其他物品。
- 耳镜、检眼镜。
- 加热装置。

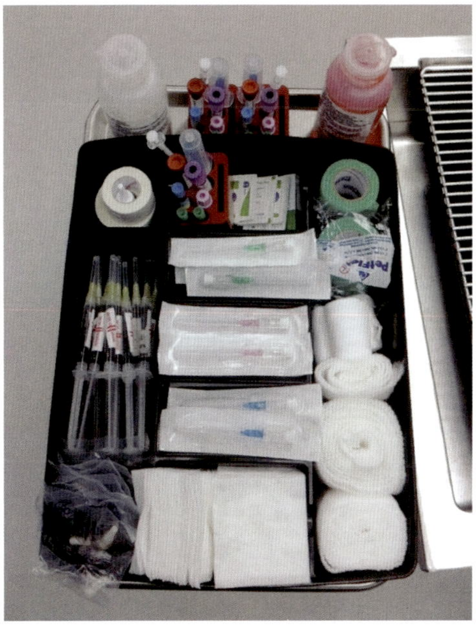

图 13.2　器械盘

- 专用的输液泵。
- 心电图机、血压计、脉搏血氧仪和除颤仪。
- 氧气和吸引泵。
- 各种规格的嘴套。
- 用于缝合伤口的手术包。
- 用于清除口腔异物的长巾钳。
- 用于鱼钩、链条的剪线器。

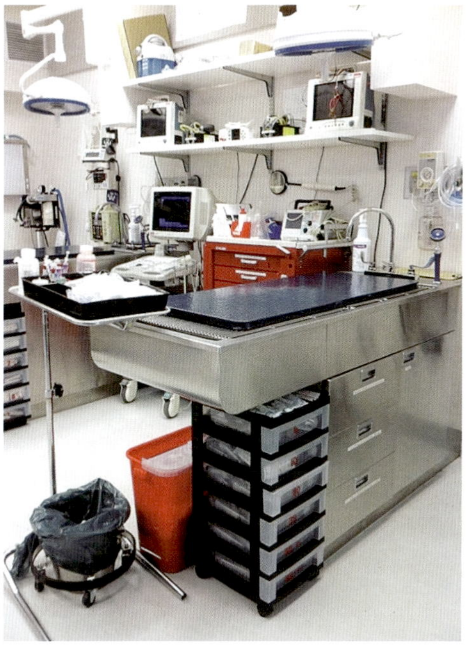

图 13.3　急救区域

图 13.4　手推车

- 止血钳、剪刀。
- 检查手套。

位于急诊接诊处的物品不能被移走或借用。

客户

从接到电话开始，准备好客户到达后要做的事情。许多客户会在电话中要求提供治疗信息，或要求根据他们提供的宠物状况或行为的信息而做出诊断。我们不建议在电话中提供医疗信息，任何建议都可能使病情恶化或延误必要的治疗。

为了保证信息传递的一致性，可以制订标准化的电话话术。这些信息包括开始的问候，解释他们到达后会发生什么，以及收费标准。对于意外到来的客户，可以让他们填写表格，但也需要口头交流，确认他们了解医院为其宠物提供诊疗的流程（图 13.5）。

此时也可以提供一份关于客户探视和宠物在治疗室进行稳定治疗的书面文件。在某些情况下，在初步治疗期间让客户在场对宠物和客户都有利。这可以建立信任，消除客户和宠物分离时的压力。不建议让客户协助保定宠物，如果客户在此过程中受伤，诊疗人员可能需要承担责任。建议客户坐在椅子上，避免因头晕或恶心而受伤（图 13.6）。

急诊治疗同意书　　病例名称 / 号码：__________

经过评估，您的宠物目前处于严重疾病或受伤状态，需要立即治疗。

一位兽医正在检查您的宠物。紧急医疗小组的代表将尽快向您提供最新情况和预估费用。

付款信息：在__________（医院名称）的服务没有预先付款或记账，需要在服务时付款。

初步医疗干预的预估费用：__________

放射学检查：　¥__________

静脉留置针 / 液体治疗：　¥__________

疼痛管理：　¥__________

其他诊断方法：　¥__________

我同意立即接受治疗并接受上述付款条件。

__________（姓名首字母）。

我不同意立即治疗，并希望与兽医交谈。我明白延迟治疗可能导致不良后果。

__________（姓名首字母）

签名：__________　日期：__________

客户关怀代表：__________　日期：__________

图 13.5　知情同意书

急诊患病动物评估

分诊

分诊（Triage）这个词来自法语“分类”或“选择”。军方使用这种方法对大量受伤士兵进行分类。其目的是确定哪些士兵接受治疗可以获救，哪些士兵可以从立即治疗中受益，哪些士兵无论接受何种治疗都不会好转。这一过程还可以快速评估哪些士兵可以重返战场。

兽医急诊医学中有多种紧急接诊的情况。诊所的位置往往决定了可能接诊的病例数量和类型，以及是否会出现分诊的情况。人口较多的地区往往交通发达，特别是在晚上和周末，多只患病动物在几分钟内相继到达的情况并不罕见。

探视规定

我们致力于为您的宠物提供最好的护理。我们理解您很难离开您的宠物，如果确定您的宠物需要停留 24 h 以上，我们鼓励您进行探视。

为保证良好的患病动物护理，以下是我们的探视规定：

- 请致电安排探视时间。
- 在氧舱内的患病动物允许有 5 ~ 10 min 的探视时间，不超过每 12 h 一次。吸氧是您的宠物治疗的重要部分，您可能只能观察。
- 笼边探视：每天 2 次，每次限 2 人，最长 15 min。
- 检查室探视：最多 30 min，每天 2 次。
- 儿童不允许进入治疗区。
- 为了保护其他客户的隐私，所提问题仅限于自己的宠物。
- 请勿接近任何其他住院患病动物。

由于病例数量、急诊或正在进行的手术，有时可能无法探视。如果宠物在您离开后感到不适，我们也可能建议您不要探视宠物。我们感谢您信任我们为您的宠物提供护理的能力，并将尽可能为您提供便利。如果有任何问题或担忧，请随时致电。

图 13.6　探视规定

分诊的两个主要目的是评估需要立即治疗的患病动物，以及为来院的患病动物确定治疗的优先次序。对生病或受伤的宠物进行快速评估和分类，对提高急诊室的效率至关重要。正确地确定优先次序和资源分配往往是急诊接诊兽医技师的职责。

通过观察、询问病史和获取生命体征来确定患病动物反应的灵敏度（acuity），从而完成分诊。目的是迅速收集足够的信息进行评估。这也是评估客户的情感状况和是否需要进一步支持的时候（图 13.7）。

迎接客户

技师笔记

挂在候诊室入口门后的镜子可用于检查仪容。

- 你是否记得擦掉在上次中毒治疗期间喷在你脸上的活性炭，或清除手上的血迹？
- 刚吃过午饭？晚餐？吃了含洋葱的零食？薄荷糖是理想的选择（避免口香糖），并剔除牙齿之间的菜叶。
- 呼吸。保持冷静。慢慢说。客户和宠物都会很快识别出一个有压力或紧张的人。表现出自信、专业的风度。

准备工作

- 笔、听诊器、温度计、检查手套和手表是必需品。
- 可以准备一个绷带小推车，用于快速处理开放性伤口。
- 在调查表上注明患病动物名称和病例号。
- 检查主人填写的表格，包括患病动物的名称和性别等必要信息。

方法

- 介绍自己和作为急诊收治技师的工作。
- 通过叫宠物的名字来和宠物打招呼，并注意其反应。
- 如果有时间，对宠物的初步评估应该在宠物意识到你的存在之前，在远处进行。这可以使你能够观察到动物在接近时可能不会表现的临床症状。
- 询问主人将宠物带到诊所的主要原因，并使用表格来指导询问和记录其所提供的信息。理想情况下，这些应该在远离其他客户的地方完成。
- 在候诊室通过观察进行快速评估，以确定是否需要前往检查室获取生命体征［体温、脉搏、呼吸（TPR）］，或者候诊室中的其他患病动物是否更紧急。
- 非急症（0）。
  - 无论等待时间是多久，都应告知客户，并鼓励客户在宠物病情恶化时通知前台人员。
  - 将所有发现和病史提交给兽医，并制订计划。建议进行更彻底的诊断检查。如果确定宠物需要住院治疗，则与客户讨论可能进行 CPR 程序。
  - 如果等待时间超过 10 min，应通知客户。
- 亚急症（1）。
  - 解答客户所关注的问题，并陪同进入检查室，完成完整的 TPR。签署治疗同意书。
  - 与客户讨论可能进行 CPR 程序，由客户决定是否需要团队在需要时进行 CPR。
  - 所有发现和病史都会提交给兽医，以及进行更彻底的检查，并与客户进行讨论。确定方案，经客户同意后进行治疗。
- 急症（2）。
  - 告知客户需要立即稳定病情，获得客户口头同意，并签署同意书。
  - 与客户讨论可能进行 CPR 程序，由客户决定是否需要团队在必要时进行 CPR。
  - 开始对宠物进行初步病情稳定。在稳定病情的同时获取病史。
  - 在 10 min 内向客户提供最新情况。
- 濒危（3）。
  - 告知客户由于宠物有生命危险，有必要立即进行稳定治疗。获得客户的口头同意，并签署同意书。
  - 与客户讨论可能进行 CPR 程序，由客户决定是否需要团队在必要时进行 CPR。

急诊收治调查表

日期：	抵达时间：	病例编号：	宠物名称 / 客户名称：
性别 / 年龄 / 物种：		主诉：	

病史

疾病或病情的持续时间？				
目前服用的药物？				
给予的非处方药？				
接触潜在毒素？				
宠物是如何饲养的？	室内	室外	散养	圈养
环境变化？	是	描述一下：		否
饮食？				
食欲？	正常		减少	废绝
狂犬病疫苗接种日期：（需要证明）				
其他疫苗接种日期：				
呕吐 / 腹泻？	是	描述一下：		否
排尿没有困难？	否	描述一下：		是
行动正常吗？	否	描述一下：		是
其他变化？				

初步检查

呼吸频率 / 通气状态
肺音
心率 / 心音
脉率 / 质量
CRT/ 黏膜颜色
体温
疼痛等级评定 *
如果有疼痛感，记录位置
能自主活动吗？
意识水平（BAR- 清醒警觉反应灵敏，QAR- 安静警觉反应灵敏，昏睡）
行为（蓝色——友好型、互动型，黄色——保守型，红色——戒备型）

整体评估

非急症	亚急症	急症	濒危
评估完成时间：			

* http://www.vasg.org/pdfs/CSU_Acute_Pain_Scale_Canine.pdf

* http://www.csuanimalcancercenter.org/assets/files/csu_acute_pain_scale_feline.pdf

图 13.7 分诊调查表

○ 开始对宠物进行初步病情稳定。在稳定病情的同时获取病史。

○ 在 10 min 内向客户提供最新情况。

初步评估和确定宠物的紧急程度平均可能花费 5 min。如果可以的话，在这个时候向客户提供对等待时间的实际预期。大多数客户会理解，当有重病或受伤的宠物就诊时，自己的等待时间会延长；定期更新情况是很好的措施。

急诊严重指数（ESI）已经在人类医学中发展起来，包括 2 ~ 5 级严重程度分级系统。3 级（急症、亚急症、非急症）或 5 级（抢救、急症、亚急症、非急症、转诊）的类别往往更受欢迎。建立 ESI 的好处包括：由经验丰富的分诊护士对每位患者进行评估，确定需要立即治疗的患者，并提供急救，以及解决患者和家属的情感需求。

ESI 还要求分诊护士确定稳定患者病情所需的资源数量。资源包括诊断、静脉输液治疗、其他药物，或简单（如导尿管）或复杂（如留置胸导管）的操作。事实证明，建立一种有效识别动物灵敏度的方法可以提高团队效率和客户服务水平。

兽医评分系统通常用于评估疼痛、意识水平和创伤。图 13.8 所示为改良格拉斯哥昏迷量表和创伤动物量表，可作为患病动物状态统一化的参考。

还应与宠主讨论 CPR 程序，确定如果患病动物出现呼吸或心脏骤停，是否允许医疗团队进行 CPR。常见的颜色代码包括：红色，不进行 CPR；黄色，仅限闭胸 CPR；绿色，必要时开胸 CPR。

沟通

一旦确定了患病动物病情的严重程度（level of severity），就应制订计划，并传达给团队成员。重要的是，要确认所传达的信息被恰当地接收。这可以通过使用核对或闭环沟通技术来实现。这涉及发送者（提供信息或命令的人）和接收者（聆听并负责分享信息或执行命令的人）确认沟通的准确性。

闭环沟通示例

克拉克医生（发送者）是急诊收治的兽医，他已经离开检查室，需要去 2 号检查室讨论患病动物的治疗计划。梅丽莎（接收者）是当天的急诊收治技师。

克拉克医生：梅丽莎，2 号检查室有一只中等大小的混种犬，我需要你为它采集血液样本进行莱姆病检查。请使用 4DX 检验。需要多抽点血，若测试结果为阴性，可以进行更多的测试。它可能会咬人，所以要小心。

梅丽莎：好的，克拉克医生。我会完成 4DX 检验，并保留一些血液样本，以防 2 号检查室的犬需要进行额外的检查，我知道它可能会咬人，需要戴上嘴套。

克拉克医生：正确。谢谢。

紧急情况下，很容易造成沟通不畅。医院可以在如何进行沟通方面建立明确的期望和准则，以避免错误。

在紧急情况下使用以下核对：

混种犬在到达时正在抽搐。宠主已经同意立即稳定病情，分诊小组将犬带到治疗区。放置静脉导管。

克拉克医生：梅丽莎，请静脉注射 5 mg 地西泮。

梅丽莎：抽取 5 mg（1 mL）地西泮，并进行静脉注射。

克拉克医生：正确，谢谢。

实施这种沟通方式将有助于避免错误并保证患病动物安全。核对也可以使其他人确认他们所听到的内容，并保持对情况的了解。

记录也有助于防止错误。可以制订核对表和入院表，协助确认指令是否清晰准确。当需求完成后，该表格也可以作为记录。入院表格印在独特的彩色纸上，以便快速识别。表格内包含一个简短的陈述，包括介绍、最初的生命体征、建议的治疗方法和操作要求。所列的每项内容都附有方框，一旦完成就可以标记出来。这张表可以作为一种工具，用于确定患病动物住院后需要完成的治疗或操作的优先次序（图 13.9）。许多医院的

A 创伤量表

等级	灌注	心脏	呼吸	眼部 / 肌肉 / 皮肤	骨骼	神经系统
0	黏膜粉红色、湿润 CRT ＜ 2 s 直肠温度≥ 37.8℃（100℉） 股动脉搏动强烈有力	HR：犬为 60 ～ 140 次 /min 猫为 120 ～ 200 次 /min 正常窦性心律	呼吸频率规律，无喘息声 无腹式呼吸	擦伤、撕裂：无或轻度 眼睛：无荧光素着色	三肢或四肢可以负重，没有可触及的骨折或关节松弛现象	中枢：意识清晰，警惕性高，对周围环境有兴趣 外周：脊髓反射正常，四肢有目的性的运动，痛觉正常。
1	黏膜充血或淡粉色，有黏性 CRT 为 0 ～ 2 s 直肠温度≥ 37.8℃（100℉） 股动脉搏动良好	HR：犬为 140 ～ 180 次 /min 猫为 200 ～ 260 次 /min 正常窦性心律或 VPC ＜ 20 次 /min	呼吸频率、力度轻度增加，和（或）腹式呼吸 轻度上呼吸道杂音	擦伤，撕裂，但未累及深层组织 眼睛：角膜撕裂 / 溃疡，未穿孔	闭合性四肢 / 肋骨骨折或任何下颌骨骨折 单一关节松弛 / 脱位，包括骶髂关节 骨盆骨折伴单侧完整髂骨髋臼 单肢体腕关节 / 跗关节处或以下开放 / 闭合性骨折	中枢：意识清楚，但呆滞、抑郁、孤僻 外周：脊髓反射异常，四肢有目的性的运动，痛觉正常
2	黏膜淡粉色，有黏性 CRT 为 2 ～ 3 s 直肠温度＜ 37.8℃（100℉） 可检测到股动脉搏动，但不理想	HR：犬＞ 180 次 /min 猫＞ 260 次 /min 持续性心律失常 动脉搏动	中度的呼吸力度增加，伴随腹式呼吸，肘部外展 中度上呼吸道杂音	擦伤、裂伤：深层组织受累，动脉、神经、肌肉完好 眼睛：角膜穿孔，眼球穿孔或眼球突出	多个1级病症（见前文） 腕关节 / 跗关节上方的单一长骨开放性骨折，皮质骨保留，非下颌骨颅骨骨折	中枢：无意识，但对痛觉刺激有反应 外周：2 个或 2 个以上的肢体缺乏有目的地运动，痛觉完好，或只有 1 个肢体没有痛觉；肛周和（或）尾部痛觉存在
3	黏膜灰色、蓝色或白色 CRT ＞ 3 s 直肠温度＜ 37.8℃（100℉） 未检测到股动脉搏动	HR：犬为 60 次 /min 猫为 120 次 /min 无规律心律失常	明显的呼吸费力或喘息 / 濒死呼吸或不规律的呼吸 气道完全或接近完全堵塞	穿透胸腔 / 腹腔的擦伤、撕裂：深层组织受累，动脉、神经或肌肉受损	除尾骨外的椎体骨折 / 脱位 跗骨 / 腕骨以上多处长骨开放性骨折 跗骨 / 腕骨以上单一长骨开放性骨折伴皮质骨缺失	中枢：对所有刺激无反应；难治性癫痫发作 外周：2 个或以上肢体无痛觉；无尾部或肛周痛觉

图 13.8 A，创伤量表

B 改良格拉斯哥昏迷量表

	评分
运动能力	
步态正常，脊髓反射正常	6
偏瘫，四肢瘫痪，或肢体活动不协调	5
卧位，间歇性伸肌僵硬	4
卧位，持续伸肌僵硬	3
卧位，持续伸肌僵硬，伴有眼球震颤	2
卧位，肌肉张力低下，脊髓反射减弱或消失	1
脑干反射	
瞳孔对光反射和头眼反射正常	6
瞳孔对光反射缓慢，头眼反射正常或减弱	5
双侧无反应性瞳孔缩小，头眼反射正常或减弱	4
瞳孔尖锐，头眼反射减弱或消失	3
单侧无反应性瞳孔散大伴头眼反射减弱至消失	2
双侧无反应性瞳孔放大，头眼反射消失	1
意识水平	
偶尔会有警觉性，对环境有反应	6
抑郁或谵妄，能够做出反应，但反应可能不适当	5
半昏迷，对视觉刺激有反应	4
半昏迷，对听觉刺激有反应	3
半昏迷，只对重复的有害刺激有反应	2
昏迷，对重复的有害刺激无反应	1

C 改良格拉斯哥昏迷量表（MGCS）评分分级和预后建议

分数等级	实际 MGCS 分数	预后建议
Ⅰ	3 ~ 8	死亡
Ⅱ	9 ~ 14	谨慎
Ⅲ	15 ~ 18	良好

图 13.8（续） B，改良格拉斯哥昏迷量表。C，改良格拉斯哥昏迷量表评分分级和预后建议

［A 来自 Rockar,R. A., Drobatz, K. J., & Shofer, F. S. (1994). Development of a scoring system for veterinary trauma patient. Journal of Veterinary Emergency and Critical Care , 4[2], 77–84. B 和 C 来自 Platt, S. R., Radaelli, S. T., & McDonnell, J. J. (2001). The prognostic value of the modified Glasgow Coma Scale in head trauma in dogs. Journal of Veterinary Internal Medicine,15[6], 581–584.］

信息管理系统可以在无纸化环境中保存所有这些信息。电视屏幕或显示器可以显示住院患病动物的信息、即将进行的治疗等，所有工作人员都可以轻松访问电子病例。

所有诊断和护理的结果都会记录在治疗表或电子记录中。一张包含紧急药物计算和客户联系信息的速查卡也是一个有用的工具。

重新振作

急诊收治技师的角色不仅包括对动物，也包括对宠主的关怀。面对死亡、人类和动物的痛苦，努力抢救依旧有失败的可能，是急诊医学工作的一些现实困难。兽医还有另一种压力，那就是即使治疗可以挽救宠物，也不得不实施安乐死，因为客户的决定才是最终选择。

经常听到从事急诊工作的人说，他或她很享受肾上腺素激增的感觉。如果不加以管理，这种肾上腺素激增可能会产生负面影响。一项研究表明，急救医务人员在处理危及生命的患病动物后，其皮质醇值恢复不足。动物病情的严重程度与医务人员反应有直接关系。

战或逃反应中，肾上腺素和皮质醇水平的上升会加快心率，减少消化，将血流分流到主要肌群，并引起其他自主神经系统的变化。这样能提供反应的能量和达到力量的暴发，但在感知到的威胁或紧急情况解决后，应该出现放松的反应。从事急诊和重症监护医学的医护人员在处理他们的患病动物和客户的需求时，会在一天中频繁经历这种战或逃反应。但是，工作经验似乎可控制生理反应的程度。

许多术语可以用来定义这种情况，包括创伤应激（trauma–induced stress），帮助所诱发的创伤，以及继发性应激障碍。所有这些都可以导致职业倦怠和慢性应激综合征。应激可能导致心脏病、抑郁症，以及其他身体和情绪健康问题。工作表现、工作满意度和知识记忆也会受到负面影响。

保持健康（wellness）和熟悉应对机制是成为一名成功的急诊和重症护理技师的关键。在发生

急诊接收表

日期：	时间：	病历号：	宠物名称 / 客户名称：
性别 / 年龄：	品种：	体重：	
性格：	主诉：		
入院 TPR　T-（　）P-（　）R-（　）	严重程度：		CPR 程序：

问题列表	1.	2.	3.
	4.	5.	6.

静脉留置针放置			
类型	型号	位置	姓名首字母

其他留置管			
类型	型号	位置	姓名首字母

液体治疗 / 血液制品				
类型	速率	方式	总量	时间

疼痛管理 / 镇静				
类型	频率	方式	剂量	时间

其他药物				
类型	频率	方式	剂量	时间

床旁诊断				
时间	类型	方式	结果	姓名首字母

监测	
时间 / 姓名首字母	
体温	
心率（HR）	
呼吸频率（RR）	
脉搏质量（PQ）	
黏膜（MM）/CRT	
血压	
脉搏血氧	
ECG	

实验室监测	
时间 / 姓名首字母	
红细胞压积 / 总固体量（PCV/TS）	
血糖	
氮质血症	
乳酸	

图 13.9　入院表示例

创伤应激事件后，医院应强制技师进行 5 ~ 10 min 的休息。休息时要远离事件发生的楼层或区域。每个人都有他或她自己的应对能力，应该尊重当事人如何利用暂停时间。我们鼓励所有人使用已知的减压练习，包括呼吸技巧、冥想、运动和音乐。第 29 章对此主题进行了详细介绍。

汇报是另一个成功用于开放式沟通、提供支持，并与所有参与者回顾事件的工具。汇报活动还可以为团队提供想法，帮助调整方法或途径，以在未来更加成功。由团队中公认的领导者之一发起汇报是最有效的，且医院文化应将错误视为一个学习的机会。

技师笔记

汇报会议的格式如下，只需要 3 ~ 5 min：

- 共同对汇报的目的进行快速回顾。团队应该明白，汇报的目的不是为了确定谁犯了错误，而是为了确定需要采取何种行动，以防止错误的发生或改善未来的结果。这也是让参与者与其团队公开分享和评估情况，从而获得一些总结的一种方式。
- 汇报始于对关键事件的准确回顾和记录。
- 所有工作人员分析事件发生的原因，以及哪些干预措施是成功的或失败的。
- 应该讨论从这次经历中获得了什么，如果情况再次发生，可以做出哪些改变。
- 如果情况再次发生，应制订计划来实施改变，以取得更好的效果。

悲伤（grief）是急诊兽医技师经常需要面对的另一种情绪。当干预措施不成功，发生患病动物死亡或经历客户的悲伤时，就会引发兽医技师的悲伤。

为悲伤的客户提供的支持包括以下内容：

- 询问他们需要什么。
- 帮助他们与家人或朋友联系，并为他们提供额外的资源，包括失去宠物支持小组。
- 尽可能回答他们的任何问题，并主动为他们寻找你无法回答的问题的答案。
- 提供一个与宠物道别的机会，并提供一个安静的私人房间。
- 提供记忆选项，如一个爪印或一绺被毛。
- 不要评判悲伤的客户。

支持自己包括以下内容：

- 要意识到接触处于紧急状态的宠物，以及它们主人的悲伤，是治疗过程的一个重要部分。
- 你必须给自己预留时间去悲伤和处理情绪。
- 利用现有的处理悲伤的资源。
- 如果你发现自己无法控制自己的悲伤，请寻求外部帮助。
- 找到适合你的自我保护策略。
- 应对建议包括定期锻炼、戒烟、限制饮酒、控制体重、量入为出，以及在同事、家人和朋友中建立相互支持的网络。
- 急诊收治为技师提供了使用各种技能和完善技术的机会。对兽医技师来说，投资自己保持身心健康是很重要的。这将有助于保持工作满意度，为客户和宠物提供必要的支持（图 13.10）。

图 13.10 宠物与儿童

推荐阅读

[1] Emergency Nurses Association. Use of protocols in the emergency setting. Available at www.ena.org.

[2] Escriba-Aguir V., Martin-Baena D., Perez-Hoyos S. Psychosocial work environment and burnout among emergency medical and nursing staff. International Archives of Occupational and Environmental Health. 2006; 80:127-133.

[3] Flannery R.B. Managing stress in today's age: a concise guide for emergency services personnel. International Journal of Emergency Mental Health. 2004; 6(4): 205-209.

[4] Gilboy, N., Tanabe, T., Travers, D., Rosenau, A.M. Emergency Severity Index (ESI): A Triage Tool for Emergency Department Care, Version 4. Implementation Handbook 2012 Edition. AHRQ Publication No. 12-0014. Rockville, MD. Agency for Healthcare Research and Quality. November 2011.

[5] Keene E.z Hutton N., Hall B., et al. Bereavement debriefing sessions: An intervention to support health care professionals after the death of a patient. Pediatric Nursing. 2010; 36(4): 185-189.

[6] Mace, S. E., & Mayer, T. A. Triage. In J. Baren, S. G. Rothrock, J, Brennan, et al., (Eds.), Pediatric emergency medicine (pp. 1087-1096). Philadelphia, PA: Saunders.

[7] Platt S.R., Radaelli S.T., McDonnell J.J. The prognostic value of the modified Glasgow Coma Scale in head trauma in dogs. Journal of Veterinary Internal Medicine. 2001; 15 (6): 581-584.

[8] Rockar R.A., Drobatz K.J., Shofer F.S. Development of a scoring system for the veterinary trauma patient. Journal of Veterinary Emergency and Critical Care. 1994; 4(2):77-84.

[9] Santana-Cabrera L. What's new in emergencies, trauma and shock? Study stress in emergency medicine. Journal of Emergencies, Trauma, and Shock. 2009; 2(3):147-149.

[10] Sluiter J.K., VanderBeck A.J., Frings-Dresen M.H. Medical staff in emergency situations: Severity of patient status predicts hormone reactivity and recovery. Occupational and Environmental Medicine. 2003; 60(5): 373-374 discussion 375.

[11] Stamm B.H. Work related secondary traumatic stress. PTSD Research Quarterly. 1997; 8(2):l-6.

[12] Team strategies and tools to enhance performance and patient safety. Available at www.teamstepps.org. Accessed July 2, 2014.

[13] Whafs Your Grief. Supporting grieving families: tips for RNs and others on the front line. Available at www.whatsyourgrief.com/supporting-grieving- families-tips-ms-nurses. Accessed August 6, 2014.

[14] Wiler J., Gentle C., Halfpenny J., et al. Optimizing emergency department front-end operations. Annals of Emergency Medicine. 2010; 55(2): 142- 160.

[15] Gurney, D., Bush, K., Gillespie, G., et al, Emergency Nurses a Association Use of Protocols in the Emergency Setting. www.ena.org/sitecolectiondocuments/position%20 statements/useofprotoc ols.pdf, accessed July 23, 2014.

场景

目的：为兽医技师提供机会，建立或加强快速评估典型急诊病例的能力。

背景：急诊室被认为是二级设施，始终至少有 4 名工作人员，包括 1 名急诊科临床医生、2 名兽医技师和 1 名接待员，必要时协助保定动物。还有 1 名后备临床医生随时待命，协助进行手术。

场景

周日上午。

病例 1：一只 7 岁雄性德国牧羊犬于上午 11 点走进医院。主人表现很放松，他说犬整晚都不想躺下，干呕一次，而且不吃东西。

初步评估确定心动过速（心率：160 次 /min）、脉搏短绌、呼吸急促、体温 39.5℃（103.2℉）、黏膜深粉红色、湿润，CRT>1 s。犬在踱步，不想坐下。

病例 2：一只 4 岁雌性迷你杜宾犬在上午 11 点被主人抱来。主人非常悲痛，哭泣，手上有明显的血迹。主人描述 20 min 前发生的事件：一只大型混种犬（流浪狗）对这只迷你杜宾犬进行攻击。

初步评估确定正常的 TPR［体温：38.8℃（101.8℉），心率：125 次 /min，呼吸频率：36 次 /min］。犬看起来很舒服，没有明显的咬伤。

病例 3：一只 2 岁公猫在上午 11 点 05 分被人抱进了诊所。主人对不得不在这只猫身上投入时间或金钱感到很不高兴。来访的唯一原因是主人认为猫很痛苦。主人描述这只猫在屋子里走来走去，嚎叫着，而且不吃东西。由于猫具有攻击性行为，初步评估仅基于视觉。

初步评估显示，猫有呼吸急促（呼吸频率：60 次 /min）、嚎叫。

病例 4：一只 8 岁雄性拉布拉多猎犬在上午 11 点 15 分走进医院。主人似乎喝醉了，开始让他的犬在等候区向其他人打招呼。主人说犬的右后腿自今天早上从码头上跳下来后就瘸了。

初步评估确定心动过速（心率：134 次 /min）；脉搏正常；呼吸频率：30 次 /min；体温：37.9℃（100.3℉）；黏膜呈粉红色，湿润。犬摇晃着尾巴，非常活跃。

演示

- 将案例想法写在单独的卡片上，并将卡片放在椅子上。
- 工作人员审查卡片，并有 3 ~ 5 min 时间审查每例病例。
- 回答病例评估后的问题。
- 讨论应该继续进行，而不是以找到正确答案为目标。

场景（续）

问题

- 你认为哪只患病动物需要先由临床医生进行评估？解释原因。
- 你会如何对待每只患病动物？
- 你会对哪只患病动物进行包括 TPR 在内的初步评估？解释原因。
- 在最初评估 TPR 之前，你将如何使用非急症、亚急症、急症和濒危对每只患病动物进行分类？
- 你认为哪只患病动物需要立即稳定病情，包括静脉留置针、静脉输液、疼痛管理和诊断？解释原因。
- 你认为哪些患病动物 / 宠主需要等待？
- 你会如何向宠主解释延迟服务的原因？
- 如果未对该患病动物进行评估，可能出现哪些并发症？
- 如果医疗干预延迟，可能会出现哪些并发症？
- 你会为需要等待的患病动物 / 宠主做些什么？

教学要点

- 为兽医技师提供机会回顾医院的流程，制订分诊的准则。
- 将观察客户作为评估的一部分。
- 兽医技师可以对现有情况进行评估，并有机会进行公开讨论。

参考资料

- 分诊调查表。
- 创伤评分系统。

第14章

休克患病动物的管理

Harold Davis

学习目标

1. 定义并了解休克的类型。
2. 了解各种休克类型的不同治疗方法。
3. 识别休克。

章目录

关键词

心输出量
乳酸
氧合作用
灌注
复苏
休克

兽医技师在急重症动物的管理中起着不可或缺的作用。许多急重症动物的疾病过程会导致组织灌注（perfusion）不良，从而导致氧气输送不足。这种情况通常被评估为休克（shock）。休克被定义为细胞能量产生不足。休克最常继发于低血流量或血流量分布不均导致的组织灌注不良，这会导致与耗氧量相关的氧气输送严重减少（de Laforcade and Silverstein, 2015）。休克通常分为几类（如心源性、败血性、低血容量性），引起休克的原因很多。但不管为何种休克，目标都是优化氧输送。本文概述了氧输送的决定因素，并对休克的病理生理学、评估和管理进行了综述。

休克的类型

定义休克有许多不同的分类方法。在某些情况下，不同类型之间存在重叠。为了方便讨论，本书根据致病的病理生理机制将休克分为6种不同类型。归根结底，治疗的重点是优化氧输送。心源性休克是一种由心力衰竭引起的休克，但不包括心脏以外的因素（即心包填塞、腔静脉综合征）。泵衰竭可由肥厚型心肌病或扩张型心肌病、瓣膜功能不全或狭窄、心律失常或纤维化导致。分布性休克常被用来描述与血流量分布不均有关的休克状态。分布性休克的初始原因包括败血症、过敏反应、创伤和神经源性问题。低血氧性休克是动脉血中氧含量（oxygen content，CaO_2）降低。代谢性休克发生于身体组织无法提供足够的营养用于细胞产生能量，或细胞无法利用输送的氧气和营养的情况。梗阻性休克是由循环系统中的物理性梗阻引起的。心丝虫病、心包积液、肺栓塞和胃扭转都可导致血流受损。低血容量性休克是血管内容量减少的结果。容量减少可能是因为失血、第三腔丢失或过度呕吐、腹泻和利尿导致的液体流失。低血容量性休克是小动物最常见的休克类型。

技师笔记

对技师而言，了解不同类型的休克非常重要，因为不同类型休克的处置方式不同。

氧输送

氧输送（oxygen delivery，DO_2）代表每分钟输送到组织的氧气量或体积。DO_2 是心输出量（cardiac output，CO）和动脉血中氧含量（CaO_2）的乘积。在大多数实际情况下，计算 DO_2 是不可能的。然而，这个概念很重要，可以解释“生命之树”（图 14.1）中 DO_2 的几个组成部分。心输出量是每搏输出量和心率的乘积。为了改善或增加心输出量，需提高心率或增加每搏输出量。每搏输出量是心脏每次跳动时泵出的血量，有 3 个主要因素决定了每搏输出量。每搏输出量的增加与以下 3 个因素成正比：①心脏舒张期心室壁的弹性（前负荷）；②收缩强度（心肌收缩力）；③阻止血液从心脏流出的力减少（后负荷）。

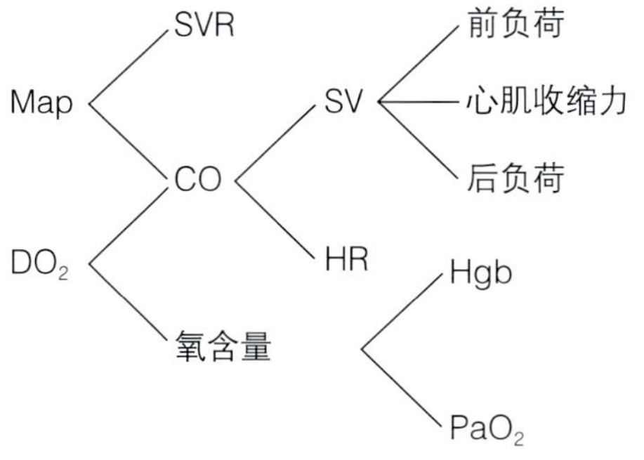

图 14.1 氧输送（DO_2）的决定因素

CO，心输出量；Hgb，血红蛋白；HR，心率；Map，平均动脉压；SV，每搏输出量；SVR，全身血管阻力，PaO_2，动脉氧分压。

氧含量（CaO_2）指的是动脉血液中的氧气含量。氧气溶解在血浆中，或与血红蛋白（hemoglobin，Hb）结合。CaO_2 由图 14.2 中的公式定义。

血红蛋白是血液中氧气的主要载体。每克血红蛋白可携带 1.34 ~ 1.39 mL 氧气，当血红蛋白浓度为 15 g/dL（150 g/L）时，每分升血液可携带 20.1 mL 氧气。当动脉氧分压（PaO_2）为 100 mmHg 时，每分升血液中只有 0.3 mL 氧气溶解于血浆中。

休克的病理生理学

心源性休克

有几个因素与心源性休克有关，包括无效的前向血流、结构问题，以及收缩和舒张功能障碍。最终导致组织灌注不良和氧输送不足（图 14.3）。尽管有足够的血容量，但前向性衰竭会导致组织灌注不足，进而无法满足细胞的能量需求，最终

$$CaO_2 = (1.34 \times Hb \times SaO_2) + (PaO_2 \times 0.003)$$

图 14.2 氧含量（CaO_2）公式。每克血红蛋白能够携带 1.34 mL 氧气（1.34 ~ 1.39 mL）

Hb，血红蛋白水平；PaO_2，动脉氧分压；SaO_2，动脉血氧饱和度；0.003，氧气在血浆中的溶解系数。

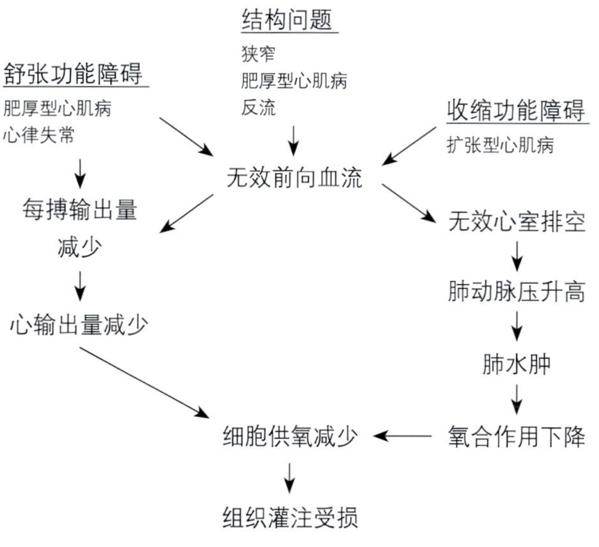

图 14.3 心源性休克的病理生理学概述

导致心源性休克。心源性休克由每搏输出量的决定因素（前负荷、心肌收缩力和后负荷）的改变引起。收缩或舒张功能障碍都可能导致每搏输出量减少和心源性休克。

可能导致收缩功能障碍的原因包括扩张型心肌病（dilated cardiomyopathy，DCM）或结构性原因（狭窄、肥厚型心肌病和反流）。DCM 导致收缩力降低，从而导致每搏输出量和前向血流减少。前向血流减少也可能由狭窄（梗阻性）或肥厚型心肌病（舒张功能衰竭）引起。瓣膜功能不全可导致反流，从而减少前向血流，导致心源性肺水肿。

舒张功能障碍可由肥厚型心肌病和心律失常引起。患有肥厚型心肌病时，由于心肌不能放松而导致舒张末期容积（前负荷）降低。由此引起的前负荷降低导致每搏输出量和心输出量减少。

心律失常可导致前负荷不足或收缩功能降低。快速心律失常使心脏没有足够的时间充盈，导致舒张末期容积减少，从而导致每搏输出量和心输出量减少。心输出量不足可导致心肌灌注差，从而引起收缩功能降低和心律失常，加重心脏功能障碍。

分布性休克

当血管腔室扩张（血管扩张）时，正常的血容量不足以填充扩张的腔室，血液从心脏和中枢循环转移，就会发生分布性休克。前负荷减少，最终导致每搏输出量和心输出量减少，但血容量并没有绝对减少。血管容积的扩张是由血管张力丧失导致的。两种机制可导致血管张力丧失：交感神经对血管张力的控制减弱，以及血管舒张介质的存在。

败血症、过敏反应和神经源性疾病可导致分布性休克。败血症是对感染的全身性炎症反应。发生败血症时，机体会释放各种影响毛细血管通透性和血流在组织和器官内分布的介质。例如，前列腺素即为其中一种可以引起血管舒张的介质。过敏反应是机体对某种物质产生免疫介导反应的结果，如昆虫毒素或药物。免疫介导反应导致血管舒张介质（如组胺）的释放。这些介质会导致毛细血管通透性增加，以及小动脉和小静脉扩张。交感神经系统的破坏也会导致血管张力丧失。脑干血管舒缩中枢的输出可能会因缺氧、镇静药物或低血糖而中断。这种神经源性反应的最终结果是前负荷降低、每搏输出量减少、心输出量减少，最终导致 DO_2 减少。总之，分布性休克会引起血管不适当扩张，导致相对低血容量或无法完成有效的血管收缩。

低血氧性休克

当动脉血中氧含量（CaO_2）降低时，就会发生低血氧性休克。红细胞数量和血红蛋白减少（携氧能力下降）或动脉血氧合作用（oxygenation）降低（低氧血症）均可引起低血氧性休克。低血氧性休克可能由贫血导致的携氧能力下降或呼吸道疾病导致的低氧血症引起。

代谢性休克

当细胞产生能量所需要的营养物质不足或输送的氧气和营养物质利用不足时就会发生代谢性休克。低血糖是代谢性休克的一个潜在原因，因为此时柠檬酸循环没有底物来生成足够的三磷酸腺苷（ATP）。在氰化物中毒时，虽然有足够的氧气输送到线粒体，但电子传递链无法产生 ATP。

梗阻性休克

梗阻性休克时，血管系统中的血流存在机械性阻塞。梗阻可发生于大血管、心脏或肺部。梗阻的位置、程度，以及对全身灌注的影响是血流梗阻是否会导致休克的重要决定因素。可能会发生右心压力升高（中心静脉压）和静脉回流受阻（前负荷）。

低血容量性休克

低血容量性休克是一个复杂的动态过程，涉及许多代偿机制。最初，由于某些原因导致血容量减少。由于血管内容量减少，静脉回流和心室充盈（即前负荷）减少。随着心室充盈减少，每搏输出量和心输出量减少。最终导致组织灌注不良和氧输送不足。

心输出量减少和低血压引起压力感受器介导的交感肾上腺反射，可激活患病动物的代偿机制以维持灌注。去甲肾上腺素、肾上腺素和皮质醇从肾上腺释放。肾上腺素和去甲肾上腺素会引起心率增加、收缩力增强和小动脉收缩（可增加全身血管阻力，并使血液从皮肤、肌肉、肾脏和胃肠道流向心脏和大脑）。皮质醇增强了儿茶酚胺对小动脉的作用。肾素－血管紧张素－醛固酮系统激活，导致水钠潴留，从而引起血管内容量增加。

初步评估和识别

以下是一些血流动力学稳定性、组织灌注和氧输送的参数，其中部分参数在实践中很容易评估，而另一些则不那么容易评估或不实用。这些参数可分为三组：上游参数、微循环参数和下游参数（图 14.4）。上游参数涉及循环系统中为组织提供营养的部分。微循环参数涉及组织水平的灌注。最后，下游参数是氧输送和消耗之间平衡的参数。

休克的早期识别建立在病史和体格检查的基础上。可用于评估患病动物灌注的其他指标包括休克指数、乳酸（lactate）浓度、混合中心静脉血氧饱和度、中心静脉血氧含量和酸碱值（pH 和碱缺失）。通常，宠主可能能够提供可解释低血容量原因的信息，如创伤、多尿、腹泻或呕吐。

体格评估

有 6 个灌注的体格检查参数（表 14.1）可快速评估循环状态。需记住循环性休克是一种临床诊断。应综合评估这些临床表现，单个参数的异常不具有多重异常的临床意义。

精神状态

精神状态变差表现为对外周环境失去兴趣，对噪声和触摸等刺激的反应减弱或无反应。这种状态可以被描述为迟钝或沉郁。因为沉郁更像是对动物情绪状态的评估，所以迟钝可能是一个更适合的术语。如果失去意识，则被认为是木僵或昏迷。木僵是指患病动物无意识，只对伤害性刺激有反应。昏迷是指完全无意识、无反应的状态。无意识的动物可能需要进行气管插管，以保护其气道。

精神状态的改变可能是原发性颅内疾病或严重的系统性异常（如灌注不足或低血糖）的结果。

表 14.1　灌注参数
精神状态
黏膜颜色
毛细血管再充盈时间
心率
脉搏质量
肢端温度

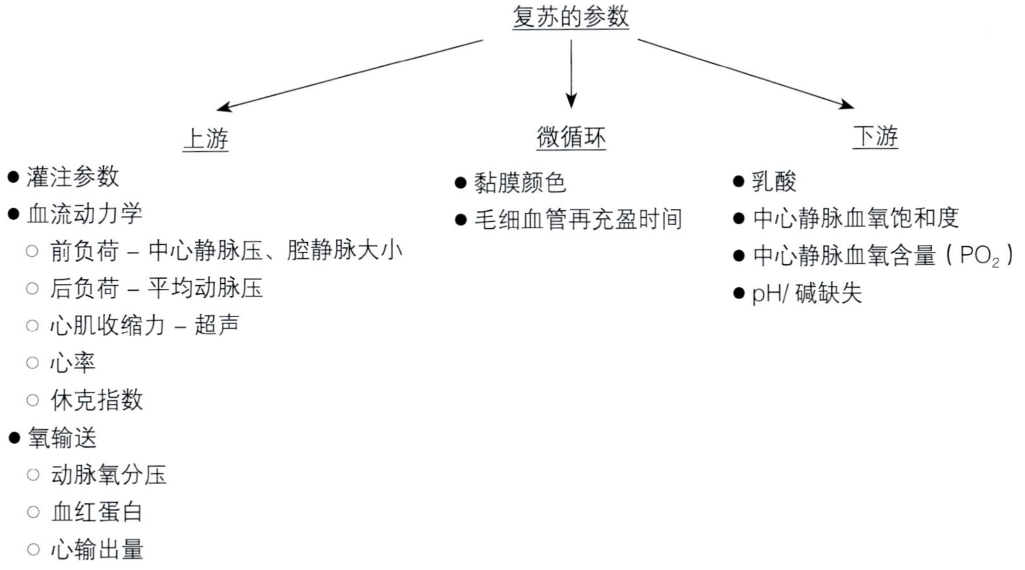

图 14.4　血流动力学稳定性或复苏终点的标记物

精神状态的任何异常都应被重视，应立即进行完整的鉴别诊断检查。

黏膜颜色

黏膜苍白或发白是因为灌注黏膜组织毛细血管床的红细胞数量减少。这可能是血管收缩以代偿循环性休克或严重贫血的结果。这种异常再加上其他灌注不足或组织氧合不足的证据，提示需要对患病动物进行紧急医疗干预。

血管扩张会增加通过黏膜的血液流量，使黏膜颜色由深粉色变为红色。血管扩张可能是一种适当的反应，如可见于运动后体温升高的动物，但也可能是血管扩张性休克的病理反应。血管扩张性休克的患病动物通常并发低血容量，因此黏膜往往呈苍白色。只有经过充分的液体复苏（resuscitation）后，黏膜才会变为红色。

毛细血管再充盈时间

毛细血管再充盈时间（capillary refill time，CRT）是指黏膜经指压变白后恢复颜色所需的时间，反映了局部血流。当灌注正常时，CRT 为 1 ～ 2 s。血管收缩会通过小动脉和毛细血管前括约肌收缩减少通过黏膜的血流，指压后组织恢复颜色需要更长的时间。血管严重收缩时，黏膜呈白色，通常无法进行 CRT 检查。在血管扩张的患病动物中，CRT 可能比正常情况更短，因为血流阻力较小，在指压移除后，毛细血管床可迅速充满血液。CRT 延长时需引起注意，常提示灌注不良。CRT 缩短时，结合其他灌注异常可能提示血管扩张性休克。

黏膜颜色和 CRT 的结合可能是唯一用于评估微循环的体格检查方法（Boller and Boller，2015）。

心率

动物的正常心率随体型而变化。一般来说，大型成年犬的静息心率为 60 ～ 140 次 /min，中型成年犬的心率为 70 ～ 160 次 /min，小型犬、幼年犬和猫的心率为 100 ～ 220 次 /min。当动脉血压受到每搏输出量下降或血管扩张的影响时，压力感受器介导的交感神经张力增加，导致反射性心动过速。由于心动过速是焦虑、兴奋和运动时的正常反应，所以是一种常见的体格检查发现。心动过速伴其他灌注异常（血管收缩或血管扩张）的症状，提示血流动力学异常。

当发生循环性休克时，心动过速是合理且可预测的反应。若休克患犬出现心率正常或心动过缓（即其他 5 项参数异常）时需引起注意，因为这意味着休克失代偿，提示疾病的严重程度加剧，以及预后变差。休克患猫通常不会出现心动过速，因此不像犬那样具有预后意义。

听诊心律失常可能需要或不需要立即进行药物治疗。股动脉搏动评估应与听诊同时进行，以提高时间效率并识别脉搏缺失。若心律失常未伴发其他任何灌注不良的症状则不那么令人担忧，但由于这些异常情况的临床评估相当有限，这些患病动物应始终优先进行进一步评估，包括心电图（ECG）。

脉搏质量

脉搏质量是由手指触诊股动脉搏动主观决定的。脉搏质量显著异常时应引起注意，如果同时出现灌注不良的其他表现，患病动物应立即进行医疗干预。遗憾的是，即使患病动物可能存在相当严重的血流动力学异常，脉搏质量也可能没有明显变化。因此，触诊到适当的股动脉搏动时，并不能说明患病动物病情稳定。

脉搏质量取决于动脉舒张压和动脉收缩压的差值，以及脉搏的持续时间和血管的大小。舒张压与收缩压的差值越大，脉搏感就越“强烈”。例如，正常动脉血压的收缩压为 120 mmHg，平均压为 85 mmHg，舒张压为 70 mmHg。收缩压与舒张压之差（脉压）为 50 mmHg。如果血压下降，患病动物出现低血压，收缩压为 90 mmHg，平均压为 55 mmHg，舒张压为 40 mmHg，脉压仍将反映 50 mmHg 的收缩压 – 舒张压差。检查者在检测脉搏质量的变化时就会受到影响。

血管收缩会降低可触及的脉搏质量，即“细脉”。相反，血管扩张会增加血管的大小和顺应性。此外，血管扩张的患病动物通常每搏输出量增加，因此这些患病动物的脉搏质量通常被认为是正常的或亢进的（洪脉）。

肢端温度

心输出量下降时，交感神经介导的血管收缩会将血液从静脉血管分流到中心循环，以牺牲不太重要的组织为代价，维持血液流向重要器官。外周循环的减少将导致肢端温度下降，低于核心温度。如果患病动物体温过低，且肢端温度与动物其他部位的温度一样低，则不能提示灌注异常。因此，肢端温度（通过手指触诊爪垫和远端肢体进行评估）应始终参考测量的体温进行解释。如果患病动物进行液体复苏，则血管扩张会伴随肢端变暖。

临床表现—总结

综上所述，休克期间的许多临床表现可能因血管张力的改变而不同，无论是血管收缩性休克或血管扩张性休克（表 14.2）。尽管病因不同，但犬猫的心源性、梗阻性或低血容量性休克相关的灌注不足的临床表现相似。临床表现包括精神迟钝——脑灌注减少；黏膜苍白，CRT 延长，肢端凉——与外周血管收缩一致；心动过速——交感神经能刺激；脉搏质量差——心输出量减少，SVR 增加。分布性休克（败血症相关）引起的灌注不足的临床表现包括精神迟钝（有时），黏膜充血，CRT 缩短，肢端温热——与血管扩张一致；心动过速，洪脉或高而宽的脉搏——SVR 增加。猫患有分布性休克时不会表现出与犬相似的高动力性临床表现，患有败血症时往往表现为低体温、心动过缓和低血压（Boller and Boller, 2015）。

表 14.2　血管张力改变导致的临床表现的变化

临床表现	血管收缩	血管扩张
精神状态	改变	改变
黏膜颜色	苍白至白	充血（砖红色）
毛细血管再充盈时间	延长至测不出	缩短
心率	增加	增加
脉搏质量	减弱	亢进
肢端温度	凉	温热

其他评估指标

颈静脉怒张

在充血性心力衰竭人类患者中，颈静脉怒张对容量过载非常敏感，且与其密切相关。在体格检查中，是否存在颈静脉怒张可作为血容量的指示。如果颈静脉被按压时没有扩张，可能存在低血容量。同样的，如果颈静脉未被按压就已经扩张，则可能是由高血容量或液体过载导致的（Johnson, 2016）。

后腔静脉超声评估

兽医文献中有报道称（Johnson, 2016；Armenise et al., 2018），通过超声评估后腔静脉的大小有助于提高诊断犬低血容量的能力。健康犬后腔静脉的参考值已有报道（Darnis et al., 2018），已有关于使用清醒状态的供血犬肾脏水平的后腔静脉直径和后腔静脉 / 主动脉比值评估血容量状态的研究发表（Cambournac et al., 2017; Marshall et al., 2018）。

> **技师笔记**
>
> 需记住这些临床表现都是独立的，可能与休克无关。然而，当 6 个灌注指标都出现异常时，即使程度不同，也应怀疑动物可能处于休克状态。

休克指数

休克指数（shock index，SI）是人类医学中开发的一种可用于量化休克的严重程度，以及在急诊室内对治疗的反应的简单工具。SI 是心率（HR）与收缩压（SBP）的比值（计算公式为 SI = HR/SBP）。该工具的优势在于可以在心血管指标看似正常时识别灌注不足。虽然大多数研究都是针对猪出血模型和人类医学，但也对犬进行过研究（Peterson et al., 2013；Porter et al., 2013）。在一项研究中，SI 大于 1.0 是一个高度敏感和特异的指标，可以区分急诊室内未休克犬和健康犬，与生化证据提示为中度至重度休克患犬（Porter et al., 2013）。另一项研究显示，作为分诊工具，SI 为 0.9 时具有高敏感性，但特异性低（Peterson et al., 2013）。虽然这些研究中存在一些重叠和局限性，但 SI 可与体格检查结果一起用作评估的附加工具。

乳酸浓度

高乳酸血症是指乳酸浓度增加。乳酸酸中毒是高乳酸血症和全身性血液 pH 下降的结果。乳酸酸中毒可分为两类：A 型和 B 型（Pang and Boysen, 2007）。A 型乳酸酸中毒还可细分为 DO_2 不足或需氧量增加引起的酸中毒。休克是 DO_2 不足的典型例子。B 型乳酸酸中毒可分为氧气利用不足和其他几个亚分类。全身炎症反应和败血症是氧气利用不足的潜在原因。当灌注减少且 DO_2 减少时，身体从有氧代谢转变为无氧代谢，从而生成乳酸。高乳酸血症（乳酸 >2 mmol/L）被认为是组织氧合作用不足的指标。虽然血液中乳酸水平升高通常意味着全身组织缺氧，但乳酸水平正常并不能排除局部乳酸生成。当检测到乳酸浓度增加时，无论是否伴有酸中毒，均应提高对灌注不足的怀疑。

中心静脉血氧饱和度（$ScvO_2$）/ 中心静脉 PO_2

$ScvO_2$ 可用 $ScvO_2$ 或混合静脉血氧饱和度（SvO_2）评估组织中氧气的供应和消耗。SvO_2 反映了氧气供应和消耗之间的适当比例，当组织耗氧量增加或供氧量减少时，该值降低（Conti-Patara et al., 2012）。在临床稳定的静息状态下，人和动物的 SvO_2 和 $ScvO_2$ 分别稳定在 70% ~ 75% 和 65% ~ 70%（Walton and Hansen, 2018）。混合静脉血氧饱和度降低可能标志着灌注不足。在灌注不足的情况下，有一段时间组织的氧气供应会减少，但组织耗氧量由组织通过增加从血液中摄取的氧气而维持。随着氧气摄取的增加，混合静脉血氧饱和度也随之降低。获取混合静脉血在临床实践中并不实际，因为需要从肺动脉中取样。作为替代，可从前腔静脉水平的中心静脉采血测量 $ScvO_2$。尽管 $ScvO_2$ 和 SvO_2 不可互换，但在低流量状态之前，这两个值通常趋向一致（Young et al., 2014）。测量 $ScvO_2$ 更具有临床可行性，建议将其作为休克复苏方案的一部分，并与其他全身灌注指标（如血清乳酸和尿量）结合使用。患病动物 $ScvO_2$ 的正常范围尚未建立。然而，根据人类医学的试验工作和经验，提出了 70% 的临界值。在一项研究中使用这一临界值，30 只危重症患犬中有 11 只被怀疑患有隐匿性休克，尽管其心率、血压、精神状态和灌注指标都正常，这表明尽管临床结果无异常，但仍提示病情持续严重（Walton and Hansen, 2018）。样本在一氧化碳 - 血氧仪或血气分析仪上进行测量。

中心静脉 PO_2 中心静脉 PO_2 反映了组织 PO_2，与动脉 PO_2 无关。类似于 $SvO_2/ScvO_2$，静脉血氧直接反映了氧输送 / 氧消耗之间的关系。混合或中心静脉的 PO_2 范围为 40 ~ 50 mmHg（Haskins, 2012）。低于 30 mmHg 可能是由任何减少组织氧输送的因素（贫血、低氧血症、低心输出量、血管收缩）导致的。当氧气输送减少时，组织继续“摄取”正常的氧气量，因此氧气摄取增加，静脉氧减少。低于 20 mmHg 时可能危及生命。高于 60 mmHg（呼吸室内空气时）时表明组织耗氧减少（分流、败血性休克、代谢抑制剂、低体温）。用于此类评估的静脉血必须来自中心静脉，如颈静脉或前腔静脉。

碱缺失（BD）/ 碱剩余（BE）

BD 和 BE 是血液学检查的一部分。这些值有助于确定患病动物的酸碱状态，更具体地说，确定患病动物是否有代谢性酸中毒或碱中毒。BE/BD 提供了酸碱过剩的定量估计。在标准条件（PCO_2 为 40 mmHg 和 37℃）和完全的血红蛋白饱和度下将 pH 滴定至 7.40 时，可滴定的碱或酸的量。在人类中，碱缺失可用于监测危重症患者，因为它可间接估算组织灌注不足。低血容量和血容量过载可导致氧输送减少，从而导致乳酸生成增加，以及碱缺失升高（更负）或代谢性酸中毒。在复苏过程中，可以监测碱缺失以帮助指导治疗。正常 BD/BE 约为 0 ±4。

治疗

治疗的目标是改善氧输送。兽医技师的重点应放在纠正或改善“生命之树”的组成部分上（图 14.1）。

氧气疗法

维持血氧饱和度是维持血液氧合作用的主要目标之一。如果患病动物的血液氧合作用存在任何问题，则应提供氧气支持，直到动脉血气或血红蛋白血氧饱和度评估确认无需进行氧气支持为止。当该设备不可用时，必须基于呼吸窘迫的临床症状或听诊异常和低氧血症的临床症状（黏膜发绀或血液呈暗色、呼吸急促、心动过速和焦虑）进行评估。单个临床症状并不能证明低氧血症，但综合起来则提示低氧血症。

静脉通路

选择留置导管的静脉取决于几个因素，如动物体型和物种、操作者留置导管的技术、治疗目标，以及动物存在的问题或疾病。任何可见或可触及的血管都可考虑留置静脉导管。头静脉和隐静脉是较易操作的血管，可以快速留置静脉导管。导管的内径和长度，以及液体袋悬挂的高度主要决定了导管的最大流速（表 14.3；Fulton and Hauptman, 1991）。

表 14.3　基于导管型号和液体袋高度的液体流速

导管型号（G）	高度 1 m（3 ft） 流速（mL/min）	高度 2 m（6 ft） 流速（mL/min）
16	88	152
18	75	114
20	45	75

如果需要快速输注液体，则需要留置短且内径大的静脉导管。建议缩短输液管，同时避免过度使用延长管和不必要的接头，以免降低液速。

如果无法获得静脉通路，可以建立骨内通路（图 14.5）。通过骨内通路给予的液体或药物会迅速被循环系统吸收。

液体复苏

改善氧输送最有效的方法是通过液体治疗优化前负荷来增加心输出量。

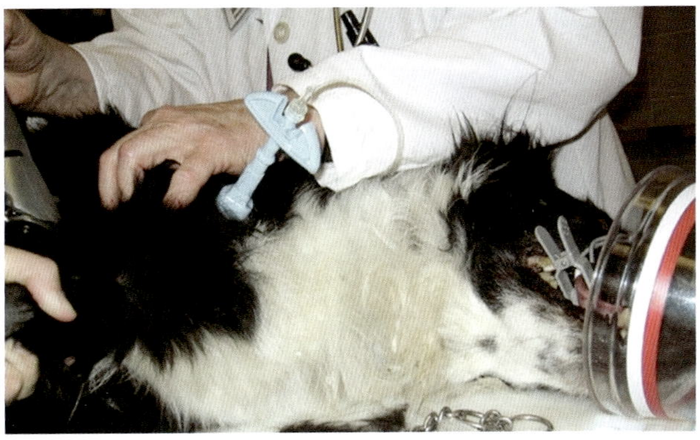

图 14.5　经骨内导管进行液体治疗

技师笔记

短且大型号的静脉导管是液体复苏的最佳选择，但也可以使用任何型号的可快速留置于动物静脉内的静脉导管。理想情况下，尽量避免使用 24 G 的静脉导管，因其对流速的阻力太大。然而，22 ~ 18 G 的静脉导管通常允许足够的液体容量来逆转休克，直到可以留置更大型号的静脉导管。当更容易留置型号更小的静脉导管时，不要浪费时间尝试留置最大的静脉导管，应尽可能地迅速开始治疗。

晶体液

等渗晶体液具有类似于细胞外液的电解质浓度（钠、氯、钾和碳酸氢根阴离子），通常用于治疗低血容量性休克。这些液体可自由、快速地分布于血管内与组织间隙之间。约 70% 输注到血管内的液体会在 30 min 后转移至组织间隙。常用的晶体液包括乳酸林格液、哈特曼氏液、生理盐水、Normosol-R 和 Plasma-Lyte 148。等渗晶体液常用于休克液体复苏的剂量目标为 80 ~ 90 mL/kg（犬）和 50 ~ 55 mL/kg（猫）（相当于 1 倍血容量）。每只动物的需求是不同的，通常以 1/4 的复苏剂量递增给药，直至达到预期的终点。在大量或快速输液期间，有必要频繁（即每 5 ~ 10 min）重新评估患病动物的体况。

在无法迅速输注大量液体以使患病动物复苏的情况下，高渗晶体液，如 7.5% 的生理盐水，已被推荐用于休克治疗。高渗盐水可使液体从细胞内转移到细胞外（包括血管内），从而改善静脉回流和心输出量。高渗盐水也可引起血管扩张，改善组织灌注。犬和猫的推荐剂量范围分别为 4 ~ 6 mL/kg 和 3 ~ 4 mL/kg，需在 5 min 内输注。联合输注合成胶体液和高渗盐水可增强并维持增加的血管容积。由于渗透压升高，细胞内液向外转移，发生细胞脱水，随后应输注等渗晶体液到预期终点或至起效。高渗盐水在治疗脑水肿方面具有潜在额外益处。

> **技师笔记**
>
> 低渗晶体液，如 5% 葡萄糖溶液、半浓度的生理盐水和半浓度的乳酸林格液，不应用于治疗低血容量性休克。这些液体含有过多的自由水，会过度地转移到细胞内。

胶体液

胶体液是大分子量溶液，不易穿过毛细血管膜。与等渗晶体液相比，胶体液能更好地扩大血容量，50% ~ 80% 输入的胶体液量仍留在血管内。血管内胶体渗透压（colloid osmotic pressure，COP）对维持血管内容量非常重要。大量晶体液会降低 COP，而胶体液则会增加 COP。

人类研究尚不能证明在休克复苏中使用合成胶体液（如羟乙基淀粉、四聚淀粉）比等渗晶体液更有优势（Perel and Roberts, 2011）。此外，合成胶体液可导致凝血不良（干扰血小板功能，减少血管性血友病因子和因子Ⅷ），并与肾损伤相关。应注意晶体液和胶体液都会通过稀释凝血因子对凝血功能产生负面影响。合成胶体液不建议用于低血容量的常规治疗。

然而，低白蛋白血症患病动物可能需要使用胶体液进行复苏，例如，当总蛋白或白蛋白分别低于 3.5 g/dL（35 g/L）或 1.5 g/dL（15 g/L）时，或单独使用等渗晶体液难以维持血管内容量时。胶体液包括血浆和合成物——6% 羟乙基淀粉、Hextend、Voluven 和 VetStarch™。羟乙基淀粉的使用剂量为 5 ~ 20 mL/kg，Vetstarch 的最大使用剂量为 40 mL/kg。总之，需进行液体复苏至起效。

血浆可提供白蛋白和凝血因子。血浆的使用剂量为 10 ~ 30 mL/kg，然而，血浆也应使用至起效，但改善总蛋白或白蛋白浓度需要大量血浆，是不经济实惠的。

血红蛋白必须达到足够的浓度才能确保足够的氧气含量。如果血红蛋白从 15 g/dL（9.31 mmol/L）降至 10 g/dL（6.21 mmol/L），氧含量会下降 1/3，需要增加心输出量以维持氧输送。在不能测量血红蛋白的情况下，可根据红细胞压积（PCV）估算血红蛋白。血红蛋白通常约为 PCV 值的 1/3。理想情况下，PCV 应保持在 25% 以上。当 PCV 降至 20% 以下时，氧输送可能会受限。全血和浓缩红细胞（packed red blood cell，PRBC）的使用量分别为 10 ~ 20 mL/kg 和 5 ~ 10 mL/kg，同样输注至起效。一般情况下，每输注 2 mL/kg 全血或 1 mL/kg 浓缩红细胞会使 PCV 增加 1%。在最初的 15 ~ 30 min 内输注 0.25 ~ 0.5 mL/kg 血液制品，以观察潜在的输血反应。如果没有输血反应，则可将速度升至 2 ~ 10 mL/（kg · h）。急性失血时速度可以更快。

拟交感神经药物

在患病动物对激进的液体治疗无反应，且动脉血压、血管舒缩张力和组织灌注尚未恢复到可接受水平时，需要使用如多巴胺和多巴酚丁胺等拟交感神经药物。这些药物对心肌收缩和血压有支持性作用。在使用这些药物时，建议监测血压和 ECG。

多巴胺是去甲肾上腺素的前体，具有剂量依赖效应。当以 0.5 ~ 3 μg/（kg · min）的速度输注时，由于多巴胺能效应，肾脏、肠系膜和冠状动脉血管床会扩张。当以 3 ~ 7.5 μg/（kg · min）的速度输注时，由于 β1 受体的作用，心率和（或）心肌收缩力增加。当输注速度 > 7.5 μg/（kg · min）时，将会刺激 α 受体，引起血管收缩。如果患病动物对多巴胺无反应，则应考虑使用去甲肾上腺素。

去甲肾上腺素主要具有 α－肾上腺素能活性（小动脉和静脉血管收缩）而 β－肾上腺素能受体活性极低（可增加心肌收缩力、传导速度和变律性）。在临床使用剂量下，主要发挥的是 α－肾上腺素能活性。去甲肾上腺素的恒速输注速度为 0.1 ~ 2 μg/（kg · min）。

多巴酚丁胺主要具有 β 活性，可增加心肌收缩力，并引起心动过速和血管扩张。剂量范围为 2 ~ 15 μg/（kg·min）。拟交感神经药物不能替代足够的液体复苏。液体复苏仍是休克治疗的基石。

技师可使用图 14.6 所示的公式计算恒速输注。

治疗的目的是改善灌注，以便氧气能够输送到组织中。有许多选择可用于实现此目标（专栏 14.1）。

监护

许多与休克相关的临床表现都与身体为维持生命而产生的代偿机制有关。频繁对临床表现进行评估非常重要，因为休克的血流动力学和代谢并发症在不断变化。监测过程始于灌注指标的重新评估，并与体征监测和细胞功能（酸碱平衡及其他实验室指标）的评估相结合。

体征监测指标

血氧饱和度

通过脉搏血氧仪（SpO_2）测量的血红蛋白饱和度，可以无创提供关于氧气与血红蛋白结合百分比的连续性信息。正常 SpO_2 应大于 95%。当 SpO_2 小于或等于 90% 时，患病动物为严重低氧血症。应谨慎评估吸入 100% 氧气浓度的动物的 SpO_2 值。PaO_2 为 500 mmHg 的动物，其 SpO_2 值仍为 98% ~ 100%。

动脉血压

动脉血压（通过直接或间接方法测量）是每搏输出量、心率和全身性血管阻力（血管紧张度）综合的结果。如果其中一个决定因素低于正常值，那么另外两个因素应进行代偿。正常收缩压、舒张压和平均血压分别为 100 ~ 160 mmHg、60 ~ 100 mmHg 和 80 ~ 120 mmHg。收缩压和平均血压分别低于 90 mmHg 和 60 mmHg 时，需要进行治疗。低血压的原因包括低血容量、外周血管扩张和心输出量减少。高血压可能由慢性肾功能衰竭、肾上腺肿瘤、嗜络细胞瘤或任何导致心输出量增加的其他因素引起。

虽然间接 / 无创血压测量技术是直接血压测量的合理替代方法，但一些研究表明，在低血压期间其真实性降低，当出现心律失常时，获得准确

专栏 14.1　改善氧气输送（DO_2）的治疗方法总结

纠正主要问题

- 控制液体丢失。
- 治疗感染。

氧合作用

- 提供氧气支持（面罩、鼻氧管、氧舱）。

液体复苏

- 晶体液。
  犬：80 ~ 90 mL/kg（至起效）。
  猫：50 ~ 55 mL/kg（至起效）。
- 7.5% 高渗盐水。
  犬：4 ~ 6 mL/kg。
  猫：3 ~ 4 mL/kg。
- 合成胶体液（视情况）。
  犬：10 ~ 20 mL/kg。
  猫：在 15 ~ 20 min 内以 5 mL/kg 逐渐增量。
- 7.5% 高渗盐水联合合成胶体液。
  犬：1.5 ~ 3 mL/kg 和 3 ~ 6 mL/kg。
  猫：1.5 mL/kg 和 3 mL/kg。
- 血浆：10 ~ 30 mL/kg。
- 全血：10 ~ 30 mL/kg。
- 红细胞：5 ~ 10 mL/kg。

注：所有液体均输注至起效。多巴胺 5 ~ 10 μg/（kg·min）、去甲肾上腺素 0.1 ~ 2 μg/（kg·min）和（或）多巴酚丁胺 2 ~ 15 μg/（kg·min），视情况使用这些拟交感神经药物。

BW_{kg} × 剂量［μg/（kg·min）］= 将药物（mg）添加至液体中使得最终体积为 250 mL，以 15 mL/h 的速度给药

图 14.6　计算恒速输注（CRI）的快捷公式

体重（kg）乘以剂量［μg/（kg·min）］等于添加至液体中的药物的毫克数，将药物添加至液体中使最终体积达到 250 mL。可能需要取出等体积的液体才能添加等体积的药物。以 15 mL/h 恒速输注给药。

测量结果的难度增加，尤其是使用示波法测量时（Boller and Boller, 2015）。

需要注意的是，动脉血压并不等同于组织灌注。心输出量低但血管强烈收缩的患病动物可能血压正常，但组织血流量低。

心电图

心动过速和心动过缓的原因有多种，其中一些可能与异常节律有关。如果听诊发现心律失常，则需使用心电图确认节律。如果确诊为心律失常，且患病动物心血管功能受损（灌注指标差、疼痛、低氧血症等），则需给予适当的治疗。

中心静脉压（CVP）

CVP 的测量不像过去那样常用。CVP 是胸内前腔静脉的血压，与塑料压力计或压力传感器和患病动物监护仪中的水柱相比较。胸腔内压力的变化会引起水压力计的波动或监护仪上的波形变化。CVP 是衡量心脏将液体泵回心脏的能力的指标，也是对血容量与血容量能力的关系的估计。当怀疑心力衰竭或辅助确定激进的液体治疗的终点时可测量 CVP。研究表明，CVP 只能间接反应心脏前负荷和功能，而不能足够准确地反映液体反应性。在先前对人类和动物的研究进行的 Meta 分析中，CVP 不是评估液体反应性的准确方法，因此建议不再为此目的测量 CVP（Fantoni and Shih, 2017；Marik et al., 2008）。

尿量

可通过触诊或超声监测膀胱大小。在某些情况下，可能需要导尿管。动物的正常尿量为 1 ~ 2 mL/（kg · h），当灌注不足或平均动脉血压低于 60 mmHg 时，尿量减少。

实验室指标

血细胞比容（HCT）和总蛋白（TP）

HCT 和 TP 测量可用于衡量液体治疗，估计血红蛋白浓度，并在一定程度上评估失血量。这两个指标应一起解读，以尽量减少误差。HCT 和 TP 均升高提示脱水，HCT 和 TP 均降低提示近期失血或进行了液体治疗。TP 升高而 HCT 正常可能提示存在贫血伴脱水。急性失血时 HCT 和 TP 可能都正常。TP 也可能随着白蛋白的降低而降低，白蛋白是胶体渗透压的一个决定因素。

电解质

电解质在维持细胞外水平衡和细胞功能方面起着重要作用。在治疗前应检测基础电解质水平，并应随着治疗的进行而持续监测。液体治疗可改变各种血清电解质的浓度，并可能需要调整所输液体中的电解质成分。常测量的电解质包括血清钾、钠、氯、镁和离子钙（表 14.4）。

血气和 pH

动脉血气是评估通气和氧合作用的最佳方法。检测 $PaCO_2$ 可以显示患病动物的肺通气情况。当 $PaCO_2$ 小于 35 mmHg 或大于 45 mmHg 时分别提示过度通气或通气不足。检测 PaO_2 可以反映患病动物的氧合状况。当 PaO_2 小于 80 mmHg 时被视为低氧血症，而当 PaO_2 测量值接近 60 mmHg 时则为严重低氧血症。当吸入氧浓度大于室内空气中的氧浓度（21%）时，预期的 PaO_2 将至少为吸入氧浓度的 5 倍。例如，对于吸入氧浓度为 40% 的患病动物，预期的 PaO_2 为 200 mmHg。如果让同一患病动物吸入相同的氧浓度，但 PaO_2 为 100 mmHg，则提示该患病动物有肺部问题。PaO_2/FiO_2 比值是低氧血症的另一个指标。比值低于 300 表示气体交换存在严重缺陷，并符合急性呼吸窘迫综合征

表 14.4 正常实验室参考值

电解质	犬（mmol/L）	猫（mmol/L）
钠	145 ~ 153	149 ~ 155
钾	3.5 ~ 4.8	3.6 ~ 4.1
氯	110 ~ 121	118 ~ 124
离子钙	1.30 ~ 1.46	1.10 ~ 1.30
离子镁*	0.43 ~ 0.60	0.43 ~ 0.70

数据来源：UCD Emergency and Critical Care Service and the Text Small Animal Critical Care Medicine 2nd ed Silverstein and Hopper*

* D.C Silverstein and K. Hopper (Eds.), Small animal critical care medicine (ed 2 Inside front cover) Elsevier: St. Louis, MO

的诊断标准（在适当的临床条件下）。例如，当患病动物的 PaO_2 为 100 mmHg，FiO_2 为 40% 时，其 PaO_2/FiO_2 比值为 250（100/0.4）。PaO_2/FiO_2 比值通常也缩写为 P/F 比值。动脉或静脉 pH 结合碳酸氢根或碱剩余可提示患病动物的代谢酸碱状态。正常 pH 为 7.35 ~ 7.45，pH 低于 7.35 提示酸血症，pH 高于 7.45 提示碱血症。如果碳酸氢根水平低于 18 mmol/L 或碱缺失大于 – 4，则提示患病动物存在代谢性酸中毒。当碳酸氢根水平大于 27 mmol/L 或碱剩余大于 +4，则提示存在碱中毒。

胶体渗透压

可测量 COP 并用于指导液体治疗。COP 是一种不能在毛细血管内外自由移动的大分子血浆蛋白所产生的压力。血管内胶体的存在使液体保持在血管内，并减少液体重新分布到组织间隙的可能性。正常 COP 为 20 ~ 25 mmHg，目标是维持 COP 大于 18 mmHg。

表 14.5 复苏终点

复苏指标	终点
灌注指标	大多数（如果不是所有）值都在正常范围内
尿量	≥ 0.5 mL/（kg · h）
平均动脉压或收缩压	> 65 mmHg 或 > 90 mmHg
休克指数	≤ 1
PaO_2/SpO_2	≥ 80 mmHg/ ≥ 95%
血红蛋白	≥ 9 g/dL
乳酸	≤ 2 mmol/L
$ScvO_2$	≥ 70%
颈静脉 PO_2	犬≥ 42 mmHg，猫≥ 45 mmHg
pH	7.35 ~ 7.45
碱缺失	0 ± 4

总结

休克是一种动态的、复杂的综合征，治疗和监测的重点是氧输送。需对患病动物进行监测，以确保病情有所改善，并达到预期的复苏终点（表 14.5）。为改善 CaO_2，兽医技师可以提供氧气支持，或以浓缩红细胞或全血的形式补充血红蛋白。为改善心输出量，兽医技师可使用晶体液或胶体液进行液体治疗，从而提高前负荷。可能需要通过药物治疗来改善心肌收缩力和心率，在某些情况下，还需减少后负荷。通过改善心输出量和全身性血管阻力，患病动物血压得以改善。对这种复杂综合征的病理生理学和代偿机制有一个基本的了解将有助于兽医技师实现治疗和监测目标。

参考文献

[1] Armenise A., Boysen R.S., Rudloff E., et al. Veterinary-focused assessment with sonography for trauma—airway, breathing, circulation, disability and exposure: a prospective observational study in 64 canine trauma patients. Journal of Small Animal Practice, 60. 2018; 173–182.

[2] Boller E., Boller M. Assessment of fluid balance and the approach to fluid therapy in the perioperative patient. Veterinary Clinics of North America: Small Animal Practice. 2015; 45:895–915.

[3] Cambournac M.M., Got-Thollot I., Viole A., et al. Sonographic assessment of volaemia: Development and validation of a new method in dogs. Journal of Small Animal Practice. 2017; 59:174–182.

[4] Conti-Patara A., de Araujo Caldeira J., Mattos-Junior E., et al. Changes in tissue perfusion parameters in dogs with severe sepsis/septic shock in response to goal-directed hemodynamic optimization at admission to ICU and the relation to outcome. Journal of Veterinary Emergency and Critical Care. 2012; 22(4):409–418.

[5] Darnis E., Boysen S., Merveille A.C. Establishment of reference values of the caudal vena cava by fast-ultrasonography through different views in healthy dogs. Journal of Veterinary Internal Medicine. 2018; 32:1308–1318.

[6] de Laforcade A., Silverstein D.C. Shock. In: Silverstein D.C., Hopper K., eds. Small animal critical care medicine. (2nd ed. St. Louis, MO: Elsevier; 2015:26–30.

[7] Fantoni D., Shih A.C. Perioperative fluid therapy. Veterinary Clinics of North America: Small Animal Practice. 2017; 47:423–434.

[8] Fulton R.B., Hauptman J.G. In vitro and in vivo rates of fluid flow through catheters in peripheral veins of dogs. Journal of the American Veterinary Medical Association. 1991; 98(9):1622–1624.

[9] Haskins S.C. Monitoring. In: Macintire D.K., Drobatz K.J., Haskins S.C., et al., eds. Manual of small animal emergency and critical care medicine. (3rd ed. Ames, IA: Wiley-Blackwell; 2012:84–115.

[10] Johnson P. Practical assessment of volume status in daily practice. Topics in Companion Animal Medicine. 2016; 31:86–93.

[11] Marik P.E., Baram M., Vahid B. Does central venous pressure predict fluid responsiveness? A systematic review of the literature and the tale of seven mares. Chest. 2008; 134:172–178.

[12] Marshall K.A., Thomovsky E.J., Brooks A.C., et al. Ultrasonic measurements of the caudal vena cava before and after blood donation in 9 greyhound dogs. Canadian Veterinary Journal. 2018; 59:973–980.

[13] Pang D.S., Boysen S. Lactate in veterinary critical care: pathophysiology and management. Journal of the American Animal Hospital Association. 2007; 43:270–279.

[14] Perel P., Roberts I. Colloids versus crystalloids for fluid resuscitation in critically ill patients. Cochrane Database of Systematic Reviews. 2011; 3:CD000567doi: 10.1002/14651858. CD000567.pub4.

[15] Peterson K.L., Hardy B.T., Hall K. Assessment of shock index in healthy dogs and dogs in hemorrhagic shock. Journal of Veterinary Emergency and Critical Care. 2013; 23(5):545–550.

[16] Porter A.E., Rozanski E.A., Sharp C.R., et al. Evaluation of the shock index in dogs presenting as emergencies. Journal of Veterinary Emergency and Critical Care. 2013; 23(5):538–544.

[17] Walton A.L., Hansen B.D. Venous oxygen saturation in critical illness. Journal of Veterinary Emergency and Critical Care. 2018; 28(5):387– 397.

[18] Young B.C., Prittie J.E., Fox P., et al. Decreased central venous oxygen saturation despite normalization of heart rate and pressure post shock resuscitation in sick dogs. Journal of Veterinary Emergency and Critical Care. 2014; 24(2):154–161.

场景

目标：为兽医团队提供如何模拟患病动物评估的示例。

背景：一家小动物诊所，由 5 名成员组成：1 名兽医、2 名持证的兽医技师、1 名兽医助理和 1 名前台接待人员。

场景

下午较晚时，关门前 2 h 前来就诊，下班后没有医疗监测服务。

20 min 前，一只 30 kg 的混种犬发生车祸。就诊时，你发现它的呼吸频率为 60 次 /min，呼吸浅快，听诊时未听到呼吸音；心率为 180 次 /min；脉搏质量差；CRT ＞ 2 s；肢端凉；黏膜苍白；反应迟钝；双侧瞳孔等大，且有瞳缩反应；收缩压为 70 mmHg；体温为 37.7℃（100 ℉）。

问题

分组讨论，采用以下讨论要点：

- 当遇到紧急情况时，前台接待人员应如何处理？
- 分诊兽医技师对患病动物的评估是什么？
  a. 是否存在任何气道、呼吸、循环、神经或其他危及生命的问题？
- 应该立即为患病动物做什么？
  a. 兽医技师应根据对患病动物的评估预测兽医想做什么。
  b. 根据已确定的问题进行思考。
- 你如何判断目前的治疗是否改善了患病动物的病情？
- 假设患病动物病情稳定，后续应提供哪些护理？
  a. 考虑兽医是否希望进行进一步诊断。
  b. 应该进行何种类型的持续监测？（考虑呼吸、心血管和神经系统）
  c. 患病动物的舒适需求是什么？
  d. 患病动物的护理重点是什么？
- 诊所休息后，有哪些护理需要继续？

教学要点

- 为兽医医疗团队提供机会，以审查处理紧急患病动物的程序。
- 提高兽医技师 / 助理的分诊和评估技能。
- 鼓励兽医技师积极主动地预测患病动物和兽医的需求。

医学计算练习

心率为 200 次 /min，收缩压为 60 mmHg 的犬休克指数是多少？

a. 0.033　　b. 0.33

c. 3.3

第 15 章

心肺脑复苏

Harold Davis

学习目标

1. 了解心肺骤停（CPA）的定义。
2. 了解如何为 CPA 做准备。
3. 识别有 CPA 风险的患病动物。
4. 了解在 CPR 期间正确实施按压的方法。
5. 提供关于兽医心肺复苏技术重新评估的介绍。

章目录

关键词

心肺骤停
按压
除颤
呼气末二氧化碳
通气

心肺骤停（Cardiopulmonary arrest，CPA）是自主有效通气和系统灌注（循环）的突然停止。CPA 可能是任何疾病过程发展到极端的结果，该过程破坏了心脏或肺脏的动态平衡（或两者兼有）。导致 CPA 的潜在原因包括缺氧、代谢紊乱、创伤、迷走神经刺激、麻醉剂或其他药物，以及环境影响（例如，体温过低或体温过高）。一项研究表明，引起犬猫 CPA 最常见的原因是心血管衰竭，包括低血容量、出血和贫血。呼吸衰竭是第二常见的原因（McIntyre et al., 2014）。

在另一项研究中，55% 的动物 CPA 由麻醉引起，28% 由心血管衰竭引起，另外 17% 的动物患有渐进性的慢性疾病（Waldrop et al., 2004）。正压通气、胸外按压和除颤技术联合应用于人类医学已经有近 60 年的历史。如今的临床医生将这些技术综合称为心肺复苏（CPR），幸运的是，很多 CPR 的研究都是以动物为实验对象进行的。2012 年 6 月《兽医急重症护理》（*Veterinary Emergency and Critical Care*）杂志发表了一篇内含兽医心肺复苏技术重新评估（RECOVER）结果的增刊。RECOVER 项目详细阐述了小动物临床复苏基础指南中科学证据的差距。简而言之，他们发布了关于兽医 CPR 的共识指南。

许多用于人类医学的技术或程序也被应用于兽医学。CPR 的目的是提供足够的通气和循环支持，直至自主功能恢复。本章包含了对最紧急情况的准备、CPA 的识别，以及基础生命支持（BLS）和高级生命支持（ALS）的应用。

准备

培训

RECOVER 项目的一个成果是制订了 CPR 标准化培训计划，该培训计划通过了美国兽医急重症护理学院的 CPR 认证，并且得到了兽医急重症护理协会的认可。RECOVER 认证意味着一个人的知识和技能符合当前循证指南的最新要求。RECOVER 通过线上和现场培训为兽医专业人员提供 BLS 和 ALS 认证（www.recoverinitiative.org，2019）。成功完成培训的个人学员将成为 RECOVER 认证的 BLS 和（或）ALS 救援人员。经过进一步的培训，可成为 RECOVER 认证的 BLS 和（或）ALS 讲师。该认证可通过每 2 年开展一次的线上培训获得。每位兽医团队成员应至少努力成为 RECOVER 认证的 BLS 救援人员。更多相关信息，请访问 www.recoverinitiative.org（最后访问日期为 5/11/2020）。

人员

与急救护理的其他方面一样，采用团队方法管理 CPA 患病动物至关重要。参与复苏的理想人数可能是 3 ~ 5 人，所有人都必须负责 CPR 的多项任务（表 15.1）。在医院工作的每一位员工（包括前台和犬舍助手）都应接受培训，从而可执行其中的一项或多项任务。组长通常是兽医。如果没有兽医，那么应由实施 CPR 经验最丰富的人来领导这个团队。理想情况下，团队负责人不应实际参与实施 CPR，而应监督和指导团队的复苏工作。要求人员进行通气（ventilation）、胸外按压（compressions）、建立静脉（IV）通路、给药、连接监护设备、记录复苏操作（此外，在每 2 min BLS 周期结束时告知团队一次），并监测团队工作的有效性。应定期进行练习。当员工能够快速有效地做出应对时，益处将是巨大的。CPR 模型是练习的理想选择，若没有模型，可使用毛绒玩具。每个人都应该了解在进行心肺复苏期间自己的任务是什么。在每次练习或真正复苏操作之后，都应进行自我评估。

表 15.1　心肺复苏职责和任务

职责	任务
气道管理	打开气道 通气
心血管管理	胸部按压
静脉通路	建立静脉通路（IV）或骨内通路（IO） 如果需要，开始静脉输液
监护	连接 ECG 检查脉搏 测量呼气末二氧化碳（$ETCO_2$）
药物管理 / 记录	用药 记录给药和反应 计时：2 min 为一个 BLS 周期

技师笔记

有效的 CPR 需要 3 ~ 5 个人。确保医院所有员工都接受过一些 CPR 方面的培训，以便可参与到 CPR 工作中。

设施

进行复苏操作的区域应该为 CPR 团队（至少 3 人）提供足够的空间和设备。氧气源应随时可用。需要良好的光线，有助于气管插管和显示静脉。如果尝试了开放式胸部按压，那么良好的光线可充分显示内脏结构。如果 CPR 需在桌面上进行，那么桌子的高度需可调节。如果对于实施胸外按压的人来说桌面过高，那么他或她则很难有效进行 CPR 操作。如果桌面高度不可调节，则应准备脚凳或在地板上进行 CPR 操作。尽可能避免使用含格栅的手术准备台，这种桌子“弹性”太大，在实施胸外按压时可能会适得其反。如果团队没有其他选择而必须使用准备台，那么应在格栅的上方或者下方放置一块木板以提供额外的支撑。桌子的表面必须是坚固的。如果没有使用急救车，那么必要的药物、心电图、吸痰机和除颤仪都应放在附近。可以留出一个架子和几个抽屉来存放应急用品。贴在墙上的药物剂量表和 CPR 算法等辅助工具也有助于 CPR 操作。

技师笔记

急救区域应该储备和筹备充分，且 CPR 所需的一切设备 / 设施都易获取，并随时可用。

设备

使用急救推车或急救箱可以使复苏工作更加有效率，因为必要的设备 / 设施随时可获得。急救推车或急救箱类似于简单的渔具箱，也可类似于一应俱全的移动工具箱（图 15.1）。如果使用急救推车，那么除了标准急救用品（专栏 15.1）外，还可在车上存放额外的设备（例如，吸痰机、心电图、除颤仪）。每次轮班开始时应检查急救推车或急救箱，并在每次使用后立即补充库存。

技师笔记

每个诊所都应该有一个急救箱 / 推车。所有药物应定期检查有效期，并准备一份详细的库存清单，以确保急救箱 / 推车随时都可填补存货。

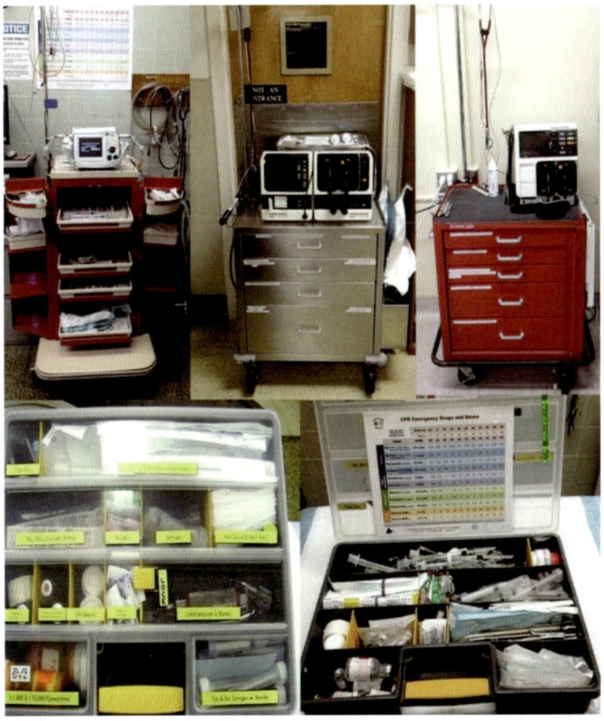

图 15.1　急救箱和急救推车

专栏 15.1　标准急救用品

药物用品

阿托品。

肾上腺素。

血管升压素。

2% 利多卡因（不含肾上腺素）。

拮抗剂（纳洛酮、氟马西尼、阿替美唑）。

碳酸氢钠（$NaHCO_3$）。

晶体液 ± 胶体液。

气道管理用品

喉镜和刀片。

气管内插管（多种型号）。

润滑凝胶。

插管绑带。

静脉通路用品

静脉注射导管（多种型号）。

静脉滴注配件。

用于骨髓内穿刺的骨髓针。

注射器（多种型号）。

皮下注射针头（多种型号）。

胶带。

止血带。

其他用品

纱布：7.62 cm×7.62 cm（3 in×3 in）。

听诊器。

小手术包。

缝合材料。

外科手术刀片。

肋骨牵开器。

外科手套。

认知

兽医技师通常可识别如 CPA 之类迫在眉睫的问题。兽医技师应识别有发展成 CPA 风险的患病动物。兽医技师应观察其是否存在意识水平减弱或反应缺失；呼吸频率、深度和模式的变化；脉搏频率、节律或质量的变化；心电图的异常节律；或不明原因的麻醉深度变化。如果患病动物的状态开始恶化，则需要进行医疗和护理干预。预防心肺骤停比治疗心肺骤停更容易。对于无反应且无明显呼吸迹象，以及没有明显脉搏或心跳的患病动物，应怀疑 CPA。濒死呼吸被认为是不充分的呼吸，应花极少时间进行该评估。如果对患病动物是否处于 CPA 存在任何疑问，都应实施 CPR，直至证实情况并非如此。

技师笔记

避免心肺骤停是关键！

基础生命支持

BLS 的主要目的是暂时支持患病动物的氧合、通气和循环（专栏 15.2）。这是通过实施胸外按压和人工通气来实现的。RECOVER 项目指南建议立即进行胸外按压。如果有多名人员在场，则气道和通气管理不应影响胸外按压。胸外按压可在左侧卧位或右侧卧位进行。在进行胸外按压时，应在侧卧状态下进行插管。在兽医学中，呼吸性和迷走神经介导的心搏停止是 CPA 的常见原因。此外，动物的 CPA 通常不以心源性为主。考虑到患病动物 CPA 的原因，早期通气可能更有益。

血流机制

两种理论解释了心肺复苏技术中血液前向流动的机制。经典的理论是心泵理论。心脏在两侧胸壁间被压缩，迫使血液流出心脏，进入动脉循环。这相当于正常心搏动的收缩期。房室瓣防止血液逆流。胸腔放松产生胸腔内压力，允许静脉回流和心脏充盈，类似于正常心搏动的舒张期。

胸泵血流机制是在三十多年前才出现的一个较新的理论。该理论假设非直接压迫心脏的胸外按压会导致胸腔内压力升高，这种压力会传递给胸内血管，促进血流向前流动，胸腔内结构受压。静脉也在胸腔发生凹陷，这阻止了静脉血液逆流。当胸外按压放松时，胸腔内压力下降，使静脉血从外周回流到胸腔静脉系统。在 CPR 中，很难确定哪种机制在血流中起主导作用，这可能取决于几个因素。其中一些因素包括患病动物体型大小、胸部顺应性、有无胸膜充盈缺损和心脏增大。将这两种机制的效果最大化也许是最好的。

专栏 15.2 基础生命支持

气道：气管内插管（或气管切开）。

- 理想情况下，在不中断胸外按压的同时进行侧卧位插管。

呼吸：每 6 s 1 次（呼吸 10 次 /min），潮气量 10 mL/kg，吸气时间 1 s。

循环：按压 100 ~ 120 次 /min。

- 应立即开始胸外按压。

胸外按压

人工循环可以通过胸外或胸内心脏按压来完成。心脏按压的有效性取决于向心脏和胸内血管传递的推动力。

胸外心脏按压

可在患病动物侧卧位或仰卧位进行胸外按压。对于大多数中型犬和巨型犬，建议将其置于侧卧位。按压人员其中一只手放在另一只手上（手指可以交叉，也可以不交叉），然后放在患病动物胸部最宽的部分（利用胸泵机制）。对于深胸型患病动物（如灵缇）或体重小于 10 kg 的患病动物，将其置于侧卧位，手放在胸壁外侧心脏区域（在第 4 ~ 第 5 肋间的肋软骨交界处）。伸直并固定手臂，肩部处于患病动物胸部正上方，通过弯曲腰部施加压力（图 15.2）。进行胸外按压的人员按压胸部时不应弯曲肘部，因为弯曲肘部将很难产生适当的可影响灌注的作用力。对于猫和小型犬，可直接进行单手按压，具体操作为用单手包裹胸骨直接进行胸外心脏按压或用拇指和前两个手指按压胸部（利用心泵机制）。将桶状胸（也称为平胸）犬置于仰卧位并压迫胸骨可能有助于增加胸腔内压力（利用胸泵机制），从而推动血流向前。建议用足够的作用力按压胸腔，使其移位至其直径的 25% ~ 33%。按压速度为 100 ~ 120 次 /min。在进行胸外按压时，可以使用歌曲“Stayin' Alive”或“Another One Bites the Dust”或节拍器来帮助达到合适的速度和节奏。胸外按压应持续 2 min 不间断，这是一个 BLS 周期。在一个循环结束时，应更换按压人员，防止其因疲劳而影响胸外按压的效果（Hopper et al., 2012）。此外，更换按压人员的间隙时间也是简要评估心电图节律的时间。

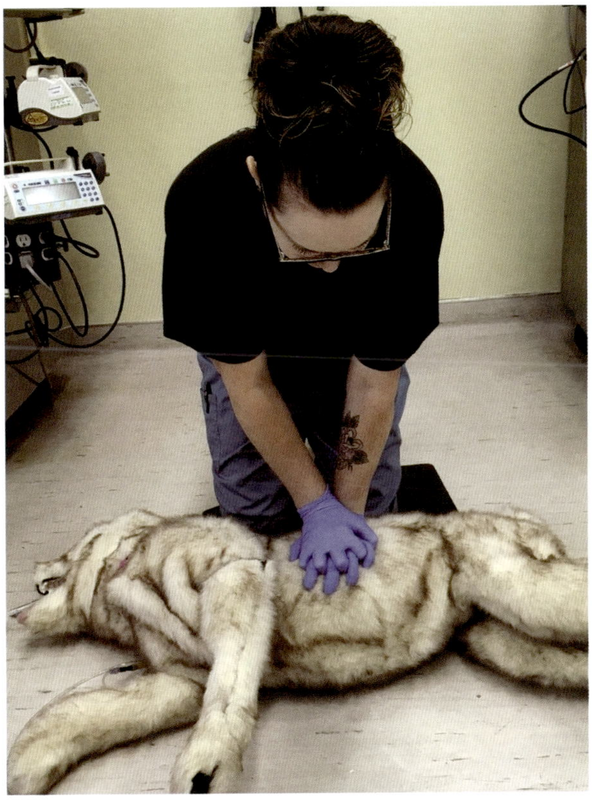

图 15.2 **正确的胸外按压技术。注意手臂伸展，兽医技师腰部弯曲**

技师笔记

手臂伸直、肩膀处于患病动物胸部正上方、腰部弯曲是成功按压的关键。确保患病动物胸部回弹时按压人员的身体重量完全离开患病动物胸部。

胸内按压

胸内或直接心脏按压已被证明比胸外按压更有效。与胸外按压相比，胸内按压的优点包括心输出量更大和血压更高；脑部、心肌和外周组织灌注更好；存活率更高，神经功能恢复更快。胸内按压的其他优点包括可评估按压间期的心室充盈程度，以及在没有心电图监护仪的情况下判断出现何种类型的心脏骤停。随着胸腔的开放，降主动脉也可被按压，以迫使血液流入大脑和冠状动脉循环。建议行心包膜切除术，以防止心包填塞。

如果患病动物有肋骨骨折、胸腔积液、气胸或心包填塞，应立即进行胸内按压。或者，如果在心脏骤停进行胸外按压 5 min 内没有恢复明显的自主循环（ROSC）时，应考虑开胸心脏按压。如果胸外按压有效（有明显可触及的脉搏），但在 CPA 后 10 min 内没有达到 ROSC，则可能需要进行胸内按压。虽然这样建议，但考虑到经济或后续护理的因素，通常不会进行胸内按压。

紧急开胸术将患病动物置于侧卧位。手术准备不会占用很长时间。然而，长毛犬需进行剃毛以暴露肋骨间隙。在第 4 或第 5 肋间，沿背侧肩胛肌下方距离胸骨 2 cm 处开刀，但不穿透胸膜。使用弯曲的梅氏组织剪进入胸腔时，为患病动物提供通气的人员应停止通气。然后稍微打开剪刀，沿着尾肋的头侧缘滑动以扩大开口。戴着手套的手插入胸部并将心脏按压在手指和手掌之间。小型的心脏也可使用两根手指进行按压。胸内按压应有节律地进行。注意不要用指尖刺穿心脏或扭转心脏。当自主性搏动恢复且患病动物稳定时，用无菌生理盐水冲洗胸腔，进行无菌手术备皮，关闭胸腔。

技师笔记

虽然经常提醒，但进行胸内按压的决策必须与诊所和工作人员是否具有管理 ROSC 后的开胸患病动物的能力进行权衡。

插入式腹部按压

插入式腹部按压（IAC）与胸外按压交替进行（腹部和胸部交替按压），可改善胸腔静脉回流（有报道称，这可以改善动脉血压，以及脑部和心肌的灌注）。当有接受过培训的人员可调用时，使用该技术是合理的（Fletcher et al.，2012）。

通气

进行气管插管可确保气道通畅。团队应随时准备好各种不同型号大小的气管插管，以及相关的气道管理用品（如喉镜、导丝、纱布卷、注射器）。此外，还应抽吸口腔和气管内的血液、黏液、肺水肿液和呕吐物。正确放置气管插管是必要的。通过眼观和胸部听诊呼吸音可确认是否正确放置。

插管后，患病动物需连接可提供 100% 氧气浓度的氧气源，如急救气囊或麻醉机。然后设置每 6 s

通气一次（每分钟 10 次呼吸），潮气量 10 mL/kg，吸气时间 1 s。应避免过度通气。更高的呼吸频率，更长的吸气时间和更高的潮气量会增加胸腔内压力，从而导致静脉回流受阻，以及脑血管收缩导致大脑和冠状动脉灌注减少，以上都会导致预后不良。CPA 患病动物使用二氧化碳测量仪测量的呼气末二氧化碳不能反映人工通气的有效性，因此不能作为参考。

单人心肺复苏 / 口鼻通气

在只有一位抢救人员实施 CPR 的情况下，当插管不可行时，可尝试口对鼻人工呼吸。抢救人员用一只手紧闭患病动物的嘴，然后将他或她的嘴放在患病动物的鼻孔上，形成一个密闭空间，向鼻孔吹气使胸部正常上升。保持颈部伸直和气道畅通是很重要的。建议按压通气比为 30 ∶ 2。这意味着进行 30 次胸外按压，然后停下来进行 2 次吹气，然后再重复 30 次胸外按压。

技师笔记

插管时不应停止按压。可在常规手术中对不同体型和品种的患病动物进行侧卧位气管插管练习。

评估有效性

经常评估团队工作的有效性是很必要的。在心肺复苏术中，可触及的脉搏通常用于评估有效性。然而，即使在最好的情况下，脉搏触诊也很困难。

呼气末二氧化碳

呼气末二氧化碳（end-tidal carbon dioxide，$ETCO_2$）的测量已被推荐用于无创评估复苏效果（Brainard et al., 2012）。可使用二氧化碳测量仪来测量 $ETCO_2$（图 15.3）。研究表明，心肺骤停时 $ETCO_2$ 与心输出量（而非通气）直接相关。心肺骤停时 $ETCO_2$ 显著降低，有效的胸外按压，有望增加 $ETCO_2$。目标是 $ETCO_2$ 大于 15 mmHg，这可能与 ROSC 发生率的增加有关。监测到的数值越高，表明复苏措施越有效。$ETCO_2$ 的急剧增加表明 ROSC 已经发生。在人类 CPR 开始时获得的初始 $ETCO_2$ 值非常低（11 ~ 12 mmHg），而正常的 $ETCO_2$ 值为 40 ~ 45 mmHg。

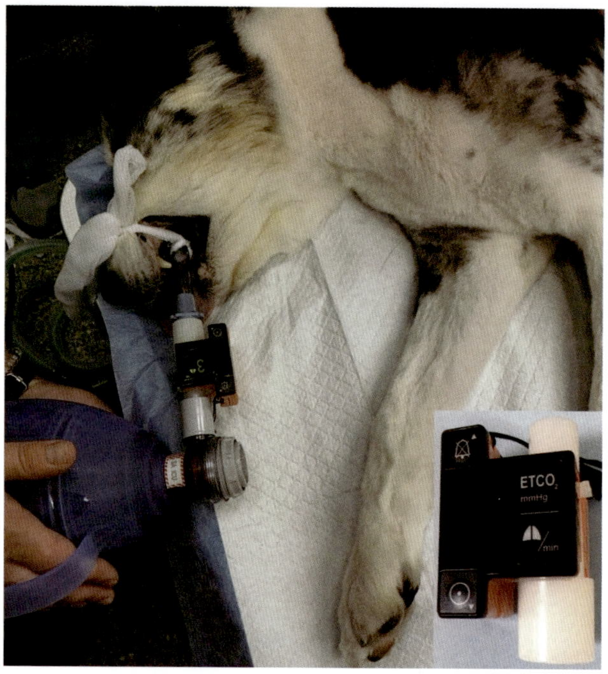

图 15.3　使用 Masimo EMMA 二氧化碳测量仪测量呼气末二氧化碳以评估胸外按压的有效性

（照片由 Dr. kate hopper PhD, DACVECC 提供。）

如果复苏操作无效，那么必须改良复苏技术。可能需要增加或减少按压的速度、持续时间和深度；改变手或患病动物的位置；或者更换按压人员。

超声多普勒

在角膜上放置多普勒平面探头可作为评估通过颈总动脉血流的方法，从而评估 CPR 的有效性。然而，没有证据支持这种监测的有效性。如果使用该方法，应谨慎解读其结果，因为它可能出现运动伪影或测量的是静脉血流而非动脉血流。若进行直接动脉插管监测，那么动脉压波形及动脉压可用来评估治疗的有效性。本质上，临床医生会对该技术进行压缩比评估，目标是舒张压达到 40 mmHg 或更高。一些研究表明，通常情况下，当使用 α－肾上腺素能药物或其他特殊操作后，主动脉舒张压升高到 40 mmHg 以上时，犬可成功从 CPA 中复苏（Kern and Niemann, 1996）。

高级生命支持

一旦实现了 BLS 的目标，就必须维持该目标，并转向 ALS。在 ALS 期间，应根据心电图和临床表现给予药物，并进行休克治疗。心肺骤停的类型决定了 CPA 期间的药物治疗方案。因此，心电图监测是必要的。

药物

肾上腺素

肾上腺素具有 α－肾上腺素能受体激动剂和β－肾上腺素能受体激动剂的特性。肾上腺素的强α－肾上腺素能受体激动剂的特性可引起动脉血管收缩。舒张压升高，从而加大冠状动脉和脑部血流。主动脉舒张压是动物和人类复苏成功与否的关键性决定因素。该药物还会引起大静脉的收缩，从而将血液从血管的静脉容量中排出。据报道，高剂量肾上腺素（0.1 mg/kg）可能对建立 ROSC 更有效，但与出院生存率增加无关。肾上腺素应从较低剂量（0.01 mg/kg）开始使用，每 3 ~ 5 min 或每 2 min BLS 周期给予一次（Rozanski et al.，2012）。在长时间的 CPR 后，可使用高剂量肾上腺素。

血管升压素

血管升压素是一种天然的抗利尿激素。在高于抗利尿激素作用所需的剂量时，血管升压素可作为一种直接作用于外周平滑肌的血管收缩剂。作为血管收缩剂，血管升压素可作为肾上腺素的替代品，或与肾上腺素联合使用治疗心肺骤停。与肾上腺素相比，血管升压素在犬和猫身上发挥疗效的证据有限。一项研究表明，对于进行 CPR 的犬，除肾上腺素外，血管升压素也是有益的（Hofmeister et al.，2009），而另一项研究发现了使用血管升压素与肾上腺素具有相同的生存率（Buckley et al.，2011）。在大量人体试验中发现，血管升压素并不比肾上腺素效果好，故在人类指南中不再建议使用。然而，RECOVER 指南则考虑了它在心搏停止 / 无脉性心电活动（PEA）和心室颤动 / 无脉性室性心动过速中的应用。血管升压素的建议剂量为 0.8 U/kg，静脉注射，可作为肾上腺素的替代品或与其联合使用，每 3 ~ 5 min 或每 2 min 的 BLS 周期给予一次（Fletcher et al.，2012）。

阿托品

阿托品具有显著的副交感神经抑制作用。可用于迷走神经被抑制所导致的心肺骤停。阿托品在与强迷走神经刺激相关的 CPA 的预防和管理中起着重要作用。阿托品没有得到文献的有力支持，它最有可能用于患有心室停搏或 PEA 的犬和猫。由于没有有害影响，可考虑在 CPR 中常规使用阿托品。推荐剂量为 0.04 mg/kg。

胺碘酮

胺碘酮是唯一具有持续疗效的药物，可考虑在耐除颤的心室颤动 / 无脉性室性心动过速的情况下使用，但该药物在兽医诊疗中并不常见。

拮抗剂

如果在发生心脏停搏前不久分别使用了阿片类、苯二氮䓬类或 α_2－激动剂等药物，则应相应使用纳洛酮、氟马西尼和阿替美唑等药物。

碳酸氢钠（$NaHCO_3$）

$NaHCO_3$ 的使用已被淡化。它是治疗心肺骤停的主要药物之一。其使用的前提是纠正缺氧组织中无氧代谢产生的代谢性酸中毒。通常认为代谢性酸中毒与心功能下降和心室颤动阈值降低有关。影响心脏存活和复苏可能性的是细胞内的 pH，而非血液 pH。理想情况下，给药时应以静脉血气结果为指导。然而，在没有测量血气的情况下，如果 CPA 持续时间大于 10 ~ 15 min，则可根据经验给予 1 mEq/kg 的 $NaHCO_3$。当使用 $NaHCO_3$ 时，由于 CO_2 的产生，适当的通气是必要的。

钙疗法

钙目前并不是心肺骤停常规治疗中的推荐用药。在 CPR 期间常规使用钙可增强心脏收缩力。然而，细胞内钙浓度过高会引起持续的肌肉收缩（“石头心”），以及心肌和脑部的血管收缩。钙也与再灌注损伤有关。再灌注损伤发生在缺血组织再灌注或再充氧时，可导致细胞损伤。钙是否有益于长时间停搏的患病动物仍待观察。当患病动物出现高钾血症或中度至重度低钙血症时，则需补钙。

液体

在 CPR 中，液体的使用可能会受到限制。研究表明，如果在 CPR 期间对容量正常的患病动物输液，可能降低冠状动脉灌注。因此，在正常或高血容量的犬或猫中进行 CPR 期间不建议常规进行静脉输液。患有或怀疑有低血容量的动物在 CPR 期间进行静脉输液可能是有益的。

给药途径

CPR 期间选择给药位点需要考虑以下几点：

- 获得静脉通路的速度。
- 建立静脉通路工作人员的技术能力。
- 获得静脉通路过程中遇到的困难。
- 药物进入中枢循环的速度。
- 注射后药物有效浓度的维持时间。

在 CPA 期间药物输送有几种选择（专栏 15.3）。虽然药物循环时间取决于 CPR 过程中所产生的心输出量，但中心静脉或颈静脉可能是最理想的，因为药物可蓄积在心脏附近。在中心静脉部位给药的优势在于可短时间内提供较高的药物浓度。如果不考虑 CPR 期间患病动物的移动，给 CPA 患病动物（颈静脉通常可触及）放置颈静脉导管相对容易。与中心静脉给药途径相比，外周静脉给药往往以较低的血液浓度和较慢的速度将药物输送至心脏。动物试验研究表明，注射 10 ~ 30 mL 生理盐水（根据患病动物体型大小，猫谨慎使用）冲管并抬高肢体后，外周静脉注射的药物输送增强。循环时间缩短，且峰值浓度更高。在一项犬心肺骤停模型 CPR 的研究中，0.5 mL/kg 的冲管液可使外周静脉给药达到与中心静脉给药进入中央循环相同的速度和浓度（Gaddis et al., 1995）。

专栏 15.3 给药方式

- 颈静脉。
- 外周静脉（臂头静脉）。
- 骨内。
- 气管内。
- 心内。

技师笔记

确保 CPR 期间给予急救药物后使用大量液体冲管，以保证药物抵达心脏。根据患病动物体型大小，使用 5 ~ 30 mL 生理盐水冲管，猫要谨慎使用。

很少有研究在 CPR 中通过骨内（IO）途径给药。然而，这仍然是一种选择。骨内途径已应用于治疗儿童 CPA。该方法需要将髓内套管插入股骨、肱骨或胫骨嵴。“休克”治疗剂量的液体和药物被注入骨髓腔，并通过髓腔内丰富的血供被快速吸收。

气管内途径可用于给予少量药物（专栏 15.4）。当无法静脉给药时，建议气管内给药，但其峰值浓度较其他给药途径低。一些研究表明，复苏过程中气管表面药物的吸收是偶发的、不可靠的和延迟的。如果采用该方法，给药人员可使用标准剂量的 10 倍（如肾上腺素），并用无菌生理盐水或灭菌用水稀释，从而提供足够的液体量。目前没有关于最佳剂量的相关数据。药物可通过置于气管插管内的长导管注入隆突（Rozanski et al., 2012）。

从几年前开始，美国心脏协会不再强调使用心内注射的方法。进行心内注射时必须停止胸外按压，这不利于实现 ROSC。此外，该操作存在一些潜在并发症：心肌损伤、冠状动脉撕裂、心包积液和难治性心室颤动（若心肌注射了肾上腺素）。

无论选择哪种给药途径，在整个 CPR 过程中必须保持有效的胸外按压，以便药物进入循环。

除颤

除颤的目的是消除心脏颤动时混乱的不同步电活动。除颤（defibrillation）是通过电流来完成，使心肌细胞去极化，并（希望）以一种统一的方

专栏 15.4 可通过气管内途径给药的药物

阿托品（Atropine）。
肾上腺素（Epinephrine）。
血管升压素（Vasopressin）。

式复极化，恢复有组织的、协调的电活动和收缩活动。如果在 CPR 早期进行除颤，成功的机会更大。设定好能量等级后，给除颤仪充电。充电时应停止胸外按压，将患病动物置于仰卧位。使用接触凝胶后，将除颤仪的极板紧贴在心脏两侧的胸部。执行除颤的人员应大喊“撤离”，并确保在除颤仪放电之前没有任何人员（包括操作人员自己）与患病动物（或与患病动物相关的任何东西）接触。除颤仪放电后，立即恢复胸外按压，并在 2 min 后进行心电图检查。体外除颤所需能量：单相除颤仪为 4 ~ 6 J/kg，双相除颤仪为 2 ~ 4 J/kg。体内除颤能量水平至少为 0.5 ~ 1 J/kg 单相除颤仪或 0.2 ~ 0.4 J/kg 双相除颤仪。如果初次除颤不成功，可将能量等级提高 50%。过度的能量水平和反复的除颤会引起心肌损伤。因此，从较低的能量水平开始，最好根据需要依次增加。

心室颤动（VF）或无脉性室性心动过速（PVT）建议采用除颤治疗。如果 VF 或 PVT 持续时间小于 4 min，或在 BLS 周期之间发现颤动节律，则立即进行除颤。如果怀疑 VF 或 PVT 的持续时间大于 4 min，患病动物在除颤前进行 2 min 的 BLS 周期可能更有益。因为 VF/PVT 发生 4 min 后必要的能量基质可能耗尽。若要进行除颤操作，酒精或酒精溶液不能用于 CPA 患病动物或放置在其附近，否则会有引起火灾的危险。

技师笔记

除颤仪放电前，操作者必须确保所有其他参与者远离患病动物。可通过大喊“撤离”实现，并在放电前快速检查确认。

心前区重击

心前区重击是一种机械除颤方法，用手掌后部直接击打患病动物心脏使其恢复。虽然该技术的疗效很低，但在没有除颤仪时应考虑。

心脏节律

在 CPA 期间可能出现的心脏节律主要为 2 类：非颤动性（心脏停搏和 PEA）和颤动性（心室颤动和无脉性室性心动过速）。在一项研究中记录了 CPA 期间 4 种类型的心电图节律，分别为：① PEA（23.3%）；②心脏停搏（22.8%）；③心室颤动（19.8%）；④无脉性室性心动过速（3.8%）（Rush and Wingfield, 1992）。CPR 后可能出现的其他节律包括窦性心动过缓（19%）、窦性心动过速和室性心动过速。心脏节律的早期识别将决定所需的治疗类型，以针对性治疗 CPA。一个算法或流程图可以帮助 CPR 团队做出治疗决策。

无脉性心电活动

无脉性节律的电活动可能在外观上接近正常或宽而奇怪的 QRS 波群（图 15.4）。RECOVER 指南指出，如果 QRS 一致且具有重复性，心率小于 200 次 /min 且无脉搏，则该节律为 PEA。PEA 在心肺骤停患病动物中很常见，在评估心电图时，通常也要评估脉搏或心跳。肾上腺素、血管升压素和阿托品是治疗该节律的主要药物（专栏 15.5）。PEA 的潜在病因包括低氧血症、酸中毒、高钾血症、低血容量、心包填塞和张力性气胸。

心脏停搏

心脏停搏的特征是无电活动（心电图上的一条直线）或机械性活动（图 15.5）。无法检测到脉

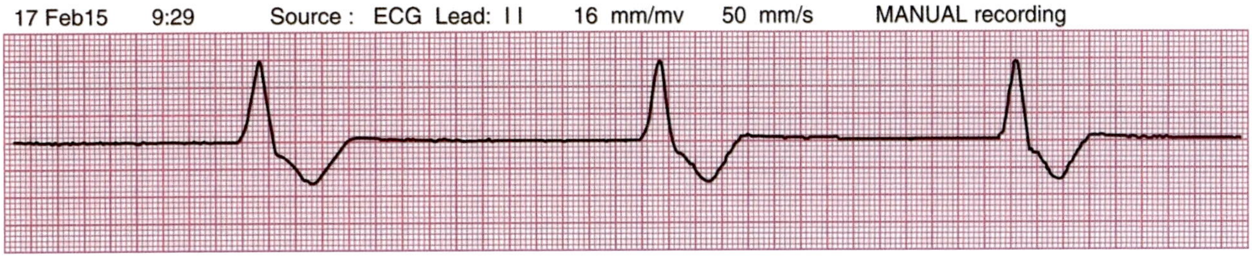

图 15.4 无脉性节律的心电图（ECG）；这种节律无法触及脉搏或听诊到心跳

搏和心跳，也看不到心脏的运动（如果可观察到心脏）。肾上腺素、血管升压素和阿托品是治疗这种节律的主要药物（专栏 15.5）。

心室颤动

心室颤动的特征是电活动紊乱（图 15.6）且无机械性活动。ECG 显示没有明确的模式和节律明显不规则；P 波和 QRS 波群无法识别。无法检测到脉搏和心跳。如果可以观察到心脏，则心脏看起来像一袋蠕动的虫。除颤是首选的治疗方法（专栏 15.6）。

无脉性室性心动过速

无脉性室性心动过速在外观上可能显示为宽而奇怪的 QRS 波群（图 15.7）。RECOVER 指南将无脉性室性心动过速描述为频率大于 200 次 /min，无脉搏且具有高度重复性的 QRS 波群。无脉性室性心动过速是一种颤动性节律（专栏 15.6）。

专栏 15.5 心脏停搏和无脉性心电活动的治疗方法

持续有效的 BLS

- 肾上腺素 0.01 mg/kg，每 3 ~ 5 min 或每个 BLS 周期给予一次。
- 血管升压素 0.8 U/kg，与肾上腺素联合使用或作为肾上腺素的替代品，每 3 ~ 5 min 或每个 BLS 周期给予一次。
- 阿托品 0.04 mg/kg。

考虑以下几点

- 高剂量肾上腺素（如果 CPA ＞ 10 min）。
- 碳酸氢钠 1 mEq/kg（如果 CPA ＞ 10 min）。

PEA 潜在的可治疗原因

- 低氧血症。
- 酸中毒。
- 高钾血症。
- 低血容量。
- 心包填塞。
- 张力性气胸。

心肺复苏后护理

一旦心脏开始自主跳动，就应该对患病动物进行密切监护。需特别注意心血管、肺和中枢神经系统。对于每个系统来说，监护尽可能多的指标会更有帮助。评估以下指标可以让团队更直观地了解患病动物状态：

- 患病动物的心率和节律（如果存在心律失常，则需使用抗心律失常药物，纠正电解质异常，或提供氧气治疗）。
- 患病动物的血压和脉压（这些都是心脏机械活动的迹象）。
- 患病动物的黏膜颜色、毛细血管再充盈时间、脉搏质量、尿量和肢端温度（这些是外周灌

专栏 15.6 心室颤动 / 无脉性室性心动过速的治疗方法

持续有效的 BLS

- 除颤（如果没有除颤仪可进行心前区重击）。
- 如果怀疑 VF 持续时间大于 4 min，则在除颤前进行 2 min BLS 循环。

	单相（J/kg）	双相（J/kg）
体外	4 ~ 6	2 ~ 4
体内	0.5 ~ 1	0.2 ~ 0.4

长时间心室颤动或无脉性室性心动过速应考虑如下方法

- 胺碘酮或利多卡因。
- 肾上腺素或血管升压素。
- 除颤：增加 50% 能量等级。

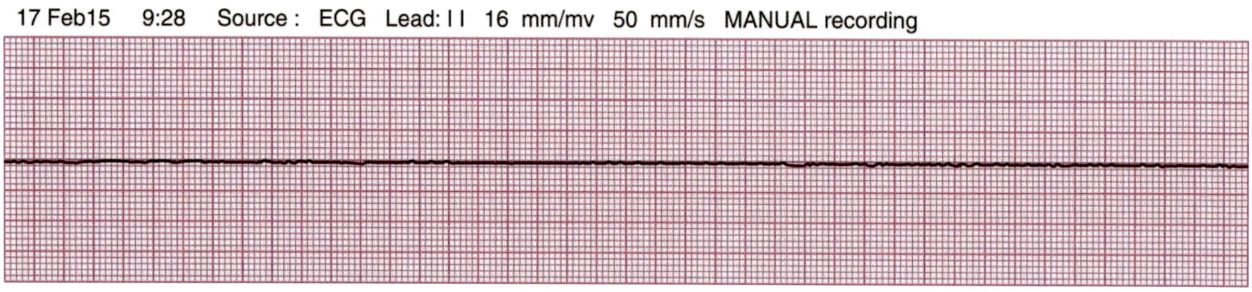

图 15.5 心脏停搏的心电图（ECG）

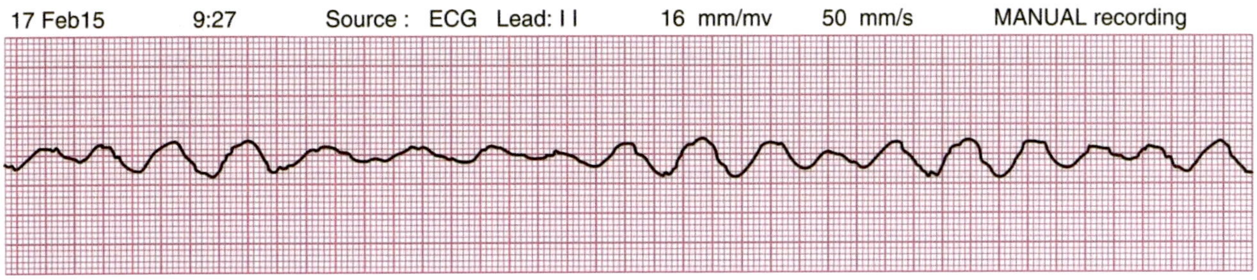

图 15.6　心室颤动的心电图（ECG）

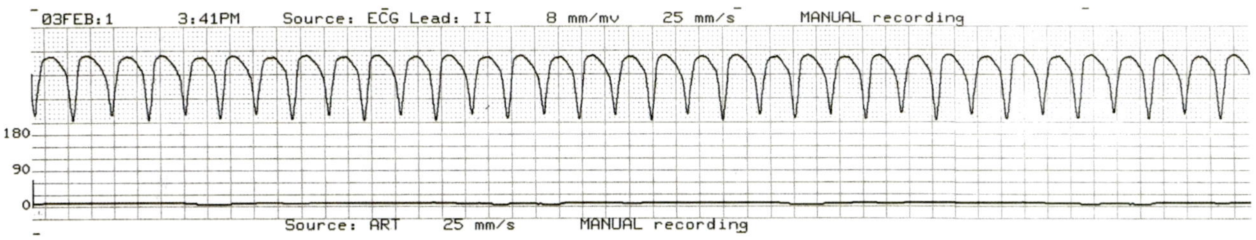

图 15.7　无脉性室性心动过速的 ECG 示例。注意 ECG 下方的直线，表示无脉搏的血压描记图

注指标）。

- 患病动物的呼吸频率和呼吸特征。
- 患病动物的呼吸（如果仍处于插管状态，需密切关注 $ETCO_2$）。
- 可以听诊到呼吸道的声音吗？（如果听不到气道音，必须排除胸膜充盈缺损）。
- 患病动物的精神状态如何？
- 患病动物的神经系统状态是在好转还是在恶化？（可能需要使用甘露醇或利尿剂）。

技师笔记

CPR 后再次停搏的可能性非常高，必须进行有效且持续的监护。

总结

理想情况下，团队应该了解主人 CPR 的意愿。他们的宠物发生心肺骤停时，知道主人的想法很重要。主人是想紧急进行开胸术，闭合式胸部 CPR，还是不做 CPR？在决定是否实施 CPR 时，许多因素都会影响：患病动物当前的状态、复苏预后和年龄，且受主人的经济水平限制。CPA 达到 ROSC 的动物数量相对较多，但只有极少数动物能存活至出院。在 CPR 中存活下来的动物通常是较年轻健康的动物，或是有药物反应或药物过量的动物。和主人讨论存活的可能性，以及复苏后护理相关花费很重要。许多动物在 CPR 成功后，由于经济上的限制而被实施安乐死。

加利福尼亚州立大学戴维斯分校 2014 年的一项研究报告称，犬和猫的 ROSC 比率为 58%；10% 的犬在 24 h 内存活，6% 的犬和 3% 的猫可活着出院（McIntyre et al., 2014）。即使存活率很低，一旦准备实施复苏，就需激进管理。兽医团队需要制订一个关于如何管理 CPA 的方案。通常，复苏成功的案例至少部分归功于了解病情、准备充分和高效的 CPR 团队。

参考文献

[1] Brainard B.M., Boiler M., Fletcher D.J. RECOVER evidence and knowledge gap analysis on veterinary CPR. Part 5: Monitoring. Journal of Veterinary Emergency and Critical Care. 2012; 22(Sl): 65-84.

[2] Buckley G.J., Rozanski E.A., Rush J.E. Randomized, blinded comparison of epinephrine and vasopressin for treatment of naturally occurring cardiopulmonary arrest in dogs. Journal of Veterinary Internal Medicine,. 2011; 25(6):1334-1340.

[3] Fletcher D.J., Boiler M., Brainard B.M., et al. RECOVER evidence and knowledge gap analysis on veterinary CPR. Part 7: Clinical guidelines. Journal of Veterinary Emergency

and Critical Care. 2012; 22(Sl): 102-131.

[4] Gaddis G.M., Dolister M., Gassis M.L. Mock drug delivery to the proximal aorta during cardiopulmonary resuscitation: Central vs. peripheral intravenous infusion with varying flush volumes. Academic Emergency Medicine. 1995; 2(12):1027-1033.

[5] Hofmeister E.H., Brainard B.M., Egger C.M., et al. Prognostic indicators for dogs and cats with cardiopulmonary arrest treated by cardiopulmonary cerebral resuscitation at a university teaching hospital. Journal of the American Veterinary Medical Association. 2009; 235(l):50-57.

[6] Hopper K., Epstein S.E., Fletcher D.J. RECOVER evidence and knowledge gap analysis on veterinary CPR. Part 3: Basic life support. Journal of Veterinary Emergency and Critical Care. 2012; 22(Sl): 26-43.

[7] Kern K.B., Niemann J.T. Perfusion pressure. In: Paradise N.A., Halperin H.R., Nowak R.M., eds. Cardiac arrest: The science and practice of resuscitation medicine. Baltimore, MD: Williams & Wilkins; 1996:270-285.

[8] McIntyre R., Hopper K., Epstein S.E. Assessment of cardiopulmonary resuscitation in 121 dogs and 30 cats (2009-2012)in a university teaching hospital. Journal of Veterinary Emergency and Critical Care. 2014; 24(6):693-704.

[9] Rozanski E.A., Rush J.E., Buckley G.J., et al. RECOVER evidence and knowledge gap analysis on veterinary CPR. Part 4: Advanced life support. Journal of Veterinary Emergency and Critical Care. 2012; 22(Sl): 65-84.

[10] Rush J.E., Wingfield W.E. Recognition and frequency of dysrhythmias during cardiopulmonary arrest. Journal of the American Veterinary Medical Association. 1992; 200:1932-1937.

[11] Waldrop J.E., Rozanski E.A., Swanke E.D., et al. Causes of pulmonary arrest, resuscitation management, and functional outcome in dogs and cats surviving cardiopulmonary arrest. Journal of Veterinary Emergency and Critical Care. 2004; 14:22-29.

场景

目的：为兽医团队提供在临床实践 CPR 的场景。

背景：为患病动物提供日常护理的综合兽医实践。

场景

下午的预约。

一位客户计划带她 5 岁的拉布拉多猎犬 Bentley 来接种疫苗。她下车后，Bentley 像往常一样兴奋地跳出车外，因没有佩戴狗链而跑到了马路上，随后被一辆车撞了。在诊所里，你听到刺耳的刹车声意识到发生了事故，然后跑到前面去看到犬趴在路中间，你拿起担架和助理跑出去帮忙。

到达现场后，Bentley 没有反应，并且头部和右后腿有明显创伤。你赶紧把它放在担架上，并和主人一起跑进诊所。

提问

- 患病动物发生 CPA 最优先的两个征象是什么？
- 你确认 Bentley 发生了心肺骤停，并迅速向主人确认是否进行 CPR。她坚决要求你“做所有事情”。
  a. Bentley 很快被带到后面的治疗室，首先要干预的是什么？
  b. 接下来要干预的是什么？
- 考虑到 Bentley 的品种和典型的体型类型，应该实行什么样的按压？
- 应该按压胸部的哪里？
- 更换按压人员前应按压多久？
- 间歇正压通气（IPPV）应以多快的速度进行？
- 按压的速度应该是多少？

讨论

- 无反应和呼吸暂停。
- a. 开始按压；b. 插管并开始 IPPV。
- 胸泵按压，因为拉布拉多猎犬是典型的桶型胸犬。
- 侧卧位，按压胸部最宽的部分，大约在第 7 肋间隙处。
- 2 min 周期。
- 每分钟 10 次呼吸。
- 每分钟 100 ～ 120 次按压。

其他考虑

这是一个真实的紧急心肺停搏案例，几乎没有提供给主人关于 CPR 和 CPR 后护理费用的信息。团队讨论有关 CPR 的原则很重要，如紧急免责声明和报价，这将为主人提供对 CPR 本身的一个小预估。如果患病动物发生 ROSC，必须提供额外的报价，以确保主人准备接受可能需要转诊到 24 h 医院进行复苏后护理的情况。

医学计算练习

肾上腺素有两种浓度：1 mg/mL 和 0.1 mg/mL。

医生给一只 3 kg 心肺停搏的猫开了 0.01 mg/kg 的处方。0.1 mg/mL 的肾上腺素你会抽多少量？

a. 0.003 mL　　b. 0.03 mL

c. 0.3 mL　　d. 3.0 mL

第 16 章

创伤急诊

Jennifer J. Devey

学习目标

1. 了解如何为创伤动物进行准备工作。
2. 了解创伤类型，以及如何系统地对创伤急诊患病动物进行评估。
3. 了解包括宠主在内的团队合作对创伤动物的重要性。
4. 了解如何护理引流装置、导管和绷带包扎。

章目录

关键词

镇痛
自体输血
包扎
引流
出血
准备工作
复苏
创伤

对于创伤动物，特别是严重创伤的动物，一所配备训练有素的医生、兽医技师、助理和前台工作人员的医院是必不可少的。该团队必须能够同时满足患病动物的医疗需求和宠主的情感需求。医疗技能与关怀相结合是必不可少的。

> **技师笔记**
>
> 虽然本章内容主要涉及创伤的医疗管理，但照顾心急如焚的宠主与对患病动物进行医疗救护同样重要。应将宠主视为医疗护理团队中的重要组成部分。

许多因素决定了严重创伤动物是否可以存活，包括创伤类型、严重程度，以及所提供的医疗支持。识别、评估、处理和再评估是创伤（trauma）管理的4个重要组成部分。兽医技师和医生必须能够迅速识别出紧急创伤，因为可能在最初的几分钟就能决定严重创伤动物的最终命运。在医院内，与患病动物首次接触的通常是兽医技师；因此，他们必须能够迅速评估患病动物，并确定其是否存在潜在的危及生命的病征。兽医团队必须能够立即按轻重缓急处理患病动物存在的问题。复苏（rescusation）可能需要进行侵入性操作、实验室检查、高级诊断检查［包括放射造影检查、超声和计算机断层扫描（CT）］和必要情况下的紧急手术，这些通常会在受伤后的第1小时内或所谓的黄金时间内进行。医院必须配备相应的设备，并且需要对医疗小组进行相应的培训。

> **技师笔记**
>
> 在患病动物病情不明确的情况下，我们应该假设其创伤严重。通过对患病动物情况做最坏的打算，急救团队更易识别其创伤和继发问题。

应对所有就诊动物使用相同的评估程序，从“ABC”［气道（airway）、呼吸（breathing）、循环（circulation）］开始进行评估。前肢远端因摔伤而骨折的患病动物也可能出现气胸，如果不对患病动物进行完整的评估，会很容易忽视这一点。

密切监测至关重要。

> **技师笔记**
>
> 急诊团队成员可以通过追踪5项生命体征的变化，以及其他生理参数来判断患病动物状态是在改善还是在恶化。以上指标的变化趋势往往比实际数字更重要。

在评估患病动物时，应使用详细的流程表和处置表。创伤动物出现继发性并发症的风险很高，如肺炎、全身炎症反应综合征、延迟愈合和继发感染；密切监测和治疗有助于预防其中一些并发症（专栏16.1）。

准备工作

准备区域和急救车

每个医院都应该有一个准备区域，该区域可供所有需要紧急护理的急诊患病动物进行检查和治疗。它通常位于主处置室这样的中心位置。准备区域必须配备全部复苏类型（包括复原手术）所需的所有设备。该区域还必须准备好氧气、建立气道和血管通路的设备、液体（如晶体液、胶体液）、抽吸设备、监护设备和基本的包扎用品。移动急救车需要配备所有必要的用品。在小型医院里，急救车可以是一个渔具箱，在急诊诊所里则可以是带多层抽屉的推车。应定期检查急救车，确保所有必需用品配备齐全、设备连接正常且可正常运转。可以使用脱离式锁扣或对角线胶带来提示急救车内的耗材是否被使用过（图16.1）。使

> **专栏16.1 与创伤动物相关的兽医技师职责**
>
> 确保准备工作（readiness）就绪（包括急诊室和手术室）。
>
> 接听电话。
>
> 提供急救指导。
>
> 确保患病动物到达时气道通畅（供氧，如有需要进行插管）。
>
> 使用呼气末正压进行正压通气（如有需要）。
>
> 建立静脉通路。
>
> 连接并解读监护设备。
>
> 疼痛管理。
>
> 在表格中记录患病动物详情。
>
> 团队沟通。

用过急救车后，会打开锁或取下胶带，在补充耗材后重新进行更换。在每次检查后，可以在胶带上标注日期、签名，这样团队的其他成员可以确定急救车内所有必需设备齐全。

监护设备应包括心电图（ECG）、间接血压（BP）测量装置（最好有多普勒超声血流探测仪和示波仪）、二氧化碳分析仪和脉搏血氧饱和度仪，同时还需要配备多种尺寸的血压袖带（宽度为 1 ～ 5 cm）。良好的头顶照明应该包括宽光束碟形光源和高强度聚焦冷光源。可以佩戴直接光源，如头戴式放大镜或便宜的徒步旅行头灯或蛇灯（可在五金店购买），从而同时释放双手，便于对气道、口腔和伤口进行仔细评估。

应准备少量的无菌手术用品用于血管缝合、气管切开术或复苏性开胸术，如手术刀、弯曲梅氏剪刀、弯止血钳和各种型号的单丝缝线（大小从 2–0 到 5–0）。Satinsky 止血钳虽然非常昂贵，但在控制大血管创伤性出血（hemorrahage）方面非常重要。理想情况下，还应该配备一对 Balfour 牵开器或 Finochietto 肋骨牵开器。无菌腹部垫和毛巾可以用来覆盖和保护开放性伤口免受感染，或对出血的伤口进行按压止血。窄径（3.5 Fr 或 5 Fr）的肠内营养用饲管是一种有效的血管阻断装置。

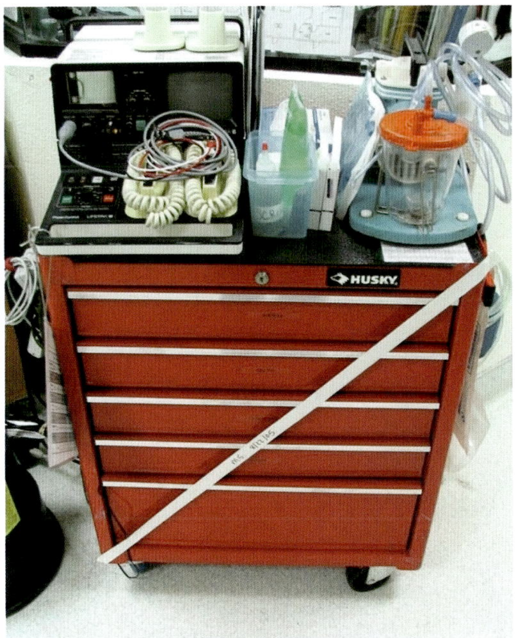

图 16.1　在急救车的对角线贴上胶带

将其环绕血管并用止血钳拉紧，可以作为一种非创伤性、改良 Rumel 止血带（图 16.2）。

在复苏或手术期间，许多创伤动物会出现体温过低或发展为低体温的状况，因此，应对患病动物进行积极保温（见第 11 章）。

抽吸设备

抽吸设备需要能产生 760 mmHg 的吸力。电力或电瓶驱动的抽吸设备是比较理想的，相对便宜的手持式抽吸装置也非常有效（Mityvac 手持真空 / 压力泵，密苏里州圣路易斯）（图 16.3）。

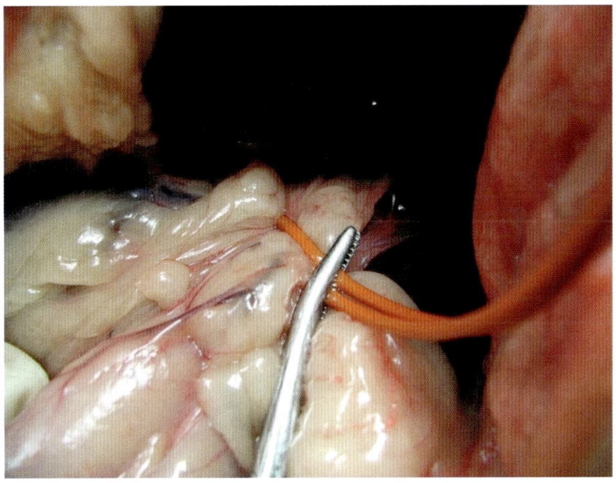

图 16.2　改良 Rumel 止血带：使用红色橡胶导管进行血流阻断（暂时阻断肝动脉、门静脉和胆总管）

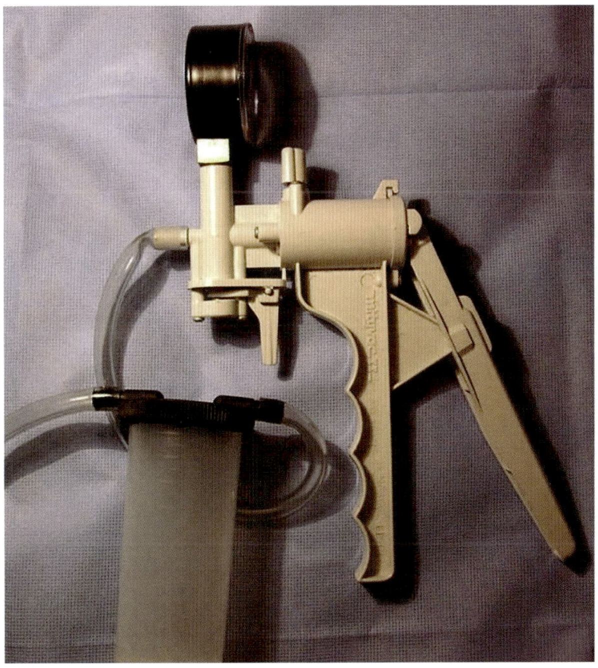

图 16.3　Mityvac 手动真空 / 压力泵

抽吸管应配备一个宽的尖端，以便于抽吸口腔和咽部的分泌物、呕吐物和血液。可选择杨克氏抽吸管、牙科和气管抽吸管等。若已经对患病动物进行了插管，此时存在液体或渗出物阻塞了气管插管，也可以将抽吸装置直接连接到气管插管的末端进行抽吸。抽吸装置可能随时紧急使用，所以应随时将抽吸头连接到抽吸管上，将抽吸管连接到抽吸设备上。如果使用的是电力抽吸装置，应接通电源。

液体治疗

创伤动物通常需要进行大量的静脉输液。优先选择输注平衡缓冲等渗溶液，如乳酸林格液（Vetivex®，Dechra Veterinary Products，Overland Park, KS），Normsol-R（Normosol®-R, Hospira, Lake Forest, IL）或 Multiple Electrolytes Type 1（Veterinary pHyLyte®, Dechra Veterinary Products, Overland Park, KS）。还需要准备合成胶体液（Vetstarch®，Zoetis Inc.，Kalamazoo, MI）和生物胶体液（血液制品）。由于创伤动物存在继发于凝血因子和血小板丢失、复苏液体稀释导致的凝血功能障碍风险，因此大量失血的患病动物通常需要使用新鲜全血和新鲜冷冻血浆。

自体输血

自体输血（autotransfusion）可以挽救患病动物的生命。如果在胸腔或腹腔内存在大量血液，则可以用无菌容器收集血液，并以自体输血的方式重新输入患病动物体内（Crowe, 1981）。另外，可以通过三通阀和延长管，将放置在腹腔内的多孔导管与患病动物的静脉留置针连接。然后抽吸出的腹内血液就可以通过一个封闭系统直接输入血管。因为这类血液缺乏纤维蛋白和血小板，所以无需使用抗凝剂（Broadie et al.，1981），但还是需要使用血液过滤器进行过滤。对于严重活动性出血病例而言，可能需要对该血液进行抗凝处理。当使用抽吸装置收集血液时，需要防止同时抽入空气，这可能会导致红细胞破裂。目前可以购买到商品化的自体输血系统，但对大多数兽医医院而言，其成本令人望而却步。将用于输送肠内营养液的输液袋作为输血袋不失为一种简单有效的方法，该输液袋顶部是一个带盖子的大开口，取下盖子后将血液装入袋内。可将输血装置装入食品袋内，作为一个整体进行气体消毒，以便在紧急情况下使用（图 16.4）。将输血袋的前侧剪开约 30%，这样仍可将其悬挂，将采集的患病动物血液通过该孔倒入袋中。理想情况下，应使用过滤器过滤血液，但因为该装置可能会显著降低输血速度，所以该装置在紧急状况下不是必须的。如果需要进行大量自体输血，应密切监测凝血试验结果。为了防止弥散性血管内凝血的出现，通常需要可以提供纤维蛋白的新鲜冷冻血浆。

影像学诊断

能拍摄高质量 X 线片的 X 光机对于患病动物的评估非常重要。如果没有数字 X 线摄影机，建议使用 300 ~ 500 mA 的机器和可以在几分钟内显影的自动洗片机。因为患病动物可能需要进行造影，所以兽医技师应熟悉其操作方法。

应首先将无法行走或失去知觉的创伤动物固定在亚克力板或木质背板上，并透过该板拍摄 X

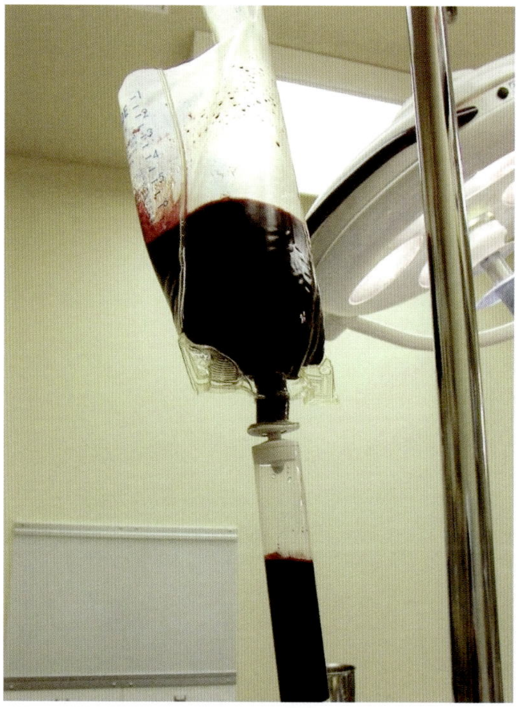

图 16.4　使用无菌输液袋进行自体输血

线片。透过以上两种材料，可以获得患病动物从头到尾创伤的胶片或图像，从而找到明显损伤部位。还需要准备各种用于保定患病动物的装备，从而减少工作人员受到的辐射。

即时超声检查（POCUS）是一种可以快速评估创伤动物的诊断方法，所以还需要准备超声机器用于即时扫查。

在识别胸部创伤患犬的肺挫伤、胸腔积液和肋骨骨折方面，CT 比 X 线检查更敏感（Dancer et al.，2019）。如果没有 CT，当怀疑患病动物存在胸部创伤时，应对其进行水平 X 线检查（Dancer et al.，2019）。

实验室检查

理想情况下，实验室设备应包括可用于离心血细胞和分离血清的离心机；用于血液、尿液和其他液体分析的折射仪；可以进行血气分析、血清生化、全血细胞计数和凝血参数分析的设备。即时检测设备只需使用非常小体积（0.05 mL）的全血就可以快速（1 ~ 2 min）评估血气、酸碱状态、电解质、葡萄糖、乳酸水平和凝血参数。为了评估血液涂片和体液细胞学，还需要配备一台质量好的显微镜。

复原手术

对于一些严重创伤的动物，手术也是复苏流程的一部分。对于这些患病动物而言时间至关重要，所以应时刻准备好麻醉机和手术室。应备好一个常用手术包和手术衣，以便随时打开。应确保吸引器能正常工作，这样外科医生可以随时连接吸引管。还应配备凝闭装置，放置好负极板。手术头灯可以显著增加出血、受损组织和血管的可视化程度，所以应将其纳入手术室设备的标准组成部分。创伤手术包还应包含可用于开腹探查或开胸术的基本设备（专栏 16.2）。

专栏 16.2　创伤手术包

水碗（大和小）。
刀柄、10 号和 11 号刀片。
创巾钳（至少 8 个）。
梅奥剪（弯剪）。
梅岑鲍姆剪（弯剪）。
锋利的钝剪。
Kelly 止血钳（8 齿）。
Halsted 蚊氏止血钳（8 齿）。
Rochester-Carmalt 止血钳（6 齿）。
卵圆钳（弯）。
Allis 组织钳（4 把）。
直角钳（大和小）。
DeBakey 或 Cooley 组织钳（长和短）。
俄式拇指镊。
Brown-Adson 组织镊。
小弹簧镊（双动脉夹）。
Balfour 牵开器（小和大）。
Mayo-Hegar 持针器（小和大）。
杨克氏、Poole 和 Frazier 吸引头。
硅橡胶管。
球形注射器。
腹部垫（8 个）。
Rumel 止血带（umbilical tape、硅橡胶管、肠内饲管）。
Huck 毛巾（4 个小的和 4 个大的）。

兽医团队

兽医团队必须在精神和身体上做好执行紧急工作的准备。所有团队成员都必须全心全意投入工作并进行相应的培训，从而降低患病动物的发病率和死亡率。兽医技师必须熟悉所有诊断和治疗所需设备的位置和操作步骤，他们必须进行关于埋置静脉留置针、包扎（bandage）伤口、护理引流（drain）管（胸腔引流、伤口引流）和麻醉的相关培训。

让团队成员为急诊做好准备的最有效方法是进行演习。可以在动物模型或尸体（如果已获得许可）上进行演习。这样的演习可以鼓励团队合作，提高其心理素质，可以让团队中每位成员在紧急情况下，明确其职责。通过这样的练习，在真正的紧急情况下，可以让团队成员对病情的识别、评估和治疗更加迅速。

流程表

在人类医院中，治疗患者按照流程表执行，

以及核对急诊清单可显著降低发病率和死亡率。流程表应该方便所有人员使用。应在院内张贴复苏流程图，这样即使处于急诊的高压状态，团队成员也能有序进行复苏，重要的治疗措施也不会被遗忘。

急救与安全

通常在事故现场就会开始初步治疗，到达医院前的处理可能会显著影响患病动物的预后。在首次电话联系中，医院可以向宠主提供安全和急救的相关信息，为其提供包括在事故现场及转运医院过程中的帮助。因为其宠物刚刚受伤，大多数宠主会处于应激、恐惧的状态。安抚宠主非常重要，因为这可以帮助我们获得准确的信息，以便给予其恰当的急救指导，冷静的主人也能更好地听从指示。技师的语气可能与其提供给宠主的信息一样重要。如果宠主没有任何急救经验，为了避免其受伤，最好建议为患病动物佩戴嘴套或在动物的头部盖上毯子。然后将创伤动物置于箱子内，或者将其固定在木板上（或者采取其他限制动物活动的方式），尽快将其送往医院。

应始终遵守的基本原则如下：

1. 确保周围环境安全。注意其他车辆、碎玻璃、洒出的化学品和其他危险。

2. 当直接接触动物时，需确保宠主和工作人员的安全。患病动物身上的血液可能是主人的血液。为防止接触性肝炎和人体免疫缺陷病毒等传染病，在确定血液的来源之前工作人员应避免直接接触血液。在现场，可将毛巾或衣物直接按压在伤口上。在医院内，在接触皮毛上有血液的动物之前，一定要佩戴手套。受伤的动物通常会非常惊恐和疼痛，应对其进行适当的保定。视情况佩戴嘴套。相比于紧贴鼻梁的标准布制嘴套，覆盖整个口鼻的塑料嘴套有多个孔隙，便于动物呼吸、排出口腔分泌物。对于创伤动物而言，该类型嘴套更易放置、疼痛更少、更舒适。如果没有嘴套，可以用领带或皮带环绕动物口鼻。如果存在面部出血或无法佩戴嘴套，可以使用毯子或大的夹克覆盖动物头部。

3. 在确定患病动物的全部创伤之前，尽量减少其活动。如果无法行动，应使用木板或箱子运送患病动物。如果动物可以走动，禁止患病动物跳进和跳出运输工具，只允许最低程度地行走，防止任何潜在问题恶化。例如，如果动物跳车，部分腹壁疝就可能完全疝出。

4. 尽可能使用干净的布料直接按压伤口。另外，如果四肢出血，可用手环绕并挤压肢体或尾部出血部位的近端，以帮助止血。报纸、大的木棍或木片可以作为远端骨折的夹板。

患病动物评估

分诊

分诊是根据创伤或疾病的严重程度对患病动物进行分类，从而确保最先治疗最紧急的患病动物。进行分诊的通常是兽医技师，该过程需要迅速评估患病动物情况，从而确定医生是否需要紧急干预。这同样保证了至少有一位医务人员来评估患病动物，让紧张的宠主安心。

> **技师笔记**
>
> 发生严重事故的患病动物应立即被分诊到医院的准备区域，然后由兽医进行评估。

初步评估与再评估

应从头侧接近动物并迅速检查其意识水平、呼吸状态和呼吸模式、身体或肢体姿势异常、患病动物身上或周围是否存在血液或其他物质，以及任何其他严重异常（如肢体位置异常）。首先要在 30 ~ 60 s 内完成对患病动物意识水平和气道、呼吸、循环的评估。初步评估后开始对其进行复苏。如果初步评估显示患病动物存在严重的异常，如气道不畅，则应在完成评估、诊断或其他治疗之前先立即建立通畅的气道。

通过视诊、听诊、触诊来检查气道是否通畅。如果需要对口腔和口咽部进行视诊，应采取适当的防护措施确保检查人员不被咬伤。如果患病动物表现出吸气极度费力的迹象，提示其气道可能不通畅。呼气费力、胸壁反常运动、腹式呼吸、鼻翼扑动、张口呼吸（而非喘息）、头颈部伸展、肘部外展和发绀都是呼吸困难的指征，需要立即进行治疗。气道评估后应立即进行呼吸评估，包括观察胸壁运动，听诊气管和双侧肺音。与胸腔听诊相比，将听诊器放在胸腔入口通常可以更清楚地听到下气道音。肺部听诊应早于心音听诊，因为一旦耳朵适应了更大的声音，就很难辨认出相对柔和的声音。可以通过胸腔叩诊排除气胸或血胸。通过检查黏膜颜色和毛细血管再充盈时间，以及在听诊心音的同时触诊中心（股动脉）和外周（足背动脉）的脉搏来评估患病动物的循环状况。最后，快速触诊和评估患病动物的腹部、胁部、骨盆、脊柱和四肢。

技师笔记

对兽医技师而言，对护理的每一只患病动物进行体格检查非常重要。虽然这种体格检查并不需要像医生所做的检查那样完整，但如果要对患病动物进行监护，该检查可以为其提供患病动物的基础体征。在出现问题时，不断地检查患病动物，以及向经验丰富的人寻求反馈可以提高兽医技师的熟练度。这是一个不断学习的过程。

一旦完成初步评估并开始进行复苏，则需完成包括生命体征测量在内的再评估。在完成初步评估后，才会进行生命体征监测。再评估需要对患病动物进行从头到尾的系统性全面检查。5 个基础生命体征包括呼吸频率、心率、体温、血压和疼痛。为了避免呼吸频率和心率假性升高，应在测量完这两项体征后再进行体温测量。

应监测所有创伤动物的血压，并与心率一起评估。例如，高心率和高血压提示患病动物疼痛，而高心率和低血压则提示低血容量性休克。因为动脉中血容量大约占全身血容量的 10%，所以血压并不是一个较好的提示机体血容量的指标。静脉中血容量大约占全身血容量的 70%；因此当担心动物处于低血容量时，应评估静脉血容量。应该对胸腔入口处颈静脉部位剃毛，并在胸腔入口部位压迫该血管（Crowe, 2006）。如果无法触诊颈静脉（在非肥胖患病动物中），患病动物很有可能处于低血容量状态。如果患病动物在疑似低血容量时（休克、低血压、躺卧时）出现了颈静脉扩张，那么患病动物可能存在气胸，需要立即进行胸腔穿刺。当犬侧卧时，如果该侧的外侧隐静脉低于右心房水平，则该血管会出现轻微的扩张，抬高该患肢后静脉扩张消失。可测量出从静脉扩张到恢复过程中，该肢体的高度差。在评估患病动物对液体治疗的反应中，该值可以粗略反映静脉容量的变化。

严重出血的患病动物会出现血管收缩引起的外周灌注不良，这种情况下可能很难识别动物出现了发绀。日光灯还会干扰黏膜颜色的准确评估，如果黏膜颜色苍白，检查人员则应该使用如笔灯或透照器之类的直接光源。

初始数据库

一旦测量了患病动物的生命体征并开始进行复苏，就可以开始收集其基础数据，通常包括实验室检查、Ⅱ导联 ECG、POCUS［腹部创伤快速超声检查（AFAST）和胸部创伤快速超声检查（TFAST）］（见后文）。POCUS 依赖于操作者和超声机器，该检查项目永远不能取代体格检查。最小实验室数据库应包括红细胞压积（PCV）和总固体（TS），通常还需要包含血糖。如果可以进行即时检测，通常可以同时评估血尿素氮（最好是肌酐水平），以及电解质和血气，从而完善患病动物的数据库。尽管即时护理设备可以提供血细胞比容数值，但仍建议对 PCV 进行评估，因为血细胞比容和离心 PCV 之间可能存在显著差异。兽医技师可以将血细胞比容管插入采集管中心来采集血液样本。更详细的数据库还应包括血清白蛋白、凝血酶原时间、活化部分凝血酶原时间和血小板评估。完整的数据库需要包括全血细胞计数（通过血涂片进行白细胞分类、红细胞形态和血小板评估）、生化、尿液分析和动脉血气。理想情况下，首先需要收集最小或更详细的数据库，除了血气必须立即进行评估之外，当患病动物进行全面检查且完成初步复苏后还需要考虑进一步检查。应根据动物状况治疗心律失常，以及实验室和诊断性影像学上的异常。

病史

一旦完成再评估，团队成员需要进行病史调查。如果患病动物病情稳定，则可在患病动物到达医院时进行简短的病史调查。一个有用且有助于记忆的词语是 AMPLE：

A——过敏（Allergies），该动物是否有任何已知的过敏史？

M——药物（Medications），该动物是否用过药物？如果用过，需描述药物种类和剂量。

P——既往病史（Past history），该动物过去是否患病？

L——最后时间（Lasts），该动物最后一次进食、排便、排尿、给药是什么时候？

E——事件（Events），该动物目前存在什么问题？需对该问题详细描述。

与患病动物相关的重要病史，包括受伤时间、受伤原因（如坠落、汽车撞击、枪伤），汽车撞击的速度（如果被汽车撞击）、在现场是否失去意识、现场失血量，以及受伤后患病动物情况是恶化还是有所改善。兽医技师还需要确定患病动物是否存在其他潜在的疾病或目前正在接受的药物治疗。让宠主填写一份病史调查表可以提供宠物的全面信息，同时也在初步评估和复苏过程中，让宠主有事可做。

影像学诊断

POCUS 是一种可快速排除严重创伤的方法。AFAST 是一种确定犬腹腔内是否存在积液的有效方法（Boysen et al.，2004）。最好是在犬左侧卧时进行扫查，检查剑状突下方、膀胱顶周围，以及腹腔两侧的液体量（图 16.5）。已证明，TFAST 是一种非常敏感的方法，可用于检测气胸和肺挫伤，通常可以在 5 min 内完成（Lisciandro et al.，2008）。

创伤 X 线检查是对全身拍摄的筛查性 X 线片。如果患病动物处于侧卧，在排除其脊柱损伤之前

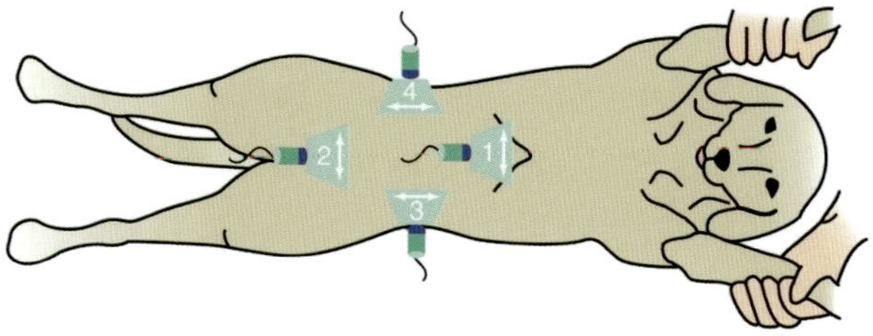

图 16.5 探头的位置和移动方式示意图，通过创伤超声检查的重点评估（FAST）获取犬腹部超声图。FAST 检查包括剑状突下方（1）、膀胱上方中线（2）、右（3）和左（4）侧胁腹部的横截面和纵向视图（分别为犬侧卧位的重力侧和非重力侧）

[引自 Boysen, S. R., Rozanski, E. A., Tidwell, A. S., et al.(2004). Evaluation of focused assessment with sonography for trauma protocol to detect free abdominal fluid in dogs involved in motor vehicle accidents. Journal of the American Veterinary Medical Association, 225, 1198—1204. Reprinted with permission.]

不应改变其体位。如果患病动物体况稳定，则应进行侧位、腹背位的拍摄。在对四肢或其他局限性的创伤拍摄 X 线片前，应先对其拍摄筛查性 X 线片。再次强调，如果发现异常就需要开始治疗。

如果怀疑患病动物存在腹腔出血或腹腔脏器（如膀胱、胆囊、肠道）破裂，则应进行超声检查和超声引导下腹腔穿刺。可以进行四象限腹腔穿刺术，但如果腹腔液量很少，假阴性的可能性会很高（Crowe and Crane，1986）。如果没有超声，则应进行诊断性腹腔灌洗（见第 20 章）。如果在向腹腔内注入液体的过程中，患病动物呼吸受到较大影响，则应停止该操作。需要对体腔液进行 PCV、TS、肌酐（如果可能存在膀胱破裂）、胆红素（如果可能存在胆囊破裂）和细胞学检查。可以保留注入液体的导管，每隔 5 ~ 10 min 重新评估是否存在进行性出血的迹象。

评分系统

在兽医学中已经建立了许多不同的评分系统，如动物创伤分类评分（ATTS）（Rockar et al.，1994）、小动物昏迷指数表（Shores，1983）（表 16.1）、腹腔液体评分系统（Lisciandro et al.，2009）。ATTS 已被证明可以有效预测犬猫创伤的严重程度（Ash et al.，2018；Murgia et al.，2019），这是一种可以确定基础创伤状态、评估患病动物治疗反应的更客观的方式。心率除以收缩压得到的休克指数可作为有效的分诊指标和休克指标，该值大于 0.9 提示需要进一步评估患病动物是否出血（Petersen et al.，2013）。

创伤致死三联征

创伤“致死三联征”是指酸中毒、低体温和凝血功能障碍（Rotundo et al.，1993）。酸中毒可继发于肺挫伤、气胸、膈疝或者钝性 / 穿透性创伤等会影响动物呼吸的胸壁疼痛。代谢性酸中毒继发于低组织灌注和随之而来的低血氧。显著偏酸会导致机体酶促系统的催化功能异常。这些酶促反应驱动着包含肌肉收缩到凝血在内的全部反应。低体温继发于如灌注改变和静脉输注低温液体等环境条件。由于代谢率降低，低体温可能会导致窦房结自律性降低、心室兴奋性增加、酶促反应变慢、膜通透性增加和离子泵衰竭等其他并发症。轻度低温可以在休克状态下发挥保护作用，但严重的低体温与较高的发病率和死亡率相关。凝血因子缺乏会导致凝血功能障碍，炎性介质、酸血症和低体温会改变凝血级联反应，还有液体治疗会稀释凝血因子。临床上应该尽力避免这种三联征的出现。

表 16.1　小动物昏迷指数*

参数	评分
运动性（单选）	
步态正常，脊髓反射正常	6
偏瘫，四肢瘫痪，去大脑僵直	5
侧卧，间歇性伸肌僵直	4
侧卧，持续性伸肌僵直	3
侧卧、持续性伸肌僵直并伴随角弓反张	2
侧卧，肌张力下降，脊髓反射减弱或缺失	1
大脑反射（单选）	
瞳孔对光反射、头眼反射正常	6
瞳孔对光反射缓慢、头眼反射正常至减弱	5
双侧无反应性缩瞳，伴随头眼反射正常至缺失	4
针尖状瞳孔，伴随头眼反射减弱至缺失	3
单侧无反应性缩瞳，伴随头眼反射减弱至缺失	2
双侧无反应性缩瞳，伴随头眼反射减弱至缺失	1
意识状态分级（单选）	
偶尔警觉并且对环境有反应	6
沉郁或谵妄，有反应但是反应异常	5
半昏迷，对视觉刺激有反应	4
半昏迷，对听觉刺激有反应	3
半昏迷，只对有害刺激有反应	2
昏迷，通常无反应，只对重复性有害刺激有反应	1

*各项得分统计得到总分。3 ~ 8 分提示预后较差，9 ~ 14 分预后谨慎，15 ~ 18 分预后较好。

复苏

目标

为了复苏休克的动物，临床医生需要识别休克迹象，其症状包括呼吸频率增加和呼吸费力；伴有微弱的脉搏或洪脉的心动过速；黏膜苍白或发暗；毛细血管再充盈时间延长；低体温，四肢冰凉或两者同时出现。

复苏的目标是逆转休克并为细胞提供充足的氧气。这意味着必须将氧气输送到肺泡，这样机体通过肺循环的方式将其吸收。这个过程必须有足够的血红蛋白（Hb）来运输氧气，因为在动脉血中，相比于溶解的氧气，氧气的含量（CaO_2）更取决于 Hb 的浓度：

$$CaO_2=[1.34\times Hb\times Hb\text{饱和度}(SaO_2)]+[0.03\times\text{动脉氧分压}(PaO_2)]$$

一旦氧气进入血液，它会被输送到外周组织，该过程需要充足的循环容量和能有效泵血的心脏。应最大化前负荷或回流心脏的静脉容积。治疗目标是恢复氧气水平及所有组织的灌注。

氧合和通气

应立即向所有休克动物通过 flow-by、面罩、氧气袋或氧气脖圈的方式高流速供氧，直到不再需要进行氧气支持。对于吞咽反射不良的昏迷患病动物应立即进行插管，并通过气管插管进行供氧。鼻周供氧的吸入氧分数可达到 0.4 ～ 0.6（Mann et al.，1992），而氧气脖圈和氧气袋可以提供接近 0.7 ～ 0.95 的吸入氧分数（Engelhardt and Crowe，2004）。因此，鼻周供氧可能不是理想的初始供氧方式。

因为无法对患病动物进行很好的监测，所以氧舱并不是一个理想的供氧方式。打开氧舱门会导致吸入氧分数的剧烈波动，这可能会导致动物出现呼吸窘迫。此外，氧舱充满氧气需要大量时间，这对于急需氧气的患病动物而言非常不利，而且大多数氧舱的吸入氧分数无法超过 0.4。

如果供氧后，动物的呼吸频率、费力程度和黏膜颜色没有得到改善，患病动物应该是存在影响氧合或通气的损伤，或者存在继发于大量失血的肺循环不足。这类损伤可能包括气胸、血胸、肋骨骨折（疼痛导致通气不足或胸壁无法正常运动）、膈疝或严重的肺挫伤。如果肺音听诊不清可能是血胸或气胸，建议对其进行胸腔穿刺。对于可能存在气胸的患病动物，应在拍摄 X 线片之前进行胸腔穿刺，避免在摆位过程中出现严重的呼吸困难。通常在患病动物双侧第 7 ～ 9 肋间进行胸腔穿刺。最好对穿刺部位进行剃毛和外科准备，但如果患病动物处于紧急状态则无需准备。如果在胸腔穿刺过程中无负压，则需立即放置胸导管。如果患病动物存在明显的肺内出血，并且已知出血侧，则应保持患侧朝下使其侧卧。如果患病动物有严重的肺挫伤，吸氧后仍处于失代偿状态，则可能需要迅速麻醉后进行插管和通气。这些患病动物通常至少需要 1 d 或更长时间的正压通气，直到肺挫伤得到缓解。

危重症动物应在侧卧位进行插管。如果患病动物存在严重的低血压，那么抬高头部的动作可能会导致脑部血流量显著减少，从而导致心脏骤停。由于患病动物口咽部创伤、出血或肿胀难以进行插管，通常需要使用喉镜，必要时需要进行抽吸。在插管过程中需要确保看见杓状软骨从而避免误插入食道中。此外，在盲插管过程中可能会刺激喉部，从而引起迷走神经反应，这可能导致严重低血压或心动过缓患病动物出现心脏骤停。一旦进行插管，兽医应听诊双侧肺部，从而确保所有肺野都可以听到正常的气道音。如果未听见气道音，则可能是气管插管插入单侧支气管中或气道破裂。如果无法进行经口气管插管，则需要进行气管切开术。

液体治疗

在供氧的同时，还必须为休克患病动物进行静脉输液。这种情况下必须放置一个或多个大口径静脉留置针（中型和大型犬使用 14 ～ 16 G；小型犬和猫使用 18 ～ 20 G）。严重休克的患病动物可能需要进行血管切开。因为流量与管径的 4 次方成正比，与管长成反比，与管长且直径小的留置针相比，管短且直径大的留置针输液速度会更快。外周血管留置针适用于大多数情况。

为了改善患病动物的血流动力学，应以适当的速度输注晶体液和胶体液。休克患病动物需要的是血管内液体复苏，而不是细胞间质的液体复苏。因此，应谨慎输注大量晶体液。通常以每轮 20 ～ 30 mL/kg 的剂量多次输注晶体液。为了维持足够的血管内容量，如果首轮晶体液输注后无明显效果，或已知患病动物存在大量失血，就需要考虑使用胶体液。合成胶体液，如羟乙基淀粉可以按每轮 5 mL/kg 的剂量进行输注，最多可输注 50 mL/kg。建议每日输注量不要超过该值。如果患病动物因严重失血出现休克，则最有效的复苏胶体液为全血。应根据需要进行输血，输血目标是犬的 PCV 维持在 30% 左右，猫的 PCV 为 27% 左右。为了降低死亡率，目前对创伤动物的建议是以 1 ∶ 1 比例输注压缩红细胞和新鲜冷冻血浆（Roquet et al.，2019）。

静脉输液治疗的目标是恢复有效的循环容量，因此应进行逐步输液直到血流动力学参数恢复正常。在犬中，复苏反应良好表现为其升高的心率下降到正常范围，收缩压至少维持在 100 mmHg。休克状态的猫通常会出现明显的心动过缓，所以对猫而言，复苏目标则是使心率增加到更正常的数值。

对液体治疗没有反应的患病动物可能存在持续性腹腔内严重出血。钝性创伤可造成严重的腹腔内出血，还会导致肝破裂、脾撕裂和肾撕脱。这些患病动物可能需要进行低血压复苏或限制性体外反压，或两者同时进行。另外，还可能需要手术干预。

止血

在对患病动物开始复苏时就需要进行止血。无菌纱布、无菌腹部垫、无菌毛巾均可用作压力绷带。如果存在穿透性创伤则不应去除第一层敷料，并在第一层敷料上覆盖第二种敷料。在某些情况下，出血的浅表大动脉可以通过手指按压控制出血（Crowe and Devey, 1994）。通过压迫下颌骨邻近和腹侧的深部区域控制上颌动脉的血流，帮助控制头部出血。通过按压腋窝区域控制肱动脉的血流量，按压腹股沟和股动脉区域可以控制股动脉的血流。在小体型动物中，可以对其后腹施加压力，控制髂外动脉的血流。如果远端肢体或尾部严重出血，可将血压计袖带放置在伤口近端，加压至高于患病动物动脉收缩压 20 ～ 40 mmHg。在开始更明确的治疗前，该方法可以有效地控制最严重的出血。最好不要使用窄止血带，因为它会在几分钟内造成永久性的神经和血管损伤。宽止血带也应在使用 1 h 后松开（Welling et al.，2006）。

对于严重失血性休克或持续性严重腹部或盆腔内出血的患病动物而言，可能需要对后肢、骨盆和腹部进行包扎，从而形成腹部反向外压（图 16.6）。这样可以对绷带下的血管间接施压。由于流量与血管半径的 4 次方成正比，任何血管半径的减小都会显著减少通过该血管的血流量（和出血）（Niemann et al.，1983）。如果没有将后肢包扎进去，那么血液可能会聚集在该处，存在造成后腹部腔静脉阻塞的风险。可以使用毛巾、胶带、棉花卷、完整的绷带进行包扎，其中毛巾包扎更快速。首先在后肢之间放置一条毛巾，然后从后肢末端开始，使用第二条毛巾以螺旋状方式包裹至膈肌水平，最后使用胶带固定。因为这种包扎方式会将患病动物的前腹部包入，影响其膈肌运动，所以必须密切监测患病动物的呼吸状况。如果发生膈肌运动受限，则需要判断是松开绷带还是使用呼吸机，因为松开绷带可能会导致进一步出血。完成包扎后需要确保在包扎下方可以很容易地放入两根手指。如果需要，可以在包扎过程中使用部分充气的血压计袖带。需要确保该包扎给予腹部的压力约为 30 mmHg。该包扎需要保证腹内压力维持在 20 mmHg 以下。过高的压力会导致腹腔间室综合征，严重损害胃肠道和肾脏的血液循环，从而造成不可逆转的损伤。在进行包扎前，应迅速给公犬插入导尿管，防止尿液污染，同时监测患病动物的尿量和腹内压力。直到患病动物的血流动力学稳定后（这通常需要 6 ～ 24 h），才能拆除包扎。在拆除过程中还需要持续监测血压。需要从头侧向尾侧缓慢移除包扎。如果该过程中收缩压下降超过 5 mmHg，则需要停止拆除并进行输液。如果血压继续下降，则需要重新包扎。

严重腹腔内出血患病动物的复苏

低血压复苏适用于血压恢复正常后出血加重的患病动物。对于这些动物，在出血得到控制前，需要限制液体复苏（Herold et al.，2008）。在低血压复苏时，输注液体使收缩压达到 85 ～ 100 mmHg。控制血压升高是为了防止刚刚形成的软质血凝块破裂。此外，减少输液量可降低患病动物发生稀释性凝血功能障碍的概率，并将医源性低体温的风险降至最低。这些患病动物通常需要腹部反向外压。

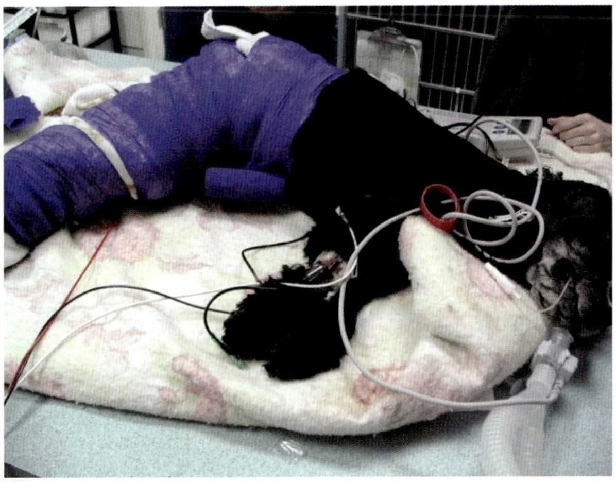

图 16.6 腹部反向外压

镇痛

完成初步检查后，通常需要使用镇痛药。疼痛对患病动物的身体健康，以及愈合过程都是有害的。儿茶酚胺的释放会导致血管收缩，并减少损伤部位的血液供应。

技师笔记

必须认识到，疼痛会延长住院时间，在某些情况下还会导致死亡。条件允许的情况下，应给所有患病动物使用镇痛药，但危重症动物可能需要减少剂量。

所有患病动物都应该接受适当的镇痛（analgesia），对于危重症动物，剂量可能需要降低到正常剂量的 25% ~ 50%。应始终积极控制胸部创伤动物的疼痛，因为胸部疼痛会严重影响通气，可能导致高碳酸血症和缺氧。阿片类药物是用于控制疼痛的主要药物，可以静脉注射、肌内注射或皮下注射。首选纯 μ 受体激动剂。静脉注射途径优于肌内注射途径（可能会疼痛）和皮下注射途径（无法预估吸收情况）。如果通过肌内注射给药，则应在轴上肌肉群内注射，因为即使在组织灌注发生变化时，流向该肌床的血流也较为稳定。恒速输注芬太尼适用于疼痛剧烈的动物，对于需要做大手术的患病动物十分有效。局部麻醉剂（利多卡因、布比卡因）可局部注射或进行区域阻滞。肋间阻滞能显著改善肋骨骨折患犬的通气功能。因局部麻醉剂酸性特质导致的疼痛，可通过将药物加热至体温（Mader et al.，1994）或按利多卡因体积的 10% 添加碳酸氢钠来改善。

伤口、绷带和夹板固定

动物到达医院时，大多数伤口都是处于污染状态，但通常只有年老的动物才会感染。由于医院的细菌和人类手上的细菌，伤口感染并不少见，因此应尽一切努力保护伤口不受环境影响。应始终佩戴手套，所有伤口无论多么轻微，都应尽快用无菌敷料覆盖。伤口应保持湿润，可能需要在伤口内放置无菌水溶性润滑剂或盐水浸泡的纱布。

所有伤口处都应该剃毛，并进行全面评估。为了能充分剃毛和全面评估，通常还需要镇痛和镇静。剃毛前在伤口上使用无菌水溶性润滑剂有助于防止被毛污染伤口。自来水可安全地用于伤口冲洗（Weiss et al.，2013）。最后，应使用加压至 300 mmHg 的生理盐水，连接针头（任意尺寸）冲洗伤口（Gall and Monnet，2010）。以往的建议是使用 35 mL 注射器搭配 18 G 针头进行冲洗，但这样操作通常会超过安全压力，并导致组织损伤。贯穿性伤口不能盲目加压冲洗，因为这样可能会导致污垢和碎屑到达伤口深部。只有在能确认冲洗液流向的情况下才能进行冲洗。

清洗干净伤口后，放置无菌敷料。如果存在污染或需要清创的坏死组织，则使用湿 - 干敷料。移除已经干燥的敷料时，敷料也会移除失活的组织和碎片。去除失活组织可能会引起疼痛，通常需要镇静。非常重要的一点是去除前不能浸泡敷料，否则会影响其清创能力。然后，在敷料上覆盖衬垫层，再依次覆盖纱布卷和防水层。

应在 24 h 内，根据伤口（手术性、创伤性）和敷料类型更换绷带。绷带必须保持清洁和干燥；如果绷带变湿或变脏，则必须立即更换。如果尿液进入绷带，尤其需要注意，因为尿液具有很强的腐蚀性。一旦绷带湿透，必须立即更换，以防止外部污染物和细菌通过湿润的绷带进入伤口。为防止感染，每次给开放性伤口更换敷料时，应佩戴手套。

拍摄 X 线片前，应使用临时夹板保护肢体远端受伤的部位。夹板固定可以避免闭合性骨折变成开放性骨折，有助于稳定骨折，防止骨碎片对软组织造成进一步的剪切性损伤，并通过稳定损伤部位来提高患病动物的舒适度。可以使用报纸和白色多孔胶带或布胶带制作临时夹板。使用布胶带固定的泡沫垫也可以作为非常有效的轻质夹板（图 16.7）。

正确放置夹板，必须稳定骨折上方和下方的关节；否则夹板可能会起到支点的作用，使骨折更加严重。固定肢体的绷带应从靠近近端的趾开始放置，并且露出远端两趾。必须监测脚趾，以

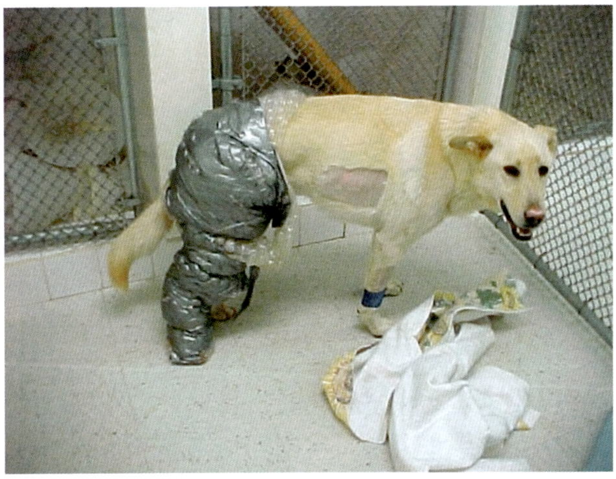

图 16.7 由泡沫垫和布胶带制成的夹板，用于稳定股骨骨折

确保它们保持温度，且不会肿胀。如果其中有一个环节出现问题，足部的血液循环就会受到影响，此时应立即移除夹板或绷带。此外，如果夹板变湿、变脏或松脱，或者动物试图啃咬夹板，也应该更换夹板。

导管和引流

许多遭受创伤的动物会放置导管或引流管。需要密切监测导管和引流管，以降低并发症的风险。这些患病动物中有相当一部分会放置多个导管。应在所有导管上做好标记，以确保氧气不会被输送到鼻胃管中，肠道营养不会通过静脉输注。应根据需要为患病动物佩戴伊丽莎白圈，以防其啃咬或拔出导管。

如果放置了鼻氧管，则应密切监测接触部位（鼻孔处）是否出现皮肤刺激和鼻炎。应避免在鼻孔附近使用胶带，以避免这些并发症。皮肤刺激通常很轻微，且是自限性的；然而，如果导管引起了动物的不适，则应该将导管换到另一个鼻孔，或者移除导管。

通过手术放置的饲管，如食道饲管、胃饲管和肠饲管，在愈合早期（3 ~ 5 d）应每天更换 1 ~ 2 次绷带。检查手术部位是否有炎症或分泌物，并触诊是否有疼痛。应报告发生的所有异常情况，因为这些情况可能提示存在感染。应使用抗菌溶液清洁手术部位，并用无菌敷料包扎。

胸导管上的绷带应每天更换 1 ~ 2 次，通过视诊和触诊检查手术部位有无异常。使用抗菌溶液清洁，并使用无菌敷料包扎。需要在插管的出口处涂抹大量广谱抗生素软膏，以密闭出口处。

与胸导管相关的更常见的并发症是漏气。通常表现为可从胸导管抽出空气（通常量较大），但实际上空气并没有从肺部泄漏。应每天至少检查 2 次胸导管的连接部位和与之相连接的导管，并在怀疑有问题时进行检查。检查导管是否有裂孔，如果导管出现扭结，可能会因为导管材料的应力而出现裂孔。应注意确保不使用过大的力来抽吸导管（指尖不应变白），因为这会将空气从环境中沿胸导管吸入胸膜腔。如果进行持续隔水抽吸，则应每 4 ~ 6 h 撤下导管，并进行间歇手动抽吸，以确保导管系统是可以正常运行的。

手术复原

可能需要手术来复原和稳定一些患病动物的创伤（Devey，2013），例如，严重外出血（如动脉撕裂）、严重持续性内出血、穿透性肠道损伤和膈疝的患病动物。麻醉这些患病动物具有挑战性，而专职麻醉师对这些患病动物至关重要。严重出血的患病动物在术中需要大量温热液体和血液制品。

基础监护

无论在复苏期间、术中还是复苏后在重症监护室，都应对创伤动物进行密切的监护。监测的频率取决于患病动物病情的严重程度，对于较危重的动物，监护频率应为每 5 ~ 15 min 一次，对于较稳定的动物，监测频率应为每 4 ~ 8 h 一次。动物体征的变化趋势往往比实际数据（表 16.2）更加重要。基础监护包括评估意识水平、呼吸频率和深度、心率、脉搏频率和强度、血压，以及体温。监测直肠和趾间温度间的差异有助于评估外周灌注。正常情况下，温差不会超过 4℃（7℉），通常不超过 1℃（2℉）。应频繁（每 1 ~ 2 h）听

表 16.2 创伤动物监测参数的目标*

参数	目标
呼吸频率	18 ~ 36 次 /min
心率	60 ~ 130 次 /min（犬） 170 ~ 200 次 /min（猫）
心律	窦性节律： 如果存在室性早搏（VPC）——单病灶的，没有明显的脉搏缺失，心率 <160 次 /min，无 R-on-T 现象
体温	正常；ΔT+ < 4℃（7℉）
血压	收缩压 90 ~ 130 mmHg 舒张压 60 ~ 100 mmHg
血流	容易听到多普勒的声音
尿量	>0.5 mL/（kg · h）
脉搏血氧饱和度	>94%
红细胞压积	>25%
总蛋白	>4.5 g/dL
白蛋白	>2.0 g/dL
血小板估计	>5 ~ 8/hpf（高倍镜视野）

*这些数据只是建议的目标。在较严重创伤动物复苏的早期阶段，可能无法实现这些目标。

ΔT+，直肠温度和腋下或趾间温度的差值。

诊胸部创伤动物的肺部，以确认是否有提示气胸、血胸或肺挫伤的征象。脉搏质量的变化或检测到脉搏缺失提示存在室性早搏（VPC），应评估Ⅱ导联 ECG。

尿量至少达到 0.5 mL/（kg · h）。如果没有留置导尿管，在静脉输液治疗的情况下患病动物应至少每 6 h 排尿一次。建议应每 4 ~ 6 h 监测一次液体的摄入量和排出量，并进行输液的调整。

应按照给药计划给予镇痛药物，并根据动物的疼痛情况补充用药，给药间隔可视情况调整。应就如何评估患病动物的疼痛对整个医疗团队进行培训。

基础实验室监测应包含对 PCV 和 TS 的连续评估。对于可能出现活动性出血的患病动物，可能需要每 30 min 监测一次 PCV；对于较稳定的患病动物，可以在 2 h 后检查 PCV，然后每 4 ~ 8 h 检查一次。

高级监护

高级监护包括心电图和脉搏血氧饱和度。VPC 和室性心动过速是创伤动物最常见的心律失常。如果 VPC 是多病灶的，或影响灌注（出现明显的脉搏缺失），或如果心率升高（通常超过 160 次 /min），或者观察到 R-on-T 现象，则应对 VPC 进行治疗。治疗包括补充氧气，确保组织灌注最大化，镇痛，并恒速输注抗心律失常药物（如利多卡因）。

脉搏血氧饱和度可以在清醒患病动物上监测，然而，测量结果经常受到技术错误的影响，绝不能只依靠血氧饱和度做出临床决策。即使正在监测血氧饱和度，也必须监测呼吸频率和呼吸深度，以及黏膜颜色。当动物呼吸室内空气时，血氧饱和度百分比通常应至少在 97% 以上，96% 及以上通常是准确的，但低于 96% 可能是错误的。如果灌注不良，脉搏可能不够强，无法为血氧计提供准确的测量。强烈的环境光和动物活动也可能导致结果不准确。如果在吸氧的情况下，患病动物的血氧饱和度为 90% ~ 92%，应检查动脉血气，因为如果读数是准确的，则可能需要对患病动物进行机械通气。

高级实验室监测包括定期评估电解质和血气参数。只要静脉穿刺部位的灌注没有发生明显的改变，静脉血气就可用于评估酸碱状态和二氧化碳张力，但需要动脉血气来监测氧合。对于更危重的动物，应评估其白蛋白水平、凝血参数和血小板数量。实验室监测的频率取决于患病动物病情的严重程度，通常每 8 ~ 24 h 评估一次。

患病动物护理——其他方面

导尿管护理包括用抗菌溶液清洗外阴或包皮，以及在导尿管入口处涂抹抗生素软膏。应使用密闭收集系统，如静脉输液系统，应每 48 ~ 72 h 更换一次。

大多数患病动物都无法活动或行走困难。患病动物舒适度非常重要。因此，应尽可能频繁地给予镇痛药物，且必要的情况下，剂量尽可能高，以确保患病动物的舒适性。为尽量减少单一镇痛治疗的副作用，可能需要多模式疼痛管理。不能将疼痛作为限制动物活动的手段。应使无法起卧的患病动物躺卧在软垫上，并每 2 ~ 4 h 为其翻一次身。应密切监测体型较大动物的褥疮发展情况。患病动物躺卧时，应尽可能为其肢体进行温和的康复治疗。这样不仅可以改善患病动物的舒适度，还能刺激循环，一旦患病动物能够活动时，能帮助其更好更快地恢复活动能力。这一点对于老年动物或患有关节炎的动物尤为重要。

营养支持

创伤动物处于高代谢状态，所以营养支持对于它们至关重要。如果在最开始的 12 ~ 24 h 内给予肠内营养支持，患病动物的情况将会有显著改变（Moore et al., 1992）。肠内营养优于肠外营养，肠内营养有助于保护胃肠道屏障，从而降低细菌转移的可能性，并有助于保护免疫功能和正常的肠道、胰腺和胆汁分泌。如果患病动物不主动进食，最容易的办法是通过管饲提供肠内营养支持。鼻食道饲管或鼻胃管可用于短期（3 ~ 5 d）喂食。肠内液体饮食可通过恒速输注或间歇推注给予。如果预估需要长期的营养支持，则可能需要手术放置饲管。

最初应根据静息能量需求估算能量摄入，并根据计算结果确定喂食量。如果患病动物自主进食量未达到计算量，则应记录其已经摄入的卡路里，并通过管饲补充。呼吸系统损伤的患病动物应避免过度进食，因为这样会产生过量的二氧化碳，从而导致呼吸频率的代偿性增加。

客户沟通

与宠主沟通是兽医技师最重要的职责之一。当危重的创伤动物就诊，医生无法离开患病动物时，兽医技师通常可以传达关于动物状态的基本信息，使宠主安心，并征得宠主对医疗程序的许可。由于兽医技师比医生与患病动物的接触更多，他们通常更了解患病动物的实际情况，并能够提供有关患病动物舒适度、排尿情况、食欲和水摄入量的相关信息。宠主需要知道的是，他们的宠物不仅在医学层面上得到了治疗，而且在心理和情感层面上也得到了照顾。

技师笔记

兽医技师除了要照顾患病动物外，还需要照顾宠主。如果担心患病动物护理有任何问题无法得到充分解决，兽医技师应通知兽医并提出建议，以帮助解决该问题。

特定创伤的评估与管理

组织创伤的程度因创伤类型、撞击的速度和质量而异。力等于质量乘以速度的平方（$F=MV^2$）。力越大，组织创伤就越严重。例如，一只犬被棒球棒击中头部，其所受的伤害与头部中枪会明显不同；与被自行车撞伤的犬相比，被汽车撞伤的犬所受的伤害要大得多。

创伤一般分为两种类型：①钝挫伤；②穿透伤。钝挫伤，包括挤压力，通常发生在与物体碰撞时。如果动物跌落、被踩到或被汽车或棒球棒等物体撞击时，就会发生这种情况。穿透伤通常是由刀、箭、子弹和可刺穿动物身体的较大物体造成的（如棍棒、金属棒）。咬伤会同时导致穿透伤和钝挫伤。穿透后会施加较大的剪切力，尤其是发生咬伤时。损伤的程度通常取决于被穿透的身体部位。了解损伤的机制有助于更好地理解可能发生的内伤，从而保证团队能够最大限度地降低患病动物的损伤和死亡率。

如果得不到准确评估和及时治疗，一些创伤性损伤可能会在短期内致命。致命的损伤包括气道断裂或梗阻、张力性气胸、严重的肺挫伤，以及胸腔或腹腔大出血。应对这些创伤保持高度警惕。

在后文中，将会以解剖位置将严重损伤进行分组，并简要概述如何在复苏期间对这些患病动物进行评估、管理和监测。读者可根据具体的损伤类型了解更详细的信息。在这些病例中，均以提供氧气、静脉输液支持和镇痛为前提，同时正在执行前文提到的基本诊断和监护。这个清单并不是最全面的，但它提供了急诊科常见损伤的概述。

注意：在探查伤口之前，不能移除穿刺的物体。物体可能已经穿过或卡在心脏或腹主动脉等主要血管中。过早取出可能会导致快速失血。唯一例外的情况是，穿刺的物体会影响动物呼吸，且达到了会导致心脏停搏的地步。

头面部创伤

评估

头部创伤可导致创伤性脑损伤（TBI）。TBI 患病动物的意识程度从意识正常到昏迷不尽相同。使用小动物昏迷量表（表 16.1）可提供客观评估，并可能有助于预后。脑干创伤会威胁生命，可导致呼吸模式改变和心血管系统紊乱。面部骨折可能导致口内和鼻内出血，并引起呼吸困难。血液会聚集在口咽部，导致明显的气道阻塞。

管理

首先要保持气道畅通。使用器械夹持纱布或使用吸液器尽可能清理气道中的血液、呕吐物或其他分泌物。然而，清理时应该格外小心，避免被动物咬伤。应避免使 TBI 患病动物出现呕吐反应，因为这样会升高颅内压并减少脑部的血流量。如果患病动物无意识且无呕吐反射，则必须在不抬高头部的情况下快速插管，因为抬头会导致大脑血流减少，并可能导致心脏骤停。应使用喉镜协助插管，以避免过度操作喉部，并确保插管准确。因为打喷嚏可能会升高颅内压，所以不应使用鼻导管。

其次是确保充足的脑部血供。颅内容积由脑组织、脑脊液和血管组成。因为颅骨包绕大脑，所以这三个组分中的任何一个有变化，都会影响另外两个。静脉穿刺或放置导管时应避免对颈静脉施加压力，因为这可能会升高颅内压（ICP）并减少大脑的灌注。应输注液体来维持正常的血压。这些患病动物不能出现容量过载或高血压，因为这样可能会加剧颅内出血。然而，低血压更加有害。高渗盐水（3% ~ 7.5%）适用于系统性低血压和 ICP 升高的患病动物。皮质类固醇不能改善甚至可能使预后更差，因此应避免使用（Edwards et al., 2005）。虽然甘露醇有可能加重活动性颅内出血，但其益处通常大于潜在的缺点。如果患病动物处在严重定向障碍或存在高血压，可能需要镇静药。不能使二氧化碳分压（$PaCO_2$）升高，因为会导致脑血管扩张。轻度过度通气，即 $PaCO_2$ 为 30 ~ 35 mmHg，有助于降低 ICP。如果发现压缩性颅骨骨折或患病动物的神经状况恶化，则可能需要进行紧急开颅减压手术。

在头部创伤后 2 ~ 6 h 内进行高压氧疗已被证明能有效改善由水肿和肿胀引起的持续继发性神经元缺血，并减少持续的大脑缺氧损伤（Nikias et al., 2004）。

躺卧的动物应保持水平姿势，头部轻度抬高至 30°，每 2 ~ 4 h 翻身一次。必须注意确保颈部处于非折转状态，这可能会导致气道受损和颈静脉流出受阻。

严重的鼻出血可能需要使用鼻内肾上腺素或鼻腔填塞物。这很少需要手术。打喷嚏和高血压会加重鼻出血，应加以控制。这些动物必须保持安静，经常需要镇静。

监护

TBI 患病动物应监测小动物昏迷评分、瞳孔大小和对称性、呼吸模式、心率、黏膜颜色、血压、PCV 和 TS。应定期监测意识低迷和躺卧动物的血气，以确保其没有发生通气不足。

如果持续鼻出血或临床医生担心存在潜在的凝血功能障碍，则需要检查血小板数量、口腔黏膜出血时间以评估是否存在血小板功能障碍，并进行凝血检查。

颈部软组织创伤

评估

颈部创伤可引起气道撕裂或破裂、因出血或肿胀导致的气道阻塞、食管撕裂，以及主要血管断裂。C4–C6 水平或以上的颈椎损伤可导致膈肌功能丧失。这些动物会发生不同程度的呼吸窘迫。失血量变化很大，对其他软组织（包括肌肉、皮下组织和皮肤）的损伤程度也是如此。

管理

必须密切观察动物的呼吸频率和模式。呼吸音嘈杂的动物都存在气道受损，可能进一步发展为气道阻塞。无气道音时胸部运动过大是气道阻塞的标志。呼吸费力并存在明显呼吸困难的动物可能存在喉部或气管撕裂。吸气用力增加，但膈肌运动小，提示脊柱创伤影响到膈神经。这些患病动物需要立即麻醉并插管，或在清醒状态下进行气管切开术。在准备手术时，经气管或经鼻气管给予氧气可能会有所帮助。应对气管进行听诊，仔细触诊整个区域，并彻底修剪被毛，以评估伤口、出血程度和肿胀。除非操作可能造成气管损伤，否则应清洁所有伤口并用无菌绷带包扎。不能对气管撕裂伤进行包扎，因为这样可能会导致皮下气肿和纵隔气肿。放置环形颈部绷带时应格外小心，因为患病动物的移动往往会收紧这些绷带,导致气道受损。如果担心存在相关的脊柱损伤，则在损伤稳定之前不能移动患病动物。

监护

应进行标准的患病动物监护程序。颈部绷带应每 4 ~ 6 h 检查一次，并根据需要沿绷带背侧面剪开以放松绷带，直到绷带边缘不再向两侧分离。然后可以用胶带将边缘粘在一起，将绷带固定到位。有时可能需要更换绷带。

胸部创伤

评估

胸部创伤可导致肌肉骨骼损伤，如肋骨骨折、肌肉撕裂和挫伤。胸内创伤通常导致气胸、血胸、肺挫伤和心脏挫伤。这些患病动物会有不同程度的呼吸窘迫。肋骨骨折导致疼痛引发的换气不足是一个值得关注的问题。

连枷胸指的是两条或多条相邻肋骨发生两处或多处断裂，在胸壁上形成自由浮动的部分。在每次呼吸时，连枷胸的移动都是相反的（患病动物吸气时向内，呼气时向外），因而造成疼痛和通气障碍。此外，连枷胸附近的肺叶也有肺挫伤。

管理

如果怀疑胸部创伤，兽医技师应立即为患病动物供氧。快而浅的呼吸常提示肋骨骨折和胸膜间隙异常（气胸或血气胸）引起的疼痛。如果患病动物呼吸短促、胸部扩张、通气时胸壁活动受限、颈静脉扩张，应考虑张力性气胸。深呼吸、喘息通常表示严重的肺挫伤。应进行胸部听诊和叩诊。肺音低沉提示肺挫伤或胸膜间隙疾病，叩诊时声音低沉或出现鼓音提示胸膜间隙异常。这些情况，都需要进行胸腔穿刺。应进行双侧胸腔穿刺术，并在拍摄 X 线片前进行。早期应使用胸膜腔内镇痛、肋间神经阻滞或间歇性注射阿片类药物进行镇痛。所有的伤口位置都应剃毛和清创，并用无菌敷料包扎。胸膜间隙存在大的伤口时除外。此时如果包扎，可能导致张力性气胸。可能需要先通过该孔放置胸导管，然后使用密封性敷料包扎。或者，将仅三面密封的闭塞性贴片敷料放置在孔上方，第四面充当排气阀。当患病动物吸气时，敷料将被向内吸入，形成对胸部的密封；当患病动物呼气时，未密封的敷料面将起到排气阀的作用，排出多余的空气。

将连枷胸患病动物的连枷胸一侧朝下可能是有益的。这些患病动物中的大多数都可以通过内科治疗，但严重的连枷胸可能需要手术固定。

监护

必须持续监护胸部创伤的患病动物，直到病情稳定为止，尤其要关注呼吸和疼痛。胸部创伤的患病动物可能发生继发于创伤性心肌炎的 VPC 和室性心动过速。T 波升高（大于 R 波振幅的 1/4）提示存在心肌缺氧。常见原因包括低血容量、贫血和心肌损伤。应根据建议对发生前两种情况的患病动物进行评估和治疗。任何发生 ECG 异常的患病动物都应进行持续的 ECG 监测，并应经常触诊脉搏是否有缺失。

腹部创伤

评估

腹部损伤可导致实质性内脏（如肝脏、脾脏）大出血，主要血管损伤，以及引起肠道撕裂伤并导致腹膜炎。呕吐、腹痛加剧和腹胀都提示严重腹内损伤。叩诊音低沉、有液体流动音或发现共振区域，提示腹腔内气体积聚。脾脏损伤时常发生 VPC。腹膜后损伤可能更难诊断。然而，如果患病动物贫血加剧，并且没有发现其他已知的失血来源，那么出血可能来自腹膜后间隙。

可能需要对胸后部、腹部及其两侧，以及会阴区域进行剃毛，以便能够正确评估伤口的位置和挫伤的程度。

管理

腹部损伤动物常有包括骨折在内的多处损伤，在处理腹部损伤之前，应先评估和管理气道和呼吸。所有穿透性创伤动物都应该进行手术治疗。理想情况下，钝挫伤的患病动物可进行保守治疗。

使用镇吐药治疗恶心和呕吐。鼻胃管减压有助于防止胃胀引起的恶心（无论是气体还是液体），并促进胃动力的恢复（Moss，1984）。如果患病动物接受过腹部损伤手术，这一点尤为重要。

应通过肉眼（使用试纸测试）和显微镜对尿液进行检查，以确定是否存在出血。如果患病动物在住院的前 4 h 内没有产生尿液，则应考虑膀胱破裂的可能性。应监测粪便是否有出血和黑便的迹象。如果动物存在骨盆骨折，粪便中有血可能表明结肠或直肠撕裂伤，通常需要手术。

监护

除了标准监护外，应连续评估 PCV 和 TS，因为持续出血始终是一个问题。在就诊后 1 ~ 2 h 复查，然后根据动物的临床状况每 6 ~ 12 h 复查一次。应监测腹部是否有肿胀或过度挫伤的迹象。对于危重症动物，应留置导尿管，理想情况下，应在初始复苏期间每小时监测一次尿量，之后每 4 h 监测一次。

肌肉骨骼系统创伤

评估

疑似肌肉骨骼损伤的动物应限制其移动，以免它们进一步损伤自己。在检查之前，应使其侧卧或将其限制在一个小空间内。对于可能发生脊柱骨折的患病动物，在进行 X 线检查前，应将其固定（用胶带或类似材料将其固定在平板上）。由于创伤周围的软组织损伤，一些肌肉骨骼损伤很明显。不负重跛行通常提示脱位、骨折或严重韧带损伤，而部分负重通常提示损伤较轻。骨折可导致周围软组织撕裂。例如，肋骨骨折可导致肺部撕裂和气胸，股骨骨折可导致股骨大血管撕裂，耻骨骨折可撕裂尿道。

肌肉筋膜隔室内严重出血可导致隔室综合征。当肌腹内的压力升高到使受影响区域的循环受阻时，就会发生这种情况。由于隔室综合征可迅速导致组织坏死，因此必须尽早发现。临床症状包括严重肿胀、患部比预期更痛、患肢趾部温度低于正常肢体，以及运动或感觉丧失加重。

管理

应尽快管理疼痛。理想情况下，应在拍摄 X 线片前，用夹板固定远端骨折肢体。如果是开放性骨折，应立即用无菌敷料覆盖伤口。如果怀疑存在隔室综合征，则必须立即释放压力。

监护

严重肌肉骨骼损伤的动物的疼痛可能是难以控制的，尤其是可能损伤到坐骨神经的骨盆骨折患病动物。通常建议进行积极的疼痛管理。还应密切监测患病动物是否存在与骨折相关的软组织损伤（即耻骨骨折伴排尿异常、肋骨骨折伴气胸、长骨骨折伴隔室综合征）。

总结

严重创伤的动物的存活取决于齐全的医疗设备和训练有素的工作人员。兽医技师在确保区域准备就绪为接收急诊病例、分诊（确保立即识别严重创伤动物），以及协助复苏方面发挥着至关重要的作用。兽医技师必须能够掌握多种监护设备的使用，以及监护技术。了解不同损伤发生的病理学有助于保证对患病动物进行适当的监护和治疗。团队成员之间的良好沟通对于降低患病动物发病率和死亡率至关重要。

参考文献

[1] Ash K., Hayes G.M., Goggs R., et al. Performance evaluation and validation of the animal trauma triage score and modified Glasgow Coma Scale with suggested category adjustment in dogs: A VetCOT registry study. Journal of Veterinary Emergency and Critical Care. 2018; 28: 192-200.

[2] Boysen S.R., Rozanski E.A., Tidwell A.S., et al. Evaluation of focused assessment with sonography for trauma protocol to detect free abdominal fluid in dogs involved in motor vehicle accidents. Journal of the American Veterinary Medical Association. 2004; 225:1198—1204.

[3] Broadie T.A., Glover J.L., Bang N., et al. Clotting competence of intracavitary blood in trauma victims. Annals of Emergency Medicine. 1981; 10:121-130.

[4] Crowe D.T. Autotransfusion in the critically injured patient: A historic review and current recommendations. Journal of Veterinary Emergency and Critical Care. 1981; 4:14—39.

[5] Crowe D.T. Assessment and management of the severely polytraumatized small animal patient. Journal of Veterinary Emergency and Critical Care. 2006; 16:264—275.

[6] Crowe D.T., Crane S.W. Diagnostic abdominal paracentesis and lavage in evaluations of abdominal injuries in dogs and cats: Clinical and experimental investigations. Journal of the American Veterinary Medical Association. 1986; 168:700-705.

[7] Crowe D.T., Devey J.J. Assessment and management of the hemorrhaging patient. The Veterinary Clinics of North America Small Animal Practice. 1994; 24: 1095-1122.

[8] Dancer S.C., Le Roux C., Fosgate G.T., et al. Radiography is less sensitive relative to CT for detecting thoracic radiographic changes in dogs affected by blunt trauma secondary to a motor vehicle accident. Veterinary Radiology & Ultrasound. 2019; 60:648—658.

[9] Devey J.J. Surgical considerations in the emergent patient. The Veterinary Clinics of North America Small Animal Practice.2013; 43:899-914.

[10] Edwards P., Arango M., Balica L., et al. Final results of MRC CRASH, a randomised placebo-controlled trial of intravenous corticosteroid in adults with head injury—outcomes at 6 months. Lancet. 2005; 365: 1957-1959.

[11] Engelhardt M.H., Crowe D. T. Comparison of six non-invasive supplemental oxygen techniques in dogs and cats. Journal of Veterinary Emergency and Critical Care. 2004; 4:S1—S17.2010; 71: 1384-1386.

[12] Gall T.T., Monnet E. Evaluation of fluid pressures of common woundflushing techniques. American Journal of Veterinary Research. 2010; 71: 1384-1386.

[13] Herold L. V., Devey J.J., Kirby R., et al. Clinical evaluation and management of hemoperitoneum in dogs. Journal of Veterinary Emergency and Critical Care. 2008; 18:40—53.

[14] Lisciandro G.R., Lagutchik M.S., Mann K.A., et al. Evaluation of a thoracic focused assessment with sonography for trauma (TFAST) protocol to detect pneumothorax and concurrent thoracic injury in 145 traumatized dogs. Journal of Veterinary Emergency and Critical Care.2008; 18:258-269.

[15] Lisciandro G.R., Lagutchik M.S., Mann K.A., et al. Evaluation of an abdominal fluid scoring system determined using abdominal focused assessment with sonography for trauma in 101 dogs with motor vehicle trauma. Journal of Veterinary Emergency and Critical Care. 2009; 19:426-437.

[16] Mader T.J., Playe S.J., Garb J.L. Reducing the pain of local anesthetic infiltration: Warming and buffering have a synergistic effect. Annals of Emergency Medicine. 1944; 23: 550-554.

[17] Mann F.A., Wagner-Mann C., Allert J.A., et al. Comparison of intranasal and intratracheal oxygen administration in healthy awake dogs. American Journal of Veterinary Research. 1992; 53:856—860.

[18] Moore F.A., Feliciano D.V., Andrassy R.J., et al. Early enteral feeding, compared with parenteral, reduces postoperative septic complications. The results of a meta-analysis. Annals of Surgery. 1992; 216:172-183.

[19] Moss G. Efficient gastroduodenal decompression with simultaneous full enteral nutrition: A new gastrostomy catheter technique. Journal of Parenteral and Enteral Nutrition. 1984; 8:203—207.

[20] Murgia E., Troia R., Bulgarelli C., et al. Prognostic Significance of Organ Dysfunction in Cats With Polytrauma. Front Veterinary Sciences. 2019; 6:189.

[21] Niemann J.T., Stapczynski J.S., Rosborough J.P., et al. Hemodynamic effects of pneumatic external counterpressure in canine hemorrhagic shock. Annals of Emergency Medicine. 1983; 12:661—667.

[22] Niklas A., Brock D., Schober R., et al. Continuous measurements of cerebral tissue oxygen pressure during hyperbaric oxygenation—HBO effects on brain edema and necrosis after severe brain trauma in rabbits. Journal of the Neurological Sciences. 2004; 219:77—82.

[23] Petersen K.L., Hardy B.T., Hall K. Assessment of shock index in healthy dogs and dogs in hemorrhagic shock. Journal of Veterinary Emergency and Critical Care. 2013; 23:545—550.

[24] Rockar R.A., Drobatz K.J., Shofer F.S. Development of a scoring system for the veterinary trauma patient. Journal of Veterinary Emergency and Critical Care. 1994; 4: 77-84.

[25] Roquet F., Neuschwander A., Hamada S., et al. Association of early, high plasma-to-red blood cell transfusion ratio with mortality in adults with severe bleeding after trauma. JAMA Network Open. 2019; 2: e 1912076.

[26] Rotondo M., Schwab C.W., McGonigal M.D., et al. Damage control: An approach for improved survival in exsanguinating penetrating abdominal injury. The Journal of Trauma. 1993; 35:375—382.

[27] Shores A. Craniocerebral trauma. In: Kirk R. W., ed. Current veterinary therapy X. Philadelphia, PA: Saunders; 1983:847—854.

[28] Weiss E.A., Oldham G., Lin M., et al. Water is a safe and effective alternative to sterile normal saline for wound irrigation prior to suturing: A prospective, double-blind, randomised, controlled clinical trial. BMJ. 2013; 3: e001504.

[29] Welling D.R., Burris D.G., Hutton J.E., et al. A balanced approach to tourniquet use: Lessons learned and relearned. Journal of the American College of Surgeons. 2006; 203:106—115.

场景

一只 20 kg 的雄性去势混种犬在被汽车撞伤 20 min 后就诊。该犬有头部创伤，并且处于昏迷状态。胸部 X 线片显示有肺挫伤的征象，没有气胸或血胸的征象。未见到其他损伤。

问题

- 收缩压是 100 mmHg。这个病例的血压处于合适的范围吗？为什么合适？为什么不合适？
- 昏迷意味着什么？
- 决定给该犬输注晶体液。这种必要治疗的两个主要的潜在并发症是什么？请讨论如何监测患病动物的这些并发症。
- 应该采取何种护理措施来防止颅内压升高？

讨论

- 不，这是不够的。讨论应集中于颅内压升高的病理生理学、脑灌注压的定义，以及低血压如何影响脑灌注压。
- 昏迷是一种意识水平的改变，患病动物躺卧，对周围环境无意识，只对疼痛刺激有反应。
- 应讨论脑外渗导致脑损伤恶化和肺外渗导致肺功能恶化的主要并发症。
- 监护的讨论应侧重于如何结合体检结果、评分系统和实验室工作等参数来确定脑损伤和呼吸是否恶化。
  a. 将头部和颈部抬高约 30°。
  b. 避免压迫颈静脉。
  c. 避免任何可能导致打喷嚏的治疗（例如，鼻内给药、插入鼻导管）。

医学计算练习

患病动物医嘱：给予 20 mg/kg 头孢唑林。患病动物体重是 40 kg。头孢唑林的浓度为 100 mg/mL。

a. 应给予多少毫克（mg）的头孢唑林?

b. 应给予多少毫升（mL）的头孢唑林?

第 17 章

血液学急症

Kenichiro Yagi

学习目标

1. 理解贫血的后果、原因和治疗方法。
2. 理解基本的止血方法和常见的止血障碍及其治疗方法。
3. 认识血液学急症的临床体征，以及诊断相关的应用知识。

章目录

关键词

贫血
凝血
凝血功能障碍
弥散性血管内凝血
红细胞生成
海因茨小体
溶血
血友病
止血
低血氧性休克
血小板减少症
血小板紊乱
维生素 K 拮抗剂
血管性血友病

止血

止血系统是一种复杂的保护机制，当血管受到损伤时，止血系统会封堵失血部位的血管。虽然阻止失血对于避免失血过多引起的贫血（anemia）甚至死亡至关重要，但凝血 (coagulation) 过程通常是受限的，凝血会被限制在血管内，以保证正常的血液流动，并减少血栓形成的可能。这种促凝和抗凝机制之间微妙的平衡和相互作用使得止血系统能够发挥正常功能。止血（hemostasis）过程通过一系列复杂事件触发，涉及血管、血小板、血浆凝血因子和纤溶系统。每种成分在止血中的作用取决于血管大小和损伤程度。当小血管出血时，机体会通过一种由血管和血小板参与的简单反应来进行止血，即初级止血。然而，当大血管损伤时，还需要血浆凝血因子参与形成稳定的血凝块，这一过程被称为次级止血。止血系统功能障碍会通过多种机制引起危及生命的情况。

当患病动物出现异常出血时，必须明确其原因。动物可能在受伤或外伤后出血，但也可能患有遗传性或获得性止血缺陷。虽然由兽医对每只患病动物进行诊断并选择合适的治疗方案，但兽医技师也应该了解并预知兽医和更重要的患病动物的需要。这需要对止血生理学有基本的了解。

血管损伤后的第一反应为血管收缩，受伤部位的血流量暂时变小。血管内皮一旦被破坏，内皮下结缔组织（胶原纤维）就会暴露出来。循环血小板聚集在损伤区域，并通过表面糖蛋白复合物与已结合胶原纤维的血管性血友病因子（vWF）相结合，黏附在内皮上（血小板黏附）。血小板在黏附时被活化，引起细胞质钙离子浓度增加，导致促凝物质（血栓烷 A_2 和血小板活化因子）的产生。细胞膜骨架发生形态变化，暴露出胶原蛋白、纤维连接蛋白和其他受体，进一步发生血小板黏附和活化。促凝物质的分泌增强了受伤部位的血小板聚集，形成临时血栓。以上整个止血过程被称为初级止血。

凝血因子参与形成稳定的血栓，这一过程被称为次级止血。血浆凝血因子（用罗马数字表示）在肝脏产生，许多因子（Ⅱ、Ⅶ、Ⅸ和Ⅹ）需要在维生素 K 的帮助下产生，是酶或酶促过程的辅助因子。它们以非活性形式在血液中循环，当接触某些物质时，在级联反应下被激活（以字母“a”表示活化）（表 17.1）。凝血是血液中多种凝血因子相互作用的复杂过程。经典模型将这一过程分为 3 个主要途径：组织因子（外源性途径）、接触活化（内源性途径）和共同途径（图 17.1）。

表 17.1 凝血因子

凝血因子	名称	维生素 K 依赖性
Ⅰ	纤维蛋白原	
Ⅱ	凝血酶原	无
Ⅲ	组织因子	
Ⅳ	钙离子	
Ⅴ	前加速素	
Ⅵ	无	
Ⅶ	前转变素	无
Ⅷ	抗血友病因子 A	
Ⅸ	抗血友病因子 B	无
Ⅹ	Stuart 因子	无
Ⅺ	抗血友病因子 C	
Ⅻ	接触因子	
XIII	纤维蛋白稳定因子	

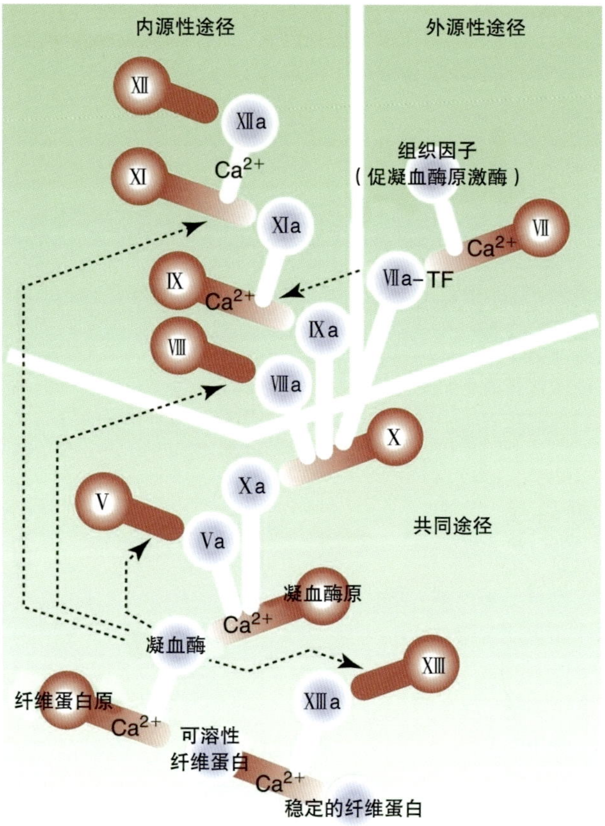

图 17.1 经典凝血级联反应

技师笔记

“基于细胞的凝血模型”是关于止血过程的新认识，其涉及血小板以及携带组织因子（TF）的细胞的作用，描述了凝血过程的启动、放大和扩增的重叠阶段（图 17.2）（Weiss and Wardrop，2010）。

血管外细胞表达的组织因子（TF）是凝血的启动因子。正常情况下，血管内皮细胞完好无损，TF 位于血管外而无法启动凝血过程。在循环中，一些细胞也表达 TF，但保持灭活状态。在启动阶段，内皮损伤暴露血管外的 TF，因子Ⅶa（FⅦa）与其结合，进而激活更多的 TF-FⅦ复合物。复合物的激活使得 FⅨa、FXa 和 FVa 生成。FXa 和 FVa 形成凝血酶原复合物，通过凝血酶原的裂解产生少量凝血酶。

放大阶段通过启动阶段生成的凝血酶来放大凝血的小信号。当血小板通过受损的内皮细胞离开血管时，产生的凝血酶会激活血小板。通过凝血酶与受体结合引起的膜表面变化，血小板脱颗

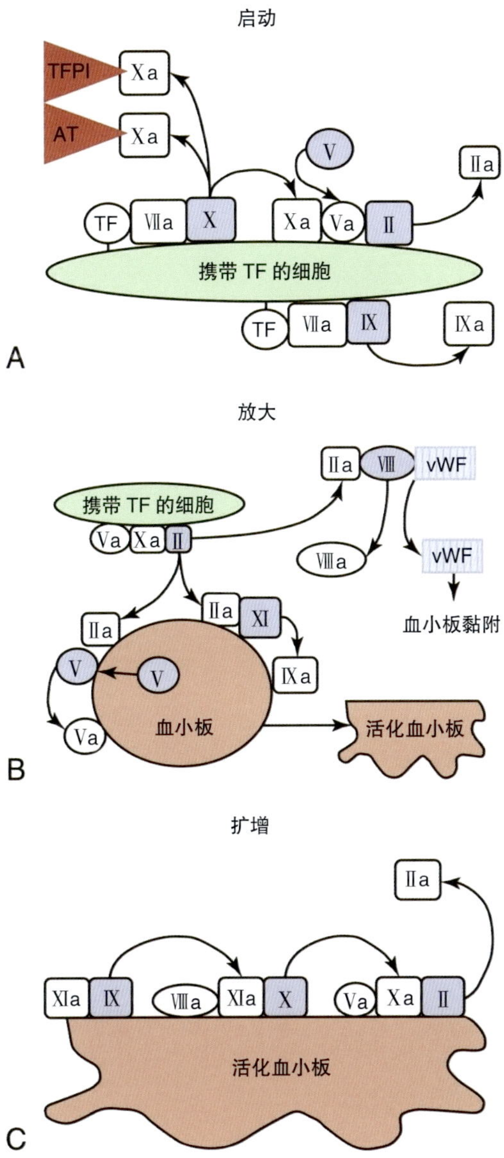

图 17.2　基于细胞的凝血模型

（A）启动阶段：由携带 TF 的细胞触发，产生少量凝血酶（Ⅱ a）。（B）放大阶段：凝血酶信号通过血小板介导的因子Ⅴ、因子Ⅷ和因子Ⅺ的激活被放大。（C）扩增阶段：在先前阶段被激活的因子形成内源性凝血酶原激活物，最终导致凝血酶的爆发性生成。

[引自 Weiss, D.J., &Wardrop, K.J.（Eds.），（2010）.*Schalm's veterinaryhematology*（6thed.）. Ames, IA:Wiley–Blackwell.]

粒，释放纤维连接蛋白、血小板因子、vWF 因子、钙离子和其他促凝物质。这些因子进一步激活血小板，促进凝血因子与膜表面结合。之后，凝血酶激活血小板表面的 FXIa 和 FVa，将 vWF 因子从 F Ⅷ上裂解下来，释放 vWF，并将 FⅧ激活为 FⅧ a。

扩增阶段是通过血小板脱颗粒发生的，包括血小板表面配体的表达，从而引起血小板聚集。F Ⅸ a（在启动阶段和放大阶段产生）和 F Ⅷ a（在放大阶段期间产生）在血小板表面形成酶复合物。酶复合物在血小板表面迅速生成 FXa，FXa 与 FVa（在放大阶段产生）结合，并将凝血酶原裂解为凝血酶。凝血酶是一种负责形成纤维蛋白的蛋白酶。当有大量凝血酶产生时，纤维蛋白原转化为纤维蛋白，发生凝集。凝血酶通过激活 FⅦ、FⅪ、FⅧ和 FV，激活血小板，激活 FXⅢ I 来进一步促进凝血（一种谷氨酰胺转氨酶，负责交联纤维蛋白纤维）。

止血过程的最后一步是纤维蛋白溶解。一旦损伤通过愈合机制得到修复，就需要清除血栓，以重新建立畅通的血流。纤维蛋白溶解是纤维蛋白凝块的溶解过程，由纤溶酶原激活物产生的一种叫做纤溶酶的酶完成。血栓溶解产生小块的纤维蛋白，称为纤维蛋白裂解产物（fibrin split product，FSP）或纤维蛋白降解产物（fibrin degradation product，FDP），由肝脏从循环中清除。血栓消化后，血管壁内皮重新建立，并恢复到原始状态。由于血管正常磨损会发生出血和凝血，循环中通常存在低水平的 FSP。在弥散性凝血［即弥散性血管内凝血（disseminated intravascular coagulation，DIC）］和肝功能受损的患病动物中，FSP 水平可能会升高。

初级止血障碍

血小板减少症

血小板计数低的患病动物应考虑血小板减少症（thrombocytopenia），当血小板数量不足以形成血小板栓子时就会发生出血（除非血小板浓度低于 20 000 ~ 30 000/μL，否则通常不会发生自发性出血）。犬猫的血小板生成都受到各方面的影响（例如，药物、骨髓肿瘤和感染）。大量输血可能导致血小板的快速消耗，以及血小板被液体溶液和血液成分稀释，从而引起血小板减少。血小板消耗的增加也可导致血小板减少，如 DIC、感染、肿瘤、炎症、免疫介导性疾病和药物作用。

免疫介导性血小板减少症（IMT）是导致血小板扣押和破坏增加，随后出现血小板减少的常见原因。当机体产生针对抗血小板膜抗原的免疫球蛋白 G（IgG）抗体并与血小板膜结合时，网状内皮系统会提前清除血小板并导致 IMT。如果抗血小板抗体的产生并没有明显的原因，确实是自体免疫性的，IMT 可以被归类为原发性疾病，称为特发性血小板减少性紫癜（idiopathic thrombocytopenic purpura，ITP）。如果由于抗原刺激（如药物、疫苗、感染和肿瘤）产生抗体，则应将其归类为继发性疾病。获得完整的病史，包括近期疫苗接种情况、用药史和蜱虫接触史，以及最近或并发的疾病，对于识别潜在的抗原刺激很重要。IMT 可能是急性、慢性或复发性的，表现从轻度到重度不等。

血小板紊乱

有出血史（特别是体表出血）且血小板计数正常的患病动物应考虑血小板功能缺陷或血小板紊乱（thrombopathia）。当血小板的质量受损时，血小板在内皮损伤部位的黏附或聚集（或两者兼有）可能会出现异常。血小板紊乱可以分为先天性和获得性。

犬猫先天性血小板紊乱已有报道，但罕见。表 17.2 列出了一些较常见的遗传性血小板紊乱疾病。某些药物可能通过抑制血小板功能对血小板产生明显的不良作用［如阿司匹林、氨茶碱、地尔硫䓬、选择性 5- 羟色胺再摄取抑制剂（SSRI）和非甾体抗炎药（NSAID）］。药物引起的止血异常通常在停药后消失。然而，阿司匹林会导致不可逆的血小板失活，并在血小板的整个存活周期中持续存在。急性或慢性肾功能衰竭动物也可能表现出血异常，这是尿毒症引起血小板紊乱的临床表现。

临床上由于血小板减少或血小板紊乱引起的明显出血是血小板输血的指征。制备大量血小板以显著增加血小板数量是很困难的，尤其是在大型犬中（每 10 kg 体重增加 1 个单位，即 35 000/μL）。然而，在一些患病动物中，血小板输血后虽停止出血，但血小板数量并未明显增加。在存在血小板破坏的情况下，如 IMT，输注的血小板存活时间短暂，因而不建议输注，除非是严重到危及生命的出血。对于 IMT 患病动物，兽医必须治疗基础疾病（如埃立克体病）或解决诱发因素（如药物），并在原发性 IMT 动物中使用免疫抑制剂（糖皮质激素、硫唑嘌呤、环孢素、霉酚酸酯、长春新碱、人免疫球蛋白）。

表 17.2 常见的遗传性出血性疾病

疾病	品种
血小板功能异常	
δ 储存池疾病	可卡犬
血小板无力症	奥达猎犬、大白熊犬
白细胞异常色素减退综合征	波斯猫
其他血小板紊乱	巴吉度猎犬、拳师犬、尖嘴犬系、家养短毛猫
凝血功能障碍	
因子Ⅰ（纤维蛋白原）缺乏	比熊、俄罗斯猎狼犬、柯利犬、猫
因子Ⅱ（凝血酶原）缺乏	拳师犬
因子Ⅶ缺乏因子	比格犬、雪橇犬、雪纳瑞、猫
因子Ⅷ缺乏（A 型血友病）	许多品种的犬、猫
因子Ⅸ缺乏（B 型血友病）	许多品种的犬、猫
因子Ⅹ缺乏（Stuart-Prower 特征）	可卡犬、杰克罗素㹴、猫
因子Ⅺ缺乏（C 型血友病）	英国史宾格犬、克里蓝㹴、猫
因子Ⅻ缺乏	迷你贵宾犬、沙皮犬、猫

如果患病动物急性出血进入重要部位（如大脑、心肌、胸膜腔）或严重的、无法控制的出血，则可能需要进行血小板输血。在兽医学中，使用新鲜全血治疗伴有活动性出血的血小板减少症和血小板紊乱更实用，因为患病动物可以从全血中同时获得血小板和携氧支持。然而，在大多数情况下，药物管理是治疗的选择。

血管性血友病

在超过 60 个犬种中，最常见的遗传性出血缺陷是血管性血友病（von Willebrand's disease,

vWD），这是一种由 vWF（一种由内皮细胞产生并储存在内皮细胞中的血浆蛋白）缺乏引起的疾病。vWF 促进血小板黏附和聚集，是Ⅷ因子的载体。vWF 多聚体的大小各不相同，较大的多聚体具有更强的止血活性。已有检测方法能够定量循环中的 vWF，测定 vWF 依赖性血小板活性，并确定其多聚体的分布情况（Ettinger et al., 2017）。

vWD 的 3 种主要类型根据 vWF 浓度和多聚体形式区分：1 型（vWF 轻度至中度降低，多聚体分布正常）、2 型（vWF 中度至重度降低，缺乏高分子量多聚体）和 3 型（vWF 完全缺失）。

黏膜表面出血和手术或外伤后出血是 vWD 出血倾向的特征。1 型 vWD 患犬出血的严重程度不同，可能与每只犬的血浆 vWF 浓度无关。2 型和 3 型 vWD 患犬通常会经历非常严重的出血发作（表 17.3）（Brooks and Catalfamo, 2010）。

血液成分治疗通常适用于临床重度血管性血友病和有出血史的犬。冷沉淀是一种从新鲜冷冻血浆（FFP）中提取的特定凝血因子（vWF、FⅧ、纤维蛋白原、纤维连接蛋白）浓缩物，是治疗 vWD 出血的理想方法。FFP 或新鲜全血（FWB）含有活性 vWF，但输血并发症的风险更高（Callan，2010）。

表 17.3 犬血管性血友病*

类型	血浆 vWF	已知突变品种举例
1	vWF 减少程度不定；所有多聚体均按比例减少；最常见（在大于 70 个品种中被发现）出血倾向不定，常与手术或外伤有关	杜宾犬、德国牧羊犬、金毛寻回犬、罗威纳犬、曼彻斯特㹴、凯恩㹴、彭布罗克威尔士柯基、伯恩山犬、克里蓝㹴、贵宾犬、蝴蝶犬
2	vWF 活性不成比例降低；缺乏高分子量多聚体；缺乏更大且更高效的多聚体；出血可能很严重	德国短毛指示犬、德国刚毛指示犬
3	vWF 完全缺失（血浆 vWF ＜ 1%）；最严重的是所有多聚体都缺乏	苏格兰㹴、喜乐蒂牧羊犬、切萨皮克海湾寻回犬、科克尔犬

*酶联免疫吸附试验结果：正常为 ≥ 70%，边界为 50% ～ 69%，受影响为 0% ～ 49%。

去氨加压素（DDAVP），一种合成的抗利尿激素类似物，可能足以控制一些（但不是所有）1 型 vWD 患犬的轻微出血。在人类中，DDAVP 能引起血浆 vWF 浓度显著增加。然而，尽管止血能力有所改善，但犬的血浆 vWF 浓度仅略有增加。DDAVP 促进止血作用在给药后 30 min 即可明显发挥，并可能持续 4 h。一项研究分别对 vWD 患犬进行 DDAVP、冷沉淀或血浆输血预处理后，对犬实施腹腔镜下卵巢切除术，评估了 3 种方法对于凝血紊乱相关性出血的预防作用，研究发现这些都是预防 vWD 患病动物出血的可行方法（Keeshen et al.，2017）。

次级止血障碍

当存在凝血因子缺乏时，血小板血栓无法进行纤维蛋白固定，止血功能受损。引起凝血缺陷的可能原因包括凝血因子合成减少、凝血因子丢失或消耗、凝血因子存在干扰功能的分子缺陷、凝血因子在抑制剂（如华法林）作用下失活、纤维蛋白过度溶解，或由某些药物产生抗体。凝血因子缺陷可能是先天性的或获得性的。

先天性凝血功能障碍

由于小动物存在各种凝血因子缺陷，当出血患病动物到达急诊时，应始终考虑先天性凝血异常的可能。

血友病（hemophilias）是犬最常见的严重先天性凝血异常。A 型血友病是由凝血因子Ⅷ缺乏引起的，而 B 型血友病则是由凝血因子Ⅸ缺乏引起的。它们是 X 染色体伴性、常染色体隐性遗传病。因此，A 型血友病和 B 型血友病在雄性中最常见（而雌性可能是无症状携带者）。在猫身上也发现了这两种类型的血友病。

受影响的动物通常在创伤或手术后发生出血并进入体腔（如血肿、关节血肿、腹腔积血），或表现为小伤口长时间出血。这些动物经常反复出血，需要输血进行支持治疗。理想情况下，可以用冷沉淀治疗 A 型血友病（FⅧ）和冷冻上清治疗 B 型血友病（FⅨ）。根据能够获得的成分，可使用 FFP 或 FWB。如果患病动物同时存在贫血，FWB

尤其适用。

许多其他先天性凝血异常已经在犬猫中被发现，但发生频率较低（表 17.2）。

获得性凝血功能障碍

因子激活缺陷 凝血因子Ⅱ、凝血因子Ⅶ、凝血因子Ⅸ和凝血因子Ⅹ的激活需要 γ-羧基谷氨酸的参与，使得这些凝血因子与钙相互作用，从而结合到膜表面，并形成活性酶复合物。维生素 K 对于在肝脏中激活这些因子是必不可少的，促进维生素 K 对苯二酚（KH_2）氧化为维生素 K 环氧化物（KO）的羧基化反应。维生素 K 环氧化物还原酶再将 KO 转化回 KH_2，循环利用体内有限的维生素 K。

抗凝血灭鼠剂中毒是急诊和危重症病例中的常见凝血功能障碍（coagulopathy），其毒性成分（香豆素）能够抑制维生素 K 环氧化物还原酶活性。该酶的抑制作用可导致 KH_2 耗竭，以及随后的功能性维生素 K 依赖性凝血因子耗竭。身体中不含过量的维生素 K，所以必须使用维生素 K_1 才能激活维生素 K 依赖的凝血因子。第一代灭鼠剂（如华法林、茚达二酮）的毒性相对较低，通常需要反复摄入。第二代灭鼠剂（如溴敌隆、溴鼠灵）药效更强，半衰期更长（数周）。因此，摄入的抗凝血灭鼠剂的类型决定了维生素 K 治疗的持续时间。移除毒性物质与使用维生素 K 是治疗关键，但患病动物可能需要 FFP、冷冻血浆、冷冻上清液或新鲜全血等凝血因子支持，以更迅速地进行止血。

小动物的饮食中不太可能出现维生素 K 缺乏，但肠道吸收不良和胆道梗阻可能导致维生素 K 缺乏。维生素 K 缺乏时，肝脏产生未激活的凝血因子，称为维生素 K 拮抗剂诱导蛋白质（proteins induced by vitamin K antagonism，PIVKA）。

合成功能障碍 肝脏是所有凝血因子的合成部位。虽然肝功能障碍影响促凝物质和抗凝因子的产生，但严重肝病患病动物往往因凝血因子合成受损和维生素 K 吸收不良而发展为凝血功能障碍。出血倾向从轻度到重度出血不等。血浆半衰期最短的凝血因子（如 FⅦ，半衰期为 6 h）将最先被耗尽。肝功能障碍也可能导致纤维蛋白原生成缺陷，导致形成功能异常的纤维蛋白。

凝血因子的替代是通过给予血浆产品来实现的。全血来源的成分包括 FFP、冷冻血浆、冷沉淀和冷冻上清。在接受输血支持前，要考虑是否需要多种或特定的凝血因子替代品。在危重症中使用 FFP 存在一些争议，因为没有明确的证据表明在危重症动物中使用 FFP 能够改善预后。然而，在人医上，FFP 被推荐用于伴有临床出血或临床出血风险的患者（Beer and Silverstein，2015）。

凝血因子消耗及稀释性凝血病 如 DIC（稍后讨论）中所见，对凝血因子的显著需求会导致消耗性凝血功能障碍，肝脏合成量无法满足需求。蛇毒毒液中包含的蛋白酶可以激活凝血因子或直接降解纤维蛋白原，导致凝血因子的消耗和去纤维蛋白。在大量液体复苏或大量输血的情况下，可表现为稀释性凝血功能障碍。凝血功能障碍是由于血管内充满了没有凝血因子的液体，促凝因子浓度被稀释。在低血容量时，由于静水压的变化，液体从细胞内和间质转移到血管内，再加上静脉注射晶体、合成胶体或红细胞（RBC）产品，导致稀释作用。在创伤等内皮细胞完整性被破坏的情况下，凝血功能的激活以及凝血因子和血小板的消耗导致可用的促凝因子减少。如果使用血液制品，柠檬酸盐引起的低钙血症和低体温将导致病情进一步恶化。人医上在大量输入红细胞的同时给予 FFP 和血小板可以提高患者生存率，这可能是由于凝血因子和血小板的补充导致稀释效应减轻。

抗凝障碍

血栓形成——或血小板、纤维蛋白和细胞碎片基质的形成——发生在血管内可能导致血栓栓塞，导致血栓的因素包括（Virchow 三联征）：高凝状态、血液淤滞和血管内皮损伤。血栓形成可进一步分为大血管血栓形成［临床表现为主动脉栓塞和肺栓塞（PTE）］和微血管血栓形成（微血管局部缺血和凝血因子消耗可能导致 DIC）。

高凝状态可由血小板高度反应性、凝血因子

过度活化、天然抗凝剂缺乏、纤溶酶减少或以上多种原因引起。血小板活化剂的增多可引起血小板高度反应性。引起血小板活化剂增多的原因包括炎性细胞因子的直接刺激，其他血小板激动剂的释放，以及低白蛋白血症介导的血栓素 A_2 的增加（一种血栓前状态）。内皮损伤导致血小板抑制剂［前列环素、一氧化二氮和腺苷二磷酸酶（ADPase）］作用降低或使用抗血小板药物可导致血小板抑制作用降低。当内毒素或炎症介质诱导的内皮细胞、巨噬细胞和细胞微粒来源的 TF 表达增加时，凝血因子就会被过度激活。内皮损伤也可导致已经存在的 TF 暴露增加。天然抗凝剂的缺乏可能是遗传性的，也可能是获得性的（我们将重点关注获得性来源，因为它们在动物中更为普遍）。抗凝血酶（AT）是一种使某些凝血因子失活的蛋白质。肝功能衰竭、蛋白丢失性肾病、凝血酶病理性增加（DIC 或大量血栓栓塞）而导致消耗增加，或药物的抑制作用都会引起 AT 缺乏。蛋白质 C 是一种能够使 FVa 和 FⅧa 失活的酶，败血症、恶性肿瘤、胰腺炎、DIC、肝功能衰竭或心力衰竭可引起其缺乏。组织因子途径抑制物（TFPI）缺乏可见于高胆固醇血症，是血栓栓塞风险因素。低纤溶症在兽医学中尚未得到很明确的定义，但被认为当纤溶酶原激活物抑制剂 1（PAI-1）和（或）α 2- 抗纤溶蛋白水平增加时会发生。据报道，低纤溶酶原血症已在创伤患犬和患马的绞窄（strangulating）性梗阻中被发现。血流受损的区域可导致不同程度的血液淤积。心血管系统解剖结构和功能的改变可导致血流异常或血流减少，这是血栓形成的风险因素。左心房扩张引起的异常血流是猫主动脉栓塞的一个广为人知的原因。其他与血流改变相关的情况包括低血容量、高黏滞性疾病、肿瘤、血管和心脏异常。

犬的血栓性疾病通常涉及多种原因，最常报道于蛋白丢失性肾病、肿瘤、免疫介导性溶血性贫血（IMHA）、坏死性胰腺炎、肾上腺皮质功能亢进和皮质类固醇治疗的患病动物中被报道。静脉和动脉栓塞均可见，并累及多个器官。IMHA 动物易患 PTE。继发于心肌病的主动脉栓塞是猫科动物中最常见的血栓形式，尽管也有其他形式的血栓栓塞，但很少见。

弥散性血管内凝血

在某些病理情况下，凝血反应可能会加速，进而引起纤维蛋白溶解系统超负荷。这种出血、凝血和纤维蛋白溶解之间的不平衡被称为 DIC。血管内形成游离的弥散性血栓，导致微血管血栓。

DIC 不是一种原发性疾病，其背后总有潜在的原因。许多刺激可能触发凝血级联反应，肿瘤和全身性炎症（如败血症、胰腺炎、IMHA）是最常见的原因。DIC 是通过严重的内皮损伤或促炎因子刺激血管内细胞（单核细胞、肿瘤细胞）上 TF 的超生理表达启动的。也存在 TF 的独立触发剂，如蛇毒和肿瘤细胞可直接激活凝血。DIC 初期的血栓形成是由抗血栓机制和纤维蛋白溶解机制（非显性 DIC）控制的，但随着凝血程度的增加，血栓形成就会失去控制。血栓形成失控会导致微血管血栓和缺血。血管活性肽（如缓激肽、内皮素）的释放会导致血流动力学不稳定，进而导致灌注紊乱，引起组织缺氧和多重器官衰竭。凝血因子的耗竭以及酸中毒引起的血小板和凝血因子功能障碍可导致 DIC 出血期（显性 DIC）的发展。

DIC 没有特异性检查。然而，需要结合临床体征评估是否存在裂红细胞、血小板减少症和低纤维蛋白原血症；FDP 和 D- 二聚体水平升高；AT 量减少；凝血酶原时间（PT）、活化部分凝血酶时间（PTT）和活化凝血时间（ACT）的延长。血栓弹力图（TEG）可以更深入了解患病动物的凝血状态，但不一定能诊断 DIC。实验室检查结果是很难解释的，因为这取决于 DIC 的进展阶段。一项研究评估了 4 种 DIC 评分系统对于可能发生 DIC 的患病动物的预后评估能力，与已发表的 DIC 评分系统相比，3 个以上凝血试验的异常结果（PT、aPTT 或 D- 二聚体升高；AT、纤维蛋白原和血小板计数减少）可以准确预测死亡风险（Goggs et al., 2018）。

DIC 的治疗是对潜在疾病过程进行治疗。在 DIC 的非显性阶段，给予普通肝素或低分子肝素被认为能够通过与 AT 协同来减缓或停止凝血过程，从而抑制止血的关键物质。这种治疗方式的疗效仍不清楚，并已提出了广泛的剂量范围。无论剂量如何，接受肝素治疗的患病动物都需要在治疗期间进行仔细的监测。

在显性 DIC 中，活动性出血患者可能有必要给予用于替代凝血因子和补充血小板的血液成分（FFP、血小板浓缩物、FWB）来维持止血功能。如果患病动物主要缺乏纤维蛋白原，冷沉淀可能是有用的。如果临床贫血是由凝血功能障碍性出血引起的，压缩红细胞可能是必要的。用晶体液和胶体液补液也可保证体液容量（Ralph and Brainard, 2012）。

急性创伤性凝血功能障碍

急性创伤性凝血功能障碍（ATC）是由创伤后 1 h 内的低凝和高纤维蛋白溶解状态组成的。这种现象有别于复苏过程（如稀释性凝血功能障碍）、凝血因子和血小板的消耗、代谢性酸中毒或低体温发生的凝血功能障碍。这两个方面都会促进创伤性凝血功能障碍（图 17.3）。ATC 患病动物触发低凝和高纤维蛋白溶解状态的确切机制目前尚不清楚，但推测其机制与 DIC、严重组织损伤和低灌注或儿茶酚胺诱导的内皮损伤有关（Palmer and Martin, 2014a）。

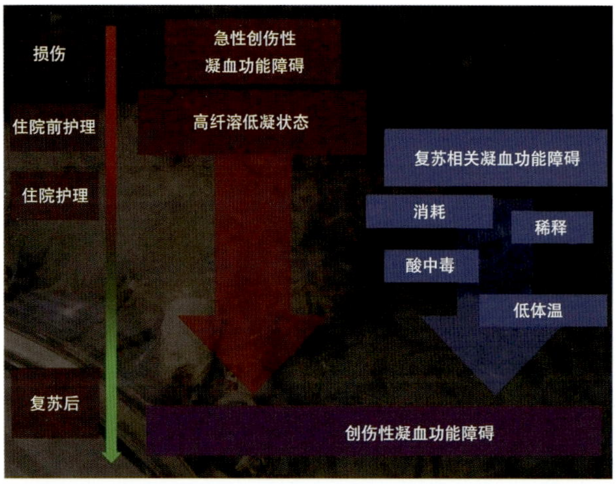

图 17.3 创伤性凝血功能障碍可由住院前护理期间出现的急性创伤性凝血功能障碍和住院护理期间出现的复苏相关凝血功能障碍引起

由于凝血机制的快速变化，ATC 的识别和诊断是困难的。而传统的检测方法，如 PT、aPTT、国际标准化比值（INR）、纤维蛋白原浓度和血小板计数并不能准确识别 ATC 的动态阶段（Palmer and Martin, 2014a）。虽然 PT 或 aPTT 值超过平均参考值的 1.5 倍通常被用于确定是否存在凝血功能障碍，但这些检测主要用于检测凝血因子缺乏，这并不能说明 ATC 的性质。这些检测在不同代谢和温度条件下（正常 pH 和 37℃）存在局限性，而 ATC 患病动物常处于代谢性酸中毒和低温状态，此时的检测可能不能反映患病动物的实际凝血状态。血液黏弹性测试，如 TEG 和旋转血栓弹性检测（ROTEM）补充了检测高凝状态的能力，而传统方法仅能检测低凝状态。黏弹性测试表明，ATC 与血栓强度降低有关，并在正常凝血、高凝、低凝和高纤溶状态发展中动态变化（Palmer and Martin, 2014a）。

虽然在兽医学中还没有明确的证据，但在满足以下几条标准时最怀疑是 ATC：①通过低血压、高乳酸血症以及重度碱缺乏等表现，确认存在严重组织损伤、创伤伴灌注不足；②出现失血性休克并有低凝迹象的患病动物，如无法控制的体腔内出血、伤口或导管部位自发性出血；③黏弹性试验显示，血栓强度下降至小于平均参考值的 40%，或 PT 和 aPTT 延长至大于平均参考值的 1.5 倍（Palmer and Martin, 2014a）。

因为没有能够有效检测 ATC 的方法，治疗决策同样很难。最好能够在发病后 1 h 内发现 ATC，并立即使用适合 ATC 阶段的血液成分进行治疗，防止进一步出血。ATC 的治疗包括控制止血、管理凝血和损伤控制性复苏（Palmer and Martin, 2014b）。

控制止血包括机械性干预措施来防止进一步出血，如直接压迫止血、包扎伤口、结扎或夹住出血血管、腹部加压止血、局部止血剂和外科止血干预。给予 FFP、冷沉淀、血小板和抗纤溶药物（如氨甲环酸和氨基己酸）被认为可以适当促进凝血。用高渗盐水和胶体液进行液体复苏，改善灌注参数。使用晶体液应谨慎，以防止进一步的稀释效应。当携氧能力下降时，使用含有红细胞的血液制品。如果红细胞丢失是主要问题，可以使用压缩红细胞，但使用 FWB 能同时提供血浆蛋白和血小板，据观察这可以提高大出血患病动物的生存率。低血压患病动物的复苏策略，可采用更保守的血压改善（平均动脉压约 60 mmHg），以防止血压快速升高和血管容量快速增加的负面影响。这些负面影响包括血栓脱落或血栓形成破裂、血液稀释和颅内压升高（对头部创伤动物尤其重要）（Palmer and Martin, 2014b）。治疗患病动物 ATC 的最佳策略仍需要更多的证据支持。

临床评估

必须进行准确的病史调查、完整的体格检查和特定的实验室检查，以评估出血患病动物的状态、做出诊断、确定预后，并确定适当的治疗计划。

病史

完整的病史对于止血障碍动物的初步检查至关重要。获得并评估完整而详细的病史将有助于确定出血性质、严重程度、持续时间和其他临床体征，并有助于做出正确的诊断。关注细节将有助于在诊断早期确定每种可能间的差异以及可能性。

应列出包括任何处方药物或非处方药物的清单，因为许多药物都有潜在有害或复杂的副作用（对红细胞、白细胞、血小板，以及血管和凝血因子的毒性作用）。不应忽视完整的疫苗接种史。该动物的生活环境史可能提示接触过有毒物质或有机物，如抗凝血灭鼠剂、毒物或锌。还应调查外寄生虫的暴露情况。

评估当前的出血事件是至关重要的。出血可表现为局灶性出血或多灶性出血。这是动物第一次发生出血，还是有出血倾向的病史？出血是自发的，还是由最初的创伤引起的？这些问题的答案可以帮助区分获得性和遗传性出血疾病。虽然遗传性凝血疾病可能发生在任何品种，但每种凝血疾病迄今只在某些品种中报道。因为特定的品种易患特定的凝血功能障碍，任何关于品种血统的信息都可以提供有用的线索。

体格检查

为正确评估存在出血危象的患病动物，可能需要一个完整的体格检查和多次监测。最理想的评估不能基于单个指标的结果，而应该基于多次体格检查的结果和监测指标，这些指标总是相互关联的。

体格检查发现的某些临床体征有助于确定出血的原因。表面的小出血（如瘀点、瘀斑、鼻出血、血尿）（图 17.4）通常提示有血小板或血管异常。较大的出血或体腔出血（如血肿、关节积血、深部肌肉出血、血胸、血腹）提示凝血因子不足。这些临床症状的结合并不少见。在一个以上的部位发生出血提示存在出血障碍。

还应评估黏膜颜色、毛细血管再充盈时间、脉搏频率和质量、呼吸频率和用力程度，以确定出血的严重程度，以及是否存在可能危及生命的并发症和休克。

实验室检查

止血试验适用于出血过多、术前可能有出血倾向、监测治疗干预效果，以及某些存在已知出血疾病的品种进行基因筛查的动物。

为了总结止血机制的现状，必须了解初级止

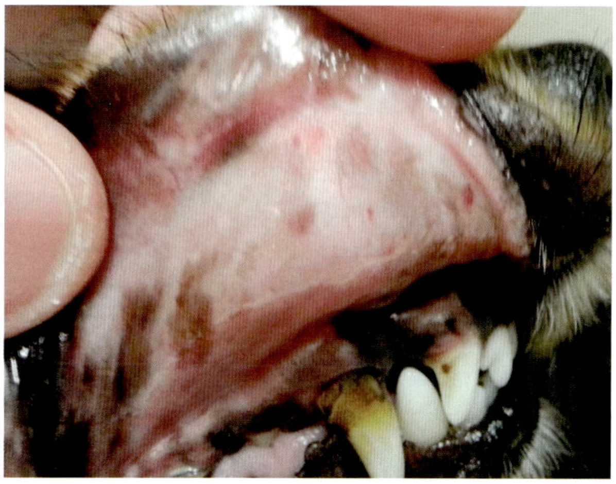

图 17.4　免疫介导性血小板减少症患病动物的轻度瘀点

血和次级止血的区别。从病史和特定临床症状中获得的信息可能对诊断有提示意义，而在临床背景下解释实验室检测结果对于做出明确诊断是必要的。所有的实验室检测都应尽快进行，并应在样本采集结束后立即开始治疗。

初级止血试验

对任何因出血危机而就诊的患病动物都可以进行血小板计数检查。犬的正常血小板计数为 200 000 ~ 500 000/μL，猫为 200 000 ~ 600 000/μL。血小板计数低于 20 000 ~ 30 000/μL 的动物可能发生异常出血。然而，每只患病动物的情况各不相同，一些动物可能在血小板计数为 2000/μL 的情况下也没有出现出血相关的临床体征。对于有体表出血迹象且血小板计数正常的动物，可能存在血小板功能紊乱，应对其进行评估。

由于 vWD 是犬中常见的轻度初级止血障碍，测量血浆 vWF 是有必要的（最常见的方法是酶联免疫吸附试验）。参考范围取决于测定方法，以及实验室（表 17.3）。

以下介绍几种不需要专门设备的简单试验。这些方法快速、便宜、实用性强，可以识别初级止血障碍。

血小板评估

从染色的血涂片中可以快速而准确地估计血小板数量，并且比实际的血小板计数要快很多。常规制备并染色后，扫查血涂片，确保血小板分布均匀，无血小板凝集的迹象。通过计算 5 ~ 10 个油镜视野下血小板的平均数量来估计血小板数量。每油镜视野下一个血小板代表 15 000 ~ 20 000/μL 的血小板。正常情况下，每油镜视野有 8 ~ 15 个血小板。

虽然血小板评估有助于确定在紧急情况下是否存在血小板减少，但获得真实的血小板计数并对血小板减少的严重程度进行分级是必要的。在获得基础值后，持续的血小板定量检测有助于监测疾病的病程或患病动物对某些治疗的反应。

出血时间检测

出血时间是指切断血管后止血所需的时间。兽医学中最常用的出血时间检测是颊黏膜出血时间（BMBT）。BMBT 能够评估止血过程中血小板和血管的作用，从而评估初级止血。使用带有两个弹簧刀片的一次性垫板在上唇颊黏膜表面作标准切口。刀片会造成长 5 mm、深 1 mm 的切口。监测这些切口出血的持续时间（图 17.5 和专栏 17.1）。犬的正常出血时间小于 4 min，猫的正常出血时间小于 3 min（Harvey，2011）。

BMBT 是一种筛查试验。与其他筛查试验一样，敏感性不能达到 100%。因此，并不能发现所有的初级止血障碍，也不能区分血管缺陷或血小板功能紊乱。在患有血小板减少症和血小板病、vWD、尿毒症以及阿司匹林治疗的病例中，BMBT 时间延长。在血小板减少症患病动物中，出血时间预计会延长，因此 BMBT 不能提供任何额外信息。贫血患病动物由于血液黏滞性降低，通常会导致 BMBT 延长。

动物通常能很好地接受这个操作，因此无需化学保定。切口的位置在唇部疼痛神经密集区域的上方。动物听到手术刀从设备上松开时发出的声音时，可能会做出反应，但这操作本身并不痛苦。尽管 BMBT 存在局限性，但该检测也有一些优势：

- 商业化的出血时间检测装置很容易获得。

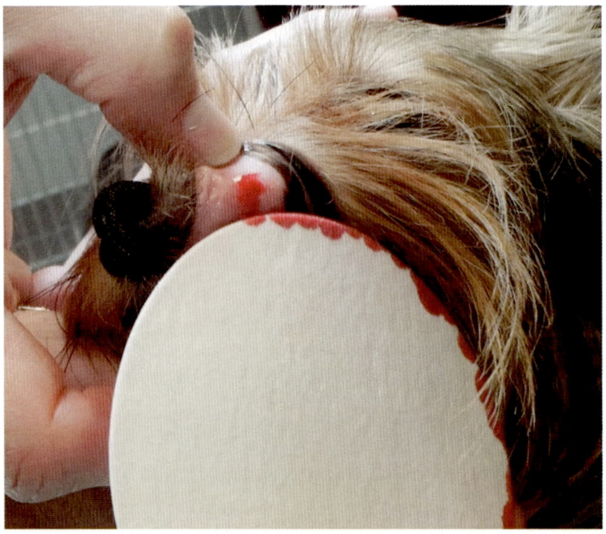

图 17.5　口腔黏膜出血时间测定

专栏 17.1　口腔黏膜出血时间检测操作指南

本次检测所需的材料如下：

- 出血时间装置。
- 纱布条。
- 滤纸或纱布海绵。
- 计时器。

口腔黏膜出血时间检测步骤

1. 将动物置于侧卧位。
2. 暴露上唇的黏膜表面。在上颌骨周围放置一条纱布条，使上唇向上翻折。将纱布轻柔地绑好，以阻止部分静脉回流。
3. 切口部位黏膜表面应无血管，并轻微倾斜，以便切口处血液可以流向口腔。将出血时间装置贴在黏膜表面，施加尽可能小的压力；松开手术刀。
4. 让伤口自由流血，不给予干扰；计时，直到停止出血。过多的血液应在必要时及时处理，以防止血液流入患病动物口中。将滤纸或纱布海绵放置在切口下方 3 ~ 4 mm 处，注意不要干扰切口部位和任何可能形成的凝块。
5. 当滤纸或海绵边缘没有继续吸走自由流动的血液时，记录这个时间。最后计算两个切口的平均出血时间。犬的正常出血时间小于 4 min，猫的正常出血时间小于 3 min（Harvey，2011）。

- 操作过程标准化，因此结果可重复性高。
- 该检测操作起来简单而快速，结果几乎能即时获得。

次级止血试验

几种标准化的凝血筛查试验在临床中有助于确定凝血疾病。理想情况下，用于检测的血液样本应直接采集到含有 3.2% 或 3.8% 柠檬酸三钠的塑料注射器中，抗凝剂与血液的比例为 1 ∶ 9。非创伤性静脉穿刺并保证血液顺畅地流入收集管是必要的，因为这样才能避免激活外源性凝血。样本采集后应立即进行处理，并立即检测。如果样本要送到外部实验室，则在运输前应先冷冻血浆。如果需要进一步的个体因素分析，应额外留存部分血浆。

凝血酶原时间

临床医生可以通过 PT 来评估外源性途径和共同途径（图 17.6）。肝功能衰竭、维生素 K 拮抗、吸收不良、遗传性凝血因子缺乏或凝血因子消耗性缺乏都可以引起 PT 的延长。PT 正常并不一定能排除凝血因子缺乏，因为 PT 只有在外源性途径因子严重耗尽时才会受影响。PT 缩短也并不意味着高凝状态。

通过计算 PT 的 INR，可以得到一个标准化的比值，该比值可以用来比较不同测量仪器和试剂之间的结果，从而得到不同的参考范围。INR 主要用于监测抗血栓药物的效果。最近一项关于抗血栓药物的评估发现，使用华法林滴定 INR 到 2.5 时，对血栓形成有保护作用，并与更高的存活率相关（Sharp et al., 2018）。

维生素 K 拮抗诱导蛋白

PIVKA 试验是一种改良的 PT 试验，用于检测抗凝血剂的毒性。PIVKA 试验可以检测到所有外源性途径和共同途径中凝血因子缺乏，并且对于抗凝血灭鼠剂中毒的检测不具有特异性。除了在某些物种中可能具有更高的敏感性外，PIVKA 与 PT 相比并没有任何优势。

活化部分凝血活酶时间

通过 aPTT 评估内源性途径和共同途径。aPTT 延长表明存在内源性途径或共同途径中的凝血因子缺乏。原因包括肝功能衰竭、维生素 K 拮抗、吸收不良、遗传性凝血因子缺乏、凝血因子消耗性缺乏和 vWD。

当凝血因子低于正常水平的 30% 时，可以观

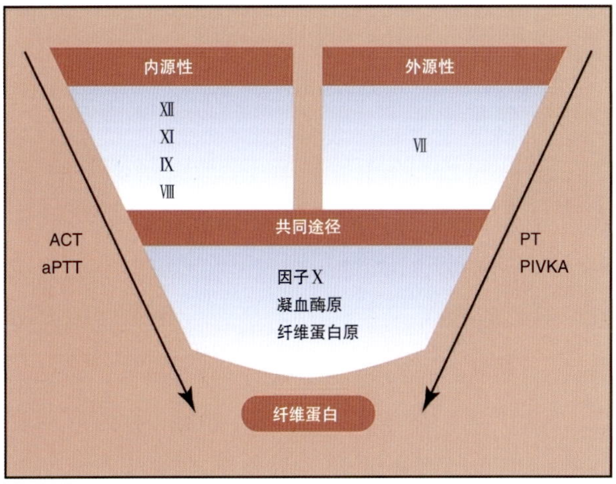

图 17.6　凝血试验

察到 PT 和 aPTT 延长。每个试验都应根据其具体评估的凝血途径进行解释。虽然凝血试验异常模式可以提示遗传性凝血功能障碍，但仍需要针对特定凝血因子的检查来确诊。

活化凝血时间

ACT 试验是一种简单而实惠的筛选试验，用于检测凝血级联反应中内源性途径和共同途径的严重异常。它与 aPTT 评估相同的途径，但在检测凝血因子缺乏方面敏感性较低（凝血因子必须降低到正常值的 5% 以下才会使 ACT 延长）。ACT 总体上仍是一种有用的诊断试验，因为在几分钟内就可以得到结果。

在抗凝剂（如肝素、华法林）存在的情况下，内源性途径或共同途径的凝血因子严重缺乏（如血友病）会导致 ACT 延长。血小板膜磷脂缺乏导致的严重血小板减少症也可能引起 ACT 延长（轻微延长 10 ~ 20 s）。ACT 试验价格实惠、易于学习、操作迅速、可重复，并提供即时结果。此外，它在紧急情况下提供了一个有用的凝血指标。与 PTT 进行比较时，必须考虑到技术误差和实验室误差对试验结果的影响。这并不是说应该仅仅依赖 ACT。在大多数情况下，ACT 测试后应进行 aPTT 测试。

凝血酶凝血时间

凝血酶凝血时间（TCT）或凝血酶时间（TT）用来评估动物产生纤维蛋白，以及纤维蛋白网形成凝块的能力。纤维蛋白原减少、给予肝素、纤维蛋白原异常，以及 FDP 升高能够引起 TCT 延长。

黏弹性凝血分析

TEG 和 ROTEM 是在血栓生成时观察全血黏弹性的可视化方法。测量并示踪包括启动时间、血栓强度和稳定性、血栓形成和血栓破裂指标。示踪能够提示患病动物是否处于高凝或低凝状态，为止血障碍患病动物的治疗提供了补充信息（图 17.7）。处于低凝状态的患病动物的启动时间和血栓形成速度更快，凝块强度更高（Brooks，2010）。

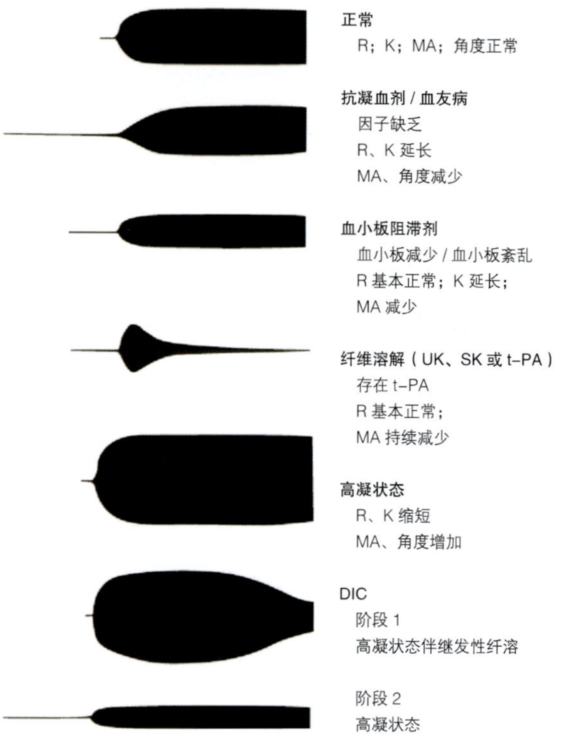

图 17.7 血栓弹性图示踪示例。DIC，弥散性血管内凝血；K，凝血时间；MA，最大振幅；R，反应时间；t-PA，组织型纤溶酶原激活剂

［引自 Weiss, D. J., & Wardrop, K. J.（Eds.），（2010）. Schalm's veterinary hematology（6th ed.）. Ames, IA: Wiley- Blackwell.］

贫血

对于“贫血”一词，最准确的解释是指由于循环红细胞质量减少而导致血液携氧能力下降。测量红细胞总数需要专门的检测，并且在临床实践中很难完成。而红细胞压积（PCV）、血细胞比容（HCT）、血红蛋白（Hb）浓度和红细胞计数是评估血液红细胞含量更常用的指标。因此，贫血通常被定义为这些指标的降低。贫血的出现是由于红细胞丢失或过度破坏导致的。贫血由多种疾病引起，其中许多疾病导致患病动物需要紧急治疗。

PCV、HCT 和红细胞计数均可转化为血红蛋白含量，代表患病动物的载氧能力和心血管系统向机体提供氧气输送（DO_2）的能力。保证足够的 DO_2 对于机体十分重要，因为在有氧和缺氧状态下三磷酸腺苷（ATP）的生成量不同。ATP 被认为是“细胞能量货币”，当磷酸基团裂解时，为维持生命所需的细胞过程提供能量，ATP 释放能量并产生二磷酸腺苷（ADP）或一磷酸腺苷（AMP）。ATP 参与细胞信号传导、DNA 和 RNA 合成、肌肉收缩、维持细胞骨架、主动转运和许多其他细胞功能。体内 ATP 含量是有限的，为满足能量需求，需要不断地将 ADP 和 AMP 转换为 ATP。在有氧条件下，线粒体中 1 个葡萄糖分子经过氧化磷酸化代谢生成 38 个 ATP 分子。而在无氧条件下，1 个葡萄糖分子通过无氧代谢生成 2 个 ATP 分子。氧气对于高效产能是必不可少的。

技师笔记

如果血容量和组织灌注充足，DO_2 取决于血液含氧水平（动脉氧含量，CaO_2）以及机体向组织输送血液的速度（心输出量，CO）。得到 DO_2 的计算公式为：$DO_2=CaO_2\times CO$。

血液中的氧以两种形式存在：溶解在血浆中或与血红蛋白结合。动脉中溶解氧表示为氧分压（PaO_2），1 mmHg 产生的张力足够溶解 0.0031 mL/dL 的氧气。理论上，每克血红蛋白与氧气完全结合时能够携带 1.39 mL 的氧气，是血氧含量的主要组成部分。而实际上，存在部分功能异常的血红蛋白将其降低到大约 1.34 mL。此外，并不是每个血红蛋白分子在任何情况下都能与氧完全结合（SaO_2，或动脉氧饱和度），这使得可变性增加。结合血红蛋白浓度和血氧饱和度降低对整体氧气输送的影响，DO_2 的量化公式如下：

$$DO_2=[(1.34\times Hb\times SaO_2)+(0.0031\times PaO_2)]\times CO$$

在没有疾病的动物中，DO_2 显著高于耗氧量（VO_2），为能量产生提供了一个非常充裕的氧气缓冲。这种缓冲能够应对细胞代谢率改变或 CaO_2 减少引起的氧需求量的突然变化。当 DO_2 显著降低并不足以满足全身氧需求（称为临界氧输送，DO_{2Crit}）时，就会导致组织缺氧，乳酸水平升高，pH 降低。氧摄取率（OER 或 O_2ER）也可以用来表示耗氧量与 DO_2 的关系（$O_2ER=VO_2/DO_2$）。耗氧量较高或 DO_2 较低会导致比值较高。O_2ER 正常值约为 0.2，但不同器官 O_2ER 值不同（心脏 O_2ER 正常值为 0.6，这使其对低氧血症更加敏感）。在一项研究中观察到，犬的 DO_2、VO_2 和 O_2ER 正常值分别为 790 mL/（min·m^2）、164 mL/（min·m^2）以及 0.205（Haskins et al，2005）。其他几项研究中观察到，无论哪种原因（贫血、低氧血症和心包填塞），DO_2 正常值为 20 ~ 25 mL/（kg·min），临界氧输送值为 8 ~ 11 mL/（kg·min）（Van der Linden et al.，2006）。当 Hb、SaO_2 或 PaO_2 水平降低导致 DO_2 低于 DO_{2Crit} 时，患病动物即处于低血氧性休克（hypoxemic shock）。在临床中，CO 和 VO_2 等特定值虽然可以估计，但测量它们是相当困难的。然而，对于怀疑低血氧性休克的患病动物来说，了解这些概念是很重要的。

贫血是一种临床症状或实验室检查的异常结果，而不是对一种特定疾病的诊断。临床体征和患病动物病史都能提示贫血的可能性。临床症状的严重程度取决于发病速度、贫血程度和原因，以及动物的运动强度。一旦确认贫血，应彻底调查其原因，以确定患病动物的治疗方法。

贫血可能由于急性或慢性丢失增加（如出血）、破坏增加（如血管内或血管外溶血）或红细胞生成减少［如促红细胞生成素（EPO）生成减少或反应减弱、骨髓功能障碍或营养缺乏］引起。红细胞寿命在失血性贫血和再生障碍性贫血中通常正常，但在溶血性贫血中则明显缩短（Day and Kohn，2012）。根据外周血中红细胞生成反应，贫血也可以分为再生性贫血或非再生性贫血。对贫血进行分类有助于区分失血和溶血性贫血（通常是再生性贫血）和骨髓抑制性贫血（通常是非再生性贫血）。

红细胞丢失

犬的正常血容量为体重的 8% ~ 9%（80 ~ 90 mL/kg），猫为体重的 6% ~ 7%（60 ~ 70 mL/kg）。相对血容量由动物的年龄、脾脏储备量以及水合状态决定。

几分钟到几小时内大量失血会导致低血容量，以及潜在的心血管衰竭。健康动物最多可耐受血容量减少 20%，但当血容量减少至正常水平的 60% ～ 70% 时，通常会出现休克的迹象。对于急性出血引起的低血容量来说，治疗目标是停止出血，并对心血管系统进行支持。如果可能的话，防止进一步失血的同时必须迅速恢复血容量。如果有外出血，可以直接对出血部位施加压力进行止血。然而，在血容量复苏后，应注意未控制部位的持续失血。虽然内出血的表现可能不明显，但如果创伤后发生休克，应考虑内出血的可能。

在选择扩充血容量的复苏液时，液体量和成分是决定扩容效果及持续时间的关键。失血后，血管内容量耗尽，在此之后，组织液才会从血管外转移到血管内，提供紧急需要的容量支持。在出血的早期阶段，优先考虑补充血容量的损失，此时可以选择使用晶体液。晶体液也会进入血管外，因此，给予损失容量 2 ～ 3 倍的晶体液量是必要的。当大量使用晶体液时，需要关注容量过载的风险，尤其是老年患病动物或有一定程度心血管疾病的患病动物。当需要维持血管内胶体渗透压而不需要大量输液，或是持续失血并且导致血容量耗尽时，应考虑使用胶体液。然而，使用合成胶体液时要小心，因为它可能引起凝血功能障碍，并且疑似会引起急性肾损伤。

出血后立即出现的症状是由于血管内血容量减少引起的，而非红细胞数量减少，以及随后发生的低氧血症。虽然液体疗法可以改善组织灌注，但对患病动物进行评估是必要的，这能够帮助我们确定是否有足够的血红蛋白为重要器官供氧。应基于对贫血体征的临床评估来确定是否需要输血，因为没有任何一个实验室检查数值可以作为明确的输血指标（见第 5 章）。在急性失血的初始治疗中，如果失血程度较轻，可能不需要输注红细胞。治疗的积极程度取决于失血量、失血速度和患病动物状态。

患病动物还可能出现胃肠道（GI）出血、体外寄生虫、体内寄生虫、肿瘤和慢性血小板减少症引起的慢性失血性贫血。慢性失血性贫血的临床症状可能并不明显，因为机体存在代偿机制，并且能适应这种失血状态。

红细胞破坏

红细胞的各种类型缺陷可导致破坏速度的增加，从而导致血红蛋白水平降低。溶血性贫血导致红细胞数量减少，并使得载氧能力下降，而血浆容量没有显著变化。溶血（hemolysis）可以发生在血管内（血液中的红细胞被破坏）、血管外（脾脏、肝脏、骨髓和淋巴结中的巨噬细胞吞噬红细胞），或者两者兼有。血管内溶血会导致血浆中存在游离血红蛋白，引起血红蛋白血症和血红蛋白尿（当其超过肾阈值时）。血红蛋白尿会导致肾小管坏死，引起人类急性肾损伤，在兽医学中也可能存在类似情况。黄疸可见于血管外溶血，以及胆红素生成速率超过肝脏的处理能力时。溶血性贫血可分为免疫介导性溶血性贫血（IMHA）、遗传性红细胞缺陷、化学物质摄入相关溶血，以及感染相关溶血。

IMHA 可能是一种原发性疾病，也被称为特发性或自身免疫性溶血性贫血，此时机体产生了针对自身红细胞膜的抗体。溶血可能是由 IgG 或免疫球蛋白 M（IgM）介导的Ⅱ型超敏反应（细胞毒性）引起的，包括针对红细胞表面抗原的抗体或补体反应（血管内溶血）。因为吞噬作用，红细胞膜发生缺失，红细胞表面积减少，这导致了球形细胞（失去双凹结构的红细胞）的形成或红细胞破坏（血管外溶血）。也可能见到红细胞凝集（图 17.8A）。目前仍未确定引发机体对自身组织产生抗体的特定刺激因素。研究人员推测，红细胞抗原性的改变或个体免疫状态的改变可能会导致免疫系统识别并捕获自身红细胞。

IMHA 也可能是一种针对外来抗原的继发性免疫反应，最终导致对正常细胞的意外损伤。继发性 IMHA 的原因包括肿瘤、感染性疾病（如寄生虫、病毒、细菌、立克次体）、毒素暴露和药物治疗。据报道，肿瘤是继发性 IMHA 最常见的原因。通过输血或初乳被动获得抗红细胞抗体也可导致 IMHA，后者也被称为新生儿溶血。

虽然 IMHA 是犬溶血性疾病最常见的原因，但溶血也存在其他重要原因。区分溶血原因很重要，因为不同原因导致的溶血，其治疗和预后存

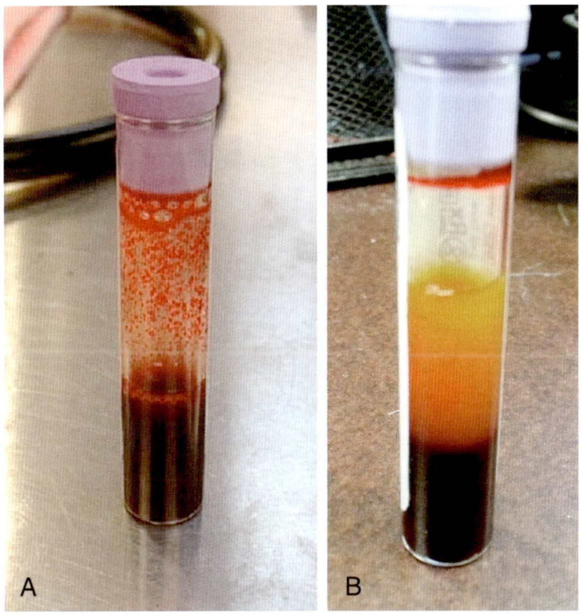

图 17.8　A，IMHA 患病动物血液可见严重的肉眼可见的凝集。B，沉淀后的全血中可见严重的高胆红素血症

在很大差异。此外，用于治疗 IMHA 的免疫抑制药物可能产生严重的并不温和的副作用。

一些遗传性红细胞代谢缺陷导致的溶血已经在许多犬种中被记录。最常见的是英国史宾格犬的磷酸果糖激酶缺乏症，以及巴仙吉犬、比格犬和西高地白㹴的丙酮酸激酶缺乏症。丙酮酸激酶缺乏症通常更为严重，并伴有骨髓纤维化、骨硬化和 4 岁前发生死亡。磷酸果糖激酶缺乏症往往与轻度至中度的间歇性血管内溶血有关，常因运动而加重。这两种疾病均表现出与慢性溶血性疾病相关的明显的网织红细胞增多症。对于上述提及品种，存在再生性贫血，甚至轻微的溶血性疾病迹象时，遗传性红细胞疾病都应作为一个鉴别诊断。遗传性红细胞缺陷需要特殊的实验室检查来确诊。此外，可以在繁育计划中检测疾病基因携带情况，以减少这些遗传疾病在相关品种中的出现概率。

据报道，许多化合物都会对红细胞造成损伤。例如，在洋葱中发现的一种氧化剂（N- 丙基二硫化物）会引起溶血。氧化损伤导致红细胞结构变化（如海因茨小体），引起亚临床到严重的溶血。一次摄入大量洋葱或少量多次食用洋葱会导致犬猫出现明显的溶血性贫血。食用洋葱后 24 h 内就会出现海因茨小体和偏心红细胞（血红蛋白偏于细胞一侧）。用新亚甲蓝染色时，可以在红细胞的外围观察到蓝色到紫色、具有折光性的海因茨小体。诊断洋葱引起的犬溶血性疾病的关键在于患犬的洋葱摄入史和特定的实验室检查。引起海因茨小体（Heinz body）和贫血的其他原因包括食物源毒素（大蒜、丙二醇）、药物（对乙酰氨基酚、维生素 K_1 和维生素 K_3、苯坐卡因）和化学物质（铜、萘、臭鼬麝香、锌）。猫更容易形成海因茨小体，但也更能容忍含有海因茨小体的红细胞，允许其存活更长时间。正因如此，在没有贫血的猫的红细胞中也可以观察到海因茨小体。当猫暴露于丙二醇时，会产生海因茨小体，并且在患有糖尿病、淋巴瘤或甲状腺功能亢进的猫更容易产生。

犬锌中毒通常与快速发作的溶血性危象相关。在犬中，锌引起的溶血性疾病最常发生于摄入含锌物质（如硬币、螺母和螺栓、皮肤软膏）后。1983 年后，美国铸造的所有硬币都含有 96% 的锌，是犬最常见的锌中毒来源。动物特征和病史有助于引导兽医怀疑锌中毒的可能，这些犬很多都是年轻犬，可能有反复摄入异物的病史。虽然海因茨小体与锌中毒相关，但锌诱导溶血的确切机制尚不清楚（Clancey and Murphy，2012）。锌中毒时常发生血管内溶血，进而引起血红蛋白血症和血红蛋白尿。

各种形式的微血管病变，包括 DIC、血管肉瘤或转移性肿瘤、毒蛇咬伤和心丝虫感染，可能引起红细胞在微血管中发生直接损伤，导致出现溶血的临床症状。在微血管病变引起的溶血性贫血中，血涂片上可见红细胞机械损伤的标志，即裂红细胞和角膜红细胞。由于纤维蛋白沉积在小血管中，红细胞被机械切割破碎。患有糖尿病或肝脏脂质沉积的猫可能发展为低磷血症，导致细胞膜脆弱以及溶血；当磷酸盐水平低于 0.5 mmol/L 时，建议补充。

红细胞生成减少或生成无效

所有的血细胞都起源于机体最大的器官之一——骨髓，并由原始细胞发育而来的。根据机体需求，骨髓受到刺激并使原始细胞分化为红细胞、血小板和特定类型的白细胞。随着细胞的成熟，它们会经历多个发育阶段，然后从骨髓释放到循环中，并最终在循环中发育至功能完全。成熟红细胞的发育过程被称为红细胞生成（erythropoiesis）。

红细胞生成减少或生成无效导致的贫血可能是由于营养缺乏（如铁、维生素 B_{12}、胃肠道吸收不良）、药物、感染性因素（如猫白血病病毒、猫免疫缺陷病毒）、慢性疾病、骨髓浸润（如白血病、多发性骨髓瘤）和器官疾病（如肾脏、肝脏和内分泌疾病）引起的。这些因素导致的贫血是慢性的，并且通常是非再生或再生不良的。

慢性疾病引起的贫血是一种常见的非再生性贫血，与慢性感染、炎症、肿瘤等多种慢性疾病有关。最常见于犬猫的慢性肾病。促红细胞生成素（EPO）是肾脏分泌的一种激素，能够刺激骨髓生成红细胞，EPO 水平下降会导致红细胞生成减少。由于肾脏产生的促红细胞生成素减少，慢性肾病患病动物通常会出现贫血。其他因素包括尿毒症毒素导致红细胞半衰期缩短、胃肠道溃疡引起红细胞出血性丢失、血小板功能紊乱导致的出血倾向增加、抑制铁储存的释放、甲状旁腺抑制红细胞生成，以及营养摄入减少等。贫血程度与尿毒症的严重程度大致成正比，在年轻动物中可能更为严重。然而，EPO 生成减少才是主要原因。

另一个导致红细胞生成减少的原因是机体对 EPO 的反应受到了抑制。存在慢性炎症性疾病（如慢性感染、慢性免疫性疾病、恶性肿瘤）或严重的急性炎症性疾病时，红细胞的生成也会减少。这是由于炎症状态下肝细胞产生的铁调素增加，这会抑制巨噬细胞和肠细胞中铁转运蛋白转出铁的作用。红细胞生成中可利用的铁元素也就因此减少。此外，白细胞释放的炎症介质（肿瘤坏死因子 α 和白细胞介素 -1）会减少红系原始细胞表面 EPO 受体的数量，导致其对 EPO 反应迟钝，从而抑制红细胞生成。

骨髓功能障碍也是红细胞生成减少的一个原因。辐射、毒性、病毒或细菌感染，以及某些药物的使用可导致骨髓再生障碍，导致骨髓干细胞的缺乏。骨髓炎或继发于肿瘤骨髓浸润的骨髓抑制，可以取代或抑制造血细胞的产生。这两种情况都会导致全血细胞减少。在猫的白血病病毒感染或犬的免疫介导性红系原始细胞破坏中，红细胞前体细胞数量特异性减少，并导致红细胞再生障碍。

当缺乏红细胞生成信号系统和功能性红细胞所需的营养时就会发生贫血。缺乏叶酸、维生素 B_{12}、钴和内因子（一种帮助机体吸收维生素 B_{12} 的糖蛋白）可导致 DNA 和 RNA 合成功能障碍，导致红细胞形状和大小异常。这些异常的细胞在骨髓中被破坏，因此不会进入血液循环。潜在原因包括使用叶酸拮抗药物（治疗恶性肿瘤的甲氨蝶呤）、抑制叶酸代谢（磺胺类药物）和降低叶酸浓度（苯巴比妥）。据报道，在巨型雪纳瑞、比格犬和边境牧羊犬中，有一种遗传性疾病与维生素 B_{12} 的选择性吸收不良相关，并会导致非再生性贫血。缺铁会导致新生成的红细胞血红蛋白浓度降低，或可能导致红细胞生成缓慢，引起贫血。

非再生性贫血可根据所涉及细胞类型的数量进行临床分类。当只有红细胞减少时，被认为是一种难治性贫血，这可能是慢性疾病、缺铁或其他器官疾病（如影响骨髓功能的外部因素）导致的。当贫血涉及其他类型的细胞时（全血细胞减少），被称为再生障碍性贫血，可能由于骨髓疾病、暴露于辐射或化学物质、感染、白血病或其他肿瘤引起，也可能是特发性的。为了区分这两种类型，通常需要进行骨髓检查。

功能异常的血红蛋白

虽然不一定是由于红细胞数量或血红蛋白数量的减少，但功能异常的血红蛋白（或其携带和输送氧的能力在分子结构上发生改变）也可以导致 DO_2 的减少。

高铁血红蛋白血症

当血红蛋白的血红素基团中的二价铁（Fe^{2+}）被氧化为三价铁（Fe^{3+}）时，被称为高铁血红蛋白（MetHb）。MetHb 不能结合氧，也不能增加携氧能力。此外，当一个血红素基团中铁被氧化时，会增加血红蛋白上其他血红素基团对氧的亲和力，减少氧的释放。因为细胞色素还原酶 b_5（Cb5R，也被称为高铁血红蛋白还原酶）可以逆转这种变化，自然氧化产生的 MetHb 占总血红蛋白的比例保持在 1% 左右。当动物暴露于高水平的氧化物（摄入对乙酰氨基酚、非那吡啶、臭鼬麝香、维生素 K_3、苯佐卡因）或 Cb5R 水平降低（遗传因素）导致逆转机制被破坏时，就会发生高铁血红蛋白血症。显著的高铁血红蛋白血症时，血液呈现巧克力棕色，可通过无创血红蛋白监测仪进行检测。可以通过利尿排出氧化剂，并使用药物减少氧化剂浓度（如对乙酰氨基酚中毒时使用 N- 乙酰半胱氨酸）。

碳氧血红蛋白

吸入烟雾和暴露于汽车尾气、供热系统、汽油发电机和其他形式的烟雾可导致一氧化碳中毒。一氧化碳与血红蛋白的亲和力比氧高 200 倍，导致碳氧血红蛋白（COHb）的形成。一氧化碳与 4 个血红素基团中的 2 个结合，导致载氧能力降低 50%，并降低了功能性血红素基团释放氧的能力。大量 COHb 存在时，黏膜呈樱桃红色，其治疗需要通过 100% 纯氧与一氧化碳竞争结合，通过置换缩短一氧化碳的半衰期。

硫化血红蛋白

摄入有毒的含硫物质后，硫化物与血红蛋白结合产生硫化血红蛋白，导致血红蛋白无法携带氧气。这种情况很少见，最常见于摄入有毒的含硫化合物（磺胺类药物、柳氮磺胺吡啶）。治疗是支持性的。

临床评估

必须进行全面而准确的病史调查、体格检查以及适当的实验室检查，来正确地评估贫血患病动物，对其确诊并确定治疗计划。

病史

必须从主人处获得所有有关动物病史的信息。获得并评估完整且详细的病史有助于确定临床症状及其严重程度和持续时间，并有助于正确诊断。对细节的关注能够帮助临床医生在早期诊断过程中确定每种鉴别诊断的可能性。例如，接诊一只贫血且尿色异常（特别是在运动过后）的英国史宾格猎犬时，临床医生应考虑到磷酸果糖激酶缺乏症的可能。当幼犬出现溶血性疾病的迹象时，应询问主人是否有食入某些含锌异物的可能，以排除众多鉴别诊断中的一种。

> **技师笔记**
>
> 不应忽略完整的疫苗史，因为最近已证实疫苗接种与 IMHA 发病之间存在关联。一项研究显示，25% 的 IMHA 病例在接种疫苗后的 1 个月内发病，并且这种并发症的发生与所接种的疫苗类型无关。

动物的环境史可以提示其接触到有毒或有机物质的可能，如接触洋葱或锌，可能会导致溶血。还应调查是否有蜱虫暴露史，因为各种感染性病原体也可能导致溶血性贫血（如血巴尔通体病、巴贝斯虫病、埃立克体病、钩端螺旋体病）。

任何关于既往确诊的疾病以及近期用药的信息都很重要。许多药物都有潜在的副作用，导致对红细胞、白细胞和血小板产生毒性作用（即药物诱导性 IMHA）。

体格检查

为了正确评估贫血危象的动物，需要进行全面的体格检查和多种监测。最佳评估不能基于单个指标的结果；相反，它应该基于多次体格检查以及相互印证的监测指标。

在贫血动物中，临床症状的发展取决于贫血的发病速度、严重程度、原因，以及动物的体力活动。常见症状与红细胞数量减少相关，如嗜睡、虚弱、黏膜苍白、心动过速、呼吸急促和脉搏亢进。也可能出现厌食、运动不耐受和虚脱。应仔细评估心血管系统和呼吸系统。评估灌注应基于精神状态、核心 – 肢体温度差、黏膜颜色、毛细血管再充盈时间、心率，以及脉搏频率、强度和特征。在严重贫血的状态下，轻度的收缩期杂音可能继发于血液黏度降低。评估呼吸频率和用力程度，以及仔细的听诊，可以帮助区分携氧能力下降和可能的 PTE。呼吸急促和呼吸困难可能由于低氧血症或代偿性呼吸性碱中毒引起的呼吸驱动增加，但在严重贫血时才出现这样的典型症状。有时患病动物也会发热，这可能由红细胞破坏或潜在的炎症、感染引起。监测并考虑到所有指标，能够获得关于出血严重程度和潜在的危及生命的并发症信息。

还应评估患病动物是否存在潜在或并发疾病的症状。例如，IMHA 患犬应仔细检查是否有其他免疫介导性疾病的迹象，如 IMT（即 Evans 综合征）。如果有瘀点，应检查 IMT 或其他凝血疾病，如肝病或 DIC。

患有溶血性疾病的犬的其他常见症状与血液、尿液和软组织中胆红素或血红蛋白（或两者兼有）的积累相关。由于血管外红细胞的破坏，大量胆红素需要通过肝脏进行结合和排泄。当胆红素的数量超过肝脏在胆汁中排泄它的能力时，胆红素就开始在血液、尿液和软组织中积累。因此，严重血管外溶血的患犬，由于胆红素水平升高会出现黄疸和尿色异常。由于犬体内结合胆红素的尿排泄阈值较低，胆红素尿在疾病早期就会发生，并先于高胆红素血症（图 17.8B）和黄疸。严重时，所有皮肤表面都很容易发现黄疸。当黄疸症状较轻微时，牙龈、巩膜、结膜和内耳廓都是很好的识别部位。如果发生血管内溶血，可能会出现伴有或不伴有血红蛋白尿的血红蛋白血症。

腹部触诊时可发现脾肿大或肝肿大，或两者兼有。这是由于这些器官中的单核巨噬系统对红细胞的清除增加、髓外造血和含铁血黄素的沉积（铁在肝脏中聚积）。IMHA 患犬也可能发展为肝病，特别是在糖皮质激素治疗后。

实验室检查

虽然从病史和特异性临床症状中获得的信息可以提示诊断，但某些实验室检查对于确诊是必要的。实验室检查有助于确定贫血的严重程度，对贫血进行分类，并确定潜在的疾病过程。

在考虑物种、年龄、性别和品种相关影响的前提下，一个或多个红细胞参数（红细胞计数、PCV、HCT）低于正常水平，则认为存在贫血。在这 3 个参数中，PCV 是一种简单、快速、准确的检测指标，并可将贫血分为轻度、中度或重度。

> **技师笔记**
>
> 脱水和脾脏收缩可以掩盖贫血，而血液稀释会导致红细胞指标暂时下降。因此，测定 PCV 和血浆总蛋白水平（TP）可能有助于区分这些干扰。

脱水与 PCV 和 TP 的升高相关，但脾脏收缩只会使 PCV 升高。急性失血或液体治疗后的血液稀释与 PCV 和 TP 的降低相关，而溶血性贫血通常只与 PCV 下降相关。在继发于红细胞生成减少或破坏增加的贫血中 TP 通常是正常的，而失血时 PCV 和 TP 可能由于红细胞和血浆蛋白的丢失，以及体液从组织间隙向血管内代偿性转移而降低。

网织红细胞计数 网织红细胞计数是衡量骨髓再生反应的最佳指标。再生性贫血中网织红细胞计数一般随贫血程度的不同而变化，对骨髓红细胞生成的刺激越强，网织红细胞就越多。然而，非再生性贫血时的反应则不同。因此，网织红细胞增多程度必须与贫血程度一起来看。技师可以通过计算校正后的网织红细胞相对计数（%）或网织红细胞绝对计数［每微升（μL）血液的数量］来做到这一点。网织红细胞的绝对计数通过网织红细胞百分比与红细胞计数相乘得到。此外，可以通过以下公式根据贫血程度对网织红细胞百分比进行校正：

校正网织红细胞 = 观察到网织红细胞百分比 ×（患病动物 PCV/ 该物种平均 PCV）

犬和猫的平均 PCV 分别为 45% 和 37%。犬猫校正网织红细胞计数大于 1% 表明是再生性贫血。犬血液中网织红细胞绝对计数大于 60 000/μL 也提示再生反应。

溶血性贫血时，网织红细胞增多程度一般更大，并且明显早于失血性贫血；急性溶血或出血后，通常需要 3 d 或 4 d 的时间才能在血液中发现明显的网织红细胞增多，1 ~ 2 周或更长时间达到最大反应。因此，贫血患病动物网织红细胞增多表明红细胞破坏或失血增加。相反，贫血患病动物若没有网织红细胞增多，则提示 EPO 生成减少、骨髓抑制或衰竭、铁利用缺陷或红细胞生成无效。骨髓检查对于评估这些患病动物的红细胞生成是必要的。

血象及血涂片 从全血细胞计数中可以获得许多信息，如血红蛋白浓度、细胞计数、红细胞指数。在显微镜下仔细检查血涂片，结合红细胞指数和形态可以帮助确定贫血性质。平均细胞体积（MCV）代表红细胞的平均大小，根据 MCV 可以将红细胞分为正细胞性（正常大小）、大细胞性（大于正常大小）和小细胞性（小于正常大小）。例如，MCV 增加可能是由于红细胞从骨髓中释放时尚未完全成熟，这被称为大细胞性贫血。红细胞平均血红蛋白浓度（MCHC）可以用术语正色素性（血红蛋白含量正常）和低色素性（血红蛋白含量低于正常）来描述。例如，MCHC 降低可能是由于循环中未成熟红细胞数量增加，这被称为低色素性贫血。

血涂片也可以显示相应的形态特征，如球形红细胞增多、多染红细胞增多和红细胞大小不均。在犬中，明显的球形红细胞增多提示 IMHA。在 IMHA 发病期间，巨噬细胞结合到红细胞膜上并吞噬一部分细胞膜。红细胞没有被完全吞噬，但损失一部分膜后，细胞膜被收紧，形成一个小而肿胀、染色浓密的红细胞。在微血管疾病引起的溶血性贫血、DIC、锌中毒和心丝虫病中也可发现少量的球形细胞。

血小板计数 IMHA 和 IMT 可能同时发生。如果存在血小板减少症，则应进行 IMT 的诊断性检查，并进行适当的治疗。如果有任何出血的临床症状，应进行其他凝血检查以排除并发血小板减少、DIC 或其他凝血疾病（见止血试验部分的讨论）。

生理盐水凝集试验 红细胞自体凝集表示存在抗红细胞抗体，强烈提示 IMHA。自体凝集在血涂片中表现为红细胞呈葡萄串状聚集，可以通过制备湿片将其与缗钱样红细胞区分开来。兽医技师应将一滴血液和一滴等渗盐水混合，置于干净的载玻片上，用盖玻片盖住，并放在显微镜下检查。与凝集不同，增加生理盐水的混合比例后缗钱样红细胞能够分散开。但这种试验并不是绝对正确的，因为弱凝集素可能会导致假阴性结果。血液也应宏观评估凝集情况（在载玻片上肉眼可见）。

库姆斯试验 IMHA 的血清学诊断是通过库姆斯抗球蛋白试验证明红细胞表面或患病动物血清中存在免疫介导的抗体或补体实现的。直接库姆斯试验证明，患病动物的红细胞表面存在抗红细胞抗体或活化的补体成分。间接库姆斯试验显示，患病动物的血清中存在抗红细胞抗体。将物种特异性抗球蛋白与患病动物洗涤后的红细胞悬液反应（直接库姆斯试验），或与患病动物血清和正常动物洗涤后的红细胞悬液反应（间接库姆斯试验），可以产生肉眼可见的红细胞凝集。在药物诱导性 IMHA 时，必须将有危害的药物也纳入试验系统，否则可能会出现假阴性结果。通过证明这些抗体或补体的存在（即出现凝集）以支持 IMHA 的诊断。

生化检查及尿液分析 血清生化和尿液分析对于检测和评估并发的代谢性疾病（如肾脏疾病、肝脏疾病）十分重要。若存在电解质紊乱应密切监测。胆红素、白蛋白或球蛋白水平降低可能提示存在失血。胆红素升高提示溶血。活动性溶血时可以观察到胆红素尿和胆红素血症，但胆红素血症的程度可能非常轻微。

血样采集技术是至关重要的，创伤性静脉穿刺相关的溶血可以导致血清胆红素测量值假性升高。

蜱虫检测 许多感染性病原可能导致溶血性贫血。因此，如果有接触蜱虫的可能，则应进行虫媒疾病的血清学检测。

其他信息 在 IMHA 中，由于骨髓受到极大程度的刺激，白细胞计数通常会升高，会伴有轻微到显著的中性粒细胞增多和核左移。在没有感染的情况下，溶血危象患病动物可能表现出明显的中性粒细胞增多（60 000 ~ 70 000/μL，杆状中性粒细胞增加）。因此，必须评估每只患病动物的临床表现，并在进行白细胞计数的同时寻找其他可能支持感染的迹象。

治疗和管理

贫血动物往往在疾病晚期需要立即治疗干预时，才送到急诊室。虽然确诊病因对于这些患病动物的最终治疗很重要，但此时更关键的是要稳定患病动物临床急症。稳定处理包括控制出血，用适当的静脉输液或血液成分补充损失血量，以及提供氧气支持以改善 DO_2，并采取一切必要措施以防止休克。一旦患病动物状态稳定，临床医生就应对贫血进行分类，开展诊断性评估，确定潜在原因，并开始适当的治疗。应立即进行临床实验室检查，并在获得检测样本后立即采取治疗措施。其治疗目标是纠正导致失血的原因（如进行手术治疗、停用引起不良反应的药物、使用驱虫药）。

动物不能耐受继发于溶血或出血的急性发作性贫血，但能够耐受溶血或红细胞生成减少引起的慢性贫血。

技师笔记

对于慢性贫血，由于身体的代偿机制（如心率、每搏输出量和血浆容量的增加）可以耐受更低的血细胞比容。因为急性贫血危象的患病动物状态非常紧急且严重，必须优先处理这些患病动物。动物应保持平静，并在需要时提供氧气。可能需要的特别护理包括保温、氧气支持、静脉输液和输血，应当记住必须将输血治疗的益处与其固有风险进行权衡。

当发现患病动物有出血问题时，护理应当以尽量减少进一步的失血为目标。应特别注意尽量避免创伤，以减少出血的机会。静脉穿刺应使用小号针（如 25 G），并且需要对静脉穿刺部位进行压迫止血。采血时避免使用中心静脉也是非常重要的。应限制患病动物的活动，并在笼养期间使用额外的垫料。侵入性操作和外科手术可能需要推迟到患病动物能够稳定止血之后。最终，对出血患病动物的护理等级将根据病情的严重程度而有所不同。

兽医技师在止血障碍和贫血患病动物的支持中发挥着重要作用。参与患病动物的分诊、成分血的采购和管理，以及细致的监测对于患病动物成功治疗都至关重要。

参考文献

[1]Beer K.S., Silverstein D.C. Controversies in the use of fresh frozen plasma in critically ill small animal patients. Journal of Veterinary Emergency and Critical Care. 2015; 25:101–106.

[2]Brooks, M. B. (2010). Section VII: hemostasis. In D. J. Weiss & K. J. Wardrop (Ed.), Schalm's veterinary hematology (6th ed., pp. 633–707). Ames, IA: Wiley-Blackwell.

[3] Brooks, M. B, & Catalfamo, J. L. (2010). Immune-mediated thrombocytopenia, von Willebrand disease, and platelet disorders. In S. J. Ettinger & E. C. Feldman (Ed.), Textbook of veterinary internal medicine (7th ed., pp. 772–783). St. Louis, MO: Saunders.

[4] Callan, M. B. (2010). Section VIII: transfusion medicine. In D. J. Weiss & K. J. Wardrop (Ed.), Schalm's veterinary hematology (6th ed., pp. 709–795). Ames, IA: Wiley-Blackwell.

[5] Clancey N.P., Murphy M.C. Zinc-induced hemolytic anemia in a dog caused by ingestion of a game-playing die. Canadian Veterinary Journal. 2012;53:383–386.

[6] Day, M. J., & Kohn, B. (2012). BSAVA manual of canine and feline haematology and transfusion medicine (2nd ed.). Gloucester, UK: British Small Animal Veterinary Association.

[7] Ettinger, S. J., Feldman, E. C., & Cote, E. (2017). Textbook of Veterinary Internal Medicine (ed. 8), St. Louise, Elsevier.

[8] Goggs R., Mastrocco A., Brooks M.B. Retrospective evaluation of 4 methods for outcome prediction in overt disseminated intravascular coagulation in dogs (2009-2014): 804 cases. Journal of Veterinary Internal Medicine. 2018;28:541–550.

[9] Harvey J.W. Evaluation of hemostasis. In: Harvey J.W., ed. Veterinary hematology: A diagnostic guide and color atlas. St. Louis, MO: Saunders; 2011:191–233.

[10] Haskins S., Pascoe P.J., Ilkiw J.E., et al. Reference cardiopulmonary values in normal dogs. Comparative Medicine. 2005;255:156–161.

[11] Keeshen T.P., Case J.B., Runge J.J., et al. Outcome of laparoscopic ovariohysterectomy or ovariectomy in dogs with von Willebrand disease or factor VII deficiency: 20 cases (2012-2014). Journal of the American Veterinary Medical Association. 2017;251:1053–1058.

[12] Palmer L., Martin L. Traumatic coagulopathy-part 1: pathophysiology and diagnosis. Journal of Veterinary Emergency and Critical Care. 2014a; 24:63–74.

[13] Palmer L., Martin L. Traumatic coagulopathy-part 2: resuscitative strategies. Journal of Veterinary Emergency and Critical Care. 2014b; 24:75–92.

[14] Ralph A.G., Brainard B.M. Update on disseminated intravascular coagulation: when to consider it, when to expect it, when to treat it. Topics in Companion Animal Medicine. 2012; 27:65–72.

[15] Sharp C.R., de Laforcade A.M., Koenigshof A.M., et al. Consensus on the Rational Use of Antithrombotics in Veterinary Critical Care (CURATIVE): domain 4—refining and monitoring antithrombotic therapies. Journal of Veterinary Emergency and Critical Care. 2018; 29:75–87.

[16] Weiss, D. J., & Wardrop, K. J. (2010). Schalm's veterinary hematology (ed. 6). Ames, IA: Wiley-Blackwell.

[17] Van der Linden P.J., De Hert S.G., Belisle S., et al. Critical oxygen delivery during cardiopulmonary bypass in dogs: pulsatile vs. nonpulsatile blood flow. European Journal of Anaesthesiology. 2006; 23:10–16.

场景

目的：为兽医技师提供机会，建立或加强关于不同原因止血障碍的知识。

背景：急诊诊所被认为是一个一级设施，可获得 PRBC、FFP、冷沉淀、新鲜血小板浓缩物（大多数时间）、合成胶体液和等渗晶体液，以及大多数药物。

场景

考虑以下患病动物：

病例 1：一只 4 岁雄性可卡犬，体重 13.1 kg，出现嗜睡。经检查发现以下症状：心率为 140 次 /min，呼吸频率为 28 次 /min，无明显呼吸困难，肺音清晰，黏膜颜色呈粉红色，CRT 为 1 s。脉搏质量正常。黏膜和腹部皮肤可见小的、弥散性圆形瘀点。初步血液学检查显示 PCV 为 32%，TP 为 6.5 g/dL，血小板计数为 45 000/μL，BMBT 为 5 min，但 PT/PTT 值正常。患病动物近期就诊过，并注射了加强疫苗。

病例 2：一只 6 月龄未绝育巴吉度猎犬，体重 20.1 kg，因乳齿脱落后偶尔牙龈出血被送往医院。经检查发现，该犬心率及心音正常，呼吸频率、呼吸模式和呼吸音正常。黏膜颜色呈粉红色，CRT 1 ~ 2 s。脉搏正常。初步血液学检查显示 PCV 为 38%，TP 为 5.8 g/dL，血小板计数为 250 000/μL。

病例 3：一只 2 岁雌性混种犬，体重 29.2 kg，走进医院时呼吸困难，咳血；腹部可见瘀斑。经检查发现该犬心动过速（心率为 150 次 /min）、呼吸加快（呼吸频率为 56 次 /min），呼吸用力，肺部听诊有爆裂音，黏膜颜色呈粉红色，CRT 小于 1 s。脉搏质量正常。初步血液学检查显示 PCV 为 39%，血小板计数为 214 000/μL，PT/PTT 延长。胸腔 X 线片显示有肺水肿征象。患病动物住院进行呼吸支持，主人随后打电话告诉你，他的邻居在院子里放了毒鼠饵。

病例 4：一只 11 岁雌性家养短毛猫，因后肢突然无法运动而被送往医院。患猫体重 5.2 kg。主人说猫突然看起来很痛苦，在房间内嚎叫。主人认为猫可能是从附近的梳妆台上掉下来的。经检查，猫的两后肢似乎存在局部瘫痪；后肢的周围脉搏无法探得。心率为 160 次 /min，有奔马律；当不气喘时呼吸频率为 28 次 /min。PCV 为 33%，TP 为 6.0 g/dL。

演示

- 向工作人员介绍所有的案例。
- 初步讨论：允许 10 ~ 20 min 的时间让工作人员回顾病例，并判断止血障碍的类型。
- 让工作人员解释他们的判断理由。
- 后续讨论：讨论每个病例的潜在原因和治疗方案。

问题

- 最初的问题
  - a. 是否有某些发现表明有止血障碍？
  - b. 这是什么类型的止血障碍？
  - c. 止血过程中哪方面受损导致这些症状？
  - d. 是否需要额外的试验或检查？
- 后续问题
  - a. 这种止血障碍的潜在原因有哪些？
  - b. 哪些关于病史的问题可能有助于解释原因？
  - c. 你预计兽医让你准备哪种治疗方法？

教学要点

- 为兽医技师提供回顾止血障碍症状的机会。
- 提供机会去思考诊断，以确认止血障碍。
- 兽医技师可以思考与病史和体格检查相关的所有潜在原因。

讨论

病例 1

- 初步讨论
  - a. 患病动物有小的、弥散性圆形瘀点，提示可能存在出血障碍。
  - b. 低凝状态（出血性凝血功能障碍）。
  - c. 血小板减少（注意：45 000/μL 通常足以防止自发性出血，但在本病例中未能）。
  - d. 应查明血小板减少的原因。

场景（续）

- 后续讨论

  a. 骨髓功能障碍、感染、免疫介导性原因。

  b. 任何用药史、旅行史和病史。

  c. 治疗方案取决于潜在的病因。如果是药物引起的，应停止用药。如果是传染性因素，则应使用正确的抗生素。如果是免疫介导性原因，则应使用免疫抑制剂。

病例 2

- 初步讨论

  a. 患病动物偶尔会出血，尤其是在外伤后。

  b. 低凝状态（出血性凝血功能障碍）。

  c. 可能有血小板紊乱或凝血因子缺乏。

  d. BMBT 延长提示血小板紊乱。

- 后续讨论

  a. 血小板紊乱可能是药物引起的。凝血因子缺陷可能是遗传性的。

  b. 从幼龄就有出血倾向的病史表明可能有遗传性疾病。应获取当前所有的用药信息。

  c. 如果缺乏凝血因子，可能需要输入血浆制品。

病例 3

- 初步讨论

  a. 呼吸困难、咳血、腹部瘀斑——所有这些都是凝血功能障碍的迹象。

  b. 低凝状态（出血性凝血功能障碍）。

  c. PT/PTT 延长，提示凝血因子相关问题。

  d. 不需要进行额外的测试。

- 后续讨论

  a. 很有可能是维生素 K 拮抗剂，因为摄入了毒鼠饵（抗凝剂）。

  b. 鼠饵的产品名称或包装可以让我们确认原因。

  c. 输入血浆制品，并给予维生素 K。

病例 4

- 初步讨论

  a. 后肢发生急性疼痛并失去控制。

  b. 血栓栓塞（高凝状态）。

  c. 血栓形成增加，超过抗血栓机制。

  d. 比较前肢和后肢的脉搏、血压和温度可以进一步证实血栓栓塞。

- 后续讨论

  a. 猫的肥厚型心肌病往往是血栓形成的原因。

  b. 没有明确的问题。

  c. 支持性护理在内的医疗干预；预防血栓及溶栓（未经证实的在治疗）可能能够使患病动物恢复，但有复发可能。

医学计算练习

一只难治性免疫介导性血小板减少症患病动物正准备用长春新碱治疗。兽医要求您准备 0.02 mg/kg 的长春新碱用于静脉注射。长春新碱的浓度为 1 mg/mL。患病动物体重为 18 kg。

a. 你需要多少毫克（mg）长春新碱？

b. 你需要多少毫升（mL）长春新碱？

第 18 章

心血管系统急症*

Deborah Ann Kingston；Andrea M. Steele

学习目标

1. 描述常见的心脏急症。
2. 了解心脏病的治疗方案。
3. 讨论兽医技师在心脏急诊中的作用。

章目录

* 作者和出版社感谢 Craig C.Cornell 此前对本章的贡献。

关键词

心律失常
心肌病
心电图
心内膜炎
杂音
心律

心脏病是小动物临床中最常见的健康问题之一。兽医技师在心脏病动物的治疗和管理中起着非常重要的作用。无论是在最初的急诊电话咨询期间，还是在入院体检期间，兽医技师都可通过与宠主沟通从而获得准确的病史来帮助诊断。评估患病动物时，技师可进行的初步诊断检查包括心电图、血液检查、放射检查和血压（blood pressure，BP）测量。当兽医技师对常见的心脏急症、心脏病的诊断方法、心衰的病理生理有深入的了解后，即可提供有效的治疗。心脏急症可分为三类：充血性心力衰竭、血栓栓塞和心律（rhythm）失常。

心脏病的诊断

虽然兽医负责做出诊断，但兽医技师可通过收集主诉、检查患病动物、进行临床实验室检查、测量无创血压、拍摄 X 线片，以及进行心电图（electrocardiogram）测量并记录等方式来协助兽医，使患病动物初步稳定。在某些情况下，经过专门培训的兽医技师可完成具有诊断意义的超声心动图检查。

超声心动图提供了有关心脏结构、功能和血流的重要信息。兽医可通过放射学检查评估心影、肺血管、肺实质和胸膜腔，并确认是否为充血性心力衰竭。肺水肿和（或）积液的水平决定心衰的性质和程度，并有助于治疗决策。实验室检查可包括检查电解质、尿素和肌酐。这些治疗前基础值尤其重要。心电图对于确定需要立即治疗的心律失常（如心房颤动、心动过速或心动过缓）非常重要。快速Ⅱ导联心电图通常足以诊断大多数节律异常。

肌钙蛋白

评估肌钙蛋白是一种简单易行的辅助检查方式。它不是心脏病特异性筛查指标，因为心脏病和心外疾病肌钙蛋白都有可能升高，但可以结合其他诊断方法（如超声心动图和心电图）提供有关心肌的其他信息。

肌钙蛋白的特异性生物标记物是 I 和 T，它们是心肌细丝相关的调节蛋白，对肌动蛋白和肌球蛋白之间的相互作用至关重要，尤其在心肌细胞损伤、缺血和坏死时易释放。肌钙蛋白 I 的检测最敏感，常用于小动物。可用于怀疑心肌梗死、中毒性心肌病、心肌炎或钝性心肌损伤的情况。

应使用肝素化采血管（绿色顶部）采集血液，并在采样 30 min 内分离样本。如果无法在 4 h 内进行检测，应冷冻血浆。检测共需 0.5 mL 血浆。部分实验室可根据其设备选择全血或血清，具体信息请咨询当地实验室。一些床旁检测仪器提供肌钙蛋白检测卡夹，如 iStat®（Abaxis Veterinary）。正常参考范围可能因实验室使用的分析方法而异。结果通常以微克每升（μg/L）或纳克每毫升（ng/mL）为单位进行测量。美国使用的 2 种商业化兽医检测设备是 IDEXX 和 Abaxis（iStat）。

病征

从动物的年龄、品种和性别可获得有助于诊断心脏病的重要信息。幼年动物的心杂音有时是良性的，但多数时候提示先天性心脏病。生理性心杂音通常程度较轻，在 6 月龄后会逐渐减弱，而与先天性疾病相关的心杂音随着动物的生长会逐渐增强，如动脉导管未闭（patent ductus arteriosus，PDA）、主动脉瓣下狭窄（subaortic stenosis，SAS）或肺动脉狭窄（pulmonic stenosis，PS）。随着年龄的增长，许多犬的心脏瓣膜发生退行性病变，二尖瓣疾病是老年小型犬心衰的常见原因。心包疾病、主动脉狭窄、扩张型心肌病（dilated cardiomyopathy，DCM）和心内膜炎（endocarditis）在大型犬种中更为常见。

病史

主诉通常是观察到动物表现出非常严重的情况，并因此寻求紧急治疗。大多数患病动物会出现虚弱、嗜睡、虚脱或晕厥、咳嗽、呼吸急促或呼吸窘迫。其他可能出现的问题包括厌食、呕吐和（或）腹泻，因为心脏病可能会影响身体的其他主要器官。急诊的工作人员并非每次都能获得完整的病历，有时需要在没有完整病史的情况下就开始进行危重症病例的治疗。在紧急情况下，兽医可能需要立即开始治疗，并让兽医技师在患病动物接受治疗时收集病史。症状会引导兽医考虑心脏相关的疾病，会影响兽医在病史中搜索的信息种类。治疗疑似心脏病的动物，兽医可能会询问客户或查看病历，以获取与主诉相关的信息，例如，动物患心脏病的时长、先前心脏病的治疗方案和药物、以前的诊断程序和检测，或与心脏病相关的病史（如活力水平、运动不耐受、呼吸困难、咳嗽、晕厥或虚脱、体重变化和饮食）。专栏 18.1 列出了心脏急症的常见体征。表 18.1 和表 18.2 列出了各种心脏病及相关的紧急情况。

体格检查

体格检查是通过感官收集信息的过程。如果观察到新征象或之前观察到的体况发生变化，应通知兽医。下面列出了心脏病相关症状，通过感官进行分组。

视诊：

- 发绀或黏膜苍白。
- 恶病质。
- 呼吸困难。
- 呼吸急促。
- 腹水。
- 颈静脉扩张。
- 皮下水肿。
- 后肢瘫痪。

专栏 18.1　心脏急症常见体征

猝死。
发绀。
呼吸困难。
虚脱。
后肢瘫痪。
晕厥。
呼吸急促。
运动不耐受。
咳嗽。
腹围增大（腹水）。

表 18.1　与犬心脏病相关的紧急情况

心脏病	相关的紧急情况
心丝虫病	腔静脉综合征、右心衰、肺动脉高压
慢性瓣膜病	肺水肿、腱索断裂、左心房撕裂、心律失常、右心衰
扩张型心肌病	肺水肿、右心衰、心律失常、心脏停搏（猝死）
心包疾病	右心衰、心包填塞
动脉导管未闭	肺水肿、心律失常、肺动脉高压、发绀
主动脉瓣下狭窄	心脏停搏（猝死）、心律失常、肺水肿（最常见的是伴随二尖瓣发育不良）
肺动脉狭窄	右心衰（并发三尖瓣发育不良最常见）
感染性心内膜炎	肺水肿、栓塞、心律失常
室间隔缺损	左心衰、肺动脉高压、发绀、右心衰
法洛四联症	发绀、红细胞增多
三尖瓣发育不良	右心衰
房间隔缺损	右心衰、肺动脉高压、发绀

表 18.2　与猫心脏病相关的紧急情况

心脏病	相关的紧急情况
肥厚型心肌病	血栓栓塞、肺水肿、胸腔积液、心律失常、猝死
限制型心肌病	血栓栓塞、肺水肿、胸腔积液、心律失常、猝死
扩张型心肌病	血栓栓塞、肺水肿、胸腔积液、心律失常、猝死
甲状腺功能亢进继发心肌病	血栓栓塞、肺水肿、胸腔积液、心律失常、猝死
房室瓣发育不良	肺水肿、胸腔积液
室间隔缺损	肺水肿、胸腔积液、发绀
动脉导管未闭	肺水肿、胸腔积液
主动脉狭窄	肺水肿、胸腔积液、猝死
法洛四联症	发绀、红细胞增多

- 晕厥。
- 姿势。
- 对环境的反应、意识水平。

听诊：

- 杂音。
- 咳嗽。
- 奔马音。
- 心律失常。
- 心动过缓或心动过速。
- 啰音或其他异常肺音。
- 心音或肺音低沉。

触诊：

- 体温。
- 肢端温度。
- 脉搏异常、脉搏短绌。
- 心前区震颤。
- 腹腔积液。
- 肝脏肿大。

心脏听诊是体检中需要特别注意的一部分。心杂音（murmur）和奔马律是心脏病最重要的症状之一。只有通过仔细练习才能掌握检查和描述这些声音的能力。

技师笔记

抓住一切机会听诊存在有心杂音或奔马律的动物，同时与心音正常的动物进行比较，可以提高听诊技能。

心杂音和奔马律有时会因强度较弱、间断或集中出现而被漏诊。检查者应注意系统化听诊，杂音有时会因为没有完整听诊整个胸腔而被漏掉。定位到杂音后，应注意其强度。通常心杂音强度分为 1 ~ 6 级。在安静的房间里，几乎听不到为 1 级的杂音；6 级心杂音强度大到听诊器不接触胸壁也能听到。5 级或以上的杂音在触诊心脏两侧的胸壁时会感受到心前区震颤。杂音最强的位置，称为最强点（point of maximum intensity，PMI），可描述为心尖或心基部、右侧或左侧。定位 PMI 有助于确定杂音的病因或来源。还可以描述心杂音在心动周期中发生的时间。通常，犬猫只能听到第一和第二心音，第一和第二心音标志着收缩的开始和结束，在此期间发生的杂音为收缩期杂音；第二心音后的杂音为舒张期杂音。舒张期杂音没有收缩期杂音常见，一般较柔和。持续性心杂音发生在整个收缩期和舒张期，其中 PDA 是最常见的情况。通常听不到第三和第四心音，听到时即提示出现了舒张期奔马律。第三心音出现在心脏收缩刚结束时，第四心音出现在心脏收缩之前。

心电图

心电图是诊断心律失常最准确的技术手段。心电图也有助于诊断心室扩张或肥大（表 18.3）、电解质异常和心包积液。除心律失常外，应结合其他检查确认是否存在其他异常，尤其是心脏腔室扩大，因为心电图经常会产生假阳性或假阴性结果。技师在初始心电图的识别中起重要作用，技师需要判断患病动物是否处于窦性心律。以下是窦性心律的标准：①每个 QRS 波都伴有相应 P 波；② P–R 间期一致；③Ⅱ导联的 P 波呈正向。若为非窦性心律，则节律判读流程有助于节律诊断（表 18.4）。

胸部 X 线片

胸部 X 线片在心脏病诊断的价值在于评估心脏大小和肺血管系统，以及诊断是否存在充血性心力衰竭。心脏病通常会改变心影的大小和形状，但在某些情况下变化十分细微，单纯依靠 X 线片诊断心脏病常常会导致误诊。限制 X 线评估心脏病程度的一个因素是，除非使用造影剂，否则只能看到心脏的外部边界。某些类型的心脏病不会显著增加心脏轮廓的大小。向心性肥厚会导致心室壁增厚，但不会增加心脏的外径。离心性肥大和扩张更容易通过 X 线片发现，因为心脏的外径增加了。心衰时胸部 X 线片上肺静脉或腔静脉的直径显著增加。心脏病患犬肺部密度升高提示肺水肿，若同时伴有左心房扩张和肺静脉扩张，则提示为心源性肺水肿。心脏病患犬出现胸腔积液和腔静脉增粗的影像学征象可能提示右室或双室心衰。评估肺部和肺血管的情况使胸部 X 线片成为检测充血性左心衰最敏感的技术之一。

<table>
<tr><th colspan="5">表 18.3　犬和猫的正常心电图参数</th></tr>
<tr><th>参数</th><th colspan="2">犬</th><th colspan="2">猫</th></tr>
<tr><td>心率（次 /min）</td><td colspan="2">成年：70 ～ 160
玩具犬：≤ 180
幼年：≤ 220</td><td colspan="2">160 ～ 240</td></tr>
<tr><td>节律</td><td colspan="2">正常窦性心律
窦性节律不齐
游走性心房起搏点</td><td colspan="2">正常窦性心律
窦性心动过速</td></tr>
<tr><th colspan="5">间隔（s）</th></tr>
<tr><td>P</td><td colspan="2"><0.04</td><td colspan="2"><0.04</td></tr>
<tr><td>P–R</td><td colspan="2">0.06 ～ 0.13</td><td colspan="2">0.05 ～ 0.09</td></tr>
<tr><td>QRS</td><td colspan="2"><20 kg：<0.05
>20 kg：<0.06
巨型品种：<0.065</td><td colspan="2"><0.04</td></tr>
<tr><td>Q–T</td><td colspan="2">0.15 ～ 0.25</td><td colspan="2">0.12 ～ 0.18</td></tr>
<tr><th colspan="5">Ⅱ导联的振幅（mV）</th></tr>
<tr><td>P</td><td colspan="2"><0.4</td><td colspan="2"><0.2</td></tr>
<tr><td>R</td><td colspan="2"><20 kg：<2.5
>20 kg：<3.0</td><td colspan="2"><0.9</td></tr>
<tr><td>MEA</td><td colspan="2">+40° ～ +100°</td><td colspan="2">–5° ～ +160°</td></tr>
<tr><th colspan="5">腔室扩大标准：总结</th></tr>
<tr><th>腔室</th><th>心电图参数</th><th>体重</th><th>犬</th><th>猫</th></tr>
<tr><td>左心房</td><td>Ⅱ导联 P 波时限</td><td></td><td>>0.04 s</td><td>>0.04 s</td></tr>
<tr><td>右心房</td><td>Ⅱ导联 P 波振幅</td><td></td><td>>0.4 mV</td><td>>0.2 mV</td></tr>
<tr><td rowspan="2">左心室</td><td rowspan="2">Ⅱ导联 R 波振幅</td><td><20 kg</td><td>>2.5 mV</td><td>>0.9 mV</td></tr>
<tr><td>>20 kg</td><td>>3.0 mV</td><td></td></tr>
<tr><td rowspan="4">右心室</td><td>Ⅰ、Ⅱ和Ⅲ导联 S 波模式</td><td></td><td>出现</td><td></td></tr>
<tr><td>MEA 至 RT 通道</td><td></td><td>出现</td><td>出现</td></tr>
<tr><td>V3 导联中出现 S 波</td><td></td><td>>0.7 mV</td><td></td></tr>
<tr><td>V3 导联中出现 S 波 > V3 导联中出现 R 波</td><td></td><td>出现</td><td></td></tr>
</table>

尽管并非每一只心脏病患犬都会出现心脏增大，但观察到心脏增大是心脏病的可靠提示。胸椎长度作为确定心脏大小的参考，可以客观地评估心脏增大的情况，这种评估方式称为椎体心脏评分（vertebral heart scale，VHS），该技术首次在犬身上使用，并于 1995 年由 Buchanan 公布。此后，VHS 用于猫和其他物种，作为心脏病诊断的辅助手段得到广泛研究。技师可以通过测量 VHS 帮助兽医诊断心脏增大。

使用 VHS 技术测量犬的心脏大小，需要拍摄侧位胸部 X 线片，并在一张纸上标记左主干支气管下缘与心尖之间的距离。然后将纸张旋转 90°，并标记心脏短轴最大宽度。然后，从第 4 胸椎（T4）椎体头侧开始，在椎骨中测量心脏的长度和宽度（精度为椎体长度的 1/10）。长度和宽度之和用于确定心脏的总体大小。Buchanan 假设 VHS 不受品种的影响，VHS ＞ 10.7 为异常。此后，其他研究表明，一些正常犬的 VHS 值高于 Buchanan 报道的值。当 VHS 为 12 ～ 13 时，退行性瓣膜病患犬开始出现充血性心力衰竭的迹象。图 18.1 显示了用

表 18.4 通过心电图判读心律失常的流程

节律	心率	P 波是否存在?	QRS 波群是否与 P 波相关	异常
规律	慢	是	是	窦性心动过缓 二度心脏传导阻滞
			否	三度心脏传导阻滞
		否		高钾血症 持续性心房静止
	正常	是	是	正常窦性节律 二度心脏传导阻滞 心房扑动
			否	室性心动过速
		否		高钾血症 持续性心房静止
	快	是	是	窦性心动过速 室上性心动过速 心房扑动
			否	室性心动过速 非阵发性交界性心动过速
		否		室上性心动过速（P 波存在但隐藏在 QRS 或 T 波中）
不规律	慢	是	是	窦性心动过缓 窦性节律不齐 病窦综合征 二度心脏传导阻滞
			否	
		否		缓慢型心房颤动
	正常	是	是	窦性节律不齐 二度心脏传导阻滞 心房扑动
			否	室性心动过速（节律通常是规律的）
		否		心房颤动
	快	是	是	窦性心动过速 心房扑动 室上性心动过速
			否	室性心动过速（节律通常是规律的） 非阵发性交界性心动过速
		否		心房颤动

于测量犬 VHS 的标志和技术。表 18.5 显示了特定品种 VHS 的正常范围。

猫的 VHS 测量技术与犬相似。仍使用左侧位第 4 胸椎作为起始处用于测量。但用于测量心脏的解剖标志与犬略有不同。侧位片测量猫的心脏长轴，从头腹侧肺叶静脉与气管相交的点开始，到心脏心尖部结束。最大短轴的测量方法与犬相同。在猫上，背腹侧或腹背侧 X 线片中心脏短轴长可能与侧位片中的长轴和短轴测量值之和一样有用。通过背腹侧或腹背侧 X 线片，从心尖到心底画一条线测量。接下来，在一张纸上标记垂直于该线的心脏的最大宽度。然后，从侧位片上的

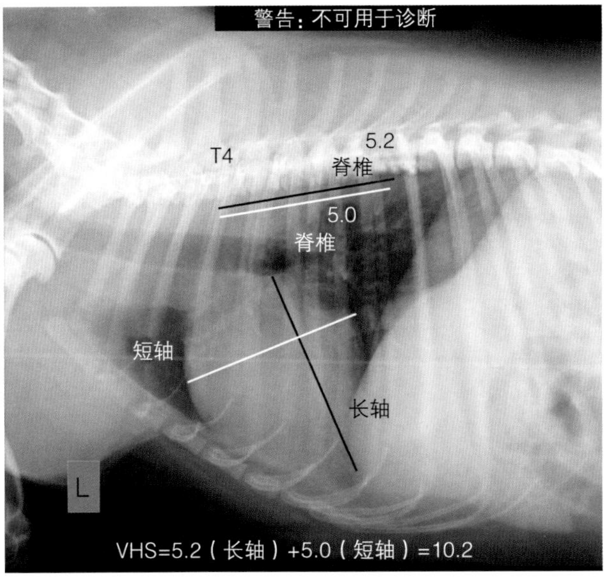

图 18.1　**犬椎体心脏评分（VHS），显示 VHS 测量方法的侧位 X 线片。长轴和短轴心脏尺寸被转置到脊柱上，并记录为从第 4 胸椎头侧边缘开始的椎骨数量。然后将这些值相加以获得 VHS 值**

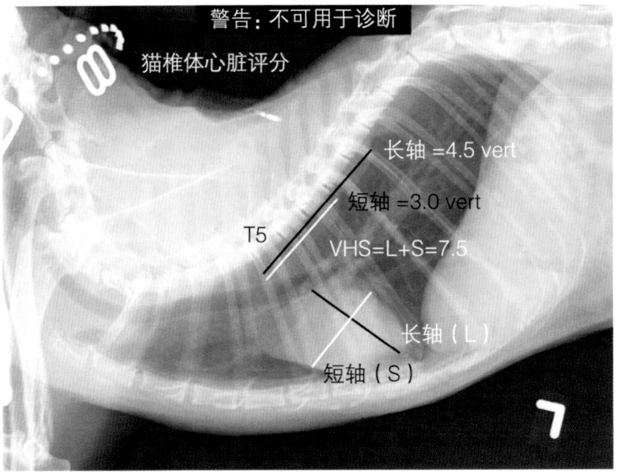

图 18.2　**猫侧位片中椎体心脏评分（VHS）测量。解释 VHS 测量方法的侧位 X 线片。心脏的长轴和短轴尺寸转移到椎体上，并记录从 T4 椎体头侧开始的椎骨数量。然后将这些值相加得到 VHS 值。胸部深度（D）的测量是从 T7 的后背侧缘到脊柱的最近边缘。心前区距离（P）是从心脏到胸骨的最小距离。镰状脂肪（F）是剑突软骨背侧缘到肝脏的最小距离**

第 4 胸椎开始作为起点，测量纸上标记之间的距离，以确定心脏的宽度。猫侧位片中的长轴和短轴总长度应小于 8 个椎骨，背腹侧或腹背侧 X 线片中的短轴宽度应小于 4 个椎骨。肥胖猫的心脏尺寸可能很难测量，因为心脏周围的脂肪可能会导致心影边缘模糊。图 18.2 显示了用于测量猫体内 VHS 的标志和技术（表 18.6）。

表 18.5　特定品种椎体心脏评分（VHS）的正常范围

品种	正常范围
拳师犬	10.3 ~ 12.6
骑士查尔斯国王猎犬	9.9 ~ 11.7
杜宾犬	9.0 ~ 10.8
德国牧羊犬	8.7 ~ 11.2
拉布拉多猎犬	9.7 ~ 11.7
惠比特犬	10.3 ~ 12.3
约克夏犬	9.0 ~ 10.5
通用（Buchanan）	8.7 ~ 10.7

参考文献：Lamb, C. R., & Boswood, A. (2002). Role of survey radiography in diagnosing canine cardiac disease. Compendium on Continuing Education for the Practising Veterinarian, 24 (4), 316–326; Buchanan, J. W., & Bücheler, J. (1995). Vertebral scale system to measure canine heart size in radiographs. Journal of the American Veterinary Medical Association, 206 (2), 194–199; Bavagems, V., Van Caelenberg, A., Duchateau, L., et al. (2005). Vertebral heart size ranges specific for whippets. Veterinary Radiology and Ultrasound, 46 (5), 400–403.

表 18.6　猫和犬椎体心脏评分（VHS）的严重程度范围

犬的严重程度	VHS	猫的严重程度	VHS
正常	8.5 ~ 10.7	正常	6.7 ~ 8.1
正常至轻度	11 ~ 12	轻度	8.2 ~ 8.5
轻度至中度	12 ~ 13	中度	8.6 ~ 8.9
中度至重度	13 ~ 14	严重	9 ~ 10
非常严重	>14	非常严重	>10

兽医床旁肺部超声检查

小型便携式超声设备在兽医诊所中越来越常见，尤其是急诊和专科医院。这些超声仪器能够进行多种不同类型的检查，包括腹部和胸部创伤快速评估，以及兽医床旁肺部超声检查（Veterinary Bedside Lung Ultrasound Examination，VET Blue）。

快速扫查（focused assessment with sonography for trauma，FAST）非常简单，其主要目的是快速

评估胸腔或腹腔内是否有积液，也可显示心包积液。VET Blue 可帮助超声医师评估胸壁两侧的 4 个点（共 8 个点）的肺野（尾背侧、肺门周围、中间和头侧）。该检查也可观察到其他内容,但“干肺”和“湿肺”与本章最为相关。干肺表现为“滑动征”，即肺在吸气和呼气时在肺 – 胸膜线上的运动，水平“A 线”即平行于滑动征的高回声线，没有滑动征可能提示气胸。湿肺可以通过“B 线”或“火箭征”来证明，这是一种垂直线，当肺在吸气和呼气移动时，这些线条会穿透肺组织，就像阳光穿透云层一样。B 线的数量与肺水肿的严重程度相关（Lisciandro et al., 2014）。呼吸窘迫患病动物的“干肺”或可排除左侧充血性心力衰竭，并指向原发性肺部疾病，如上呼吸道疾病、哮喘等。湿肺提示液体积聚，若在腹侧肺野和肺门周围区域肺野出现，一般提示心源性肺水肿。肺野背侧的 B 线提示非心源性肺水肿。

急诊情况下 VET Blue 的使用更为普遍；然而，它仍通常与胸部 X 线片等其他诊断方法结合使用。

超声心动图

超声心动图已成为诊断犬和猫心脏病的重要工具。它可以生成心脏的二维运动图像，并解释心脏形态、壁运动、瓣膜功能和心脏内的血流。心脏病动物常转诊到兽医心脏病专家处进行超声心动图检查。以下讨论旨在解释超声心动图如何用于诊断心脏病。

每种超声心动图模式都提供了描述心脏结构和功能的特定视角。M 型超声心动图主要用于测量心脏结构的大小。它也可以用来测量特定收缩时间间隔。二维超声心动图可以评估同一平面结构的大小和关系，还可以用来测量心脏结构的长度和面积。多普勒超声心动图用于检测湍流和血流速度。心脏瓣膜狭窄或反流区域的流速增加与压力梯度之间存在关系。多普勒超声心动图可以利用这种关系来估计心脏特定区域的压力。这些压力估计值有助于确定肺动脉狭窄、主动脉狭窄，以及肺动脉高压的严重程度。可使用以下公式计算狭窄区域或反流瓣膜的压力梯度：$PG=4V^2$。

压力梯度（pressure gradient，PG）（以毫米汞柱为单位）等于速度（V）（以米每秒为单位）平方的 4 倍。穿过肺动脉瓣或主动脉瓣的正常速度应小于 1.5 ~ 2.0 m/s。大于该值表示瓣膜狭窄或通过瓣膜的流量增加。如果三尖瓣或肺动脉瓣功能不全而无狭窄，那么峰值流速可以用来估计肺动脉压力。三尖瓣的峰值流速大于等于 2.8 m/s 或肺动脉瓣的峰值流速大于等于 2.2 m/s，即为异常。表 18.7 和表 18.8 展示了如何使用压力梯度来确定半月瓣狭窄和肺动脉高压的严重程度。

舒张期（LVIDd）和收缩期（LVIDs）直径、左心室（舒张期）室间隔和游离壁厚度、左心房和主动脉基部直径，以及 E 峰至室间隔距离（EPSS）是二维或 M 型超声心动图进行的最有价值的测量。右心室更难成像或测量。由于心脏大小与体型有关，因此必须将这些测量值与体重或同品种犬的参考值进行比较，以确定测量值是否异常。表 18.9 列出了正常犬猫的 M 型测量值。与前面提到的个体体型不同，所有犬无论体型大小，心脏尺寸比例的正常范围是相同的，如缩短分数、左心房直径与主动脉基部直径的比值。

缩短分数（fractional shortening，FS）表示舒张和收缩间的直径变化：（LVIDd−LVIDs）/LVIDd。

表 18.7 利用超声心动图流速和压力梯度确定半月瓣狭窄的严重程度

狭窄程度	压力梯度	正向速度
轻度狭窄	20 ~ 49 mmHg	2.25 ~ 3.5 m/s
中度狭窄	50 ~ 80 mmHg	3.5 ~ 4.5 m/s
严重狭窄	>80 mmHg	>4.5 m/s

表 18.8 利用压力梯度确定肺动脉高压的严重程度

肺动脉高压的严重程度	压力梯度（RV 至 RA）	超声心动图显示 TR 速度（RV 至 RA）
轻微	30 ~ 50 mmHg	2.8 ~ 3.5 m/s
中等	50 ~ 74 mmHg	3.5 ~ 4.3 m/s
严重	≥ 75 mmHg	≥ 4.3 m/s

注：RA，右心房；RV，右心室；TR，三尖瓣反流。

表 18.9　正常 M 模式测量

体重（kg）	LVIDd	LVIDs	LVWd	IVSd	Ao	LA	EPSS
				犬			
3	2.1	1.3	0.5	0.5	1.1	1.1	0.1
	1.8 ~ 2.6	1.0 ~ 1.8	0.4 ~ 0.8	0.4 ~ 0.8	0.9 ~ 1.4	0.9 ~ 1.4	
4	2.3	1.5	0.6	0.6	1.3	1.2	0.1
	1.9 ~ 2.8	1.1 ~ 1.9	0.4 ~ 0.8	0.4 ~ 0.8	1.0 ~ 1.5	1.0 ~ 1.6	
6	2.6	1.7	0.6	0.6	1.4	1.4	0.1
	3.1 ~ 2.2	1.2 ~ 2.2	0.4 ~ 0.9	0.4 ~ 0.9	1.2 ~ 1.8	1.1 ~ 1.8	
9	2.9	1.9	0.7	0.7	1.7	1.6	0.2
	2.4 ~ 3.5	1.4 ~ 2.5	0.5 ~ 1.0	0.5 ~ 1.0	1.3 ~ 2.0	1.3 ~ 2.1	
11	3.1	2.0	0.7	0.7	1.8	1.7	0.2
	2.6 ~ 3.7	1.5 ~ 2.7	0.5 ~ 1.0	0.5 ~ 1.1	1.4 ~ 2.2	1.3 ~ 2.2	
15	3.4	2.2	0.8	0.8	2	1.9	0.2
	2.8 ~ 4.1	1.7 ~ 3.0	0.5 ~ 1.1	0.6 ~ 1.1	1.6 ~ 2.4	1.6 ~ 2.5	
20	3.7	2.4	0.8	0.8	2.2	2.1	0.3
	3.1 ~ 4.5	1.8 ~ 3.2	0.6 ~ 1.2	0.6 ~ 1.2	1.7 ~ 2.7	1.7 ~ 2.7	
25	3.9	2.6	0.9	0.9	2.3	2.3	0.3
	3.3 ~ 4.8	2.0 ~ 3.5	0.6 ~ 1.3	0.6 ~ 1.3	1.9 ~ 2.9	1.8 ~ 2.9	
30	4.2	2.8	0.9	0.9	2.5	2.5	0.4
	3.5 ~ 5.0	2.1 ~ 3.7	0.6 ~ 1.3	0.7 ~ 1.3	2.0 ~ 3.1	1.9 ~ 3.1	
35	4.4	2.9	1.0	1.0	2.6	2.6	0.4
	3.6 ~ 5.3	2.2 ~ 3.9	0.7 ~ 1.4	0.7 ~ 1.4	2.1 ~ 3.2	2.0 ~ 3.3	
40	4.5	3.0	1.0	1.0	2.7	2.7	0.5
	3.8 ~ 5.5	2.3 ~ 4.0	0.7 ~ 1.4	0.7 ~ 1.4	2.2 ~ 3.4	2.1 ~ 3.5	
50	4.8	3.3	1.0	1.1	3.0	2.9	0.6
	4.0 ~ 5.8	2.4 ~ 4.8	0.7 ~ 1.5	0.7 ~ 1.5	2.4 ~ 3.6	2.3 ~ 3.7	
60	5.1	3.5	1.1	1.1	3.2	3.1	0.7
	4.2 ~ 6.2	2.6 ~ 4.6	0.7 ~ 1.6	0.8 ~ 1.6	2.5 ~ 3.9	2.4 ~ 4.0	
				猫			
	1.5	0.72	0.41	0.42	0.90	1.18	0.06
	1.1 ~ 1.9	0.42 ~ 1.02	0.27 ~ 0.55	0.28 ~ 0.56	0.62 ~ 1.18	0.83 ~ 1.51	

参考文献：Cornell, C. C., Ki leson, M. D., Della Torre, P., et al. (2004). Allometric scaling of M-mode cardiac measurements in normal adult dogs. Journal of Veterinary Internal Medicine, 18 (3):311–321; Ki leson, M. D., & Kienle, R. D. (1999). Small animal cardiovascular medicine. St. Louis, MO: Mosby, p 104; Sisson, D. D., et al. (1991). Plasma taurine concentrations and M-mode echocardiographic measures in healthy cats and in cats with dilated cardiomyopathy. Journal of Veterinary Internal Medicine, 5 (4):232–238.

注：Ao，主动脉基部；EPSS，E 峰至室间隔距离；IVSd，左心室间隔厚度（舒张期间测量）；LA，左心房；LVIDd，舒张期左心室直径；LVIDs，收缩期左心室直径；LVWd，左心室游离壁厚度（舒张期间测量）。

引起收缩功能下降的疾病会导致 FS 降低，如扩张型心肌病。FS 的平均值为 33%，但正常值的范围很大。这是因为左心室很小的尺寸变化就会引起 FS 的显著变化。此外，不仅收缩功能会在很大程度上影响 FS，前负荷和后负荷对 FS 也会有很大的影响。因此，必须谨慎解读，不要将其作为评估收缩力的唯一手段。数值小于 20% 通常表示心肌衰竭，数值小于 15% 提示动物患有严重的心脏病，且常出现心衰症状。

左心房 / 主动脉基部比有助于判断是否存在充血性心力衰竭。以下几种超声心动技术可用来测量左心房的大小。每种方法的正常范围略有不同。使用 M 型测量时，犬正常上限为 1.3，猫正常上限约为 1.6。当左心房直径为主动脉直径的 1.5 ~ 2.0 倍时，动物开始出现左心衰的表现，但心房尚未扩张的急性过程（如腱索断裂、感染性心内膜炎）是例外。需强调，超声心动图作为影像学辅助诊断方法，不能单独诊断左侧充血性心力衰竭。

虽然超声心动图检查作为一种诊断技术作用斐然，但应结合其他诊断结果综合评估。正如其他大多数诊断方法一样，健康动物和心脏病动物的超声心动图检查结果存在重叠的灰色区。

技师笔记

技师应记住，测量值在正常范围内并不能完全排除心脏病的可能，而在正常范围外的值也并不能完全确定存在心脏病。

导致 LVIDd 增加的疾病举例：

- PDA。
- 二尖瓣反流。
- DCM。
- 主动脉瓣关闭不全。

导致右心室舒张时直径增大的疾病包括：

- 三尖瓣反流。
- 心丝虫病。

导致左心室游离壁或左心室间隔厚度增加的疾病举例：

- SAS。
- 肥厚型心肌病。
- 全身性高血压和甲状腺功能亢进（主要是猫）。
- 低血容量（LVIDd 也应减少）。

导致 LVIDs 增加的疾病包括：

- DCM 和其他导致心肌衰竭的疾病。

导致 EPSS 增加的疾病包括：

- DCM 和其他导致心肌衰竭的疾病。

心脏生理学和病理生理学综述

收缩功能

心脏是一个复杂的器官，在诸多方面参与维持体内平衡。尽管心脏的评估较为复杂，但可以通过心脏收缩功能的 4 个决定因素来评估其主要功能——泵血。前负荷、后负荷和收缩力三个因素决定了心脏每次跳动时泵出的血液量（即每搏输出量）。将每搏输出量乘以第四个因素——心率，决定了 1 min 内泵出的血量（即心输出量）。

前负荷

前负荷是指心室在舒张末期被拉伸的程度。中心静脉压（central venous pressure，CVP）、肺毛细血管楔压或左室舒张末期直径通常用于评估前负荷。前负荷增加是机体对心脏病引起的心输出量减少做出的反应机制。最初，由液体潴留和静脉收缩引起的心室充盈压小幅度增加，可增加前负荷，使心输出量恢复到接近正常水平。如果心脏病持续进展，改善心输出量而增加的前负荷就会导致充血性心力衰竭。

后负荷

后负荷是对抗心脏射血的力。后负荷的增加使其血液更难离开心脏，导致每搏输出量下降。全身血管阻力有时可用来评估后负荷。身体不可耐受低血压，当血压降至正常值以下时，机体会通过收缩血管做出反应。血管收缩可以改善血压，但也会增加后负荷，降低心输出量。心肌功能差的动物对后负荷的变化非常敏感；后负荷的细微变化可导致心输出量的较大变化。

收缩力

收缩力是指单个细胞的收缩特性或心脏作为泵的整体功能，但在这两种情况下都与前负荷或后负荷无关。当身体产生的化学物质（如肾上腺素）或药物（如地高辛或多巴酚丁胺）增加心肌细胞中的钙含量时，收缩力可能会增加。收缩力比收缩功能的其他决定因素更难评估。然而，如果前负荷和后负荷保持不变，则心输出量和缩短分数的变化可用于评估收缩力的变化。

心率和节律

前负荷、后负荷和收缩力决定每搏输出量。收缩功能的最后一个决定因素是心率。心律失常可改变正常的心房和心室收缩顺序及持续时间（协同失调）。心率的变化对舒张时长的影响远大于收缩时长。心率的增加通常会增加心输出量。但过于快速的心率会使心室在舒张期间无法充盈完全，从而降低心输出量。心动过缓也会降低心输出量。当心率减慢时，心脏通常会利用额外舒张时间增加前负荷来保持足够的心输出量。但心率过缓到一定程度后，心脏无法接受更多的血液，心输出量减少。

舒张功能

在舒张期间，心室舒张并充满血液。引起收缩功能不全的疾病通常也会干扰舒张和充盈，但即使收缩功能正常，舒张功能不全也会导致心衰。舒张功能障碍可能引起心脏病患猫心衰，如肥厚型心肌病、甲状腺功能亢进和限制型心肌病。这些疾病会导致心室顺应性下降，以至于产生正常舒张末期容积所需的充盈压力可能高到足以引起充血性心力衰竭的症状。

心衰

大多数形式的心脏病都会导致心衰。心衰定义为心脏不能提供足够的血流量来满足身体的代谢需要，或者只能提供过度增加心室充盈压来提供足够的血流量。心衰以 3 种形式存在：①灌注不良时出现前向或低输出衰竭；②充盈压力过大时出现充血性障碍；③前向性心衰和充血性心力衰竭同时存在。心衰有不同的表现形式和严重程度。专栏 18.2 给出了常见动物心脏病严重程度分级表。轻度心衰的动物可以耐受一定运动而不表现衰竭的症状，而严重的动物在休息时也会表现出心衰的症状。因为大多数宠物都不需要进行剧烈运动，所以许多宠主直到宠物心脏衰竭影响日常活动时才意识到疾病的存在。

低输出量性心衰 / 前向性心衰

当心脏不能向组织泵送足够的含氧血液时，就会发生低输出量性心衰。严重的低输出量性心衰，尤其是伴有低血压时，称为心源性休克。体重 30 kg 的健康犬在休息时的心输出量约为 4 L/min，每升血液含有 200 mL 氧气。犬的组织会消耗血液中 25% 的氧气。如果心脏病导致心输出量下降，那么输送到组织的氧气量也会下降。因为氧气消耗量没有改变，如果要维持正常功能，身体必须以某种方式进行代偿。如果心输出量的减少不太严重，那么身体可以通过从血液中吸收更多的氧气来进行代偿。当心输出量下降到 2 L/min 时，通常会达到这种代偿形式的极限。此时，氧气的输送量已经下降了一半，但组织需要消耗正常血液中 50% 的氧气。当血流量低于此限值时，心输出量可能不足以满足身体的代谢需要，导致氧气输送不足和低输出量性心衰。运动会增加身体对氧气的需求。如果心脏不能泵出足够的血液来满足增加的氧气需求，动物的运动能力就会降低。

专栏 18.2　国际小动物心脏健康委员会（ISACHC）心衰分类系统

Ⅰ级——无症状患病动物。心脏病症状（如杂音、心律失常、心脏肥大），但无衰竭症状（无临床症状），细分为Ⅰa（无心脏增大）和Ⅰb（有心脏增大）。

Ⅱ级——轻度至中度心衰。休息或轻度运动时出现心衰症状。

Ⅲ级——晚期心衰。心衰的症状明显，细分为Ⅲa（家庭护理）和Ⅲb（必须住院）。

充血性心力衰竭 / 后向性心衰

肺或全身静脉压力升高导致液体从毛细血管床渗漏并积聚在组织（水肿）或体腔（渗出）时，会发生充血性心力衰竭（congestive heart failure，CHF）。根据全身静脉压或肺静脉压是否升高，CHF 通常分为右心衰或左心衰。在正常情况下，静脉系统中的压力较低，右心房为 0 ~ 3 mmHg，左心房为 2 ~ 5 mmHg。当右心房压力达到 10 ~ 12 mmHg，通常会出现明显的右心衰，导致胸腔积液或腹水。左心房压力超过 20 ~ 25 mmHg 时，通常会出现左心衰，导致肺水肿。当疾病使心脏两侧的静脉压均升高时，如心包积液，先发生右心衰。这是因为右心仅需要较低的压力升高就会出现充血性衰竭的症状。

血流动力学测量与心衰临床症状的关系

心输出量以及右心房或左心房压力说明了心脏功能是否完全或是否存在心衰。未衰竭患病动物的心输出量应大于 2 L/（min · m^2），右心房和左心房压力分别小于 5 mmHg 和 12 mmHg。如果患病动物静息时的心输出量小于 2 L/（min · m^2），则会发生前向性衰竭。如果右心房压力超过 10 mmHg 或左心房压力超过约 20 mmHg，则会出现 CHF。同时患有前向性衰竭和充血性衰竭的动物，休息时的预期心输出量小于 2 L/（min · m^2），左心房或右心房压力分别大于 10 mmHg 或 20 mmHg。动静脉瘘或甲状腺功能亢进患病动物可能患有 CHF，静息时心输出量高于正常值。这种类型的心衰被称为高输出量心衰。很少需要（或在大多数医院不可行）通过测量心输出量或左心房压力来诊断心衰。体检、胸部 X 线片和超声心动图通常即可提供足够的信息，以准确诊断心衰类型及其原因。

识别可能患有心衰的动物

主诉

在急诊情况下，咳嗽、呼吸困难、呼吸急促、腹围增大、晕厥、虚弱和虚脱是与心衰相关的最常见的主诉。患有心脏病的犬比猫更容易咳嗽。猫通常出现呼吸急促，并可能伴有呼吸困难，呼吸困难一般表现为张口呼吸。

体格检查

收缩期杂音超过 3 级（1 ~ 6 级）、心前区震颤、舒张期杂音和舒张期奔马律通常是提示心脏病的可靠体征。在大多数类型的心脏病中，动脉脉搏往往较弱或正常，但患有动脉导管未闭或主动脉瓣关闭不全的动物可能有明显或亢进的脉搏。心律失常患病动物可能存在脉搏不规则、脉搏缺失和心音质量变化。左心衰患病动物可能表现出咳嗽、呼吸困难、呼吸急促、运动不耐受、发绀和虚弱的症状。右心衰患病动物可能表现出静脉扩张、肝脏肿大、腹水、呼吸急促或呼吸困难（如果存在胸腔积液）、运动不耐受或虚弱。专栏 18.3 列出了可能导致心衰的疾病。

影像诊断和心电图

胸部 X 线片对诊断左侧心衰至关重要。胸部

专栏 18.3　心衰的常见原因

犬左心衰

- 慢性退行性二尖瓣疾病（二尖瓣反流）。
- 扩张型心肌病。
- 动脉导管未闭。
- 感染性心内膜炎。
- 主动脉瓣下狭窄（通常伴有二尖瓣发育不良）。

犬右心衰

- 心包疾病。
- 三尖瓣反流（退行性或发育不良）。
- 肺动脉狭窄。
- 心丝虫病（可能是感染率高的地区右心衰的最常见原因）。

犬双侧心衰

- 扩张型心肌病。
- 部分患犬存在严重的左心衰。

猫的心衰

- 肥厚型心肌病。
- 限制型心肌病。
- 扩张型心肌病。
- 猫未分类型心肌病。
- 继发于甲状腺功能亢进的心肌病。

X 线片可提示左心衰患病动物的肺静脉增粗，肺野密度增加。大多数情况下可见左心房增大。超声心动图对支持诊断和确定心衰的根本原因很有帮助。左心房增大是超声心动图诊断左心衰最可靠的特征。腔静脉增粗、右心增大和提示心包积液的球形心脏是与右侧心衰相关的影像学征象。肺动脉扩张和弯曲可提示某些右心衰患犬存在心丝虫病。超声心动图可以支持右心衰的诊断，并提供潜在原因。

心电图可提示心房或心室增大。然而，这些提示既不敏感也不特异，尤其是心房扩大。心律失常（cardiac arrhythmias）常和引起心衰的严重心脏病同时出现。大量心包积液的患病动物常出现电交替（R 波振幅交替）和 QRS 低振幅。心电图常规测量的技术如图 18.3 所示。

充血性心力衰竭的急诊治疗

肺水肿、胸腔积液和大量腹水是 CHF 最常见的急症。胸腹水患病动物可以通过简单的胸腔或腹腔穿刺清除液体，这是一种短期的有效治疗。对于积液导致缺氧或呼吸困难的患病动物，应注意预防动物应激。如果没有合适的药物降低静脉压，这些积液就会复发。

肺水肿的治疗包括使用多种不同的疗法降低肺静脉压，同时提供充足的氧气输送。吸氧可最大限度地提高动脉血中的氧气含量，从而在一定程度上增加氧气的输送量。应避免使用物理保定，并提供一个平和、安静的环境。此外，使用镇静剂可以最大限度地减少氧气消耗，减少心脏的工作。呋塞米和静脉扩张药物通过排出体内液体和扩张容量血管（大静脉）来降低肺静脉压。动脉扩张药物可降低二尖瓣反流患病动物的反流分数，并通过降低后负荷改善心输出量。正性肌力药物可通过增加心脏收缩力和心输出量，改善低输出量性心衰和收缩功能障碍引起的 CHF。对于严重 CHF 合并持续低氧血症和呼吸功增加的病例（除了上述治疗外），可以使用正压通气来消除呼吸做功并改善氧合。表 18.10 列出了肺水肿的治疗目标，表 18.11 列出了用于实现这些目标的治疗方法。

利尿疗法

水钠潴留是心衰的重要代偿机制。利尿剂是

表 18.10　急诊中心衰治疗的目标

目标	解决方案
减少氧气（O_2）消耗，将应激降至最低	避免物理保定；平和、安静的环境；镇静剂
增加血液 O_2 含量	吸氧疗法
降低静脉压	利尿剂、静脉扩张剂
减少反流分数，减少后负荷	动脉扩张剂
改善收缩力和心输出量	正性肌力药物
消除呼吸做功，改善氧合	正压通气
提高识别问题和针对性治疗的能力	血流动力学、动脉和中心静脉血气监测

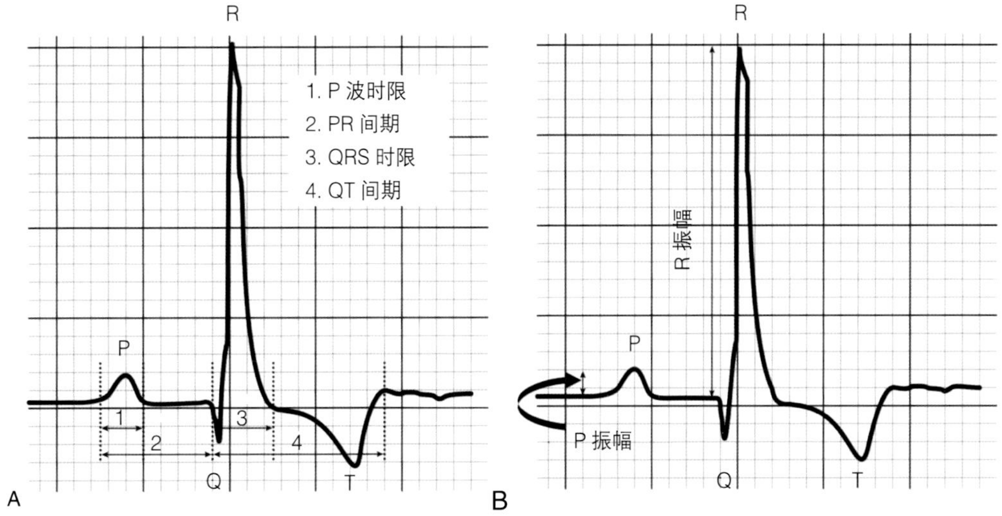

图 18.3　**心电图的测量技术**

表 18.11 治疗心衰的药物

用来减轻应激的药物	
布托啡诺	犬：0.2 mg/kg，SC，IM 猫：0.2 ~ 0.4 mg/kg，SC，IM
羟吗啡酮	犬和猫：0.05 mg/kg，SC，IM
乙酰丙嗪	犬和猫：0.01 ~ 0.02 mg/kg，SC，IM
用于降低静脉压力或前负荷的药物	
呋塞米	犬：2 ~ 5 mg/kg，IM，IV，SC 猫：1 ~ 2 mg/kg，IM，IV，SC
硝酸甘油	犬：4 ~ 15 mg，外用 猫：2 ~ 4 mg，外用
用于降低后负荷的药物	
氨氯地平	犬：0.05 ~ 0.2 mg/kg，PO，SID
肼屈嗪	犬：0.5 ~ 3 mg/kg，PO，bid
硝普钠	0.5 ~ 10 μg/（kg · min），IV
用于提高收缩力的药物	
多巴酚丁胺	2 ~ 10 μg/（kg · min），IV
多巴胺	2 ~ 10 μg/（kg · min），IV
匹莫苯丹	0.25 mg/kg，PO，bid

注：bid，每天 2 次；IM，肌内注射；PO，口服；SID，每天 1 次；SC，皮下注射；IV，静脉注射。

作用于肾脏的药物，可促进水和钠的排出。呋塞米是一种有效的利尿剂，可用于快速排出体内液体。呋塞米快速降低肺静脉压的能力，使其成为治疗危及生命的 CHF 的最有效的紧急方案之一。过度使用呋塞米可导致心输出量减少、氮质血症，以及电解质异常。在决定是否继续使用利尿剂治疗时，需考虑肺功能和肾功能之间的微妙平衡。

吸氧疗法

CHF 常因胸腔积液和肺水肿引起缺氧和换气不足。吸氧疗法可以改善氧合，减少呼吸做功。然而，技师应该记住，吸氧疗法仅可引起血液中氧含量轻微的升高。

技师笔记

如果使用吸氧疗法使患病动物应激或导致患病动物挣扎，则可能导致死亡。

吸氧疗法有诸多方式，当所选方法不适合患病动物时，兽医技师必须及时察觉到。治疗的成功是通过改善患病动物的舒适度和氧合来实现的。如果使用的方法过于强硬，并且给患病动物造成额外的应激或创伤，则视为治疗失败。几乎每个医院都有通过面罩供氧的设备。有足够氧流量、与面部贴合紧密的面罩可以提供 100% 的氧气。但是，大多数患病动物对面罩的接受度很低，不能长时间使用。

经鼻供氧可用于长时间输送高浓度氧气。第 7 章详细讨论了鼻氧管的放置和其他氧疗技术。

大多数患病动物都能很好地耐受氧舱，但需较高的氧气流速，且不允许对患病动物进行手动监测。一个设计良好的氧舱应该清除呼出的二氧化碳，必要时可降低舱内温度。

血管扩张剂治疗

血管扩张药物可有效治疗充血性和低输出量性心衰。静脉扩张药物（如硝酸甘油）通过扩张静脉来扩大循环系统的容量，从而降低前负荷和静脉压。静脉扩张可以减少充血，但不会改善心输出量。动脉血管扩张剂（如氨氯地平、肼屈嗪）可降低全身血管阻力，从而减少后负荷、改善心输出量、减少瓣膜病动物的反流分数，并减少心脏做功。动脉血管扩张剂的主要缺点是它们可能会降低血压。可以选择作用于静脉、小动脉或两者组合的血管扩张剂。将血管紧张素 I 转化为血管紧张素 II 的酶阻滞剂（血管紧张素转换酶抑制剂）是最常用的血管扩张剂。它们还通过降低醛固酮的血浆浓度来缓解心衰患病动物的水钠潴留。然而，这些药物起效速度不够快，无法用于紧急心衰治疗。硝普钠是一种有效的输注型动静脉扩张剂，可用于需要快速激进降低前负荷和后负荷的紧急 CHF 病例。

正性肌力疗法

正性肌力药物通过增加收缩力来增加每搏输出量，从而改善心输出量和血压。一些静脉注射的正性肌力药物时效较短。多巴胺和多巴酚丁胺等拟交感神经药物会随着使用时间增加而逐渐失去作用，因为它们会导致可用的 β 受体数量减少。此外，一些正性肌力药物可引起心动过速和心律失常或增加后负荷（如高剂量的多巴胺）。

拟交感神经药物模拟刺激交感神经系统的作用，并通过刺激心脏和血管细胞上的肾上腺素能受体起作用。多巴胺和多巴酚丁胺是最常用于治疗心衰的拟交感神经药物。多巴酚丁胺可增加收缩力，而不会导致心率或血管阻力显著增加。这些特性的组合使多巴酚丁胺成为心肌衰竭或二尖瓣反流导致的心衰的良好治疗选择。多巴胺在收缩力差与低血压相关的情况下十分有效。

由于二尖瓣疾病或 DCM 引起的 CHF，常用的口服正性肌力药物是匹莫苯丹，该药还具有动脉血管扩张特性。

心衰疗法的监测

由心衰引起的呼吸困难的动物常表现出焦虑，并且通常不愿坐下或躺下。

> **技师笔记**
>
> 患病动物通常表现为一种特征性姿势，称为“端坐呼吸”，双脚分开，肘部外展，头颈伸直。

呼吸急促很明显，呼吸频率通常大于 40 次 /min。如果治疗对胸腔积液或肺水肿有效，则患病动物的姿势应有所改善，呼吸频率应降低，黏膜颜色应改善，动物或可趴卧或睡觉。胸部 X 线片上肺水肿的改善通常比临床症状的改善需要更长的时间。

血管扩张剂治疗的监测

血管扩张剂治疗应改善心输出量或改善肺水肿。可以通过评估灌注是否改善来监测心输出量是否增加，如四肢变暖、静脉氧分压增加和血液乳酸浓度降低。使用小动脉血管扩张剂时，应监测血压、维持平均压在 70 mmHg 左右。静脉扩张剂可降低静脉压，因此应降低中心静脉和肺毛细血管楔压。

正性肌力疗法的监测

正性肌力治疗应产生改善心输出量的迹象。血液乳酸浓度的降低、静脉氧分压的增加或心输出量的改善对治疗效果提供了更客观地评估。除了增加收缩力外，正性肌力药物还可引起血管收缩、血管舒张、心率增加或心律失常。血管收缩通常会导致 CVP、肺毛细血管楔压和动脉血压升高。根据心输出量的增加，血管扩张可能导致 CVP、肺毛细血管楔压或动脉血压降低。心电图有助于检测心律失常或窦性心动过速。安全、有效地使用拟交感神经药物需要至少监测心电图和血压，并评估灌注。

利尿剂治疗的监测

利尿剂治疗应迅速增加尿量，尤其是静脉注射呋塞米。液体的消除应引起呼吸频率降低，并改善氧合和通气。在开始利尿剂治疗之前，对患病动物称重并触诊确定膀胱大小可建立基础值。可以通过监测尿量（可测量一次性尿片增加的重量来确定尿片吸收尿液的重量）或通过记录患病动物在治疗期间体重的减轻来估计液体的排出量。在某些情况下，可能需要使用导尿管并获取更准确的尿量。利尿剂治疗可能会引起电解质和酸碱紊乱，因此应进行监测。前负荷的损失可能导致心输出量下降。这可能导致肾前性氮质血症或低输出量性心衰的症状。

心律失常

主诉

每当动物出现晕厥、虚弱或虚脱时，应考虑心律失常。部分病例可能会发现心动过速、心动过缓或心律不齐。心律失常可能是原发性心脏异常，也可继发于结构性心脏病、心外疾病。专栏 18.4 列出了几种在急诊中常见且高发心律失常的疾病。

体格检查

每当出现心音特征改变、心动过速、心动过缓、心律不齐、脉搏缺失、动脉脉搏或颈静脉脉搏改

专栏 18.4　心律失常常见的紧急情况

创伤。
脾肿瘤。
胃扩张和扭转。
犬扩张型心肌病。
猫的尿道梗阻。
过热导致的疾病。
猫心肌病。

变时，应进行心电图检测，以判断是否存在心律失常。

影像诊断和心电图

心电图是诊断心律失常的金标准。X 线检查和超声心动图主要用来判断是否存在其他可能引起心律失常的原因。技师可能需要为患病动物进行动态心电图检查，即使用 Holter 系统（图 18.4），以便在 24 h（或更长时间）内连续记录心电图。这可以更好地监测患病动物在较长时间内的心脏电活动。

心律失常的药物治疗

对于大多数犬猫的心脏病，抗心律失常治疗的疗效尚不明确。在人医临床，发现使用某些抗心律失常药物会降低某些心脏病患者的存活率。在决定是否使用抗心律失常药物治疗前，应考虑以下 5 个原则：

1. 治疗可能会引起心律失常的原发病或诱发因素（如低血容量、电解质紊乱、疼痛）。

2. 一般而言，应治疗引起低血压的心律失常。

3. 即使血压和心输出量均正常，长时间的心动过速也会造成心脏损伤。

4. 如果有发展为更严重心律失常或心脏骤停的风险，应对心律失常进行治疗。多型室性早搏、R-on-T 现象、心室颤动和大于 160 ~ 180 次 /min 的室性心动过速通常可能会变为更危险的节律。

5. 当决定治疗心律失常时，兽医在选择抗心律失常药物时，要考虑到其消除心律失常的能力与致心律失常的风险之间的平衡，以及低血压、收缩力下降、房室传导改变、与其他药物的相互作用。

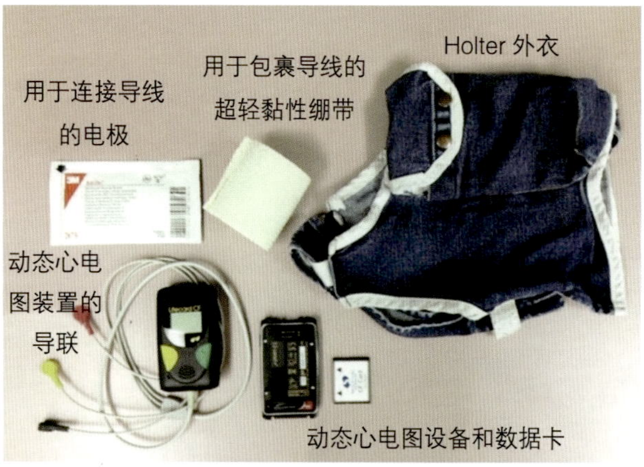

图 18.4　Holter 系统

电解质和药物相互作用对抗心律失常治疗的影响

电解质和酸碱异常可引起心律失常，加重其程度，并影响抗心律失常药物的作用。高钾血症是导致心律失常较常见且易于识别的电解质异常之一。高钾血症可能导致心电图的特征性变化：P 波振幅降低或消失、QRS 波群时限延长、T 波振幅增加，最常见的是心动过缓。

低镁血症与室性心律失常有关，补充镁可用于治疗某些形式的室性心动过速。低钾血症、低镁血症和高钙血症可增加地高辛治疗患病动物的毒性风险。将这些电解质恢复到适当的水平在治疗地高辛中毒中起重要作用。利多卡因治疗 pH 降低和钾浓度升高的心脏病效果最佳。利多卡因治疗无效可能是由于低钾血症。意外摄入或过量服用钙阻滞剂（如地尔硫䓬）的部分毒性作用可通过给予氯化钙或葡萄糖酸钙来纠正。

抗心律失常药物之间的相互作用很常见。在某些情况下，相互作用是叠加或协同的；有些情况下可能是相互拮抗的。对于抗心律失常，协同作用或叠加作用通常是有益的，但副作用也可能是协同的。钙阻滞剂和 β 受体阻滞剂均对治疗室上性心律失常有效，但当它们结合使用时，会增加如低血压、CHF 恶化和心动过缓等不良反应的风险。

室性心动过速的治疗

利多卡因和普鲁卡因胺是最常用于犬室性心律失常的紧急治疗药物。利多卡因和 β 受体阻滞剂（普萘洛尔、艾司洛尔等）是猫最常用的药物。利多卡因被认为是治疗犬室性心动过速的首选药物。利多卡因对心肌功能的影响很小，对血压和心输出量的影响很小。不良反应（如精神沉郁、抽搐或癫痫发作）可通过停药和使用地西泮来治疗。严重的利多卡因毒性（过量）也可以用脂肪乳治疗。快速静脉注射普鲁卡因胺可导致低血压和心输出量下降。β 受体阻滞剂可加重心衰（因为它们在短期内呈负性肌力作用），并引起心动过缓和支气管痉挛。艾司洛尔的作用时间极短，任何由药物引起的不良反应在停药后应立即停止。导致心脏骤停的室性心动过速应遵照 RECOVER 流程（参见第 14 章了解更多信息），采取与无脉性室性心动过速或心室颤动相似的处理。

加速性心室自主心律是一种单灶的室性心律，其频率在正常窦性心律范围内，常被误认为是室性心动过速。加速性心室自主节律很少引起血流动力学功能障碍，通常是良性的，且与多种疾病相关。这种心律可能与室性心动过速的原因不同，并且通常对利多卡因治疗没有反应。通常，当潜在疾病得到控制时，异常节律就会消失（图 18.5 和图 18.6，表 18.12）。

心房颤动的治疗

使长期心房颤动患病动物重建正常的窦性心律，可能无法实现或者仅可短暂实现，特别是心房颤动合并结构性心脏病。大多数情况下，治疗包括使用钙通道阻滞剂（如地尔硫䓬）来减慢室率，并改善心脏功能。最初可以使用恒速输注来减慢心率，然后在静脉治疗结束后进行口服治疗。

近期发展为心房颤动且没有明显结构性心脏病的动物，在全身麻醉下进行电击复律最易成功，

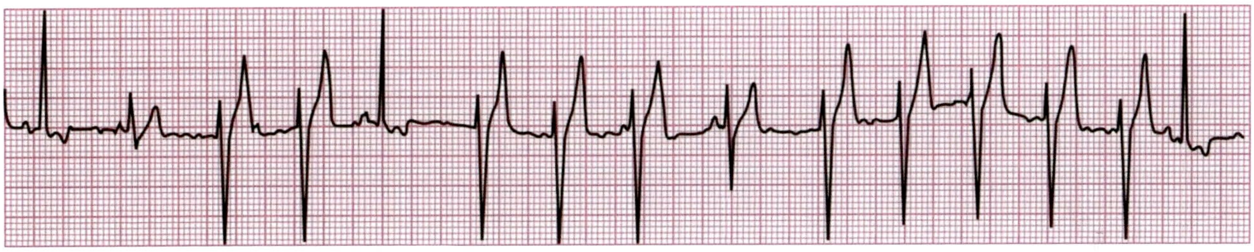

图 18.5 加速性心室自主心律

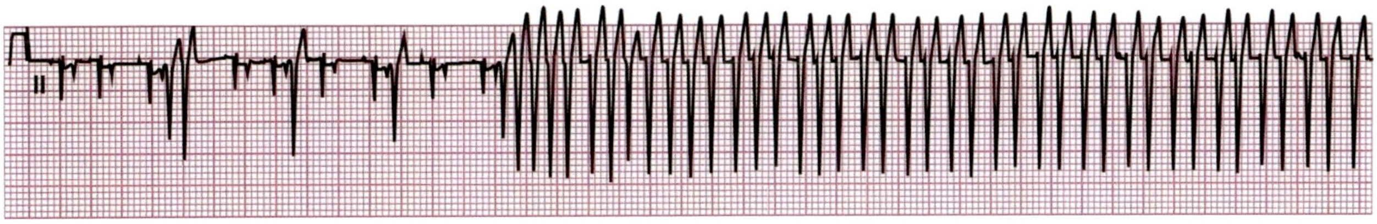

图 18.6 犬室性心动过速。12.5 mm/s；5 mm/mV

表 18.12 用于治疗室性心律失常的药物

利多卡因	2 ~ 4 mg/kg，IV 超过 1 ~ 3 min（最多推注 4 次），然后 40 ~ 100 μg/（kg·min），IV（犬）或 0.5 mg/kg（猫）缓慢 IV
普鲁卡因	5 ~ 15 mg/kg 缓慢 IV，然后 25 ~ 50 μg/（kg·min），IV（犬）
艾司洛尔	0.05 ~ 0.5 mg/kg，IV，50 ~ 200 μg/（kg·min）IV，恒速输注（犬和猫）
普萘洛尔	0.01 ~ 0.1 mg/kg，IV，缓慢滴注至起效（犬和猫）

最有可能转为正常窦性心律。单向波除颤器可以使用 1 ~ 5 J/kg 范围内的电击实现心脏复律。较新的双向除颤器可能更有效，并且需要更少的能量（图 18.7）。

室上性心动过速的治疗

β 受体阻滞剂（如艾司洛尔或普萘洛尔）或钙通道阻滞剂（如地尔硫䓬）是室上性心动过速最常用的治疗方法（图 18.8）。如果药物治疗无效，则可以尝试非药物治疗。电击复律和机械方法（如心前区捶击）或可起效，兴奋迷走神经的操作（如按压眼球、颈动脉窦按摩）有时可起效（表 18.13）。

心动过缓的治疗

窦性心动过缓、窦性停搏和二度房室传导阻滞通常对阿托品或格隆溴铵等抗胆碱能药物治疗有反应。抗胆碱能药物一般对治疗三度房室传导阻滞无效，但可尝试使用拟交感神经药物，如异丙肾上腺素、肾上腺素或多巴胺，将室率提高到可接受的水平。药物治疗由病态窦房结综合征引起的心动过缓可能无效或仅暂时有效（图 18.9）。抗胆碱能药物和拟交感神经药物可能会加重心动过缓 – 心动过速综合征患病动物的快速性心律失常。对于大多数心律失常患病动物来说，植入起搏器是长期治疗最好的选择（表 18.14）。

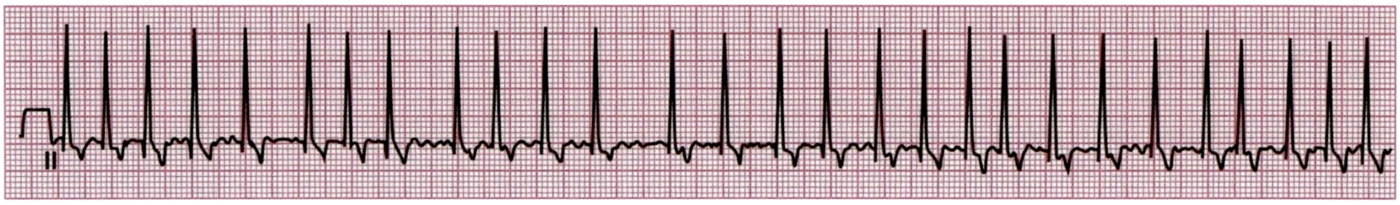

图 18.7 **犬心房颤动。25 mm/s；5 mm/mV**

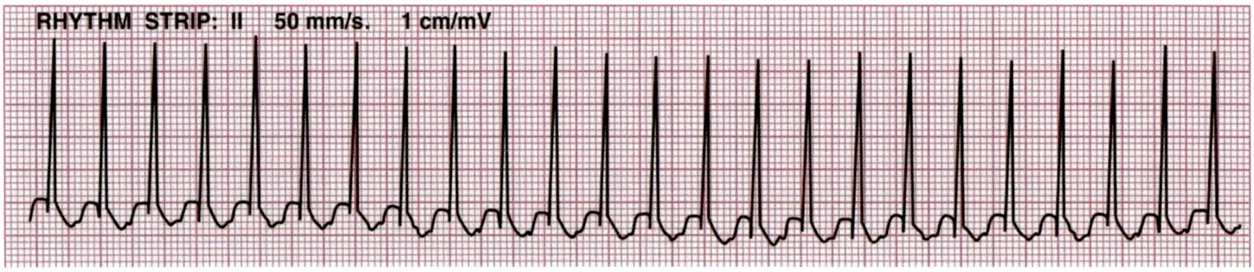

图 18.8 **犬室上性心动过速。50 mm/s；10 mm/mV**

表 18.13 用于治疗室上性心律失常的药物

普萘洛尔	0.01 ~ 0.1 mg/kg，IV，缓慢滴注至起效（犬和猫）
艾司洛尔	0.05 ~ 0.5 mg/kg，IV，50 ~ 200 μg/（kg · min），IV，恒速输注（犬）
地尔硫䓬	0.05 ~ 0.2 mg/kg，缓慢 IV，滴注至起效，然后以 1 ~ 5 μg/（kg · min），IV，恒速输注（犬和猫）

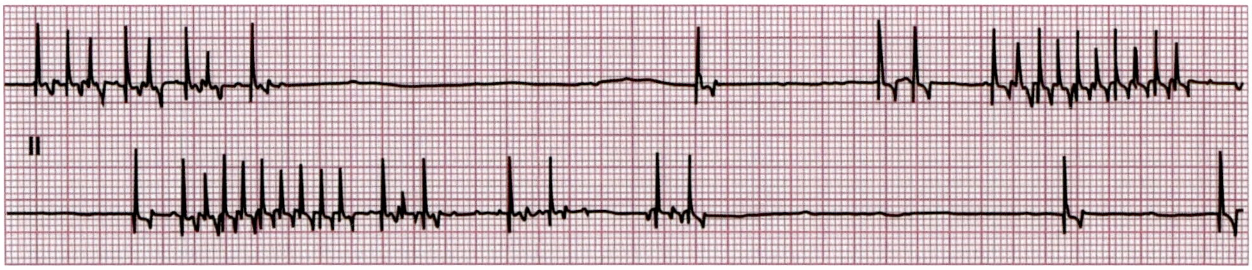

图 18.9 **病态窦房结综合征。25 mm/s；10 mm/mV**

表 18.14　用于治疗心动过缓的药物	
阿托品	0.01 ～ 0.04 mg/kg，IV、IM、SC（犬和猫）
格隆溴铵	0.005 ～ 0.01 mg/kg，IV、IM、SC（犬和猫）
多巴胺	2 ～ 10 μg（kg · min），IV（犬和猫）
肾上腺素	0.03 ～ 0.15 μg/（kg · min），IV（犬和猫）

注：IM，肌内注射；IV，静脉注射；SC，皮下注射。

表 18.15　用于治疗高钾血症的药物	
10% 葡萄糖酸钙	15 min 内给予 0.5 ～ 1 mL/kg（犬和猫）
碳酸氢钠	0.5 ～ 2 mEq/kg，IV 超过 20 min（犬和猫）
常规胰岛素	0.1 ～ 0.25 U/kg，IV 加 1 ～ 2 g/U 葡萄糖，随后 2.5% ～ 5% 葡萄糖恒速输注，以防止犬和猫出现低血糖

高钾血症的治疗

高钾血症的治疗可以通过给予药物使钾从血管内移动到细胞内来实现，如碳酸氢盐或常规胰岛素，以及通过给予葡萄糖酸钙来拮抗钾对心脏的影响。葡萄糖常用于轻度高钾血症，以刺激内源性胰岛素释放。应尽快对高钾血症进行确切的有效治疗，因为钙、碳酸氢盐或胰岛素治疗的效果是短暂的。为预防低血糖，使用胰岛素治疗高钾血症时必须持续给予葡萄糖（图 18.10，表 18.15）。

监测心律失常的治疗效果

连续心电图监测提高了抗心律失常治疗的安全性和有效性。应监测动脉血压和灌注相关临床表现，以确定抗心律失常治疗是否改善了心脏功能。心电图 P-R 间期、QRS 时限和 Q-T 间期的变化可能是某些抗心律失常药物中毒的重要表现。呕吐、抽搐、癫痫发作和晕厥是一些与抗心律失常药物毒性有关的体征。应监测接受高钾血症治疗的患病动物的电解质和葡萄糖水平。

起搏器治疗

永久性植入式起搏器可用于治疗各种缓慢性心律失常，并使患病动物恢复接近正常的生活质量。临时起搏用于在永久性起搏器植入之前或期间治疗心动过缓。有几种临时起搏模式可供选择。每种起搏模式都需要特定类型的设备，每种技术都各有优缺点。经静脉技术和经皮技术是最安全、最常用和最可靠的方法（尽管经食道技术和经心肌技术都是可行的）。经静脉起搏的一个优点是能够在有意识的动物中插入导联线并使用起搏器。经静脉起搏导联线（图 18.11）可以通过放置在颈静脉或隐静脉中的经皮导引器插入右心室。当患病动物需要立即治疗危及生命的心动过缓时，经皮起搏具有优势，因为经皮起搏可以快速开始，无须血管通路。可黏附起搏电极位于心脏上方的

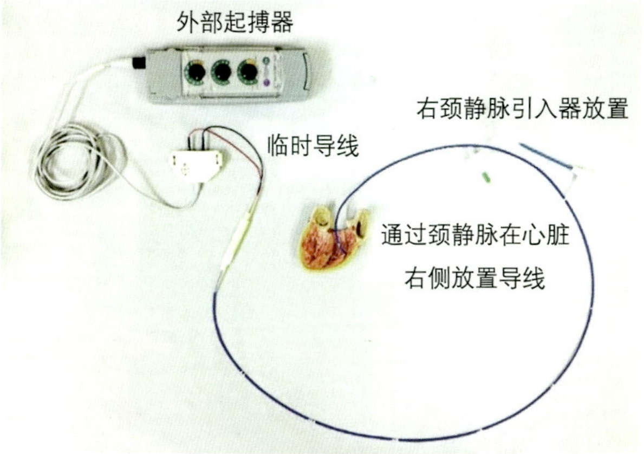

图 18.11　经静脉起搏导联

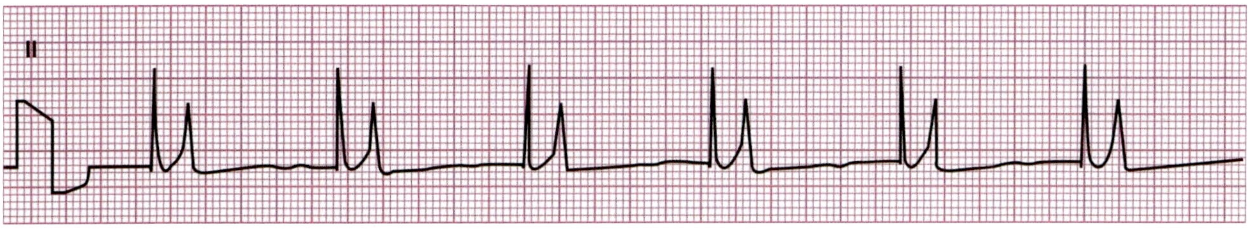

图 18.10　高钾血症。12.5 mm/s；5 mm/mV

胸部左右两侧（图 18.12）。经皮起搏的一个缺点是需要使用更多的能量，这会增加不适和肌肉刺激，使其难以或不可能应用于有意识的动物中。施加到胸部肌肉的电刺激会引起肌肉运动，可能会干扰手术。食道起搏通常不用于犬或猫，但它在某些情况下可能具有潜在优势。在食道中插入经食道起搏电极很简单，并且由于电极靠近心脏，因此可以比经皮电极以更少的能量实现起搏。然而，这种方法可能只能实现心房起搏，不适合房室阻滞。也有兽医将特殊的起搏导线插入胸壁，然后使用引入针插入心室壁来执行经心肌起搏。尽管该技术可靠且可快速操作，但因其心脏受伤的风险较高而很少使用。

心律失常治疗中的心前区捶击

心前区捶击是一种有争议的技术。一些研究表明，心前区捶击可以在一些患病动物中产生灌注节律，而其他研究则显示会使节律恶化。当同步电复律、除颤和临时起搏可用时，应先选用这些方法，这些方法是可重复、可靠且可控的。出现药物无效、无法使用电起搏器或除颤仪时，心前区捶击可能会挽救生命。通过用拳头击打心脏位置的胸壁来进行胸前捶击。然而，这种操作可能使动物受伤，且如果重击发生在心电图上的易损期（如 R-on-T 现象），可能导致心室颤动。心前区捶击通常能有效地将室上性心动过速转变为窦性心律，也能有效治疗某些心动过缓。

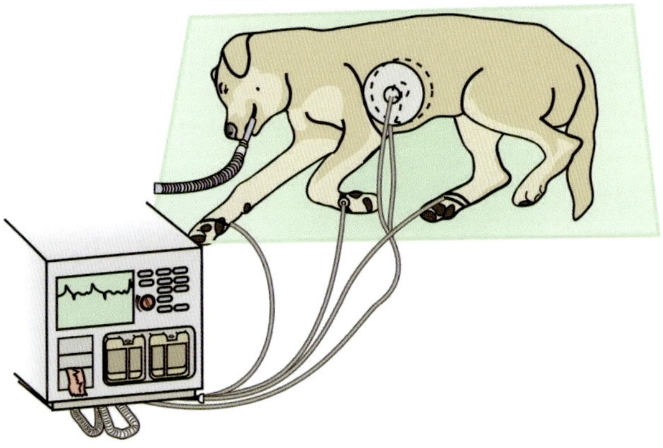

图 18.12 经皮起搏

心丝虫病

腔静脉综合征

腔静脉综合征是犬和猫都可能发生的心丝虫病并发症。当大量心丝虫进入右心房并缠绕在三尖瓣结构时，就会发生腔静脉综合征，从而导致急性且严重的三尖瓣反流。心脏不是唯一受影响的器官。当红细胞被迫穿过缠绕的虫体时，会发生溶血，这也会导致血红蛋白尿。

腔静脉综合征患犬的全血细胞计数和血清化学分析可能提示肝肾功能障碍和弥散性血管内凝血的迹象。

主诉

腔静脉综合征患犬的主人通常会注意到犬厌食、虚弱和沉郁。一些主人可能会抱怨动物有深褐色的尿液（血红蛋白尿）、呼吸困难或咳嗽。许多患有腔静脉综合征的动物会在休克状态下到达诊所。

体格检查

体格检查可发现黏膜苍白、毛细血管再充盈时间延长、脉搏微弱、颈静脉扩张、腹水、黄疸和呼吸困难。胸部听诊可能会发现收缩期杂音、第二心音分裂或奔马律。

影像诊断和心电图

胸部 X 线片通常会显示右心增大和肺动脉主干增粗。肺动脉分支通常较相应的肺静脉增粗。肺动脉可能表现出心丝虫病的其他变化特征，如曲折、变钝或直径不均匀。这些 X 线征象在患有心丝虫病的犬和猫中都可见到，但在猫身上往往更不易察觉且难以解释。使用超声心动图检查时，如果心丝虫存在于右心或肺动脉主干中，虫体超声上可显示为相距约 2 mm 的平行线，看起来像“等号”或“铁轨”。多普勒超声心动图可能显示肺动脉高压的征象。心电图可能显示心律失常或右心增大。

腔静脉综合征的手术治疗

右心房和腔静脉中存在心丝虫预示着高死亡率。腔静脉综合征患病动物到达诊所时一般呈休克状态，必须在清除心丝虫之前稳定下来。通常需要液体治疗来改善灌注不良，但须注意避免加剧先前存在的右心衰。选择的麻醉方案应尽量减少对心血管系统的抑制。对于严重虚弱的患病动物，该程序可以在局部麻醉下进行。若全身麻醉，应尽可能使用低浓度的吸入麻醉剂和 100% 氧气，可采用正压通气改善氧合，消除高碳酸血症。该程序通常在患病动物侧卧或仰卧时进行。手术部位准备就绪后，在颈静脉上做一个切口，然后分离静脉并结扎止血。在颈静脉切开并插入鳄鱼钳，以去除虫体，小心不要弄断虫体或造成心房或腔静脉穿孔。这种技术可从右心房和腔静脉中移除一个或多个虫体（图 18.13）。二维超声心动图可用于扫查心丝虫并引导取出。

监测

即使经过治疗，腔静脉综合征的死亡率也很高。监测 CVP 可用于管理液体治疗和作为预后标志。20 cmH_2O 或更高的 CVP 提示预后不良。应监测动脉血压、黏膜颜色、毛细血管再充盈时间、肢端温度和尿量，以评估灌注情况。多普勒超声心动图或导管插入可用于确定肺动脉压。

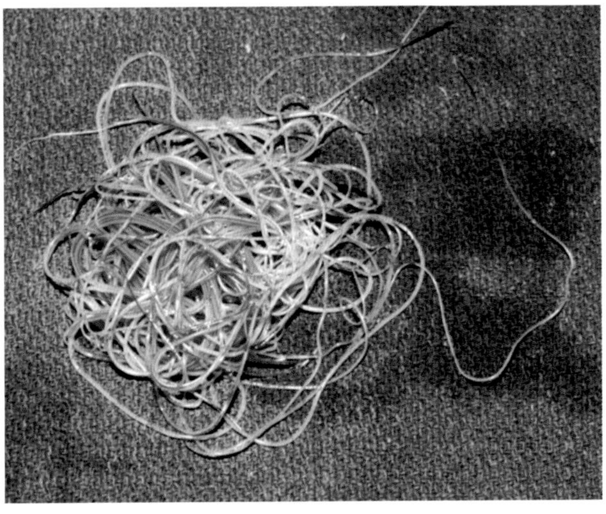

图 18.13　**心丝虫**

杀虫剂的并发症

杀虫治疗后死亡或垂死的虫体栓塞是心丝虫病可能发生的另一种紧急情况。杀虫治疗后 7 ~ 10 d 可能会出现嗜睡、咳嗽、右心衰、呼吸困难、休克和猝死。氧气和泼尼松治疗（以及笼内休息和液体疗法）通常是有效的。肝素、阿司匹林和血管扩张剂的使用具有争议。

心包填塞和心包积液

由于多种原因，液体会在心包中积聚。肿瘤和心包炎是心包积液最常见的原因，慢性心包积液的积聚，通常会产生右心衰的症状。创伤、心房撕裂和某些右心房血管肉瘤是急性心包填塞的最常见原因。当液体在心脏中缓慢积聚时，心包会扩张，心脏就有时间代偿所受到的额外压力。缓慢发展的积液往往量大且会引起右心衰。当液体快速积聚时，就没有时间进行代偿（即使心包内有少量液体也会引起休克症状）。这种情况被称为心包填塞。

主诉

嗜睡、呼吸困难、厌食和虚脱是犬出现急性心包积液时的症状，也是主人寻求帮助最常见的原因。腹围增大、嗜睡、厌食和咳嗽是患有慢性心包积液犬的常见主诉。猝死、虚脱或外伤史可能是心包填塞动物的主诉。

临床症状

腹水、颈静脉扩张、恶病质、心动过速和脉搏微弱是常见表现。吸气时动脉搏动过弱，称为奇脉，通常与心包积液有关。听诊可能会发现心音沉闷、杂音或摩擦音。伴有全身静脉压升高的休克症状也会增加对心包填塞的怀疑。

影像诊断和心电图

当液体缓慢积聚时，胸部 X 线片通常会显示一个巨大的球形心脏。急性外伤性心包填塞，由于心包中液体较少，X 线片较难检测到。胸部

FAST 扫描或超声心动图在心脏检查时十分敏感，即使少量的心包积液也可检测出来。舒张期右心房和右心室游离壁塌陷是心包填塞的表现。超声心动图也可以检测到肿物，这通常是引起积液的原因。心动过速、心电图波群振幅降低和电交替几乎是心包积液的特征表现。

心包填塞和心包积液的治疗

心包穿刺术会迅速缓解心包压力增加引起的症状。患病动物应做好准备，将胸部右侧心脏区域（通常以第 5 肋间为中心）的被毛剃掉。在对剃毛区域进行无菌准备后，将局部麻醉剂渗透到肋软骨交界处的第 4 和第 5 肋间的组织中。超声成像可用于确定最佳位置。对于典型的患病动物，通常是大型犬，建议使用 14 ~ 16 G 的带针导管。许多临床医生在插入前会在导管末端附近切几个侧孔，这样做时须注意不要过度切开导管，以免尖端在心包中折断。穿刺针通过右侧胸壁进入胸腔。如果患病动物同时有胸腔积液，则在进入心包之前，穿刺针中可能会出现一缕清亮的液体。当穿刺针前进时，可能会感觉到接触心包。一旦进入心包，液体就会流入穿刺针，导管可通过穿刺针送入。在抽液过程中应监测心电图，以辅助确定针头是否接触到心肌。室性早搏表明与心肌接触。可以将少量液体样本保存在血清真空管或其他容器中，以查看它是否会凝结并检测血细胞比容。收集的液体样本凝固表明活动性出血或穿刺针进入心腔。随着心包液的去除，心率可能会降低，心电图可能会显示振幅增加。

监测

大多数动物在心包抽出液体后会迅速改善。如果患病动物没有改善或恶化，那么可能是因为活动性出血（在心包填塞的情况下）或由于心包穿刺术的并发症（如冠状动脉撕裂）。如果可能发生心包填塞，应监测血压。

猫主动脉血栓栓塞

猫主动脉血栓栓塞症（feline aortic thromboembolism，FATE）是心肌病的灾难性并发症。血栓在心脏中形成，然后脱落并进入全身动脉。这些血栓栓塞最常停留在腹主动脉，并引起后躯麻痹、瘫痪和疼痛。主动脉血栓栓塞的死亡率非常高，大约 2/3 的患病动物在初始发作期间被安乐或死亡。幸存下来的动物有时会因缺血性坏死而失去皮肤、爪部甚至某肢体。初次发病的幸存者需要治疗潜在的严重心脏病，而幸存者的复发风险也增加。

主诉

由于 FATE 患病动物的许多症状（如嚎叫、明显疼痛、无法行走、呼吸困难、尿失禁和大便失禁）非常痛苦，因此客户会尽快寻求帮助。大多数客户在血栓发生之前不会意识到患病动物的健康有任何问题。

影像诊断和心电图

胸部 X 线片通常显示心脏增大、胸腔积液或肺水肿。超声心动图通常显示心脏病征象，最常见的是肥厚型心肌病。左心房增大和烟雾征常见于患有 FATE 的猫。在某些情况下，左心房可能会出现血栓。大多数患有 FATE 的猫的心电图会出现一些异常。

临床症状

在大约 70% 的患病动物中，栓子会影响到双后肢的血流。15% 的患病动物单个前肢受累（最常见的是右侧），15% 的患病动物会单个后肢受累。除了瘫痪和疼痛外，受累肢体厥冷、苍白或发绀。受累区域的脉搏消失或非常微弱。可能会听到心杂音、奔马律或心律不齐。有些猫可能会出现呼吸困难或呼吸急促，测量患病动物的直肠温度（一个重要的预后标志）非常重要。当温度高于 37.2℃（98.9℉）时，存活的概率更大。

治疗

主动脉血栓栓塞患病动物的长期预后较差，但许多动物在治疗一段时间后生活质量可获得改善。为了对治疗做出正确的决定，应该让客户了解在他们决定继续治疗时会发生什么，以及他们在患病动物护理中必须扮演的角色。大约 1/3 的客户在做出诊断后决定对患病动物实施安乐死。尽管许多即将被安乐死的患病动物已经奄奄一息，但其中一些患病动物可能会幸存下来，至少在短期内是这样。应告知客户，接受治疗的患病动物中约有一半存活。直肠温度较高且只影响一条肢体的患病动物存活机会更高。牛磺酸缺乏症或甲状腺功能亢进患病动物在治疗相关疾病时，心脏病可能会获得显著改善。选择继续治疗的客户应该意识到，在神经损伤或缺血性坏死恢复期间，数周或数月的时间患病动物都需要某种程度的护理。幸存的动物通常需要在余生中接受药物治疗，以治疗心脏病并防止再次发生血栓栓塞。

应谨慎处理患病动物，因为许多患病动物有严重的潜在心脏病。在一项研究中，66% 的动物有 CHF 的放射学征象。胸腔积液和肺水肿的治疗可能与主动脉栓塞的治疗一样紧急。

FATE 的紧急治疗有 3 种形式：①支持治疗；②使用导管技术或手术取出血栓；③使用溶栓剂消除血栓。支持治疗会针对患病动物的心脏病和疼痛进行干预。使用肝素和氯吡格雷等药物，以防止血凝块的扩大。一些临床医生还提倡使用血管扩张药物来改善血液循环，但这种疗法的益处尚未得到证实。患有 FATE 的猫通常会表现出难以忍受的疼痛，镇痛泵和（或）多模式镇痛会使其收益。有关各种镇痛疗法，请参见第 9 章。

已有几种不同导管技术以及手术可成功去除血栓。对患有严重心脏病的猫进行主动脉栓塞去除术的麻醉十分具有挑战性，应该在手术过程中对患病动物进行密切监测并积极支持。溶栓治疗费用昂贵，需要仔细监测患病动物，并禁用于已知心脏有血栓的患病动物，但该法不需麻醉。然而，并无证据表明消除血栓的疗法比支持疗法更能降低死亡率，或者可以显著减少复发。去除血栓的疗法似乎可以改善大多数患病动物的血液循环，但使用这种疗法引起的并发症似乎也导致了部分患病动物的死亡。专栏 18.5 列出了 FATE 的治疗目标。

专栏 18.5 猫主动脉血栓栓塞症（FATE）的治疗目标

稳定已有的心脏病

给予镇痛剂止痛

给予肝素以防止血栓扩大

考虑使用组织纤溶酶原激活剂、链激酶、手术或导管技术去除血栓，了解这些疗法的风险

预防和治疗缺血性坏死引起的损伤

使用氯吡格雷以防止形成新的血栓

推荐阅读

[1] Abbo, J. A. Traumatic myocarditis. In J. D. Bonagura (Ed.), Kirk's current veterinary therapy XII small animal practice (pp. 846–850). Philadelphia, PA: Saunders.

[2] Boon, J. A. Veterinary echocardiography (2nd ed.). Hoboken, NJ: Wiley Blackwell.

[3] Bright J.M., Martin J.M., Mama K. A retrospective evaluation of transthoracic biphasic electrical cardioversion for atrial fibrillation in dogs. Journal of Veterinary Cardiology. 2005; 7(2):85–96.

[4] Buchanan J.W., Bücheler J. Vertebral scale system to measure canine heart size in radiographs. Journal of the American Veterinary Medical Association. 1995; 206(2):194–199.

[5] Cornell C.C., et al. Allometric scaling of M-mode cardiac measurements in normal adult dogs. Journal of Veterinary Internal Medicine. 2004; 18(3):311–321.

[6] DeFrancesco T.C., Hansen B.D., Atkins C.E. Noninvasive transthoracic temporary cardiac pacing in dogs. Journal of Veterinary Internal Medicine. 2003; 18(5):663–667.

[7] Fletcher D.J., Boller M. Updates in small animal cardiopulmonary resuscitation. Veterinary Clinics of North America: Small Animal Practice. 2013; 43:971–987.

[8] Fox, P. R., Sisson, D., & Moïse, N. S. Textbook of canine and feline cardiology: Principles and clinical practice (2nd ed.). St. Louis, MO: Saunders.

[9] Gelzer A.R.M., Kraus M.S. Management of atrial fibrillation. Veterinary Clinics of North America: Small Animal Practice. 2004; 34(5):1127–1144.

[10] Gidlewski J., Petrie J.P. Therapeutic pericardiocentesis in the dog and cat. Clinical Techniques in Small Animal Practice. 2005; 20:151–155.

[11] Goutal C.M., Keir I., Kenney S., et al. Evaluation of acute congestive heart failure in dogs and cats: 145 cases (2007-2008). Journal of Veterinary Emergency and Critical Care.

2010; 20(3):330–337.
[12] Johnson L., Boon J., Orton E.C. Clinical characteristics of 53 dogs with Doppler-derived evidence of pulmonary hypertension: 1992–1996. Journal of Veterinary Internal Medicine. 1999; 13(5):440–447.
[13] Kienle, R. D., & Thomas, W. P. Echocardiography. In T. G. Nyland & J. S. Ma oon (Eds.), Small animal diagnostic ultrasound (pp. 354–423). (2nd ed.). Philadelphia, PA: Saunders.
[14] Ki Leson, M. D., & Kienle, R. D. Small animal cardiovascular medicine. St. Louis, MO: Mosby.
[15] Knight, D. H. Reason must supersede dogma in the management of ventricular arrhythmias. In J. D. Bonagura (Ed.), Kirk's current veterinary therapy XIII small animal practice (pp. 730–733). Philadelphia, PA: WB Saunders.
[16] Lamb C.R., Boswood A. Role of survey radiography in diagnosing canine cardiac disease. Compendium on Continuing Education for the Practising Veterinarian. 2002; 24(4):316–326.
[17] Lisciandro G.R., Fosgate G.T., Fulton R.M. Frequency and number of ultrasound Lung rockets using a regionally based Lung ultrasound examination named Vet Blue (veterinary bedside Lung ultrasound exam) in dogs with radiographically normal Lung findings. Veterinary Radiology and Ultrasound. 2014; 55(3):315–322.
[18] Litster A.L., Buchanan J.W. Vertebral scale system to measure heart size in radiographs of cats. Journal of the American Veterinary Medical Association. 2000; 216(2):210–214.
[19] Reimer S.B., Ki Leson M.D., Kyles A.E. Use of rheolytic thrombectomy for the treatment of feline distal aortic thromboembolism (abstract). Journal of Veterinary Internal Medicine. 2005; 19(3):424.
[20] Rishniw, M., & Thomas, W. P. Bradyarrhythmias. In J. D. Bonagura (Ed.), Kirk's current veterinary therapy XIII small animal practice (pp 719–725). Philadelphia, PA: Saunders.
[21] Scansen B.A. Interventional cardiology for the criticalist. Journal of Veterinary Emergency and Critical Care. 2011; 21(2):123–136.
[22] Scherf D., Bornemann C. Thumping of the precordium in ventricular standstill. The American Journal of Cardiology. 1960; 5:30–40.
[23] Sisson D.D., et al. Plasma taurine concentrations and M-mode echocardiographic measures in healthy cats and in cats with dilated cardiomyopathy. Journal of Veterinary Internal Medicine. 1991; 5(4):232–238.
[24] Sleeper M.M., Clifford C.A., Laster L.L. Cardiac troponin I in the normal dog and cat. Journal of Veterinary Internal Medicine. Sep-Oct 2001; 15(5):501–503.
[25] Smith S.A., Tobias A.H. Feline arterial thromboembolism: An update. Veterinary Clinics of North America: Small Animal Practice. 2004; 34(5):1245–1271.
[26] Tilley, L. P., Smith, F. W. K. Jr., Oyama, M. A., et al. Manual of canine and feline cardiology, (4th ed.). St. Louis, MO: Elsevier.
[27] Wright, K. N. Assessment and treatment of supraventricular arrhythmias. In J. D. Bonagura (Ed.), Kirk's current veterinary therapy XIII small animal practice (pp. 726–733). Philadelphia, PA: Saunders.

场景

场景

一只 7 岁杜宾犬（雄性去势）在诊所就诊，表现为咳嗽、呼吸频率加快、嗜睡和虚弱，从昨天早上开始就没有进食。犬不愿躺下，靠在候诊室的墙上，头向外伸出，呼吸费力明显。

体格检查显示，患犬心率为 135 次 /min，呼吸频率为 45 次 /min，肺部听诊有湿啰音和喘鸣音，有心杂音，脉搏微弱且不规则，黏膜苍白。Ⅱ导联心电图可见一些室性早搏。腹部未发现异常，无腹水。轻度脱水。据宠主描述，该犬在过去一周不太活跃，夜间更为不安，过去几天每天咳嗽 8 ~ 10 次。

问题

- 在这种情况下，最重要的临床症状是什么？你会给这只犬急诊评分打多少分？
- 这个病例应该立即治疗还是继续检查？
- 你最初的干预措施是什么，它们应该以什么顺序进行？

治疗 / 诊断选项

- 肺部 X 线检查，以确定心脏评分和肺部状态。
- 放置留置针。
- 呋塞米（利尿剂）治疗。
- 血压。
- 液体疗法。
- 心电图。
- 超声心动图。
- 血检。

场景（续）

讨论

该患病动物处于心衰的急性阶段。这种特殊的品种很擅长隐藏病痛，该犬表现出呼吸困难提示可能存在生命危险。

应放置留置针并给予呋塞米（2 ~ 4 mg/kg，IV）和利多卡因（2 mg/kg）。随着它的呼吸稳定，X 线片和心电图可作为确定咳嗽和心律失常原因的下一个最佳步骤。一旦确定了心脏状况，我们就可以治疗脱水和心律失常等其他症状。随后可以采血评估电解质和其他器官功能。

- 稳定后，我们如何进一步确定这只犬的结构性心脏病？
- 这将如何帮助我们继续治疗这只犬？

医学计算练习

利多卡因

单次：2 mg/kg

CRI：30 ~ 50 μg/（kg·min）

给药形式：2%（20 mg/mL）

注射泵给药：在 500 mL D_5W 或 0.9% NaCl 中稀释 50 mL 利多卡因，浓度为 2 mg/mL。

一只体重为 35 kg 的拉布拉多猎犬出现紧急情况。因此，放置了连续心电图，它的 VPC 继发于心肌损伤。它突然以 220 次 /min 的速度进入室性心动过速。医生打算给予 2% 利多卡因。

你应单次给予多少利多卡因（使用上面提供的信息）？

第19章

呼吸系统急症

Andrea M. Steele

学习目标

1. 快速有效地识别呼吸系统急症。
2. 学习如何为呼吸系统急症做准备，以及如何进行干预。
3. 对常见呼吸系统急症有更深刻的理解。

章目录

关键词

发绀
呼吸困难
端坐呼吸
呼吸
呼吸衰竭

呼吸系统急症的患病动物对任何兽医技师来说都是一个挑战。兽医技师不仅要尽量减缓病情的进一步发展，还要进行诊断性检查以帮助确定病因。有时一些轻微的呼吸道异常表现也可能会迅速发展为重度的呼吸窘迫。所有兽医技师都必须能够识别轻度、中度或重度呼吸困难（dyspnea），以及呼吸衰竭（respiratory failure），并掌握相应的处理办法，以获得最佳的治疗效果。

患病动物表现

正常的呼吸（respiration）是被动的，我们意识不到自己的呼吸周期，只有在呼吸系统疾病或剧烈运动时才会有所关注。呼吸困难是一种异常的呼吸模式，其特点是呼吸频率、节律、特征，以及行为的改变。

常见的呼吸系统急症包括肺水肿、胸腔积液、肺炎、气道阻塞、外伤和呼吸麻痹。尽管每种疾病都需要不同的处理方式，但它们之间有共同之处。在常规的Ⅰ～Ⅳ分诊等级中，呼吸系统急症必须被列为高等级（Ⅰ级或Ⅱ级），因其可能会迅速演变为呼吸衰竭，需要迅速采取干预措施。

评估呼吸窘迫的严重程度

在对呼吸系统急诊进行分级时，可以在靠近动物之前、在远处对动物进行观察评估，从而获得大量的信息。许多因呼吸窘迫来院的动物需要立即干预，也有少数动物可能不会出现危急状况。可采取更循序渐进的方式来评估严重程度，并确定是否需要立即治疗。在主人在场的情况下在等候室观察动物，如果已经到达诊室，可在打开笼门、动物注意之前进行评估，这样也可提供有价值的信息，利于制定后续的诊断方案。一旦动物意识到有陌生人接近，往往会改变其行为，隐藏一些明显的临床症状。关于处理呼吸系统急症更直观的方法，请参见图 19.1 中的流程。

需要吸氧治疗的动物可能会表现出多种不同的生命体征和异常。首先进行“远距离”评估，然后小心接触动物进行其他评估。动物可能会出现“渴求空气”（呼吸动作大而深）的姿势，表现坐立不安、焦虑或其他行为。这些动物经常对周围环境视而不见，目光呆滞，忽略周围环境的变化。其他常见的症状包括呼吸急促、腹式呼吸幅度增加或反式呼吸、张口呼吸、不愿趴下（犬）或趴卧（猫），以及头颈伸直和肘部外展［端坐呼吸（orthopnea）］（图 19.2 和图 19.3）。犬或猫侧卧时出现呼吸困难通常提示严重的呼吸系统疾病。

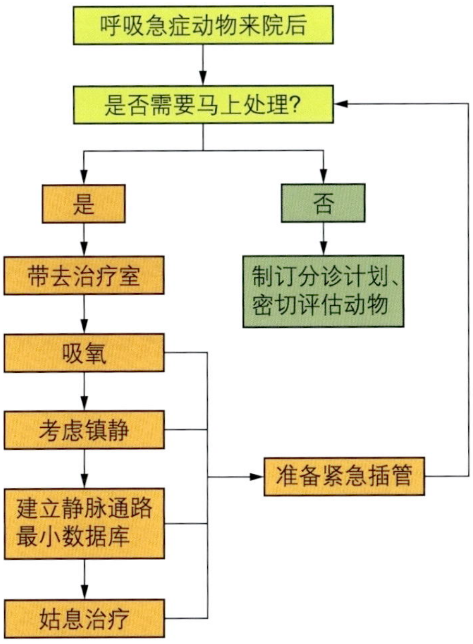

图 19.1　呼吸急症处理流程

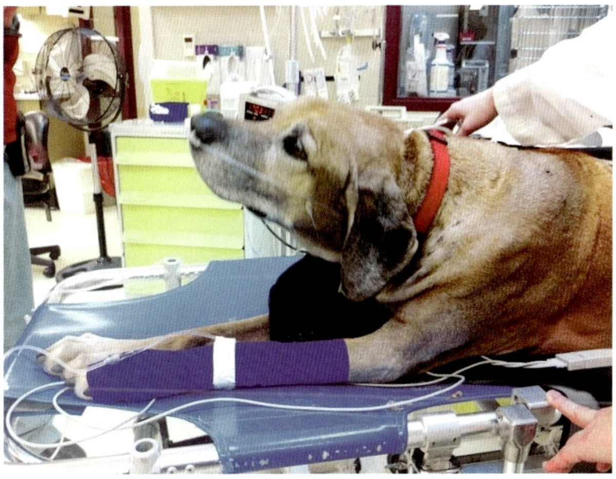

图 19.2　犬端坐呼吸。注意伸展的头颈部，以及内收的肘部。通常犬不愿意趴下，直到其非常虚弱

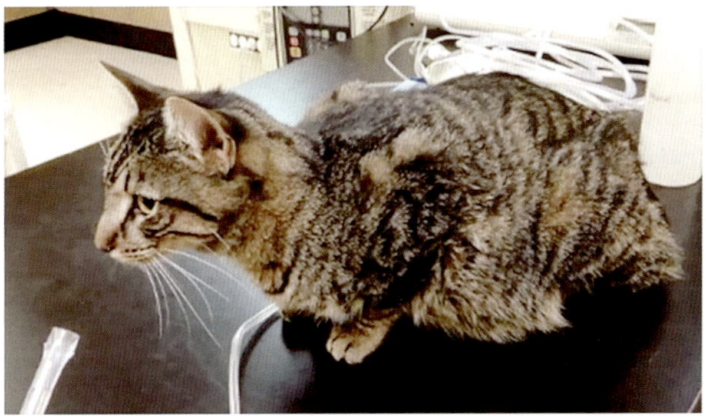

图 19.3　猫端坐呼吸。注意伸展的头颈部，弯曲的肘部靠在胸部。大多数猫出现张口呼吸

呼吸费力的其他迹象包括腹部和其他辅助肌肉参与呼吸、鼻翼翕动、吸气时胸腔起伏明显。动物也可能在吸气或呼气时发出异常呼吸音。区分并记录观察到的异常很重要。在黏膜上，可能有也可能没有明确的发绀（cyanosis）证据。黏膜发绀一般在氧饱和度低至 50% ~ 60% 时能明显观察到，提示严重低氧血症。因此，关注黏膜颜色的轻微变化十分重要，因为患病动物可能只是看起来“不那么粉红色”而不会出现紫色。这时舌头和黏膜的颜色会变成暗粉色，而不是明亮的粉红色，甚至出现粉紫色。生命体征可能会出现异常，表现为心率增加（通常是心律失常）、呼吸频率增加（无论是否呼吸费力），以及呼吸模式的改变。还可能会出现体温升高，也可能会出现体温降低，尤其是在心源性休克中。

呼吸窘迫并不是唯一需要吸氧的典型表现。

当动物对氧气的需求增加或从血液中提取氧气的能力降低时，都可能需要补充氧气来扭转缺氧带来的负面影响。

技师笔记

对呼吸系统患病动物的初步评估至关重要，患病动物的呼吸音、姿势、呼吸模式和行为都将为技师提供与体检一样多的信息。不要跳过此步骤！

当患病动物出现呼吸窘迫时，治疗的最终目的是改善其呼吸质量，解决引起呼吸困难的原因。由于多种不同的疾病都可能引起呼吸困难，也可能需要多种不同的治疗，因此应进行准确、快速的初步检查，以确定呼吸困难的病因。在大多数情况下，需在进行完整的检查（深入检查）和诸多诊断测试之前就开始对症治疗。

呼吸窘迫或患有严重呼吸系统疾病的动物易在接受检查或处置（包括建立静脉通路）时受到应激。提供护理、静脉穿刺取样或埋置导管时，必须尽量减少应激。工作人员应该以沉着、安静和高效的方式工作，用最少的人员来完成操作。兽医技师应尽可能地减少保定，避免强行保定、抓背颈部或给呼吸窘迫的动物戴嘴套。通常这些动物已经被从主人身边带走进行紧急治疗，强行保定可能会加剧焦虑。轻度镇静通常会使动物更容易接受操作，并且可以最低程度地保定动物。许多兽医会选择布托啡诺，该药物很少会引起呕吐或气喘，能提供部分镇静和轻度镇痛作用。这种低剂量的镇静剂可以缓解动物因呼吸困难导致的焦虑，并允许兽医技师对动物进行处置和检查操作。

做好准备

每个兽医院都应准备好应急氧气供应，这一点是非常重要的。这包括在急诊区域准备好快速插管、气管切开术和胸腔穿刺术所需的所有设备。

设备清单：

- 吸氧装置。
- 气管插管（多种尺寸）。
- 气管切开插管（多种尺寸）。
- 胸腔引流管（多种尺寸）。
- 用于取出异物的抓钳（长海绵钳）。
- 带有小、中、大叶片的喉镜。
- 胸腔引流装置。
- 用于气道或胸腔引流装置的壁式或便携式抽吸装置。
- 抽吸导管（小号 8 Fr 和大号 14 Fr 最合适）。
- 三通旋塞阀。
- 20 ～ 16 G 规格的蝴蝶针和（或）套管针。
- 支气管镜。
- 小型手术包和手术刀刀片。

在紧急情况下，吸氧非常重要。应以尽可能简单和无压力的方式向呼吸窘迫的动物提供氧气。鼻氧管被认为是最有效的吸氧方法之一，但是给高度焦虑、呼吸困难状态下的动物放置鼻氧管通常会造成更大的应激。flow-by 吸氧在上述场景较为有效，这种方式偶尔会与宽松的氧气面罩一起使用，但即使是宽松的面罩也可能造成动物应激。flow-by 吸氧时，100 ～ 150 mL/（kg · min）的流速能提供最多的氧气富集，但许多动物会抗拒如此高流速的氧气“喷射”到它们的脸上。成人、儿童或婴儿尺寸的人鼻氧管（尖头）通常能被多数犬接受并快速放置，是一种非常有用和低应激的方案。对于体型较小的动物来说，氧舱或吸氧脖圈也是一种无压力的吸氧方法。高流量鼻插管可用于许多低氧饱和度呼吸困难的动物。有关更多关于吸氧的信息，请参阅第 7 章。

技师笔记

选择最合适的和最具有耐受性的供氧方法将有助于缓解患病动物的呼吸困难！尝试在您的诊所提供尽可能多的选择，并发挥创造力。

建立血管通路

当遇到呼吸困难的患病动物时，建立血管通路至关重要。然而，动物的体况将决定是否需要立即放置导管。如果情况很严重且动物可能会死亡，则可能需要立即建立血管通路。在某些情况下，可能需要在建立通路之前进行镇静。镇静将有利于减少放置和保定的压力，并为动物提供安静吸氧的时间，这进而缓解与呼吸困难相关的症状。镇静剂也可能会产生不良影响，包括抑制呼吸做功或降低呼吸动力。在镇静前必须权衡风险与收益，但很少有呼吸困难的患病动物会出现镇静风险超过其收益。在对患病动物进行镇静时，兽医技师和团队应为可能出现的不良结果做好准备。

无论选择镇静或不镇静，都应尽快建立血管通路。静脉导管放置应由熟练的兽医技师进行，这不仅是为了减少动物的应激，而且因为在缺氧时血管会收缩变细并引发休克，使其放置较困难。呼吸困难的患犬通常不愿意趴下（尤其在没有给予镇静剂时），因为趴下会加重呼吸困难。因此，能够在犬站立的情况下放置静脉导管是一项非常有用的技能，可以最大限度地减少对其进一步刺激。对于这些患病动物来说，最低程度的保定是最好的，因为他们通常不喜欢头部被固定，嘴套更是禁忌。呼吸困难的患病动物不适合用来练习放置静脉导管。

猫在呼吸困难时特别容易猝死，所有操作时必须非常小心。禁止对猫进行强行保定来放置静脉导管、吸氧、进行诊断或对症治疗，这可能会导致患猫的病情恶化。对于呼吸困难的猫，常见的策略是进行肌内注射或皮下注射镇静，然后将患病动物放入氧舱或氧气面罩中 10 ~ 15 min，等镇静剂生效后再进行处理。当猫在富氧环境中放松时，可以进行一些"远距离评估"，包括呼吸频率、呼吸模式等。镇静剂生效后，可以将猫转移到可 flow-by 吸氧的治疗区域，或者将猫带着吸氧脖圈一起移动到桌子上。通常在呼吸困难的猫中，后肢放置静脉导管对猫的应激是最小的，允许前躯趴卧并方便带脖圈吸氧，或使用 flow-by 吸氧，而后肢侧卧保定以放置导管。

技师笔记

虽然由兽医决定是否对患病动物进行镇静，但当技师发现患病动物明显过于应激而无法操作时，应向兽医申请要求镇静。

快速插管

呼吸衰竭的患病动物通常需要吸氧以外的紧急干预措施。他们可能需要在有或无通气的情况下进行快速插管（rapid sequence intubation，RSI）。RSI 是非常快速地诱导麻醉及插管的过程。它与心肺骤停时的插管不同，在这种情况下动物仍在呼吸，如果不诱导麻醉、动物对插管会十分抵抗。选择的诱导剂必须快速起效，对心血管的影响尽量小，并且最好是完全或部分可逆的。大多数兽医都有习惯的 RSI 诱导剂，技师可在动物到来之前提前准备好所需的剂量。准备合适的气管插管、喉镜、复苏气囊（Ambu™ 袋）或带有呼吸气囊、氧气和管路的麻醉机是成功的关键。当动物出现严重的呼吸困难、发绀或严重的上气道梗阻时，若吸氧、镇静剂和紧急治疗（如胸腔穿刺术或利尿剂）无法迅速改善症状，RSI 是必要的。RSI 的目标是在呼吸或心脏停搏之前进行干预（图 19.4）。

一般来说，气管插管在紧急情况下是首选，除非由于物理性阻塞导致无法插管时需要进行气管切开术。兽医技师可以提前准备好气管切开工具，如切开用手术包或小型手术包、无菌手套、手术刀、缝合材料，以及商业或自制的气管切开插管。

进行基础检查和建立最小数据库

基础检查应包括评估体温、脉率、呼吸频率、

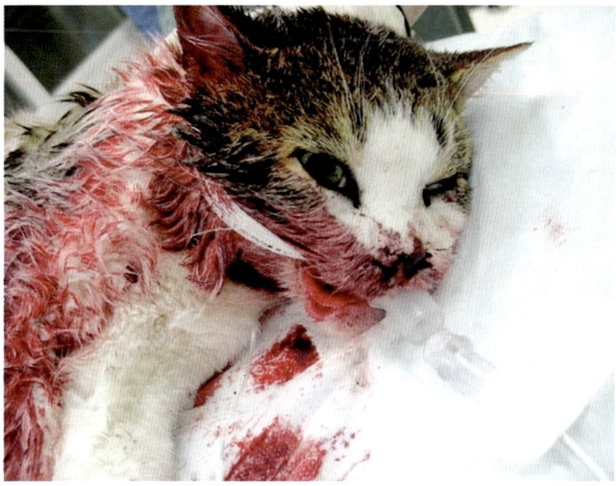

图 19.4 创伤后或即将发生呼吸衰竭时，需要快速插管以疏通气道

精神状态、黏膜颜色、毛细血管再充盈时间和脉搏强度。需要对心肺音和气管进行仔细听诊，评估呼吸模式，以确定呼吸困难的原因。对于兽医技师来说，听诊十分重要，可以帮助评估患病动物病情是恶化还是改善。评估呼吸困难患病动物的呼吸模式为寻找病因提供了有价值的线索。呼吸系统的评估包括密切关注吸气和（或）呼气的费力度、呼吸过程中的可闻及的呼吸音（吸气、呼气或双相），以及胸廓运动的特征和质量。基础检查可以在任何动物医院进行，无须专门设备。

患有呼吸系统疾病的动物的最小数据库将取决于您诊所可进行的检查项目。较全面的最小数据库通常包括红细胞压积（packed cell volume，PCV）/ 总固体（total solid，TS）、血气（通常首先采静脉血气，动脉血气更容易导致应激）、电解质、葡萄糖、血尿素氮、心电图、床旁凝血检测［活化凝血时间（activated cloing time，ACT）或凝血酶原时间（prothrombin time，PT）/ 部分促凝血酶原激酶时间（partial thromboplastin time，PTT）］、动脉血压和血氧饱和度，因为这些数据都较易获得。在大多数情况下，这些检查必须要等到动物平稳下来才能进行采血，一般在放置静脉导管时进行。ACT 或 PT/PTT 对于快速识别任何潜在的凝血问题非常重要，凝血异常可能是胸腔穿刺术的禁忌证。可能的话，在放置静脉导管时，从导管中抽取血液以进行全血细胞计数 / 生化分析，这将减少多次抽血对动物的刺激。

深入检查

当动物处于严重的呼吸困难时，尝试进行深入检查可能会造成过度的刺激。相反，根据基础检查和病史进行治疗，以缓解呼吸困难通常是更谨慎的做法。例如，根据呼吸模式、听诊和病史，怀疑胸膜腔疾病时，立即进行胸腔穿刺术可能比拍摄 X 线片更有效（专栏 19.1）。在这种情况下，胸腔穿刺术既是诊断性的又是治疗性的。除非绝对必要，并且兽医无法查明呼吸困难的原因时，可以考虑进行拍摄 X 线片，否则建议等到患病动物病情稳定后再进行。

专栏 19.1 进行胸腔穿刺术和放置胸导管

胸腔穿刺术

出于诊断或治疗的原因，需要将针头或导管穿刺至胸腔中，以便排空胸腔中的气体或液体。

流程

- 暴露胸部中段第 7 ~ 9 肋间区域并进行手术准备。
- 如果有超声，可以进行 TFAST（以胸腔为重点的创伤评估），以确定是液体或还是气体，以及最大液量的位置。
- **气体：**站立或趴卧时胸部中部至背部 1/3 处，侧卧时胸腔的最高点。
- **液体：**在站立或趴卧的动物中，第 4 ~ 7 肋间隙，腹侧 1/3 处（更谨慎的位置是第 6 肋间靠头侧的位置，首选超声引导以避开心脏）。
- 可以使用 18 G 或 20 G 蝴蝶针或带针导管。针头以 45° 角缓慢进入胸膜腔，在肋骨前缘（肋骨后缘是肋间动脉的位置）进针。
- 可以通过几种方式确认针头在胸膜腔内的位置：①可抽出液体或气体；②将一滴无菌生理盐水放在导管的外侧头，由于负压的作用，它将被吸进胸腔（一般只用于胸膜腔积液）；③可在连接 3 mL 注射器的情况下进针，并施加轻度的负压。一旦针头进入胸膜腔，就可获得液体或空气。
- 此时，应停止进针，进针角度应与胸壁平行。
- 连接一个三通旋塞阀并开始抽吸。

并发症

- 肺损伤。
- 医源性气胸。

胸腔管放置

如果存在大量气体或液体，则需要在胸腔内留置导管。如果在就诊的最初几小时内需要进行 2 次以上的胸腔穿刺，则应放置胸导管。胸导管有商品化的带大孔的硬管和 Seldinger 放置的柔性有孔导管。红色橡胶饲管也可以作为一种选择。必须钻 3 个或 4 个足够大的孔，以便液体顺畅流出。

流程

- 对危重的动物使用镇静剂和局部肋间神经阻滞。
- 对胸侧壁的一大块区域进行外科备皮。
- 选择的导管应与主干支气管的直径大致相同（根据胸

专栏 19.1（续）

腔 X 线片估计）。

- 提起肩胛骨水平的皮肤，向前或向后拉（使用液体向前、空气向后的记忆法来确定拉动的方向）。
- 在第 7 或第 8 肋间作一切口（比导管管径稍大）。
- 医生用止血钳从切口处钝性分离并进入胸腔。握住止血钳时，惯用手要抓住止血钳顶端，以防止过度穿透。
- 可以有气体进入胸腔（允许部分肺塌陷）。
- 胸导管以头腹侧方向留置以排出液体，以头背侧方向留置以排出气体（管套有助于引导胸管）。
- 松开皮肤，形成一个皮下通道。
- 将导管向每个方向扭转 180°，以确认它没有扭结。可以拍摄 X 线片来确认导管的位置。
- 将导管固定在肋骨的骨膜上（使用额外的局部麻醉剂）。
- 导管周围皮肤切口处进行荷包缝合，以关闭胸腔。
- 通过在第 8 或第 9 肋骨用缝线穿过皮肤并围绕导管固定。在导管周围进行“中国结缝合”或“指套缝合”，以防止导管滑出。
- 在切口处涂抹抗生素软膏，以形成更好的密封性。
- 在胸部穿手术衣，以提供胸导管的稳定性。
- 导管可以连接到胸腔引流泵以进行持续抽吸，或者将一个三通阀固定在导管上进行间歇性抽吸。
- 将利多卡因注入导管（1.5 mg/kg）。然后用生理盐水冲导管（1 ~ 3 mL，取决于导管的规格）。轻轻晃动患病动物，使液体完全接触胸腔。然后将丁哌卡因注入导管（1.5 mg/kg），再次用生理盐水冲导管。再一次轻轻地晃动患病动物，使液体完全接触胸腔。这种治疗可以每 6 h 重复一次以控制疼痛。如果患猫变得过于安静，可能需要调整剂量。
- 对于体重超过 15 kg 的气胸患病动物，可以使用海姆立克阀门。

技师笔记

在处理患有呼吸道疾病的动物时，要尽量做到有条不紊。先做风险最小但最重要的事情——在对疑似气胸的患病动物进行胸腔穿刺前，不一定需要拍片。可以进行诊断性穿刺来证实气胸的存在。

继续护理

一旦成功缓解了呼吸窘迫的紧急情况，患病动物需要进一步的管理。其范围包括从简单地观察患病动物数小时到机械通气数天。

对于处于睡眠状态且呼吸频率正常的患病动物，最好从笼边观察呼吸频率、呼吸是否费力和呼吸模式。出现过呼吸困难的患病动物可能因呼吸问题而精神不振，让它们安静休息有利于其康复。每次需要对患病动物进行操作时，技师应抓住机会听诊并评估肺音的变化。脉搏血氧仪是一种有效、相对非侵入性的评估氧饱和度的工具，但在呼吸频率稳定和呼吸不费力的动物中不需要频繁使用。一只呼吸频率正常、睡得很舒服的患病动物不需要通过脉搏血氧仪来监测每时每分是否稳定。但对于呼吸困难、呼吸频率高、呼吸费力的患病动物，则需要脉搏血氧仪监测和（或）补充更多氧气。

长期吸氧可能产生一些有害的影响。因此，尽量只在必要时供氧，并尽快降低氧气浓度。如果没有其他监测方式，可以用临床症状作为判断依据。理想情况下，技师应获得权限根据指标和临床症状来决定是否需要吸氧，而不仅仅是设定氧气流速。因此，技师应及时给动物提供所需的氧气，而不是在预约和手术之间等待兽医的评估。

如果急性期过后仍有呼吸困难的情况，需要特别注意，这些患病动物极易因为呼吸费力而体温升高。建议给患病动物提供宽敞的笼子或通风的空间，或在笼子的地板上放置垫子防止过热。许多患病动物可能会喜欢风扇，风扇也可以进一步改善空气流通并散热。如果使用吸氧脖圈或氧舱，必须控制温度和通风以避免过热。一些带有除湿系统的氧舱也将有助于控制温度。发热也可能出现，特别是在肺炎的情况下，因此区分发热和过热很重要。对发热患病动物的降温措施可能会导致患病动物体温持续升高。

与呼吸道疾病患病动物相关的其他护理注意事项包括患病动物的姿势、雾化、分泌物的清理、胸腔引流管和气管切开部位的管理。

技师笔记

为呼吸系统疾病的患病动物提供一个宽敞、通风的笼子，或地板空间，而不是封闭在狭小的笼子里。最大限度地增加空气流通，以避免因呼吸困难引起体温升高。还可以在笼子里放一个小风扇。

常见的呼吸系统急症

许多呼吸系统疾病会影响患病动物，有些可能会发生的比较紧急，有些也可能在住院后才发生。气胸、血胸、胸壁损伤、气道阻塞、肺水肿和肺炎等疾病会造成较急性的症状。接下来的部分中，我们将探讨每种呼吸道疾病的典型特征，并讨论一些常见的治疗方法。

创伤性疾病

气道、肺部或胸壁的创伤会严重影响呼吸，导致呼吸窘迫。车祸、被其他动物攻击或摔伤的患病动物最容易因创伤而出现呼吸窘迫。遭受火灾的动物肺部和气道会有明显的化学损伤和热创伤，身体其他部位也可能有热损伤。常见的情况包括喉部或气管创伤、气胸、血胸、膈疝、连枷胸、胸壁吸吮样伤口和肺挫伤。

喉部或气管创伤

喉部创伤往往是由其他动物攻击造成的，而且常伴有大范围的颈部伤口。呼吸困难的原因可能是由于喉部肿胀、舌骨或喉部本身的损伤。这些情况都可能危及生命，而且由于伤口离颈静脉和颈动脉很近，可能会导致严重失血。动物可能由于气道阻塞而不能有效地呼吸，需要立即进行气管插管，并在麻醉后检查颈部的伤口。

气管创伤可由各种情况引起，包括医源性原因，如插管导致气管撕裂。对于闭合型气管创伤，往往会出现大范围的皮下气肿。当颈部有伤口存在时，气体往往会逸出，皮下气肿几乎不可见。根据气管撕裂的位置，治疗方法会有所不同。除非伤口极小，否则患病动物往往需要手术。插管可能很困难，可以使用气管切开插管或使用支气管镜进行口腔插管。支气管镜可以进入气管内插管（endotracheal，ET），当医生在注射麻醉下对患病动物进行内窥镜检查时，气管插管从气管撕裂处滑过并进行气囊充气。然后在进行手术时，可以用吸入麻醉来维持麻醉状态。

胸膜腔疾病

外伤、凝血功能障碍、肺大疱破裂或心脏疾病都可能导致胸膜腔疾病。

气胸的出现是由于肺部部分肺泡破裂，气体被释放到胸膜腔内。气体很快就会在胸膜腔内积聚，如果没有排出（如胸膜腔穿刺），患病动物就会发展为张力性气胸。当胸膜腔的压力超过肺部的压力时，张力性气胸就会发生，导致肺不张或塌陷。出现这种情况时，患病动物的呼吸变得越来越费力，常常出现喘息，然后迅速发展为呼吸和（或）心脏衰竭。张力性气胸的唯一治疗方法是立即进行胸膜腔穿刺，以排出胸膜腔内的气体。由于胸膜腔的压力非常高，胸膜腔穿刺术最好使用大号导管，如 14 G 导管。通常最初不需要抽吸，因为压力太高，气体基本上会从导管中“嗖嗖”地跑出来，能较快排出。一旦大部分气体被排出，需要给予导管一定的压力，以继续吸出气体达到或维持胸膜腔负压。通常情况下，肺组织中的损伤很严重，需要较长时间才能愈合，或需要进行手术干预。在这些情况下，患病动物可能需要一个持续的抽吸装置（图 19.5）来维持负压。

当气体持续积聚时，可进行自体血胸膜固定治疗术。一般来说，当气胸病史很长，传统疗法无效，也无法进行手术时就会选择该操作。该操作是通过从颈静脉中抽取患病动物自身血液，在没有抗凝剂的情况下，将其注入胸导管内。理论上，新鲜血液会在胸膜腔内形成血凝块，随着继发性纤维蛋白溶解的发生，会刺激胸膜产生炎症，促进肺脏和胸膜之间形成粘连，有效地封堵漏点。这种方法已经取得了一些成效，而且是一种相对简单的操作。

血胸是继发于胸腔内血管破裂的情况。这可能是一个危及生命的紧急情况，因为既出现呼吸困难又出血，通常需要立即进行胸膜腔穿刺和手术（图 19.6）。在没有胸部外伤或膈疝的情况下，当血液制品无法使用时，来自血胸的血液可考虑用于自体输血（将血液送回血管内）。

膈疝的发生是由于膈肌出现撕裂，使腹部器官（通常是肝、胃、肠）向头侧移动进入胸膜腔内。先天性膈疝可能为偶然发现的，或者可能在患病动物出现急性症状时发现。创伤性膈疝是一种外科急症，可能同时伴有血胸或气胸。一般来说，在有膈疝的情况下，禁止进行胸膜腔穿刺，因为碰到腹部器官的风险很高，可能会造成污染。

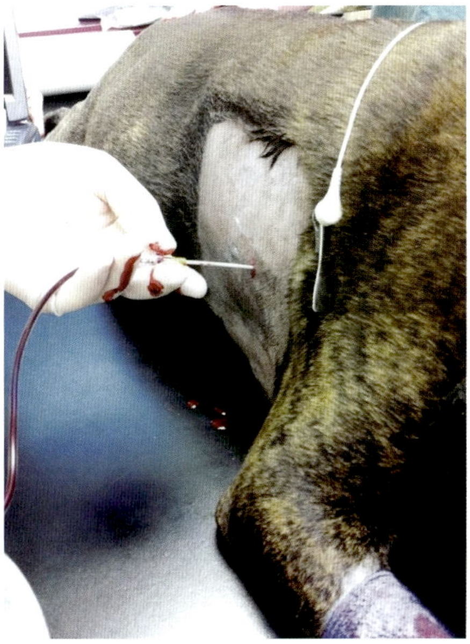

图 19.5　使用大内径导管对犬的血胸进行胸腔穿刺术

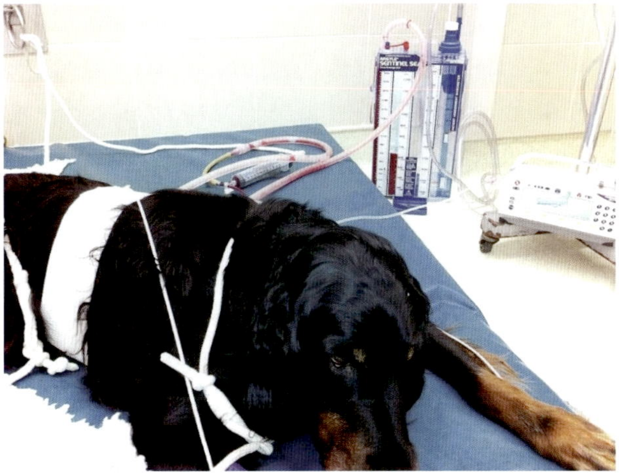

图 19.6　胸腔持续吸引泵装置，用于对胸腔引流管施加持续负压，抽出空气或液体

胸壁畸形

胸壁畸形可在胸部遭受钝性或穿透性创伤时发生。当多个相邻的肋骨多处骨折，导致胸壁完整性丧失时，就形成了连枷胸。当胸膜腔负压以启动吸气运动时，肋骨骨折区域会因压力变化而向内移动。在呼气时则相反，骨折区域以一种矛盾的模式向外移动。每次呼吸时的疼痛使患病动物的呼吸变得非常浅。连枷部分会导致胸部压力普遍下降，从而降低每次呼吸的效率。这两个问题都会造成严重的呼吸障碍。最初，提供足够的镇痛剂可能会帮助患病动物进行更深的呼吸。可使用阿片类药物和（或）以肋间神经阻滞的形式，或使用利多卡因或丁哌卡因进行全身性镇痛。其次，让患病动物患侧朝下，将最大限度地减少连枷段的移动。对于严重病例，手术可以固定肋骨骨折段。固定可以在内部或外部进行（最常见），以稳定连枷段使其愈合。

胸部贯穿性创伤会出现吸吮性伤口，吸气时产生负压（吸吮声），导致气体从伤口处涌入，呼气时气体可能被从伤口排出。需要对伤口进行手术探查，但在紧急情况下，对伤口进行闭塞性包扎（使用的材料通常是保鲜膜或自黏性手术布），并进行胸膜腔穿刺以排除胸膜腔内的气体（非常重要的步骤！），这能使患病动物更舒适地呼吸。如果患病动物的肺部同时有损伤，导致从内部产生气胸，闭合伤口可能会导致张力性气胸，此时不可封闭包扎伤口。

肺挫伤

肺挫伤继发于胸部钝性外伤。挫伤最初在 X 线片上可能并不明显，但在损伤后 24 ～ 36 h 内继续发展（就像任何瘀伤一样）。由于挫伤是肺组织出血的结果，所以过度输液会使病情恶化。治疗管理通常包括让患病动物自愈并在必要时提供对症支持，一些患病动物需要更进一步的治疗，如机械通气。

吸入烟雾

处理在火灾中幸存的动物涉及多个方面。主

人可能正承受着严重的应激（除了心爱的宠物，主人还失去了一切）。在此类灾难发生后，一些组织通常会帮助陷入财务困境的人们。一些兽医机构也为这种情况建立了资金和资助协议。

损伤的类型取决于许多因素（如暴露时间、燃烧物品类型，以及暴露的热度和强度）。低氧血症、肺损伤和热损伤是三个主要问题。热损伤最常影响的是上呼吸道，可能会出现很严重的黏膜肿胀和刺激。下呼吸道并发症也很常见。需要进行全面的体格检查，包括检查皮肤是否有烧伤或刺激、眼睛是否有角膜溃疡，以及神经系统是否有异常迹象。

就诊时，需要立即对动物进行吸氧治疗。动物也可能需要解决热损伤，同时需要将被毛中的灰尽可能去除，以阻止进一步的吸入性损伤。体况稳定后拍摄 X 线片，以便在受伤后的前几天内对肺脏进行重新评估。持续治疗包括液体治疗、氧气支持、疼痛管理，以及擦伤和烧伤的护理。除非出现了感染，否则不建议使用抗生素。另外，可能需要雾化以帮助保持气道湿润。在这种情况下，也可使用高压氧疗法。

气道疾病

气道阻塞

气道阻塞通常继发于异物卡在喉部、气管或肺部深处。也可能由结构性和遗传因素引起，如严重的短头综合征（brachycephalic airway syndrome，BAS）、喉麻痹和气管塌陷，或继发于过敏反应，如严重的疫苗反应或昆虫叮咬。

完全气道阻塞的患病动物可能出现呼吸暂停或心脏停搏或严重的呼吸问题。快速识别气道阻塞是成功救治的关键。将动物摆位后进行气管插管可以直接看到异物并将其移除，或看到喉头水肿等其他异常。如果物体不易取出或无法进行气管插管，取出异物或控制肿胀的同时进行紧急气管切开术可使患病动物体况稳定下来。

喉麻痹

喉麻痹，通常被称为“Lar-Par”，在大型老年犬中是一种相对常见的急症，最常见于老年雄性拉布拉多猎犬。它是由喉部的杓状软骨麻痹引起的，正常情况下杓状软骨在吸气时张开，当吸气时杓状软骨不张开甚至塌陷，就会导致气道阻塞。

患病动物通常表现出严重呼吸困难，可能会出现黏膜发绀。到院时往往体温过高、气喘和恐惧。该病通常会在天气炎热时发生，为了降温而气喘会使它们变得很痛苦。在出现紧急情况之前，主人可能已经注意到动物出现了异常的呼吸声。这种声音非常粗糙和刺耳，通常是在吸气时，由于空气在松弛的杓状肌上摩擦时产生的振动，被称为吸气性喘鸣，是上气道问题的典型特征。主人也可能表示犬的吠叫声发生了变化，变得更加嘶哑、刺耳或音调不同，并观察到动物经常表现出运动不耐受，运动时喘鸣声增加。

杓状肌的麻痹可能是单侧或双侧的，因为无法正常关闭气道，患病动物会有吸入性肺炎的风险。紧急处理与其他上气道疾病相似：疏通气道、缓解肿胀（通常使用皮质类固醇）、提供镇静剂［通常选择乙酰丙嗪（低剂量）和（或）布托啡诺］、管理高热，并在需要时吸氧。尽管轻症患病动物可以进行药物治疗，但在大多数情况下建议进行手术。手术方案有数种，最常见的是单侧杓状软骨固定术，通常称为喉“绑带”。

短头综合征

BAS 是另一种常见的呼吸急症，通常与炎热潮湿的天气有关。众所周知，短头动物的气管发育不全（小）、软腭过长、鼻孔狭窄和喉小囊外翻，缩短的鼻道对气流的阻力增加，所有上述异常都会导致流向肺部的气流减少。这种情况再加上炎热潮湿的天气或运动，可能会导致危险。与其他上气道疾病相似，患病动物经常出现高热和呼吸急促，伴有呼吸费力、发绀和高碳酸血症，异常的呼吸音包括喘鸣音（源于喉部肿胀、扁桃体和喉小囊外翻）、鼾声（与鼻和鼻咽相关的鼾声）。

紧急治疗的关键是积极为患病动物降温以控制高热，通常给予低剂量的皮质类固醇以减轻炎症，并供氧（图 19.7）。RSI 通常是必需的，而短

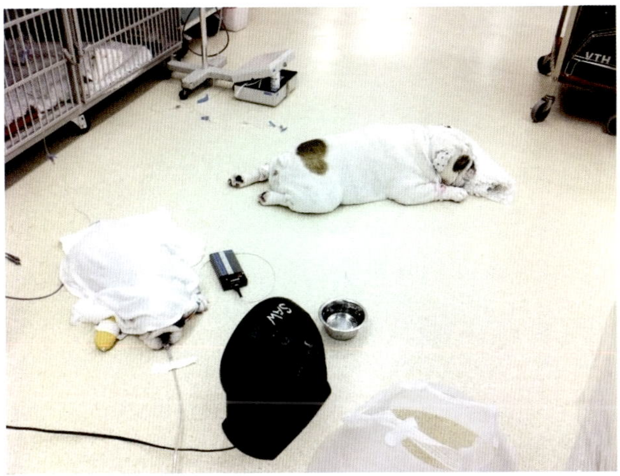

图 19.7 2 只患短头综合征的斗牛犬。采取主动冷却（湿毛巾和风扇）的效果很好，犬还可以在凉爽的地板上休息。必要时提供氧气和给予镇静剂

头动物通常会在最小的镇静下处于睡眠状态，并保持气管插管数小时。吸入性肺炎在这些患病动物中也很常见，胸部 X 线片可能是有用的。通常情况下，需要通过手术来切除部分软腭、增加鼻孔大小和去除喉小囊，最大限度地减少未来发生呼吸困难的风险。

猫哮喘

哮喘是引起猫呼吸窘迫的常见原因。猫表现为呼吸困难、张口呼吸、呼吸急促、呼吸不畅、呼气费力和（或）咳嗽，呼气时可听到喘鸣音。有时很难区分哮喘和心源性呼吸困难，但通常咳嗽和正常至升高的温度可以帮助区分哮喘和心脏病，因为心脏病患猫一般不咳嗽，并且通常表现出低体温。

紧急干预措施包括将猫置于富氧环境中，使用轻度的镇静剂。此外，沙丁胺醇通常以吸入的形式给药，最好借助猫“AeroChamber”和面罩使用。在猫稳定下来后拍摄 X 线片，X 线片可能会显示肺部过度通气。

肺水肿

肺水肿是引起呼吸窘迫相对常见的一个原因。肺水肿本质上是心源性或非心源性的，根据其严重程度可能会导致严重的呼吸窘迫。

顾名思义，心源性肺水肿继发于心脏病。潜在病因可能是已被诊断或在呼吸窘迫时被诊断的心脏病。非心源性肺水肿与心脏病无关，是胸腔内压力急剧变化的结果。肺水肿的典型表现包括突发呼吸困难，其特征是张口呼吸和呼吸急促、流浆液性或泡沫状粉红色鼻涕和缺氧。听诊通常会出现响亮的肺部水泡音和喘鸣音。

尽管心源性肺水肿引起的呼吸困难看起来是急性的，但通常不是急性发作的。主人可能已经发现动物出现了夜间咳嗽、不愿趴下、呼吸急促，以及不安焦虑。心源性肺水肿通常需要使用呋塞米或其他利尿剂，并配合低液速和吸氧等进行积极治疗，偶尔需要进行机械通气。

相反，非心源性肺水肿通常是非常急性的。在癫痫发作、勒颈、溺水或触电等刺激性事件后出现的呼吸困难可能会提示非心源性肺水肿。非心源性肺水肿时，肺部出现高蛋白液体，对利尿剂治疗无反应。它通常也被称为“一过性”肺水肿，提示起病较急。支持性护理包括吸氧疗法，或者在严重时进行机械通气和对因治疗。

如需对肺水肿患病动物进行插管，经常会有粉红色、泡沫状的水肿液充满管腔。抽吸气道或“倾倒”患病动物（抬高臀部和胸部，以排出液体），可能会迅速提高患病动物的通气能力。

肺炎

肺炎可继发于多种情况。一般来说，细菌性肺炎是小动物中最常见的形式。其他类型的肺炎包括真菌性、病毒性、吸入性肺炎，以及刺激物（如烟雾、热和化学物质）导致的肺炎。

细菌性肺炎

细菌性肺炎通常继发于呼吸道感染，如支气管败血鲍特菌。虽然这种微生物通常会引起气管支气管炎，但这种感染可能对肺部更具侵袭性，从而导致肺炎。通常可通过放射学评估进行诊断，进一步的检查诸如经气管灌洗（transtracheal washes，TTWs）和支气管肺泡灌洗（bronchoalveolar lavage，BAL）等可以识别病原微生物。

真菌性肺炎

真菌性肺炎患病动物往往会出现一段时期内咳嗽加重的病史。真菌通常生长缓慢，因此呼吸道症状渐进性发展，直到患病动物出现明显的呼吸困难。有多种真菌会导致呼吸道（以及其他系统性）疾病。大多数真菌是犬在探索和嗅探地面时吸入的土壤生物，但猫也可能被感染。多数情况下，受感染的患病动物免疫力低下，从而使感染难以得到控制。

可能导致肺炎的真菌往往有地理局限性。北美最常见的真菌性肺炎包括芽生菌病、组织胞浆菌病、球孢子菌病和隐球菌病。芽生菌病是由皮炎芽生菌引起的，最常见于美国和加拿大的东海岸和五大湖地区。由荚膜组织胞浆菌引起的组织胞浆菌病在美国中部很普遍，常见于五大湖到得克萨斯州。由粗球孢子菌引起的球孢子菌病在美国西南部、加利福尼亚州和墨西哥很常见。由新型隐球菌引起的隐球菌病是一种普遍存在的真菌，能在大多数环境中发现，并通过鸽子粪便传播。猫比犬更容易被感染，并且通常因其他并发疾病而导致免疫功能低下。

真菌性肺炎通常以肺炎支持治疗和抗真菌药物为主。感染可能严重到需要机械通气。

病毒性肺炎

病毒性肺炎不像其他类型的肺炎那样常见，但最近在美国和加拿大的一些地区，犬流感已成为严重肺炎的病原。犬流感是由犬流感病毒 H_3N_8 引起的，该病毒从马流感病毒变异而来。2004 年，在灵猩赛犬场首次被报告为引起犬流感的原因，之后在社区犬体内被发现。这种流感病毒的致病机制类似于人类流感，但不会传染给人类。典型症状包括咳嗽、流鼻涕和高热，就像人类一样，一些犬的症状比其他犬更严重，可能出现肺炎，甚至死亡。

由于这是犬的一种相对较新的疾病，大多数犬没有抗体并且很容易感染。到达医院后，需要立即对感染或疑似感染的患犬进行隔离。隔离程序必须要严格，以确保院内其他犬的健康。可以通过采集呼吸道分泌物或 2 份血液样本来进行检测以确认是否为犬流感——一份是在发病时采集，另一份是在恢复后 2 ~ 3 周采集。

主要是支持性治疗，可能需要液体治疗、广谱抗生素（如果有指征）和氧气支持。

吸入性肺炎

吸入性肺炎是一种常见的急症，常见于危重症住院患病动物。通常继发于大量呕吐、仰卧时呕吐或反流、巨食道引起的反流或麻醉后的反流，或作为喉麻痹的并发症。当吸入受污染的、非常刺激的胃内容物，可能会导致气道阻塞、水肿、支气管收缩和肺泡塌陷，以及继发于气道污染的肺炎。最常影响的肺叶是右中叶，其次可能影响前叶。这种类型的胸部 X 线片通常被诊断为吸入性肺炎。但一般而言，放射学异常可能晚于临床症状。吸入性肺炎的症状通常在误吸发生后 24 ~ 36 h 内出现。

肺炎患病动物可出现发热，伴有呼吸急促或呼吸困难、低氧血症和肺湿啰音。通常进行抗生素治疗（当有指征时）、氧疗、雾化和支持治疗。虽然轻度肺炎在适当的护理下通常能够预后相对良好，但严重肺炎的预后则较为谨慎。对肺部的损伤可能会导致急性呼吸窘迫综合征，将大大降低痊愈的可能性。

不应低估兽医技师在识别和管理呼吸系统急症时的作用。兽医技师应该能够轻松识别危及生命的呼吸困难，识别正常与异常的肺和气道音，并通过准备各种急救方案来帮助兽医进行治疗。了解氧疗，根据临床判断来确定应对方案，并识别患病动物出现恶化的情况等，是技师应该熟练掌握的技能。许多呼吸系统疾病会导致动物出现严重的呼吸窘迫。对于各类原因导致的呼吸困难而言，尽管最初的体况稳定和数据采集方法相似，但其治疗方法可能会有很大差异。对整个疾病过程的掌握将有助于理解如何对患病动物进行治疗，以及如何达到最终的治疗结果。

推荐阅读

[1] Byers C.G., Dhupa N. Feline bronchial asthma: Pathophysiology and diagnosis. Compendium. 2005; 27(6):418–425.

[2] King, L, (Ed.). (2003) Textbook of respiratory disease of the dog and cat. St. Louis, MO: Elsevier.

[3] Lodato D.L., Hedlund C.S. Brachycephalic airway syndrome: Management. Compendium. 2012; 34(8): 1–E7.

[4] Millard R., Tobias K.M. Laryngeal paralysis in dogs. Compendium. 2009; 31(5):212–213.

[5] Steele, A. M. VIN/VSPN, advanced critical care nursing course.

场景

目的： 为兽医技师和兽医团队提供建立或加强快速评估典型呼吸系统急症的机会。

背景： 急诊诊所被认为是二级机构［基于兽医和急重症护理协会（Veterinary and Emergency Critical Care Society，VECCS）机构认证］，至少包括 4 名工作人员，包括 1 名 ER 临床医生、2 名兽医技师和 1 名接待员，接待员必要时也需协助处理动物。还需要 1 名备用医生随叫随到，协助手术。

场景

周六晚上，春天首个炎热的日子。

一位宠主非常焦虑地给您的诊所打电话。家里的 3 岁英国斗牛犬无法控制地喘气，不愿趴下，偶尔会咳嗽，然后倒下。它马上又站起来，重复这个过程。

演示

- 将病例交接给工作人员，包括接待员。
- 运用电话急诊分级的技巧，讨论要问主人的问题。
- 向主人提出建议以完成场景模拟。

问题

- 应该向主人提出哪些问题？
- 考虑到今天是一个非常炎热的日子。这是否与其相关？
- 是否有任何必须考虑在内的品种倾向性？
- 可能涉及哪些主要器官系统？
- 主人是否需要立即将犬带到诊所，或在第二天早上再来？

教学要点

- 对呼吸系统急症的电话分诊进行回顾。
- 让兽医团队集思广益，讨论如何最好地处理这种类型的紧急情况。
- 讨论短头综合征的主要发病倾向、原因和典型表现。

医学计算练习

一只 42 kg 的杜宾犬因突发虚弱、晕厥和呼吸费力就诊。在问诊时，你注意到它的呼吸很费力，不愿趴下，摇摇晃晃，头颈伸直。体检时，你注意到：心率为 210 次 /min，脉搏明显缺失，呼吸频率为 72 次 /min，听诊肺啰音，黏膜呈砖红色。你问客户，你是否可以把患病动物带到治疗区吸氧，并让兽医在那里对它进行检查。兽医怀疑是心源性肺水肿，因此要求进行脉搏血氧监测、心电图检查、静脉注射 2 mg/kg 呋塞米。呋塞米是一种 50 mg/mL 的溶液——你将为该患病动物提供多少毫升的呋塞米？

a.0.85 mL　　b.1.7 mL

c.2 mL　　d.4 mL

第 20 章

胃肠道急症

Jennifer J.Devey

学习目标

1. 准确地描述呕吐。
2. 区分不同的镇吐药物。
3. 了解鼻饲管对胃肠道急症的重要性。
4. 掌握胃肠道急症管理的基本原则。
5. 了解监测影响治疗方案和转归的基础指标。

章目录

关键词

腹泻
胃扩张和扭转
鼻胃管
胰腺炎
腹膜炎
呕吐

胃肠道（gastrointestinal，GI）急症是兽医学常见的问题之一，其常见的临床症状包括恶心（通常表现为流涎、干呕或反流）、呕吐及腹泻。还有些症状没有明确指向性或不易被发现，如嗜睡、烦躁不安、颤抖、姿势异常、嚎叫。在有些患病动物中，厌食可能是唯一症状，尤其是猫。若出现腹部触诊疼痛，往往提示问题更严重。

本章阐述了胃肠道相关的常见紧急情况，包括食道、胃、小肠、大肠及胰腺相关的问题。通过准确询问患病宠主，充分了解病史，进而进行彻底的体格检查，这些对早期诊断至关重要，之后还需要选择适当的诊断性测试，以及适合的治疗方案，并避免过度医疗。

> **技师笔记**
>
> 对于胃肠道急重症动物，技师的职责为记录病史并进行体格检查、实验室检查、X 线检查、协助超声检查及内窥镜检查，术前准备器械及耗材并协助手术、麻醉监护，提供术后护理，并确保治疗和支持护理的进行。

呕吐

呕吐（vomiting）（胃肠道内容物的主动排出）常以恶心（如烦躁不安、流涎、反复吞咽）为前兆，随后伴随腹部及膈肌强有力地收缩，排出食糜及液体。呕吐反射是以化学感受器触发区、高级中枢神经系统中枢、前庭系统以及外周感受器共同参与并传导至延髓呕吐中枢引发的。为了能采取合适的治疗措施，应了解每只患病动物呕吐的病因及发生机制。例如，犬胃扩张刺激外周感受器，引发呕吐，因此，这种情况下合理的做法为放置鼻胃管（nasogastric tube，NG tube）释放胃部压力，而非使用 5- 羟色胺受体拮抗剂（镇吐药）。

由于呕吐和反流的潜在病因及治疗方案不同，应将两者区分开。反流提示食道存在问题，通常没有恶心前兆，食糜 / 液体也不是主动排出的。反流通常发生于进食或饮水后不久，反流出的食物尚未消化。一些具有呕吐问题的患病动物同时伴发食道疾病时，可能在反流时会伴有恶心表现，这种情况通常难以区分。

喷射样呕吐通常与幽门排出受阻及肠梗阻有关，肠梗阻可分为机械性（如异物梗阻）或功能性［如幽门肥厚或肿物（良性或恶性）压迫］。呕吐白色液体提示胃或食道疾病；黄色液体提示呕吐物来自胃部并混有来自十二指肠的胆汁；绿色液体表明呕吐物主要来自十二指肠的胆汁，黄色和绿色呕吐液都可能与胰腺炎有关；棕色液体提示粪便样内容物从小肠远端回流，这种呕吐液常常伴有类似粪便样气味；呕吐物带血（呕血）提示食道、胃或十二指肠糜烂或溃疡，但患空肠疾病的动物偶尔也会存在此类情况；呕吐物带有黑色斑块或呈现“咖啡渣”样时，表明胃部存在慢性出血，这种性状是由于血红蛋白在胃酸的作用下发生变性而呈现的。

应尽可能准确地描述所有患病动物的呕吐特点（专栏 20.1），无论是简单的还是复杂的胃肠道患病动物，都可能因为呕吐症状描述不准确而得不到有效的治疗。准确描述呕吐物性质并告知医生非常重要。记录呕吐频率以及呕吐量对治疗非常关键，因为这些患病动物的液体治疗主要根据持续丢失量的多少进行调整。因此，需尽可能准确地估算呕吐量，但当呕吐物浸湿床垫等物品时评估较困难。不鼓励使用数字分数（1+、2+、3+ 等）去描述呕吐物，因为每个人对于这些数字的含义都有不同的标准。呕吐物的性质也很重要。呕吐物黏稠意味着持续脱水。带血表明胃肠道的糜烂或溃疡尚未愈合，应尝试查找是否有异物等外来物质。如果患病动物正在进食，呕吐物中有食物可能需要改变饲喂方式。呕吐的发作时间（因为它与食物或水的摄入，或给药有关）值得注意，因为这将提供有关潜在疾病的线索，从而有助于指导治疗。

腹泻

与呕吐一样，描述腹泻（diarrhea）的特征对于辅助确定潜在病因和指导治疗很重要（专栏 20.2）。应注意是否存在粪便不成形、黏液、鲜血（便血）或黑色血块（黑便），并记录腹泻频率。明显便血的动物，其便血的特点可描述为：水样、血凝块、混有血液的粪便等。频繁腹泻、粪便不成型或带黏液，通常与大肠有关。粪便带鲜血通常提示结肠炎，但运动过度的动物，粪便中也可能出

专栏 20.1　呕吐的评估

是反流（没有恶心或胃肠道内容物主动排出的过程）吗？
是呕吐（恶心和腹部收缩 / 胃肠道内容物的主动排出）吗？
是喷射性呕吐吗？
是干呕吗？
呕吐物是什么颜色（白色、黄色、绿色、棕色、红色）？
是否带血（红色、黑色或化学物质残留）？
呕吐频率如何？
呕吐量为多少？
呕吐物的形态（液体、泡沫）？
何时发作（在饮水、进食、服药后）？

专栏 20.2　腹泻的评估

腹泻频率？
腹泻量？
粪便的形态（水样便 / 软便 / 未消化的食物 / 异物）？
是否带血（红色、黑色）？
是否有里急后重的表现？
是否有异常气味？

现来自空肠远端或回肠的出血。粪便的颜色、气味、未消化食物或异物的存在都应引起注意，因为这些都是胃肠道健康状况的重要线索。

急救措施

经常有宠主给动物医院打电话，因家中宠物出现胃肠道疾病而咨询，他们可能会描述宠物有干呕、呕吐、腹泻或误食异物等病史。有些描述的症状明显是紧急情况，如干呕和腹胀，对任何年龄的犬而言，都提示胃扩张和扭转，但有些疾病并不容易诊断。

技师笔记

几乎所有患有胃肠道疾病的动物都应接受系统性检查，因为很多时候在宠主看来是小问题的情况，实际上可能是很严重甚至危及生命的疾病。我们很难通过电话确定这一点。

如果宠主无法携带有呕吐症状的动物来院就诊，则应尽可能保证动物禁食 12 ~ 24 h、禁水 4 h 以上。当动物可重新饮水时，应每 1 ~ 2 h 饲喂小冰块或几小匙或一大匙水（取决于患病动物的大小）或电解质溶液。如果再次呕吐，应建议主人立即带动物来院进行检查。如果 12 h 重新少量饮水没有呕吐，则可每 3 ~ 4 h 饲喂几小匙或一大匙清淡食物。如果动物在进食后呕吐，强烈建议来院进行检查。如果接到宠主夜间急诊电话，而主人拒绝进行检查，则应严格禁水禁食，并于次日早晨尽快让动物进行检查。如果动物出现严重的水样腹泻或腹泻带血，但没有呕吐，而主人无法带来进行检查，则不应禁水，但应禁食至少 8 ~ 12 h。如果患病动物是幼年犬（0 ~ 6 月龄）或非常小的品种，需谨慎给出建议，因为如果长时间不进食，极可能出现低血糖。应确保兽医能参与此通话。如果在 4 ~ 6 h 后，这些严重的腹泻表现仍然存在，宠主应立即带动物就诊。在所有情况下，宠主都应被告知，如果不对动物进行检查，将无法有效对疾病诊断，有可能导致简单的疾病发展为严重的疾病。

对于疑似误食异物或有毒物质的动物，应第一时间在家催吐，并带至医院诊治或在家中持续监护。但催吐不适用于意识水平变差或发生呼吸困难的动物。对于摄入腐蚀性毒素、以石油为原料的产品，以及异物在排出时可能会卡住或对胃、食道或口腔造成创伤的情况，催吐也是禁忌证。对短头犬催吐也有很高的风险，因为它们的呼吸道很容易受到损害。有关摄入毒素和催吐的更多信息，见第 26 章。

技师笔记

若宠主对动物呕吐的原因无法确定，应建议立即来院治疗。

体格检查

胃肠道急症患病动物的病情可能是稳定的、危急的，或介于两者之间的任何等级。对于病情稳定的患病动物，在开始诊断和制订治疗计划之前，需要进行完整的病史和体格检查，包括对所有 5 种生命体征［体温、脉搏、呼吸、血压（blood pressure，BP）、疼痛评分］的评估（Lynch，2001）。对于危重症动物，应在快速评估之后立即采取复苏措施，最初可能没有时间收集完整的病史或进行完整的身体检查。

胃肠道疾病的动物可能并发吸入性肺炎或肺转移性疾病，应密切注意呼吸频率和深度、通气模式和有无咳嗽。应在胸腔两侧仔细听诊。

血液循环的评估应包括动脉和静脉的评估。血压是第四个生命体征，应该全程监测。脉搏触诊可能提供一个非常不准确的压力评估，因为手指感受到的脉压，是收缩压和舒张压之间的压力差，而不是血压本身。对病情稳定动物测得的正常血压可作为监测的基线，用于监测病情是否恶化。如果动物存在明显低血压，那么它有助于识别本来可能被漏诊的更不稳定的疾病，同时也有助于指导液体治疗。可以使用多普勒超声血流检测器或示波器。首选多普勒，因为它可以评估血流量（灌注）和血压。此外，许多心律失常都可以用多普勒检测到。如果使用示波器，应注意确保其检测出准确的脉冲，并使用合适型号的袖带（更多信息见第 2 章）。

动脉约占 10% 的血容量，故血压不能很好地反映血容量。由于 30% 的心输出量流向肠道，所以有必要估算血容量，以最大限度地提高肠道充分灌注的可能性。静脉约占 70% 的血容量。因此，每当担心发生低血容量时，都应评估静脉容量。在颈静脉位置剃毛，按压胸腔入口处，如果无法触诊静脉（非肥胖患病动物），那么患病动物极有可能发生低血容量。

如果听诊发现患病动物有任何心律失常或心血管不稳定情况，则应评估Ⅱ导联心电图。继发于循环性休克的心肌缺氧或缺血患病动物常出现室性期前收缩或 T 波振幅升高（大于 R 波振幅的 1/4）。在没有原发性心脏病的患病动物中，这通常是低血容量或贫血的结果，治疗得当后会有很好的反应。

对于持续性、严重心动过缓或低血压的患病动物，直肠温度计可能会引起迷走神经介导的停搏，因此在这些患病动物中应谨慎测量直肠温度。直肠扩张患病动物的直肠温度可能由于空气的存在而极不准确，体温计的尖端必须与直肠黏膜接触。如果担心直肠温度的准确性或安全性，那么可以测量腋窝温度或耳温。如果存在严重的灌注不足，则可以测量趾间温度（温度计插入指掌或跖骨垫之间），并与直肠温度进行比较。如果患病动物灌注正常，那么直肠和趾间之间的温差（ΔT）应小于 4℃（7℉），这也可作为复苏期间的监测工具。

腹部应进行听诊、触诊和叩诊，以确定疼痛的位置，并检测积气、积液的器官或实质肿物。听诊应先于触诊，因为触诊可导致肠鸣减弱。没有肠鸣说明胃和结肠循环状态不佳。这是一个重要的临床指标，患病动物此时可能不耐受固体食物。应作直肠检查，并注意是否存在出血。需检查腹壁皮肤，因为瘀点或瘀斑可能提示血小板减少或凝血功能障碍。腹部表面的静脉扩张与腹内压升高有关，这表明腹内问题严重，可能与前负荷降低和心输出量减少有关（图 20.1）。

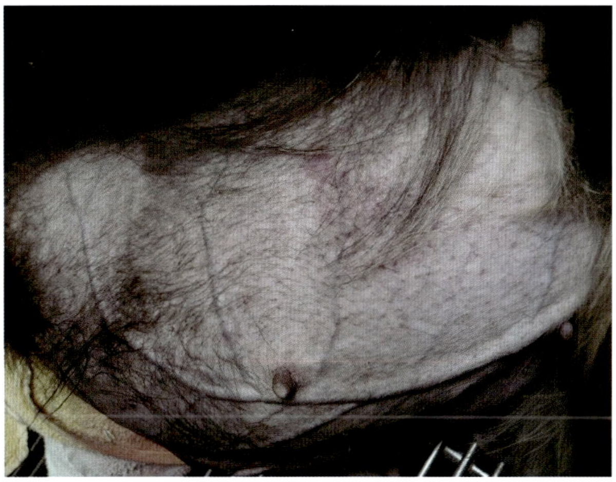

图 20.1　上腹部表面的静脉怒张

技师笔记

对兽医技师来说，对其护理的每一只患病动物进行体格检查非常重要。虽然无须像兽医做检查那样完整，但它提供了基本信息，如果要对患病动物进行适当的监测，这是必不可少的。熟练程度是通过不断检查患病动物，并在遇到问题时向更有经验的前辈征求意见来增加的。这是一个不断学习的过程。

危重症动物的复苏

因胃肠道急症而出现急腹症的患病动物，可能同时存在呼吸系统和（或）心血管系统的不稳定。因此，在就诊时，应尽可能在 30 ~ 60 s 内快速完成初步病史调查和临床检查（评估意识、气道、呼吸和循环水平），并根据临床表现对异常情况进行干预。根据病情的严重程度，在进行全面体检之前，可能需要进行供氧和液体复苏。这时可以获得一个非常简短的既往史（坚持要求宠主尽可能用一两句话简述病程）。在获取完整病史的过程中，不应延迟对危重症动物的复苏，应立即从宠主那里获得开始治疗的许可。这通常是由技师在兽医进行初始评估的过程中完成的。在进行诊断性检查时，也不应延迟复苏，除非这些检查对指导复苏至关重要。

对任何有呼吸用力增加或休克迹象的患病动物，都应使用直流式吸氧方法，并提供高流速（即

3 ~ 15 L/min）的氧气。应放置 1 ~ 2 个大口径静脉导管（中型犬和大型犬为 14 ~ 16 G，小型犬和猫为 18 ~ 20 G）。尽快纠正灌注异常。持续输液治疗，直到收缩压大于 100 mmHg，心率接近该品种或患病动物同体型动物的正常值，指脉可触及，患病动物的精神状态已改善。对犬可先按 30 mL/kg 静脉推注，使用平衡电解质溶液，如乳酸林格液（Vetivex®，Dechra 兽医产品，Overland Park，KS），Normosol-R（Normosol®-R，Hospira，Lake Forest，IL），或多种电解质 1 型（兽医 pHyLyte®，Dechra 兽医产品，Overland Park，KS）。如有必要，可以重复使用，但理想情况下，犬不应超过 90 mL/kg，猫不应超过 60 mL/kg。可能还需静脉推注 5 ~ 20 mL/kg 的合成胶体液，如四聚淀粉（Vetstarch®，Zoetis Inc.，Kalamazoo，MI）。或者，如果血压无法确定，则可联合使用 7.5% 的高渗盐水（1 mL/kg）和羟乙基淀粉（3 mL/kg）。输注的晶体液 70% ~ 80% 会在短短 20 min 内离开血管。这些患病动物通常需要胶体，因为单独使用晶体液复苏可能导致组织水肿（外周、肠道和肺部）。猫的液体容量应减少 30% 左右。对液体无反应的患病动物可能需要使用升压药。

继发于胃肠道问题的全身炎症反应综合征（SIRS）或败血症患病动物可能出现低血糖。如果患病动物出现精神状态改变或休克，应尽快检查血糖水平，如果患病动物出现低血糖，应给予 1 ~ 2 mL/kg（0.5 ~ 1 mL/kg 50% 葡萄糖）25% 葡萄糖静脉推注。给药前需用晶体液 1 ∶ 3 稀释。随后应立即补充葡萄糖，通常首先恒速输注（constant rate infusion，CRI）5% 含糖液，并根据监测血糖水平进行调整。

诊断

为了进行确诊和评估疾病的严重程度，需要进行诊断性检查。检查的选择，取决于就诊原因。血液检查，包括红细胞压积（PCV）、总固体（TS）、血尿素氮（blood urea nitrogen，BUN）（最好是肌酐）和葡萄糖，应该是即时数据库的一部分。理想情况下，应评估电解质和静脉血气分析，因为这些值通常提供非常有用的信息。例如，代谢性酸中毒通常表明灌注改变，低氯血症伴发代谢性碱中毒通常提示胃或近端十二指肠梗阻，轻度低钠血症常提示明显的第三间隙积液（细小病毒、腹膜炎等）。全血细胞计数与血涂片镜检的白细胞分类、红细胞形态和血小板评估可提供重要的信息。更全面的检查还包括血清生化和尿液分析。根据潜在疾病的不同可能还需要其他的检查（见特定胃肠道急症部分）。所有危重症动物和需要手术的患病动物都应进行凝血试验（凝血酶原时间、活化部分凝血活酶时间）。应对所有腹泻患病动物进行粪便筛查，包括直接涂片以排除寄生虫、梭菌孢子，和粪便漂浮试验以排查贾第鞭毛虫。细小病毒检测适用于所有出血性腹泻的幼犬，特别是疫苗接种情况不详的幼犬。

这些病例通常都需要进行腹部 X 线检查。浆膜细节丢失通常提示腹腔积液，一旦在 X 线片上出现该征象，则提示腹腔积液量通常在 10 mL/kg 以上（Henley et al.，1989）。腹腔内游离气体提示胃肠道破裂（图 20.2），需紧急手术。可能需要用钡制剂等进行造影检查。如果担心胃肠道穿孔或误吸，不应使用钡制剂，而是使用水溶性造影剂。腹部超声可用于诊断某些胃肠道急症，但由于超声波不能穿透空气，所以超声对胃肠道内有大量空气的患病动物诊断意义有限。腹部超声在检测肠梗阻方面比 X 线检查更准确（Sharma et al.，

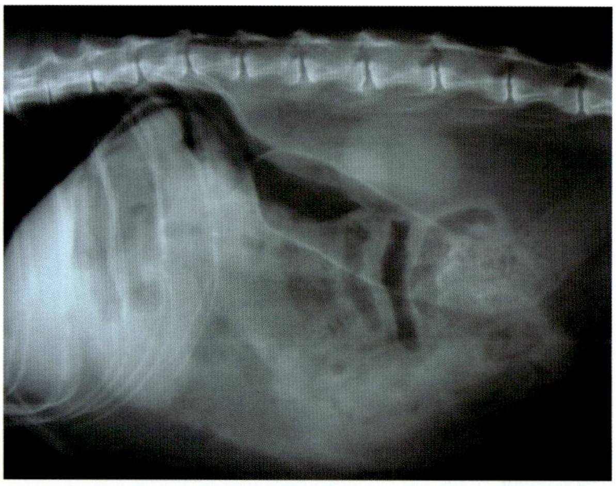

图 20.2 继发于肠道破裂的气腹

2011），但这既取决于操作人员又取决于机器。CT 在诊断梗阻方面比超声更准确，并且检测时间更短（Winter et al.，2017）。对于食道疾病或功能性障碍、吸入性肺炎或怀疑有转移的患病动物，理想情况下应进行胸部 X 线检查。

一旦确定腹膜炎（peritonitis），建议行四象限腹腔穿刺术或超声引导下腹腔穿刺。如果不能进行超声检查，则应进行诊断性腹腔灌洗。诊断性腹腔灌洗需要多向导管，温热的 0.9% 生理盐水和收集袋。动物左侧位，腹部腹侧中线做好外科准备。局部阻滞，在脐后 2 cm 腹中线或腹中线旁入针，将温热的等渗液注入腹腔（20 mL/kg），轻轻按摩腹腔使液体与腹腔液混合，抽出并收集腹腔液样本。如果在灌洗过程中患病动物的呼吸状况变差，则应停止灌洗。对抽出的腹腔液应评估 PCV、TS、白细胞计数和生化指标。即使只有一个白细胞胞内吞噬细菌，也表明感染性腹膜炎，需紧急手术。与血清中的浓度相比，腹腔液体淀粉酶、脂肪酶或碱性磷酸酶水平升高提示小肠或胰腺疾病。腹腔液胆红素水平高于血清胆红素水平表明胆道有泄漏。

技师笔记

如果血糖水平比腹腔液葡萄糖水平高 20 mg/dL（1.1 mmol/L），即提示腹膜炎，血液与腹腔液乳酸浓度差大于 2 mmol/L 也提示腹膜炎（Bonczynski et al.，2003）。

药物治疗

液体治疗对胃肠道患病动物的治疗至关重要。通常需要静脉输液治疗。然而，对于没有呕吐的患病动物，也可进行肠内液体治疗。液体支持应持续进行，直到患病动物饮水量充足为止。选择的晶体液类型、胶体液的使用和给药的速度取决于患病动物的状态和潜在的疾病过程。通常是输注缓冲平衡的电解质溶液。然而，如果胃梗阻的患病动物出现低氯血症，则应输注生理盐水。液体丢失量应根据估计的脱水情况计算［脱水百分比乘以体重（kg）等于液体丢失的升（L）数］。在病情稳定的患病动物中，应在最初的 6 ~ 12 h 内将丢失的液体量输完。然而，对于不稳定的患病动物，可能需要在 2 ~ 6 h 内输完。在老年患病动物或那些倾向于容量过载的患病动物，可能需要在 12 ~ 24 h 内输完。应对持续丢失的液体进行估计，并将液体丢失量和持续丢失量都加到计算的维持率中。应根据实验室结果补充葡萄糖和钾。绝大多数此类患病动物需要补充钾。

是否使用胶体液存在争议。急性低胶体渗透压（colloid osmotic pressure，COP）（低白蛋白）的患病动物血容量偏低，经常无法满足肠道的灌注。合成胶体液在提高 COP 方面明显比血浆更有效。对于决定是否使用合成胶体液，建议的临界值是 2.0 g/dL 的白蛋白。白蛋白水平低于 2.5 mg/dL 与肠术后泄露有关（Ralphs et al.，2003）。胶体液的另一个适应证是用于预估会有显著的持续肠道蛋白丢失，如细小病毒感染患病动物常发生的情况。为了维持足够的 COP，可能需要合成胶体液的 CRI 速度为 20 ~ 50 mL/（kg · d）（四聚淀粉）。应提供新鲜冷冻血浆以纠正凝血功能障碍。输血指征也有争议，但在急性贫血患病动物中，应使用大量红细胞或全血，以使犬 PCV 维持在 30% 左右，猫为 27%。

对于担心有全身性感染，或有出血性腹泻的患病动物，需要使用能同时对抗需氧菌和厌氧菌的广谱抗生素。应避免抗生素使用不当，因为这可能导致细菌过度生长和严重腹泻，以及潜在的细菌耐药性和医源性感染问题。和所有药物一样，抗生素也应用于存在呕吐的患病动物。所有抗生素都会引起肠道菌群失衡，虽然益生菌不会逆转这种生态失衡，但它们可能有助于改善肠道健康（Videlock and Cremonini，2012）。目前，益生菌尚未被证明对患有急性胃肠道疾病的犬有效（Jansen et al.，2019）。

若患病动物存在恶心或呕吐等症状，则需使用镇吐药。镇吐药按作用机制分类，因此，了解呕吐的原因（或可能的原因）很重要。有几种类型的镇吐药。吩噻嗪（如乙酰丙嗪、氯丙嗪、丙氯拉嗪）作用于高级中枢神经系统中枢和化学感受器触发区。它们可引起明显的低血压，如果服用了这类药物，需监测血压。甲氧氯普胺通过增强胃排空和增加食管下括约肌张力起作用，它主要作用于化学感受器触发区。临床上，通过CRI给予甲氧氯普胺2 mg/（kg·d）最有效。甲氧氯普胺在中枢神经的作用可能比外周神经更有效（Whitehead et al.，2016）。抗胆碱能药物通过减少胃肠道分泌和运动发挥作用。然而，这些药物几乎从未使用过，因为即使是单次剂量，也会导致长时间的肠梗阻。5-羟色胺拮抗剂（如盐酸昂丹司琼或多拉司琼）是非常有效的。5-羟色胺受体存在于化学受体触发区、周围迷走神经和胃肠道中。然而，我们对这种药物控制呕吐的机制尚不清楚。枸橼酸马罗匹坦（Cerenia，Zoetis Inc.，Florham Park，NJ）似乎是目前临床上最有效的镇吐药。它是一种神经激肽-1（NK1）受体拮抗剂。通过抑制P物质（有助于引发呕吐）在化学感受器触发区和呕吐中心的结合。布托啡诺是一种温和的镇吐药，可以抵消某些药物（特别是化疗药物）引起的恶心，并可能有助于减少因疼痛引起的呕吐。大多数呕吐患病动物应使用非肠道镇吐药，因为口服药物会引起呕吐，所以胃肠道吸收不可靠。如果有条件，应静脉注射以确保药物良好的吸收。

红霉素作用于平滑肌细胞，促进胃排空，减少小肠运输时间，一旦患病动物耐受口服药物，红霉素可作为犬和猫促进胃排空的有效药物。

不推荐常规使用溃疡预防药物，因为很少有证据表明这些药物有效，且可能存在副作用（Bazelle et al.，2018；Faust et al.，2017）。抗酸剂和硫糖铝的治疗，仅适用于呕血或怀疑下食管疾病的患病动物。抗酸剂包括H_2受体拮抗剂和质子泵抑制剂。犬的研究表明，法莫替丁是犬体内唯一真正有效的H_2阻滞剂（Bersenas et al.，2005）。奥美拉唑和泮托拉唑是小动物药物中最常见的两种质子泵抑制剂药物。它们都比H_2受体拮抗剂更有效（Marks et al.，2018），但这些药物都没有止吐作用。

技师笔记

在预防危重症动物胃肠道溃疡方面，肠内喂养已被证明与药物同样有效，如果药物无明显效果（Marik et al.，2010），则应尽早开始肠内营养支持。

在对许多胃肠道急症患病动物进行腹部触诊时，会有疼痛表现，从非常轻微到非常严重，程度不等。所表现出的疼痛程度会因潜在的疾病或损伤以及患病动物的体质而有所不同。精神沉郁的患病动物最初可能不会有疼痛表现。然而，一旦开始复苏，疼痛往往会变得明显。通常，疼痛与病情严重程度呈正相关。在治疗过程中应始终注意对疼痛进行适当的控制。建议使用纯μ激动剂，如芬太尼、氢吗啡酮、美沙酮、吗啡和氧吗啡酮。布托啡诺具有轻微的镇痛作用，但对心肺功能的影响最小，在危重症动物复苏前可以采用。丁丙诺啡对轻度疼痛的猫有用，但它不是一种理想的一线药物，因为它从起效至峰值效应的时间会延迟，并且对μ受体有很高的亲和力，不易被拮抗，因此药物在6～12 h内消失之前，如果需要额外的镇痛，则很难发挥药效。

镇痛药应通过静脉注射给药，因为皮下或肌肉部位的吸收可能无法预测。在剧烈疼痛的情况下，可能需要CRI。在危重症动物中，阿片类药物的剂量可能需要减少到25%～50%，以确保其安全性。

技师笔记

那些对全身性镇痛药无反应的患病动物，可使用平衡电解质溶液进行腹腔灌洗，并可视情况添加局部麻醉药（利多卡因、丁哌卡因），可显著缓解疼痛，尤其是存在胰腺炎或腹膜炎的动物。

因非甾体抗炎药对诸多器官有不良影响（在某些情况下，还有凝血作用），故应避免使用。对于疼痛明显、血流动力学和肾功能正常的患病动物，单次给药在主观上有助于控制疼痛，且无临床副作用。如果患病动物非常焦虑，低剂量的抗焦虑药，如咪达唑仑等可能有效。由于乙酰丙嗪

具有 α-肾上腺素能阻断作用，可能导致血管舒张，因此在低血压患病动物中使用乙酰丙嗪时应格外小心。

患病动物可能在就诊时出现低体温，或在血管内输注大量室温液体后的复苏期间出现低体温。低体温会干扰正常的代谢功能，导致外周灌注改变、心功能不全，并干扰凝血级联反应。且对免疫系统也有负面影响，因此对这些动物进行复温，是重中之重。

技师笔记

人工加热装置不应直接接触动物，以避免引起烫伤。

给患病动物复温的方法包括使用温水瓶、温水循环毯、暖水袋、保温毯和热风循环装置。理想情况下，对低体温患病动物应输注正常体温的液体。

如果担心仰卧位的动物发生反流和误吸，可将其头部和颈部略微抬高（30°）。

鼻胃管可用于胃减压和肠内营养输送。对于所有存在积气或有积气倾向、经常呕吐、胃运动障碍或巨食道，或有反流和误吸风险的患病动物，应放置鼻胃管。胃减压适用于所有胃内存在大量积气或积液的患病动物。胃扩张是呕吐的主要诱因。如果可防止胃扩张，那么呕吐的频率通常可以显著降低。胃扩张还会阻碍膈肌的运动，这会对通气产生严重的负面影响。猫的胃减压往往比犬更加困难，因为许多猫会有厚厚的黏液状胃液。最初应每 1 ~ 2 h 清洁一次鼻胃管，然后根据胃内容物残留量每 4 ~ 8 h 清洁一次。排出的气体无须额外计算，但如果吸出大量液体，应监测氯离子水平。

进行开腹探查的动物，术后至少 24 h 内胃运动是不正常的。排出空气和多余液体可以确保胃运动更快地恢复正常（Moss，1981）。最初每小时进行一次抽吸，直到确定无明显积气和积液为止。当抽出液体的量低于 1 mL/（kg · h），可能提示已恢复正常。如果需要长时间频繁抽吸，则可使用连续抽吸装置。一旦不再抽出空气，且抽出的液体体积减少到小于 1 ~ 2 mL/（kg · h），则可将抽吸频率减少到每 2 ~ 6 h 一次。

肠内营养应根据患病动物的基本情况和临床状况尽快开始，最好在 6 ~ 24 h 内进行。在开始给予肠内营养之前，应确认患病动物能保持血流动力学稳定和体温稳定。最初，建议使用微肠内营养（Devey and Crowe，2009）。微肠内营养由电解质和葡萄糖（2.5% ~ 5%）组成，每次少量给予。液体通过鼻胃管以 0.1 ~ 0.25 mL/（kg · h）的速率推注，人工推注或机器 CRI 均可。根据患病动物的不同，该速率在 24 ~ 48 h 内缓慢增加至 1 mL/（kg · h）。通常可在入院后的 6 ~ 24 h 内开始给予肠内营养。向胃黏膜输送葡萄糖溶液有助于预防胃溃疡，并有助于改善内脏灌注，从而减少细菌感染移形的机会（Shorr at al，1984）。临床上，使用微肠内营养的动物似乎能更快恢复正常的肠内营养。部分原因是早期营养支持保留了胃肠道的功能。

一旦患病动物能耐受微肠内营养，或病情稳定，则可通过鼻胃管饲喂流食，或口服少量清淡的罐头。基于动物的耐受性、估算的热量需求，逐步增加食物量。应准确记录提供的食物量和实际食用量。

当患病动物不能耐受肠内营养时，应补充部分肠外营养［由 3% 氨基酸和甘油（ProcalAmine®，B.Braun Medical，Irvine，CA）或 3% 氨基酸与 3% 葡萄糖混合］。这些溶液具有高渗性，理想情况下通过中心静脉导管给予。然而，它们也可通过外周静脉导管输注。如果使用外周导管，应插入型号尽可能小的导管，以帮助预防静脉炎。这些液体主要是作为蛋白质替代液，不提供全面的营养支持。因此，它们只能用于短期营养支持。

监测

监测的指标种类和监测频率取决于患病动物的潜在疾病和临床状态。如果患病动物病情危急，则应每 30 ~ 60 min 监测指标。对于极度危重的动物，可能需要每 5 min 监测一次，甚至连续监测。对于病情稳定的患病动物，可能需要每 4 ~ 8 h

监测一次。技师通常是与患病动物相处时间最多的人，观察患病动物病情的进展，以及患病动物的舒适度至关重要。与所有住院患病动物一样，技师和兽医之间的良好沟通有助于确保将患病动物发病率降至最低。

应密切监测所有体征，包括意识水平、呼吸频率和用力程度、心率、脉搏频率、脉搏强度、血压、温度、黏膜颜色和毛细血管再充盈时间。应对所有心律失常患病动物或有心律失常风险的患病动物进行心电图监测。液体速度需根据丢失量进行调整，包括持续丢失量、经胃管抽吸丢失量和尿量。应定期计算摄入量（intakes，IN）和丢失量（outputs，OUT）。接受静脉输液治疗的患病动物通常至少每 6 ~ 8 h 排尿一次。如果没有排尿，或者患病动物尿量低于 0.5 ~ 1.0 mL/（kg・h），那么液体疗法可能存在问题。

实验室检查应至少测量 PCV、TS、血糖、肌酐和电解质水平，且每 12 ~ 24 h 重复测量一次，如果病情危重或正在监测的指标异常，则应更频繁监测。理想情况下，低蛋白血症患病动物应同时评估静脉血气和血清白蛋白水平。静脉注射液体（类型、速度和补充剂）应根据这些结果进行调整。根据患病动物的病情，可能需要每 24 ~ 48 h 监测一次血细胞计数和血涂片镜检，以及凝血指标。其他指标可能需要根据潜在疾病进行监测。

记录

24 h 连续护理是所有胃肠道急诊患病动物的理想选择。全面的护理意味着从抵达医院到住院治疗。必须记录所有监测指标和治疗方法。应使用流程图按时间顺序记录这些信息，因为在事件发生数小时后还能准确回忆是具有挑战性的，所以详细的护理笔记必不可少。

技师笔记

为了尽量避免输液量不足、止吐药使用不足和营养支持不足等情况的发生，必须确保进行了准确、详细的记录，并保存记录。

麻醉与手术

有些胃肠道急症可以通过内科手段进行保守治疗，但有些则需要进行紧急手术（在出现后几分钟到几小时内）。因此，必须迅速确定手术的必要性。需要紧急手术的急腹症包括胃肠道穿透伤、胃肠道梗阻（如异物、肿瘤）、胃肠道机械紊乱（如胃或肠扭转、肠套叠）、腹膜炎和消化道出血。技师应保证手术室随时做好准备，以防需要紧急手术。理想情况下，麻醉手术团队至少有 3 名成员（1 名外科医生、1 名助理外科医生和 1 名麻醉师）以保证手术的进行。麻醉师也可能需要协助手术，但这样的安排并不理想。对于病情不稳定的患病动物，应尽量使用对心血管系统副作用最小的麻醉药，并且进行外科操作时应使动物尽可能处于浅麻醉，以减少心血管抑制。静脉注射或鞘内使用阿片类药物镇痛，可最大限度地减少全身所需麻醉剂量，使患病动物更加舒适，并降低患病动物术前和术后风险。这些患病动物中有很多会在麻醉中出现通气不足，可能需要手动通气或机械通气。正压通气有助于预防呼吸性酸中毒（可显著导致低血压），防止肺不张，减少所需的吸入麻醉剂量,并促进轻度紊乱的恢复。应密切监测血压，并将其保持在尽可能正常的范围内。应经常评估Ⅱ导联心电图是否存在高 T 波。

即将进行胃肠道急诊手术的患病动物，开腹探查的手术通路为剑突至耻骨前缘的腹中线切口。整个腹部，包括胸部的尾侧 1/3 范围，应进行剃毛消毒和手术准备，以便在必要时通过胸骨旁通路将切口延伸至胸部。如果需要腹腔引流管，被毛范围在腹部两侧应达到腹部与脊柱中间的位置。

应尽一切努力预防低体温。这在肠道手术中尤为重要，因为肠道会经常置于腹腔外，这时肠道会迅速降至室温。开腹时，应尽可能用剖腹垫或毛巾覆盖暴露的器官，以防止蒸发热量和水分流失。可通过各种方式补充热量，同时注意保护患病动物，以确保不会发生医源性烫伤。应将患病动物放在温暖的手术台上，并合理使用热风循环毯。静脉注射液体应在给药前加热，并在给药期间保持温暖（将其保存在商用加热装置中，或通过温水回路或温水浴运行给药管）。使用加热回路输送暖风是防止热量损失和主动为患病动物取暖的最有效方法。

应制订合理的无菌方案，留出一套手术器械用于关腹等无菌操作（或应提供单独的包装），因为一旦器械穿透胃肠道，就会受到污染。应在术中持续使用不透射线无菌纱布和剖腹手术垫（Zelbman et al.，2011），需在手术开始时进行计数，然后在关闭腹腔前进行统计。

闭腹前，应使用温的无菌生理盐水充分灌洗腹腔。通常需要 1 ～ 3 L；除非患病动物有腹膜炎，在这种情况下可能需要 10 L。灌洗有助于减少污染和粘连，同时能让动物复温。灌洗液的温度应为 37.8 ～ 40℃（100 ～ 104℉）。切勿向液体中添加抗生素或消毒剂（Schneider et al.，1988；Schein et al.，1990）。

理想情况下，在手术结束之前放置鼻胃饲管，以便手术医生可以验证其放置位置，否则，需要拍摄 X 线片进行确认。还可以通过手术放置食道饲管、胃饲管和肠饲管，用于术后的营养支持。拔管前需要注意检查口咽部有无反流迹象，如有反流应抽吸口咽部，并考虑冲洗和抽吸食道内容物，以防止误吸及异物性肺炎。如果不能从食道和咽部清空残存的胃内容物，可能会导致局部炎症、糜烂，并可能导致这些区域的溃疡和狭窄。

术后护理

术后监测应如前所述进行，但可能需要更密切地监测指标，直到患病动物体温恢复正常，并且能趴卧。在确认患病动物能够在自主呼吸的同时维持足够的分钟通气量和正常的呼气末二氧化碳浓度之前，最好不要断开患病动物与呼吸机的连接。一旦患病动物与氧源断开连接，应密切监测脉搏血氧饱和度。如果血氧饱和度降低，患病动物应维持供氧。这可能需要在气管插管前放置一根氧气管，直到患病动物拔管。根据潜在疾病（即室性心律失常）或继发问题（即肺炎）的存在，可能需要更长时间的供氧。术后立即常规吸氧可能有助于改善肠道手术患病动物的愈合（Pryor et al.，2004）。危重症或受伤动物的术后复查指标应至少包括 PCV、TS 和血糖水平等。对于危重症动物，可能还需要评估电解质、肌酐、白蛋白和凝血指标。

特定胃肠道急症

本节讨论特定胃肠道疾病。上文讨论的一般原则适用于这些患病动物，而且不同疾病所在部分还提出了更具体的建议。

异物

误食异物是年轻犬猫出现呕吐问题的最常见原因之一。然而，任何年龄的动物都可能误食异物。幸运的是，许多异物可以通过排出或呕吐出来，不会引起严重后果，但当异物引起胃肠道梗阻时，则需要通过内窥镜或手术将异物取出。

食道异物

病史和临床症状

临床症状对食道异物的诊断非常重要。动物可能表现出流涎、过度吞咽、吞咽困难和呕吐，但询问细节后发现实际是反流。食道前段或中段有异物的动物可能存在呼吸窘迫的迹象，因为异物可能会压迫气管。呼吸频率或用力的增加以及尖锐的肺音可能提示并发吸入性肺炎或食管穿孔继发了肺部疾病。

诊断

可通过触诊检查出颈段食道异物。如果异物无法触诊到，可使用 X 线检查和食管镜来定位异物。CT 诊断食管撕裂比造影更准确，但这两种方法都不能 100% 检测出病变。

治疗

麻醉诱导前应纠正灌注不足。灌注不良和脱水的程度很容易被低估，麻醉下维持正常血压所需的液体量可能高于预期。排空食道积液将有助于观察和清除异物，以及预防吸入性肺炎的产生。

异物经常滞留在食道的心基部，可能导致明显的心动过缓。通常使用抗胆碱药，既有助于减少流涎，又有助于预防临床上显著的心动过缓。

可以使用内窥镜和异物钳等工具经口腔取出异物。应事先准备润滑剂（水溶性凝胶等）。可以使用硬聚丙烯导管将润滑剂注射在异物旁，导管尖端放置在异物和食管黏膜的缝隙中。润滑后轻柔夹住异物，将异物接近硬性内窥镜的末端，同时将三者尝试取出（异物、异物钳和内窥镜）。

如果不能经口腔取出异物，则可以将其推入胃内，并通过胃切开术取出异物。如果不能将其推入胃内，则需要通过食管切开术取出异物。取出后，可放置胃饲管，绕过食道饲喂，给食道愈合创造更好的环境，同时提供肠内营养支持。

胃肠道异物

病史和临床症状

通过与宠主沟通获得的既往史和临床症状是早期诊断异物最有用的信息。胃肠道异物的早期症状包括恶心、呕吐和食欲不振。呕吐通常持续到异物被吐出、经直肠排出或手术取出。呕吐的特征可能有助于提示异物的位置和梗阻的程度。腹痛可能不明显，这取决于梗阻持续时间、梗阻程度，以及有无消化道穿孔。腹痛是一个警告信号，触诊时动物敏感或呈腹壁收缩通常表明存在手术指征，在腹部触诊时或在腹部触诊结束时呕吐也是如此。

诊断

胃肠道异物有时能够触诊到。X 线片能显示不透射线的异物，但不易显示能透射线的异物和线状异物。肠袢明显积气可能提示肠梗阻。可能需要造影来定位异物。腹部超声在定位异物方面非常有用，并且已经证明比拍摄 X 线片更准确（Sharma et al.，2011），尽管这取决于操作人员水平及机器质量。CT 在诊断梗阻方面更准确，且操作时间更短（Winter et al.，2017）。X 线片上的细节缺失表明可能存在腹膜炎。在超声诊断时，如果怀疑有腹腔积液，则应对其进行取样和分析。

治疗

液体治疗应根据患病动物状态进行。许多肠道异物患病动物在手术前无法稳定体况。在一些患病动物中，补液可以“润滑”肠道，并允许梗阻的异物通过。

绝大多数患病动物需要手术治疗。如果只有轻微的临床症状，则可采取观察和保守的方式。在这些情况下，除了密切监测临床症状外，还应拍摄系列 X 线片来监测异物位置后移的情况。不透射线强的异物应立即手术取出，即使它们可能会通过，但由于其含有锌，将导致患病动物出现溶血性贫血。

出现术前腹膜炎、术前血清白蛋白水平低（< 2.5 mg/dL）和术中低血压等情况会增加术后肠道泄露和感染性腹膜炎发生的概率（Grimes et al.，2011；Ralphs et al.，2003）。应采取紧急措施纠正这些问题来预防术后出现并发症，任何有两种或两种以上异常情况的患病动物都应密切观察。术后应尽快给予肠内营养，因为这已被证明可以促进胃肠道愈合，尤其是肠吻合术（Moss et al.，1980）。

胃扩张和扭转

病理生理学

胃扩张和扭转（gastric dilation and volvulus，GDV）的原因尚不明确。GDV 与许多临床疾病有关，通常见于大型深胸犬，但在其他任何体型、任何年龄的犬均可发生。在摄入异物的患病动物、慢性消耗性疾病的患病动物、胃排空紊乱的患病动物、神经肌肉疾病或呼吸困难的患病动物，以及需要住院治疗但存在应激的动物中都可能发生 GDV。

扭转会在胃食管交界处产生单向阀效应，使吞咽的空气只能进入胃而不能从胃排出。二氧化碳也可能在细菌发酵、滞留血液的扩散以及胰腺和唾液中胃酸和碳酸氢盐的代谢后积聚，引起代谢性酸中毒。正常的胃液分泌也（以及静脉充血导致的渗出液）会导致胃机械性扩张。随后，扩张的胃对膈肌施加压力可能导致呼吸窘迫，同时会加重吞气。胃扩张导致腔静脉受压，引起静脉回流减少，从而导致心输出量产生下降。胃扩张还会损害胃循环，导致胃缺血。胃扭转会导致胃外壁血管撕裂，从而导致严重的失血。

GDV 导致通过门静脉的血流部分或完全受阻。梗阻的程度各不相同，但肝脏、胰腺、小肠和胃会在一定程度上缺血。门静脉阻塞也会导致前负荷降低。

毒素和血管活性物质在缺血后积聚。最终，会发展为出血性、分布性及心源性休克。治疗期间的再灌注损伤也会引起显著的组织损伤。

病史和临床症状

患病动物通常有呕吐或干呕病史，偶尔宠主会说患犬比正常情况下更沉郁。宠主可能会注意到动物发生腹部扩张。病程通常为急性发作，它可能与饮食不合理有关，如吃过面包、异物或不易消化的食物。也可能存在胃肠道疾病史或既往的“腹胀”发作史。

在发病时，犬通常表现出一定程度的循环性休克。由于扩张的胃对膈肌的压力，可能表现出显著呼吸用力。不一定会表现出流涎、恶心和干呕。

诊断

可根据病史、临床症状、体格检查和 X 线片等进行诊断。腹部扩张不一定明显，这取决于胃扩张的程度和品种差异。通常在对前腹部叩诊时可以检测到胃积气。此类患病动物临床表现各不相同，可能从稳定无症状，到发生心动过速、呼吸急促、跳跃性脉搏，再到黏膜灌注差、呼吸窘迫和脉搏变弱等。

右侧位腹部 X 线片通常会显示一种典型的分隔性积气征，支持胃扭转的诊断（图 20.3）。有时，扭转在右侧位上不明显，但在左侧位 X 线片上则可以看到。所有患病动物还应进行胸腔侧位 X 线检查，以帮助排除吸入性肺炎和肿瘤转移，并确认食道扩张的程度。应避免将动物置于仰卧状态，否则可能导致心血管失代偿。

有相关研究对 GDV 患病动物乳酸浓度进行了评估，以预测胃坏死及存活率。但目前没有可准确诊断的乳酸浓度范围（Green et al.，2011；Santoro-Beer et al.,2013）。不过在 GDV 患病动物中，乳酸浓度极高（10 mmol/L 或更高）的情况非常常见，通常高达 20 mmol/L。

治疗

除非宠主决定放弃治疗，否则应在进行 X 线检查之前，进行液体复苏，恢复灌注及水合。如果患犬出现任何休克迹象，应立即给予吸氧，并用晶体液进行快速扩容，并考虑使用广谱抗生素。应密切监控患病动物血压及 Ⅱ 导联心电图，因为这些犬容易出现室性心律失常（图 20.4）。如果出现心率大于 160 次 /min 的室性心动过速或期前收缩、多形性心律失常、存在 R-on-T 现象或灌注受到影响，则需进行治疗干预。通常推注一次或多次利多卡因后进行 CRI。应密切监测凝血指标，因为严重的 GDV 患病动物可能存在凝血功能障碍。

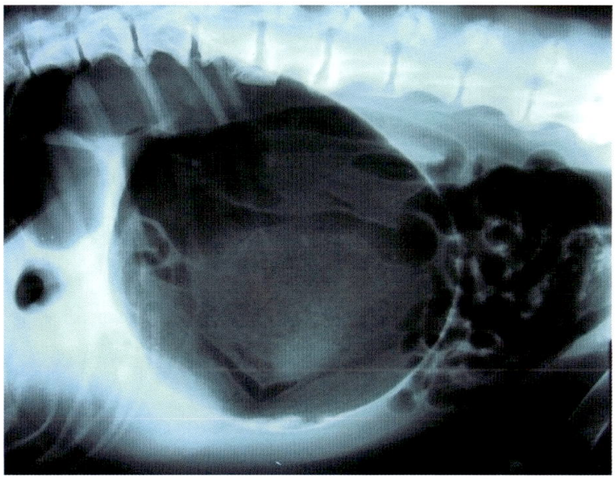

图 20.3 胃的气体分布与胃扭转一致

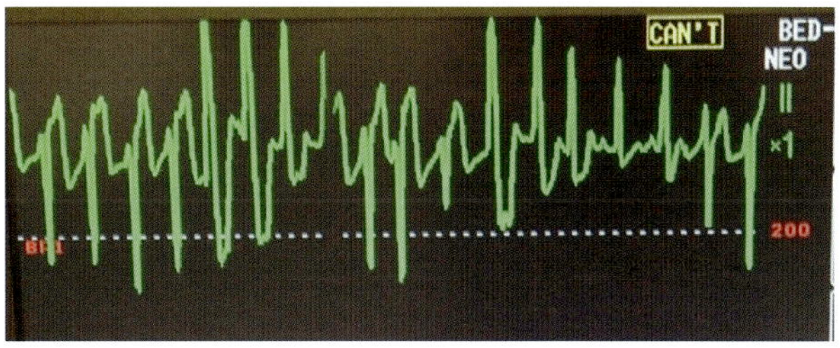

图 20.4 多发性室上性心动过速（SVPC）

理想情况下，只有在开始容量治疗后才能进行胃减压，若突然解除对腔静脉的压力，可能会加重低血容量性休克。使用 12 ～ 16 G 针头或导管进行胃穿刺减压。通过叩诊确定最佳穿刺位置后，对该部位进行剃毛和消毒准备。

复苏后通常立即手术。如果主人拒绝手术，则可能需要洗胃。血性或颜色很深的胃内流出物表明胃坏死的可能性较大。在确认胃已恢复正常解剖位置之前，患病动物始终处于高危状态。GDV 需要立即手术，原因有很多。如果不进行手术，很难确认胃是否处于正确的解剖位置。此外，如果不进行手术，几乎不可能确定是否存在胃坏死或活动性出血（通常是由于胃壁血管撕裂）或脾脏血栓形成（继发于部分或完全扭转）。洗胃可在手术前或手术中进行。然而，应记住，胃管是可能进入扭转的胃的，因此胃管能够通过贲门并不足以说明胃处于正常的解剖位置。应轻柔操作防止误伤胃壁。最好不要在没有保护气道的情况下进行胃插管，因为继发于胃内压力的导管周围反流，随后可能会导致误吸，这会显著增加死亡风险。

肠道“应激”

其他需要紧急手术干预的肠道疾病包括肠套叠、结肠扭转及肠系膜扭转。

病史和临床症状

在疾病早期，这些患病动物可能只会表现出烦躁不安和恶心的症状。在疾病晚期，可能出现呕吐、腹泻（可能出血或不出血）、腹部扩张、腹痛、虚脱和失代偿性休克等严重症状。

诊断

瘦小动物或幼年动物更易触诊出与肠套叠类似的条状肿物，但在间歇性滑动性肠套叠的情况下，可能难以通过触诊鉴别。结肠和肠系膜肠扭转不易区分。这些动物通常在腹部触诊时感到疼痛，可能存在明显的腹部紧张，可能仍存在肠鸣音。X 线片可能显示积气。然而，在某些情况下，可能需要造影监测，而超声对肠套叠的诊断非常有帮助。

治疗

与所有休克患病动物一样，应立即开始复苏。需要密切监测，这些患病动物通常有复杂的术前、术中和术后病生理过程，必须尽快进行手术探查。肠折叠术（将小肠到结肠段的肠管来回套叠，之后把对应位置的肠管浆膜缝合在一起以达到位置固定的效果）可用于肠套叠患病动物，以防止复发。在肠系膜扭转的情况下，内毒素休克通常会导致死亡。因此，如果患病动物有任何生存希望，在出现症状时应立即进行手术。肠系膜扭转的预后不良，但在 24 h 密切护理下并非毫无生存希望。

出血性胃肠炎

病史和临床症状

出血性胃肠炎（hemorrhagic gastroenteritis，HGE）患病动物通常很容易进行鉴别诊断，因为呕吐物或腹泻中存在血液（鲜血或消化后的血）。粪便通常也会有一种典型的异味。在急性发作患病动物中，可能出现严重的感染性休克。如果患病动物有非甾体抗炎药的用药史，则可能诱发出血性溃疡（有或无穿孔）（图 20.5）。

诊断

由于呕吐物或大便中带血的原因很多，可能需要多种检测才能最终确诊。几乎所有细小病毒患犬在直肠检查时都会出现直肠扩张，而在幼犬出血性腹泻的其他原因中几乎从未出现过此类异常。细小病毒肠炎可能与需要外科干预的消化道疾病症状相似，但抗原检测具有高度的敏感性和特

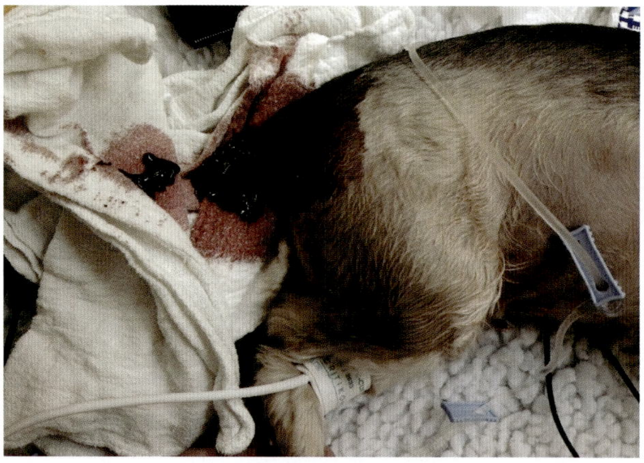

图 20.5　严重出血性胃肠炎（HGE）患病动物

异性。急性出血性腹泻综合征（acute hemorrhagic diarrhea syndrome，AHDS）的特征是 PCV 非常高（通常大于 60%），TS 相对较低。

最重要的实验室测试包括评估贫血程度或血液浓度、TS（最好是白蛋白）、血糖、全血细胞计数，以及对危重症动物进行粪便细小病毒测试。如果出现肾上腺皮质功能减退，则需要进行皮质醇测试。根据疾病的严重程度和血小板计数，可能需要进行凝血试验。X 线检查可排除异物的存在。腹部 X 线片通常会发现小肠和大肠内有少量到中量的气体，但无梗阻的征象。游离空气表明胃肠道穿孔。大多数 HGE 患病动物都需接受内科治疗，仅在极少数情况下需要造影、内窥镜检查和（或）手术探查等外科干预。

治疗

静脉输注液体类型和液速的选择取决于临床表现、灌注异常和脱水程度，以及潜在疾病。对于 AHDS 患病动物，通常需要输注晶体液以恢复正常的血细胞比容和血流灌注，目的是尽快将 PCV 降低至 55% 或更低。合成胶体液通常比晶体更快地恢复血管内容量。因此，对于灌注不良的细小病毒患病动物，可能需要胶体液作为初始复苏的一部分。由于这些患病动物经常会出现第三体腔积液，所以很容易低估所需的液体量。必须密切保持正常心率、正常血压和正常静脉血容量。此外，此类患病动物通常需要静脉注射广谱抗生素。如果怀疑有肠道寄生虫病，患病动物一旦能耐受口服药物，应立即进行体内驱虫。如果吐血明显，则应使用胃保护剂。在疾病过程的早期，可能需要静脉补充血浆以替换白蛋白和丢失的凝血因子，尤其对于严重持续性失血的患病动物（即细小病毒肠炎）。如果失血过多，可能需要输注红细胞。鼻胃饲管在降低细小病毒感染患犬的呕吐频率方面非常有效，而且可以实现在早期补充肠内营养。早期补充肠内营养已被证明可以改善肠道屏障功能，更快地消除临床症状（Mohr et al.，2003）。

如果出现严重的胃溃疡和出血，可能需要进行胃灌洗。一些患有胃肠道溃疡的动物，尤其是可能发生了穿孔的动物，可能需要手术治疗。

胰腺炎

病理生理学

胰腺炎（pancreatitis）是胰腺内胰酶（蛋白酶）激活的最终结果，导致自身消化以及胰腺周围组织的消化，随后通过中性粒细胞活化以及细胞因子和自由基的产生来激活炎症过程。如果炎症级联反应持续得不到控制，则可能导致全身炎症反应综合征。血浆蛋白酶抑制剂（如 A- 巨球蛋白）会随着过程的继续而消耗。

胰腺炎的多种病因已被确定。然而，大多数患病动物最终被诊断为特发性。饮食不合理似乎是犬的一个常见致病因素，而猫可能是由猫胆管炎和炎性肠病导致的。

病史和临床症状

胰腺炎的症状与其他胃肠道急症相似。厌食和间歇性呕吐可能是猫的唯一症状。犬通常有饮食不合理的既往史，随后出现恶心、呕吐和厌食，也可能出现腹泻。通常会出现腹痛，在轻症患病动物中，疼痛可局限于犬的右上腹部，在更严重的患病动物中，疼痛可能在整个腹腔弥散分布。

诊断

胰腺炎的诊断并非易事，要根据病史、临床症状和右前腹痛的体检结果进行综合判断。实验室检查有一定帮助，但不能仅靠指标进行诊断。虽然在较严重的患病动物中通常会观察到白细胞增多并伴核左移，但在轻症患病动物中，白细胞数量或类型可能没有变化。仔细检查红细胞形态，尤其是猫的红细胞形态，以确定是否存在氧化损伤（如谷胱甘肽水平降低）。胰酶（淀粉酶、脂肪酶）的检测并不能为犬和猫提供有用的诊断信息。物种特异性胰脂肪酶免疫反应性（cPLI 和 fPLI）试验有助于诊断犬和猫的胰腺炎（Forman et al.，2004；Steine et al.，2008），SNAP 和 Spec 试验均已得到验证，但在患有急腹症的犬中检测到高达 40% 的假阳性结果（Haworth et al.，2014）。定量测试有助于判断疾病过程的趋势。肝酶和胆红素水平可能升高，尤其是当炎症导致胆管阻塞时。如果炎症过程持续发展，则白蛋白水平可能因向第三体腔转移而降低。血气异常将反映灌注异常的程度以及继发性肺部问题（吸入性肺炎、急性肺损伤、急性呼吸窘迫综合征）。低钙血症可能是由于钙螯合物形成、细胞内转移导致膜功能改变或甲状腺素和甲状旁腺激素水平改变所致。理想情况下，应评估离子钙以排查低钙血症，而非总钙水平。重症胰腺炎患病动物需要检测凝血功能指标（凝血酶原时间、部分凝血活酶时间、血小板计数或估计值）。

腹部 X 线片经常显示犬的右前侧象限的腹腔细节缺失，以及十二指肠积气导致十二指肠降段向右移位。在猫身上更常见的是侧位片胃尾侧的细节丢失。超声在诊断犬和猫的胰腺炎方面非常有用，但它依赖于操作者和设备质量。CT 可显示出更多异常，包括组织坏死和门静脉血栓形成，比超声更准确（French et al.，2019）。

治疗

液体疗法是胰腺炎治疗的基础。轻症患病动物通常补充晶体液就会有较好的效果，而危重症动物可能需要联合输注晶体液、合成胶体液和（或）血浆。阿片类药物对治疗有确切的帮助，常需要 CRI。临床上，腹腔灌洗似乎有助于减轻疼痛，可能是通过稀释酶和其他炎症介质发挥作用。胰腺炎的外科治疗存在争议。如果患病动物出现腹膜炎症状，或经过几天的治疗后临床症状没有改善，或病情恶化，则应进行手术治疗。

之前的理论认为，胰腺炎患病动物不建议进行肠内喂养，但人医领域研究表明，只要没有发现胰腺炎的症状恶化，则可经口进食，且早期（48 h 内）提供营养支持可以减少胃肠道不耐受，减轻症状（Harris et al.，2017；McClave et al.，2006）。

腹膜炎

病史和临床症状

腹膜炎指腹膜发生的炎症，通常与感染有关，但根据炎症的来源不同，它可能是无菌的。可能存在外伤史或既往手术史。典型的临床症状包括烦躁不安、厌食、呕吐和腹痛。患病动物会表现出不同程度的休克症状，这取决于其患病的时间长短和腹膜炎的病因。

诊断

腹膜炎是通过对腹腔穿刺（或诊断性腹腔灌洗）获得的液体进行显微镜评估确定炎症来诊断的。感染性腹膜炎是通过观察腹水中细胞内吞噬细菌来诊断的。腹腔液和血清中葡萄糖和乳酸的浓度进行比较，也有助于诊断败血症性腹膜炎。腹部超声有助于确定潜在原因。由于腹膜炎患病动物可能有许多全身异常，建议进行完整的实验室检查。建议进行胸部 X 线检查，以排除并发损伤、吸入性肺炎或转移。

治疗

建议进行液体复苏、并使用抗生素和镇痛药。抗生素治疗最好以培养和药敏结果为指导，等待结果时应使用广谱抗生素。诊断和初步复苏后，应尽快进行探查手术。

大多数弥漫性腹膜炎患病动物术后需要腹腔引流。虽然在某些情况下可能需要开放式腹腔引流，但最常用的方法是使用闭合式负压引流（图 20.6）进行闭合式腹腔引流。冲洗后，将引流管放置到前腹部区域，闭合腹腔。保留引流管直到产生的液体量在生理范围内，并且每天进行液体细胞学检查，直至显示没有活动性炎症或感染的迹象，再进行拆除。理想情况下，用于细胞学评估的液体样本应取自引流管，而不是引流壶。与开放式

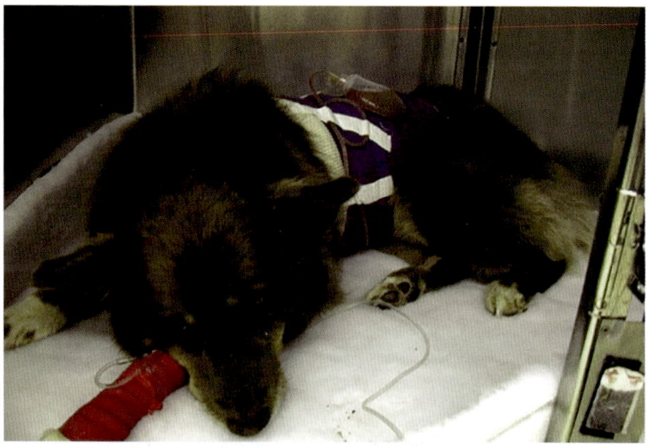

图 20.6 使用闭合式腹腔引流壶的患病动物

引流相比，这种引流方法也是有效的，并且可以最大限度地减少患病动物的疾病发展（Mueller et al.，2001）。

总结

患有胃肠道疾病的动物可能会迅速恶化，尤其是呕吐、腹泻或两者同时出现时。当宠主因动物发生胃肠道症状而咨询时，均应视为紧急情况。通过电话评估这类问题很困难，宠主可能描述为轻微的不适，实际上却可能危及生命，应建议宠主将动物带至医院进行系统性检查。液体疗法是胃肠道急症治疗的基础。

参考文献

[1] Bazelle J., Threlfall A., Whitley N. Gastroprotectants in small animal veterinary practice—a review of the evidence. Part 1- cytoprotective drugs. Journal of Small Animal Practice. 2018; 59:587–602.

[2] Bersenas A.M.E., Mathews K.A., Allen D.G., et al. Effects of ranitidine, famotidine, pantoprazole and omeprazole on intragastric pH in dogs. American Journal of Veterinary Research. 2005; 66:25–43.

[3] Bonczynski J.J., Ludwig L.L., Barton L.J., et al. Comparison of peritoneal fluid and peripheral blood pH, bicarbonate, glucose, and lactate concentration as a diagnostic tool for septic peritonitis in dogs and cats. Veterinary Surgery. 2003; 32:161–166.

[4] Devey J.J., Crowe D.T. Microenteral nutrition. In: Bonagura J.D., ed. Current veterinary therapy XIV. Philadelphia, PA: Elsevier; 2009.

[5] Faust A.C., et al. Prophylactic acid-suppressive therapy in hospitalized adults: Indications, benefits and infectious complications. Critical Care Nurse. 2017; 37:18–29.

[6] Forman M.A., Marks S.L., De Cock H.E., et al. Evaluation of serum feline pancreatic lipase immunoreactivity and helical computed tomography versus conventional testing for the diagnosis of feline pancreatitis. Journal of Veterinary Internal Medicine. 2004; 18:807–815.

[7] French J.M., Twedt D.C., Rao S., et al. Computed tomographic angiography and ultrasonography in the diagnosis and evaluation of acute pancreatitis in dogs. Journal of Veterinary Internal Medicine. 2019; 33:79–88.

[8] Green T.I., et al. Evaluation of initial plasma lactate values as a predictor of gastric necrosis and initial and subsequent plasma lactate values as a predictor of survival in dogs with gastric dilatation-volvulus: 84 dogs (2003-2007). The Journal of Veterinary Emergency and Critical Care. 2011; 21:36–44.

[9] Grimes J.A., Schmiedt C.W., Cornell K.K., et al. Identification of risk factors for septic peritonitis and failure to survive following gastrointestinal surgery in dogs. Journal of the American Veterinary Medical Association. 2011; 238:486–494.

[10]Harris J.P., et al. Retrospective evaluation of the impact of early enteral nutrition on clinical outcomes in dogs with pancreatitis: 34 cases (2010-2013). The Journal of Veterinary Emergency and Critical Care. 2017; 27:425–433.

[11] Haworth M.D., et al. Diagnostic accuracy of the SNAP and Spec canine pancreatic lipase tests for pancreatitis in dogs presenting with clinical signs of acute abdominal disease. The Journal of Veterinary Emergency and Critical Care. 2014; 24:135–143.

[12] Henley R.K., Hager D.A., Ackerman N. A comparison of twodimensional ultrasonography and radiology for the detection of small amounts of free peritoneal fluid in the dog. Veterinary Radiology. 1989; 30:121–124.

[13] Jansen, A. P., & Bjonvad, C. R. (2019). Clinical effect of probiotics in prevention or treatment of gastrointestinal disease in dogs: A systematic review. Journal of Veterinary Internal Medicine33 (5): 1849–1864.

[14] Lynch M. Pain as the fifth vital sign. Journal of Infusion Nursing. 2001; 2:85–94.

[15] Marik P.E., Vasu T., Hirani A., et al. Stress ulcer prophylaxis in the new millennium: a systematic review and meta-analysis. Critical Care Medicine. 2010; 38:2222–2228.

[16] Marks S.L., Kook P.H., Papich M.G., et al. ACVIM consensus statement: support for rational administration of gastrointestinal protectants to dogs and cats. Journal of Veterinary Internal Medicine. 2018;32:1823–1840.

[17] McClave S.A., Chang W.K., Dhaliwal R., et al. Nutrition support in pancreatitis: a systematic review of the literature. Journal of Parenteral and Enteral Nutrition. 2006; 30:143–156.

[18] Mohr A.J., Leisewitz A.L., Jacobson L.S., et al. Effect of early enteral nutrition on intestinal permeability, intestinal protein loss, and outcome in dogs with severe parvoviral enteritis. Journal of Veterinary Internal Medicine. 2003; 17:791–798.

[19] Moss G. Maintenance of gastrointestinal function after bowel surgery and immediate enteral full nutrition. II. Clinical experience, with objective demonstration of intestinal absorption and motility. Journal of Parenteral and Enteral Nutrition. 1981; 5:215–220.

[20] Moss G., Greenstein A., Levy S., et al. Maintenance of GI function after bowel surgery and immediate enteral full nutrition. I. Doubling of canine colorectal anastomotic bursting pressure and intestinal wound mature collagen content. Journal of Parenteral and Enteral Nutrition. 1980; 4:535–538.

[21] Mueller M.G., Ludwig L.L., Barton L.J. Use of closed suction drains to treat generalized peritonitis in dogs and cats: 40 cases (1997-1999). Journal of the American Veterinary Medical Association. 2001; 219:789–794.

[22] Pryor K.O., Fahey III T.J., Lien C.A., et al. Surgical site infection and the routine use of perioperative hyperoxia in a general surgical population: A randomized controlled trial. The Journal of the American Medical Association. 2004; 291:79–97.

[23] Ralphs S.C., Jessen C., Lipowitz A.J. Risk factors for leakage following intestinal anastomosis in dogs and cats: 115 cases (1991-2000). Journal of the American Veterinary Medical Association. 2003; 223:73–77.

[24] Santoro Beer K.A., Syring R.S., Drobatz K.J. Evacuation of plasma lactate concentration and base excess at the time of hospital admission as predictors of gastric necrosis and outcome and correlation between those variables in dogs with gastric dilatation-volvulus. Journal of the American Veterinary Medical Association. 2013; 242:52–58.

[25] Schein M., Gecelter G., Freinkel W., et al. Peritoneal lavage in abdominal sepsis: A controlled clinical study. The Archives of Surgery. 1990; 125:1132–1135.

[26] Schneider R.K., Meyer D.J., Embertson R.M., et al. Response of pony peritoneum to four peritoneal lavage solutions. American Journal of Veterinary Research. 1988; 49:889–894.

[27] Sharma A., Thompson M.S., Scrivani P.V., et al. Comparison of radiography and ultrasonography for diagnosing small-intestinal mechanical obstruction in vomiting dogs. Veterinary Radiology and Ultrasound. 2011; 52:248–255.

[28] Shorr L.D., Sirnek K.R., Page C.P., et al. The role of glucose in preventing stress gastric mucosal injury. Journal of Surgical Research. 1984; 36:384–388.

[29] Steiner J.M., Newman S., Xenoulis P., et al. Sensitivity of serum markers for pancreatitis in dogs with macroscopic evidence of pancreatitis. Veterinary Therapeutics. 2008; 9:263–273.

[30] Videlock E., Cremonini F. Meta-analysis: Probiotics in antibiotic associated diarrhoea. Alimentary Pharmacology and Therapeutics. 2012; 35:1355–1369.

[31] Whitehead K., et al. Gastrointestinal dysmotility disorders in critically ill dogs and cats. The Journal of Veterinary Emergency and Critical Care. 2016; 26:234–253.

[32] Winter M.D., Barry K.S., Johnson M.D., et al. Ultrasonographic and computed tomographic characterization and localization of suspected mechanical gastrointestinal obstruction in dogs. Journal of the American Veterinary Medical Association. 2017; 251:315–321.

[33] Zeltzman P., Downs M.O. Surgical sponges in small animal surgery. Compendium on Continuing Education for the Practising Veterinarian. 2001; E1–E7.

场景

一只 2 岁的大丹犬，胃扩张和扭转手术后苏醒期间，刚刚发生室性心动过速。

问题

- 室性心动过速和加速性室性自主心律的区别是什么？
- 哪 4 种表现表明犬可能需要立即治疗，应在发现后立即向医生报告？
- 描述Ⅱ导联上出现的 R-on-T 现象。
- 列出 5 种对室性心动过速的常用治疗方法。如何在 ICU 环境中使用每种方法？每种方法的常见并发症是什么？如何解决这些并发症？
- 患病动物开始以 50 μg/（kg · min）的速度使用 2% 利多卡因溶液。犬体重 70 kg。如果要求速度为 15 mL/h，应向 250 mL 的液体中添加多少利多卡因？

讨论

- 室性心律的频率在该品种的正常范围内——通常小于约 140 次 /min。
- 心率大于 160 次 /min，多形性复合波，R-on-T 现象，心律失常引起的明显的脉搏缺失或灌注改变。
- 这应与波形关键组件的标识一起绘制。
- 4 种可能的治疗方法是氧气、镇痛药、利多卡因和镁。也可以进行其他治疗。
  a. 讨论应包括各种氧气补充方法（直流式、面罩、氧罩 / 项圈、鼻氧管）、每种方法的优缺点，以及如何让动物在必要时能耐受特定方法。例如，如果犬不能耐受鼻氧管，那么确保氧气管与口鼻距离合适，降低流速，将管子移到另一侧鼻孔，放置第二根鼻氧管，降低氧气流量或镇静都可能是潜在的选择。

场景（续）

b. 关于镇痛药的讨论应涵盖可用的不同阿片类药物，在疗效、起效、作用持续时间和副作用方面各有利弊。

c. 关于抗心律失常药物的讨论应包括在初始推注期间每种药物的给药速度，可能出现的严重副作用，以及这些副作用的治疗方法。

- 可使用各种方程式得出答案。对于以 μg/(kg·min）为单位给药的药物。可使用以下方法：

将所有剂量转换为以 μg/（kg · min）为单位 = 剂量

将体重转换为以 kg 为单位 = 重量

剂量 × 重量 =N

N= 将药物的毫克（mg）数放置在 250 mL 稀释剂中，并以 15 mL/h 的速度输液

50×70=3500 mg 利多卡因添加到 250 mL 稀释剂中。

这是 175 mL 的 20% 溶液，因此，在添加利多卡因之前，需要去除 175 mL 稀释剂（即为加入 175 mL 利多卡因溶液）。

医学计算练习

头孢唑林的注射剂量为 20 mg/kg。患病动物体重 8 kg。头孢唑林的浓度为 100 mg/mL。

a. 应给予多少毫克（mg）?

b. 应给予多少毫升（mL）?

第21章

代谢与内分泌急症

Angela Thorp

学习目标

1. 全面了解常见代谢与内分泌急症的病理生理学。
2. 兽医技师能熟悉常见代谢与内分泌疾病紧急情况的常见临床表现。
3. 了解常见代谢与内分泌患病动物的各种治疗方案和护理。

章目录

关键词

糖尿病酮症酸中毒
高钙血症
肾上腺皮质功能减退
低钙血症
低血糖

到达ICU的代谢与内分泌急症的患病动物，通常是最紧急的危重症病例。这些动物需要密切关注和监测，这也是患病动物恢复过程中不可或缺的一部分。本章将讨论糖尿病酮症酸中毒、肾上腺皮质功能减退、高钙血症、低钙血症和低血糖。

糖尿病酮症酸中毒

定义

糖尿病酮症酸中毒（diabetic ketoacidosis，DKA）是糖尿病的一种复杂形式，可导致犬和猫死亡。胰岛素依赖性糖尿病患病动物存在绝对或相对胰岛素缺乏。如果没有足够的胰岛素供应，机体细胞（除大脑、心脏和红细胞外）无法通过细胞膜上的胰岛素依赖性葡萄糖转运受体（glucose transport receptors，GLUT）吸收葡萄糖。这就造成了细胞的饥饿环境。机体饥饿或感觉葡萄糖缺乏时，就会开始分解脂肪（将体内存储的脂肪分解为脂肪酸），并通过β-氧化，促进释放的脂肪酸在肝脏中转化为葡萄糖前体。简单来说，在饥饿状态下，机体会将游离脂肪酸转化为酮体。然而，由于胰岛素的缺乏，机体甚至不能利用酮体作为能量来源。此外，DKA 患病动物的胰高血糖素、皮质醇、儿茶酚胺和生长激素等应激性激素的分泌也会增加。由于这些激素具有致糖尿病特性，也就意味着这些激素会产生胰岛素拮抗，促进糖异生和最终 β－氧化过程。β－氧化的副产物是酮酸（即乙酰乙酸、β－羟基丁酸和丙酮），一旦酸碱平衡被破坏，就会导致酸中毒。

临床表现

犬的糖尿病最常发生于 4 ～ 14 岁，大多数患犬年龄在 7 ～ 9 岁。母犬的患病率是公犬的 2 倍。糖尿病在某些品种上更常见，如贵宾犬、迷你雪纳瑞犬、比格犬和腊肠犬，荷兰卷尾狮毛犬和金毛寻回猎犬也有遗传基础。凯恩犬和迷你杜宾犬可能也有糖尿病的遗传基础。任何年龄的猫都可能患有糖尿病，而大多数发生在 6 岁及以上。没有品种倾向性，但雄性绝育猫可能占主导。

大多数动物在确诊前就表现出糖尿病的典型症状（专栏 21.1）。常见症状为多饮、多尿、体重减轻和肌肉萎缩。皮肤症状表现为被毛粗乱、皮薄和皮肤干燥。某些患猫会出现糖尿病神经病变，典型表现为跖行姿态，或后肢跗关节着地。一旦发展为 DKA，动物就会在一周或更短的时间内病情严重。DKA 患病动物表现为不同程度的虚弱、精神沉郁至木僵、呼吸急促或库斯莫尔呼吸、厌食、呕吐、呼出气体有丙酮味。表 21.1 列出常见临床病理学异常。仔细评估并发疾病很有必要，特别是胰腺炎（动物前腹部或右前腹部疼痛），这在 DKA 患病动物中很常见。

治疗

DKA 的治疗重点包括输液疗法和提供足够胰岛素来稳定患病动物的代谢情况。同时必须纠正电解质、矿物质和酸碱紊乱。如果发现潜在病因、并发疾病或伴发感染（如泌尿生殖系统、皮肤、呼吸道和脓肿），也必须进行治疗。

专栏 21.1　糖尿病及酮症酸中毒最常见的临床症状

厌食。
脱水。
皮肤干燥，皮肤变薄。
呼出气体有丙酮味。
嗜睡 / 精神沉郁。
肌肉萎缩。
气喘或库斯莫尔呼吸。
跖行姿态（通常是猫）。
多饮。
多食（非酮症）。
多尿。
呕吐。
虚弱。
体重减轻。

表 21.1　与糖尿病酮症酸中毒相关的常见初始临床病理学异常

全血细胞计数	血清生化	尿液检查	血气
慢性病性贫血	氮质血症	菌尿	酸血症
白细胞增多症（如果出现感染）	总二氧化碳降低	糖尿	碱剩余降低
红细胞增多症（如果脱水）	高淀粉酶血症（如果存在胰腺炎）	血尿	二氧化碳分压降低
通常正常	高胆固醇血症	酮尿	总碳酸氢根（HCO_3^-）浓度降低
	高血糖	蛋白尿	
	高脂肪酶血症（如果存在胰腺炎）	脓尿	
	高甘油三酯血症	尿浓缩能力下降	
	低氯血症		
	低钾血症		
	低钠血症		
	肝酶活性升高		
	血清渗透压升高		
	血浆渗透压升高		

所有的DKA患病动物都必须进行静脉输液疗法，因为高血糖继发多尿和呕吐都会导致动物脱水。如果动物出现休克，则需要积极的输液疗法。应在48 h内纠正脱水，除了维持体液外，还要补充持续丢失体液量。输液疗法有助于改善心输出量和组织灌注，促进多余的葡萄糖和其他有机酸通过尿液排出，并有助于纠正酸碱和电解质紊乱。静脉输液还可以稀释致糖尿病激素的浓度，有助于提高即将开始的胰岛素治疗有效性。首选平衡等渗晶体液（如Normosol-R、Plasma-Lyte 148和乳酸林格液）。有些人提倡使用0.9%氯化钠（NaCl）作为初始液体治疗。然而，生理盐水的总pH偏低（呈酸性），没有缓冲液或其他电解质来辅助患病动物治疗。技师应密切监测所有生命体征，包括体温、心率、脉搏、肺音、呼吸频率和呼吸力度，确保患病动物对治疗有反应，且没有过度水合。在开始胰岛素治疗前，应输液治疗4～6 h。如前所述，这样有助于胰岛素治疗的整体有效性，因为输注液体会稀释致糖尿病激素，以避免拮抗胰岛素治疗。

首选胰岛素是短效胰岛素，通过静脉或肌内注射。许多兽医在治疗方法上都有自己的偏好。犬以0.05～0.5 U/(kg·h)、猫以0.05～0.2 U/(kg·h)的速度静脉恒速输注短效胰岛素可达到最大的控制效果。该方法需要一个静脉输液泵。改变输液速度会改变患病动物血糖浓度下降的速度。短效胰岛素应注入250 mL的0.9%氯化钠溶液中，犬初始剂量为2 U/kg，猫为1.1 U/kg。也可以使用滴定管。胰岛素会黏附在塑料管壁上，所以在开始输液前，应先让50 mL胰岛素溶液流经输液器管道，使管道上充满胰岛素。如果使用滴定管，先让一定浓度的溶液通过管道，再配置新的溶液。紫外线（ultraviolet，UV）会破坏胰岛素，所以应将紫外线保护袋（锡箔纸也有效）包裹于输液袋上，每隔24 h需配置新鲜溶液。胰岛素的输注速度应低于不含胰岛素的液体。比较推荐使用双腔中心静脉导管或在另一个静脉放置第二个静脉导管（专栏21.2）。

专栏21.2 稳定体况所需要的基础用品

选择合适的长导管或颈静脉导管。

多腔导管。

短效胰岛素。

50%葡萄糖。

磷酸二氢钾。

碳酸氢钠（$NaHCO_3$）。

地塞米松磷酸钠。

去氧皮质酮新戊酸酯（Desoxycorticosterone pivalate，DOCP）。

泼尼松和泼尼松龙。

醋酸氟氢可的松。

10%葡萄糖酸钙溶液。

10%氯化钙溶液。

呋塞米。

降钙素。

心电图（HP PageWriter）。

输液泵。

注射泵。

血液化学分析仪。

血糖监测仪。

另一种短效胰岛素给药方法是肌内注射。初始剂量为0.2 U/kg，之后剂量为0.1 U/kg。短效胰岛素的半衰期是2 h，最初每1～2 h需重复给药，血糖控制后每3～6 h重复给药。在决定何时注射下一剂量之前，临床医生必须考虑动物对上一剂量胰岛素的反应（即如果血清血糖浓度以适当的速度下降，那么即使患病动物仍处于高血糖状态，也不建议重新给药）。

血糖下降速度不宜过快，无论是静脉还是肌内注射，血清血糖浓度下降的目标是50～100 mg/（dL·h）[2.7～5.5 mmol/（L·h）]。如果血糖浓度下降过快，则可能会发生严重的并发症。大脑会产生神经源性渗透物（即吸收水的小分子物质），以维持在高血糖导致高渗环境下大脑的水合，防止大脑脱水或萎缩。在开始治疗后，需要一段时间才能将这些自发性渗透物从大脑中清除。血糖浓度的急速变化会导致血液渗透压的显著降低。由于自发性渗透物的存在，大脑渗透压会高于血浆，并吸收水分，导致脑水肿，进而引发癫痫、昏迷或死亡。如果神经症状与血糖浓度的迅速下降有关，则应用甘露醇治疗脑水肿。

无论是使用静脉、CRI 还是肌内途径进行胰岛素治疗，当血糖水平下降到低于 300 mg/dL 时，同时还在继续接受胰岛素治疗，应添加葡萄糖配置成 2.5% 或 5% 的溶液进行液体治疗，以维持血糖浓度在 250 ~ 300 mg/dL（14 ~ 17 mmol/L）。继续给予生理剂量的胰岛素，以充分代谢酮体，这一点至关重要。DKA 患病动物会出现厌食，补充葡萄糖很有必要，以确保给予治疗水平的胰岛素时血糖水平大于 200 mg/dL（11 mmol/L）。

一旦患病动物病情稳定并开始进食，就可以使用长效胰岛素。犬的初始剂量为 0.5 U/kg，每天 1 ~ 2 次。猫的初始剂量为 1 ~ 2 U/ 只，每天 1 ~ 2 次。大多数犬和猫最终都需要终生每天注射 2 次胰岛素。甘精胰岛素是一种新合成的人胰岛素类似物，每天注射 1 次，加上合适的营养管理，有可能缓解猫糖尿病。

表 21.2 提供了不同胰岛素类型和给药方式的比较。所有类型的胰岛素（包括短效胰岛素）都应冷藏恒温保存。短效胰岛素不会沉淀，所以不用重悬。大部分其他类型胰岛素都会产生沉淀，需要温和的再重悬。所有胰岛素都应避免阳光和紫外线照射，以防止降解。无论瓶中剩余多少药物，瓶装胰岛素最长使用 3 个月就需要丢弃。大多数胰岛素浓度为 100 U/mL（U-100）。应使用专为 U-100 胰岛素设计的胰岛素注射器，因为它们比 1 mL 的注射器更能准确测量 1 U/0.01 mL 的胰岛素。同样，还有专为 U-40 胰岛素设计的 U-40（40 U/mL）注射器。

所有 DKA 患病动物都需要补充钾。糖尿病，尤其是酮症酸中毒时，钾离子从细胞内进入到血清中，以补充肾脏的钾丢失并维持酸碱平衡，从而导致全身性钾消耗。DKA 的治疗，由于输液疗法的液体稀释、胰岛素介导的体细胞对钾的摄取、酸血症的纠正和持续性肾脏丢失等都会导致血清钾离子浓度进一步降低。技师应在治疗前、初始液体复苏后、胰岛素治疗 6 ~ 8 h 后测量血清钾离子浓度，然后按照表 21.3 中的建议进行补钾。如果最初无法在院内进行血清生化检测，则应以 0.055 ~ 0.11 mEq/（kg·h）的速率输注氯化钾，或如果需要可以在初始液体推注后补充 20 mEq/L，并同时等待血清生化结果。如果高液速的补钾方式依然不能改善低钾血症，则需要检查患病动物的血镁水平。出现低镁血症时，血钾浓度很难恢复正常。对于少尿或无尿、高钾血症、低钙血症或高磷血症的患病动物，应谨慎补钾。

全身血磷浓度的变化（转移）方式与血钾相似。因此，DKA 治疗时也会以类似的机制降低血磷的浓度。血磷浓度在初始治疗时可能正常，但在治疗 12 ~ 24 h 后会迅速下降。因此，在整个治疗过程中，应每 8 ~ 12 h 测量一次磷酸盐浓度。磷酸盐键是细胞（特别是红细胞、骨骼肌和大脑）的主要能量储存载体，磷对 2，3- 二磷酸甘油在红细胞氧解离中的作用很重要。大多数 DKA 患病动物血磷和磷酸盐浓度在最初正常，但仍应在静

表 21.2 胰岛素类型、达最大疗效的时间和持效时间

类型	给药途径	起效时间	达最大疗效的时间		持续时间	
			猫	犬	猫	犬
短效	IV	立即	30 min 至 2 h	30 min 至 2 h	1 ~ 4 h	1 ~ 4 h
Lente	IM	10 ~ 30 min	1 ~ 4 h	1 ~ 4 h	3 ~ 8 h	3 ~ 8 h
NPH	SC	10 ~ 30 min	1 ~ 5 h	1 ~ 5 h	4 ~ 10 h	4 ~ 10 h
Ultralente	SC	15 ~ 60 min	2 ~ 8 h	2 ~ 10 h	6 ~ 14 h	8 ~ 24 h
PZI	SC	30 min 至 3 h	2 ~ 8 h	2 ~ 10 h	4 ~ 12 h	6 ~ 12 h
甘精胰岛素	SC	2 ~ 8 h	4 ~ 16 h	4 ~ 16 h	8 ~ 24 h	8 ~ 28 h
	SC	1 ~ 4 h	3 ~ 12 h	4 ~ 14 h	6 ~ 24 h	6 ~ 28 h
	SC	1 ~ 4 h	14 ~ 18 h	不可用（n/a）	n/a	n/a

表 21.3 糖尿病患病动物的补钾建议

血清 KCl（mEq/L）	补充量 mEq（mmol）KCl/L*	补充量 mEq（mmol）KCl/（kg·h）
> 3.5	20	0.055
3.0 ~ 3.5	30	0.083
2.5 ~ 3.0	40	0.110
2.0 ~ 2.5	60	0.165
< 2.0	80	0.220

* 如果以恒定速度输注 1 L 液体的补充量。

脉输液中补充 0.01 ~ 0.03 mmol/（kg·h）的磷酸盐，持续 6 ~ 24 h。

技师笔记

含钙液体（乳酸林格液）不应用于血磷的管理，因为有沉淀的风险。

犬和猫的血磷浓度在 1.5 mg/dL 或以下时，需要以 0.03 ~ 0.12 mmol/（kg·h）的速度补充磷。需要对这些患病动物进行密切监测（见第 2 章）。少尿或无尿、高磷血症、低钙血症或高钾血症患病动物应避免补充磷酸盐。磷酸钾是补充磷酸盐最常见的选择，需要意识到这也是补钾的选择，这一点很重要。

碳酸氢盐（HCO_3^-）静脉注射治疗尚有争议。随着酮体的代谢，大多数 DKA 患病动物的酸中毒状态可以被胰岛素和输液疗法改善。如果血浆 HCO_3^- 浓度保持在 11 mEq/L 或以下，或静脉总二氧化碳（CO_2）浓度为 12 mEq/L 或以下（总 CO_2–1= 血浆 HCO_3^- 浓度），可以考虑 HCO_3^- 治疗，尤其是当静脉血 pH 在 7.1 或以下时。只有在连续监测静脉血气的情况下，才应使用碳酸氢盐治疗。在 6 ~ 8 h 内将酸中毒的血浆 HCO_3^- 纠正为 12 mEq/L 所需的 HCO_3^- 的量（单位：毫当量）如下：

$$\text{mEq } HCO_3^- = BW_{kg} \times 0.4 \times [12 - \text{患病动物 } HCO_3^- (\text{mEq/L})] \times 0.5$$

BW_{kg} 为体重的公斤数。在任何情况下都不建议使用 HCO_3^- 治疗。开始 HCO_3^- 输注 6 h 后，必须重评估酸碱水平。当 pH 达到 7.2 时，应停止碳酸氢盐治疗，以防止医源性代谢性碱中毒。

出现感染症状后，必要时应使用抗生素。泌尿生殖系统感染最为常见。所以，建议在抗生素使用前收集尿样进行培养。

护理与监测

DKA 患病动物的大部分监测包括评估治疗反应，并在治疗早期识别常见并发症。患病动物应每天称重 2 次，以监测水合状态，并确保体重的增加不是由于水潴留太多引起（超过预估脱水量，1 L=1 kg=2.2 lb），若是如此，则表明水合过度。密切监测呼吸频率、呼吸力度和肺音，将有助于防止容量过载。应收集患病动物尿液并记尿量，特别是当动物存在氮质血症时。接受静脉输液疗法的患病动物，其最低尿量应为 1 ~ 2 mL/（kg·h）。由于 DKA 患病动物会出现渗透性利尿，所以尿量会超出该水平。经尿液、呕吐、腹泻或其他原因造成的液体丢失必须进行补充，避免脱水，并保证正常的维持液体量。

在整个治疗过程中，最初应每 4 ~ 8 h 测量一次电解质，稳定后每天至少测量 2 次。当血钾或血磷浓度降低时应及时处理，以防止发生危及生命的紧急情况。应密切监测酸碱状态，对于严重酸碱紊乱的患病动物，应每 6 h 监测一次静脉血气，直到稳定后每天监测 1 ~ 2 次。

应监测尿液浓度［尿比重（urine specific gravity，USG）］，并每天监测 1 ~ 2 次红细胞压积（PCV）。应注意尿液和血清的颜色变化，若有异常，需告知兽医。严重的低磷血症会影响红细胞膜的稳定性，从而导致快速的急性溶血。这将表现为血红蛋白尿、血清溶血和 PCV 的迅速下降。同时也需要每天监测尿液酮体水平。也可使用尿试纸条的方法检测分离血清或血浆的酮体浓度。人的小型血酮仪也被证实可以检测患病动物的酮体（仅限于 β – 羟丁酸），仪器的工作原理类似于血糖监测仪。治疗开始后，酮体可能会持续 1 ~ 5 d。由于尿路感染在糖尿病患病动物中很常见，因此需每天注意细菌感染的迹象（如恶臭、尿色浑浊、血尿和尿淋漓）。无论 DKA 患病动物是否出现脓尿，都建议对所有患病动物进行尿液培养。

每 2 h 监测一次血糖水平。治疗初期，对于一些严重患病动物，可能需要每 1 h 监测一次，以确保血糖浓度不会下降过快。血糖浓度下降的理想速率为 50 ~ 100 mg/（dL·h）。DKA 患病动物血糖浓度水平不应低于 200 mg/dL，可通过补充葡萄糖维持血糖浓度。如前所述，血糖水平下降过快，就可能发生脑水肿，因此必须注意动物的精神状态。一旦动物有食欲，则应给予食物。通常患病动物主动进食后，可将胰岛素换成长效胰岛素。

技师笔记

如果您的工作场所中有不止一台血糖仪，则应给 DKA 患病动物分配一台，以确保每次的结果由同一台仪器读取。

每只 DKA 患病动物都不相同，而且这种疾病没有规律可循。然而，通过仔细监测和对并发病的预判，DKA 患病动物可以恢复良好，并可作为值得学习的重症监护病例。

肾上腺皮质功能减退（急性阿狄森危象）

定义

肾上腺皮质功能减退（hypoadrenocorticism）（阿狄森病）是指肾上腺分泌盐皮质激素（主要是醛固酮）、糖皮质激素（主要是皮质醇）不足，或两者都缺乏。免疫介导的肾上腺破坏可能是大多数原发性肾上腺皮质功能减退的病因。如果肾上腺皮质被米托坦破坏，就会导致医源性肾上腺皮质功能减退。继发性肾上腺皮质功能减退，是由垂体分泌的促肾上腺皮质激素（adrenocorticotropic hormone，ACTH）减少引起，并仅出现糖皮质激素的缺乏。当外源性高剂量或长期糖皮质激素治疗突然停止时，就会导致医源性肾上腺皮质功能减退。

盐皮质激素（醛固酮）在调节机体电解质稳态方面很重要。在肾单位连接段和集合管中，醛固酮会促进钠离子和氯离子的重吸收，以交换钾离子和氢离子的排出。水会随钠离子一起流动。醛固酮缺乏会导致钠离子、氯离子和水在尿液中丢失，同时保留钾离子、氢离子和钙离子。由此产生严重电解质失衡和脱水导致了阿狄森危象，如休克和心脏传导异常。

糖皮质激素（皮质醇）对机体很多系统都很重要。皮质醇的主要功能是维持胃肠道完整性和预防休克。缺乏皮质醇会导致胃肠道的完整性丧失和缺乏预防休克的能力。可见肠黏膜血管灌注不良、黏膜生成减少和胃肠道溃疡。糖皮质激素也是重要的糖异生激素，是 4 种主要应激性激素之一。

临床表现

肾上腺皮质功能减退在犬上罕见，在猫上极其罕见，两个物种的治疗相似。该病通常见于青年犬（平均 4 ~ 4.5 岁，范围为 2 月龄至 12 岁）和中年猫。70% ~ 85% 的患犬为雌性。猫似乎没有品种倾向，而对犬来说，标准贵宾犬、大丹犬、葡萄牙水犬、罗威纳犬、西高地白㹴和惠顿㹴犬的风险更高。这种疾病似乎在标准贵宾犬和兰伯格犬上有遗传倾向。

临床症状和体征各不相同（表 21.4），从轻微症状到严重或致命的急性危象症状。病史可能会显示病程的增减过程。犬最常见的临床症状包括厌食、呕吐、嗜睡或沉郁，以及虚弱。部分患病动物还出现体重减轻、腹泻、黑便、颤抖、多尿和多饮。猫最常见的临床症状包括嗜睡、厌食、呕吐、体重减轻、多尿和多饮。

已经出现阿狄森危象的犬通常因精神沉郁和脱水而就诊。口腔黏膜苍白、黏滞，毛细血管再充盈时间延长，或黏膜充血伴毛细血管再充盈时间缩短。严重患病动物甚至会发生休克、晕厥、昏迷和癫痫发作。由高钾血症引起的脉搏微弱和心动过缓是阿狄森病的危险信号，因为无肾上腺功能损伤的犬在休克时会出现心动过速。高钾血症患病动物的心电图可显示高而尖的 T 波，基底部窄（图 21.1）。随着钾离子浓度的升高，QRS 复合波变宽，P-R 间期延长。最终导致 P 波更小、更

表 21.4　与肾上腺皮质功能减退和阿狄森危象相关的临床症状

最常见（50% ~ 100% 的患病动物）	常见（25% ~ 50% 的患病动物）	罕见（< 25% 的患病动物）
厌食	晕厥	心动过缓（< 60 次 /min）
嗜睡 / 沉郁	脱水	脱毛
呕吐	腹泻	黑便
虚弱	低体温	腹部疼痛
体重减轻	多饮	脉搏虚弱
	多尿	
	既往对治疗有反应	
	颤抖	
	毛细血管再充盈时间延长	
	病情时好时坏	

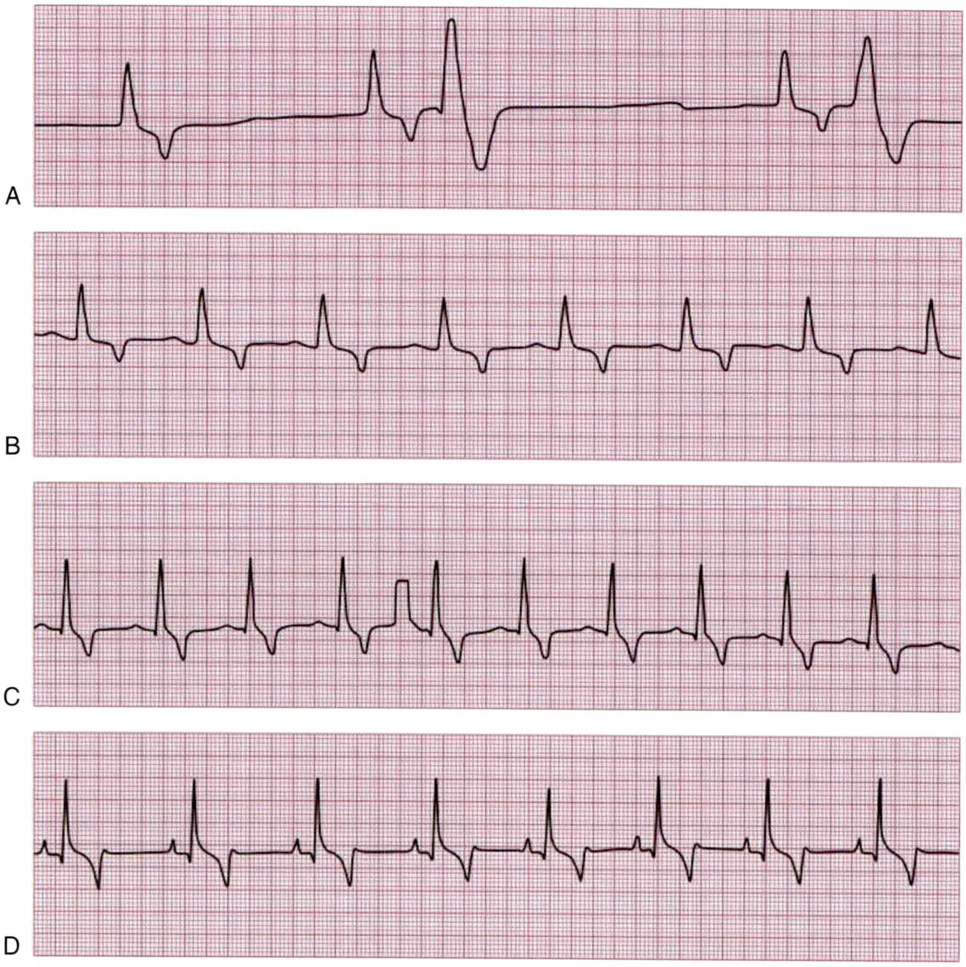

图 21.1　2 只因阿狄森病导致高钾血症（分别为 8.6 mEq/L 和 9.4 mEq/L）的患病动物心电图（犬 1：A ~ D；犬 2：E ~ G）。由图 A ~ E 可知，严重高钾血症对心电图的影响为 P 波不可见，短而宽 QRS 复合波和心率减慢。读者应该注意到 T 波的振幅不会过高。图 A 显示心室逸搏，即在正常的 QRS 复合波之后出现宽而奇怪的 QRS 复合波。高钾血症、缺氧或两者兼有都会导致这种异常。2 只犬仅用 0.9% 生理盐水静脉注射 1 h 后，血清钾离子浓度分别降至 7.6 mEq/L 和 7.9 mEq/L，得到图 B 和图 F。读者应该注意到，P 波开始出现，心率加快，心室逸搏消失。此外，P–R 间期延长（一级心脏传导阻滞）有所改善，但 QRS 复合波仍增宽，Q–T 段缩短。血清钾离子浓度分别为 6.2 mEq/L 和 5.9 mEq/L 时，得到图 C 和图 G。P–R 间期和 P 波、QRS 复合波、T 波持续时间较短，R 波较高。图 D 显示一个更尖锐的 T 波，此时血清钾离子浓度为 5.6 mEq/L

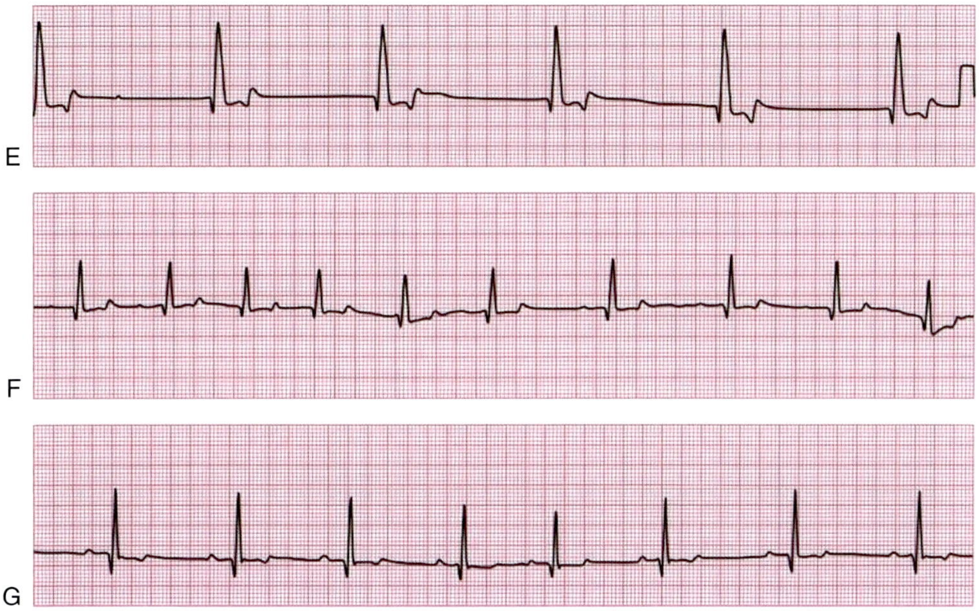

图 21.1（续）

宽，严重高钾血症时，P 波完全消失（即心房停顿）。严重高钾血症动物可能会有 QRS–T 波融合，导致大范围复杂性室性心律失常，随后出现室颤和心脏停搏。猫也有类似的临床表现。由于阿狄森危象的诸多临床表现都是非特异性的，所以必须排除严重的胃肠道疾病、肾脏疾病和鞭虫感染。表 21.5 列出了常见的临床病理学异常。

治疗

出现急性危象和显著临床症状的患病动物需要接受积极的治疗和住院管理。有轻微症状的患病动物可以考虑门诊治疗。治疗的主要目的是快速纠正休克，补充液体丢失，纠正电解质失衡，并提供激素替代治疗（见专栏 21.2 在设备完善的急诊诊所管理肾上腺皮质功能减退需要的物品清单）。

纠正低血容量、低血压以及电解质失衡是治疗的主要目标。选择 0.9% 的氯化钠溶液输注 24 h 以上，满足维持液体输液量和脱水液体量（脱水百分比 × 体重）。此外，休克输液剂量可达 20 mL/kg（犬）和 10 mL/kg（猫），以快速起效，或可达最高休克输液量［60 ~ 90 mL/kg（犬）；40 ~ 60 mL/kg（猫）］。

技师笔记

与其他疾病一样，在进行输液治疗时，技师必须持续监测动物对输液疗法的反应。反应良好的动物，其心率会下降（或心动过缓 / 高钾血症病例心率会增加），灌注参数改善；或是反应不佳，动物会表现为恶心或不舒服、气喘和更加虚弱。

表 21.5　肾上腺皮质功能减退患病动物的临床病理学表现

最常见（50% ~ 100% 的患病动物）	常见（25% ~ 50% 的患病动物）	不常见（＜25% 的患病动物）
氮质血症	贫血	嗜酸性粒细胞增多症
高钾血症	总二氧化碳浓度降低	高胆红素血症
低钠血症	高钙血症	低血糖
钠 / 钾比 < 27	低氯血症	淋巴细胞增多症
尿浓缩能力下降	肝酶活性升高（丙氨酸氨基转移酶和天冬氨酸氨基转移酶）	

最初建议肠外给予糖皮质激素，静脉输液疗法也可以改善电解质和矿物质紊乱。一旦患病动物稳定，可选择口服或注射盐皮质激素。地塞米松磷酸钠价格便宜，且易获取，因此大多数临床医生将其作为首选糖皮质激素药物。地塞米松磷酸钠是一种水溶性、起效快的类固醇，且与 ACTH 刺激试验测定的皮质醇没有交叉反应。表 21.6 提供了糖皮质激素使用的推荐剂量。若 ACTH 刺激试验完成，则更推荐使用有盐皮质激素作用的药物替代糖皮质激素治疗。

一旦患病动物情况稳定，原发性肾上腺皮质功能减退的患病动物需要在原来的基础上添加盐皮质激素。去氧皮质酮新戊酸酯（desoxycorticosterone pivalate，DOCP）是替代盐皮质激素的最经济的药物。DOCP 的剂量为 1.1 ~ 2.2 mg/kg，IM，每 21 ~ 30 d 注射一次。该药物没有糖皮质激素活性，因此，需要补充泼尼松或泼尼松龙，剂量为 0.1 ~ 0.2 mg/（kg · d）。此外，醋酸氟氢化可的松的剂量为 0.01 ~ 0.02 mg/（kg · d），PO，每天 2 次（bid）。氟氢可的松具有一定的糖皮质激素活性，只有约 50% 的患犬需要口服泼尼松或泼尼松龙。盐皮质激素的给药剂量主要基于临床症状和电解质浓度，当出现胃肠道症状时需要给予糖皮质激素。最好是给予控制临床症状的最小剂量的糖皮质激素，以防止类固醇类药物的副作用。

表 21.6 常用类固醇替代药物和剂量

药物	剂量、途径和频率
糖皮质激素	
泼尼松龙琥珀酸钠	11 ~ 25 mg/kg，IV，q2 ~ 6 h
地塞米松磷酸钠	1 ~ 3 mg/kg，IV，q12 h
氢化可的松琥珀酸钠	1 ~ 2 mg/kg，IV，q8 h
氢化可的松磷酸	1 ~ 2 mg/kg，IV，q8 h
地塞米松（Azium）	2 ~ 4 mg/kg，IV，q12 ~ 24 h
盐皮质激素	
去氧皮质酮新戊酸酯（DOCP）	1.1 ~ 2.2 mg/kg，IM 或 SC，q21 ~ 30 d
醋酸氟氢可的松	犬：0.02 mg/kg，PO，q24 h（或分 2 次）
醋酸氢化可的松	1 ~ 2 mg/kg，PO，q12 h

对于某些严重高血钾的患病动物来说，需要更多的液体治疗。对于心动过缓或其他 ECG 异常的患病动物，需要比静脉输液稀释疗法更快地降低血清钾浓度。对于危及生命的高血钾患病动物，缓慢输注 10% 的葡萄糖酸钙 0.5 ~ 1 mL/kg，静脉滴注超过 15 ~ 30 min，同时监测 ECG 是否出现心动过缓、Q-T 间隔缩短等异常。血钙不会影响血钾水平，但能保护心肌，改善心脏功能，从而增加心输出量。其他降低血钾浓度的方法也可以同时进行。

轻度高钾血症或低血糖患病动物可以单独使用0.5 ~ 1 mL/kg 50% 葡萄糖，经 1 ∶ 2 稀释后使用。如果患病动物血糖正常，建议补充葡萄糖时添加胰岛素。如果胰岛素与葡萄糖联合使用，静脉输注 50% 的葡萄糖，每单位 2 g（4 mL）胰岛素与灭菌注射用水 1 ∶ 2 稀释后与短效胰岛素（0.5 U/kg，IV）缓慢静脉注射将促进细胞对钾（和磷）的摄取。配比好的胰岛素和葡萄糖可以混合在一个注射器中，缓慢推注超过 15 min。使用胰岛素治疗后，建议 2.5% ~ 5.0% 的葡萄糖 CRI，以预防低血糖。因此，在治疗过程中持续监测血糖很有必要，以防止出现医源性低血糖。极少使用碳酸氢钠（HCO_3^-）治疗高血钾，但在某些情况下，可以考虑其治疗（见 DKA 时 HCO_3^- 的使用说明）。

护理与监测

低血容量和休克是阿狄森危象患病动物最严重的威胁生命的问题。此外，因为患病动物可能会发生致命性的心律失常，所以仔细监测心率和心电图非常重要。在初始治疗期间，如果情况允许，建议连续监测高钾血症患病动物的 ECG，或者至少每 1 ~ 2 h 监测一次。初始治疗应每 4 ~ 6 h 监测一次电解质。每 12 ~ 24 h 复查一次血液指标，以重新评估氮质血症、高钙血症、酸中毒，以及电解质失衡的情况。

与其他任何脱水患病动物一样，每天需要称重 2 次并监测皮肤回弹情况。测量尿量和尿比重是确定动物体液复苏完全的好方法。尽管动物存在脱水，然而由于缺乏醛固酮，阿狄森患病动物的 USG 可能较低。液体复苏后持续氮质血症可能提示急性肾损伤（acute kidney injury，AKI）或慢性肾病（chronic kidney disease，CKD）。

氟氢可的松的治疗监测为每 2 ～ 4 周测量血清电解质、血钙、血尿素氮（BUN）和肌酐浓度，直至患病动物病情稳定。一旦患病动物情况稳定，则每 3 ～ 6 个月监测一次。在第一次注射 DOCP 后的 3 ～ 4 周，需测定血清电解质、血钙、BUN 和肌酐浓度，以确定 DOCP 的作用持续时间。大多数患病动物需要每 21 ～ 30 d 注射一次药物。根据异常血液学指标的持续时间来调整剂量。如果患病动物出现胃肠道不适的症状（如恶心、厌食和呕吐），则应指导宠主根据需要补充泼尼松或泼尼松龙。

病例学习

一只 3 岁 30 kg 雌性绝育的标准贵宾犬由于氮质血症、多饮多尿而接受评估和治疗。宠主在就诊前 4 d 发现患病动物出现呕吐和食欲下降。转诊兽医初步体格检查结果显示轻度脱水，并抽血进行血清生化检查。该犬皮下补液 0.9% 的氯化钠 500 mL 后出院。

血清生化分析结果显示 BUN 浓度为 42 mg/dL（14.9 mmol/L）（参考范围为 8 ～ 33 mg/dL 或 2.85 ～ 11.8 mmol/L），肌酐浓度为 2.1 mg/dL（185.6 mmol/L）（参考范围为 0.5 ～ 1.7 mg/dL 或 44.2 ～ 150 mmol/L）。血清总钙浓度为 12.1 mg/dL（3.0 mmol/L）（参考范围为 8.7 ～ 11.0 mg/dL 或 2.1 ～ 2.75 mmol/L）。血钠浓度为 148.2 mEq/L（mmol/L）[参考范围为 140 ～ 161 mEq/L（mmol/L）]，血钾浓度为 5.7 mEq/L（mmol/L）[参考范围为 3.8 ～ 5.4 mEq/L（mmol/L）]，血氯浓度为 112 mEq/L [参考范围为 105 ～ 121 mEq/L（mmol/L）]。转诊兽医为肾脏损伤的患病动物开了低蛋白饮食。最初治疗的 24 h 有所改善，但是接下来的 2 d 内，患病动物继续呕吐，在家仍有多饮多尿的表现。之后该犬转诊接受了其他诊断和治疗建议。

体格检查显示患病动物非常虚弱，脱水 7%，心动过缓（心率 60 次 /min）。直肠检查显示大便为黑色软便。在检查过程中，患犬发生呕吐，呕吐物中带有小血凝块。送检血液和尿液样本进行全血细胞计数、血清生化分析和尿液分析。入院时进行快速生化分析（静脉血气分析、电解质、BUN 和肌酐）。同时进行 ECG 检查。

快速生化分析结果显示氮质血症加重 [BUN 69 mg/dL（24.6 mmol/L），肌酐 4.2 mg/dL（371.3 mmol/L）]，中度至显著高钾血症 [7.1 mEq/L（mmol/L）]，轻度低钠血症 [136 mEq/L（mmol/L）]，轻度低氯血症 [99 mEq/L（mmol/L）]。计算钠钾比为 19.2。静脉血气分析显示轻度酸血症 [pH 为 7.247（参考范围为 7.398 ～ 7.416）]，碳酸氢根（HCO_3^-）浓度降低 [15.5 mEq/L（mmol/L），参考范围为 20.5 ～ 23.9 mEq/L]。全血细胞计数结果为轻度的正细胞正色素性贫血 [血细胞比容 35%（参考范围为 37% ～ 55%）]。其他生化异常包括血清总钙浓度升高至 12.9 mg/dL（3.22 mmol/L）和谷丙转氨酶（ALT）活性轻度升高至 121 U/L（参考范围为 10 ～ 95 U/L）。USG 1.017 较低（参考范围为 1.015 ～ 1.036）。心电图结果无异常。

根据病征、病史、高钾血症、低钠血症、钠钾比降低、高钙血症、轻度氮质血症伴 USG 下降，以及 ALT 活性升高，初步诊断为肾上腺皮质功能减退。在左侧颈静脉放置中心静脉导管，0.9% 氯化钠以 416 mL/h（7% 的脱水量加上 6 h 的维持输液量）的速度进行快速补水。使用地塞米松磷酸钠 [0.25 mg/（kg · 12 h）] 进行静脉注射给药，使用法莫替丁（1 mg/kg，缓慢 IV，q12 h）治疗胃肠道出血。最初输液 6 h 后，将输液速度降至 100 mL/h（约为维持输液量的 1.5 倍）。

送检实验室进行 ACTH 刺激试验。液体治疗 6 h 后复查电解质和静脉血气。血气指标位于参考范围内，因此不需要进行 HCO_3^- 治疗。轻度高钾血症持续存在。PCV 为 31%，并进行网织红细胞计数。

第 2 天，患犬体况明显好转，不再虚弱，能发出声音。患病动物食欲虽然有所改善，但整体还是有所减退。大便黑色成形，在过去的 12 h 内未见呕吐。重新复查电解质。血钠和血氯在参考范围上限［血钠 159 mEq/L（mmol/L）；血氯 121 mEq/L（mmol/L）］，血钾浓度在参考范围内［4.1 mEq/L（mmol/L）］。在 0.9% 的氯化钠液体中加入 13 mEq（mmoL）的氯化钾，以满足钾的维持需要。网织红细胞计数为 158 000/μL（参考范围 < 50 000/μL），表明存在再生反应。当天晚些时候，患病动物饮食正常，液体输液速度降至 50 mL/h。

第 3 天，ACTH 刺激试验结果证实为肾上腺皮质功能减退。给予 DOCP（1.1 mg/kg，IM，q28 d）长期治疗管理后出院。由于 DOCP 需要长达 48 h 才起效，因此，在最初的 2 d 除了 DOCP 外，还需要给予醋酸氟氢可的松（0.011 mg/kg，PO，q12 h）进行治疗。此外，如果患病动物食欲减退或者呕吐复发，或宠主发觉患病动物有应激事件时，需要给予泼尼松（0.23 mg/kg）。口服法莫替丁（1 mg/kg，PO，q12 h），连续 7 d 治疗，口服补血剂 7 d 或直至 PCV 恢复正常。

高钙血症

定义和病因

高钙血症（hypercalcemia）是指血清总钙浓度增加。如果存在低白蛋白血症，那么血钙浓度可能会人为降低，应使用以下公式进行校正：

$$校正钙离子浓度 = 血钙（mg/dL）- 白蛋白（g/dL）+3.5$$

或

$$校正钙离子浓度 = 血钙（mg/dL）- [0.4 \times 总蛋白（g/dL）] +3.3$$

该公式不适用于猫，尽管低白蛋白血症也会影响它们的血清钙离子浓度。脂血和溶血也会导致人为的高钙血症，此外，生理性骨生长的幼龄动物会出现生理性高钙血症。

持续高钙血症最常见的原因是恶性肿瘤导致的高钙血症。到目前为止，淋巴瘤是引起高钙血症最常见的恶性肿瘤。其他肿瘤，如肛囊腺癌、多发性骨髓瘤、骨髓增生性疾病和实体组织肿瘤，也报道可以引起高钙血症。任何肿瘤性疾病都可能导致高钙血症。其他重要的需排除的疾病包括肾功能不全（大多数患病动物血清钙离子浓度正常）、原发性甲状旁腺功能亢进和肾上腺皮质功能减退。较不常见的原因包括肉芽肿性疾病（如芽生菌病、诺卡氏菌病）、骨溶解病变（如原发性或转移性肿瘤、化脓性骨髓炎）、含钙化醇灭鼠剂中毒（如维生素 D 过多）、口服钙补充剂、口服磷酸盐结合剂、噻嗪类利尿剂和植物中毒（如白夜丁香、软茄和黄燕麦草）。猫也会出现不明原因的特发性高钙血症，需要进一步深入研究。专栏 21.3 列出引起高钙血症的最常见病因。

临床表现

高钙血症的病因较多，临床表现通常不具有特异性。表 21.7 列出与高钙血症相关的临床症状。

专栏 21.3 犬和猫高钙血症的病因

- 含钙化醇的灭鼠剂。
- 慢性肉芽肿性疾病。
  - 真菌病（芽生菌病）。
  - 诺卡氏菌病。
- 恶性肿瘤性高钙血症。
  - 淋巴瘤（最常见）。
  - 肛囊腺癌。
  - 多发性骨髓瘤。
  - 骨髓增生性疾病。
  - 实体组织肿瘤。
- 高白蛋白血症。
- 维生素 D 过多。
- 肾上腺皮质功能减退。
- 特发性。
- 实验室错误。
- 骨溶解病变。
- 植物中毒。
  - 白夜丁香。
  - 软茄。
  - 黄燕麦草。
- 口服钙补充剂。
- 口服磷酸盐结合剂。
- 原发性甲状旁腺功能亢进。
- 原发性肾功能不全。
- 噻嗪类利尿剂。

表 21.7　与高钙血症相关的临床症状

常见	不常见
贫血	昏迷
脱水	便秘
精神沉郁 / 嗜睡	死亡
多饮	心电图异常
多尿	P–R 间期延长
呕吐	Q–T 段缩短
虚弱	心室颤动
	癫痫
	木僵

高钙血症主要对机体 4 个系统产生影响：①肾脏；②胃肠道；③神经肌肉；④心血管。肾脏异常最常见症状是多饮多尿，以及 AKI 的症状。血钙会抑制肾脏抗利尿激素受体，阻止水的重吸收，产生肾性尿崩症。非常严重的高钙血症［ > 15 mg/dL（3.75 mmol/L）］可导致肾小管坏死、AKI 和肾脏矿化。呕吐、厌食、嗜睡和精神沉郁都是肾损伤的常见症状。在体格检查时，触诊肾脏偏小，提示肾脏疾病可能为慢性肾病（CKD），这也可能是高钙血症的病因。有些患病动物有尿石症的临床表现，可在膀胱和尿道触诊到尿石。

高钙血症会降低平滑肌、骨骼肌和心肌的兴奋性，也会导致胃肠道功能障碍。最常见的症状是厌食、呕吐和便秘。体格检查可触诊结肠内坚硬粪便。骨骼肌功能的改变可引起全身肌无力（常见）和肌肉抽搐（不常见）。ECG 可发现心脏传导异常：P–R 间期延长，Q–T 段缩短，心室颤动不常见。高钙血症对中枢神经系统的最常见的直接影响是嗜睡，很少会发展为癫痫、木僵或昏迷。

仔细触诊高钙血症患病动物的淋巴结和腹部非常重要。触诊淋巴结肿大或器官肿大支持淋巴瘤或其他肿瘤。完整的直肠触诊检查淋巴结或盆腔肿瘤均有必要。临床症状的时好时坏可能提示肾上腺皮质功能减退，触诊颈部可以发现甲状旁腺肿瘤。

高钙血症的病因较多，其他实验室检查有助于确诊病因。无氮质血症的高磷血症提示非甲状旁腺引起。低磷血症和血磷浓度位于正常范围下限最常见于原发性甲状旁腺功能亢进或恶性肿瘤。高磷血症合并氮质血症是很难评估病因，因为肾功能衰竭和高钙血症互为因果。肾功能衰竭时血钙浓度很少超过 15 mg/dL。原发性甲状旁腺功能亢进或恶性肿瘤患病动物的离子钙浓度很高。肾功能衰竭患病动物的离子钙浓度较低或低于正常范围下限。原发性甲状旁腺功能亢进和肾功能衰竭时甲状旁腺激素浓度会增加，而恶性肿瘤导致高钙血症时，甲状旁腺激素浓度较低或低于正常范围下限。其他电解质异常（如低钠血症伴高钾血症）可能与肾上腺皮质功能减退有关。

辅助诊断检查（如 X 线检查和超声检查）可用于评估肾脏的大小和结构、骨骼病变、尿石症、肝脏和脾脏结构，以及淋巴结病。可能需要借助细针抽吸、活检和骨髓分析。此外，ACTH 刺激试验可用于排查肾上腺皮质功能减退。

治疗

治疗要点主要在于消除或治疗潜在原因和扩充血容量。应注意不能让治疗掩盖潜在病因的识别。在很多情况下，病因很容易查明但不能立即进行治疗，需要支持性管理（见专栏 21.2 管理高钙血症患病动物所需用品列表）。

建议使用 0.9% 的氯化钠或其他不含钙离子的等渗晶体液扩充容量，速度为 100 ~ 180 mL/（kg · d）。不应使用如乳酸林格液等含钙液体。任何脱水量都应该由液体疗法补充完全。在脱水状态下，肾脏对血钙和血钠的重吸收更充分。通过重新水合和扩充容量，增加尿钠和尿钙。为预防医源性低钾血症，钾的补充很有必要。对于大多数患病动物，扩充容量就足以解决高钙血症。然而，一些患病动物需要其他支持性管理。

含钙利尿剂可在补充水合和扩充容量后使用。可选择呋塞米这类髓袢利尿剂，而不应使用噻嗪类利尿剂。高钙血症的紧急管理，呋塞米剂量为 5 mg/kg，IV，单次，随后 CRI 速度为 5 mg/（kg · h）。或者，也可以按 2 ~ 4 mg/kg，IV、IM 或 PO，bid ~ tid（每天 3 次）。使用利尿剂时保证动物良好的水合很重要。

糖皮质激素会增加肾脏对钙的排泄，减少肠道对钙的吸收，减少骨骼吸收，这些药物对造血系统肿瘤（如淋巴瘤），也有细胞毒性作用。如果怀疑淋巴来源的肿瘤，在给药前采集样本进行诊断十分重要。如果怀疑动物存在肾上腺皮质功能减退，糖皮质激素首选地塞米松磷酸钠，因为该药不会干扰皮质醇的检测。糖皮质激素也有助于抵抗维生素 D 中毒的影响。短期内用药，类固醇可减少肉芽肿性疾病相关的炎症和高钙血症，但大剂量、中期或长期使用会导致疾病发展，特别是真菌性疾病。泼尼松或泼尼松龙的使用剂量为 1 ~ 2 mg/kg，PO、SQ 或 IM，bid。地塞米松剂量为 0.1 ~ 0.2 mg/kg，IV、IM、SQ 或 PO，bid。

双膦酸盐是金属络合化合物，也可以通过抑制 1α－羟化酶活性从而抑制骨化三醇（即活性维生素 D）的产生。帕米磷酸盐是一种双膦酸盐，在兽医学上已有记录。最近对于该药的研究显示，给药后血清总钙和离子钙浓度迅速下降，不良反应或毒性极小。犬用药剂量为 1 ~ 2 mg/kg，IV；猫为 1.5 ~ 2 mg/kg，IV。帕米膦酸钠单次缓慢 IV（0.9% 氯化钠稀释，4 h 以上）。起效时间为 24 ~ 48 h，持续时间为数天至数周（中位数为 8.5 周）。可在确诊前使用帕米膦酸钠，该药对其他诊断结果没有影响。依替膦酸钠，另一种双膦酸盐，在兽医学中的应用有限。然而，有报道犬口服剂量为 2.5 mg/kg，PO，bid；猫为 5 mg/kg，PO，bid。依替膦酸钠也可作为静脉注射溶液。目前，尚无静脉注射剂量的研究报道，但大多数兽医认为注射剂量应低于口服剂量。

使用碳酸氢钠（$NaHCO_3$）进行治疗有相当大的争议。大多数临床兽医保留该种治疗方式，用于代谢性酸中毒的急重症病例。离子钙浓度会随着血清 pH 的升高而降低（因为钙会与血清蛋白和 HCO_3^- 结合）。推荐剂量为 1 ~ 4 mEq/kg，缓慢 IV。一般需要 24 h 才能见效。有可能需要多次给药，一般不需要 CRI。如果不能测量血钙和酸碱状态，临床兽医应避免使用 HCO_3^-。HCO_3^- 与其他治疗方式结合使用效果最好。必须谨慎管理以防止医源性代谢性碱中毒或脑酸中毒。

骨吸收抑制剂，如降钙素和普卡霉素，应用较少。降钙素（初始剂量为 5 U/kg，IV，然后 4 ~ 8 U/kg，SQ，每 6 ~ 24 h 使用一次）是一种甲状旁腺激素的拮抗剂，也是含钙化醇灭鼠剂的解毒剂。它也可以用作原发性甲状旁腺功能亢进的临时治疗。降钙素价格昂贵，作用时间短，还可能导致厌食和呕吐。普卡霉素是一种抗肿瘤药物，也是一种有效的骨吸收抑制剂。这种药物在兽医上已很少用于治疗高钙血症。建议单次给药剂量为 25 μg/kg，但可能需要每周给药 1 ~ 2 次才能有效治疗高钙血症。该药物可产生显著的肾毒性、肝毒性和骨髓抑制等副作用。

护理与监测

每天 2 次评估体重变化、皮肤回弹和观察排尿量，以确保充足的液体复苏和监测水合状态。在初始治疗期间，应每 12 ~ 24 h 监测离子钙或血清钙离子浓度。每天进行尿液分析（评估是否出现管型尿）和重新评估 BUN 和肌酐浓度来监测肾功能。应监测电解质浓度来确定体液治疗开始后可能发生的电解质失衡。如果心电图异常，也必须连续监测心电图，或至少每 12 ~ 24 h 重新监测。应监测血磷浓度，因为持续高磷血症伴高钙血症可导致组织矿化［特别是当血钙浓度（mg/dL）与血磷浓度（mg/dL）乘积 > 60 时］。

低钙血症

定义和可能病因

低钙血症（hypocalcemia）是指血清总钙浓度下降的状态。如果存在低白蛋白血症，应校正血钙浓度，以确定是否存在低钙血症，应使用以下公式进行校正：

$$校正钙离子浓度 = 血钙（mg/dL）- 白蛋白（g/dL）+3.5$$

或

$$校正钙离子浓度 = 血钙（mg/dL）-［0.4 \times 总蛋白（g/dL）］+3.3$$

该校正公式不适用于猫，尽管低白蛋白血症

也会影响它们的血清钙离子浓度。低白蛋白血症是导致犬和猫低钙血症最常见的原因。此时一般不会引起临床症状，因为离子钙（即生理活性钙）浓度通常保持正常。专栏 21.4 列出导致犬和猫低钙血症的原因。

低钙血症的其他常见原因包括慢性和急性肾脏疾病或损伤、产后四肢抽搐（子痫）和急性胰腺炎。在肾脏疾病中，由于钙磷质量定律相互作用，高磷血症可导致低钙血症。此外，肾脏中 1α–羟化酶活性降低和随后骨化三醇（即活性维生素 D）产生的降低会导致显著的低钙血症。产后抽搐通常发生在哺乳期的前 21 d，一般见于小型雌性动物。机体的大量钙通过乳汁流失，从而导致子痫。急性胰腺炎时，由于损伤组织矿化和皂化脂肪中钙盐沉积从而导致低钙血症。

甲状旁腺功能减退在犬和猫上罕见。可能是原发性疾病，可能由于甲状腺手术切除（尤其是猫）导致的医源性疾病，也可能是慢性高钙血症快速逆转或者切除功能性甲状旁腺肿瘤所致。对于所有的情况，甲状旁腺激素缺乏都会导致胃肠道对钙的吸收减少，肾脏对钙的重吸收减少，以及成骨细胞活性（骨生成）降低。

其他原因包括胃肠道吸收不良，见于严重的弥漫性消化道疾病，如淋巴管扩张、炎性肠病和浸润性肿瘤（如淋巴瘤和肥大细胞瘤）。乙二醇中毒引起钙盐沉积，通常沉积在尿道和软组织中。严重损伤或坏死的组织可以吸收钙，引起轻度的低钙血症。磷酸盐灌肠剂（Fleet® 灌肠剂）灌肠后会引起严重的高磷血症，由于血清钙质量定律作用，随后导致低钙血症。灌肠主要对小型犬和猫的影响较严重。静脉补充过量的 $NaHCO_3$ 或磷酸盐可引起医源性低钙血症。饮食中维生素 D 的缺乏并不常见，长期食用低钙高磷食物（所有肉食）也会导致低钙血症。任何引起碱中毒的情况都会导致蛋白结合钙（测定血清总钙）向离子钙转变。

当患病动物临床体征与实验室结果不符时，应该排除实验室错误。评估采样技术，柠檬酸盐、草酸盐和乙二胺四乙酸都能螯合钙，并降低血清钙浓度。

专栏 21.4　与低钙血症相关的最常见的临床症状

- 厌食（特别是猫）。
- 定向障碍。
- 心电图异常。
  - 心动过缓或心动过速。
  - S–T 段延长。
  - Q–T 段延长。
  - T 波变宽。
- T 波交替。
- 兴奋。
- 面部瘙痒。
- 发热。
- 对刺激高度敏感。
- 肌肉震颤或肌束震颤。
- 气喘。
- 多饮多尿。
- 后晶状体白内障（甲状旁腺功能减退）。
- 泪腺脱出（猫）。
- 呼吸停止。
- 坐立不安。
- 癫痫。
- 僵直性步态 / 共济失调。
- 呕吐（特别是猫）。
- 虚弱。

临床表现

因为导致低钙血症的原因较多，且没有特异性临床症状。所以在评估这些患病动物时，详细的病史调查（如最近分娩、灌肠、接触毒素、外伤、近期接受甲状腺或甲状旁腺手术和肾脏疾病病史）是相当重要的。

低钙血症主要影响神经肌肉、心血管、消化道和呼吸系统（专栏 21.5）。低钙血症会增加神经肌肉的兴奋性。除非患犬的总钙浓度低于 6.5 mg/dL，否则一般不会出现临床症状。急性发展的低钙血症可能会出现更严重的临床症状，而慢性低钙血症的患病动物可能由于长时间适应而几乎无临床症状，即使总钙浓度低于 5.0 mg/dL（1.25 mmol/L）。最常见的神经肌肉症状是肌无力、面部瘙痒、肌束震颤或抽搐、四肢抽搐、共济失调和癫痫。肌肉过度活动（抽搐）的患病动物可见体温升高。这些患病动物常见的心血管异常包括心动过缓和心电图变化（图 21.2），心电图变化主要包括 S–T 段和 Q–T 段延长，T 波增宽或 T 波交替。厌食和呕吐是常见的胃肠道症状（也是猫常见的临床症状）。动物也可见气喘或呼吸停止。其他不太常见的症状是多饮多尿，也可能出现高钙尿症（甲状旁腺功能减退）继发肾病钙质沉着。腹部疼痛可能是胰腺炎的症状。

专栏 21.5　犬和猫低钙血症的病因

- 碱血症。
- 饮食失衡。
- 低白蛋白血症。
- 医源性。
- 静脉补充磷酸盐过量。
- 实验室错误。
- 胰腺炎。
- 磷酸盐灌肠给药。
- 甲状腺 / 甲状旁腺术后。
- 原发性甲状旁腺功能减退。
- 原发性肾功能不全（包括乙二醇中毒）。
- 产后抽搐（子痫）。
- 样本处理（使用钙螯合抗凝剂）。
- 继发性肾性甲状旁腺功能亢进。
- 严重肠道吸收不良性疾病。
- 过量补充碳酸氢钠（$NaHCO_3$）。

治疗

出现临床症状的低钙血症患病动物应住院接受适当治疗（管理低钙血症患病动物所需的药物列表见专栏 21.2）。如果仅仅是由于低白蛋白血症导致的低钙血症不需要进行治疗。相反，需要确定白蛋白降低的原因并进行治疗。治疗要点是肠外补充钙盐。严重低钙血症的急诊病例通常有原发性或医源性甲状旁腺功能减退或产后抽搐（子痫），或给予过磷酸盐灌肠剂。然而，无论什么原因导致的严重临床症状都需要进行治疗。

最常用的两种注射用钙制剂为 10% 的葡萄糖酸钙和 10% 的氯化钙溶液。氯化钙的效果是

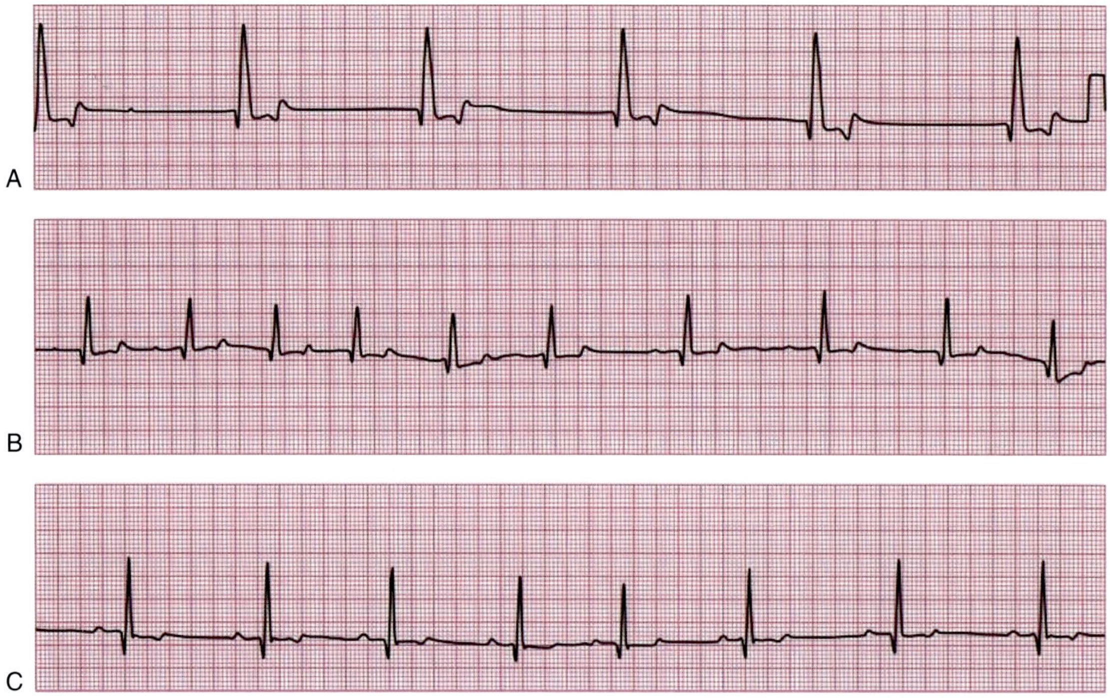

图 21.2　继发于原发性甲状旁腺功能减退导致的低钙血症患病动物在治疗不同阶段的心电图。图 A 显示 S–T 段和 Q–T 段延长，以及 T 波增宽和变深。血清总钙浓度为 4.0 mg/dL，电解质浓度在参考范围内。图 B 显示当血清总钙浓度增加到 6.2 mg/dL 时，S–T、Q–T 和 T 波的持续时间和振幅有所改变。图 C 显示当血清总钙浓度恢复到参考范围（9.7 mg/dL）。S–T 段、Q–T 段和 T 波均恢复正常。以上三图也显示，随着血钙浓度升高至正常范围，R 波振幅减小，心率增加

葡萄糖酸钙的 3 倍，但一般首选葡萄糖酸钙，因为其对血管的刺激性较小，如果不慎发生渗漏，也不具有腐蚀性。表 21.8 列出对读者有帮助的剂量信息。

在补钙过程中应持续监测心电图。心动过缓和 Q–T 段缩短是暂时停止输液的指征。急性治疗时应缓慢静脉滴注。在严重神经症状（四肢抽搐和过度肌肉活动）稳定后，建议开始 CRI 补钙来防止症状复发（可能在大剂量输液后 1 ~ 24 h 复发）。产后抽搐的患病动物应停止喂乳。长期治疗包括口服钙和维生素 D 补充剂（表 21.8）。

需要进行实验室检查（如全血细胞计数、血清生化和尿液分析）来全面评估这些患病动物。氮质血症和尿浓缩能力降低是肾脏损伤或疾病和（或）乙二醇中毒的标志。虽然这两种情况都会导致阴离子间隙增加，但是乙二醇中毒时阴离子间隙会达 40 及以上。胰腺炎患病动物可见淀粉酶和脂肪酶活性增加及炎症白细胞象。这些患病动物可能会继发肝炎，伴肝酶和总胆红素浓度增加。高磷血症见于 CKD 或 AKI、乙二醇中毒、原发性甲状旁腺功能减退，以及接受磷酸盐灌肠的患病动物。应对这些患病动物进行血气分析。总 CO_2 浓度增加提示碱中毒。辅助检查包括血清乙二醇浓度检测，X 线检查评估骨密度、肾脏结构和大小，腹部超声评估肾脏。进行甲状旁腺激素浓度检测可能有助于诊断。

护理与监测

在危重症动物的初始管理中，如果可以应每 4 ~ 6 h 检测一次血钙浓度。如果出现心律失常和（或）补钙期间应持续监测 ECG。心动过缓、Q–T 间期缩短、呕吐、心脏骤停都是停止补钙的指征。适当纠正血清钙离子浓度后，神经肌肉症状可能会持续 30 ~ 60 min。反复癫痫和过度肌肉活动可能会导致体温过高，严重者可能需要采取降温措施。如果患病动物存在肾脏疾病或乙二醇中毒时，则需要密切监测尿量和水合状态（即体重、皮肤回弹和 PCV）。对急性肾损伤和乙二醇中毒动物，需要监测静脉输液量（进量），并根据尿量和不可感丢失量（出量）来调节输液速度。对于碱中毒动物，在初始治疗时每 12 ~ 24 h 需进行一次静脉血气分析。病情稳定患病动物需长期监测，在前 6 个月应每月评估一次血钙浓度，然后每 3 ~ 4 个月评估一次，直至临床兽医确定潜在病因已治愈。如果治疗无效，可能需要终身监测。

表 21.8　常用钙和维生素 D 补充剂及剂量

药物	剂量、用法和频率
肠外补钙	
10% 葡萄糖酸钙溶液（含钙 9.3 mg/mL） 10% 氯化钙（含钙 27.2 mg/mL）	初始：0.5 ~ 1.5 mL/kg，缓慢 IV；维持：5 ~ 15 mg/（kg · h），IV 或 1 ~ 2 mL/kg，用 0.9% 生理盐水 1 ∶ 1 稀释后 SC，tid
口服钙补充剂	5 ~ 15 mg/（kg · h），IV 输注
碳酸钙	25 ~ 50 mg/（kg · d）
葡萄糖酸钙	25 ~ 50 mg/（kg · d）
乳酸钙	25 ~ 50 mg/（kg · d）
氯化钙	25 ~ 50 mg/（kg · d）
维生素 D 补充剂	初始：0.02 ~ 0.03 mg/（kg · d），PO
二氢速甾醇	维持：0.01 ~ 0.02 mg/kg，PO，q24 ~ 48 h
骨化三醇	2.5 ~ 10 mg/（kg · d），PO
钙化醇	初始：4000 ~ 6000 U/（kg · d），PO 维持：1000 ~ 2000 U/kg，PO，q1 ~ 7 d

低血糖

定义和可能病因

低血糖是指血糖浓度降低的状态。病因通常分为葡萄糖清除加快和葡萄糖产生或分泌失败。在确诊之前，临床兽医必须排除样本处理和检测过程错误。采血管中红细胞放置 1 h 以上未与血清进行分离就会出现假性低血糖。专栏 21.6 列出犬和猫低血糖的病因。

许多疾病都会促进血浆中葡萄糖的快速清除。胰岛素瘤是一种罕见的胰腺 β 细胞肿瘤，其胰岛素分泌不受控制。这是导致犬低血糖最常见的肿瘤。其他肿瘤（如肝癌、肝细胞癌、淋巴瘤、平滑肌肉瘤、类浆细胞肿瘤、口腔黑色素瘤、血管肉瘤和唾液腺腺瘤）可以产生具有生物活性的胰岛素样蛋白，而其他原因可能与副肿瘤性低血糖有关。一些患病动物的大肿瘤成为机体的负担，以至于需要消耗不成比例的大量葡萄糖来维持异常的代谢需求。败血症或全身炎症反应综合征（SIRS）患病动物出现低血糖主要归因于消耗速度超过产生速度。对于所有糖尿病动物，意外的医源性外源性胰岛素过量是导致低血糖的一个重要因素。红细胞数量增加（即红细胞增多症）导致低血糖通常是由红细胞过度利用葡萄糖来维持细胞代谢所致。范可尼综合征或原发性肾性糖尿患病动物会通过尿液丢失过量的葡萄糖。雌性动物妊娠晚期也会因为胎儿的需求增加而出现低血糖，该病因较为罕见。严重的长时间癫痫会导致骨骼肌过度活跃从而增加葡萄糖的消耗（癫痫通常会导致血清葡萄糖浓度升高，因为皮质醇和肾上腺素的分泌会增加）。有报道称，乙醇、水杨酸盐、普萘洛尔、木糖醇中毒和口服降糖药也会导致低血糖。

专栏 21.6　犬和猫低血糖的病因

- 红细胞和血清分离延迟。
- 肝脏疾病终末期。
- 胰腺外分泌肿瘤。
- 糖原贮积病。
- 猎犬低血糖。
- 肾上腺皮质功能减退。
- 胰岛素瘤。
- 中毒。
  - 乙醇。
  - 水杨酸盐。
  - 普萘洛尔。
  - 乙二醇。
  - 口服降糖药。
- 医源性胰岛素过量。
- 妊娠晚期。
- 新生儿低血糖。
- 长时间癫痫。
- 败血症 / 内毒素血症。
- 严重红细胞增多症。
- 严重原发性糖尿或范可尼综合征。
- 饥饿 / 吸收不良性疾病。
- 玩具犬低血糖。

与产生或分泌葡萄糖失败有关的最常见疾病是新生儿低血糖和玩具犬低血糖。新生儿低血糖是由幼龄犬和猫肝脏的糖原储备较低，糖异生能力降低所致。因此，短时间禁食会导致低血糖。饥饿和胃肠道吸收不良性疾病与已经存在的系统性疾病有关，可消耗肝脏的糖原储备。长时间的体力消耗和很少或不进食时，可能会发生低血糖，如猎犬低血糖。肝功能不全终末期是低血糖的不常见原因。葡萄糖稳态是终末期肝病最后丧失的功能之一。

某些疾病有多种因素都会导致低血糖。败血症、内毒素性休克和巴贝斯虫病通过改变机体代谢和增加胰岛素释放，从而促进机体对葡萄糖的使用。这些病因会消耗肝脏的糖原储备，导致可释放的葡萄糖减少。肾上腺皮质功能减退（即阿狄森病）患病动物缺乏反调节皮质醇，导致胰岛素作用增加（消耗增加）和糖异生减少（葡萄糖分泌减少），从而出现轻度至中度低血糖。

临床表现

低血糖患病动物无特异性临床症状，而年龄、品种和繁殖状态（即幼龄犬猫、玩具犬、猎犬和妊娠母犬）在评估低血糖患病动物时很重要。低血糖主要影响神经系统和肌肉骨骼系统（专栏 21.7）。

专栏 21.7　与低血糖相关的最常见临床症状

- 行为异常。
  - 空咬。
  - 空想。
  - 盯着墙壁。
- 共济失调。
- 晕厥。
- 精神沉郁 / 嗜睡。
- 运动不耐受。
- 肌束震颤。
- 肌无力。
- 四肢轻瘫。
- 多食。
- 癫痫。

神经组织以葡萄糖为主要的能量来源，低血糖会导致中枢神经系统抑制。典型症状包括嗜睡、精神沉郁、共济失调、四肢轻瘫，在某些情况下还会出现癫痫，行为异常，如空咬、空想和盯着墙壁。低血糖也会刺激食欲，可能表现为多食。骨骼肌也需要大量的能量来维持正常功能。低血糖患病动物会出现肌无力、晕厥、肌束震颤和运动不耐受。

许多患病动物的临床症状很轻微甚至几乎不表现临床症状。一些动物已适应持续性低血糖，即使血糖浓度低至 50 mg/dL（2.8 mmol/L），也很少出现临床症状。存在副肿瘤综合征或者大肿瘤负担的患病动物通常有明显的体格检查异常。其他实验室评估可能显示受影响的特定器官（如肝脏和肾脏）异常和白细胞增多症。类浆细胞肿瘤的患病动物可能有高球蛋白血症和蛋白尿。此外，还需要进行其他检查如尿液本周氏蛋白、骨髓分析和骨骼 X 线检查来确诊。2/3 ~ 3/4 的胰岛素瘤患病动物出现低血糖时，会同时出现血浆胰岛素浓度过高。应评估空腹（8 ~ 12 h）胰岛素 / 葡萄糖比值。可以使用以下公式修正胰岛素 / 葡萄糖比值：

$$修正胰岛素/葡萄糖比值 = [血浆胰岛素（mcU/mL）\times 100] / [血浆葡萄糖（mg/dL）-30]$$

如果血浆胰岛素 / 葡萄糖比值小于或等于 30，那么公式的分母应为 1。修正后比值大于 30 提示胰岛素分泌性肿瘤。比值为 19 ~ 30 时则难以解释，需重复测定。如果比值小于 19，则不太可能是胰岛素瘤。如果血糖浓度低于 40 mg/dL（2.2 mmol/L），则会出现假阳性结果。

终末期肝病或门脉血管异常的患病动物可能会出现其他临床症状。犬和猫门脉血管异常时，经常表现为发育不良、消瘦和多饮 / 多尿。通常见于青年至中年动物。胃肠道症状、黄疸和腹水是终末期肝病或严重肝功能障碍更常见的临床症状。可观察到的实验室异常包括贫血、小红细胞增多症（尤其是门脉血管异常）、BUN 降低、低白蛋白血症和血清肝酶活性升高。空腹和餐后 2 h 血清胆汁酸浓度升高。尿液分析可见尿酸盐结晶（尤其是门脉血管异常）、胆红素尿和低渗尿。

败血症患病动物到达诊所时病情已非常严重。当犬和猫处于败血性休克的高动力阶段，动物会表现为休克、发热和黏膜充血。如果处于后期低动力阶段，则会出现低体温、黏膜苍白和循环衰竭等迹象。白细胞象可能由白细胞减少症转为白细胞增多症。可能表现为明显的器官衰竭（肝脏和肾脏）。凝血检查可能提示弥散性血管内凝血。败血症患病动物应进行血液培养。

犬和猫的肾上腺皮质功能减退（急性阿狄森危象）通常会有临床症状的起伏。除低血糖外，生化分析还提示氮质血症、高钙血症、低钠血症和高钾血症。动物也可能出现反向应激性白细胞象（淋巴细胞增多症和嗜酸性粒细胞增多症）。

不常见原因导致的低血糖很罕见。糖原贮积病是一种罕见疾病，最常见于 1 岁以下的动物。红细胞增多症患病动物可见黏膜颜色加深、虚弱、多饮 / 多尿、癫痫，以及 PCV 大于 65%。

治疗

治疗目标是通过静脉输注葡萄糖来提高血糖浓度。所有出现临床症状的动物都应进行治疗（管理低血糖患病动物所需的药物列表见专栏 21.2）。对于可以进食的动物（如警觉且不呕吐）应将进食作为治疗的一部分。需要治疗导致低血糖的潜在病因，而某些疾病可能需要长期治疗。临床兽医必须保证必要的诊断检查，以确定低血糖的潜在病因。

重度低血糖的初始治疗通常是将 1 ~ 4 mL/kg 50% 葡萄糖，用无菌水 1 ∶ 1 稀释后，静脉输注 15 min 以上。胰岛素瘤患病动物在输注葡萄糖后可能会导致胰岛素分泌增加（从而使血糖浓度降低）。经常饲喂富含复杂碳水化合物的饮食可能会更好地治疗这些患病动物。如果治疗不成功，再输注葡萄糖被证明比直接静脉输注葡萄糖更加有效。输注 2.5% 或 5% 的葡萄糖溶液时，其输液速度可维持足以消除低血糖导致的临床症状的血糖浓度。有些患病动物可能需要 10% 葡萄糖或更高浓度的葡萄糖，应通过中心静脉导管而不是外周输液导管给药。应根据维持需要和实验室数值，在需要的时候补充钾。

胰岛素瘤可以通过手术（如部分胰腺切除术）或药物进行治疗。胰腺肿瘤不存在位置偏好。医疗管理包括频繁喂食，泼尼松和泼尼松龙（0.25 mg/kg，PO，bid）、二氮嗪（5 ~ 30 mg/kg，PO，bid，初始剂量较低）和奥曲肽（10 ~ 40 μg，SC，bid 至 tid）。玩具犬、幼龄犬猫应经常饲喂富含复杂碳水化合物的食物。应事先准备瓶装的玉米糖浆，以防止低血糖发生。应在打猎前饲喂一次猎犬，打猎中每 2 ~ 4 h 给一次零食。如果这些猎犬仍有低血糖，那么它们将不能再继续狩猎。对于妊娠晚期的患病动物，则需要进行剖宫产并取出幼犬。红细胞增多症需要进行治疗性抽血，并通过化疗（羟基脲）长期控制。

护理与监测

由于反调节激素的产生，监测患病动物的血糖状态是很困难的。不建议单次或间歇性测量血糖浓度。每 2 h 监测一次血糖浓度即可获得血糖控制趋势。目标血糖浓度为 60 ~ 150 mg/dL（3.3 ~ 8.3 mmol/L）。应全天监测动物精神状态和神经肌肉状态，因为这些可以为即将发生的低血糖提供早期线索。败血症患病动物需要密切监测是否有多器官衰竭综合征、急性呼吸窘迫综合征和弥散性血管内凝血的迹象。肾上腺皮质功能减退患病动物应按照前文所述进行监测［见肾上腺皮质功能减退（急性阿狄森危象）部分］。红细胞增多症的动物应每天监测 PCV。其他监测指标应以动物基础疾病为准则。

推荐阅读

[1] Brady M., Dennis J., Wagner-Mann C., et al. Abstract: Evaluating the use of plasma hematocrit samples to detect ketones utilizing urine dipstick colorimetric methodology in diabetic dogs and cats. Journal of Veterinary Emergency and Critical Care. 2003; 13(1):1–6.

[2] Davis H. Endocrine emergency—diabetic ketoacidosis. Veterinary Technicians. 2001; 22(1):14–20.

[3] DiBartola, S. (2006). Fluid and electrolyte therapy (3rd ed.). St. Louis, MO: Saunders.

[4] Engelking, L. R. Metabolic and endocrine physiology, quick look series (2nd ed.). Jackson, WY: Teton New Media.

[5] Ettinger, S. (2000). Pocket companion textbook of veterinary internal medicine. St. Louis, MO: Saunders.

[6] Ettinger, S. (2010). The textbook of veterinary internal medicine, vol IV. St. Louis, MO: Saunders.

[7] Feldman, E. C., & Nelson, R. W. (2003). Canine & feline endocrinology and reproduction (3rd ed.). St. Louis, MO: Saunders.

[8] Mathews, K. (2017). Veterinary emergency and critical care manual. Guelph, ON: Lifelearn.

[9] Nelson, R. W. Hypoglycemia and the Somogyi phenomenon, 2003 proceedings of the AAHA 70th Annual Meeting, pp. 183–185.

[10] Nelson, R. W. Techniques for assessing diabetic control, 2003 proceedings of the AAHA 70th Annual Meeting, pp. 179–182.

[11] Peyton J., Burkett J.M. Case report: critical illness related corticosteroid insufficiency in a dog with septic shock. Journal of Veterinary Emergency and Critical Care, 2009; 19(3):262–268.

[12] Plumb, D. C. (2018). Veterinary drug handbook (5th ed.). Ames, IA: Blackwell Publishing.

[13] Plunkett, S. (2000). Emergency procedures for the small animal veterinarian. St. Louis, MO: Saunders.

[14] Reineke E., Fletcher D., King L., et al. Accuracy of a continuous glucose monitoring system in dogs and cats with diabetic ketoacidosis. Journal of Veterinary Emergency and Critical Care. 2010; 20(3):303–312.

[15] Silverstein, D., & Hopper, K. (Eds.). (2014). Small animal critical care medicine. St. Louis, MO: Saunders.

Wingfield, W. E., & Raffe, M. R. (Eds.). (2002). The veterinary ICU book. Jackson Hole, WY: Teton New Media.

场景

目的：兽医能运用内分泌疾病的知识，鉴别实验室指标，以及进行正确治疗和护理。

背景：急诊或全科。院内生化、全血细胞计数、酸碱评估和尿液分析设备。能监测生命体征，包括血压和 SpO_2。

场景

- 一只名为 Oreo 的 9 岁雄性未去势的猫。
- 不能行走，站立时呈跖行姿势。
- 病史：2 周多饮 / 多尿、多食和共济失调。
- 脱水 8% ~ 10%。
- 心率为 150 次 /min；呼吸频率为 24 次 /min；黏膜呈粉色，有黏性。
- 实验室指标：血糖 331 mg/dL；血钾 3.0 mmol/L；血钠 139 mmol/L；血氯 101 mmol/L；ALT 356 U/L；脂肪酶 3147 U/dL；血磷 2.8 mg/dL；总胆红素 3.7 mg/dL。

问题

- 你会做什么来稳定患病动物的病情？
- 这只患猫可能会出现哪些并发症？
- 请描述该病的病理生理学。
- 治疗过程中的并发症有哪些？
- 病情稳定后继续治疗意味着什么？
- 你想继续监测哪些实验室指标？
- 这只患猫需要怎样的监护？
- 这只患猫最需要什么样的护理？

教学要点

- 重点理解疾病过程的病理生理学。
- 理解所需治疗的优先顺序。
- 理解可能的并发症。
- 理解所需的护理。

参考文献

专栏 21.2：稳定体况所需要的基础用品。

专栏 21.1、专栏 21.4、专栏 21.5 和表 21.5：各种内分泌疾病的临床症状和病因。

医学计算练习

一只名为 Fuzzball 的猫，体重 5 kg，在过去的 3 d 一直在医院接受 DKA 治疗。今天测量血气的 pH 为 7.12，HCO_3^- 浓度为 10 mEq/L。兽医要给予碳酸氢盐治疗。最合适的剂量是多少？

a. 1 mEq　　b. 2 mEq

c. 4 mEq　　d. 6 mEq

第 22 章

泌尿道急症

Andrea M. Battaglia; Andrea M. Steele

学习目标

1. 了解泌尿道疾病或泌尿道功能障碍的原因。
2. 了解雄性与雌性小型患病动物导尿的不同技术。
3. 评估、观察并使用诊断学确定是否存在泌尿道疾病或损伤。

章目录

关键词

膀胱穿刺
排尿
多尿
肾脏疾病
尿淋漓
泌尿道梗阻
尿石

泌尿道急症是常见的兽医急症，可由多种病因引起，包括疾病、毒素、车祸、枪伤、咬伤或由导尿或手术引起的医源性创伤。

因车祸、打架或虐待造成腹部创伤的动物应检查肾脏或膀胱是否有损伤。在泌尿道急症治疗过程中也可能发生创伤。过度的膀胱触诊或膀胱穿刺（cystocentesis）可能导致膀胱破裂。不当的导尿技术可导致尿道撕裂。兽医技师必须了解放置导尿管的正确技术和可能发生的问题。

泌尿道梗阻在小动物中很常见，最常见于公猫和特定品种的犬。必须立即治疗以防止进一步的并发症，这些并发症可能导致肾功能衰竭甚至死亡。

肾功能衰竭可能为急性或慢性。缺血性或生理性因素、肾毒素或疾病都可能会引起急性肾损伤（acute kidney injury，AKI）。慢性肾功能衰竭（chronic kidney failure，CKF）是由进行性先天性疾病或获得性肾脏疾病（renal disease）引起的。合适的治疗方法的选择取决于肾功能衰竭的原因和所处阶段。

应在理解临床表现所代表的意义的基础上稳定和治疗泌尿道急症患病动物。腹部紧张和疼痛可能提示患病动物存在梗阻，可能需要进行导尿和（或）手术（专栏 22.1）。

专栏 22.1　泌尿道急症手术技术

- 稳定体况所需要的基本操作。
- 建立静脉通路。
- 液体疗法。
- 快速评估检查（红细胞压积、血糖、总蛋白、血尿素氮）。
- 电解质分析。
- 冲洗梗阻的生理盐水。
- 多种规格的硬质导尿管（3.0 Fr、3.5 Fr、5 ~ 10 Fr）。
- 用于长期排空膀胱的多种型号的软质 Foley（远端配有球囊）导尿管。
- 软质饲管（3.5 Fr）可用于猫。
- 尿液收集系统（可使用配有单向阀的无菌系统或排空的静脉输液袋和输液管路）。

泌尿道梗阻

泌尿道梗阻是指尿液不能从体内正常流出。梗阻分为部分梗阻或完全梗阻，是由于尿液流出道的物理性或功能性异常造成的。

尿道、膀胱、输尿管或肾盂中的异物可引起物理性梗阻（图 22.1）。例如，尿道栓子、尿石、输尿管结石、肾结石、肿瘤和血凝块。泌尿道结石由磷酸盐、尿酸盐、胱氨酸和草酸盐晶体有序组成，通常是由这些矿物质的先天性代谢或排泄异常导致的。尿道栓子是一种有延展性、无序的物质，由鸟粪石结晶（最常见）和基质组成，被认为是由于刺激产生过量的膀胱黏液形成的。先天性尿道狭窄或控制排尿（micturition）的神经损伤可导致功能性梗阻。泌尿道梗阻可见于公犬或母猫中。在公犬和公猫中，尿路结石是导致尿液流出道梗阻最常见的原因。犬的泌尿道梗阻最常由有序的尿道结石引起，但在猫（最近也可见于犬）中，通常由无序的碎片在阴茎头处形成栓子引起。公犬的梗阻通常发生于膀胱颈和尿道。即使生理结构和功能正常，也必须尽快治疗泌尿道梗阻，否则泌尿道梗阻可能会引起肾损伤、危及生命的电解质异常，甚至死亡。

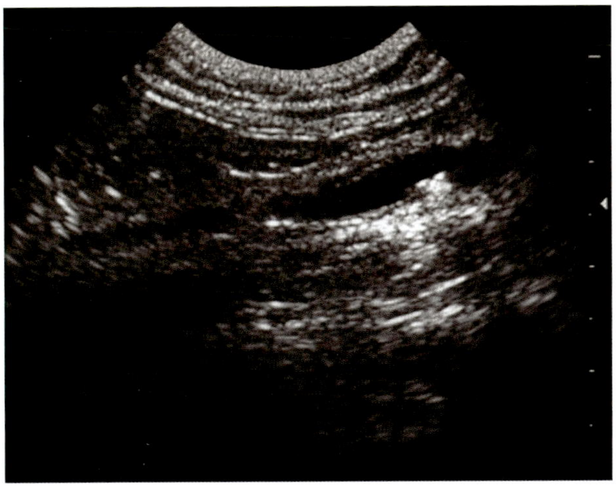

图 22.1　一只猫因尿道结石而导致泌尿道梗阻的超声影像

梗阻患猫

由黏膜和矿物质晶体组成的尿道栓子会导致猫的物理性梗阻。这种情况常见于公猫，因为公猫的尿道细且相对较长，尤其是阴茎头处。尿道栓子常卡在阴茎头处，也常在此处被发现。母猫很少发生泌尿道梗阻，因为它们的尿道更短、更宽。小的晶体团块、微小的结石、血凝块和黏膜可以很轻易地随着尿液排出。

临床表现

泌尿道梗阻患猫可能表现为警觉的或沉郁的，取决于梗阻的持续时间和程度。主人可能会观察到患猫存在尿淋漓（stranguria）（排尿费力）或尿频（频繁排出少量的尿），以及长时间蹲在猫砂盆里。他们可能还会观察到猫在猫砂盆以外的地方排尿。根据炎症和刺激的程度，也可能出现不同程度的血尿（尿液中有血）。患猫可能出现焦躁不安、嚎叫和不舒服的表现，还可能不断地舔舐生殖器周围。主人经常认为这些是便秘的表现，因而常咨询如何缓解患猫的便秘。

触诊完全梗阻的患猫时可发现膀胱极度充盈且疼痛。触诊膀胱可能导致猫不适号叫、用力排尿，或排出几滴带血的尿液。

长时间的梗阻将导致患猫精神沉郁、脱水、呕吐、低体温并伴有体液和电解质失衡。

诊断

如果条件允许，典型的治疗流程应包括给予镇痛药物、放置静脉留置针或导尿管、检测肾指标和血清电解质及血气分析。应该监测心电图以评估是否存在高钾血症导致的心律失常（图 22.2）。如果心电图提示高钾血症，或者发生泌尿道梗阻的猫出现心动过缓，应该立即开始治疗而无须等待实验室检查结果，尤其是外送的检查。一旦猫的梗阻解除后高钾血症就应该缓解，然而，可能需要花费一些时间来进行较为艰难的导尿。在解除梗阻前应先稳定患猫的体况。

如果猫体况稳定，接下来应小心地挤压膀胱以评估尿液排出的阻力。不应该过度挤压膀胱或挤压膀胱局部，因为这可能会导致疼痛甚至膀胱破裂。按压膀胱可能能够排出阴茎尖端的栓子从而使尿液顺利排出。

如果尿液排出时阻力过大或尿液流出不足，则需要插入导尿管并冲洗尿道，将栓子冲洗回膀胱。温柔地按摩阴茎尖端可能会使黏膜栓子脱落，从而使尿液排出，但也可能需要为此设计特殊的导尿管。在放置导尿管之前，猫通常需要进行足够的镇静，除非猫体况危重并对操作迟钝。通常选择氯胺酮和咪达唑仑，或丙泊酚进行镇静。如果猫疼痛明显，通过注射镇痛药和镇静药无法放松，可以使用不含防腐剂和肾上腺素的 2% 利多卡因进行尾椎硬膜外阻滞。如果因为近端尿道有尿石、栓子及肿胀或狭窄，导尿管难以进入膀胱，可用无菌生理盐水温和地进行脉冲式冲洗。进一步的诊断方法包括超声或 X 线检查，如果怀疑存在尿道、膀胱撕裂，尿道结石或肾结石，还可以进行造影以进一步确诊。

如果无法留置导尿管，可触诊膀胱进行膀胱穿刺以采集尿液进行尿液分析、尿液培养或进行膀胱减压。穿刺膀胱时必须非常小心，因为充盈的膀胱非常脆弱，极易发生损伤。膀胱穿刺采集的尿液样本可以提供更加准确的信息，包括尿液中的细菌、细胞、结晶、血液、蛋白质、尿比重和 pH。膀胱穿刺时猫应位于腹背位并保定，以避免其在操作过程中移动而造成损伤。

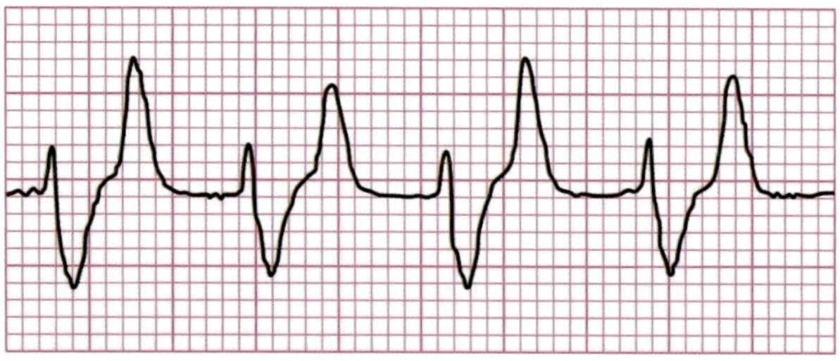

图 22.2 严重尿毒症患病动物发生高钾血症的心电图

膀胱穿刺部位应剃毛，并用肥皂、水和酒精或稀释的苯扎氯铵酊剂溶液进行无菌准备。将一个 2.54 ~ 3.81 cm（1 ~ 1.5 in）长的 23 G 或 22 G 的无菌针头（取决于动物的大小），连接到一个 5 mL 或 10 mL 的无菌注射器上。更大的针可能导致膀胱泄露，因此不应使用。首先触诊膀胱并用一只手将其固定，引导扎入针头并确保抽出足够量的尿液。更推荐在超声引导下进行膀胱穿刺。将针头沿腹中线插入骨盆与膀胱顶的中点，针尖以 45° 角指向尾侧。如果因为针头插入错误而导致穿刺失败，则进行下一次穿刺前应更换注射器和针头。

如果猫在就诊时表现为沉郁或脱水并存在低体温，则应马上进行血液学检查。检查结果将决定接下来检查和治疗的顺序，因为猫可能已经出现尿毒症的表现。

治疗

治疗几乎和诊断以及解除梗阻同时进行。如果猫表现出沉郁或脱水并伴随低体温，很有可能已经发生尿毒症，此时应放置静脉留置针并开始液体疗法（使用平衡、等渗、替代溶液）以纠正血容量不足、代谢性酸中毒和电解质紊乱。监测心电图，评估是否存在心律失常和高钾血症的证据。高钾血症可能导致心动过缓、P 波消失、QRS 波群增宽和 T 波高耸。如果存在这些异常，可给予葡萄糖（可同时使用或不使用短效胰岛素）以促进钾离子进入细胞内，从而暂时地纠正高钾血症和心律失常。通常情况下，代谢性酸中毒可以通过液体疗法和解除梗阻得到纠正，若无改善，且血清 pH 低于 7.2 或碱缺失大于 10 mmol/L 的病例可以静脉输注 $NaHCO_3$ 进行治疗。静脉输液的速度为 40 ~ 60 mL/（kg · h），可将液体分批输注，直到患病动物的灌注指标恢复正常。不再推荐将生理盐水作为替代溶液进行输注，但是可以使用平衡电解质溶液，如乳酸林格液或 Plasma-Lyte，因为这些溶液有助于更快地纠正代谢性酸中毒。

导尿

应在了解治疗目的的基础上做出留置导尿管的决定。导尿管可能会造成损伤，引起尿路感染、尿道狭窄，并可能导致膀胱破裂，因此正确放置导尿管的技术是需要学习的重要技能（图 22.3）。留置导尿管的治疗目的是记录危重症动物的尿液生成速率，并防止初次梗阻缓解后的第一个 24 h 内再次发生梗阻，同时使膀胱处于解除压力状态以促进膀胱壁重建正常的收缩能力（专栏 22.2 和专栏 22.3）

2010 年，Cooper 及其同事发表了一个不需要导尿就能管理猫泌尿道梗阻的治疗方案，可作为一种备选方案，以减少由于经济限制而选择实施

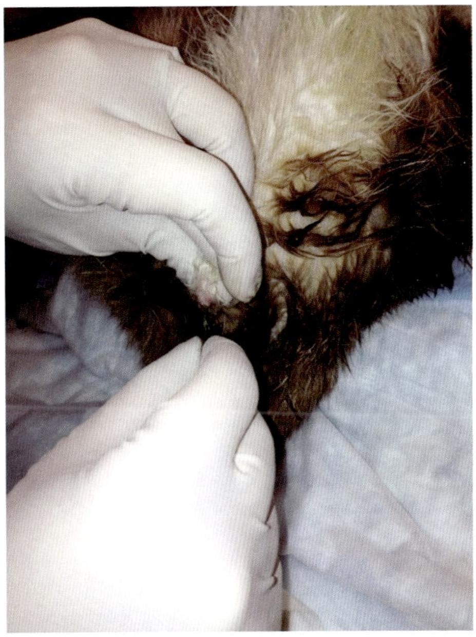

图 22.3 猫导尿

专栏 22.2 操作技巧：公猫留置导尿管

所需物品

- 一根无菌、柔软、有弹性的导尿管。为了利益最大化，应选用直径最大且弹性最好的导尿管以便能够轻松地通过尿道。这样可以避免尿液自导尿管旁泄露。如果尿液自导尿管旁泄露，则无法准确计算尿液生成速率和尿量。首选 3.5 Fr 或 5 Fr 饲管。其他的选择包括专为猫设计的 MILA Tomcat 导管，该导管内含一根用于留置的导丝。
- 非梗阻性导尿需要使用末端开口的硬质导尿管。如果解除梗阻后需将导尿管留置于尿道内，应选择由留置后会软化的材料制成的导尿管。可选择使用聚四氟乙烯制成的导尿管（Slippery-Sam®）。
- 棉签。
- 缝线：3-0 Ethilon（Ethicon，Inc.，Somerville，NJ）。
- 2.54 cm（1 in）的胶带。
- 氯己定抗菌皂液或聚维酮碘外科擦洗剂（Purdue Fredrick Company，Norwalk，CT）。
- 1000 mL 无菌尿液收集袋（MILA，Erlanger，KY）。
- 无菌水基润滑剂或 2% 利多卡因凝胶。
- 无菌手套。
- 无菌持针器和软组织镊。
- 无菌洞巾。

留置导尿管时应无菌操作，以防止尿路感染，具体如下：

1. 患猫腹背位保定，剃除包皮和包皮口周围会阴部区域的被毛。
2. 使用抗菌皂液和水清洗包皮腔。
3. 回缩包皮暴露阴茎。使用软棉球蘸取抗菌皂液和水，轻柔地清理阴茎头。
4. 于阴茎周围放置无菌隔离洞巾，以避免被毛污染导尿管。
5. 戴无菌手套。
6. 使用无菌 K-Y 凝胶或利多卡因凝胶润滑无菌导尿管。
7. 向尾侧牵拉阴茎以使尿道保持顺直，将导尿管插入阴茎尖端，并使用无菌技术轻柔、小心地将导管推进膀胱。
8. 如果导尿管移动不顺畅，则可能需要向导尿管中脉冲式注入无菌生理盐水 ± 无菌润滑剂。
9. 一旦导尿管进入膀胱内，尿液应顺着导尿管流出。盖上导尿管开口，并使包皮回到正常位置。
10. 将 2.54 cm（1 in）胶带贴在导尿管上（将胶带沿导尿管缠绕成蝴蝶状）。于包皮两侧相对的位置进行缝合，并将蝴蝶样胶带的每一个边与其对应的包皮位置缝合。也可以使用指套缝合固定导尿管，尤其是使用食道饲管时。
11. 将导管连接至尿液收集袋上。
12. 用胶带将延长的导尿管固定在尾部，以防止牵拉包皮。
13. 尿液收集袋需低于患猫的身体以便于尿液单向流向尿袋内。避免尿袋接触地板，将其包裹在尿垫中或放入塑料容器中。如果尿液流出不顺畅，尿路感染的风险将会升高。

专栏 22.3 操作技巧：母猫留置导尿管

母猫留置导尿管所需的物品与公猫相同（专栏 22.2），另外还需要 3.5 Fr 婴儿饲管、鼻镜或耳道内窥镜和光源。

镇静后的猫呈俯卧位保定，后肢悬于桌子边缘之外，将尾巴拉向背侧。对镇静后的猫来说，侧卧甚至仰卧位保定也同样适用。患猫保定好后，建议进行以下步骤：

1. 会阴部剃毛。
2. 使用抗菌皂液轻柔地清洗外阴部。
3. 使用 0.05% 的氯己定水溶液清洗阴道前庭。
4. 于外阴周围铺设创巾。
5. 戴无菌手套。
6. 使用 K–Y 凝胶或利多卡因凝胶润滑导尿管。
7. 轻柔地将鼻镜或耳道内窥镜插入阴道，并找到尿道乳头和尿道口。将导尿管插入尿道，然后轻柔地将其推入膀胱（注意：将导尿管顺着阴道腹侧移动的盲导法通常可以使导尿管进入尿道）。
8. 一旦导尿管进入膀胱内，尿液应该顺着导尿管流出。盖上导尿管开口。
9. 将 2.54 cm（1 in）胶带贴在导尿管上（将胶带沿导尿管缠绕成蝴蝶状）。于阴门两侧相对的位置进行缝合，将蝴蝶样胶带的每一个边与其对应的阴门位置缝合。也可以使用指套缝合固定导尿管。
10. 连接一个无菌尿液收集系统。
11. 将延长的导尿管固定在尾部，以防止导尿管产生张力，同时保持适当的松弛，以给尾部留有足够的活动范围。

安乐死的病例。这项研究排除了患全身性疾病的猫，以及有影像学证据支持膀胱或尿道结石的猫。其中包括一些体况相对稳定的猫，它们的主人由于经济原因拒绝了传统的治疗方式，准备考虑实行安乐死。共有 15 只猫接受了治疗，其中 11 只反应良好。

在该研究中，猫通过肌内注射 0.25 mg 乙酰丙嗪和 0.75 mg 丁丙诺啡进行镇静。镇静后，暴露出阴茎，检查是否存在明显的外伤，同时轻柔地按摩以解除远端梗阻。为缓解患猫的不适和膀胱的压力，将 3.81 cm（1.5 in）长的 22 G 针头连接至带有旋塞的延长管和 20 mL 的注射器上进行膀胱穿刺。随后将患猫放置在一个安静的、没有犬且安置了猫砂盆的笼子里。一旦患猫从镇静状态中恢复，便可给予食物和水。每 8 h 使用 1 次丁丙诺啡和乙酰丙嗪，同时进行膀胱触诊并监测猫砂盆中的尿量。24 h 后肌内注射 0.1 mg 美托咪定进行镇静和放松。如果患猫在 72 h 内可以自主排尿则视为治疗成功。

导尿管留置的管理

一旦留置了导尿管，必须对猫进行监护，并妥善护理导尿管（专栏 22.4）。导尿管应始终连接在收集系统上。在留置导尿管期间，不应该让猫脱离观察，以防止导尿管因缠绕而影响尿液流动。应每 2 ～ 4 h 监测尿量。必须佩戴伊丽莎白圈以防止患猫将导尿管脱出。

梗阻解除之后，大约 50% 的猫会出现梗阻后利尿，因此输液量必须与尿液生成量相匹配。可根据解除梗阻后前 2 h 的尿量决定输注的晶体液量，输液量应至少与尿液生成量持平，若患猫存在脱水或其他形式的失水，输液量可能会超过尿量。在这段时间里，患猫的尿液生成量会超过 2 mL/（kg·h），通常可以高达 10 ～ 20 mL/（kg·h）。当患病动物出现梗阻后利尿时，危重症动物应每 2 ～ 4 h 检测一次血清电解质，体况稳定的患病动物应每 6 ～ 8 h 检测一次血清电解质。应每 6 ～ 12 h 准确称量一次患病动物的体重，以记录净体液平衡。在梗阻后利尿时血清中钾离子浓度会迅速下降，所以可能需要补充钾离子以避免低钾血症。梗阻后利尿通常会持续 24 ～ 48 h，在这段时间内

专栏 22.4 导尿管的护理*

1. 每 2 ～ 4 h 需排空尿液收集袋以保持尿液收集系统密闭（图 22.4）。不要将尿液收集袋从导尿管上取下。商业化人用或动物用的尿液收集袋都可以使用。这些尿液收集袋都设有单向阀以防止尿液逆流回膀胱。也可使用静脉输液管路（最少 10 滴 /mL）和“刚排空”的静脉输液袋，但请注意，当输液袋移至患病动物上方时，必须夹紧输液管路，以防止尿液逆流回膀胱。
2. 使用抗菌皂液清理包皮或外阴。
3. 使用氯己定酊剂擦洗从包皮 / 外阴处至尿液收集袋的导尿管和尿液收集管路。

* 注意：应每天进行 3 次导尿管护理，防止尿路感染的同时监测导尿管功能。导尿管应始终保持清洁，不被粪便污染。

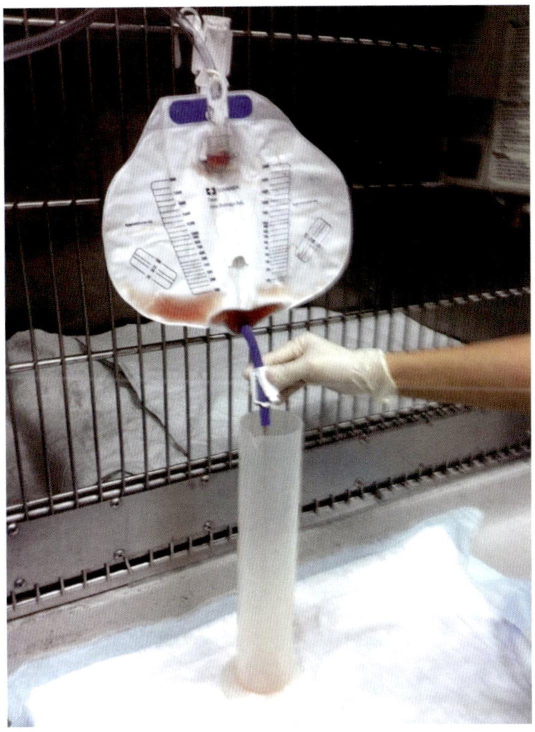

图 22.4　正在排空的封闭尿液收集系统

患猫会面临减少输液量以评估尿量是否减少的挑战。如果患猫尿量仍较多，则需要调整输液量以与尿量相匹配。如果尿量减少，则可将输液量逐渐减少至维持量，直到患猫的尿量恢复正常。

有时患猫在解除梗阻后不会大量排尿。这可能是梗阻持续时间较短或严重脱水的结果，进行严格的评估是非常重要的。患猫可能存在膀胱破裂而导致尿腹。当体重与输液量和尿液生成量不匹配时应引起怀疑，腹部超声能够很容易地确认是否存在腹腔积液。在临床上，高钾血症可能不会缓解，而且猫的泌尿道梗阻常并发尿路感染，因此可能表现出败血症相关的症状。腹腔穿刺可以识别腹腔积液的性质，如果腹腔积液与血液中的肌酐比值高于 2 ∶ 1，或者腹腔积液与血液中的钾离子比值高于 1.9 ∶ 1，则提示尿腹。

患有心脏疾病的动物可能无法耐受液体疗法，易发生容量过载。因此这类患病动物需要兽医听诊是否存在心杂音或奔马律，并密切监测肺音和可能出现的啰音。可能需要通过鼻饲管尽可能地喂水。

应每 2 ~ 4 h 评估并记录尿量，应该注意是否存在血尿或过量的沉积物。如果导尿管被结晶、血凝块或黏膜阻塞，则需要冲洗导尿管以疏通阻塞。冲洗导尿管后应在监护表上进行记录。

如果患猫存在长期梗阻，应每 1 ~ 12 h 检测一次血清电解质和静脉血气，以便监测不断变化的电解质和酸碱异常。如果患猫正在使用葡萄糖或胰岛素进行治疗，应每 1 ~ 4 h 检测一次血糖浓度，并且正在进行液体疗法的患猫应每 6 h 检测一次 PCV 和总蛋白浓度。应每 12 ~ 24 h 检测一次血尿素氮和血清肌酐。

其他用于治疗的药物包括用于降低尿道阻力的酚苄明，通过增加逼尿肌收缩力来控制无张力的膀胱的氯贝胆碱，或作为抗痉挛药的哌唑嗪。糖皮质激素则不适用，因为它们会影响免疫系统，使患病动物容易发生膀胱感染。

应每 2 ~ 4 h 触诊一次膀胱评估大小。如果膀胱未排空，则需要检查导尿管和尿液收集系统是否发生扭结或堵塞。若整个系统未见异常，则可以轻压膀胱以排出尿液。如果患病动物膀胱仍扩张，则导尿管可能发生了阻塞，需要使用无菌生理盐水逆向冲洗导尿管。导尿管的护理见专栏 22.4。

对治疗的反应

如果没有出现并发症（如血尿、膀胱弛缓），应在治疗后 12 ~ 48 h 内拔除留置的导尿管。在接下来的 6 ~ 24 h 内需要仔细监测患猫的尿液生成量和排尿能力。如果排尿正常，其他所有的临床症状均趋于稳定，且患猫饮食欲正常，则可以出院回家。应告知宠主观察猫排尿时是否疼痛或是否频繁于猫砂盆内排尿，同时注意排尿量及是否尿血。

应调整患猫的饮食。饮食建议包括饲喂罐头以增加水分摄入、饲喂酸化食物（如希尔斯 C/D 处方食物、皇家肾脏处方粮和 CNM UR），这些食物中磷离子和镁离子的含量较低，能够减少磷酸铵镁结晶的形成。

患猫也可以继续服用酚苄明以降低尿道内括约肌张力，服用哌唑嗪以减少尿道痉挛，服用氯贝胆碱以增加逼尿肌张力。

如果患猫在拔除导尿管后仍不能排尿，通常会重新留置导尿管。一些临床医生可能会在评估阶段尝试前面提到的镇静方案，因为使尿道放松可能是猫成功排尿的关键。重新留置导尿管的操作通常只进行3次。如果第3次导尿后仍不能正常排尿，则尿道可能受损，预后谨慎。

因为泌尿道梗阻常发生于公猫，尿道造口术，即切除阴茎段尿道，是一种使尿道通畅的补救措施。尿道造口术切除了最狭窄的和瘢痕化的一段尿道，暴露了更宽的尿道，通常可以避免进一步的梗阻。

梗阻患犬

公犬的泌尿道梗阻通常由尿道结石或栓子导致，母犬则通常与膀胱肿瘤相关。雄性巴哥犬被认为是尿道栓子最好发的品种。

功能性流出道梗阻继发于导致控制排尿的膀胱逼尿肌神经受损的创伤。

尿道结石和栓子是导致公犬尿液流出道梗阻的最常见原因，其次是尿道瘢痕化和膀胱颈肿瘤。常见的梗阻位置为中段至远段的阴茎段尿道（图22.5）。

尿石（uroliths）形成于矿物质过饱和的尿液中，这些矿物质沉积形成小颗粒聚集体。这些聚集体［如磷酸铵镁（鸟粪石）、草酸钙、二氧化硅和嘌呤］可以融合，形成不同形状、大小的结石，

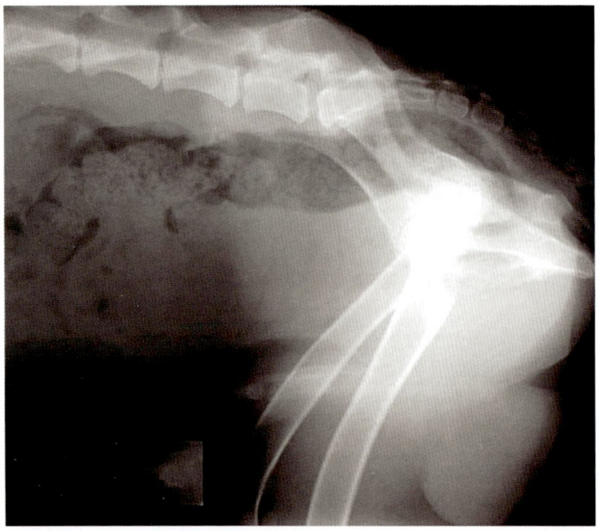

图22.5 一只公犬的阴茎段尿道梗阻

聚集在肾脏或膀胱内移动到尿道中。很多不同种类的矿物质都会形成尿石，所以从梗阻部位取出尿石时，应该分析其成分。尿石的成分决定了进行药物治疗还是手术治疗。

临床表现

泌尿道梗阻（urinary obstruction）的临床表现非常多样且取决于梗阻发生的部位和梗阻的程度。泌尿道梗阻通常伴随少尿或无尿，如果发生长时间的完全梗阻，则可能出现尿毒症的表现，包括精神沉郁、脱水和呕吐。患犬的膀胱可能极度扩张。当梗阻位于膀胱内，患犬可能表现出与膀胱炎相似的临床症状，可能出现血尿和尿频，尿频表现为频繁少量排尿。输尿管梗阻可能导致肾盂积水和前腹部疼痛。

诊断

泌尿道梗阻的诊断基于完整的病史、体格检查和一系列确定梗阻位置和严重程度的检查。应进行完整的血常规检查和血清生化检查，以评估体液、酸碱度和电解质是否处于失衡状态。可以进行膀胱穿刺以获取无菌尿液样本进行尿液分析和尿液培养，同时可以使扩张的膀胱减压。膀胱穿刺的方法与猫类似。对于一些大型犬来说，膀胱穿刺时可以采取站立位或侧卧位，只要可以触诊到膀胱并进行无菌操作。获得尿液样本后，需要仔细地进行结晶分析，可能有助于确定尿石的成分。

如果尺寸合适的导尿管无法通过尿道，则需要考虑是否存在尿道梗阻。

放射学评估和超声有助于诊断肾脏输尿管梗阻、膀胱梗阻或尿道梗阻。使用造影剂可以帮助判断梗阻发生于腔内还是腔外（图22.6）。

治疗

如果患犬出现虚弱、低血压、心动过缓、脱水和尿毒症，则应该在解除梗阻之前立即进行治疗以纠正这些问题。应放置静脉留置针并开始治疗以纠正体液丢失、代谢性酸中毒和电解质紊乱。应该进行心电图检查以监测是否出现心律失常及提示高钾血症的表现。

导尿

患犬体况稳定后，应尝试留置导尿管以缓解梗阻。如果尿石阻塞了尿道导致导尿管无法进入膀胱，则可以尝试使用水将结石推回膀胱。尿液顺利流出后，可留置导尿管以防止尿道再次梗阻（专栏 22.5 和专栏 22.6）。

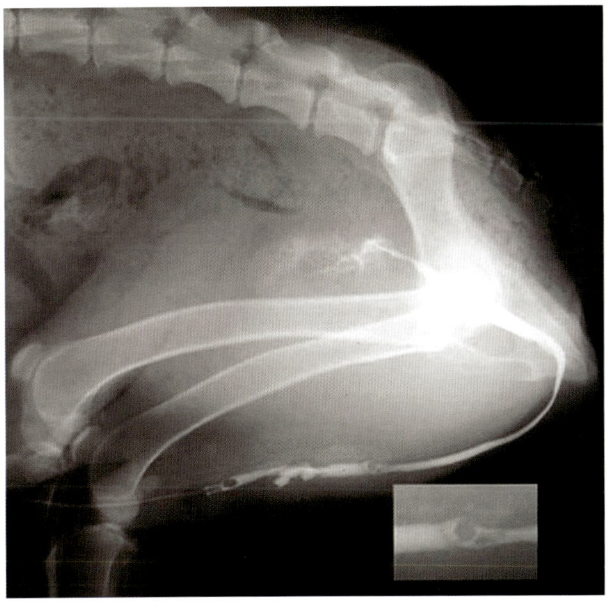

图 22.6　使用造影剂诊断公犬阴茎段尿道梗阻

逆行性水流冲击导尿

动物处置的过程可能需要镇静或全身麻醉。选择适当的镇静和镇痛方案，外加局部应用利多卡因可使动物感觉舒适。

动物侧卧位保定，通过柔软的导尿管将适量的无菌生理盐水和无菌水性润滑液的混合物（1 ∶ 1）注入尿道内，以便于导尿管移动。助手需要将食指伸入患病动物的直肠，用手指牢牢压住骨盆段尿道提供指端压力。然后通过导尿管将无菌生理盐水注入尿道，压力迅速积聚，导致尿道扩张，助手释放施加在骨盆段尿道的压力。在助手释放手指施加的压力后，应注入更多生理盐水来维持尿道内的压力。这项技术将迫使液体和尿石进入膀胱。有时尿石会很快回到膀胱，然而，有时可能需要多次重复这个过程，直到尿石进入膀胱。

对治疗的反应

解除梗阻后，可以通过手术取出尿石或药物

专栏 22.5　操作技巧：公犬留置导尿管

所需物品

- 一根无菌、柔软、有弹性的导尿管，如婴儿鼻饲管，5 Fr、8 Fr 或 10 Fr 导管（Mallinckrodt Medical，St. Louis，Mo）。
- 长的硅胶 Foley 导尿管也是一种理想的选择。Foley 导尿管上的球囊可以将导尿管固定在膀胱内。
- 棉签。
- 缝线：3–0 Ethilon（Ethicon，Inc.）。
- 氯已定抗菌皂液或聚维酮碘外科擦洗剂（Purdue Fredrick Co.，Norwalk，CT）。
- 无菌尿液收集袋（MILA）。
- 无菌水基润滑剂或无菌 2% 利多卡因凝胶。
- 无菌手套。
- 装有 4 mL 聚维酮碘溶液的 12 mL 注射器和 250 mL 无菌水或 0.05% 氯已定。
- 无菌持针器和软组织镊。
- 无菌洞巾。

操作步骤

1. 犬侧卧。
2. 剃除包皮和包皮口周围会阴部区域的被毛。
3. 使用抗菌皂液和水清洗包皮腔。
4. 回缩包皮暴露阴茎，使用 0.05% 氯已定水溶液消毒阴茎头。
5. 戴无菌手套。
6. 使用无菌 K-Y 凝胶或利多卡因凝胶润滑无菌导尿管。
7. 在不接触患犬的情况下预先测量阴茎头至膀胱的大概长度。
8. 应用无菌操作轻柔地将润滑过的导尿管插入尿道，小心地沿尿道逆向进入膀胱。
9. 导尿管进入膀胱后，尿液应立即充满导尿管。盖住导尿管的开口处并使包皮回到正常位置。
10. 使用指套缝合固定导尿管，如果使用 Foley 导尿管，则使用适量的无菌生理盐水（通常为 1 ~ 3 mL）充盈球囊以固定导尿管。即使使用 Foley 导管，也建议用缝线缝合以增加稳定性，因为在活跃的患病动物中，导管有可能断裂。
11. 将导尿管连接至尿液收集袋。
12. 用胶带将导尿管固定在后肢或尾部，防止牵拉包皮。
13. 图 22.7 为一只连接封闭尿液收集系统的犬。

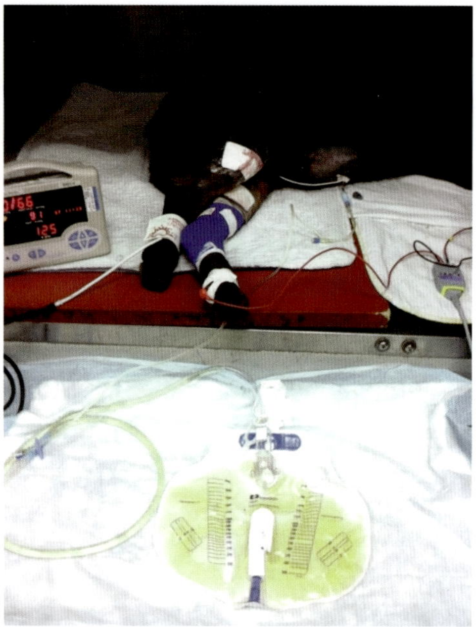

图 22.7 留置的导尿管连接至尿液收集系统

专栏 22.6 操作技巧：母犬留置导尿管

所需物品

所需物品与公犬留置导尿管所需物品相同（专栏 22.5），另外还需要 6 Fr、8 Fr、10 Fr 导管和阴道镜。

操作步骤

1. 会阴部剃毛。
2. 使用抗菌皂液或聚维酮碘溶液轻柔地清洁会阴部。
3. 使用无菌注射器，用 1 ： 60 稀释的聚维酮碘溶液或 0.05% 氯己定溶液轻轻冲洗阴道前庭。
4. 如果患犬清醒，使用注射器注入 1 ~ 6 mL 2% 利多卡因无菌凝胶（剂量视犬的体型而定）。
5. 戴无菌手套。
6. 使用无菌 K-Y 凝胶或利多卡因凝胶润滑无菌 Foley 导管。
7. 一般来说，盲导法是最简单的，将戴着手套的手指插入外阴，向上进入阴道，尿道乳头位于阴道底部的中线处。触诊尿道乳头，把导尿管引导至尿道乳头腹侧。如果未触诊到尿道乳头，导尿管就无法进入尿道。或者，轻轻地将戴手套的手指、无菌窥镜、无菌喉镜或无菌耳镜插入阴道。定位到尿道乳头及尿道口，插入导尿管。
8. 插入导尿管后，使用适量的无菌水充盈 Foley 导管的球囊。
9. 轻柔地向外拉导尿管确保球囊在膀胱内，移除导丝。
10. 将导尿管连接至无菌尿液收集系统。
11. 将导尿管固定于后肢或尾部，或使用 elastikon 弹力绷带将导尿管固定于腹部。

溶解尿石来进行治疗，同时通过药物治疗防止尿石复发。

磷酸铵镁是犬尿石中最常见的矿物质。尿液中必须存在过饱和的镁离子、铵离子和磷离子才能形成磷酸铵镁结石。与猫不同，犬的磷酸铵镁结石通常与产脲酶细菌引起的尿路感染相关，并常导致尿液碱化。使用抗生素控制尿路感染是治疗的基础。建议调整饮食结构以减少磷和镁的排泄，并使尿液酸化。希尔斯 S/D 处方粮和皇家 S/O 泌尿道处方粮即为低蛋白、低磷和低镁的食物。手术取出结石是首选的治疗方法，但提倡进行药物溶解结合抗生素和饮食调整的方案，这种方案也适用于复发性尿石及手术风险高的动物。

尿酸铵结石常见于大麦町犬，可进行药物管理。调整饮食结构以减少尿液中尿酸、铵离子和氢离子的浓度。饮食应限制嘌呤，未酸化且不含钠离子补充剂（希尔斯 U/D 处方粮、希尔斯 K/D 处方粮、皇家处方粮）。除了饮食调整，黄嘌呤氧化酶抑制剂（别嘌呤醇）可用于阻滞血清和尿液中尿酸的形成。应通过口服碳酸氢钠或柠檬酸钾使尿液碱化，以使尿液 pH 达到 7.0。尿路感染可用适当的抗生素治疗。

草酸钙结石的治疗方法非常不同。由于草酸钙结石非常难溶解，因此手术可能是最有效的治疗方法。一些饮食调整可能有效。可以通过适当限制蛋白质、钙、草酸和钠的摄入来预防草酸钙结石的复发。理想的饮食不应限制或添加磷或镁。应尝试碱化尿液。

一些犬种比其他犬种更容易产生尿石，一些犬种更容易产生特定类型的尿石。根据明尼苏达州尿石中心对犬类尿石进行的广泛研究，不同尿石存在其好发犬种。公犬易发草酸钙尿石，尤其是迷你雪纳瑞、拉萨犬、约克夏㹴、迷你贵宾犬和西施犬。磷酸铵镁尿石在母犬中更常见，可能是因为母犬尿路感染更普遍，常见品种包括迷你雪纳瑞、比熊犬、西施犬、约克夏㹴、拉萨犬、可卡犬和迷你贵宾犬。主要由嘌呤组成的尿石常见于公犬、大麦町犬、约克夏㹴和英国斗牛犬。这些品种的血清尿酸浓度正常，但尿液的尿酸浓度高。

肾脏疾病

肾功能衰竭是指排泄、代谢调节和产生激素等多种肾脏功能异常。随着疾病的发展，动物会表现出尿毒症的临床症状。针对该疾病有常规的和特定的治疗方法。若能进行及时和积极的治疗，那么肾脏可以在一定程度上再生并恢复功能。如果治疗不及时，患病动物病情恶化甚至死亡。

肾脏

肾脏位于腹部的腰椎区域，有腹膜包裹，松散地附着于体壁。

每个肾脏由多重结构组成并负责多种功能，如体液调节、电解质平衡、排泄代谢产物和产生激素。

肾脏的功能单位是肾单位，由肾小球、近端小管、髓袢、远端小管和集合管组成。当血液流经肾脏时便形成含有水和小分子的超滤液。滤液经肾单位处理后形成终尿。水和电解质在各个小管中维持平衡，含氮废物则被排出。

肾脏也产生激素，如促红细胞生成素、肾素和骨化三醇。促红细胞生成素负责产生红细胞，肾素参与控制血压（BP），骨化三醇刺激小肠对钙的吸收。

肾功能衰竭

肾脏受损时，无法维持排泄功能，此时便认为肾脏功能异常。肾功能衰竭可以是急性的也可以是慢性的。

急性肾损伤（AKI）是肾脏功能突然下降，病程可能持续数天至数周。AKI 可分为肾前性、肾实质性（功能部分）或肾后性。肾前性 AKI 是流向肾脏的血流量减少而导致的功能性后果，如果恢复充分的肾灌注，AKI 是完全可逆的，但如果肾脏灌注不足的时间较长，可能会导致肾实质性 AKI。出血、呕吐、腹泻、脱水、液体摄入不足和全身性疾病（如心力衰竭）都会引起肾前性 AKI。肾实质性 AKI 是由缺血或毒素对肾脏细胞结构的损害引起的。肾后性 AKI 是由动物尿液流出道梗阻或分流引起的。梗阻可发生在尿道、膀胱、输尿管或肾盂，尿液可因输尿管、膀胱或尿道破裂而进入腹腔或软组织。如果尽早进行诊断和积极治疗，所有这些情况都有可能可逆，这些情况被认为是泌尿道急症。

慢性肾功能衰竭的发展需要很长一段时间，通常是数月至数年。肾损伤是不可逆的，然而，在其早期阶段，动物可以通过适当的饮食和药物进行支持治疗。CKF 很少被认为是泌尿道急症。

慢性肾功能衰竭急性发作定义为已存在的慢性肾功能衰竭的急性失代偿，通常继发于其他疾病过程或医源性原因（如缺水），导致患病动物迅速脱水。这是一种常见的紧急情况，通常需要进行治疗（如液体治疗）来纠正 AKI。

肾实质性急性肾损伤的原因

AKI 最常见的原因是缺血或生理（肾前性）原因、肾毒素或其他疾病。缺血性损伤发生时肾血流量严重或长期下降。长时间的缺血会导致肾脏上皮细胞缺氧、失去细胞功能并死亡（专栏 22.7）。

专栏 22.7 急性肾损伤的病因

- 缺血。
- 休克。
- 低血容量。
- 出血。
- 心输出量减少。
- 心脏衰竭。
- 肾脏血栓。
- 肾毒素。
- 有机化合物，如乙二醇（防冻剂）和农药。
- 抗生素，如头孢菌素、氨基糖苷和四环素。
- 麻醉药。
- 重金属，如铅。
- 止痛药或非甾体抗炎药，包括阿司匹林和苯乙丁氮酮。
- 蛇毒。
- 莱姆病。
- 感染性疾病。
  - 钩端螺旋体病。
  - 细菌性感染，包括肾盂肾炎。
  - 免疫介导性疾病（如肾小球肾炎、全身性疾病、高钙血症）。

急性肾损伤的临床症状

主诉通常是模糊且非特异性的，可能包括以下临床表现：

- 厌食。
- 呕吐。
- 无力。
- 腹泻。
- 口臭。
- 共济失调。
- 抽搐。
- 毒素接触史。
- 少尿。
- 无尿。
- 多尿。

体格检查可能有以下发现：

- 体况和被毛正常，可以帮助区别急性肾损伤和慢性肾功能衰竭。
- 脱水或过度水合。脱水最常见的原因是水分摄入减少、呕吐或腹泻，而过度水合可能见于肠外补液的动物。
- 口腔溃疡或舌头坏死、口臭、低体温或发热。绝大多数患尿毒症的动物会出现低体温，与氮质血症的严重程度成比例。然而，如果是由感染引起的，则体温会升高。患尿毒症的动物如果体温正常，则可能存在发热或感染。
- 巩膜感染，无法触诊到膀胱，呼吸急促，心动过缓，肾脏增大、疼痛或坚硬。

慢性肾功能衰竭的病因

患有慢性肾功能衰竭（CKF）时，肾脏的损伤是数月至数年的累积，几乎没有恢复的可能。幸存的肾单位最大限度地代偿了那些已经失去功能的肾单位。随着慢性肾功能衰竭的进展和肾功能的恶化，动物开始出现多尿，并逐渐出现氮质血症，最终发展为尿毒症。慢性肾功能衰竭可由先天性疾病逐渐发展而来或由获得性肾脏疾病引起。动物最初可能能够代偿损失的肾功能，但随着时间的推移，随着更多的肾功能丧失，就会出现肾功能衰竭的迹象。

慢性肾功能衰竭的临床症状

慢性肾功能衰竭的临床症状包括体重下降、既往疾病发作、多尿（polyuria）、多饮、黏膜苍白、小而不规则的肾脏、低体温、被毛粗乱和体况下降。

急性和慢性肾功能衰竭的诊断

肾功能衰竭是通过实验室检查确诊的，这些检查结果可以表明肾脏损伤的程度，并可以区分 AKI 和 CKF。检查可包括以下内容：

- 根据不同的水合状态，全血细胞计数可反映血细胞比容的变化。如果肾功能衰竭是由感染引起的，那么可能会出现白细胞计数升高。全血细胞计数可以区分再生性贫血和非再生性贫血。AKI 通常不发生贫血，但 CKF 则相反。
- 血清生化检查可见血尿素氮、肌酐、磷酸盐和钾离子水平逐渐升高。血清碳酸氢盐水平通常降低，血清钙浓度可能会升高或降低。血清生化检查还有助于确定损伤是否涉及其他器官或系统。如果可以进行血气检查，动物更倾向于发展为阴离子间隙升高的代谢性酸中毒。
- 应进行膀胱穿刺采集尿液样本，以避免下泌尿生殖道引起的污染，且结果更准确。在急性肾损伤中，尿比重为 1.007 ~ 1.017，表明肾脏不能浓缩尿液。更浓缩的尿液提示肾前性损伤。常见轻度蛋白尿。管型、白细胞、红细胞、细菌和晶体通常可见于尿液中。存在草酸钙结晶可能提示乙二醇中毒。
- 在慢性肾功能衰竭失代偿的动物中，X 线片通常可见正常或增大的轮廓平滑的肾脏，也可能为小而轮廓不规则的肾脏。超声检查可以确诊乙二醇中毒，其表现为肾皮质因草酸钙晶体沉积而回声增强。超声可以进一步确定肾脏的形状和大小，以及肾脏内结构的改变。
- 肾活检可以确诊 AKI，并能确定其病因。肾脏组织病理学可以确定疾病的严重程度及其潜在的可逆性，也可以区分 AKI 和 CKF。

但该操作具有侵入性，存在出血和进一步肾脏损伤的风险。

- 当 AKI 患病动物有乙二醇接触史或尿液中存在草酸钙结晶时，应评估乙二醇浓度。
- AKI 患病动物应检测钩端螺旋体滴度。病因不明的年轻 AKI 患犬应高度怀疑钩端螺旋体感染。当患病动物有全身性感染的症状，包括发热和白细胞计数升高时，必须对钩端螺旋体感染进行评估。钩端螺旋体为一种螺旋体，能够同时感染人类和动物，感染宿主排出的尿液是最常见的感染来源。接触这些患病动物的工作人员应佩戴手套并做好其他安全措施以防止被感染。

急性肾损伤的治疗

诊断为 AKI 或 CKF 时，治疗目标为最大限度地减少肾脏的进一步损伤，快速纠正肾脏灌注，重新建立体液和溶质平衡。治疗越迅速，肾脏再生和恢复的概率越大。

如果动物在摄入肾毒素后到达医院，应进行洗胃或催吐，应在 30 ~ 60 min 内使用活性炭吸附剩余的毒素。当确定毒素种类后，应进行特异性治疗或使用解毒剂以逆转毒素的影响。例如，使用乙醇或甲基吡唑治疗乙二醇中毒。

急性肾损伤的治疗可以分为三部分：①液体疗法；②药物治疗；③营养支持。

液体疗法

患急性肾损伤的动物会因为呕吐、腹泻和厌食而发生脱水，或因为无尿而无法排出体内多余的液体而导致过度水合。如果动物处于脱水状态，则补充的液体量通过估算的脱水程度乘以体重（kg）进行计算。液体应该通过静脉导管输注（外周或中心静脉导管）。优先使用颈静脉导管，因为通过该部位可以很容易地采集其他诊断样本或检测样本。在再水合期间，应该密切监测动物以确定其排尿量及是否发生过度水合的情况（即体重变化、动脉血压、中心静脉压、红细胞压积和总固体量）。如果动物同时存在失血，则需要输血以维持红细胞压积和血压。

必须密切监测少尿或无尿的动物，因为这些动物发生过度水合、高血压和水肿的风险更高。

药物治疗

如果动物持续少尿或无尿，则需要额外的治疗来促进动物排尿。呋塞米是最常使用的药物，其是一种髓袢利尿剂。呋塞米可以单次给药，如果有效，随后通常可以恒速静脉输注（CRI）给药，以维持利尿的效果。如果治疗有效，尿量应在 1 ~ 2 h 内增加。

随着液体平衡的变化，应对血压进行监测。示波法或多普勒法均可间接测量血压。犬的正常收缩压为 148 mmHg，正常平均压为 102 mmHg，正常舒张压为 87 mmHg。猫的正常收缩压为 125 mmHg，正常平均压为 100 mmHg，正常舒张压为 75 mmHg。系统性高血压可由容量过载或尿毒症引起，可能需要抗高血压治疗以防止视网膜脱落和脑出血。

AKI 患病动物可能会发生严重的高钾血症和酸中毒。高钾血症是 ARF 相关的最危及生命的电解质异常。酸中毒可能会随着液体治疗而缓解，但如果血清碳酸氢钠浓度小于 10 ~ 15 mEq/L，可能需要开始碳酸氢钠治疗。应重新评估血气和总二氧化碳水平，以决定是否需要进行其他治疗。

高钾血症可能引起心脏紊乱，如心动过缓、室性心动过速和颤动。心电图的其他变化包括 T 波升高、P 波消失、QRS 波群增宽。如果心电图出现严重异常，则需要立即治疗以降低血清中钾离子的浓度。可以使用葡萄糖酸钙拮抗血清中高浓度的钾离子对心肌的毒性。紧急给予葡萄糖和胰岛素可以促使钾离子进入细胞内。如果使用这种治疗方法，需要密切监测动物以防止出现低血糖，并且在给予初次葡萄糖和胰岛素后恒速静脉输注 2.5% ~ 5.0% 葡萄糖。

AKI 最常见的胃肠道并发症包括呕吐、腹泻、厌食和严重的胃肠道与口腔溃疡。组胺受体阻滞剂（如西咪替丁、雷尼替丁或法莫替丁）可降低胃内 pH 并减轻恶心。胃肠保护药物（如硫糖铝）可以防止胃溃疡形成，并促进胃溃疡愈合。使用 0.1% 的氯己定溶液漱口可以有效治疗口腔溃疡。

营养支持

许多患有 AKI 的动物由于呕吐、恶心或溃疡而无法耐受经口饮食。应该饲喂低蛋白质、低磷、低钠且能够提供足够的卡路里、维生素和矿物质的食物。遗憾的是，这些食物的适口性通常较差，动物往往不愿意进食。每天的基础能量消耗（千卡）可以通过以下公式计算：$70\times$ 体重（kg）$^{0.75}$。如果患病动物病情危重，基础能量消耗应乘以 1.5。如果动物应激程度较低且活动水平低，则基础能量消耗乘以 1.25。当动物分解代谢障碍或疾病非常严重时，基础能量消耗应乘以 1.75 ~ 2.0。

进食量不足的动物可通过鼻胃管或鼻食道饲管、食道造口饲管（E- 管）或经皮内窥镜放置的胃管（PEG 管）饲喂。可以饲喂调配处方粮（希尔斯 K/D 处方粮、皇家犬肾脏处方粮）或使用配方流质食物（肾护理）。经皮内窥镜放置的胃管每天应饲喂 3 ~ 4 次。每次饲喂量不应超过动物胃容量的一半（猫 60 mL/kg，犬 90 mL/kg）。厌食的动物应缓慢饲喂，在 3 d 内逐渐达到所需的摄取量。

对治疗的反应

适当的治疗可以改善肾脏血流动力学和体液及溶质失衡，如改善氮质血症、血清钾和血清碳酸氢盐水平正常化、呕吐得到控制、口腔溃疡和胃溃疡缓解，以及体重稳定。

如果药物治疗无法增加排尿量，与 AKI 相关的临床并发症无法得到控制，则必须采用其他方法以稳定动物的体况。

慢性肾功能衰竭的治疗

CKF 是不可逆且渐进性发展的。目前还没有治愈方法，但药物治疗和饮食管理可以最大限度地延缓慢性肾功能衰竭的发展。慢性肾功能衰竭的急性发作的治疗与 AKI 类似，其目的是管理潜在的肾功能衰竭。

液体疗法

患有慢性肾功能衰竭时，动物的尿量会增加。因此，为了维持动物的体液平衡和防止脱水，必须通过口服、皮下或静脉补充液体。有些主人可以在家里给动物进行皮下输液。有些主人可能更倾向于放置食道饲管或胃管，以增加动物的摄入量，这是一个有效的，比皮下补液侵入性更小的长期选择。

药物治疗

长期慢性肾功能衰竭的动物会逐渐出现氮质血症，并最终发展为尿毒症。实验室检查能够反映血清生化、全血细胞计数、体液和电解质平衡的变化。这可能包括血清碳酸氢盐水平增加，血清磷浓度增加，以及由于肾脏无法合成促红细胞生成素而引起的非再生性贫血。血压监测可能提示系统性高血压。

可以口服 $NaHCO_3$ 以治疗代谢性酸中毒。高磷血症可通过限制饮食磷酸盐和口服磷酸盐结合剂（氢氧化铝或硫糖铝）加以控制。非再生性贫血可以通过输注相容的浓缩红细胞或使用重组人促红细胞生成素进行支持。促红细胞生成素能够刺激红细胞生成。

系统性高血压可以通过联合使用限制钠的饮食和抗高血压药物（如依那普利、肼屈嗪或地尔硫䓬）进行治疗。治疗取决于系统性高血压的严重程度和病因。

营养支持

饮食疗法在慢性肾功能衰竭的治疗中起着重要的作用。适合慢性肾功能衰竭患病动物的饮食的一些好处包括预防尿毒症的临床症状，最大限度地减少电解质和矿物质的紊乱，减缓慢性肾功能衰竭的进展，并保持充足的营养。饮食应低蛋白质、低磷和低钠。许多处方粮可以管理轻度、中度和重度的慢性肾功能衰竭。这些饮食应根据动物的热量需求进行饲喂。如果动物出现呕吐和厌食等急性尿毒症症状，应采取适当措施。

对治疗的反应

慢性肾功能衰竭患病动物应定期重新评估，以检查对治疗的反应。定期监测这些动物可以根据它们随着时间变化的需求进行治疗。如果常规的医疗管理效果不佳，则需要考虑其他治疗方法。

其他治疗手段

当常规治疗无法恢复肾功能或减轻尿毒症的临床症状时，考虑透析或肾移植。在兽医学中，有两种主要类型的透析：腹膜透析或血液透析。

腹膜透析

腹膜透析（peritoneal dialysis，PD）是一种利用患病动物自身的腹膜作为半透膜的治疗方式，通过该半透膜可以清除患病动物血液中的废物、葡萄糖和白蛋白。PD 用于 AKI 患病动物时，为肾脏修复提供了时间。患病动物通常只表现出少尿和无尿。

在进行 PD 时，透析液（一种等渗液体）通过一根特殊的导管注入腹腔内，并“停留”一段时间（通常为 1 h）。在停留期间，溶质在膜上以不同的速率交换，这取决于注入溶液的渗透压。在兽医学中，渗透压通常使用 1.25%、2.5% 或 4.25% 葡萄糖进行调整。一旦到达规定的停留时间，就转动旋塞，使液体从腹腔内通过重力流进第二个容器，然后重复这个过程。PD 可以在任何提供 24 h 兽医护理的诊所进行。唯一的专用设备是腹膜透析导管（在文献中有提到许多替代品）和严谨的无菌技术。

PD 是非常精细的操作，需要全天候的护理，以确保透析时机正确、患病动物舒适、导管功能正常。每天至少进行一次血检，但需进行数次血气和电解质检测。PD 可以持续几天，直到患病动物的肌酐水平恢复正常。随后 PD 频率减缓，此时需密切监测尿量和肌酐水平，因为肾脏承担了更多的功能。一旦肾脏能够将肌酐水平维持在正常范围内，并且尿量增加，PD 就可以停止了。

血液透析

血液透析是一种复杂的肾脏疾病替代治疗方法，在常规治疗失败的情况下可作为临时或永久性的治疗方案。像人类医学一样，在兽医学中有两个选择：连续性肾脏替代治疗（continuous renal replacement therapy，CRRT）或间歇性血液透析（intermittent hemodialysis，IHD）。 在 AKI 中，CRRT 是最常用的，也是两种治疗方法中最易进行的。在早期阶段就开始，以稳定动物体况，并提供排泄支持，直到肾损伤修复并恢复足够的肾功能（图 22.8）。IHD 虽然不太常见，但可以与传统药物治疗联合应用于仅靠药物和饮食无法控制的严重 CKF 患病动物。这是在慢性肾功能衰竭急性发作的情况下最常进行的治疗，以帮助患病动物度过困难时期。

IHD 和 CRRT 之间的主要区别是清除肌酐和尿素并使患病动物恢复正常所需的时间。IHD 可以在几小时内迅速清除肌酐和尿素，但由于它主要用于慢性肾功能衰竭，这就要求患病动物每隔几天进行一次治疗。CRRT 通常会持续进行 48 ~ 96 h 或更长时间，缓慢地从患病动物体内清除废物，同时代替肾脏的功能。

血液透析含有一个人工肾脏或透析过滤器，以减轻氮质血症，并纠正危及患病动物生命的液体、电解质和酸碱失衡。该过滤器使用一种生物兼容的膜，能够从动物血液中去除含氮废物、多

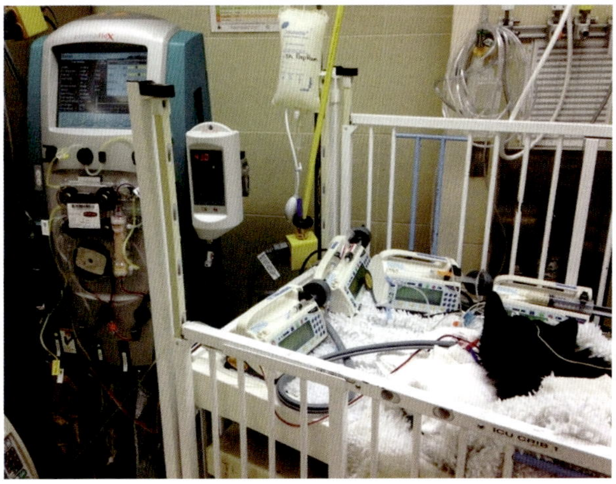

图 22.8　动物正在接受连续性肾脏替代治疗

余的水和其他溶质，沿浓度梯度从高浓度到低浓度，同时不允许较大的分子扩散和超滤，如血细胞和蛋白质。

在进行血液透析时，通过外科手术将一根特殊的双腔导管置入颈外静脉，以将动物的血液引入透析机。血液通过体外导管在透析输送系统和透析器之间来回输送。动物总血容量数倍的血液经过处理，以使血清肌酐、血尿素氮水平及电解质和体液平衡恢复正常。

对于患 AKI 的动物，有许多治疗方法可供选择。如果治疗足够早，则肾脏再生和恢复的概率增加。动物可以在进行或不进行支持治疗和营养管理的情况下度过数月至数年的正常生活。

肾移植

如果现有肾脏再生和恢复的可能性较小，可以进行肾移植治疗患有 AKI 或 CKF 的猫（图 22.9）。已经有犬成功地进行了肾移植手术，然而，手术成功率很低，目前没有兽医教学医院提供这种治疗技术。

接受肾移植手术的动物必须终生进行药物治疗，以防止供体肾脏产生排斥反应。使用的药物为免疫抑制药物，需联合使用以达到最佳效果，如环孢素和泼尼松。移植受者必须定期检查以评估其肾功能和环孢素水平。大多数提供移植器官的中心还要求客户收养供体猫或为供体猫寻找领养家庭。移植后的患病动物可以过上正常的生活，新的肾脏可以维持功能很多年。

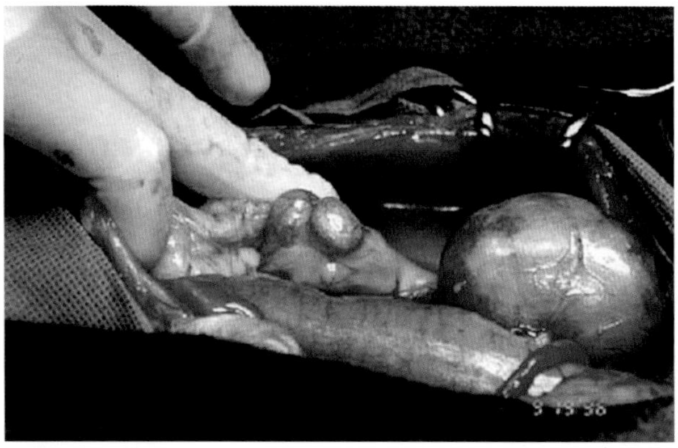

图 22.9 **肾移植。左侧的器官是病变的肾脏，右边是新移植的肾脏**

（由加州大学戴维斯分校兽医教学医院 Lili Aronson 博士提供，1997 年。）

总结

泌尿道急症的治疗取决于疾病的阶段或已发生创伤的严重程度。必须有监测设备和血液分析仪。

兽医技师在治疗这些患病动物中发挥着非常重要的作用，他们能够识别病情恶化的患病动物的症状进展，并了解用于评估患病动物病情的方法。

推荐阅读

[1] Anderson R.B., Aronson L.R., Drobatz K.J., et al. Prognostic factors for successful outcome following urethral rupture in dogs and cats. Journal of the American Animal Hospital Association. 2006; 42:136–146.

[2] Cooper E.S., Owens T.J., Chew D.J., et al. A protocol for managing urethral obstruction in male cats without urethral catheterization. Journal of the American Veterinary Medical Association. 2010; 11:1261–1266.

[3] Cowgill, L. D. (2015) Renal failure, acute. In L. P. Tilley, W. K. Frances, & J. P. Smithe (Eds.). The five minute veterinary consult, canine and feline. Baltimore, MD: Williams & Wilkins.

[4] Cowgill L.D., Guillaumin J. Extracorporeal renal replacement therapy and blood purification in critical care. JVECC. 2013; 23(2):194–204.

[5] Finco, D. R. Obstructive uropathy and hydronephrosis. In C. A. Osborne, D. R. Finco (Eds.). Canine and feline nephrology and urology, Baltimore, MD: Williams & Wilkins.

[6] O'Hearn A.K., Wright B.D. Coccygeal epidural with local anesthetic for catheterization and pain management in the treatment of feline urethral obstruction. Journal of Veterinary Emergency and Critical Care. 2011; 21(1):50–52.

[7] Chew, D. J., DiBartola, S.P., Schenck, P.A. (2011). Urolithiasis. In D. J. Chew, S. P. DiBartola, P. A. Schenck (Eds.). Canine and Feline Nephrology and Urology (2nd ed), 272–305.

[8] Cooper, E. (2019). Feline Lower Urinary Tract Obstruction. In Drobatz, KJ, K. Hopper, E. Rozanski et al (Eds.). Textbook of Small Animal Emergency Medicine. Wiley. Hoboken, NJ.

场景

目的：为兽医技师提供一个为泌尿道急症病例实施不同稳定和护理方式的机会。

背景：三级急诊门诊周一至周四下午 6 点至上午 8 点开放，周末全天无休，自周五晚上 6 点开始，至周一上午 8 点关闭。除周末外，所有患病动物均在上午转诊至专科医院。

场景

一只 2 岁雄性拉布拉多猎犬因嗜睡、食欲不振和呕吐 2 d 就诊。主人们注意到患犬的饮水量和排尿量增加。当他们在树林里散步时，患犬也变得安静，不愿意在附近的小溪里游泳——这是它平常最喜欢的事情。

体格检查结果：心率 140 次 /min，呼吸频率 / 模式 44 次 /min，呼吸急促，脉搏亢进，体温 39.4℃（103.0℉），快速评估测试表明：Azo，50 ~ 80 mg/dL；BG，120 mg/dL（6.6 mmol/L）；PCV，32%；TS，7.0 g/dL。进一步诊断发现嗜中性粒细胞，肌酐 4.0 g/dL（353 umol/L），磷 3.5 mg/dL（1.13 mmol/L）。尿液分析提示：SG=1.010，蛋白 +，尿沉渣中无细胞或管型。

问题

- 最初的鉴别诊断是什么？
- 导致患犬出现这些情况的病因有哪些？
- 下一步我们应该做什么？

讨论

- 急性肾损伤。
- 年轻犬的急性肾损伤可能由中毒或脱水导致，也有可能因为感染。
- 考虑到这只患犬有接触溪流的历史，并且在户外非常活跃，应该怀疑钩端螺旋体感染。护理计划中必须仔细考虑如何避免接触尿液，包括穿戴适当的个人防护装备和给患犬居住的区域消毒。

医学计算练习

一只急性肾损伤患病动物正在住院进行输液，而你的任务是密切监测它的尿量。对于一只 25 kg 的患病动物来说，正常的尿液产生量是多少？

a. 25 ~ 50 mL/h

b. 50 ~ 100 mL/h

c. 2.5 ~ 5.0 mL/h

d. 5.0 ~ 10.0 mL/h

第 23 章

生殖系统急症

Amy Newfield

学习目标

1. 了解公犬、母犬和猫不同的生殖系统急症。
2. 了解生殖系统急症患病动物需要的特殊护理。
3. 能够对难产患病动物的催产和恢复做出明智的决定。

章目录

关键词

剖宫产
犬
难产
子痫
急症
雌性
雄性
乳腺炎
胎儿
分娩
阴茎
前列腺
子宫蓄脓
生殖系统
睾丸
尿道

雌性（male）和雄性（female）动物的生殖道可发生多种危及生命的急症。合法的繁育者通常会充分学习并掌握最新进展。优秀的繁育者会关心所有犬，包括母犬、幼仔（代表着他们的经济回报）和公犬（必须考虑未来的生育能力）。在雄性和雌性患病动物中，病情的稳定和治疗取决于疾病的严重程度、年龄和繁殖潜力。对于此类急症的治疗需要生殖系统（reproduction system）及其病理生理学的知识，以及对当前可选方案的理解。

卵巢周期的四个阶段

发情前期

发情前期通常持续 6 ~ 11 d（Noakes et al., 2009）。在这个阶段，阴道开始出血。同时，雄性被雌性吸引，但她们并不接受交配。发情前期的激素活动主要由发育中卵泡产生的雌激素主导。血浆雌激素在发情前期结束及发情期开始前 24 ~ 48 h 达到峰值。解剖学变化包括外阴增大或肿胀、乳腺生长、输卵管和子宫内膜增厚、子宫内膜腺体活动增加、子宫角变长、子宫肌层敏感性增加、子宫颈扩张、阴道水肿及变长伴阴道壁增厚（Noakes et al.，2009）。

发情期

发情期通常持续 5 ~ 9 d（Noakes et al.，2009）。阴道出血停止，雌性表现出接受交配的发情行为。发情期的激素活动由雌激素变为孕激素。卵泡细胞开始分泌孕激素。此阶段开始的 24 ~ 72 h 内出现排卵（Noakes et al.，2009）。子宫的大小和厚度增加，腹部检查时可触及。外阴外观更为松弛。

间情期

间情期通常在妊娠雌性动物中平均持续 56 ~ 58 d，而在未妊娠雌性动物中通常为 60 ~ 100 d（Noakes et al.，2009）。当雌性不再接受交配时，间情期开始。激素活动仍由孕激素主导，浓度可达 15 ~ 90 ng/mL（Noakes et al.，2009）。相较于未妊娠动物，妊娠动物的孕激素水平更高。其中存在个体差异。无论是否交配，子宫都会持续对孕激素的分泌做出反应，维持妊娠所需的腺体分泌和血管供应。此时，外阴回到正常大小。

乏情期

由于未妊娠雌性动物的持续时间多变，由间情期向乏情期的转变不易被检测到。通常雌性动物每 6 ~ 7 个月会开始发情前期。因此，乏情期持续 4 ~ 5 个月（Noakes et al.，2009）。妊娠动物的乏情期开始于产仔时，结束于发情前期开始时。乏情期是子宫修复的平静期。乏情期内孕激素保持较低水平。

雌性动物的生殖系统急症

分娩阶段

要充分理解难产（dystocia），记住什么是正常分娩（parturition）很重要。

技师笔记

猫的妊娠期为 62 ~ 67 d，犬的妊娠期为 64 ~ 66 d。大部分文献将犬猫妊娠超过 70 ~ 72 d 考虑为过期妊娠。

分娩有三个阶段，以犬为例。

第一阶段通常会发现母犬变得焦躁不安，可能会踱步和筑窝（为产仔做床）（Noakes et al.，2009）。正常宠物在这个阶段的表现包括行为学变化，如筑窝、寻找隐蔽之处、喘、厌食、呕吐和发抖。虽然通常不可见，但是子宫收缩从这个阶段开始。这个阶段持续 6 ~ 24 h。在生产前的 24 h 左右，出现泌乳和短暂的约 1℃（2℉）的体温下降（通常 < 37℃ /100℉）（Noakes et al.，2009）。

第二阶段包括明显的子宫收缩、宫颈扩张、绒毛膜尿囊破裂和胎儿排出（图 23.1）。血浆黄体酮水平下降到低于 2 ng/mL 时，实际的分娩开始（Macintire，2008）。在分娩前、分娩时，甚至分娩后，可能有绿色黏液样阴道分泌物。当出现强烈的子宫收缩时，动物开始用力，并且已经看到液体排出，那么应该在 1 h 内，分娩出第一个胎儿。每 10 ~ 60 min 应产仔一次，但在某些情况下可能延长至 3 h。在各个胎儿出生期间，均会出现休息和宫缩阶段。休息阶段可长达 3 h。影响第一胎和最后一胎之间时间长短的因素包括幼仔的大小和产程的质量。

第三阶段是胎膜排出，又称尿囊绒毛膜或胎盘。这个阶段实际上和第二阶段穿插进行。胎盘应在每个胎儿出生后的 5 ~ 15 min 被排出。胎盘

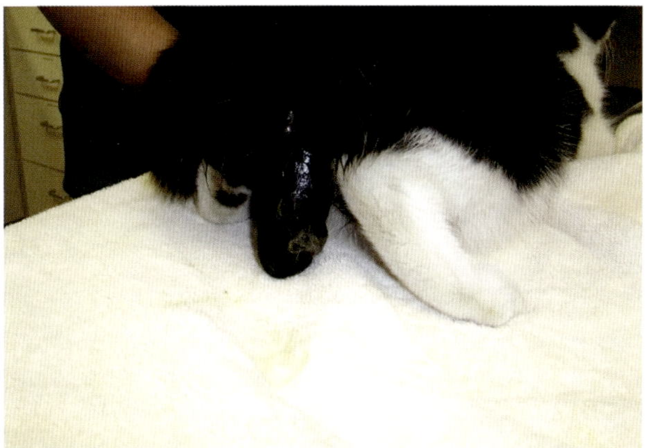

图 23.1　一只猫娩出一个胎儿

排出可能会在每个胎儿出生后，也有可能发生在 2 ~ 3 个胎儿出生后。应对雌性动物进行监测，确保每个胎儿都有胎盘排出。胎盘滞留可能引发后续的子宫内膜炎。产仔后 2 周可能仍有绿色到红棕色的阴道分泌物，8 周内可能仍有零星分泌物。

有一些院内检测手段可以测量犬的黄体酮水平。虽然没有专门针对猫的检测，但有报道表明成功将犬（canine）的黄体酮检测用于猫。其中，最准确的检测是 ICAGEN-Target 犬排卵时间诊断检测，已证明可以准确检测犬的黄体酮水平，准确率为 85%（Manothaiudom et al.，1995）。这个测试可以用来测定排卵和分娩的时间。

难产

难产被定义为非正常生产或出生，因此可以包括任何不正常的情况。

技师笔记

难产的后果是多方面的，其中包括死胎率增加、胎儿死亡率增加、新生动物发病率增加、雌性死亡率增加、雌性生育率降低和不孕症增加。有几个关键指标表明雌性动物正在经历难产（专栏 23.1）。

两类原因可导致难产：母体原因或胎儿原因（Noakes et al.，2009）。母体原因包括宫缩乏力（如遗传、全身性疾病、激素、衰老、虚弱）和解剖异常（如骨盆骨折、阴道狭窄或肿物、子宫扭转）。胎儿原因包括巨胎、死胎和胎位不正（Macintire，2008）。一项 1994 年对 155 只难产母犬的研究表明，75.3% 为母体原因，23.7% 为胎儿原因（Noakes et al.，2001）。

专栏 23.1　8 个难产征象

1. 直肠温度及黄体酮水平降低后 24 h 内未见分娩迹象。
2. 用力分娩 30 ~ 60 min 后未见幼犬出生。
3. 嚎叫、啃咬或自损外阴区域。
4. 异常阴道分泌物（出血、恶臭、脓性黏液）。
5. 在两个胎儿之间的无宫缩休息阶段超过 4 h。
6. 外阴可见胎儿或胎膜超过 15 min。
7. 宫缩微弱或无宫缩超过 2 h。
8. 雌性动物的疾病状态（重度疲劳、发热、颤抖、多次呕吐）。

来自 Macintire D: Reproductive emergencies, Atlantic Coast Veterinary Conference Proceedings, 2008.

犬比猫更容易发生难产。在短头犬（头大肩宽，如斗牛犬、巴哥犬和波士顿㹴）及软骨发育不全的品种中更常见（Macintire，2008）。软骨发育不全（侏儒症）导致荐椎到耻骨的距离变短，从而骨盆腔变小（巴吉度犬、腊肠犬）。在少数涉及猫的研究中显示，只有 5.8% 的猫会经历难产。纯种猫的发病率略高，如德文卷毛猫，研究显示其发病率为 18.2%。犬的此数值增加到 15% ~ 20%。短头犬和软骨发育不全品种的发生率明显更高，有些研究中高达 50%（Noakes et al.，2001）。

在经济动物中，预防难产首先要设法消除胎儿与母体的体型不相称（即胎儿体积相对于雌性的骨盆腔直径来说过大）（Noakes et al.，2001）。通过将较小体型的雄性与较大体型的雌性配种即可预防。遗憾的是，现实并非如此简单，有时因为犬种的多样性会无法使用此方法。已经有研究表明，动物越胖，难产的风险越高。因此，理想情况下，只有条件良好的雌性才应该繁殖（Noakes et al.，2001）。这就是为什么超重的软骨发育不全及短头品种雌性通常需要剖宫产（caesarean section）。

诊断基于患病动物的详细病史及体格检查（专栏 23.2）。如果主人不是合法繁育者，有时会难以诊断。雌性动物常会出现一段时间的努责，但没有胎儿产出（图 23.2）。主人往往并不知道他们的雌性动物何时交配，有时甚至不知道它们妊娠。应拍摄 X 线片来检查胎位、数量、大小、母体骨盆异常、死胎征象（脊柱塌陷、胎间气体征象、颅骨重叠），以及腹部细节丢失和游离气体（子宫破裂）（Macintire，2008）（图 23.3）。超声检查及多普勒检查可用于胎儿心跳的听诊。

治疗方案取决于多个不同的考虑，包括主人的意愿、雌性动物的活力和胎儿的活力（Noakes et al.，2009）。有三种治疗方案：①手动助产；②药物治疗；③手术治疗。

如果 X 线检查未见异常，则应进行阴道检查。

如果在产道中发现胎儿，应尝试进行温柔稳定的牵引和大量润滑，将其取出。应避免使用器械，因其可能对胎儿造成严重伤害。必要时可进行会阴切开术（图 23.4）（Macintire，2008）。

专栏 23.2　疑似难产的筛查

- 雌性动物现在在做什么？
- 什么原因促使主人打电话？
- 雌性动物的年龄和品种。
- 配种的雄性动物的品种。
- 是否知道预产期？如果不知道，那什么时候交配的？
- 最后一次发情是什么时候？
- 主人知道有多少只幼犬或幼猫吗（通过 X 线检查或超声检查）？
- 雌性动物有分泌物吗？如果有，是什么颜色？有异味吗？
- 有胎儿出生吗？有几只是活着的？有几只是死胎？
- 雌性动物在用力生产吗？如果有，时间多久了？
- 如果雌性动物没有用力生产，从上一个胎儿出生到现在过去多久？

图 23.2　努责的猫

如果没有梗阻，则应进行药物治疗。在使用催产素或进行剖宫产之前，应检测雌性动物的血糖和血钙水平。低血糖和低钙血症均会引起难产。除非血液检查提示动物存在低血糖或低钙血症，否则不应给予葡萄糖或钙。如果不能进行血检，且雌性动物有明显的低血糖或低钙血症症状，则可以使用药物。低血糖的动物会嗜睡、发抖 / 颤搐、共济失调或发生抽搐。低钙血症的动物会表现出紧张、抽搐、局部肌肉痉挛、四肢强直、共济失调、乏力、嗜睡、气喘和面部抽动（facial rubbing）。相较于猫，犬更容易发生低钙血症，较小型的犬尤其危险（Macintire，2008）。静脉注射葡萄糖酸钙时，应持续监测动物的心电图，保持谨慎。如果静脉注射速度过快，钙会导致低血压、心律失常和心脏骤停。根据经验，每 1.0 mL 给药时间应在 2 min 以上。如果心电图发现任何心律失常或心动过缓，应立即停止给药，并重新对动物进行评估。该领域的资深兽医建议在催产素给药前 15 min 皮下注射葡萄糖酸钙，而静脉注射的钙可备用于子痫（eclampsia）患病动物。他们认为催产素会刺激宫缩，而补充的钙会增强宫缩。

催产素是帮助刺激宫缩的首选药物。大多数情况下，除非已经确诊低血糖或低钙血症，否则这是首选药物。这是一种专门用于宫缩乏力的药物。宫缩乏力有两种类型。原发性宫缩乏力是子宫肌肉在分娩时没有正常收缩。这通常是由于肌肉没有对激素刺激产生反应或激素释放失败。这也可

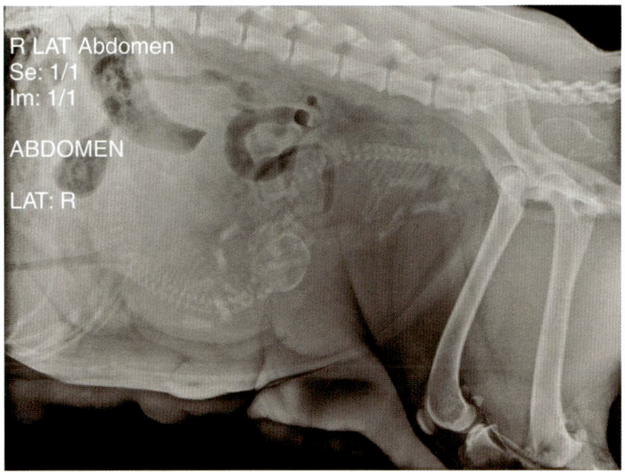

图 23.3　难产的 X 线检查

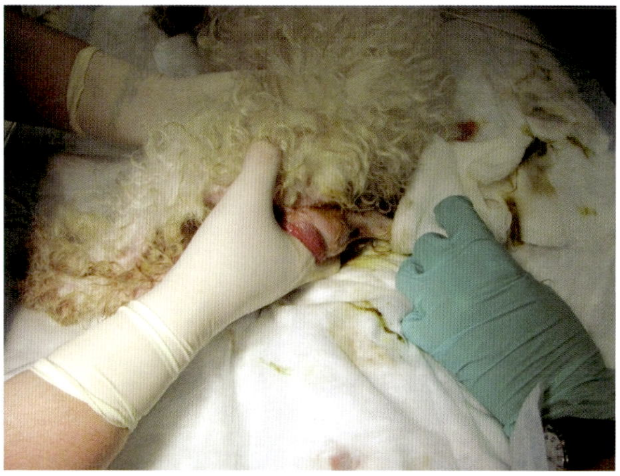

图 23.4　手指助产取出胎儿

能是因为受体发育不足。在患原发性宫缩乏力的雌性动物中，催产素可能无效（Shaw，2007）。在这种情况下，需要进行剖宫产。继发性宫缩乏力是指雌性动物经历了长时间的难产，或者在胎儿娩出后，即使子宫内还有未出生胎儿，仍停止正常分娩。催产素可以帮助患继发性宫缩乏力的动物。因为通常难以分辨原发性宫缩乏力和继发性宫缩乏力，因此，这两种情况下均会给予催产素观察是否有效。已证明低剂量和高剂量同样有效（Macintire，2008）。催产素可静脉注射，但不要过量，因为会引发强直性子宫收缩（持续的肌肉收缩，没有放松间隔），这会影响胎盘血流（Noakes et al.，2009）。在静脉注射给药后，子宫会立即发生反应，但肌内注射给药通常需要等待 3 ～ 5 min。其效果持续 10 ～ 20 min。

当直肠温度已降低超过 24 h，X 线片提示胎儿过大或盆腔直径不足，已给予 2 次以上催产素但未见子宫收缩，或者雌性动物出现异常不适时，应进行剖宫产（Noakes et al.，2009）。虽然有一定的风险，但一项 1994 年的研究表示，剖宫产在新生犬和猫中的成功率分别为 75% 和 42%（Noakes et al.，2001）。一项 2009 年的研究发现，发生难产的犬和猫，有 60% ～ 80% 的病例需要进行手术干预（Traas，2009）。一项 2019 年在英国进行的研究表明，49% ～ 53% 的难产病例需要剖宫产（O'Neill et al.，2019）。

在人类医学领域，已经有许多研究提示女性何时需要剖宫产［又名分娩间隔时间（decision to delivery interval，DDI）］。一项 2019 年 3 月发布的兽医学研究没有发现胎儿死亡率增加，也没有确认何时应对临产动物进行手术。不过他们确定了增加剖宫产围产期死亡风险的因素。这些因素包含动物因急症需要进行剖宫产，产道内有胎儿，麻醉时间超过 2 h，手术时间超过 75 min，或者术前助产时间超过 45 min。因此，虽然时间在某种程度上是影响胎儿存活率的因素，但是仍没有确定对雌性动物进行剖宫产手术的最佳时间（Proctor-Brown et al.，2019）。

剖宫产的目的是最大限度地缩短麻醉时间，同时保证对动物提供充分的镇痛。应与客户确认是希望保留母体的生命，还是胎儿的生命，或是两者的生命，这很重要。尽管争论不断，但是没有数据显示局部麻醉比全身麻醉更有效（Carroll，2004）。但因为清醒的动物可能难以控制，所以吸入麻醉可能是更实用的技术（Carroll，2004；Pascoe，2004）。胎儿从母体取出所需的时间越长，它们就越有可能吸收药物，因此苏醒的时间会更长。在给药和吸入麻醉之前，可以通过剃毛和快速刷手缩短用药时间。目前数据表明，麻醉时间可能不会影响胎儿存活率。但在进一步研究之前，最好缩短胎儿被迫吸收药物的时间（Pascoe，2004）。

需要注意因为妊娠动物一般不禁食，所以要小心误吸。在预吸氧后应快速诱导，因为诱导过程可能会增加反流和误吸的可能性（Pascoe，2004）。面罩或强效阿片类药物可能不宜使用，因其会导致插管延迟。然而，仍可以选择面罩诱导，因为吸入麻醉可以快速呼出，不需代谢，因此对胎儿的影响最小（Pascoe，2004）。黄体酮会降低吸入麻醉的最低肺泡有效浓度（minimum alveolar concentration，MAC）（Carroll，2004）。与早期的吸入麻醉相比，异氟烷能提高胎儿（neonatal）存活率。与异氟烷相比，七氟烷对子宫肌肉的松弛作用更强，但目前还没有研究表明它就是更好的选择（Pascoe，2004）。

妊娠动物对麻醉剂非常敏感（Carroll，2004）。几乎所有药物均可穿过胎盘被胎儿代谢。但对于大部分药物，胎儿无法以成年动物的水平代谢，可能会导致它们的镇静时间较长（Pascoe，2004）。丙泊酚这种药物很有趣，因为它可以快速被母体吸收，所以胎儿的初始浓度很高。但最终这种药物会从胎儿回到母体（Pascoe，2004；Traas，2009）。建议最好在丙泊酚诱导后的 15 ～ 20 min 取出幼猫 / 幼犬，因为此时大部分丙泊酚已被代谢回母体。已证实丙泊酚 – 异氟烷组合对胎儿存活率的影响甚微（Pascoe，2004）。仅使用丙泊酚维持麻醉并没有优势，这会导致胎儿体内浓度更高，而这些药物只能被代谢而不能呼出（Pascoe，2004）。

阿法沙龙是一种新药，与丙泊酚类似。在兽医领域关于难产时使用此药的研究有限。一项 2013 年的研究表明，在复苏后的 5 min、15 min 和 60 min 后，阿法沙龙比丙泊酚对幼犬的阿普加评分（对新生儿状态的评估）更好（Doebeli et al., 2013）。使用这两种药物时，幼犬的存活率是相同的，但使用阿法沙龙的幼犬在 60 min 后更警醒。

硫喷妥钠在人类产科医学应用广泛，因为它比丙泊酚起效更快（Pascoe，2004）。用于人体的剂量比犬和猫的所需量低得多。新生儿对硫喷妥钠的代谢时间较长，因此并不是理想的选择（Pascoe，2004）。

氯胺酮和地西泮（或咪达唑仑）有助于提高临产动物的血压、心输出量和子宫血流量（Pascoe，2004）。在一些研究中，氯胺酮组合并不影响幼犬存活率，但氯胺酮可产生重度镇静作用，导致新生儿需要强效复苏（Pascoe，2004；Traas，2009）。

α_2- 激动剂（甲苯噻嗪、罗米非定和美托咪定）绝对不建议用于剖宫产（Pascoe，2004）。它们都与剖宫产后较高的死亡率有关。心动过缓、高血压、低氧血症均有报道。即使在低剂量（1 μg/kg，IV）的情况下，美托咪定也被证明可使心输出量减少 60% ~ 70%，并导致全身血管阻力增加 200%（Pascoe，2004）。

一般来说，妊娠动物往往精疲力竭（Carroll，2004）。对于患有严重疾病的动物，依托咪酯可能是一种安全但昂贵的诱导剂（Pascoe，2004）。依托咪酯起效快，持续时间短，同时能提供较好的心血管支持（Pascoe，2004）。关于依托咪酯的兽医学研究并不多。如果临产动物有任何心脏功能障碍，依托咪酯可能是首选药物。美国食品和药物管理局（Food and drug Adminstration，FDA）将依托咪酯定为 C 类药物，指“动物繁殖研究显示对胎儿产生不利影响，在人类中没有足够且规范的研究，尽管存在潜在风险，但潜在的益处可能值得临产动物使用该药物。”虽然还没有在犬和猫中报道，但是依托咪酯在大鼠试验中造成胎儿死亡，在家兔和大鼠试验中具有母体毒性。虽然有所顾虑，但是依托咪酯可能仍是重病临产动物的首选药物。

当患病动物仰卧时，可能会存在低血压和缺氧的问题（Macintire，2008）。流向胎儿的血液不是自动调节的。子宫灌注取决于身体其他部位的血压（Carroll，2004）。为了减轻压力，患病动物可能需要稍微朝向外科医生倾斜（Noakes et al., 2009）。同时需要积极的心血管支持。理想情况下，平均动脉压应维持在 80 mmHg 以上（Carroll，2004）。

胎儿出生后，以及术后都必须使用镇痛药。所有阿片类药物（如芬太尼、吗啡、羟吗啡酮、布托啡诺）都已用于人类产科麻醉。已证明羟吗啡酮比其他阿片类药物对人类新生儿的镇静作用更强（Pascoe，2004）。在人类医学中，已证明芬太尼不会引起新生儿阿普加评分、血气或子宫血流量的变化。羟吗啡酮和氢吗啡酮均可用于镇痛，且均可最小限度地进入乳汁。也可以使用非甾体抗炎药，因为它们似乎不会大量进入母乳。一般来说，阿片类药物不会是犬和猫剖宫产期间的主要风险因素，如果担心的话，可使用纳洛酮拮抗（Pascoe，2004）。

新生儿出生后，应立刻开始复苏。轻柔地将胎膜从面部和鼻腔清除。应避免甩动新生儿，因为这会导致头部外伤或意外伤害。应立即给予氧气和温暖的环境。可以在一个温暖的垫子上放置一个大的氧气面罩，用于放置新生儿。如果没有面罩，可以使用直流（flow-by）供氧（图 23.5）。

不应使用地西泮。研究表明，它会导致新生

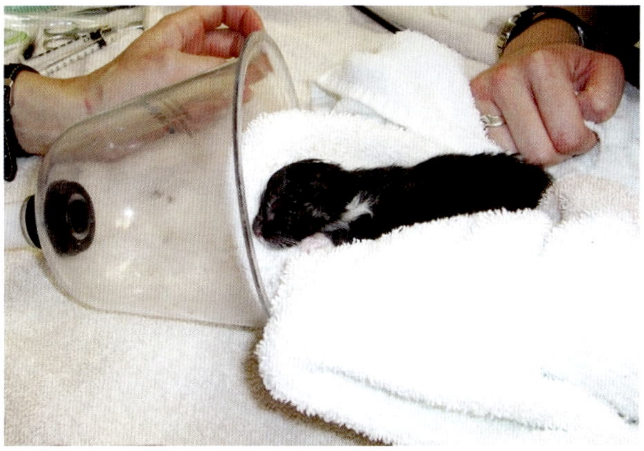

图 23.5 新生儿在使用直流供氧（flow-by）

儿需氧量增加，超过它们身体的负荷。脐带应使用可吸收缝线结扎。产后动物完全苏醒后，应让它哺乳。

新生儿护理

住院的幼犬和母犬应当区别对待。有颜色编码的颈带或腕带可以用来区分多只幼犬，并可以避免对每只幼犬进行评估记录时发生混淆。

鼓励主人在母犬康复后尽快带它回家（有时主人会选择在母犬康复期间带幼犬回家）。指导主人如何和何时饲喂动物，以及如何和何时刺激它们排尿和排便，这是很重要的。除非幼犬的体温大于等于 35.6℃（96°F），否则不予喂食。

如果没有母犬的监护，住院的幼犬不能留在笼子里（幼犬从栅栏中间掉出笼外或被困在毯子里的风险太大了）。必须缓慢谨慎地把母犬带到幼犬身边。母犬产后身体不适，因此，医务人员应当假定它的行为是不可预测的。为了确保它们的安全，在喂食期间幼犬应该放在保温箱中。

临床医师在填写幼犬治疗单时应注意以下事项：

- 记录行为、力量、吸奶能力，以及刺激时排尿和（或）排便的增加或减少。
- 术后前 90 min，每 30 min 评估一次通气类型、呼吸频率、心率和环境温度，然后每 2 h 评估一次（如有必要，应测量直肠温度）。
- 鼓励幼犬每 1 ～ 2 h 吸奶，刺激动物排尿和排便。
- 检查脐带部位是否出血过多。
- 当医生检查幼犬是否有腭裂和心脏杂音时，请记录每只幼犬的情况。

子宫 / 阴道脱垂

虽然极其罕见，但子宫脱垂通常发生在分娩期间或 48 h 内，此时宫颈是开放的。子宫脱垂在猫中比在犬中更常见（Traas and O’Connor，2009）。子宫的两个角或其中一个会脱垂。如果胎儿仍在子宫内，需立即进行手术，争取最好的生存机会（图 23.6）。

更罕见的是犬和猫的阴道脱垂（Noakes et al.，2001）（图 23.7）。它通常发生在发情期，但也可能发生于难产或雄性动物在交配过程中被迫拔出阴茎（penis）（Ettinger and Feldman，2010；Noakes et al.，2001）。如果已经发生了阴道脱垂，可能会继发子宫脱垂（Ettinger and Feldman，2010）。

全身麻醉后，可用手指尝试尽快将子宫或阴道归位，以减少组织坏死和水肿（图 23.7）。使用高渗液体（50% 葡萄糖 / 甘露醇）可以减少肿胀，更容易进行复位（Traas and O’Connor，2009）。如果成功，应肌内注射催产素帮助子宫收缩（Macintire，2004a）。如果手指复位不成功，则可能需要进行开腹手术。感染、创伤（子宫血管破裂、腹腔出血）、坏死与阴道或子宫脱垂的风险较高。通常卵巢子宫切除术是最简单的选择，除非是繁殖动物。虽然在以后的分娩过程中可能复发，但也有报道雌性动物在子宫或阴道脱垂后成功妊娠（Traas and O’connor，2009）。

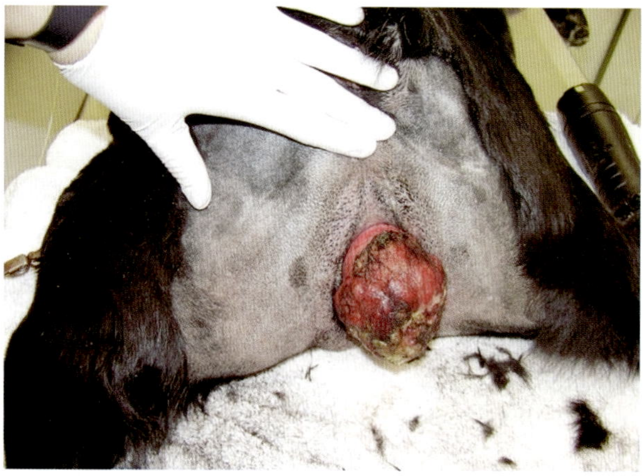

图 23.6　图中显示子宫脱垂

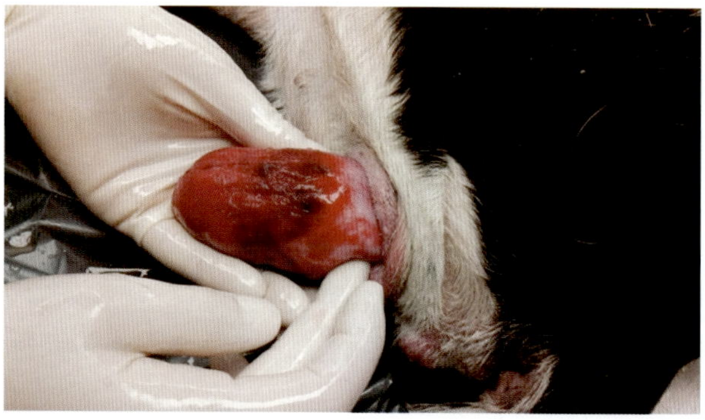

图 23.7　子宫脱垂

乳腺炎

乳腺炎（mastitis）是发生在一个或多个乳腺内的炎性过程，通常发生于哺乳期动物。乳腺炎会导致乳头变硬、肿胀和疼痛。乳腺炎的严重程度从乳汁淤积（停止哺乳）到败血性休克。

技师笔记

虽然这并不总是紧急情况，但应该及时处理，以确保它不会成为紧急情况。只要动物能够忍受，就应该给新生儿哺乳。这有助于维持乳腺疏通，避免乳汁淤积（Macintire，2004a）。

如果乳头坏死或动物有全身性症状（如发热或呕吐），应使用奶瓶喂养新生儿。最常见的细菌是大肠杆菌、金黄色葡萄球菌和 β－溶血性链球菌（Macintire，2004b）。应该对乳头进行细菌培养和热敷，并使用抗生素和镇痛药。严重病例的乳头可能需要进行切开、引流、冲洗和清创（Macintire，2004b）。高热动物可能需要静脉补液和营养支持，直到退烧和患病动物恢复进食。

子宫蓄脓

子宫蓄脓（pyometra）通常发生于发情期的中年动物（Macintire，2004b）。在意外交配的母犬进行雌激素治疗，以及犬和猫使用孕激素 10 周后也可能出现子宫蓄脓。正常情况下，子宫颈在发情期开始闭合，内膜开始恢复正常。但是一些雌性动物对孕激素反应不当，在此期间可能会发生囊性子宫内膜增生（cystic endometrial hyperplasia，CEH）（Macintire，2004b）。如果发生这种情况，CEH 将利于细菌（通常为大肠杆菌）从阴道移行到子宫并生长。同时孕激素会导致黏液分泌、子宫颈闭锁、子宫收缩力降低，从而使环境更利于细菌生长。子宫颈的状态是影响病情严重性的重要因素。如果子宫颈保持开放，则感染物可能会排出体外，使得治疗（开放性子宫蓄脓）更简单安全。如果子宫颈完全闭合，则可能子宫破裂，引起腹腔感染（闭合性子宫蓄脓）。

症状一般包括阴道分泌物（开放性子宫蓄脓）、呕吐、腹泻、脱水、嗜睡、厌食、沉郁、多饮 / 多尿。临床上，雌性动物最常见的症状为胃肠道症状。15% ~ 30% 的犬会腹泻（Hagman，2018）。猫最常见的临床症状为阴道分泌物、嗜睡、厌食、呕吐和腹泻（Hagman，2018）。因为猫有理毛习性，所以可能不会发现阴道分泌物。

通常根据 X 线检查或超声检查进行诊断。X 线检查可以确认增大的子宫。腹部细节缺失可能提示继发于子宫破裂的腹膜炎。超声可用于鉴别子宫蓄脓与妊娠或子宫积液（图 23.8）

血液学检查通常提示白细胞增多。动物还可能存在肾前性氮质血症，因为大肠杆菌干扰了髓袢中钠离子和氯离子的吸收，也阻滞了抗利尿激素（antidiuretic hormone，ADH）对集合管的作用。这会导致多尿和继发的多饮（Macintire，2004b）。如果怀疑子宫蓄脓，注意不要进行膀胱穿刺，因为可能会造成子宫破裂。大肠杆菌死亡时可产生内毒素，导致内毒素血症。这可能导致严重的休克反应和死亡（Romagnolli，2002）。阴道细胞学和细菌培养结果可能有助于诊断子宫蓄脓和选择抗生素。测定血气和电解质水平有助于制订液体治疗计划。

发生任何紧急症状（低血压、低血糖、高热）时，都应稳定体况。闭合性子宫蓄脓应手术治疗，因为这样雌性动物的存活率最高（图 23.9）。手术并发症包括败血症和腹膜炎。在欧洲，药物阿来司酮可用于代替手术治疗。阿来司酮通过阻滞孕激素受体从而阻止细菌黏附在子宫内膜表面。它

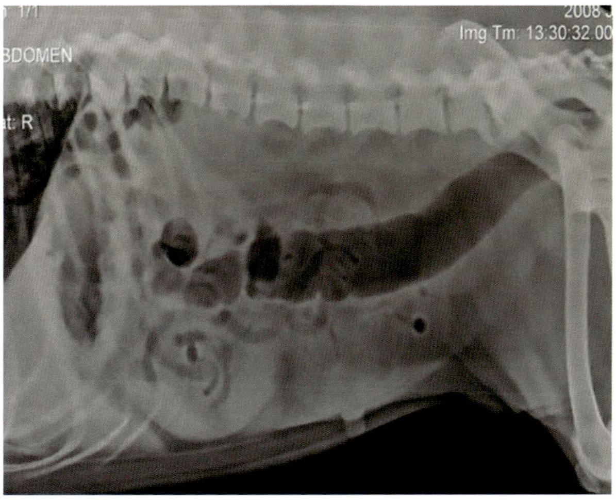

图 23.8　子宫蓄脓的 X 线征象

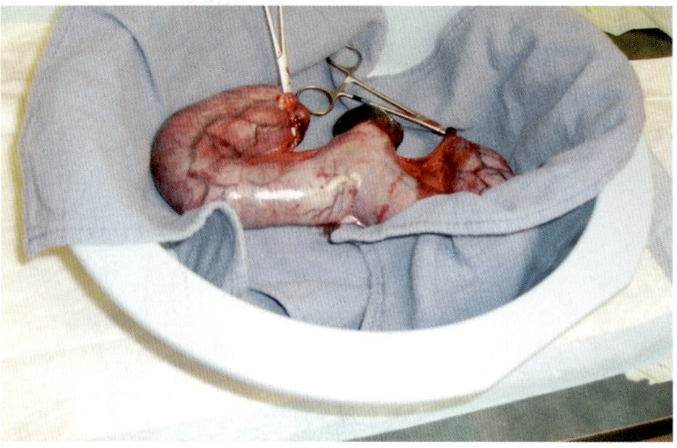

图 23.9 子宫蓄脓患病动物最安全的治疗方式是子宫卵巢切除术

也有助于打开子宫颈，使得子宫内容物可以排出。对于许多危重症动物，无法即刻进行手术，可以给予阿来司酮减轻感染。当雌性动物用于繁殖时，也可使用此药物。

腹腔镜已在一些轻度子宫蓄脓病例中成功使用，但总体上不常使用，其成功率未知（Hagman，2018）。

开放性子宫蓄脓可以进行药物治疗。低剂量的催产素可以帮助排出子宫内容物。然而，如果子宫颈只是部分开放，或者子宫被脓性物质完全充满，那么诱发宫缩可能会导致破裂。如果有大量的分泌物，则可以使用前列腺素（地诺前列素、氯前列烯醇、阿来司酮）（Hagman，2018）。前列腺素对子宫平滑肌有直接刺激作用，引起子宫收缩，对子宫颈有松弛作用。前列腺素的副作用包括持续时间较短、焦虑、呕吐、腹泻、呼吸急促和心动过速（Noakes et al.，2009）。对于开放性或闭合性子宫蓄脓，应使用 2 ~ 4 周抗生素。总之，子宫蓄脓是进行手术治疗还是药物治疗各有利弊。主人通常会根据经济状况及动物是否有繁育价值来决定治疗方案。

子宫扭转

子宫扭转很少发生。如果发生，可能是部分或全部扭转。其原因包括在妊娠后期跳跃或奔跑、非常活跃的胎动、部分流产或子宫异常。子宫扭转会危及生命，如果子宫动脉受损，会导致严重的出血（Noakes et al.，2009）。症状包括剧痛、昏倒和腹围增大。

通常很难区分子宫扭转或难产。X 线检查时可在腹部看到一个大型充满液体或空气的管状结构（Noakes et al.，2009）。超声通常能提供更好的诊断。建议行卵巢子宫切除术。

子痫

这是一种由妊娠或产后动物的低钙血症引起的医疗急症（emergency）。主要发生于小型犬，通常在分娩后 2 ~ 3 周。在猫中不常见，但也有发生（Macintire，2004b）。低钙血症的症状包括颤抖、气喘、僵硬、踱步、呻吟、流涎和不安。随着病情的发展，动物可能会出现肌肉痉挛、发热、心动过速、癫痫、瞳孔缩小和死亡。

低钙血症的定义是总钙水平低于 7 mg/dL 或离子钙水平低于 0.6 mmol/L（Traas and O’connor，2009）。通过测量血钙浓度诊断。如果无法进行居家检测，同时动物有妊娠迹象或在产后时期，则应怀疑低钙血症。虽然不是理想的诊断方式，但由于这是危及生命的紧急情况，如果没有居家检测且动物出现症状，应该开始治疗。

必须立即进行治疗。首选的治疗方法是在心电图监测下缓慢给予 10% 葡萄糖酸钙（Traas and O’connor，2009）。如有其他症状（发热、心动过速），应静脉输液。第二次可将葡萄糖酸钙和生理盐水以 50 ∶ 50 的稀释比例混合，进行皮下注射（Macintire，2004b；Traas and O’Connor，2009）。也可以使用氯化钙，但只能静脉给药，因为其他给药途径会导致组织坏死和皮肤脱落。动物回家时应口服补钙，并在哺乳期间继续补钙。如果再次出现问题，应将幼犬和母犬分离，并用奶瓶喂养（Traas and O’connor，2009）。

雄性动物的生殖系统急症

前列腺疾病

前列腺（prostate）的功能是储存和分泌弱碱性液体，外观呈乳白色，通常占精液体积的 25% ~ 30%。它还有助于控制射精过程中的流量。

癌症

在人类中，可通过评估分泌型蛋白中的前列腺特异性抗原（prostate-specific antigen，PSA）寻找前列腺癌的证据（O'connor and Traas，2009）。在犬和猫中，目前还没有发现有诊断意义的蛋白质（O'connor and Traas，2009）。最常见的前列腺癌是腺癌（O'connor and Traas，2009）。其他类型的肿瘤包括血管肉瘤、淋巴肉瘤和鳞状细胞癌（O'connor and Traas，2009）。

脓肿 / 囊肿

前列腺也可能发生囊肿和脓肿。囊肿的病因尚不清楚。大多数脓肿的原因是良性前列腺肥大（benign prostatic hypertrophy，BPH）。前列腺脓肿可导致败血症（sepsis）和败血性休克。急性或慢性前列腺炎患犬可发生前列腺脓肿。临床表现包括嗜睡、发热、呕吐、排尿困难、腹痛和尿道（urethral）分泌物。如果脓肿破裂，动物也会出现休克的症状。前列腺脓肿可通过 X 线检查、超声检查和前列腺液分析确诊。

患犬体况稳定后，应进行前列腺脓肿的外科引流或前列腺切除术。也建议绝育。术后应继续使用抗生素。

良性前列腺肥大（BPH）

BPH 是未绝育公犬最常见的前列腺疾病，也可能导致急症。睾酮的代谢物（5α－二氢睾酮）以极高的浓度到达前列腺，促进前列腺细胞加速生长（O'connor and Traas，2009）。前列腺增生是由前列腺基质细胞和上皮细胞增生引起的，其结果是在前列腺尿道周围区域形成大结节。当这些结节显著增大时，它们会压迫尿道，造成部分甚至全部尿道阻塞，使动物几乎无法排尿。最常见的症状是尿中带血。其他症状包括腹部不适、排尿用力和排尿困难（尽管人类比犬更常见）。犬可能患有 BPH 但无症状。虽然很少出现紧急情况，但如果主人不注意观察，犬可能会出现和尿道梗阻公猫相似的病征和症状。

急性细菌性前列腺炎是 BPH 患犬常见的病征，当细菌在前列腺实质中生长时就会发生。它是一种由革兰氏阳性菌或革兰氏阴性菌引起的前列腺急性炎症。通常是细菌从尿道向上移行引起的感染。细菌也可以通过血液或生殖道传入。老龄未绝育公犬最易发生。

临床症状包括嗜睡、发热、脱水、血性分泌物和腹痛（Macintire，2008）。犬可能会因为疼痛而步态拘谨和弓背。通常根据体格检查、常规实验室检查和治疗反应做出诊断。一种新的生物标志物也可以用于诊断前列腺增生。可以测试犬前列腺特异性精氨酸酯酶（canine prostate-specific arginine esterase，CPSE），当 CPSE 增加时，将有助于诊断 BPH（Christensen，2018）。在大约 10% 的检测中会出现假阳性（Christensen，2018）。应进行 X 线检查和超声检查排除其他疾病。后腹部 X 线检查可能提示前列腺增大。

前列腺液的培养和细胞学检查是诊断细菌性前列腺炎的另一种方法。在前列腺炎患犬中，采集前列腺液是痛苦且困难的，因为要求必须射精。前列腺冲洗也是一种选择，但必须谨慎进行，因为有发生败血症的风险。

根据尿液培养选择一种抗生素，并给予 4 ~ 6 周。对于更严重的病例，可能需要体况稳定和液体治疗。建议动物体况稳定后，立即进行绝育。

包皮嵌顿

技师笔记

包皮嵌顿是雄性动物最常见的生殖系统急症之一。

包皮嵌顿是指犬和猫无法缩回阴茎。病因包括包皮口小、阴茎周围的一圈被毛、包皮肌肉无力、包皮发育不全、外伤、感染和肿瘤，也可能是特发性病因。阴茎外露应被考虑为急症，因为阴茎存在坏死或损伤的风险，可能会导致需要进行阴茎截除（O'connor and Traas，2009）。通常可以在润滑的情况下手动完成阴茎复位。可能需要镇静。水肿时可使用高渗溶液（葡萄糖、甘露醇）（O'connor and Traas，2009）。很少需要手术干预。应监护动物确保其不自损。发生后应立即给动物佩戴伊丽莎白圈。

睾丸 / 阴囊疾病

睾丸炎（单侧或双侧睾丸炎症）和附睾炎（连接在每个睾丸（testicle）上端的长而卷曲的管状物的炎症）在年轻犬中更常见。症状包括发热、嗜睡、弓背、阴囊水肿和脓性阴茎分泌物（O'connor and Traas，2009）。

很多疾病可导致睾丸发炎。如果是种犬发病，可以尝试使用抗生素。如果是单侧感染，切除受感染的睾丸仍可保持犬的生育能力。如果双侧睾丸都受到影响，通常会导致不孕，建议完全绝育。睾丸炎和附睾炎的原因包括创伤（如撕裂伤、车祸或烧伤）、肿瘤、血管炎、精索扭转和感染犬种布鲁氏菌感染（O'connor and Traas，2009）。

精索扭转非常罕见，但患犬出现急性腹痛、呕吐、嗜睡、厌食、排尿困难、血尿和发热时应考虑此类疾病。保留双侧睾丸的患犬更常见睾丸扭转（O'connor and Traas，2009）。治疗包括睾丸切除术（Noakes et al.，2009）。

当睾丸的大小或形状发生变化时，应考虑肿瘤。最常见的肿瘤是支持细胞瘤。阴囊也可能发生肿瘤，最常见的三种阴囊肿瘤是鳞状细胞癌、黑色素瘤和肥大细胞瘤（O'connor and Traas，2009）。虽然通常情况下这些疾病不会导致急症，但如果任由它们扩散和发展，肯定会导致危及生命的情况（发热、败血症、疼痛）。

阴茎损伤

阴茎损伤在青年犬和老龄犬中均为常见情况。在猫中罕见。阴茎骨骨折罕见，但应进行 X 线检查来排除（O'connor and Traas，2009）。如果发生阴茎损伤，也应该考虑尿道损伤，造影可以排除尿道撕裂。阴茎损伤可能发生在交配过程中，但也可能发生在创伤事件中（车祸、跳过栅栏、咬伤）。因为阴茎是海绵状的，血管非常多，可能会出现严重出血。治疗取决于损伤的程度。0 型阴茎骨折可能需要手术复位（O'connor and Traas，2009）。可能需要进行创口修复、给予抗生素、留置导尿管、疼痛管理和阴茎截除术。

尿道脱垂

尿道脱垂通常见于幼年短头犬。

> **技师笔记**
>
> 主人通常发现患犬过度舔舐包皮、包皮滴血或阴茎头突出肉状肿物。

通常只有 3 ~ 4 mm 的尿道从尿道口脱出。原因包括反复勃起或尿路感染，通常原因不明。应排除肿瘤。

尿道脱垂比包皮嵌顿更紧急。治疗包括减少脱垂和缝合脱垂区域以防止复发。不应留置导尿管，因为它会刺激手术部位，导致出血和尿路感染。偶尔需要截除脱垂的尿道部分。症状出现后应立即佩戴伊丽莎白圈。

参考文献

[1] Carroll G. In: Anesthesia for C-section: what's safe and effective? Western Veterinary Conference Proceedings; 2004.

[2] Christensen B: Another tool for detecting benign prostatic hyperplasia, Clinician's Brief, March 2018. Available at: https://www.cliniciansbrief.com/article/another-tool-detecting-benign-prostatic-hyperplasia. Accessed June 2, 2019.

[3] Doebeli A., Michel E., Bettschart R., et al. Apgar score after induction of anesthesia for canine cesarean section with alfaxalone versus propofol. Theriogenology. Nov 2013; 80(8):850-854.

[4] Ettinger S., Feldman E. Vaginal disorders. In: Textbook of veterinary internal medicine (7th). ed. St. Louis, MO: Saunders Elsevier; 2010:1885-1886.

[5] Hagman R. Pyometra in small animals. Vet Clin N Am Small Anim Pract. July 2018; 48(4): 639-661.

[6] Macintire d. In: Reproductive emergencies I: dystocia, acute metritis, eclampsia. Western Veterinary Conference Proceedings; 2004a.

[7] Macintire d. In: Reproductive emergencies II: mastitis, pyometra, prolapses and mismating. Western Veterinary Conference Proceedings 2004b.

[8] Macintire d. In: Reproductive emergencies. Atlantic Coast Veterinary Conference Proceedings; 2408.

[9] Manothaiudom K., Johnston S., Hegstad R., et al. Evaluation of the ICAGEN-Target canine ovulation timing

diagnostic test in detecting canine plasma progesterone concentrations. J Am Animal Hosp Assoc - 1995:31(1):57-64.

[10] Noakes d., Parkinson T., England G. Veterinary reproduction & obstetrics. ed 8 Philadelphia, PA: Saunders; 2001.

[11] Noakes d., Parkinson T., England G. Veterinary reproduction & obstetrics. ed 9 Philadelphia, PA: Saunders; 2009.

[12] O'Connor C., Traas A. Male reproductive emergencies. In: IVECCS Proceedings. 2009.

[13] O'Neill d., O'Sullivan A., Manson E., et al. Canine dystocia in 50 UK first-opinion emergency care veterinary practices: clinical management and outcomes. Vet Rec. March 2019; 184(13):409.

[14] Pascoe P. In: Cesarean section anesthesia. Western Veterinary Conference Proceedings; 2004.

[15] Proctor-Brown, L., Hon, C. S., & Mariana, A. (March 2019). Impact of decision to delivery time of fetal mortality in canine caesarean section in a referral population. Vet Med Sci5 (3), 336-344. Published online 2019 Mar 6. https://doi.org/10.1002/vms3.163

[16] Romagnolli S, Canine pyometra: pathogenesis, therapy, and clinic cases. WSAVA Congress Prceedings 2002.

[17] Shaw S. dealing with reproductive emergencies. IVECCS Proceedings 2007.

[18] Traas A. Surgical management of dystocia. IVECCS Proceedings 2009. Traas A., O'Connor C. Postpartum emergencies. IVECCS Proceedings 2009.

场景

目的：为兽医技师提供如何处理妊娠动物相关电话的能力。

背景：紧急诊所 24 h 开放。兽医技师需要进行电话分诊。

场景

母犬，5 岁，第一次妊娠。主人认为这只母犬在 2 个月前与不明公犬交配，但不能确定。这只母犬在那段时间失踪了。约 6 周前主人带它到动物医院进行 X 线检查，当时确认有 9 个胎儿。

今天母犬开始生产。到目前为止，已经出生了 4 只。最后一个胎儿是 90 min 前出生的。主人想知道此时她是否需要担心。

演示

- 成员分组，有 10 min 的时间讨论。
- 讨论应持续进行，目标不应仅为寻找正确答案。

问题

- 在电话中应该询问主人哪些问题？
- 列出一些主人可能会给出的答案，以及应该指导主人做什么。

教学要点

- 为兽医技师提供讨论如何处理妊娠动物电话分诊的机会。

讨论

应询问主人以下问题：

- 与母犬交配的公犬是什么品种？
- 母犬有分泌物吗？如果有，分泌物的颜色是什么？有异味吗？
- 有多少活胎出生？有多少是死产的？
- 母犬现在在用力吗？如果有，已经持续多久？
- 您看到胎儿出现了吗？

a. 如果主人回答说有可能这只母犬与一只大体型公犬交配，应建议主人更密切地观察动物是否有难产的迹象。

b. 如果主人回答说有分泌物，颜色不是绿色或微棕色 / 红色，或有气味，应建议主人将动物带到诊所。

c. 如果有死胎出生，这可能表明存在问题。

d. 如果动物用力超过 60 min，应该带它到诊所，因为很可能难产。

e. 如果主人可以看到胎儿，而且距离她看到胎儿已经超过 15 min，应建议她立即带动物到诊所就诊。

参考文献

- 专栏 23.1：8 个难产征象。
- 专栏 23.2 可作为向主人提问的参考。

医学计算练习

患病动物医嘱：肌内注射 0.25 U/kg 催产素。催产素浓度为 20 U/mL。这只犬的体重为 23.5 kg。

a. 需要给予犬多少单位的催产素？

b. 需要给予犬多少毫升的催产素？

第 24 章

眼科急症

Donna Averill; Pam Kirby

学习目标

1. 理解常用的眼科术语。
2. 了解基本的眼部解剖。
3. 了解常用的眼科器械 / 药物和用品。
4. 认识急诊诊所里常见的眼部疾病。

章目录

关键词

附属器官
眼睑痉挛
牛眼症
后弹力层膨出
眼球内陷
眼球脱出
眼球
前房积血
前房积脓
葡萄膜炎

对眼科急症进行分诊、治疗和管理需要有合适的设备与手术器械。应正确存放诊断工具，并根据制造商的建议进行清洁和校准。也需要准备不同大小的伊丽莎白圈来处理患有眼部疾病或损伤的动物。

许多眼科手术器械都很精细，在消毒前应仔细清洗并最好单独包装。对于只用于眼科手术的器械应使用标签明确地标注。眼科手术包应包含可以进行眼睑撕裂伤修补、眼球脱出整复，以及眼球摘除术的基本器械。建议选择较细的缝线，如 5–0 和 6–0。

基础眼科检查回顾

威胁反射是一种习得性反射，当检查者朝向动物面部做出威胁性手势时，动物会眨眼和（或）轻微远离。进行威胁反射测试时，需要用手朝向动物面部快速移动，同时密切观察动物的反应。检查过程中一定要避免产生气流，也不能触碰到动物的胡须。因为这可能导致假阳性反应。威胁反射是通过确认动物能够看到靠近它们的物体并适时眨眼，以确定视神经［脑神经（CN Ⅱ）和面神经（CN Ⅶ）］是否正常。

追踪反射是通过在动物面前扔下一个棉球或其他无味、无声的物品进行的测试。这一测试并不可靠，因为假阴性结果很常见。动物可能对这个物体不感兴趣，所以并不追随这个物体移动。应使用轻薄的绷带覆盖一只眼睛，对每只眼睛分别进行测试。动物对动作的检测比人类更敏感。迷宫试验是另一种能确定动物视力的方法。该测试需要在一间光线可以从明亮调整到昏暗再到黑暗的房间中进行。在检查室的地面上摆放一些安全的障碍物，如足球锥形筒。将动物带到房间的一个角落中，而主人则在对面的角落中呼唤犬一次。检查者要观察患犬是如何穿过房间的。需要注意以下几点：患犬是否撞到障碍物？它是否在犹豫并依靠嗅觉辨认障碍物？它是否愉快地绕过或越过障碍物回到主人身边？

炫目反射不是真正的视力测试，但的确可以告诉我们关于视网膜和视神经的重要信息。炫目反射是指强光照射眼睛时引起的畏光眨眼。这一反射可以同时检查视神经和面神经（CN Ⅱ 和 CN Ⅶ），但不涉及大脑皮层。当因角膜或晶状体不透明而无法看到视网膜和视神经时，这一检查很有用。炫目反射阳性表明视网膜和视神经的功能正常（图 24.1）。

应在使用任何眼药之前进行 Schimer 泪液测试。也不要冲洗眼部的碎屑和黏液。应在不接触试纸条末端的情况下，在缺口处做弯折。试纸条的弯折部分应挂在下眼睑内侧，让试纸条的圆形末端与角膜接触。试纸条放置 60 s，取下后立即读取数值。正常犬的泪液产生量应为 15 ~ 25 mm，正常猫的泪液产生量应为 10 ~ 15 mm。Schirmer 泪液测试同时测定了基础泪液量与反射性泪液量。

荧光素染色用于检测角膜溃疡或角膜上皮缺损。当存在溃疡时，水溶性荧光素被亲水性角膜基质层吸收。在染色后，应使用钴蓝光观察角膜。

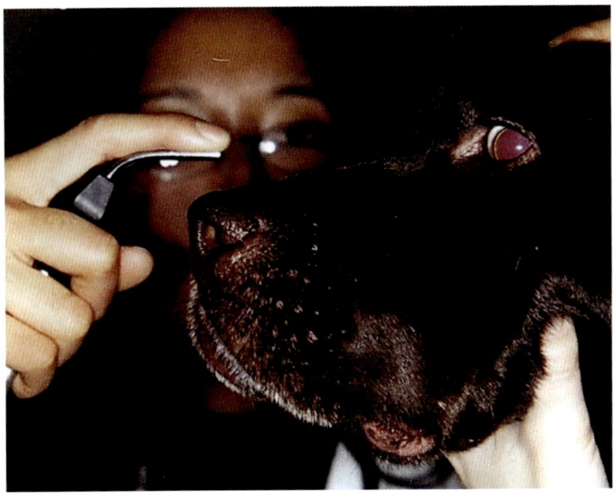

图 24.1 使用 Finoff 透照器

现在有多种设备可以测量眼压（intraocular pressure，IOP）。检查者应熟练使用手中的仪器。眼压计的清洁和维护对于获得可靠的读数至关重要。通常小动物的正常眼压为 15 ~ 25 mmHg。在测量眼压时，应小心保定动物，避免眼压假性升高（Klein，2011）。

设备建议

- 带钴蓝滤光片的 Finoff 透照器
- 直接检眼镜
- 间接透镜（20 ~ 28 屈光度）
- 放大设备（Optivisor、双目放大镜）
- 眼压计（Tono-Pen、Tono-Vet）
- Graefe 固定钳
- Jameson 卡尺

基础眼科手术包

- 小创巾钳
- 开睑器
- Bishop-Harmon 镊
- Derf 或 Webser 持针器
- 3 号 /Bard-Parker 刀柄
- 切腱剪（弯剪和直剪）
- Mayo 剪
- 蚊式止血钳（弯钳和直钳）
- Jaeger 眼睑垫板
- Castroviejo 持针器
- Brown-Adson 镊

药房里应该有什么？

对眼科急症进行分诊、治疗和管理需要熟悉基本的眼部解剖（图 24.3），并配备合适的设备和手术器械。应正确存放、清洁和校准诊断工具。对于大多数诊所来说，维持大量的眼药库存是不切实际的（图 24.2）。对于所有相关人员来说，掌握基础知识并编写出不常使用的药物更方便、更节省成本（表 24.1）。

分类	瓶盖	
肾上腺素能激动剂	紫色	
抗生素	棕色	
抗炎药 / 类固醇	粉色	
β 受体阻滞剂	黄色	
复方 β 受体阻滞剂	深蓝色	
碳酸酐酶抑制剂	橙色	
缩瞳剂	深绿色	
散瞳剂	红色	
非甾体抗炎药	灰色	
前列腺素类似物	蓝绿色	

图 24.2 眼药和瓶盖颜色的分类

眼球

眼球脱出（proptosis）即眼球（globe）从眼眶中脱出，是一种真正的眼科急症。本病很容易发生于眼眶较浅的短头动物（图 24.4）。已知过度保定会导致眼球脱出，但是大多数主人描述的是由于创伤，如被其他动物攻击或车祸。脱出后，应保持眼球湿润，并防止患病动物对眼球造成进一步的损伤。如果可以挽救，应尽快将眼球复位。

Klein 等在 2011 年提出建议："将眼球紧急复位至其正确的解剖位置上至关重要，这样才有机会保留视力或角膜的完整性。伴有眼内出血［前

表 24.1 常见眼科用药

抗生素	
氨基糖苷类（新霉素、庆大霉素、妥布霉素）	三联抗生素滴眼液和眼膏；治疗眼睑、结膜与角膜感染的理想药物
四环素类（土霉素）	广谱抗生素；对许多革兰氏阴性菌和革兰氏阳性菌均有效；猫支原体属和衣原体属的抗生素选择；抑制与胶原酶（溶解性）溃疡相关的角膜金属蛋白酶
氟喹诺酮类（氧氟沙星、诺氟沙星、环丙沙星）	对革兰氏阴性菌和革兰氏阳性菌，以及支原体属和衣原体属具有杀菌作用；可以穿透完整的上皮
抗病毒药	
0.1% 碘苷滴眼液或眼膏或复方西多福韦	抑制病毒
抗炎药	
类固醇类	
氢化可的松	较低表面渗透性；对眼睑和结膜疾病最有用
1% 醋酸泼尼松龙混悬液	能很好地穿透眼表；可用于眼表、角膜基质和眼内的炎症
0.1% 地塞米松混悬液或眼膏	较泼尼松龙的角膜穿透力较弱；与醋酸泼尼松龙的使用方式相同
非甾体类	
0.1% 双氯芬酸（扶他林）/0.03% 氟比洛芬（欧可芬）/0.5% 酮咯酸	抑制前列腺素合成
泪液替代物	
甲基纤维素（Genteal 凝胶）和聚乙烯醇滴眼液（Systane）	中等黏稠度；凡士林软膏是最黏稠的
透明质酸滴眼液（iVet）	改良后与角膜的接触时间延长
Optixcare（三种类型）	Optixcare 犬猫眼用润滑凝胶是一种理想的常规保护性产品，可用于麻醉期间的眼部润滑和干眼症的患病动物；Optixcare 犬猫眼用润滑凝胶升级版与原版有共同的优势，其成分中含有透明质酸，可用于严重的病例；Optixcare 犬猫眼用抗氧化润滑凝胶是一种预防性局部抗氧化剂，研究证明其可以通过清除自由基和螯合活性物来减少氧化应激，从而减少进一步的氧化损伤

续表

青光眼药物	
前列腺素类	
0.005% 拉坦前列腺素、0.004% 曲伏前列腺素、比马前列腺素	通过增加葡萄膜巩膜排出有效降低 IOP；引起极度瞳孔缩小；禁用于晶状体脱位的病例，因为可能导致恶性青光眼；1 滴 / 次，sid 至 bid
β 肾上腺素能拮抗剂	
倍他洛尔、0.5% 噻吗洛尔	减少房水产生；交感神经阻滞剂；报道称可降低 IOP 3 ~ 10 mmHg；作为预防性治疗用于对侧眼，以延缓青光眼的发作；1 滴 / 次，bid
抗胆碱酯酶抑制剂	
0.125% 地美溴铵（复方）	引起瞳孔缩小并增加房水流出；可能引起全身毒性，已很少使用 地美溴铵可引起眼睛局部炎症（虹膜炎）；局部眼用皮质类固醇滴眼液或眼膏可以减少刺激 全身副作用通常与消化不良（呕吐和腹泻）有关，还可能出现心脏相关症状；对于小型犬或高剂量使用时应尤其小心
碳酸酐酶抑制剂	
2% 多佐胺、布林佐胺	减少房水产生；对瞳孔大小无影响；1 滴 / 次，tid
高渗溶液	
20% 甘露醇	渗透性利尿剂，剂量为 1 ~ 2 g/kg，缓慢 IV 超过 10 ~ 20 min；避免用于患有心血管疾病、肾脏疾病、呼吸系统疾病和中枢神经系统疾病的犬；可使玻璃体脱水（收缩），但也会使身体其他部位脱水；需禁水，因为目的是使玻璃体脱水
抗蛋白酶 / 抗胶原酶	
血清	供体犬的血清可用于任何犬和猫。不要将猫血清用于其他患病动物。供体马的血清可用于任何物种。不要使用糖尿病患病动物的血清，因为它含有葡萄糖，是细菌的营养物质。血清可以冷冻储存长达 6 个月
EDTA	可用来尝试溶解角膜上的钙质沉积
四环素	参见前文列出的抗生素
散瞳剂和睫状肌麻痹剂	
1% 阿托品或 2% 阿托品	眼膏或滴眼液是一种抗胆碱能药物，可导致睫状肌麻痹和瞳孔散大；副交感神经阻滞剂；起效慢，持续时间长。对于猫只使用眼膏，因为滴眼液味苦，会导致过度流涎
托吡卡胺	用于诊断，因为它比阿托品作用更快；是副交感神经阻滞剂
苯肾上腺素	拟交感神经类药物；可在检查霍纳综合征时用于犬和猫的散瞳；更常用于结膜的血管收缩
局部麻醉剂	
0.5% 丙美卡因	具有上皮毒性。不要为了镇痛而为患病动物开具此药。它的起效时间约为 20 s，持续时间约为 20 min
0.5% 丁卡因凝胶	在眼表停留的时间稍长，可以有更长的接触时间
眼科染色剂	
荧光素	可染色角膜基质层，所以当存在角膜上皮损伤时可见；也可用于 Seidel 试验来检查是否存在角膜泄露
孟加拉玫瑰红	可染色失活细胞（疱疹、眼表泪膜异常、真菌性角膜炎）

注：bid，每日 2 次；IOP，眼压；sid，每日 1 次；tid，每日 3 次。

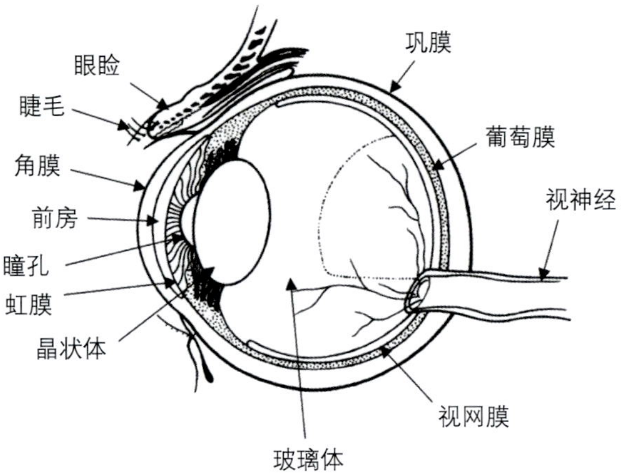

图 24.3　眼部解剖

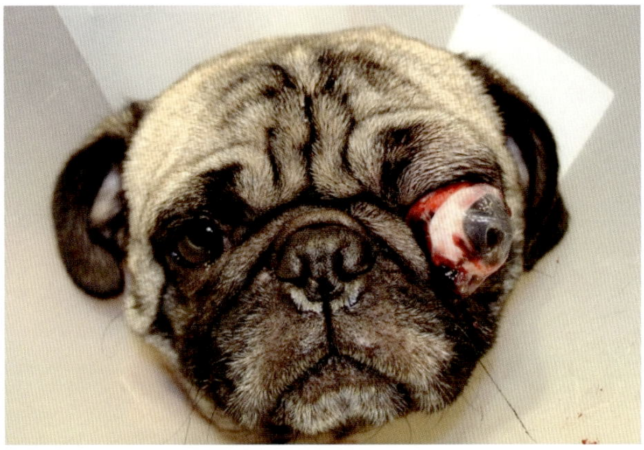

图 24.4　犬眼球脱出

房积血（hyphema）]、穿透性创伤或超过 2 条眼外肌撕裂的眼球，其视力恢复预后不良，应考虑摘除。”

为了确定眼球是否可以挽救，我们需要确定有多少条眼外肌撕裂，以及是否有机会保留视力。为了确定视力恢复的预后，应该评估炫目反射、直接和间接对光反射（pupillary light reflexes，PLRs）。大多数猫发生眼球脱出后其眼球及视力的恢复都预后不良（图 24.5）。

根据患病动物和眼球脱出的严重程度，可以在深度镇静或全身麻醉下进行眼球整复。大多数情况下，需要进行外眦切开术以确保眼球整复回原位。外眦切开术是指在眼睑外眦位置做切口。然后进行暂时性眼睑缝合术。暂时性眼睑缝合术是指通过手术缝合眼睑，以减小眼睑睁开程度。眼睑缝合约一周后应检查缝线是否松动。患病动

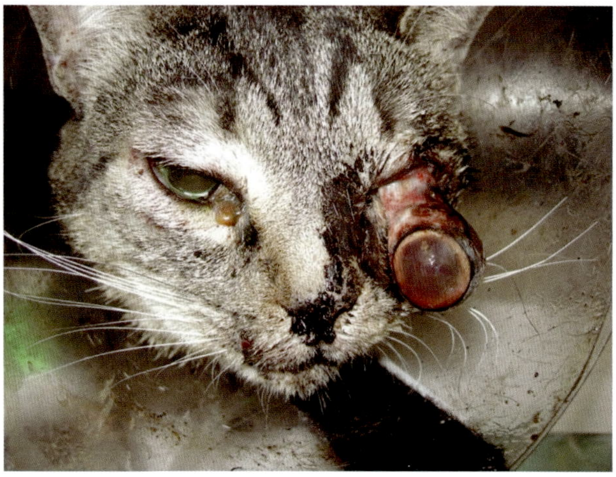

图 24.5　猫的眼球脱出

物应始终佩戴伊丽莎白圈直至拆线。眼睑缝线通常分两个阶段拆除，首先拆除内侧的缝线。由于眼外肌撕裂，可能会出现斜视（或眼球偏离正常位置）。

附属器官

附属器官（adnexa）是一个用来描述眼球周围结构的术语。在犬的急诊病例中，眼睑撕裂是比较常见的情况（图 24.6）。这种创伤可能是单独的意外事故，如眼睑被锋利的物体刮伤，也可能与其他情况同时发生，如犬打架或车祸。应该对患病动物做完整的眼科检查，排除其他邻近结构的损伤，如角膜。修复眼睑撕裂伤是很重要的，但是如果存在威胁眼球或视力的损伤，应首先解决。如果最初的创伤造成了其他危及生命的损伤，应在修复眼睑前先稳定患病动物的体况。

如果眼睑撕裂的时间小于 7 h，快速修复损伤可以确保足够的血液流向组织，以及眼睑边缘的良好对合。在手术修复之前，眼睑应剃毛，并使用稀释的 2% 碘溶液进行消毒。创口应分两层进行闭合，确保缝线不会摩擦角膜（图 24.7）。如果创口周围广泛肿胀并且受伤时间较长，需要给予患病动物全身性非甾体抗炎药，并进行 12 ~ 24 h 抗生素头部包扎（在创口处使用抗生素软膏并敷以 4×4 无菌纱布进行头绷带包扎），这样可以显著改善创口外观，使修复变得更容易。当鼻侧眼睑

发生撕裂时，应使用导管插入泪点并冲洗鼻泪管，检查泪点是否完整以及鼻泪管功能是否正常。如果存在大面积的损伤和组织缺失，可能需要转诊至眼科医生，进行重建手术。术后，患病动物应佩戴伊丽莎白圈，防止其抓挠并造成进一步创伤。

当第三眼睑履行保护角膜的职责时，可能发生第三眼睑撕裂。这种情况通常无须干预便能痊愈，通常不会导致其他问题，除非第三眼睑愈合不良。

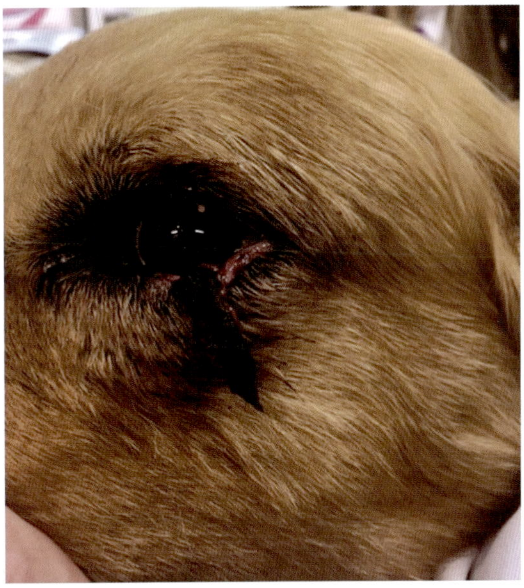

图 24.6　下眼睑撕裂

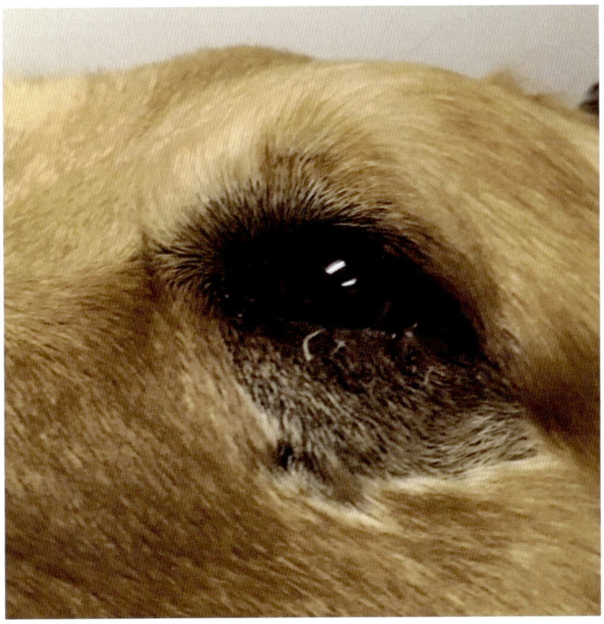

图 24.7　下眼睑撕裂修复后

角膜

角膜溃疡是犬和猫最常见的眼部疾病。患病动物会表现出急性疼痛、眼睑痉挛（blepharospasm）、泪溢和畏光。角膜溃疡的原因有很多，但大多数情况下病因并不清楚。当进行角膜荧光素染色时，荧光素会附着在基质层，染色呈阳性（图 24.8）。浅层的非感染性溃疡应该使用抗生素进行预防性治疗，并佩戴伊丽莎白圈。非复杂性溃疡应该在 7 ~ 10 d 内痊愈。

深层或感染性溃疡需要全天的医疗护理甚至手术治疗。任何深度超过角膜厚度一半的溃疡都应该认为是“深层溃疡”。如果出现甜甜圈或光晕样的染色征象，则表明后弹力层膨出（descemetocele）（已深达角膜的最后一层），应转诊至眼科医生处（图 24.9）。如果不能转诊，应小

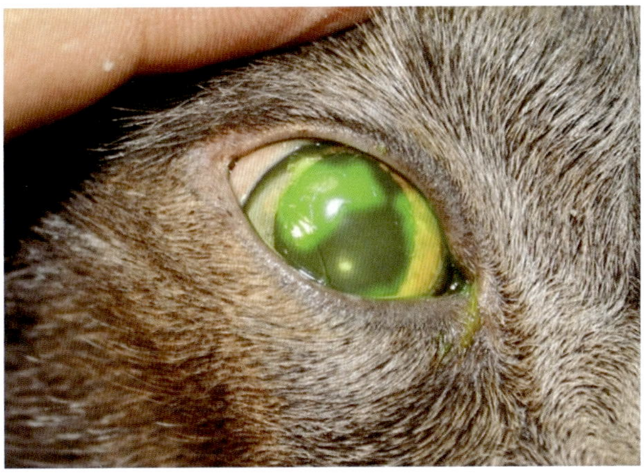

图 24.8　浅层角膜溃疡时荧光素着色

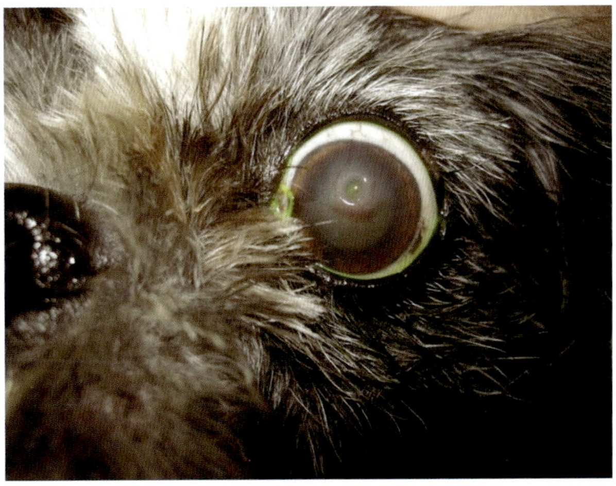

图 24.9　后弹力层膨出

心进行细胞学检查和培养，并开始每小时进行一次抗生素治疗。如果细胞学显示存在大量中性粒细胞，推荐使用抗胶原酶。

感染疱疹病毒的猫除了出现结膜炎外，还可能发展为树枝状角膜溃疡。这种情况应该预防性使用抗生素和抗病毒眼药进行治疗。根据病毒暴发的严重程度，患猫可能还需要全身性抗生素治疗上呼吸道感染。

角膜异物可引起与角膜溃疡相同的症状（图 24.10）。如果异物位于角膜浅层，可以使用棉签、小镊子或大量无菌洗眼液冲洗眼表去除异物。如果异物穿透角膜进入前房，建议转诊至眼科医生处将异物取出。务必确认角膜水密性良好。如果晶状体受损，患病动物极有可能需要积极治疗晶状体诱发性葡萄膜炎（uveitis）。

葡萄膜

前葡萄膜炎会引起眼睛发红、疼痛，瞳孔通常也会缩小。可能还会出现角膜水肿、第三眼睑上抬和眼球内陷（enophthalmos）。葡萄膜炎可能单侧发生或双侧同时发生。如果没有找到葡萄膜炎的眼部病因，应进行彻底的体格检查和进一步的全身诊断，因为这可能是系统性疾病（包括肿瘤在内）的一个临床症状。进一步检查可能包括但不限于 4DX、全血细胞计数（CBC）/ 生化、弓形虫病、蜱媒病原体滴度，以及特定地理区域常见的其他传染病检测。病史也应该包括最近的旅行史。在葡萄膜炎病例中，通常会出现低眼压（眼压降低）。如果葡萄膜炎是慢性的，可能会发展为继发性青光眼。虹膜炎的特点是虹膜肿胀、充血。当患有葡萄膜炎时，蓝色的虹膜可能会变为黄色或绿色。严重的葡萄膜炎可能会发生前房积脓（hypopyon）（图 24.11）。

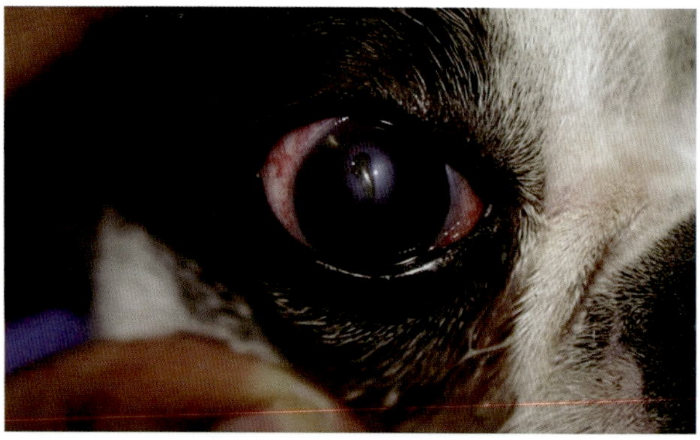

图 24.10 角膜异物

治疗可能包括使用全身性抗生素和抗炎药联合局部抗炎药。

前房积血是指前房存在血液（图 24.12）。最常见为创伤的后遗症，但也可继发于系统性疾病（肿瘤、高血压、感染）。如果没有发生过创伤，建议进行更多的诊断性检查来评估是否存在系统性疾病。测量血压是十分必要的即时数据。如果血液持续存在，红细胞会堵塞虹膜角膜角，从而导致青光眼。通常血凝块会自行分解。如果血凝块或纤维持续存在，可以将组织纤溶酶原激活物（tissue plasminogen activator，tPA）注射到眼内。

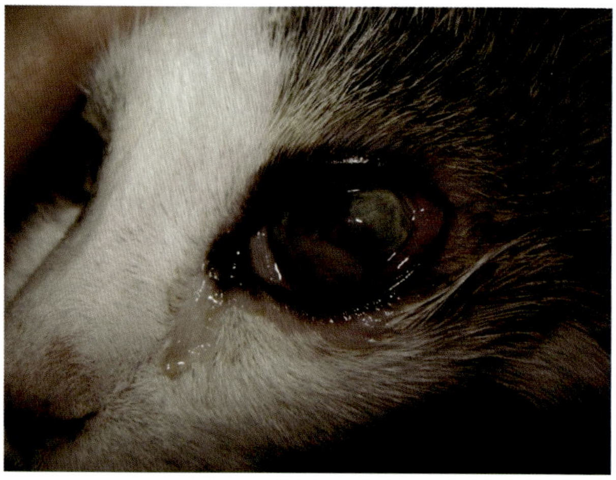

图 24.11 前房积脓

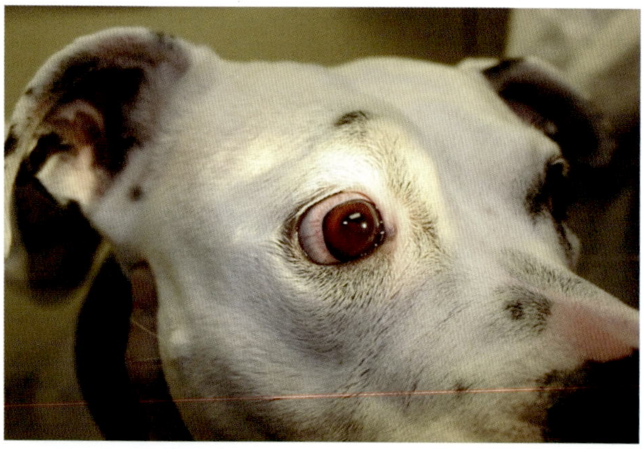

图 24.12 前房积血

如果眼内仍存在活动性出血，则不能使用。如果无角膜损伤，建议局部使用类固醇。

急性青光眼

青光眼是一种以 IOP 增加为特点，由于视网膜与视神经功能障碍和失活导致进行性视力丧失的疾病过程。本病可能是原发性的，由于遗传因素导致虹膜角膜角异常；也可能是继发性的，由潜在的系统性疾病过程或肿瘤引起。在这两种情况下，房水流出受阻会导致 IOP 增加及眼内结构损伤。

青光眼是一种疼痛、致盲的疾病。在急性青光眼时，如果高 IOP 无法得到有效的控制，不可逆性损伤会在数小时内导致失明（图 24.13）。处理这种急诊病例的关键是能够使用眼压计诊断眼压升高，并有合适的治疗青光眼药物来帮助降低 IOP。对本病的长期治疗监测通常需要眼科医生来完成。

急性青光眼的患病动物最常表现为眼部发红、疼痛、瞳孔散大、角膜水肿或“浅蓝色外观”的眼睛。测量 IOP，如果 IOP 超过 30 mmHg，推荐尽快使用降眼压药物，以避免眼球摘除。对于视力的预后谨慎至预后不良，取决于高眼压的持续时间和是否能及时降低眼压。

治疗青光眼的局部用药包括前列腺素类似物、碳酸酐酶抑制剂和 β 受体阻滞剂，在没有局部用药的情况下可以静脉给予高渗药物。在药物作用缓慢而眼压非常高的情况下，可以进行眼部穿刺以降低眼压，使药物有足够的时间生效。

当患病动物存在慢性青光眼时，可能会出现牛眼症（buphthalmos）和视力永久丧失等变化（图 24.14）。在慢性病例中，疼痛管理通常是治疗的主要目标。由于青光眼通常是可控但不可治愈的，因此通常需要就慢性青光眼的患病动物施行眼球摘除术、眼内容物摘除术或睫状体消融术等情况做好宠主教育。

急性双侧青光眼是罕见的。原发性青光眼通常是双侧疾病，但通常第一只眼发病早于第二只眼 6 ~ 9 个月。

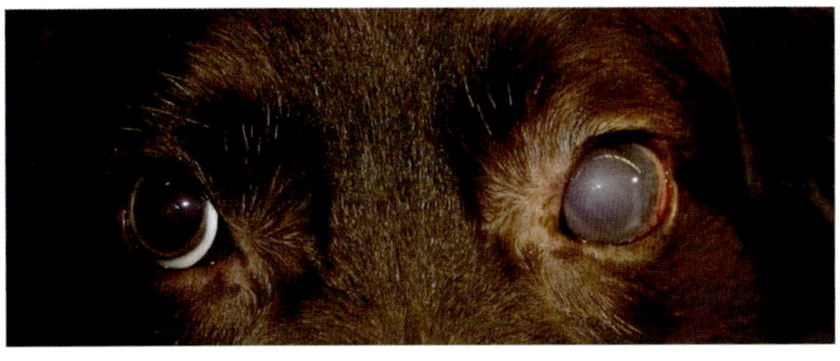

图 24.13 急性青光眼、角膜水肿和结膜充血

晶状体

与晶状体相关最常见的急诊之一是急性脱位（图 24.15）。最常见的表现是中年㹴类犬急性疼痛、眼部发红、浑浊，但其他品种也可能发病。当晶状体完全脱位进入前房时，可以明显观察到，并且这种情况通常会导致 IOP 增加。无晶状体的新月征是一个准确的诊断性指征，无晶状体的新月征是指晶状体边缘与瞳孔边缘之间，毯层反光形

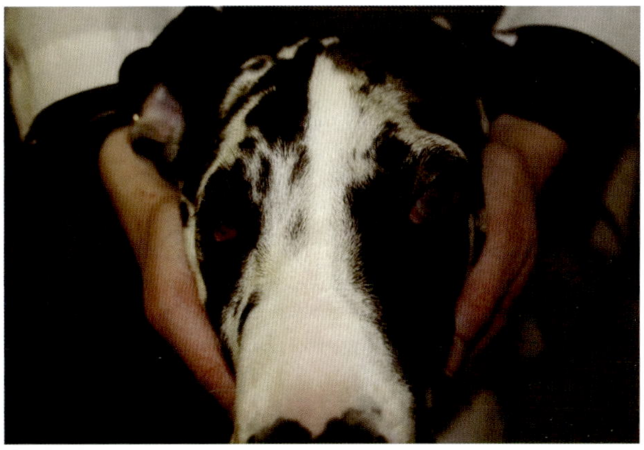

图 24.14 慢性青光眼和牛眼症

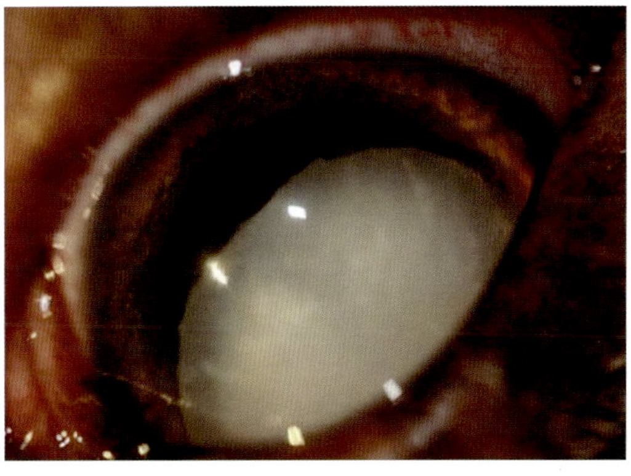

图 24.15 晶状体前脱位

成的新月形。当在眼科检查时看到晶状体的边缘，表明晶状体出现脱位或半脱位，因为在正常的眼中晶状体的边缘会被虹膜遮挡。如果晶状体完全向眼球后方脱位，可能很难观察到晶状体，但是患病动物可能会更舒适。检查时可以观察到前房变深与虹膜震颤（虹膜摆动）。

出现急性晶状体脱位的患病动物应该转诊至眼科医生处，并开始使用镇痛药与抗青光眼药物直到可以接受检查。

视网膜

突发性获得性视网膜变性（sudden acquired retinal degeneration，SARD）是一种突发失明的疾病。本病常发生于中年母犬。失明发生在 1 ~ 2 d 内。宠主可能会发现犬撞东西、安静且孤僻，或出现多尿、多饮和（或）多食等症状。在眼科检查时，大多数时候可以观察到瞳孔固定且散大，但偶尔也可能会有缓慢且不完全的 PLR。炫目反射与威胁反射会消失。如果在犬刚失明几天内检查，眼底看起来是正常的。在失明发生几周内，可以明显观察到视网膜变化、毯层反光增强、血管变细和视盘萎缩。SARD 的明确指征是视网膜电图“平坦”，这意味着视网膜没有电活动。

SARD 患病动物应该进行促肾上腺皮质激素（adrenocorticotropic hormone，ACTH）刺激试验，并进行常规血液检查。也应告知宠主如何与一只失明患犬生活。SARD 患犬通常会在几周内适应失明的生活。

视神经炎是视神经的炎症。可以是单侧或双侧发病。失明的临床症状似乎是突发的。有经验的检查人员会发现患病动物的瞳孔固定且散大，视盘肿胀与水肿。如果眼后方的视神经发炎，视盘仍表现正常。视网膜电图检查是正常的，因为视网膜仍有功能。视神经炎的一些原因包括感染性疾病（犬瘟、芽生菌病、隐球菌病、组织胞浆菌病和弓形虫病）、创伤、毒素、维生素 A 缺乏、中枢性肿瘤或肉芽肿性脑膜脑炎，而许多病例是特发性的。

双侧视网膜完全脱离可能是急性突发性失明的原因。视网膜脱离的原因是多种多样的。包括创伤、血管疾病、高血压、感染性脉络膜视网膜炎、免疫介导性视网膜脉络膜炎或手术过程中对视网膜的牵拉。

主人可能会发现犬的瞳孔散大，且颜色呈白色或灰色，这是因为视网膜漂浮在晶状体后。

根据视网膜脱离的病因，可以采取一些治疗手段。在美国，只有极少数兽医眼科医生可以进行视网膜复位手术。

脑部疾病

患有脑部肿瘤且影响到视觉皮层或视神经的犬，可能会突然发生失明。高级影像学检查，如 CT 或磁共振成像，有助于检测这类肿瘤。

眼眶

球后疾病在急诊情况下表现为眼球突出，伴有或不伴有疼痛。也很难将凸出的眼球向后推。眼球突出可由占位性肿瘤、蜂窝织炎或球后脓肿引起（图 24.16）。与脓肿相比，肿瘤通常不会导致疼痛，而脓肿则在按压眼球或打开口腔时疼痛剧烈。如果患病动物疼痛，应该进行彻底的口腔检查，特别注意最后臼齿的后方。蜂窝织炎通常提示系统性问题，除眼球突出外，通常还会出现结膜水肿。

如果没有明显脓肿的表现（张口疼痛、最后

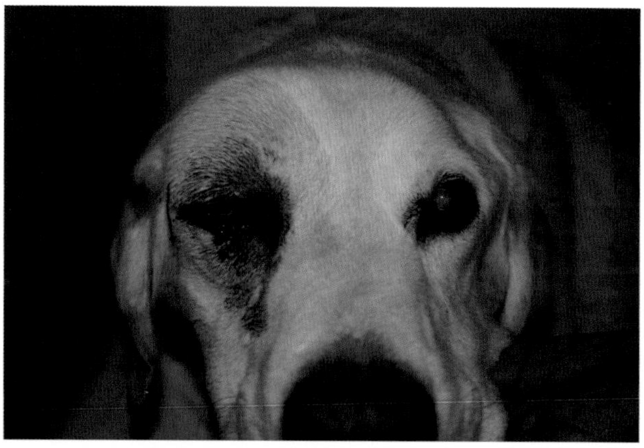

图 24.16 患有球后肿物的犬

臼齿后方肿胀），应进一步检查以确定眼球突出的原因。患病动物可以转诊进行进一步的检查，包括头部 X 线检查、头部 CT 扫查、眼眶超声、血液检查、细针抽吸和（或）活检。

眼部需保持湿润，如果患病动物抓挠眼部，应佩戴伊丽莎白圈。

异宠

异宠不像其他物种那样常见眼科急症，但确实会发生。异宠最常见的三种眼部疾病是青光眼、角膜溃疡和葡萄膜炎。

雪貂、豚鼠、仓鼠、兔子、大鼠和小鼠都可能出现青光眼。大多数诊所不会配备为袖珍宠物测量 IOP 的设备。它们的眼睛都非常小，使用压平式眼压计很难获得准确的测量数值。兔子的正常 IOP 为 9 ~ 13 mmHg，使用压平式眼压计测量雪貂的眼压范围为 17 ~ 28 mmHg，使用回弹式眼压计测量的范围为 12 ~ 14 mmHg。

鸟类、雪貂、豚鼠、兔子、大鼠、小鼠和爬行动物都有过角膜溃疡的相关报道。这些物种角膜溃疡最常见的原因是窝中垫料造成的损伤。据报道，雪貂的干眼症会导致角膜溃疡。雪貂的正常 Schirmer 泪液测试值为 4 ~ 7 mm/min。鸟类的角膜溃疡倾向于假单胞菌的感染，并可能很快开始出现角膜溶解。

图 24.17 患有球后肿物的沙鼠

葡萄膜炎在鸟类、雪貂、兔子、大鼠、小鼠和爬行动物中也有过报道。这些物种的葡萄膜炎通常继发于系统性疾病。

必须牢记，对这些小体型动物局部治疗可能会导致全身药物过量（图 24.17）。

结论

只影响眼部的眼科急症很少构成危及生命的情况。宠主的常见需求是缓解疼痛并维持视力水平。兽医团队需要确认这种情况不是某种危及生命的症状。在确认眼科疾病和急诊情况时，建议对双眼进行全面的眼科检查。想要获得最佳结果，关键是要熟悉基本的诊断检查、眼科设备和眼科药物。眼科急诊可从轻症至严重并迅速威胁到视力。正确的评估、诊断和治疗，并了解何时转诊给眼科医生，将为患病动物提供最佳的结果。

推荐阅读

[1] Gelatt, K. N.(2013). Veterinary ophthalmology (5th ed.). Wiley-Blackwell. IL, USA.

[2] Klein H. E., Krohne S. G., Moorse G. E., et al. Effect of eyelid manipylation and manual jugular compression on intraocular pressure measurement in dogs. Journal of the American Veterinary Medical Association. 2011;238(10):1292-1295.

[3] Maggs, D. J., Miller, P. E., & Ofri, R. (2012). Slatter's fundamentals of veterinary ophthalmology (5th ed.). Saunders. Hoboken, NJ, USA.

[4] Williams, D. L. (2012). Ophthalmology of exotic pets. Wiley-Blackwell. Philadelphia, PA, USA.

第 25 章

神经系统急症

Fiona M. K. James

学习目标

1. 识别神经系统检查的组成部分。
2. 理解神经学定位。
3. 详细记录病史。
4. 确定常见的神经系统急症的优先顺序。
5. 辨别重要的病史信息。
6. 了解神经系统急症的常见治疗方法。

章目录

关键词

瞳孔大小不等
去大脑僵直
局灶性癫痫发作
全身性癫痫发作
神经解剖学诊断（神经学定位）
痛觉
非心源性（神经源性）肺水肿
本体感受性共济失调
癫痫持续状态
前庭综合征

兽医技师通常会遇到表现出神经系统疾病或损伤的患病动物，因此技师能游刃有余地处理神经系统急症至关重要。当主诉为动物行为异常或行走姿势异常时，这些问题通常源于神经系统。第一步是确定这些情况是否真的是急症，从而对情况进行分类。宠物需要立即就诊吗？能等到第二天早上再做评估吗？宠物身体状况的变化是否与创伤有关？区分急症和着急有两个方面的作用——将兽医紧急护理的成本降至最低，并将兽医的注意力集中到真正的急症上。本章将帮助兽医技师提高其在神经系统急症的分诊、评估、诊断和治疗方面的技能。

全面的病史记录、仔细地观察和对反射和反应的物理测试可以将问题定位到神经系统的特定解剖区域，这一过程称为神经学定位。因此，神经系统急症可以迅速得到诊断和治疗，而不必等待辅助的实验室检查和影像学检查的结果。因此，在繁忙的兽医诊所，准确地观察和监测神经系统患病动物非常关键。至关重要的是，兽医技师既要了解如何进行神经学检查，又要了解如何解释他们的发现。

表 25.1 列出了神经学检查，以及每个神经解剖学检查所涉及的相应区域。神经系统检查的结果可以决定神经解剖学诊断（neuroanatomic diagnosis）。如果考虑到患病动物的特征和病史，兽医团队可以制订鉴别诊断清单，以及诊断和治疗计划。

表 25.1　神经学检查的组成部分和相关的神经解剖学	
意识水平	
行为 / 个性	前脑
警戒水平	脑干（网状激动系统）
步态和姿势	
肌张力（肢体和肛门）、萎缩	下运动神经元
轻瘫 / 瘫痪	下运动神经元 vs 上运动神经元（脊髓 / 脑干）
共济失调	小脑 vs 前庭 vs 本体感受
脑神经（CNs）	
瞳孔对光反射（PLR）	CN Ⅱ和 CN Ⅲ
威胁反射	CN Ⅱ、前脑、小脑、CN Ⅶ
生理性眼球震颤	CN Ⅲ、CN Ⅳ、CN Ⅵ、CN Ⅷ、脑干
眼睑反射	CN Ⅴ、CN Ⅶ
咀嚼肌	CN Ⅴ
鼻反射	CN Ⅴ、前脑
头倾斜	CN Ⅷ
吞咽	CN Ⅸ、CN Ⅹ、CN Ⅻ
声音改变	CN Ⅹ
舌肌肉	CN Ⅻ
姿势反应	
本体感受检查（脚掌拖行）、单腿跳、单侧站立步行、独轮车反应	脊髓、脑干、前脑
脊髓反射	
前肢： 屈肌 * 桡侧伸腕肌 * 肱二头肌 三头肌 对侧伸肌	C6–T2 脊髓节段、脊髓神经、臂神经丛
后肢： 膝盖 * 屈肌 * 前胫肌 腓肠肌 对侧伸肌 皮肌（也称为膜反射）	L4–S1 脊髓节段、脊髓神经、腰骶神经丛 胸段脊髓节段、C8–T1 脊髓神经、臂神经丛
会阴	S1–S3 脊髓节段、脊髓神经、马尾神经

* 最可靠的。

癫痫发作

动物行为异常的急性发作有三个主要原因：中毒、癫痫发作和代谢性疾病。中毒在另一章提及（见第 26 章）。癫痫发作更可能是短暂发作，而代谢性疾病往往表现为较长时间的发作。

癫痫发作起源于大脑（丘脑皮层）。癫痫，在最基本的层面上，是一种多次发作的神经紊乱。这一术语和其他癫痫相关术语的定义在兽医神经学家之间可能有所不同，与人类癫痫学相反，兽医癫痫术语仍在寻求共识。癫痫发作和癫痫有几种分类方法，这些分类不是相悖的。癫痫发作的一种分类方法是根据其物理表现（表 25.2）。根据这些症状描述可以确定发作是否真的是癫痫发作。视频记录比语言描述更好，但因为可能无法捕捉到整个过程，因此并不是总能获得视频。这种记录应包括先兆期（即，癫痫发作前的征兆）及发作后期。在发作后期，患病动物可能表现出定向障碍、意识混乱、有攻击性、躁动和（或）不同程度反应能力。这些患病动物可能失明（双眼威胁反射缺失）；鼻中隔反应减弱或缺失；姿势反应异常并伴有本体反射减弱，表现为翻正反射减弱或单脚跳检查异常（专栏 25.1）。发作后期可能持续几分钟、几小时或几天，但通常少于一周。在此期间发现的异常是由癫痫发作引起的，并不一定代表真实的神经状态。发作后期是暂时的。持续性、单侧或不对称的异常意味着真正的神经病变。阻止癫痫发作的抗惊厥药物使检查复杂化，这些影响可能包括虚弱、沉郁，甚至迟钝（倒卧不起），并有可能持续几天，具体时间取决于药物。因此，在药物效果消失或患病动物病情好转后，才能得出有关癫痫发作原因的结论。

表 25.2　癫痫发作临床表现的描述

表现	定义
强直性	肌肉僵硬度增加，通常是伸肌的肌肉
阵挛性	有节奏的抽动
失张力性	肌肉弛缓
肌阵挛性	肌肉或肌肉群短暂抽动
失神性	发呆或凝视天空

专栏 25.1 四项丘脑皮质系统的神经学检查

精神状态。
威胁反射。
鼻中隔反射。
姿势反应。

借用人类癫痫疾病权威机构——国际抗癫痫联盟的说法，癫痫的定义是由于大脑中神经元异常过度地或同步地活动而出现的短暂异常体征和（或）症状。在兽医文献中，对癫痫发作的各种定义是相似的。有两种类型的癫痫发作和癫痫是公认的——局灶性和全身性。局灶性癫痫发作（focal seizures）的历史同义词包括“小发作”和“简单或复杂的局部发作”（后者不应用于小动物的评估，因为涉及评估意识被改变）。同样，全身性癫痫发作（generalized seizures）也被称为“大发作”。局灶性癫痫发作由单侧丘脑皮层的异常神经元引起。通常情况下，这会导致身体对侧异常运动，可能同时出现精神 / 意识状态的改变。局灶性癫痫发作可以扩散到丘脑两侧半球的神经元网络，这被描述为“继发性全身性癫痫发作”。继发性全身性癫痫发作起源于延伸到两个半球的神经元网络，因此可能不会有一致的症状。典型的全身性癫痫发作包括意识丧失，伴有全身强直 - 阵挛性运动，可能还有自主神经症状，如流涎、大小便失禁。然而，全身性癫痫发作也可能表现为失神性发作，即有或无外部表现的一过性意识改变，如头、面部、四肢等出现肌阵挛性抽搐。

主人用来描述这种发作的其他术语包括抽搐或（癫痫）发作。然而，必须认识到，主人可能会将许多急性发作性疾病与癫痫发作相混淆，兽医和兽医技师有责任迅速准确地区分它们。专栏 25.2 列出了一些容易被误认为是癫痫发作的情况。

癫痫发作和癫痫的另一种分类方法是病因学。根据系谱分析或基因突变鉴定，某些品种的犬有癫痫的遗传倾向。其中包括澳大利亚牧羊犬、比格猎犬、比利时牧羊犬、边境牧羊犬、英国史宾格猎犬、德国牧羊犬、金色寻回犬、拉布拉多猎犬、设得兰牧羊犬、标准贵宾犬和维兹拉犬。在这些

专栏 25.2 其他容易被误认为是癫痫发作的情况

行为。
- 猫发情。
- 强迫症。

猝倒和嗜睡症（极其罕见）。
代谢紊乱。
- 肝性脑病（如门体分流）。
- 肾上腺皮质功能减退（阿狄森病）。
- 低血糖。
- 电解质紊乱（如钙）。

其他神经系统综合征。
- 急性发作的前庭体征*。
- 脑血管突发情况（中风）。
- 摇摆综合征（又称小白犬摇摆综合征）。

疼痛。
- 颈部疼痛（如来源于椎间盘突出）。

外周神经系统疾病。
- 重症肌无力。
- 多发性神经病。
- 多发性肌病。

晕厥。

* 一般情况。

品种中，首次癫痫发作往往发生在 1 ~ 5 岁，以全身性癫痫发作为最常见的表现。发作间期的神经学检查是正常的，大多数诊断性测试也是正常的。这种类型的癫痫被称为特发性癫痫，但随着遗传学研究的不断进步，这些病例更应被称为遗传性癫痫。

在某些代谢性或系统性疾病，或早期结构性脑病的病例中，发作间期的神经学检查可能是正常的。例如，肝病（引起肝性脑病）或低血糖患病动物的神经学检查可能表现正常但又有意识状态改变的病史。许多代谢性或系统性的病因可以通过常规血液检查确定。早期结构性脑病很难通过神经学检查发现，尤其是当它影响到大脑的某些部分时，例如，嗅球或额叶的肿瘤。对于这些病例，需要进行高级诊断测试，以确定癫痫发作的原因，如大脑磁共振成像（MRI）、大脑计算机断层扫描（CT，也称为 CAT 扫描）和脑脊液（cerebrospinal fluid，CSF）采集和分析（脊髓穿刺）。

如果癫痫发作的患病动物小于 1 岁或大于 5 岁，或有持续的或不对称的神经功能障碍，则应怀疑结构或代谢（症状性）方面的癫痫发作原因（图 25.1）。在这些情况下，诊断性检查中可能会发现异常。对于较年轻的患病动物，应考虑低血糖或肝性脑病（如门体分流）或感染性病因（如病毒性或细菌性疾病）。偶尔，有癫痫症状的患病动物的诊断测试（包括大脑 MRI/CT 和脑脊液分析）结果均为正常。这些病例确实是特发性的，但是，考虑到与该术语相关的含义，也许将这些病例称为不明原因的癫痫会更好。

猫癫痫发作的诊断方法类似。大约 40% 的猫患有不明病因的癫痫，治疗效果良好。若治疗效果不佳，则可能患有结构性或代谢性癫痫。尤其是出现癫痫持续状态（status epilepticus）（定义为发作活动持续 20 min 或以上），或发病时年龄超过 7 岁，或发作间期的神经学检查结果异常。

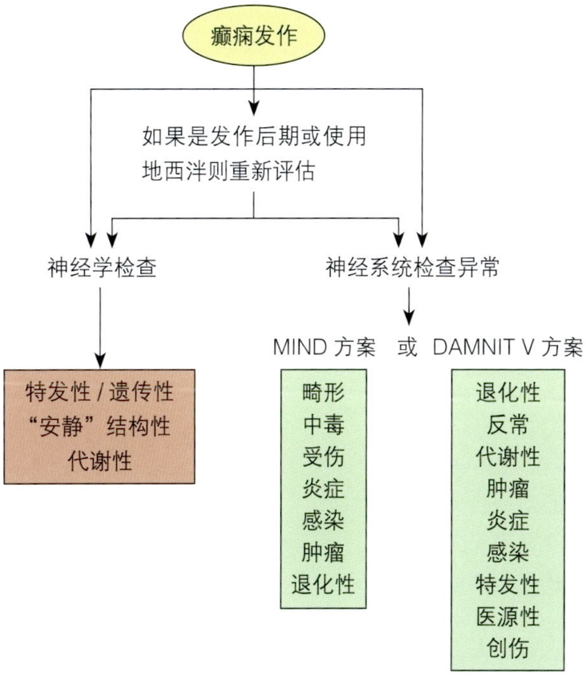

图 25.1 **癫痫发作原因的诊断流程**

诊断程序和治疗计划

紧急治疗的目的是停止癫痫发作，并处理发作的任何继发性影响。最重要的紧急情况是癫痫持续状态或群集性癫痫发作，即患病动物在两次癫痫发作期间不能恢复意识。高频发作（30 min 内发作 3 ~ 4 次或 12 ~ 24 h 内多次发作）也应积极治疗。从主人的角度来看，任何持续超过 5 min 的癫痫发作都应得到兽医的紧急关注。长时间或高频率的癫痫发作可能会导致严重的全身性影响，包括高热、心血管和肾脏损害、神经损害和代谢紊乱。控制活动性癫痫发作的首选药物通常是地西泮。根据患病动物的表现和兽医技师的专业知识，首次地西泮可静脉注射或经直肠给药。如果单次地西泮无法控制症状，可能需要恒速输注给予额外剂量，或使用其他注射型抗癫痫药物（左乙拉西坦或苯巴比妥）或使用麻醉药。

治疗方法取决于这是患病动物的第一次癫痫发作，还是先前确诊的目前正在接受治疗且控制良好的癫痫患病动物。针对首次癫痫发作的患病动物与已确诊癫痫、存在癫痫持续状态或群集性癫痫发作的患病动物，专栏 25.3 描述了进行诊断和初始治疗步骤。已确诊癫痫的患病动物通常不需要进行大量诊断测试，除非距离上一次常规血液检查已有一段时间，或者发作频率和发作严重程度突然发生变化。需要确认最近是否有体重变化或饮食变化，因为这些因素会影响药物剂量。

控制癫痫发作后，必须开始管理癫痫发作的继发影响。这些继发反应大多是由于高强度、长时间的肌肉活动造成的，其中体温升高最为常见。体温可能会迅速上升超过 40℃（104℉），需要频繁或连续监测直肠温度。建议在体温高于 39.5℃（103℉）时进行主动降温，一旦体温低于 39℃（102℉）就应该停止降温，因为极端的高热可能会干扰正常的体温调节，导致意外的低体温。高热还可能导致弥散性血管内凝血（disseminated intravascular coagulation，DIC）、器官衰竭（肾和肝）和肌肉坏死（这也会导致肾功能衰竭）。定期仔细检查患病动物是否有血小板减少或 DIC 引起的瘀点、瘀斑。

癫痫发作也可能导致脱水、低血糖和呼吸困难。呼吸困难是由非心源性（神经源性）肺水肿［noncardiogenic（neurogenic）pulmonary edema］引起的，这可能是癫痫发作影响自主（交感）神经系统的

专栏 25.3 首次癫痫发作、群集性癫痫发作或存在癫痫持续状态或已确诊癫痫的患病动物的诊断和治疗

1. 放置静脉导管。

2. 如果处于癫痫发作中，静脉注射药物以停止发作。

地西泮（一般首选*）0.25 ~ 1 mg/kg（必要时重复给药，可使用 3 次）或咪达唑仑 0.2 mg/kg，IV 或鼻内给药（必要时重复给药 1 次）。快速给药建议如下（地西泮 5 mg/mL，2 mL 安瓿瓶）：

猫 / 玩具犬	0.5 mL（1/4 支）
小型犬	1 mL（1/2 支）
中型犬	2 mL（1½ 支）
大型犬	3 mL（1 支）
巨型犬	4 mL（2 支）

必要时开始地西泮恒速输注（CRI），使用可控制症状的有效剂量［通常为 0.5 ~ 1.0 mg/（kg·h）］。也可静脉恒速输注咪达唑仑 0.05 ~ 0.5 mg/（kg·h）。

3. 测量 TPR（体温、脉搏、呼吸频率）和血压。

首次癫痫发作

4. 采血作为初始数据库。

快速评估测试

血糖

电解质

PCV/TP

血气分析

BUN

凝集实验（如有必要）

- 活化凝血时间（ACT）
- 凝血酶原时间（PT）
- 部分凝血活酶时间（PTT）
- 血栓弹性描记法（TEG）

CBC 和外周血涂片

血清生化

尿检

传染病血清学（如有必要）

甲状腺激素（如有必要）

5. 开始持续性癫痫发作的治疗：

- 快速诱导治疗性血清浓度的药物剂量（如果地西泮 CRI 不足以控制癫痫，可作为辅助用药）。
  - a. 苯巴比妥，24 h 内使用剂量上限为 20 ~ 30 mg/kg，可经静脉单次输注或 CRI、IM、PO 或 PR（如果明显昏迷则停止给药）。
  - b. 左乙拉西坦，24 h 内使用剂量上限为 60 mg/kg，IM、PO、PR 或在 5 min 内缓慢 IV。
  - c. 溴化钾，24 h 内使用剂量上限为 600 mg/kg，PO 或 PR（会导致明显昏迷，作为最后选择，不能用于猫）。
- 维持剂量。
  - a. 苯巴比妥 2 ~ 3 mg/kg，PO，q12 h。
  - b. 左乙拉西坦 20 mg/kg，PO，q8 h。
  - c. 溴化钾 30 mg/（kg·d），PO（不能用于猫）。
  - d. 唑尼沙胺 5 ~ 10 mg/kg，PO，q12 h。

已确诊癫痫的患病动物

采血作为初始数据库

快速评估测试

血糖

电解质

PCV/TP

血气分析

BUN

测量抗癫痫药物血清水平以调整剂量

继续使用维持治疗的药物剂量

专栏 25.3 （续）

首次癫痫发作	已确诊癫痫的患病动物
	6. 如果地西泮 + 维持性药物无法有效控制症状，则考虑开始使用其他维持抗惊厥药物辅助治疗： • 快速诱导治疗性血清浓度的药物剂量（如果地西泮 CRI 不足以控制癫痫，可作为辅助用药）。 a. 苯巴比妥，24 h 内使用剂量上限为 20 ~ 30 mg/kg，可经静脉单次输注或 CRI、IM、PO 或 PR（如果明显昏迷则停止给药）。 b. 左乙拉西坦，24 h 内使用剂量上限为 60 mg/kg，IM、PO、PR 或在 5 min 内缓慢 IV。 c. 溴化钾，24 h 内使用剂量上限为 600 mg/kg，PO 或 PR（会导致明显昏迷，作为最后选择，不能用于猫）。 • 维持剂量： a. 苯巴比妥 2 ~ 3 mg/kg，PO，q12 h。 b. 左乙拉西坦 20 mg/kg，PO，q8 h。 c. 溴化钾 30 mg/（kg · d），PO，（不能用于猫）。 d. 唑尼沙胺 5 ~ 10 mg/kg，PO，q12 h。

* 如果无法静脉注射，按高剂量经直肠或经鼻给药。

直接结果。这些患病动物会表现为呼吸浅快，有些病例发展为呼吸困难、发绀、严重缺氧或呼吸停止。胸部听诊可发现湿啰音。脉搏血氧仪或动脉血气分析可能提示低氧血症。胸部 X 线片可见肺野间质型和肺泡型的变化，主要影响尾背侧肺野。应提供与其他原因引起的非心源性肺水肿相同的治疗，包括通过面罩、鼻氧管或氧气帐 / 笼补充氧气。第 7 章讨论了氧气疗法。

住院期间，癫痫发作的长期管理应包括维持使用抗癫痫药物，以减少今后癫痫发作的频率和严重程度。这种维持疗法应在急性发作治疗期间开始，并在出院后继续进行。像苯巴比妥这样的药物可以通过各种途径给药，包括静脉注射（IV）、肌内注射（IM）、口服（PO）和直肠给药（PR）。对于直肠给药，建议使用红色聚乙烯橡胶饲管或聚氯乙烯（polyvinyl chloride，PVC）饲管，配合大规格注射器，以确保药物可以聚集在结肠远端，随后用水冲洗以确保完全给药。

需要对患病动物进行持续监测和护理。若其正在进行多种药物的持续输注，并且有些患病动物需要气管插管以保护气道，因此监测方法可以类似于麻醉监护。这些监测包括记录体温、脉搏和呼吸频率，测量血压和脉搏血氧饱和度，以及定期进行动脉血气分析。应定期润滑眼睛，防止角膜损伤。经常改变体位对防止肺不张和褥疮是必要的。膀胱护理包括定时挤压膀胱或留置导尿管。常规管理还包括静脉液体维持和口腔护理，以及给予其他药物，如维持使用抗癫痫药。

前庭障碍

前庭综合征（vestibular syndromes）由于其显著的临床症状，经常作为紧急情况出现，但幸运的是很少危及生命。前庭系统负责调节身体的平衡。在临床上，外周前庭系统和中枢前庭系统是有区别的。外周前庭系统由内耳感受器和前庭耳蜗神经（脑神经Ⅷ）组成，中枢前庭系统由延髓和小脑组成。这种区别有助于神经定位和进行鉴别诊断。虽然有些临床症状是外周前庭系统和中枢前庭系统异常的共同症状，但其他症状可以用来区分这两种前庭系统的异常。表 25.3 强调了中枢前庭系统和外周前庭系统异常临床症状的异同。

表 25.3 外周前庭障碍和中枢前庭障碍相关的临床症状

	外周前庭障碍	共同点	中枢前庭障碍
精神状态	正常		可能异常（沉郁、嗜睡、木僵、昏迷）
脑神经障碍		Ⅷ ± Ⅶ：头倾斜，面部轻瘫 / 瘫痪	± Ⅴ ~ Ⅻ
眼球震颤		病理性眼球震颤（静止型、位置型、旋转型、水平型）	病理性眼球震颤（垂直型、变相型）
眼睛位置		位置性斜视（头部抬高时，眼睛偏离头倾斜的方向旋转）	
姿势反应	正常		姿势反应缺失
步态和姿势		前庭性共济失调（宽基步、倾斜、跌倒、转圈、摇摆）	
交感神经支配	± 霍纳综合征		极少出现霍纳综合征
其他			矛盾前庭综合征（头部向患病部位反方向倾斜）

区分中枢前庭疾病和外周前庭疾病对预后很重要，因为中枢前庭疾病往往预后较差。

最常被视为急症的前庭综合征是特发性老年犬前庭综合征。这是一种病因不明的外周前庭综合征，通常影响 8 岁以上的犬。这些犬往往表现出严重的临床症状，包括头倾斜；静止型眼球震颤，并且在快速相时眼睛向远离头倾斜的方向移动（眼睛远离病变）；严重前庭性共济失调，可能伴有跌倒或打滚，无姿势反应异常。然而，当患病动物翻滚且无法行走时，很难进行姿势反应检测。虽然这些症状会使宠主十分恐慌，但大部分患病动物的症状在 2 ~ 4 周内会有所改善，通常只剩下头倾斜。改善通常在 2 ~ 3 d 内开始，患病动物大多需要支持性护理（在下一节讨论）。

猫特发性前庭综合征是另一种常见的外周前庭综合征。常出现在室外饲养的猫中（室内饲养猫不可见）。在北美东北部地区有疾病高发期，常发生在夏季到秋季（其他地方没有这种高发期）。这种季节性发病可能与这些地区的黄蝇幼虫迁移有关。与犬的特发性前庭综合征类似，这种症状只要在发病 2 ~ 3 d 内开始进行支持性护理，就能在 2 ~ 4 周内缓解。

中耳炎 / 内耳炎是犬和猫外周前庭综合征最常见的原因之一。检查时动物不一定有外耳炎的表现。由于脑神经Ⅶ（面神经）和眼部交感神经都穿过鼓泡周围的颞骨岩部，因此，同侧面瘫 / 麻痹和霍纳综合征通常与该综合征相关。霍纳综合征的临床症状见专栏 25.4。单侧和双侧耳炎都可能发生，但单侧耳炎更常见。用温和的盐水冲洗耳部以观察鼓膜。如果在鼓膜不完整时使用其他药品，则可能会加重前庭症状，也可能导致永久性耳聋。适当的抗生素治疗预后良好，但头倾斜可能持续存在。慢性感染可能需要通过鼓泡截骨术引流中耳。感染偶尔会扩散到脑干，导致中枢前庭症状。猫（犬少见）的鼻咽息肉有时会阻塞引流中耳的咽鼓管，从而导致中耳炎或内耳炎。息肉需要某种可视化（直接检耳镜、内窥镜，或通过 MRI 间接检查）检查来诊断。息肉的生长也可能被动地引起外周前庭症状。需要切除息肉以改善中耳炎。

犬中枢前庭综合征急诊症状的常见原因包括脑血管问题（中风）和脑炎（炎症性脑病）。中

专栏 25.4 犬和猫霍纳综合征的临床症状

瞳孔缩小（最轻的临床症状）。

上眼睑下垂。

眼球内陷。

第三眼睑脱出。

风患病动物将在 2 ~ 3 d 内开始恢复，并在支持性护理下 3 个月内继续改善，而脑炎则需要更积极的诊断测试和治疗。在大约 50% 的病例中，通过诊断测试可以确定中风的原因。猫也会出现脑炎，最常见的感染原因包括猫传染性腹膜炎（干性 FIP）、弓形虫病和隐球菌病。

诊断程序和治疗计划

可能需要紧急治疗因前庭功能障碍引起的恶心和持久性呕吐而导致的脱水。然而，这些病例通常是稳定的，因此通常不需要立即处理和治疗。诊断检查通常包括仔细的耳部检查和（或）其他可视化检查，包括 X 线片。同时也应进行实验室检查，建立类似于专栏 25.3（第 4 点）中列出的初始数据库。

为了治疗恶心，可以使用抗恶心药、镇吐药和胃肠道促动剂。常用柠檬酸马罗匹坦，以及美克洛嗪和茶苯海明。甲氧氯普胺可用于治疗顽固性呕吐。患病动物可能因持续恶心和（或）严重的头倾斜而无法进食和饮水，因此需要补充肠外液体。有时需要镇静（如苯海拉明）来控制翻滚和抽搐。充分铺设垫料的笼子也可以用来防止翻滚或无法行走的患病动物自损。

如果怀疑细菌性脑炎或中耳炎及内耳炎，应使用抗生素。一些病毒性脑炎和所有非感染性脑炎可以使用免疫抑制剂量的皮质类固醇（如地塞米松）治疗。

脊髓损伤

动物活动功能异常可能对应两种神经病变定位，脊髓损伤和外周神经系统疾病。脊髓损伤是目前为止最常见的急诊原因。这些动物经常存在奇怪的步态（醉酒样 / 共济失调）或虚弱的步态（轻瘫）或根本无法行走（瘫痪）。神经学检查表明有正常的精神意识和脑神经反射。发现的主要异常包括步态和脊髓反射异常，以及存在或不存在脊柱疼痛。发现本体感受性共济失调几乎可以定位到脊髓。本体感受性共济失调（proprioceptive ataxia）是指动物不知道自己爪子或身体在空间中的位置。它的特点是行走或站立时爪子的位置不稳定，交叉四肢（被自己的爪子绊倒），反转并拖拽爪部，躯干或骨盆摇摆或倾斜。虚弱，也被称为轻瘫，是由于丧失了上或下运动神经元对肌肉的调控作用。症状表现为站立或行走时下沉、蹲姿、起立困难、行走时磨伤爪子、自主运动减少或完全丧失。在脊髓损伤最严重的情况下，感觉通路的中断会导致其后段的所有感觉丧失。因此，患病动物无法感知四肢。可以通过用止血钳夹住脚趾，观察头部的反应（转动、抽动、发声、眨眼等）来评估痛觉的丧失程度（对有害刺激的感知）。痛觉（nociception）丧失是一个重要的预后指标，痛觉丧失的时间越长，即使进行干预，功能恢复的可能性也越小。脊髓损伤后，功能丧失的顺序遵循一个经验法则（专栏 25.5）。功能恢复的顺序正好相反。损伤越严重功能丧失越严重。神经系统检查的结果将取决于脊髓损伤发生的位置，如图 25.2 所示。

脊髓损伤的原因可分为内因和外因。内因包括椎间盘突出引起的脊髓压迫（通过椎间盘的挤压或突出）、血管异常［纤维软骨栓塞性脊髓病（fibrocartilaginous embolic myelopathy，FCEM）］、肿瘤压迫（来自脊髓外部或脊髓内部）、骨性畸形引起的脊髓压迫（例如，先天性畸形，如寰枢关节半脱位，或发育畸形，如摇摆综合征），以及其他良性结构病变（如囊肿）。外因最常见的是由创伤造成的骨折或脱臼，如车祸、枪伤、咬伤、虐待和摔倒。

所有原因中最常见的是椎间盘突出（intervertebral disc herniation，IVDH）。椎间盘位于 C2 到第一骶

专栏 25.5 急性脊髓损伤临床症状的出现顺序 *

脊髓疼痛。
本体感受。
轻瘫 / 瘫痪。
排尿 / 排便。
伤害感受。

* 功能恢复的顺序相反。

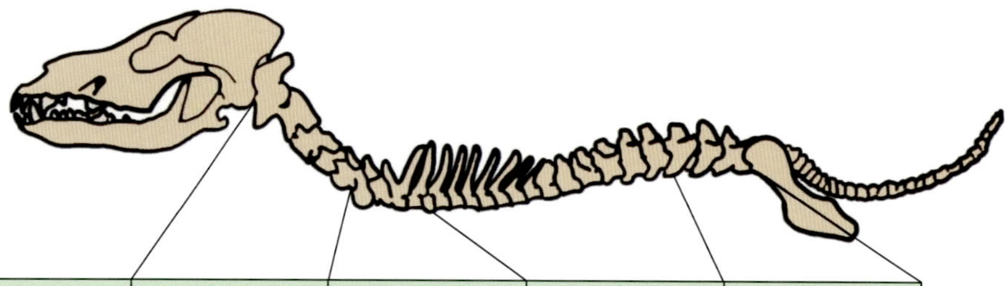

脊髓节段	C1–C5	C6–T2	T3–L3	L4–S2
力量				
前肢	轻瘫 / 瘫痪	轻瘫 / 瘫痪	正常	正常
后肢	轻瘫 / 瘫痪	轻瘫 / 瘫痪	轻瘫 / 瘫痪	轻瘫 / 瘫痪
反射				
前肢	增强	减弱	正常	正常
后肢	增强	增强	增强	减弱
肌肉张力				
前肢	增强	减弱	正常	正常
后肢	增强	增强	增强	减弱
姿势反应				
前肢	减少	减少至正常	正常	正常
后肢	减少	减少	减少	减少至正常

图 25.2　与特定脊髓节段损伤相关的神经学发现

（插图由 A.D.K. James 提供。）

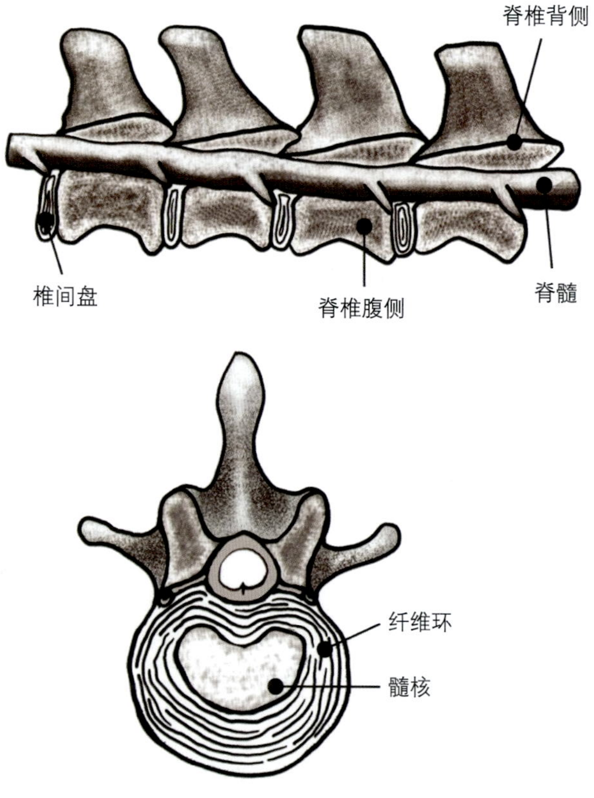

图 25.3　上图为椎管矢状面。下图为脊椎横切面，显示脊髓和椎间盘的相对位置

（插图由 A.D.K. James 提供。）

椎的椎体之间（图 25.3）。椎间盘起着减震的作用，有助于脊柱的灵活性和结构的完整性，其结构是在坚韧的纤维性包膜（纤维环）内包裹着胶状物质（髓核）。如图 25.3 所示，纤维环的背侧最薄，其正好位于脊髓的腹侧，这通常是由于外伤或椎间盘退变而容易出现破裂的地方。

椎间盘压迫脊髓有三种方式。第一种是影响髓核的退行性变化，即凝胶脱水和钙化。椎间盘失去弹性，通过脆弱的纤维环向背侧突出，压迫脊髓，或向背外侧压迫脊神经。这种类型的 IVDH 在软骨营养不良的犬中最常见，如腊肠犬、西施犬、拉萨狮子犬和巴吉度猎犬。最典型的是影响 T10 和 L2 之间的胸腰椎连接处（85% 的情况下），导致脊柱疼痛、本体感受消失和后肢步态异常。然而，15% 的概率发生在颈椎，最常见的是引起严重的颈部疼痛，可能伴有四肢神经功能障碍。

第二种是变性，纤维环退化变厚，导致背侧隆起，压迫脊髓。这种情况较少出现急症，病程较慢性，最常见于大型犬。

第三种是急性髓核挤压，小块髓核通过纤维环薄弱区域以高速向脊髓撞击。通常发生在外伤之后，如从床上掉下来，或者在公园里与另一只犬相撞。神经功能障碍继发于脊髓挫伤和震荡损伤，有时只有少量髓核向外突出，因而脊髓不会受到压迫。除了外伤性椎间盘突出，创伤性受力也可能引起脊柱骨折（图 25.4）。

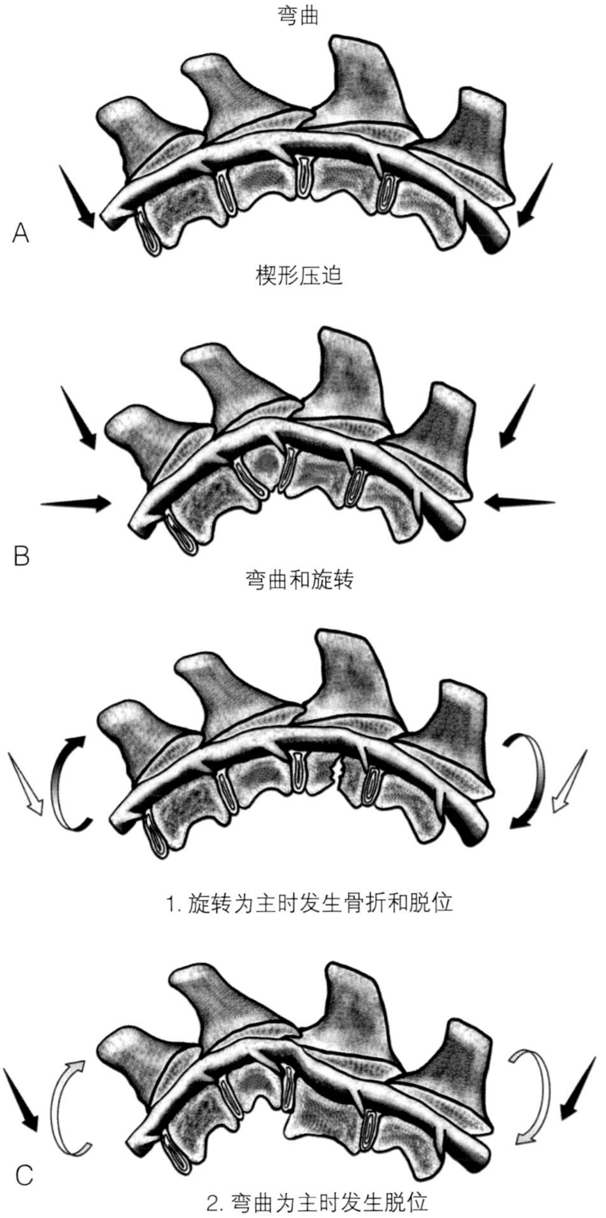

图 25.4　与脊柱创伤相关的损伤类型和力（箭头表示力的方向）

（插图由 A.D.K. James 提供。）

严重的椎体骨折在对患病动物进行视诊时可能不明显。四肢骨骼损伤（如骨折或脱位损伤）可能掩盖神经功能障碍。因此，一旦创伤动物心血管系统稳定，就应进行完整的神经学检查。神经学定位不仅能识别神经系统问题，还能最大限度地降低急诊团队无意中加重脊髓损伤的风险。如前所述，神经学定位也有助于进行鉴别诊断和适当的诊断性检查。

在中大型犬中，FCEM 是一种相当常见的急症。这是一种继发于脊髓血管软骨阻塞，发生在脊髓血管的急症（“中风”）。该软骨被认为来自附近的髓核，具体机制尚未明确。这些患病动物的典型病史是，它们在做一些活动（如追球或捡棍子）时大叫并倒下。因此，发病十分紧急。神经功能障碍通常是不对称的和非进行性的，而且脊柱疼痛通常不会持续超过发病后的 12 ~ 24 h。

诊断程序和治疗计划

在患病动物初步稳定后，全面的神经学检查对神经学定位是必要的，即使患病动物可能看起来没有明显外伤。如果没有自主运动，应该测试四肢和尾部的痛觉感受。为了能进行更具体的神经学定位，脊髓被分为四个功能节段，如图 25.2 所示。通过神经学定位确定了脊髓节段后，应该通过 X 线片（以排除骨折 / 脱位）或更高级的影像学检查（如脊髓造影、CT 或 MRI）进行评估。MRI 可以对脊髓损伤进行最全面的评估，而脊髓造影和（或）CT 有助于确定是否存在手术可干预的脊髓压迫或骨折。例如，如果患病动物在玩飞盘时发生 T13–L1 处的 FCEM，则该患病动物会出现后肢神经功能障碍，但后肢脊髓反射完好，无脊柱疼痛，病变仅可通过胸腰椎 MRI 发现。

图 25.2 中概述的结果有两个例外。最常见的是希夫 – 谢林顿综合征。当严重病变影响到 L1 和 L4 之间的脊髓节段时，就会发生这种情况。这个区域的神经细胞促进四肢之间的协调运动。这些神经细胞和（或）其轴突的丢失导致前肢伸肌的去抑制。当这些患病动物侧卧时，会出现严重的

前肢伸肌僵硬。希夫－谢林顿综合征没有任何预后意义。另一个例外是脊髓休克，但这种情况不常见。严重的脊髓损伤会导致脊髓休克，并导致损伤部位尾侧一过性的反射和肌张力丧失，而不是预期的反射亢进和痉挛性麻痹。更常见的是肌张力丧失。这些发现在受伤后 12 ～ 36 h 内消失，最终出现如图 25.2 所示的临床症状。

对于可能发生椎体骨折的患病动物，无论是转送到急诊诊所还是在诊所内转送，都应谨慎处理。应小心地用胶带、皮带、绳子或任何其他必要的固定物将患病动物固定在一块平板上（如门或胶合板），以确保患病动物保持不动。应提醒主人注意脊柱损伤引起的极度疼痛（最痛的部位是骨头、神经根和脑膜），因此即使是忠实的宠物也可能咬伤或抓伤他们。抵达后应进行体格检查和神经学检查，而且如无必要，禁止活动固定物。呼吸系统和心血管系统的稳定也应该在保证在患病动物最少活动的情况下进行。

患病动物疼痛时应给予镇痛。可谨慎使用阿片类药物，并密切监测以避免呼吸抑制。氢吗啡酮（0.05 ～ 0.1 mg/kg，IV、IM 或 SC）或丁丙诺啡（0.01 ～ 0.03 mg/kg，IV 或 IM）是很好的选择。为了减轻焦虑，镇静药可能是必要的，可静脉注射地西泮 0.2 ～ 0.4 mg/kg。

皮质类固醇在脊髓损伤中的应用仍有争议，大量证据认为没有效果。人医研究表明，如果在损伤后 8 h 内给予高剂量甲泼尼龙琥珀酸钠［30 mg/kg，静脉滴注 15 min 以上，随后维持输注 5.4 mg/（kg · h），超过 23 h］，可能会轻微改善损伤后 1 年的神经预后，但没有类似的兽医研究。一些兽医神经学家使用人类类似的剂量方案，或在第一次给药后 2 h 和 6 h 用静脉注射 15 mg/kg 甲泼尼龙琥珀酸钠进行替代。必须在 15 min 内缓慢静脉注射，否则，可能出现呕吐或低血压。尽管缺乏证据，但有时也使用地塞米松来代替甲泼尼龙，在最初发病时剂量可达 1 mg/kg，IV。使用皮质类固醇可能导致不良反应，包括胃肠道出血和败血症或感染性并发症。当使用皮质类固醇时，建议同时使用胃保护剂。在初始治疗后，根据病因，对脊髓损伤进行药物或手术治疗。医疗管理可能包括夹板、强制笼养、进行镇痛，并给予抗炎药。对于 FCEM 患病动物，只需进行支持性护理和物理治疗。根据初始病变的严重程度，FCEM 病例预后良好。脊柱创伤的手术治疗包括脊髓减压或脊柱加固，视具体情况而定。

外周神经系统急症

这些患病动物通常表现为虚弱，最紧急的是急性瘫软的患病动物。如果呼吸肌麻痹，则会危及生命。呼吸衰弱的最初迹象之一可能是由于呼吸做功增加而导致的体温升高（发热）。由于虚弱，这些患病动物的呼吸费力可能不明显。

虽然外周神经系统疾病通常不太常见，但有 4 种疾病可以在急诊见到：重症肌无力、多发性神经根炎、肉毒杆菌中毒和蜱虫麻痹。这些都涉及下运动神经元与肌肉的通信中断。这导致弛缓性瘫痪和反射丧失，通常始于后肢，然后发展到前肢、面部无力和呼吸肌。食道肌肉可能受到影响，导致巨食道，并伴有反流和吸入性肺炎的风险。

获得性重症肌无力是针对神经肌肉接头处肌肉表面的乙酰胆碱（神经递质）受体产生抗体的结果。它有 3 种表现形式：①局灶性，涉及巨食道和面部无力；②全身性（最常见的形式），涉及巨食道和缓慢进行性的全身无力；③暴发性（最不常见的形式），涉及巨食道和快速发展的全身无力，导致呼吸衰竭。病因多为特发性（免疫介导，病因不明）。可以继发于犬和猫的肿瘤（如胸腺瘤）。

多发性神经根炎也可见于猫和犬。在北美，犬在临床症状出现之前的 2 周内接触浣熊（和它们的唾液）会导致这种情况，也被称为“浣熊麻痹症”。类似于浣熊唾液过敏，免疫介导的炎症发生在运动神经根上。症状会持续几天，然后达到平稳期，可能导致呼吸麻痹。便尿潴留，有些犬会表现为感觉过敏。

蜱虫麻痹在犬身上比在猫身上更常见，但两种动物都可能发生。这些病例的麻痹是由于被蜱虫叮咬产生的唾液神经毒素所致。蜱属在地理上各不相同，硬蜱、革蜱和钝蜱是世界范围内涉及的主要种类，而猫对全环硬蜱易感，特别是在澳大利亚。

肉毒杆菌中毒是由于摄入由 C 型肉毒杆菌产生的肉毒杆菌毒素而导致的犬的一种迅速发展的运动麻痹。这种生物和毒素最常出现在分解的动物组织中（如切碎的生肉或鱼）。这种毒素阻止了神经肌肉接头处神经递质乙酰胆碱的释放，扰乱了从下运动神经元到肌肉的信号。

诊断程序和治疗计划

首先要关注的是呼吸系统的稳定性，尤其是急性瘫软的患病动物。呼吸麻痹的病例需要插管和通气（更多信息见第 8 章）。如前所述，神经学检查将发现，除了尚未瘫痪的肌无力患病动物外，其他患病动物的脊髓反射（可能还有眼睑反射）均会丧失。在肌无力患病动物中，反射可能会在反复测试中出现延缓，并且可能会出现运动不耐受。一旦肌无力患病动物瘫痪，反射就会消失。胸部 X 线片可能显示巨食道伴或不伴吸入性肺炎。在一些肌无力患病动物中，纵隔肿块（可能是胸腺瘤）也可见，这可能是病因。

确诊获得性重症肌无力需要进行乙酰胆碱受体抗体滴度试验。这项测试须送检商业实验室，需要几个工作日才能获得结果。为了获得更快的结果，可以尝试进行抗胆碱酯酶试验，观察肌无力是否能迅速解决（但该结果不太可靠）。这些药物会提供更多的神经递质乙酰胆碱来刺激肌肉。盐酸依洛芬铵（0.1 ~ 0.2 mg/kg，IV）的半衰期在同类中最短，适合用于治疗试验。同类别的其他药物有较长的半衰期（溴吡斯的明和新斯的明），可以用于肌无力的维持治疗。给患病动物服用过量抗胆碱酯酶会导致虚弱加重和胆碱能危象。症状包括流涎（salivation）、流泪（lacrimation）、排尿（urination）、排便（defecation）、胃肠紊乱（gastorintestinal upset）（即腹泻）和呕吐（emesis）（这形成了常用的首字母缩写“SLUDGE”）。

蜱麻痹的确诊包括找到并清除蜱虫。如果找不到蜱虫，使用体外驱虫药可以解决问题。除蜱后数小时内即可恢复，澳大利亚蜱除外，患病动物可能在好转前的 24 h 内继续恶化。

目前还没有紧急的临床诊断测试来帮助立即诊断肉毒杆菌中毒或多发性神经根炎患病动物。在这些情况下，仔细和彻底的病史调查可能有助于提高临床对这些疾病的怀疑。除了支持性护理外，没有具体的治疗需求（皮质类固醇不能帮助解决多发性神经根炎）。包括使用垫褥和频繁变换体位以避免褥疮，进行膀胱护理以避免尿液灼伤，以及如果患病动物因面神经麻痹而无法眨眼，应频繁润滑眼睛。日常的物理治疗有助于保持关节的活动和防止肌肉挛缩。肌肉萎缩会很快发生，需要几个月才能好转。

为降低吸入性肺炎的风险，巨食道患病动物应以直立姿势进食，进食后保持该姿势 10 ~ 15 min。有些病例可能会受益于胃造口管。对于有影像学表现的吸入性肺炎患病动物，给予抗生素是必要的。

头部创伤

这是一种相当常见的急症，通常有被汽车或其他物体撞击，或从高处坠落的病史。诱发伤害的原因可能是可眼观的或疑似的外部伤害，如擦伤、明显的骨折，以及眼睛、耳朵、嘴或鼻子的出血或周围出血。近距离检查发现瞳孔大小不等（anisocoria）。所有原因都会导致相同的脑部病生理学上的损伤。

实际的神经学检查结果将取决于脑损伤的部位，即是大脑的一个半球还是两个半球，还是丘脑或脑干（以及脑干的哪个部分）受到影响。可以看到患病动物行为和精神状态的变化，包括意识水平的改变（抑郁、迟钝、木僵、昏睡或昏迷），漫无目的或强迫性的踱步、打转或癫痫发作。如前所述，可能出现瞳孔大小或对称性的异常。前庭失调、眼球震颤和（或）小脑性震颤、麻痹或瘫痪，提示尾窝（小脑、脑桥、延髓）病变。

脑损伤分为两个阶段，原发性脑损伤是创伤

的直接结果，而继发性损伤是后遗症。原发性脑损伤包括冲击力导致脑组织剪切或撕裂，或因颅骨骨折导致组织破裂，或脑出血压迫大脑或脑实质。继发性损伤是全身或颅内影响的结果。全身影响包括缺血（血流和灌注减少）、低血压、缺氧、贫血、高血糖 / 低血糖、酸碱和电解质紊乱。颅内影响包括颅内压升高（intracranial pressure，ICP）、脑水肿、骨碎片或出血引起的团块效应。

诊断程序和治疗计划

应该对患病动物进行全面、仔细的评估。头部创伤常伴有全身性损伤，可能影响呼吸系统和心血管系统支持大脑的能力。第一次神经学检查应仔细而彻底。这不仅可以对病变进行定位（指导诊断检测、治疗和预后），还可以为未来的神经系统检查提供一个基础数据，使护理团队能够连续监测神经系统状态的变化趋势。状态恶化时可见脑干（脑神经）反射丧失、意识反应性降低和瞳孔对光反射（pupillary light reflexes，PLR）减弱。虽然眼外伤会导致瞳孔大小的变化，但决定 PLR 的途径是通过丘脑到中脑，然后在大脑皮层的上运动神经元的控制下回到眼睛，随着 ICP 的增加，沿着这条通路的任何地方的压迫都可以改变 PLR 的控制和反应性。最初，下运动神经元的抑制导致瞳孔缩小。大脑肿胀的加剧会导致大脑移位（脑疝），对下运动神经元的压力会导致功能丧失和瞳孔放大，检查 PLR 时无反应。可以监测颅内压的变化，并应结合精神状态（如果发生脑疝，精神状态应发生严重改变）进行解释。当压力增加时，大脑疝出最常见的方向是通过枕骨大孔。在此过程中，来自上运动神经元的下行纤维受到挤压，导致瘫痪，这被称为去大脑僵直（decerebrate rigidity）。以动物侧卧，角弓反张和四肢僵直为特征。可能会出现呼吸麻痹。

由于原发性损伤是在创伤时导致的，因此没有任何措施可以减轻其影响。然而，二次损伤的程度可以决定患病动物的预后。所以，治疗干预旨在改善继发性损伤的影响。必须解决系统性异常，包括维持血压和氧合的正常。

脑灌注压等于平均动脉压减去 ICP。因此，监测和维持正常的平均动脉压（约 90 mmHg）将直接影响脑灌注。可使用常见的晶体液（乳酸林格液或血浆电解质 A）静脉输液来治疗低血压，或通过高渗盐水或胶体溶液更快地治疗低血压。应避免高血压，以减少 ICP 的升高。应对所有颅外器官系统进行适当的生理复苏。

缺氧可能是其他器官系统同时受到创伤的结果（如胸外伤或出血）。输血（如浓缩红细胞）有助于保持足够的红细胞数量。胸部损伤如气胸、血胸和肺挫伤应通过 X 线片评估，并进行适当治疗。通过动脉血气分析或脉搏血氧仪监测氧饱和度。通过吸氧和其他疗法，使氧饱和度保持在 98% 以上。

甘露醇是降低颅内压和改善脑血流的直接疗法。快速静脉滴注［2 mL/（kg · min）］后，增加血管内容量和降低血液黏度可立即改善脑血流。它也可作为一种渗透性利尿剂，使大脑脱水，从而减轻间质水肿。甘露醇的渗透利尿作用可持续 6 h，其剂量依赖性范围为 0.25 ～ 1.0 g/kg 的 25% 溶液，可每 4 ～ 8 h 重复一次，24 h 内最多可使用 3 次。在甘露醇给药后约 15 min 使用呋塞米（0.7 ～ 1 mg/kg，静脉注射）可延长利尿作用的持续时间。如前所述，必须保持平均动脉压，以确保患病动物在使用甘露醇时不会脱水。在活动性颅内出血期间使用甘露醇有增加血管外血量从而增加 ICP 的风险。对于脱水、低血容量或低血压的患病动物，不要给予甘露醇或呋塞米，在这些情况下，高渗盐水将是更合适的药物。有证据提示，在人医控制 ICP 升高方面，推注或持续输注高渗盐水比甘露醇更有效，但关于高渗盐水的最佳浓度，目前有不同的建议。在兽医中，建议使用 7.5% 盐水，3 ～ 5 mL/kg，IV（犬）和 2 mL/kg，IV（猫）超过 2 ～ 5 min。

如果患者无法保护自己的气道（如重度阻塞或昏迷），可能需要机械通气。通气需要进行气管插管，在某些情况下可能需要镇静。在机械通气的条件下，可通过过度通气控制动脉二氧化碳分压（$PaCO_2$）。关于诱导低碳酸血症在重度急性脑损伤中的应用存在一些争议。低碳酸血症可通过收缩脑血管有效降低颅内压，然而，持续的低碳酸血症会引起或加重脑缺血，随后的血二氧化碳分压正常也会引起反弹性的脑高血压，从而增加 ICP。因此，建议尽快恢复 $PaCO_2$。

其他技术可能有助于降低 ICP。将患病动物置于斜面上，头部和前体抬高 30°，有助于静脉血从大脑流出。出于同样的原因，应避免压迫颈静脉。患病动物可能会因为疼痛或精神状态改变而四处走动，自损会使情况恶化。这些患病动物可能需要镇静（如地西泮 0.2 ~ 0.4 mg/kg，IV）。芬太尼等阿片类药物［2 ~ 6 μg/（kg・h），IV 持续滴注］可用于镇痛。

类固醇曾被推荐用于头部外伤。严重头部外伤患病动物的相关证据表明，类固醇缺乏疗效，而且可能是有害的。没有令人信服的证据支持它在兽医临床中使用，然而，许多兽医仍然把它们作为最后的手段（例如，使用甲泼尼松龙琥珀酸钠，剂量与之前列出的脊髓损伤类似）。

狂犬病

这种病毒性脑炎值得一提，因为它对人类有人兽共患病风险。它在发达国家非常罕见，这是因为对宠物进行了全面的疫苗接种。病毒宿主存在于各种野生动物种群中（如加拿大或欧洲的狐狸、美国的臭鼬和浣熊、拉丁美洲的蝙蝠）。犬和猫接触受感染野生动物的唾液后传播，是人类感染的主要原因。病毒首先在暴露部位复制，然后沿着外周神经到达中枢神经系统（CNS）。从那里，它再通过外周神经向外扩散到达唾液腺（和其他器官）。根据暴露部位、病毒量、宿主免疫状态和许多其他因素，狂犬病在可见中枢神经系统症状之前有一个可变的潜伏期（如犬的潜伏期为 3 周至 6 个月）。

最初的临床症状是非特异性的，包括行为或性情改变（焦虑、恐惧和不安）、厌食和呕吐。多涎症也可能会发生。这些迹象之后是沉默型或狂躁型的狂犬病，尽管它们很难区分。狂躁型的临床症状（1/4 ~ 1/3 的病例中可见）包括攻击性、烦躁不安、徘徊、发出声音、喘气、流口水，偶尔还会出现癫痫发作。沉默型的症状表现为渐进性的四肢麻痹或瘫痪，以及面部、下颌、咽或舌头的麻痹（导致进食和饮水困难，以及流涎）。任何一种形式都会导致在中枢神经系统症状出现后约 7 d 内死亡。

诊断程序和治疗计划

因为狂犬病的临床症状可能是非常多变的，因此需通过实验室检查确诊。最常见的检查是脑组织标本的组织病理学检查和免疫荧光抗体染色（也可用于面部触觉毛囊的皮肤活检）。许多司法管辖区要求报告疑似患有狂犬病的动物。如果临床怀疑有狂犬病，应遵循隔离协议，并谨慎处理患病动物。

狂犬病没有治疗方法。未接种疫苗的暴露动物应该被安乐死。已接种狂犬病疫苗的暴露动物（主人不希望安乐死）应重新接种，并严格限制和监测 3 个月或按照当地管辖区的指示管理。

结论

无论特殊的神经系统急症如何，这些患病动物的基本检查都是详细记录病史，进行完整的神经系统检查，并在患病动物护理中仔细注意细节。兽医技师是观察患病动物神经状态变化的第一人。了解神经系统检查与解剖学的关系将确保发出适当的警报并妥善处理。

推荐阅读

[1] Braund, K. G. (1994). Clinical syndromes in veterinary neurology (2nd ed.). St. Louis, MO: Mosby.

[2] de Lahunta, A. (2014). Glass E: Veterinary neuroanatomy and clinical neurology (4th ed.). St. Louis, MO: Saunders.

[3] Lorenz, M. d., & Coates J, Kent M. (2011). handbook of veterinary neurology (5th ed.). St. Louis, MO: Saunders.

[4] Platt S, Olby N. (2013). Manual of Canine and Feline Neurology (4th ed.), Quedgeley, UK, BSAVA.

场景

目的：为兽医技师提供机会，以建立或加强快速评估和应对神经系统急症的能力，并提前制订紧急药物使用计划。

背景：急诊诊所被认为是低级设施。通常有三名工作人员（一名兽医、一名兽医技师和一名接待员，在必要时也协助处理动物）。

场景

周五晚上。一只 3 岁的边境牧羊犬被一位着急的主人带进诊所，他描述这只犬在撞到咖啡桌、摔倒在地板上、试图站起来时变得异常，这只犬大约一个月前出现过类似的症状。这一次，犬断断续续在地板上抽搐了 3 h，同时大小便失禁。初步评估：犬失去意识，呼吸急促（60 次 /min），心动过速（160 次 /min），体温过高［39.9℃ /（103.8℉）］；黏膜黏稠，呈粉红色，毛细血管再充盈时间为 2 s。当你量体温时，犬又开始抽搐。

演示

这是一个自我评估的练习，也可以和同事讨论。

问题

- 你认为可能会发生什么？
- 列出你接下来要做的事情的优先顺序。
- 考虑你可能需要帮兽医给患犬准备什么药物？你的诊所有什么？你有权给予什么？应该通过什么方式给予药物？ 20 kg 的边境牧羊犬和 2 kg 的吉娃娃的药物剂量分别是多少？
- 你想和主人讨论什么？

教学要点

- 为兽医技师提供机会，审查关于如何处理紧急患病动物的诊所程序、准则和紧急药物。
- 为兽医技师提供机会，考虑他们对神经系统急症的第一反应，并提前计划。

参考文献

见专栏 25.4。

医学计算练习

一只患病动物来到你的诊所，很快就出现了全身性癫痫发作。请您立即给予 0.5 mg/kg 的地西泮。犬的体重为 22 kg。应给予多少 5 mg/mL 的地西泮？

a. 1.1 mL　　b. 2.2 mL

c. 4.4 mL　　d. 11 mL

第26章

犬猫中毒急诊

Gretchen Lee Schoeffler

学习目标

1. 计算中毒剂量。
2. 根据怀疑毒物对患病动物进行分类。
3. 掌握防止毒物进一步接触体表、眼部和经口摄入的规范操作。
4. 掌握可用于犬和猫的催吐方法，以及催吐的适应证和禁忌证。
5. 掌握有助于清除有毒物质的药物和疗法，所涉及部分药物可进入肝肠循环，了解这些药物的局限性、副作用和使用禁忌证。
6. 掌握常见犬猫毒物的致毒机理、对应解毒剂（如果有）、治疗方法和预后，常见犬猫毒物包括抗凝血灭鼠剂、巧克力、葡萄干、葡萄、黑加仑、百合、大麻、非甾体抗炎药、致颤毒素、维生素D类物质和木糖醇。

章目录

关键词

兽医
毒物
中毒
解毒剂

每年都会有很多动物在家中或室外意外接触毒物而死亡。通常，动物接触的毒物无法识别，兽医也只能按照常规流程清除毒物或对症治疗。当我们怀疑动物中毒（intoxication）或患病动物表现出一定症状，但无法确定是否接触过特定毒物时，可联系兽医毒物控制中心寻求帮助，它可以帮助我们分析现有资料，推测可能引起中毒的物质。

出现以下情况时，兽医（veterinary）可能怀疑动物暴露于毒物：①一只健康且年轻的动物常常表现出神经症状或突发器官衰竭；②主诉有药物丢失、发现被打开或被咀嚼过的药瓶；③动物远离主人视线一段时间，或最近环境和饮食发生改变，或最近使用农药杀虫剂或其他化学物质后，出现急性发病症状。当动物表现出疑似症状，且化学物质成分分析为阳性时，可以确诊中毒。

病史和急救

对中毒动物的初始治疗非常重要，通过电话与宠主完成首次交流并不少见。兽医们也需要记住，提供给宠主的任何建议都可能产生法律后果，对动物的中毒分类也应有详尽的记录，且记录应当符合所在州的法律规定。

首次电话沟通时，获取动物的症状、主诉、与毒物（toxicologic）相关的简要病史、时间线、剂量和动物体重是很重要的。根据以上信息，当判断出动物已出现临床症状时，应当询问动物呼吸状态、意识水平、步态和躯体力量等相关信息。动物的呼吸、神经和心血管系统异常应当引起护理人员的注意，由于患病动物不稳定，应立即告知兽医进行评估。当怀疑患病动物刚接触过毒物，但还没有表现出相关症状时，计算和评估动物可能接触到毒物的最大剂量会提示兽医是否需要采取干预措施。如果计算和评估的结果提示需要采取医疗措施干预，或动物开始表现出中毒的症状，应该提醒宠主收集动物可能接触到的物质和包装，并尽可能将动物的呕吐物收集在塑料袋中，同时寻求医疗急救。

计算

计算动物接触的毒素量是建议兽医干预和确定预后的一个重要因素。计算动物中毒剂量所需的信息包括动物的体重（从宠主或动物的病历中获得）、丢失的有毒物质的最大数量（从宠主获得）、物质中的毒素占比（从包装中获得）和该物种报告的中毒剂量（从教科书、科学文献或网上获得）。如果家中可能有多只动物接触到毒物，则按照每只患病动物摄入了所有丢失的毒物进行计算——即假设出现最坏的情况。

计算示例

例如，一只 15 kg 的犬，食入 2 oz 的已知有毒物质，并且通过标准单位换算，可知每盎司该物质中含有 28.35 g 毒物，那么这只动物等于摄入了 56.7 g 毒物（2 oz × 28.35 g/oz =56.7 g）。如果该毒物的毒素浓度是 0.08%，则实际摄入毒素量为 0.04536 g（0.0008 × 56.7 g=0.04536 g），等同于 45.36 mg（0.04536 g × 1000 mg/g=45.36 mg）。根据相关资料，该毒物的中毒剂量为 2 mg/kg（教科书查得）。该犬体重为 15 kg，共摄入 45.36 mg 毒素，平均摄入量为 3 mg/kg（45.36 mg/15 kg=3 mg/kg）。确实，这只犬摄入了中毒剂量的毒物，需要立即接受治疗。

家庭管理

体表和眼部毒物

宠主电话咨询动物接触了体表、干燥的化学毒物时，应指导宠主利用吸尘器清除或刷除被毛上物质，再洗澡清除。动物体表接触液体化学毒物时，应当立即使用温和的、除脂的肥皂水清洗，宠主也应当防止自己接触到有毒物质并且防止被动物攻击。当动物眼部接触到毒物后，宠主应当立即用流动清水或生理盐水冲洗至少 20 ～ 30 min。

经口摄入毒物

如果犬经口摄入了毒物，可以指导宠主在家中使用 3% 过氧化氢进行催吐［每 10 lb（1 lb=0.45 kg）或 5 kg 体重 5 mL（1 茶匙），总量不超过 45 mL（3 茶匙）］。遗憾的是，过氧化氢不是可靠的催吐剂，只有患病动物没有使用过氧化氢的禁忌证，且无法立即获得医疗救治的情况下才推荐使用。

过氧化氢对胃肠道具有一定刺激性，其本身在某些情况下也属于毒物（Niedzwecki，2017）。犬接受过氧化氢催吐后的 5 ～ 7 d，应当持续使用抑酸剂和硫糖铝进行治疗。其他在居家环境可获取的催吐物包括盐、吐根酊、小苏打和芥末等，但由于对宠物具有一定危险性，一般不推荐使用。

催吐禁忌证

催吐禁忌证如下：①摄入毒物超过 6 h；②摄入腐蚀性物质（碱、酸、碳氢化合物和石油基产品）；③已出现无效呕吐，进一步的呕吐不太可能有益；④出现气道自我保护功能减弱（意识状态改变、呼吸窘迫、巨食道症、喉麻痹和喉部功能障碍）；⑤心血管代偿（心动过速或过缓、低血压等）；⑥有近期腹部手术病史，或有疝气（腹壁疝、膈疝和腹股沟疝等），避免手术创口裂开和脏器疝出。

住院管理和治疗

住院管理的目标是稳定中毒动物重要的生命体征、完善临床评估、去除毒物（包括毒物的直接清除和防止进一步吸收）、使用解毒剂（antidotes）（存在特定解毒剂时），以及提供支持治疗。首要任务是进行初步调查并评估动物体况（中毒类型），处于无意识、休克、抽搐、心血管功能异常和呼吸窘迫的动物需要立即治疗。需要优先稳定体况，常用的治疗方法包括吸氧、控制抽搐、调节心血管功能和其他异常体征。动物体况稳定后，应当进行完整的临床评估。

临床评估

临床评估包括完整的病史调查、详细的体格检查，根据患病动物体况收集并评估生理指标及实验室化验指标和预估毒物可能产生的毒理效应。大多数中毒动物的最小数据库包括快速血检（红细胞压积、总蛋白、血糖和氮质血症指标）、静脉血气、乳酸和电解质。其他检测项目通常包括 PT、APTT 和尿液分析。

清除毒物

体表和眼部毒物

中毒动物的治疗原则之一是防止患病动物进一步接触毒物。犬和猫的体表或眼部接触毒物后的初始治疗和宠主居家管理部分介绍的内容相同（见前文：病史和急救 > 家庭管理 > 体表和眼部毒物）。此外，兽医护理人员需要准备可能的解毒药并针对临床症状治疗。眼部接触毒物的患病动物在接受了充分的眼部冲洗后，应该通过角膜荧光染色评估角膜，注意查看眼睛是否出现潮红、流泪和疼痛等情况。后续的治疗至少需要使用眼部润滑药物。

经口摄入毒物

成功的催吐通常能排出 40% ~ 60% 的胃内容物（Beasley，1990）。尽管催吐技术的运用相对安全并且有理由认为这种治疗方法可清除胃内的有毒物质，但目前还没有相关数据支持或否认催吐在中毒动物治疗中发挥的作用。因此，对患病动物进行催吐前应进行仔细评估，对于没有摄入中毒剂量毒物的患病动物，或病史、体格检查提示存在催吐禁忌证的患病动物，都不应进行催吐（见前文：病史和急救 > 家庭管理 > 催吐禁忌证）。

犬和猫的催吐药物　阿扑吗啡可用于犬，右美托咪定更适用于猫。这两种药物都是通过刺激中枢神经系统化学感受器触发区，在中枢层面实现催吐。肠外给药是阿扑吗啡的最佳给药方式（0.03 mg/kg，IV、IM、SC），也可以在眼部局部用药。将阿扑吗啡片（6.25 mg）研磨成粉后溶于生理盐水，再缓慢滴入患病动物的结膜囊。当犬被成功催吐后，需将结膜囊内的阿扑吗啡溶液冲洗干净（使用至起效为止）。呕吐通常在给药后 1 ~ 20 min 内发生，取决于具体给药方式（Scherkl et al.，1990）。右美托咪定（3.5 μg/kg，IV 或 7 μg/kg，IM）是一种药效强大的 α 受体激动剂，不能用于特别虚弱或患严重心脏病的猫。由于右美托咪定的副作用更小，所以选择上会优于甲苯噻嗪，右美托咪定的副作用可以通过肌内注射相同剂量的阿替美唑进行拮抗。

胃灌洗　对于无法安全催吐或需要实施插管操作的患病动物，兽医可以考虑经口进行胃灌洗。换言之，胃灌洗并非常规操作，其清除胃内容物的效率低于催吐，可能会造成食道和胃损伤，并且有误吸的风险。因此，对于少数摄入中毒剂量毒物且存在催吐禁忌证的患病动物，可能会考虑进行胃灌洗。

灌肠　当希望从后段肠道清除毒物时，可以考虑使用温水或肥皂水进行灌肠。灌洗液中可以加入活性炭，辅助吸附有毒物质。很多非处方灌肠预混剂（人用）会引起小动物危及生命的酸碱或电解质紊乱，因此存在一定的使用禁忌。

活性炭、泻药和考来烯胺的使用

活性炭可以吸收多种有机毒物，将毒物限制在胃肠道中，避免被动物机体吸收进血液。虽然活性炭具有巨大的吸收表面积，但其对毒物的结合也存在可逆性，因而活性炭常和泻药同时使用，以达到缩短肠道蠕动时间，并促进被吸附的毒物从体内清除。当使用泻药时，尽量只用一次，以将副作用降到最小。首次经口使用活性炭的剂量为 1 ～ 3 mg/kg，可以和泻药同时使用，一般在催吐和（或）胃灌洗后立即给予。当患病动物催吐后，兽医护理人员可使用镇吐药（0.5 mg/kg 昂丹司琼，IV 或 1 mg/kg 马罗匹坦，IV），避免患病动物再次呕吐将活性炭吐出。需要注意的是，使用活性炭后 3 h 内不再经口给予其他治疗药物。使用活性炭后的常见副作用包括黑便、便秘（使用泻药后可见腹泻）、高乳酸血症和高钠血症。

使用活性炭后出现的高钠血症可能危及生命。兽医尤其需要注意其对小型犬和猫、脱水患病动物和食入高渗性物质的动物（如误食盐、油漆弹）的潜在影响。使用活性炭后需要密切监测血钠和进行液体治疗，尤其是在重复给予活性炭的情况下。

如果摄入毒物进入肝肠循环，需要再次使用活性炭（0.5 ～ 1.5 g/kg），以防止毒物再次随着胆汁进入小肠。也可以给予考来烯胺（0.1 ～ 0.2 g/kg）代替再次给予或补充后续剂量的活性炭，但同样需要注意的是使用考来烯胺后 3 h 内，不可经口给予其他药物。

肝肠循环

毒物进入肝肠循环后，其血药浓度峰值可能成倍增加，清除半衰期也将延长。肝肠循环的过程可简单描述为药物或毒物被吸收进血液后，会跟随血液循环进入肝脏，跟随胆汁从胆囊分泌后，再次进入小肠被重新吸收，这个过程一次又一次重复。

静脉注射脂肪乳

静脉注射脂肪乳的作用机理仍在研究中，在这之前，静脉注射脂肪乳被认为可以在血浆中形成稳定的“脂肪池”，防止脂溶性物质进入组织。现阶段的研究认为静脉注射脂肪乳后，其在机体中会有更加动态化发挥作用的过程，血浆中脂肪乳发挥的作用可以比作“脂质摆渡车”，它可以将目标组织，如心脏、大脑中的脂溶性毒物清除，重新再分配到骨骼肌和脂肪中储存、肝脏中代谢、肾脏中排泄（Fettiplace and Weinberg，2018）。其他研究表明，静脉注射脂肪乳可以促进心脏收缩、提高心输出量、增加血压和灌注，避免组织在恢复阶段缺血（Fettiplace and Weinberg，2018）。

动物中毒时是否需要静脉注射脂肪乳取决于毒物的生物物理学和药代动力学特性，如脂溶性（用油水分布系数 log P 表示）、电荷 pH、结合蛋白数量以及分布容积（Robben and diykman，2017）。一般来说，log P 数值越大，物质的脂溶性越强，静脉注射脂肪乳缓解该物质毒副作用的可能性越大。

尽管有证据表明静脉注射脂肪乳，对于已表现出症状的中毒动物可能有益，但如果脂肪乳对解毒剂或标准治疗方案有影响，静脉注射脂肪乳方案应当先行搁置。此外，我们应当注意，对于刚刚摄入毒物还没有表现出症状的患病动物应谨慎使用。因为有数据表明，此时静脉注射脂肪乳可能会促进胃肠道内毒物的吸收，从而增加了全身中毒的可能性。所以在使用脂肪乳前，应先清除毒物以减少毒素的吸收（Robben and diykman，2017）。

静脉注射用脂肪乳属于等渗液，相对安全且易于获取，可以直接通过外周静脉针输注。目前，静脉注射用脂肪乳的推荐用法为：静脉推注（1.5 mL/kg 的 20% 静脉注射用脂肪乳，持续 1 ～ 2 min），然后恒速输注［0.25 mL/（kg · min），持续 30 ～ 60 min］。如果在给药后的数小时内动物出现临床症状反复或血检没有发现脂血症，可以按照相同给药方法再次给药。

利尿排泄

使用等渗晶体液促进动物机体利尿［90 ～ 180 mL/（kg · d）］，对于经肾脏排泄毒物的清除会非常有效。采取这种方法利尿需要密切监测，防止患病动物出现水合过度，部分经尿排泄的物质可能会被膀胱壁重吸收进入循环，可以留置导尿管和密闭尿液收集装置，将这种重吸收降到最低。利尿治疗期间，患病动物至少每 2 ～ 4 h 牵遛 1 次或鼓励外出行走，定时活动不仅让动物更舒适，也可以加速毒物从体内排泄。

体外清除方法

大多数中毒动物仅需进行支持疗法，毒物的体外清除方法包括血液透析、连续肾脏替代疗法、血液灌流和治疗性血浆置换，体外清除治疗适用于摄入威胁生命的毒物，且缺乏相应解毒剂的动物，这类方法可以将全身对毒物的清除率提高 30% 或更多。体外清除方法也有严重的并发症，如血液被移出体内后造成的血管不稳定、需要维持足够的抗凝水平以及建立和维持血液通路。此外，这类清除技术通常只有部分医疗机构可以实施，且花费高昂。

血液透析　血液透析是利用浓度梯度扩散将某种溶质从血液中清除的方法，适用于清除大多数毒物，尤其是低分子量、水溶性、无须借助蛋白或脂质完成分布的毒物（Bayliss，2010）。透析后血清中毒物浓度会很快下降，而在透析间隙，某些毒物会出现再分布，即从血管外进入血清（Bayliss，2010），这种反弹现象决定了可能需要再次为动物透析，尤其是一些脂溶性和分布容积较大的有毒物质。

连续肾脏替代疗法　连续肾脏替代疗法是利用连续泵入的低流速灌流液，与血液形成对流，通过对流或扩散，实现溶质清除。患病动物的血压无法满足血液透析的灌注需要时，可以使用这种低流速方法。因此，对于一些因为血流动力学不稳定或有毒物质浓度明显回升而难以耐受血液透析的患病动物，连续肾脏替代疗法更有优势（Bayliss，2010）。这种治疗方法主要的不足是清除毒物的速度比血液透析慢。

血液灌流　血液灌流会将血液灌流入一根镀有树脂或碳层的灌流器，灌流器会吸附清除毒物，增加了清除大分子和蛋白结合性物质的能力（Bayliss，2010）。灌流器吸附一定数量物质后吸附能力会饱和，所以需要 2 ~ 3 h 更换一次（Bayliss，2010）。碳填充灌流器由于不易获得、价格昂贵和体积较大而有一定使用限制（Bayliss，2010）。

治疗性血浆置换　治疗性血浆置换过程中，动物的全血经过过滤或离心，弃除废液得到血浆，最终血浆会被另一种液体替换。对于大分子量、蛋白结合性和分布容积小的物质，治疗性血浆置换是最为有效的治疗方法（Rosenthal and Labato，2019）。

解毒剂

如果存在可用的解毒剂，尽量使用。N- 乙酰半胱氨酸用于对乙酰氨基酚中毒，维生素 D 氨羟二磷酸二钠用于维生素 D_3 中毒，维生素 k_1 用于灭鼠药中毒，4- 甲基吡咯或乙醇用于乙二醇中毒。纳洛酮和氟马西尼分别用于阿片类药物、苯二氮䓬类药物用药过量的解毒。由于大部分犬和猫的常见毒物没有相应的解毒剂，因而对于大多数中毒的治疗主要包括清除毒物、控制临床症状和支持治疗。

临床症状控制和支持治疗

如果有必要，应控制中毒动物的临床症状。日常监测可能受毒物影响的生理指标非常重要。全血细胞计数、生化和凝血都可用于监测毒物影响。利尿治疗不仅对于接触肾毒性药物有益，对于快速清除经泌尿系统排泄的毒物也有益处。利尿治疗时要注意监测和纠正酸碱、电解质平衡和水合状态。适当的支持治疗需要持续到动物完全恢复。

常见犬猫毒物

一般来说，由于犬属杂食类动物，其误食有毒物质的概率比猫大。

抗凝血灭鼠剂

受影响物种

犬猫均可能受影响，可能出现间接中毒。

主要毒性 / 致毒机理

常见的长效灭鼠剂包括溴鼠灵、噻鼠灵、溴敌隆、敌鼠和氯敌鼠；不常见的短效灭鼠剂包括华法林和香豆素（治疗周期相对较短）。

抗凝血灭鼠剂会抑制维生素 k 依赖性凝血因子作用，维生素 k 是激活凝血因子Ⅱ、Ⅶ、Ⅸ和Ⅹ的辅助因子。激活凝血因子期间，维生素 k 被改变且会被循环利用，在其发挥激活作用前必须回到激活状态，抗凝血灭鼠剂抑制维生素 k 环氧化物还原酶活性，环氧化物还原酶是维生素 k 还原为激活状态的关键酶，从而使维生素 k 被循环利用。

临床症状

急性期 / 无症状期 通常在摄入灭鼠剂的 48 ~ 72 h 时内可能不出现临床症状。

后期 / 临床症状期 临床症状常常逐渐发展，且不明确，直到动物出现失血过量导致的危重状态。灭鼠剂中毒动物常见临床症状包括沉郁、运动不耐受、虚弱、突然瘫倒、咳嗽和呼吸困难。初始评估检查通常会发现患病动物表现出休克和针刺位点过度出血的情况。

诊断

急性期 / 无症状期 如果动物在短时间内刚摄入毒物，凝血时间可能不表现出异常。PT/APTT 通常在 24 ~ 48 h 后延长，这些动物应该在 48 h 后重新评估凝血时间。若动物在接触毒物后超过 24 h 就诊，则需要监测 PT 以决定后续最佳治疗方案。

后期 / 临床症状期 凝血时间显著延长是特征性症状，患病动物在急性、大量失血后往往在外周血监测中会发现显著总蛋白丢失，以及不同程度的贫血。

推荐治疗

急性期 / 无症状期 除非患病动物病史、体检提示有催吐禁忌证，否则应积极进行催吐治疗（见前文：病史和急救 > 家庭管理 > 催吐禁忌证）。清除毒物是治疗的首要任务。催吐、使用单次剂量活性炭和泻药，多数情况下可以有效清除毒物，防止吸收，即便进行上述治疗，也需要在 48 h 后重复监测凝血时间。如果复查凝血时间正常，则后续不再需要进一步的治疗（Pachtinger et al，2008）。

如果患病动物无法接受催吐，且 PT 延长，但没有表现出相应临床症状，可以给予维生素 k_1 治疗（1.5 ~ 2.5 mg/kg，PO，q12 h），推荐治疗周期至少维持 4 ~ 6 周。动物经口给予维生素 k_1 时，需要与少量罐头食品同服，以增加药物吸收。通常在给药后 12 ~ 24 h，凝血时间会恢复正常。对于凝血时间延长但无症状的患病动物，由于具有一定的出血风险也可以给予血浆制品进行治疗。

最后一次给予维生素 k_1 后 2 天，应复查 PT，确保无须后续治疗。如果 PT 延长，则需要继续使用维生素 $k_1$2 周，并重复前述 PT 复查计划，部分患病动物可能需要持续用药 8 周。

后期 / 临床症状期 临床症状期动物治疗方案包括使用血浆制品纠正凝血异常、输血以治疗贫血、使用维生素 K_1（1.5 ~ 2.5 mg/kg，PO，q12 h）至少 4 ~ 6 周。最后一次给予维生素 k_1 后 2 天，应复查 PT，确保无须后续治疗，如果 PT 延长，则需要继续使用维生素 $k_1$2 周，并重复前述 PT 复查计划，部分患病动物可能需要持续用药 8 周。

预后及预期病程

接受正确治疗的动物通常预后良好。

溴鼠胺

受影响物种

犬和猫。

主要毒性 / 致毒机理

溴鼠胺的代谢产物去甲基溴鼠胺可以抑制神经细胞线粒体的氧化磷酸化，这会导致 ATP 产生减少，引发大脑和脊髓水肿，动物出现神经功能障碍，甚至死亡。溴鼠胺主要通过胆汁排泄，可能会进入肝肠循环（Tourdot，2017）。

临床症状

溴鼠胺中毒的临床症状和中毒剂量有关，主要分成两类症状。低剂量中毒的动物常出现瘫痪症状，通常在摄入毒物后 1 ~ 7 d 出现症状（DeClementi and Sobczak，2018）。这类患病动物可能出现共济失调和后肢轻瘫，在数周至数月恢复，临床症状也有可能会发展为深痛丧失、迟钝、感觉超敏、震颤、抽搐和死亡。摄入大剂量毒物的动物通常在 4 ~ 18 h 内出现惊厥表现，且预后不良或谨慎（DeClementi and Sobczak，2018）。

诊断

血检、尿检对于诊断意义不大，可根据患病动物可能的接触史，以及溴鼠胺中毒临床表现进行假设性诊断。可以通过呕吐物的化学检查，以及尸检时样本的组织病理学检查（肾、肝、脂肪和脑）进行确诊。大脑组织病理学检查常见脑白质弥散性海绵样变和髓鞘空泡化（DeClementi and Sobczak，2018）。

推荐治疗

近期摄入中毒剂量溴鼠胺的患病动物应该按照下述方案积极清除毒物（Tourdot，2017）。患病动物接受活性炭治疗时，需要监测血钠浓度，避免将高钠血症的症状误认为溴鼠胺中毒症状。即使溴鼠胺属于脂溶性物质，使用脂肪乳解毒的方法也存在争议（Tourdot，2017）。如果粪便被证实存在含有溴鼠胺的毒饵，直肠灌洗可能有助于清除肠道毒物。

急性期 / 无症状期（犬摄入剂量 < 0.5 mg/kg，猫摄入剂量 < 0.05 ~ 0.09 mg/kg） 摄入毒物未超过 4 h，且病史和体格检查没有发现相关禁忌证，可以进行催吐治疗（见前文：病史和急救 > 家庭管理 > 催吐禁忌证）或者在给予泻药的同时，使用单次剂量活性炭；如果摄入毒物已超过 4 h，可直接给予泻药和单次剂量的活性炭。

急性期 / 临床症状期（犬摄入剂量为 0.5 ~ 0.75 mg/kg，猫摄入剂量为 0.1 ~ 0.3 mg/kg） 摄入毒物未超过 4 h，且病史和体格检查没有发现相关禁忌证，可以进行催吐治疗（见前文：病史和急救 > 家庭管理 > 催吐禁忌证），并在 24 h 内使用 3 次活性炭，如果摄入毒物已超过 4 h，在 24 h 内，使用 3 次活性炭。在首次给予活性炭的同时给予动物单次剂量泻药。重复给予活性炭可能会导致高钠血症，为了减少相关风险，治疗期间保证患病动物可以自由饮水，给药期间考虑监测血清钠水平，也可以输注平衡晶体液，如乳酸林格液。

急性期 / 临床症状期（犬摄入剂量 > 0.75 mg/kg，猫摄入剂量 > 0.3 mg/kg） 摄入毒物未超过 4 h，且病史和体格检查没有发现相关禁忌证，可以进行催吐治疗（见前文：病史和急救 > 家庭管理 > 催吐禁忌证），并在 48 h 内使用 6 次活性炭；如果就诊时摄入毒物已超过 4 h，在 48 h 内使用 6 次活性炭。在首次给予活性炭的同时，给予动物单次剂量泻药。重复给予活性炭可能会导致高钠血症，为了减少相关风险，治疗期间保证患病动物可以自由饮水，给药期间考虑监测血清钠水平，也可以输注平衡晶体液，如乳酸林格液。

后期 / 临床症状期 视情况给予患病动物支持治疗、渗透性溶液和抗癫痫药。

预后及预期病程

溴鼠胺中毒的临床症状和摄入剂量有关，临床症状多变，难以根据中毒剂量预测会对患病动物产生何种影响。出现轻微临床症状的患病动物在接受支持治疗后 1 ~ 4 周可能会恢复，而出现震颤、癫痫、昏迷和瘫痪的患病动物，预后不良或谨慎（DeClementi and Sobczak，2018）。

巧克力

受影响物种

犬和猫。

主要毒性 / 致毒机理

巧克力包含两种甲基黄嘌呤类物质：可可碱和咖啡因。甲基黄嘌呤具有抑制磷酸二酯酶和拮抗腺嘌呤核苷受体的毒理效应，导致大脑皮质受刺激，引发癫痫、心肌收缩、平滑肌松弛和利尿。中毒剂量的计算需要以咖啡因和可可碱或甲基黄嘌呤累计总量为标准。根据 Pet Poison Helpline 网站（www.petpoisonhelpline.com/pet-safety-tips/is-chocolate-poisonous-to-dogs）数据，白巧克力包含 0.25 mg/oz 可可碱和 0.85 mg/oz 咖啡因；牛奶巧克力含有 44 ~ 60 mg/oz 可可碱和 6 mg/oz 咖啡因；黑巧克力含有 135 mg/oz 可可碱和 20 mg/oz 咖啡因；无糖烘焙巧克力含有 390 ~ 450 mg/oz 可可碱和 47 mg/oz 咖啡因；干可可粉含有 400 ~ 737 mg/oz 可可碱和

70 mg/oz 咖啡因；可可豆含有 300 ~ 1500 mg/oz 可可碱；可可豆根部含有 56 ~ 900 mg/oz 可可碱。可可碱和咖啡因会进入肝肠循环。

临床症状

临床症状呈剂量依赖性，通常在摄入毒物后 6 ~ 12 h 出现，摄入 20 mg/kg 甲基黄嘌呤的动物可能会出现轻度临床症状，症状包括呕吐、腹泻、多饮和躁动。当动物摄入毒物量达到 40 ~ 60 mg/kg 时，临床症状会进一步发展并变得更严重。可能会表现出过于敏感、多尿、心动过速、心律失常、共济失调、震颤、抽搐、昏迷和死亡（Gwaltney-Brant，2001）。

诊断

通常是根据动物可能接触巧克力的病史，以及甲基黄嘌呤中毒相应临床症状进行假设性诊断。当确认发生毒物摄入后，可能在动物的胃内容物、血浆、血清、尿液和肝脏中检测出甲基黄嘌呤水平升高。心动过速的动物需要进行心电图监护。在有症状的患病动物进行输液治疗时，建议监测酸碱及血清电解质浓度。

推荐治疗

急性期 / 无症状期　病史和体格检查没有发现相关禁忌证的患病动物，可以进行催吐治疗（见前文：病史和急救 > 家庭管理 > 催吐禁忌证）。是否需要使用活性炭和泻药取决于甲基黄嘌呤摄入量、催吐效果，以及残余甲基黄嘌呤可能会给患病动物带来何种风险。

后期 / 临床症状期　患病动物可能禁止催吐（见前文：病史和急救 > 家庭管理 > 催吐禁忌证）。如果动物摄入高剂量甲基黄嘌呤，可以每 6 ~ 8 h 重复给予活性炭，直到临床症状好转。首次给予活性炭时可以同时给予泻药。动物摄入有潜在心脏毒性剂量毒物时，连续心电图监测很重要，可以协助及时发现心律失常的类型及给予适当的抗心律失常药物。如果出现抽搐，需要立即干预。按照 2 倍维持液速给予动物等渗晶体液，有利于心血管系统恢复，增加尿量，同时降低由活性炭重复使用造成高钠血症的风险。甲基黄嘌呤通过泌尿系统排泄，并且可以经过膀胱壁重吸收入循环。通过留置导尿管和密闭尿液收集系统，可以将这种重吸收现象降到最低。如果无法留置导尿管，需要带动物牵遛至少 2 ~ 4 h，这不仅让动物更舒适，也可以加速毒物从体内排泄。

预后及预期病程

严重的病例，临床症状可能持续超过 72 h。大多数接受积极且适当治疗的患病动物，预后良好，出现严重心率失常和抽搐的患病动物预后更谨慎。

葡萄、葡萄干和黑加仑

受影响物种

仅限于犬。

主要毒性 / 致毒机理

犬在食入煮熟或生食葡萄、葡萄干和黑加仑后的 72 h 内可能出现肾功能衰竭引起的无尿症。由于此类毒物的致毒机理尚不明了，所以无法预测哪些犬会被影响，同时动物的症状发展和摄入剂量似乎没有相关性。

临床症状

犬摄入毒物后 72 h 内会因肾功能衰竭而出现无尿症状。部分动物在摄入 6 ~ 12 h 后可能出现呕吐或腹泻。其他症状包括沉郁、厌食、虚弱、多饮、腹痛和震颤或发抖。

诊断

犬摄入葡萄、葡萄干、黑加仑后数小时内实验室检查可能正常，当患病动物存在接触毒物病史，以及急性肾损伤表现时，可以推测性诊断。急性肾损伤患犬可能出现高磷血症和氮质血症。部分动物肌酐水平会不成比例地高于血尿素氮水平。尿检常见到等渗尿、上皮管型和颗粒管型。

推荐治疗

急性期 / 无症状期　病史和体格检查没有发现相关禁忌证的患病动物，可以进行催吐治疗（见前文：病史和急救 > 家庭管理 > 催吐禁忌证），并且给予单次剂量活性炭和泻药；若摄入超过 6 h，直接给予活性炭和泻药。同时，按照 2 倍维持液速进行液体治疗，有利于利尿，并且至少在 48 h 内进行酸碱、电解质和肾功能监测。

后期 / 临床症状期　少尿或无尿动物可以通过血液透析治疗。

预后及预期病程

受影响的犬在摄入 24 ~ 72 h 内会出现少尿或无尿性肾功能衰竭。大多数发展为无尿性肾功能衰竭的犬会死亡或被安乐死。

百合（百合属和萱草属）

受影响物种

仅限于猫。

主要毒性 / 致毒机理

致毒机理目前尚无明确研究，但目前认为致毒物质为水溶性（Rumbeiha et al.，2004）。摄入这类植物的任何部位或饮用装有这些植物根茎花盆中的水，都可能在摄入后 2 ~ 4 d 内出现致命的肾功能衰竭。

临床症状

摄入毒物的猫在 12 h 内会出现胃肠道症状，包括呕吐、流涎、厌食和腹泻等。出现急性肾损伤的患病动物可能出现多饮 / 多尿、少尿、无尿、腹痛或肾区疼痛和口腔溃疡。

诊断

猫在摄入毒物后的数小时内，血检指标可能正常。临床通常通过患病动物有接触毒物的病史以及急性肾损伤表现而推测诊断。AKI 动物可能出现高磷血症和氮质血症，部分动物的肌酐水平可能不成比例的高于血尿素氮水平。中毒猫也常出现其他症状，包括电解质紊乱、肝酶异常。尿检常出现等渗尿、上皮管型和颗粒管型。

推荐治疗

急性期 / 无症状期　病史和体格检查没有发现相关禁忌证的患病动物，可进行催吐治疗（见前文：病史和急救 > 家庭管理 > 催吐禁忌证），并且给予单次剂量活性炭和泻药。若摄入超过 6 h，直接给予活性炭和泻药。按照 2 倍维持液速进行液体治疗，有利于利尿，并且至少在 48 h 内进行酸碱、电解质和肾功能监测。

后期 / 临床症状期　少尿或无尿性肾功能衰竭患猫可以通过血液透析治疗。

预后及预期病程

猫在摄入毒物后 48 h 内接受胃肠的毒物清除和静脉输液治疗，预后良好（Bennett and Reineke，2013）。摄入毒物后 24 ~ 72 h，猫可能出现氮质血症。多数无尿性肾功能衰竭预后不良，结局通常为死亡或被安乐死。

大麻

受影响物种

犬和猫。

主要毒性 / 致毒机理

大麻中含有四氢大麻酚（tetrahydrocannabinol，THC），是一种精神活性的物质。动物通常通过食入或吸入的方式接触毒物。THC 具有高度脂溶性，进食高脂食物会加速毒物吸收，其主要代谢器官为肝脏，会进入肝肠循环，85% 的 THC 通过胆汁和粪便排泄，余下 15% 通过泌尿系统代谢和排泄（Brutlag and hommerding，2018）。

临床症状

动物接触毒物后 1 h 内就会出现临床症状，常见症状包括沉郁、中枢神经系统抑制、共济失调、呕吐、尿失禁、对声音或操作敏感、瞳孔散大、感觉过敏、流涎和心动过缓。少数动物可能出现焦躁、攻击性、呼吸缓慢、低血压、心动过速和眼球震颤的表现。很少有动物会发生癫痫和昏迷。突然发生的尿失禁并不常见，提示兽医护理人员应该考虑大麻中毒的可能。

诊断

常规血检和尿液检测对于诊断意义不大，通常根据患病动物可能接触毒物的病史，以及大麻中毒的相应症状进行推测性诊断。液相色谱 - 质谱法仍是诊断大麻中毒的金标准。

尿液检测试纸可筛查 THC（娱乐性大麻中含有的精神物质），这类检测试纸在多数药店属于非处方医疗用品。然而，由于犬和猫在尿液中产生和排泄的代谢物不同，这类检测方法难以准确评估动物潜在接触量（Meola et al.，2012）。

推荐治疗

急性期 / 无症状期 如果动物在摄入毒物后 60 min 内未出现临床症状，后续动物出现相关症状或需要进行清除毒物治疗的可能性也不大。

如果患病动物摄入毒物未超过 30 ～ 60 min，病史和体格检查没有发现相关禁忌证，即使没有相关临床症状，也可以进行催吐治疗（见前文：病史和急救 > 家庭管理 > 催吐禁忌证）。是否给予活性炭和泻药，取决于动物的初始摄毒剂量、催吐的效果，以及残余毒物可能会对患病动物造成何种影响。

后期 / 临床症状期 治疗方法包括对症治疗和支持治疗。由于 THC 具有高度脂溶性，静脉注射脂肪乳虽然不常推荐使用，但可能会对症状严重的患病动物有效。兽医护理人员应当注意静脉注射脂肪乳可能会对镇静和抗抽搐治疗产生影响。

预后及预期病程

预后通常非常良好。大多数中毒动物在 24 ～ 36 h 内完全恢复，症状严重的患病动物可能需要 72 h 恢复。

非甾体抗炎药

受影响物种

犬和猫。

主要毒性 / 致毒机理

非甾体抗炎药（nonsteroidal antiinflammatory drug，NSAID）抑制环氧合酶活性，阻滞局部前列腺素合成。部分种类 NSAID 可以安全用于犬和猫，但在治疗剂量或超量剂量下，都可能引起相关副作用。胃肠道损伤和肾毒性是使用 NSAID 最常见副作用。不同种类 NSAID 的半衰期差异很大，但多数该类药物通过肝脏代谢，经肾脏排泄。许多 NSAID 会进入肝肠循环。

临床症状

NSAID 中毒的动物常见胃肠道症状，包括呕吐、腹泻、厌食、腹痛和黑便。症状严重的患病动物可能出现多饮 / 多尿、少尿、无尿、癫痫、共济失调和昏迷。

诊断

动物摄入中毒剂量的 NSAID 后数小时内，血液学检测指标可能正常，通常根据患病动物近期使用或接触 NSAID 病史，同时有胃肠道症状或急性肾损伤进行推测性诊断。计算可能摄入特定 NSAID 的最大剂量，对于犬和猫的诊断和治疗方案的制订都会很有帮助。出现胃肠道溃疡的患病动物可能同时有显著的失血、胃肠穿孔和腹膜炎的风险，需要监测黑便、失血性贫血、低血糖、败血症和多器官损伤的风险。摄入肾毒性剂量的患病动物需要在后续治疗的 3 ～ 5 d 内每日复查血尿素氮、肌酐、血磷和尿比重。

推荐治疗

急性 / 无症状期 多数 NSAID 在犬和猫临床存在既定中毒剂量数据。计算摄入量有助于兽医评估中毒的严重程度和可能受影响的器官系统。通常来说肾毒性剂量高于胃肠道毒性剂量。

存在胃肠道毒性风险的动物，如果病史和体格检查没有发现相关禁忌证，可以进行催吐治疗（见前文：病史和急救 > 家庭管理 > 催吐禁忌证），并每 8 h 给予 1 次活性炭，重复 2 ～ 6 次；如果摄入毒物已超过 6 h，直接每 8 h 给予 1 次活性炭，重复 2 ～ 6 次。给予活性炭的总量取决于动物摄入 NSAID 的种类、剂量、催吐效果及残余毒物可能的毒理作用。首次给予活性炭时可以同时使用单次剂量泻药。为了避免重复使用活性炭引起高钠血症，需要保证患病动物在治疗期间可自由饮水，并在追加使用活性炭时检测血钠浓度，也可以使用晶体液，如乳酸林格液。可用的胃肠道保护剂包括法莫替丁（0.5 ～ 1 mg/kg，PO 或 IV，q12 ～ q24 h）、奥美拉唑（0.5 ～ 1 mg/kg，PO，q12 ～ q24 h）、泮托拉唑（1 mg/kg，IV，q24 h）（抑酸剂）、硫糖铝（250 ～ 1000 mg，PO，q6 ～ q24 h）、米索前列醇（2 ～ 5 μg/kg，PO，q8 ～ q12 h）（合成前列腺素类似物），推荐使用 10 d，或根据摄入 NSAID 剂量及临床症状严重程度延长用药时长。

除上述治疗方法外，可能有肾毒性风险的动物还可进行液体治疗。通常按照 2 倍维持液速给予等渗晶体液，持续治疗 48 ~ 96 h，具体情况取决于摄入 NSAID 种类和剂量。摄入 NSAID 剂量较高时，患病动物可能出现肝酶异常，可给予 N-乙酰半胱氨酸（初始治疗剂量 140 mg/kg，IV，后续 70 mg/kg，IV，q6 h）、S- 腺苷甲硫氨酸（根据产品用药说明）和水飞蓟宾（5 ~ 10 mg/kg，PO，q24 h）进行治疗。

后期 / 临床症状期　出现症状的动物的治疗如前所述（常见犬猫毒物 > 非甾体抗炎药 > 急性 / 无症状期）。其他临床症状对症治疗，呕吐可以使用昂丹司琼（0.3 mg/kg，PO 或 IV，q8 ~ q12 h）或马罗匹坦（1 mg/kg，IV 或 2 mg/kg，PO，q24 h）。

预后及预期病程

预后取决于动物摄入毒物后与首次治疗之间的时长，以及摄入毒物的种类和剂量。

致颤毒素

受影响物种

犬（霉菌毒素）和猫（氯菊酯）。

主要毒性 / 致毒机理

青霉震颤素 A 和异烟棒曲霉素 C 是最常见的两种犬霉菌毒素，犬的接触方式包括食入垃圾、发霉食物、变质食物和储存谷物。

猫对高浓度的除虫菊酯和拟除虫菊酯尤为敏感，可能接触方式包括每月使用外用驱虫药。部分猫非常敏感，即使是和使用过含氯菊酯体外驱虫药的动物正常接触，也会出现中毒表现。除虫菊酯和拟除虫菊酯可经皮肤、经口摄入或经呼吸系统吸入。这类物质具有高度脂溶性，可迅速在组织中扩散，也会很快代谢并主要经泌尿系统排出体外。

临床症状

犬接触致颤毒素后 48 ~ 72 h 内可能出现临床症状。大多数猫摄入氯菊酯后可能在数分钟内即表现出症状，也可能延迟至 72 h 后。

犬和猫的常见中毒症状包括感觉异常、全身震颤、摇晃、共济失调、流涎、抽搐和死亡，体温过高是在震颤和（或）抽搐后常见的危及生命的后遗症，部分犬摄入神经源性霉菌毒素后会呕吐。

诊断

常规血检和尿液检测对于诊断意义不大，通常根据可能接触毒物的病史以及震颤毒素中毒的相应症状进行推测性诊断。一些动物可能出现肝脏、肾脏生化指标及肌酸激酶升高。可以通过对中毒犬的呕吐物、胃肠内容物、胆汁进行化学分析确诊致颤毒素中毒。

推荐治疗

急性期 / 无症状期　因为犬常在出现临床症状后前来就诊，所以下面介绍的方法不适用于犬。猫使用了含菊酯类物质的体外驱虫药后，应该立即使用除脂洗碗剂洗浴，可以尽快将脂溶性物质洗除，受影响区域应当重复清洗 3 次，以最大程度上清除含毒物的驱虫药，减少吸收。

后期 / 临床症状期　严重震颤和抽搐难以区分。中枢性肌松剂美索巴莫（55 ~ 220 mg/kg，缓慢 IV，每日剂量上限为 330 mg/kg）可以有效控制震颤。美索巴莫治疗无效时，动物可能出现癫痫，推荐使用苯二氮䓬类药物或左乙拉西坦（犬 30 mg/kg，IV；猫 20 mg/kg，IV）。出现症状的犬严禁催吐，即使霉菌毒素会很好地被活性炭吸附，经口给予任何药物前也需要慎重考虑。如果猫使用体外驱虫药后出现震颤或癫痫症状，应优先控制症状，症状稳定后，考虑使用脂溶性洗碗剂多次清洗。

由于肌肉活动可能导致体温过高，患病动物的体温应被密切监测，过高的体温可能诱发严重的延迟性震颤或癫痫，造成生命危险。体温超过 40.6℃（105℉）的患病动物需要接受额外的降温操作，一旦肌肉过度活动停止，动物体温可能很快下降，当直肠温度降至 39.4℃（103℉）时，降温操作也应当停止。持续的体温监测很有必要，因为部分患病动物可能出现低体温。静脉输液可以辅助为高体温患病动物降温，同时纠正继发于呕吐、腹泻的电解质紊乱和液体丢失，减轻因横纹肌溶解造成的肌红蛋白尿对肾脏的不良影响。

当犬对标准治疗无反应或临床症状加重、危及生命时，可静脉注射脂肪乳（见前文：住院管理和治疗 > 清除毒物 > 静脉注射脂肪乳）。因使用体外驱虫药造成氯菊酯中毒的猫，推荐静脉注射脂肪乳治疗严重震颤或癫痫症状。

预后及预期病程

具有轻度到中度症状的患病动物经治疗后预后良好。症状严重且持续时间较长，或并发吸入性肺炎和心脏相关疾病的患病动物预后不良或谨慎。

含维生素 D 类物质

受影响物种

犬和猫。

主要毒性 / 致毒机理

动物摄入的主要途径包括误食含维生素 D 灭鼠剂、维生素补充剂、含药物成分的人用护肤乳。区分动物摄入含维生素 D 类物质的种类非常重要，因为维生素 D 的前体物质、代谢产物、类似物的性质和毒理作用在不同阶段都不相同。该类物质摄入后会被很快吸收，高度脂溶，会进入肝肠循环且主要通过胆汁和粪便排泄。

维生素 D 对于维持机体正常钙平衡非常重要。其作用途径为通过促进胃肠道内钙、磷吸收维持血钙浓度，促进远端肾小管重吸收钙离子。过度摄入维生素 D 的主要毒性表现为血清钙、磷浓度过度升高，导致钙离子沉积和器官损伤。本病的特征是由肾血管收缩、局部缺血和钙离子沉积导致的肾功能衰竭。

临床症状

高钙血症和并发的高磷血症引起的临床症状主要涉及中枢神经系统、肌肉、胃肠道、心血管和泌尿系统。根据摄入含维生素 D 类物质的种类和剂量不同，从接触到出现症状的时间也有差异。当血清钙、磷产物浓度超过 60 ~ 70 mg/dL 时，转移性钙化灶可能导致出现各种临床症状，具体取决于受影响器官。

血钙浓度升高后最初见到的症状可能包括嗜睡、虚弱和厌食，并且在接触毒物后 12 ~ 72 h 内出现。随着疾病发展及器官功能障碍显现，呕吐、多饮 / 多尿、便秘和脱水也可能出现。心脏异常包括心动过缓和其他室性心律失常。有过关于抽搐的报道，但较少见。

诊断

高磷血症通常在摄入毒物后 12 h 出现，高钙血症常在摄入毒物后 24 h 出现，此后不久会出现显著的氮质血症、低渗尿、蛋白尿和糖尿。尿检常见非浓缩尿和钙尿。

动物在疑似摄入维生素 D 后，检测血清骨化二醇（25- 羟维生素 D 胆钙化醇，维生素 D 主要代谢产物）可能对诊断有益。遗憾的是，检测骨化三醇（1, 25- 二羟胆钙化醇）和其他维生素 D_3 类似物（如钙泊三醇）在一般实验室难以进行。

如果怀疑维生素 D 中毒但无法确认，检测血清离子钙、总磷、甲状旁腺激素和甲状旁腺激素相关肽可以辅助鉴别其他原因引起的高钙血症，如恶性肿瘤、肾上腺皮质功能减退、原发性肾脏疾病、原发性甲状旁腺功能亢进、骨溶解性疾病、肉芽肿性疾病导致的高钙血症和猫特发性高钙血症。若离子钙浓度和血磷浓度升高、甲状旁腺激素水平下降、甲状旁腺激素相关肽缺失，应考虑维生素 D 中毒。

推荐治疗

急性 / 无症状期 病史和体格检查没有发现相关禁忌证的患病动物，可以进行催吐治疗（见前文：病史和急救 > 家庭管理 > 催吐禁忌证），并每 8 h 给予 1 次活性炭，连用 3 次；若摄入毒物超过 6 h，直接每 8 h 给予 1 次活性炭，连用 3 次。首次给予活性炭时同时使用单次剂量泻药。在人医临床和实验动物治疗实验中，连续 4 d 使用考来烯胺作为辅助治疗，可能对解毒有效。即使维生素 D 是高度脂溶性物质，静脉注射脂肪乳治疗也具有争议（Declementi and Sobczak，2018）。

治疗前检测血清钠、钙、磷、肌酐和血尿素氮基础浓度，并在后续治疗中至少连续 4 d 每

12 ~ 24 h 对这些指标进行监测。如果指标稳定在正常范围内且患病动物无相关症状，则无须进一步的监测和治疗。如果监测期间，上述指标出现升高，则开始临床症状期治疗。

后期 / 临床症状期　按照 2 倍维持液速为高钙血症患病动物静脉输注生理盐水（0.9% NaCl），可以促进利尿和尿钙排泄。水合良好的患病动物在静脉输液的同时，可以使用呋塞米促进排尿。泼尼松龙有助于抑制骨再吸收，降低肠道钙吸收，促进尿钙排泄。其他治疗方法包括避免阳光照射以减少机体合成维生素 D，饲喂低钙饮食，饲喂时使用磷酸盐结合剂以降低肠道磷吸收。

帕米磷酸盐属于注射型双磷酸盐，推荐用于治疗持续性高钙血症，其药理作用为抑制破骨细胞重吸收，通常在注射后 24 ~ 48 h 内钙磷水平开始下降。血钙浓度恢复正常后，可以在后续 24 ~ 36 h 内考虑停止静脉输液。如果血钙浓度持续正常，表明临床控制良好。患病动物可以口服泼尼松龙和呋塞米并居家管理，在后续 2 ~ 3 周逐渐停药。血清离子钙、总磷和肾脏指标需要连续 4 d 每日监测，后续监测频率降为连续 2 周每周监测 2 次，连续 2 周每周监测 1 次。如果有必要，帕米磷酸盐可以继续使用 5 ~ 7 d。

虽然双磷酸盐类药物价格昂贵，但这类药物性价比较高，因为使用这类药物后，患病动物的血钙浓度会很快降低，可以达到门诊治疗的标准，避免了 2 ~ 4 周住院看护输液治疗。鲑降钙素可作为备选治疗方案，这种药物价格更便宜但可能存在较多副作用，治疗效果不确实（Rumbeiha et al.，1999）。同时或依次使用双磷酸盐、鲑降钙素治疗存在争议，同时使用上述两种药物较仅用其中之一的治疗方案，效果可能更差（Rumbeiha et al.，1999）。

预后及预期病程

若积极地清除中毒动物的毒物，并在出现高钙血症、高磷血症和转移性钙化灶之前进行治疗，预后良好。如果出现器官功能紊乱（氮质血症），治疗可能要持续数天至数周，且预后不良或谨慎。当动物出现吐血，表明处于疾病发展后期阶段，预后严重不良。

木糖醇

受影响物种

仅限于犬。

主要毒性 / 致毒机理

木糖醇属于代糖类物质，犬摄入后可以促进机体胰岛素分泌导致低血糖（剂量 > 50 mg/kg）、引发急性肝损伤（剂量 > 500 mg/kg）。木糖醇经肝脏代谢，但目前具体代谢过程尚不明确，且对猫没有毒性作用（Jerzsele et al.，2018）。

临床症状

在误食口香糖类产品后 30 min 内或延迟至 12 ~ 18 h 内，可能出现低血糖。低血糖患病动物的主要症状包括呕吐、沉郁、虚弱、癫痫和昏迷。急性肝损伤症状包括沉郁、迟钝、呕吐和黄疸，可能在摄入毒物后 24 ~ 48 h 出现。有趣的是，部分犬直至发展为肝酶升高和肝功能障碍，也没有出现低血糖。

诊断

初诊时应获取动物电解质、血糖和肝酶值作为基础指标。犬摄入量超过 75 mg/kg 时应住院监护，并至少在 12 h 内每 2 h 监测 1 次血糖。摄入量超过 500 mg/kg 的犬，应连续 3 d 每日监测 1 次肝脏指标。如果肝脏指标超出参考范围，推荐监测 PT 和 APTT。

推荐治疗

急性 / 无症状期　病史和体格检查没有发现相关禁忌证的患病动物，可以进行催吐治疗（见前文：病史和急救 > 家庭管理 > 催吐禁忌证）。由于活性炭无法有效吸附木糖醇，所以不推荐使用（Cope，2004）。

后期 / 临床症状期　低血糖患病动物在给予单次葡萄糖后，可静脉恒速输注 2.5% ~ 5.0% 含糖液直至动物机体可自主维持正常血糖水平。摄入毒物量超过 500 mg/kg 且血糖正常的犬，也应静脉输注 2.5% 含糖液，以及 N- 乙酰半胱氨酸、S- 腺苷甲硫氨酸和水飞蓟宾。犬出现肝功能衰竭症状时，如低血糖和凝血异常，应根据实验室检测结果输注含糖液和血浆制品。

预后及预期病程

当非顽固性低血糖被纠正后，动物预后良好。肝酶轻度升高，通常需要数天恢复。犬肝酶显著升高且存在肝功能不全表现时，预后谨慎。

有效治疗药物

药物	种类	适应证	潜在副作用
乙酰丙嗪	吩噻嗪类	兴奋类药物（安非他命、选择性 5- 羟色胺再摄取抑制剂、5- 羟色胺、5- 羟色胺和去甲肾上腺素再摄取抑制剂和苯丙胺醇）	低血压
活性炭	吸附剂	胃肠道中毒物质	高钠血症
阿扑吗啡	多巴胺受体激动剂	用作催吐剂（犬）	镇静、呕吐
阿托品	抗副交感神经作用	流涎、流泪、排尿、排便、呼吸困难、呕吐（有机磷酸盐、氨基甲酸盐、茄属植物、伞菌属真菌、丝盖伞菌属真菌）	心动过速、黏膜干燥
阿替美唑	α_2- 肾上腺素拮抗剂	用于拮抗 α_2- 肾上腺素激动剂（右美托咪定、甲苯噻嗪和双甲脒）	
苯二氮䓬类药物	GABA 激动剂	抽搐和兴奋类药物	镇静或躁动
艾司洛尔和普萘洛尔	β 受体阻滞剂	心动过速（沙丁胺醇、苯丙胺和甲基黄嘌呤）	心动过缓或低血压
考来烯胺	树脂	辅助清除进入肝肠循环的物质，尤其是维生素 D_3 和非甾体抗炎药（NSAID）	
右美托咪定	α_2- 肾上腺素受体激动剂	用于催吐（猫）	高血压、反射性心动过缓和低血压
葡萄糖	糖类	低血糖（木糖醇、磺酰脲类、西谷椰子、安非他命、毒鹅膏菌和急性肝损伤引发低血糖）	高血糖、渗透性利尿
甲吡唑	乙醇脱氢酶抑制剂	乙二醇	
左乙拉西坦	吡咯烷类促智抗癫痫药	癫痫症状	
美索巴莫	中枢性肌松剂	震颤（氯菊酯、副醛、破伤风、致震颤毒素、啤酒花和士的宁）	恶心、呕吐和肌无力
米索前列醇	拟前列腺素药（胃肠道黏膜保护剂和抗酸药）	胃肠道溃疡（非甾体抗炎药）	胃肠道症状、母犬促子宫收缩药和阴道出血
纳洛酮	阿片受体拮抗剂	拮抗阿片受体激动剂副作用	
N- 乙酰半胱氨酸	谷胱甘肽前体	肝损伤（对乙酰氨基酚、木糖醇、西谷椰子和毒鹅膏菌）	
氨羟二磷酸二钠	二磷酸盐	高钙血症（胆钙化醇灭鼠剂、维生素 D 补充剂和维生素 D 类似物）	
植物甲萘醌	维生素 K_1	抗凝血药（灭鼠剂和部分人用药）	

参考文献

[1] Bayliss G. Dialysis in the poisoned patient. Hemodial Int. 2010; 14:158–167.

[2] Beasley V. R., & Dorman D. C. (1990). Management of toxicosis. Vet Clin North Am Small Anim Pract. 20 (2), 307–337.

[3] Bennett A.J., Reineke E.L. Outcome following gastrointestinal tract decontamination and intravenous fluid diuresis in cats with known lily ingestion: 25 cases (2001–2010). Journal of the American Veterinary Medical Association. 2013; 242:1110–1116.

[4] Brutlag A., Hommerding H. Toxicology of marijuana, synthetic cannabinoids, and cannabidiol in dogs and cats. Veterinary Clinics of North America: Small Animal Practice. 2018; 48(6):1087–1102.

[5] Cope R.B. A screening study of xylitol binding in vitro to activated charcoal. Veterinary and Human Toxicology. 2004; 46:336–337.

[6] DeClementi C., Sobczak B.R. Common rodenticide toxicoses in small animals. Veterinary Clinics of North America: Small Animal Practice. 2018; 48(6):1027–1038.

[7] Fettiplace M.R., Weinberg G. The mechanisms underlying lipid resuscitation therapy. Regional Anesthesia & Pain Medicine. 2018; 43(2):138–149.

[8] Gwaltney-Brant S. Chocolate intoxication. Veterinary Medicine. 2001; 96:108–111.

[9] Jerzsele Á., Karancsi Z., Pászti-Gere E., et al. Effects of p.o. administered xylitol in cats. Journal of Veterinary Pharmacology and Therapeutics. 2018; 41(3):409–414.

[10] Meola S.D., Tearney C.C., Haas S.A., et al. Evaluation of trends in marijuana toxicosis in dogs living in a state with legalized medical marijuana: 125 dogs (2005–2010). [11] Journal of Veterinary Emergency and Critical Care. 2012; 22(6):690–696.

[12] Niedzwecki A.H., Book B.P., Lewis K.M., et al. Effects of oral 3% hydrogen peroxide used as an emetic on the gastroduodenal mucosa of healthy dogs. Journal of Veterinary Emergency and Critical Care. 2017; 27(2):178–184.

[13] Pachtinger G.E., Otto C.M., Syring R.S. Incidence of prolonged prothrombin time in dogs following gastrointestinal decontamination for acute anticoagulant rodenticide ingestion. Journal of Veterinary Emergency and Critical Care. 2008; 18(3):285–291.

[14] Robben J.H., Dijkman M.A. Lipid therapy for intoxications. Veterinary Clinics of North America: Small Animal Practice. 2017; 47(2):435–450.

[15] Rosenthal M.G., Labato M.A. Use of therapeutic plasma exchange to treat nonsteroidal anti-inflammatory drug overdose in dogs. Journal of Veterinary Internal Medicine. 2019 Mar-Apr; 33(2):596–602.

[16] Rumbeiha W.K., Francis J.A., Scott D., et al. A comprehensive study of Easter lily poisoning in cats. Journal of Veterinary Diagnostic Investigation. 2004; 16:527–541.

[17] Rumbeiha W.K., Kruger J.M., Fittgerald S.F., et al. Use of pamidronate to reverse vitamin D3-induced toxicosis in dogs. American Journal of Veterinary Research. 1999; 60:1092–1097.

[18] Scherkl R., Hashem A., Frey H.H. Apomorphine-induced emesis in the dog - routes of administration, efficacy and synergism by naloxone. Journal of Veterinary Pharmacology and Therapeutics. 1990; 13(2):154–158.

[19] Tourdot R. The decontamination dilemma: bromethalin ingestion. Today's Veterinary Practice , Jan/Feb, 95–100. 2017.

第 27 章

鸟类与异宠急症

Jody Nugent-Deal

学习目标

1. 描述如何抓住并保定常见异宠。
2. 进行体格检查并指出应处理的品种特异性解剖区域的特点。
3. 描述不同种类异宠的常见急症。
4. 描述静脉通路的最佳选择。
5. 解释异宠的治疗选择。

章目录

关键词

气囊插管
气道管理
小型异宠
饲养管理
骨内导管

异宠已被人类作为宠物饲养数十年，但在近 25 年间它们的受欢迎程度大大提高。随着异宠的风行，对高质量兽医护理的需求也持续增长。饲养管理（husbandry）不当通常是异宠就诊的主要原因。在许多情况下，这些动物就诊时已处于危急状态且急需稳定体况并接受治疗。

这些特殊的患病动物将带来多种挑战。了解异宠的急重症或外伤医疗处理流程，掌握稳定其体况的基本知识，将会帮助兽医技师提供最佳护理并保障治疗成功率。

异宠为急诊医学带来了激动人心的挑战，因为物种差异使患病动物具有各自独有的临床症状。对急诊部而言，做好接收不同物种患病动物的准备十分重要。

住院准备

幼龄犬猫的基础设备同样适用于多种异宠。此类患病动物大多体型小，因此儿科设备同样是理想选择。例如，大多小型哺乳类异宠及鸟类的正常心率可轻松超过 250 ~ 300 次 /min。在哺乳类伴侣动物中可被认定为心动过速，但对于大多数小型哺乳类异宠和鸟类，这是正常的。很难找到测量上限足以精确判读多数异宠的设备，如心电图（ECG）仪、脉搏血氧仪或示波血压测量仪。作者曾找到一种由 Digicare® 生产的多参数设备。此设备 ECG 测量上限为 999 次 /min，并且在异宠和犬猫中使用良好。

安全的笼舍是住院异宠需要面对的另一个关键问题。在某些病例中，通用的金属小型犬猫住院笼并不合适，因为小型鸟类、爬行动物、啮齿动物和雪貂能轻易从笼门逃出，或者被笼子卡住甚至受伤。如果必须使用这类通用笼，应在金属笼门外安装有机玻璃构建的塑料栅栏。塑料栅栏可保障患病动物安全，同时给笼内保温并防止动物逃脱。谨记通风的重要性，简单的办法是在塑料上钻大小适中的孔洞。

恒温箱同样可用于住院且更受欢迎，因为恒温箱可提供温度与氧气。市场上有多种商品化恒温箱，总体而言，若一款恒温箱适用于幼龄犬猫，它很可能也适用于大多数异宠。可选择物种特制笼舍，但应考量诊所是否需要护理大量异宠。

鸟类、爬行动物和小型异宠的心肺复苏准备

在运用急诊医学基础技能时，需要意识到对一些物种建立气道通路是很困难的。除雪貂外，许多小型哺乳异宠很难插管。爬行动物和鸟类相较于其他小型哺乳异宠更容易插管。它们没有会厌，且气管开口直接位于舌根。准备气管内导管（endotracheal tube，ETT）是必要的，因为大多数异宠需要 3.5 mm 或更小尺寸的插管，大型鸟类和大型兔例外。一些大型金刚鹦鹉可能需要最大 6.5 mm 无气囊插管。虽然在某些情况下无法插管，但仍需尝试进行。有多种技术可用于辅助成功地进行气管插管。适用于小型哺乳异宠的常用技术包括但不限于使用传统喉镜、通过可弯曲探针放置 ETT、ETT 盲插、经鼻气管插管（兔）、使用硬质内窥镜、放置喉罩气道（LMA）或 V-gel® 装置（仅用于兔）。

> **技师笔记**
>
> 鸟类具有完整的软骨气管环。因为气管缺乏扩张性，所以应使用无气囊 ETT 而不是气囊插管。对气管施加压力可能导致创伤以及形成气管膜。

兔 V-gel 装置

兔 V-gel 装置是一种物种特制声门上气道，可用于麻醉与复苏的气道管理（airway management）。兔 V-gel 装置是一种救生产品（图 27.1）。在作者看来，兔 V-gel 装置并不能完全替代气管插管，但它有许多重要用途。作者常用于以下三种用途：心肺复苏（cardiopulmonary resuscitation，CPR）时建立气道通路，难以进行气管插管时，以及意外拔管后几乎无法再次插管的患病动物（如因窒息或患病动物体位）。

兔 V-gel 装置是物种特制的器械，因此不能用于兔以外的其他物种。此装置放置所需时间约 10 s，可以迅速建立气道。与其他产品相类似，V-gel 装置也有其优势与缺陷。V-gel 装置不适用于口腔手术或牙科操作，因为它的体积过大。V-gel 装置无法通过机械通气提供长期间歇正压通气（intermittent positive pressure ventilation，IPPV），但必要时可使用手动通气提供非常低的 IPPV。这意味着使用需要机械 IPPV 的高阶镇痛技术，如芬太尼恒速输注，可能困难重重。

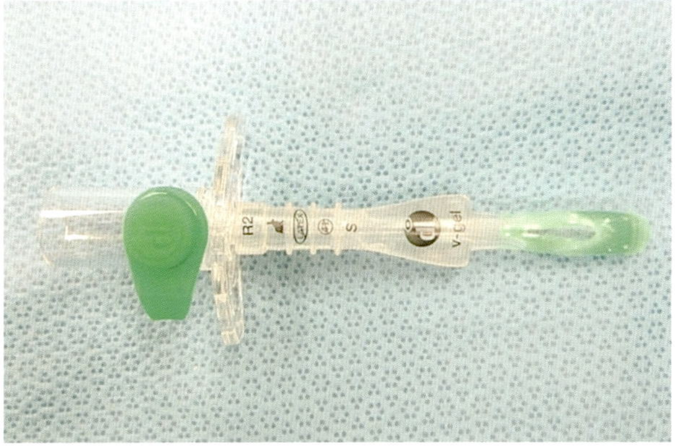

图 27.1　V-gel 装置

患病动物插管后给予氧气并按需使用手动 IPPV。实施 CPR 时，小型异宠的每分钟呼吸数尚未定论，因此沿用 10 次 /min（与犬猫 CPR 所用速率及技术相同）。尝试插管时恢复循环同样重要。包括进行胸腔按压并放置静脉或骨内导管，如有必要则需同时开始液体治疗。对水龟和陆龟等物种来说，胸部按压可能不可行。活动四肢（进入和伸出龟壳）可能有帮助，但往往难以起效。鸟类的胸骨或大龙骨也阻碍了鸟类胸部按压的有效性。理想情况下，插管和导管埋置应同时进行。在小型哺乳类异宠中尚未建立起有效的胸部按压技术。现阶段，这些患病动物的治疗方式同猫或幼猫一致。患病动物先置于侧卧位。主力手环覆心脏区域，大拇指与其余手指分别置于胸腔两侧。如果患病动物体型极小，用 1 ~ 2 根手指替代一侧的 4 根手指。按压频率范围通常为 100 ~ 120 次 /min。

应当备好急救药物，如肾上腺素、阿托品和格隆溴铵，以便在危急情况下可随时使用。阿托品是紧急情况下的首选抗胆碱能药物，因为它的起效时间比格隆溴铵短。据估计，30% ~ 50% 的兔有内源性阿托品酯酶。这些内源性酶会阻碍注射型阿托品的起效。在紧急情况下，通常先给兔使用阿托品，但若心率无任何变化，再使用格隆溴铵。在条件可能的情况下，一旦患病动物明显处于危急中，提前做好一切准备是很有帮助的。可以提供标有正确剂量的流程图以供快速参考，也可以创建电子表格。电子表格很有帮助，因为可以为实践中每一种常见的主要动物群体（如龙猫、鸟类、蛇）创建一个表格。电子表格应该保持简单，并包含在紧急情况下使用的常用药物。电子表格很方便，因为它们可以通过插入患病动物的体重获得针对性方案，如自动计算出合适的药物剂量。

技师笔记

你的诊所可以做一个物种特异性电子表格，便于快速简单计算急救药物剂量。如果你知道某一只危急的患病动物正在往诊所赶来，你可以打印出急救药物表格并提前准备药物。

鸟类急症

物资

- 鸟类开口器（或曲别针和带箍）。
- 25 G 或 27 G 针头。
- 骨内导管［25 G 2.54 cm（1 in）和 22 G 3.81 cm（1.5 in）脊髓穿刺针］。
- Microtainer® 采血管。
- 恒温箱（加热）。
- 氧（O_2）舱。
- 雾化器。
- 橡胶和金属饲管（多种型号）。
- Emeraid 或 Kaytee Exact 人工饲喂混合物。
- 基础急救药物。
- 胰岛素注射器。

鸟类体格检查

鸟类在整个进化过程中一直保持着它们的野性。它们是被捕食的物种，为了避免在野外被捕食，它们会隐藏自己的疾病。这些天性也会出现在诊所中。宠主会说这只鸟看起来膨毛，待在笼底，在家里一直闭着眼，但一到诊所突然就看起来“正常”了。这只鸟在家中感觉安全所以会放下防卫戒备，显露疾病。在诊所时，它处于自认为不安全的地点，因此会强打精神，如果鸟类在到达诊所后不表现出状态好转，这通常说明疾病已经十分严重需要立即稳定体况（图 27.2）。

在对鸟类进行操作处理前，应将其放置于笼

图 27.2 膨毛的鸟

内。以下是应当记录在医疗记录中的指标：意识水平、呼吸频率、摆尾征、笼内互动、粪便、日常玩具、食物和垫料。了解动物日常食物来源与实际进食种类十分关键。宠主常说他们的宠物吃水果和蔬菜，但深入询问会发现鸟并不会吃宠主提供的食物。

如果鸟实际生活的笼子无法带到诊所，可让宠主提供照片。这有助于对环境进行整体评估，并且如有必要，可帮助医疗团队提出整改建议。获得全面的病史十分重要，然而在初步稳定体况的过程中这几乎是不可能的。不论是在客户就诊前通过邮件发送表格，还是让客户在候诊室完成表格。此表格将是病历的永久组成部分（图 27.3）。

技师笔记

跟客户强调带鸟来诊所时使用封闭的航空箱或笼子。把鸟放在宠主肩膀或胳膊上，甚至是绑在背带上，都是十分危险的行为。理想情况中，诊所会有单独的候诊室提供给来院的异宠客户。这在许多情况下是不可能的，但可以通过将异宠远离吠叫的犬，减轻其应激。

保定

适当的鸟类保定的关键在于操作程序尽可能快速且简易，以减少患病动物的应激。许多鸟都受过良好的训练，一出笼子就会向宠主走去。可以把鸟从宠主身边带走。如需要将鸟从笼中取出，应执行下列步骤：

- 取出所有可以轻易移走的栖木和碗。
- 如果鸟可能逃跑，则把笼子放在一个封闭昏暗的房间里。
- 对于小鹦鹉等小型鸟类使用纸巾辅助保定，对于体型较大的鸟类可使用毛巾。
- 将手慢慢地伸进笼子，首先尝试固定头部。
- 把鸟从笼子里拿出来，轻柔但牢固地控制住它的头部，用另一只手控制翅膀和身体。
- 必要时可经鼻腔给予鸟类咪达唑仑和布托啡诺，进行镇静或化学保定。相较于徒手捕捉和胸肌肌内注射，这有助于减少操作造成的应激。

技师笔记

把一只鸟交给另一个工作人员时，应该让另一个人把拇指放在鸟的下颌骨下，抬起头以控制鸟的头部，然后用另一只手控制翅膀和身体（图 27.4）。

鸟类体格检查所需物品包括笔灯、婴幼儿听诊器、毛巾和用于开口的带箍（在小型鸟类上曲别针很好用）。称量体重是体格检查的第一步。由于许多鸟类患病动物体型很小，所以最好使用量程最接近克的秤。患病动物每次就诊时都应称量体重（如果住院，每天称重 2 次）。对于小体型患病动物来说，几克的体重下降可能是一个问题。如果一只 100 g 的鸟轻了 5 g，相当于体重下降 5%。

体格检查需从头到尾系统地进行。观察鸟类的眼睛、耳朵和鼻子，应是对称、干净、清晰且无分泌物。理想中打开口腔的方式是非创伤性的。正常口腔应是粉红色（但有些鸟的黏膜有色素沉着）且无食物残渣。通常黏膜是干燥的。鼻后孔裂隙位于口腔顶部，其中有尖锐的乳头突出。鼻后孔是口腔顶部一个连接气管、鼻窦和鼻孔的开口。

触诊嗉囊、颈部、四肢和身体。查看是否存在外伤、肿胀、体表寄生虫和肿物。尾腺位于尾基部，同样应该检查。腺体周围应该有少量的黄色“油脂”。这种“油脂”可以帮助鸟类梳理羽毛，防止羽毛被水浸湿。值得注意的是，一些伴侣物种，如亚马逊鹦鹉，缺乏尾腺。腿和翅膀应可正常伸展。检查羽毛质量，并标出任何异常。触诊胸肌，并对患病动物进行体况评分（body condition score，BCS）。BCS 为 1 表示消瘦，BCS 为 9 表示严重肥胖。理想的 BCS 是 4 ～ 5。

体腔需要进行触诊。对于大多数鸟类，兽医只能用一两个手指进行触诊。体腔应凹陷，以空虚为主。触诊到耻骨和部分胃肠道是正常的，包括砂囊尾端（如果存在也包括卵或其他占位性肿物）。触诊到肝脏、肿物和体腔增大是不正常的。应检查泄殖腔（也称为“肛门”）是否存在粪便和尿酸盐的积累、是否充血以及弹性程度。泄殖腔应干净无残渣。检查双脚是否有外伤迹象和爪部皮炎。

鸟类病史表格

加利福尼亚大学戴维斯分校动物医学院
伴侣鸟类与异宠医学中心
一号加罗德大道
戴维斯，CA 95616
(530)752–1393

病史概况

鸟的名字 ________________________ 性别：雄性 _________ 雌性 _________ 不明 _________
性别确定方式？血检 _________ 外科手术？ _________
是否有特殊标记？（如纹身、绑带、微芯片）
是否有生产史？（如有，请详述）
鸟是作为：宠物，育种用
鸟从何种途径得来？商店，鸟舍，其他（详述）
得到鸟的日期？
是否有其他宠物？
如有，请详述其他宠物的年龄及得来的时间

居住情况

鸟养在：室内，室外，二者均有（如二者均有，请详述各自时间占比）
鸟如何居住？鸟笼，大型鸟舍，室内自由活动
鸟是否独居？是，否，如否，请详述
如笼养，使用何种鸟笼？
笼内使用何种垫材？
鸟笼多长时间清洁一次？
食槽和水槽的清洁方式及频率
笼内是否有玩具？有，没有，如有，请详述
近期养鸟环境是否改变？是，否，如是，请详述
夜间是否遮挡鸟笼？是，否
鸟每日无光照时长？

饮食

提供给鸟的食物及其各自占比（如 50% 种子等）
夜间取出的食物及其各自占比
是否提供营养补充剂？品牌名称？
是否提供零食？种类？频率？
近期饮食是否改变或有新种类？是，否，如是，请详述
如何提供水？（如饮水器、碗）

今日就诊原因

鸟表现出哪种症状促使您带其就医？
出现症状多久了？
从前是否生过病？
从前是否看过兽医？是，否，如是，何时何因？
从前是否做过检查？请在下列项目中圈出：鹦鹉热、CBC、鹦鹉喙羽症、换羽病、寄生虫、其他血检、其他检查（请详述）：____
附加说明（您对此次就诊原因的说明）：____
CAPEward 文件夹 /CAPE 临床病史表格 /2003/kph

图 27.3　患病动物病史表格范例

图 27.4　鸟类保定

通过观察眼部和龙骨突周围的皮肤肿胀来评估水合程度。龙骨突上的皮肤可被轻轻地拉起“形成帐篷”或拉到龙骨突的一侧。皮肤应立即恢复到正常位置。皮肤恢复正常所需的时间越长，动物的脱水程度就越严重。鸟类毛细血管再充盈时间难以评估。一般通过压迫皮下尺静脉来观察静脉再灌注时间。静脉应立即重新充盈。如果静脉不能立即重新充盈，则认为患病动物脱水。

应使用婴幼儿听诊器对鸟进行听诊。注意任何潜在的异常或存在的杂音。听诊时将听诊器的钟面放置在胸肌左右两侧以及背部。肺音应是清晰无喘鸣音、湿啰音或刺耳的声音。肺音听诊部位在背部，心音听诊部位为环绕胸部和龙骨突。

由于鸟类颅骨的鼻窦很大，头顶部也应进行听诊。正常鸟类听诊时声音小至无声。此部位可能出现细菌和真菌感染，当发生感染时常可听到刺耳的声音。

测量鸟类体温具有挑战性，在清醒的患病动物上无法常规进行。可使用电子体温计测量泄殖腔温度（除非患病动物体型过小，大部分鸟类体重 < 200 g），但它无法反映机体实际核心温度。

静脉穿刺

从鸟类患病动物身上采血具有挑战性但有一套可以学习的技能。鸟类常见静脉穿刺位点包括颈静脉、皮下尺静脉（贵要静脉）和跖内侧静脉。跖内侧静脉（常用于体重超过 150 ~ 200 g 的品种）在跗（踝）关节上方横跨腿内侧（图 27.5）。颈静脉通常在颈右侧最粗，位于颈静脉沟无羽毛的区域内。此血管经常用于采集大量血液样本或对体型极小的种类采血时使用，如雀、金丝雀和鹦鹉。在大多数鸟类中，右侧颈静脉通常较粗，且较左侧颈静脉更常选用。皮下尺静脉横穿肘关节腹侧面的无羽毛区域。此血管可用于大型鸟类的采样，但很难包扎，经常形成大血肿。当处理焦虑或易怒的鸟类时，应特别小心，因为在静脉穿刺过程中，粗暴或不当的保定可能导致翅膀断裂。

颈静脉采血，应将鸟置于侧卧位。在侧颈无羽毛区域找到血管（图 27.6）。这很容易看到。助

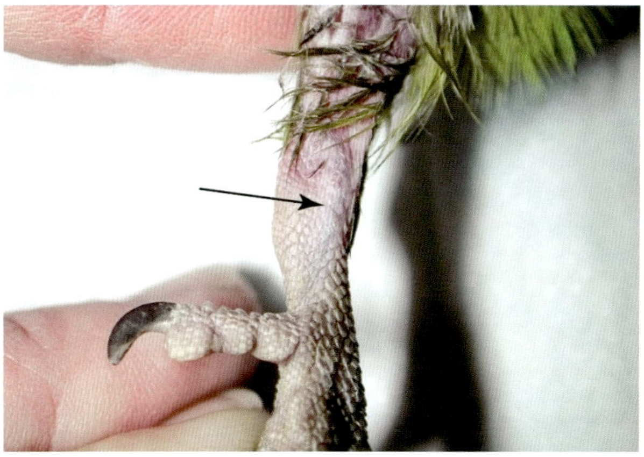

图 27.5　跖内侧静脉

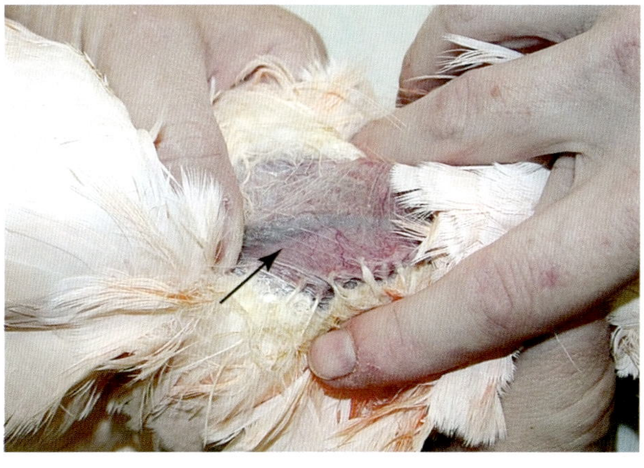

图 27.6　鸟类颈静脉

手需要固定翅膀和腿。有些种类很难保定，因此，通常用毛巾轻柔地裹住鸟类身体，防止翅膀扇动，使它感到更安全。抽血人员一只手固定头部，另一只手抽取血样。获得样本后，助手立即将拇指压在血管上，防止血肿形成，同时将鸟举回直立位。

技师笔记

鸟类可从双侧颈静脉采血。通常选择右侧而非左侧是因为右侧颈静脉更粗，而且通常更易取得样本。

皮下尺静脉采集血液样本具有挑战性。这条静脉穿过桡骨 / 尺骨和肱骨远端，非常容易看到。通常鸟类背部朝下放置会展开双翼。因为鸟类是被捕食的物种，背部朝下会很应激。过度拍打也可能导致骨折等损伤。通常将鸟类用毛巾包裹以固定腿和翅膀，但不适用于静脉穿刺。在采血过程中，应轻轻将另一侧翅膀拉离身体并固定。

跖内侧静脉位于跖关节区内侧，这条血管很容易看到。助手将保定头部、身体、翅膀和不用于静脉穿刺的腿。使用毛巾有助于进行适度保定。抽血人员一只手握住患病动物的腿，另一只手抽血。

选择合适的注射器和针头规格是非常重要的。过大的注射器会产生负压导致血管扁塌。中大型鸟适用 27 ~ 25 G 针配套 1 mL 或 3 mL 注射器。小型鸟静脉穿刺适用 27 G 针头配套 1 mL 注射器或胰岛素注射器。

技师笔记

以克为单位，安全采血量最大可达鸟类体重的 1%。以体重 450 g 的亚马逊鹦鹉为例，最大采血量是 4.5 mL（450 × 0.01），但这种血量罕有需求。

静脉导管放置

首先应将患病动物适当的保定并摆位。摆位取决于导管放置位点。常见静脉导管放置位点汇总见表 27.1。

跖内侧静脉是中大型鸟类中最容易放置静脉导管的部位之一（在玄凤鹦鹉和锥尾鹦鹉中这条静脉通常太细）。跖内侧静脉因易固定和维护而

表 27.1　鸟类常见静脉导管放置位点

鸟类	常用静脉	导管规格（尺寸）
全部种类	颈静脉	26 ~ 20 G 静脉导管，取决于患病动物体型
	跖内侧静脉：最常用	
	皮下尺静脉（贵要静脉）	

常被使用。患病动物应左侧位或右侧位保定，并用毛巾包裹以固定翅膀。患病动物也可在留置导管时咬住毛巾，这可以帮助减缓保定的整体应激。有些患病动物如果长时间包裹厚毛巾会出现体温过高。操作人员有责任监测患病动物的体况并与留置导管的人员沟通。

适当保定患病动物后，保定人员就可以用拇指和食指压迫显露血管。如有必要，拔除血管上方区域的羽毛，并在放置导管前进行无菌准备。导管应与腿部和血管的角度保持约 20°。固定好血管后就可进针并埋置导管。如果腿部有鳞片，导管应插在两个鳞片之间，而不是穿过鳞片。注射端口或幼儿 T 型端口应放置在导管的中心。导管应用肝素生理盐水冲洗并用胶带固定。固定方式同犬和猫。将导管固定好后，在插入部位放置 2.54 cm × 2.54 cm（2 in × 2 in）无菌纱布块或无菌黏性绷带。用纱布卷和弹性绷带固定和包覆导管。所有的静脉导管，无论位置如何，都以类似的方式包覆和固定。

皮下尺静脉（也称贵要静脉）也常用于小型、中型和大型鸟类的静脉导管放置。这条血管易于留置，但必须在适当的位置缝合，而且难以维护。应将鸟类背腹位保定，并将选择置管的翅膀从身体旁轻轻拉开。一只清醒的鸟拍打翅膀可能会导致它骨折，因此，对于清醒的患病动物必须格外小心（图 27.7）。

如前所述，该区域已无菌处理。导管应该与翅膀和血管保持约 20°。固定好血管后就可进针并放置导管。接着用一小段胶带“蝶翼”样环绕导管中心固定，使用简易间断缝合将胶带两侧缝在皮肤上。一般来说，8 字绷带是保护导管埋置位

图 27.7　皮下尺静脉导管

置的最佳方法。

颈静脉不常用于留置静脉导管，但必要时也可以使用。在大多数鸟类中，右侧颈静脉比左侧颈静脉粗，但两者都可以使用。颈静脉导管放置是在深度镇静或麻醉下进行的。鸟类侧卧位放置，姿势与采血保定方式相同。放置导管人员固定头颈，保定人员辅助保定身体并压迫显露血管。

导管应与颈部和颈静脉保持约 20°。固定好血管后就可插入并放置导管。用一小段胶带"蝶翼"样环绕导管中心固定，使用简易间断缝合将胶带两侧缝在皮肤上。颈静脉穿刺点包扎方式与犬猫颈静脉穿刺点相同。

技师笔记

跖内侧静脉、皮下尺静脉和颈静脉可用于鸟类静脉导管留置，其中跖内侧静脉最易固定且可维持较长的使用时间。

骨内导管放置

在某些情况下，静脉导管无法放置。包括灌注不良、静脉炎、血肿或血管过细。这些情况下可考虑放置骨内导管。骨内导管（intraosseous catheters）最常放置于尺骨和胫骨嵴。常规的皮下注射针可以用作骨内导管，但作者建议使用脊椎穿刺针。脊椎穿刺针中间有一个导丝，可以防止针被骨碎片堵塞。

骨内导管使用无菌技术放置。放置导管前，应将该区域拔毛并做好无菌准备。放置导管时也应佩戴无菌手套。

放置骨内导管会导致疼痛，因此应该在麻醉下进行，或者至少在深度镇静的情况下进行。当患病动物需要立即稳定体况时，导管可以在没有任何药物的帮助下快速放置。在这些情况下，由于时间限制，放置位点的准备可能是不利的。需要立即进行埋置，以开始抢救生命的治疗。

技师笔记

禁止在鸟类的肱骨或股骨放置骨内导管。肱骨和股骨（取决于种类）是直接与气囊连通的含气骨。液体进入含气骨可能导致鸟类溺水。

骨内导管的缺点包括骨感染的风险和维护困难。但是骨内导管可快速放置且液体吸收良好。

关键点：对危重症鸟类进行初始静脉或骨内单次输注［总量为体重的 1%（g）］是安全的。以体重 100 g 的玄凤鹦鹉为例，液体量推荐如下（专栏 27.1）：

$$1\% \times 100\ g=1\ mL$$

管饲

管饲（或灌胃）只在鸟类需要补充喂食但不会自主进食的情况下使用。在决定对重病鸟类进行管饲时，必须权衡管饲过程的潜在应激。

Emeraid™（Lafeber®）　或 Exact™（Kaytee®）

专栏 27.1　技术诀窍：静脉和骨内单次输注推荐液体量

虎皮鹦鹉：0.25 ～ 0.5 mL。
玄凤鹦鹉：1 ～ 2 mL。
凤头鹦鹉：5 ～ 10 mL。
非洲灰鹦鹉 / 亚马逊鹦鹉：5 ～ 10 mL。
大型金刚鹦鹉：15 ～ 25 mL（Olsen、Orosz）。

或营养均衡的自制食物等产品可以管饲。流食应充分混合，以清除结块，使流食容易通过管。流食应触手温暖。温度超过 43.3℃（110℉）可能导致严重的嗉囊烫伤。

技师笔记

单次喂食量约占鸟体重的 5%（以克为单位）。例如，一只 30 g 的虎皮鹦鹉单次喂食量为 1.5 mL，一只 100 g 的玄凤鹦鹉单次喂食量为 5 ~ 6 mL。因为个体需求可能不同，操作人员在饲喂过程中需时时注意。

根据患病动物体型选择饲管规格。例如，8 G 红色橡胶管适用于长尾鹦鹉或和尚鹦鹉；非洲灰鹦鹉适用 14 G 管；16 ~ 18 G 管适用于大金刚鹦鹉。作者更喜欢给鸟类使用金属饲管而非橡胶饲管，因为橡胶饲管可被轻易咬断。

应小心地用饲管打开鸟喙（通常只建议在较小的物种中使用，因为大型鸟喙咬住饲管可能会造成潜在的创伤），或用开口器（曲别针在较小鸟类中效果很好），或用带箍。声门开口于舌基部，插入饲管时应越过声门。食道开口于声门后，位于气管右侧。饲管头应润滑后插入口腔，从口腔右侧轻柔地插入嗉囊。触摸鸟类颈部确保饲管位置合适，应摸到饲管与气管两个明显的管状物。饲管进入和移出口腔时在嗉囊区域也可看到并摸到。流食应缓慢饲喂并注意观察口腔。如果流食反流到口腔，应停止饲喂并取出饲管，同时放开患病动物，这样它可以吞咽或甩出口腔内多余的食物。这些操作越快进行，鸟类越能够清除气道内的流食。患病动物应每日饲喂 2 ~ 3 次（图 27.8）。

输液

是否输液及输液方式取决于患病动物的状况和脱水程度。休克或遭受严重失血或失水的鸟类可通过静脉或骨内补液。皮下补液可用于中度脱水患病动物。体积较大的液体可通过皮下给予，吸收速度慢，因此心脏负荷小。仅通过口服补液只适用于非危重症动物，如果患病动物能够站立、吞咽并且可代谢食物，则是首选途径。

图 27.8　鸟类经管饲喂

技师笔记

应始终保守地估计液体总量。当通过静脉或骨内途径输液过快时，容量过载荷是一种常见的并发症。经常需要在 1 h 或 2 h 内重新评估患病动物，必要时可在评估后给予更多液体。

关键点：维持液量以 50 ~ 60 mL/（kg · d）计算。皮下输液位点包括腹股沟、腋下和背部皮肤。腹股沟皮下补液空间最大，与腋下相比更安全。输液期间不适当的翅膀保定可能造成医源性骨折（图 27.9）。

在非危重症动物中，液体可能主要通过饲管供应。如果患病动物进食流食，则诊所可通过口服（PO）途径提供接近 100% 的所需液体量（专栏 27.2）。

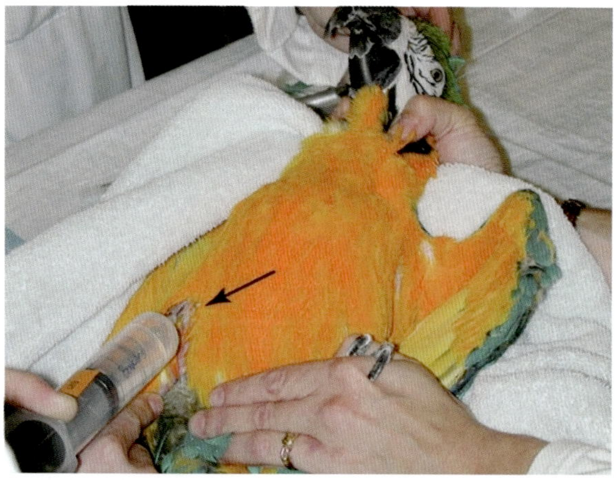

图 27.9　鸟类皮下输液。箭头指向腹股沟区域，针头插入皮下进行皮下补液

专栏 27.2　技术诀窍：鸟类每日所需液体量计算

- 每日所需液体总量 = 每日维持量 +1/2 脱水量。
- 每日维持量 =50 ～ 60 mL/（kg · d）。
- 脱水量（mL）= 体重（g）× 脱水百分比。

示例，一只脱水 10%，体重 500 g 的非洲灰鹦鹉：

维持量 =50 mL/kg × 0.5 kg=25 mL

脱水量 =500 × 0.10=50 mL

1/2 脱水量 =25 mL

每日所需液体总量 =50 mL

当水合状态接近正常时，特别是当鸟开始自主进食和饮水时，通常可以减少输注的液体量。

常用的液体类型包括乳酸林格液（用于休克或脱水）、生理盐水（用于休克或高钙血症）和高渗盐水（用于低血容量性休克或败血症）。5% 葡萄糖溶液可为 24 h 禁食的鸟类提供能量。

麻醉

异氟烷和七氟烷是鸟类患病动物首选的麻醉气体。非常小的鸟类可能需要通过面罩维持麻醉，面罩可以由塑料注射器管制成。如有可能，应为鸟类进行无套囊 ETT 插管。鸟类在麻醉下无法很好地通气，因此，应在诱导后快速开始人工或机械 IPPV。

插管时，使用带箍或开口器打开口腔，暴露舌根处的声门。应将 ETT 轻轻插入气管并用胶带固定位置，首先将白色胶带缠绕在 ETT 周围，然后将其固定在下喙上。

在诱导和维持麻醉期间仔细监测鸟类患病动物非常重要。保持鸟类患病动物处于适当的麻醉深度是必要的，因为尝试复苏通常无效。实用的可视监测参数包括对刺激的应答运动——翅膀回缩和捏脚趾、眼睑反射和角膜反射阳性、喙开合强度、呼吸频率和深度、静脉再充盈时间和心率。心电图、二氧化碳图和血压监测可用于检查麻醉期间指标趋势。心跳停止的迹象包括瞳孔扩大、羽毛竖立、呼吸停止、呼气末二氧化碳（$ETCO_2$）减少，以及突发性心动过缓或其他缓慢性心律失常。

常见鸟类急症

羽毛出血

随着新羽毛的生长，它们包含的血管轴随着羽毛的成熟而退化。如果这根新生含血羽毛沿着血管轴断裂，那么可能会流失大量血液。出血羽毛应用止血钳夹住，顺着毛囊的方向拔出，以减少皮肤撕裂的风险。如果在拔出羽毛后出现出血，则可以对该区域按压止血，直到出血停止。拔出断裂的含血羽毛可引起疼痛，因此，若条件允许，应在全身麻醉下进行，并应始终给予镇痛药。如果操作不当，翅膀区域拔除含血羽毛可能会导致骨折。

鸟类难产与挟蛋症

挟蛋症是一种非常常见的鸟类急症，特别是在小型鸟类中（如和尚鹦鹉、相思鸟、玄凤鹦鹉、雀类）。临床症状包括沉郁（如待在笼底膨毛的鸟）、紧张（通常有明显的尾巴摆动）、泄殖腔周围有粪便和尿酸盐、呼吸困难及偶见后肢轻瘫。

通常可以通过触诊泄殖腔和体腔诊断，可能会发现一个坚实的圆形肿物（蛋）使该区域膨胀。放射学影像通常表现为体腔内可见一个（有时是 2 个）明显的蛋。

治疗取决于患病动物体况，以及蛋的大小和位置。开始时可尝试辅助产蛋。患病动物应该接受液体治疗，高湿度［如蒸汽加湿器，32.2℃（90℉）恒温箱中放置湿毛巾］环境治疗并润滑泄殖腔区域。如果需要，可以给予钙制剂。

如果在几小时内没有产蛋，或者患病动物的病情随时可能恶化，则应使用异氟烷或七氟烷对鸟类进行面罩麻醉，并尝试手动助产。应在蛋周围的泄殖腔区域涂抹大量无菌润滑油，在蛋后面轻柔但用力地手动施压可能足以将其从泄殖腔中排出。由于这些蛋的形状、大小和蛋壳厚度通常异常，因此它们可能会在操作过程中破裂。尽可能多地去除外壳和内容物，然后将患病动物放入恒温箱。也可以通过将大口径针头穿过体腔并进入蛋来使其破裂。可吸出内容物，之后蛋会轻度塌陷。这些操作应该在麻醉下进行。一旦患病动物苏醒，通常可自行排出剩余的蛋内容物。

患挟蛋症的鸟类会很快进入危急情况，可能需要进行手术干预取蛋，以防止休克和死亡。如果进行手术，麻醉监护必须非常仔细。

中毒

笼养鸟类最常见的毒素包括有毒气体、重金属和有毒植物。治疗鸟类中毒的关键是首先稳定体况。许多中毒动物到达诊所时处于危急状态，应按照指示用温度、O_2 和液体来稳定体况。由于大多数常见毒素没有解毒剂，因此必须对患病动物进行对症治疗和支持治疗。

食入物中毒

巧克力 鸟类即使摄入少量巧克力也会产生毒性作用。巧克力含有茶碱和咖啡因，可诱发过度兴奋、心律失常、癫痫发作、呕吐、腹泻和死亡。巧克力中毒的治疗包括支持性护理和用活性炭灌胃，以延缓毒素的持续吸收。缓泻剂，如泻盐（硫酸镁，1 g/kg，PO）或美达仕（洋车前子亲水性胶体）可以与木炭混合，以帮助清除下消化道的毒素。

牛油果和其他植物 尽管牛油果的毒性仍有争议，但某些品种的牛油果似乎确实具有不同程度的潜在毒性。完全避免它们是明智的。已在许多鸟类物种中报道过牛油果中毒，临床症状包括厌食、膨毛、呼吸困难和死亡。尸检结果通常包括肺充血。治疗主要是支持治疗，但可能需要使用活性炭和利尿剂。

已知对鸟类具有潜在毒性的其他植物包括一品红、杜鹃花、红豆杉、铁线莲、万年青和欧芹。尽管对虎皮鹦鹉的研究表明这些植物和其他植物具有潜在毒性，但植物毒性存在广泛的个体差异和物种差异。植物中毒最常见的临床症状包括嗜睡、腹泻和反流。

治疗主要是支持治疗，如果有症状，可使用活性炭或液体疗法。

霉菌毒素 发霉的食物，如种子、花生、颗粒状食物和小米，可能是霉菌毒素中毒的潜在来源。需进行对症治疗，但这种毒性可能是严重，甚至是急性致命的。

含酒精饮料 由于体型过小，摄入相对少量的酒精就会导致鸟类共济失调和死亡。需进行对症治疗和支持治疗，包括活性炭灌胃。

摄入尼古丁 通过咀嚼香烟或烟头摄入尼古丁可导致从沉郁和发绀到过度兴奋、呕吐、腹泻、癫痫发作和急性死亡的各种症状。需进行对症治疗。

摄入重金属（铅和锌） 导致鸟类中毒的两种最常见的重金属是铅和锌。铅可能通过摄入人造珠宝、焊料、电池、铅基涂料和油毡，以及各种其他来源而中毒。在野生鸟类中，铅弹是放射学影像上常见的偶然发现。摄入铅弹是水陆猎鸟临床铅中毒的常见原因。

铅中毒的症状可能是急性或慢性的，包括嗜睡、沉郁、贫血和胃肠道症状（如反流、腹泻）。也可能存在神经肌无力，表现为翅膀下垂、共济失调和腿部轻瘫。慢性症状包括消瘦、失明、癫痫发作和死亡。放射学影像经常显示胃肠道存在金属密度影像。

治疗包括对症治疗和支持性护理，如液体疗法、辅助喂养、抗生素，如果有指征可进行金属异物手术取出，以及螯合疗法。乙二胺四乙酸二钠钙或 D- 青霉胺是最常用的螯合剂。乙二胺四乙酸二钠钙以 35 mg/kg，每天 2 次（bid）肌内注射给药 5 d，然后根据需要停用 3 ~ 4 d，直至临床症状消失。D- 青霉胺可以口服给药，剂量为 55 mg/kg，每天 2 次，持续 3 ~ 6 周。或者，可以将乙二胺四乙酸二钠钙和 D- 青霉胺联合使用数天，直到临床症状消失（持续使用 D- 青霉胺 3 ~ 6 周）。可以使用花生酱或高纤维浆液进行灌胃，以促进重金属从胃肠道中排出（持续每天用药直到物体消失）。重金属的移动应该用放射学影像监测。

锌可能通过镀锌线和线夹、1982 年后铸造的英国便士（96% 锌）和大富翁游戏币（98% 锌）摄入。锌中毒的症状包括多饮 / 多尿、体重减轻、胃肠道症状、虚弱、贫血、癫痫发作和死亡。治疗类似于铅中毒（如前所述）。

技师笔记

危重症鸟类可以拍摄“盒子里的鸟”放射图像。将鸟放在一个小盒子里并拍摄单张全身 X 线片的技术并不能取代传统的 X 线片，但可以提供体腔的快速影像，有助于诊断体腔肿物或金属等异物。

吸入物中毒

鸟类有非常独特的呼吸系统，每次呼吸允许空气通过呼吸道 2 次。因此，它们对空气传播的化学物质高度敏感，包括许多家用清洁剂。

特氟龙和其他不粘炊具表面，包括自清洁烤箱，在过热时会释放聚四氟乙烯气体。聚四氟乙烯中毒的临床症状包括沉郁、虚弱、喘鸣和呼吸困难、癫痫发作和死亡。第一线治疗是给予新鲜空气（如果条件允许可使用氧舱）。应避免应激和兴奋。类固醇、抗生素、肺水肿利尿剂和支持治疗也可能有帮助。

技师笔记

客户能闻到的任何气味（如汽油、燃料油、煤油、油漆、香味蜡烛、香水）都可能对鸟类有害。因此，应立即将鸟类带离所在场所并确保良好的通风。

呼吸系统急症

鸟类呼吸系统急症是最难治疗的疾病，因为患病动物到达诊所时常常处于非常脆弱的状态。此外，诊断可能很困难，因为多种情况都会导致呼吸道症状。鸟类可能会由于多种原因造成的呼吸困难就诊，包括肉芽肿，维生素 A 缺乏症，细菌、病毒和真菌感染，异物和肿瘤。

鸟类有独特的呼吸系统，包括 9 个气囊（4 组成对气囊和 1 个单独气囊）。

对呼吸困难的鸟类采取的第一步是快速评估患病动物的整体状态。由于对这些患病动物的操作可能导致死亡，因此应提供氧舱。出现中度至重度呼吸困难的患病动物应在进行任何检查前吸氧。应格外小心任何严重呼吸窘迫的鸟类。简单检查带来的应激都可能导致死亡。检查通常需要在几分钟到几小时的时间内系统地进行。通常首先用吸氧疗法和加热升高环境温度来稳定患病动物。患病动物体况更加稳定后，可在必要情况下给予液体。在鸟类稳定下来之前不会进行诊断，因为额外的应激会导致死亡。每次将患病动物从氧舱中取出时，都可以进行一小部分检查。

技师笔记

不稳定的鸟类患病动物可以使用蝶形导管从背部皮下给予液体。这种技术需要较少的保定，并且在非常危急的患病动物中通常应激较小。

上述所有原因，以及免疫介导性疾病、感染、体腔积液、体腔肿物和各种其他疾病都可能造成下呼吸道症状。

如果鸟的上呼吸道梗阻，可在后胸气囊或腹气囊放置气囊插管（air sac cannula）。这样患病动物可以通过插管呼吸，而不是试图通过梗阻的上呼吸道呼吸。气囊插管可以由以下任何物品组成，包括静脉导管、ETT 或商业制造的设备。理想状态需使用无菌技术和全身麻醉，但在实际紧急情况下，可能需要立即放置插管以挽救患病动物的生命（图 27.10）。必要时，气囊插管也可用于诱导和维持吸入麻醉。

图 27.10　**气囊插管**

小型哺乳类异宠急症

物资

- IO 导管［25 G 2.54 cm（1 in）和 22 G 3.81 cm（1.5 in）脊髓穿刺针］。
- 26 ~ 22 G 1.905 cm（3/4 in）静脉导管。
- 27 ~ 25 G 针头。
- 胰岛素注射器。
- 输液泵、注射泵或滴定管。
- 注射器麻醉面罩（syringe-case anesthesia masks）。
- Lafeber® 的 Emeraid® 食物。
- Nutri-cal®。
- Oxbow Critical Care® 和 Carnivore Care® 食物。
- 2.0 ~ 4.5 mm ETT。
- 兔 V-gel 装置。
- 用于口腔检查的带光源开口器。
- 儿科或婴儿听诊器。
- 恒温箱。
- 氧舱。
- 基础急救药物。

小型哺乳类异宠体格检查

情况允许的情况下，应对就诊动物进行全面的体格检查。小型哺乳异宠的体格检查与犬和猫等其他小型动物类似。在检查开始前准备好全部所需物品。小型哺乳异宠很容易应激，因此必须在必要时尽可能快速完成检查。在上手检查之前进行观察评估。观察内容应包括有关笼子的信息，以及动物的外观和精神状态。重要的是要注意笼子里的任何玩具、陈设和垫料，以及提供给动物的饮食。

> **技师笔记**
>
> 一些患病动物在就诊时可能体况不够稳定，无法进行完整的体格检查。发生这种情况时，应对患病动物进行基础分诊并进行相应治疗。随着患病动物体况进一步稳定，可能需要系统地进行体格检查。

进行全面体格检查的一般规则是从头部开始，一直到尾部。将动物从笼子中取出后，立即检查心率和呼吸频率。如果呼吸频率似乎过高，请在检查完成后将动物放回笼子，再重新评估呼吸频率。

获取患病动物的体重和体温是体格检查中非常重要的一部分。由于许多哺乳动物体型较小，因此最好使用量程精确到克的秤。测量体温可能具有挑战性，但电子温度计是最快和最好的方法（除非患病动物体型过小）。表 27.2 总结了常见小型哺乳异宠的正常生理参数。

与犬和猫相比，小型哺乳异宠的体格检查中“从头到尾”方法的主要差别是口腔检查。犬和猫通常在检查头部时检查口腔。对于小型哺乳异宠（雪貂除外）来说，口腔检查会带来很大压力，因此应该最后进行。

保定

大多数宠物雪貂都非常容易驯服，可以轻易地以最低程度的保定进行检查。对于有咬人或扭动倾向的雪貂，轻轻握住颈背可以很好地控制并刺激放松反射。大多数检查都可以通过给予安抚和零食来进行，如像 Nutri-cal 这样的高热量营养膏。对于皮下注射和其他操作，可以用一只手抚摸雪貂颈背部并用另一只手注射。拉伸技术，或用一只手抚摸颈背部并用另一只手伸展后肢，也是一种有用的固定技术。

> **技师笔记**
>
> 雪貂在被抚摸颈背部时通常会打哈欠，这样很容易进行口腔检查（图 27.11）。

静脉穿刺

常见的静脉穿刺部位包括头静脉、外侧隐静脉、颈静脉和前腔静脉。外周血管细小，很难获得完整的视野。可以使用与犬和猫相同的技术从外周血管和颈静脉获取血液（需要注意异宠皮肤较厚，颈静脉位置比犬或猫更偏外侧）。于前腔静脉处采血是采集最大血量的最快方法，但是，在

表 27.2　常见小型哺乳异宠的正常生理参数*

物种	心率（次 /min）	呼吸频率（次 /min）	直肠温度	成年体重	寿命
大鼠	250 ~ 450	90	35.9 ~ 37.5℃（96.6 ~ 99.5℉）	250 ~ 520 g	2 ~ 4 岁
小鼠	300 ~ 750	70 ~ 120	36.7 ~ 38.3℃（98 ~ 101℉）	20 ~ 40 g	1 ~ 3 岁
雪貂	180 ~ 250	10 ~ 30	37.8 ~ 40℃（100 ~ 104℉）	雌性：600 ~ 950 g 雄性：1 ~ 2 kg	5 ~ 8 岁
龙猫	150 ~ 350	40 ~ 80	37 ~ 38℃（98.5 ~ 100.4℉）	400 ~ 700 g	8 ~ 10 岁
豚鼠	230 ~ 300	70 ~ 130	37.2 ~ 39.5℃（99 ~ 103.1℉）	700 ~ 1200 g	5 ~ 8 岁
仓鼠	300 ~ 500	60 ~ 220	37 ~ 38.6℃（98.6 ~ 101.4℉）	85 ~ 150 g，取决于品种	18 ~ 24 月龄
兔	200 ~ 300	30 ~ 60	38.3 ~ 40℃（101 ~ 104℉）	700 g 至超过 6 kg，取决于品种	5 ~ 12 岁，取决于品种

* 数据来源于 Ballard, B., & Cheek, R. (2013). Exotic animal medicine for the veterinary technician , (3rd ed.). New York, NY: Wiley. www.lafebervet.com .

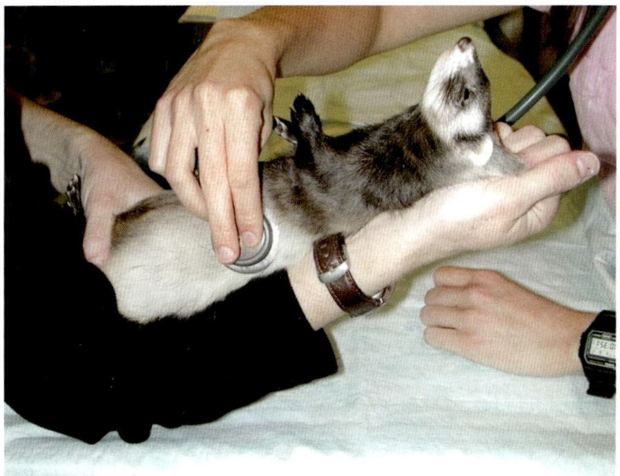

图 27.11　雪貂保定

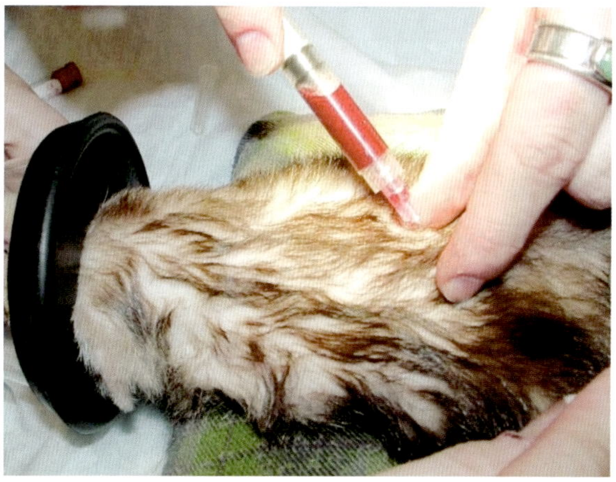

图 27.12　雪貂静脉穿刺

获得样本之前，动物必须进行全身麻醉或深度镇静。这个静脉穿刺部位适用连接到 1 mL 或 3 mL 注射器的 25 G 针头。患病动物仰卧位保定，前肢向下拉到身体旁边，头部和颈部伸展。针头应对准对侧的后肢，然后以 45° 角插入胸腔入口。定位穿刺位点的标志物包括胸骨柄和第一肋骨。不要挑开和猛刺这条静脉试图获取样本，因为这会导致大血肿形成或完全撕裂血管。前述技术与豚鼠中使用的技术相同（图 27.12）。

导管放置

在雪貂中最常用于留置静脉导管的是头静脉。24 G 1.905 cm（3/4 in）导管适用于大多数雪貂。表 27.3 总结了其他小型哺乳动物的常用静脉导管放置位点。

雪貂因自行挣脱导管而臭名昭著，因此必须使用足够的胶带。应将儿科 T 型端口连接到导管上，用胶带蝶型固定，然后围绕腿部贴上胶带。卷起的静脉管应用另一圈胶带固定，整个导管用 Vet-

表 27.3 小型哺乳异宠常用静脉导管放置位点

物种	常用静脉	导管规格
兔	头静脉、外侧隐静脉、耳缘静脉、颈静脉	26 ~ 20 G 静脉导管，取决于患病动物体型 颈静脉最大可用 18 G 可以在颈静脉放置多腔导管
雪貂	头静脉、外侧隐静脉、颈静脉	26 ~ 22 G 静脉导管 颈静脉可用 20 ~ 18 G 可以在颈静脉放置多腔导管
豚鼠	头静脉、外侧隐静脉	26 ~ 22 G
龙猫	头静脉（由于大小和解剖结构，外侧隐静脉很少成为一种选择）	26 ~ 24 G
小型啮齿动物	头静脉、外侧隐静脉、尾静脉（不适用于仓鼠）	26 ~ 24 G

Wrap 缠绕（让端口暴露在外）。密切监测对于防止雪貂缠结或扭结静脉管很重要。

由一小块 X 线片或软纸板制成的项圈是防止雪貂啃咬导管或创口的有效方法。

如果静脉通路不成功，骨内导管放置和输液是一种选择（通常是唯一的选择）。雪貂的骨内导管最常放置于股骨近端（类似幼猫放置方法）。

输液

输液前始终计算每日所需液体量。雪貂的每日维持液体需求量为 50 ~ 60 mL/（kg · d），再加上丢失量。静脉或骨内途径是病重或脱水雪貂的首选输液方式。由于体型小，雪貂很容易水合过度。注射泵、输液泵或滴定管有助于防止需求液量输入过快。使用滴定管时，每日总液体量可分为 2 份（或最佳 3 份）缓慢推注。适用于雪貂的静脉液体类型与犬和猫相似。

皮下液体可以从松弛的肩背侧皮肤给药。可以给予 2 ~ 3 次皮下补液以满足日常液体需求。将注射器与蝶形导管连接有助于轻松快速地输液。

导尿管放置

雪貂尿道阻塞可能是由继发于肾上腺疾病的前列腺肿大或尿道结石引起的。尽管相对少见，但尿道阻塞是明确的急诊情况。雄性雪貂的导尿管放置可能具有挑战性，因为尿道口尺寸小，并且阴茎为钩状。如果尿道阻塞的雪貂无法放置导尿管，则可以进行膀胱穿刺术或紧急膀胱切开术，尝试从膀胱正向冲洗尿道。尾椎硬膜外麻醉方式与猫尿道阻塞麻醉方式相同，可能有助于放置导尿管。

技师笔记

3.5 Fr Slippery Sam 导尿管通常适用于尿道阻塞雄性雪貂导尿。

常见雪貂急症

在美国，肾上腺疾病和胰岛素瘤是雪貂中最常见的两种疾病。其他常见问题包括异物、鼬鼠螺杆菌感染、犬瘟热和冠状病毒性腹泻（如绿黏液病）。

肾上腺疾病

肾上腺疾病是一种慢性综合征。通常雪貂的肾上腺疾病急症由继发性并发症（包括前列腺肿大）引起，这些并发症会导致尿道阻塞、虚弱、厌食和脱水。

大部分 3 岁以上的雪貂易发肾上腺疾病，最常见的是良性肾上腺增生和肾上腺瘤。肾上腺肿瘤发生较少。肾上腺疾病的症状通常始于尾尖脱毛，然后发展为对称的躯干脱毛。剧烈瘙痒可能伴随或先于脱毛。雌性雪貂通常会出现外阴增大。

患有肾上腺疾病的雪貂表现出虚弱的迹象，

首先应稳定体况。如有必要，使用液体、抗生素（如果需要）和（或）注射器饲喂进行治疗。可以提供 Hill’s A/D®、Oxbow Carnivore Care® 或肉类婴儿食品等饮食或注射器饲喂。

根据作者的经验，肾上腺切除术是大多数雪貂的首选治疗方法。在某些情况下，医疗管理可能更合适，有一些可选药物，包括但不限于促性腺激素释放激素激动剂，如醋酸亮丙瑞林和醋酸地氯瑞林。

胰岛素瘤

胰岛素瘤在 3 ~ 4 岁及以上的雪貂中极为常见。典型表现是虚弱、昏昏欲睡，偶尔会出现共济失调、流涎、挠嘴或低血糖发作。应尝试以血糖（blood glucose，BG）水平监测低血糖。雪貂的正常 BG 水平大于 80 mg/dL（4.4 mmol/L）。低于此值的 BG 水平提示可能存在胰岛素瘤；BG 水平低于 60 mg/dL（3.3 mmol/L）即可诊断。虚弱、流涎、癫痫发作或共济失调的雪貂葡萄糖水平通常为 20 ~ 40 mg/dL（1.1 ~ 2.2 mmol/L）。

低血糖发作的紧急治疗包括在雪貂的牙龈上涂抹 Karo 或其他高蔗糖糖浆。按 50 ∶ 50 用自来水稀释 Karo 糖浆简化给药。对于无反应的雪貂，可以输入或推注含有葡萄糖的静脉晶体液，直到雪貂有反应。对于垂死的、无反应的雪貂，可以增用休克剂量的静脉输液和皮质类固醇（地塞米松磷酸钠，4 ~ 8 mg/kg，IM 或 IV）。必要时应给予苯二氮䓬类药物控制癫痫发作。

雪貂有反应后，尝试让雪貂开始频繁进食高蛋白雪貂食物。对于体况稳定足以接受麻醉的患病动物，手术治疗是首选治疗方法。虽然通常手术不能治愈，但会减缓疾病的进展。

鼬鼠螺杆菌胃炎与肠炎

临床发病见于 12 ~ 20 周龄应激的年幼雪貂，以及接触了正在排毒期的新染病携带者的老年雪貂。病史调查通常能发现接触暴露史。

临床症状包括嗜睡、厌食、体重减轻和腹泻（通常伴有深色柏油样便）（黑便）。临床上感染鼬鼠螺杆菌的雪貂可以见到的组织病理学病变包括黏液缺乏、胃壁白细胞浸润、胃溃疡和出血性胃糜烂。

通过手术或内窥镜活检，粪便培养或口腔、胃和直肠联合拭子的聚合酶链反应，可以做出明确诊断。

治疗通常包括抗生素治疗、H_2 阻滞剂、质子泵抑制剂和胃肠道保护剂的组合。

水合状态和胃肠道问题常通过合理评估后的支持护理方案解决。

冠状病毒性腹泻综合征

治疗雪貂的兽医很早就认识到雪貂典型腹泻综合征，通常称为绿黏液病。这种综合征与雪貂冠状病毒感染有关。临床症状包括绿色黏液样腹泻（严重时变成黑便）、厌食、虚弱、脱水和消瘦。治疗仅仅是支持性的，必要时进行液体治疗和通过注射器饲喂糊状食物。最佳方式是留置静脉导管并通过注射泵、输液泵或滴定管给予静脉液体。如果血管收缩导致无法放置导管，则可以用皮下输液代替，但这种方法效果较差。抗生素似乎可以加速康复。在雪貂自主进食之前，可能还需要用注射器喂食易消化的食物，如 Oxbow Carnivore Care®。

异物

雪貂以其好奇心而闻名，其中包括对玩耍和品尝新事物的渴望。橡胶制品（如橡皮擦和玩具）通常是雪貂最喜欢咀嚼的材料。

摄入异物的临床症状包括厌食、嗜睡、虚弱和腹泻。如果宠主主诉反流、呕吐或两者兼而有之，则应高度怀疑异物。小肠中的异物可能通过触诊触及，触诊时有局部疼痛或不适。诊断基于病史、临床症状、放射学检查和超声检查。

通常手术治疗。术前留置静脉导管并稳定患病动物体况。应尽快进行手术，因为这些患病动物会很快变得虚弱。大多数雪貂在取出异物后会迅速恢复，并且能够在术后 24 h 内自主进食。

犬瘟热病毒

犬瘟热很罕见，但可以见于未接种疫苗的雪貂。这种疾病具有高度传染性，通常是致命的。

临床症状通常包括腹泻、眼鼻分泌物和橙色皮炎。接触疑似犬瘟热患病动物时，应遵循支持性护理和严格隔离。

兔与啮齿动物急症

保定

兔 兔天生就是用后腿弹跳的，并且经常会在保定期间尝试这样做。在保定或运输过程中，操作人员应始终支撑兔的背和后腿，因为在没有稳固的抵抗推力下，猛蹬会导致脊柱骨折。

用一只手遮住兔的眼睛和脸，既可以让兔平静下来，又可以防止它在体格检查时向前跳。转移时，可以用一只手支撑并握住兔的前腿，手指放在两脚之间，后腿夹在肘部下方，另一只手支撑后腿。或者，可以将兔用橄榄球式抱法保定，将头夹在一侧手肘下方，另一只手支撑兔的后躯（图 27.13）。为了检查腹部或脚部或进行性别鉴定，可以将兔像婴儿一样仰卧在兽医技师的手臂上，并用一只手支撑后腿。

龙猫 大多数宠物龙猫都能习惯被人操作，因此很容易抓取和保定。抓取龙猫时，最好将一只手放在胸 / 腹部下方，另一只手轻轻抓住尾根部或仅托住尾部。抓取好龙猫后，就可以把它放在检查台上。如果上手比较粗暴，那么龙猫可能会脱落几处皮毛。这通常被称为“滑毛（fur slip）”，正因为如此，不应抓取龙猫的颈部。虽然不是很常见，但在体格检查过程中有可能会意外发生“滑毛”。

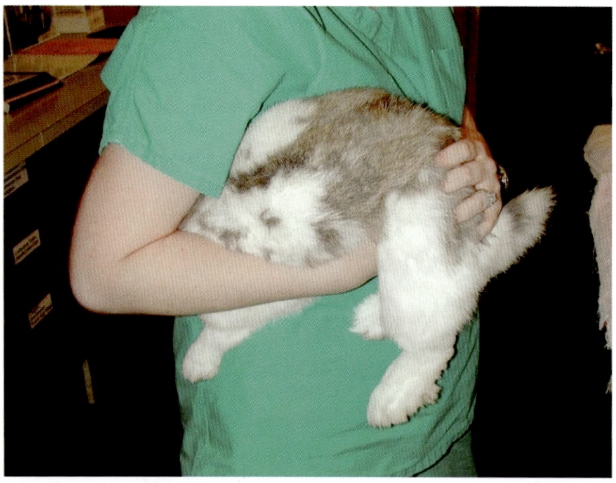

图 27.13 兔保定

大鼠 宠物大鼠通常都能习惯被人操作，在体格检查过程中可以简单地抱起并轻轻托住。如果需要更进一步的保定，可以将拇指放在头的一侧，食指放在另一侧，同时保持托住身体的姿势，即可保定头部。如有必要，也可以轻轻地抓住大鼠的颈部。对于不配合的大鼠，在保定前可以暂时轻轻地抓住尾根部，然后再进行保定。这种方法只适用于动物未被驯服或不习惯被人操作的情况。

仓鼠和小鼠 仓鼠的颈部、肩部和背部周围有大量松弛的皮肤。为了使保定完全或确实，应用拇指和指尖抓住仓鼠的皮肤（类似于抓猫）。同时务必用另一只手托住仓鼠的身体。小鼠也可用类似的方式进行保定，可以先轻轻抓住尾根部，然后抓住颈部再将它们抓起。

豚鼠 大多数宠物豚鼠是安静温和的动物，很少咬人，因此，它们通常可以从饲养箱中取出，放在检查台上。在许多情况下，豚鼠在接受检查时只需要稍做保定。通常最好的方法是用一只手托住动物的后端，另一只手轻轻地放在胸部下方。通常不建议对豚鼠的颈部进行抓取，因为它们的颈部很短，而且没有可供合适抓取的皮肤。

静脉穿刺

兔的静脉穿刺部位有好几个。颈静脉的容量最大，但头静脉、耳静脉和侧隐静脉也是可用的。很难在有大垂肉的兔的颈静脉上获得血液。对兔进行颈静脉穿刺的方法与龙猫的相同。头静脉和耳静脉的血管通常很小，可能无法提供足够的血液来进行全血细胞计数。侧隐静脉通常是获取血样最快、最容易的静脉。从兔的侧隐静脉获取血液的方法与犬的相同。应使用带有 27 G 或 25 G 针头的 1 mL 注射器。有必要进行适当的保定。使用橄榄球式抱法保定（将患病动物的头部置于保定者一侧和保定者手臂 / 腋窝区域之间，同时身体的其他部分由保定者的另一只手臂支撑）通常是快速获得样本的最简单和最安全的方法。在某些情况下，笔者会用卷起的毛巾将患病动物支撑起来，这样患病动物的腿就可以很容易地伸展。

龙猫　龙猫的静脉穿刺部位包括头静脉、侧隐静脉和颈静脉。外周血管通常不能提供足够的血液用于诊断取样，因此，颈静脉是获取全血细胞计数（CBC）和生化检查样本的首选血管。对龙猫进行颈静脉穿刺的方法与猫的类似，但兽医技师必须注意“滑毛”。可以在多种不同的姿势中选择一种来对龙猫进行颈静脉穿刺。选择的姿势取决于动物以及采血员的偏好。龙猫可以侧卧保定，头部伸展，双腿朝身体向下拉。另一种体位是使患病动物俯卧在检查台边缘，头部向上伸展，前腿向下拉，类似于猫的保定。最后一种常见的姿势是将龙猫向后卷起，头部伸展，双腿朝身体向下拉。用拇指或食指按住血管。颈静脉与猫的位于同一颈部区域。通常使用 27 G 或 25 G 针头与 1 mL 注射器连接以获取血样。不配合的动物可能需要轻度镇静以获取样本。

豚鼠　外周血管和颈静脉可用于从豚鼠身上获取血样。针头和注射器的尺寸以及采血位置与龙猫的相同。同样，如果需要进行 CBC 和生化检查，外周血管可能无法提供足够的血液。豚鼠的颈部很短，因此，从颈静脉获取血样比较困难。笔者认为，股静脉是可使用的更好的血管。从股静脉采血是采血量最大且最快的方法。对患病动物进行麻醉，以尽可能减少大股静脉或动脉撕裂的可能。要获得血液样本，首先触诊腹股沟区股动脉的脉搏。乳头可以作为一个标志，帮助找到脉搏。因为动脉和静脉是并行的，所以动脉脉搏可用来帮助确定静脉的位置。触诊到动脉后，针头（最好使用带 25 G 针头的 1 mL 结核菌素注射器）应以 45° 角插入皮肤。这个静脉穿刺点是盲采。由于无法看到血管，因此在针头进入皮肤后立即对注射器施加轻微的负压非常重要。在注射器上施加负压对采血者是很有帮助的，因为一旦针头正确地插入血管，血液就会进入注射器。如果注射器上没有负压则很容易绕过血管，甚至都意识不到。一旦获得血样，就可以撤出针头，然后用拇指或其他手指按压血管。

同样，也可以从前腔静脉采集血液（与雪貂的方法相同），但这并非没有潜在风险，如创伤性出血进入胸腔或心包腔。如果选择前腔静脉作为静脉穿刺点，采血时动物就必须处于全身麻醉的状态，因为挣扎的患病动物会显著增加腔静脉破裂的风险。

大鼠、小鼠和仓鼠　可以使用外周静脉和颈静脉，但同样这些血管很小，很难获得样本。在大鼠和小鼠中，侧尾静脉可用于获取少量血液。血管通常位于浅表处，很容易看到（除非动物非常虚弱或肥胖）。可以通过胰岛素注射器或带有 27 G 针头的结核菌素注射器进行采血。也可以使用 27 G 或 25 G 针头。一旦针尖出现血液，就可以使用血细胞比容管进行收集。一般来说，这个部位不能产生足够的血液供 CBC 和生化检查使用。通过股静脉采血是获取血样最多且最快的方法。尽管是使用 27 G 或 25 G 针头，但豚鼠的采血方法也适用于仓鼠、小鼠和大鼠。

导管放置

小型异宠哺乳动物常见的静脉导管放置位置包括头静脉、耳缘静脉（仅限于兔，也称为耳静脉）和侧隐静脉。在雪貂和兔上可以进行颈静脉导管放置。导管的大小可根据患病动物的大小进行选择。通常情况下，24 G 或 26 G 导管可以放置在较小的患病动物上，而 22 G 或 20 G 导管可以放置在较大的患病动物上，如 4 ~ 6 kg 的兔。颈静脉导管规格为 22 ~ 18 G。必要时，也可以在较大的患病动物上放置多腔导管。

有些物种的皮肤很厚，很难穿透。使用 25 ~ 20 G 的皮下注射针做皮肤切口通常是可行的。兔和龙猫的毛可能很难剃。50 号剃须刀可以很好地去除它们的细毛。

> **技师笔记**
>
> 许多小型异宠哺乳动物的皮肤通常很厚。使用皮下注射针做皮肤切口可让静脉导管更易推进。

在导管放置前，应将患病动物放置在防滑表面上。在导管放置期间，患病动物应始终保持俯卧位。让患病动物侧卧保定通常会非常应激，并且会增加兔背部骨折的发生率和其他物种的应激。

除非下文另有说明，否则所有导管放置部位均应遵循相同的基本放置和稳定技术。基本技术如下：

在放置导管之前，对肢体进行剃毛和无菌准备。应使用 25 ~ 20 G 针做皮肤切口。导管应与腿部呈 20° ~ 30°。一旦固定血管，就可进针并推进到位。注射帽或儿科 T 型端口应放置在导管的中心。导管应使用肝素化盐水充满，并用胶带固定。胶带固定的方式与犬或猫的相同。导管用胶带完成固定后，在插入部位放置一块 2.54 cm × 2.54 cm（2 in × 2 in）的无菌纱布块或无菌黏性绷带。用纱布卷和弹性绷带固定和包覆导管。

大多数物种的头静脉通常很小，但仍然是最容易放置导管的。大多数患病动物都可以通过以下方式进行保定，用一只手臂环抱身体，然后轻轻地将身体拉向保定者的一侧。接着保定者可以用拇指和食指按住血管。这与猫的导管放置过程非常相似。

雪貂、兔和豚鼠常在外侧隐静脉放置导管。通过将患病动物头部夹在助手的身体和前臂之间进行保定。然后将患病动物的身体轻轻地倚靠在助手的身体上。助手可以将手放在后肢周围，按住血管。雪貂可能需要抓住颈部以进行合适的保定。大多数雪貂喜欢 Nutri cal® 的味道，在放置导管时，可以把一小块放在压舌器上，用来分散雪貂的注意力。

耳缘静脉，也称为耳静脉，通常很小，甚至在大兔中也是如此。耳缘静脉沿着耳廓最外侧伸展。耳缘动脉穿过耳廓中心。很容易将导管插入该血管，但在液体治疗时应避免，因为液体和药物不能注射到动脉。

在放置导管前，应剃除耳朵上的被毛并做好无菌准备。保定兔的人也应将手放在耳廓底部来固定住耳朵。然后，保定者可以用拇指或食指按住血管。

应使用 25 ~ 20 G 针做皮肤切口。由于耳朵的形状和大小，在这个位置固定胶带可能很困难。将耳廓绕在一卷纱布或注射器盒上可以更容易地固定导管。一旦放置好纱布卷或注射器盒，就可以将导管同头静脉或侧隐静脉相同的方式进行胶带固定。

技师笔记

在可能的情况下，应避免使用耳缘静脉，因为耳组织形成血栓、坏死和脱落的可能性很高。可能很难能将此处的导管舒适地固定好。

可以在大鼠的侧尾静脉中放置静脉导管。这些血管通常很小，因此使用 26 G 或 24 G 导管。导管部位经过无菌处理，并使用 25 ~ 22 G 针做皮肤切口。导管应与血管保持 20° ~ 30°。放置头静脉导管的技术也适用于侧尾静脉。除非大鼠病情严重或受伤，否则需要进行深度镇静或麻醉（图 27.14）。

颈静脉导管通常不会放置在小型异宠哺乳动物上，但在需要时也可以选择。常规静脉导管可以使用缝线放置和固定。导管大小取决于血管的大小。多腔导管也可以放置在雪貂和兔上。这些导管必须使用无菌技术放置。放置方式与犬和猫的相同。

骨内导管放置

将股内导管放置于股骨时，首先触诊位于股骨近端靠近股骨头的大转子。导管应置于大转子和股骨头之间。骨骼非常致密，很难将导管推进骨骼中。最简单的方法是同时扭转针头并将其向下推。这能防止导管进入髓腔时弯曲。导管应向前推进，直到针头的整个长度都进入骨骼。完全

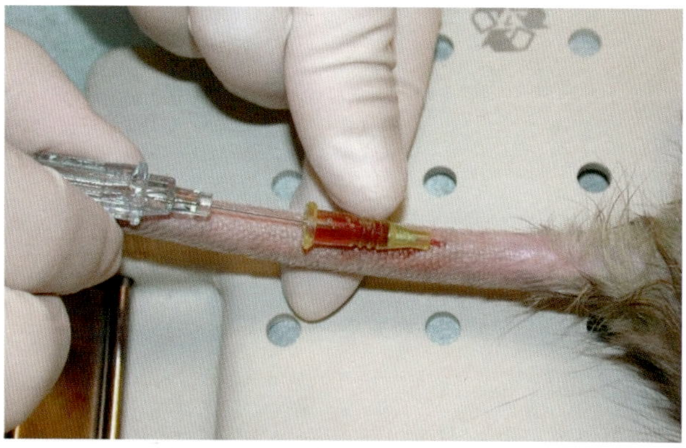

图 27.14 大鼠的尾静脉导管放置

到位后，应取下针头，并连接一个 3 mL 的肝素化盐水注射器。应先抽吸导管，然后再冲洗。如果骨髓被吸入注射器，则说明导管已正确放置，然而，根据笔者的经验，骨髓并不能常被抽出。有几种方法可以检查导管是否正确放置。快速 X 线片可确认放置位置，但如果这不可能，可移动腿做圆周运动。导管应与股骨保持在同一平面。一旦确定放置位置，可以在导管的中心放置一段胶带，并使用几条简单的间断缝合将其固定。针的推进和检查放置的技术对于所有异宠都是相同的。

胫骨嵴是小型异宠哺乳动物放置骨内导管的另一个常用部位。一般来说，25 G 脊柱针适用于大多数小型异宠哺乳动物。放置和固定技术是相同的，只是解剖结构略有不同。通常最容易的是弯曲后腿，以便触及胫骨嵴。大多数物种的胫骨嵴非常突出，在某些情况下，即使解剖结构较小，也很容易在这里放置骨内导管。导管放置并固定后，要对腿部进行包扎，因为与股骨相比，患病动物更容易接触到腿。通常用绷带包扎比使用伊丽莎白圈更好。

注射器喂食技术

用手或注射器喂食是与异宠打交道需要掌握的一项基本技能。我们提供几种不同种类的喂养配方。食草动物，如兔、龙猫和豚鼠，可以用手或注射器喂食配方，如混合颗粒、婴儿蔬菜食品、南瓜罐头，或针对食草动物的 Oxbow Critical Care® 或 Emeraid Herbivor® 商品粮。例如，自制配方可以包括南瓜罐头和花园蔬菜婴儿食品或混合颗粒。如前所述的自制配方是完全可以接受的，只要它们高纤维、低糖，并且满足患病动物的营养需求。Oxbow Critical Care® 和 Emeraid Herbivore® 是商业化生产的，由均衡的饮食构成，可为正在康复的食草动物提供营养支持。有两种注射器喂食技术常用于食草患病动物。第一种方法是将食物装入一个 60 mL 的导管式接头注射器，并将注射器的尖端放入患病动物嘴中，简单地给动物喂食。该方法适用于食欲很好的患病动物。有些患病动物会在注射器推出时舔掉注射器上的食物。另一种方法是将手喂配方食物装入 60 mL 导管式接头注射器，但不是直接用 60 mL 注射器喂食患病动物，而是从 60 mL 注射器中分装几份 1 mL 或 3 mL 的小份。较小的注射器可以直接放入患病动物的嘴中，同时能将注射器中的全部食物一次性挤入嘴中。这看起来非常麻烦，但对大多数患病动物来说，这种方法效果最好。如果一次只给动物喂一小份食物，那么患病动物可食入更多的食物，而不会留在患病动物、兽医技师或检查台上。在极端情况下，动物可以管饲，或者在一些小型哺乳动物（如兔）中，可以放置鼻胃管。

> **技师笔记**
>
> 注射器饲喂小型食草动物的最有效方法之一是将食物装入几支 1 mL 结核菌素注射器中，一次喂一支。这看起来很麻烦，但患病动物会食入更多的食物，而不是残留在桌子和兽医技师上。

小鼠、大鼠和仓鼠等啮齿动物也可以在需要时使用 1 mL 或 3 mL 注射器进行饲喂。最常见的用于注射器饲喂的食物类型包括蔬菜婴儿食品，如南瓜、红薯和其他以各种蔬菜为基础的婴儿食品。如果患病动物不配合，可以将金属饲喂管（通常用于鸟类）放入口中，但不能进入食道。饲喂管（与注射器相连）可以很好地帮助食物慢慢滴进嘴里。

> **技师笔记**
>
> 腭孔是一种位于豚鼠的口咽和近端咽之间的软组织结构。腭孔是口腔、声门和食道之间唯一的小开口。腭孔的存在使 ETT 和胃管都难以通过。

常见兔急症

牙科疾病

牙科疾病是豚鼠、龙猫和兔等小型哺乳类异宠动物的常见问题（图 27.15）。出现流涎、厌食、过度理毛和（或）排便量减少或无排便的患病动物应被视为急诊，并应迅速治疗。豚鼠、龙猫和

图 27.15 牙科疾病

兔都是后肠发酵的。它们需要一整天不停地吃东西，因此会一直排便。12 ~ 24 h 不进食会导致胃肠道停滞。如果不进行治疗，最终会导致死亡。对于患有牙科疾病（或任何导致厌食症的疾病）的动物，首要的紧急稳定治疗包括疼痛管理、液体疗法和强饲。疼痛会加重胃肠道停滞的严重程度。布托啡诺通常不是治疗牙痛或胃肠道停滞引起的疼痛的理想药物。理想情况下，使用氢吗啡酮或吗啡等 μ 阿片类药物。如果患病动物没有剧烈疼痛，可以使用丁丙诺啡。乳酸林格液（LRS）等液体通常需要静脉输注。如果静脉输注非必要或无法进行，可给予皮下补液，剂量为 50 ~ 60 mL/（kg·d）。使用蝶形导管连接到注射器，可使皮下补液更容易。大多数患病动物都很小，因此很难通过点滴装置和点滴袋准确地给药。如果患病动物因灌注不良而无法进行静脉输注，则可以放置骨内导管。

人们通常认为兔会被毛球（毛粪石）阻塞。虽然这种情况确实发生过，但并不常见。人们认为可以使用菠萝汁或木瓜酶来帮助分解毛球。这是有争议的，并没有显示出明显的效果。如果兔或其他小型哺乳类异宠有毛球或其他胃肠道异物，则应以与患有牙科疾病的动物相似的方式进行治疗。基本的支持性护理应包括疼痛管理、液体疗法和强饲。基本诊断包括 X 线检查、腹部超声、CBC 和生化检查。可以进行胃肠道钡剂研究，但在后肠发酵中胃肠道转运很慢，因此需要 24 ~ 36 h 才能完成一项完整的研究。如果异物无法排出，则需要进行手术。

细菌性肠炎

肠毒血症（由梭菌引起）和大肠杆菌病（由致病性大肠杆菌引起）是兔细菌性肠炎最常见的两种原因。肠炎的临床症状包括软便到含血或黏液的水样腹泻、败血症、严重脱水，有时甚至导致死亡。细菌过度生长的根本原因包括应激、饮食中缺乏足够的纤维或抗生素治疗导致肠道菌群发生变化。兔细菌性肠炎的诊断基于临床症状和粪便培养。

治疗应在粪便培养期间就开始。应经验性地使用恩诺沙星或甲硝唑进行治疗。在轻度肠炎病例中，停止给予所有零食，并添加干草以增加膳食纤维摄入量，可能会纠正该问题。在梭菌过度生长的情况下，治疗包括积极的液体疗法［IU 或 IO（如有必要）］，同时努力使肠道菌群正常化并减少病原菌数量。在这种情况下，抗生素治疗可能只会加速正常菌群数量的减少。经发现甲硝唑是有效的。添加甲氧氯普胺或西沙必利以及高纤维饮食可有助于清除病原菌。

另一方面，大肠杆菌病应根据培养和敏感性结果使用适当的抗生素进行治疗。大多数大肠杆菌菌株对恩诺沙星或磺胺甲氧苄啶敏感。诊所工作人员应积极进行液体疗法，并在必要时通过注射器饲喂高纤维饮食。应该持续治疗这些症状，直到兔能够积极进食并产生正常的粪便。

膀胱结石和膀胱炎

膀胱结石在兔和豚鼠中比较常见。临床症状包括沉郁、体重减轻、蛋白尿、血尿、弓背和沉郁。膀胱内可触及不明显的结石。放射学检查和腹部超声检查是鉴别膀胱结石、尿道结石、输尿管结石或肾结石的有效诊断方法。

关键点：在对兔的膀胱进行造影时，不要将钙沉积（放射性细砂）与膀胱结石混淆。结石表现为致密的放射性结石。

关键点：兔正常尿液分析的特点可能是草酸钙结晶尿，有时尿液呈粉红色或橙色。试纸可以用来区分血尿和正常色素着色。

血尿通常表明存在膀胱结石。无论是钙泥结石还是碳酸钙结石，均表明兔的膳食钙摄入量普遍过高。膀胱炎（罕见）应接受 2 ~ 3 周的抗生素治疗。磺胺甲氧苄啶通常有效。

膀胱结石可通过反复生理盐水冲洗膀胱来治疗。通常采用外科手术治疗。在膀胱切开术前，患病动物应根据需要进行静脉输液和抗生素治疗以达到稳定状态（并将结石送检进行定量分析）。

呼吸道感染和巴氏杆菌

上呼吸道感染和下呼吸道感染在兔中很常见。多杀性巴氏杆菌感染，俗称鼻塞，是兔上呼吸道疾病中最常见的病原体。其他上呼吸道疾病的病原体包括但不限于莫拉菌属和支气管败血鲍特菌。

兔巴氏杆菌病的临床症状包括鼻炎和鼻窦炎，伴有鼻分泌物，经常从眼睛（即泪道）流出过多流泪，以及结膜炎，在呼吸过程时经常能听到鼻塞或鼾声。巴氏杆菌感染的后遗症包括中耳炎（当感染从鼻腔扩散到中耳）、鼻甲骨腐蚀和血源性传播，导致菌血症、发热和急性死亡。巴氏杆菌肺炎、胸膜炎和心包炎也可能是慢性感染的后遗症。

通过培养确诊。然而，微生物可能很难生长，并且可能需要进行几次培养。由于该疾病的侵袭性，需要长期的抗生素治疗，通常是 45 d 或更长的时间。对巴氏杆菌感染有效的抗生素包括恩诺沙星和氯霉素。应即刻开始使用抗生素，并根据培养和药敏结果调整治疗。患病动物应根据需要进行支持治疗，包括输液和注射器饲喂。有必要进行一次完整的牙科检查，因为这两种疾病会出现许多相同的症状。

脓肿

除非另有证明，否则兔身上任何凸起或坚硬的肿物都是脓肿。兔脓肿的内容物是固体、白色和干酪样的。脓肿必须手术切除，边缘必须干净。当无法切除时，如足部或面部脓肿，应彻底清创，并保持开放直至愈合。造袋术是一种外科手术，可长期冲洗脓肿囊。脓肿复发并不少见。

引起兔脓肿的常见病原体包括多杀性假单胞菌、铜绿假单胞菌和葡萄球菌。良好的经验性抗生素选择包括恩诺沙星和磺胺甲氧苄啶。抗生素的选择最好基于培养和药敏结果。

子宫腺癌

子宫腺癌在 4 岁以上未绝育的兔中非常常见。主人注意到的子宫腺癌最常见的临床症状是血尿，或排尿结束时的血尿。其他临床症状包括沉郁、厌食和脱水。肺、肝或骨转移可能发生在疾病的第一年内（或之后）。

卵巢子宫切除术是首选的治疗方法。如有可能，手术前应进行静脉或骨内输液使兔状态稳定。如果尚未发生转移，则预后良好。

常见啮齿动物急症

如前所述，牙科疾病也是豚鼠和龙猫等小型异宠哺乳动物常见的问题。小型啮齿动物的治疗方法与兔相同。

生殖系统急症

任何种类的小型异宠哺乳动物都可能出现生殖系统急症，如难产，但最常见于豚鼠。耻骨联合是纤维软骨。如果雌性豚鼠在 6 月龄后首次繁殖，在生产时耻骨联合较难张开，导致难产。这种情况通常需要剖宫产。术前应进行 X 线检查、腹部超声检查和（至少）基础血常规检查［红细胞压积（PCV）、总蛋白（TP）、BG 水平、血尿素氮（BUN）水平］。疼痛的小型异宠哺乳动物食欲不振，因此，疼痛管理和液体疗法都很重要，为保持胃肠道水分，必要时需强制喂食。

雄性龙猫可能出现阴茎脱垂。这通常是由阴茎基部周围的毛堆积引起的。可以通过润滑阴茎并轻轻去除阴茎组织上的毛环来解决。一旦去除被毛，阴茎就可以还纳回包皮中。在某些情况下，患病动物需要镇静才能安全去除毛环。一般不需要全身麻醉。如有必要，可提供支持性护理，包括皮下补液，剂量为 50 ~ 60 mL/（kg·d），注射器饲喂和疼痛管理（图 27.16）。

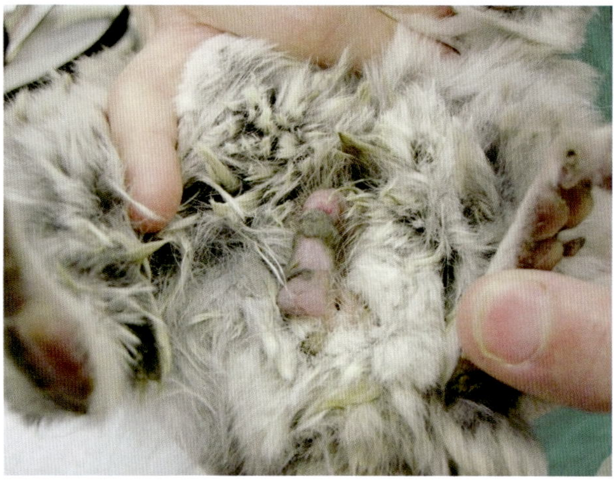

图 27.16 龙猫毛环

仓鼠可能出现腹泻。这通常被称为湿尾。湿尾通常是由不适当的饮食和饲养方式造成的。回肠炎可由多种不同类型的细菌引起。常见症状包括尾巴周围潮湿、腹泻、嗜睡、腹部隆起，严重的情况下会导致死亡。支持性护理包括皮下液体疗法、必要时用手喂食、抗生素治疗，以及改变饲养和饮食习惯。

爬行动物急症

物资

- 用作骨内导管的 25 ~ 20 G 脊髓针。
- 胰岛素注射器。
- 27 ~ 25 G 针。
- 基本急救药物。
- 红色橡胶进料管（各种尺寸）。
- 恒温箱。
- Oxbow 重症护理和食肉动物护理饮食。

爬行动物体格检查

对爬行动物进行体格检查的方法与对大多数哺乳动物类似。体格检查所需的所有物品都应备妥并方便拿取。这能有效节省时间，并可减轻动物和兽医工作人员的压力。在动物被搬运受应激之前，应先进行视诊，以评估动物的健康状况和心理状态。

技师笔记

鸟类和爬行动物的瞳孔有横纹肌。由于动物能自主控制瞳孔收缩，检查时可能无瞳孔对光反射（pupillary light reflex，PLR）。

爬行动物的检查方式与哺乳动物类似，从头部开始。也可以注意到瞳孔对光反射。由于瞳孔由横纹肌组成，因此无瞳孔对光反射并不罕见。还应观察耳朵或鼓膜。这些地方应该干净，并且没有任何皮屑。

彻底的口腔检查是进行全面体格检查的重要组成部分。可使用多孔带箍或软塑料工具（如抹刀）安全地打开口腔（图 27.17）。可以使用金属内窥镜，但应注意避免对口腔造成创伤。口腔应是湿润，呈粉红色，无任何损伤的。在口腔检查时，应观察口腔是否有红斑、口炎或齿折的表现，以及黏膜上是否有斑块。当向下移动动物身体时，应彻底触诊体腔。随后应触诊四肢和尾部。触诊犬和猫的方法同样适用于触诊大多数爬行动物。重要的是要注意任何异常情况，如软组织肿胀、占位性肿物（如尿路结石）、发育中的卵、肿瘤，以及任何现有或陈旧的损伤，如骨折、烧伤或其他类型的创伤。

通常蛇的心脏、胆囊和胸腔，以及吞食的食物或粪便都能触诊到。蜥蜴的许多器官有时很难触诊。在一些体型较大的蜥蜴中，可以通过直肠检查触诊肾脏。在没有直肠检查的情况下触诊到

图 27.17 蛇的口腔检查

肾脏是不正常的。肾脏位于骨盆带，除非增大或矿化，否则几乎不可能触诊到。水龟和陆龟通常在进行全面体格检查时存在很大挑战。外壳使大部分器官难以触诊。根据动物的大小，一个或两个手指可以放在后肢和壳之间的腹股沟区域。这能够触诊到体腔，寻找异常的迹象，如膀胱结石、异物、肿瘤或潜在的卵。观察龟壳的质量和颜色（或者蜥蜴和蛇的皮肤质量和颜色）也很重要。如果动物有全身感染或败血症，通常会在壳上发现瘀点和瘀斑，尤其是在腹甲上（图 27.18）。当发生全身感染或败血症时，其他爬行动物也会出现瘀点和瘀斑。蛇的瘀点和瘀斑通常出现在腹侧，而一些蜥蜴（如鬣蜥）的瘀点和瘀斑通常出现在动物背部的脊椎骨上。体格检查时应注意心率和呼吸频率。使用多普勒最容易获得心率。大多数爬行动物不能用听诊器听诊，因此，多普勒是临床实践中必不可少的工具。在蜥蜴中，多普勒探头和听诊器的放置位置和犬或猫的一样（图 27.19）。一些物种（如巨蜥）的心脏位于体腔的尾部。在蛇中，需要将多普勒探头放置在颅骨的腹侧表面，接近身体 1/3 长度的地方。在龟类中，多普勒探头或置于胸腔入口处，或置于颈动脉上方的颈部区域。

一般来说，爬行动物的生理值正常范围非常大。许多爬行动物的心率在每分钟 10 ~ 80 次以上。心率和呼吸频率可能因环境温度、年龄、物种和健康状况而异。呼吸频率可能从每分钟几次到每分钟 20 次或更高。体重也会因年龄、性别、营养状况和物种而有所不同。患病动物体重从几克到几千克不等。体况评分也适用于爬行动物，并遵循与哺乳动物相同的指南。评分范围从 1 ~ 9，其中 1 代表消瘦，9 代表极度肥胖。爬行动物的体况评分标志包括肋骨、胸肌 / 骨盆，以及尾巴的周长。

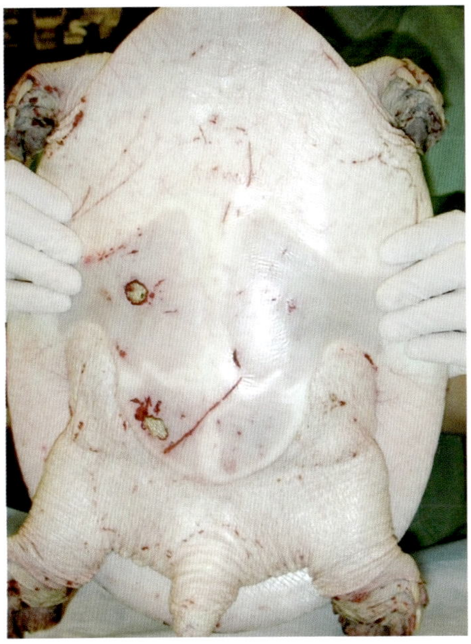

图 27.18　发生全身感染的鳖

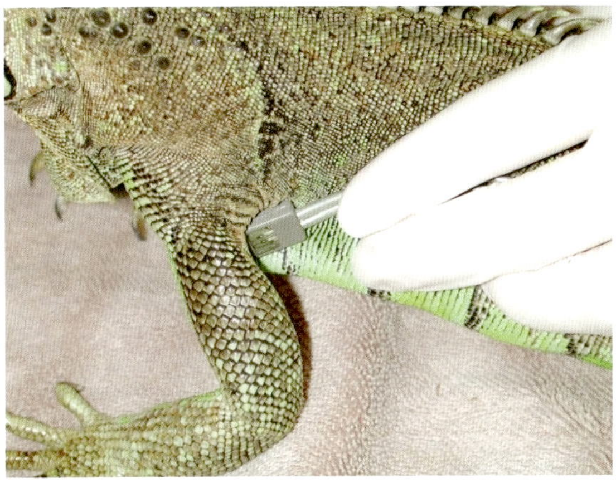

图 27.19　多普勒探头在蜥蜴上的放置位置

保定

蛇　大多数蛇可以很容易地从手提箱或笼子中拿出。如果蛇具有攻击性，可能需要使用毛巾和皮手套。在这种情况下，轻轻地把毛巾扔到蛇身上，找到蛇的头部。一旦头部被隔开和保定住，就可以安全地将蛇取出。如果蛇非常凶猛或有毒，则使用蛇钩。钩子用来固定蛇头，以防止操作人员抓住蛇头时被咬。在头部后方施加压力，直到保定好头部和身体。蛇钩使用不当会对患病动物造成创伤，因此，应格外小心，只有经验丰富的蛇类操作人员才能进行。

用一只手轻轻地握住蛇头部正后方（这样它就不能转头咬人），并用另一只手支撑蛇的身体，这是十分重要的。

> **技师笔记**
>
> 如果蛇很大，可能需要不止一个人来保定。建议标准是每 91.44 cm（3 ft）的蛇对应一个人。

蜥蜴 蜥蜴有时是一种很难抓取和保定的动物。体型较小的蜥蜴容易抓取，但也很难保定，因被抓住时常会扭动。大多数小型蜥蜴都可以用双手抓起来，然后从笼子里拿出来。大型蜥蜴也是如此。然而，一些体型较大的蜥蜴可能很难抓住和保定，尤其当它们具攻击性时。如果蜥蜴具攻击性，则应使用毛巾或毯子以及皮制保定手套。要记住蜥蜴可以抓挠和咬人。因此，如果可能的话，最好穿长袖衣服，并时刻注意头部的位置。长颈的蜥蜴，如巨蜥，如果在抓取过程中头部没有进行合适的保定，它们很容易回头咬人。将一手放在脖子上，即紧靠头基部的地方，可防止被咬伤。

技师笔记

在保定任何种类蜥蜴时都避免抓住它们的尾巴。许多种类的蜥蜴都有一种自然的掠食反应，它们会自动断尾，以逃避捕食。

一般来说，蜥蜴可以通过以下方式保定，把一只手放在颈部和胸腰区域，另一只手支撑靠近骨盆的身体。切记并非所有蜥蜴都有坚韧的皮肤。有些蜥蜴，如壁虎，皮肤非常娇嫩，容易因抓取和保定而受伤。

龟类 虽然龟类（水龟和陆龟）通常是最容易抓取的，但它们却最难保定。除非是非常大的龟，否则大多数龟类只能用双手抬起并放在检查台上。在检查大型龟类时，最容易的方法是在动物的箱子内或诊所检查区域的地板上设置一块检查区域。由于体型和力量的差异非常大，大型龟类和小型龟类的保定技术有所不同。一旦动物的身体受到控制，头部就必须进行适当的保定。虽然这在动物生病时相对容易，但对强壮健康的龟类来说，尤其是大型陆龟和箱龟，这很困难。

有几种方法可以使保定人员控制住龟类的头部。许多水龟和陆龟都充满好奇。如果它们被放在桌子上或地上，它们可能会四处走动进行探索。操作人员可用一只手抓住头部，同时用另一只手保定住身体。为了保持对头部的控制，拇指应放置在颈部靠前的一侧，其余手指（对于较小的物种，仅用食指）置于颈部的另一侧，也就是在头颈后面。健康的龟是很强壮的，所以可能需要施加持续很大但轻柔的力量才能让水龟或陆龟的头从壳中伸出。如果动物非常活泼，可能需要另一个人帮助保定四肢和身体。

另一种控制头部的方法是尝试把动物从壳里哄骗出来。提供食物或将食物放入一个装有浅温水的容器中，许多龟类都会把头伸出壳外。一旦头部伸出，就可以使用前面提到的技术控制头部。若都失败，可使用小的钝耳刮匙或绝育钩滑入上喙的角质部分（即鼻鞘）。一旦完成放置，则可轻柔地向后推，而使颈部伸展至保定者可抓取的位置。需要注意的是，这种操作可能很危险。如果动物挣扎或健康状况不佳，喙可能会有缺口或折断。如果选用绝育钩，最好给倒钩部分加缓冲垫。缓冲垫可由简单地胶带或裁切成大小适宜的弹力绷带构成。

技师笔记

在处理任何水龟时，尤其是鳄龟一类时，应小心谨慎。这种龟类有咬人的倾向，许多较大的水龟会对与它们接触的人造成严重的身体伤害。

箱龟是最难保定的龟类。由于箱龟的壳上有一个铰链结构，许多种类的箱龟都能把自己完全塞进壳里。最简单的伸展头部的方法是轻轻地撑开背甲（上壳）和腹甲（下壳）的前端部分。当尝试撑开外壳时，须格外小心。建议在执行此操作时使用缓冲垫进行合理的保护。这将有助于避免壳体受到创伤或破裂。另一种伸展箱龟头部的方法是抓住其中一个前肢，并保持腿伸出壳外，直到头部能够成功地拉出并得到适当的保定。这种方法效果很好，因为腿伸出来后，龟通常不会把壳合在自己的腿上。切记这些抓取和保定技术中的任何一种都可能给患病动物造成相当大的应激。如果最初的抓取和保定都没有成功，对于任何爬行动物，尤其是大型陆龟和箱龟，都可能需要化学保定（图 27.20）。

图 27.20　龟类的保定

爬行动物常见的静脉穿刺部位

蛇　蛇的两个常见静脉穿刺部位是尾静脉和心脏。在大型蛇类上从尾静脉进行采血最适宜，但由于血管太细，在小型蛇类上很难采血。蜥蜴从腹中线处采血的方法同样适用于蛇。从心脏获取血样（也称为心脏穿刺）是获得大量血液的最快方法。使用 27 ~ 22 G 的针头并连接到 1 mL 或 3 mL 的注射器上，用于采血（针头和注射器的大小取决于蛇的大小）。应先将蛇置于仰卧位，以获取血样。心脏位于身体的前 1/3 处。心脏可向头侧和尾侧移动，所以最好将拇指和食指放在心脏的两侧。寻找跳动心脏的尾侧。入针位置应在其下方两个鳞甲处（鳞片）。要获取血液，针头应该以 45° 插入两个鳞甲之间。不要到处寻找心脏很重要。要流畅地一次入针。在注射器上施加轻微的负压，让心脏的跳动慢慢将血充满注射器。腭部的血管在某些情况下可以使用，但不建议使用这种技术，因为它很难止血，血管非常细，并且口腔中充满了细菌。

蜥蜴　在诊所可能会遇到各种蜥蜴，兽医可从它们的头静脉、颈静脉和腹侧的血管获取血液样本。然而，由于几个原因，这些血管并不常用。①头静脉非常小，通常不可见，可能需要做手术切口；②腹侧静脉不被使用（尤其是在清醒的动物中），因为不能很好地保定动物和控制出血；③颈静脉并不常用，因为在许多物种中，它通常不可见，可能需要做手术切口才能进入血管。从颈静脉进行静脉穿刺时，淋巴液污染也很常见，这会使血液值发生偏差。

蜥蜴最常用的静脉穿刺血管是尾静脉，也称为尾腹侧静脉。有两种不同的技术常用于此以获取血液。这些技术包括侧通路和腹中线通路。为了成功地从任意一种方法中获取血样，应使用 2.54 cm（1 in）或 3.81 cm（1½ in）的 27 ~ 20 G 针头，并接到 1 mL 或 3 mL 注射器上。针头和注射器的大小取决于患病动物的大小。胰岛素注射器可以用在非常小的蜥蜴身上，但在将血液注入合适的采样管之前，请记住拔下针头。如果将血液通过针头，那么小针头会导致血细胞溶解（26 G 或 25 G 针头也是如此）。在采血过程中，要轻柔地将尾巴保定住，这是很重要的。左手可以用来保定尾部的头侧，而右手可以用来采血。如果是左撇子，只需用左手从尾巴的另一侧采血，右手则轻柔地保定住尾巴。

对于侧通路，针头应以大约 90° 插入尾部（在两个鳞片之间）。缓慢地将针头插入尾部，保持轻微的负压，直到血液进入注射器或针头接触到脊椎。如果针头接触到椎骨，慢慢将针头从骨骼上回撤（仍保持注射器上的轻微负压），并将针头转向血管。在获取血样时，对注射器施加轻微的负压非常重要。负压过大可能导致血管塌陷。

腹中线通路的技术与侧通路非常相似。针应以约 90° 从中线插入尾部（两个鳞片之间）。缓慢地将针插入尾部，在注射器上保持轻微的负压，直到血液进入注射器或针头接触脊椎。血管位于椎骨腹侧。如果先接触到脊椎，则慢慢地退针，直到针插入血管（图 27.21）。

蜥蜴的背朝上放置时通常会挣扎，这使得从它们身上采血变得困难。因此，在获取血样时，保持动物俯卧非常重要。

龟类　臂丛静脉、背甲下静脉窦和颈静脉是可以从水龟或陆龟上获取血液的主要部位。静脉穿刺部位取决于患病动物的大小和种类，以及采血者的偏好。如果从颈静脉采血，水龟/陆龟应置于侧卧位。头部和颈部应从壳中拉出。颈静脉与眼睛和鼓室应位于同一平面。要获得样本，采

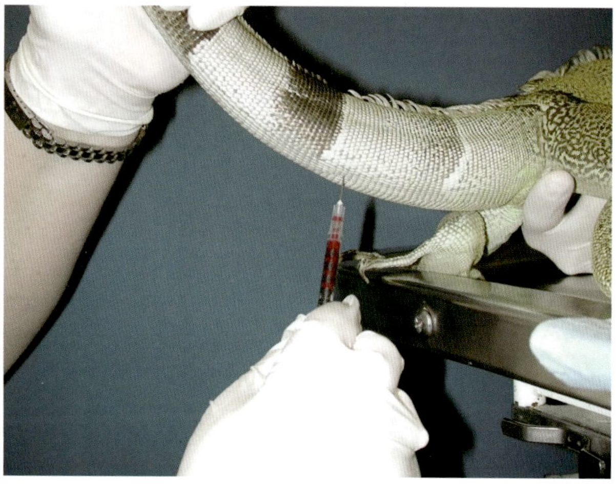

图 27.21 **蜥蜴侧静脉穿刺**

血医生应握住头部，而保定者将保持患病动物侧卧。使用 27 ~ 20 G 针头，并与 1 ~ 3 mL 注射器连接，针头大小取决于患病动物的大小。颈静脉穿刺不可行时，可使用背甲下静脉窦。根据患病动物的大小，使用 2.54 ~ 3.81 cm（1 ~ 1½ in）27 ~ 20 G 针头或 5.08 cm（2 in）脊柱针头（连接至 1 ~ 3 mL 注射器）获取血样。针头以大约 60°角向上插入颈背部。在注射器上施加轻微负压，直到血液进入注射器或针头触及骨骼。如果触及骨骼，则远离骨骼并重新改变针头的方向。臂丛静脉，又称为尺静脉丛，可用于大多数龟类采血。将前肢拉离身体，触诊肱桡关节附近的肌腱。通常情况下，将 22 ~ 20 G 针头连接到 1 ~ 3 mL 的注射器上，以 90° 角插入皮肤，并与肱桡关节成一定角度。尾静脉也可用于龟类采血。在蜥蜴上使用的技术同样适用于龟类（图 27.22）。

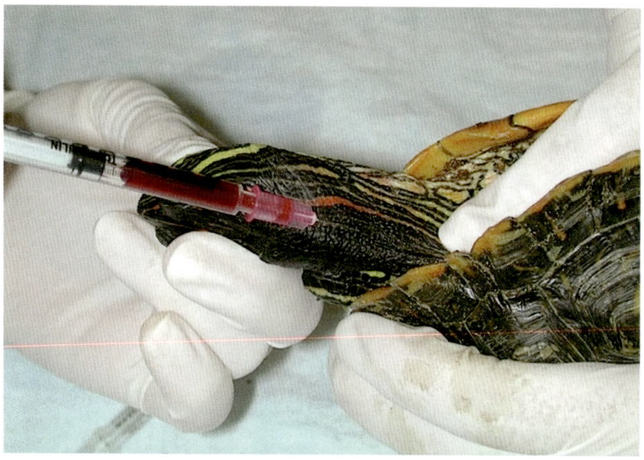

图 27.22 **龟类静脉穿刺**

骨内导管

无法在蛇体内放置骨内导管。在蜥蜴中，骨内导管通常放置在股骨、肱骨或胫骨嵴中。水龟和陆龟是比较困难的，但可以尝试在甲桥、角质层的头侧骨部分，以及肱骨或股骨远端置入骨内导管。

在爬行动物中，骨内导管应置于股骨远端。这与哺乳动物的位置相反。由于股骨头和大转子插入髋臼的方式不易触诊，因此将导管放置在股骨远端。哺乳动物部分描述的一般放置技术也可用于爬行动物。

胫骨嵴的骨内导管放置方式与哺乳动物章节中所述的相同。

在龟类中放置骨内导管可能很困难。有几个部位可用于放置骨内导管。在哺乳动物中使用的技术也可用于将骨内导管置于水龟和陆龟的肱骨和股骨远端。

在龟类中，其他两个放置骨内导管的部位包括喉盾的头侧（颈部下的骨突起）和背甲与腹甲的连接处（背甲和腹甲或者上下壳之间的桥梁）。外壳由活骨和角化层下面的组织组成。导管实际上可以插入壳的骨髓腔，允许全身性输送药物和液体。

龟甲首先经过无菌处理。然后用钻孔机钻一个导孔，以便将脊柱针轻松插入骨髓腔。脊柱针插入后，用无菌组织胶固定。可以通过骨髓抽吸或背腹位 X 线片验证是否置入成功。

静脉导管放置

表 27.4 总结了爬行动物常用的静脉置管位置。

蛇 蛇通常都很难放置！放置导管的首选位置是尾静脉。由于脊椎的横突，腹侧入路比侧入路容易得多,但两者都可以。如果要使用腹侧入路，必须先将蛇背部朝上。皮肤的无菌处理方式与犬猫的相同。导管应使用肝素生理盐水冲洗，并以大约 20° 角插入两个鳞片之间。鳞片是角化的，因此，把导管插入鳞片就像把它插入指甲一样。

尾静脉位于泄殖腔的尾部。如果患病动物是雄性，生殖器官位于泄殖腔尾部的两个憩室囊中。根据物种的不同，生殖器官的长度为 7 ~ 11 个鳞

表 27.4 爬行动物常用的静脉置管位置

爬行动物	常用静脉位置	静脉导管大小
蛇	颈静脉：必须做手术切口；不常用 尾静脉：腹面是最常用的，也有可能从侧面放置	26 ~ 20 G 静脉导管；取决于患病动物的大小
蜥蜴	颈静脉和头静脉：必须做手术切口；不常用 尾静脉：腹面是最常用的，也有可能从侧面放置	26 ~ 20 G 静脉导管；取决于患病动物的大小
龟类	颈静脉：最常见 尾静脉：以与蜥蜴或蛇相同的方式放置	26 ~ 20 G 静脉导管；取决于患病动物的大小

片。导管必须置于生殖器官的尾部。如果蛇是雌性，导管可放置在更靠近泄殖腔的地方。应缓慢埋置导管，直到血液进入导管中心或触及骨骼。如果导管接触到骨骼，说明导管插入过深，需要稍微向后退，直到导管进入血管。一旦血液进入导管中，就应将针从导管中移出，并以与其他物种相同的方式留置于血管中。应放置儿科 T 形端口或间歇输液塞，并用肝素生理盐水冲管。随后使用胶带将导管固定到位，如犬猫头静脉导管一样。

侧通路也采用同样的放置技术，但由于椎骨的横突，在该部位放置更为困难。

在蛇上使用的第二个静脉导管留置部位是颈静脉。如果不做手术切口，就看不到颈静脉。颈静脉位于颅底和心脏之间，位于身体的前 1/3 处。左侧或右侧颈静脉皆可使用。皮肤必须经过无菌处理，最好铺设创巾。放置导管时应佩戴无菌手套。由于这是一个外科手术，必须由兽医进行切开。一旦将颈静脉分离出，则可放置导管并进行缝合。颈静脉导管通常用于重大外科手术和危重症蛇。

蜥蜴 导管可置入蜥蜴的颈静脉和头静脉。这些血管需要做皮肤切口才能放置导管，在许多物种中，这些静脉通常非常小，因此，并不常用这些血管。在蛇中使用的技术也适用于蜥蜴。

有些人提倡将静脉导管插入蜥蜴的腹腔静脉。这是个可行的方法，然而，做皮肤切口是必要的。该部位的导管难以维护，也不实用。

龟类 尾静脉有可能用于水龟和陆龟。蛇中描述的技术同样也可用于龟类。

颈静脉是水龟和陆龟静脉导管放置最常用的血管。颈静脉位于鼓室和眼睛的同一平面内。龟一般进行侧卧保定（与颈静脉穿刺的方式相同），头颈拉出、远离身体，双腿拉出、沿着身体 / 外壳固定。放置导管的人通常保定头部和颈部。保定身体的人可以用手指或棉签抵住胸腔入口处的血管。导管放置前应对放置位置进行无菌准备。导管与颈部和颈静脉血管呈大约 20°。将血管稳定后，即可插入导管，见管头处回血后就可将导管往前推。该血管很脆弱，一旦插入导管则可能发生破裂。如果发生这种情况，不要拔出导管，因为这通常会导致更大的血肿。继续插入导管，直到它置于血管内。

导管正确置入静脉后，应放置儿科 T 型端口或间歇输液塞。导管应使用肝素生理盐水冲洗并缝合。在导管的中心周围放置一段“蝴蝶”形胶带，并在胶带的每一侧使用简单间断缝合将其固定到皮肤上。然后可以在脖子上缠一层薄纱布。

输液疗法

爬行动物可以通过静脉或骨内导管缓慢输液，或通过皮下注射。使用连接在蝶形导管上的注射器通常是皮下输液的最快、最简单的方法。为了避免水合过度，应使用注射泵通过静脉或骨内导管途径输液。

管饲

对于蜥蜴来说，用手喂和管饲都相对简单，在必要时可很容易地教导大多数客户。体型较大的爬行动物，管饲可能需要 3 个人以上。一人应适当地保定患病动物，另一人打开口腔。必须使用合适的开口器，以避免对口腔造成损伤。饲管的标记是从蜥蜴的鼻部到最后一根肋骨。饲管中预先填充了所需的食物，以填补无效腔。饲管经过润滑后，轻轻地穿过声门（位于舌根处），然后沿着食道到达预先标记的位置（由第三人完成）。给予食物的人应仔细观察反流的表现。喂食过快会导致食物回流到口腔中。在蜥蜴和水龟 / 陆龟上，通常每天进行注射器喂食 1 ~ 2 次。蛇可能每周只需要喂食 1 次。橡胶饲管最常用于爬行动物。食物的种类和数量取决于物种和患病动物大小。通常使用 Oxbow® 和 Emeraid® 等商用手喂配方粮。只要营养均衡，自制饮食也是可行的。

注射

由于肾门静脉系统的存在（尽管存在争议），应在肾脏前部进行注射（鸟类也是如此）。可以在肩胛背侧或股骨区域提拉皮肤形成“帐篷样”来进行皮下注射。肌内注射通常在前肢进行。例外情况包括通过腹尾静脉注射丙泊酚进行麻醉诱导。

麻醉

爬行动物的麻醉很有挑战性。最好在麻醉诱导前进行麻醉前用药。常见的麻醉前用药包括布托啡诺、吗啡、氢吗啡酮、咪达唑仑、氯胺酮、替拉唑、阿法沙龙和右美托咪定，这些药物可进行多种组合。麻醉前用药应在前肢静脉注射给予，并且应在麻醉诱导前至少 30 ~ 60 min 进行。给予患病动物保温，使之能顺利地代谢药物很重要。

当麻醉前用药生效时，作为麻醉医师，需为麻醉程序做好准备。在患病动物麻醉后，所有仪器都应整理好并准备好。麻醉期间爬行动物常用的监测指标包括心率、呼吸频率、黏膜颜色、ECG、多普勒、血压计（取决于物种）、血压袖带（取决于物种）、$ETCO_2$ 和温度探头。如果要使用 ECG 贴片，其放置方式与哺乳动物相同。在某些情况下，由于鳞片的原因，该法效果不佳。因此，也可以使用鳄鱼夹，但应尽可能对齿部进行磨平。有时这些技术不起作用，或者患病动物的皮肤可能过于娇嫩。如果是这种情况，可以用针穿过皮肤并把鳄鱼夹夹在针上。

如有可能，应放置静脉或骨内导管。理想情况下，在麻醉诱导之前放置静脉或骨内导管，尽管这在大多数爬行动物中几乎是不可能的。如果在诱导过程中发生紧急情况，静脉或骨内导管可以提供全身通路，并且它也可以为麻醉诱导提供方便。由于爬行动物可以长时间屏住呼吸，注射麻醉剂通常比吸入麻醉剂更受青睐。

丙泊酚是爬行动物上最常用的注射麻醉剂。如果无导管，可以使用蝶形导管或普通注射器给予丙泊酚。丙泊酚滴注数分钟后生效。患病动物诱导后，应进行插管并给予适当比例的异氟烷。七氟烷也可使用，但对许多爬行动物的效果似乎不佳。由于爬行动物在麻醉期间无法很好地自主呼吸，因此在整个手术过程中应对患病动物使用呼吸机或人工正压通气。在手术过程中，让患病动物保持适当的体温非常重要。对于大多数爬行动物，核心体温应保持在 29.4 ~ 32.2℃（85 ~ 90℉）。如果患病动物体温过低，药物可能需要数小时才能代谢，患病动物的苏醒时间可能会延长。LRS 通常以 3 ~ 5 mL/（kg · h）的速度使用。

常见蛇类急症

捕食者 / 猎物综合征见于以活猎物为食的蛇（如大鼠、小鼠）。这是因为主人将猎物放在笼子里无人监管，如果蛇不吃它（如由于厌食症、压力、饲养不当），猎物会变得饥饿并开始啃咬蛇。管理包括伤口护理（清理和清创）、镇痛、X 线检查、CBC、生化检查、抗生素和液体治疗。可皮下注射给予晶体液体，也可以 10 ~ 30 mL/（kg · d）的剂量进行腔内给药。在伤口愈合前，患病动物通常需要进行湿包扎或干包扎。蛇的伤口可能需要数周至数月才能完全愈合。伤口护理时需要对患病动物进行深度镇静或麻醉（图 27.23）。

厌食症可见于任何蛇类，但在球蟒等物种中更常见。对于某些种类的蛇来说，6 个月或更长时间不进食并不罕见。厌食症的常见原因包括不当的饲养和环境条件、提供不合适的猎物、口炎和全身性疾病。皮下注射给予液体或腔内给予液体，剂量为 10 ~ 30 mL/（kg · d），同时用温水浸泡 15 ~ 30 min，每天 1 ~ 2 次。管饲开始时应缓

图 27.23　蛇的伤口

慢，只需用水或非常稀释的食肉动物液体流食。随着蛇逐步稳定,可每周增加热量。在许多情况下，蛇大约每周喂食一次，直到它们恢复健康并自主进食。

常见爬行动物急症

代谢性骨病

代谢性骨病（metabolic bone disease，MBD）在鬣蜥、变色龙和壁虎等蜥蜴中很常见。MBD 是一个总括性术语，涵盖了由不良饲养和饮食造成的各种疾病过程。维生素 D_3、钙和磷的饮食失衡（过少或过多），以及不适当的光照和温度梯度可导致 MBD。MBD 的症状包括生长缓慢、脊柱后凸、癫痫发作、震颤、抽搐、厌食、骨质增厚或软化及骨折。骨骼损伤通常是不可逆的。MBD 患病动物需要支持性护理，包括对特定物种的适当温度支持、液体疗法（可以是静脉、骨内、皮下、腔内或温水浴）、强饲物种特定饮食，以及必要时补充钙。基本诊断包括 X 线片、CBC、离子钙和生化检查。正确治疗该疾病，需要长期治疗和改变饲养方式（图 27.24）。

爬行动物难产与挟蛋症

一只妊娠很久的蜥蜴通常会变得厌食，因此在生产前需要有足够的营养，包括足够的钙摄入。

图 27.24　代谢性骨病

还需要满足适当的环境条件，及提供合适的产房。产房应足够大，以便蜥蜴能够进入并能掉转方向，并容纳至少 5.08 cm（2 in）深的潮湿垫料。如果不满足上述任何条件，那么可能会造成蜥蜴挟蛋症（即无法产蛋）。

低钙血症可能是挟蛋症的潜在原因，或者挟蛋状态本身可能导致低钙血症状态。患有挟蛋症的典型蜥蜴会表现出厌食和嗜睡。在后期，可能表现出严重的虚弱、脱水、肌肉抽搐，有时由于低钙血症而出现明显的癫痫发作。

基于病史、临床体征、X 线片进行诊断。虽然爬行动物的蛋在 X 线片上看起来与禽蛋相似，但爬行动物的蛋通常是有软组织密度（通常被描述为革质）的软壳蛋。

危重症动物应首先接受治疗。提供合适的环境、温水浴、补水和补钙。危重症或重病动物可能需要手术切除输卵管。术前应皮下、腔内、静脉或骨内给予液体；保温；补充钙使患病动物稳定。

脓肿

爬行动物形成干酪样脓肿，通常表现为坚硬、隆起的肿胀。这些脓肿通常起源于创伤，可以在身体的任何地方出现。

治疗包括积极手术切除脓肿，然后用稀释氯己定（Nolvasan®）等抗菌溶液进行冲洗。脓肿应保持开放性，以便二期愈合。

异物

对于允许在家里或外面自由走动的爬行动物来说，摄入异物并不罕见。木屑和其他难以消化的垫材也会导致潜在的胃肠道梗阻。

对于厌食蜥蜴来说，异物应被列入“排查名单”。厌食和不排便可能是早期阻塞的临床症状。后期会出现渐进性脱水、消瘦和极度虚弱。

X 线检查通常具有诊断作用（图 27.25）。梗阻性异物通常用外科手术治疗。在病情较重的病例中，建议使用静脉或骨内导管提供液体支持。如果怀疑胃肠道渗漏引起腹部污染，可能需要抗生素治疗。

肾功能衰竭

爬行动物的肾功能衰竭与 MBD 的临床表现相似。症状包括脱水、嗜睡、厌食，通常还有继发性骨软化。通过 X 线检查和评估血钙、磷和尿酸水平进行诊断。X 线检查时，肾脏轮廓通常会增大并呈放射状致密，并且可以看到组织的营养不良矿化。

治疗包括静脉或骨内输液，如果出现钙流失则补钙，如果出现高磷血症则口服磷酸盐螯合剂。饲养方式的改变通常是必要的，因为脱水往往是肾功能衰竭的关键因素。

常见龟类急症

龟类在一年中的任何时候都可能出现肺炎，但最常见的是在从冬眠中醒来后。水龟的症状包括嗜睡、厌食、呼吸困难、鼻分泌物和浮力问题。诊断包括 X 线片和（或）计算机断层扫描、CBC 和生化检查。支持性护理和治疗包括液体疗法、强饲、环境适当加温和抗菌治疗。可通过皮下或腔内输注液体（浸泡，静脉和骨内注射也是可行的选择）。

维生素 A 缺乏症最常见于水龟。与大多数爬行动物急症或疾病一样，它是由饲养不当引起的，特别是缺乏维生素 A 的饮食。患病动物出现结膜炎、眼睑炎、鼻分泌物、眼睑肿胀、耳脓肿和呼吸困难。支持性护理包括液体疗法、必要时的管饲、肠外维生素 A 治疗和饲养纠正。耳脓肿通常需要进行切开和清创。

任何爬行动物都可能被车撞到，但这种情况最常见于野生水龟和陆龟（至少是那些存活时间足以送医院的水龟和陆龟）。壳体裂纹和断裂在被汽车撞伤后最常见。应从疼痛管理、液体治疗、体温支持和伤口护理开始，实施基本的支持性护理。液体可以通过皮下、静脉、骨内或腔内给予，但皮下是最常见的途径。

通常在腹股沟或腋窝区域皮下注射液体。注射前应始终进行回抽，以确保针头不在膀胱或肺部。不建议对壳体骨折患病动物使用浸泡法。患病动物稳定下来后再进一步处理壳体骨折。根据裂纹或骨折的程度选择处理方法。表面裂纹可通过在外壳上涂抹快干环氧树脂，也可以用无菌玻璃纤维粘在外壳上。全层骨折可能需要在外壳闭合之前进行手术干预（图 27.26）。

鸟类、爬行动物和小型异宠（exotic small animal）患病动物带来了另一系列挑战，尤其是当

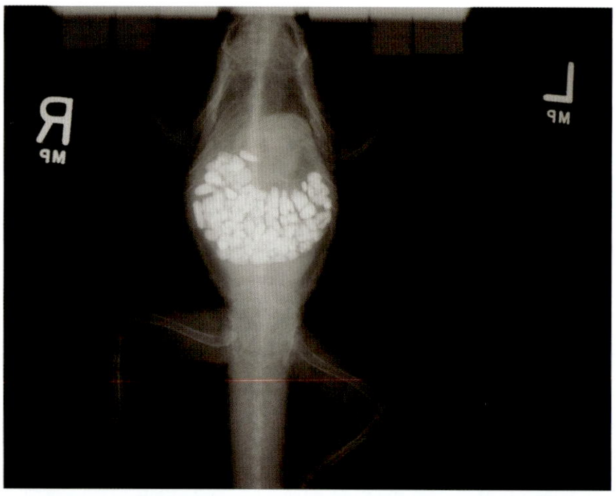

图 27.25　X 线片提示蜥蜴体内有异物

图 27.26　壳体断裂

它们处于急症状态时。兽医技师可以通过参加继续教育研讨会和野生动物中心志愿工作，发展救生技能，帮助照顾这些独特的患病动物。许多专门从事这一领域的兽医欢迎其他兽医专业人士去诊所参观和学习。我们鼓励所有参与急救的人员广泛学习所有物种的相关知识，因为拯救生命的第一步是应对可能在医院发生的任何情况。

推荐阅读

[1] Ballard, B. M., & Cheek, R. 2016 Exotic animal medicine for the veterinary technician (3rd ed.), New York, NY: Wiley-Blackwell.

[2] Bryant, S. 2013 Anesthesia for veterinary technicians. New York, NY: Wiley- Blackwell. Carpenter, J. W., & Marion, C. 2017 Exotic animal formulary (5th ed.). St. Louis, MO: Elsevier.

[3] Carpenter, J. W., & Marion, C. 2017 Exotic animal formulary (5th ed.). St. Louis, MO: Elsevier.

[4] Harrison, G. J., & Bightfoot, T. L. 2005 Clinical avian medicine (Vols. 1 and 2). Palm Beach, FL: Spix Publishing.

[5] Longley, L. A. 2008 Anaesthesia of exotic pets. St. Louis, MO: Saunders.

[6] Divers, S. J., & Stahl, S. J. 2019 Mader's reptile and amphibian medicine and surgery (3rd ed.). St. Louis, MO: Elsevier.

[7] Mader, D. R., & Divers, S. J. 2014 Current therapy in reptile medicine and surgery. St. Louis, MO: Saunders.

[8] Quesenberry, K. E., & Carpenter, J. W. 2020 Ferrets, rabbits, and rodents: clinical medicine and surgery (4th ed.), St. Louis, MO: Saunders.

[9] Ritchie, B.W., Harrison, G.J., Harrison, L.R. 1994 Avian medicine: principals and application. Lake Worth, FL: Wingers Publishing.

[10] For valid exotics information i.e. husbandry, vitals, basic care and nursing information can be accessed on: www.lafebervet.com.

场景

场景

一只 5 岁，雌性，已绝育的荷兰侏儒兔因 36 h 的嗜睡、厌食、磨牙症和流涎病史而就诊。体格检查时，发现前肢结痂，4 个听诊象限都没有肠鸣音。生命体征如下：心率为 300 次 /min，呼吸频率为 100 次 /min，脉搏微弱，黏膜呈粉红色，毛细血管再充盈时间为 3 s。患病动物安静、警觉、反应灵敏，根据皮肤肿胀和毛细血管再充盈时间判断有轻度脱水。

问题

- 您认为初始评估正常吗？
- 您如何划分该患病动物的严重程度？
- 是否需要考虑其他诊断？
- 您将如何处理稳定问题？
- 该患病动物是否需要住院治疗？

讨论

根据临床表现，该患病动物可能患有继发于牙科疾病的胃肠道弛缓。这是急症。牙科疾病在兔等小型异宠哺乳动物中很常见。兔是后肠发酵动物。如果不及时治疗，即使是 12 ~ 24 h 的厌食症也会导致胃肠道弛缓和死亡。牙科疾病也会导致疼痛。在大多数小型异宠哺乳动物中，疼痛经常导致食欲不振和厌食。

为了正确治疗该患病动物，应进行 CBC 和生化检查。这有助于评估整体器官功能。需使用带有光源的口腔镜进行全面的口腔检查，包括臼齿和前臼齿的所有牙齿。彻底的口腔检查通常需要在深度镇静或麻醉下进行。如果认为有必要对口腔进行进一步评估，可以进行颅骨 X 线检查和 CT 扫描。

该患病动物需要住院稳定体况。虽然大多数生命体征在正常范围内，但患病动物脱水，液体疗法将有益。常见的输液途径包括静脉注射、皮下注射和骨内注射（仅当静脉注射不可行时）。根据患病动物的状态选择输液途径。

疼痛管理非常重要。应根据所经历的疼痛类型选择阿片类药物。大多数牙痛为中度至重度。丁丙诺啡可用于管理轻度至中度疼痛，但重度疼痛患病动物应使用 μ 阿片类药物。

最后，该患病动物应该用注射器喂食。兔需要一整天频繁进食，以保持胃肠道正常运动。为食草动物设计的商品化重症护理饮食应在一天中多次少量给予。

医学计算练习

计算一只 3 kg 的兔每小时所需的液体液速（以毫升为单位），液速为 60 mL/（kg・d）。

第 28 章

灾难医学

Amy Newfield

学习目标

1. 了解什么是灾难，以及兽医团体会受到怎样的影响。
2. 了解大量分诊的各种方法。
3. 了解灾难对工作的环境和精神的危害。
4. 了解如何创建一个诊所的灾难应对方案。
5. 了解在灾难小组中志愿者的法律事务。
6. 了解如何加入灾难小组。

章目录

关键词

清洗去污
创伤后应激障碍
搜救
分诊

灾难医学在过去 30 年间一直是兽医学关注的一个话题。然而，在 2001 年 9 月 11 日美国发生恐怖袭击（通常被称作“9 · 11”事件）之后，灾难医学成了一个前沿话题。在该事件前，大多数兽医灾难医学重点关注自然灾难。兽医团体对飓风、龙卷风、洪水或地震事件的响应进行培训并制订计划。在“9 · 11”事件之后，该行业的焦点转移至如何应对人为造成的灾难。2005 年，卡特里娜飓风向兽医团体展示了自然灾害带来的骇人破坏力。由于对卡特里娜飓风应对不佳，许多兽医、动物组织以及州和地方官员共同协助制定《PETS 法案》，该法案于 2006 年 10 月 6 日由乔治 · W · 布什总统签署（Government Tracking of Bills，2013）。《PETS 法案》要求地方和州应急准备部门在他们的疏散计划中，包括在灾难发生时，如何安置家养宠物和工作动物（Government Tracking of Bills，2013）。地方和州当局必须提交这些计划，才有资格获得美国联邦紧急事务管理署（FEMA）的拨款（Government Tracking of Bills，2013）。美国是世界上唯一一个将家养宠物纳入灾难计划的国家，也是唯一一个拥有在灾难期间提供宠物兽医护理联邦政府团队的国家。

目前大约 46% 的美国人饲养宠物，因此，当灾难来临时，通常会波及动物（Humane Society of the United States，2013）。

技师笔记

如今大众认为兽医和兽医技师是第一响应者。当宠物在灾难中受伤或流离失所时，无论当地兽医团体是否具备应对能力，大众都将寻求他们的协助。近期的灾难，如飓风桑迪、美国中西部的龙卷风、科罗拉多州和加利福尼亚州的野火都表明兽医专业人员尚未准备好照护他们社区中的动物。

灾难医学可能与兽医专业实践有很大的差别。即便在最忙碌的时间，如在急诊部门工作，也可以一定程度上掌控事态。而在灾难发生时，情况随时可能迅速失控。压力、工作条件、涉及的动物种类和数量，以及在灾难期间工作的相关法律问题，皆会促成一个独特且具挑战性的情况。所有的动物医院都应制订一个灾难计划。在灾难发生前做好准备，将有助于避免动物医院在灾难中成为受害者。

灾难医学与兽医学中的其他学科有很大不同。当社区资源不堪重负，发生灾难时会导致其无法正常运作（Heath，1999）。无论是人为还是自然发生的，这种情境都是无法预测的。人为造成的灾难包括恐怖主义事件、火灾和有害物质泄漏。自然灾害包括火灾、飓风、洪水、龙卷风、海啸、地震和旱灾。

在从事急重症护理的兽医技师的日常生活中，压力普遍存在。他们所承受的压力是多方面的，多种创伤、快节奏的环境、无法休息等都是常规情况。大多数经历灾难的兽医技师都居住在发生灾难的城镇或附近。当地的动物医院可能是镇上唯一正常运营的动物医院，因此，在灾难发生期间，医院工作人员的责任会变得巨大，诊所可能会因为人们和宠物的到来而不堪重负。很多情况下，当地的兽医诊所并非是急诊诊所，因此尽管在急诊医院的技师们已对混乱做好心理准备，但通常实际操作中却未能准备充分。

技师笔记

在危机时刻提供援助的人应先照顾好他的家庭成员和自己——只有这样，他们才能够有精力去真正关注其他人的需求。

发生灾难时遇到的情况（图 28.1）与在日常门诊中不同，可能会加剧已经很紧张的情况。户外工作、有限的供应、不熟悉的人以及不同的组织，被认为是灾难中常见的情况（图 28.2）。许多自然灾害发生在夏季和炎热的季节，所以可能会有很多蚊子、蠓、苍蝇等昆虫。保持患病动物的清洁和干燥会相对困难，同时手术可能无法进行。

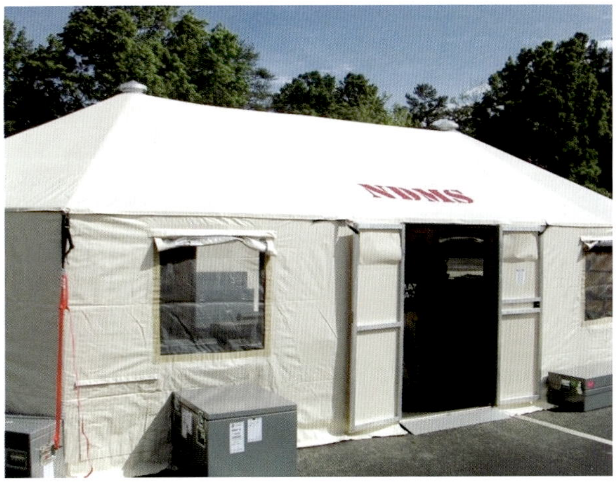

图 28.1　兽医医疗救援小队（VMAT）的野外帐篷

图 28.2　兽医野战医院外景

即使是被认为理所当然、最微不足道的东西也可能成为奢侈。例如，可能没有电和自来水。受灾难影响的诊所必须检查其灾后应对能力。诊所员工必须全面地评估他们能给大众提供什么和不能提供什么。纵观全局并评估什么对诊所和客户最有利是很重要的。

找到一家完全能运作的动物医院（受影响地区以外），以便转诊是至关重要的。无法完全运作的医院可用作寄养机构。与提供医学治疗的工作人员相比，照看寄养动物所需的工作人员较少，因此他们将有更多时间处理灾难造成的个人问题。制订一个个人和社区动物医院的灾难计划，将有助于减轻在协助处理人为或自然灾害时的一些压力（专栏 28.1）。

灾难期间需要帮助的动物种类可能会很多。涉及的当地动物医院必须了解他们的局限。应建立一个员工应遵守的流程规定。当地农民、野生动物康复员、公园管理员、狩猎管理员、动物园管理员，以及美国鱼类和野生动物管理局的成员可以作为一种资源，他们可以协助制定协议，并培训支援人员处理不同种类的动物。

法律事务

在灾难中提供帮助的兽医专业人员必须了解该情境下所涉及的法律相关问题。对支援人员、动物和宠主受到的伤害必须了解并予以处理。在加入灾难小组前，一定要问自己几个问题：

- 你有健康保险吗？
- 如果你受伤而不能工作怎么办？
- 你的工作允许你抽空来协助救灾吗？
- 灾难期间，你有资格在别的州做兽医技师吗？

在工作期间外受伤时，工伤补偿是不适用的。若员工在志愿活动或灾难中受伤，雇主不需要保留其职位空缺。在参与志愿活动前，与雇主交谈并解决这些顾虑是很重要的。许多善意的兽医工作人员在灾难期间做志愿者而离开工作岗位，结果回家后发现他们已经失业了。有些人则在灾难组织工作时被犬咬伤，发现自己没有伤残保险并且可能还会失业数周。

大多数急救人员都受到《好撒玛利亚人法》的保护。在每个州，关于动物的好撒玛利亚人法可能会有所不同。诊所的工作人员应该知道他们工作所在的州是否有完善的好撒玛利亚人法来保护在灾难中提供帮助的志愿者。

美国动物医院协会对兽医和兽医技师表态并发表了如下立场声明：

> 任何善意地、无报酬或不期望得到报酬为生病或受伤动物提供紧急护理的兽医或兽医技师，无需对其行为或疏忽所造成的任何民事损害负责。但因为重大过失或肆意行为或疏忽造成的损害除外。

这类法律将有助于鼓励兽医和兽医技师协助进行紧急兽医护理（American Animal Hospital Association Board of Directors，1994）。

灾难的类型

- **恐怖主义：**当恐怖事件发生时，搜救（search and rescue，S&R）犬和联邦侦查犬通常会参与响应救援。很多时候，搜救犬的治疗必须由联邦政府团队进行，他们有对犬进行治疗，以及进入正在发生的联邦犯罪现场的安全许可。根据规模的不同，其他组织也可能参与。搜救犬的爪部可能会出现烧伤或撕裂伤。吸入烟雾或其他有毒气体可能会导致犬病重。过度工作和高温导致的脱水很常见。应激性腹泻也常发生。受恐怖事件牵连的宠物可能被困在附近的建筑物里，到达诊所时会出现应激、脱水和消瘦。宠主对将发生的事情毫无预警，因此灾难往往波及大量的宠物。
- **外来动物疾病（foreign animal disease，FAD）：**从事大动物方向的兽医通常是首诊 FAD 的人。若怀疑有 FAD，兽医应列出接触者名单。通常若怀疑有 FAD，会立即通知美国农业部。小动物临床兽医应调查该疾病，以便更好地

专栏 28.1　兽医诊所灾难计划细则

- 基本职责。
  - 为诊所建立突发事件指挥系统（incident command system，ICS）。
  - 保存所有员工的最新联系方式。
- 非现场保存的资料。
  - 保险文件。
  - 所有物品的存货清单（包括成本）。
  - 纸质版商业计划书。
  - 拷贝电脑记录（每周上传更新）。
  - 诊所使用物品的照片并留存收据。
  - 诊所的照片（内部和外部）。
  - 供应商名单、联系电话和交货时间表。
- 说明诊所在灾难中扮演的角色。
- 灾难前制定政策。
  - 诊所能接受野生动物吗？
  - 诊所能接受农场动物吗？
  - 诊所能作为流浪动物的收容所吗？
- 灾难期间向客户收费。
  - 诊所是免费、打折还是停诊？
  - 诊所会向有需要的人捐赠物品和提供服务吗？
- 建立一个群体兽医灾难计划。
  - 和同事交谈并获取手机号。
  - 在灾难发生前，制定一份协议。
  - 决定是否分摊利润。
  - 决定一定比例的患病动物就诊其他诊所。
  - 确定其他诊所设备使用情况。
  - 决定是否可以调度人员到其他诊所帮忙。
  - 在受影响区域外找到一家可能会提供帮助的诊所。若所有的诊所都暂停服务，寻找该区域外，是否有更大的机构。
  - 找到一个非受灾区、可集中资源的诊所。
  - 建立药品临时储备系统。
  - 寻找是否有用来隔离动物的场所。
  - 咬伤的动物（可能是狂犬病）。
  - 患相同疾病的动物（如果数量很大）。
- 做好收治动物的准确记录。
  - 准备一式两份的表格。
  - 拍照记录动物。
  - 所有动物佩戴身份标识带。
- 诊所用品（存放于安全且独立的区域）。
  - 发电机。
  - 防水布。
  - 绳子。
  - 干湿两用吸尘器。
  - 牵引绳。
  - 硬纸箱猫包。
  - 一次性隔离服。
  - 一次性医用手套。
  - 口罩。
  - 一套嘴套。
  - 一套野生动物用手套。
  - 警戒胶带。
  - 橘色椎形体或旗帜。
  - 拍立得相机和胶片。
  - 强力胶带或其他耐用胶带。
  - 便携式照明灯。
  - 手电筒。
- 为诊所灾难小组进行培训。
  - 危险品（2 人参加 1 级课程）。
  - ICS 系统（2 人参加 1 级课程）。
  - 线上培训［由美国联邦紧急事务管理署（Federal Emergency Management Agency，FEMA）提供］。
  - 美国人道协会（Humane Society of the United States，HSUS）。
  - 让一些人熟悉创伤后应激障碍（posttraumatic stress disorder，PTSD），并保存为 PTSD 提供帮助的组织的联系电话。
- 其他注意事项。

  对所有人进行如何对大规模伤亡进行分诊的培训。
  - 统一分诊方法。
  - 使用角色扮演方法。

  让所有人都熟悉在灾难期间使用的医疗表格。收集所有重要的联系电话，包括：
  - 野生动物专家。
  - PTSD 协助电话。
  - 悲伤辅导电话。
  - 毒物控制中心。
  - 当地 / 州 / 联邦官方电话。

向主人解释该病。兽医还应该处理如“我的犬会得疯牛病吗？”等问题。兽医团体的志愿者可能需要协助对动物进行体格检查或在大规模流行病中处理公众的问题。

- **火灾：**当发生野火时，动物经常害怕地逃跑，并重新安置在本不属于它们的院子和谷仓中。家养宠物可能会被遗弃，并被当地的救援组织带回。脱水、应激和厌食是很常见的。合适的机构，如美国鱼类和野生动物管理局或当地野生动物康复员，可以很好地处理野生动物。客户可能会将烧伤或受伤的野生动物（如鸟类和松鼠），带到该地区的动物医院。诊所应在灾难发生前张贴一份可以处理野生动物人员的联系电话清单。
- **飓风和龙卷风：**野生动物可能会被迁移到意想不到的地方。蛇类、蜘蛛和鸟类可能会出现在不希望出现的地方。客户可能会打电话咨询如何让蛇类或鸟类离开他们的居所。通常宠物会被主人遗弃，因为宠主认为宠物能够回家并找到他们。脱水、应激和厌食是很常见的。诊所应该有能够驱散野生动物的公司电话来解决这些问题。
- **水灾：**家养宠物往往在水灾期间会被遗弃。脱水、应激、厌食和溺水都很常见。宠物最终可能出现在离家很远的城镇上。宠主可能未意识到他们应当联系动物医院协助找到他们的宠物。

分诊

分诊（triage）一词来自法语，是分类的意思。在灾难期间，患病动物必须以一种能使大多数动物受益的方式进行分诊。可能需要立即对大量伤亡及不同物种的动物进行分诊。分诊不同于体格检查。这是一种快速评估宠物是否为急诊并需要医疗的方法。

在灾难期间对动物进行分诊时，考虑灾难之外的情况是很重要的。有些场景可能会使兽医对患病动物体况产生错觉。一些患病动物可能存在既往疾病。动物可能会出现与灾难无关的新疾病。例如，犬初到诊所是因为一个大的撕裂伤，后发现其存在胰腺炎，或猫初来时为低体温，后发展为肾盂肾炎。如果技师参与了医疗护理，决定病例是急诊处理还是长时间住院护理是很重要的。试图同时作为常规急诊医院和灾难医院，往往对员工的工作和宠物都不好。若医院选择仅处理灾难动物，应告知客户本医院仅重点帮助这些受灾动物。大多数客户会理解这一政策，他们对诊所的认同只会因工作人员在帮助那些受灾难影响的动物时所表现出的奉献精神而变得更强。

一个系统的方法将有助于确保尽可能多的患病动物得到合适的分诊。必须设计出一种同时应对许多患病动物的方法。

技师笔记

有两种方法在兽医灾难医学中广泛使用：① START 分诊法（Simple Triage And Rapid Treatment，简单分诊和快速治疗分诊法）；② SAVE 分诊法（Secondary Assessment of Victim Endpoint，对受害者病情的再次评估）（Wingfield and Raffe，2002）。这两种方法都是由在战争和灾难中对人类伤亡进行分诊发展而来的。虽然尚未有针对兽医在灾害期间使用的分诊方法的研究，但 START 和 SAVE 方法已不再是应对人类灾害中最能被接受的方法。

任何分诊方法的目的都是以最高的准确率预测患病动物的生存或死亡，以及紧急治疗是需要立即进行或可推迟。分诊是一项真正的技能，因为不能精准判断患病动物是否需要立即进行治疗可能意味着生与死的区别。

一项人医调查研究了 6 种不同的分诊方法，并对它们的有效性进行比较。总共评估了超过 50 万份的记录。Sacco 分诊法预测患病动物预后的准确率为 95%。对于成人，FDNY 分诊法较 START 更准确，但对于儿童的准确率较低（Cross and Cicero，2013）。在 2010 年，一项类似的研究对 Sacco 分诊法和 START 分诊法进行比较，结果发现 Sacco 分诊法的准确率更高，分别为 92% 和 71%（Navin et al.，2010）。

START 分诊法

使用 START 分诊法，快速评估每只动物的呼吸、警觉性和灌注情况。这也称为 RAP 状态。利用该系统将动物用颜色分级，并移动至它们颜色分级对应的区域。动物应该用相应的颜色标记。主人会获得他们动物的卡片，无主的动物会被标记识别带。日期、时间、分诊人员姓名首字母、初诊问题和颜色都要列出来。作为基准，能够行走的动物被标记为绿色。这些动物受到的伤害最小，且足够稳定等待治疗。让诊所的所有工作人员熟悉颜色分级系统将有助于减少灾难发生时的混乱。使用 START 分诊法，可以迅速评估动物，并将其带至适当的治疗区接受所需的治疗。应划定区域并配备相应的工作人员处理特定颜色标记的动物。随着时间的推移，动物可能需要重新评估。重新评估的时间应达成一致，这样动物就不会被遗忘。动物的状态可能会改变，根据当前所处的状况，它可能会被赋予不同的颜色分级（表 28.1）。

表 28.1 START 颜色分级系统

颜色	损伤类型
红色	危重——患病动物必须接受简单的抢救程序以确保存活
黄色	只要在几小时内给予简单的护理，患病动物应当能存活
绿色	轻伤——患病动物可以等待治疗，仍然存活
黑色	死亡或濒死——患病动物伤势非常严重，无论接受什么治疗患病动物都不太可能存活

SAVE 分诊法

SAVE 分诊法较 START 分诊法迅速，且在资源和人员有限的情况下也能很好地运作。有助于节省资源和人员，并把他们集中在生存机会最大的患病动物上。使用 SAVE 急诊法，患病动物分为以下 3 类：

1. 无论如何治疗都会死亡的患病动物。
2. 不管治疗与否都能活下来的患病动物。
3. 如果立即进行医疗干预将会改善的患病动物。

只有属于第 2 组和第 3 组的患病动物才会得到照顾。当第 3 组被治疗时，第 2 组被“暂停”治疗。在处理完第 3 组后，第 2 组会进行重新评估和治疗。把动物归为某一组是一种主观判断，有时会很困难。必须迅速做出决定，尽可能挽救最多的患病动物。

Sacco 分诊法

Sacco 分诊法基于循证医学，但由于缺乏软件，在兽医学中使用可能不切实际。William Sacco 博士于 2005 年创立了这一方法，获得了许多赞誉，许多研究表明这是一种更好的方法。最先响应的工作人员根据患病动物的呼吸、心率和意识水平对其进行分级。他们会给每个类别分配一个分值，然后根据患病动物所在的年龄组会得到一个调整后的分值。表 28.2 给出了如何计算 Sacco 评分的公式。

根据计算出的分数，患病动物将得到相应的治疗。Sacco 分诊范围如下：

0 ~ 4 分：生存概率小于 35%，预计会迅速恶化。

5 ~ 8 分：可挽救但处于过渡期的患病动物，

表 28.2 Sacco 分诊系统

1 min（60 s）	0	1	2	3	4
呼吸	0	1 ~ 9	36+	25 ~ 35	10 ~ 24
脉搏	0	1 ~ 40	41 ~ 60	121+	61 ~ 120
意识水平	无反应	回缩反应	伸展 / 屈曲	定位	意识清醒
年龄	0 ~ 7=+2	8 ~ 14=+1	15 ~ 54=-1	75+=-3	

Sacco et al.（2005）分数公式：呼吸 + 脉搏 + 意识水平 ± 年龄。

滑坡式恶化。

9 ~ 12 分：生存概率大于 90%，预计恶化缓慢（Sacco et al.，2005）。

这个复杂的系统并未到此结束。由此可以根据员工和医院位置确定每个分值的患病动物有多少可得到充分治疗。对于使用该软件的医院和灾难小组来说，它有助于优化需治疗的患病动物数量和接诊顺序。

灾难中的宠主

灾难发生时，与宠主打交道可能会让人压力很大。他们的房屋可能被毁，家庭成员可能失踪或受伤，他们所有的个人物品可能都不见了。在许多灾难发生的情况下，他们的宠物可能是他们唯一幸存的。为客户提供帮助，通常和帮助他们的宠物一样重要。这些客户可能没有能力处理他们宠物的状况，并且他们的决定可能不理性。

技师笔记

在这种情况下了解创伤后应激障碍（posttraumatic stress disorder，PTSD）将帮助到每个人。诊所应该提供当地 PTSD 专家的联系电话。同时也建议提供悲伤辅导。

宠主、犬舍主人、繁育者、动物园管理员和农民都知道如何照顾好他们的动物。在正常运营的兽医诊所中，不会允许宠主在操作过程中，抱着或协助保定他们的宠物。但在大多数灾难中，人手越充足越好。当然，不是每位宠主都能在灾难中提供帮助。许多宠主可能会心烦意乱，无法处理当前的情况。每种情况都是不一样的，必须根据个人情况加以考虑。

自我防护

灾难期间的自我防护很重要。在灾难期间，咬伤和抓伤的发生率和严重程度皆会增加。防止操作者和医疗人员受伤是首要任务（专栏 28.2）。

灾区的位置和周围环境往往是不可预测且危险的。

专栏 28.2　伤害预防

戴上抓猫手套（或厚手套）来处理小动物或猫。

对有伤口的动物采取必要的预防措施，因为它们可能有狂犬病。

接触动物时佩戴检查手套。

给所有犬套上嘴套。

穿一次性无菌手术衣，以防止碎片或有毒物质。

技师笔记

任何灾难都被认为是“危险的工作环境”。在急诊诊室的一天中，通常会尽量避免撞到柜子或被卷起的地毯绊倒。然而在灾难中，走进一个掉落通电电线的水坑里，或将手伸到抽屉底部时发现有条蛇，都可能是致命的失误。因此，兽医专业人员在灾难期间必须时刻保持警惕。

使用三角锥或警戒胶带将危险区域标记出来将有助于减少伤害。应指派一名安全员来协助工作人员意识到可能发生的危险。在每个新班次前都应该有一个简短汇报，并且安全员应该向小组成员告知注意事项。安全员应指出所有危险，这可能包括在室外工作小组会遇到高温 / 潮湿，或龙卷风突然出现的风险。在灾难发生时，安全员需一直执勤监测情况。确保团队正常饮食、饮水和人身安全是任何灾难应对中最重要的方面。兽医不会想在一个已经混乱的情况下成为另一个受害者。

常见的宠物急症

即使灾难正在发生，作为急诊送到诊所的动物仍然应当视为仅仅是急症。和急诊最大的区别是，动物可能没有主人，也没有身份证明。

诊所不应过度治疗这些患病动物。耳螨和毛团可能造成不适，但肯定不是急症。在灾难期间，须经过适当的判断治疗动物，需了解时间和资源是有限的。

灾害会产生多种情况和急症。有些并不常见，如辐射暴露、大规模杀伤性武器、生物战争、化学战争、爆炸物和口蹄疫。以下列出的是在美国发生灾害时更常见的急症。

休克

在灾难期间，多种原因可能引发休克。大多数情况下，创伤会导致休克。在对休克动物进行治疗前，临床医生应评估动物的整体状况，并决定纠正休克是否会给动物带来更好的生存机会。通常情况下，必须解决休克的病因以使宠物康复。

骨科和软组织创伤

骨科和软组织创伤在灾难中很常见。并非所有的骨科和软组织创伤都是急症。将非急症的患病动物转移至不受灾难影响的诊所可能是最好的选择。大多数骨科和软组织创伤并不会危及生命，但肯定会疼痛。在将患病动物转移至其他地方前，可快速地用镇痛药缓解疼痛并用绷带固定患处（若合适的话）。

所有种类的创伤在灾难期间都常见（图 28.3）。一只犬的脚垫有轻微的撕裂伤，无疑是可以生存的。也许会很疼痛，但它会活下来。然而被棍子刺穿腹部的创口是急症。有可能可以稳定患病动物的体况，但可能无法进行手术。除非患病动物能被转移到设备完备的医院，否则安乐死可能是唯一的选择。

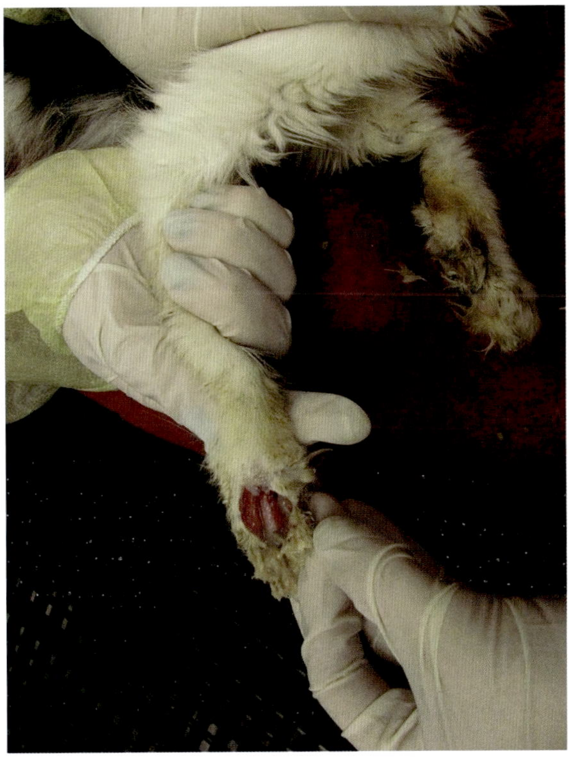

图 28.3 宠物可能会有未治疗的创伤或损伤

神经学损伤

在灾难期间，可能由于各种原因而导致神经学损伤。吸入烟雾可能导致动物精神状态改变。另一种情境是在龙卷风中动物被扔到院子中而导致脊髓受损。对患病动物进行完整的神经学检查是必要的。部分头部创伤或其他神经学异常的患病动物可能需要很长的时间才能康复。大多数神经学损伤患病动物需要持续监测。在灾难期间，笼位和工作人员可能是有限的。可能无法等待一周或更长时间确定患病动物是否从头部创伤中康复。

高体温和低体温

高体温和低体温在灾难中很常见。了解患病动物获救地点和方式很重要。快速给患病动物保温可能无益。虽然高体温或低体温通常是有原因的，但临床医生在灾难期间可能无法确定病因。然而，考虑所有的可能性并确定患病动物的总体预后很重要。

烟雾和烧伤

在火灾中被发现或被烧伤带烟味的动物，它们的胡须或被毛会被灼伤，被烟灰覆盖或有明显的烧伤。即使没有明显的呼吸道症状，也应立即给这些患病动物吸氧。提供氧气有助于清除一氧化碳和缓解组织缺氧。暴露后的 48 h 内，临床症状往往会恶化。一旦出现，就可能危及动物生命。

溺水

溺水濒死者的真正定义是“在溺水后至少存活 24 h。”若患病动物在 24 h 内死亡，那这只动物就被认为是溺死遇害者。在洪水或飓风期间，溺水者是很常见的。溺水的症状包括呼吸系统症状、低体温、肺水肿和呕吐。由于受到污染水的感染，呼吸道症状可能会延迟到事件发生后的 48 h 出现。神经学症状可能包括嗜睡、木僵、昏迷，或由脑内酸中毒、电解质改变和颅内压升高引起的抽搐。可能会提示需要进行氧气、抗生素、静脉输液和保温治疗。基于误吸的水量、患病动物溺水时间、患病动物年龄和其他既往病史等不同，患病动物长期预后差异大。患病动物也可能掉进有毒物质污染的水中，如漂白剂。

搜救犬

技师笔记

搜救犬的任何疾病都是急症。搜救犬团队各有不同，由州、私营或联邦组成。联邦政府认可的团队被归类为特遣部队，大多数州都有一个或多个特遣部队。许多这种犬都受到州和联邦法律保障。在灾难期间，搜救犬必须尽快恢复工作状态（图 28.4）。

在大多数情况下，搜救犬的训练员会希望在犬进行任何治疗时都能在场。有时可能会强制训练员在场。警犬在主人在场下达指令的情况下更容易操作。有些警犬经过双重训练，可胜任警犬与搜救犬的工作。理解犬是训练员的伙伴和团队成员是很重要的，若此人没有工作犬，他（她）可能就不能帮助救灾。

偶尔搜救犬会遇到特别的危险，导致他们受到伤害。在 1995 年俄克拉何马城爆炸案、纽约“9・11”恐怖袭击和俄克拉何马龙卷风之后，在废墟中搜寻幸存者的工作犬，在工作中暴露于吸入性毒物中。存在以下几种暴露途径：

- 呼吸系统暴露：犬不能佩戴防毒面具。玻璃纤维或卤化气体等物质可能引起肺水肿或呼吸道刺激。
- 皮肤暴露：腐蚀性物质可能灼伤或损伤皮肤。
- 口腔暴露：任何犬都有误食的潜在危险。犬可能会有意或无意地舔食或摄入洗涤剂、酸性毒物和其他物质。
- 眼部暴露：在“9・11”期间，许多犬来到野战医院是因为巩膜潮红充血。飞溅到眼中的液体甚至是吹到眼上的碎片都会导致严重的眼部创伤。

如果怀疑中毒，临床医生应致电动物中毒控制中心寻求建议。若无法打电话，手边的参考书是一个重要的备选方案。“9・11”之后，兽医们写了很多关于搜救犬的毒理学报告，国家毒物中心收录了所有报告。每种灾难造成的伤害都是不同的（图 28.5）。

“9・11”恐怖袭击引发了美国历史上最大规模的搜救犬出动。数百只搜救犬被召入行动中。从与如此多的工作犬合作中汲取到的经验可以为未来工作犬涉及的灾难提供丰富的知识。

在“9・11”期间，搜救犬的一些症状是常见的。因为在高温下长时间工作，搜救犬更容易脱水。在灾难期间，诊所会成为每个班次前后对搜救犬进行医疗评估的检查站。为搜救犬团队提供这种服务，是一种在灾难期间提供帮助的好方法，因为大多数搜救犬团队中没有兽医。在“9・11”期间，会在每次轮班后给大多数搜救犬皮下补液以缓解脱水。训练员注意到犬在补液后精力和精神有了显著的改善。因为搜救犬喜欢工作，并热

图 28.4 “9・11”期间工作的密苏里州第一特遣部队

图 28.5 2001 年 9 月 11 日恐怖袭击后纽约世贸中心的场景

衷于执行任务，训练员可能察觉不到任何脱水的迹象，直到动物病重无法恢复（Otto et al.，2003）。严重脱水会导致低血容量。这些犬必须住院直到状态稳定。应教导训练员预防搜救犬脱水。更频繁、更长的休息时间，以及确认犬饮水量足够是防止脱水的关键（图 28.6）。

压力性腹泻在长时间高压环境下的工作犬中很常见。若腹泻很严重，则会导致脱水。一些严重的病例会出现出血性腹泻。密切关注搜救犬并在腹泻开始时就进行处置，都是帮助搜救犬能够继续工作的重要因素。

在“9・11”期间，几只犬出现出血性膀胱炎（Otto et al.,2003）。对所有犬进行支持性护理有效，并未发现中毒或感染性疾病（Otto et al.，2003）。犬也会发生轻微的皮肤感染。药浴及给予抗生素对大多数皮肤感染有帮助。搜救犬的其他问题包括：轻微跛行、轻微撕裂、耳部感染和眼部感染。

在灾难期间，大部分的搜救犬在工作时都不穿靴子，因为靴子会减少摩擦力而妨碍它们的行走。尽管它们的爪垫未受到保护，但据报道，爪垫受伤率非常低。人们给犬捐赠了成千双靴子并分发给训练员，但几周后搜救犬爪垫仍出现轻微损伤，训练员因此认为最好不要给犬穿靴子。

流浪动物

理想情况下，流浪动物应该由当地收容所或动物保护协会处理。应记住的是，在灾难期间每个人都应该欢迎新的团体和人一同共事。单一组

图 28.6　在“9・11”期间作者评估搜救犬

织无法自行有效地应对灾难情况。这一点在卡特里娜飓风期间得到了体现。

超过 6000 多只流浪动物被运送至 Lamar-Dixon 展览中心（最大的收容机构）照护。卡特里娜飓风期间大量流浪动物的出现是任何人都无法预测的。有一件事很突出，即尽管许多组织已参与其中，但局势仍然迅速失控，需要更多的组织提供帮助。

兽医不应该在没有其他组织监督的情况下充当收容人员，尽管他们确实可为收容所的动物提供医疗照护。在灾难期间兽医团队和收容所一起工作互助是很重要的。应该召集美国人道协会（HSUS）、美国防止虐待动物协会（American Society for the Prevention of Cruelty of Animals）和其他当地动物收容所组织等团体，在受灾期间帮助庇护与安置动物。这些团体了解收养流浪动物的法律问题，拥有寻找主人所需的大型数据库。话虽如此，如果社区不能满足需求，大型兽医学校和场所将变成容纳不下的动物收容所。在 2012 年科罗拉多州的火灾期间，兽医学校表示有 100 多只动物被带到学校的临时收容所。这需要 100 多名全天候志愿者。虽然不是理想状态，但在重大灾难发生时学校扮演的角色在社区发挥着重要作用。最终，学校必须决定是否有能力将资源提供给社区。

对于在收容所的兽医和兽医技师来说，有许多需要注意的问题。这些动物承受着多方的压力。它们可能会在灾难中表现出在正常情况下不会出现的行为。在灾难期间，它们的攻击行为变多，因此小心应对这些动物是很重要的。没有什么比失去主人、漂浮在洪水中被陌生人拉出来、关进笼子里、放在 60 只嚎叫的犬旁边，然后被转运到一个陌生场所，有陌生人想要对它进行体格检查更让它应激的了。

在一晚上的 6 h 内，10 名兽医工作人员主要使用 SAVE 分诊法对 300 多只动物进行分诊——对需要分诊的动物来说，每只动物的时间不到 1 min。对每只动物进行单独的体格检查变得不切实际，所以基于“谁会死亡，谁会存活，谁现在

需要医疗照护”的基础上对动物进行评估。急重症监护技师具有很强的思考能力与迅速的行动力。在该情境下拥有这样的能力是很重要的。最终，兽医和兽医技师会重新对每只动物进行体格检查。值得注意的是，尽管理想状态下会让兽医对每只动物进行体格检查，但很快这就变得不可能了。兽医技师需要很好地对动物进行听诊，识别任何异常的心音和肺音，并告知兽医。他们需要进行全面的体格检查，就像在诊所里一样。从头部开始，检查眼睛、反应和检查四肢、触诊腹部、检查尾部下方等，这些对于完整的体格检查都很重要。尽管 Lamar–Dixon 的情况很极端（希望再也不会发生），但在这种情况下，技师在护理动物方面发挥了至关重要的作用。

许多流浪动物到达时没有任何身份证明。理想情况下，现场的当地收容所应负责识别和持续追踪这些动物。使用识别带、拍照、独特的标记都是确保动物不会在系统中丢失的重要方法。记住，救助这些动物的目标是找到它们的主人。

不管有多少流浪动物在收容所内，它们都不应该因为“太多了”而被安乐死。谨记宠主可能一无所有，寻找他们的宠物可能是唯一让他们有动力的事情。即使在 Lamar–Dixon，动物也从未被随意安乐死。攻击性强的动物一直生活在收容所，希望它们的主人能找到它们。

技师笔记

兽医技师非常富有同情心。记住面对灾难时带着同情心是很重要的。

责骂遗弃宠物的主人对任何人都无益处。在卡特里娜飓风期间，一些从家里救出动物的人，在主人的门上用喷漆留下了贬损语言。作为一名兽医技师，必须记住我们不能站在那些人的角度。当主人来找他们的宠物时，同情心和理解是至关重要的。

处理所有流浪动物时都应戴上手套，因为动物的疫苗接种史和病史不详。在卡特里娜飓风期间，许多流浪动物身上沾满了灰尘和油污。皮肤问题是卡特里娜飓风之后的一个大问题。许多动物出现了红疹、被火蚁咬伤和掉毛。

任何可能有传染迹象的动物都应立即被隔离。这在 Lamar–Dixon 成为一个大问题，因为这是一个露天建筑。他们尽了最大的努力，通过设置几个独立简易房间来隔离具有传染性的动物。只允许指定人员治疗这些动物以减少传播。总体上，很少有动物生病。

由于单个场所内收容的动物数量之多，许多讲座和文章记录了卡特里娜飓风这场灾难。很明显在人类和动物的灾难方面都出了很多问题。卡特里娜飓风给医护群体提供了一个交流和寻找解决方案的机会，以便在下一次发生此类灾难时，能够采取更好的应对措施。

宠物寄养

在飓风桑迪、佛罗伦萨和迈克尔（2012 年、2018 年、2018 年）期间，许多宠物和主人一起疏散，这是由于先前所提到的《宠物保护法》。幸亏有该法案，宠主、州和地方官员意识到宠物与主人一起疏散的重要性。很多时候宠主需寄养他们的宠物，当地组织和动物医院会创建临时寄宿场所，为宠主提供寄养免费照看宠物。

理想情况下，这些宠物应该像进入其他寄养场所一样被照护。如宠主有疫苗接种记录，应要求他们在入院时出示。如果没有疫苗接种证明，则被视为未接种疫苗，应以不同的方式处理，甚至可能需寄养在隔离区内。

在一些情况下，宠主需持续寄养到飓风过后的 2 ~ 3 个月，以便让主人在灾难后重新迁移安置他们的家。若出现长期寄养情况，应考虑在入院时给宠物接种疫苗。需要牢记，在宠物寄养时驱虫也很重要，如治疗心丝虫和预防跳蚤 / 蜱虫。

自《宠物保护法》颁布以来，灾难期间收容宠物已有所改变。过去大多会遗弃宠物，现在更常见寄养机构，为试图安排好自己的生活和家庭的宠主提供服务，一旦他们安置在一个比较好的地方就会来接回他们的宠物。在许多情况下，寄宿机构和流浪动物收容所不可混淆。在许多灾难中，它们是不同的场所。

清洗去污

在“9·11”和卡特里娜飓风期间，动物的清洗去污（decontamination）变得至关重要（图 28.7）。“9·11”期间，搜救犬被送到野战医院时，满身是尘土和污垢。卡特里娜飓风期间，犬在漂浮着油污和残骸的洪水中涉水而过。

在“9·11”和卡特里娜飓风期间，规模最大的治疗之一是对搜救犬和其他宠物进行清洗去污。在搜查完毕后，清洗它们并尽力清除身上的任何危险物质是极其重要的。大多数关于动物去污的资料都是根据人类医学研究改编的。

技师笔记

首先，兽医工作人员必须保护好自己。宠物的呕吐物、尿液和粪便可能含有有害物质。要求佩戴手套、穿一次性手术衣，甚至需佩戴护目镜。

应首先评估宠物是否有危及生命的疾病。临床医生应记住接触有毒物质后可能很久才会出现症状。持续追踪宠物的症状是帮助诊断的关键。例如，一些宠物最初带到诊所的症状是咳嗽，临床医生如果怀疑咳嗽是暴露在空气中的有毒物质所致，之后应该通知所有搜救犬的训练员和宠主，以便采取预防措施防止进一步中毒。

图 28.7 搜救犬用水管流水清洗去污

当警犬搜查世贸中心区域时，用洗涤香波（如 Dawn，GOJO）和水沐浴已成为常规操作。该法有助于清除犬遇到的任何油性污染物。用生理盐水冲洗眼睛和鼻孔有助于消除刺激物。理想情况下，在处理不同患病动物时应更换手套和手术衣。被带到 Lamar-Dixon 和其他场所的动物会用水管与用 Dawn 洗涤香波清洗。所有给动物洗澡清理的人都需要佩戴手套、防护服和靴子。

在灾难期间处理动物时，采取额外的预防措施很重要，因为动物有可能接触到腐蚀性物质，进而对兽医工作人员造成损伤。处理潜在接触有毒物质的患病动物最安全的方式就是先保护好自己再治疗患病动物。

手术

灾难期间只有出现急症时，若患病动物的术后预后较好且诊所资源能够安全地完成操作，才可为患病动物进行手术。手术时依旧需采取合适的预防措施以确保患病动物的安全。

患病动物稳定后应转移至其他设备完善的诊所。骨折、严重撕裂伤、大多数眼部创伤和一些血腹为非紧急手术，应在无污染的环境下进行。

手术操作需要更多的工作人员、使用更多的资源，并较长时间占用笼位。为患病动物手术可能减少其他可能会被看到并带至医院救治的患病动物数目。考虑灾难期间给患病动物做手术对整个诊所、工作人员和其他患病动物产生的总体影响是很重要的。

保持纪录

急救医学最重要的任务之一是保持准确记录的能力。

技师笔记

在灾难发生时，预先准备好表格以保持准确的记录是很重要的。

很多时候，灾难团队保持“整装待发”。他们通常建立一个工作区并立即开始看诊。在许多灾难中即使有医疗记录，也可能保存得很差。主人与训练员在数天后返回兽医野战医院，需要复述他们的犬之前接受的操作。野战医院没有电脑且电力有限。体格检查表需预先打印一式两份。一份记录可保留在战地医院，另一份可以给主人。

即使在灾难期间，保持准确的记录也很重要，尤其是没有主人在场的时候。若最终找到宠主，他（她）会想知道宠物在分离期间是如何被治疗的，因此需要准确的记录。医疗记录是一种法律文件。例如，若认为宠物应该被实施安乐死而后来找到宠主，那么能够提供一份关于宠物被实施安乐死原因的记录很重要。所有兽医诊所需要备有灾难时使用的纸质版表格（一式两份）。应提前制作多份副本并存储起来，以备不时之需。表格应可快速且方便地使用，打钩和画圈是记录基本信息时最简单的方式。若诊所使用的是电子系统，无电脑的情况下，书写病例的能力就很重要。

准备好一台拍立得照相机对无主人的动物拍照非常有用。虽然可能当时没有电脑电源可以储存，但一旦电源恢复就可以进行资料储存。如果一只动物必须实施安乐死，宠主前来确认身份，那么照片就很重要。若宠主想要找到他（她）的宠物，将照片钉在患病动物记录上，就可以快速查看。

美国人道协会、Petfinder.com 和其他救援组织皆有电子系统，可列出无主动物的名单。自卡特里娜飓风以来，人们更加重视记录的保存。当接收和治疗无主动物时，诊所工作人员应该找到负责救助和安置动物的当地团体，以便将动物添加到数据库中。宠主可能不会想到去兽医诊所寻找他们的宠物，可能只会去救援组织寻求帮助。

预约复查

对于每只进入医院的动物，都应该制订灾后护理计划。应鼓励宠主找熟悉兽医进行后续护理。但如果主人常去的医院歇业，那应该安排到就近医院进行复查。

为宠主提供足够的药物也是另一个考虑因素。临床医生应限制分发药物的数量，以避免库存耗尽。应告知主人一旦开业后就与定期看诊的兽医联系。当地的动物医院应在灾难发生前，建立一个口头和书面的“储备”系统。应保持准确的记录以便医院在灾难结束后可以获得补偿。

帮助当地兽医建设基础设施

在灾难发生前与当地其他诊所沟通，并组建支援团队，将有助于临床医生的设施和当地社区。在灾难期间能够共享设备甚至人力，对多个诊所来说都有巨大的益处。与当地收容所团队沟通，让他们知道你可以为他们提供什么服务，这将带来巨大的好处。在灾难发生前联系通常会在灾难期间有所帮助。

灾难发生前的沟通将有助于推进发生灾难时的事情进展。若当地兽医有彼此的联系方式，那在灾难发生时他们可以轻易取得联系，并评估损失、确定哪些诊所可以正常运营并确定谁需要帮助。任何灾难救援的最终目的都是让当地社区重新独立运作。重新独立运作后，当前社区就脱离了灾难状态（专栏 28.3）。

灾难后的个人恢复

意识到 PTSD 非常重要。所有的急救人员无论灾难的程度如何皆有患上 PTSD 的可能。对于在灾难中工作的人，每天皆应进行汇报。具体包含询问他有多累，他最困扰什么，他（她）是如何应对灾难的，以及次日是否愿意回来帮忙。意识到每个人都有不同的处理压力的方式很重要。为每个人建立交谈和分享情感的机会同样重要。理想情况下，诊所内的部分人员在灾难期间不应该

专栏 28.3 供灾难急救人员使用的灾难急救包（图 28.9）

- 手电筒。
- 用于手电筒和所有电子产品的电池。
- 小型收音机（电池供电）。
- 药物。
  - 个人处方药。
  - 非处方药。
- 一周的衣服。
- 服装袋。
- 免疫接种记录。
- 医疗记录。
- 重要文件。
  - 住宅综合保险内容。
  - 健康保险卡和身份证。
  - 信用卡账号。
  - 银行卡账号。
- 家庭成员和朋友目前的通讯录。
- 洗衣液。
- 急救箱。
- 旅行装洗发水 / 护发素 / 香皂 / 牙膏。
- 备用的牙刷。
- 备用的毛巾。
- 强力胶带。
- 垃圾袋（多种尺寸）。
- 防晒霜。
- 驱虫剂。
- 蜡烛。
- 厕纸。
- 水瓶。

直接参与兽医治疗工作。这些人包含行政人员和接待人员。有时在应对灾难的压力时，只要有人愿意倾听就会有很大的不同。若有人怀疑患有 PTSD，那寻求适当的协助是很重要的。

参与救援工作者或灾难受害者都可能会患上 PTSD。这种综合征最初是在战时服役军人中诊断出来的，现在发现任何经历过灾难或创伤事件的人都可能会患上 PTSD。国家 PTSD 中心（www.ptsd.va.gov/index.asp）为受灾影响者提供了各式各样的资讯（United States Department of Veterans Affairs，2013）。国家 PTSD 中心表示，8% 的男性和 20% 的女性会经历 PTSD 症状（United States Department of Veterans Affairs，2013）。大约 30% 的患者将在余生中遭受慢性疾病的折磨（United States Department of Veterans Affairs，2013）。国家 PTSD 中心的网站上有一些链接，可转到其他为 PTSD 患者提供帮助的网站。

灾难过后难以放松。人们常通过一天工作 16 ~ 18 h 来把自己逼到极限。无论是在诊所还是在家里，他们从未停下来想过自己，觉得需要做更多的事。灾难结束后，生活逐渐恢复正常，但很难放松，因为身体和心理都很难舒缓下来。

继续好好吃饭常规休息，有一段“停工期”以避免过劳至关重要。每个人在关心别人前必须先关心自己。

救灾结构

所有的灾难皆始于地方层面。每次的龙卷风、洪水或恐怖事件都是如此。当地社区政府通常与一个主要团体签订协议，该团队监督并协调其他个人 / 机构完成灾难时的运转。身为一名兽医技师，可能会联系你的诊所，了解他们是否能够为社区的宠物提供医疗服务。可能有一个已建立的地方灾难团队，其中有医疗部门为当地政府做好准备。

若当地基础设施不堪重负，他们随后会寻求地区或州资源的帮助。美国所有的州都有一个州应急管理机构（EMA）。当地城镇将联系他们的州应急管理机构并请求具体的帮助。例如，他们可能需要兽医护理大量的动物或为流离失所的居民提供临时住房。各州和当地城镇很大程度依赖于非营利组织和志愿者团体提供他们无法实现的专业服务。虽然美国有很多救灾团队，但并不是每个州都有一个州动物应急小组（SART）。尽管已使用“州”动物应急小组这个词，但需要注意的是几乎所有的 SART 都不属于州政府。它们通常是独立的非营利组织。大多数 SART 与他们所在州有谅解备忘录（MOU）或合同。参加地方层面的活动是开始学习灾难医学的好方式，但重要的是需确认如果你受伤他们是否有合适的医疗和责任保险可以报销。值得注意的是许多 SART 团队仅关注灾难中动物的救援和安置，并且往往还需要依赖当地兽医诊所提供医疗支持。

如果灾难压垮了州的资源，那所在州必须寻求联邦的协助。该州州长必须宣布进入紧急状态，随后寻求联邦政府的协助。如果州应急小组无法充分满足要求，联邦政府之后会选择使用唯一的联邦兽医小队，即国家兽医应急小组（National Veterinary Response Team，NVRT）。调用 NVRT 是很昂贵的，通常作为最后的手段。

意识到当召集更多的人协助时，通常（并非总是）由指挥系统传达给下级联系组织很重要。首先由地方当局控制现场。当地方当局寻求州政府帮助时，通常是州政府全面负责。如果州政府要求联邦介入，通常是联邦政府全面负责。任何国家安全灾难（恐怖主义）都属于联邦政府的管辖范围，他们自动负责现场。

介入参与

灾难往往毫无征兆地出现。在卡特里娜飓风期间最大的问题之一是 Lamar-Dixon 展览中心需帮助 6000 只动物的人员数量。管理并解决数千名到场人员变得很艰难，而且阻碍了许多团队的救援工作。能够意识到虽然你想帮忙但可能不允许你这么做是很重要的。许多州不允许州外的兽医和兽医技师在他们的州执业。一个已经在现场运作的组织有一套你可能并不熟悉的规章制度。

灾难时刻都在发生。无论是小型地方灾难还是大规模联邦灾难，你都可能被要求参与其中。除非你已是现场组织的一员，否则你必须记住应遵守他们的规则和指南，要不然你可能会被要求离开。即使你身为兽医技师在诊所里有出色的技能，但如果你不了解当前体制，也可能会阻碍救援工作。参与救灾团队或参加一些线上培训能让你在灾难中更有价值。

首先，你必须能够帮助自己。如果你没有为自己、你的家人和你的宠物做好准备，那你将不利于救援工作。可以在灾难之前在指定区域准备个人物品的小灾难包与宠物的急救包（专栏 28.3 和专栏 28.4）。

专栏 28.4　宠主的宠物灾难急救包

要打包并存放在包内的物品如下：
- 当前医疗记录（含疫苗接种）。
- 备用的牵引绳与项圈。
- 所有项圈或背带的识别标签。
- 宠物当前的照片与纸质介绍。
- 备用的碗。
- 小袋猫砂和小猫砂盆。
- 开罐器。
- 兽医的联系电话。
- 备用的毛巾。

灾难发生时必须携带的物品清单如下：
- 2 周量的所需药物（需常备在家）。
- 航空箱。
- 2 周量的食物（需常备在家）。
- 宠物床。
- 宠物玩具。
- 3 日量的饮用水。

加入团队

技师笔记

加入动物灾难团队是另外一个很好的参与方式。加入一个团队需要时间和投入。与团队成员交流并访问他们的网站将有助于了解更深入的资讯。同时也能让你知道该团队是否适合你。

在灾难中工作时，加入团队会让你得到保护。若你在灾难中工作受伤，国家和联邦团队会提供责任保险和健康保险。部分州和地方团体也提供保险，但最好在发生灾难时提前确认你是否有保险。

除了 NVRT，当你决定加入一个灾难团队时，知道你的雇主无需保留你的工作很重要。NVRT 成员受 USERRA 法案保护，这意味着他们的雇主必须同意他们调度并保留职位。如果你不属于这个团队，在离岗去灾区工作时，你必须得到团队的许可。注意到有地方、州、国家和联邦救灾队伍的存在是很重要的。

地方小组通常规模较小，为非营利组织。参与的成员可能受过全面培训或未曾参加过培训。他们关注的是他们的社区。这些团队通常被称为

"地方动物应急小组"或"社区动物应急小组"。大多情况，这些团体主要负责收容和救援。得到兽医专业人员的建议对这些团队很重要。遗憾的是当人员受伤时，他们通常不提供保险或赔偿。

州小组通常是非营利性组织，他们关注与州相关的事宜。这些小组的成员来自全州各地，通常比地方小组更大。通常被称为"州动物应急小组"。虽然被称为"州"，但通常在州政府中无正式职位。他们常与州政府寻求 MOU，在灾难发生时提供资源，很像美国红十字会。通常对成员的培训比地方小组多，但有时也未必。他们可能会给成员提供保险，但确认是否提供很重要。

国家小组是非营利组织，他们关注美国发生的所有事情。部分小组向美国负责的领地（如波多黎各）提供帮助。这些小组成员遍布全国各地，资源分布在多个州。包含以下一些大的团队：

- 国家灾难动物应急小组（由美国人道协会运营）。
- ASPCA 的现场调查和应急小组。
- 国际爱护动物基金会（IFAW）：紧急救援小组。
- Red Rover。

国家小组通常（但并非总是）为志愿者提供保险。一些团队可以按日加入并获得报酬，但这些职位通常很难获得。由于他们的规模大，有能力在全国各地运送物资和人力。他们的成员数量也远大于州或地方小组。国家小组往往需要组织培训以成为雇佣的团队成员。

联邦团队必须由联邦政府机构运作。NVRT 隶属于美国卫生与公众服务部的国家灾害管理系统。当要求行动时，这些训练有素的兽医和兽医技师被认为是 FEMA 的兼职员工。FEMA 会启动这支小组，告知他们 12 h 内将被调度。成员最多可调度 14 d。该小队自给自足，可以建立一个功能齐全（包括小型外科）的动物医院（兽医技师可以在灾难期间发挥他们的医疗技能）。成员在考虑被调度前必须完成培训要求。若小队启动，成员会获得由联邦员工赔偿金支付的工资。他们还受《联邦侵权索赔法》的保护，在调度期间不承担任何个人责任，并免除注册州以外的执照、认证和注册要求。

灾难培训

任何灾难团队都需要培训。两个主要要求为：①个人防护培训；②实际灾难培训。

至少一名诊所灾难小组成员必须通过一级危险材料（即危险品）课程认证。大多数动物灾难小队要求通过一级危险材料课程认证。当地消防部门经常全年提供这类课程。在线培训可以通过 FEMA（www.fema.gov/about/training）获得。多数情况下，这些课程是免费的。课程重点在于如何识别危险材料标志和进入灾难现场时需注意的基本内容。某些网站也提供免费的在线危险品课程（如 www.saferesponse.com）。参加危险品课程将对灾难应急小组的每位成员都有益处。

国家事故管理系统（NIMS）是由 FEMA 创建的一个项目。在 2005 年的"9・11"后，FEMA 建立了一个全面运作的系统，旨在为紧急情况和灾难状态做准备、预防和完成响应。它在地方、州和联邦三个层面协调紧急救灾工作。这个系统中有个非常重要的突发事件指挥系统（ICS）。这是由加州消防部门于 20 世纪 70 年代开发的系统。自此，地方、州和联邦部门机构皆使用 ICS 系统，它是协调灾难响应的通用系统。ICS 的目的是让某些关键人物履行特定职责，并建立一个指挥系统。许多地方消防部门及 FEMA 都提供免费的 ICS 课程。

动物医院中应有一人熟悉 ICS 系统，以便在灾难发生时更容易与地方、州和联邦响应人员沟通。ICS 系统最小可应用于动物医院。如果每个诊所在灾难发生前指派关键成员使用 ICS，在灾难发生时将会更容易运作。使用 ICS 时，需指定一个人作为事件指挥官或管理人员（图 28.8）。

针对不同灾难的培训可能有所不同。有无数种灾难都可能发生，这需要灵活的技能。在处理特定情况时，"跳出固有思维"是很常见的。例如，拥有一个清洁、无菌的环境来修复撕裂伤可能是不可行的。在患病动物身上铺设大的无菌单可能是最好的解决方式。缺乏输液架需要在如何悬挂液体方面想新的办法。

许多兽医大会已开始将灾难医学作为一个专

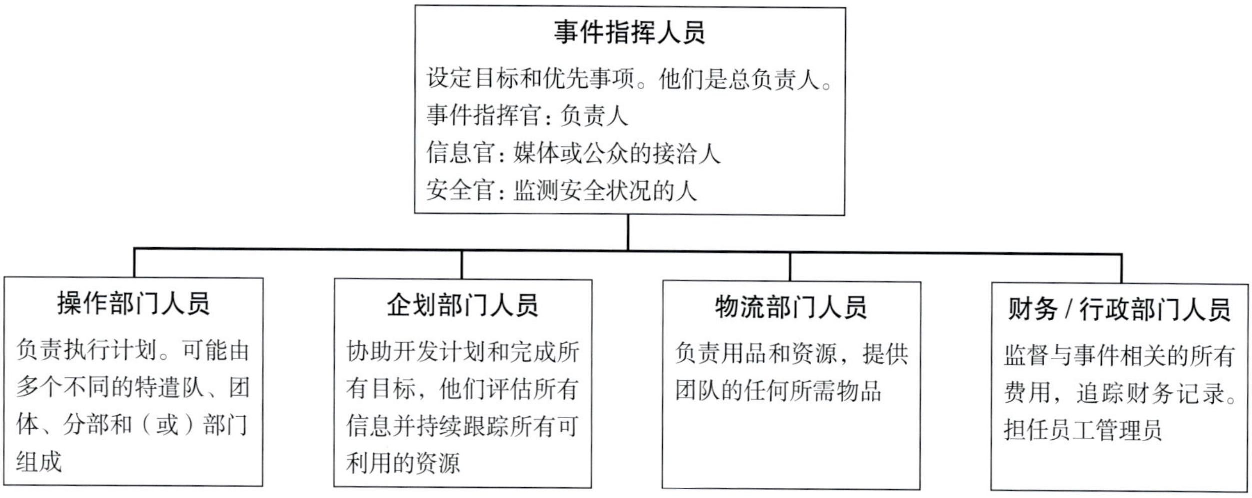

图 28.8　事件指挥人员图

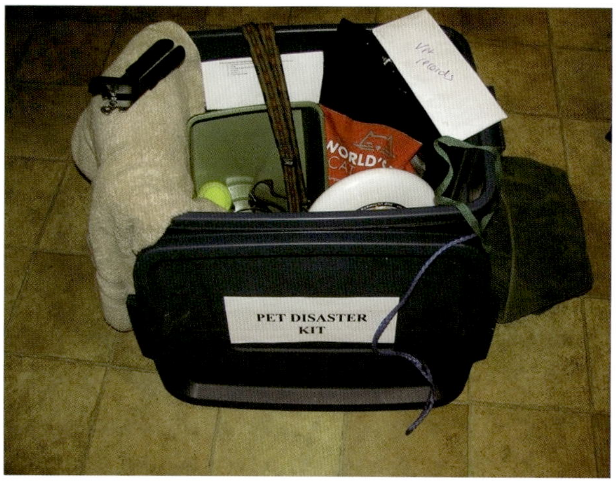

图 28.9　宠物灾难包举例

专栏 28.5　包含灾难培训团队信息的网站

美国动物医院协会：www.aahanet.org
美国兽医协会：www.avma.org
美国兽医医学基金会：www.avmf.org
ASPCA 专业培训：www.aspcapro.org
国土安全部门：www.dhs.gov
联邦紧急事务管理署（FEMA）：www.fema.gov
美国人道协会：www.hsus.org
国家灾害医疗系统：www.ndms.dhhs.gov

题。一年一度的国际兽医急重症护理大会于 1998 年开始将灾难医学作为专题。每年也有国家和国际灾难发生，可以将第一响应者和灾难专业人员聚集在一起。

许多组织（政府和私人）致力于灾难医学（专栏 28.5），像 FEMA 这样的组织会提供线上灾难团队培训。例如，FEMA 通过其应急管理研究所提供关于 ICS 和牲畜的免费课程。并在灾难中通过应急管理机构提供牲畜。在专栏 28.5 中列出了许多提供灾难医学知识的小册子和其他书面材料的组织。美国兽医协会（American Veterinary Medical Association）为宠主提供了一个很好的关于如何为灾难做准备的指南。HSUS 为公众和动物护理者提供免费的在线手册，帮助他们为灾难做准备和应对灾难中的动物。这些组织提供的诸多课程和文章都是低价或免费的。

很少有关于兽医灾难医学的书出版，且大多数在“9·11”之前出版的书包含了已过时的材料。一些兽医急重症书籍已经具有灾难医学章节。自“9·11”事件以来，已出版了几本关于灾难兽医学的书。

兽医技师和兽医应意识到一些最好的资讯需要通过个人经验获得。

结论

灾难医学是兽医学中的一个逐步发展的领域。可能不得已会参与其中，因此在灾难前做足准备很重要。动物医院可以制订计划，推进在灾难期间的患病动物护理。此外，兽医专业人员应学习了解灾难期间可用的资源，以便尽可能提供最好的护理。

场景

目的：给兽医技师提供机会，培养思考如何为诊所制订灾难应急计划的能力。

背景：急诊诊所是一个 24 h 机构，至少随时都有两名兽医技师、一名接待员和一名兽医在场。

场景

四级飓风可能会在未来 36 h 内袭击你的兽医诊所 / 寄养机构以南 48.28 km（30 mi）处。该城镇官员已经要求进行疏散。今天是劳动节周末，你有 15 只犬和 20 只猫寄养。同时你还有 10 个住院病例，大部分的宠主都在离镇 80.47 km（50 mi）外的地方，至少有 4 个人在国外。

演示

- 盘点员工，分组，有 10 min 的时间讨论该情况。
- 持续讨论，而不是以寻找正确答案为目标。

问题

- 在飓风来袭之前，你应该采取哪些措施？
- 列举出一些关于如何及时撤离的计划。
- 列举出一些将动物疏散到何处的计划。

教学要点

- 为兽医技师提供如何疏散住院患病动物的讨论机会。

参考资料

- 专栏 28.1 应作为兽医诊所为灾难准备的参考。

讨论

请注意：灾难医学中没有正确答案。

在飓风来临之前

- 考虑与一个或多个位于安全区域的诊所签订 MOU，以便转移宠物。
- 考虑签订一份包括使用您的设备和（或）人员的 MOU。
- 你应该拥有所有宠主的联系方式，包括电子邮件、酒店电话号码、手机号码和紧急联系电话。
- 您应该有一个关于您的诊所 / 设施在灾难发生时将遵循的流程（例如，所有宠主必须在飓风登陆前 48 h 接走他们的动物；所有主人都应知道，如果机构必须疏散他们的动物，每周会向他们收取额外的费用，如运费和护理费）。
- 您应该向宠主提供诊所的紧急联系方式（可以通过联络资料或每次就诊的初始文件获取），避免他们必须来到诊所。另一种选择是电话留言。

讨论

- 接到疏散令后，尽快联系宠主，让他们尽可能有较多的时间去接宠物，或安排其他人来接。
- 宠物上应该有防水的身份标识信息：身份标识带、身份标识卡、在牵引绳 / 航空箱上有带照片的身份标识。
- 医疗记录必须复印，并放在防水文件袋中，与每只宠物一起保存。此记录的副本应以电子备份，或与兽医人员一起以拷贝文件的形式转移出该地区。
- 所有住院患病动物可能需要的药物都应随身携带，以帮助抵消其他诊所的成本（例如，静脉输液、抗生素）。
- 如果住院患病动物无法长途转移，应在当地指定一个场地，将所有住院宠物安置在该处，并选择一名储备人员与动物一起渡过难关。该场地必须有发电机和人类 / 宠物的食物 / 水供给，并且位于不太可能被洪水淹没的安全建筑内。另一种选择是获得主人同意，转移有危险的患病动物或人道地对宠物实施安乐死。
- 准备医疗急救包，以防动物在转运过程中出现紧急医疗并发症。
- 在联系宠主之前，应该通知城镇官员和媒体，以防宠主正在寻找他们的宠物。
- 疏散应该至少在飓风到来前 24 h 开始。
- 城镇官员应被告知疏散地点。通常州要求机构在每个季度开始时提交计划。
- 观看当地新闻，找出受影响的区域，然后疏散到“安全”区域。
- 理想情况下应通知所有的宠主。他们最好可以自己来转移自己的宠物，这样责任就不会落在诊所上。
- 在诊所的网站上更新疏散状态和主人接回宠物的流程。
- 所有动物在转运过程中应适当保定。请勿让犬和猫在车里自由活动！
- 若道路堵塞，可联系当地官员，寻求是否能提供护送。

参考文献

[1] American Animal hospital Association Board of directors: Last revised March 2010. Available at www.aahanet.org/Library/GoodSamaritan.aspx. Accessed October 8, 2013.

[2] Cross K., Cicero M. head-to-head comparison of disaster triage methods in pediatric, adult, and geriatric patients. Annals of Emergency Medicine. 2013;61(6):668 – 676 e7.

[3] Government Tracking of Bills. Accessed bill online at www.govtrack.us/congress/bills/109/hr3858. 2013.

[4] Heath S. Animal management in disasters. St. Louis, MO: Mosby; 1999.

[5] Humane Society of the United States. Available at www.humanesociety.org/issues/pet_overpopulation/facts/pet_ownership_statistics.html. 2013.

[6] Navin d., Sacco W., Waddell R.B. Operational comparison of the simple triage and rapid treatment method and the Sacco triage method in mass casualty exercises. Journal of Trauma injury, infection, and Critical Care. 2010;69(1):215 – 225.

[7] Otto C., Franz M., Kellogg B., et al. Field treatment of search dogs: lessons learned from the World Trade Center disaster. in: Proceedings of the Long Island Veterinary Medical Association Toxicology and Search and Rescue dogs; 2003:43 – 52.

[8] Sacco W., Navin d., Fiedler K. Precise formulation and evidence-based application of resource-constrained triage. Academic Emergency Medicine. 2005.13. Available at: https://doi.org/10.1197/j.aem.2005.04.003 Accessed April 20, 2019.

[9] United States department of Veterans Affairs. www.ptsd.va.gov.2013. Wingfield W., Raffe W. The veterinary ICU book. Jackson, WY: Teton NewMedia; 2002.

第 3 部分

运营管理

对任何企业而言，维持 7 d 24 h 的营业颇具挑战。我们在兽医急重症医学上面临着独特的挑战，创造一个员工觉得被重视且能留住员工的工作环境是非常重要的。

有机会成为重症监护小队的人必须意识到，这一专业对身体和情感都有影响。日常自我保护的方法和提倡健身是任何医院都考虑的重要方面。

为医疗团队制订一个合适的日常流程框架（schedule structure）也是成功的关键。理想的日常流程框架应适时搭配健康轮班，不仅要考虑什么对工作流程和操作是最好的，还应考虑对小队成员的影响。改变日程安排或轮班小队成员会影响身体和个人生活。

不同的轮班和保持规律的睡眠有助于缓解通宵工作或轮班带来的挑战。

我们的客户必须被视为患病动物的医疗小队的一部分。他们有宝贵的资讯来让我们帮助他们的宠物，无论做出什么决定，都是最好的选择。在主人进入机构的前几分钟内，就会形成这种合作关系。我们的沟通方式是决定客户如何看待我们服务的主要因素，并将有助于建立信任。

我们还负责管理库存和管制药品，在这样一个环境中，快速获取药物是救命的必要条件。我们将探讨如何在遵循法律标准的同时实现这一目标。

第 29 章

急重症医护人员的福利健康

Marie K. Holowaychuk

章目录

关键词

职业倦怠
解决冲突
心理健康
正念
道德压力
自我照顾
福利

在急诊室和 ICU 工作对兽医技师的要求非常高，工作压力也非常大。这些环境给兽医技师带来了独特的挑战，因为他们要为患重病、受伤或危重的动物进行治疗和护理。待处理的病例数量通常很多，且病例往往非常复杂。因此，兽医技师们需要使用先进的技术和人际交往技巧来完成他们的任务。还有许多其他的压力来源会危害兽医技师们的福利，如经济无保障、轮班及不和谐的团队。

福利的定义

美国疾病控制和预防中心（Centers for Disease Control and Prevention，CDC）将福利定义为"对生活感到满足和满意时的情绪、生理和心理健康状态"（CDC，2018）。在福利调查的研究中，通常是根据个人对他们生活的满意程度，以及他们认为自己的生活与他们可能过的最好的或最差的生活相比如何来进行评分的。重要的是要认识到福利与心理健康（mental health）是不同的，一个人的福利可能很差，但心理仍然是健康的，反之亦然。

福利的重要性

福利（wellbeing）对兽医技师来说非常重要，可以促进情绪、生理和心理健康，并促进个人和职业的茁壮成长。同时，兽医技师的福利对医院或组织来说也非常重要，因为这有利于员工留任和长期任职，并有利于提高团队效能。加拿大伴侣动物医院的研究表明，兽医技师的工作满意度与团队效能呈正相关，与职业倦怠（burnout）呈负相关（Moore et al., 2014 ; Pizzolon et al., 2019 ）。

危及福利的问题

2016 年，美国国家兽医技师协会（National Association of Veterinary Technicians of America，NAVTA）进行了一项调查，收集了美国 2790 名兽医技师的反馈，25% 的兽医技师毕业尚不满 5 年。当被问及影响他们工作的负面因素时，54% 的兽医技师提到低薪水或福利差，41% 的兽医技师提到同情疲劳。在目前没有工作的兽医技师中，近一半（45%）的人已经因为薪酬不足（38%）、缺乏尊重（20%）或职业倦怠（14%）而离开了兽医行业（NAVTA, 2016）。

最近，一项研究调查了在美国工作的兽医的工作压力源。最常被提及的压力源（按从多到少排序）为经济无保障，客户、同事或人际关系问题，工作与生活的平衡，管理问题，工作压力，培训或人员配置，不满足感，个人问题，职业前景，负面的公众认知，以及较高的个人期望（Vande Griek et al., 2018）。这些压力源中的许多也同样适用于兽医技师，尤其是在低收入、人际冲突、责任过多，以及人员配备不足或缺乏训练方面。

精神疾病

尽管越来越多的研究对兽医的心理困扰和心理健康进行了调查，但有关兽医技师的文献报告仍然较少。然而，很有可能一些针对兽医的统计报告结果与兽医技师的类似。一项针对美国兽医的心理健康和福利的随机调查研究发现，大约每 20 名兽医中就有 1 名经历过严重的心理困扰（如感到紧张、绝望或毫无价值），这与美国的普通人群相比没有明显区别：据报告，有 4.7% 的人有严重的心理困扰。然而，年轻的男性和女性兽医（＜ 45 岁）与同龄的普通人群相比，发生严重心理困扰的比例更高；单身的兽医发生严重心理困扰的比例为 9.3%，而已婚或有伴侣的兽医出现严重心理困扰的比例为 4.5%（Volk et al., 2018 ）。

严重的心理困扰也与每周工作时间过长、夜间工作、比预期工作时间更长或更短有关。有学生贷款（无论金额多少）和对自己的财务状况不满意的兽医有严重心理困扰的概率也更高。在接受调查的兽医中，有 40% 正在接受针对抑郁症的治疗，30% 正在接受针对焦虑或惶恐的治疗（Volk et al., 2018）。由于女性兽医技师的占比很高，并且根据全球数据统计［World Health Organization, WHO（2019）］，女性比男性更容易患心理疾病，因此，抑郁和焦虑对兽医技师的影响可能高于对一般人群的影响。

道德压力

道德压力（moral stress）是指兽医技师的道德和信仰与医院的工作程序或政策发生冲突，从而造成道德压力的情况。从根本来说，当兽医技师觉得他们正在做一些他们不应做的事情时就会发生这种情况。这方面的例子包括在没有进行适当培训的情况下进行治疗或在有治疗选择但宠主无法负担时进行安乐死。道德压力被认为是所有兽医团队成员同情疲劳和职业倦怠最常见的原因之一。

同情疲劳

与生病或濒死的患病动物或悲痛的宠主之间的特殊关系，以及在回应时产生的共情，使得兽医技师发生同情疲劳。同情疲劳的特点是当兽医技师无法通过自我调节、远离工作或紧张的工作环境来调节或恢复情绪时就会出现严重的情绪和身体疲劳。同情疲劳会随着时间积累并会在工作之外影响兽医技师，这与一旦结束工作后就不再明显的职业倦怠的表现并不相同。同情疲劳表现为冷漠或逃避、精神疲惫、抗拒、淡漠或孤立，是过分关心他人而没有适当关心自己的结果。兽医技师也可能会因为不断出现的道德压力未得到认可或解决而经历同情疲劳。

职业倦怠

职业倦怠是指当人们对工作的满意度低、感到无力和不堪重负时在身体和情绪上表现出的疲惫。职业倦怠的3个经典的子分类为：①情绪耗竭；②人格解体（愤世嫉俗）；③个人成就感低。这是由暴露于环境和内部压力源并且应对技能不足导致的。导致兽医技师发生职业倦怠的工作方面的原因包括：对工作的掌控较差、对良好完成的工作缺乏认同或奖励、对工作预期不明确或过高、工作单调乏味或无挑战性、在混乱的或高压的环境中工作或处理人际冲突。导致兽医技师发生职业倦怠的生活方式方面的原因包括工作时间长、随时待命、没有足够的休息时间或缺乏健康的支持系统。

轮班工作

大量研究一致认为，轮班工作与心脏病、胃肠道疾病和代谢性疾病（如2型糖尿病）等健康问题密切相关。尽管研究结果不太一致，但也有证据表明心理健康或癌症与轮班工作相关（Moreno et al., 2019）。轮班、固定的夜班或更长时间的轮班也与不良妊娠结果相关（Cai et al., 2019）。虽然目前原因不明确，但这些健康问题很可能继发于睡眠不足、不健康的生活方式和压力。到目前为止，没有强有力的证据表明轮班工作者的寿命缩短。更多关于轮班的信息请参阅第20章。

职业风险

一项对明尼苏达州兽医进行的职业危害调查显示，约一半（46%）的兽医技师未进行狂犬病毒疫苗暴露前接种，34%的兽医技师在职业生涯中遭受过与动物相关的严重伤害。此外，42%的兽医技师表明，在他们的工作环境中，员工经历过吼叫、霸凌、被投掷物品、威胁或身体暴力等职场虐待，这一比例是兽医的2倍（21%）（Fowler et al., 2016）。

不和谐/不积极的团队

不和谐的态度会对兽医团队工作产生负面影响，工作场所中的不和谐态度被忽视或未得到解决时就会造成不和谐的工作环境。因此，不和谐的态度可能会导致关系和工作冲突，这与团队满意度和绩效呈负相关（Moore et al., 2014；Pizzolon et al., 2019）。必须对不和谐的态度和环境加以识别并进行改正，以促进兽医技师福利。

不和谐的态度和行为

不和谐的态度可以表现为多种形式，如无礼、抗拒改变、回避冲突和缺乏动力。消极的行为包括把任务交给别人完成、总是悲观主义、对他人过分挑剔，以及贬低团队其他成员。消极的人也更易表现易怒、焦虑和没有安全感，并且以一种不成比例的方式影响团队其他成员的情绪、心情和态度（Moore et al., 2015）。

在不和谐的环境中工作的兽医技师有一种普遍的情况："那不是我的工作"的态度，例如，兽医技师拒绝执行某项被认为是属于他们职责的任务，如不想接电话或洗衣服。当团队成员拒绝协助履行职责或任务时，其他人会认为这是一个掌控或自我问题，他们作为团队成员没有做出适当的贡献。这些情况通常是由于理解错误或是不理解其他人正在做什么或其他人真正的职责是什么而导致的（Moore et al., 2015）。

对于兽医技师来说，想要成为"独占之人"被认为是不和谐的，当他们通过独占某项任务或职责，或不与他人分享专业知识以达到掌握权力的目的时，其他人会感到沮丧。当这个人不具备完成任务的适当技能或培训时（如订购医院物资的医院经理，缺乏与供应商进行适当沟通的医疗知识和经验），可能会对团队造成更大的伤害。如果其他兽医技师觉得他们可以更高效地完成这项工作，这可能会引起公愤（Moore et al., 2015）。

此外，将某些团队成员称为"领导"或"高级兽医技师"可能会在团队中造成不公平的感觉，特别是在没有将这个角色清楚地传达给其他团队成员时。例如，如果一名兽医技师被指定为"技术领导"，但是没有得到适当的承认，那么不公平的感觉则来源于履行了管理职责，但是没有得到期望的时间或经济补偿。另一种情况时，其他兽医技师可能会认为，这个人不履行他（她）的技术职责，而是从事其他技术难度较小的任务（即管理任务）（Moore et al., 2015）。

如果一个人的性格与团队中其他成员格格不入，那么性格问题就会导致不和谐的环境。大多数人都认为兽医技师的性格比起专业技能更重要，因为专业技能可以学习，但性格很难改变。更重要的是，当人们违背医院的价值观，发表伤人的言论、行为粗鲁，或在他人面前使人难堪，会导致团队其他人的不信任，并且分神也会导致时间的浪费（Moore et al., 2015）。

未解决的冲突

由于存在临床知识、生活和工作经验、价值观、观点和个性等方面的差异，冲突在任何团队中都是不可避免的。处理并解决冲突对保证团队效能以及提供安全、优质的患病动物护理是非常重要的。如果冲突处理不当，焦点放在相关人员而不是问题本身上，团队就会出现分歧，也会影响对患病动物的护理。冲突处理不当也会降低团队士气。

与福利相关的积极因素

很少有研究调查与兽医技师福利相关的因素。然而，有一些关于人医护士和兽医的研究可用于评估和比较。

人医护士

在人医护理文献中引用了几种被认为有助于护士福利的抗逆能力重建策略。具有抗逆能力的护士的特点包括自信、有智谋、有求知欲、自律、冷静、灵活和有解决问题的能力。通过有效的应对策略来维持工作和生活的平衡也与提高护士福利相关。建议的活动包括锻炼身体、与家人共度时光、进行休闲活动、与朋友社交、花时间在爱好上以及参加宗教活动（Brennan, 2017）。

兽医

最近的一项研究表明兽医的福利评分仅略低于普通人群。平均而言，男性兽医的福利评分高于女性兽医，已婚兽医的福利评分高于单身或离异兽医。与高福利评分相关性最强的职业因素是高收入、工作时间短、没有学生贷款或贷款金额低、拥有自己的医院以及不上夜班。参加与工作无关的健康活动也与高福利评分有较强的相关性。例如，旅行和阅读、与家人共度时光、与朋友社交、有爱好、定期锻炼、结婚或恋爱。该研究也发现每天在社交媒体上花 1 小时或更长时间与福利呈负相关（Volk et al., 2018）。

促进福利的实用手段

尽管缺少关于如何支持兽医技师福利的研究，但有几种成本低廉且易于实施的策略据传闻已在兽医团队中取得了成功。

自我照顾

兽医技师每天都在照顾患病动物、客户以及其他团队成员。反过来，他们的精神、情感和身体健康也取决于他们照顾自己的能力。在道德和伦理上，兽医技师有优先照顾自己的义务，这样他们才能作为护理者继续有效地工作。简单地说，如果兽医技师无暇自我照顾（self-care），最终也将无法照顾其他人。

自我照顾指南

绿十字创伤学会（The Green Cross Academy of Traumatology）是一个非营利性机构，由训练有素的创伤学家和同情疲劳服务提供者组成，他们一起制订了自我照顾指南标准，指南建议：①在帮助或治疗他人的同时避免在职责范围内受到伤害；②注意身体、社会、情感和精神需要以确保为他人提供高质量的服务。指南声明，不注重自我照顾是不道德的，因为自我照顾可以防止那些被护理的人受到伤害。

无论工作或老板如何，每位兽医技师都有权利享受与自我照顾相关的福利。所有兽医技师都应有安稳的睡眠，并与工作完全分开，以维持他们的专业角色。同样地，无论是在工作环境内还是工作环境外，兽医技师都应在感情和精神上得到恢复。此外，兽医技师必须在消费方面（如食物、酒精、药物、兴奋剂）上保持克制，因为这些可能会影响他们作为护理提供者的工作能力。

自我照顾计划

每位兽医技师都必须对自我照顾做出正式和切实的承诺，即书面的、公开的、具体的和可衡量的。自我照顾计划也应设置关于自我照顾活动的截止日期和目标。计划应该是可实现的，应包含实现以下目标的策略：①在休息时间放下工作，开展有趣的、刺激的、鼓舞人心的和令人高兴的能使人恢复活力的活动；②进行适合个人兴趣和能力的适当的休息和放松；③练习适合个人兴趣和能力的有效的日常减压方法，能够有效地管理工作时间和休息时间的压力，并认识到它们是不同的。

在进行自我照顾时，有许多福利层面的问题需要注意。在每周、每月或每个季度的基础上，努力制订自我照顾的策略和目标是有帮助的，这些策略和目标应包含每个福利层面的活动。表 29.1 提供了每个福利层面的描述和自我照顾活动的举例。

正念

正念（mindfulness）最早被广泛应用的定义是由 Jon Kabat-Zin 提出的，是指以一种特定的方式、有目的地、在当下、不带评判地集中注意力。换言之，是一种将注意力集中于即时体验或感受的有意的自我调节，以求知欲、开放性和接受为特征。相对于试图评价或改变现状或往事，正念允许意识到并接受出现的想法、观点和感觉。Daniel Siegel 也将正念描述为一种当前的注意力状态，在这种状态下一个人在想法、感觉、情绪和事件发生的那一刻观察它们，而不做出无意识的或习惯性的反应。大多数兽医技师处于机械工作状态，但意识在别处：规划未来、思考过去，或感觉被无意识的身体、情绪和认知模式所束缚。正念既是一个过程（正念练习），也是一个结果（正念意识），它可以让兽医技师将注意力集中于当前发生的一切，而不附加任何标签或故事，只接受事实。

非正式的正念练习

非正式的练习可以随时随地进行，以提高对当前的认知并进行充分的体验。包括关注正在发生的身体感觉、声音、视觉刺激、对话、气味和运动（如行走、呼吸）。非正式的练习可以在白天进行，也可以在约会、休息或通勤途中进行 3 ~ 5 min 的练习。专栏 29.1 列举了每日非正式练习的例子。

正式的正念练习

可以每天或每周进行正式的练习，目的是留出时间进行正念活动。例如，进行身体扫描、练习瑜伽、行禅、专注饮食和冥想。

冥想 冥想是一种训练大脑有意识地进行自我调节，并将注意力集中在当下或进行自我探索的练习。根本来说，这是一种“对大脑的训练”，就像去健身房一样，锻炼得越多收益越大。冥想有许多类型，如正念、念经文、慈爱、超然和自我探索。冥想可以被引导（即在听教学录音时练习）或专注于呼吸（即将注意力放在呼吸上或计数呼吸），这通常是最容易开始的练习方式。专栏 29.2 列举了专注于呼吸的自我引导的冥想的例子。虽然科技可能会导致持续的干扰或刺激从而影响正念，但也有助于建立或培养规律的正念练习。有许多手机应用程序可以为刚接触正念和冥想的兽医技师提供入门课程或指导课程。

正念练习的益处

正念练习可以减少压力对大脑和身体的不良影响。提高意识也能使兽医技师停止条件反射，并有意识地选择适应性更强、更健康的反应。持续的正念练习能使负责制订计划、复杂的认知行为、个性表达、决策、调节社会行为、自我意识和人际关系经验的前额叶和岛皮质发生显著的变化。控制情绪、行为、动机和长期记忆的大脑边缘系统的改变也可见于进行正念练习的人。

正念练习还可以通过改善人医护士在压力情景下保持专注和冷静的能力，从而帮助他们更有效地应对压力。完成正念练习的护士在临床表现、处理负面情绪的能力、在压力事件中对想法

表 29.1　促进自我照顾的福利层面及相关活动

福利层面	描述	自我照顾目标举例
身体	保持身体健康，避免生病或生病时进行治疗	必要时寻求医疗护理 每晚睡 8 h 每天锻炼 30 min 使用安全的举重器材
精神	寻找生活的意义和目标，并且参加与个人信仰和价值观一致的活动	每天进行感恩练习 每周去教堂 每周亲近大自然 每天写日记或冥想
情感	体验和管理个人的、人与人之间的感情，培养用于压力管理和健康的人际关系的内在力量	常规进行自我照顾 每天采取减压策略 定期进行咨询或治疗 接受局限性并寻求帮助
思想	参与令人精神振奋的和有创造性的活动，探索新思路和不同的观点	每天阅读新闻 每年参加一次研讨会 看纪录片 学习一门新的语言或技巧
经济	为了舒适的生活而管理资源，设置实际的财务目标，做出明智的财务决策，并为紧急的财务状况做好准备	每年与财务策划顾问会面 使用自动缴费 制订每月预算 出售未使用 / 不需要的物品
社交	培养归属感和集体意识，与其他人建立联系，建立互相支持的关系网	加入 meetup.com 的团体 每周安排一次与朋友或家人的聚会 庆祝生日或纪念日 积极使用社交媒体培养和建立联系
职业	参加能提供个人满足感、能丰富生活的、与个人价值观和目标一致的工作	每年参加一次会议 组织工作活动 寻求成长和进步的机会 提供反馈意见并根据需要调整工作职责和（或）计划
环境	生活方式尊重自然和建筑环境	把不用的物品捐赠再利用 使用可重复使用的购物袋 保持家中整洁 创造符合人体工程学的工作空间

和感觉的意识，以及应对患病动物需求的能力均有改善。研究表明正在进行正念练习的护士也表现出更强的自我意识和持续的自我照顾，这有助于减轻职业倦怠、焦虑和抑郁（van der Riet et al., 2018）。

健康的边界

当兽医技师不给自己或他人设立限制时就会出现不健康的边界。建立健康的边界有助于维持平衡、提高抗逆能力，以及能制订更好的应对策略。拥有健康的边界本质上意味着认识到并理解身体、情感、心理和精神上的限度，并不允许这一限度受到破坏。兽医技师必须考虑清楚什么是可容忍和可接受的（即轮班时间的长短、兽医的尊重对待），以及什么会导致不适和焦虑（即连续工作班次过多、没有健康福利）。感觉不适或怨恨是危险

专栏 29.1 非正式正念练习举例

- 注意当你处于机械工作状态时，将你的意识重新集中在当下。
- 用呼吸随时将意识锚定在当下。
- 通过专注倾听别人讲话练习正念。不仅要记住话语，还要记住他或她的声音及脑海中显现出的视觉图像。扩大意识，包括对话中出现的声音、景物、气味、身体感觉和情绪等组成的完整画面。注意你的意识何时陷入思考、判断、期望或假设中，并将其带回到当下。
- 使用感官在体内锚定意识（如意识到脚底在地面上、环境中的声音、吹在皮肤上的风、空气中的味道）。
- 小心地行走（即注意脚接触地面的感觉）。
- 将正念尽可能多地带入全天的活动中，如洗澡、洗碗、刷牙、做饭、吃饭、开车或洗衣服时。
- 注意哪些活动会导致“机械行为”，并使用“STOP”法则：停止（**s**top），深呼吸（**t**ake a deep breath），观察当下（**o**bserve the moment），处理并继续（**p**rocess and **p**roceed）。

信号，表明边界已经被突破，必须做出一定改变。之后，需要进行清晰的沟通，以表达需求、提出请求或明确指出兽医技师希望在未来发生的事情。

说“不”

兽医技师通常会对请求表示同意，如加班，因为他们想融入团队、看起来很热情或者被人喜欢。遗憾的是，总是说“是”会导致职业倦怠。说“不”可能很困难，但说“不”可以挤出时间进行自我照顾和与工作无关的活动，从而培养抗逆能力。只要可能，都应鼓励兽医技师花时间考虑某个请求并决定这一请求需要花费多少时间，以及它将如何适应现有的计划和需求。本质上，兽医技师必须考虑依从这一请求的利弊。如果合适，兽医技师可以提供其他的帮助（如负责部分班次而不是整个班次）。此外，兽医技师应当面或通过电话拒绝，而不要通过短信或邮件来传达语气。最后，兽医技师不需要为拒绝做出详细解释，只需做出简短而尊重的答复即可。

接受不完美

完美主义是一种追求完美和设定过高绩效标准的人格特点。它通常伴随着过度批判的自我对话和对他人观点或意见的强烈关注。童年时期因完美主义的行为受到奖励可能导致兽医技师认为如果他们不完美，那么他们的表现就会受到影响。当完美主义者没有达到他们的目标或预期时，就会产生心理困扰。从长远来看，坚持完美主义信念是非常有害的，并且可能会加剧职业倦怠和同情疲劳。因此，对于兽医技师来说，必须学会接受不完美并认识到完美主义是一个不实际的目标。作为人就意味着会犯错，并且要知道其他人也会理解，因为他们也是人。

专栏 29.2 自我引导的专注于呼吸的冥想举例

1. 设置一个计时器，这样就不会因为查看手表或手机上的时间而分心。
2. 在坐垫或椅子上舒服地坐直。躯干应保持挺直，背部和颈部保持挺直、平稳，呼吸顺畅。闭上眼睛或将焦点放在 91.44 cm（3 ft）外以消除视觉干扰。
3. 将注意力集中在呼吸运动上：随着空气进入肺，胸部和腹部扩张。
4. 继续观察呼气运动：随着胸部和腹部收缩，身体肌肉放松。
5. 在吸气和呼气时，将注意力集中在呼吸上。跟随呼吸的轨迹，注意当吸入的空气穿过或充满身体某些部分时可能产生的感觉。有时，将注意力集中在呼吸感觉最强烈的身体部位（如鼻孔）可能会有帮助。
6. 当被想法、声音、身体感觉或情绪干扰时，注意干扰的本质，并将注意力和意识回归到呼吸上。这是可以预料到的，因为我们的大脑非常忙碌，并且在练习中干扰可能会不断发生。
7. 随着练习的进行，将意识扩展到各种声音（室内外或身体内外）、产生的身体感觉、思维的模式或习惯，以及意识领域内发生的其他事情，每当思维变得游离或不集中时，将其不断拉回。
8. 如果身体出现不适，则将注意力集中在不适的部分，并注意这种感觉。如果觉得有必要重新调整，首先在脑海中记住移动的意图，然后有目的地移动，并密切关注移动。
9. 练习时不要执着于结果或经验，不要评判练习的好坏，不要试图去做或实现任何事情，接受当下发生的任何事情。
10. 要有耐心，不断温和而坚定地将意识从游离状态带回到专注状态。

与自己共情

有时，兽医技师必须接受“足够好”的实践而不是“完美”的实践。在现有的资源和条件下，这有助于实际地对待期望，并认识到在这种情况下已经做到了最好。兽医技师进行的自我对话通常是严厉的、过于挑剔的，并且会令人丧失信心。兽医技师可以从成为自己的啦啦队队员中获益，而不是成为自己最大声的批判者，要带着在同样情境下对待朋友的善意和同情心与自己对话。

工作与生活分离

在一天结束时，兽医技师可以通过明确什么进展顺利、什么进展不顺利来获得一种结束的感觉,应该更多地关注积极方面而非消极方面。此外，也要求兽医技师将护理住院病例的责任移交给同事，并有意关闭电脑或合上纸质文件。然后，兽医技师就可以与同事道别、聊一聊这一天中发生的令人不快的事情、摘下工牌、脱去刷手服和工作鞋。本质上来说，通过一种个人仪式来表示工作已经完成，以此作为一天结束的标志。兽医技师可以选择将回家的归途作为工作和私人生活的分界线。这也有助于减少其与爱人或室友谈论工作上的事情，从而保留私人时间。工作与生活分开对于那些需要随叫随到的兽医技师来说更重要。确保在非随叫随到时的个人时间得到保护，这样才可以进行非兽医相关的活动。

培养社会关系

鼓励兽医技师每周安排时间与朋友或家人共处。与其他人联系有助于维持归属感，并提醒兽医技师当出现问题时，还有人可以依靠并寻求帮助。当面社交是维持这些联系最好的方式，社交媒体和短信无法与面对面的黄金时光相比较。如果是社交媒体上与其他人互动，则需要表现得更加积极，更具体地说，比起滚动阅读和被动地“点赞”，我们鼓励兽医技师以更有意义和诚恳的方式与他人交流、分享和联系。

有凝聚力的团队沟通

兽医技师必须与团队进行有效的沟通，以便解决问题并高效地发挥作用。为了有效地沟通并解决问题，需要团队成员有一些基本的态度。基本尊重意味着兽医技师要站在别人的立场上处理问题。兽医技师也应对其他人的想法和感受保持好奇的态度，这有助于培养真正理解其他人的想法和感受的欲望。真实性意味着每位兽医技师分享的想法和感受是真实和准确的。信任是建立在相信团队中的每个成员都是好意的并且提出问题是有益的。团队中的新兽医技师在有机会完成重要任务时也可以获得信任，他们的努力也会得到认可。

有效沟通的其他重要方面包括提出开放式问题，这些问题不能用“是”或“否”来回答，通常以“告诉我更多关于这方面的信息”或“谈一谈你的思考过程”这样的短语开头。思考倾听和同理心陈述对于兽医技师传达确实在倾听和理解他人观点的信息也非常重要。非语言意识也非常重要，因为非语言信息往往比语言信息更能说明问题。兽医技师必须努力确保他们的肢体语言与他们所说的一致，以免混淆信息。此外，保持肢体语言的开放性和中立性有助于减少防备心，尤其是在冲突期间。

解决冲突

由于临床知识、生活和工作经历、价值观、观点和个性等方面的差异，冲突在任何团队中都是不可避免的。处理并解决冲突（conflict resolution）对于团队效能和提供安全、优质的患病动物护理是非常重要的。虽然大多数兽医技师宁愿避免冲突，但这可能会削弱士气并加重心理压力。

信息冲突

信息冲突涉及不同的想法、观点和意见或对决策的分歧。在处理信息冲突时，最好保持求知欲并进行开放式提问，以获取针对其他观点的知识和理解。在这些情况下，兽医技师应使用以事实为导向的论点，而不应基于情绪。当争论演变成个人的胜负之争时，兽医技师就不会再关心如何理性地解决问题了。当兽医技师变得有防备心时，他们则更专注于捍卫自己的观点，而不再公开地评价其他的观点。防备性态度会影响兽医技师获得新的见解和知识。开放式的肢体语言和开放式的问题非常重要，这样可以鼓励别人自由地分享信息。点头、保持感兴趣的面部表情、说“继续说，我在听”有助于促进分享和讨论。

个人冲突

个人冲突通常源于人际关系不和谐，通常与任务或信息无关。当兽医技师变得紧张、恼怒或被其他的性格或行为惹怒时就会出现这种情况。这会引起敌意和争论，最终影响任务的完成。破坏性或霸凌行为，如居高临下的语言或语调、对问题不耐烦、不情愿或拒绝回答问题或电话、言语虐待、威胁性肢体语言或身体虐待，均是不可接受的，必须解决并积极劝阻。我们鼓励医院管理者制订可接受的行为指南，以帮助员工更好地识别、报告和管理扰乱客户和患病动物护理的行为。在处理个人冲突时，DISH 程序是保持客观、基于情景和面向未来的有用的工具，和解姿势有助于结束“我与你对抗”的心态。

DISH 程序 DISH 是以下单词的首字母缩略词：描述（describe）具体情况，以“我”的立场表明（identify）对行为的担忧，建议（suggest）其他替代方案，强调（highlight）以达成集体协议为目标，共同解决问题的益处。应根据对达成团队目标或实现团队凝聚力的影响来表明潜在的结果。在使用 DISH 程序时，重要的是在发生冲突后马上进行讨论。同样地，应根据兽医技师的个人经历和观点来确定问题。尽可能多使用“我”而不是“你”开头，后者会被认为是一种责怪而引起防御反应。关注什么是正确的，而非谁是正确的，以免将其个人化。不在客户或其他团队成员面前，在一个私人场合专注于解决冲突而不是挽回面子也非常重要。通过聚焦于问题、担忧或行为，从而避免讨论个人化或针对个人。讨论应限于单个事件，而不是事件模式或一系列事件，这有助于保持讨论的重点。最后，关注双赢，团队团结和护理质量取决于得出一个所有团队成员都认可的解决方案。

和解姿态 和解姿态是一种表态，它暴露了兽医技师在承担责任方面的脆弱性。和解姿态的例子包括道歉、承担责任、让步或自我披露。通常，当一个兽医技师做出和解姿态，而另一个团队成员也做出相应的和解姿态时，这就意味着冲突结束，以及“我们解决问题本身”的开始。然而，这些必须以一种非常真诚的方式传递，而不是讽刺或冲突的非语言信息，否则将产生相反的效果。

参考文献

[1] Brennan E. Towards resilience and wellbeing in nurses. British Journal of Nursing. 2017;26(1):43 – 47.

[2] Cai C., Vandermeer B., Khurana R., et al. The impact of occupational shift work and working hours during pregnancy on health outcomes: a systematic review and meta-analysis. American Journal of Obstetrics and Gynecology. 2019;221(6):563 – 576.

[3] Centers for Disease Control and Prevention (CDC). Health-Related Quality of Life program: well-being concepts. Available at https://www.cdc.gov/hrqol/wellbeing.htm. 2018.

[4] Fowler H., Holzbauer S., Smith K., et al. Survey of occupational hazards in Minnesota veterinary practices in 2012. Journal of the American Veterinary Medical Association. 2016;248(2):207 – 218.

[5] Moore I., Coe J., Adams C., et al. The role of veterinary team effffectiveness in job satisfaction and burnout in companion animal veterinary clinics. Journal of the American Veterinary Medical Association. 2014;245(5):513 – 524.

[6] Moore I., Coe J., Adams C., et al. Exploring the impact of toxic attitudes and a toxic environment on the veterinary healthcare team. Frontiers in Veterinary Science. 2015;2:78.

[7] Moreno C., Marqueze E., Sargent C., et al. Working Time Society consensus statements: evidence-based effffects of shift work on physical and mental health. Industrial Health. 2019;57(2):139 – 157.

[8] National Association of Veterinary Technicians of America (NAVTA). Demographic survey results. Available at https://www.navta.net/page/Demographic_Survey. 2016.

[9] Pizzolon C., Coe J., Shaw J. Evaluation of team effffectiveness and personal empathy for associations with professional quality of life and job satisfaction in companion animal practice personnel. Journal of the American

Veterinary Medical Association. 2019;254(10):1204 – 1217.
[10] van der Riet P., Levett-Jones T., Aquino-Russell C. The effffectiveness of mindfulness meditation for nurses and nursing students: An integrated literature review. Nurse Education Today. 2018;65:201 – 211.
[11] Vande Griek O., Clark M., Witte T., et al. Development of a taxonomy of practice-related stressors experienced by veterinarians in the United States. Journal of the American Veterinary Medical Association. 2018;252(2):227 – 233.
[12] Volk J., Schimmack U., Strand E., et al. Executive summary of the Merck Animal Health Veterinary Wellbeing Study. Journal of the American Veterinary Medical Association. 2018;252(10):1231 – 1238.
[13] World Health Organization (WHO). Mental health: Gender and women's mental health. Available at https://www.who.int/mental_health/prevention/genderwomen/en/. 2019.

其他资源

[1] Compassion Fatigue Awareness Project: http://compassion-fatigue.org/
[2] Green Cross Academy of Traumatology: https://greencross.org/Mind Matters Initiative: https://www.vetmindmatters.org/
[3] NAVTA Wellbeing Resources: https://www.navta.net/page/Wellbeing
[4] Nursing.org Nurse Burnout: https://www.nursing.org/resources/nurse-burnout/
[5] VetLed: Enhancing Performance in Practice: https://www.vetled.co.uk/

第 30 章

排班计划的艺术

Andrea M. Battaglia

学习目标

1. 描述轮班工作的定义，及其对个人的影响。
2. 了解如何设计一个对身心健康更友好的排班方案。
3. 为需要轮班的兽医技师提供一些实用的健康建议。

章目录

关键词

昼夜节律紊乱
轮岗
轮班工作
轮班工作不适征
睡眠剥夺

如果一位兽医技师选择放弃急重症工作，常见的原因之一是班次变动大、不稳定，或是无法继续进行轮班工作。轮班工作（shift work）通常是指为满足 7×24 h 工作时间需求而建立的排班流程。其中，工作时段也会涉及非工作日，并且包含了晚上、夜间和凌晨。一些排班方案内还包含了轮岗（rotations）。1952 年，明尼苏达大学的科研人员开始探寻人类的生物节律与需求、情绪、能力之间的关系，进一步研究代谢、生长、损伤和疾病等因素。时间生物学作为一门科学得以发展，在这一领域的研究成果也为参与轮班工作的人群提供了有力的支持。

对于一个 24 h 急重症团队的排班负责人来说，要考虑到方方面面：对于个体而言，轮班工作将会对他（她）的生理、情绪、人际关系的健康程度产生何种影响；轮岗是否有必要；对于医院而言，排班是否能满足日常工作需要。在员工的培训过程中，排班负责人应当时刻关注员工个体的情况，积极与其进行沟通，并在必要时对排班进行调整。进行团队调研有助于负责人获得有用的信息，可以评估员工个体适应的情况，同时向员工提供了针对特定岗位提出意见和建议的机会（图 30.1）。

轮班工作不适征（shift work maladaptive syndrome, SMS）和昼夜节律紊乱（circadian dysrhythmia）是用于诊断的医学术语，指轮班工作所导致的一系列医学可识别的负面影响。

> **技师笔记**
>
> 昼夜节律紊乱所导致的睡眠剥夺（sleep deprivation）是引发 SMS 的主要原因。所表现的临床症状可能是生理上的，也可能是心理上的。

管理者可能会听到如下抱怨：一位兽医技师近期十分沉郁、焦躁易怒。共情的能力也可能有所下降。上述行为可能和这个人之前的行为模式存在差异，考虑到这一点，此时这个人应当是很沮丧、

排班方案评估调查问卷

请基于如下班次，回答有关问题

第 1 班次：7: 00—17: 00　　第 2 班次：16: 00—次日 2: 00　　第 3 班次：23: 00—次日 9: 00

姓名：______　　日期：______

	1—非常同意	2—同意	3—中立	4—不同意	5—非常不同意
我愿意参加轮岗班次	☐	☐	☐	☐	☐
对于特殊班次，我希望有一套固定安排	☐	☐	☐	☐	☐
我希望每 2 周进行轮岗	☐	☐	☐	☐	☐
我希望每 4 周进行轮岗	☐	☐	☐	☐	☐
我希望每 3 个月进行轮岗	☐	☐	☐	☐	☐
我希望每 _____（天 / 周 / 月）进行轮岗	☐	☐	☐	☐	☐
我可以轮岗所有班次	☐	☐	☐	☐	☐
我可以轮岗第 1、2 班次	☐	☐	☐	☐	☐
我可以轮岗第 2、3 班次	☐	☐	☐	☐	☐
我希望在第 1 班次工作	☐	☐	☐	☐	☐
我希望在第 2 班次工作	☐	☐	☐	☐	☐
我希望在第 3 班次工作	☐	☐	☐	☐	☐
我希望在第 _____ 班次工作	☐	☐	☐	☐	☐
我希望每周工作 3 ~ 12 h 班次	☐	☐	☐	☐	☐
我希望每周工作 4 ~ 10 h 班次	☐	☐	☐	☐	☐
我希望每周工作 5 ~ 8 h 班次	☐	☐	☐	☐	☐
我希望每周的工作日是连续的	☐	☐	☐	☐	☐
我希望每周的工作日是不连续的（如，工作 2 d 休息 2 d）	☐	☐	☐	☐	☐
我可以加班	☐	☐	☐	☐	☐
目前的排班方案有利于我保持各方面的健康	☐	☐	☐	☐	☐
目前的排班方案可以使我保持工作生活平衡	☐	☐	☐	☐	☐
目前的排班方案有助于我提高为患病动物提供最佳医疗护理的能力	☐	☐	☐	☐	☐

图 30.1　**排班调查问卷**

很情绪化的。SMS 可能是诱发因素，应当予以考虑。

错误事件增加，包括医疗数字计算错误、给予错误的药物、在班次内遗漏了应执行的治疗操作指令等。其他可能出现的问题还有：睡眠紊乱、胃肠道功能紊乱、心血管功能紊乱等。

睡眠剥夺

每天日间的光照和夜间的黑暗调节着我们体内的生物钟，这也被称为昼夜节律。对于人类而言，昼夜节律的低谷在凌晨 3 点左右，此时每日的生物钟进行重置，因此，值夜班（大夜班或夜班，如下午 11 点至上午 6 点）的人通常面临着更高的风险。这种情况被称为昼夜节律失调（circadian dysrhythmia）。昼夜工作的人们需要不停地调整自己的生物钟。其中大多数人能很快重新调整为日间活动节律；另一些人则在夜晚有更优秀的工作表现，被称为“夜猫子”。这些人能很好地调整自己的睡眠时间段，并且在白天也能拥有较好的睡眠质量。通常，一个人能否有良好的日间睡眠取决于其遗传基因，调节昼夜节律的能力则会随着年龄增长逐渐下降。

经常昼夜倒班的人，关于排班最常见的抱怨之一就是睡眠剥夺。通常来说，一个人每天平均需要 7.5 ~ 8.5 h 的睡眠。一位兽医技师，如果昼夜倒班，平均每周会比只上白班的人少睡 5 ~ 7 h。长此以往积累下来，就可能导致进一步的身体不适。

睡眠被剥夺 / 睡眠不足的人群，对感冒、流感、胃肠道不适等症状更敏感。值夜班的人更容易患有心脏病、肥胖症，更容易突发意外。

经常昼夜倒班的女性员工更不易受孕。在欧洲进行的两项调查发现，轮班不规律的女性，其生育延迟的可能性是正常女性的 2 倍。工作排班不规律的女性，发生流产和新生儿低体重的概率也会更高。

沉郁和慢性疲劳也常见于夜班员工。如果团队员工士气下降，可能是疲劳状态所致。

轮班员工经常偏好吃零食和垃圾食品，很难做到规律用餐，因此更容易受肥胖症的困扰。研究同时表明，经历睡眠剥夺的人通常食欲更旺盛。无聊的状态也可能导致零食的摄入量增加。

近年来，越来越多的研究聚焦于如何帮助人们适应轮班工作。在我们的团队中，约有 1/4 的员工涉及轮班工作，美国疾病控制与预防中心（Centers for Disease Control and Prevention，CDC）指出目前约有 1550 万人正在参与轮班，包括但不限于：执法机构、新闻出版业、应急服务、医疗机构、餐饮业、印刷业、军事、航空、造纸业、铁路等。显然，社会功能得以正常运转，正是得益于这些人们在大多数人睡觉时所付出的辛勤劳动。

为员工设计最适班次

为医院设计一个 7 × 24 h 全天候的排班表，意味着排班负责人有机会为团队成员提供各种各样的选择。有些人偏好不连续的排班、周末上班，或是值夜班，从而更好地达成各自的工作 – 生活平衡。制订轮班表也是一种可行的方法。针对不太理想的班次，可以引入创造性的薪酬方案，根据班次差异进行调整，或引入更高的时薪，作为激励手段。在招聘和面试的过程中，就应当开始了解员工对于轮班工作的想法。如果想要设计一个成功的排班表，排班负责人的第一步就是和团队成员逐一谈话，了解每个人的最适班次。团队成员们应当明确知道，他们可以表达自己的想法，尽管某些想法最终可能无法落地，但管理者愿意尽可能地去尝试。开放、积极的沟通，有助于增加员工对医院工作流程和轮班体系的理解，促进工作团队形成信任感。

管理者应当预测在不同班次里可能发生的各种情况，从而确定是否需要某位兽医技师来负责特定的班次。对于可能参与轮班的工作人员，应当允许他们对夜班进行跟诊，并解答其针对不同工作时间的相关问题。

大多数处置和治疗都是在白天进行的，上白班（第 1 班次）的人通常喜欢快速的工作节奏，也喜欢和很多人一起工作（可能来自不同的部门或机构）。

上晚班（第 2 班次）的人负责承上启下，这些人通常也喜欢快速的工作节奏，并能很好地与同事进行沟通。上夜班（第 3 班次）的人通常需要具备丰富的经验，并能独立进行工作，以应对大量紧急事件，这些人通常也是夜班期间最主要的护理人员，需要能够以远程方式向值班医生传达重要信息，因此需要敏锐的观察力与判断力。除了与专业人员进行沟通外，还要与客户进行交谈，因此优秀的沟通技能也是必不可少的。

技师笔记

沟通是夜班人员的必备技能。优秀的夜班沟通应当表达清晰、细节详尽。同时需要注意：与夜班人员进行交流的群体中，大多数也是睡眠规律被打乱的人。

管理者应将班次之间的时间安排重叠 1 ~ 2 h。这样前后两个班次的团队能够紧密合作，在前一班次下班之前完成当班次的处置和治疗。班次之间的时间重叠，能促进团队成员完成共同的治疗目标，使团队成员有充分的时间完成病例的审查回顾，并在下一班次的成员接手时，对目前存在的问题进行解答和更新。这种时间重叠也为工作团队之间提供了社交互动，能在一定程度上缓解夜班工作人员群体中存在的孤立感。

排班表的连贯性也十分重要。有些时候，身体机能需要几天时间来适应新的排班表，因此理想状况下应当先退出轮班表，再作调整。医疗机构应当有一个备用兼职人员库，用以应对节假日、事假、病假等产生的排班空缺进行补位，从而有效减少常规班人员补班的情况，增加排班表的连贯性。

很少有人愿意只上夜班，因此排班系统里往往需要安排轮岗。

目前开发出的各种各样的轮岗逻辑，其中一些轮岗经过了特殊的设计，有利于人体保持正常节律和生理机能；另一些则不然。专门为满足人类正常的生理节律或昼夜节律周期设计的排班表才是最佳的轮岗表。最佳的轮岗方式是慢速轮岗，即每人在当前班次上工作 5 ~ 14 d 之后，再换到下一班次，14 d 最为理想。班次逐渐提前的轮岗，即从夜班—晚班—白班，对生理和心理健康都有一定的潜在伤害性。

另一种方式是班次逐渐推后的轮岗，即从白班—晚班—夜班，这种轮岗顺序更理想，有利于员工在下班后能实现 8 h 睡眠。

有时也会出现快速轮岗，即在一周之内对兽医技师进行多个班次的轮换。快速轮岗可以说是最糟糕的排班方式，会打乱身体的生理节奏，降低兽医技师的生产力。

还有一种方式是固定班次，即员工到岗只在一个固定班次工作。这种方式理论上来说适于任何轮班表，但在大多数实际情况中很难实现。

班次时长

自 20 世纪 80 年代起，人医护士的每班次时长开始逐渐增加。在长时间值班工作的护士群体中，出现针刺伤、护理错误，以及其他与工作有关事故的情况比比皆是。睡眠和神经行为学的各项测试表明，当一个人连续工作超过 8 h 后，其认知功能和工作能力开始下降。在欧洲地区，通常要求护士每周工作 37 h，且禁止连续工作 12 h 及以上。尽管 12 h 值班因其风险性而不被推荐，但在实际情况中，由于员工需要在有限的时间内完成特定的班数，长时间值班依旧是很多人的选择。每个人都应当评估自己能力的上限，并与上级进行积极的沟通，以避免过度疲劳。

技师笔记

应当定期评估轮班表，密切监测夜班员工的工作效率和身心健康，从而预防出现员工离职、发生意外事故，以及由于疲劳引起的医疗失误事件等情况。

此外，应有公开的员工休息时间表，以尽可能避免给正处于睡眠时间的员工打电话。上级主管在安排员工必须出席的会议，或绩效评估谈话时，也应当注意避开该员工的睡眠时间。

排班负责人应当注意，没有一成不变的万用排班表。应当根据医院的实际需要，对当前的工作排班表进行调整。可用的选择很多，因此有必要让实际值班的人员参与到制订排班表的工作中来。

日间睡眠的实用建议

技师笔记

从事急重症工作的兽医技师，在日常生活中，应当格外注重个人的身心健康，健康的睡眠习惯是创造优秀工作表现的重要保障。当你选择求职一份 24 h 轮班的工作，就必须明白，你可能会被安排在不同的班次工作。

很多人在接受并执行自己的排班表安排时，并没有充分思考轮班工作会对他们的个人生活和职业发展产生何种影响。

需要上夜班的兽医技师，可以在班次开始前小睡 3 h，在班次结束后立刻睡眠休息。其目的在于减少班次前的睡眠，增加班次后的睡眠，这种调节方式对很多人来说是有用的。

需要值夜班的兽医技师，若想在白天拥有良好的睡眠，就应当维持一个稳定的生活规律。为了建立一个健康的睡眠习惯，可参考以下内容：

- 工作结束后立即卧床休息——不要做任何会刺激生物钟进入白天模式的事情，抵制诱惑。如果想要运动，建议安排在睡醒之后。一些研究表明，运动有助于睡眠。请根据具体情况自行选择。
- 每周至少锻炼 5 次，以保持身心健康。
- 在全暗的环境下睡眠——可以选用深色、厚重或遮光的窗帘，也可以使用黑色塑料袋遮挡窗外光线，眼罩也是不错的选择。
- 在休息时间内，明确表达出自己需要安静。把睡眠时间表告诉你的朋友，在门上贴上“请勿打扰”的牌子，有必要时使用耳塞。
- 使用白噪声——白噪声已经被很多人用于睡眠诱导，且被证实对部分人群十分有效。白噪声是在全频段强度一致的声学或电子噪音，如风扇音或鱼缸过滤器的水泡音等。目前已有专门提供白噪声的磁带、手机应用或机器。
- 保持环境凉爽——许多人在凉爽的环境中睡得更好，可以将空调 / 恒温器调到舒适的温度。
- 洗澡——在睡前 1 ~ 2 h，洗个热水澡，能提高体温，此后随着体温下降，会开始感到困意。
- 避免使用睡眠诱导剂——褪黑素补充剂通常用于帮助旅行者避免时差、睡眠、重置生物钟。褪黑素是大脑处于黑暗状态时释放的一种促进睡眠的化学物质。对于适应一轮夜班最初几天的工作而言，褪黑素可以起到一定作用，然而其长期使用的安全性尚未得到有效评估。
- 不要使用安眠药——因其潜在的心理成瘾性，不推荐使用安眠药物。任何此类药物都应当谨慎使用。如果使用，最好只在一轮排班表中的第一个夜班下班之后使用。

为夜班工作人员设计特别的排班表，确实需要付出额外的努力，但这是值得的。在《*Restful Sleep*》一书中，Deepak Chopra 这样写道：“睡眠的目的，在于让身体进行自我休整并恢复活力；睡眠所提供的深度休息可以使身体从疲劳和压力中解放出来，并使机体自身的自我修复和平衡机制得以激活[1]。”

夜班工作

为了使夜班工作成果好、效率高，并尽可能地做到健康，从事急重症工作的兽医技师应当做到如下几点：

- 充足饮水——值夜班的人们通常处于脱水状态。
- 在夜班后半程避免饮用含咖啡因的饮料——咖啡因在体内平均停留 6 h，可能干扰睡眠并导致消化不良。如果一个人已经惯于摄入大量咖啡因，则应当逐渐减少咖啡因的摄入量。戒断过程中，可能出现头痛、恶心等症状。

[1] 来自 Chopra, D. (1994). Restful sleep. New York, NY: Harmony Books.

- 把当日最丰盛的一餐安排在夜班的用餐休息时间，这样有助于减少值班期间吃零食的情况。
- 准备相对健康的零食，以应对深夜来袭的食欲。
- 值夜班期间做一些运动——夜班期间进行适度运动，已被证实可以提高机体在夜班时的警觉性，并有助于随后白天的睡眠。至少花 20 min 做一些有氧运动。除非不能自主行走的动物非常多，否则单纯牵遛动物提供的运动量是不够的。可能需要爬楼梯或在医院周围走动。

目前也有一种针对夜班工作人员的强光疗法逐渐得到使用。这种疗法通过抑制夜间褪黑素等激素的分泌，帮助机体的生物钟调节到活跃模式。明亮的光线还可以增加血清素和其他神经递质的效力，从而改变昼夜节律。强光疗法建议的光照强度为 10 000 lux，是室内平均光照的 20 倍。建议使用时间为 3 ~ 6 h 或更长时间。可以在医疗场所里安装类似的光源，也可以单独购买灯箱。

夜班结束后

在夜班结束后，建议减少阳光照射，也不要吃类似于早餐的食物。可以在下班的路途中使用太阳镜。

如果一个人不能适应夜班工作，可能唯一的选择是值白班。处于 40 岁中期至 50 岁出头的人更难适应班次调整带来的变化。

总结

选择从事急重症工作的兽医技师，有可能接触到各种各样的轮班班次。参与轮班的医护人员及其雇主都应当充分认识到这种工作产生的生理压力和心理压力，并站在同一战线来尽可能缓解压力带来的影响。一旦理解并接受了这一观点，夜班工作者就可以采取必要的措施来减少轮班工作带来的负面影响。兽医技师需要付出额外的努力来获取能有效休息的睡眠，排班负责人需要设计最适用于员工的班次以避免打乱他们的正常生理节律。当所有人都致力于为轮班工作者提供一个健康的环境时，患病动物和兽医技师的安全和福祉都将获得改善。

推荐阅读

[1] Campbell S. Effects of timed bright-light exposure on shift work adaptation in middle-aged subjects. Sleep. 1995;18(6):408 – 416.

[2] Caruso C. Negative impacts of shiftwork and long work hours. Rehabilitation Nursing, Jan – Feb;. 2014;39(1):16 – 25.1044

[3] Chopra, D. (2000). Restful sleep. New York, NY: Harmony Books.

[4] Czeisler C.A. Rotating shift work schedules that disrupt sleep are improved by applying circadian principles. Science. 1982;217:460.

[5] Dearholt S.L. Feathers CA (1997). Self-scheduling can work. Nursing Management. 1997;28(8):47.

[6] DeMoss C., McGrail M., Haus E., Crain A. L, Asche S.E. Health and performance factors in health care shift workers. Journal of Occupational and Environmental Medicine. 2004;46:1278 – 1281.

[7] Ferri P., Gradi M., Marcheselli L., Balduzzi S., Magnani D., Di Lorenzo R. The impact of shift work on the psychological and physical health of nurses in a general hospital: A comparison between rotating night shift and day shifts. Risk Management and Healthcare Policy. 2016;9:203 – 211.

[8] Geiger-Brown, J., Lee, C. J., & Trinkoff, A. M. The role of work schedules in occupational health and safety. In: Handbook of occupational health and wellness. New York, NY: Springer Science + Business Media.

[9] Geiger-Brown J., Roger V.E., Trinkoff A.M., Kane R.L., Bausell R.B., Scharf S.M. Sleep, sleepiness, fatigue and performance of 12-hour-shift nurses. Chronobiology International. 2012;29(2):211 – 219.

[10] Goodkind M. Night shifts can be easier, Stanford University Medical Center News Bureau, Health Tips. January 1996.

[11] Gumenyuk V., Roth T., Drake C.L. Circadian phase, sleepiness, and light exposure assessment in night workers with and without shift work disorder. Chronobiology International. 2012;29(7):928 – 936.

[12] Han K., Trinkoff A.M., Storr C., Geiger-Brown J., Johnson K.L., Park S. Comparison of job stress and obesity in nurs-

es with favorable and unfavorable work schedules. JOEM. 2012;54(8):928 – 983.

[13] Keller S. Effects of extended work shifts and shift work on patient safety, productivity, and employee health. AAOHN Journal. 2009;57(12):497 – 502.

[14] Lewy A.J. Treating chronobiologic sleep and mood disorders with bright light. Psychiatric Annals. 1997;17(9):664.

[15] Scott A. Shift work and health. Primary Care. 2000; 27(4): 1057 – 1079.

[16] Slon S. Night moves. Prevention. 1997;49(6):106.

[17] Trinkoff, A., Geiger-Brown, J. Sleep-deprived nurses. In R. Koppel & S. Gordon (Eds.), First, do less harm (pp. 168 – 178). Ithaca, NY, and London, UK: Cornell University Press. Other Resources Healthcare Tips for the Shift Worker. www.mayoclinic.com. Lark and Owl Self-Test. www.sph.uth.edu.1045

[18] Plain Language About Shift Work: DHHS (NIOSH) Pub No. 2004-143. www.cdc.gov Sleep Hygiene Poster. www.cci.health.wa.gov.au.

其他资源

[1] Healthcare Tips for the Shift Worker. www.mayoclinic.com. Lark and Owl Self-Test. www.sph.uth.edu .

[2] Plain Language About Shift Work: DHHS (NIOSH) Pub No. 2004-143. www.cdc.gov

[3] Sleep Hygiene Poster. www.cci.health.wa.gov.au .

第 31 章

急诊病例客户沟通

Jim Clark

学习目标

1. 理解为何急诊工作中的沟通更具有挑战性。
2. 了解兽医急诊客户沟通的三个核心需求。
3. 专业且高效的处理急诊电话。
4. 展示如何用语言和举止表达同理心。
5. 在收集病史信息时，使用开放式的问题和反应式倾听方法。
6. 运用语言之外的交流方式，包括开放式的倾听姿势。
7. 根据具体情况和客户的偏好定制沟通方法。
8. 通过使用沟通技巧来提升客户认可医疗花费的概率。
9. 在客户面对临终决策时，提供沟通支持。
10. 使用适当的方法让愤怒的客户冷静下来。
11. 在转诊时展示热情、专业的沟通。

关键词

重症监护评估
同理心
临终决策
混合信号
非语言沟通
开放式问题
开放式姿势
副语言沟通
感知到的等候时间
反应式倾听
验证

兽医全科诊疗中最重要的任务之一就是与客户进行有效沟通。在急诊中,有效的沟通更为重要，因为①通常来说，病情更严重、紧迫；②客户通常对急诊医生和其他医务人员缺乏信任；③诊断和治疗选择的讨论可能更为复杂；④客户更容易受到强烈情绪的影响；⑤医疗费用可能会更高。经验丰富的急诊人员都知道，即使是在能力很强的医疗团队提供了出色的医疗护理的情况下，仅仅一次沟通失误也可能造成灾难性的后果！医疗团队任何成员的客户沟通障碍都会削弱整个沟通链。

在本章中，我们将回顾在医疗情境中关于有效沟通的关键原则和最新信息。我们关注的重点是与客户进行的沟通，但是许多原则也适用于团队成员间的沟通。如果你像大多数人一样，已经认为自己是一个善于沟通的人，那我仍然鼓励你好好考虑如何在急诊中进一步提升你的沟通技巧，并让其他成员从你身上获得启发。

技师笔记

沟通是急诊团队中每位成员都应努力提升的核心技巧。

经验表明，许多客户在联系兽医急诊机构之前，会在网上寻求信息。根据 2019 年公布的一项澳大利亚的兽医调查，大多数受访者认为虽然大部分宠主都会在网上寻求动物健康信息，但绝大多数宠主只理解他们阅读内容的一小部分。受访者在互联网对兽医 – 客户关系的影响方面存在分歧，多数兽医声称受到负面影响而非正面（Kogan，2019）。当下在与客户沟通时，重要的是要认识到他们可能对动物的状况和治疗方案有先入为主的想法。带着尊重探索客户的想法和理念有助于我们识别潜在的沟通障碍，并给出建议。

急诊中的客户语言沟通通常是从技师或客户服务代表（CSR）接听电话开始的。根据医学知识不同，CSR 通常会咨询技师或医生，以确保客户获得准确的建议。重要的是认识到来自潜在客户的每一通电话都会给客户留下第一印象。尽量在电话铃响三声之内接起电话，并努力传达温暖、关怀和专业性。我们的目标应该定为理解客户的担忧，提供支持，提供有益建议。只有最熟练的工作人员能在高效处理电话的同时实现上述目标。

图 31.1 展示了专业且高效地处理电话的方法。请注意第 2 步（在通话早期）建议询问客户是否愿意带动物来院。因为许多客户已经决定要进行检查（打电话只是为了确认医院是否开放或了解费用或医院位置），所以问这个问题比每次打电话都详细询问动物情况要有效得多。然而，其他的客户不确定是否需要带动物来院。这种情况下，需要问很多的问题，以了解动物的情况。

如果你觉得动物应该来就诊，一定要明确地表达出来。例如，“根据您所描述的，我认为 Max 今晚肯定需要接受检查。”这比“我认为把 Max 带过来可能是个好主意”更有说服力。即使我们觉得不是紧急情况，但为客户提供检查的选择仍然是明智的。例如，可以说：“从您提供的信息来看，我不确定这是否是紧急情况。但是即使是为了安心，我们也很高兴见到 Max。”动物的安全方面不可大意，永远不要通过电话进行诊断或排除紧急情况。

当客户带着他（她）的动物来到急诊医院（或在大型动物转诊机构中，您到达现场）时，有必要向客户打招呼并快速评估患病动物。由于兽医工作的重复性，我们很容易忘记这种场景对客户和患病动物来说是多大的压力！根据一项综合调查，85% 的宠主将动物视为家庭成员（Brown & Silverman, 1999）。对于大多数宠主来说，目睹如癫痫发作或车祸之类的事件是非常痛苦的，而对于急诊医生来说，这可能是每天都会发生的事情。除了在动物抵达后立即满足它们的医疗需求外，也必须意识到客户处于困境并为他们提供支持。

技师笔记

除了在患病动物抵达时马上进行医疗操作之外，也必须意识到客户处于困境并为他们提供支持。

帮助客户在抵达时感到更舒适的最佳方式之一是表达同理心。同理心（empathy）的定义有很多种。本质上，它是识别、体验和表达他人感受

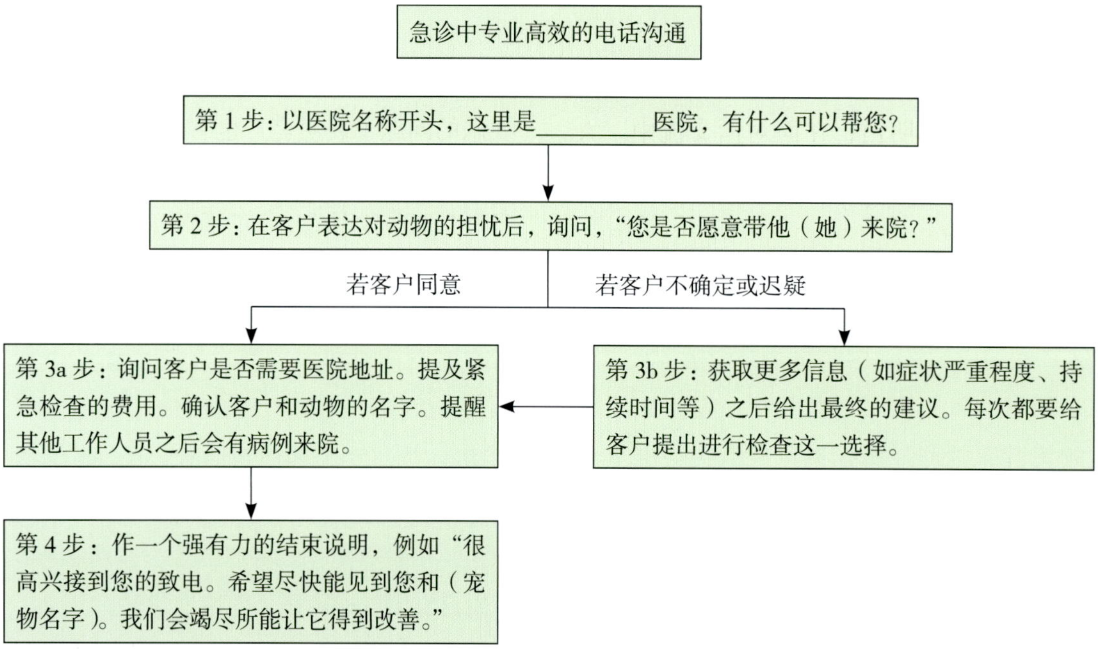

图 31.1　急诊中专业高效的电话沟通

的能力。同情是设身处地为他人着想，而同理心更偏向于情感方面。在对近 20 年人类急诊患者满意度调查的回顾研究中，同理心 / 态度是与满意度相关的 5 个关键因素之一（Welch，2010）。兽医领域的研究表明，兽医没有充分表达同理心，在一项研究中，面诊中只有 7% 的兽医表达了同理心（Shaw et al., 2004）。表 31.1 提供了使用语言和举止表达同理心的实用建议。

在与客户沟通时，需要牢记几个重要的原则。作者相信兽医急诊客户有 3 个主要愿望：①了解动物的病情；②获得病情尽在掌握的感觉；③得到理解。实现这些目标是医疗团队每位成员的工作。在向客户建议对动物进行检查或治疗时，我们应该向客户解释这些操作的内容，以及为什么它们会让动物受益。只要有机会，我们都应该让客户感受到他们的控制权。能感觉到控制权的客户更有可能同意兽医建议的医疗操作。为了让客户感到被理解，我们需要用语言和举止表达同理心。2018 年在英国和澳大利亚发表的一项综合研究表明，宠主寻求的是能力、专业性和人道主义三者平衡的兽医（Hughes et al.，2018）。

技师笔记

兽医急诊客户有 3 个主要愿望：①了解动物的病情；②获得病情尽在掌握的感觉；③得到理解。

善于沟通的人都明白，在面对面交流中，大多数沟通都是以非言语和副言语的方式进行的。非语言沟通（nonverbal communication）包括面部表情、姿势、动作和面向客户的身体朝向。副语言沟通（paraverbal communication）是我们说话的方式，包括语气、语速、音量和节奏。与客户沟通时，请密切关注您发出的非语言信号以及客户发出的信号。采取开放式姿势（open posture），双腿不交叉，双臂垂在身体两侧，或手掌张开并放松地放于身体前侧。根据沟通学专家 Carol Goman 博士的说法，身体呈开放式姿势的人更积极，更具有说服力（Goman, 2008）。

例如，当客户接收到“混合信号”（mixed signals）时，他们会听到我们说我们关心他们的动物，但我们的语气和姿势表明情况并非如此，客户会相信非语言信号而不是语言信息。如果你估算花费时，客户说“好的”，但他或她的非语言沟通似乎不一致，请注意这一点！你可以说：“我感觉到您对花费有些担忧。我能帮您吗？”图 31.2 展示了各种面部表情。你能正确识别这位客户的情绪吗？

如果动物来院后需要立即进行医疗操作，许多急救机构会向客户提供“重症监护评估”（critical care estimate）[通常为 2190 ~ 7299 元（300 ~ 1000 美元）]，以支付最初的检查和治疗费用。如果沟通不畅，客户可能会产生一种误解，即我们更关心金钱，而非动物。如前所述，我们应该注意我们说什么以及如何说。

例如：“我知道您很担心 Max（表达同理心）。Jones 医生也非常担心 Max 的病情（预警），现在 Max 是我们医疗护理优先级最高的病例（保证）。Jones 医生稍后将和您当面沟通 Max 的病情，并回答您的问题（表明客户也有部分决定权），但是她现在需要和 Max 在一起（通过重复动物的名字使得信息更加个性化）。我可以和您沟通下她的建议么（暂停一下，让客户能够思考，并用问句来表示他的控制权）？她想给 Max 进行一次药物注射，让它更舒服（什么药物，为何给药），在血管内留

表 31.1　使用语言和肢体表达同理心

使用语言表达同理心	使用非语言和副语言表达同理心
我能看出你很担心 Max	用面部表情表达担忧，同时使用有耐心的语气
非常抱歉让您这么晚过来	良好的眼神接触
我知道 Max 吐了，您很担心	注意聆听的姿势，双臂放在两边（而不是抱着双臂）
很抱歉 Max 今晚不舒服	俯下身子或蹲下，与客户和（或）动物同一水平

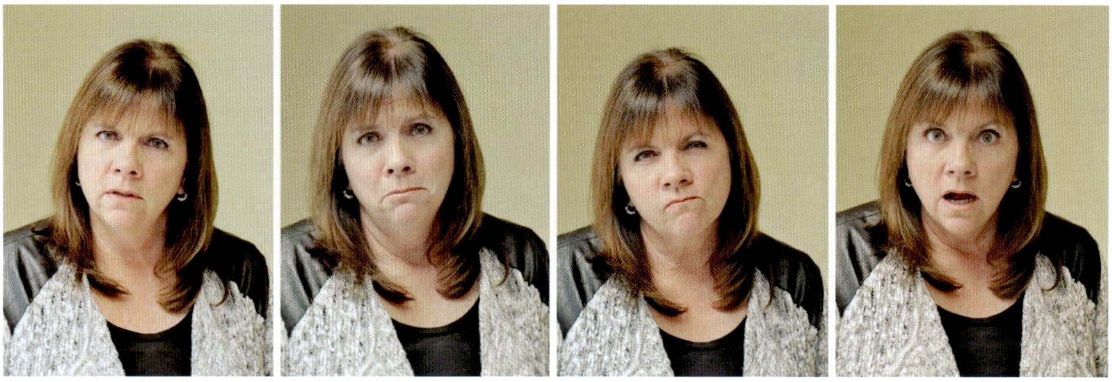

图 31.2 你能正确识别这位客户的情绪么？从左到右分别为：①怀疑；②悲伤；③愤怒；④吃惊

置导管来输液，帮助 Max 维持血压，并进行一些基础的血液学检查，来确认它主要器官的状况。进行这些操作需要取得您的同意（客户控制权），并且也会提前告知其花费（保证）。最初的这些操作将花费约 4379 元（600 美元）。您是否愿意预存这么多的押金（通过提出问题而不是要求来暗示客户的控制权）？”

我们需要帮助 Max 的主人认识当前情况、感到情况在他控制之中，并且医生能理解他的感受。上述三点可以提升沟通有效性和建议被采纳的可能性，但是仍然会有客户拒绝医疗或误解我们的努力。当告知客户坏消息时，例如，他们的动物面临生命危险，需要尤其注意如何传递这些信息。表 31.2 给出了一些传达坏消息时应该做和不应该做的事情。

由于急诊工作是非计划性的，客户有时需要等待。人类患者往往会高估等待时间和病情的紧迫性（Welch, 2010）。Burch 等的研究（1993）表明影响人类急诊室满意度最重要的因素是感知到的等待时间（perceived wait time）（而不是实际等待时间），未被占用的时间被认为比被占用的时间更长。在客户等待时，可频繁提供信息更新，如动物状态和预期等待时间。可提供一些视频、最新的杂志、自助的便利设施，如咖啡或茶，也可能有帮助。

表 31.2 传达坏消息时应该做和不应该做的事情

应该做	不应该做
提供“预警”	突然告知消息
慢慢提出并停顿	忙着解释一切
表达同理心	只关注客观事实
使用简洁的“谈话要点”	提供冗长的解释
频繁的确认客户是否理解	不鼓励提问
询问客户是否有亲人或朋友支持	假定客户能获得充分的支持

在小动物急诊中，客户通常会从接待区走到检查室和医生见面。检查室兽医技师的工作可能差异很大：收集基础医疗信息和详细的病史，也可能只收集最基础的病史。在进入检查室前，进行自我介绍。例如，“Davis 女士您好，我的名字是 Karen，我是兽医技师。我需要一些 Max 的基本信息，之后您会和 Jones 医生面诊。她的急诊经验丰富，而且热爱实验室诊断学。我觉得您一定会喜欢她。”

注意在上面的例子中，Karen 为 Jones 医生进行了一个简短的正向介绍，这对于让客户安心以及提高客户对医生的第一印象很有帮助。如果你要收集病史信息，以一个开放式问题（open-ended questions）开始，例如“今晚您为什么带 Lady 来医院呢？”即使你已经知道客户的主要问题（如呕吐），使用开放式问题仍然是有益的，如“关于 Lady 您担心的主要问题是什么？”这给客户提供了一个讲故事的机会，通常可比封闭式问题（一个词语就可以回答的问题）提供更多信息。研究表明，兽医对开放式问题的利用不足（Shaw et al., 2004）。在客户讲故事的时候，避免打断他们。

技师笔记

收集病史时，以开放式问题开头并使用反应式倾听。

有效沟通需要高效的倾听。因为我们的患病动物无法表达自我，所以我们从宠主身上收集到的信息越多越好。反应式倾听（reflective listening）需要带着注意力倾听，之后简要总结听到的内容。例如，“所以我听到的是过去 12 h，Lady 呕吐了 6 次，1 h 前最后一次呕吐的时候有一些血，对吗？”反应式倾听能告诉客户你对他们的故事感兴趣且在认真听。也能帮助确保信息的正确性，提高诊断的准确性（Kurtz et al.，2005）。

技师通常需要与客户沟通医疗信息，包括诊断结果、解释医疗操作。在 2013 年涉及 1000 个美国人的客户报告中，排在第一位的客诉就是“解释问题不清楚”（Consumer Reports Magazine，2013）。在传达信息时，需明白客户只能记住一小部分内容。你的解释应有条理且简短，避免使用医学词汇。频繁地询问客户“我是否解释清楚？您有什么问题吗？”最好的沟通者会去适应客户。例如，有的客户只需要了解大体情况，而其他客户则非常注重细节。许多客户最关心他们的宠物是否舒适，以及康复的可能性，所以一定要讨论这些问题。若有条件，尽量提供关于上述内容的口头和书面信息。许多客户在医生使用画图解释、展示一项技术，或辅助他们进行一项操作（如滴眼药）的时候会理解得最多。

技师通常也会和客户聊花费问题。表 31.3 列出了与客户讨论花费时应该和不应该做的。有时这样的沟通很有挑战性，因为金钱是许多客户冲突的根源。在我们努力成为耐心的客户倡导者的过程中，我们可能在不经意的情况下提出客户不理解的或无法负担的医疗内容，给他们造成压力。和我们的直觉相反，当客户压力较小时，他们更容易同意进行治疗。可通过下列表述帮助客户感受到控制权（因为客户对使用何种治疗确实有最终决定权），例如“该您做决定了”或“我们希望在您的预算范围内提供治疗”。在提供估价时，确保向客户解释为何推荐的检查和治疗对动物有益。不要在桌子对面给出估价，试着坐在你的客户旁边。就像图 31.3 展示的，这传达了一种协作关系，更容易获得成功。

另一项技师面临的挑战是讨论临终决策（end-of-life decisions）和安乐死（古希腊语中的“好的死亡”）。遗憾的是，相比于普通的动物医疗，我们在急诊中更容易谈及上述内容。我们与客户缺乏相互信任关系，且在繁忙的班次中面临时间上的压力。我们在本章中不会作详尽的讨论，但有几个关键原则：提供隐私、以同理心回应情绪、放慢沟通的速度、避免使用医学术语、真诚且富有同情心，探索客户的想法和感受。如果客户选择在他们的动物被安乐死时在场，需要和客户讨论安乐死的过程，以避免该过程中客户感到震惊或意外。

根据加拿大一项近期对动物实施安乐死的

表 31.3　与客户讨论花费时应该和不应该做的事情

应该做	不应该做
避免惊吓——提前讨论花费	期待客户支付他们并不同意的治疗
带着自信给出估算	语言或非语言的形式表达犹豫
站在或坐在客户旁边	站在或坐在客户对面
谈论医疗花费时展示同理心	对负担不起推荐治疗的客户进行评判
解释每一项内容对动物的益处	提供列表而不进行解释
在说出总的花费前解释每一项的花费	只给出总花费
说清楚花费涵盖的时间段	指望客户理解未来的花费
提醒客户他们的控制权	向客户施加压力，迫使他们同意治疗
出现其他花费时向客户进行更新	在出院时，预期之外的花费使客户感到震惊

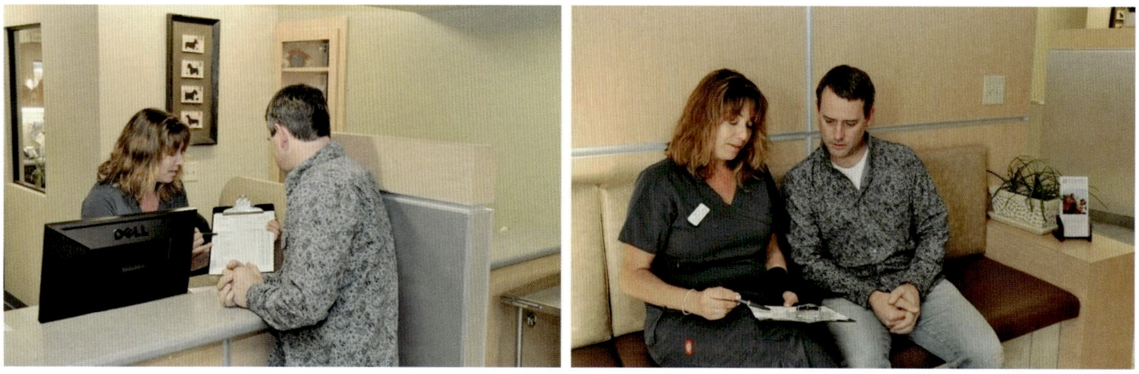

图 31.3 在评估费用时的非语言沟通

宠主的调查，大约 27% 的人经历了严重的悲痛，50% 的人质疑自己是否做出了正确的决定或感到内疚（Adams et al., 2000）。一旦客户决定对其动物实施安乐死，我们就必须尊重并确认他们的决定。例如，我们可能会说，“根据 Pepper 的情况，我认为您的决定是一个富有同情心的决定，可以使它避免更多的痛苦。”对兽医实践中安乐死讨论的一项分析表明，一些兽医未能充分探索关键信息，如客户的感受、想法和期望（Borden et al., 2010）。在临终前的沟通中，我们也可能会犯错误，如说得太多、忽视探索客户的目标、回避关于情感的开放式讨论，以及未能验证客户的决定和感受。

技师笔记

我们在临终讨论中容易犯错的地方是说得太多、忽视探索客户的目标、回避关于情感的开放式讨论、未能验证客户的想法。

实际情况是，很多急诊客户很难沟通。我更喜欢称之为具有挑战性的沟通情景，而不是称他们为“困难的客户”或“具有挑战性的客户”。虽然不能控制别人的行为，但可以控制自己的观点和行为。我们应该将其视为一种职业挑战，让我们有机会测试自己的沟通技能。首先询问客户是否①理解；②感受到控制权；③感到被理解。其中一个或多个方面存在问题的可能性很大。避免对客户个人进行批判。我们通常只需要倾听，提出问题并进行澄清，寻求相互理解。沟通新手常犯的错误是引用政策、“深化”自己的立场、强调差异，而不是寻求共同点。

尽管做出了最大的努力，实际情况是仍有部分客户对急诊中的医疗和（或）服务感到失望。一些情况下，我们有失误之处，而有时我们并无过错。无论何种情况，我们的目的都是为机构、客户和患病动物寻求正向的结果，Cleveland Clinic 是一家著名的人类医疗保健机构，其向护理人员传授的 HEART 方法（Boissy & Gilligan, 2016）也同样适用于兽医医疗场景：

- H——注意倾听客户的故事。
- E——同理心：我能看出 / 听出您很难过。
- A——道歉：非常抱歉让您难过。
- R——对问题进行回应：我能帮助您么？
- T——感谢：感谢您花时间分享您的担忧。

当你在和愤怒的宠主沟通时，一旦感受到个人安全受到了威胁，就应马上采取措施保护自己。根据 VIN 顾问 Michele Gaspar 的说法，人类医院的患者的反应性和攻击性似乎正逐渐增加（Gaspar, 2012）。许多愤怒的客户其实是对脆弱感、失控、恐惧和（或）可预期的悲伤感觉做出反应。幸运的是，多数客户可通过有效沟通解决。注意聆听过程中采取开放式的姿势，并且不要打断，以平静和专业的语气回应，表达同理心，道歉，讨论一般的目标，并寻求双方满意的解决办法。此时是使用反应式倾听的绝佳时机。需要注意，必要时，你可以表达同情和歉意而非承担责任。例如，“Cornell 先生，我可以看出您很不高兴，对此我很抱歉。”我还发现，让客户坐下来发泄一下情绪，在提供解决方案前提一些问题，并做记录（表明信息的重要性）也很有帮助。使用这些方法将提高你在这些挑战下的成功率。

技师笔记

许多愤怒的客户其实是对脆弱感、失控、恐惧和（或）可预期的悲伤做出反应。

除了与客户的沟通，急诊技师也经常通过电话与周围转诊机构的医生和工作人员联系。进行这一类沟通时，始终牢记转诊关系的重要性，这些机构是我们重要的客户！我们应当以热情和专业的态度处理这些电话，尽力提供支持并表达对他们信任和转诊的感谢。有时，客户会说它们家庭兽医的坏话。经验告诉我们，应对这些评价持保留态度。同样的，我们也希望转诊医生不要相信关于我们自己医院的传闻！我们与转诊医院的关系和沟通应基于相互尊重，以及提供优质医疗及客户服务的共同目标。

使用本章所提及的沟通技巧或许可以提高客户满意度和诊断准确性，同时减少客诉和诉讼（Levinson., 1997）。有效的沟通也可以增加工作乐趣，让我们为患病动物和它们的主人提供更好的服务。

参考文献

[1] Adams C.L., Bonne, B.N., Meek A.H. Predictors of owner response to companion animal death in 177 clients from 14 practices in Ontario. Journal of the American Veterinary Medical Association. 2000;217:1303–1309.

[2] Boissy A., Gilligan T. Communication the Cleveland Clinic way. New York, NY: McGraw Hill; 2016.

[3] Borden L.J., Adams C.L., Bonne, B.N., et al. Use of the measure of patient-centered communication to analyze euthanasia discussions in companion animal practice. Journal of the American Veterinary Medical Association. 2010;237:1275–1287.

[4] Brown J.P., Silverman J.D. The current and future market for veterinarians and veterinary medical services in the United States. Journal of the American Veterinary Medical Association. 1999;215:161–183.

[5] Burch B., Beezy J., Shaw R. Emergency department satisfaction: What matters most?. Annals of Emergency Medicine. 1993;22:586–591.

[6] Consumer Reports Magazine, June 2013.

[7] Gaspar, M. (2012). Veterinary Information Network Web site. Electronic rounds: Working with reactive clients: de-escalation techniques for volatile situations. Retrieved from http://www.vin.com/members/cms/document/default.aspx?id=5579718&pid=6257&catid=&said=1.

[8] Goman C.K. The nonverbal advantage: Secrets and science of body language at work. San Francisco, CA: Berre, Koehler; 2008.

[9] Hughes K., Rhind S.M., Mossop L., et al. “Care about my animal, know your stuff and take me seriously”: United Kingdom and Australian clients’ views on the capabilities most important in their veterinarians. Veterinary Record: Journal of the British Veterinary Association. 2018;183(17):534.

[10] Kogan L.R. Pilot study of Australian veterinarians and their perception and experiences related to online pet health information. AustralianVeterinary Journal. 2019;97(1/2):10–13.

[11] Kurtz S.M., Silverman J., Draper J. Teaching and learning communication skills in medicine. Arbingdon, UK: Radcliffe Medical Press; 2005.

[12] Levinson W., Roter D.L., Mullooly J.P., et al. Physician-patient communication. The relationship with malpractice claims among primary care physicians and surgeons. Journal of the American Medical Association. 1997;277:553–559.

[13] Shaw J.R., Adams C.L., Bonnett B.N., et al. A description of veterinarian client-patient communication using the Roter Method of Interaction Analysis. Journal of the American Veterinary Medical Association. 2004;225:222–229.

[14] Welch S.J. A review of human patient satisfaction literature over the past 20 years. American Journal of Medical Quality. 2010;25(1):64–72.

场景

电话角色扮演练习

目的：提供吸引人的互动体验，让技师积极练习和评估在紧急情况下，如何专业和有效地处理电话交谈中遇到的常见情况。

演示：让团队成员结对。给每位团队成员一张备忘录卡，上面有下面描述的场景之一。每位团队成员将扮演备忘录卡片上描述的客户，而他（她）的搭档将扮演在医院接听电话的角色。

场景 A

你家 7 岁的短毛猫在过去的两天里反复呕吐，你既担心又受够了这种混乱。你已经决定来院就诊，所以你打电话只是想了解一下是否有医疗服务和检查的费用。

场景 B

你家 7 周龄的罗威纳幼犬嗜睡，腹泻带血。你不确定是否真的需要检查。

场景 C

你家 7 月龄未绝育的母猫突然表现得很奇怪。它大声喊叫，还蹭你。它是只独养于室内的猫，没有其他令人担忧的迹象。

场景 D

你家 7 岁的德国牧羊犬的胃突然胀了起来，在过去 1 h 它一直在干呕。

讨论

完成角色扮演后，让每位团队成员分享哪些进展顺利，哪些本来可以“更好”。使用本章讨论的技巧，讨论这些场景如何保护患病动物安全，同时兼顾专业高效地处理呼叫。

教学要点

- 为技师提供了根据实际情况调整沟通方式的机会，提高了工作效率。
- 为技师提供了向模拟客户展示适当的专业语言和副语言沟通的机会。
- 为技师提供了向他们的同行和教练学习的机会。

同理心练习

目的：为技师提供一个安全和支持性的机会，让他们练习使用同理心陈述，增加他们对客户使用这些陈述的舒适感。

演示：让团队成员结对。给团队成员一些时间来思考一个他们愿意分享的困难经历。然后一位团队成员分享他（她）的经验，另一位团队成员应通过语言和举止表现出同理心。

讨论

讨论什么进展得很好，什么本来可以“更好”。讨论为什么我们在使用同理心语句时可能会犹豫。制订一份可对客户表达同理心的话术清单。讨论为什么客户有时感觉不到我们真正关心他们，以及可以采取什么措施来解决这个问题。

教学要点

- 能够用语言和非语言表达同理心是一项重要的临床技能。
- 制订一些令人舒服的用来表达同理心的话术是有帮助的。
- 我们真诚地表达同理心是很重要的。

临终沟通练习

目的：为技师提供一个安全和支持性的环境，让他们练习临终沟通技巧，以帮助客户感到理解、在掌控中和支持。

演示：阅读以下场景后，让不同的团队成员扮演他们将如何①向客户表达同理心；②验证客户的决定；③确定客户是否有足够的社会支持；④确认客户是否希望在动物安乐死期间在场；⑤为客户的安乐死体验做好准备；⑥讨论遗体安置方案；⑦在客户离开时分享支持性结束意见。

场景

普渡夫人是你的长期客户。她是一位独居的老年寡妇。她有一只 16 岁公猫，名叫老虎，你从它还是只小猫时就一直在照顾它。在过去的一年里，它一直因肾功能衰竭接受治疗，普渡夫人每天给它皮下补液，用特制的食物诱食老虎并定期在你们医院复查。老虎的病情在过去 2 周内急剧下降，目前的检查显示它已处于肾功能衰竭晚期，预后非常差。根据医生的建议，经过强烈的思想斗争后，普渡夫人决定今天对老虎实施安乐死。

讨论

语言和非语言同理心是如何表现出来的？客户的决定是否得到了有力且反复的验证？我们如何确定客户是否有足够的社会支持？当客户决定在他们的宠物安乐死期间在场时，利弊是什么？安乐死期间的哪些事件可能会对客户产生不利影响？我们的诊所对宠物的遗体安置有什么选择？我们如何才能富有同情心且高效地讨论这些问题？对宠物实施安乐死后，我们希望客户留下何种“最后印象”？在与该特定客户合作时，您是否有任何特别的顾虑？

教学要点

每位客户对安乐死的反应可能不同这需要我们探索个人的担忧、感受和期望，并灵活应对。在整个安乐死过程中，清晰且富有同情心的沟通是必不可少的，包括验证客户的决定。我们还应该设法在安乐死之前、期间和之后为我们的客户提供足够的支持。

第 32 章

急诊药物库存管理

Lisa Penny

学习目标

1. 识别药物短缺的原因和对患病动物护理及用药错误的影响。
2. 理解订购短缺药物的问题和挑战，以及有效期限的重要性。
3. 辨识滥用药物的迹象和各种类型的药物转移。
4. 了解联邦政府关于急诊室内管制药物和记录留存的规定。
5. 描述静脉药物配伍禁忌的两种类型。
6. 列出各种收集到的电子版或纸质版的能够验证静脉药物配伍的资料。

章目录

关键词

药物转移
药物短缺
静脉药物配伍
药物库存

引言

在治疗过程中无论是什么医疗问题，或是什么物种在接受治疗时，药物库存（pharmaceuticals）都十分重要。对于兽医技师来说，这意味着不仅要知道如何使用库存药物，还要知道当没有这些药物时应该怎么处理，以及这会对患病动物护理和工作流程产生什么样的影响。

患病动物在急诊室和重症监护室接受护理时，往往需要进行镇静、疼痛管理或是癫痫管理，很可能需要使用管制类药物。全国平均 38% 的成年人对违禁药物成瘾，这就更加迫切地要求兽医技师在接手这些管制药物时要安全保管并准确记录（Bose et al.，2018），也更迫切地要求能够识别药物成瘾的表现和可能发生药物转移的方式，还要遵守各州及联邦政府对管制药物的规定，才能防止药物转移并避免被撤销执业资格。

兽医技师经常需要将药物混合后静脉输注且避免配伍禁忌。清楚药物的配伍禁忌和知道在哪里验证混合药物是否安全，会使急诊室的患病动物管理更加迅速和高效。虽然这听起来很简单且合乎情理，但事情往往比我们预期的要复杂。

药物短缺

药物短缺（drug shortages）不仅影响人医医疗行业，也影响兽医行业。这种短缺会使标准护理打折扣，从而导致治疗计划的改变，也会使患病动物的住院费用增多。药物短缺可由多重原因引发，例如，制造问题和延期、产品质量问题、缺少原材料、管理问题和产品停产（Fox et al.，2009）。2018 年，美国医院药剂师协会（ASHP）列出了将近 300 种短缺药物，相比之下 2006 年只有 70 种（Ventola，2009；Kaakeh et al.，2011）。目前短缺的药物里包含一些急诊室里非常必需的，包括布比卡因、利多卡因、氢吗啡酮、吗啡、芬太尼、氯胺酮、昂丹司琼、生理盐水和无菌用水。当药物短缺涉及医疗必需的兽医产品时，美国食品药物监督管理局（FDA）的政策是通过与生产商和经销商合作来避免或缓解这种短缺（专栏 32.1）。生产商需要向 FDA 提供短缺药物的信息并说明造成短缺的原因和短缺预计持续的时间。这些清单会定期在 FDA 的网站上公布，建议兽医技师定期核查这些清单。

技师笔记

- 接收有关药物短缺、药物被划入治疗用途分类和延长使用期限的短缺药物清单的全新或更新信息。见：https://www.fda.gov/Drugs/Drug-Safety/Drug-Shortages/default.htm 或 https://www.fda.gov/animal-veterinary/product-safety-information/animal-drug-shortage-information
- 列出受影响的产品清单、造成短缺的原因、可利用的产品、预估恢复供应的时间、对患病动物护理可能的影响和安全性。见：https://www.ashp.org/Drug-Shortages/Current-Shortages/Drug-Shortage-Detail.aspx?id=313.

专栏 32.1 什么是医疗必需的兽医产品（MNVP）

需要确保安全的动物源性食品的供应。

该产品没有其他可利用的来源或充足的替代药物。

不宜将宠主不便使用且非治疗用途的产品划分为 MNVP。

备选订购方案

大多数医院和诊所会与一到两个主要的药物批发商或分销商建立药物及耗材交易账户。通常情况下，办公室经理会根据每个部门目前正在使用的特定产品列表进行订购。遗憾的是，制药业正经历着前所未有的药物短缺，这可能导致无法订购诊所目前使用的某种药物或某个品牌的药物。发生这种情况时，必须做出决定：从不同的分销商订购产品、订购不同品牌的产品或订购可能具有相似治疗特性的不同药物。

在短缺期间评估产品的替代来源时，兽医技师必须谨慎对待从不熟悉的批发商或互联网站点获得的产品。这些灰色市场、公开市场或替代供应商通常会买下一种药物的全部剩余供应量，并以市价的 10 ~ 1000 倍进行销售。当从这些市场下单时，往往无法保证产品储存妥当或来源正规，而且存在赝品的风险。根据新实施的《药物质量安全法》（Drug Quality Security Act，DQSA）的溯源要求，经销商现在需要对短缺药物执行检查和平衡系统，以明确短缺药物向灰色市场转移的可能，并向 FDA 刑事调查办公室（FDA Office of Criminal Investigation）报告这一情况。配方药店可能是一些药物的备选来源；然而，这些产品可能不符合所有州和联邦的标准，而且无法保证配方产品中使用的原材料质量。底线是当无法从有授权的分销商处获得某款产品时，最好选用一款替代药物。

技师笔记

- 药物短缺（FDA）定义：美国国内对药物的需求或预期需求超出药物供应的时期。
- 灰色市场定义：一个非官方的，未经授权的，或原制造商计划外的供应渠道。

技师笔记

官方认证批发经销商（Verified-Accredited Wholesale Distributor, VAWD）称号用于标识拥有美国国家制药委员会（National Association of Boards of Pharmacy, NABP）药物批发分销认证的公司，并确保其没有来自灰色市场的产品。

用药错误

当兽医技师被迫使用备选的药物、产品形式或药物浓度时，更容易发生用药错误。这令人格外担忧，因为目前许多短缺的药物是高警示药品，如肝素、肾上腺素、吗啡和利多卡因。当难以获得剂量调整的换算系数，或使用不熟悉的剂型，或作用持续时间未知，以及不熟悉稀释比时，就会发生这些错误。2010 年，美国医院药剂师协会（ASHP）进行的一项研究发现，35% 的受访者表示，他们的医院 / 诊所在过去的一年因药物短缺而发生迹近错误（Kaakeh et al.，2011）。第二项针对 1800 名人类卫生保健提供者进行的全国研究报告称，去年由于药物短缺，发生了 1000 多起不良事件和迹近错误（Fox et al.，2009）。在将含防腐剂的注射产品转换为不含防腐剂的产品或相反的过程中，还存在其他问题，因为某些类型的防腐剂可能对某些物种有害，而不含防腐剂的产品在使用一次后必须丢弃（专栏 32.2）。

在药物短缺期间使用替代药物时，必须考虑和沟通关键信息。必须与所用员工沟通以下重要信息，如正确的剂量范围和给药频率，如何准备、储存和给药，是否有需要患病动物注意的副作用，和（或）实际上是否为不同浓度的同一种药物。交流这些信息对确保患病动物安全，防止用药错误和在紧急情况下节省宝贵的时间至关重要，因此应该在急诊室设置中建立共享这些信息的特定标准格式。可通过在药物上粘贴醒目的警告标签和在医疗记录上添加警示标志这两种方式提示大家药物已经发生更换。

专栏 32.2 人类医院中因替代产品 / 浓度而导致用药错误的实例

按吗啡的预定剂量静脉注射氢吗啡酮，导致 2 名病人死亡。

静脉注射 8 mg 吗啡（应注射 2 mg），制造商仅提供了 8 mg 的注射器——产生不良后果的患者需要纳洛酮治疗。

在新生儿重症监护病房（NICU）注射 10 mg（10 mg /mL）吗啡，应注射 1 mg（1 mg /mL）。

由于每支安瓿瓶中肾上腺素的浓度为 1 ∶ 1000，需要稀释，不能满足抢救过程中肾上腺素剂量的需求，病人死亡。

假设药瓶中含有 1 ∶ 10 000 的肾上腺素溶液，当护士抽出 10 mL 1 ∶ 1000 的溶液时，即给药过量 10 倍。

抢救过程中应静脉注射肝素而不是镁，因为用于替代 5000 U/mL 的 10 000 U/mL 的肝素瓶外观类似于镁瓶。

意外地将配制好的含 25 000 U/500 mL（50 U/mL）肝素的药物分发到 NICU，并给药 2 h，而不是原定的含 0.5 U/mL 的配制药物，患者死亡。

有效期限

有一种观点认为在药物短缺期间，允许使用过期的药物，但实际上并不建议这样做。20 世纪 70 年代末，FDA 强制规定了所有处方药和非处方药的有效期。FDA 要求药物申请人提供包含建议有效期和存储条件的稳定性测试数据，以确保产品在整个保质期内满足药物含量、质量和纯度的适用标准。尽管有研究表明，大多数药物在数年内仍能保持至少 90% 的效力，但 FDA 警告，使用过期药物"是有风险且可能有害的"（Anderson，2014）。有时，在数据支持可延期使用时，FDA 可能会延长药物的有效期限，如 2018 年 10 月，"由于无菌注射用水的间歇性供应中断"，FDA 发布备忘录延长了辉瑞部分产品的标签有效期。任何延长注射药物有效期的做法都要求兽医技师在药物配制时格外注意使用无菌技术，以最大限度地减少污染的可能性。

技师笔记

药物的有效期反映的是产品已知保持稳定的时间，这意味着在此期间根据其标记的存储条件存储时，可保持其药物含量、质量和纯度。

当一种药物供应不足时，西林瓶的有效期在临床中往往会有进一步的争论，除非生产商对开瓶后的使用日期另有规定（较短或较长），否则人们在使用多剂量西林瓶时很容易超出美国药典（United States Pharmacopeia, USP）总论第 797 章建议的 28 d（美国疾病控制和预防中心）。至关重要的是，任何时候都要遵守 CDC 和医疗感染控制实践咨询委员会（Healthcare Infection Control Practices Advisory Committee，HICPAC）制定的安全注射规范，以最大限度地减少所有注射药物（多剂量和单剂量）的污染和浪费，特别是那些供应短缺的药物（专栏 32.3）。由于单剂量西林瓶通常不含抗菌防腐剂，因此最安全的做法是一次性使用，以防止无意中的污染和感染的传播。单剂量西林瓶应用于单只患病动物和单个病例 / 程序 / 注射。然而，在某些情况下，可能需要使用单剂量西林瓶进行多次注射，因此无菌技术对于防止微生物污染至关重要，每一次注射都需要使用新针头和新注射器。在治疗程序结束时，必须丢弃，不能储存以备二次使用。对于多剂量西林瓶，必须确认已穿刺过的西林瓶的储存适当（室温或冷藏），每次穿刺前必须用酒精擦拭瓶塞。每次使用前都应检查西林瓶的内容物是否发生变化，如絮状物或颗粒物。如果有任何污染风险，应立即丢弃。与单剂量西林瓶一样，关键是在取药时始终使用适当的无菌技术。

专栏 32.3　安全注射操作

即使更换了针头或者通过静脉导管进行注射，也不要使用同一个注射器给多只患病动物注射药物。不要将使用过的注射器或针头插入西林瓶、药袋或药瓶。

不要将包装为单剂量或一次性使用的药物给多只患病动物使用，包括安瓿瓶、药袋和瓶装的静脉液体。

在配制药物和给药时，始终使用无菌技术。

技师笔记

无菌技术是指药物和注射设备 / 用品（如注射器、针头和静脉注射管）的处理、准备和存储方式，以防止微生物污染。例如，良好的手部卫生，在使用注射器穿刺前用无菌酒精擦拭西林瓶顶部。

管制药物

如今，在兽医急重症监护环境中使用管制药物的情况与任何人类医院一样普遍。然而，与人医不同的是，兽医机构长期以来一直被联邦和国家药物监管机构忽视。随着目前阿片类药物危机严重影响美国，情况已然改变，这给兽医医院带来了真正的挑战，因为他们正在努力提升对各种管制药物法规的遵守情况。这些规定可能看起来令人困惑且难以执行，但兽医技师和兽医都要意识到，不遵守这些规定可能会导致被罚款 10 000 美元及以上、吊销执照和（或）遭刑事起诉。

2018 年 8 月，FDA 专员 Scott Gottlieb 就 FDA 的新资源指南发布了一份声明，指出该指南支持兽医为动物疼痛管理开具负责任的阿片类药物处方。接下来是声明中的几句话，强调了兽医合规的重要性，以及政府承认兽医临床是管理阿片类药物中的一个脆弱点。所有兽医技师均应阅读整个文件和附件，以确保更好地理解兽医工作场所中管制药物的问题和转移的可能性。

技师笔记

- FDA 的新资源指南支持兽医为动物疼痛管理开具负责任的阿片类药物处方：https://www.fda.gov/news-events/press-announcements/statement-fda-commissioner-scott-gottlieb-md-fdas-new-resource-guide-support-responsible-opioid
- 阿片类药物的流行和兽医需要知道的事情：https://www.fda.gov/animal-veterinary/resources-you/opioid-epidemic-what-veterinarians-need-know

重要的是，我们要仔细研究所有可以获得这些强效药物的途径。其中一个重要的护理团队是兽医，他们可能会开具这些药物来管理动物的疼痛。

我们意识到，目前专门针对兽医的信息比较少。因此我们开辟了一个新的信息专栏，其中包含专门为储存和管理阿片类药物的兽医提供的信息和建议。今天，我们向兽医发布重要信息，以确保他们能够了解到，人们可能会滥用本该用于动物的药物。

在我们今天为兽医颁布的建议中，有一条是提醒兽医在为动物开具阿片类药物以缓解疼痛时一定要遵守所有州和联邦法规，还要了解如何正确地保护和存储这些药物，以确保它们处于合法供应链中。

（委员会，2018）

美国兽医协会（American Veterinary Medical Association, AVMA）也在声明中强调了管制药物培

训和教育的重要性，例如“兽医职业中没有任何其他方面比药物更有可能造成伤害和滥用，特别是管制药物”。由于这种可能性，每位兽医都必须遵守有关药物的所有法律和“AVMA 支持通过加强关于阿片类药物和其他管制药物的合理、合规、安全使用和处方开具的继续教育（CE）以解决全国阿片类药物危机，重点是查明和防止人类滥用和转移”（AVMA, n.d.）。AVMA 和联邦政府不仅强调了管制药物的安全性，还强调了药物的所有者和兽医人员滥用药物的可能性。了解和认识药物滥用的迹象和转移的潜在途径对于确保管制药物的安全至关重要。

药物滥用和转移

吸毒过量致死是 50 岁以下美国人的主要死因，2017 年因吸毒过量致死的人数超过 7.2 万（CDC, 2017）。这意味着在美国每 2 min 就有一个人死于吸毒过量，且死于吸毒过量的可能性比死于枪支暴力或车祸的可能性更大。2017 年，司法部部长 Jeff Sessions 称吸毒过量致死是美国“最致命的问题”，并敦促执法部门和社会工作者“创造和培养一种对吸毒持敌对态度的文化”（Wesely, 2017）。联邦计划，如 *21st Century Cures Act*，该法案向各州拨款用于药物滥用的教育和康复；*Safe Prescribing Plan* 旨在减少阿片类药物的新处方数量。到 2019 年，美国缉毒局将生产商用于制造某些阿片类药物的原材料数量削减了 50%，这一切都有助于打击阿片类药物的滥用。尽管有惊人的数据和联邦干预，但阿片类药物滥用的情况在美国仍持续加重，兽医技师很可能会遇到试图从工作单位转移药物的人。

宠主滥用阿片类药物和在医院寻找药物的迹象可能很细微，如外表或态度的变化，或者需要提前再加药，但也可能表现很明显，如要求或坚持服用某种药物，在被询问时变得易怒、抗拒，甚至怀有敌意。在与毒瘾做斗争的同事身上常见的不太明显的表现包括突然不能负担日常职责，原因不明的 / 不寻常的旷工，经常长时间上厕所，无故消失很长一段时间，早到 / 晚退，以及更喜欢独自工作。如果有疑虑，一定要向医院行政部门或人力资源部门报告。

在医院环境下，即使在每次轮班结束后进行药物盘点也很难发现同事转移药物。即使整瓶的药物数量是正确的，也可能是转移药物的人使用不同的方法来“篡改明细”或私藏本该给某个病例使用的药物（专栏 32.4）。遗憾的是，由于人们越来越难通过合法手段获得管制药物，许多人被迫通过非法手段转移药物。DEA 的立场是“职工如果知道他的同事从工作单位转移了药物，他有义务向工作单位内负责安全的官员报告这些信息，因为举报可能的药物转移（drug diversion）符合公共利益。此外，工作单位应将这些信息视为机密，并应采取一切合理的步骤保护这些信息的机密性和提供信息的职工的身份”（21CFR §1301.91）。通过兽医技师对药物滥用和各种类型转移迹象的辨识和警觉，他（她）有助于确保所有员工和患

专栏 32.4 转移途径实例

经常自愿执行管制药物的盘点工作、接订单或下订单，以获得“篡改明细”从而隐藏窃取到的药物的机会。

经常在没有其他人在场的情况下打碎西林瓶 / 安瓿瓶。

为防止意外情况而开具额外剂量的药物，然后在没有他人在场的情况下浪费了未使用的药物。

记录潦草或保存不善，难以核实库存盘点。

添加虚假的患病动物信息，从而隐藏自用或转移药物的剂量。

专栏 32.5 兽医转移药物的实例

2012 年，俄克拉何马州的一名兽医承认窃取了 11 000 片药和 2.5 gal 的氢可酮。

2015 年，肯塔基州的一名女子被判虐待动物和欺诈罪，因为她多次用剃须刀片割伤她的金毛猎犬，以使兽医给它开处方。

2017 年 7 月，马萨诸塞州的一名兽医被指控在 6 年内窃取了 7000 多片曲马多。

2018 年 3 月，乔治亚州的一名兽医技师承认，他在一个小瓶子里装了曲马多，并将其用于个人用途。

2019 年 6 月，新泽西州的一名兽医技师窃取了芬太尼、美沙酮和吗啡供个人使用并可能用于分销，该技术员死于致命的药物过量。

病动物拥有一个安全的工作环境和尽可能最佳的护理（专栏32.5）。

第21条法案

随着人们对药物可能被转移的方式有了更好的了解，旨在保护管制药物的规章制度开始变得更有意义，变得不那么令人讨厌，而更多地是一种保障。《联邦管制药物法案》(Controlled Substance Act，CSA）第21条是一份概述了所有联邦要求的文件，要求注册人遵守有关管制药物的规定，并由DEA强制执行。各州法律可能与联邦法律有所不同，然而，必须遵循更严格的监管。前DEA官员、Titan DEA合规部创始人Jack Titelman表示，在对兽医的检查中发现的排名前4的违规行为包括未能防止药物转移、登记问题、缺乏物理安全以及记录不完善（Hess, 2019）。注册人或DEA证书持有人对遵守所有法规负有最终责任，然而这些规定也直接影响到兽医技师。

规定管制药物的安全和记录的法律在联邦法规和各州之间是相当一致的，遗憾的是，关于兽医技师是否必须通过州委员会获得执照的规定在各州不同。不管州法律如何，DEA对任何处理管制药物的人都有明确的法律规定。CSA要求所有申请人和注册人提供有效的管制措施和程序，以防止管制药物被盗窃和转移（21CFR §1301.76）。联邦法规明确禁止曾被判犯有与管制药物有关的重罪人在他（她）所在的医院接触管制药物。DEA建议所有雇主在雇佣曾经接触过管制药物的人之前都要询问以下问题："在过去的5年里，你是否被判犯有重罪，或在过去的2年里是否被判犯有轻罪，或你目前是否正在被指控有犯罪；在过去的3年里，除了医生给你开的药之外，你是否曾故意使用过毒品、安非他明或巴比妥类药物？"（Title 21 CFR §1301.90）。未能如实询问和回答这些问题是违反CSA的，并可能导致罚款和吊销执照。在急诊室，兽医技师主要负责确保管制药物库存的安全性，以及所有使用和浪费的药物剂量的妥善记录。

技师笔记

- DEA链接：https://www.dea.gov/controlled-substances-act
- CSA第21条法案链接：https://www.deadiversion.usdoj.gov/21cfr/21usc/811.htm

药物安全

附表Ⅱ～Ⅴ所列的管制药物必须储存在一个安全上锁、结构牢固的柜子中。联邦政府未要求柜子必须双重上锁，但是如果柜子的重量小于340 kg（750 lb），就必须用螺栓固定在墙上。附表Ⅱ中的药物必须与附表Ⅲ～Ⅴ中的药物分开存放，可以将它们放在同一个柜子里的不同架子上。尽管很多人会想在保险箱或储物柜中存放其他容易被转移的非管制药物或昂贵物品，但这是违反联邦法律的，只有管制药物才能存放于此。如果管制药物必须储存在冰箱内，则必须将其单独存放，并将其锁在固定在冰箱中的容器内。这些柜子必须一直上锁，而且只有少数人可以接触到管制药物，因此必须有一个在交接班时移交钥匙的程序。在工作时间开着柜子或把钥匙挂在柜子旁边的墙上都是违规的——必须时刻保持安全。

技师笔记

FDA规定了药物的类别。根据药物目前在美国是否有被公认的医疗用途、药物滥用的相对可能性以及滥用时引起药物成瘾的可能性，被分为5个类别。

在24 h全天候的急诊环境下，在保管要求和急救药物的获取难度方面存在额外的挑战，如地西泮和注满芬太尼的移动注射泵等。尽管《美国联邦法规》(Code of Federal Regulations，CFR）中没有具体规定，急救药物仍必须妥善保管，但如果用安全标签封存并在每次使用后进行盘点记录，则可以接受在急救车或移动急救箱内存放少量急救药物。用胶带把备用于紧急情况的地西泮贴在患病动物的笼子上是绝对不可取的。关于注射泵，市场上有商用的可锁定注射泵，然而，如果没有该类注射泵，则应使用防篡改胶带对注射器进行标记，并在整个交接班期间进行监控，以确保剩余的体积与设定的给药速度一致（图 32.1）。CSA 强烈建议安装摄像头但不强制要求。安装摄像头可以防止药物转移，如果出现任何关于管制药物的问题，则可进行记录和审查。

记录留存

由于在获取便利方面存在诸多困难，许多兽医机构已经开始使用 Omnicell、Pyxis 或 Cubex 等自动化配药柜来存放管制药物的“工作库存”。值得注意的是，尽管这些柜子提供了安全的存储和自动化的管理日志，但必须正确使用，否则仍有可能发生药物转移。这并不是管制药物安全的完整解决方案。无论使用哪种存储设备，正确的记录留存对于防止和发现转移问题都是至关重要的，而且通常主要由兽医技师负责。兽医技师必须确保所有管制药物的拿取、使用和浪费都有文件记录，并尽可能有目击者在场。药物拿取必须记录在日志上，并在医疗记录中注明所给药物的数量。必须有一个由兽医签名的纸质处方，以证明使用了多少剂量。法律规定兽医技师不能开具药物处方。应在处置药物时立即进行记录，不要等到交接班结束时再进行记录。关键是要用文件来证明药物从取出到消失这个闭环期间发生了什么。任何问题或异常都应该在患病动物的医疗记录和（或）管理日志中注明（图 32.2）。例如，因行走而停止恒速输注（CRI）、更换绷带前给药、药瓶泄漏、计划给药但未给药——在他人的见证下浪费等。请记住，如果没有记录，那么它就没有发生（专栏 32.6）。

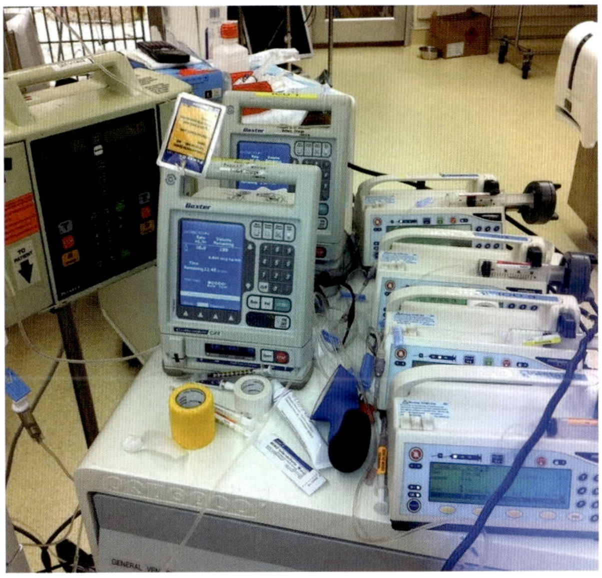

图 32.1　注射泵示例

（由纽约州罗切斯特市兽医专家和紧急服务中心提供。）

技师笔记

- 所有被浪费的管制药物均应在见证人面前丢弃，并由双人签名。
- “浪费”的管制药物必须是在化学上不可回收。丢弃于水槽、纸巾、猫砂甚至利器盒中并不会使它们在化学上无法回收。需要像 cactus sink、RxDestroyer 或其他专门设计用来处理药物以使其在化学上无法回收的设备。
- 过期的管制药物必须通过逆向分销商（reverse distributor，译者注：是指专门从另一个 DEA 注册人处接受管制药物，目的是将不需要的、无法使用的或过期的管制药物返还给制造商或代理，或在必要时对管制药物进行加工或处理的人。）或填写 DEA 表格 41 归还。不得在“药物回收日”退货或扔掉，必须有妥善处理的文件。

管制药物使用日志：药物 xxxx							
日期	患病动物名字	物种 / 体重	取用数量	取用人	结余	浪费 / 初始见证人	处方开具
起始剩余量 xxx mL							

图 32.2　管制药物使用日志示例

专栏 32.6 遵守记录留存要求

为患病动物开具纸质处方。口述处方必须记录，并由兽医在 48 h 内签名。

将从库存中取出的药物数量记录在药柜日志或自动配药机中。任何药物浪费 / 损耗都应该有见证人签名。

在患病动物的医疗记录中记录给药剂量，包括任何浪费 / 损耗。

静脉药物配伍

在急诊或重症监护室的患病动物通常使用多种药物治疗，且多通过静脉注射的方式。通常情况下，通过一根静脉导管、静脉导管的“Y”形接头或一个注射器给药，对兽医技师和患病动物来说都更方便，也更易于操作。但重要的是应清楚了解每一种药物不应因另一种药物或稀释剂的存在而变性。了解哪些药物可以混合给药，以及在哪里可以查找到这些信息，对患病动物护理至关重要。很少有研究涉及静脉药物配伍（IV compatibility）错误的数量及其潜在后果，但一项在人类重症监护病房（ICU）的研究表明，在确定的静脉配伍禁忌中，26% 可危及生命（Tissot et al.，1999）。另一项 ICU 研究显示，25% 的用药错误是由临床配伍禁忌引起的（Taxis and Barber，2004）。静脉注射配伍禁忌的药物可能会对患病动物造成的后果包括：有毒产物造成的损害、结晶引起的颗粒栓子、pH 变化引起的组织刺激和（或）治疗失败。在混合用药前应仔细检查和考虑，以防止可避免的错误和患病动物的不良后果。

技师笔记

- 药物相互作用：发生在体内所以看不见，当同时给药时，产生了不良作用。
- 药物配伍禁忌：发生在液体容器或输液管内，通常可见，如咪达唑仑和氯胺酮在同一个注射器混合时会产生沉淀。

配伍禁忌类型

配伍禁忌可分为物理配伍禁忌和化学配伍禁忌两种。物理配伍禁忌会产生明显的迹象，如沉淀、浑浊、产生气体或云状物，最常见于混合多种药物时。诸如乳酸林格液这类含钙的溶液，可引起物理配伍禁忌。当混合药物通过氧化、还原、水解或分解改变其活性成分的效力时，就会发生化学配伍禁忌。当一种药物与另一种药物混合时，其效力损失超过 10%，即可认定与该药物存在配伍禁忌，可表现为混浊、沉淀或颜色改变。化学配伍禁忌的一个例子是在碱性溶液（如碳酸氢钠）中加入去甲肾上腺素或肾上腺素，氧化作用会导致肾上腺素溶液 pH 升高，从而导致药物生物活性下降。

在判定药物混合后是否发生配伍禁忌时，需要考虑多种因素（专栏 32.7）。每一种药物加入后都会发生化学变化，所以一种药物可以单独与一种静脉注射溶液相容，但可能无法与混有多种药物的该溶液相容。因此要考虑好混合药物的顺序，以防止配伍禁忌。每种药物的浓度也可能影响溶液的相容性，轻轻混合溶液以确保药物均匀分布，并有可能防止发生化学反应。混合在一起的药物和溶液的 pH 也会影响药物相容性，药物之间的 pH 应该相当，在制造商的标签和包装说明书中会标注这些信息。最后，应考虑温度和接触时间的影响，两种或两种以上的药物混合的时间越长，发生配伍禁忌的可能性就越大，而较高的温度会促进化学反应并影响药物相容性，因此可能需要冷藏。有许多因素决定了药物是否可以混合，因此对于兽医技师而言非常重要的一点是有多种参考资源渠道。

资料

从过去的经验和简单的书本知识中可以预见

专栏 32.7 防止或减少配伍禁忌的方法

坚持参考药物配伍相关资料。

尽量减少静脉输液中混合的药物种类。

核实添加药物的正确顺序。

在溶液中加入药物时要充分混匀。

视检最终成品的颜色或颗粒度变化。

确保正确标识最终成品，包括添加的各种药物、有效期限、配制日期和存储条件。

到一些配伍禁忌，但许多配伍是不熟悉且有个体差异性的。因此当决定混合任何药物时，无论是在输液袋、注射器还是在静脉通路“Y”形接口处，都应该参考现有的资料。在急诊室内贴出药物配伍禁忌图表，并收集线上的参考资料是做出正确决定的关键。图表应提供混合两种药物的基本信息以及适当的给药方式，线上参考资料通常能够检查一种溶液中可以混合几种药物。Trissel ™ 2 临床药物数据库、Stabilis 和 King® Parental Admixtures 均可在线获取，并拥有定制的可以生成静脉药物配伍报告的工具。有些网站需要付费和会员资格，但有些信息是免费的。可在网上获得图表，并可从多种渠道订购，包括《*King Guide*》和《*Critical Care Chart*》。应每年更新图表，以获得新药的信息和其他参考资料。

技师笔记

- Trissel™ 2 临床药物数据库：https://www.wolterskluwercdi.com/facts-comparisons-online/user-guide/tools-iv-compatibility
- King® Guide 在线版：http://kingguide.com/online.html
- Stabilis：https://www.stabilis.org/

为常见的混合药物创建标准方案也有助于避免静脉混合药物的配伍禁忌。应将这些方案张贴在显眼的位置，应易于理解，并包括常用剂量、存储要求和给药建议（注射器、“Y”形接口等）。许多人医医院也使用不同的颜色对不同 pH 的药物的存储标签进行了标注（图 32.3）。根据环境和工作流程，结合使用图表、线上参考资料和颜色标签可能是解决静脉药物配伍问题的最佳方案。

配伍禁忌相关标签的使用示例
红色组：可以在酸性溶液给药或常与蓝色组药物配伍的静脉注射用药
黄色组：可以在中性溶液给药或常与本组药物配伍的静脉注射用药
蓝色组：可以在碱性溶液给药或常与红色组药物配伍的静脉注射用药
黑色组：只能单独给药的静脉注射用药

图 32.3　配伍禁忌相关标签的使用示例

来源：Vogel Kahmann I, Bürki R, Denzler U, Höfler A, Schmid B, et al. (2003) Incompatibility reactions in the intensive care unit. Five years after the implementation of a simple “colour

总结

现在的急重症兽医技师必须熟悉药物各个方面的信息，以便有效地管理患病动物并提供最佳护理。随着药物的剂型、效力和生产工艺的不断变化，这方面的知识需要不断更新。要知道药物短缺常常会导致这些变化，还要知道如何最好地处理药物短缺情况，将有助于兽医技师保持最佳的患病动物护理能力，且无论药物供应情况如何都能最大限度地减少用药错误。在急诊室，管制药物也是进行患病动物护理的一个关键部分，因此必须仔细考虑确保它们的安全性，同时确保易于取用。适当的记录和对同事行为的密切关注将有助于在快节奏的环境中预防和发现药物转移，从而避免违反州和联邦法规的风险。此外，为混合静脉药物与输注的溶液做好充分准备，并知道在哪里寻找资料来验证混合药物是否相容，将在重症护理过程中节省宝贵的时间。在具有知识和现成的资料的基础上，即使是最繁忙的兽医技师也能像专业人员一样管理药物。

参考文献

[1] American Veterinary Medical Association (AVMA). (n.d.) The veterinary professions role in addressing the opioid epidemic. Retrieved from https://www.avma.org/KB/Policies/Pages/The-Veterinary-Professions-Role-in-Addressing-the-Opioid-Epidemic.aspx Accessed March 2017.

[2] Anderson, L. (2014). Drug expiration dates—are expired drugs still safe to take? Retrieved from https://www.drugs.com/article/drugexpiration-dates.html. Accessed June/July 2019.

[3] Bose J., Hedden S.L., Lipari R.N., et al. Key substance use and mental health indicators in the United States: results from the 2017 National Survey on Drug Use and Health.

Retrieved from https://www.samhsa.gov/data/sites/default/files/cbhsqreports/NSDUHFFR2017/NSDUHFFR2017.htm. September 2018 Accessed May 20, 2019.

[4] Centers for Disease Control and Prevention (CDC). Products—vital statistics rapid release—provisional drug overdose data. Retrieved from https://www.cdc.gov/nchs/nvss/vsrr/drug-overdose-data.htm. July 2017 Accessed March 2018.

[5] Centers for Disease Control and Prevention (CDC). (n.d.) Questions about multi-dose vials | Injection Safety. Retrieved from https://www.cdc.gov/injectionsafety/providers/provider_faqs_multivi als.html Accessed June/July 2019.

[6] Commissioner O.O. Statement by FDA Commissioner Scott Gottlieb, M.D., on the FDA's new resource guide to support responsible opioid prescribing for pain management in animals. Retrieved from https://www.fda.gov/NewsEvents/Newsroom/PressAnnouncements/ucm617007.htm. August 15, 2018 Accessed August 15, 2018.

[7] Fox E.R., Birt A., James K.B., et al. ASHP guidelines on managing drug product shortages in hospitals. Retrieved from https://academic.oup.com/ajhp/article/66/15/1399/5130288. August 2009 Accessed June/July 2019.

[8] Hess B. Controlled substance compliance, pitfalls and blunders.Retrieved from https://titangroupdea.com/dea/insight-magazinecompanion-animal-edition-controlled-substance-compliance. May 21, 2019 Accessed July 2019.

[9] Kaakeh R., Sweet B., Reilly C. Impact of drug shortages on U.S. health systems. Retrieved from https://psnet.ahrq.gov/resources/resource/22677/impact-of-drugshortages-on-us-health-systems. 2011 Accessed June/July 2019.

[10] Taxis K., Barber N. Incidence and severity of intravenous drug errors in a German hospital. Retrieved from https://www.researchgate.net/publication/9033005_Incidence:and_severity_of_intravenous_drug_errors_in_a_German_hospital. 2004 Accessed July 2019.

[11] Tissot E., Cornette C., Demoly P., et al. Medication errors at the administration stage in an intensive care unit. Intens Care Med. 1999. Retrieved from https://link.springer.com/article/10.1007/s001340050857 Accessed July 2019.

[12] Title 21 United States Code (USC) Controlled Substances Act. (n.d.) Retrieved from https://www.deadiversion.usdoj.gov/21cfr/21usc/811.htm. Accessed March 2017.

[13] Ventola C.L. The drug shortage crisis in the United States: causes, impact, and management strategies. Retrieved from https://www.ncbi.nlm.nih.gov/pmc/articles/PMC3278171/. August 2009 Accessed June/July 2019.

[14] Wesely A. Drug overdoses "the top lethal issue" in the US. Retrieved from http://www.seattletimes.com/nation-world/nation-politics. August 30, 2017 Accessed October 2017.

索 引

E

F

G

H

J

K

L

M

N

P

Q

R

S

T

W

X

Y

Z